U0223781

640 Latest World Famous

新编640个世界著名

数学 Mathematical Intellectual Puzzles

智力趣题

◎ 佩捷 主编

数学主要地是一项青年人的游戏。它是智力运动的练习，
只有具有青春与力量才能做得满意。——诺伯特·维纳

为了激励人们向前迈进，应使所给的数学问题具有一定的难度，
但也不可难到高不可攀，因为望而生畏的难题必将挫伤人们继续前进的积极性。总之，
适当难度的数学问题，应该成为人们揭示真理奥秘之征途中的路标，
同时又是人们在问题获解后的喜悦感中的珍贵的纪念品。——大卫·希尔伯特

哈爾濱工業大學出版社

内 容 简 介

本书收集了640余个国内外数学智力趣题。它将抽象的定理、公式、方法隐含于通俗、生动、有趣的题目中,深入浅出。本书叙述严谨清晰易懂,可激发学习兴趣,是提高数学水平、锻炼逻辑思维能力的理想用书。本书适合于中学生,尤其是数学竞赛选手,及数学爱好者。

图书在版编目(CIP)数据

新编640个世界著名数学智力趣题/佩捷主编.
—哈尔滨:哈尔滨工业大学出版社,2014.1(2022.9重印)
ISBN 978-7-5603-4049-4

Ⅰ.①新… Ⅱ.①佩… Ⅲ.①数学-普及读物
Ⅳ.①01-49

中国版本图书馆CIP数据核字(2013)第073530号

策划编辑 刘培杰 张永芹
责任编辑 李广鑫 张 佳
封面设计 孙茵艾
出版发行 哈尔滨工业大学出版社
社 址 哈尔滨市南岗区复华四道街10号 邮编150006
传 真 0451-86414749
网 址 http://hitpress.hit.edu.cn
印 刷 辽宁新华印务有限公司
开 本 787mm×960mm 1/16 印张48.75 字数865千字
版 次 2014年1月第1版 2022年9月第3次印刷
书 号 ISBN 978-7-5603-4049-4
定 价 88.00元

序言

古时科举制所作的八股文章,讲究先“破题”. 我们不妨借用一下这种程式,先解释一下书名. 数学趣题古时就有,从中国古代的“鸡兔同笼”、“五家共井”到西方的“百牛问题”等等,甚至在俄国著名画家别尔斯基的油画《心算》中也出现过这样的趣题. 这些古老的趣题启蒙了无数稚童学子,其中更不乏一代又一代的算学宗师,然而时过境迁,今天回头再看这些问题,人们不再感到数学上的困难,只剩下一点对古人那种或青灯黄卷或红袖添香的读书生活的想往. 21 世纪需要 21 世纪的数学,21 世纪自然会有 21 世纪的数学趣题,这便是书名中所谓的最新的含意.

任何一句话都是说给某个或某些人听的,任何一本书都是写给某些特定的读者看的.

本书首先想献给那些想欣赏数学的普通人.

这不是一本出题让你做的书,而是展示数学奇迹的

小橱窗.

数学,由于它的语言、记法以及看上去显得奇特的符号,就像一堵高墙,和周围世界隔开了.那座墙的背后在干什么,就其大部分来说,外行人是感到神秘的,充满的是一些枯燥乏味的数字,是受铁的法则制约的毫无生气的机械结构.

推倒这座墙,用一般人也能欣赏的方式来介绍数学,使数学的欣赏扩大到那些"数学天才"的小圈子以外,正是本书所要达到的目的之一.本书的题目全部取材于日常生活,看得见、摸得着,而且不含数学符号.有一位著名的数学家对一道好的问题所提的标准是"可以将它讲给你的外祖母听",本书力图做到这一点.它向人们证明了一点:数学既不必是严峻的,也未必是遥远的.它既和几乎所有人类活动有关,又对每个真心感兴趣的人有益.正如数学家L. Kelvin所说:"别把数学想象得那么困难和艰涩,并认为它排斥常识,数学仅仅是常识的一种微妙形式."

西班牙数学家米盖尔·古斯曼(Miguel de Guzman)在他的趣味数学著作《数学探奇》(《AVENTURES MATHEMATIQVES》)首次在中国出版时的序言中写道:"当一个人怀着爱心和热情去从事数学活动时,他就能体会到其中所蕴含的深刻的美感.但愿有更多的人,不论是年青的还是年长的,都能领略到这种美感."

目前,许多数学家已经认识到,社会公众欣赏数学的迫切性及困难性.在美国一所大学举行的鸡尾酒会上,参加者谈到关于科学家们是否比那些普通职业者有更多的怪异和压抑的问题,一位开诊所的心理学家参加了讨论并断言说,心理学家对此已有过详细的研究,回答是否定的,即没有一种职业似乎会比其他职业有更多的怪异和压抑.但他又说,有两个例外,那就是数学家和双簧管演奏者.因为他们两者有一个共同之处是,都在做十分困难而且没有几个人欣赏的事.为改变这种状况,美国数学会甚至雇用了一个公共关系公司来改进公众对数学的看法.一个显著的效果是美国国会规定每年有一周是"了解数学周",并且加大了对数学教育的投入.根据数学联合政策委员会(Joint Polity for Mathematics)、政府与公共事务办公室(Office of Governmental and Public Affairs)主任Kenneth Hoffman的报告我们知道:美国每年的数学经费是235亿美元,其中5亿用于研究,30亿用于院校教育,200亿用于中小学数学教育.仅看一例,当前美国最大的数学教学改革项目之一,1983年成立的"芝加哥大学数学设计(UCSMP)"到1992年为止光接受美国最大的石油公司之一的阿摩柯(AMOCO)的赞助就达820万美元,并且同时还得到美国卡内基基金会、国家科学基金会、通用电器公司的资助,已具有相当大的规模.虽然在我国目前还做不到这一点,但中国国家自然科学基金委员会也设立了数学天元基金,旨在向公众普

及数学. 本书虽不在资助之列,但总算尽了绵薄之力.

本书还献给千千万万业余数学爱好者,为他们聪慧的大脑提供牛刀小试的机会.

因为趣味数学问题常常会指引一些业余爱好者,登堂入室闯进智慧的迷宫. 正如美国莫拉维安学院教授多丽丝·沙特斯奈德(Doirus Schattschneider)所说,他们(业余爱好者)勇敢地接受一些题目的挑战,并由于发现了足以与其智力相称的、独特的解题方法而自得其乐,令人惊讶的是,他们虽然缺乏正规的数学教育,但这往往是其长处而非短处,在解决问题中所表现出来的巧妙解法有时竟会凌驾于专业人员之上. 美国第十届总统伽菲尔德就曾因发现勾股定理的一个出色证明而流芳百世.(详情可见李啸虎、田廷彦等编著的《力量——改变人类文明的50大科学定理》,上海文化出版社,2005年,P15)

再例如本书中有大量的铺砌问题,而对这一课题处于世界领先地位的不是学富五车的大学教授,也不是熟读经典的饱学之士,而是美国加利福尼亚的一位家庭妇女玛乔莉·赖斯(Marjorie Rice)和澳大利亚新南威尔士州的几位中学生. 玛乔莉是一位典型的家庭妇女,5个孩子的母亲. 她的大部分工作都是在厨房里的锅台上做出的. 她之所以做出这样的工作是与读书分不开的. 她向人介绍说:"我喜欢各种各样的谜题. 十字谜、拼板游戏、数学谜题与游戏,多年来买进了大批数学趣题书籍."而本书则恰恰是大量的这样的趣题的汇集. 其实,许多大数学家对趣味数学问题也非常感兴趣. 瑞士数学家欧拉就是通过对bridge-crossing之谜的分析打下了拓扑学的基础;德国大数学家莱布尼兹也曾描写过他在独自玩插棍游戏(一种在小方格中插小木条的数学游戏)时分析问题的乐趣;世界数学领袖德国的希尔伯特在创造大理论之余也证明了许多切割几何图形中的趣味定理;冯·诺伊曼则从赌博问题的研究中奠基了博弈论. 前20年制作最受美国大众欢迎的计算机游戏——生命就是英国著名数学家康威发明的. 物理大师爱因斯坦生前也收藏了整整一书架关于数学游戏和数学谜题的书.

将较困难的数学题以趣题的形式提出,说不定还会创造出新方法与新结果. 因为在游戏时人总是放松的,做趣题总不像证明定理那样有压力.

美国Los Angeles的水晶宫大教堂的一位名叫Schuler的路德派牧师,在其布道时曾以一位数学家为例,说的是线性规划之父丹齐克(G. B. Dantzig),在一次听著名数学家冯·诺伊曼(V. Neyman)的课时迟到了几个小时,于是他就将黑板上的两个问题抄了下来,当成课外作业去做了. 几天后,他解决了这两个问题,万万没想到这竟是统计学中两个著名的未解决问题,Schuler说如果丹齐克当初知道这些可能会丧失勇气,从而决不会解决它们.

本书同样献给每一位想学数学又怕学数学的学生.

1988年7月27日至8月4日在布达佩斯举行的国际数学教育大会上,美国明尼苏达圣奥拉夫学院数学教授、国际知名数学教育专家 Lynn ArthurSteen 教授发表了"面向新世纪的数学"(Mathematics for a New Century)的综合报告.他在报告中坚定地指出:数学是一门被赋予了现代权威的古老学科,数学给了人们在生活中的支配能力.它为科学中那些有效的理论打下了坚实的基础,同时数学还向社会允诺,帮助它获得充满活力的经济.在所有的文明中,一代又一代的儿童学习数学以获得更加美好的生活.

"大众数学"(Mathematics for All)是当今世界上数学教育中最响亮的口号.荷兰数学家弗赖登塔尔教授指出:"我是主张数学是属于所有人的人,因此我们必须将数学教给所有的人."

但在学校教育中,数学几乎成了最令人头疼的一门功课,甚至由于数学课程对学生的压力,反而妨碍了学生的全面发展,在一定程度上,数学甚至阻碍了教育的发展.

有一个故事很能说明数学对于一般公众难学到什么程度.说从前有一位数学教授和他以前的学生都犯了死罪,按照惯例,死囚在被处死前可以有一次机会提出一个最后的要求,数学教授提出希望再讲一堂数学课.这个请求获得了批准,但规定这堂课要给其他死囚上,当那位以前的学生听到了教授的临终请求得到批准后,他说:"这样使我容易提出我的最后要求了,我希望在教授开讲前执行我的死刑."

纵观历史,许多世界知名人士就是由于数学课程的压力,导致了终生对数学的偏见.如19世纪著名的现实主义文学大师维克多·雨果就是其中之一,而风靡大陆的台湾作家三毛则更是如此,甚至在琼瑶的小说《窗外》中也描写了一位极端憎恨数学的学生.

在我国目前的教育体制下,有相当多的学生由于数学不合格而导致学校生活的失败.这种打击(人生第一站)所造成的精神创伤将伴随着人的一生.我国一位老教育家曾尖锐地指出:我国现行的教育体制是一种培养失败者的教育——小学毕业后,成功的考上了重点初中,失败的或走向社会或进入普通初中;初中毕业后,成功的考上了重点高中,失败的或走向社会或进入普通高中、职业高中;高中毕业后,成功的考上了大学,失败的则流向社会……由此细细品味不难发现,在我国,竟有大多数的青年人是以一种失败者的心态走入社会的,长此以往势必影响到整个民族的精神状态.令人遗憾的是,在这种淘汰制度下,数学充当了极不光彩的"刽子手"角色.但我们对此并不是束手无策,我国数论大师、中国数学学会理事长王元先生曾指出:提起数学,不少人仍觉得头痛,难

以入门,甚至望而生畏,我以为要克服这个鸿沟,还是有可能的.这个方法就是,使学生对此产生兴趣.美国著名杂志《科学美国人》杂志社发行的一套数学悖论幻灯片“Paradox Box”(悖论箱)的前言中指出:趣味数学具有重大教育学价值.这一点只是在最近才为一大批教师所认识.很多现象说明,这一趋势正在发展.雅可比的教本《数学——人类的魄力》获得了极大的成功,其部分原因无疑是他巧妙地把趣味材料揉进了传统的数学问题中.现在在教师会议和期刊里,趣味数学的文章也越来越多.美国教师委员会出版的威廉·沙夫编的《趣味数学书目》发行量是很大的.美国全国数学教师委员会(National Council of Teachers of Mathematics,简记为NCTM)的《Eevrybody Counts》曾指出:“事实上,没有人能‘教’数学.能激发学生去学习数学就是高明的老师.”

法国著名数学家,1958年世界数学最高奖——菲尔兹(Fields)奖得主、突变理论创立者R·托姆(Thom)指出:“现代数学教学的症结,在于判断学生成绩的优劣是以对教材的记忆程度为标志的.”所以他强调,数学教材中必须包含一些“无用”的,带有“游戏”性质的内容才富有教育效果.本书就是对这种游戏性教材的一种尝试.

本书还要送给那些“哥迷”(试图证明哥德巴赫猜想的数学爱好者)及“费迷”(试图证明费马大定理的数学爱好者)们.

按照北京大学田松教授的建议,社会有这样一群异常“顽强”的人可称之为民间科学爱好者,他们往往执着于数学或其他自然科学的某些大问题,但又没有接受自己所献身领域的专业训练,也没有通过自学对那个领域达到深入的了解.

田松教授指出:“如果把科学和围棋相比,那么,专业棋手就相当于科学共同体内的科学家,业余棋手相当于业余科学爱好者,围棋规则相当于科学共同体的范式.这种规则是在长期的历史中形成的,即使围棋协会也不能随意改变.任何一个人,只要遵从围棋规则,就有可能与专业棋手下棋,也有可能战胜专业棋手.共同遵守的规则是其交流的基础.然而,民间围棋爱好者声称对围棋理论有重大贡献,却连基本的死活都不知道,或者不肯承认,他与专业棋手便无法达成交流,无论他怎样声称打败了专业九段,都只能视为梦呓.”(《永动机与哥德巴赫猜想》,田松著,上海科学技术出版社,2003年,P15)如果他们读到这本书,就像找到了600余位初级围棋选手,一可以试出自己的真实棋力,二可以消除自己企图通过证明哥德巴赫猜想一鸣惊人的虚妄之心,如果他们能在年青时就读到本书并意识到自己的问题所在实在是人生的一大幸事,否则他们会既有西西弗斯的徒劳又兼堂·吉诃德的荒唐,在人们的不屑中度过毫无意义的一生.

我们最想把本书献给那些身陷题海的中学生的父母们.

中国的中学生是世界上最"可怜"的中学生,他们起的越来越早但睡的却越来越晚,书看的越来越多但记住的越来越少,题做的越来越多但得到的乐趣越来越少,要他学的越来越多但他要学的越来越少,其结果是平庸者越来越多,杰出者越来越少.从诺贝尔奖到菲尔兹奖,从阿贝尔奖到沃尔夫奖的得主中均无本土培养的科学家名字即可证明,教师和家长都发出了"播种的龙种,收获了跳蚤"的慨叹.这些现象产生的一个主要原因是题目质量低,同类低水平题目大量重复,枯燥且不具吸引力,缺少真正有趣能打动青少年内心的智力趣题.心理学研究表明一个成年人一生忙碌都在为圆儿时的梦想,证明了费马大定理的英国数学家怀尔斯10岁时就被费马的最后猜想所吸引,并从此选择了数学作为终生职业,陈景润是在初中二年级时,在沈元的讲课中接触到哥德巴赫猜想并被它迷住,我们有理由相信这640道问题中至少有一道会激发起您的子女对数学终生的兴趣.

著名学者张东荪在解释近代科学技术为什么没在中国产生时说:"中国之所以没有科学乃是由于中国人从历史上得来的知识甚为丰富,足以使其应付一切,以致使其不会自动地另发起一种新的观点,用补不足".(《知识与文化》,张东荪著,商务印书馆,1946年)

现代的中学生由于其数学练习册十分丰富,解之便可应付学习生涯的一切数学考试,于是导致对其他读物的排斥,殊不知长久的成功决不是依赖练习册所能成就的,动力至关重要,本书的阅读或许会有帮助.

本书应该出现在每一位数学成绩优异的中学生的书桌上.

我们也许应该介绍一下本书的功利色彩,全国高中数学联赛加试的第三题被设定为杂题(即很难分类的组合问题),与本书的问题属同一类,有些还取自于各国的竞赛真题(引用时参考了李成章等先生的讲义,表示感谢),所以本书具有培训选手、教练选题的用途.

2022年7月3日,南开大学李成章教授逝世,普林小虎队发表了一篇纪念文章《李成章教授的命题传奇》,文中提到李成章教授出的一道药片题,当年国家集训队无一人解答出来,但一名来自斯坦福大学的做访问学习的学生张若楠只花了十几分钟就给出了一个漂亮解答.

第38届IMO中国国家队选拔考试第6题是一道风格新颖,趣味盎然的好题.原题是这样的:

有 A,B,C 三个药瓶,瓶 A 中装有1 997片药,瓶 B 和瓶 C 都是空的,装满时可分别装97片和19片药,每片药含100单位有效成分,每开瓶一次该瓶内每片药都损失1个单位有效成分.某人每天开瓶一次、吃一片药,他可以利用这次开瓶的机会将药片装入别的瓶中以减少以后的损失，处理后将瓶盖都关上.问当他将药片全部吃完时，最少要损失多少个单位有效成分？

本题条件非常初等，看似简单，却难倒了当时参赛的所有选手.这在我国的数学竞赛历史上是极为罕见的事.但也难怪，题目的原解答也是令人望而生畏的.

我们先对题目作一初步的分析.

不失一般性，采取策略如下：第 i 次开 A 瓶时，将 A 瓶中的 a_i 片药转移到 B 瓶和 C 瓶，其中 $b_{i,0}$ 片药转移到 C 瓶，$a_i-b_{i,0}\leqslant 97$，$b_{i,0}\leqslant 20$（当天应吃的一片药也视为先转移到 C 瓶，这样 C 瓶的有效容量为 20 片），在 B，C 瓶中有药时先吃 B，C 瓶中的药；第 i 次开 A 瓶后第 j 次开 B 瓶时，将 B 瓶中的 $b_{i,j}$ 片药转移到 C 瓶，$b_{i,j}\leqslant 20$，在 C 瓶中有药时先吃 C 瓶中的药.这时我们有

$$\sum_{i\geqslant 1} a_i = 1\ 997,\ \sum_{j\geqslant 0} b_{i,j} = a_i$$

为了进一步解决本题，原解答从每天所有的药损失的有效成分入手，通过对初始数据较小的情况进行分析，寻找其中的规律，然后用归纳法证明，最后逐步计算出结果.应该说，要完整作出这样的解答是需要很大的耐心和毅力的.

下面我们换个角度来考虑，从每天吃的一片药已损失的有效成分入手，进而给出一个也许还称得上巧妙的解答.

为了便于理解，我们先考虑只给一个空瓶 B 且容量充分大的情形.类似上面的分析，设第 i 次开 A 瓶时将 p_i 片药（包括当天吃的一片）转移到 B 瓶，$i=1$，$2,\cdots,n$，$\sum\limits_{i=1}^{n} p_i=1\ 997$，则由题意，吃前 p_1 片药时每片药已损失的有效成分个数分别为 $1,2,\cdots,p_1$；吃接下来的 p_2 片药时每片药已损失的有效成分个数分别为 $2,3,\cdots,p_2+1$；…….

1	2	3	4	5	
2	3	4	5		
3	4	5			
4	5				
5					

图 1

如果我们画一个半无界的方格表，在每个方格中按图 1 的规律标一个数，并将第 i 行的前 p_i 个方格涂黑，则不难发现，各黑格中的标数（按先行后列的顺序）恰好依次为吃各片药时该片药已损失的有效成分个数.因此，所有黑格中的标数的和即为损失的有效成分总数.而对应于每种涂黑表中第 i 行前 p_i 个方格的操作（$1\leqslant i\leqslant n,p_i\geqslant 1$，$\sum\limits_{i=1}^{n} p_i=1\ 997$，这种操作以后称为“标准操作”），存在一种可行的取药方案.因此，我们只需在所有的标准操作中求黑格标数和的最小值.而

根据方格表的标数规律，只需使黑格尽量“挤向”左上角，即按标数从小到大的顺序将方格依次涂黑，直到涂黑 1 997 个格为止. 此时的黑格标数和即为所求的最小值.

到此为止，我们已找到了令人兴奋的解题途径，但离彻底解决本题还有一段距离. 如果 B 瓶容量有限制，怎么办呢? 比如 B 瓶最多能装 m 片药，则在上面的分析中应限制 $p_i \leqslant m+1$. 这时我们只要把图 1 中前 $m+1$ 列的方格视为“有效方格”，并把标准操作限制在有效方格范围内即可.

下面自然要分析有两个空瓶的情形. 为了推广上述方法，我们考虑三维空间中的“半无界方块堆”. 为叙述方便，建立空间直角坐标系 $Oxyz$，并将第一卦限分为顶点为整点、边长为 1 的方块. 将距原点最远的顶点坐标为 (i,j,k) 的方块记为 $[i,j,k]$，并在 $[i,j,k]$ 上标数 $i+j+k-2$. 对应于每种取药方案，将集合

$$\{[i,j,k] \mid i,j \text{ 使 } b_{i,j-1} \text{ 有定义，并且 } 1 \leqslant k \leqslant b_{i,j-1}\} \quad (b_{i,j} \text{ 的定义如前所述})$$

中的方块涂黑（称类似的涂黑操作为“标准操作”），则我们有和一个空瓶的情况类似的结论，即各黑块中的标数（按先增 k 后增 j 最后增 i 的顺序）恰好依次为吃各片药时该片药已损失的有效成分个数，而所有黑块标数的和即为损失的有效成分总数. 由于两个空瓶的容量均有限制，标准操作也要附加如下限制：

(i) 对每个使 $b_{i,0}$ 有定义的 i，由于 $b_{i,0} \leqslant 20$，所以集合 $\{[i,j,k] \mid i \geqslant 1$ 取定，$k \geqslant 1\}$ 中至多有 20 个方块被涂黑；

(ii) 对每个使 a_i 有定义的 i，由于 $a_i - b_{i,0} = \sum_{j \geqslant 1} b_{i,j} \leqslant 97$，并且 $b_{i,j} \leqslant 20$，所以集合 $\{[i,j,k] \mid i \geqslant 1$ 取定，$j \geqslant 2, k \geqslant 1\}$ 中至多有 97 个方块被涂黑，集合 $\{[i,j,k] \mid i \geqslant 1$ 取定，$j \geqslant 2$ 取定，$k \geqslant 1\}$ 中至多有 20 个方块被涂黑.

不难发现，附加这两个限制后，每种标准操作对应一种可行的取药方案. 因此我们只需在所有加限制的标准操作中求黑块标数和的最小值.

图 2 是与 yOz 平面相邻的一层方块的一部分在 yOz 平面上的投影，其中第 1 行有 20 个方格，其余各行共有 97 个方格. 我们称使所有黑块在 yOz 平面上的投影均在图 2 内的标准操作为“强标准操作”. 注意到强标准操作必是加限制的标准操作，而用调整法不难证明，对于每种加限制的标准操作，存在一种强标准操作，使后者的黑块标数和不大于前者的黑块标准和. 因此，我们只需在所有的强标准操作中求黑块标数和的最小值.

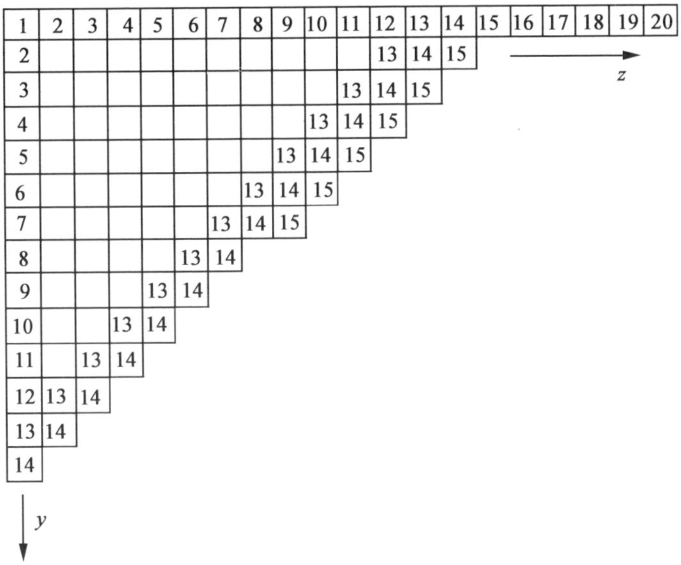

1	2	3	4	5	6	7	8	9	10	11	12	13	14	15	16	17	18	19	20
2											13	14	15						
3										13	14	15							
4									13	14	15								
5								13	14	15									
6							13	14	15										
7						13	14	15											
8					13	14													
9				13	14														
10			13	14															
11		13	14																
12	13	14																	
13	14																		
14																			

z

y

图 2

我们称在 yOz 平面上的投影在图 2 中的方块为“有效方块”，根据方块的标数规律，如果我们按标数从小到大的顺序把有效方块依次涂黑，直到涂黑1 997个方块为止，则此时的黑块标数和即为所求的最小值.

下面的任务就是计算了.

由方块标数规律不难得出，标数为 t 的有效方块的个数恰好等于图 2 中标数不大于 t 的方格的个数，记它为 $f(t)$. 则

$$f(t)=\begin{cases}\dfrac{t(t+1)}{2},1\leqslant t\leqslant 14\\97+t,15\leqslant t\leqslant 20\\117,t\geqslant 21\end{cases}$$

由于

$$\sum_{t=1}^{20}f(t)=\sum_{t=1}^{14}\frac{t(t+1)}{2}+\sum_{t=15}^{20}(97+t)$$
$$=560+687=1\ 247$$
$$1\ 997-1\ 247=117\times 6+48$$

即

$$\sum_{t=1}^{26}f(t)+48=1\ 997$$

所以，上面所说的使黑块标数和达到最小值的标准操作为：将所有标数不

大于26的有效方块涂黑,再任选48个标数为27的有效方块涂黑.

最后计算出所求的最小值为

$$
\begin{aligned}
&\sum_{t=1}^{26} tf(t)+48\times 27\\
&=\sum_{t=1}^{14}\frac{t^2(t+1)}{2}+\sum_{t=15}^{20}t(97+t)+\sum_{t=21}^{26}117t+1\ 296\\
&=6\ 020+12\ 040+16\ 497+1\ 296\\
&=35\ 853
\end{aligned}
$$

在这里转引这篇文章也算我们对老朋友李成章教授的一个纪念.在笔者为李成章教授专门打造的一大套《李成章教授奥数笔记》(洋洋9大卷)中有许多类似的优美的问题.

首先本书不是一本专为"有用"而编的书,对于任何一项精神活动,都会被问到是否有用,不仅是自然科学也包括社会科学,而回答是不易的,大约在20多年前,法国著名历史学家年鉴派创始人之一马克·布洛赫(Marc Block)的小儿子也向他提出这个问题:"告诉我,爸爸,历史有什么用?"为了认真地回答这个问题,他撰写了题为《历史学家的技艺》的一部书稿遗留给人间.

布洛赫反对以狭隘功利主义的眼光看待历史的"用",他说:"经验告诉我们,不可能在事先确定一项极抽象的研究最终是否会带来惊人的实际效益.否认人们追求超物质利益的求知欲望,无疑会使人性发生不可思议的扭曲.即使历史学对手艺人和政治家永远不相关,它对提高人类生活仍是不可少的,仅这一点也足以证明历史学存在的合理性."(《鸿爪集》,章开沅著,上海古籍出版社,2003,P5)

用布洛赫的话为数学辩护也同样有效.

本书应该出现在每一位关心数学教育的有识之士的书架上.

许多数学教师在其教学生涯中无一例外地都被学生问及学数学有什么用,颇为典型的例子便是1974年发生在美国一所大学的一件事.当时,现任职于香港中文大学的萧文强教授受命去代非数学系的一门数学欣赏课,由于美国大学以通才教育为目标,不论修何主科,规定必选修若干文史科目与数理科目.上课的第一天,修课的150位学生劈头便嚷:"我又不需要使用数学,学它做甚?"这确实很难回答,两年以后在 *Journal of Mathematical Education in Science and Technology* 上,萧教授发表了《厌恶数学的人的数学课》(*Mathematics of Math-haters*),讨论了这个问题.其实数学与人类文化休戚相关,数学文化在各种文化中占有特殊地位.美国数学会(AMS)前主席认为"数学是一种文化体系",而数学文化则可看成一种不断进化的物种.前苏联数学家B·B·格涅列柯甚至认为,数学能帮助培养未来工作人员独立思考的能力和开拓进取的意

识，以及在工作中诚实坚定、尊重劳动和鄙视游手好闲的优良品质．正是由于这种特殊地位，决定了每一个现代人必须接受数学教育，这种教育并非要求每个人都成为数学家，掌握高深的数学定理、公式，而是要使人们了解数学对于文化的影响，以及通过对数学的认识与理解提高文化素质，从而创造出更有内涵、更有意义的人类文化．这就要求我们的数学教育观念有一个大的转变，过去我们习惯于追求教师改进教学方法，学生勤奋学习（这固然重要），即让教师、学生适应数学．而今天，则要求我们首先要改造数学，对数学实现再创造，使数学顺应人类学习的需要，从高度抽象、高度严谨、极端枯燥的形式中解放出来，走出王宫，走下金字塔，走向生活，走向大众，彻底摆脱定义、定理、法则、公式及其证明，以开放的体系再现数学的基本过程，再现数学与大自然和人类社会的千丝万缕的联系．早在 1906 年，著名数学家雷特（F. Reidt）就认识到：参与开发一般智力不是为了今后某一职业的特定需要，而看成是数学教育的基本目标（*Anleitung Zum Mathematischen Vnterricht an Hoheren Schulen*）．开发这种一般智力仅靠数学课本是远远不够的，趣味问题的介入是必须的，也是卓有成效的．即使从功利的角度讲，趣味问题也是十分有用的，有一句话说得颇有哲理："无用之用，方为大用．"例如，有人在查对数表时发现，所用的对数表的开头几页磨损得很厉害，这表明人们经常查找以 1 打头的数的对数，于是他提出这样一个近乎天真的问题：首位数为 1 的数在全体自然数中占有多大的比例？一般人都以为应该是九分之一，因为有九个数可以当做首位数，而且没有哪一个数有理由搞特殊化，但是事实与我们想的恰恰相反，1974 年美国哈佛大学统计系的一名叫珀西·迪亚科尼斯（Persi Diacois）的研究生（现在是斯坦福大学的统计学家）证明了首数为 1 的数约占全体自然数的三分之一，准确地说是 $\lg 2 \doteq 0.3010$．（可见 The distribution of leading digits and uniform distribution mod 1, Annals of Probability 5（1977），72 ~ 81．另外详细可以参见：http://www.mathpages.com/home/kmath 302/kmath 302.htm）

尽管这个结果非常美妙，但它似乎和现实世界毫无关系，以至于迪亚科尼斯 不准备将它发表．但奇迹出现了，不久美国西雅图波音航天局的一位名叫梅尔达德·沙沙哈尼（Mehrdad Shahsha hani）的工程师在研究一种用计算机描绘自然景象（如狂风暴雨、电闪雷鸣、彩虹横空等）的方法遇到了无法克服的困难时，却不可思议地发现恰恰迪亚科尼斯的方法可以帮他忙．于是波音航天局现在开始用沙沙哈尼的方法，建造一个计算机控制的飞行模拟器，它使飞行员在地面上就可以感受到飞行的实感，包括窗外完美的风景，从而节省了大量的训练经费．所以这些貌似远离现实的趣味问题，说不定恰恰就是某项重大发明的源头．A. Renyi 曾有一段精辟的论述：数学只会报答那些不仅为了得到报答，而且也为了数学自身而对它感兴趣的人们．数学就像是国王的一个美丽的女儿，每当求婚者出现时，她就怀疑他不是真正地爱她，而仅仅是因为她是国王的女儿才对她感兴趣.她想要的丈夫是为她的美丽、聪明和迷人才爱她的人,而不是为了得到财富和权力才和她结婚的人.同样地,数学仅仅向那些因为真心爱慕数学之美而研究它的人们揭示自己的秘密.作为报答,这些人当然也得到了具有重要实践性的结果.但是,如果一个人每次都要问:“我这样做能得到什么利益?”那他就不会得到太多.

本书在选编时有四点考虑.

第一,对一些艰深点的趣味问题没有收入.尽管它们非常迷人,但只有少数专家才能欣赏(上海教育出版社的由美国人戴维·A·克拉纳(David A. Klarner)编的《数学加德纳》(*The Mathematical Gardner*)是这方面的精品).我们所收集的仅是初等数学领域中一些相对简单的问题.因为我们相信,罗斯·亨斯贝格(Ross Honsberger)先生的断言,这位雄居世界趣味数学界的巨人(滑铁卢大学(University of Waterloo)教授)在其德文版的 *Litter. Reste. Würfel*(此书系美国数学会出版,由纽约市立大学亨特学院女教授多尔恰尼(Mary P Dolciani)创办的《多尔恰尼数学介绍著作》丛书(*Doliciani Mathematical Expositions*)之一,整套丛书共7册)的前言中写道:“数学在相当程度上是用巧妙思想武装起来的.不论人们还要进行多么长久的努力,数学那种令人激奋的奇异性质是永远不会穷尽的.仅仅沉醉于高深的难题,是无法发现这块宝石的.即使一些很简单的问题,也可能充满了丰富的想象力和独创天才.”

第二,为了体现数学与现实的联系,我们特别侧重那些需要建立数学模型的问题,曾文艺在《数学建模与中学数学课程改革》一文中指出:“其实数学模型是对现实原型为一定的目的而作抽象、简化后所得的数学结构,它是使用数学符号、数学式子以及数量关系对现实原型的简化而本质的描述.对于现实事物,具体进行构造数学模型的过程称为数学建模(Mathematical Mod-eling).”

自1985年美国举办了第一届大学生数学建模竞赛以来,至今已有20多年的历史,这一竞赛目前已吸引了全世界的许多国家派队参加.我国应用数学界和工程界的学者们在1991年成立了中国工业与应用数学学会,并且在1992年11月组织了第一届大学生数学建模竞赛,反响很大,现在数学建模在大学已全面推广.

尤其需要指出的是,早在1975年,美国数学科学会议委员会(Conference Board of the Mathematical Sciences)、国家数学教师委员会(Nationalcouncil of Teachers of Mathematics)、国家委员会(National Research Council)等组织在对中学数学教学调查的基础上,提出了要把数学建模及数学应用这部分内容纳入到中学数学教育中去.国家数学教师委员会还要求数学教师应该发展自己的数学建模和求解问题的能力.在《数学科学教育新目标》一书中,特别强调数学建模作为问题求解的一个方面的重要性,尤其是近年来,一批数学教师把 MMSC (Mathematical Modeling in the School Curriculum)引进课堂,获得很大的成功. 因此中学数学建模的教学也将在一定程度上影响着中学数学课程的改革.

第三,书中有一些趣题是节选改编自一些著名数学家的论文. 虽然说裁锦一角,摘花一枝也能锦绣灿烂,心香动人,但可能满足不了那些喜欢见一斑而欲窥全豹的读者,所以索性将原文附上供欣赏之用,附录(1) ~ (13)的文章多选自《美国数学月刊》,译者包括潘承彪等数学大家,还有一些是早期数学杂志上的文章(新中国成立前或初期),现已很难见到,作者有些已成为数学大家,如路见可先生. 在此表示感谢.

第四,本书的编排采用了"乱序式",即没有按着门类及科目进行分类,这并非是由于编者的疏懒所致,而是有意为之,因为现在国外的许多书店都采取杂货铺式排列,"杂乱无章",有意让读者在挑书的过程中有一种沙里淘金之感,这种貌似无序而实为有序也是美学中的一个原则.

最后要说明的一点是,与熟读经典的饱学之士和桃李满天下的教坛宿将相比,编者不过是数学教育领域中的"编外"新兵,之所以敢斗胆编写这本集子,实在是受了近代英国作家查斯特顿(Chesterton)的一句名言的鼓励. 他说:"值得干的事即使干不好也值得干."(Whatever is worth doing is worth doing badly)

寥寥数语,谨以为序.

佩捷

2013 年 10 月

目 录

❖柯克曼的“女学生问题”

1850 年,英格兰教会的一个教区长柯克曼(Thomas Pekyngton Kirkman)提出了一个有趣的“女学生问题”,即在某地方的一所住宿学校中有9个女学生同住在一间宿舍里,每天她们都要去校外散步一次. 为了加强她们间的相互了解和增进友谊,负责宿舍管理的人想,她们散步时如果将她们分成3组,每组有3位同学,是否可以使得每一个女生在4天之内,都能够与其余的8个女学生有且仅有一次在一个组内的机会. 这个乍一看起来似乎很简单的问题,却使负责管理宿舍的人苦苦思索了很久. 1851 年,他终于找到了一种分组的方案符合他的要求,并发表了名为《女士与先生的日记》(*Lady's and Gentleman's*) 的文章. 如果我们把9个女学生的名字用1到9这九个数字编成号,就是方案

第一天:{1,2,3},{4,5,6},{7,8,9}

第二天:{1,4,7},{2,5,8},{3,6,9}

第三天:{1,5,9},{3,4,8},{2,6,7}

第四天:{1,6,8},{2,4,9},{3,5,7}

于是管理宿舍的人就按照他所找出的方案来安排学生们的校外散步了. 这样,问题也就解决了. 后来,人们把这种方案称为柯克曼三元系.

我们更进一步问:是否有一种方法,可以找出更多一些的柯克曼三元系呢?

解 回答是肯定的,并且9个人,分成4天的散步方案至少有 $C_9^3 \cdot C_6^3 = 1\ 680$ 种.

我们给出这个方法:将1,2,3,4,5,6,7,8,9任意分成3组,每组3人括在一个括号中:如第一组$\{a,b,c\}$,第二组$\{d,e,f\}$,第三组$\{g,h,i\}$. 其中,a,b,c,d,e,f,g,h,i 是1,2,3,4,5,6,7,8,9的任意一种组合.

对第 m 组的第 n 个数,给以记号 a_{mn},即 $a_{11}=a, a_{12}=b, a_{13}=c, a_{21}=d, a_{22}=e, a_{23}=f, a_{31}=g, a_{32}=h, a_{33}=i$,则如下的四行数组必为一个由9个数组成的4组的柯克曼三元系.

$$\{a_{11},a_{12},a_{13}\},\{a_{21},a_{22},a_{23}\},\{a_{31},a_{32},a_{33}\}$$
$$\{a_{11},a_{21},a_{31}\},\{a_{12},a_{22},a_{32}\},\{a_{13},a_{23},a_{33}\}$$
$$\{a_{11},a_{23},a_{33}\},\{a_{13},a_{21},a_{32}\},\{a_{12},a_{23},a_{31}\}$$
$$\{a_{11},a_{23},a_{32}\},\{a_{12},a_{21},a_{33}\},\{a_{13},a_{22},a_{31}\} \quad ①$$

首先,容易证明每行的9个数两两互不相同. 其次,为证明每个人 a_{mn} 与其

他8个人均相遇且恰好相遇一次,我们随便取定一个 a_{mn},比方取 a_{13},将含有 a_{13} 的全部三元数组取来,即 $\{a_{13},a_{21},a_{32}\}$,$\{a_{13},a_{23},a_{33}\}$,$\{a_{13},a_{22},a_{31}\}$,$\{a_{11},a_{12},a_{13}\}$,容易看出,a_{13} 与其他8个人(即 $a_{21},a_{32},a_{23},a_{33},a_{22},a_{31},a_{11},a_{12}$)恰好各在一组中相遇一次. 类似地,含 $a_{11},a_{12},a_{21},a_{22},a_{23},a_{31},a_{32},a_{33}$ 的数组分别为

$$a_{11}:\{a_{11},a_{12},a_{13}\},\{a_{11},a_{21},a_{31}\},\{a_{11},a_{22},a_{33}\},\{a_{11},a_{23},a_{32}\}$$
$$a_{12}:\{a_{11},a_{12},a_{13}\},\{a_{12},a_{22},a_{32}\},\{a_{12},a_{21},a_{33}\},\{a_{12},a_{23},a_{31}\}$$
$$a_{21}:\{a_{21},a_{22},a_{23}\},\{a_{11},a_{21},a_{31}\},\{a_{13},a_{21},a_{32}\},\{a_{12},a_{21},a_{33}\}$$
$$a_{22}:\{a_{21},a_{22},a_{23}\},\{a_{12},a_{22},a_{32}\},\{a_{11},a_{22},a_{33}\},\{a_{13},a_{22},a_{31}\}$$
$$a_{23}:\{a_{21},a_{22},a_{23}\},\{a_{13},a_{23},a_{33}\},\{a_{12},a_{23},a_{31}\},\{a_{11},a_{23},a_{32}\}$$
$$a_{31}:\{a_{31},a_{32},a_{33}\},\{a_{11},a_{21},a_{31}\},\{a_{12},a_{23},a_{31}\},\{a_{13},a_{22},a_{31}\}$$
$$a_{32}:\{a_{31},a_{32},a_{33}\},\{a_{12},a_{22},a_{32}\},\{a_{13},a_{21},a_{32}\},\{a_{11},a_{23},a_{32}\}$$
$$a_{33}:\{a_{31},a_{32},a_{33}\},\{a_{13},a_{23},a_{33}\},\{a_{11},a_{22},a_{33}\},\{a_{12},a_{21},a_{33}\}$$

❷

例 管理宿舍的人给出的方案是 $\{1,2,3\}$,$\{4,5,6\}$,$\{7,8,9\}$. 于是有 $a_{11}=1,a_{12}=2,a_{13}=3,a_{21}=4,a_{22}=5,a_{23}=6,a_{31}=7,a_{32}=8,a_{33}=9$. 按式① 我们就得到柯克曼三元系:

$$\{1,2,3\},\{4,5,6\},\{7,8,9\};\{1,4,7\},\{2,5,8\},\{3,6,9\}$$
$$\{1,5,9\},\{3,4,8\},\{2,6,7\};\{1,6,8\},\{2,4,9\},\{3,5,7\}$$

注 1850年,英国数学家西尔维斯特(James Joseph Sylvester)和凯莱(Arther Cayley)对柯克曼的女学生问题又提出进一步要求,即希望给出一个连续十三周的队列安排,不但使得每周内的安排都符合原来的规定,而且使任意3名学生在全部十三周内都恰有一天排在同一行.

西尔维斯特和凯莱提出的问题难度相当大,直到1974年才由丹尼斯顿(R. H. Denniston)借助于电子计算机给出如下的第一个答案(其中,15名女学生分别标记为 $a,b,0,1,2,\cdots,12$). 安排如下:

星期日:$\{i,a,b\}$,$\{8+i,9+i,12+i\}$,$\{3+i,7+i,10+i\}$,$\{2+i,6+i,11+i\}$,$\{1+i,4+i,5+i\}$;

星期一:$\{2+i,8+i,b\}$,$\{1+i,6+i,a\}$,$\{4+i,7+i,11+i\}$,$\{3+i,5+i,9+i\}$,$\{i,10+i,12+i\}$;

星期二:$\{11+i,12+i,b\}$,$\{4+i,10+i,a\}$,$\{6+i,7+i,9+i\}$,$\{1+i,2+i,3+i\}$,$\{i,5+i,8+i\}$;

星期三:$\{5+i,7+i,b\}$,$\{3+i,12+i,a\}$,$\{2+i,9+i,10+i\}$,$\{1+i,8+i,11+i\}$,$\{i,4+i,6+i\}$;

星期四:$\{4+i,9+i,b\}$,$\{2+i,5+i,a\}$,$\{6+i,8+i,10+i\}$,$\{1+i,7+i,12+i\}$,$\{i,3+i,11+i\}$;

星期五:$\{1+i,10+i,b\}$,$\{9+i,11+i,a\}$,$\{5+i,6+i,12+i\}$,$\{3+i,4+i,8+i\}$,$\{i,2+i,7+i\}$;

星期六:$\{3+i,6+i,b\}$,$\{7+i,8+i,a\}$,$\{5+i,10+i,11+i\}$,$\{2+i,4+i,12+i\}$,$\{i,1+i,9+i\}$.

各个周的队列安排分别对应于 i 的取值 0,1,…,12,而数字加法结果均以模 13 取值.

❖标准圆柱量具

工头看见检查员用一个直径为2 cm和一个直径为1 cm的标准圆柱在检测一个直径为 3 cm 的圆洞,如图 1 所示. 他建议再插入两个合适的同号标准圆柱以保证检查质量. 问这两个标准圆柱的直径应该是多大?

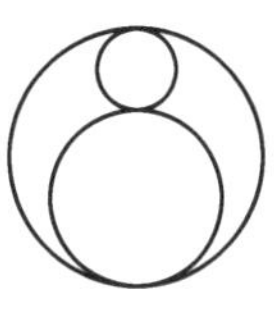

图 1

解法 1　如图2,设已知这样的圆的半径AT等于 r,则 $OT=3/2-r$,$RT=1+r$,$ST=1/2+r$. 注意到 $\triangle STO$ 和 $\triangle OTR$ 的高相同,又因为 $SO=1$,$OR=1/2$,所以 $\triangle STO$ 的面积是 $\triangle TOR$ 面积的两倍. 根据熟悉的三角形面积公式 $\Delta=\sqrt{S(S-a)(S-b)(S-c)}$,三角形的面积可用它的三个边和半周长 S 来表示. 对于那个大三角形来说,$S=1/2(1+(1/2+r)+(3/2-r))$,即3/2. 而对于那个小三角形,$S=1/2(1/2+(3/2-r)+(1+r))$,也是 3/2. 由两个三角形的面积关系得到方程

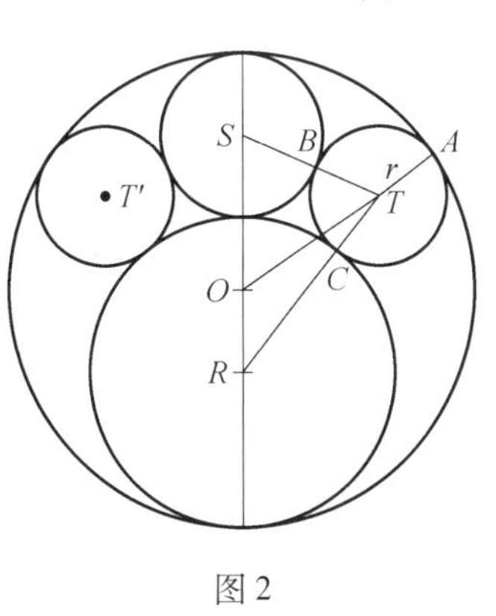

图 2

$$(3/2)(1/2)(1-r)r=4(3/2)(1)(r)(1/2-r)$$

由此得出

$$1-r=4-8r$$

$$r=3/7$$

因此,两个所需要的标准圆柱的直径都是6/7 cm.

一个跟上面相似的常用的三角解法是利用余弦定理,即分别用 $\triangle STR$ 和 $\triangle OTR$ 的边长表示 $\angle SRT$ 的余弦,并列出方程,然后解出r. 事实上,用这个方法计算时比较累赘,因为它引入了二项式的平方. 因此,三角方法不如上面叙述的熟练运用两个三角形的公共高的方法那样简单.

解法 2　这种解题的方法是先求出与外圆及与大内圆相切的一切圆的圆

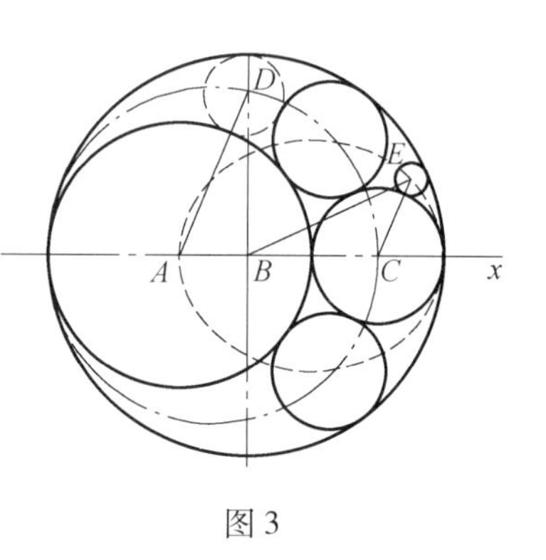

图 3

心轨迹，再求出与外圆及与小内圆相切的一切圆的圆心轨迹，然后求出这两条轨迹的交点. 半径为 m 的一个第一类圆以 D 为圆心（图 3），点 D 距离点 A 是 $(1+m)$，距离点 B 是 $\left(1\frac{1}{2}-m\right)$，因而两个距离之和总是 $2\frac{1}{2}$. 同理，半径为 n 的一个第二类圆，其圆心 E 距离 B 和 C 分别为 $\left(1\frac{1}{2}-n\right)$，$(1/2+n)$；它们的和永远是 2. 因此，正如图 3 所示，两个轨迹都是椭圆（根据椭圆的定义），其方程分别为

$$\frac{(x+1/4)^2}{25/16}+\frac{y^2}{3/2}=1$$

$$(x-1/2)^2+\frac{y^2}{3/4}=1$$

解这个方程组，得交点(9/14，12/14)，也就是说，跟前面的结果一样，这时得到所要求的直径为 6/7 cm.

❖颠倒卡片

给定由 n 张卡片组成的一个卡片叠. 每次操作允许从叠中任选的某处抽出一组接连的卡片，然后保持该组卡片的原有次序（并且不翻转任何一张）将该组卡片插回到叠中另一任选的位置. 要求经若干次允许范围内操作完全颠倒这叠卡片的排列顺序.

(1) 对于 $n=9$，试证：5 次操作可达到要求；

(2) 对于 $n=52$，试证：

ⅰ 可通过 27 次操作达到要求；

ⅱ 17 次操作不能达到要求；

ⅲ 26 次操作不能达到要求.

解 (1) 下表所示的 5 次操作可实现题目的要求. 表中每行括号内的数码表示下次操作将取出另安插的卡片；每行的箭头号“↑”表示取出的卡片将要安插的位置.

初始态	1,↑,2,3,4,5,(6,7),8,9
1 次操作后	1,6,↑,7,2,3,4,(5,8),9
2 次操作后	1,6,5,↑,8,7,2,3,(4,9)
3 次操作后	(1,6,5,4),9,8,7,2,↑,3
4 次操作后	9,8,7,(2,1),6,5,4,3,↑
终了态	9,8,7,6,5,4,3,2,1

(2) ⅰ 更一般地,设 $k \geqslant 2$,将证明对于 $n = 2k$ 或 $n = 2k + 1$,进行 $k + 1$ 次操作即可实现要求.

下面对 $n = 2k + 1$ 的叙述稍作修改也适用于 $n = 2k$ 情形(对于 $n = 2k$ 情形,下面叙述中所涉及的 $2k + 1$ 一律忽略不计). 先将 $(k + 2, k + 3)$ 移至1与2之间. 然后将 $(k+1, k+4)$ 移至 $k+2$ 与 $k+3$ 之间. 将 $(k, k+5)$ 移至 $k + 1$ 与 $k + 4$ 之间,如此这般做下去,直到将 $(4, 2k + 1)$ 移至5与 $2k$ 之间. 经过这样的 $k - 1$ 次操作之后得到

$$1, k + 2, k + 1, \cdots, 4, 2k + 1, 2k, \cdots, k + 3, 2, 3$$

这之后的第 k 次操作将 $(1, k + 2, k + 1, \cdots, 4)$ 移至2与3之间,第 $k + 1$ 次操作将 $(2,1)$ 移至3之后. 经过这样的 $k + 1$ 次操作达到要求. 对于 $n = 52 = 2 \times 26$, $k = 26$,可经过 $k + 1 = 27$ 次操作达到目的.

ⅱ 将证明对于52张卡片,17次操作是不够的. 我们约定这样一个称呼:倘若两张相邻的卡片中前一张的数码比后一张的小,则称这两张卡片间有一个"升阶". 顺序排列的52张卡片,初始时有51个升阶. 每次操作时,抽出相继的任何一组卡片至多消去两个升阶,将这组卡片插入至多再消去一个升阶. 因此,每次操作至多消去三个升阶. 操作次数少于 $17 = \frac{51}{3}$ 当然不能消去全部升阶. 即使17次操作也不行,因为可以断言:第一次操作至多消去一个升阶. 如果抽出的卡片在任何一端,那么上述断言显然成立. 如果抽出的卡片组在中间,那么抽出时消去了两个升阶,插入某处时又会产生一个升阶. 无论如何,第一次操作至多消去一个升阶.

ⅲ 将证明任何一次操作至多消去两个升阶,并且第一次和最后一次中的任何一次至多只能消去一个升阶.

假设某次操作消去了三个升阶,则该次操作抽出一组卡片时消去了两个升阶,将该组插入时又消去了一个升阶. 设 a 是抽出那组卡片前面紧邻那张卡片的号码,b 是抽出那组卡片第一张的号码,c 是抽出那组卡片最后一张的号码,d 是该组后面紧邻那张卡片的号码. 并设该组卡片经操作插入到号码为 e 和 f 的

相邻卡片之间. 于是,一方面有 $a < b, c < d, d < a$,因而 $c < b$. 另一方面,应该有 $f > e, e > b, c > f$,因而 $c > b$. 这两方面的结论显然互相矛盾.

至于第一次操作,至多消去一个升阶. 至于最后一次操作,我们可以倒过来看操作手续,最后一次视为倒过来的第一次,至多将一个降阶换成升阶. 因此,原来的最后一次操作,至多将一个升阶换成降阶. 第一次和最后一次操作至多各消去一个升阶,其间进行的每次操作至多消去两个升阶. 52 张卡片的初始态有 51 个升阶,需要25 次中间操作才能消去 $51 - 2 = 49$ 个升阶,因此总共需要27 次操作.

❖最大乘积

用1,2,3,4,5,6,7,8,9 等九个数字(每个只用一次)组成两个数,使这两个数的乘积最大. 例如,这九个数字可以组成 7 463 和 98 512 两个数,每个数字在其中只出现一次,但是这两个数并不是所要求的,因为还有能满足上述条件的两个数,它们的乘积比这两个数的乘积大.

解 本解法利用了一个大家熟知的法则:若两个数的和为常数,那么,它们的乘积随着它们的差的减小而增大. 我们在中学上代数课时,就已顺利地证明过这一点:设 $x + y = k, x - y = d$,两边平方后相减,得到 $4xy = k^2 - d^2$. 因为较大的数字显然应尽量靠左,利用上面的法则很容易逐步写出下面的各对数. 按照上述法则,我们应该把两个要加上的数字当中较大那一个附到较小的数的后面,从而使两个数的差为最小. 注意:最后一个数字 1 必须附到较小的数后面. 这样就得出下列的数:

9	96	964	9 642	9 642
8	87	875	8 753	87 531

❖不胫而走

在某一居住区内有 1 000 个居民,每天他们之中每个人把昨天听到的消息告诉给自己所有的熟人,已知任何消息都将逐渐地为全区居民所知晓. 证明:可以选出90 个居民,使得如果同时向他们报导某一消息,那么经过10 天这一消息便为全区居民所知晓.

证明　由题设得,居住区的任何两个居民 A 和 Z 必有熟人链联系着,即 A 认识 B,B 认识 C,…,Y 认识 Z,否则,传给 A 的消息就不能为 Z 所知道,与题设矛盾. 我们将只考虑这样的熟人链,在链中每个成员只出现一次,如果链中某成员 M 出现两次,即含有闭合链 $M—N—\cdots—M$,我们可以割断 M,N 之间的联系,而从原有的整条链中删除 $N—\cdots—M$ 这一部分,剩下的还有链,那么,从没有闭合链的假设推得,任何两居民 A 和 Z 之间有且仅有一条熟人链,因为如果有两条链 $A—B—\cdots—Y—Z$ 和 $A—B'—\cdots—Y'—Z$,由于熟人关系是对称的,就有闭合链 $A—B—\cdots—Y—Z—Y'—\cdots—B'—A$,与假设矛盾,显然,我们只要在没有闭合链的假设下证明题设就够了.

上述联系两个居民的熟人链所有成员数目称为这两个居民的"距离",可以选择两个居民 X 和 Y,他们的距离是最大的,我们研究联系他们的熟人链

$$X—A_1—A_2—\cdots—A_k—Y \qquad ①$$

先设 $k\leqslant 19$(即链中不多于 21 人). 考虑这里适中的一个 A_m(k 是偶数时,$m=\frac{1}{2}k$ 或 $\frac{1}{2}k+1$;k 是奇数时,$m=\frac{1}{2}(k+1)$),它到链的两端的距离都不超过链长的一半加 1,即小于或等于 $\frac{1}{2}(k+2)+1\leqslant\frac{1}{2}(19+2)+1$,取整数得 11,于是 A_m 到其他每个居民的距离也都不超过 11,事实上,设 A_m 到任一居民 Z 的链是

$$A_m—B_1—B_2—\cdots—B_n—Z \qquad ②$$

如果 B_1 不是 A_{m-1},就是 X 到 Z 的链

$$X—A_1—\cdots—A_m—B_1—\cdots—B_n—Z \qquad ③$$

如果 B_1 不是 A_{m+1},就有 Z 到 Y 的链

$$Z—B_n—\cdots—B_1—A_m—\cdots—A_k—Y \qquad ④$$

与 X 到 Y 的链 ① 即

$$X—A_1—\cdots—A_m—\cdots—A_k—Y$$

比较,它和 ③ 不同的只是从 A_m 以后改成 ②,和 ④ 不同的只是从 A_m 以前改成倒过来的 ②,由于 ① 是最长的链,其中 A_m 到两端的距离都不超过 11,所以 ② 的长即 A_m 到 Z 的距离也不超过 11,因此,如果将某一消息告诉 A_m,那么至迟经过 10 天,这一消息便为全区居民所知晓了.

再设 $k\geqslant 20$,这时取 A_{10} 作为上述的 A_m,并且把消息告诉他,按上面的论证,A_{10} 到其他居民 Z 的链,只要是不经过 A_{11} 的,它的长不超过 11,因此,至迟经过 10 天,所有这样的 Z 就都知道消息了,现在把这些 Z(至少包括 $X,A_1\cdots A_9$)和 A_{10} 分离出来,剩下的居民至多只有 1 000 − 11 人,原来由 A_{10} 到剩下的每个居民的熟人链都经过 A_{11},但不再经过被分出的任何居民,因为由 A_{10} 到分出的每个

居民已经有不经过A_{11}的链,不可能再有经过A_{11}的链,这就是说,在剩下的居民中,由A_{11}到其他每个居民都有熟人链,从而把由A_{11}到任何两个居民的链在其共有的最后成员处连接起来,就是这两个居民之间的链,因此,剩下的居民仍可按上述方法处理.

上述方法每进行一次,就可以把消息告诉一个居民,使得在10天之内至少有11个人知道这个消息,由于$1\ 000 = 11 \times 89 + 21$,所以至多进行$89 + 1$次,就可以选出90个居民,同时告诉他们某一消息,使得经过10天这一消息便为全区居民所知晓.

❖米尼弗太太的问题

下面是摘自《米尼弗太太》一书的一段话:"她把每一种社交关系都看作是一对相交的圆. 初看起来,好像两个圆重叠的部分越大,关系就越好;但事实并非如此. 超过某种限度,关系反而要减弱,因为双方所剩下的才智过分减少,将使他们共同的生活枯燥无味. 或许,当两个月牙形的面积之和正好等于中间的树叶形面积时,关系最为完美. 我相信会有用一个简捷的数学公式来表达这个关系的论文;但在生活中并没有这样的公式."米尼弗太太这个问题的数学答案是什么? 注意,两个圆的半径一般不相等(图1).

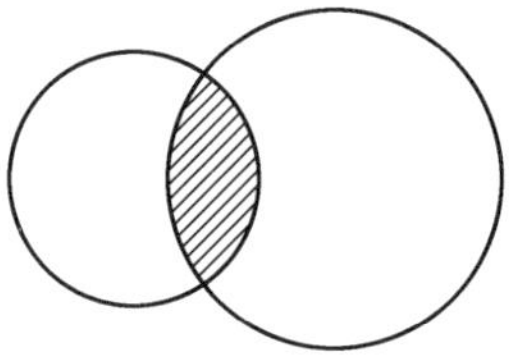

图1

解　米尼弗太太的关于相交圆里共同生活的谜提出了一个超越问题;它既是一个超越的社会问题,也是一个超越的数学问题. 当《米尼弗太太》的作者斯特拉瑟斯小姐写本题所摘录的这段话时,大概丝毫没有想到她竟捅了数学界的马蜂窝. 事实上,这是圆的扇形几何的一个有趣的应用,在下面的答案里我们会看到表达它们的超越方程.

设半径为a和b的圆的面积分别是A_1和$A_2(a \leqslant b)$,树叶形的面积为L,小月牙形的面积为C_1,大月牙形的面积为C_2. 可见,$L + C_1 = A_1$,$L + C_2 = A_2$,从而$2L + C_1 + C_2 = A_1 + A_2$. 米尼弗太太设想在最完美的情况下$L = C_1 + C_2$,因而$3L = A_1 + A_2$或$L = (A_1 + A_2)/3$. 如图2(b),$L$的极限是$A_1$,即$A_1 \leqslant (A_1 + A_2)/3$,因此$A_2 \geqslant 2A_1$. 由此可见,两个人中,如果较能干的人的能力超过能力差的人的两倍,那么就不会有理想的关系. 在正好等于两倍的情况下,较差的人的能力将完全被另一个所埋没,自己完全不留下任何才智. 在一般情况下,设大小半径之

比为 $r=b/a$；那么，$r\leqslant\sqrt{2}$ 是理想情况存在的条件. 如果树叶形的一个弧形边对大圆的圆心 O_2 所张的角度是 2θ（图 2(a)），另一边对另一圆心 O_1 所张的角是 2ϕ，那么，从图 2(a) 中可看出，$L=$ 扇形 O_2AB − 三角形 O_2AB + 扇形 O_1AB − 三角形 O_1AB. 在理想条件 $3L=A_1+A_2$ 下，

$$L=b^2\theta+a^2\phi-a\sin\theta(a\cos\phi+b\cos\theta)=\pi(a^2+b^2)/3$$

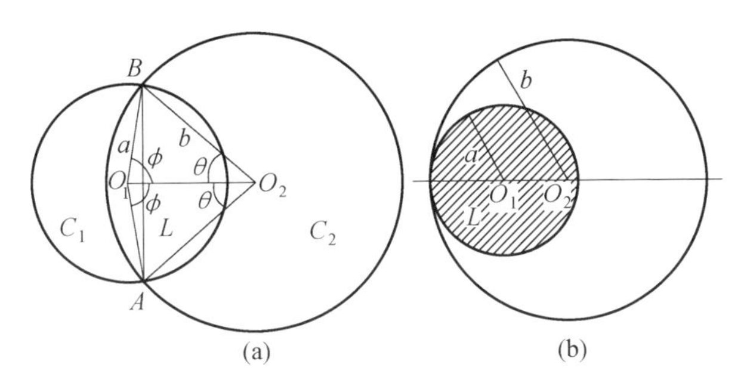

图 2

但是 $b\sin\theta=a\sin\phi$，因此 $a\cos\phi=\sqrt{a^2-b^2\sin^2\theta}$，这样

$$b^2\theta+a^2\arcsin\left(\frac{b}{a}\sin\theta\right)-a\sin\theta(b\sin\theta+\sqrt{a^2-b^2\sin^2\theta})=\pi(a^2+b^2)/3$$

因为 $r=b/a$，用未知角 θ 表示的方程可写成

$$r^2\theta+\arcsin(r\sin\theta)-\sin\theta(r\cos\theta+\sqrt{1-r^2\sin^2\theta})=\pi(1+r^2)/3$$

这就是当 r 给定时要解出 θ 的方程. 当 r 给定时，解这个超越方程只能一个值一个值代入检验，需要耐心和时间. 这个方程的根没有简捷的数学公式，数学问题就和社会问题一样，呈现了一个求理想解的极端困难的处境. 一个理想搭配的特殊例子是 $r=1$ 的情况，这时我们的方程变成 $2\theta-\sin 2\theta=2\pi/3$. 甚至连这个方程也是超越的，但解法不是太难. 用逐步逼近的方法解这方程，得 $2\theta=\frac{149°16.3'}{180°}\pi$，这就是对称的树叶形的两个弧形边对两个相等的圆的圆心所张的角. 由上所述可以推论，即使两个人的能力相当，要想达到理想关系也不是个一般的问题，而是个超越的问题，然而，比起能力悬殊硬配在一起的情况，它是较容易的，无需多大努力和耐心即可解决.

❖均分蛋糕

一次晚餐会可能有 p 人或者 q 人参加（p 和 q 是给定的互质的整数）. 这次晚

餐会准备了一个大蛋糕. 问最少要将这蛋糕分成多少块(每块大小不一定相等),才能使 p 人或者 q 人出席的任何一种情形,都能平均将蛋糕分食.

解法1 最少应将蛋糕切成 $p+q-1$ 块. 不妨设蛋糕是长方形的. 我们首先用平行于一对边的 $p-1$ 条平行线,将蛋糕划成 p 等份;再用同一方向的另外 $q-1$ 条平行线,将蛋糕划成 q 等份. 然后沿所画的 $(p-1)+(q-1)=p+q-2$ 条线切割,将蛋糕切成 $p+q-1$ 块. 这样的切割办法显然符合要求.

将证明块数 $p+q-1$ 不能再减小. 为此,我们构造一个有 $p+q$ 个顶点的图. 其中的 p 个顶点表示第一情形的 p 位来客,另 q 个顶点表示第二情形的 q 位来客. 约定用图的边表示蛋糕的切块. 每条边所连接的两个顶点分别为两种情形取食该块的客人. 根据题目要求,对于两种来客情形,所有的切块分别被划成等分量的 p 堆,或者等分量的 q 堆,为客人所分食. 在所构造的图中任意两个顶点之间必有链相连. 否则,将有顶点的一个连通分支不与其他顶点相连. 设该连通分支含有第一情形顶点 a 个和第二情形顶点 b 个. 显然 $a<p,b<q$. 连通分支所含的这一部分蛋糕在两种来客情形分别能划成 a 个 $\frac{1}{p}$ 蛋糕份额和 b 个 $\frac{1}{q}$ 蛋糕份额. 因此

$$\frac{a}{p}=\frac{b}{q}$$

其中,$a<p,b<q$,但这与 p 和 q 互质的条件相矛盾.

最后,我们指出:有 $p+q$ 个顶点的连通图至少有 $p+q-1$ 条边. 因此块数 $p+q-1$ 是不能减少的.

解法2 不妨设 $p\leqslant q$. 因为 p 与 q 互质,所以用辗转相除法(Euclid 算法). 最后求得的最大公约数应该是1.

$$\begin{cases}q=k_1p+r_2,0<r_2<p\\p=k_2r_2+r_3,0<r_3<r_2\\r_2=k_3r_3+r_4,0<r_4<r_3\\\vdots\\r_{n-2}=k_{n-1}r_{n-1}+r_n,0<r_n<r_{n-1}\\r_{n-1}=k_nr_n,r_n=1\end{cases}$$

我们断言:将蛋糕切成 $p+q-1$ 块是必要的和充分的. 下面,对辗转相除法的算式数目进行归纳,以证明所断言的命题.

如果 $n=1$,那么 $p=1$. 显然将蛋糕切成 q 块是必要而且充分的. 此时自然有

$p+q-1=q$. 现在,假定在来客数分别为 r_2 和 p 的前提下,将蛋糕切成

$$r_2+p-1$$

块是必要而且充分的.

回到来客分别为 p 和 q 的情形. 首先将蛋糕切出 k_1p 块,每块的份额是整个蛋糕的$\frac{1}{q}$. 然后,将占蛋糕总量$\frac{r_2}{q}$的剩余部分切分,使得有 p 位来客的第一种情形可将剩余蛋糕分成 p 等份,有 q 位来客的第二种情形可将剩余蛋糕分成 r_2 等份. 根据归纳假设,只需将剩余蛋糕切成

$$r_2+p-1$$

块即可. 于是,对于整个蛋糕而言,适合要求的切块总数为

$$k_1p+r_2+p-1=q+p-1$$

还需证明此数是必须的. 考察既可被 p 位客人等量取食又可被 q 位客人等量取食的任意一种切分蛋糕办法. 不妨设蛋糕总量为 pq 个单位. 将任一种适合要求的切分方式用一个 $p\times q$ 矩阵$[a_{ij}]$表示. 其中

$$a_{ij}\in\{0,1,2,\cdots,p\}$$

非0的 a_{ij} 就是蛋糕的一个切块的单位数. 矩阵$[a_{ij}]$的非0元质数数目就是蛋糕的切块数. 如果到达的客人是p位,那么就依次取第1行,第2行,……,第p行中非0数所表示的那些切块;如果到达的客人是 q 位,那么就依次取第 1 列,第2列,……,第 q 列中非0数所表示那些切块. 因此,每行的元素和等于 q,每列的元素和等于p. 每一行至多有 k_1 个元素等于p. 假定每行都恰有 k_1 个元素等于 p,则可按照前面讨论中的办法去做. 根据归纳假设,蛋糕的剩余部分至少必须切成 r_2+p-1 块,总共切块数不少于 $p+q-1$ 块. 现在设某一行等于 p 的元质数目少于 k_1,不妨设是第 i 行,则该行至少有两个非 0 元素小于 p,设为 a_{ij} 和 a_{ik}. 因为第 j 列元素之和等于 p,所以该列至少还有另一个非 0 元素 a_{hj}. 我们分别将 $a_{ij},a_{ik},a_{hj},a_{hk}$ 更换成 $a_{ij}+1,a_{ik}-1,a_{hj}-1,a_{hk}+1$,则矩阵元素的行和与列和都不改变,不会有小于0或大于p的元素出现,并且大于0的元质数不会增加. 经过有限次这样的操作,必能使 a_{ij} 变成 p. 于是任意切分总可以划归到这样一种形式:其矩阵表示的每一行都恰有 k_1 个元素等于 p. 于是,可以引用前面的讨论结果,最后完成证明.

❖拱　　门

某工程师的女儿第二天要在花园里举行婚礼. 工程师到最后一分钟才决定搭个拱门,让参加婚礼的客人在举行婚礼前排成纵队从拱门下通过. 要求拱门门洞有7英尺(1英尺 = 0.307 8米)高,底至少有34英寸(1英寸 = 2.54厘米)宽. 在花园里,有一条适合建拱门的宽敞平坦的水泥过道,手头仅有86块砖,没有灰浆. 不过,砖的质量良好,有棱有角,很光滑,尺寸整齐,都是2英寸×4英寸×8英寸. 由于具备这些有利条件,工程师决定试试看,但不管他怎样码,拱门总是还没码到预定的高度,就摇摇晃晃倒塌下来. 最后,站在一旁看热闹的小儿子欧拉过来告诉他爸爸该怎样码,结果真码成了. 你知道是怎样码的吗?

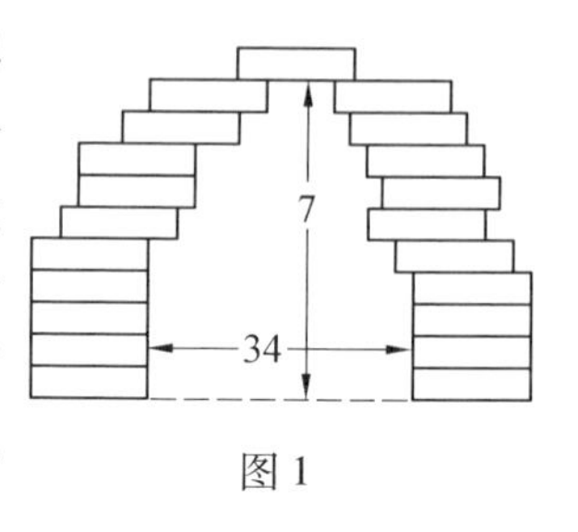

图1

解 这个问题引出了一些建筑设计,它们虽然不稳,但是很优美,令人惊叹. 我们引用其中几个来说明,一个简单直接的问题常常需要绕些弯子来解决. 事实上,只有一个答案是设计简单、构造结实,还像个拱门. 很清楚,砖的4英寸×8英寸那一面应平着放,8英寸长的棱应平行于拱的平面. 因为拱门应该是对称的,所以只要考虑用43块砖码一边就行了(一块一块往上码,43块可以达到所需要的高度——7英尺). 最上头的砖可以从第二块砖上伸出,伸出砖长的一半,不至掉下来,考虑上两块砖的重心,第二块砖可以从第三块砖上伸出,伸出砖长的四分之一,第三块砖可以从第四块砖上伸出,伸出砖长的六分之一,往下照此类推,一直到第42块砖可从底下的砖上伸出,伸出砖长的8/84英寸. 由此得出两块底下的砖的最大允许距离是$8\left(1+\frac{1}{2}+\frac{1}{3}+\frac{1}{4}+\cdots+\frac{1}{42}\right)$,查倒数表头42个数,算出的结果大于规定的最低要求34英寸. 事实上,头39个倒数的和的8倍就已比34稍大一点. 因此,最简单的过程就是:首先,一边各码四块,上下码齐,相距34英寸,然后码两边的第五块砖,各往里伸出4/39英寸,再码第六块砖,再往里伸出4/38英寸,由此类推,一直到两边的砖碰头,剩下一个小分数以保证安全,这个过程的草图如图2所示. 应该注意到,括号里大家熟悉的调和

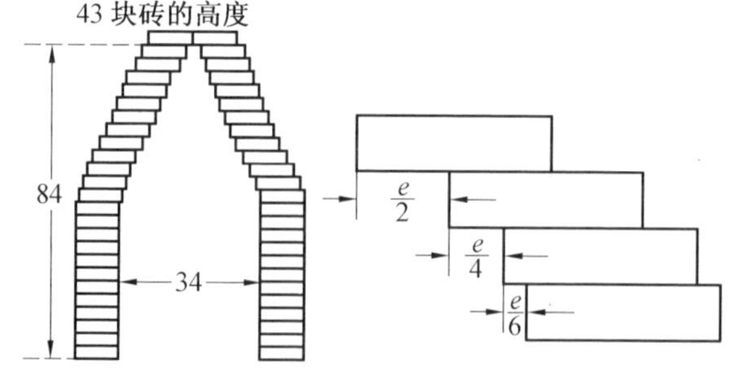

图2

级数是发散的(这容易证明,只需按原顺序分组,第一组有一项,第二组两项,第三组四项,第四组八项,……,显然每组的和都大于1/2),因此用无限多块砖按照此法盖的拱门,其宽度实际上可以达到无限大;这个事实是一般的瓦匠所不容易明白的.

其他方案如图3和图4所示.

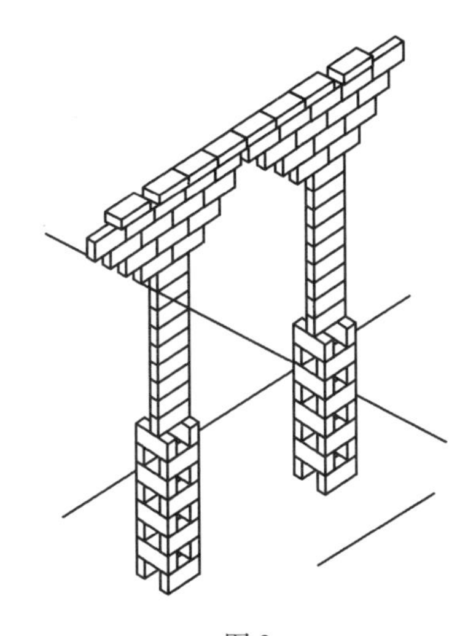

图3

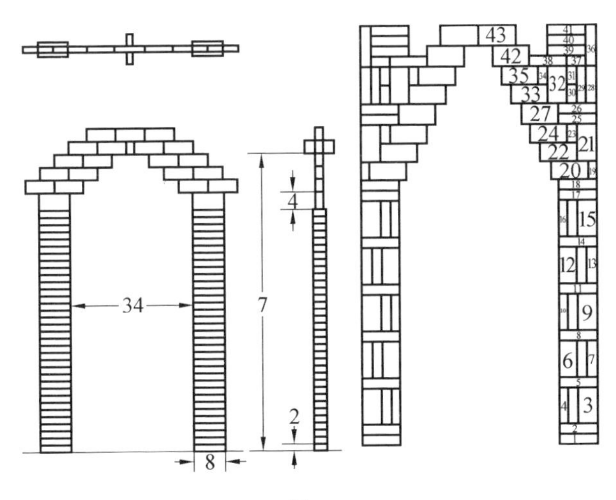

图4

❖天书的秘密

在神秘的王国里有一个图书馆，其中有一本书是国王特别珍爱的，有一天他对自己的大臣说起来.

"把这本书随便翻到哪一页. 告诉我那里写着什么数！"国王吩咐说，顺从的大臣说出了数4 783.

"现在，随你翻多少页，告诉我你翻到的那一页上写着什么数！"执行了这个命令后，大臣说出了数1 955.

"现在，随你取两个四位数！"国王继续说，大臣选了2 079和7 081.

"请你从第一个得到的数(即4 783)开始，到第二个(即1 955)为止，按照书上的次序，大声地读出2 079和7 081之间的所有的数."

顺从的大臣也完成了这个不容易的任务，他必须念完2 000个左右的数，从中去掉大约1 000个.

然后，国王叫大臣检查一下，剩下来的数所形成的数列相邻项之差等于什么，结果，这些差仅仅只取三个不同的值！

你能不能以一个不大的模型(国王的书里有一万个数)为例，说明这本魔书的秘密在哪里?

解　国王的魔书是以下述原则为基础的.

考虑10 000对数$(n, nz-【nz】)$，其中，$z=(\sqrt{5}-1)/2$是(与"黄金分割"联系在一起的)"黄金数"，n是从1到10 000的自然数列，符号$【x】$是数x的整数部分，即不超过x的最大整数. 把这些数偶这样地分布，使它们的第二个数$nz-【nz】$形成增列，然后，按照这种次序写出每个数偶对应的第一项n，所得的表叫铁数表.

例如，我们对$n=10$，即对自然数1到10作铁数表.

因$\sqrt{5}\approx 2.236$，则$z=(\sqrt{5}-1)/2\approx 0.618$，对这10个数有

n	$nz-【nz】$	n	$nz-【nz】$
1	0.618	6	0.708
2	0.236	7	0.326
3	0.854	8	0.944
4	0.472	9	0.562
5	0.090	10	0.180

nz -【nz】这一列中最小的数是0.090,因而,对头十个自然数构造的铁数表,它的第一个位置应该放5,然后是10,2,7,4,9,1,6,3,8.

这样一来,自然数列从1到10这一段的铁数表是

$$5,10,2,7,4,9,1,6,3,8$$

类似地,对自然数列随便多长的一段可以构造铁数表.

任何一张铁数表,不管用哪些数构造它,都有下列性质:相邻两数之差至多取三个值.

例如,上面这张表里,相邻两数之差是

$$5,-8,5,-3,5,-8,5,-3,5$$

它只取5,-8,-3这三个值.

当从铁数表里去掉所有比任意指定的某个数大的数,或者去掉所有比任意指定的某个数小的数,或者去掉任意两个数之间的数时,铁数表的这种性质仍然保持,例如,在上面所举出的表里去掉比3小的所有的数,便得到表

$$5,10,7,4,9,6,3,8$$

它的相邻项之差仍然只有两个

$$5,-3,-3,5,-3,-3,5$$

国王珍视的魔书,就是建立在铁数表的这种性质上的.

❖会爬屋顶的金属瓦

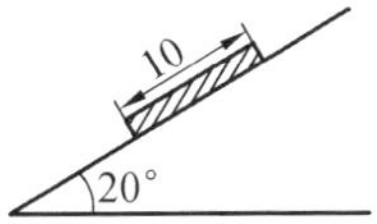

一块扁平的金属瓦,尺寸是10英寸×4英寸×3/16英寸,质量为2磅(1磅=0.4536千克),长边顺着斜坡,静止放在光滑的木制屋顶上,屋顶与水平线成20°角(图1).金属瓦没有钉在屋顶上,只是由于摩擦力而没有滑下来,摩擦系数是0.5.一个冬天的早晨,金属瓦的温度是0℉,白天由于太阳照射,温度上升到50℉,到傍晚温度又降回0℉.经过这样一热一冷的循环,到晚上金属瓦是否从早晨所在的位置移动了?如果是这样,移动了多少?往哪个方向移动?假设金属瓦的膨胀系数是6×10^{-6}英寸/(英寸·度),屋顶的膨胀系数可忽略不计.

图1

解法1 假设金属瓦和屋顶都十分平,白天任何时候都不发生温度先下降然后又上升的情况,静摩擦定律对非常小的速度也成立,那么在这个迷惑人的问题里,金属瓦一天将往下爬0.002 18英寸.

在解题时,首先要确定,重力和膨胀力不会使金属瓦作为一个整体往下滑.如果金属瓦要开始下滑,这时阻止它下滑的摩擦力是 $Wf\cos\theta = 2 \times 0.5 \times 0.940 = 0.94$(磅)[1].

然而,重力沿斜坡的分量只有 $W\sin\theta = 2 \times 0.342 = 0.684$(磅).因为摩擦力与速度无关,所以瓦的膨胀、收缩的速度所产生的力不起作用.因此,它们的合力在任何时刻都不足以使金属瓦作为一个整体下滑一个距离.

这就是说,当金属瓦膨胀或收缩时,瓦上有一点保持静止.设 a 是上端到这一点的距离(图2).因为摩擦力的大小与速度无关,方向与运动方向相反,膨胀时屋顶作用在金属瓦不动点以上那一部分的摩擦力等于 $-(Wf\cos\theta)\dfrac{a}{e}$(设下坡方向为正).作用于金属瓦的另一部分的摩擦力是 $+(Wf\cos\theta)\dfrac{e-a}{e}$.根据牛顿定律,力等于质量乘重心的加速度,即

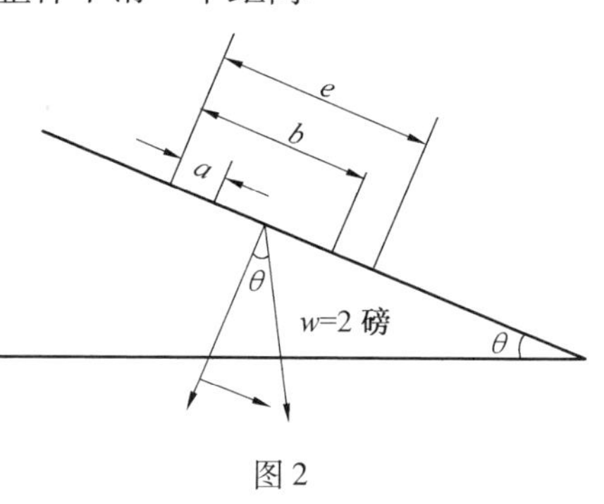

图2

$$(Wf\cos\theta)\frac{a}{e} - (Wf\cos\theta)\frac{e-a}{e} + W\sin\theta = \text{质量} \times \text{加速度}$$

显然,金属瓦的重心几小时内才动了千分之几英寸,所以上面方程的右边可以认为是零(与已知项 $W\sin\theta$ 比较可以忽略不计).两边除以 $Wf\cos\theta$,得

$$\frac{e-2a}{e} = \frac{\tan\theta}{f}$$

把已知数代入,得

$$\frac{10-2a}{10} = \frac{0.364}{0.5} = 0.728$$

$$a = 1.36\text{(英寸)}$$

在温度变化周期的这段时间内,膨胀的动作和摩擦力如图3表示.

在收缩时,两个摩擦力取相反的符号.设从上端到不动点的距离为 b.重复上述过程,得

$$\frac{2b-e}{e} = \frac{\tan\theta}{f}$$

---

① 力的单位为N,为保持此题原样及前面数字准确,此处不作改动.

$b = 8.64$ 英寸

两个不动点之间的距离是 $b - a = 7.28$(英寸).

膨胀时,点 a 固定在屋顶上,点 b 往下爬. 收缩时,点 b 保持不动,所以当金属瓦恢复到它原来的尺寸时,它的总位移是 a,b 之间的距离的最大膨胀,即 $7.28 \times 6 \times 10^{-6} \times 50$ 或 0.002 18 英寸.

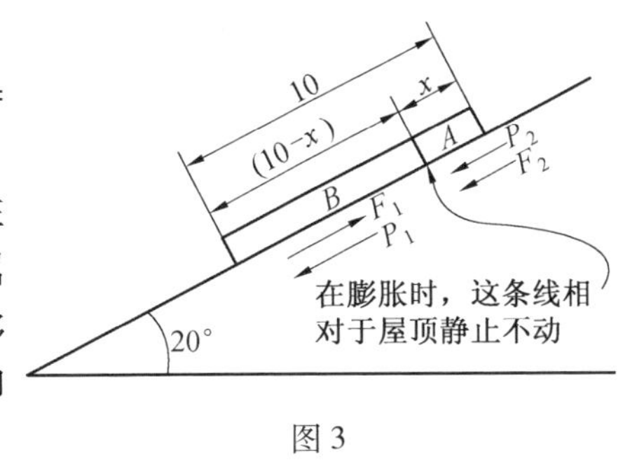

图 3

解法 2　考虑金属瓦的中心的运动,从而简化了代数运算. 由此得出的答案是:金属瓦每天向下爬了 0.002 18 英寸.

金属瓦以 20cos 20° 磅的力压屋顶,摩擦系数是 0.5,因此在即将运动时总的摩擦力是 $0.5 \times 2\cos 20° = 0.9397$(磅). 使它下滑的力是 $2 \times \sin 20°$ 或 0.684 0(磅). 当热膨胀使它相对于屋顶运动时,总的摩擦阻力必定是 0.939 7 磅,然而一般地说金属瓦并没有运动,因此这个总合力是 0.684 0 磅. 如果差数 $0.9397 - 0.6840 = 0.2557$ 的一半发生于一个方向,另一半发生于另一个方向,上述条件就能满足. 要是这样,当加热时,金属瓦的膨胀中心以上部分产生一个推动金属瓦下滑的摩擦阻力 0.127 85 磅. 而膨胀中心以下部分产生 $(0.6840 + 0.12785) = 0.81185$(磅) 的摩擦力阻止它下滑. 金属瓦上的膨胀中心,距离上端$\frac{0.12785}{0.9397} \times 10 = 1.361$(英寸). 膨胀时金属瓦的中心往下挪 $(5.0 - 1.361) \times 6 \times 10^{-6} \times 50 = 0.00109$(英寸).

收缩时,收缩中心离下端 1.361 英寸,金属瓦中心又往下挪动 0.001 09 英寸,每天一共挪动了 0.002 18 英寸.

❖部分接触

(1) 能否在空间中放置 5 个立方体木块,使得任两个立方体都以表面的一部分相接触?

(2) 试对 6 个立方体木块回答同样的问题.

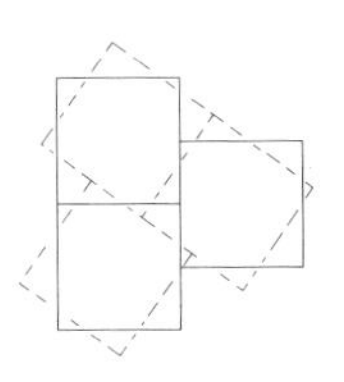
图 1

解　如果对问题(2) 的回答是肯定的,那么对于问题(1) 的回答当然也是肯定的. 下面就是对问题(2) 的肯定回答. 我们将6个单位立方体分两层摆放(每层3个). 图1显示的是所摆放的两层单位立方体在分界平面上的投影. 上层3个单位立方体的投影以实线表示,下层3个单位立方体的投影以虚线表示.

❖求方根仪

不用对数表和计算尺,也不进行任何数学运算,你能用一副圆规和一把有刻度的直尺迅速求出任意一个数的平方根吗? 求得这问题的解后,请进一步根据你的解设计一种"求方根仪".

解 这问题超出了一般的要求,它不仅要求只用有刻度的直尺和圆规求出一个数的平方根的方法,而且要用这方法设计一个叫做"求方根仪"的计算器.

要完成这个任务的第一部分,遵循不朽的笛卡儿路线或许最简单. 三百五十多年前他在他的《几何学》(解析几何的先驱)中写道:"如果要求 GH(图1)的平方根,我把这一直线延长 FG(一个单位长度),然后平分 FH 于 K,以 K 为圆心画弧 FIH,从点 G 画垂线,延长到 I,GI 就是所求的根. 这里我不讨论三次根或其他根,因为它们在以后再说更为方便." 用大家熟悉的几何知识可以这样解释:用这方法做了一个 Rt△FIH,它的高 GI 是底边两段的比例中项;其中一段是单位长度,另一段是给定的长 KH,因此$\frac{FG}{GI}=\frac{GI}{GH}$,$GI$ 就是 GH 的平方根.

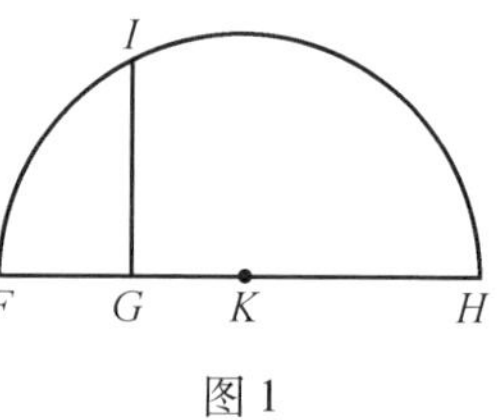

图 1

可惜,这个方法本身对于设计求方根仪没有多大用处,但是已有人应用它的原理做了一个求方根仪,他不用圆来产生直角,而用一个普通的三角板来代替. 他的草图(图2)表示出两根互相垂直的标尺 AB 和 OC. 图上的标志 A 是供小数点前有奇数位的数使用的,而标准 B 是供小数点前有偶数位的数使用的. 这个器具的"指示器"是制图用的透明三角板,三角板的一个边同适当的标志相交,另一个边同那个要求方根的数相交,而顶点同 OC 相交,最后一个交点就是所要求的方根值. 细心的读者会注意到,如果不用两个标志,而只用一个 B,那么,OC 的两边都必须刻上标度,正如下面要介绍的另一种求方根仪一样.

另一种求方根仪建立在抛物线的性质的基础上(图3). 在一根固定的尺子上画有普通坐标纸那样的方格,尺子的下边沿为 X 轴,在原点 O 的右边 1/4 单位处标有一点. 标度与固定尺子相同的另一把直尺,一头钉在这一点上,可绕这

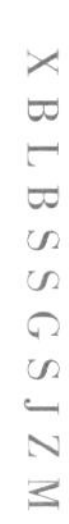

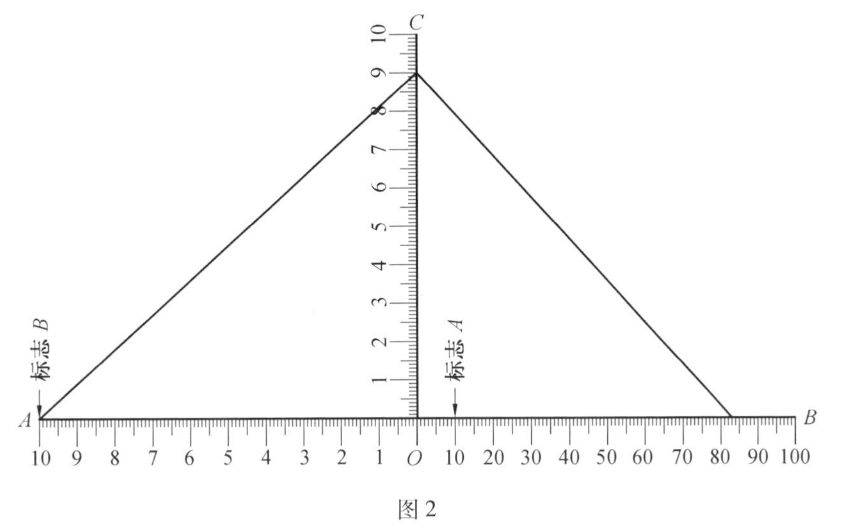

图 2

点自由转动. 要找活动尺子上任意一点所代表的数的平方根，只需逆时针方向转动活动尺，使这一点在固定尺上的横坐标正好等于这个数；这时，它的纵坐标就是平方根. 这是因为该点在方程为 $y^2 = 4AX$ 的抛物线上（因为到焦点和准线的距离相等）.

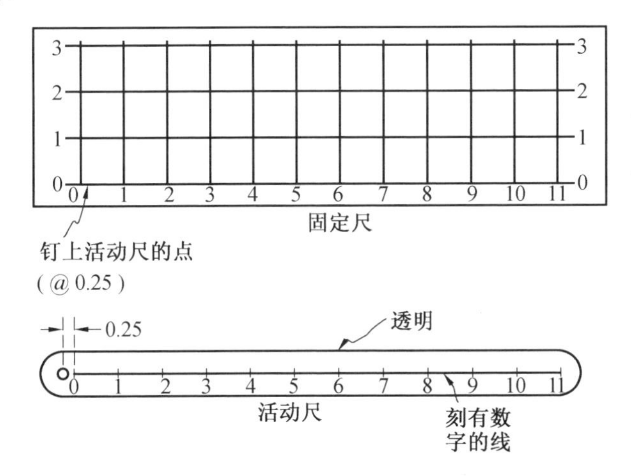

图 3

另一种有趣的求方根仪是建立在这样的关系上：如果直角三角形的斜边是 $n+1$，一个直角边是 $n-1$，那么另一个直角边是 n 的平方根的两倍（图4）. “指示器”是一个制图用的三角板，其一直角边 OB 上的标度比另一个直角边 OA 上的标度大一倍. 标度与 OA 相同的尺子 MN 上标有需要的数. 为了求8（或任意一个8打头，小数点前有奇数位的数）的根，如图所示，应该让 OA 上的7同 MN 上的 9 叠合,这时在 OB 与 M 端零点相交的点上可读出答案 2. 83.

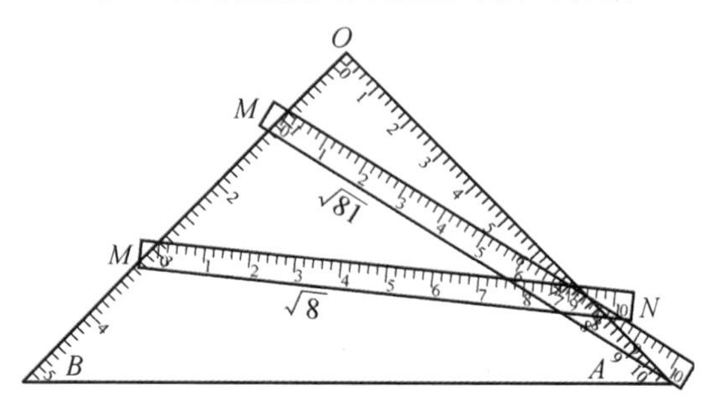

图 4

图中还示出如何用“指示器”求 81 的平方根.

在选择一个求方根仪交付生产前,还可提出图 5 所示的装置供大家考虑. 它利用的原理与笛卡儿使用的原理没有多大区别. 这原理是:直角三角形的斜边上的高把斜边分为两段,每个直角边是与它相邻的一段和斜边的比例中项. 这个方法避免了使用标志,因为只需把活动尺子转到圆上横坐标正好对应于给定的数的那个点,就可在活动尺子上交点处读出平方根. 上标度或下标度的选择要看小数点前有几位(如果是小数,看小数点后有几个零)来确定. 请看图,从上标度可读出 529 的平方根 23,而下标度可读出 64 的平方根 8. 顺便说一说,下标度上 3. 1 左边的刻度是多余的,没有用处.

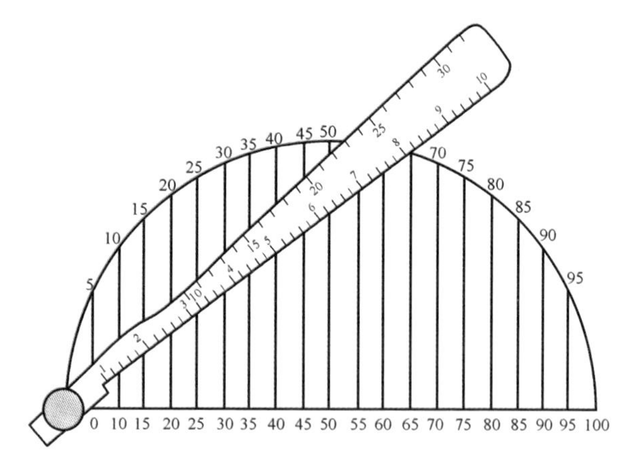

图 5

这后一个求方根仪,像笛卡儿的方法一样,用半圆在顶点自动产生直角,并给出较精确的读数. 然而,以上的非对数求根方法,虽然说明了几何学(包括一般的和解析的)在发明创造中有一些有趣的应用,但是,除了供消遣外,没有多大用途.

❖淘汰制体育比赛

在实行淘汰制的比赛里，如果除了 5 个选手以外，其他选手都退出了比赛，那么，我们可以加进 3 个空额，使得总数仍然是 8 个，设抽签以后 3 个空额都在秩序表末尾(即抽了 6,7,8 号).

问在选手中，能力是第二位的运动员，取得第二名的概率有多大?

解　(1) 如果抽签用淘汰制，那么为使第二名确由选手中能力次强的选手获得，两个最强选手之一应抽第 5 号，这个事件的概率等于下列事件的概率之和.

ⅰ 两个最强选手中第一个抽签的人抽第 5 号;

ⅱ 两个最强选手中第一个抽 1,2,3 或 4 号，而第二个人抽第 5 号.

第一个事件的概率等于 1/5，第二个事件的概率为 $4/5 \times 1/4 = 1/5$，因而，所求的概率等于 2/5.

(2) 不过，安排空额的最正确的方法应该是另一种，例如，这样安排：抽签后在第四、六、八位，这时，第一轮比赛仅成为两个选手(第 1 号和第 2 号) 的一次比赛，在第二轮有两次比赛，第三轮有一次，这样，每个决赛参加者得以至少与一个选手较量. 如果在抽签以后空额在秩序表的末尾，那么会出现这样的情况：最弱的选手在一、二轮轮空而一下子就进入决赛，不难计算，抽签后空额出现在第四、六、八位时，实力是第二位的运动员得到第二名的概率等于 3/5，5 个选手排列在 5 个位子(第 1,2,3,5,7 号) 有 5！种方法，下列抽签的结果可以认为是好的.

ⅰ 最强的选手抽了第 1,2,3 号，次强的抽了 5 或 7 号;

ⅱ 最强的在第 5 号或 7 号，次强的在 1,2 或 3 号.

在这两种情况里，其余的选手可以抽这两个人抽剩的任何号码. 因而，好的抽签结果的总数等于 $3 \cdot 2 \cdot 3! + 2 \cdot 3 \cdot 3!$，所求的概率等于

$$\frac{3 \cdot 2 \cdot 3! + 2 \cdot 3 \cdot 3!}{5!} = \frac{3}{5}$$

(3) 假使空额与选手一样参加抽签，则所求的概率为 4/7.

(4) 我们再考虑一种抽签方法，先抽一次签确定第一轮比赛的各对选手(抽签规定 5 个选手的次序，并填写 3 个空额；在第一轮里 1 与 2 比赛，3 与 4 比赛，5 号轮空)，然后，仍通过抽签在第一轮的获胜者中确定第二轮比赛的各对，能力次强的选手 B 进入第二轮的概率，正是他在第一轮不与最强选手 A 比赛的

概率,这发生在下列情形:

ⅰ A 抽 1 或 2 号,B 抽 3,4 或 5 号;

ⅱ A 抽 3 或 4 号,B 抽 1,2 或 5 号;

ⅲ A 抽 5 号,B 抽 1,2,3 或 4 号.

1 ~ 5 号选手的全排列等于 5!,而对应于 ⅰ,ⅱ,ⅲ 的抽签的好结果,分别有 $2\cdot3\cdot3!$,$2\cdot3\cdot3!$ 和 $1\cdot4\cdot3!$ 种(在这三种情形里,其他选手的分布都是随意的),因而,B 是第一轮比赛优胜者之一的概率是

$$\frac{2\cdot3\cdot3!+2\cdot3\cdot3!+1\cdot4\cdot3!}{5!}=\frac{4}{5}$$

如果 B 在第一轮获胜,则在第二轮里有两个最强的选手 A,B,一个较弱的选手以及一个空额,随着抽签的不同结果,B 或者与较弱的选手比赛,或者与 A 相遇,或者轮空,这三种情形里,有两种情形 B 能进入决赛而得到第二名,因而,如果 B 已在第一轮获胜,那么他在第二轮获胜的概率是 2/3,这样,B 成为第二名的概率是 $\frac{4}{5}\cdot\frac{2}{3}=\frac{8}{15}$,这是本题的又一种解答.

❖一张烧焦了的遗嘱

大侦探梅森被请来破一张烧焦了的遗嘱之谜.百万富翁布朗死于一场大火,留下了一张烧焦了的难以辨认的遗嘱.遗嘱里除了说明要把他的全部遗产均分给他的众多继承人外,还有一个长长的除法运算.不幸,这个除法运算中只有商数中一个数字可辨认,在显微镜下,还可看出图中标出的每个位置上都曾有过数字,然而没有余数(图 1).这些条件对梅森已经足够了.当他用唯一可能的方法填上缺少的数字时,发现除数和被除数正好与继承人数和遗产总价值相符合.请问梅森是怎样推理的?继承人有多少?

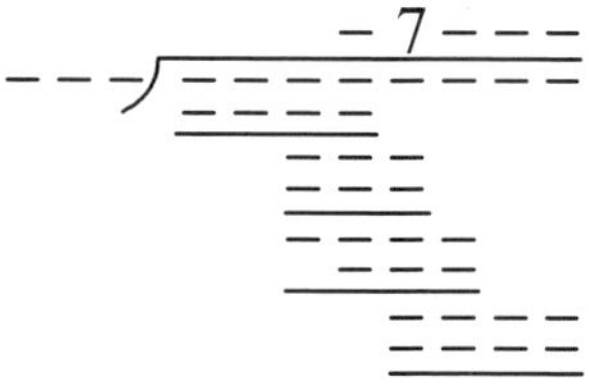

图 1

解 像这本书里大多数问题一样,这个问题的解法也有几百种.为了得出答案,可能要采取十几个步骤,占用好几页的篇幅.事实上,要完全解开这个谜,用三个容易的推理步骤就够了:

(1) 商数的第四个数字显然是零,因为被除数的两个数字必须同时拿下来.

（2）商数的第一个数字和最末一个数字都比第三个大，因为它们与除数的乘积是四个数字，而第三个数字又比第二个数字 7 大，这是因为从一个大的数减去第三个数字与除数的乘积所得的差，比从一个较小的数减去 7 与除数的乘积所得的差大. 这就意味着，商数的第一个数字和最末一个数字是 9，第三个数字是 8. 总之，商等于 97 809.

（3）因为除数的 8 倍不大于 999，这是第三个乘积可能取的最大的数，所以除数不大于 124. 又因为最后一个减法运算的头两个数字不能大于 12，而这两个数字是第三个减法中，一个四位数与第三个乘积的差，四位数至少是 1 000，所以第三个乘积至少是 988，因而除数至少是 124. 因此，除数是 124，商是 97 809. 这意味着百万富翁留下 12 128 316 美元，打算分给 124 位继承人.

现在，请读者拿自己的答案与上述推理作一比较，看能不能进一步简化答案.

❖王国之路

某王国有 16 个城市. 国王希望规划一个道路系统，使得任两城市间的道路互通所经过的中间城市不超过一个. 还规定以每个城市为端点的路不超过 5 条.

（1）试证：所述要求可实现；

（2）试证：如果将数 5 换成 4，那么所述要求不能实现.

解　（1）图 1 是实现所述要求的设计方案示意图.

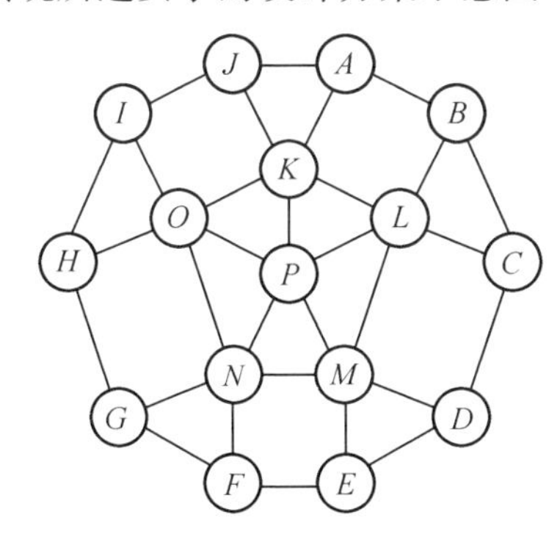

图 1

为了不让太多的线路搅乱视线，在图中未画出以下 10 条道路

$$A\leftrightarrow E, B\leftrightarrow F, C\leftrightarrow G, A\leftrightarrow G, B\leftrightarrow H, C\leftrightarrow I, D\leftrightarrow H, E\leftrightarrow I, F\leftrightarrow J, D\leftrightarrow J$$

鉴于对称性,只需按以下三种情形分别验证即可.

$$P \to \begin{cases} K \to A, J \\ L \to B, C \\ M \to D, E \\ N \to F, G \\ O \to H, I \end{cases} \quad K \to \begin{cases} A \to E, G \\ J \to D, F \\ L \to B, C \\ O \to H, I \\ P \to M, N \end{cases} \quad A \to \begin{cases} B \to C, L \\ E \to F, M \\ G \to H, N \\ J \to D, I \\ K \to O, P \end{cases}$$

(2) 假设每个城市最多引出4条道路,并且任两城市可经过不多于一个中间城市的道路互通. 首先观察图2,如果某个城市引出的道路不多于3条,那么从该城市出发,能按规定道路到达的城市,至多有12个. 因此,从每一个城市引出的道路都有4条.

然后观察图3. 如果某城市引出的道路有4条,并且该城市是某个道路三角形的顶点,那么从该城市出发能按规定到达的城市最多有14个. 接着观察图4. 我们看到,如果不存在三角形道路或四边形道路,那么至少有17个城市. 图5告诉我们,如果某城市是两个道路四边形的顶点,那么总共至多有15个城市. 因此,满足要求的道路网没有任何道路三角形,并且每个城市恰为一个道路四边形的顶点.

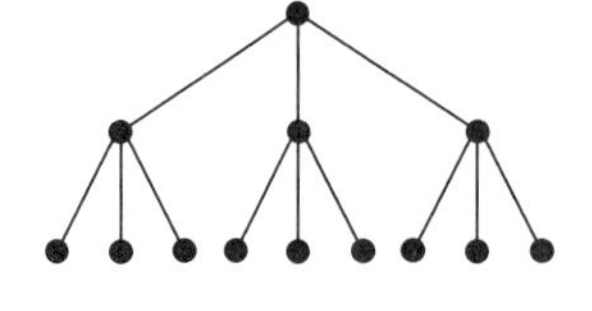

图2

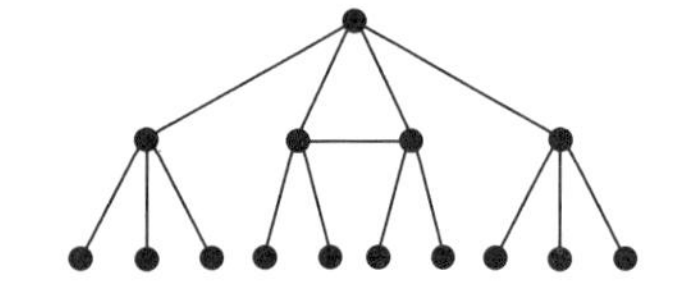

图3

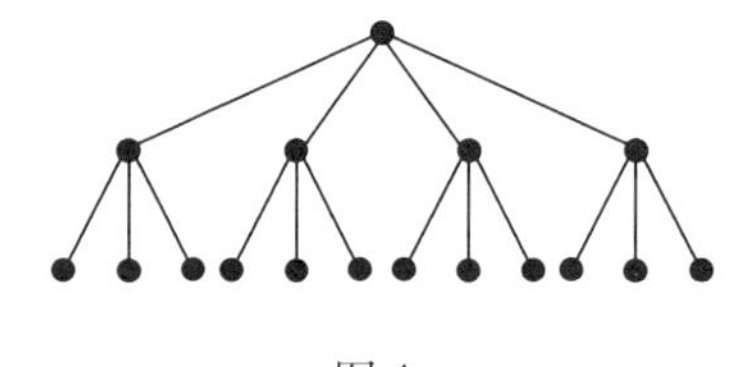

图4

设道路网中两两无公共点四边形为 $A_jB_jC_jD_j$, $1 \leqslant j \leqslant 4$. 城市 A_1 除了所在道路四边形的两条道路以外,另外还有两条道路引出,其中无一条通往 C_1(否则将形成道路三角形). 这两条路也不能都通往第 k 个四边形($2 \leqslant k \leqslant 4$),否则会出现道路三角形或者第5个道路四边形(使得某些点是两个道路四边形的顶点). 不妨设从 A_1 引出的另两条路当中,第一条通往 A_2,第二条通往 A_3. 我们用(2,3)给 A_1 标号,表示有一条道路通向第2个道路四边形,另有一条道路通向第3个道路四边形. 因为 A_1 必须能经过至多一个中间城市到第4个道路四边形中的城市,所以 A_2 和 A_3 各有一条道路通往第4个道路四边形的两个城市. 从 B_1 和 D_1 也各有一条道路通向第4个道路四边形的另外两个城市. 不妨设 B_1 的标号为(2,4),D_1 的标号

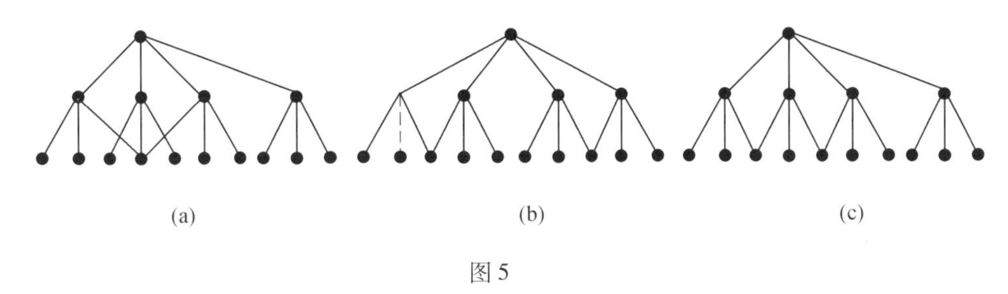

图 5

为(3,4).

请注意,B_1 与 D_1 的标号不同,并且都与 A_1 的标号不同. 由于对称性,三城市 A_1,B_1,C_1 的标号也各不相同. 于是,C_1 的标号只能是(3,4). 但这样 C_1 和 D_1 就会有同样的标号. 矛盾!

❖从一根杆子到另一根杆子

老师领着一群孩子在操场上做游戏. 老师说:"大家都到杆子这儿集合. 下面每个人依次从这根杆子跑到西墙,在墙上用粉笔做个记号,然后再跑到在那边的那根杆子. 我来给你们卡表,看谁跑得最好." 起点杆子离西墙有 70 英尺,终点杆子位于起点杆子的东北 90 英尺处(图 1). 每个孩子跑的速度都一样,但是小华花的时间最少. 你知道他跑的线路吗?

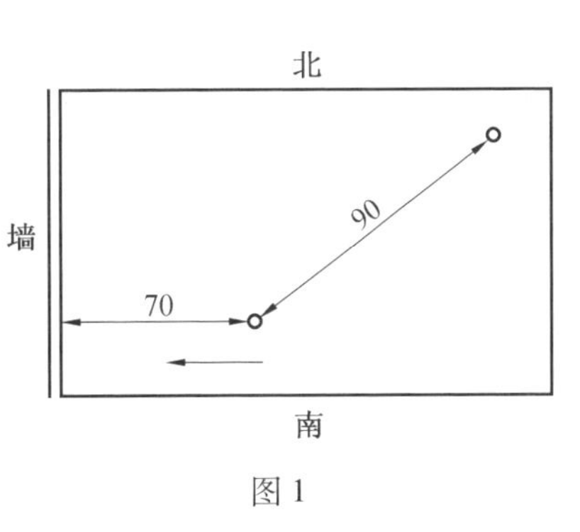

图 1

解 跟本书里很多问题一样,用较高深的数学分支(三角学和微积分)来求解似乎是很自然的. 虽然这能得出正确的答案,但是与最好的方法比起来,显得既冗长又要绕大弯. 一个费劲的方法是使一阶导数等于零,建立一个方程(见下文),然后解出未知边或未知角. 一个简洁的方法在于先弄明白:不管小华在墙上选哪一点,如果我们想象起点杆移到墙的另一边离墙同样远的地方,那么起点杆到墙上那一点的距离不变(因为两个三角形全等). 欧几里得在 2 300 多年前就指出,"直线是两点间的最小距离",因此很明显,如果小华在墙另一边那个想象的起点和终点的连线上选点(图 2),那么他的线路最短. 显然,要是西墙是一面大镜子,那个想象的起点杆正好就是真正的起点杆的"映象".

同样的分析可用到起点杆和终点杆的"映象"的连线上. 从图可清楚看出,小华跑的线路,用航海术语来说,就是先向西偏北17°21′跑,然后以东偏北17°21′方向折回. 这是因为

$$\frac{90\sin 45°}{90\cos 45° + 70 + 70} = \tan 17°21'$$

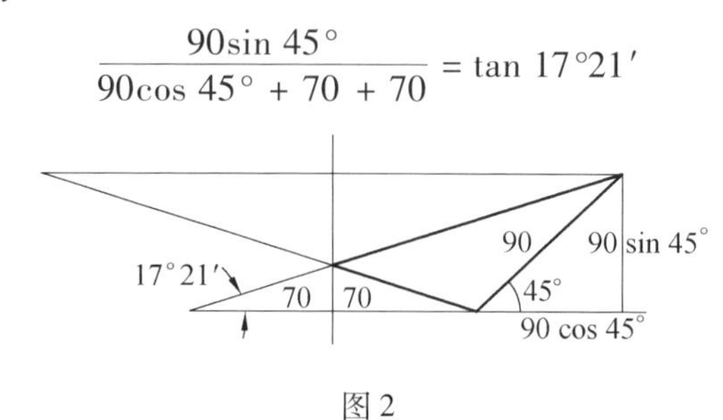

图 2

为了与这简练的解法作比较,下面给出了一个虽然正确但挺麻烦的迂回方法,它使用了微积分,分五个步骤进行:在墙上取一点 C(图 3),使$(a+b)$为最小. $RP=TQ$. 假设 $CQ=x$ 英尺,那么 $TC=(63.63-x)$ 英尺. 现在我们来确定当 x 取什么值时,$(a+b)$的值最小.

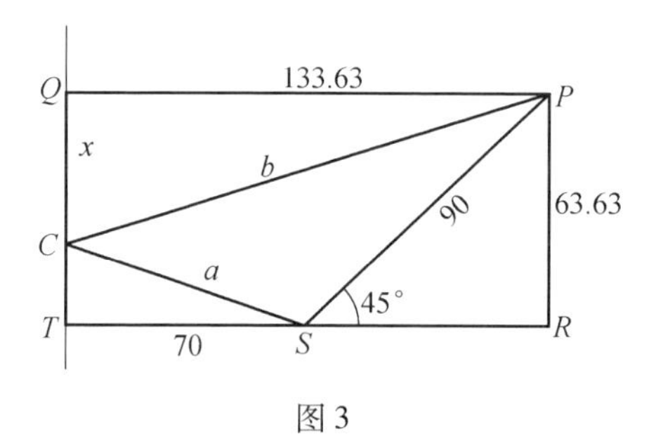

图 3

1. $a=\sqrt{70^2+(63.63-x)^2}$, $b=\sqrt{x^2+133.63^2}$.

2. 为了求出$(a+b)$的最小值,我们必须把这个和对 x 微分,然后让它等于零,以便求 x 的临界值:

$$\frac{\mathrm{d}(a+b)}{\mathrm{d}x}=\frac{\mathrm{d}a}{\mathrm{d}x}+\frac{\mathrm{d}b}{\mathrm{d}x}=\frac{1}{2}\left(\frac{2x-127.26}{\sqrt{x^2-127.26x+8\,950}}\right)+$$

$$\frac{1}{2}\left(\frac{2x}{\sqrt{x^2+17\,857}}\right)=\frac{x-63.63}{a}+\frac{x}{b}$$

3. 让上面导数等于零:

$$\frac{x}{b}+\frac{x-63.63}{a}=0$$

即

$$\frac{x}{b}=\frac{63.63-x}{a}$$

4. 这个比例式只有当 x 的值使 $\triangle STC$ 与 $\triangle PCQ$ 相似才成立.

5. 既然 ST 和 PQ 为已知(70 英尺,133.63 英尺),那么,CT 和 CQ 就可由比例式或下列等式求出:

$$\frac{70}{133.63}=\frac{63.63-x}{x}$$

由此得出

$$x=41.75\text{ 英尺}=CQ$$

$$TC=63.63-41.75=21.88(\text{英尺})$$

小华在到达墙上点 C 后,作好记号就跑向终点 P. 点 C 位于墙上 21.88 英尺处(图 3).

❖聊天小组

一次集会有 n 对夫妇参加,每个人在一段时间内属于某一个聊天小组,称之为团,每个人与他(她)的配偶从不在同一个团内. 除此而外,每两个人都恰有一次在同一个团内,证明:若 $n\geqslant 4$,则团的总数 $k\geqslant 2n$.

证明 设成员 i 参加 $d_i(d_i\geqslant 2)$ 个团.

(1) 存在 $d_i=2$,设 i 仅为团 C_1,C_2 的成员,则 $|C_1|=|C_2|=n$,将 C_1 的元素与 C_2 的元素搭配,得出在 $n\geqslant 4$ 时有

$$k\geqslant 2+(n-1)(n-2)\geqslant 2n$$

(2) 若所有的 $d_i\geqslant 3$,对每个 i,对应一个待定数 x_i,令 $y_i=\sum\limits_{i\in C_j}x_i$,则

$$\begin{aligned}\sum_j y_j^2&=\sum_j\left(\sum_{i\in C_j}x_i\right)^2=\sum_j\sum_{i\in C_j}x_j^2+2\sum_j\sum_{i,k\in C_j}x_ix_k=\\&\sum_i x_i^2\sum_{i\in C_j}1+2\sum_j\sum_{i,k\in C_j}x_ix_k=\sum_i d_ix_i^2+2\sum_{i(\text{不为}k\text{的配偶})}x_ix_k=\\&\left(\sum_i x_i\right)^2+\sum_i(d_i-1)x_i^2-2\sum_{i(\text{为}k\text{的配偶})}x_ix_k\geqslant\\&\left(\sum_i x_i\right)^2+\sum_i(d_i-2)x_i^2\geqslant\sum_i(d_i-2)x_i^2\geqslant\sum_i x_i^2\end{aligned}$$

从而在所有的 $y_j=0$ 时必有所有的 $x_i=0$. 由线性代数,在线性方程组 $\sum\limits_{i\in C_j}x_i=0(j=1,2,\cdots,k)$ 仅有零解时,$k\geqslant 2n$.

3 对夫妻 $\{1,4\}$,$\{2,5\}$,$\{3,6\}$ 组成 4 个团 $\{1,2,3\}$,$\{3,4,5\}$,$\{5,6,1\}$,$\{2,4,6\}$ 满足条件,这表明 $n\geqslant 4$ 是不可取消的.

❖投票问题

有一次竞选村长，史密斯顺利地以300票对200票击败了另一候选人琼斯. 投票结束后，在村公所清点选票，一票接一票在候选人名字下记下票数. 琼斯虽然最终失败了，但是清点了第一张选票后，在清点票的过程中琼斯的记录至少有一次等于史密斯的记录的概率有多大？还有，如果赢方和输方所得的票数不是300和200，而是 a 和 b，那么，概率又是多大？

解　利用概率论里常用的定理来解这个有趣的问题，可以有各种各样解法. 然而，本题可以简单地"用镜子"求解. 如果用A表示赢者史密斯得的一票，用B表示输者琼斯所得的一票，那么，逐票清点、登记，结果列出一个用300个A和200个B按某种次序排列的"序列". 把至少出现一次"平局"（即在清点过程中两候选人的记录相等）的序列个数除以各种可能的序列的总数，就是所要求的概率. 确定这个商数的一个捷径是先考虑一个序列中首次出现平局的情况. 比方说，点到第八票时出现第一次平局，选票按清点次序为AABABABB. 不管剩下的492张票怎样排列，每一个以这八票开头的序列都可以与一个以这八票颠倒过来排列的BBABABAA开头，而后面492票完全相同的序列配对. 这两个序列的头八票就像照镜子一样，互成映象. 对于清点了两票就首次出现平局（这是最小的情况），或者清点了400张票才首次出现平局（这是最大的情况），或者介于两者之间的情况，都可以作如上的分析. 于是可以得出结论说：所有出现平局的序列中有一半是以A打头的，另一半是以B打头的. 因为A最后总是超过B，所以很明显，凡是以B开头的序列都必定会在某处出现一次平局. 因此，有利序列是B打头的序列个数的两倍. B打头的序列占全部序列的 $200/(200+300)$，即 $2/5$，因而出现平局的序列是它的两倍，即 $4/5$. 这就是所要求的概率. 至于一般的数 a 和 b，概率是 $2b/(a+b)$. 我们当场检验一下这个分析，设总共有5票，A得3票，B得2票，下面是所有可能的10个序列：

1. AAABB　　6. BBAAA
2. AABAB　　7. BAABA
3. ABAAB　　8. ABABA
4. BAAAB　　9. ABBAA
5. AABBA　　10. BABAA

这10个序列中，后八个出现平局，4个A打头，4个B打头. 出现平局的序列是配对编排的，它们分别在第二票，第四票，第二票，第二票出现平局，最后两对序列后来还出现平局，不过那不是主要的.

另一种探讨方法是引进包括所有选票的任意一个序列的“起始点”的概念. 序列在这里被看成是一个选票圆圈. 在一个完整的序列里，共有$(a+b)$处可作为“起始点”，其中有$2b$个产生平局. 我们拿9张选票，5张A票，4张B票作例子. 在图1里我们用一节上升的线段表示A票，用下降线段表示B票. 当选票折线与经过起始点的水平线相交时出现平局. 对应于折线中每一个代表B票的降落，有两个并且只有两个独立的起始点通过它们的水平线，在一周长内与折线相关或相接触. 其一在B票之前，因为这一点右边那个点比它低，而到一周的末尾总是比它高. 其二可以从仅挨着B票后面的点沿着水平线往左找，第一个与折线相交或者相触的点就是起始点. 因此，序列总数的$2b/(a+b)$出现平局. 用这种方法分析上面列出的10个序列，这里只有两种圆圈，1，4，5，6，9序列属于一种圆圈，2，3，7，8，10属于另一圆圈. 每个圆圈里，五个可能的“起始点”中，有四个起始点产生平局.

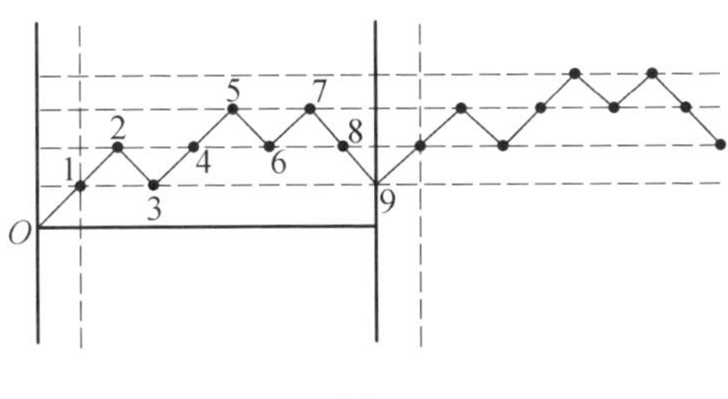

图1

❖数表取数

试证：在10×10表

0	1	2	3	4	5	6	7	8	9
9	0	1	2	3	4	5	6	7	8
8	9	0	1	2	3	4	5	6	7
7	8	9	0	1	2	3	4	5	6
6	7	8	9	0	1	2	3	4	5
5	6	7	8	9	0	1	2	3	4

4	5	6	7	8	9	0	1	2	3
3	4	5	6	7	8	9	0	1	2
2	3	4	5	6	7	8	9	0	1
1	2	3	4	5	6	7	8	9	0

的不同行及不同列中共取出10个数,则必有两个数相同.

证明 将已给表中的第 i 行第 j 列的元素记作 a_{ij},将第 j 列中元素记为 $b_{ij}=j-a_{ij}$,于是原来表变为新表:

1	1	1	1	1	1	1	1	1	1
-8	2	2	2	2	2	2	2	2	2
-7	-7	3	3	3	3	3	3	3	3
-6	-6	-6	4	4	4	4	4	4	4
-5	-5	-5	-5	5	5	5	5	5	5
-4	-4	-4	-4	-4	6	6	6	6	6
-3	-3	-3	-3	-3	-3	7	7	7	7
-2	-2	-2	-2	-2	-2	-2	8	8	8
-1	-1	-1	-1	-1	-1	-1	-1	9	9
-0	-0	-0	-0	-0	-0	-0	-0	-0	10

将负数和 -0 加上10,所以各行相等,它们是1,2,…,9,10. 即有

$$b_{ij}\equiv i\pmod{10}$$

所以

$$a_{ij}\equiv j-i\pmod{10}$$

用反证法证明如下. 如果在原表中能从第1行中取出 a_{1i_1},第2行中取出 a_{2i_2},…,第10行中取出 $a_{10i_{10}}$,它们是10个不同数,这证明了

(1) 对 $a_{1i_1},a_{2i_2},\cdots,a_{10i_{10}}$ 而言,$i_1,i_2,\cdots,i_{10}$ 为1,2,…,10的一个排列;

(2) $a_{1i_1},a_{2i_2},\cdots,a_{10i_{10}}$ 为0,1,…,9的一个排列.

所以

$$i_1+i_2+\cdots+i_{10}=1+2+\cdots+10=55$$

$$a_{1i_1}+a_{2i_2}+\cdots+a_{10i_{10}}=0+1+\cdots+9=45$$

而

$$b_{1i_1}+b_{2i_2}+\cdots+b_{10i_{10}}\equiv 1+2+\cdots+9=45$$

因此

$$b_{1i_1}+b_{2i_2}+\cdots+b_{10i_{10}}\equiv 5\ (\mathrm{mod}10)$$

然而

$$b_{1i_1}+b_{2i_2}+\cdots+b_{10i_{10}}=(i_1-a_{1i_1})+\cdots+(i_{10}-a_{10i_{10}})=(i_1+i_2+\cdots+i_{10})-(a_{1i_1}+\cdots+a_{10i_{10}})=55-45=10$$

所以我们证明了

$$b_{1i_1}+\cdots+b_{10i_{10}}\equiv 0\ (\mathrm{mod}\ 10)$$

这推出矛盾. 至此证明了在不同行及不同列取出的数,至少有两个相同.

❖卡车过沙漠

一辆重型卡车来到400英里(1英里=1.609千米)(图1)宽的沙漠边沿. 卡车平均每走1英里消耗1加仑(1加仑=4.546升)汽油,卡车本身加上备用油箱最多只能装180加仑汽油,显然,如果不在沙漠中设几个贮油站,卡车是通过不了沙漠的. 在沙漠的边沿有充足的汽车可供使用. 请设计一个最优的运行方案,使汽车消耗最少量的汽油开过沙漠.

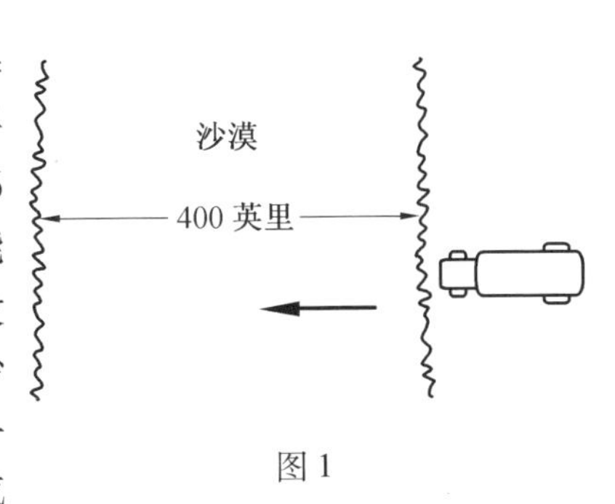

图1

解 大多数能出色地解决这个问题的人,都怀疑生活中是否真的有这样离奇的事,然而他们都同意,这是一个很好的例子,说明只要清晰地进行分析,即使是数学知识有限的人也能想出正确的答案. 把运行过程画成图2,然后倒过来,从目的地开始一步一步往起点方向推导. 因为是一辆重型卡车,所以,可以认为装载多少汽油对它的耗油率(每英里耗1加仑)没有多大影响.

很明显,卡车到达最后一个贮油站A时,最好是剩下的汽油加上贮存在贮油站的汽油足够180加仑,这样最后的行程就可达到最大的可能距离180英里. 为了得到这180加仑,至少必须从前一站B开两趟车,这意味着,卡车载满限额

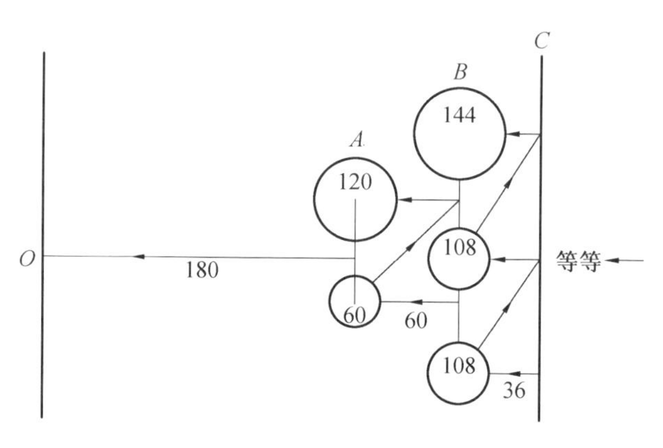

图 2

180 加仑，走到 A 处放下一部分汽油后，回到 B 时油正好用完，然后再装 180 加仑，走最后一个单程. 为了攒足所需要的 180 加仑，卡车在三个单程中的总耗油量必须是180 加仑，所以每个单程是60 英里. 同理，当卡车最后一次从 C 站到达 B 站，准备往 A 站开时，必须攒足 360 加仑（包括油箱里剩的），以便在 B 和 A 之间跑三趟60 英里，然后从 A 跑 180 英里到 O. 这就需要跑5 个单程，由图可明显看到，C 到 B 的距离是180/5，如果需要，可以解代数方程 $2(180-2x)+(180-x)=360$ 来证实. 方程的解是 $x=36$ 英里.

显然，卡车需要贮备的汽油，每一站比前一站少 180 加仑；因为每两站之间，运输用去 180 加仑. 从终点开始，相邻两站的距离分别是 180，180/3，180/5，180/7，等等，一直到 180/21，即 180，60，36，25. 714，20，16. 364，13. 846，12，10. 588，9. 474 和 8. 571，总共是 392. 557，还剩 7. 443 英里（不是 180/23 = 7. 826（英里））. 7. 443 英里就是第一个贮油站离沙漠边沿最合理的距离. 如上所述，卡车必须在第一站攒够 11×180 即 1 980 加仑油，加上运输需用 23×7.443 加仑，总共需要 2 151. 189 加仑. 从起点到第一站，头十一趟每趟贮备 $180-2\times7.443$ 即165. 114 加仑汽油，最后一趟到第一贮油站时车上至少应该还剩下 163. 746 加仑.

❖切去一角

在一张大纸的一角印有一个小矩形，我们希望把这张纸的一角切下去以去掉矩形，且我们想用直尺沿某条直线 AB 把此角切下. 证明：切下去的纸的面积至少有矩形的两倍，并指明切法.

证明 在原矩形上面和旁边各作一个矩形,使每一个都全等于原矩形,如图1所示. 过P作一线段AB,且切下纸的该角,如果点A位于U下面,则X必位于V之上,因为$\triangle AQP$和$\triangle XRP$是全等的,由此推出,B位于V的右边.

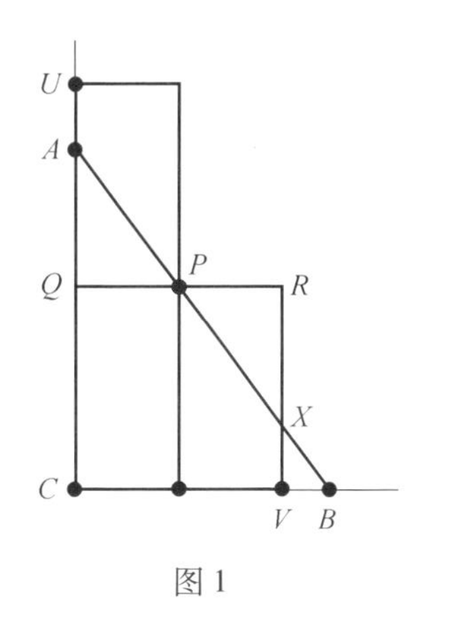

图1

在这种情况下,因为$\triangle AQP$和$\triangle XRP$的面积相等,因此$\triangle ABC$的面积等于矩形$QRVC$和$\triangle XVB$的面积之和. 所以$\triangle ABC$的面积比原矩形面积的二倍多出$\triangle XVB$的面积.

类似地,如果A位于U上面,则B位于V的左边,而在这种情况下,将有$\triangle YUA$(没有表示出来),其面积就是$\triangle ABC$的面积比原矩形面积两倍多出来的量. 最后,如果$A=U$,则X,V和B重合,在这种情况下,$\triangle ABC$的面积刚好是原矩形面积的两倍,所以这是最好的可能.

❖平分线段

有人必须平分一根线段,但是他手头除了一副圆规以外,什么工具都没有. 他该怎么办呢?

解 许多人曾给出这个问题的答案,但其中有很多是错误的,他们违反了不许使用直尺的限制. 有个人甚至用叠纸的办法获得直线,这个办法是不允许的. 有的人用画切线来找中点,由于精确度没保证,所以答案也不能认为是正确的. 不过,也有各种各样复杂的,给出证明的正确答案. 其中最简单的答案如下. 如图1,以A为圆心,以AB为半径画半个圆;再以同样的半径,以B为圆心画一段弧. 从点B开始,用固定的半径AB在半圆上连续截三段弧,以便确定点C的位置. 再以CB为半径,C为圆心,画圆弧与前面画的以B为圆心的圆弧交于点D. 最后以原来的半径AB,以点D为圆心画圆弧与AB相交于E,这就是要求的AB的中点. 图1里的虚线只是为了证明用的. 因为三个相接连的、其弦等于半径的弧对应于一个半圆,所以C处在BA的延长线上;又两个$\triangle BCD$、$\triangle EDB$都是等腰的,且有一公共的底角,所以它们是相似三角形. 既然CD是BD的两倍,因此EB是BD的一半,即AB的一半.

这里我们再介绍另一个有趣的答案,不过这个答案是错误的(图2). 大圆

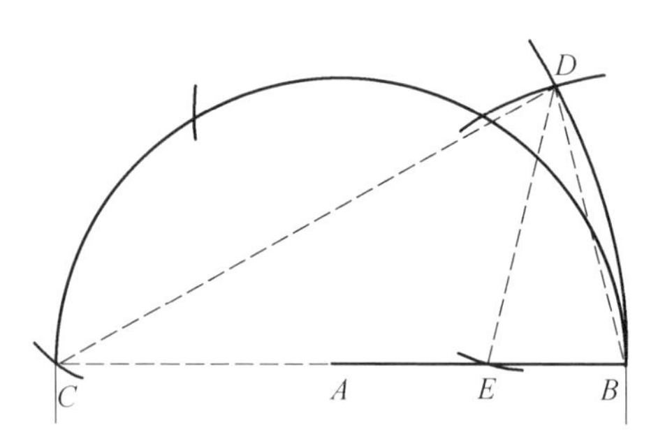

图 1

和圆上的弧 AC,CD 和 DE 的画法跟前面一样. 下一步,以 E 为圆心,AD 为半径画弧截 AB 于点 F,再以 E 为圆心,DF 为半径画弧截 AB 于所谓的中点 G. 实际测量一下,结果似乎是正确的. 寻找这个答案的错误本身就是一道很有意思的问题,读者如果有兴趣,现在就可以试一试. 如果你想解决这道补充题,那么可像图 2 那样联结几条直线. 设 $AB=BE=r$. 由 $BD=DE=EB$,得 $\angle BDE=60°$,因而 $\angle ADB=30°(\angle ADE=90°)$,$\angle DAB=30°$. 因为 $AD=EF=r\sqrt{3}$,因此 $FB=r(\sqrt{3}-1)$. 作 DH 垂直于 BE,由 $FH=r(\sqrt{3}-1/2)$ 和 $DH=r\sqrt{3}/2$,可求出 Rt$\triangle DHF$ 的斜边 DF 的长,也就是 EG 的长

$$r\sqrt{(\sqrt{3}-1/2)^2+(\sqrt{3}/2)^2}=r\sqrt{3-\sqrt{3}+1/4+3/4}=r\sqrt{4-\sqrt{3}}=r\sqrt{2.27}$$

由于 EG 的长应该是 $r\sqrt{2.25}$,可见,这个答案有一个微小的误差.

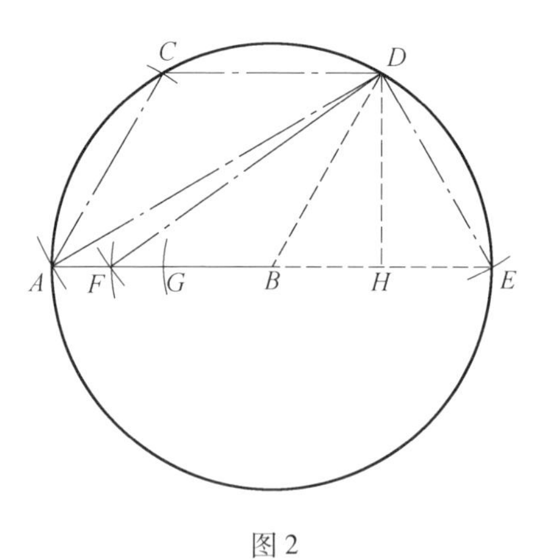

图 2

❖耳光响亮

450 名议员中每一位都恰好打了他的同事之一的耳光. 试证:他们能够选出150 人组(只一个小会议),他们中任一人都没有打过这个小会议的议员的耳光.

证明　确定第一位议员,放在圆周上. 他打了某位议员一记耳光,将这位议员按逆时针方向放在第一位议员之后. 这样依次作下去,显然存在一个圈,每人打了(按逆时针方向)下一位议员的耳光. 因此450 议员排成 n 个圈,以及 m 个两人一对(他们互相打耳光). n 个圈中议员数分别为 $a_1,\cdots,a_n$,于是

$$a_1+\cdots+a_n+2m=450$$

而 $a_i\geqslant 3,1\leqslant i\leqslant n$. 所以 $450\geqslant 2m+3n$.

注意到 $a_i\geqslant 3$,所以 $n\leqslant 150$. 将在一个圈中的议员标以数字,取出标号为偶数的议员,他们之间没有一人挨过另一人的耳光,且未打过另一人的耳光,且此圈外的人之间也是如此.

(1) a_i 偶,共取出$\frac{a_i}{2}$ 位,即【$\frac{a_i}{2}$】(即不大于$\frac{a_i}{2}$ 的最小整数) 位;

(2) a_i 奇,共取出$\frac{a_i-1}{2}$ 位,即【$\frac{a_i-1}{2}$】=【$\frac{a_i}{2}$】位.

所以共取出

$$\sum_{i=1}^{n}【\frac{a_i}{2}】+2m$$

位,再在两人构成的圈中任取一人. 题目要求

$$【\frac{a_1}{2}】+\cdots+【\frac{a_n}{2}】+m\geqslant 150$$

事实上,由 $a_i\geqslant 3$,所以 $2m+3n\leqslant 450$,即 $n\leqslant 150$. 而

$$【\frac{a_i}{2}】\geqslant\frac{a_i-1}{2},1\leqslant i\leqslant n$$

所以

$$\sum_{i=1}^{n}【\frac{a_i}{2}】+m\geqslant\sum_{i=1}^{n}\frac{a_i-1}{2}+m=\frac{1}{2}(\sum_{i=1}^{n}a_i-n)+m=$$

$$\frac{1}{2}(450-2m-n)+m=225-\frac{n}{2}$$

因 $n \leqslant 150$,所以$\frac{n}{2} \leqslant 75$,因此

$$\sum_{i=1}^{n}\left[\frac{a_i}{2}\right] + m \geqslant 225 - 75 = 150$$

至此证明了本题.

❖何时开始下雪

在某城,一天上午开始下雪,以均匀的降雪率下了一整天. 中午扫雪车开始清除马路上的积雪. 头一个小时扫了一英里(图 1),第二个小时扫了半英里. 请问上午何时开始下雪?

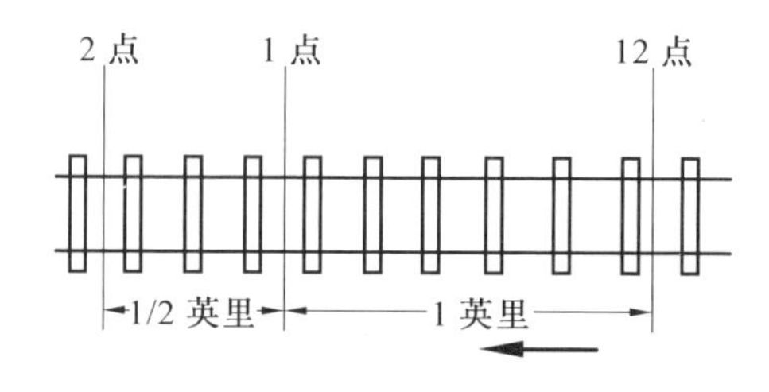

图 1

解 不少人错误地认为,上午 11:30 开始下雪. 下面是这类答案的一个典型例子:假设扫雪车每小时扫除相同体积的雪. 如果扫雪车第二个小时走的距离是第一个小时的一半,那么,第二个小时扫除的雪的平均厚度是第一个小时的两倍. 因为下雪量不变,所以每一小时内的平均厚度可以在第 30 分钟时测量出现. 又因为12 点开始扫雪,下午1:30 时雪的厚度是12:30 时雪的厚度的2 倍,因此,雪是从上午 11:30 开始下的(图 2).

事实上,采用平均的方法是错误的. 虽然雪的深度与时间有线性关系,因而可以对时间求雪的平均深度. 但是,如果认为,因为第二个小时扫雪车走的距离是第一个小时的一半,所以第二个小时雪的平均深度是第一小时的两倍,那就错了. 从扫雪车在宽度一致的路面上每小时扫除等量(按立方英尺计算) 的雪这样的假设出发,显然,单位时间内走的距离与时间(从开始下雪算起) 成反比. 这就是说,为了找出代表雪深度的直线在什么地方通过原点(即什么时候开始下雪),我们必须列出能代表实际情况的方程,即扫雪车头一个小时走的距离是第二个小时的两倍的方程.

用平均深度进行推理就等于说,平均值的乘积等于乘积的平均值,这是大

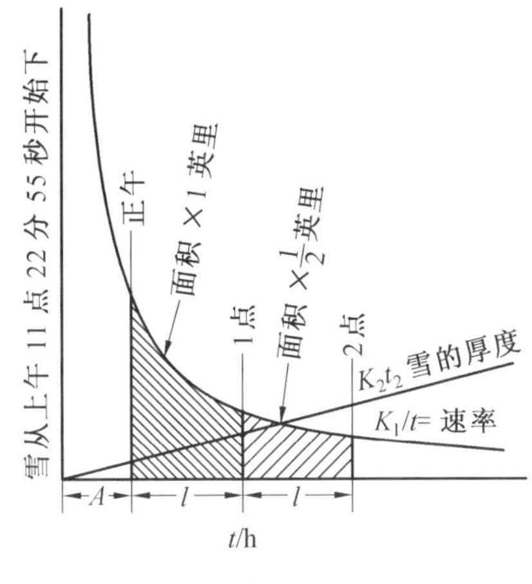

图2

家都知道的谬论,也是很容易验证的. 先写出三个数1,2,3,然后在它们下面写出成反比的三个数6,3和2. 可以看出,这两组数的乘积的平均值是6,而平均值的乘积却是$7\frac{1}{3}$.

看来这道表面上挺简单的问题,不依靠牛顿和莱布尼兹(他们两人到底是谁发现了微积分,历史上没有结论)是解决不了的. 不过,你要是愿意,还可再试试别的方法. 扫雪车走的距离可表示为扫雪车的瞬时速度与时间(小区间)之积的总和;第一个小时的总和是第二个小时的两倍(不需要距离的实际英里数,只要用它们的比值).

既然假设任何单位时间内排除的雪的体积是常数,那么瞬时深度与车前进的距离之积是常数. 这就是说,车速与深度成反比. 由于降雪均匀,雪深度与时间成正比,于是可列出方程

$$\int_{A}^{A+1}\frac{k}{t}\mathrm{d}t=2\int_{A+1}^{A+2}\frac{k}{t}\mathrm{d}t$$

其中A代表开始降雪到中午这段时间. 由此得

$$\log\frac{A+1}{A}=2\log\frac{A+2}{A+1}$$

$$\frac{A+1}{A}=\left(\frac{A+2}{A+1}\right)^2$$

再简化为

$$A^2+A-1=0$$

这个方程的正根是$A=0.618$,可见,降雪在上午11:23开始.

❖一万年太久

在从 1984 年 1 月 1 日开始往后的 7 000 000 年这一时间段内，将有 84 000 000 个月，而每个月的13 日将为一周七天中的一天. 所以，似乎看来在这个时间段内将有$\frac{1}{7} \times 84\ 000\ 000 = 12\ 000\ 000$个星期五是 13 日. 如果假定在这段时间内年历不变，那么在 7 000 000 年内刚好有 12 000 000 个星期五是 13 日这个断言对不对？检验答案.

解 想象把7 000 000 年这一阶段分成7 000 000/400 = 17 500 个区间，每个区间400 年，假设第一个区间内刚好有 N 个星期五是13 日. 我们将证明每400年的区间段内同样有 N 个星期五是 13 日，所以在 7 000 000 年这段时间内的总数为 17 500N 个星期五是 13 日. 这不可能等于 12 000 000，因为 17 500 不能整除 12 000 000，所以结论是不对的.

在 400 年内，有 97 年是闰年(除能被 100 但不能被 400 整除的年除外，每四年一次)，所以，400 年内包含了 97 个 2 月 29 日，而有 400 × 365 个其他日子，总数为 146 097 天. 因为 146 097 = 20 871 × 7，这是总的周数，所以 2 384 年 1 月 1 日与 1984 年 1 月 1 日在一周中的排序是一样的(即 1984 年 1 月 1 日是星期几，2 384 年 1 月 1 日也是星期几)，由此，1984 年 1 月的日历的页数与 2 384 年 1 月的日历的页数是一样的，而且事实上，第二个400 年内的日历与第一个400 年是每个月都一样的(例如，2004 年 2 月 29 日与 2404 年 2 月 29 日在一周中的排序是一样的)，所以在 7 000 000 年的第二个(以及接下去的每一个)400 年阶段内，都有 N 个星期五是 13 日.

❖电工学徒

如图 1，有个电工命令他的学徒划船过河，把 21 根电线拉过河，接到对岸一个配电盘上. 笨拙的学徒回来对师父说，他忘了在线头上贴标签. 师父嚷道："去！快回去给我贴上标签！别带不必要的工具，并用最少的过河次数给我标上."这个学徒该怎样做呢？

解 解决这道有趣的问题，虽然不需要任何正式的数学分支，但是，这一类型的问题,需要数学头脑,解法也新颖. 数学曾被描绘成一种“经济的思考方法”. 确实,下面叙述的最简单的解法就需要非常清楚的头脑. 因为这个方法对任何奇数根导线都适用,所以为简单起见,图 1 中只画出 11 根导线来解释三个步骤. 具体的做法是:如图 2,电工学徒把 20 根导线分成 10 对,分别拧在一起,留下一根. 他把每一对拧在一起的导线接通后,带着欧姆表或蜂鸣器划船过河. 他用连通与否来确定 10 对拧在一起的导线,并给它们标上 $1a,1b;2a,2b;3a,3b;\cdots;10a,10b$. 单独的第21 根给标上 G. 然后,分别接通 G 和 $1a$,$1b$ 和 $2a$,$2b$ 和 $3a$,$3b$ 和 $4a$,$\cdots$,$9b$ 和 $10a$,$10b$,并划船回来,把接通的导线断开,但仍让它们拧在一起. 他找出与 G 连通的导线,并标上 $1a$,跟 $1a$ 拧在一起的标上 $1b$,然后找出与 $1b$ 连通的导线,标上 $2a$,跟 $2a$ 拧在一起的标上 $2b$. 这样继续往下找,一直找到 $10a$ 和它的伙伴 $10b$. 至此,他就把所有的导线都区别开来了.

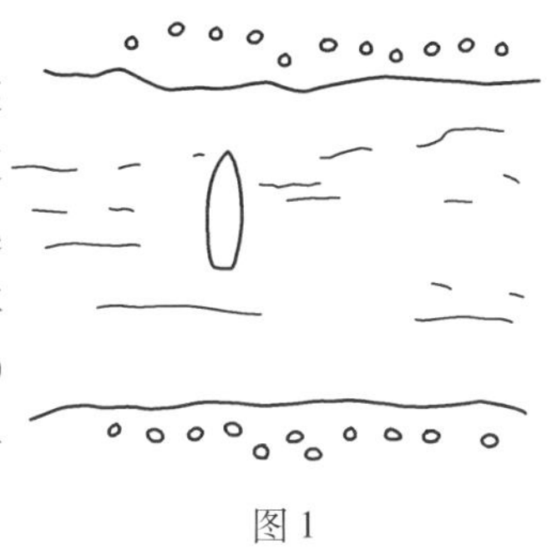
图 1

作为比较,再介绍另一种方法. 这种方法也只需要电工乘船划一个来回,但是比起上述方法来难理解得多. 这方法适用于一切“等边三角形数”. 所谓“等边三角形数”是指这样的数,即用这么多个硬币可摆成一个等边三角形. 这种数有 6,10,15,21(如本题),28,36 等. 这种解法的原理是:首先,过河前用跨接线把21 根电线分成1 根,2 根,……,6 根等六组,过河后用测试连通法鉴别每一根电线属于哪一组. 不跟别的电线通的电线是第一组,标上 1 号;只彼此相通的两根电线是第二组,标上 2 号,3 号;三根电线,其一只与另两根连通,是第三组,标上 4,5,6,往下照此处理.

然后电工学徒把 21 根电线重新分成 6 组,并接通,使得每一组内的电线在彼岸分属于不同的组. 这听起来有点混乱,但可以像图 3 所示的那样把每组数写出来,然后再把同列的数重新分成一组,就可迅速完成. 即使同一组里的几个数不是按大小顺序写的,也同样可达到目的. 然后,电工乘船划回来,在电线上标上它原属第几组后,把它们分开. 然后用测试连通法把电线分成与对岸接通的 6 个组. 现在就可以给电线分别标号了,因为每根电线在两次分组中都有独特的位置. 例如,原来分在第 5 组,后来分在第 4 组的电线在河对岸肯定标着 13 号,所以这边也给标上 13 号.

当然,这方法没有配对的方法简单,配对的方法,虽然只叙述了奇数的情况,但是稍加改进,也适用于偶数的情况.

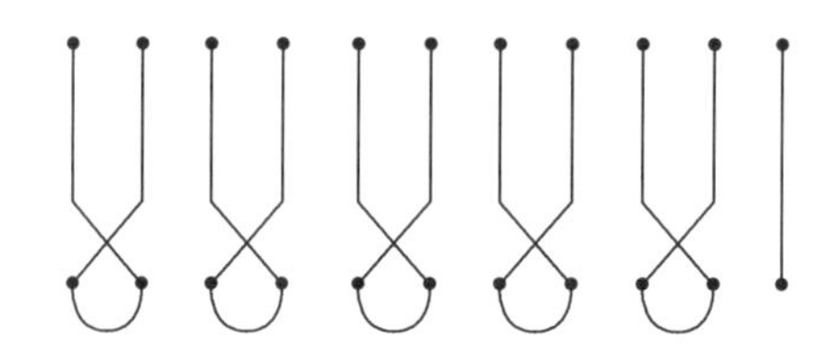

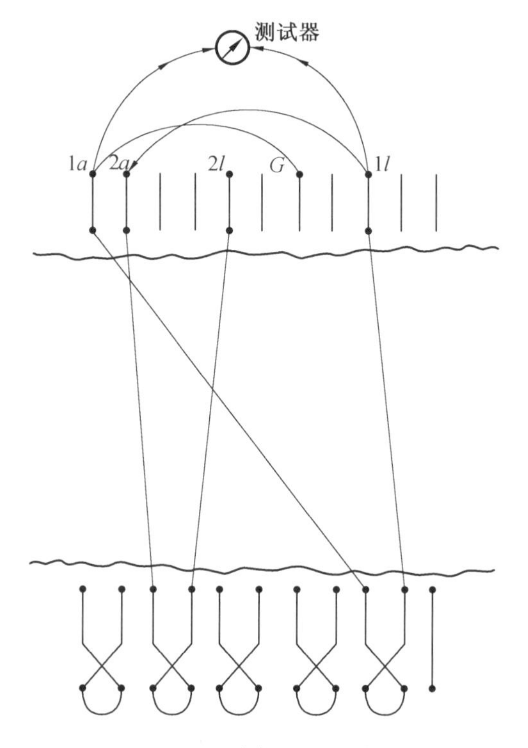

图2

第一次分组法

1					
2	3				
4	5	6			
7	8	9	10		
11	12	13	14	15	
16	17	18	19	20	21

第二次分组法

图3

❖翻动金币

将 10 个金币放在一个圆中,有头像的那面向上. 允许两种运动:

(1) 相邻的 4 个金币翻一个面;

(2) 5 个相邻的金币 ○○○○○ 翻为 ×× ○ ××.

能否在有限次如上的运动后,所有金币都翻成背面?

解 将 10 个在圆周上的金币按顺时针方向编号为 1,2,…,10. 我们对第 i 个金币加上权:若头像向上,有权 0;若头像向下,有权 i. 金币放好后(有些头像向上,有些向下),则各金币的权的总和称为此图像的权. 在约定的两种翻动下,总图像的权的变化如下:

由于翻动第 k 个金币,权的改变为 $0\to k$ 或 $k\to 0$,差为 k 或 $-k$. 所以模 2 后,变化为 k. 因此运动(1) 给出

$$i+(i+1)+(i+2)+(i+3)\equiv 0 \pmod 2$$

运动(2) 给出

$$i+(i+1)+(i+3)+(i+4)\equiv 0 \pmod 2$$

这证明了变化后,权的改变为偶数.

另一方面,由于一开始放金币时,头像都在上. 因此此图的权为 0. 若能经有限次运动,使得头像都向下,那么此图的权 $1+2+\cdots+10=55$ 是奇数. 由于每次翻动,权作偶数次改变,从 0 开始,有限次后,所得图的权仍为偶数. 这证明了永远不可能经有限次翻动,使金币的背面全向上.

❖台球桌

如图 1,假定在台球桌一角放着一个正三角板,不妨叫它 $\triangle ABC$,点 A 挨着西台边,离球兜 $9\frac{1}{2}$ 英寸,点 B 挨着南台边,而点 C 离南台边 $11\frac{1}{2}$ 英寸. 问点 B 离球兜有多远?

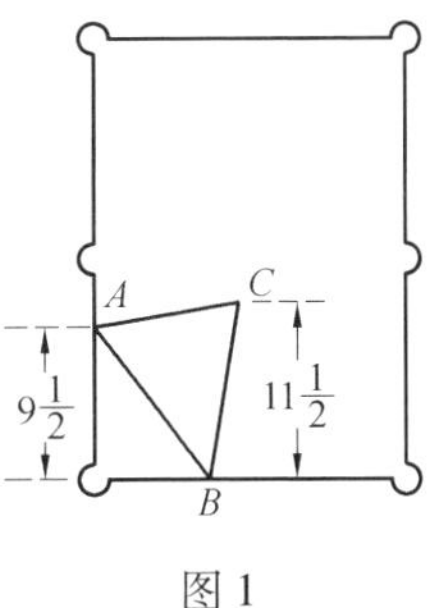

图 1

解 这道三角问题可以用数学家讲究的巧妙设计大大简化,不然就很烦琐,所以,尽管本题相对说来比较简单,

但它还是有特殊的趣味. 它也说明,同样一个任务,可以采取不同的迂回办法来解决.

这个问题有许许多多种不同的解法. 我们可以拿其中五个截然不同的典型方法来进行比较,这样就可能比本书中其他问题更有力地说明,真正的数学工作者是能寻找出减轻劳力的途径的.

解法1 引用著名的毕达哥拉斯定理,用简单代数直接解决. 有空闲时间的读者,可以如图2那样作几根垂线,并列出下面的联立方程组:

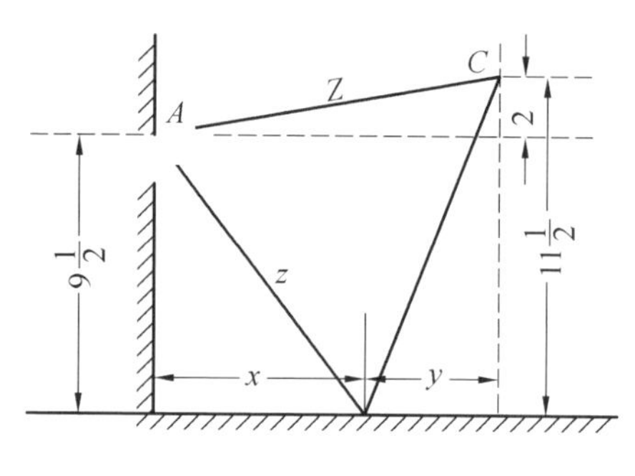

图2

(1)$x^2+9.5^2=z^2$,即 $x^2+90.25=z^2$;

(2)$y^2+11.5^2=z^2$,即 $y^2+132.25=z^2$;

(3)$(x+y)^2+2^2=z^2$,即 $x^2+2xy+y^2+4=z^2$.

然后往下作准确无误的代数运算,最后推导出一个四次方程

$$3x^4+88.5x^2-16\,448=0$$

由此解出

$$x=7.794\text{ 英寸},y=4.33\text{ 英寸},z=12.29\text{ 英寸}$$

解法2 如图3,用相似三角形进行探讨. 这里画了4根辅助线:AC 上的中线和三根垂线(图3). 这样就得到两个相似三角形 $\triangle BED$ 和 $\triangle ACG$(三个边分别互相垂直),因而 $CG/AC=BE/BD$. 但是 $BD=AC\cos 30°$,BE 显然等于11.5减去9.5的一半,即6.75. 代入上面等式,得 $CG=6.75/\cos 30°$,即7.794英寸.

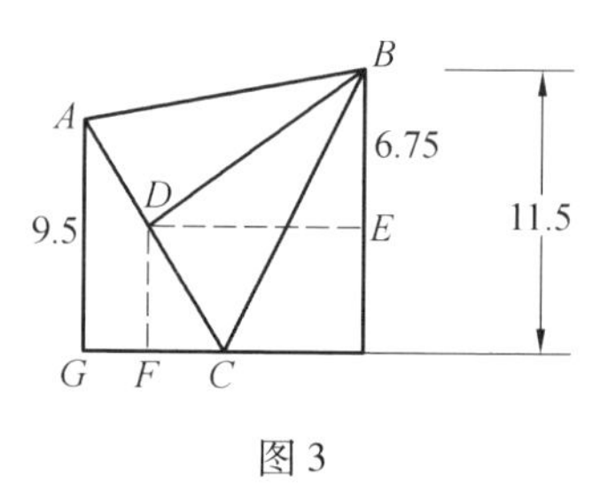

图3

解法3 利用圆心角所张的圆弧. 这里的巧妙处在于以 C 为圆心,画一圆

弧通过 B,A 和 P,如图 4 所示.

此时,$PQ = AQ = 11.5 - 9.5 = 2$(英寸).

AB 弧是 60°,因为 $\angle C = \angle 60°$,

所以 $\angle BPA = 30°$,

所以 $PB = 2OB = 2x$,

或者 $3x^2 = (OA + AQ + PQ)^2 = 13.5^2$

$x = 13.5\sqrt{3}/3 = 7.794$

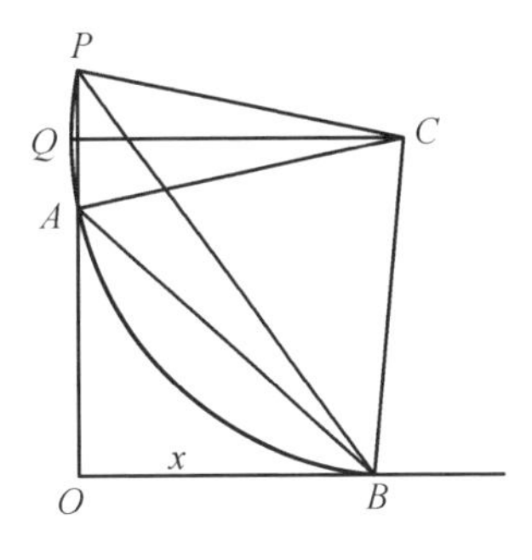

图 4

解法 4 利用三角公式,巧妙地列出一个包含两角和的正弦的方程来解题. 这种解法恐怕是最省事了. 由图 5 可看出

$$a\sin\alpha = 9.5$$

$$a\cos\alpha = x$$

$$a\sin(\alpha + 60°) = a(\sin\alpha\cos 60° + \cos\alpha\sin 60°) = 11.5$$

$$(9.5 \times 0.5) + 0.866x = 11.5$$

由此得

$$x = \frac{6.75}{0.866} = 7.794$$

解法 5 最后一个办法既不需要列出代数方程,也不需用三角公式,只需把一个三角形简便地旋转一下,使 CB 与 AB 重合,再用 30° 角的三角函数即可(图6). 这时 CD 转到 AD' 位置. 把 AD' 延长到 F,$D'B$ 延长到 E. 图中标出的角度是显而易见的,由此得 $AE = 2 \times AD' = 2 \times 11.5 = 23$(英寸),$OE = 13.5$ 英寸,因而 DB 等于 $13.5\tan 30°$,即 7.794 英寸.

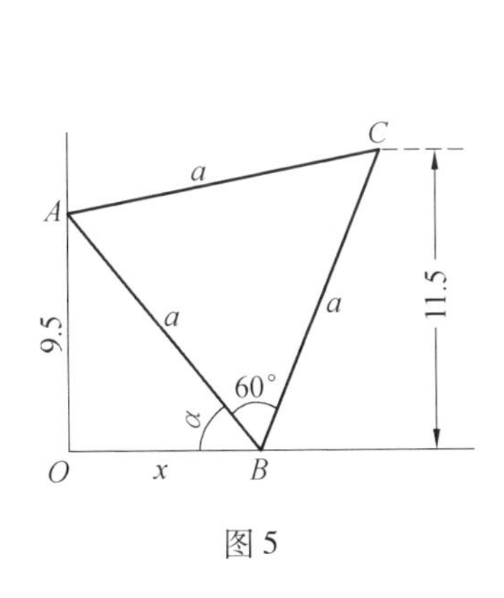

图 5

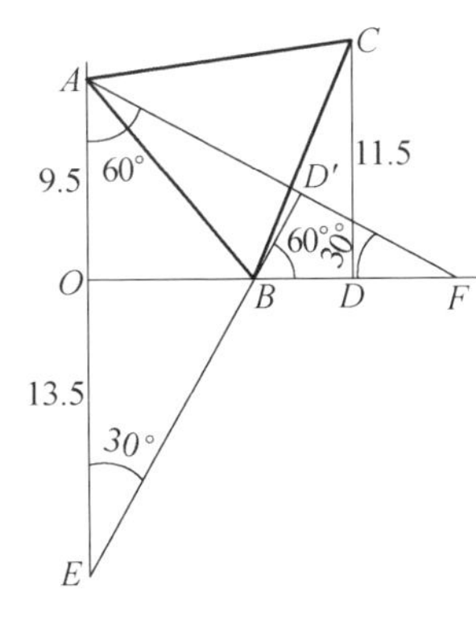

图 6

本题加上时间限制后,确实可以用来检验学生、工程技术人员乃至老师的

数学才能.

❖乌鸦与稻草人

一只乌鸦从其巢飞出，飞向其巢北 5 km 东 3.5 km 的一点，在该点它发现有一个稻草人，所以就转向再向北 2 km 东 2.5 km 的地方飞去. 在那里它吃了一些谷物后立即返巢，乌鸦所飞的途径构成了一个三角形（假设乌鸦总是沿直线飞行的），试求这个三角形的面积.

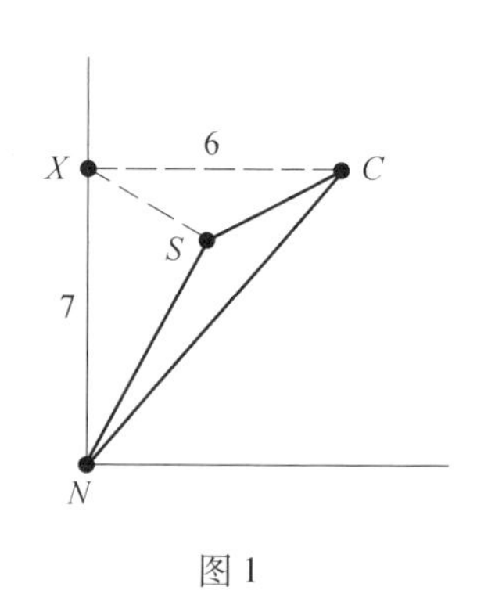

图 1

解 如图 1，乌鸦吃东西的地方点 C 在其巢东 6 km 北 7 km 的地方，设 X 为巢正北 7 km 的一个点，所以 $\triangle NXC$ 是一个直角三角形，面积为 $\frac{1}{2}\times 7\times 6=21(\text{km}^2)$，由 21 km^2 减去 $\triangle XCS$ 和 $\triangle XNS$ 的面积就可求得 $\triangle NSC$ 的面积（当然，S 就是稻草人所在的地方）. 如果我们取 $XC=6$ km 作为 $\triangle XCS$ 的底，则此三角形的高是 2 km，所以其面积为 6 km^2，类似地取 $XN=7$ km 为 $\triangle XNS$ 的底，则高为 3.5 km，其面积为 12.25 km^2. 因此推得 $\triangle NSC$ 的面积为 $21-6-12.25=2.75(\text{km}^2)$.

❖自由落体

一块石头从墙头掉下来，通过下半截墙只用了半秒钟. 请问墙有多高？这里要求你在尽量小的纸面上写出答案来.

解 由于这个问题明确要求答案在尽可能小的纸面上完成（半张明信片或一张航空邮票的背面），所以我们在图 1 按原尺寸复制了四个具有不同特点的答案，另外还复制了一个我们认为是最好最突出的答案. 在所有作为中间步骤计算时间的答案中，有一个人的答案最有趣. 他精练地写道：如果下降时经过上半堵墙的时间是 t s，那么下落整个高度的时间应是 $\sqrt{2}t$ s，这样 $\sqrt{2}t-t$ 就等于 0.5 s，由此得 $t=1.71$ s，然后计算 $gt^2/2$，就得出所要求的 46.6 英尺.

然而，有一个答案显然是最好的，因为它可避免二次方程、根号、速度、下落

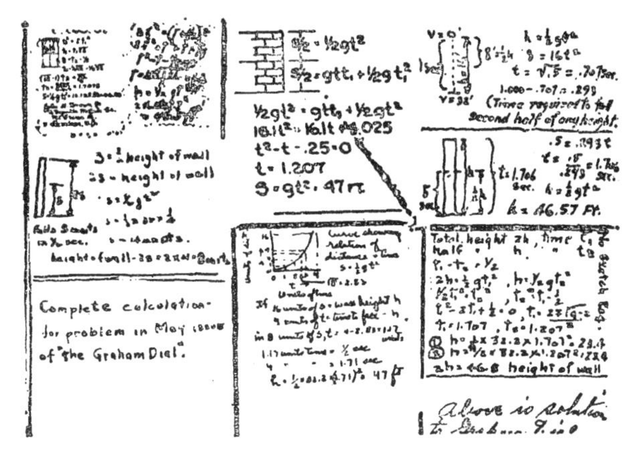

图 1

时间和任何其他多余的因素,并迅速无误地求出答案. 这就是先由基本公式 $s=\frac{1}{2}gt^2$ 推出:下落距离的平方根等于下落时间的4倍(当 g 取作每秒32英尺时),因此,未知高的平方根与半个高的方根之差等于半秒的4倍. 由此解一个简单方程,就得出所要求的结果(图2).

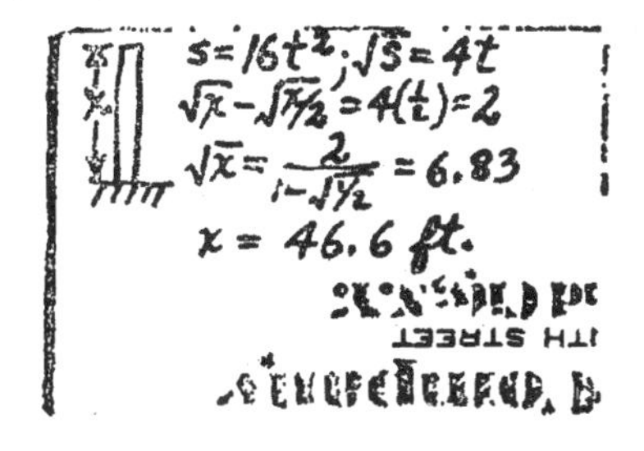

图 2

❖谁是赢家

设游戏者是一个女孩和一个男孩. 他们在一块 1 × 1 000 的棋盘上玩游戏. 有 n 枚铜钱,最初,铜钱都放在靠近棋盘的盒子里,游戏者轮流行动. 由女孩开始动手,女孩可以从棋盘中或棋盘外选取 17 枚或更少的铜钱,然后可将它们放入棋盘上没被占用的格子,使得每一个格子中至多只有一枚铜钱. 男孩可以从格子中取走任何多枚铜钱,只要它们是在连成一片的格子中,然后把铜钱放回盒子中. 如果女孩能将所有 n 枚铜钱连成一片地放在棋盘的格子上,她就是赢

家.

(1) 如果 $n=98$,女孩可以赢;

(2) 能使女孩赢的 n 的最大值是什么?

解 设游戏由女孩先开始动手.

(1) 女孩能建立起任何一个用 n 个或者更少数目的铜钱组成的图案,只要它不含有多于16枚铜钱连在一起的形状. 因为她能重新恢复男孩所移走的,并且继续她的建造. 这样,她可以有12块每块连续由8枚铜钱所组成,在相邻的两块之间,有一个格子的空隙. 在她下一次移 动的时候,她可以把图案变为在两块17枚铜钱之间由8块8枚铜钱所组成. 在下一步中,她必胜.

如果男孩移走一块由8枚组成的一片,女孩能将它补回去,并且从两边取9枚来补空隙. 如果男孩取走17枚的一块,她总可以用8枚来填空,并且把余下的加到两端. 如果男孩移走的是一块的一部分,在必要的时候,女孩可以移走余下的部分.

(2) 答案是98. 设想游戏做过一阵之后,还有多于98枚的铜钱. 设想女孩走过她的最后一步之后,棋盘上的图案是

$$a_1-a_2-\cdots-a_k$$

这里 $a_1,a_2,\cdots,a_k$ 为正整数,表示 a_1 枚铜钱占有连续的一片的格子,然后一个空格,接着是 a_2 枚铜钱占有连续的一片的格子,又是一个空格,如此等等.

如果女孩在她下一步动作时总能取胜. 为不失一般性,可设所有的铜钱均已在棋盘上. 于是 $a_1\leqslant 17$,且 $a_k\leqslant 17$. 否则男孩从棋盘上取走多于17个的铜钱,这意味着在下一步动作时女孩不会得胜.

因为 $a_1\leqslant 17$,且 $a_k\leqslant 17$,存在 i 满足 $1<i<k$,且

$$a_i(k-2)\geqslant 99-17-17=65$$

因此

$$\frac{65}{k-2}+k-1\leqslant 17$$

因为女孩下一步得胜. 但是

$$\frac{65}{k-2}+k-1\geqslant 2\sqrt{65}+1>17$$

得出矛盾.

❖奇妙的乘数

完成下列乘法运算的最短时间是多少？4 109 589 041 096 × 83. 这可以在1秒钟内完成，只需把83中的3和8分别放在被乘数的前面和后面，因此乘积是341 095 890 410 968. 这是什么道理呢？此外是否还有别的数，在将其乘上一个二位数后，也能如上述一样闪电般地得到乘积？

解　我们不仅可以给出本题里快速乘法的完整解释，而且还可以挖掘出所有其他可能的同类结合. 首先考虑本例里的“奇妙的乘数”83. 如果一个 n 位数 X 与 83 的乘积具有这种性质，那么，这个性质可以用方程表示为

$$83X = 300\cdots(n\text{ 个零})\cdots8 + 10X$$

这是因为 $8 + 10X$ 相当于后面加8，而3与 n 个零相当于前面加3. 上面方程可简化成

$$73X = 3000\cdots(n\text{ 个零})\cdots8$$

这就是说，如果73能除得尽一个以3开始，以8结尾，中间夹着好多零的数，那么乘数83就能满足条件. 商数的最后一个数字显然是6，而6与73的积是438，这等于说，做长除法时最后肯定会出现余数438，除非有别的余数在除法过程中重复出现. 当我们用73除3 000…8，除到商为41 096时，就出现余数438，这是83的另一个满足条件的被乘数，它比本例中所给数少8个数字. 事实上，83有无穷多个满足条件的被乘数，它们每一个比前一个多8个数字(参看下面).

显然，可以逐个检验10到99的所有两个数字的乘数，从而发现一切类似的例子，但是这个任务没必要搞得那么艰巨，候选的乘数可以用与丢番图分析相似的四个准则大大进行筛除.

首先，乘数的第二个数字(个位)不能为零，这样第一拳就敲掉了9个候选的乘数. 其次，乘数的第一个数字必须大于第二个，不然乘积的第一个数字就不会等于乘数的第二个数字，而这里却要求它们相等. 这样，除了21,31,32,41,42,43,51,52,53,54,61,62,63,64,65,71,72,73,74,75,76,81,82,83,84,85,86,87,91,92,93,94,95,96,97,98等共36个外，其他候选乘数都被淘汰了. 第三，很明显，乘数的第二个数字与某个数字的乘积，其个位必须等于第一个数字，这个准则又淘汰掉一部分，剩下21,31,41,42,43,51,53,61,62,63,64,71,73,81,82,83,84,86,87,91,93,97等22个候选乘数. 第四，我们可以应用九的著名规律. 任一个自然数，可以将其数字相加，如果和数的数字多于一个，还可

以再加其数字. 这样反复做加法直到得出1到9之间的一个数. 我们不妨把这个数叫做原数的余数. 两个数有相同的余数就叫做同余. 因为乘数和被乘数的余数的和、积都与乘积的余数同余,所以乘数和被乘数的余数只能是2与2,3与6,5与8,9与9. 这样就排除了与1,4和7同余的乘数,于是只剩下21,41,42,51,53,62,63,71,81,83,84,86,87和93,共14个可取的乘数.

用上述方法逐个检验余下的14个二位数,不需要多少时间,就可找出另外两个奇妙的乘数——71和86. 说来也怪,86既可与一位数8配对,又可与7 894 736 842 105 263 158配对,71不仅与一个庞大的数1 639 344 262 295 081 967 213 114 754 098 360 655 737 704 918 032 787配对,而且还与一群天文数配对. 这些天文数可以在上面的数的左边反复加一串数字(随便多少次)来构造,要加的一串数字就是上面那个数抹去最后一个数字,再接上688 524 590,因此被乘数的位数就是52或112或172等.

48 运输路线

四个城市 A,B,C 和 D 位于一个15 km ×20 km的矩形的角上,它们由一个笔直的公路组成的网络相连,如图1所示,一运输公司希望派出一辆卡车沿一条路线传送货物,此路线可以使其从任一城市到达任意另外的城市. 能达到这个目的的最短路线有多长? 证明答案.

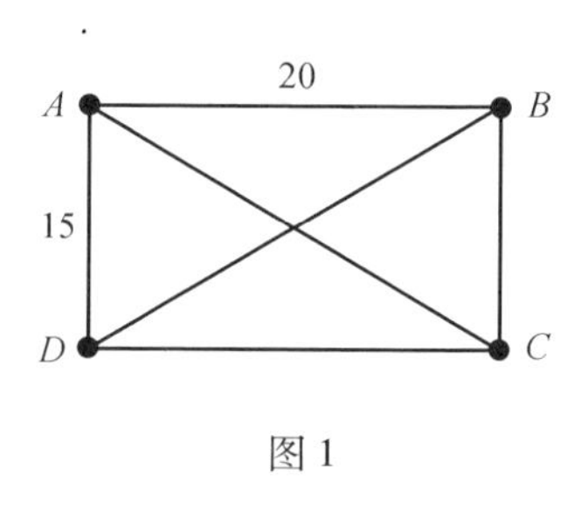

图1

解 假定我们有一路线满足条件,当然卡车必须去每个城市至少一次,事实上,不去二次的城市至多只有一个,如果有两个这样的城市在它们之间可以只需沿单向送货,由此推出卡车必须至少停七次(起点和终点算在内),所以它必须走至少六段路.

因为可以从 A 送货到 B,整个路程的某一段在地图上从左向右穿过,所以其长度大于等于20 km. 类似地至少有一段路程从右到左,而它的长也是大于等于20 km. 我们知道整个路程至少有六段,而且其中二段之和至少长达40 km. 当然,其余每一段(其中至少四段)至少有15 km,所以整个行程必大于等于$(2\times 20+4\times 15)=100$ km.

这里有一个满足要求的100 km的线路:$ADCBCDA$. 我们已证明,再没有更短的了.

❖四个四

试用四个4写出一个表式,使它等于71.随便什么数学符号——根号、小数点、阶乘、分数等——都可以用来连接数字,但是只许使用数字4,而且只许使用四次.

解 “四个四”这个问题是在第二次世界大战高潮期间,一位英国军官在美国想出来的.它在刊物上发表后,引起的骚动长达好几个月.那家刊物有时接连几天收到同一位读者的两封或者更多的信件.有位读者甚至前后寄来至少五个答案,每个答案都挺漂亮.虽然本题没有多大技巧,不少读者仍采用了各种有趣的方法,如γ函数、积分、三角函数、罗马数字、虚数、零指数、对数、重量单位、长度单位等.尽管很多答案有些牵强附会,并且比较烦琐,但是比起最优的答案来,要有趣得多.有一些解法如下(图1):

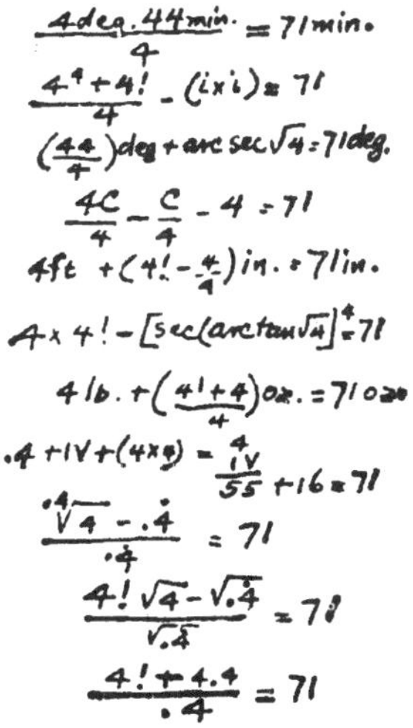

图1

$$\frac{4°44'}{4} = 71', \frac{4^4 + 4!}{4} - (\mathrm{i} \times \mathrm{i}) = 71$$

$$\left(\frac{44}{4}\right)° + \operatorname{arcsec}\sqrt{4} = 71°$$

$$\frac{4C}{4} - \frac{C}{4} - 4 = 71 (C\text{代表一百})$$

$$4\text{英尺} + \left(4! - \frac{4}{4}\right)\text{英寸} = 71\text{英寸}$$

$$4 \times 4! - [\sec(\arctan\sqrt{4})]^4 = 71$$

$$4\text{磅} + \left(\frac{4! + 4}{4}\right)\text{盎斯} = 71\text{盎斯}$$

$$4 + \text{IV} + (4 \times 4) = 4$$

$$\frac{\text{IV}}{55} + 16 = 71$$

$$\frac{\sqrt[0.\dot{4}]{4} - 0.\dot{4}}{0.\dot{4}} = 71, \frac{4!\sqrt{4} - \sqrt{0.\dot{4}}}{\sqrt{0.\dot{4}}} = 71$$

$$\frac{4! \quad + 4.4}{0.4} = 71$$

❖最大可能数

在第一行上写下10个整数. 第二行的10个整数按如下规则来写:在第一行的每个整数A下面写下第一行中数A的右边比A大的数的总个数. 第三行按照上面规则从第二行进行操作.

(1) 若干步后,出现一行数全由零构成;

(2) 试问至少包含一个非零数的行的数目的最大可能值是什么?

解 (1) 由题设可知,从第二行开始,它们全由非负整数构成,且若第i行的第k个位置的数字不等于零,而它的第

$$k+1, k+2, \cdots$$

位置的数字都等于零,那么第$i+1$行的第

$$k, k+1, k+2, \cdots$$

位置的数字都等于零,第$i+2$行的第

$$k-1, k, k+1, k+2, \cdots$$

位置的数字都等于零……,从$i=1$开始讨论,我们有如下形状的表:

					k				
1	*	*	*	…	*	*	0	…	0
2	*	*	*	…	*	0	0	…	0
⋮	⋮	⋮	⋮		⋮	⋮	⋮		⋮
$k-1$	*	*	0	…	0	0	0	…	0
k	*	0	0	…	0	0	0	…	0
$k+1$	0	0	0	…	0	0	0	…	0
⋮	⋮	⋮	⋮		⋮	⋮	⋮		⋮

这证明了第$k+1$行全是零. 所以断言(1) 成立.

(2) 由下表可知最大数值为10.

8	9	6	7	4	5	2	3	0	1
1	0	1	0	1	0	1	0	1	0
0	4	0	3	0	2	0	1	0	0
4	0	3	0	2	0	1	0	0	0
0	3	0	2	0	1	0	0	0	0
3	0	2	0	1	0	0	0	0	0
0	2	0	1	0	0	0	0	0	0
2	0	1	0	0	0	0	0	0	0
0	1	0	0	0	0	0	0	0	0
1	0	0	0	0	0	0	0	0	0

❖从哪儿抛球最省力?

我们还记得(参看“从一根杆子到另一根杆子”),小华在操场上那次值得纪念的比赛中获胜了. 当时他觉得应该庆祝一下自己的胜利,便拿起一个球,用最小的力气无阻拦地仍过学校里的红平顶屋. 房屋高 25 英尺、宽 40 英尺(图 1). 如果球脱手时离地面 5 英尺高,那么,他站的地方离墙多远?

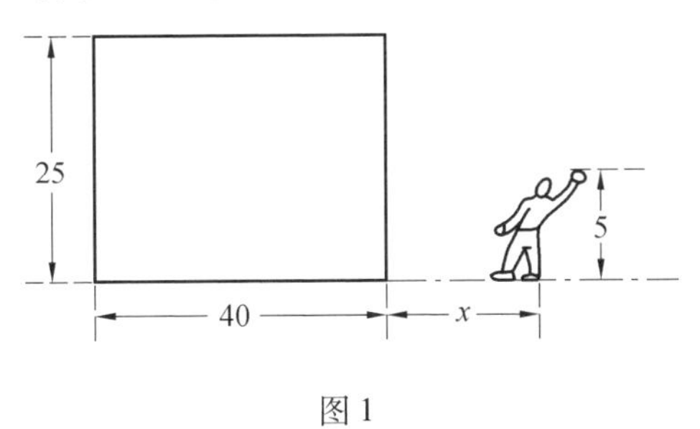

图 1

解　这是本书里阐述最吸引人的曲线 —— 抛物线 —— 的性质的几个问题之一. 大家知道,投射体的运动轨道是抛物线. 在任一时刻,它离起点的水平距离 x 等于经历的时间乘以一个代表初速度的水平分量的常数 m,而垂直距离

y 等于经历的时间 t 乘以向上的平均速度. 这个平均速度等于初速度的垂直分量 n 减去由重力加速度 a 引起的向下的平均速度 $at/2$. 由 $x = mt$, $y = nt - \frac{at^2}{2}$,把 $t = \frac{x}{m}$ 代入第二个方程,就得到飞行方程 $y = \frac{nx}{m} - \frac{a}{2} \cdot \frac{x^2}{m^2}$(这是个抛物线方程). 解决这道题,绕弯的方法是先推导抛物线的某些性质,而直接方法是选择适合本题的大家熟悉的性质,然后运用这性质解决本题. 事实上只需要进行心算. 为了向大家介绍,也是为了查阅方便,我们列举出一部分大家熟悉的性质,并用一两句话说明它们是怎样推导的.

根据定义,一个动点,如果它到一个称为焦点的固定点的距离与到一个称为准线的固定直线的距离保持相等,则这个点所产生的曲线称为抛物线(图2). 附带说一句,抛物线也是圆锥面与一个平行于它的轴的平面的交线. 抛物线显然对称于过焦点垂直于准线的直线. 这条直线 XX 称为它的轴;由定义可知,抛物线的原点 O,即抛物线与此轴的交点,位于焦点和准线的当中. 通过焦点,垂直于轴线的弦 LR 称为正焦弦. 它在轴上方那部分 LF 当然等于它到准线的距离. 正焦弦和抛物线的交点 L 的切线与正焦弦成 $45°$ 角. 正因为这样,弹道学轻而易举地证明了,在初速度给定的条件下,为了达到最大的射程或最大的运行距离,炮的射角必须是 $45°$. 这时炮就在飞行抛物线的正焦弦线上. 图 2 示出的抛物线的其他大家熟悉的性质还有:对于任意一点 P,原点平分它的副切线 TT';副法线的长度是个常量;任意一点 P 的法线 PN 平分 $\angle FPK$,其中 KP 平行于轴线,F 是焦点. 显然,抛物面反射镜就是利用了这最后一个性质.

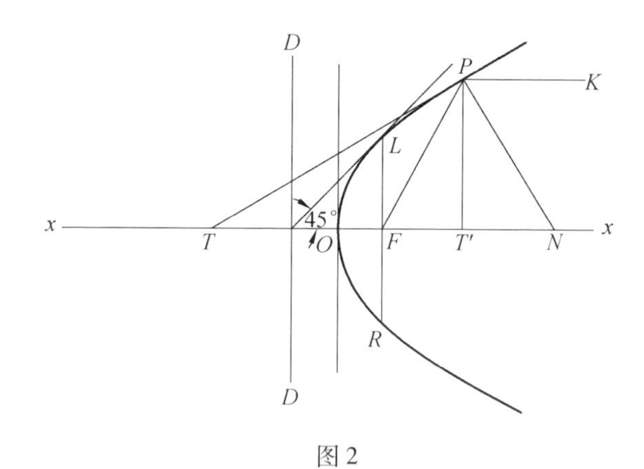

图 2

设想小华对这些性质了如指掌,他当然明白,要想以最小的力气,使球飞过 40 英尺的射程 —— 屋顶的宽 —— 球的抛物型弹道必须以 $45°$ 角擦过屋沿(有些读者可能会错误地认为球应该以 $45°$ 角离开小华的手,事实上,那个角应该是60°).既然他很了解抛物线的性质,他马上就领悟到抛物线的焦点应该在屋顶中央;屋顶就是正焦弦,准线离屋顶20英尺(屋顶宽的一半)高,或者离小华的手40英尺高.这意味着手离屋顶中央40英尺远,因为手应处在抛物线上.从Rt△BGF(图3)可看出,小华离墙根的距离是$\sqrt{3}$与1之差的20倍,即14.64英尺(心算).这个答案或许是最简捷的,因为它缩短了计算时间.

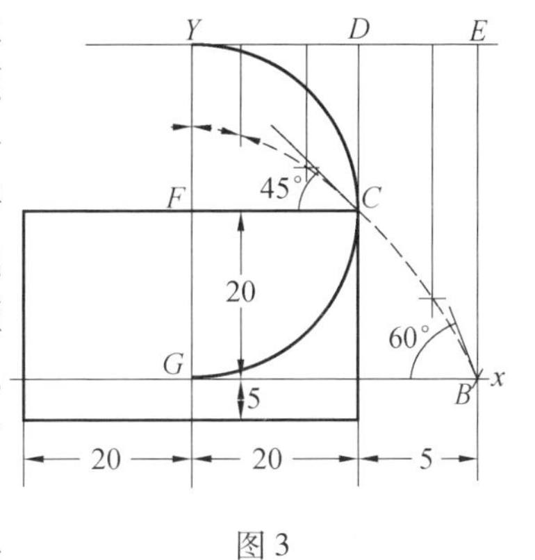

图3

另一种解法也值得提一提.它应用弹道学里的一个关系:以最小的初速度飞越一个(给定的)射程的抛物体上升的最大高度等于射程的四分之一.(根据前面的介绍,这就等于说正焦弦的长等于正焦弦到原点距离的四倍.)根据建立起来的理论,以最小的初速度飞越40英尺的射程,球将上升10英尺到达最高点.球从抛出点到墙头上升20英尺,总共上升了30英尺.设T_1是上升30英尺所需要的时间,T_2是上升最后10英尺所需要的时间.因为在一给定时间内,物体的降落只受地心引力的影响,所以它服从大家熟悉的方程$S=\frac{1}{2}at^2$,因而有

$$\frac{T_1^2}{T_2^2}=\frac{3}{1} \quad 或 \quad \frac{T_1}{T_2}=\frac{\sqrt{3}}{1}$$

球在T_2时间内水平方向走20英尺,因此在T_1-T_2时间内球走$(\sqrt{3}-1)\times 20$英尺,即14.64英尺.

❖封闭公路

在某一国家有1 000条公路连接着200个城市,并且每一城市至少有一条公路通向外面,问在不破坏城市间交通联系的情况下,为了进行维修,最多能同时封闭几条公路?

解 以M表示这一国家所有城市的集合,我们称城市m与城市n相通,如果从m能够乘车到达n,有可能通过其他城市,显然,此时也能从n乘车到达m(可以坐相反方向的车).

选取任一城市$m_1\in M$,设M_1为所有与m_1相通的城市的集合,而N_1是这些

城市的数量（包括 m_1），显然，M_1 中任意两个城市相通（可以通过 m_1 来达到相通），一般地说，可能发生 M_1 与 M 不重合. 注意到，在这种情况集合 $M \backslash M_1$ 中任一城市没有公路与 M_1 中任一城市相连. 由此推出，该国的任一条公路或者联结 M_1 中两个城市，或者联结 $M \backslash M_1$ 中两个城市，现在证明，M_1 内部的公路中能够保留 N_1-1 条公路，使得任意两个 M_1 中的城市依然相通，而余下的可全部封闭修理，很清楚，此时 M 中任意两个城市间的联系没有被破坏，需知 $M \backslash M_1$ 内部一点也没有改变，而从 M_1 到 $M \backslash M_1$ 终归不能乘车到达，上面所指出的 N_1-1 条公路可如下地逐次进行选取，设从 m_1 有一条公路通向 m_2. 此时，这一条公路保证了集合 $\{m_1, m_2\}$ 中完全联系，从集合 $\{m_1, m_2\}$ 能够到达 $M_1 \backslash \{m_1, m_2\}$ 中，因此能找到一条公路，它把 m_1 或 m_2 与 $M_1 \backslash \{m_1, m_2\}$ 中一个城市 m_3 连结起来，设对于某一 $i<N_1$，我们找到这样 $i-1$ 条公路，使得沿着这些公路从集合 $\{m_1, \cdots, m_i\}$ 中任何一城市能够到达这一集合的任何另外一个城市，如前所指出的，由于集合 $\{m_1, \cdots, m_i\}$ 和 $M_1 \backslash \{m_1, \cdots, m_i\}$ 是相通的，所以能找到一条公路，它把城市 $m_1, \cdots, m_i$ 中一个与 $M_1 \backslash \{m_1, \cdots, m_i\}$ 中某一城市 m_{i+1} 连结起来. 把这条公路加进已知的 $i-1$ 条公路，得到 i 条公路，沿着这 i 条公路集合 $\{m_1, \cdots, m_{i+1}\}$ 中任意两个城市相通，重复这种讨论，我们得到能保证集合 M_1 中 N_1 个城市间完全联系的 N_1-1 条公路，去掉 M_1 内部余下的公路，我们没有破坏该国任何城市间的联系.

现在选取任何一个城市 $m_1' \in M \backslash M_1$，设 M_2 为与 m_1' 相通的城市的集合，而 N_2 为这些城市的数量（包括 m_1'），如前讨论一样，在不破坏 M_2 中（同样 M 中）任何两个城市间联系的情况下，连结 M_2 中各城市的公路只需保留 N_2-1 条，重复必要次数的类似讨论，我们得到 k 个集合 $M_1, M_2, \cdots, M_k$ 及其相应的城市数 $N_1, \cdots, N_k$，其中每一集合保留的公路数比城市数少 1，而能使这些集合中的城市依然相通，同时，M_i 与 M_j 间的联系没有遭破坏，因为在修理前也不存在，由此得出，为了不破坏 M 中城市间的联系，能保留的公路总数为

$$(N_1-1)+\cdots+(N_k-1)=N_1+N_2+\cdots+N_k-k=200-k$$

这里 k 为自然数，它依赖于所存在的公路网络结构，由上所述得出，为了维修最低限度能封闭

$$1\ 000-(200-k)=800+k \geqslant 801$$

条公路，容易指出，在 $k=1$ 情形，不能封闭更多的公路，事实上，$k=1$ 时 $M=M_1$，即该国的任意两个城市相通，在这种情形，每一条余下的公路能保证的仅是与该国的一个新城市的联系，因此为保证 200 个城市间的相互联系需要不少于 199 条公路，由此可见，不能封闭多于 $1\ 000-199=801$ 条公路.

❖分割三角形

(1) 请用圆规和直尺画两条直线平行于三角形的底边,把三角形分割成三块相等的面积.

(2) 用同样方法画四条直线平行于三角形的底边,把三角形分割成五块相等的面积.

(3) 用解第(2) 题的方法解决老阿格里科拉的遗产分配问题. 阿格里科拉死后,留下一块地分给他的四个儿子,他们的年龄分别是 20 岁、30 岁、40 岁、50 岁. 那块地前沿有 800 码(1 码 = 0.914 4 米) 宽,两边互相平行,且垂直于前沿,其长分别为 400 码、800 码. 现在要求用三根平行于两边的直线分割那块地,使四块地的面积同各继承人的年龄成正比. 请用几何方法,即只用圆规和直尺,在纸上找出三根直线的位置.

解 虽然本题被分为三个小题,但是它们之间的关系是如此密切,从逻辑上说只能算是一道题,因为同样一个方法(见下文) 都可应用于三个小题. 然而,图 1 所示的特殊方法只可用来分割三角形为三个相等的部分,为了与后面叙述的比较简单的一般解法作比较,我们把这个特殊方法也收集进来了. 现在解第一小题:画垂线 AO. 以 O 为中心,以适当的半径 r 画圆弧,与 CB 的延长线交于 u;再以 u 为圆心,以同样的半径 r 画圆弧与上面圆弧交于 W. 联结 OW,作 Ax 平行于 BC 与 OW 相交于 y. 在 AO 上截取 Am 等于 Ay,联结 my,在 AO 上再截取 An 等于 my. 最后作所要求的直线 DE,GF 平行于 BC. 证明:因为 $\angle AOy$ 是 30°,因为 $Am = Ay = AO/\sqrt{3}$,因而 $An = ym = \sqrt{2AO}/\sqrt{3}$. 因为相似三角形的面积与对应边或对应高的平方成正比,所以 $\triangle ADE$ 和 $\triangle AFG$ 的面积分别是 $\triangle ABC$ 的$\frac{1}{3}$ 和$\frac{2}{3}$.

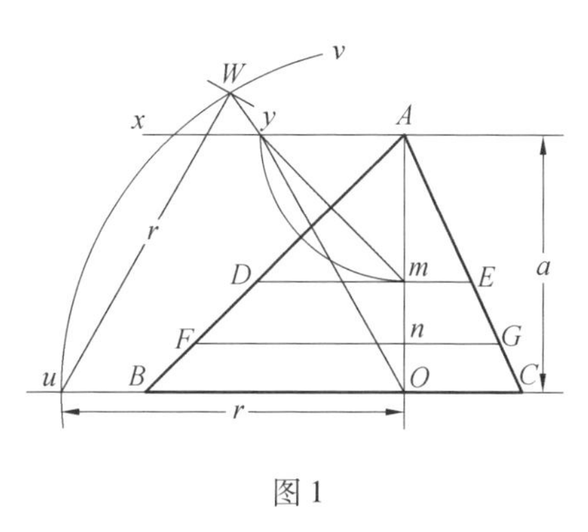

图 1

注意,这个解只适用于三等分的情况,因为这里应用了 30° 和 60° 角的性质. 然而,如上所述,这个问题可以用同样简单的一般方法求解. 这个一般方法可用来分割三角形为任意相等部分,也可按任意比例分割三角形. 对于五等分

的情况，即第二小题（图2），要在AC上截相等的线段，用通常的方法画水平线把高AH等分. 再在AH上作一半圆，并从各分点作垂线与半圆相交. 以A为圆心，从半圆上的各交点画弧与AH相交，再过这些交点画BC的平行线，这样就把三角形分成五个相等的部分了. 这里使用的方法类似于求方根仪的原理. 半圆与每个圆弧的交点到点A的连线分别是一个直角三角形（因为它内接于半圆）的直角边，直角三角形斜边上的高把斜边分成两段，因而每个直角边等于与其相邻的那一段和斜边的比例中项. 因此，它们的

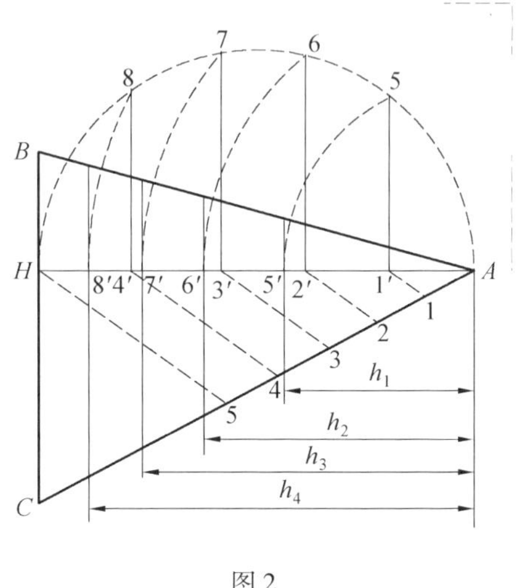

图2

长依次是高的$\sqrt{\frac{1}{5}}$，$\sqrt{\frac{2}{5}}$，$\sqrt{\frac{3}{5}}$，$\sqrt{\frac{4}{5}}$，这样，平行线切出的三角形的面积与这些距离的平方成比例，这正是所要求的.

第三个小题就是把这方法及其逆过程推广到按不同比例分割一个梯形. 如图3所示，梯形被延长成三角形，底边上画一个半圆，从梯形在底边上的一个角向半圆画弧，然后从那儿向底边画垂线. 这垂线分底边为两段，它们的比，等于梯形与添上去的那个三角形面积之比. 然后把梯形那一段按20，30，40，50的比例分割；像前面那样画垂线、圆弧和平行线，根据前面阐明的理由，这些平行线按要求分割了梯形.

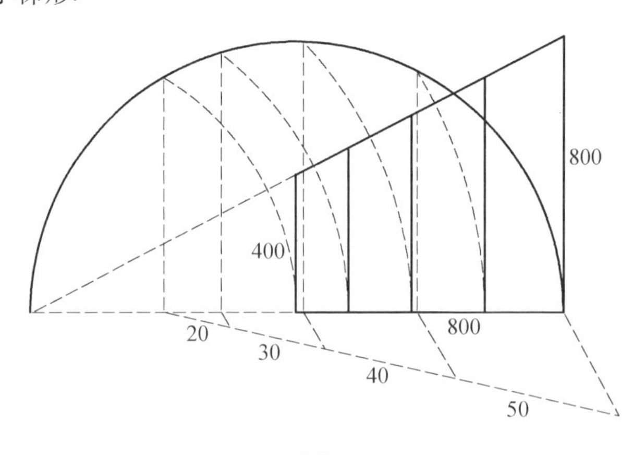

图3

❖儿童宿营

60 个儿童参加一个夏令营. 任意每 10 个儿童中必有 3 个或更多的儿童安排在同一个帐篷中. 试证:必须有 15 个或更多的儿童安排在同一个帐篷中.

证明　用反证法. 如果每个帐篷中的儿童数都少于15. 记 N 为至少有两个儿童的帐篷数. 若 $N \geqslant 5$,则在5 个帐篷中各取两位儿童,于是这10 个儿童不可能在同一个帐篷中有 3 人. 所以 $N \leqslant 4$.

若 $N \leqslant 3$,则这 N 个帐篷中至多有 $3 \times 14 = 42$ 个儿童,于是有 $60 - 42 = 18$ 个帐篷中各只有一个儿童. 因此在只有一个儿童的帐篷中任取10 个,这10 个帐篷中的儿童不可能同时在一个帐篷中有 3 人. 至此证明了 $N = 4$.

于是至少有 $60 - 4 \times 14 = 4$ 个帐篷中恰有一个儿童. 我们在这4 个帐篷中各取两位儿童,余下取两个帐篷中的仅有的儿童,所以找到 10 个儿童. 他们不能同时在一个帐篷中有 3 人. 所以证明了若每个帐篷中至多14 人,则条件不满足. 因此至少有一个帐篷中安排了至少 15 人.

❖悬锤

一个用悬锤驱动的钟,每个钟点敲击钟点数,而在半点钟时就敲一声. 如果晚上 10:15 把两个悬锤提到顶端同一高度,12 小时后两个悬锤都下降了 720 mm. 在这段时间内两个悬锤之间的最大垂直距离是多少?(提示:画一张图或列张表试试看,很快就可以求出答案,但是也可以用微积分解决.)

解　这个有趣的问题当然可以这样来解决:用放大的比例尺画一个图,表示每时每刻每个悬锤的下降距离,然后实际测量出两个悬锤之间的最大距离. 也可以把敲钟前后悬锤的高度列成表格,以便找出答案. 这样探讨无疑是最简单的,但是,因为题目提示中特别声明要用微积分(如有可能)或者其他较高深的知识处理,所以这里要提供使用微积分的独特的答案. 在图1 中,原点取在12 点处,因敲钟次数的序列在这一点上不连续,左上角的图形是右下角的继续. 以 60 mm/h(720/12)运动的时间悬锤的轨道是一条直线,它的方程是 $y = 60t - 95$(设轴下方纵坐标为正). 管敲钟的悬锤总共往下降了 $12(1 + 12)/2 + 12 =$

90(次),每次正好 8 mm,它的轨道虽然是锯齿形曲线,但是在整数钟点可以用图里的两条抛物线表示. 抛物线的方程,敲钟前的是 $y=4t(t+1)$,敲钟后的是 $y=4t(t+3)$,其中 t 只可取整数值. 这是因为敲 t 点钟之前,敲钟悬锤已作了 t 次半钟点降落和 $t(t-1)/2$ 次整钟点降落;后一个数来自算术级数的求和公式 $\frac{n}{2}(a+l)$,其中 $n=t-1, a=1, l=t-1$. 因此下降的总距离是 $y=8\left[t+\frac{t(t-1)}{2}\right]=4t(t+1)$,这正是上面所给出的方程. 同样可推导出敲钟后的下降总距离.

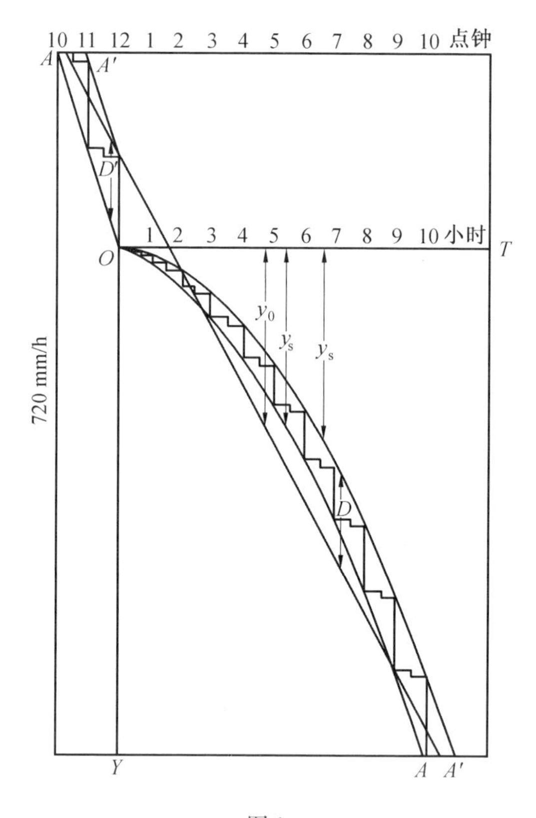

图 1

两个抛物线的纵坐标与时间悬锤的直线(轨道)的纵坐标之差分别是 $D=4t^2-56t+95$(敲钟前),$D=4t^2-48t+95$(敲钟后). 取每个表式的一阶导数,然后用通常的办法求极大和极小;前一个方程给出关系 $8t-56=0$,这是求答案的线索,由此得 $t=7$(整数),因而最大的高度差等于 $4\times7^2-56\times7+95$(mm),即 101 mm.

读者也许要问,在半钟点时距离达到最大的可能性是否已考虑在内,只要考虑到,敲钟槌在半点处只下降 8 mm,而时间锤在半小时内下降 30 mm,就明白最大距离只能在整钟点达到. 如果在某个半钟点,敲钟槌在时间锤上方,那么到下一个整钟点,它们将离得更远. 如果在某个半钟点它在时间锤下方,那么在前一个整钟点它们离得较远.

❖要试多少次

一个保险柜上的锁由三个旋钮组成,每个旋钮有 8 种不同的位置,由于保险柜构造上的缺点,三个旋钮中只要有两个在正确位置,柜门即被打开,问至少尝试多少次组合,才能保证门一定被打开(假定不知道正确的组合)?

解　设每个旋钮的位置为 1,2,…,8. 每种组合可记为

$$(a,b,c),1 \leqslant a \leqslant 8,1 \leqslant b \leqslant 8,1 \leqslant c \leqslant 8$$

试 32 次即可保证将这个保险柜打开,事实上,32 种组合为

$$\begin{array}{llll}(1,1,1), & (2,1,2), & (3,1,3), & (4,1,4)\\(1,2,4), & (2,2,1), & (3,2,2), & (4,2,3)\\(1,3,3), & (2,3,4), & (3,3,1), & (4,3,2)\\(1,4,2), & (2,4,3), & (3,4,4), & (4,4,1)\\(5,5,5), & (6,5,6), & (7,5,7), & (8,5,8)\\(5,6,8), & (6,6,5), & (7,6,6), & (8,6,7)\\(5,7,7), & (6,7,8), & (7,7,5), & (8,7,6)\\(5,8,6), & (6,8,7), & (7,8,8), & (8,8,5)\end{array}$$

不妨假定三个旋钮中,有两个的正确位置是在前4种(1,2,3,4)中,而第一个与第二个旋钮的每一种组合(a,b),$1 \leqslant a,b \leqslant 4$,均在上面列出的前 16 个三元组合中出现. 第一个与第三个旋钮的组合(a,c),$1 \leqslant a,c \leqslant 4$;第二个与第三个旋钮的组合$(b,c)$,$1 \leqslant b,c \leqslant 4$,也都是这样,所以经过这 32 次检验,柜门一定能打开.

另一方面,任何 31 种三元组合,不能保证把柜打开,证明如下.

设 K 为这 31 种三元组合所成的集,如果两种组合至少有两个位置相同,我们就说一种组合覆盖了另一种,只有在每种三元组合都被 K 中某种组合覆盖时,才能保证柜门一定打开. 否则,那个由三个正确位置组成的组合,没有被 K 覆盖时,柜门就不能打开. 而每一次失败的试验,只能表明一种组合及被它覆盖的组合都应当摒弃,对那些未被覆盖的组合则不能提供丝毫有用的信息.

如果把每种三元组合作为三维空间的点,那么全部的 8^3 种三元组合就是构成一个立方体的全部整点 (a,b,c),$1 \leqslant a,b,c \leqslant 8$. 每一个整点(三元数组)覆盖与它在同一横线或纵线上的21个整点(连同本身在内共22个),并且只覆盖这些整点,我们要证明任何31个整点不能覆盖全部的 8^3 个整点.

首先在八个平面 $z=c$,$c=1,2,\cdots,8$ 中必有一个至多含3个属于 K 的点(因为 $|K|=31$),不妨设 $z=1$ 上至多有3个点属于 K,过这些点的(平面 $z=1$ 上的)坐标线至多6条(三横三纵),因而至多覆盖这平面上

$$6 \times 8 - 3 \times 3 = 39$$

个整点(包括 K 中那小于等于3个点在内),至少有 $64-39=25$ 个点未被覆盖,不妨设这25个点为

$$(a,b,1),4 \leqslant a,b \leqslant 8 \qquad ①$$

于是 K 中至少有25个点在集(长方体)

$$M=\{(a,b,c) \mid 4 \leqslant a,b \leqslant 8,1 \leqslant c \leqslant 8\} \qquad ②$$

中(因为在 $c \neq 1$ 时,M 中每个点只能覆盖①中一个点,即①中只有一个点在它的"正下方").

集 M 中的点不能覆盖集(长方体)

$$L=\{(a,b,c) \mid 1 \leqslant a,b \leqslant 3,1 \leqslant c \leqslant 8\} \qquad ③$$

中的点,所以 L 中的点只能靠

$$K-M=K_1$$

中的点来覆盖,但

$$|K_1| \leqslant 31-25=6$$

所以在8个平面 $z=c$,$1 \leqslant c \leqslant 8$ 中至少有一个平面上没有 K_1 的点,设平面 $z=8$ 上没有 K_1 的点,则 K_1 中每个点至多覆盖集(正方形)

$$L_8=\{(a,b,8),1 \leqslant a,b \leqslant 3\}$$

中一个点,由于

$$|L_8|=9>|K_1|$$

所以 L_8 上的点不能全被 K_1 覆盖,从而也不能全被 K 覆盖.

所以,至少要试验32种组合,才能保证将柜门打开(前面列出32种组合是分别在 $8 \times 8 \times 8$ 的立方体的左下角与右上角的两个 $4 \times 4 \times 4$ 的小立方体中).

❖找财宝

海盗头弗林特船长匆匆忙忙地把一份财宝秘密地埋藏在一个孤岛上. 时间

仓促,来不及绘图.岛上有三棵树,构成一个三角形;山毛榉离海边最近,两棵橡树在山毛榉的两侧.船长对约翰说:“从山毛榉到这棵橡树拉一根绳子,然后从橡树出发,沿着垂直于绳子的方向,往岛里走一段等于这段绳子长度的距离.这一点我们叫做1号.西尔弗,你到那棵橡树,也同样拉根绳子,然后从橡树出发,沿着垂直于绳子的方向,向岛里走一段等于这段绳子长度的距离.这一点叫做2号(图1).伙计们,我们就把财宝埋藏在这两点的正当中.好!把绳子解了,快上船,我们走吧!”

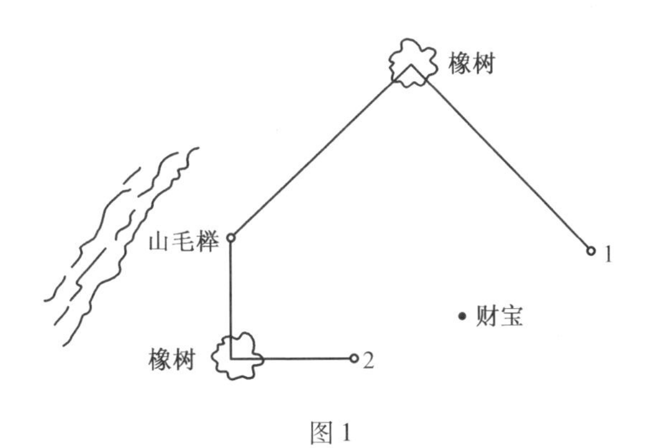

图1

六个月后,约翰瞒着匪首,在匪首的小侍从的陪伴下潜返该岛,企图盗走财宝.他知道找财宝的诀窍,但是非常令人失望,因为山毛榉已被台风刮走,没留下一点痕迹,只有两棵橡树还在.约翰完全泄气了.也该他运气好,他带来的侍从很有些头脑,他说:“别着急,没有那棵山毛榉,我照样能把财宝找出来.”果然,不一会他就把财宝找到了,他是怎样想的呢?

解 在图2中,我们画出了山毛榉、橡树、点1、点2和埋财宝的点X的位置.作垂线如图所示,用全等三角形容易证明距离a等于b,c等于d,距离e等于a加c的一半,因此肯定等于两橡树之间的距离的一半.进一步,因此f和h都等于g,点Y一定是两橡树的中点,因此那个小伙伴没去理会那棵消失的山毛榉,简单地在两棵橡树之间拉根绳子,从绳子的中点沿着垂直于绳子的方向走半根绳子长的距离.

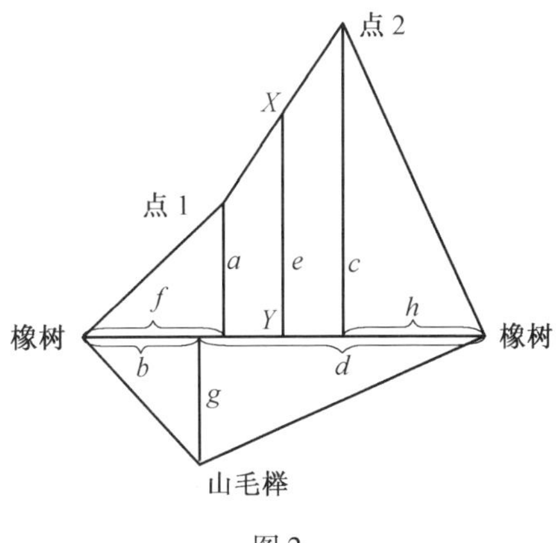

图2

❖相识为偶

求证:在由50个人组成的群体中,总存在两个人,他们都认识的人的个数是一偶数(可能是零).

证明 我们用图来做模型,用顶点来代表人,用边来代表他们的"认识度".具有长度2的任何道路称为一个"链".用反证法.设每两个顶点被奇数条长度为2的道路连接起来.考虑一个特殊的顶点p,把剩下的顶点分成相邻的点的集合A和不相邻的点的集合N.每一点$a \in A$只通过集合A中另外的顶点被连接到a.因此,它在集合A中必有奇数度,由此得知集合A中有偶数个顶点.因此p有偶数度,其他的顶点也是如此,因为其他顶点也能起到p的作用.由此得知,集合A中的任何点a能同集合N中的偶数个顶点连起来,因此集合A与集合N之间边的总数是偶数.

集合N中的每一点n仅仅能被集合A中的顶点同p连接起来.因此,它可同它们中的奇数个点连起来.这说明集合N也有偶数个顶点,因此顶点的整数是奇数.

若图有50个顶点,其中必有两个,它们可被偶数条"链"连接起来.

❖定时开关的信号灯

如果自动交通灯系统"调整在每小时30英里",那么司机除了这个速度以外,还能以哪些固定车速开车?假定交通灯等距离地分布在路上,同时改变颜色,红绿色既按时间,也按空间交替改变.

解 人们很容易得出这样的答案:每小时30英里除以一个奇数,即30,10,6等可以避免"碰到红灯".然而,这个答案既不完全,也不实际.为了得出30除以奇数这个答案,许多人画了距离D和时间T的关系图(图1).垂直线代表相继各信号灯的位置;实线段表示红灯,虚线表示绿灯;每T分钟一换,T等于$30 \times 5\ 280/(60 \times D)$,其中$D$(以英尺为单位)是两个信号灯(平行线)之间的距离.如图1所示,任意一条表示典型的常速度(即30除以一个奇数)的直线,都避开了所有红灯.然而,本题要求找出一切可能的常速度.如果司机只允许以

准确的速度 30,10,6 等开车,那就意味着他必须在绿灯亮后完全相等的时间到达每一个信号灯,其中也包括第一个信号灯. 当然,这样的条件既不实际,也不符合数学的要求,除非假设有无限多个信号灯. 这样就导出耐人寻味的一个不平常的通解 —— 为了使它正确,需要一个超出地球的环境. 事实上,准确等于 15,$7\frac{1}{2}$,$3\frac{3}{4}$ 等的速度也是允许的,但是,因为要求过于苛刻,它们同样是不实际的(见下文). 不管怎么样,整个问题可以画一个图来解决,图中的横坐标表示信号灯的位置,它们隔开 D 个单位,而纵坐标标出时间区间 T. 信号灯为红色的这段时间用粗黑的垂直线段表示,因为在这里 D/T 是 30 英里 / 小时,所以每个 D 占 12 格,每个 D 占 4 格较方便.(这样容易用图检查下面导出的速度值.)本题要求的解是所有过起点不与粗垂线相交的直线的斜率的倒数. 顺便指出,起点可以在 0 到 T 之间随便一个时刻. TC,OD 之间的平行线对应于由公式 $V=\frac{D}{pT}$ 导出 30 英里 / 小时,即 $p=1$ 的情况. TG,OH 之间的平行线对应于 $p=3$,$V=10$;TK 和 OL 对应 $V=6$;TM 和 ON 对应 $V=30/7$;等等. 显然,在 $TOCD$ 区域和其他三个阴影区内还有可取的中间速度. 另一方面,平行间断线 TE 和 OF 给出的允许速度 15,和对应间断线 TI,OJ 的速度 15/2 是孤立的,因为它们限定了相对"不稳定" 的情况,在这种情况下,司机必须在刚开绿灯时通过一个信号灯,刚要开红灯前通过下一个信号灯.

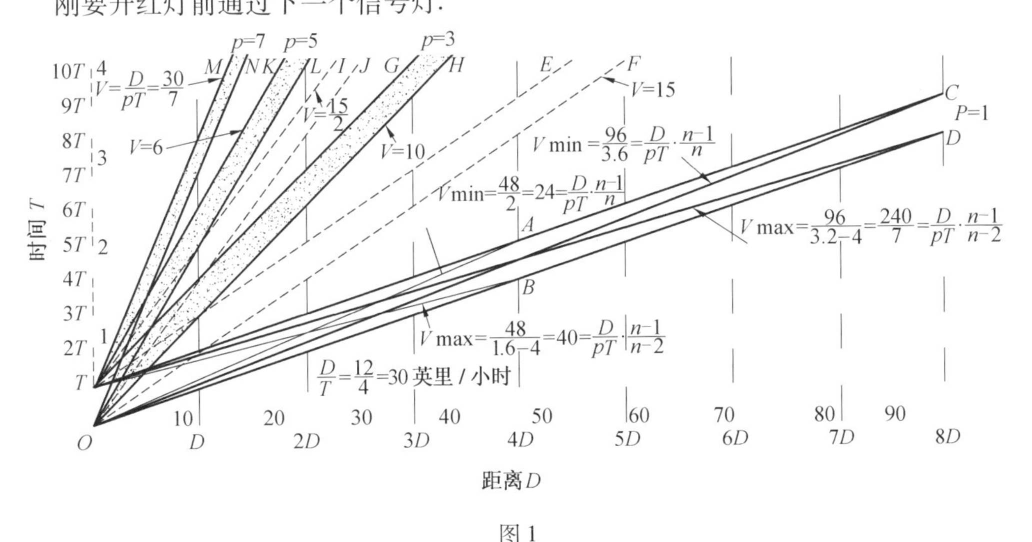

图 1

从对应于 5 个信号灯的 TB,OA 和对应于 9 个信号灯的 TD,OC 很容易看出信号灯的个数对答案的影响. 这表明,在第一种情况下速度可以是 24 英里 / 小时 到最大值 40 英里 / 小时(只要警察许可),在第二种情况下,速

度是 $26\frac{2}{3}$ 到 $34\frac{2}{7}$. 一般公式是 $V_{最大}=\frac{D(n-1)}{pT(n-2)}$, $V_{最小}=\frac{D(n-1)}{pTn}$, 其中 n 表示信号灯个数. 上面说的是 $p=1$ 的情况. 对应于 $p=3,5,7,\cdots$, 和任意多个信号灯, 都可得到类似的一组速度. 最后, 司机一般不知道路上有几个信号灯, 但是他可以在灯数不大于12这个假设的基础上安排他的行动. 这样, 他就可以把速度保持在27.5英里/小时到30英里/小时之间任意一个固定速度. 只要他在第一个灯刚开绿灯时通过, 这个速度范围还是理想的. 如果通过的时间越晚, 那么相应的活动余地也越小. (如遇到交通堵塞、送葬的队伍、星期日、重要的棒球比赛等, 这组数可以乘上 $\frac{1}{3}$, $\frac{1}{5}$, $\cdots$.)

❖热线电话

50位不同学校的校长与50位副校长有电话联系, 而且每一位校长与13位副校长有电话联系, 每一位副校长与13位校长有电话联系. 试证: 能够拆除600条电话线, 使得每一位校长与一位副校长联系, 而每位副校长与一位校长联系.

证明 为了解本题, 显然只需要建立每一位校长与一位副校长的对应关系, 使得他们有电话联系, 保留处于上述对应关系的50对校长与副校长的电话线, 并且拆除余下的 $13\times50-50=600$ 条电话线, 命题就可得证.

设 A 为某一个校长集合, 这个集合与某一个副校长集合 B 建立了一一对应关系 $b=g(a)$, 并且对任意 $a\in A$ 的校长 a 与副校长 $g(a)$ 有电话线, 现在证明, 集合 A 与 B 总是能够这样扩大, 使得新的集合间存在适当的一一对应关系, 为此, 我们以 A' 表示 A 的补充, 以 B' 表示 B 的补充, 如果 A' 与 B' 即使只有一条电话线, 那么 A' 与 B' 中与这条线有关的成员能补入 A 和 B', 此时得到所要求的扩大, 因此可以认为, A' 仅与 B 有联系, 而 B' 仅与 A 有联系, 设 A_1 是 A 中与 B' 的某些成员有联系的成员的集合, $B_1=\{g(a), a\in A_1\}$, B_2 为 B 中与 A' 有联系的成员的集合, 而 A_2 为 A 中与 B_2 的成员建立了一一对应关系的成员的集合(图1). 假定 $A_1\cap A_2\neq\varnothing$.

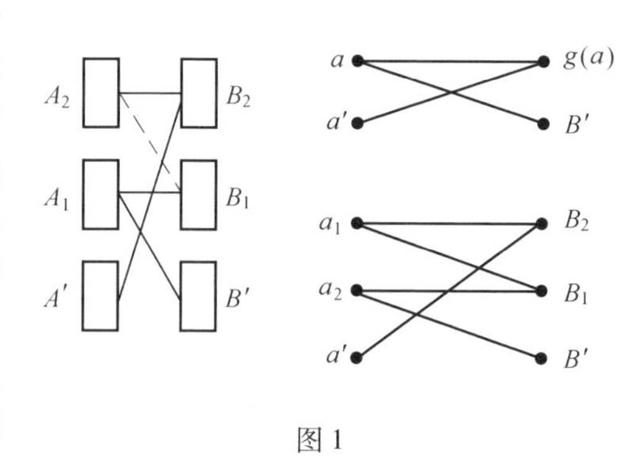

图1

如果 $a \in A_1 \cap A_2$,那么 a 与某人 $b' \in B'$ 有联系,而 $g(a)$ 与某个 $a' \in A'$ 有联系(参阅图1). 在这种情形下,集合 A 能补充成员 a',把它与 $g(a)$ 对应,而把成员 a 与 b' 对应,显然在这种情况下可以得到 A 的合适的扩大.

也就是说,可以认为 $A_1 \cap A_2 \neq \varnothing$. 此时同样有 $B_1 \cap B_2 = \varnothing$($A$ 与 B 的成员彼此是一一对应地联系的),可以看出,集合 B_1 与 A_2 应当至少有一条电话联系着,事实上,集合 A_1 与 B_1 有同样多个成员,它们建立了一一对应关系,因此从 A_1 与 B_1 引出同样多条电话线(每一成员引出13条),从 A_1 引出的部分电话线根据定义到达 B',这就是说,同样多条电话线从 B_1 走向 A_2(因为正如上面已证明的,B_1 与 A' 没有联系),这样,存在 $b_1 \in B_1$ 和 $a_2 \in A_2$,它们彼此有联系,于是,根据集合 A_i 与 B_i 的定义,可找到这样一些,$b_2 \in A_2$ 和 $a' \in A'$,$a_1 \in A'$ 和 $b' \in B'$,使得 a_2 与 b_2,b_2 与 a',b_1 与 a_1',a_1 与 b',分别都有电话联系,把成员 a' 补入集合 A,b' 补入集合 B,使成员 b_1 对应于 a_2,b' 对应于 a_1,b_2 对应于 a',对于 A 与 B 的所有其他成员保留原先的对应关系,显然,新集合 $A \cup \{a'\}$ 和 $B \cup \{b'\}$ 中任意一对处于对应关系的成员都有电话联系.

由此得出,对任何一个校长集合能这样地补充,使得新的集合中任何一位校长对应一位且仅对应一位副校长,从只含一位校长的集合 A 开始,使用49次上面描述的方法,可以得到所要求的50位校长与50位副校长之间的一一对应关系,如上所证,在具有这种对应之下可以拆掉600条电话线,保留每一位校长与一位副校长的电话线.

❖两架梯子

如图1,两架梯子,长度分别为20英尺和30英尺,在小巷中交叉支起,交叉点距地面8英尺. 每架梯子都是从一面墙的墙角架到对面墙的某一点. 问小巷有多宽?

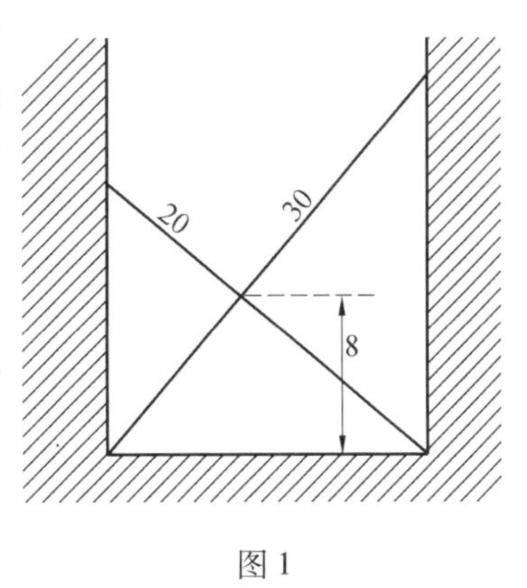

图1

解 与本书中大多数问题一样,用明显的相似三角形方法太冗长,而且过度复杂. 根据相似三角形(图2),立即可以写出

$$\frac{8}{b-x}=\frac{\sqrt{20^2-b^2}}{b},\frac{8}{x}=\frac{\sqrt{30^2-b^2}}{b}$$

令这两个方程中的 x 值相等,则得出

$$\frac{8}{\sqrt{30^2-b^2}}=1-\frac{8}{\sqrt{20^2-b^2}}$$

这个四次方程绝不是那么容易求解的,它需要用作图法,或用繁琐的逐步逼近的方法,运用例如牛顿法、霍纳法或递推法这样一些特殊的方法.

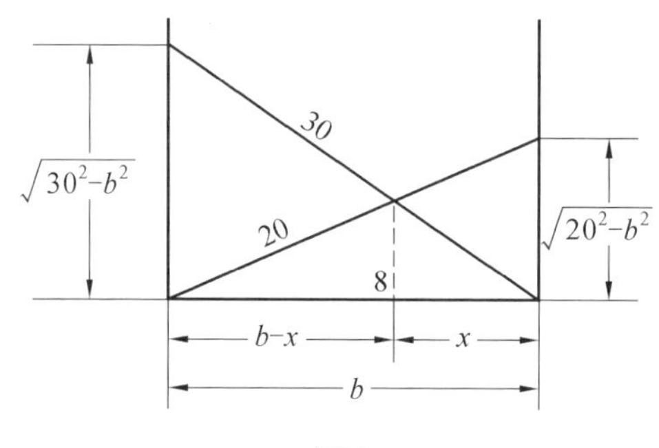

图2

这种相当不能令人满意的情况刺激了一个作图法的狂热鼓吹者泰勒,他写道:“梯子问题是我的拿手问题之一,但我一直还没发现一个简单解法. 不过,我相信,如果可用不那么高深的数学来求解,这类问题肯定会为许多数学爱好者所喜爱. 大量相当难解的问题,用作图法可以求解到令人满意的精确度. 梯子问题是一个典型的例子,而且作图得出的结果能够通过尝试法用代数运算加以检验.”泰勒先画出一个 $B'B$ 弧(图3),它的半径是(按比例缩小的)20英尺的梯子,然后对应于不同的巷子宽度,用两脚规按比例画出30英尺的梯子. 标出各个交点 P,构成了图中的虚点曲线 EP. 这条曲线上,纵坐标为8英尺的那一点的横坐标给出了作图法的近似解. 然后,用一种尝试法把这个解应用于四次方程,以便使结果精确到所要求的小数点后几位.

附带说一下,通常还有形式如下的几个方程:$y^4-16y^3+500y^2-8\,000y+32\,000=0$,其中 y(为方便起见)是20英尺梯子搭到墙上的高度;还有 $8/\sqrt{400-x^2}+8/\sqrt{900-x^2}-1=0$,其中 x 是未知的宽度,有人得到下面的方程,这个方程可用较上述两方程多少简单一些的方法加以处理:将两架梯子都按 $x:y$ 的比例分为两部分(这里 $x+y=1$)(图4),这样得到

$$\sqrt{400x^2-64}:\sqrt{900y^2-64}=x:y$$

它可以化为 $64(1/y^2-1/x^2)=500$,或 $(x-y)/x^2y^2=1/0.128$. 然后令 $x-y=r$,$xy=s$. 由于 $(x+y)^2-4\times y=(x-y)^2$,所以,$1-4s=r^2=s^4/(0.128)^2$,由此得 $4s=1-61s^4$. 从 $s=0.2$ 这个近似值出发,运用对数计算,很容易得到精确到小数点后四位的 s 值,即 $s=0.216\,5$,由此立即可以得出小巷的宽度为16.2英尺.

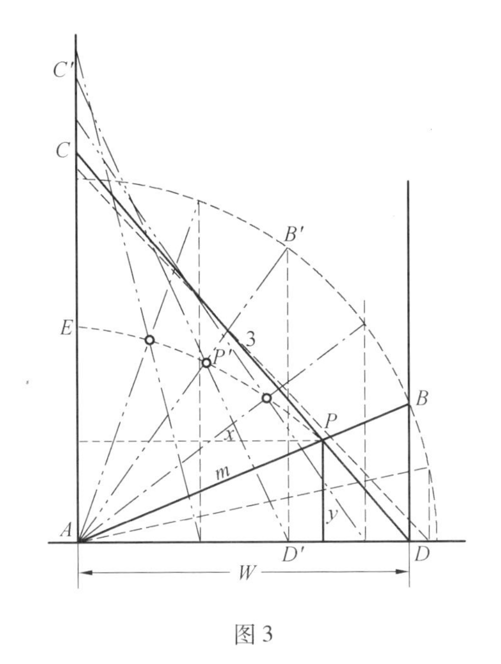

图 3

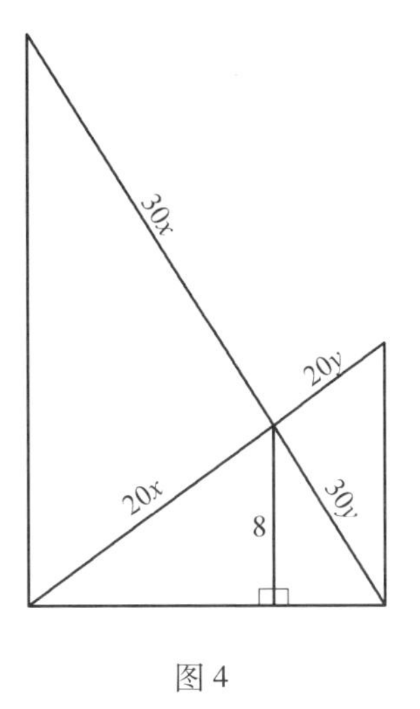

图 4

❖罐头称重

一队地质学家在野外考察,带着 80 听罐头. 这 80 听罐头有不同的质量,这些质量是已知的,并列在一张表上. 过了不久,这些罐头的名称已辨认不清了. 厨师知道每听罐头里的内容,并且声称他可以认出它们,并不需要打开任何一听罐头,只需使用那张表和一架天平,只要把对象放在天平的两边,这天平可以区别对象的轻重.

证明:为了做到这一点,

(1) 称四次便足够了;

(2) 称三次则不行.

解 (1) 每听罐头均表示为三进制的4 位数,这些数从0000 到2222. 在第 i 次称重中,把第 i 位上出现数字0 的所有罐头放在一个盘中,且把第 i 位上出现 2 的所有罐头放在另一盘中,$1 \leqslant i \leqslant 4$. 因此,在每一次称重中,在每一盘上都有 27 听罐头.

在第一次称重时,我们得到由 27 听罐头中任何两个子集质量之差的最大

值. 因此,第一个数字是正确的.

在第二次称重时,我们得到27听罐头中任何两个子集的质量之差的最大值,那些子集合由9听罐头所组成,它们的三进制表示中由0,1和2开始. 因此,第二位数字也是正确的.

在第三次称重时,我们得到27听罐头中任何两个子集的质量之差的最大值,那些子集合由3听罐头组成,它们的三进制表示中,开头的两位数是00,01,02,10,11,12,20,21和22. 因此,第三位数字也是正确的.

在第四次称重时,我们得到27听罐头中任何两个子集的质量之差的最大值,在这些子集合中,同一个子集合的任何两个的三进位表示中的前三位不完全一样. 这就证明了厨师没有说错.

(2) 在一次称量中,我们只能区分出一听罐头,它在一只盘中,或在另一只盘中,或者根本不在二者之中. 因此,我们可以把罐头区分为三个子集合. 通过三次称重,我们可以得到27个子集合. 因此我们有多于27听的罐头,至少有一个子集合至少有两听罐头. 不可能证明在这两听罐头上的数字没有被颠倒过.

❖衣帽间的女孩

在一家大戏院衣帽间工作的女孩,把所有的对号牌都弄乱了,戏散以后,她随便把帽子发给寄存帽子的观众. 如果观众们容忍了这种无礼,试问,没有一个人戴着自己的帽子回家的概率有多大? 附带提一下,建议读者用两副扑克牌检验一下自己的答案:把两副扑克牌分别充分洗开,然后每次将两副牌各翻开一张,对比一下看是否相同,直到把每副牌中所有的牌都比完为止. 如果你愿意这样做上十几次或二十几次,那么在你做完以后,请记下在你所尝试的这么多次中,两副牌中每一对牌都不相同的情况有多少次;这样,你将为人们记录下:自然界是如何严格地遵从概率的要求的.

解 这个数学史上有名的问题,有许多比较简捷但需要较广博知识的解法,其中有一个最有意思,也很容易理解,不过要严格地讲解,需要很长的分析.

我们把各个观众的头称为A,B,C,D直到N,相应的帽子称为a,b,c,d直到n. 当然,n顶帽子有$n!$ 种可能的分配方式,其中有x_n种情况是没有一顶帽子戴在原主头上的. 在满足题目要求的这些情况中,即有利的情况下,b帽戴在A头上的情况占一定的数目,而根据情况的对称性,这个数目与另外一些指定的帽子如c,d,e等分别戴到A头上的情况的数目是一样的. 而且,如果我们能求出b

帽戴到 A 头上这种有利情况的数目,那么,只要将这个数目乘上 $(n-1)$,就可以得出所需要的 x_n. 如果 b 帽戴在 A 头上,那么余下的 $(n-1)$ 顶帽子要分别戴在余下的 $(n-1)$ 个头上,而且每人戴的都不准是自己的帽子. 现在我们把这些情况分成互不相容的两组情况:①a 帽戴在 B 头上,② 除 a 外,其他任何一顶帽子戴在 B 头上. 第一组情况只是将 c 至 n 的 $(n-2)$ 顶帽子戴到 C 至 N 的 $(n-2)$ 个头上去,用我们前面的记法,这种情况的数目可记作 x_{n-2}. 在第二组情况下,我们的帽子是从 c 至 n,头是从 C 至 N,另外还有一个 B 头,他肯定不是戴 a 帽(应该记住,在这种考虑中已将 b 帽除外,因为它已经戴在 A 头上了). 很清楚,这时有利情况的数目肯定与 a 帽在这里暂且称为 b 的有利情况的数目是一样的,这种情况的数目是 x_{n-1}. 这就给出了一个方程 $x_n=(n-1)(x_{n-1}+x_{n-2})$,此式可表示为 $x_n-nx_{n-1}=-x_{n-1}+(n-1)x_{n-2}$. 大家会注意到,方程左右两边的差别除了 n 变成了 $n-1$ 之外,仅在于符号不同. 这显然意味着,不论 n 为多少,x_n-nx_{n-1} 都具有相同的数值,只是符号要改变一下. 当 n 为 2 时,$x_2=1$,而 $x_1=0$,因为两顶帽子为两个头戴错的情况只有一种,而一顶帽子为一个头戴错是不可能的.

因此,$x_2-2x_1=1$,这就意味着,对于所有 n 值来说,都有 $x_n-nx_{n-1}=\pm 1$,当 n 为偶数时取正号,n 为奇数时取负号. 两边均除以 $n!$,得 $\frac{x_n}{n!}-\frac{x_{n-1}}{(n-1)!}=\pm\frac{1}{n!}$,其中 $\frac{x_n}{n!}$ 是所要求的概率,它等于 $\frac{x_{n-1}}{(n-1)!}\pm\frac{1}{n!}$. 这就是说,每增加一顶帽子,原来的概率就要增加或减少 $\frac{1}{n!}$. 在其他类型的解法中,这个有趣的事实并不这么容易看出. 当 n 为 1 时,概率当然为零;n 为 2 时,概率要增加 1/2! 而变为 1/2;n 为 3 时,要将上述概率减去 1/3! 而变为 1/3;n 为 4 时,这个值要加上 1/4! 而变为 3/8;n 为 5 时,将它减去 1/5!,而得到 11/30. 因此,一般说来,$\frac{x_n}{n!}=\frac{1}{2!}-\frac{1}{3!}+\frac{1}{4!}\cdots\frac{1}{n!}$. 这是大家都熟悉的一个数列,当 n 趋于无穷大时,它等于 $\frac{1}{\mathrm{e}}$,e 是自然对数的底 2.718 281 828 4…. 这个数列收敛迅速,如果 n 大于 10,这个概率值实际上就等于 $\frac{1}{\mathrm{e}}$ 的真值,精确到小数点后面第六位,即 0.367 894. 这意味着,在这个大戏院中要检查帽子是否拿错的观众的人数究竟有多少,实际上是无需知道的. 如果读者用两副完整扑克牌一配一地检验自己的答案,那么,只要从每一副牌中取出一种同花牌来检验,效果也一样好. (有人反映,在 210 次试验中,满足要求的情况是 72 次,这与我们上面的结论是

相当接近的.）顺便提一句，也有人使用了一种简洁明快但却是错误的方法：他们认为，由于一个观众拿到错帽子的机会是$\left(1-\frac{1}{n}\right)$，因此，所有观众全拿错帽子的机会是这个表式的$n$次幂.如果这些事件是相互排斥的，那么，这个思路是正确的.但是，它们之间并不相互排斥，所以当n值很小时，这个答案是差得远的，但是，当n趋于无穷大时，这个答案就变得正确了，它也就为$\frac{1}{e}$，因为这时上述限制已不起作用.

❖亲兄弟明算账

有兄弟三人生活在一起，他们公用价值120兹罗提（波兰货币）的大包烟丝.若老三不抽烟，则这包烟丝够老大、老二两人用30天.若老二不抽，则老大、老三两人可用15天.若老大不抽，则老二、老三两人12天抽完这包烟丝.现在三个人一起抽，这包烟丝可以用多少天？每个人应付多少钱？

解　这个问题可以很简单地解决.设老大、老二、老三每天抽价值为x,y,z兹罗提的烟丝.

不难看出

$$x+y=4,x+z=8,y+z=10$$

解得

$$x=1,y=3,z=7$$

这样，三个人抽烟，在$120:(1+3+7)=120:11$天内用完烟丝，他们应按$1:3:7$分担费用.

❖密林中的齿轮

在第二次世界大战中，有一队美国工程师在澳大利亚密林中急需制造一个6∶1的减速齿轮箱.他们到处寻找，结果找到了12个齿轮，这些齿轮非常结实，甚至每个只需用宽度的一半就足够了，唯一的麻烦是这些齿轮完全相同.队长咒骂着.一个士兵走上去，画出应该怎样做的草图.请问：这个士兵的计划是什么？解决这个问题，并不需要钻研“齿轮学”或工程学，但需要有点想象力和创造性.

解 这个问题详细交代了,从强度的角度看来,这些齿轮的宽度是所需宽度的两倍,这暗示出它们是正齿轮(见下文). 不过,有个人所给出的有趣解法却放弃了齿轮相当宽的条件,而假定这些齿轮是斜的,在这种情况下,只需要9个宽度正常的齿轮,而且结论也比正齿轮的情况简单得多. 他写道:"附上一张美国工程师在澳大利亚密林中用焊接工具装配起来的6∶1减速器的草图(图1),不过你们将会注意到,有三个齿轮余下未用,同时也不一定要利用这些齿轮的另一面. 如果齿轮是正的(题目是这样暗示的),而不是斜的,那就必须要12个齿轮,但道理是一样的. 从低速的一端开始来解释这个齿轮箱的装置是比较容易的,但以高速的一端作为输入端也可以. 齿轮A保持固定,由于齿轮B的轴与慢速轴是一体,所以齿轮B以每分钟1转的速度绕主轴旋转. 如果慢速轴是顺时针转动的,齿轮C就以每分钟2转顺时针转动. 齿轮D与齿轮C连接在一起,因而以相同的方式转动. 齿轮E绕固定轴转动,并驱动F以每分钟2转逆时针转动. G的转动方式与F相同,因为它是固定在F上的. 齿轮H以每分钟2转绕轴顺时针转动,因为它的轴与齿轮C和D是固定在一起的. 如果G是固定的,那么齿轮I将以每分钟4转的速度顺时针转动,但由于G是以每分钟2转逆时针转动的,所以它将在齿轮I上加一个每分钟2转的转速,使I以每分钟6转的速度旋转."

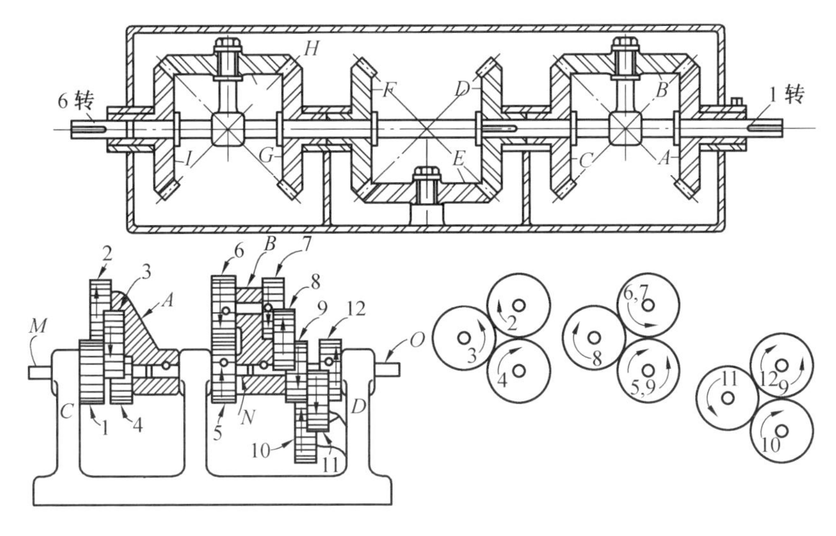

图1

本题的另一个解法(也如图1所示)比较复杂,把所有12个大宽度的正齿轮都用上了. 齿轮1牢固地定在固定架C上,齿轮2和3绕固定在旋转臂A上的

轴转动. 齿轮6,7和8绕固定在旋转臂 B 上的轴转动. 齿轮10和11绕从固定架 D 伸出的轴转动. 齿轮4,5,6,7和12固定在它们的轴上. 旋转臂 A 固定在轴 N 上,而旋转臂 B 固定在轴 O 上. 轴 M 的转动带动齿轮4,而且由于1,2,3和4已装置成一个系统,它们将力求一起转动. 但由于1是固定的,所以2只好绕1转动,这将使旋转臂 A 与2一道转动,而且 M 每转二周,它只转一周,并将这个一周的转动通过轴 N 传给齿轮5. 齿轮5,6,7,8和9也有同样的机制,因此,如果齿轮9是固定的,它也将按2∶1减速,但从9,10,11,12这个系统可以看出,9并不是固定的,它的转动方向与齿轮12相反,因而与旋转臂 B 的方向相反,同样也与齿轮8的方向相反. 因此,旋转臂 B 每旋转一周,齿轮5总会产生一个附加的旋转,以抵消齿轮9的倒转,因而在齿轮5和12之间,转速比不是2∶1,而是3∶1. 因此,从1到12总的减速是6∶1.

❖最重砝码

设有20个砝码,它们可以用天平来称质量为 $m = 1,2,\cdots,1\ 997$ g 的物体. 试求最重砝码的最小可能值.

(1) 如果砝码全是整数;

(2) 如果砝码不全是整数.

解 (1) 为了找20个砝码来称质量为 $1,2,\cdots,1\ 997$ g的物体,我们取 n 个砝码,质量依次为 $1,2,\cdots,2^{n-1}$ g. 所以由 $1+2+\cdots+2^{n-1}=2^n-1$ 可知 $1,2,\cdots,2^n-1$ 可用这 n 个砝码称出. 我们取 $1\leqslant n\leqslant 20$,余下 $20-n$ 个砝码,我们取它们质量相同,记作 m. 且这20个砝码可称出质量为 $1,2,\cdots,1\ 997$ g的物体. 为此我们要求

$$(20-n)m+2^n-1\geqslant 1\ 997$$

且

$$2^{n-1}\leqslant m\leqslant 2^n-1$$

显然这样一来,必可称出质量为 $1,2,\cdots,1\ 997$ g 的物体. 由题目要求,我们还要求 m 最小. 因此,上述三条件可变为

ⅰ 当 $(20-n)$ 除不尽 $(1\ 998-2^n)$

$$2^n-1\geqslant m=\left[\frac{1\ 998-2^n}{20-n}\right]+1\geqslant 2^{n-1}$$

ⅱ 当 $(20-n)$ 除尽 $(1\ 998-2^n)$

$$2^n-1\geqslant m=\left[\frac{1\ 998-2^n}{20-n}\right]\geqslant 2^{n-1}$$

由

$$2^n-1\geqslant\frac{1\ 998-2^n}{20-n}$$

有

$$2^n\geqslant\frac{2\ 018-n}{21-n}=1+\frac{1\ 997}{21-n},1\leqslant n\leqslant 20$$

由

$$2^n-1\geqslant\left[\frac{1\ 998-2^n}{20-n}\right]$$

有

$$(21-n)(2^n-1)\geqslant 1\ 997$$

所以 $n=8,\cdots,20$. 为了$\left[\frac{1\ 998-2^n}{20-n}\right]$取最小,我们自然地取 $n=8$,于是

$$\frac{1\ 998-2^n}{20-n}>\left[\frac{1\ 998-2^n}{20-n}\right]=145$$

所以取 8 个砝码,质量分别为 $2^0,2^1,\cdots,2^7$ g,另取 12 个砝码,质量都是 146 g,则题目所求之数为 146.

(2) 同(1). 有

$$\frac{1\ 998-2^8}{20-8}=\frac{1\ 742}{12}=145\frac{1}{6}$$

我们取 8 个砝码,质量依次为 $1,2,2^2,\cdots,2^7$ g,于是可称出质量为 $1,2,\cdots,255$ g 的物体. 如果有砝码质量为 $145\frac{1}{6}$ g,则必须有 6 块相同质量的砝码,且同时用. 而 $6\times 145\frac{1}{6}=871$. 20 块砝码,余下 6 块质量不能再取 $145\frac{1}{6}$. 因为那样称不出 256. 若余下 6 块质量为 145 g,则由 $255+6\times 145=255+870=1\ 125$,$1,2\cdots,2^7$ 及 6 块重 145 g 的砝码可称出质量为 $1,\cdots,1\ 125$ g 的物体. 将 6 块质量为 145 g 的砝码改为 6 块质量为 $145\frac{1}{6}$ g 的砝码,便称出 1 126 g 的物体. 今由

$$6\times 145\frac{1}{6}=871,6\times 145\frac{1}{6}+145=1\ 016$$

所以每次都用 6 块 $145\frac{1}{6}$ g 的砝码加上 1 块 145 g 的砝码,可称到质量为 $871+145+255=1\ 271$ g 的物体. 再每次都用 6 块 $145\frac{1}{6}$ g 的砝码加上两块 145 g 的

砝码,于是可称到质量为1 271 + 145 = 1 416 g的物体. 这样依次下去,便称到1 997. 所以所求之数为145 $\frac{1}{6}$.

❖航行问题

欧拉正以每小时8英里的最高速度驾驶他的小货轮,这时他看到他父亲在一艘以每小时10英里行驶的轮船上,轮船在他的正前方,离他1 000码的地方,行驶方向与他的方向成直角(图1). 欧拉想引起父亲的注意,并告诉父亲他想在外面捞鱼,不回家吃晚饭了. 当然,这就需要尽可能靠近他父亲. 欧拉立刻将他的航向改变一个必要的角度. 请问:这个角度是多大? 他与他父亲最近的距离是多少?

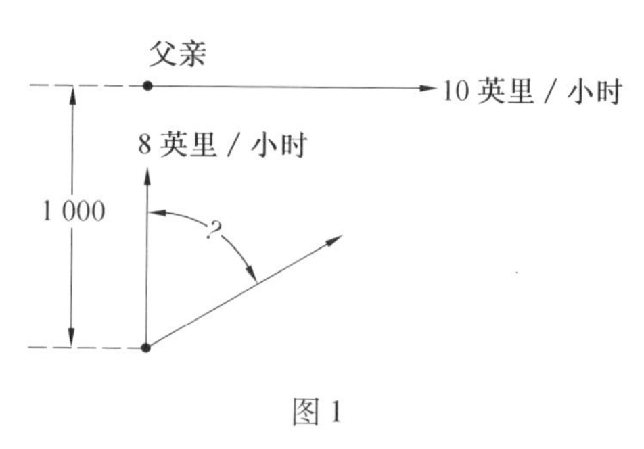

图1

解 从这个显然很简单的问题中,我们得到两个深刻的印象. 第一,虽然从表面看来,此题可以用初等数学的方法求解,但大多数人的解法却是利用微积分. 第二,所有的解法中,最简捷的不是利用,而是运用矢量.

用微积分方法解题时,首先应注意到,欧拉的船的路径,必须朝着欧拉离父船最近时父船所在的那一点,因为两点间直线距离最短,所以对这条路径的任何偏离,都将使欧拉在与此相同的时间里离他父亲更远(见图2的虚线). 用角度未知数θ很容易建立起距离y的方程(见图2中$\triangle EFD$):$y = 1\ 000\sec\theta - 800\tan\theta$. 事实上,如果父亲最初和最终所处的点在$F$和$D$,距离$FD$即为$1\ 000\tan\theta$,小华在$ED$线上最终的位置必定是在使$EM$等于$1\ 000\tan\theta\times\frac{8}{10}$的那一点.

为了求出y的极小值,要令y的一阶导数为零,即$y' = 1\ 000\sec\theta\tan\theta - 800\sec^2\theta = 0$,由此得出$\theta = \sin^{-1}0.8$,并求得所需要的距离$y = (1\ 000\times 10/6) - 800(8/6)$,即600码.

上述方法大概是会使微积分的创始人牛顿和莱布尼兹高兴的. 不过必须指出,用矢量分析是更简单的方法,在上个世纪,矢量分析已成为数学物理学家很有价值的工具. 下面我们引用一种采用这个方法所做的很聪明的题解. 如果欧

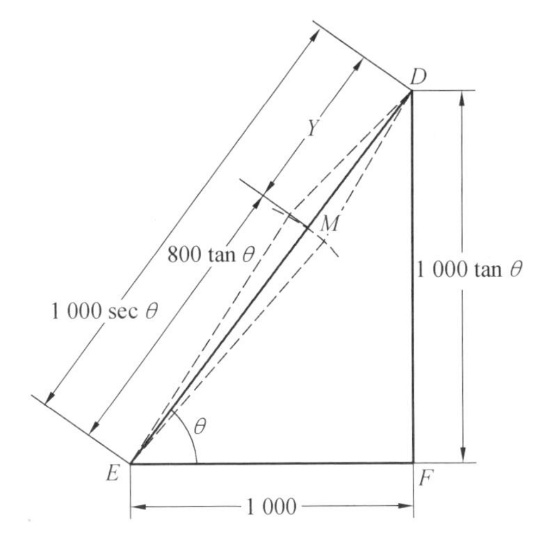

图 2

拉把他父亲的汽艇看成是不动的，那么他就有一个相对速度 V_D，如图 3 所示，如矢量 EC 所示，它等于汽艇的速度. 他自己的速度 V_B 从点 C 画起，而角度 α 为未知. 但 V_E 的终点 B 无论如何将落在以 C 为圆心圆 A 上，欧拉相对于汽艇的总速度是合矢量 EB，EB 与圆周 A 相切，因而 $\angle EBC=90°$ 这个极限情况就给出所需要的解(因为这时从 D 到欧拉的速度的延长线 EF 的距离显然是最小). 代入给定的速度值，我们得到 $\alpha=53°8'$，欧拉必须以此角度偏离他原来的路径. 在大约 4.5 min 后，到达最近点 F，这时，欧拉要使自己的声音越过 600 码的水面被父亲听到.

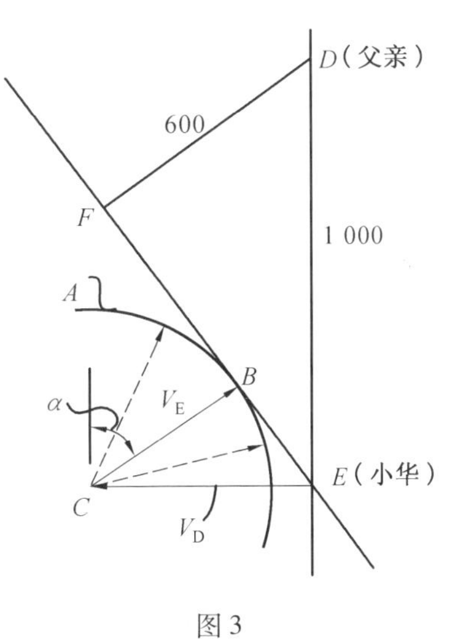

图 3

另一种略有不同的矢量分析也是值得介绍的. 我们不妨设想小华的一个哥哥在海军中服务，并告诉他一些关于如何调动船舶的知识. 这样，小华认定，他必须把他的路径转向右，以使它的相对运动线 ER 的方向尽可能地向北. 于是，他画出一条向东的线，长度为 10 个单位，又以他父亲的船的位置为中心，画一个半径为 8 个单位长的圆弧(图 4).

欧拉知道，从 $E'R'$ 能得出他的相对运动的路线. 他看出，从 E' 向半径为 8 个单位的弧所作的切线可以得到从 E 出发最靠北的路线. 这样就得到 Rt$\triangle PR'E'$，其中 $\cos(90°-c)=\sin c=0.8$. 那么，他就可以用量角器或三角函

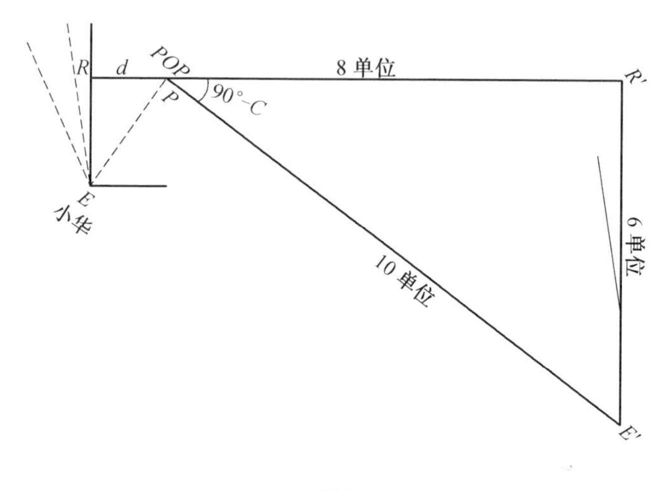

图 4

数表求出这个角为 53°8′(略去秒). 小华在学校学习也很聪明,他一看到相似三角形就能认出来,他看出 $\triangle ERP$ 与 $\triangle PRE$ 相似. 运用三角学知识,他求出 $R'E'$ 的长度是 6 个单位,这样,$\frac{d}{E'R'}=\frac{EP}{P'E'}$ 或 $d=\frac{6\times 1\ 000}{10}=600$(码).

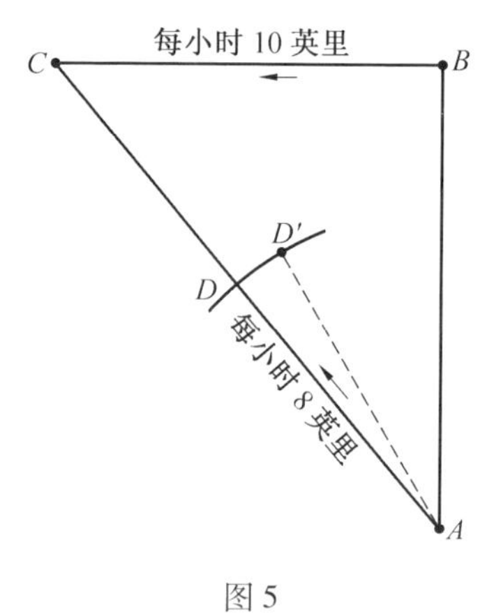

图 5

不过,对于此题题解的介绍并没有到此结束. 不用矢量,也不用微分,采用几何推理是更有趣的(虽然稍长一些). 在图5中,假定父亲的船以每小时 10 英里的速度已经从 B 到达 C,而欧拉沿 AC 方向以每小时 8 英里的速度到达 D. 这样,对于假定的距离 BC 来说,DC 是两船的最小距离,因为如果小华沿任一条其他路径到达 D',那么距离 $D'C$ 就会大于 DC. (到这里为止,还是遵循着微积分方法的思路.)

我们从距离 BC 很小时开始考虑起,随着这个距离的不断增加,两船之间的距离开始时是减小,达到最小值,此后就无限制地增大. 考虑到时这些变量在时间上是连续的,我们知道,当 DC 通过它的最小值时的那一瞬间,它是不变的. 这个考虑使我们能够确定 $\triangle ABC$ 各边长的比例和所要求的 AB 和 AC 之间的角度.

设距离 BC 是当 DC 取最小值时父船所走过的距离. 这样,微小增量 CE 将伴随着 AC 线上相应的微小增量 FE,而小华船的位置将从 D 变到 D_2. 由于在最小距离上的那一瞬间,DC 是不变的,所以 $D_2E=CD$(图 6). 小华的船行程的增量 D_1D_2 等于增量 FE. 在无限小的 $\mathrm{Rt}\triangle CEF$ 中,$CE/FE=10/8$;因而在相似

$\triangle CAB$ 中,$AC/BC = 10/8$.

现在我们知道,这个问题就是为了利用众所周知的3－4－5直角三角形而“拼凑”的. 用心算可以求得图7底部所示的几个距离. 欧拉所应该改变的角度等于 $\angle BAC = \sin^{-1}(4/5) = 53°8'$(近似值),这与上面的计算是一样的.

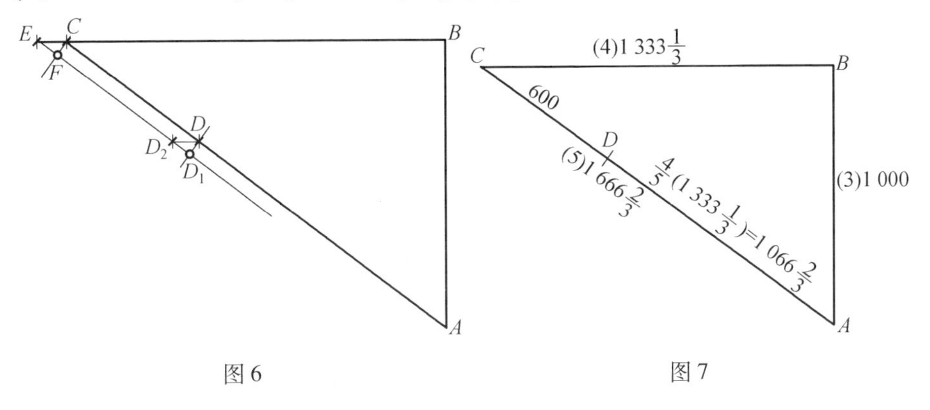

图6　　　　图7

另一个有趣的解法,也避免了微分运算(图8). 如果我们令 a = 欧拉(E)的速度,b = 父亲(F)的速度,m 为 $t = 0$ 时两者的距离,这些初始条件如图8所示.

在时间 $t = k$ 时,F 将到达点 $Q(0, bt)$,E 将在以 E_0 为圆心,半径为 at 的圆上. 很清楚,在这个 t 值下,E_0 和 Q 的联线上的 P 给出了最小的距离.

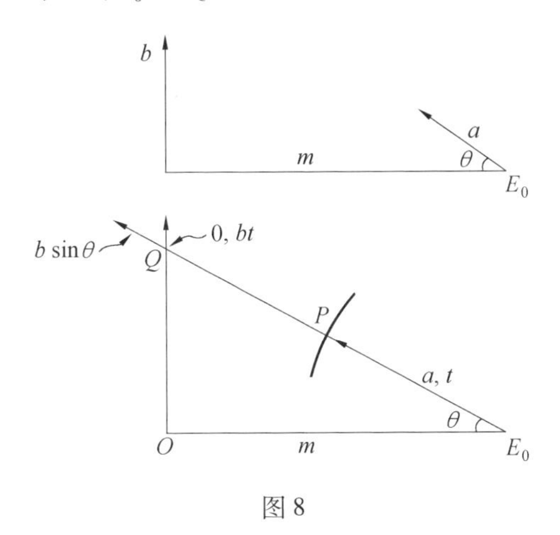

图8

这样,在每一时刻 t,最小的距离是从 P 到 Q 的距离.

现在考虑这个线段改变的速率. 父亲正以 $b\sin\theta$ 的速率加长这个最小距离,欧拉正以速率 a 减小这个距离. 当这两个速率——增大的和减小的——相等时,显然就会得到所要求的最小值. 因此,$b\sin\theta = a$,$\sin\theta = \frac{a}{b} = \frac{8}{10}$,$\theta = 53°8'$.

要想抓住这个难题最核心的部分，就应该注意到，路径改变的角度与追逐者原来的距离无关．两者速率的比为8∶10，三角形的第三条边当然为6，因此最近的距离为原距离的6/10，不管它的具体值为多少．这样，所需要的答案 $\theta = \sin^{-1}0.8$，$y = 600$ 码是可以纯粹用心算得到的．这样才能解释．对于这样一个难题，为什么小华凭直觉能这样快地将消息传递给父亲．

❖游戏房的宽度

游戏房里，两根枕木上放着15 m长的铁轨，它与枕木的轴垂直，且有一端与墙接触．枕木的轴平行于与铁轨接触的墙，墙距离最近的枕木5 m．推动铁轨（设枕木与地板及铁轨与枕木之间无滑动）时，枕木也滚动，并且轴向不变．如果当铁轨的一端碰到游戏房对面的墙壁时，它的另一端恰好在一根枕木的轴线上，求游戏房宽度．

解　设枕木沿地板及铁轨沿枕木无滑动地滚动，那么问题的条件可以如图1所示．

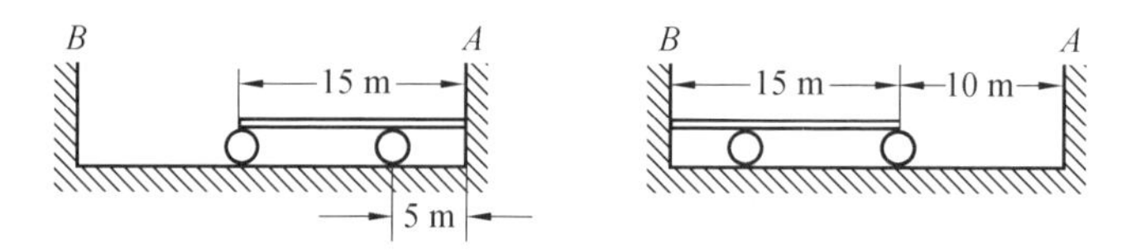

图1

若在滚动中枕木的轴向不变，则枕木转一转时，铁轨从 A 端向 B 端移动的距离等于枕木横截面的周长．但是，枕木本身也向 B 端滚动，每转动一周通过的距离等于横截面的周长．这样一来，当铁轨通过 2×5 m时，它的端点受到 B 端的阻碍，由于铁轨的长度是15 m，所以游戏房的宽度等于25 m．

❖绘图员的抛物线

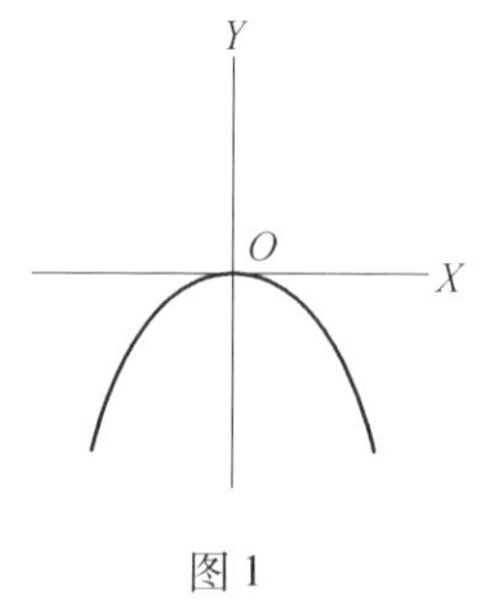

图1

一个绘图员感到很为难，他要画出一条抛物线（为方便起见，令此抛物线在 X 轴以下，对 Y 轴成对称，并经过原点，如图1所示），麻烦的是，必须要用几何办法求出该抛物线上任意一点 P 的曲率半径．他怎样才能用最少的作图线做到这一点?

解 用微积分求解这个问题有很多种方法. 为了解释和证明作图法,所需要的篇幅可以从 12 行(下面将要介绍这个最佳解法)直到将近 12 页. 不过,此题使我们可以避开微分运算,而利用同样巧妙的、更富有创造性的方法来达到所要求的目的;这里利用的是工科新生所熟悉的基本运动学. 为了有助于充分估价沿着这个方向做出成绩的意义,我们先来考虑比较常规的解法. 我们记得,根据定义,曲率是切线(或法线)在单位弧长上转动的速率. 曲率半径是这个数的倒数,曲率中心则是相邻两法线交点的极限. 根据这个定义,对曲线的一般表式作微分运算,很容易得出,在直角坐标系中,曲率半径的表式为 $R=(1+y'^2)^{3/2}/y''$. 而题中的曲线是抛物线(图 2),于是得出一个比较简单的方程 $R=2a\sec^3\theta/2$,为简便起见,其中的抛物线方程是用极坐标表示的,即为 $r=a\sec^2\theta/2$,r 为从焦点到任意点 P 的距离.

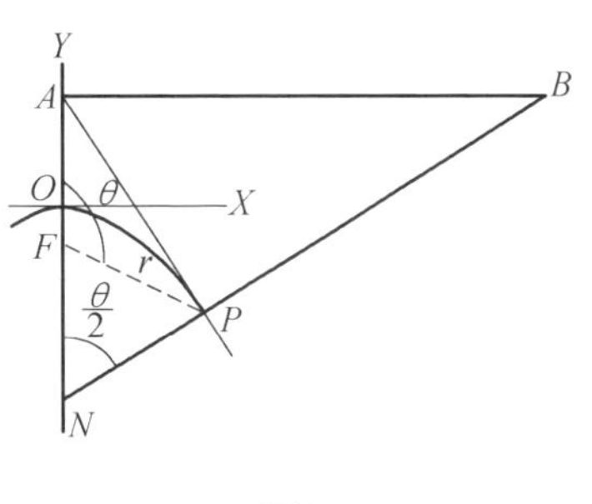

图 2

现在我们假定,上面这些东西是那位苦恼的绘图员所熟知的. 现在让他只是在 Y 轴上标出一个点 A,使它与顶点 O(原点)的距离等于点 P 到 X 轴上的距离. 联结 PA,它是此抛物线的切线,因为抛物线的原点平分任何一点的次切线. 作直线 AB 通过点 A 与 X 轴平行,作 PN 垂直于 PA,PN 与 AB 线交于点 B,与 Y 轴交于点 N. 这样,$BN=R$. 注意,在这种解法中,焦点 F 是不需要的(许多人由于引进这一点,使题解不必要地拖长),但它却可以帮助我们进行证明. 为此,在图上作了一条辅助虚线 FP,如上面所指出,$FP=r=a\sec^2\theta/2$(其中 θ 是 $\angle AFP$). $R=2a\sec^3\theta/2$,它可以简化为 $2r\sec\theta/2$. 根据抛物线的性质,$r=FP=FA=FN=\frac{1}{2}AN$,$\angle PNO=\theta/2$. 那么,$NB=AN\sec\theta/2$($\angle NAB$ 是直角). 因此,$NB=2r\sec\theta/2=R$.

另一个有趣的解法是利用对数螺线. 绘图员和工程师一般不知道这种曲线可以用来确定任何曲线的曲率半径、曲率中心和渐屈线.

对数曲线有一个独特的性质,使人们可以利用它迅速地确定任一给定曲线的曲率中心和曲率半径. 我们知道,对数螺线与从原点出发的各矢径相交的角度 α 是常数,α 的余弦为 m.

对数螺线的方程 $r=ae^{m\theta}$.

其中 a 为 $\theta=0$ 时的 r 值. 曲线以点 O 为非对称点,随 θ 角的增大而卷起. 如

果 PT 和 PN 是对数螺线上任一点 P 的切线和法线,那么,由于直线 TON 垂直于矢径 OP,得

$$ON = rm, PN = r\sqrt{1 + m^2} = \frac{r}{\sin \alpha}$$

点 P 的曲率半径即为 PN.

如果将 a 值为 1,α 约为 75° 的对数螺线绘在一张透明绘图纸上,则可用如下方法定出曲率半径和曲率中心的位置(图 3).

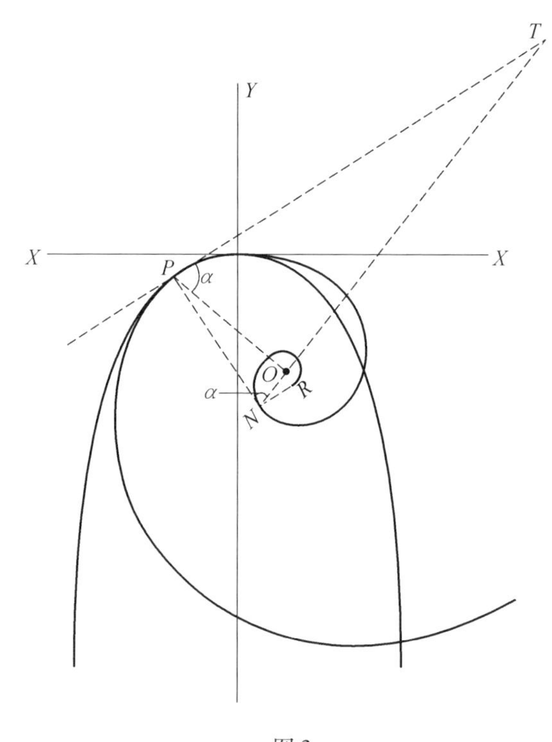

图 3

将待求曲率半径的图放在下面,绘在透明绘图纸上的对数螺线放在上面,调整位置,直到对数螺线的某部分与指定的曲线在点 P 附近相重合. 比方说,如果对数螺线的一部分与给定的抛物线在点 P 附近相重合,则与对数螺线相切于点 N 的 PN 线给出抛物线在点 P 的真正的曲率半径的方向,而螺线的切线 RN(与 PN 成直角)给出了曲率中心的精确位置. 由于常数 a 等于 1,PN 的长度即可以确定.

注意:如果已有绘好对数螺线的透明绘图纸,那么确定曲率半径和曲率中心就只需要两条线 PN 和 NR.

现在用运动学的方法来求解(图 4). 这个方法是很简捷巧妙的,因为根据定义,曲率(和它的倒数曲率半径)是一些几何体相对运动的速率,这些几何体可以用连接机构来代替,而所需要的速率则可用求瞬时中心这种大家熟知的方法求出. 这需要五条作图线(如图中所示的五条虚线),比上述解法多两条线,但全部微分运算都可以避免——需要的只不过是大家熟悉的基本运动学知识,再加上众所周知的抛物线的两个性质:第一是原点平分次切线,这在第一个解中已经提到;第二是次法线的长度是常数. 作 PQ 平行于 Y 轴. 在 Y 轴上画出点 t,使 $Ot=y$,再作切线 tP. 作法线 Pn 与 Y 轴交于点 n,而 nQ 垂直于 Pn. 作 QC 平行于 X 轴,与法线相交于 C. PC 就是所需要的值.

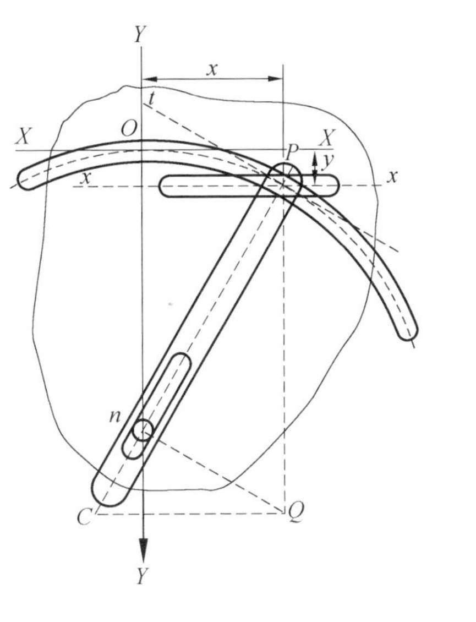

图 4

它的证明是基于有三个部件的连接机构(在图中用粗线表示)的概念,其中的两件,一件是抛物线,另一件是任意一点的法线,点 C 是法线相对于抛物线运动的瞬时中心. 第三个部件是解决这个问题的关键,它利用从 n 到 X 轴的距离是常数这样一个事实. 首先考虑一块带有抛物线形凹槽的固定板和一个可在槽内滑动的轴钉 P;其次,有一块活动的板,在板上 n 点固定一个轴钉 N(这时就是应用次法线是常数的地方),还有一个水平槽 XX,轴钉 P 穿过这个槽;第三,有一根棒,它的一端有一个孔刚好可固定轴钉 P,另一端是一个槽,可以套在轴钉 N 上滑动. 使第二个板径直向下方运动时,会使轴钉 P 在槽 xx 往外沿抛物线路径运动,由此确定出棒 nP——它是法线——的路径. 可以求出,棒相对于活动板运动的瞬时旋转中心是点 Q. 这是因为点 P 相对于此板作水平运动,所以它的旋转中心必须在 PQ 上,而沿 PC 运动的点 n,它的瞬时旋转中心一定在与 PC 垂直的 nQ 上,Q 在这两条线的交点上. 活动板运动(它相对于固定抛物线向下作直线运动)的瞬时中心是在水平线的无穷远处. 这样,法线相对于抛物线运动的瞬时中心(显然是在 Pn 线上,因为 Pn 垂直于 Pt)也必须在点 Q 所作的水平线上,或者说在点 C 上,因为这三个瞬间中心必须在同一条直线上.

顺便提一下,另一个草图(图 5)肯定会受到绘图员的热烈欢迎. 在绘图板①上画着抛物线;在丁字尺②上钉着往下伸的薄片,上面带有一个带槽的枢纽,它位于抛物线轴上、与丁字尺上端距离等于次法线常数的地方. 丁字尺起着前述作竖直运动的上面的那块板的作用;还有一个三角尺(它在这里作为独立

的部件,用来定瞬时中心)起着点 P 的作用,它可在丁字尺上滑动,并钉到棒4(它通过带槽的枢纽)上. 如图所示,所有的瞬时中心很容易确定,而从点(1 - 4)到点(3 - 4)是所需要的曲率半径.

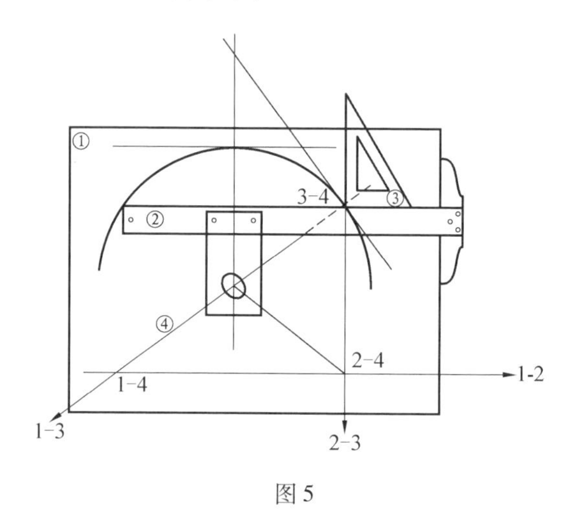

图5

❖特殊砝码

有9个砝码,质量分别为1,2,4,8,16,32,64,128,256 g. 有一物体质量为 M g,M 为正整数. 由于可以用多种砝码的组合来量出该物体的质量.

(1)试证:没有任何物体可以用多于89种不同砝码的组合方式称出质量;

(2)试求出质量 M,使得质量为 M 的物体可以用89种不同砝码的组合方式称出来.

解 注意到用天平称量物体有两种办法:一种是将物体放在天平左边,砝码放在天平右边;还有一种方法是将砝码放在天平右边,但其总质量超过物体质量,于是在物体所在的秤盘上再加上砝码使其达到平衡,作一个减法便算出物体质量.

给定砝码 $2^0,2^1,\cdots,2^k$ g,一物体质量为 m g. 若用 $2^0,2^1,\cdots,2^k$ g的砝码中的若干个在天平上称出质量为 m g的物体. 达到同一目的的不同砝码选取个数记作 $f_k(m)$. 于是 $f_0(1)=1$. 今设 $k\geqslant 1$. 由于

$$2^0+2^1+\cdots+2^k=\frac{2^{k+1}-1}{2-1}=2^{k+1}-1<2^{k+1}$$

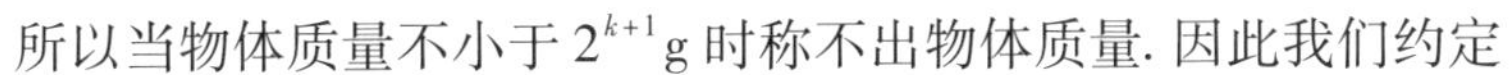

所以当物体质量不小于 2^{k+1} g 时称不出物体质量. 因此我们约定

$$f_k(m)=0, m\geqslant 2^{k+1}$$

另一方面,引进 Fibonacci 序列

$$F_n=F_{n-1}+F_{n-2}, n\geqslant 3, F_1=1, F_2=2$$

于是有

$$F_0=1, F_1=2, F_2=3, F_3=5, F_4=8$$

$$F_5=13, F_6=21, F_7=34, F_8=55, F_9=89$$

令 $f_0(1)=1=F_0, f_1(1)=2=F_1$

(1) 我们来证:对任意 m,有

$$f_k(m)\leqslant F_k$$

为此对 k 用归纳法. 令 $f_0(m)=0, m>1, f_0(1)=1$. 所以 $f_0(m)\leqslant F_0$. 设 $f_k(m)\leqslant F_k$. 令

$$f_{k+1}(m)=f_k(m)+f_{k-1}(2^k-m)\leqslant F_k+F_{k-1}=F_{k+1}$$

当 $1\leqslant m<2^k$ 成立.

$$f_{k+1}(m)=f_{k+1}(2^k+t)=f_{k-1}(t)+f_k[2^{k+1}-(2^k+t)]\leqslant$$
$$F_{k-1}+F_k=F_{k+1}$$

其中,$2^k+1\leqslant m<2^{k+1}$. 当 $2^{k+1}+1\leqslant m<2^{k+2}$,有

$$f_{k+1}(2^{k+1}+t)=f_k(t)\leqslant F_k<F_k+F_{k-1}=F_{k+1}$$

总之,证明了在各种情形(包括 $m=2^k, 2^{k+1}$),都有

$$f_{k+1}(m)\leqslant F_{k+1}$$

由归纳法便证明了 $f_k(m)\leqslant F_k$. 这证明了

$$f_9(m)\leqslant F_9=89$$

对物体质量 m 有 $1\leqslant m\leqslant 2^{k+1}-1$ 时,注意到质量 m 为自然数,我们分为下面若干段

$$1\leqslant m<2^{k-1}, m=2^{k-1}, 2^{k-1}+1\leqslant m<2^k$$
$$m=2^k, 2^k+1\leqslant m<2^{k+1}-1$$

相应有

$$f_k(t)=f_{k-1}(t)+f_{k-1}(2^k-t), 1\leqslant t<2^{k-1} \quad ①$$

$$f_k(2^{k-1})=1+1 \quad ②$$

$$f_k(2^{k-1}+t)=f_{k-1}(2^{k-1}+t)+f_{k-1}[2^k-(2^{k-1}+t)], 1\leqslant t<2^{k-1} \quad ③$$

$$f_k(2^k)=0+1 \quad ④$$

$$f_k(2^k+t)=f_{k-1}(t), 1\leqslant t<2^k \quad ⑤$$

式 ① 成立的原因在于 $f_{k-1}(t)$ 为不用质量为 2^k g 的砝码,而

$$f_{k-1}[2^k-(2^{k-1}+t)]$$

是天平右边放上 2^kg 的砝码，再在左边放上 $2^0,2^1,\cdots,2^{k-1}$g 的一些砝码使得天平平衡. 所以我们很容易得到式①～⑤. 这里每个式子的右边中前一项表示不用 2^kg 的砝码，后一项表示天平一边只用 2^kg 的砝码. 现在设 $k\geqslant 2$，则由式③及式⑤，当 $1\leqslant t<2^{k-1}$，有

$$f_k(2^{k-1}+t)=f_{k-1}(2^{k-1}+t)+f_{k-1}[2^k-(2^{k-1}+t)]=$$
$$f_{k-2}(t)+f_{k-1}[2^k-(2^{k-1}+t)]$$
$$f_k(t)=f_{k-1}(t)+f_{k-1}(2^k-t)=$$
$$f_{k-1}(t)+f_{k-1}[2^{k-1}+(2^{k-1}-t)]=$$
$$f_{k-1}(t)+f_{k-2}(2^{k-1}-t)$$

所以用 9 个质量为 $2^0,2^1,\cdots,2^8$g 砝码来称物体，不同砝码的组合至多有 89 种.

（2）下面来讨论质量为多少的物体恰好有 89 种不同组合的方式来称出. 令 $f_0(1)=F_0,f_1(1)=F_1$. 而

$$f_k(2^{k-1}+t)=f_{k-2}(t)+f_{k-1}[2^k-(2^{k-1}+t)],1\leqslant t<2^{k-1}$$

于是

$$f_2(3)=f_2(2^{2-1}+1)=f_0(1)+f_1(2^{2-1}-1)=$$
$$f_0(1)+f_1(1)=F_0+F_1=F_2$$
$$f_3(5)=f_3(2^{3-1}+1)=f_1(1)+f_2(2^{3-1}-1)=$$
$$f_1(1)+f_2(3)=F_1+F_2=F_3$$
$$f_4(11)=f_4(2^{4-1}+3)=f_2(3)+f_3(2^{4-1}-3)=$$
$$f_2(3)+f_3(5)=F_2+F_3=F_4$$
$$f_5(21)=f_5(2^{5-1}+5)=f_3(5)+f_4(2^{5-1}-5)=$$
$$f_3(5)+f_4(11)=F_3+F_4=F_5$$
$$f_6(43)=f_6(2^{6-1}+11)=f_4(11)+f_5(2^{6-1}-11)=$$
$$f_4(11)+f_5(21)=F_4+F_5=F_6$$
$$f_7(85)=f_7(2^{7-1}+21)=f_5(21)+f_6(2^{7-1}-21)=$$
$$f_5(21)+f_6(43)=F_5+F_6=F_7$$
$$f_8(171)=f_8(2^{8-1}+43)=f_6(43)+f_7(2^{8-1}-43)=$$
$$f_6(43)+f_7(85)=F_6+F_7=F_8$$
$$f_9(341)=f_9(2^{9-1}+85)=f_7(85)+f_8(2^{9-1}-85)=$$
$$f_7(85)+f_8(171)=F_7+F_8=F_9=89$$

至此算出

$$f_9(341)=f_9(2^8+85)=89$$

另一方面，由于当

$$1\leqslant t\leqslant 2^{k-1}$$

有

$$f_k(t)=f_{k-1}(t)+f_{k-2}(2^{k-1}-t)$$

所以

$$f_9(171)=f_8(171)+f_7(85)=F_7+F_8=F_9=89$$

至此证明了当物体质量为171 g及341 g时,恰好有89种不同的砝码组合方法,称出该物体的质量.

❖稳操胜券的办法

参加游戏的两个对手 A 和 B,在他们面前的桌上有三堆分开的硬币,每堆的硬币数目是任意的. 双方轮流从三堆中的任意一堆 —— 但只能是一堆 —— 拿走一枚或几枚硬币(如果他愿意,可以把整堆都拿走),目的是迫使对方拿走最后一枚硬币. 你怎样才能在这个游戏中稳操胜券?

解 简单说来,A 方稳赢的过程可以这样叙述:使你的对手 B—— 如果他给你机会 —— 面临一种平衡状态,这就迫使他打破平衡,一直这样做下去,直到最后达到你显然必胜的条件,这个条件就是 B 不得不从(3,2,1),(2,2,0) 或 (1,1,1) 这样三堆硬币中的任意一堆移走硬币.

所谓平衡状态是这样的:将三个数中的每一个数都表示成为 2 的幂之和以后,每一个幂数都能成对出现,即或者出现两次,或者根本不出现(不出现一次或三次). 把一个数写成它的二进位数,就很容易用 2 的幂来表示,但这是不必要的,无需这么复杂. 做游戏时,暗中用纸条在每个数字下面写上等价的 2 的幂次之和,再进行配对,会更方便,而结果是一样的. 例如,如果这三堆的数目是 31,19 和 15,那么可以写成图 1 的方式.

如图 1 所示,它们并没有呈平衡状态,但从第一堆中移去三枚硬币,就可以达到平衡(如果用别的方法配对,从第二堆或第三堆移去三枚硬币也同样可以达到平衡). 在 B 被迫打破平衡之后,A 再使它达到平衡. 不断这样做下去,直到出现上述三种最终情况中的一种.

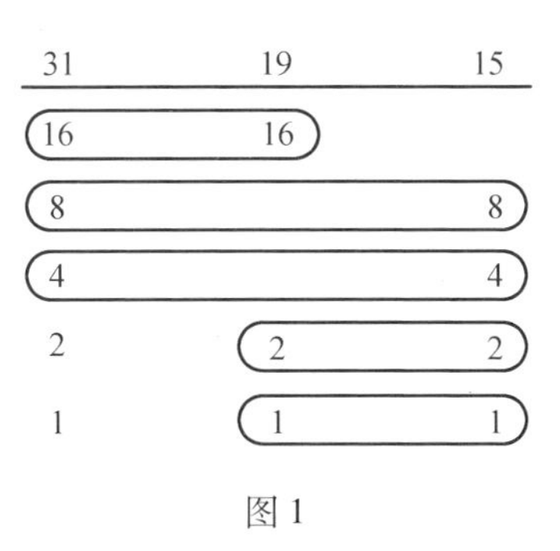

图 1

有几种简单的辅助规律多少是明显的,它们可以使动作迅速,从而迷惑输方:(1) 如果 2 的最高次幂只出现在最大的一堆中,那么显然必须从这堆中移去硬币;(2) 如果有一次,B 留下了同样数目的两堆,你就将第三堆全部移去;然后仿照 B 的移法行事,除非 B 在其中的一堆中只留下一枚或移走其中的一整堆. 当他在一堆里留下一枚时,当然你就可将另一堆完全移走;当他移走了一整堆时,你可将剩下的一堆拿到只留下一枚.(换句话说,动动脑子,在利用这个平衡状态规则时就会隐晦些.)

顺便指出,对于那些想在这种娱乐中成为行家的人来说,要避免利用纸笔,而要学习如何用心算来做这个工作. 有一个最简单的办法,就是从最高的幂次起,迅速核对每一个数,看它们都会有哪些幂次. 这样做通常比较容易判断必须从哪一堆中取硬币. 显然,在被移动过之后的那一堆中所留下来的数目必须等于另外两堆中其幂次未被平衡掉的那些数目之和. 这样就把对问题的考虑缩小到两堆,并可迅速决定移走多少硬币. 例如,如果三堆的数目是 24,13 和 11,那么就只出现一个 16,所以必须从第一堆中移走硬币. 8 和 1 是另外两堆都有的,所以不平衡幂次的数的总和是 6,这就意味着必须从第一堆中移去 18 枚硬币.

❖拼零为整

(1) 两个同样的齿轮,各有 14 个齿,一个平放在另一个的上面,使它们的齿重合(因而两个齿轮在水平面上的投影重合). 若去掉四对重合的齿,是否总可以旋转上面的齿轮,使得它们的共同投影成为一个完整的齿轮(齿轮可以绕它们的公共齿轮旋转,但不能翻转)?

(2) 若两个齿轮各有 13 齿,回答同样的问题.

解 (1) 可以. 设去掉的齿 $a_1,a_2,a_3,a_4\in\{0,1,\cdots,13\}$,两两的差 a_i-a_j 有 $4\times3=12$ 种,取 $b\not\equiv a_i-a_j(\bmod 14)$,且 $b\not\equiv 0(\bmod 14)$,则转过 b 个齿后,投影为完整的齿轮;

(2) 不一定,如去掉的齿为 0,1,3,9.

❖等距离的三交点

一个农场主买进了夹在三条公路之间的一块三角形的地,其边长分别为 1 200 码、1 000 码和 850 码(1 码 = 0. 914 4 米)(图 1). 在这块地上盖了一所房子以后,他从这所房子到三条公路各修了一条最短的车路,使他感到非常惊异的是，这三条车路与三条公路的交点之间的距离精确地相等，问这个距离是多少？

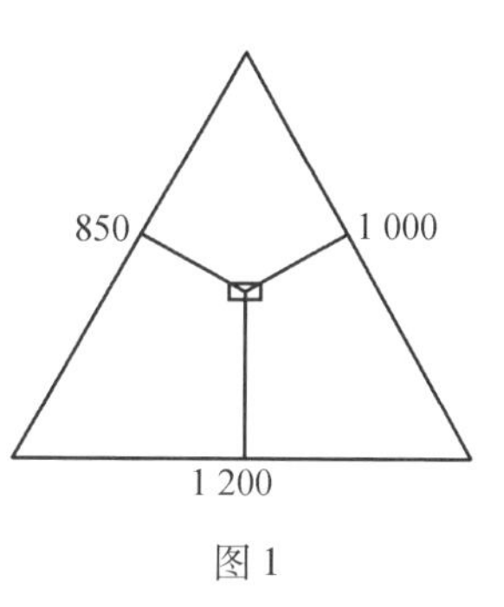

图 1

解 我们惊奇地发现，许多人都匆匆得出一个“便利”的结论：这所房子到三角形三个边是等距离的. 为了做出这个结论，有人似是而非地写道：“如果车路与公路的三个交点之间是等距离的，那么，它们肯定是内接于这块三角形土地的一个等边三角形的三个顶点. 内切于这块土地而外接于这个等边三角形的圆的圆心，肯定就是这所房子的位置，因为这时各车路就垂直于各公路.”用这个方法得到的内切圆半径为274.8码，它的圆心当然位于这个三角形三个角的平分线的交点；而如果这个圆的三个弦所对应的弧都是$120°$，那么等边三角形的边长就应是$274.8\sqrt{3}$，即476.3码，这与正确的答案481.3码很偶然地符合得很好. 不过，令人遗憾的是，这个给定三角形的内切圆，并不就是那个通过三个交点的圆. 这是因为内切于不等边三角形的圆，它的三条弦并不是对着$120°$的圆心角，它们所对的圆心角分别是$180°$减去三角形中它们各自所对的顶角的角度. 因此，我们不能利用内切圆，必须采用其他办法.

不难看出，我们有足够的已知条件来建立三个联立的三角方程，有一些人就采用了这种吃力的办法，他们用三角和解析几何来解题，写了许多张纸的方法和计算. 但是，有人想出了一个聪明的设计，它减少了工作量，并具有一种吸引人的特色. 如图 2，$\triangle ABC$有三个边a,b,c. 令等边三角形为$A'B'C'$，其中OA'垂直于BC，OB'垂直于AC，OC'垂直于AB. 令R,S和T分别为R,S和T所在的小三角形的外接圆的圆心，以后我们会知道，这三个点是很有用的，它们是这个方法的关键. 由于内接的直角肯定是对着半圆，所以分别从点C'和B'所作的垂直于AB和AC的线就必定相交于以R为圆心的圆周上，这就意味着点O（根据此题的条件，点O是这些垂线的交点）是在半径AR的延长线上，RO等于AR（当然，这同样可用于另外两个圆）.

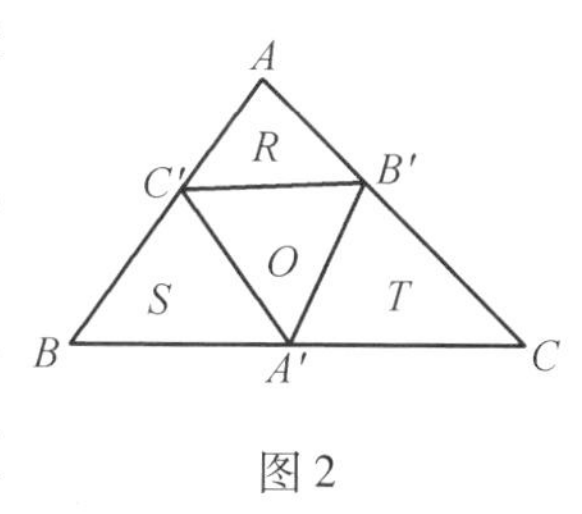

图 2

根据相似三角形，RS平行于AB，且等于AB的一半，并且垂直于OC'. 由于一个三角形的外接圆的半径等于该三角形的任一个边除以它所对顶角的正弦的两倍，$C'R$必定等于$C'B'/2\sin A$. 为方便起见，令$C'B'$（其长度未知）等于$2k\sin A/a$，其中k是待确定的. 这样，$C'R$等于k/a，同样，$C'S=k/b$. $\angle C'RB'$两倍于$\angle A$，而$\angle C'SA'$两倍于$\angle B$，因此，$\angle RC'S$等于$240°-\angle A-\angle B$，或等于

$\angle C + 60°$. 根据大家熟知的余弦定理,我们现在就能够从 $\angle RC'S$ 确定 k:

$$\frac{k^2}{a^2} + \frac{k^2}{b^2} - \frac{2k^2\cos(60° + C)}{ab} = \frac{c^2}{4}$$

由此得出,$k = abc/2\sqrt{a^2 + b^2 - 2ab\cos(60° + C)}$,因而那个未知的长度 $C'B'$ 为 $bc\sin A/\sqrt{b^2 + c^2 - 2bc\cos(60° + A)}$ 或 $ac\sin B/\sqrt{a^2 + c^2 - 2ac\cos(60° + B)}$ 等.

在利用由三角形给定三边求出角度的熟悉的公式,确定出 $\angle A$, $\angle B$ 和 $\angle C$ 以后,为了验证结果,我们最好还是用两种不同的方法来计算,并得到答案 481.3 码.

还有另一个同样具有独创性的方法,它通过添加图中所示的几条巧妙的辅助线(图 3),使得计算量更小. 这就是联结 AH,以 AH 为直径作圆,这个圆当然要通过两个"交点". 如图中所示画出半径;在圆心处的角度显然应等于 2α,这样,就得到关系式

$$d = 2 \cdot \frac{x}{2} \cdot \sin\alpha = x\sin\alpha$$

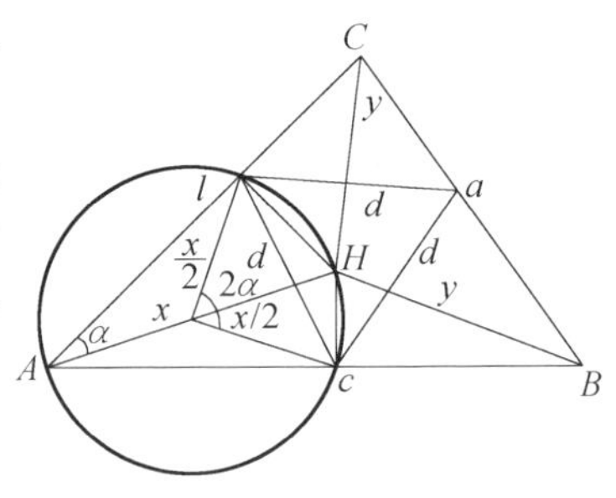

图 3

由于 $\triangle ABC$ 的面积 $F = \frac{1}{2}c \cdot b \cdot \sin\alpha$,因此 $\sin\alpha = 2F/bc$,而 $x = dbc/2F$. 同样,$y = dac/2F$, $z = dab/2F$,从这些关系式我们得出,$d = 2F\Big/\sqrt{2\sqrt{3}F + \frac{a^2 + b^2 + c^2}{2}}$. 由此可计算出 F,并得到 d 值为 481.3 码,这同前面的结果是一样的.

❖弯曲河道

一条弯曲的河道,两边的河岸线都由若干段线段或圆弧组成(圆的半径不一定相等). 已知河的宽度不大于 1 km(这就是说,从此岸任一点游到彼岸不超过 1 km). 试问能否有一条船沿河道前进与两岸的距离始终不大于

(1) 0.7 km;

(2) 0.8 km.

解 (1) 回答是否定的. 下面将举出一个符合题目所述条件的河道,但该

河道中有一船位于离岸距离大于0.7 km的位置. 河道的一部分是一个半径为701 m的圆形湖泊. 沿该圆形的某直径方向双侧向外延伸着宽度为ε的运河道(运河道以该直径所在直线为中轴线). 请参看图1.

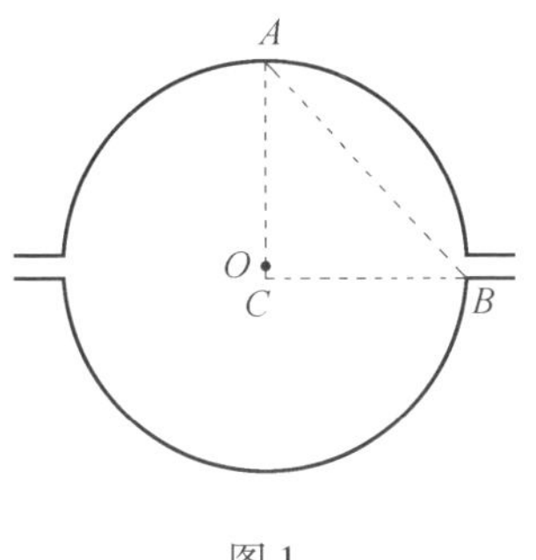

图1

设OA是与河道中轴线垂直的半径,则两岸间的最大距离应该等于AB. 对于足够小的$\varepsilon > 0$,我们有

$$AB < AC + CB = 701\sqrt{2} + \frac{\varepsilon}{2} < 1\ 000$$

但是河道内在OA直线上的任一点,至少离某一岸的距离大于0.7 km.

(2) 这是很困难的一个问题. 一个完整的解答要写好多页,并且还要借助于著名的约当(Jordan)曲线定理,至少是该定理的特殊情形. 即使如此,也仍然很难说清楚. 至今尚未找到一个完整清晰、简明扼要的解答.

对问题(2)的回答是肯定的. 我们只概述证明的基本思路,将不涉及技术细节.

假定有一条如题目所述的河道,以O为圆心,半径为800 m的一个圆完全在河道中. 如图2.

又如图3所示,考察河岸上的6个点A,B,C,D,E,F. 设点对(A,E),(A,F),(B,C),(B,D)之间的航行距离都小于1 km.

为不失一般性,可设点E和点C在大于$180°$的$\angle AOB$内. 过点O作直线l_1和l_2,分别垂直于OB和OA. 显然点E在l_1下方,点C在l_2上方(否则将有$AE > 1$ km,或者$BC > 1$ km).

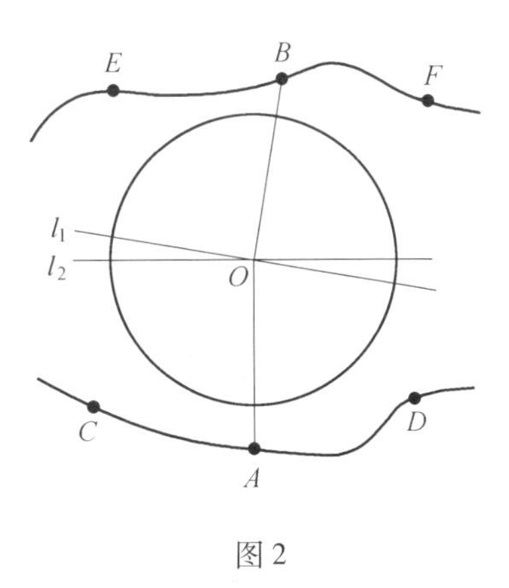

图2

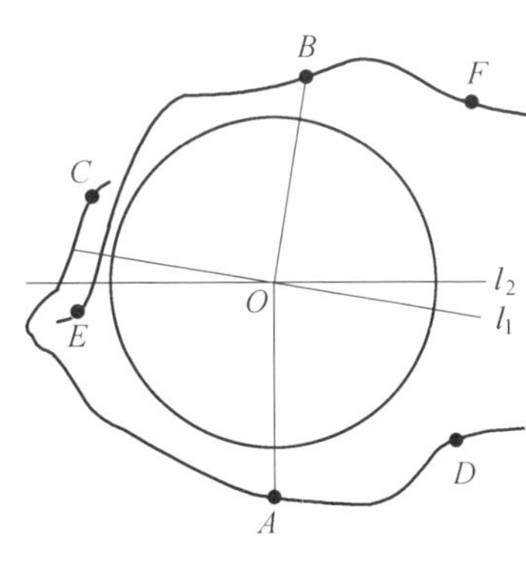

图3

还可断定:或者河岸线BE分开AC连线,或者河岸线AC分开BE连线. 不

妨假定是前一种情形. 则从 B 到 C 的航行距离将大于 BE. 但 $BE>1\ \mathrm{km}$,这导致矛盾.

❖剪铁丝

彼得的父亲要给小孩子们造一个室外游戏场,他想,最简单的办法是把他已有的一卷栅栏剪成三段,圈出一块三角形的场地,他正准备用钢丝钳剪下两段栅栏时,盯着他干活的小华温和地提醒他:"你怎么知道你剪的三段能围成一个三角形呢?""哦,我碰运气吧!"他爸爸说.

如果两个截口完全是任意的,那么,他爸爸成功的机会有多大?

这个问题有非常多的不同解法. 有人从一个解法出发,设计了一个意义更加广泛的补充问题,它可作为上述问题的推论解出来. 这就是:把一段导线任意截三次而组成一个四边形的机会如何? 一般说来,把一个单位长度截 n 次,使得截出的$(n+1)$段中没有一段大于 x(x 取$\frac{1}{2}$到1之间的任意值)的概率有多大?

解　这个看来很简单的问题有空前大量的各种解法:算术的、微积分的、几何的、解析几何的和代数的等. 这个问题在于求出在三段中没有一段大于总长的一半的概率是多少(因为三角形中没有一个边会大于其他两边之和). 所有算术方法考虑的都是平均值,所以得到的不是严格的解. 这个方法的推理是这样的:第二次所截的,肯定是第一次截后留下的较大的那一段,这段的大小由于可能是从$\frac{l}{2}$到 l 之间的任何一个数,我们可以说它具有平均值 $3l/4$,因此,第二次的截点落在这一段上的概率是 3/4. 为了避免第二次截断后截下的一段大于 $l/2$(无论从这个平均长度为 $3l/4$ 的哪一端算起),第二个截点要落在中间的三分之一段上,所以总概率为3/4乘以1/3,即为1/4. 虽然用这种推理给出的答案是正确的,但它立论的根据却值得打个问号.

解这类概率问题,基本的正确方法是考虑所发生的合乎题意要求的全部情况,然后除以所有可能发生的情况. 用微积分运算很容易做到这一点,很多人都采用了这种方法. 其中有种解法虽然比较复杂,但由于它很有意义,我们要在这里介绍. 令栅栏的长度为 a,x 为从左端算起的任意长度,并且 x 小于$\frac{1}{2}a$,$\mathrm{d}x$ 是 x 的增量. 第一个截点落在记作 $\mathrm{d}x$ 的线段内的概率是 $\mathrm{d}x/a$. 第二个截点必须落在这条线从中心往右的较长部分上,就是说,它的落点必须是这样:从右端到这点要小于 $a/2$,从 x 点到这点也小于 $a/2$. 否则,就不可能构成三角形,因为三角形的任何一边都必须要小于三边之和的一半. 但是中点右边较长部分落点距一端的长度也等于 x(因为它等于 $a-\frac{a}{2}-(a-\frac{a}{2}-x)=x$),因此第二个截点落在这里的概率是 x/a. 按上述做法做两次截断的概率是 $x\mathrm{d}x/a^2$. 将这些概率从0到 $a/2$ 加起来,我们得到

$$\frac{1}{a^2}\int_0^{\frac{a}{2}}x\mathrm{d}x=\frac{1}{a^2}\cdot\frac{1}{2}x^2\Big|_0^{\frac{a}{2}}=\frac{1}{a^2}\cdot\frac{a^2}{8}=\frac{1}{8}$$

由于从 $\frac{a}{2}$ 到 a 的概率计算起来会得到同样的结果(即从右端算起),因此总的概率将为 $\frac{1}{4}$.

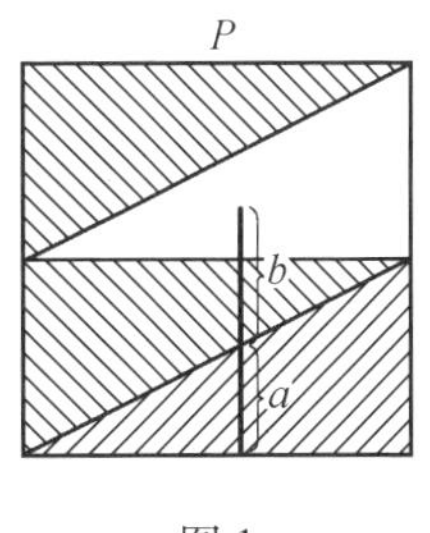

图 1

这个特定的问题的几何解法比微分解法简单,在边长为 P 的正方形中,从相对两边的中点引了两条斜线,如图1所示. 然后令靠下面的斜线上距离底边为 a 的点表示第一次截取的随机长度. 显然,为了避免第二次截断后有一段大于 $-P/2$,在第一个截点以上,与第一个截点距离为 b 的第二个截点必须落在图中没有阴影线的区域内,可见,符合题意要求的情况占全部情况的1/4. 另外一个类似的几何分析是仿照庞加莱那个历史上有名的解法. 这是利用了一个等边三角形(其高度为1,等于栅栏的长度). 根据大家熟知的几何学定理可知,从任一点 P 到等边三角形三边的垂线长度之和等于三角形的高度,为了使这三条垂线中没有一条长于1/2,点 P 必须落在画阴影线的三角形内(图2),这个三角形的面积是整个大三角形面积的1/4.

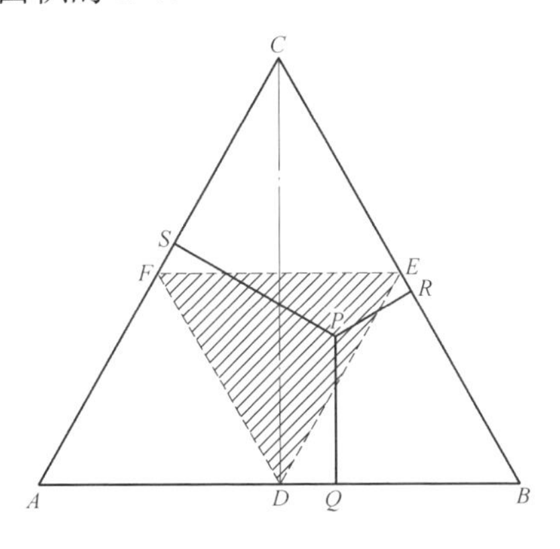

图 2

还有一种运用解析几何的解法，即画出 $x+y=l$ 和 $x+y=\frac{l}{2}$ 这样两条线(图3). 推理是这样的：如果三段的长度为 $x,y,l-x-y$，点 P 确定了 x 和 y，第三段的长度为从点 P 到 $x+y=l$ 线的水平距离(竖直距离也一样). 这样，符合题意要求的点 P 所构成的面积的1/4.

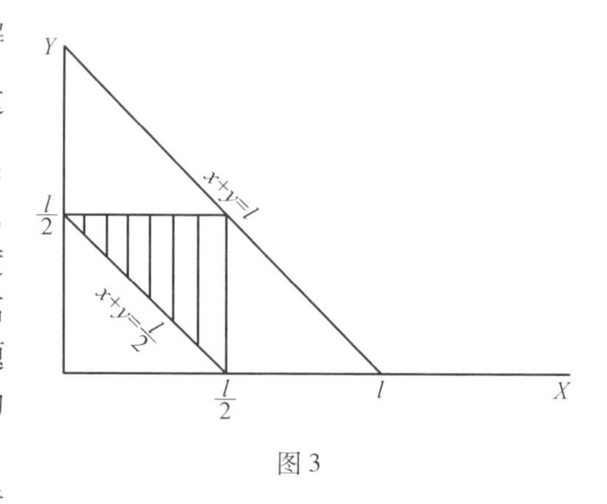

图3

但是，此题的一个最好的解法具有普遍性，不仅可以用于求截两次能够组成一个三角形的概率，而且可以求任意截三次能组成一个四边形的概率(与前相同，在这种情况下，要求没有一段的长度大于总长度的1/2). 它还可以用于将单位长度截 n 次，在 $(n+1)$ 段中没有一段长于 x (这里 x 可以是从1/2到1之间的任何一个指定的值).

这个普遍性的问题的最佳解法如下：把一条长度为1的铁丝任意截 n 次的问题，与把一个周长为1的环任意截 $(n+1)$ 次的问题是一样的，只是由于对称性，后者的处理更容易些. 考虑在环上从第 m 个截点起顺时针转过来的那一段. 其余 n 个截点中没有一个截点与第 m 个截点的弧长距离(从顺时针看来)小于 x 的概率是 $(1-x)^n$，这就是这特定的一段大于 x 的概率. 这对其余 n 段也同样成立. 那么，如果 x 大于或等于1/2，那么，这些线段中只有一段能够大于 x. 这就是说，对于这些线段来说，这样的概率是相互排斥的，因此，任一线段大于 x 的概率是相等的各个独立的概率之和，即 $(n+1)(1-x)^n$. 可见，所要求的没有一个线段大于 x 的概率是 $1-(n+1)(1-x)^n$. 当 $x=\frac{1}{2}$ 时，这就是截面的线段能够组成闭合多边形的概率. 对于一条直线上有三个截点(即 $n=3$)的情况，截得线段组成一个四边形的概率是 $1-(3+1)\left(1-\frac{1}{2}\right)^3$，即1/2，有趣的是，当 $x=1/2$ 时，对 $n=0$ 或 $n=1$ 算得的概率均为零，这个结果是正确的.

❖谁占多数

两次竞赛的全体参加者举行了聚会(其中某些人两次竞赛都参加了). 在第一次竞赛中有60%是男生，而第二次有75%是男生. 证明：聚会时男生不比女生少.

证明 用 m_1 表示只参加第一次竞赛的男生数,用 m_2 表示只参加第二次竞赛的男生数,用 m_{12} 表示两次竞赛都参加的男生数. 用 n_1, n_2, n_{12} 表示相应的女生数. 由题设

$$(m_1+m_{12}):(n_1+n_{12})=0.6:0.4$$

$$(m_2+m_{12}):(n_2+n_{12})=0.75:0.25$$

由此得到

$$2(m_1+m_{12})=3(n_1+n_{12}), m_2+m_{12}=3(n_2+n_{12})$$

把这些方程加起来,考虑到 m_1, m_2, n_{12} 的非负性,得到

$$3(m_1+m_{12}+m_2)\geqslant 2m_1+3m_{12}+m_2=3n_1+6n_{12}+3n_2\geqslant 3(n_1+n_{12}+n_2)$$

由此得出,参加聚会的男生数 $m_1+m_{12}+m_2$ 不少于女生数 $n_1+n_{12}+n_2$. 可以看出,当 $m_1=m_2=n_{12}=0$ 时,男女数量相等.

❖切线问题

试作一个圆,使之通过一个给定点,并与两条相交的直线相切(解题时不要利用通常使用的"辅助"圆)(图1).

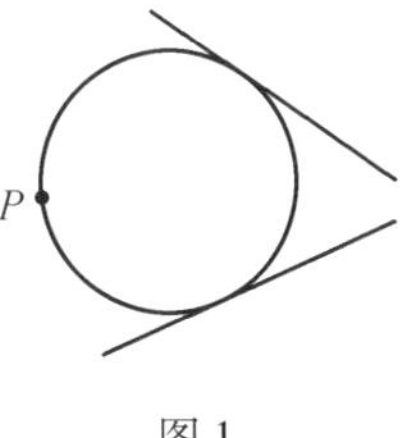

图1

解 传统的解法是利用一个半径适当的辅助圆,如图2所示. 两条交线所夹的角被 OG 线所平分. 选 OG 线上任意一点 A,以通常的办法画一个辅助圆,与这两条线相切(从点 A 到这两条线的距离显然相等). 通过给定点 P 作 OP 线,与辅助圆交于 F 和 B. 并作 CP 和 PG 分别平行于 AB 和 AF. 作垂线 CD,从两组相似三角形 OAE 和 OCD 以及 OAB 和 OCP 很容易证明,C 和 G 是两个所要求的圆心. 事实上,比例 $OC/OA=PC/AB$,并等于 CD/AE,由于 AB 和 AE 是相等的,所以 PC 和 CD 同样是相等的,圆心在点 C 的圆将通过点 P.

另一种方法可以不用辅助圆,不过稍长一些,它利用了一个大家熟悉的关系式,即从一点向一个圆所引的切线,是从这点向这个圆所引的割线与它的圆外部分的比例中项. 如果读者忘记了这个熟知的公式,它是很容易证明的(图3). 作圆外一点与圆心的连线,再如图3所示连三条半径,并从圆心到割线作垂线. 这样,由于是直角三角形,有 $t^2+r^2=(s+e)^2+h^2$,由于 $h^2=r^2-e^2$,有 t^2+

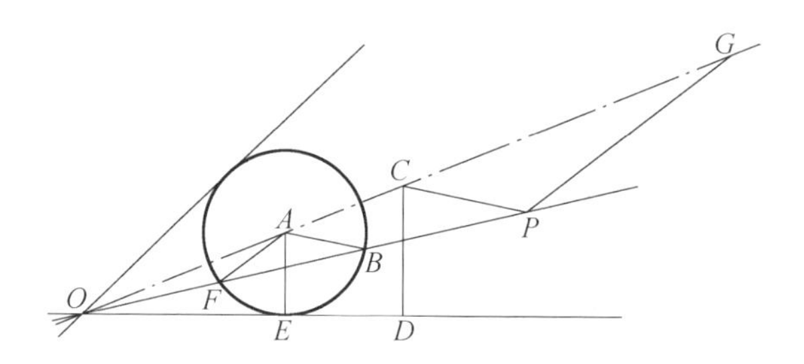

图 2

$r^2 = (s+e)^2 + r^2 - e^2$，由此得 $t^2 = s^2 + 2se = s(s+2e)$，这就是所要证明的关系式. 现在将这个关系式用于我们的问题. 通过点 A 作 CD 线，使之垂直于角平分线(图 4)，在 CD 线上作半圆，作垂直 AG，再在 DF 上作 DE 等于 AG. 垂线 EO 定出所要求的圆的圆心的位置(将 DE 作在点 D 的另一侧，即可求出另一点). 证明如下：为了使圆通过点 A 并与 FD 相切于点 E，$(DE)^2$ 必定等于 $DB \times DA$，即等于 $AC \times DA$，或 AG^2，这意味着 DE 必须等于 AG，而我们的图正是这样做的.

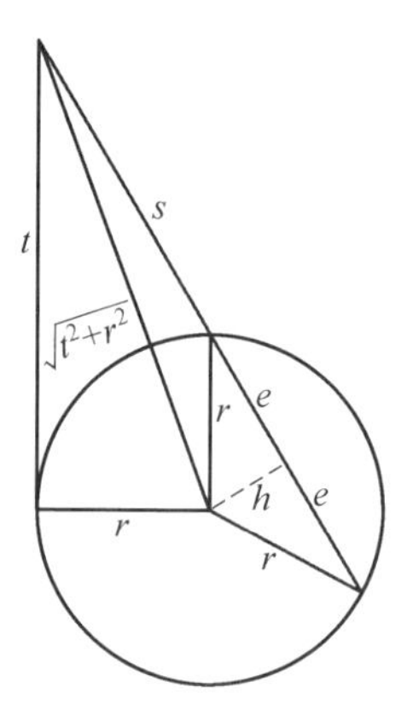

图 3

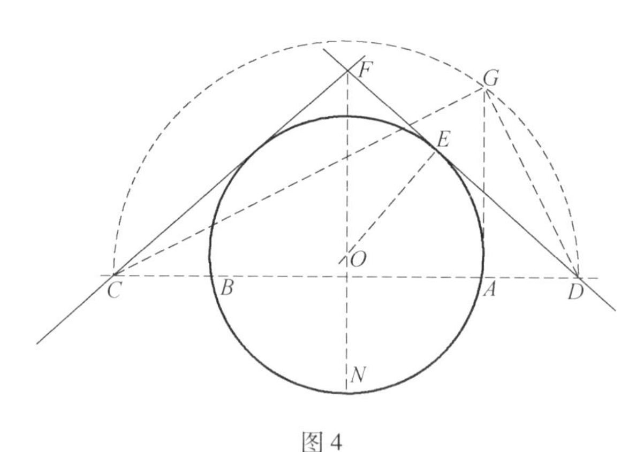

图 4

❖放置正方形

给定一个边等于1的正方形. 在该正方形范围内互不重叠地放置一些各边与给定正方形边平行的小正方形(小正方形的边长不一定相同). 考察与给定正方形的某一条对角线相交的小正方形. 试问所有这些与该对角线相交的小正方形周长的总和能否大于1 993?

解　参看图1.

设$ABCD$是题中所述的单位正方形. 过点A作对角线BD的垂线,该垂线与BD相交后,再向前按$1:\alpha$的比例延长一小段(α待稍后确定)到达点C_0. 过点C_0分别作AB边和AD边的垂线,与这两边分别交于点B_0和点D_0,这样得到第一个小正方形$AB_0C_0D_0$. 下一步分别从点B_0和点D_0向BD作垂线,与BD相交后各向前按$1:\alpha$的比例延伸,分别到达点C_1和点C_2. 分别以B_0C_1和D_0C_2为对角线作正方形$B_0B_1C_1D_1$和正方形$D_0B_2C_2D_2$. 这样得到第二和第三个小正方形. 上述做法可以类似地继续进行下去,得到一系列互不重叠的小正方形,每一个都与对角线BD相交.

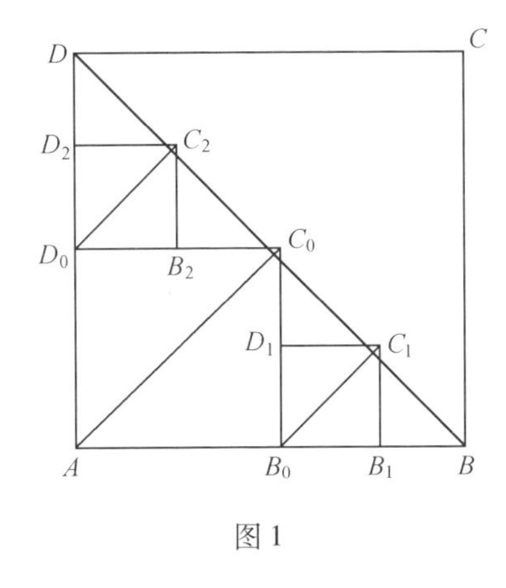

图1

先来计算这一系列小正方形所覆盖的那部分BD的总长度. 第一个小正方形所覆盖对角线BD的长度为$\sqrt{2}\alpha$. 系列中所有小正方形所覆盖的那部分BD的总长度为

$$\sqrt{2}\alpha[1+(1-\alpha)+(1-\alpha)^2+\cdots+(1-\alpha)^n]=\sqrt{2}\alpha\times\frac{1}{1-(1-\alpha)}=\sqrt{2}$$

再来计算系列中小正方形周长的总和. 每个小正方形的周长与它所覆盖那部分BD的长度之比都相同. 这比值是

$$\frac{1+\alpha}{\alpha}\sqrt{2}$$

因此,系列中所有小正方形的周长之和与它们所覆盖的对角线BD那部分总长之比也是同一值. 因此,所求的周长之和等于

$$\frac{1+\alpha}{\alpha}\sqrt{2}\times\sqrt{2}=\frac{1+\alpha}{\alpha}\times 2$$

取 $\alpha=\frac{1}{999}$,即可达到

$$\frac{1+\alpha}{\alpha}\times 2=2\ 000>1\ 993$$

❖球上开洞

通过一个实心球的球心钻通一个6英寸长的洞(图1). 所余材料的体积为多少? 在得到答案后(我们没有丢弃什么),请对这个令人惊异的结果作出物理解释.

解 许多人在解题时利用了手册上关于被钻掉的圆柱体和两个帽形部分的体积的公式. 从球的体积减去这几部分体积之和时,包含钻头半径 r 与球半径 R 的项消掉,余下的体积为 $\frac{4}{3}\pi\left(\frac{h}{2}\right)^3$,这是直径等于洞长的球的体积. 当然,如果余下的体积与球和洞的半径无关(这是很明显的),那么余下的体积必定等于上述球的体积,因为这个球的体积就是从本身(按题意就是6英寸的球) 钻掉一个无限细的洞所余下的体积. 图2中的诸图具体说明了这种关系.

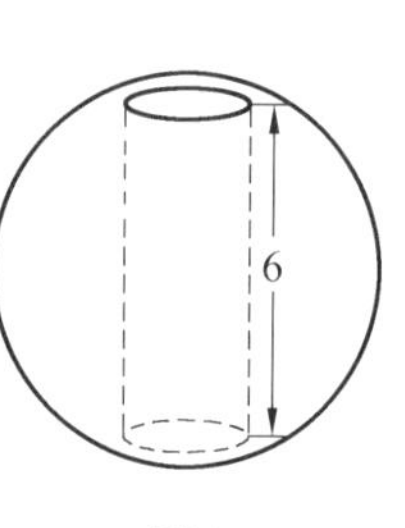

图1

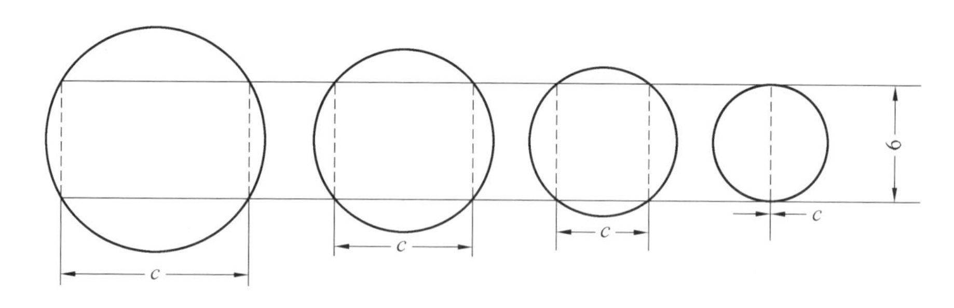

图2

从数学的角度来看,最令人满意的解法恐怕是避开数学手册,而将基本的微积分运算用到这个特殊问题中.

画出半径为 a 的球上带有一个长6英寸、半径为 b 的洞的横剖面图(图3).

注意 $a^2=b^2+3^2$,“圆柱元”的体积为 $V=2\pi y(2x)\mathrm{d}y$,因而球上留下的体积就是此式从 b 到 a 的积分:

$$V=2\pi\int_b^a 2xy\mathrm{d}y$$

而

$$x=(a^2-y^2)^{1/2}$$

所以 $V=2\pi\int_b^a(a^2-y^2)^{1/2}2y\mathrm{d}y=$

$$-\frac{4}{3}\pi(a^2-y^2)^{3/2}\Big|_b^a=\frac{4}{3}\pi(a^2-b^2)^{3/2}$$

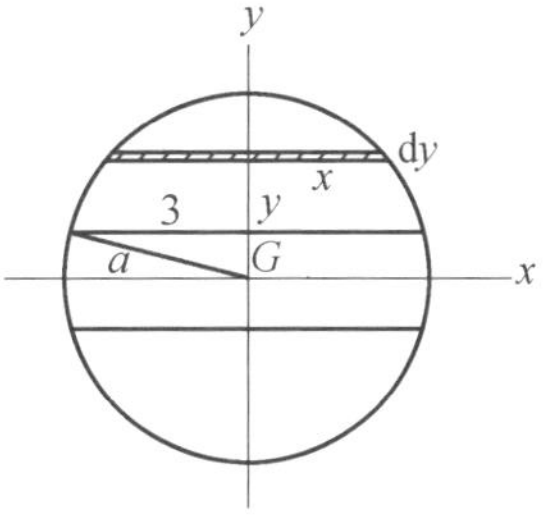

(当 $b=0$ 时,这就是大家熟知的球体积 $=\frac{4}{3}\pi a^3$.)但是因为 $(a^2-b^2)^{3/2}=3^3$,所以 $V=\frac{4}{3}\pi\times 3^3=36\pi$(立方英寸).

图 3

注意,这个式子非常巧妙地表示出,球的半径 a 和洞的半径 b 仅仅以 (a^2-b^2) 的形式出现,a^2-b^2 等于洞长一半的平方,而与 a 和 b 的值是多少无关. 显然从所有半径为6英寸和6英寸以上的球中钻出6英寸长的洞后所余下的体积相同,这样一个出人意料的事实再没有其他什么物理解释了.

❖巧手妙剪

学生们试图从一个尺寸为 $2n\times 2n$ 的正方形中剪出尽可能多的尺寸为 $1\times(n+1)$ 的矩形. 试对每个自然数 n,确定出最多的个数.

解 设所求的数为 T_n,易知 $T_1=2$,$T_2=5$. 在 $n\geqslant 4$ 时,$\frac{2n\times 2n}{1\times(n+1)}<4(n-1)+1$,并且除去中间4个方格后,每个 $(n-1)\times(n+1)$ 的矩形可以剪成 $n-1$ 个 $1\times(n+1)$ 的矩形,因此 $T_n=4(n-1)$. 在 $n=3$ 时,注意剪下的每个 1×4 的矩形必含图1中标有数字1,2,3,4的方格各1个. 由于图1中仅有8个4,所以至多剪出8个 1×4 的矩形. 由此即知 $T_n=4(n-1)$ 在 $n=3$ 时仍然成立.

1	2	3	4	1	2
2	3	4	1	2	3
3	4	1	2	3	4
4	1	2	3	4	1
1	2	3	4	1	2
2	3	4	1	2	3

图 1

❖农民的遗产

一个农民把他的一部分财富——一块其边长为280码,210码和350码(图1)长的直角三角形土地——给他最小的儿子作为遗产,同时还附加上一条,他的小儿子还可以再得到面积与之相等,而边长与之不同(但边长为整数)的另一块直角三角形土地,只要他能算出它的边长.他的小儿子计算出来了.试问如何计算.

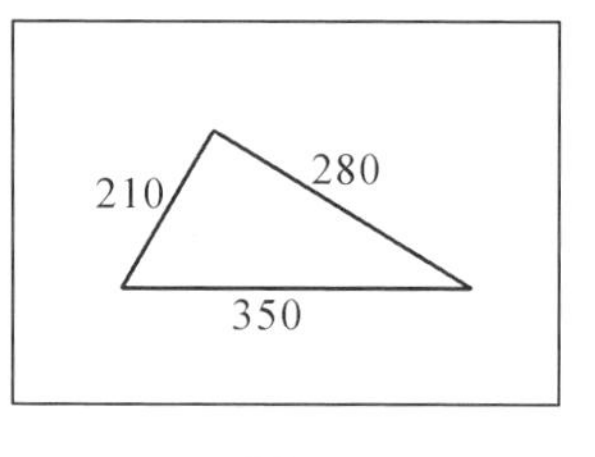

图1

解　为求出边长为整数、面积与留给小儿子作为遗产的三边为210,280和350码的直角三角形的面积相等的另一个直角三角形,只要知道一点关于丢番图的方法和知识,就可以节约许多时间.显然,这个问题可化为解具有三个整数未知数的两个联立方程:$x^2+y^2=z^2$ 和 $xy=210\times280$,而解这类问题是生活在3世纪中叶的一个大代数学家丢番图最擅长的.

解这个问题的第一步是掌握一个关系,即在最简单的一组直角三角形中(丢番图曾列出能建立所有这类三角形的参量),较小的直角边是任意一个奇数,例如7,较大的直角边是这个数的平方减1再除以2,即 $(7^2-1)/2=24$,而斜边则是较大的直角边加1,即25.(另一组直角三角形当然可以这样得到:将上述一组三角形中每一个三角形的每边乘上一个同样的因子,例如,$3\times70=210$,$4\times70=280$,$5\times70=350$,这就是小儿子所得遗产的三条边.)

因为这个未知三角形的两条直角边相乘后必须等于 210×280,才会得到所需要的相等面积,所以第一步显然是考察这个乘积的两个因子,看看其中一个的平方是否大约为另一个因子的两倍.49和1 200这两个因子很精确地满足这个关系,因为 $(49^2-1)/2$ 等于1 200;这样,斜边就等于1 201.不难看出,再没有另一对因子满足这个关系.

此外,从这个问题中我们还可以得到更多的知识.有一个问题是值得思考的:当这个农民选择他的第一份遗产时,他怎么知道确实还存在另一个等价的直角三角形呢?换句话说,是否有什么方法能够预先选取出面积相等、边长为整数的直角三角形?原来,法国数学家费马于1640年发现,如果 a,b 和 c 是一个直角三角形的三个整数边,那么,$2ac(b^2-a^2)$,$2bc(b^2-a^2)$ 和 $2c^2(b^2-a^2)$ 就显然是第二个具有整数边长的直角三角形的三条边长,而 $4abc^2$,$c^4-4a^2b^2$

和 $c^4+4a^2b^2$ 则构成面积与第二个直角三角形相同的第三个直角三角形. 农民要立这个遗嘱,只需熟悉费马,并且很自然地取3,4,5这种最简单的情况;同时他又假定小儿子同样熟悉费马,会很快利用上述关系式求出这个答案.

如果父亲真的希望使这个问题的难度变大,他可以取三角形的边长为1 320,518和1 418,这就要求小儿子求出另外三个等面积的直角三角形:280,2 442和2 458;2 960,231和2 969以及6 160,111和6 161.

❖恰钉一次

将一些相同的正 n 边形餐巾纸放在桌子上,允许任两张餐巾纸有可能有部分重叠. 设任两张餐巾纸可经过平移将一张移到和另一张重叠,是否总可以在桌上钉一些钉子,使得每张餐巾纸恰好被钉上一次.

(1) $n=6$;

(2) $n=5$.

解 (1) 回答是可以做到的.

由 $n=6$,餐巾纸为正六边形,边按逆时针方向定向. 由于任两张餐巾纸可经过平移而重叠. 所以任两张餐巾纸的六条边按相同定向互相平行. 因此可以在平面上作出大小和餐巾纸一样的正六边形网格,网格中每个正六边形和任一餐巾纸的六条边按相同定向互相平行. 所有餐巾纸的中心可构成两个集合,一个集合由这样的中心构成,这些中心都在网格线上,另一个集合由不在网格线上的中心构成. 前者记作 N,后者记作 M.

ⅰ 设 $N=\varnothing$,即所有餐巾纸的中心都不落在网格线上. 我们在网格的每个正六边形的中心钉上钉子. 这些钉子要么不钉在任一餐巾纸上,要么只钉上一次. 因为若有一张餐巾纸上被钉了两个钉子,那么餐巾纸的中心落在网格的两个不同的正六边形内,这是不可能的.

ⅱ 设 $N\neq\varnothing$. 由于餐巾纸只有有限张,所以 M 为有限集. 因此记 $d>0$,d 为 M 的中心和网格线的最近距离. 我们将网格平移小于 d 的距离. 于是 M 中点仍在网格线上. 由于 N 也为有限集,所以我们可以选取这种平移的方向,使得 N 中点也都不在新的网格线上. 于是对新的网格线,化为情形 ⅰ. 这证明了命题成立.

(2) 回答是做不到.

设餐巾纸由正五边形构成,边长为1,边按逆时针方向定向. 取一个半径为

10 的圆 C. 下面给出餐巾纸的一种放置方法，使得每个中心在 C 内，且半径为 $\frac{1}{200}$ 的圆至少包含一个餐巾纸的中心. 由于餐巾纸的张数有限，这总是可以办到的. 在 C 中取一点 P，在点 P 钉上钉子，它钉在了所有中心落在某一个五边形内的餐巾纸上. 这个五边形的边长为 1，中心为点 P，按顺时针方向定向. 我们称这个五边形为点 P 的危险区.

现在考虑一组钉子，它们的危险区由一些五边形构成，且其中任两危险区中五边形可以经平移将一个和另一个重叠. 我们来证明存在一个半径为$\frac{1}{200}$，圆心在 C 中的圆，它或者不在任一危险区内，或者同时在两个危险区内. 但是这个圆至少包含一个餐巾纸的中心，因此这个餐巾纸或者不被钉，或者至少被钉两次. 下面来证明这一断言.

首先向中心收缩每个危险区，使其边长收缩为$\frac{99}{100}$. 出现两种情形：

i 设在圆 C 中有一点 X，这点至少包含在两个缩小后的危险区内. 当 X 是半径为$\frac{1}{200}$ 的一个圆的圆心时，这个圆包含在两个未收缩的危险区内. 事实上，由于从危险区的中心到它的边界上最近点的线段的长度大于$\frac{1}{2}$，所以将缩小后的危险区复原为原来大小的危险区，将使危险区的中心到它的边界上最近点的线段长度大于$\frac{1}{200}$.

ii 设任何两个收缩后的危险区都不相交，我们来证明在这两个危险区内，有足够的空隙放一个半径为$\frac{1}{200}$ 的圆.

事实上，假设一个收缩后的危险区有一个顶点 F 恰好正对着另一个收缩后的危险区的边 AB. 由于两危险区无公共交点，而 F 离 AB 边非常近，我们不妨认为它在 AB 边上. 由对称性，无妨设 $AF \geqslant BF$. 延长第二个危险区的另一个以 A 为顶点的边，它交第一个危险区的边界于点 K. 如图 1. 那么 $\triangle AFK$ 在所有缩小的危险区之外. 由于 $FK = AF \geqslant \frac{99}{200}$，并且 K 到 AF 的距离至少为

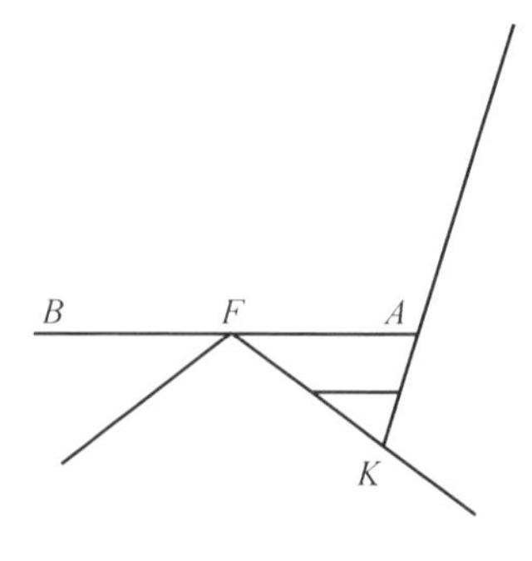

图 1

$$\frac{99}{200}\sin 36^\circ > \frac{99}{200}\sin 30^\circ > \frac{1}{5}$$

所以我们可以在 FK 和 AK 的中点连线与 AF 间放置一个半径为$\frac{1}{20}$的圆，它落在 $\triangle AFK$ 内. 设 Y 为这个圆的圆心，那么以 Y 为圆心，半径为$\frac{1}{200}$的圆便落在所有危险区之外. 其原因在于从一个危险区的中心到其边界上的最远点的长度小于1，因此，收缩后的危险区在复原后将使它的边界向外移动的距离小于$\frac{1}{100}$.

❖中国将军

有位将军，他的军队缺乏训练，他无法命令他的士兵排成整齐的队列报数. 这位将军另打了个主意，他把他的士兵排成四路纵队，这样余下一人；然后再排成五路、七路、十一路和十七路纵队，分别余下一人、三人、一人和十一人. 一周后他与另一个将军交战，损失了一些人，也俘虏了一些人，人数的情况如下：

n 路纵队	交战前所余人数	交战后所余人数
4	1	3
5	1	1
7	3	2
11	1	2
17	11	12

这个将军在交战前有 5 281 个士兵，问他在交战中得失如何？

解　这个问题具有普遍性的解法是基于大家熟悉的中国余数定理（涉及利用所谓的同余数）. 但是在本题中给定了一些特定的数字，目的在于使那些不熟悉数论这个分支领域的读者，也可以走捷径解决这个问题. 有些人就用了许多巧妙的方法.

在这些解法中，最简短的大概是从战斗前后各路纵队的余数出发进行推理；损失的数目或为 N，N 一定等于 $4a+2$，也等于 $5b$，$7c+1$，$11d+10$ 和 $17e+16$.（注意适当选择参数，可避免用减号.）前两个条件揭示出 N 是偶数，并且是5的整倍数，具体地说，即等于10的奇数倍. 根据试算，$N=50$ 还满足第三和第五个关系式，但不满足第四个关系式. 由于4，5，7和17没有公因子，所以肯定等于 $50+4\times 5\times 7\times 17f$，只需用第四个关系式逐个检验 f 值就行了. 取 $f=1$，则 $N=2\ 430$，它满足第四个关系式. 因此，损失的总人数是2 430人，余下2 851人.

实际上,在一般解法中,完全不必要考虑战斗以前的情况,知道战斗前的总数,只不过是为了从无数可能的解答中选出最可能的答案.我们可以采用一个一般性解法(无论具体给定的数字是什么),这在于写出下面的数字表:

12	17	12	29	46	等等
2	11	1	7	2	
	187	46	233	420	
2	7	4	2	0	
	1 309	233	1 542	2 851	
1	5	3	2	1	
	6 545	2 851	9 396	15 941	
3	4	3	0	1	
	26 180	2 851	29 031	55 211	

它的解释如下:

为方便起见,我们从较大的纵队开始计算,在第一行写下余数12—— 这是战斗后按17列纵队排列所余的数目.显然,如果只用这样一种列队方法,那么可能的数目是12,29或46等,每个数都是前一个数加上17,将这些数写在第一行数字17的后面.下一个条件是,当排11列纵队时余数为2.这样,在下面一行,与第一行相应地方的下方写上2和11.然后用心算,将上一行的每个得数除以11,将余数写在每一个被除数的下面,直到我们得到所需的余数2—— 在数字46的下面.再下面一行,我们写下17和11的乘积187,并将这个数字依次加到46上,写在后面.这样会得到满足前两个条件的所有数字.我们现在同样利用七列纵队的余数2,得到了满足前三个条件的最小数字233,继续写出五列纵队余数为1和四列纵队余数为3的情况,得到所有可能的最后答案:2 851,29 031,55 211等.这些数字都满足这五个条件.从所给定的情况来看,这位将军损失2 430个人,比他俘虏23 750人、49 930或76 110人等的可能性更大些,于是我们确信在战斗以后剩下的人数是2 851.实际上,等于$2\ 851+26\ 180n$的任一个答案都是可能的,它给出了此题的全解.要注意,26 180是五种列队方法4,5,7,11和17的乘积.

❖数学家路线

某人参加一项比赛,要求确定图1中可以读出*MATHEMATICIAN*(数学家)的路线数目.

他从前五行中的某一行开始，数出了1 587条路线. 但他还没来得及数出更多的路线，时间就已经到了，请你用最简捷的方法帮助他数出所有的路线.

解 从字母N开始倒着数. 如果考虑左半图(包括中央一列)，那么每向后移动一步时，我们可以在两个可能方向上选出一个，得到2^{12}条路线. 把此数乘以2并减去1(为了不使中央一列算两次)，得

$$2^{13}-1=8\ 191$$

M
MAM
MATAM
MATHTAM
MATHEHTAM
MATHEMEHTAM
MATHEMAMEHTAM
MATHEMATAMEHTAM
MATHEMATITAMEHTAM
MATHEMATICITAMEHTAM
MATHEMATICICITAMEHTAM
MATHEMATICIAICITAMEHTAM
MATHEMATICIANAICITAMEHTAM

图1

❖正方形牧场

有一个牧场主，他有一块三角形的土地，与其他地块不相连，其三边长度为70，60和50码(图1). 他想从中划出一块正方形的牧场，而且要尽可能大. 他怎样做到这点呢？

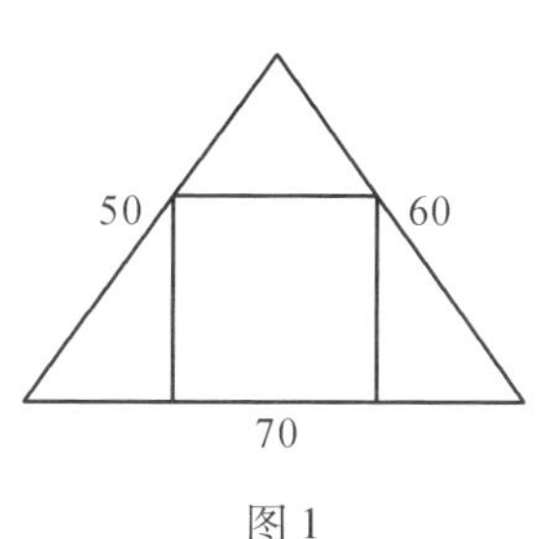

图1

解 要解决在一块三角形土地上划出一个尽可能最大的正方形牧场这个看来很简单的问题，得先做两个假设，这两个假设实际上都是需要证明的. 第一，牧场的一边要落在这三角形的一个边上；第二，这个边是三角形中最短的边. 解决这个问题最简单的办法

是先用几何学，然后作代数运算（利用为此目的所做的图2）.

如果用这个方法，可作 CD 和 KA 垂直于 AB，KA 等于 AB. 联结 KD 线，作 MP 平行于 AB，MN 和 PO 都平行于 CD，于是便定出所求的正方形 $MPON$ 的位置. 为证明这点，可利用相似三角形和一条公理，即 $MP/AB = MH/AD$. 同时 $MH/AD = ND/AD = MN/KA = MN/AB$，由此可见，$MP$ 必然等于 MN.

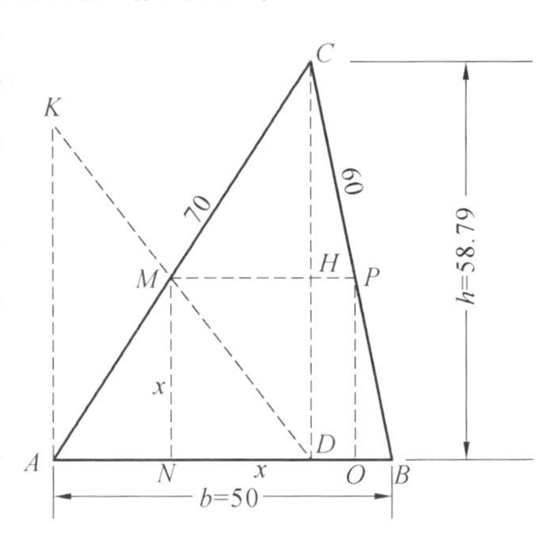

图 2

现在利用大家都熟悉的借助三角形的三个边长求高 h 的公式：

$$h = \sqrt{s(s-a)(s-b)(s-c)}/(a/2)$$

我们得到 $h = 58.79$. 从相似三角形 CMP 和 CAB，我们得到 $MP/AB = CH/CD$，此式可改写成 $x/50 = (58.79 - x)/58.79$，$x = 27$ 码. 将同样的步骤用于较大的边 CB 和 AC，我们将得到稍小一些的正方形，这倒给我们提出一个问题（见上面）：是否有一种普遍的证明方法可以证明应该选择最短的边.

令最短边长为 a，我们可以写出方程 $x_1/a = (h - x_1)/h = 1 - x_1/h$，它可以写为 $x_1 = ah_1/(a + h_1)$. 根据对称性，对建立在较长边 b 上的正方形，有 $x_2 = \dfrac{bh_2}{b + h_2}$，但由于 $ah_1 = bh_2$，所以

$$x_2 = \frac{ah_1}{b + \frac{a}{b}h_1}$$

要得到 $x_1 > x_2$，就要求

$$\frac{ah_1}{a + h_1} > \frac{ah_1}{b + \frac{a}{b}h_1}$$

$$b + \frac{b}{a}h_1 > a + h_1$$

$$b - a > \frac{bh_1 - ah_1}{b}$$

$$b - a > \frac{(b - a)h_1}{b}$$

或者说要求 $1 > h_1/b$.

但对锐角三角形，$b > h_1$，因此 $x_1 > x_2$ 成立. 对于钝角三角形，同样可以说明，当 a, b, c 三个值满足上述关系式时，它也是成立的.

❖万能砝码

是否存在 k 个质量为整数克数的砝码(不同砝码可能有相同质量)，用天平可以称出从1 g到55 g的任何物体，甚至少了几个砝码也能做到这点. 下面两种特殊情形存在吗?

(1) $k = 10$，少了任何一个砝码；

(2) $k = 12$，少了任何两个砝码.

解　(1) 考虑 Fibonacci 序列

$$f(n)=f(n-1)+f(n-2), n=3,4,\cdots$$

初值为

$$f(1)=f(2)=1$$

我们取 n 个砝码，第 i 个砝码的质量为 $f(i)$，$1 \leqslant i \leqslant n$. 考虑质量为 w 的物体，这里 $1 \leqslant w \leqslant f(n+2)-1$. 用 n 个砝码可以称出该物体.

为了证明这点，我们用归纳法. 当 $n=1$，$f(3)=f(2)+f(1)=2$，于是，$f(3)-1=1$，即 $w=1$. 这自然可以用天平及质量为 1 的砝码称出物体. 设对 $n \geqslant 1$ 时成立. 考虑 $n+1$ 个砝码. 由归纳法假设，n 个砝码 $f(1), \cdots, f(n)$ 可称出质量为 w 的物体，这里 $1 \leqslant w \leqslant f(n+2)-1$. 现在考虑的物体，质量范围为

$$1 \leqslant w \leqslant f(n+3)-1=f(n+2)-1+f(n+1)$$

所以多了质量为

$$f(n+2) \leqslant w \leqslant f(n+2)-1+f(n+1)$$

的物体. 但是砝码增加了一个，其质量为 $f(n+1)$. 注意到 Fibonacci 序列是严格单调递增的正整数序列，所以

$$f(n+2) \geqslant f(n+1)+1$$

因此，我们先放入砝码 $f(n+1)$，问题化为用 $f(1), \cdots, f(n)$ 来称质量为

$$1 \leqslant f(n+2)-f(n+1) \leqslant w \leqslant f(n+2)-1$$

的物体. 由归纳法假设，这是可以做到的. 所以用归纳法证明了断言.

现在丢去一个砝码，记作 $f(i)$. 我们来证明用质量为

$$f(1), \cdots, f(i-1), f(i+1), \cdots, f(n)$$

的砝码可以称质量为 w 的物体，其中，$1 \leqslant w \leqslant f(n+1)-1$.

为此仍用归纳法. 当 $n=2$ 时

$$f(n+1)-1=f(3)-1=f(1)+f(2)-1=1$$

所以物体的质量为1,而砝码为 $f(1)=f(2)=1$. 显然丢了一个,仍可称出物体质量. 设 $n \geqslant 2$,砝码

$$f(1),\cdots,f(i-1),f(i+1),\cdots,f(n)$$

可称出质量 w 在 $1 \leqslant w \leqslant f(n+1)-1$ 的物体. 现在考虑砝码 $f(1),\cdots,f(n+1)$. 若丢去 $f(n+1)$,则砝码为 $f(1),\cdots,f(n)$,前面已证它们可称出质量为 w 的物体,其中 $1 \geqslant w \geqslant f(n+2)-1$. 若丢去 $f(i)$,$i \in \{1,2,\cdots,n\}$,由归纳法假设 $f(1),\cdots,f(i-1),f(i+1),\cdots,f(n)$ 可称出质量为 w 的物体,$1 \leqslant w \leqslant f(n+1)-1$.

现在考虑的物体的质量 w 有 $1 \leqslant w \leqslant f(n+2)-1$,其中,$1 \leqslant w \leqslant f(n+1)-1$ 部分已可用

$$f(1),\cdots,f(i-1),f(i+1),\cdots,f(n)$$

称出,于是另一部分物体,质量 w 有

$$f(n+1) \leqslant w \leqslant f(n+2)-1$$

先将砝码 $f(n+1)$ 放上,于是问题化为砝码 $f(1),\cdots,f(i-1),f(i+1),\cdots,f(n)$ 可否称出质量 w 为

$$1 \leqslant w \leqslant f(n+2)-1-f(n+1)=f(n)-1<f(n+1)-1$$

的物体. 由归纳法假设便证明了断言.

现在取 $n=10$,于是

$$f(1)=f(2)=1,f(3)=2,f(4)=3,f(5)=5,f(6)=8$$
$$f(7)=13,f(8)=21,f(9)=34,f(10)=55$$

其中任意丢去一个砝码,仍可称出质量为 w 的物体,$1 \leqslant w \leqslant f(11)-1$. 今

$$f(11)=f(10)+f(9)=89$$

而题目限制为 $1 \leqslant w \leqslant 55$. 所以证明了(1)成立.

(2)考虑广义 Fibonacci 序列

$$g(n)=g(n-1)+g(n-3),n \geqslant 4$$

初值为

$$g(1)=g(2)=g(3)=1$$

这个广义 Fibonacci 序列仍然由严格单调递增的正整数序列构成,且 $g(n) \geqslant g(n-1)+1$. 和(1)一样可证:n 个砝码 $g(1),\cdots,g(n)$ 可称出质量为 w 的物体,其中 $1 \leqslant w \leqslant g(n+3)-1$. 若丢去一个砝码,则可称出质量为 w 的物体,其中 $1 \leqslant w \leqslant g(n+2)-1$.

下面来证明若丢去两个砝码,则可称出质量为 w 的物体,其中 $1 \leqslant w \leqslant$

$g(n+1)-1$.

当 $n=3$,砝码为

$$g(1)=g(2)=g(3)=1,g(4)-1=g(3)+g(1)-1=1$$

即 $w=1$. 当然任意丢了两个砝码,仍可称出质量为 1 g 的物体. 设 $n\geqslant 3$,且砝码为

$$g(1),\cdots,g(i-1),g(i+1),\cdots,g(j-1),g(j+1),\cdots,g(n)$$

这里 $i<j$, 又质量为 w 的物体能被这 $n-2$ 个砝码称出, 其中 $1\leqslant w\leqslant g(n+1)-1$. 现在考虑 $n+1$ 个砝码 $g(1),\cdots,g(n+1)$,丢去两个砝码,要称质量为 w 的物体,这里 $1\leqslant w\leqslant g(n+2)-1$. 若丢了一个砝码 $g(n+1)$,再丢一个砝码 $g(i)$,这里 $i\in\{1,2,\cdots,n\}$. 问题化为由砝码 $g(1),\cdots,g(i-1)$, $g(i+1),\cdots,g(n)$ 来称质量为 w 的物体. 上面已说明在 $1\leqslant w\leqslant g(n+2)-1$ 时就可以了. 所以断言成立. 若丢了两个砝码

$$g(i),g(j),i<j,i,j\in\{1,2,\cdots,n\}$$

由归纳法假设可知

$$g(1),\cdots,g(i-1),g(i+1),\cdots,g(j-1),g(j+1),\cdots,g(n)$$

可称出质量在 $1\leqslant w\leqslant g(n+1)-1$ 范围的物体. 余下物体质量 w 的范围为

$$g(n+1)\leqslant w\leqslant g(n+2)-1$$

在天平上先放上质量为 $g(n+1)$ 的砝码,问题化为用

$$g(1),\cdots,g(i-1),g(i+1),\cdots,g(j-1),g(j+1),\cdots,g(n)$$

来称质量为 w 的有限制

$$1\leqslant w\leqslant g(n+2)-1-g(n+1)$$

的物体. 今

$$g(n+2)-g(n+1)-1=g(n-1)-1<g(n+1)-1$$

由归纳法假设,便证明可以称出物体.

现在取 $n=12$,有

$$g(1)=g(2)=g(3)=1,g(4)=2,g(5)=3$$

$$g(6)=4,g(7)=6,g(8)=9,g(9)=13$$

$$g(10)=19,g(11)=28,g(12)=41$$

而质量 w 的限制为 $1\leqslant w\leqslant g(13)-1$,其中 $g(13)=60$. 所以 $g(1),\cdots,g(12)$ 中任意丢两个,可以称出质量范围为 $1\leqslant w\leqslant 59$ 的物体,特别在 $1\leqslant w\leqslant 55$ 的限制下.

❖雾区之谜

如图 1，A 船正以 30 海里对 15 海里的速度追逐 B 船. 两船都没有雷达装置. B 船进入一个雾区，使 A 船看不见它. A 船船长正确地断定，B 船将利用大雾遮掩这个有利条件立即改变它的航线，然后保持这个方向不变，并以全速行驶. 根据这样的推断，A 船船长应执行什么样的计划，才能确保拦住 B 船?

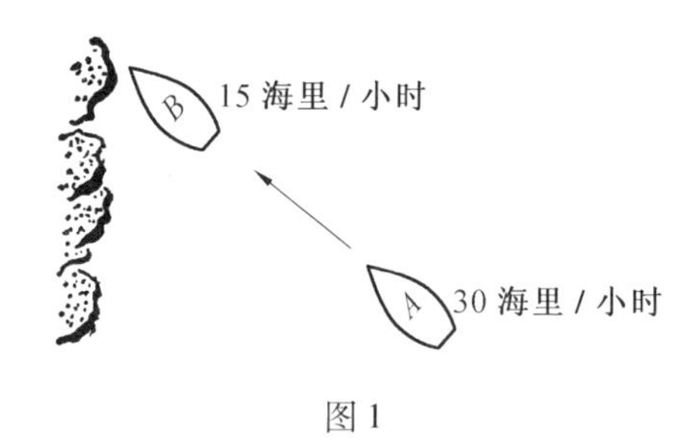

图 1

解　这个问题看来似乎出得很幼稚，实际上却十分出色，这是因为它不仅需要掌握一种特殊曲线 —— 在目前情况下是等角螺线 —— 的性质，而且需要利用高等代数和解析几何. 要想得到完全解，还需要概率论的知识和三角学方法.

有些人在解题时是太轻率了. 例如，有人是这样论述的：围在雾区内的水通常是平静的，而以每小时 15 海里的速度在静水中行驶的船，会留下一道比较明显的狭窄航迹，两三个小时之内都可以辨认. A 船船长只需跟踪 B 的航迹就可以赶上 B 船，因为它追得越靠近，航迹就越清楚.

但是，许多读者都认识到，本题所给出的条件很适于运用对数螺线(即等角螺线)的性质，因为沿对数螺线运动的一个点所走过的路程与矢径长度随之增大之比是常数. 这就是说，如果将 B 船的初始位置取作螺线的极点，而该螺线的矢径与切线之间的不变夹角为 $60°$，则这个角的余弦是两船速度之比；A 船船长只要能行进到他想象中能够与 B 船遭遇的任何一点，然后从这点开始沿螺线前进即

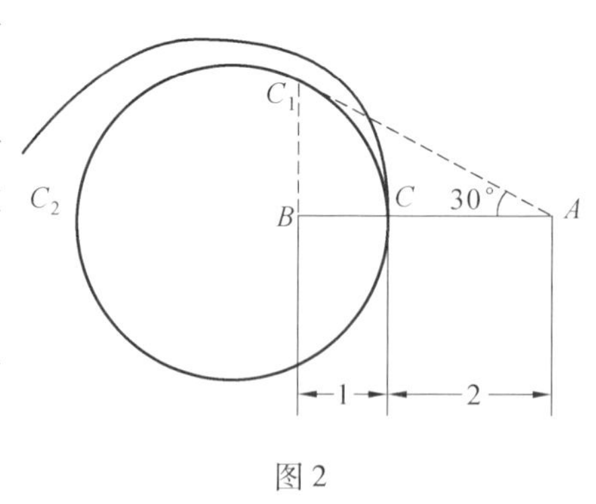

图 2

可. 但是,这就提出了一个问题,这样的点应该在什么地方,因为这类点的轨迹显然是一个阿波隆尼圆(图2中的 CC_1C_2 圆),因为这个圆上每一个点到一个固定点的距离对它到另一个固定点的距离之比是固定的——这在本题中是2∶1.

大多数人正确地指出,A 船应继续朝着 B 船进入雾区的那点行驶两船原距离的2/3(即到图上的点 C). 根据这个计划,螺线显然是最早开始卷起的,这看来会是有利的. 另一方面,我们预料 B 船不会掉头驶回亮区,所以不可能在螺线起点提到它. 另一些人以同样的信心坚信,A 船应该航行到 B 船进入雾区的地点,再继续航行同样的距离到 C_2,这就把卷起螺线的时间推迟到最后时刻.(顺便提一下,A 船船长也可以突然停住,等 B 向任意方向前进了距离 BC_2,然后再从点 A 开始沿螺线行进,或者,如果他是个慢性的,他可以继续航行到任意一点,然后等待到B船与点B的距离同A船与点B的距离相等时,再开始沿螺线前进.)另外一些作出正确答案——其解法保证A船会最终截住B船——的人则坚信,A船应以30°转向左或转向右航行,一直到达点C_1——在B船初始位置的正南或正北,显然,C_1 也是上述圆上的一个点.

这样,我们又有了一个附加的问题,即上述沿螺线追踪的三个起点中的哪个点,根据概率的规律,会最早捕获 B 船. 我们下面介绍这个问题的一个有趣的答案. 根据解析几何,这种螺线的通式为 $r=ae^{m\theta}$,式中 a 为 $\theta=0$ 时的 r 值,m 为矢径与曲线之间夹角的余切. 在这族螺线中,$m=\frac{1}{3}\sqrt{3}$,所以矢径和曲线之间的夹角为60°. 分别从我们所考虑的三个点开始的螺线(图3)的方程如下:

		曲线	$\theta=2\pi$ 时的 r 值
C_2 点	$a=1$	$r=e^{\frac{\sqrt{3}}{3}\theta}$	37.619
C_1 点	$a=\frac{\sqrt{3}}{3}$	$r=\frac{\sqrt{3}}{3}e^{\frac{\sqrt{3}}{3}\theta}$	21.141
C 点	$a=1/3$	$r=\frac{1}{3}e^{\frac{\sqrt{3}}{3}\theta}$	12.536

由于 A 船运动的距离与矢径成正比,在运动360°以后,运动距离最短的将是沿螺线旋转整整一圈之后,矢径最短的那一点. 因此沿螺线运动的理想起点是从 A 到 B 的$\frac{2}{3}$的地方.

不过有人并不知道 A 船的航线一定要沿对数螺线,他们是从问题的条件出发,实际上推导出了螺线方程,得出了同样的结果. 一个典型的逻辑推理过程如下:令 A_1 和 B_1 分别为 A 船和 B 船的初始位置(图4). 令 A 船沿一条直线从点 A_1 行驶到点 B_1,注意,运动的距离为 d 海里(忽略风和水流的影响时,可由方程 $d=$

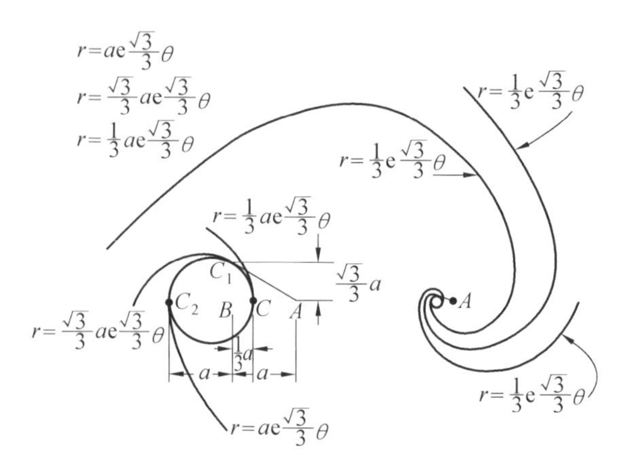

图 3

$30t$ 求出 d,式中 t 为航行 d 海里所需的小时数). 令 A 继续沿直线航行 d 海里(实际上第二个 d 的方向是无关紧要的). 现在 A 船航行了 $2d$ 海里,在同一段时间 B 船行驶了 d 海里. 从点 B_1 算起,这两者都行驶了 d 海里,所以两只船都处在以 B_1 为圆心、d 为半径的圆上. A 船现在必须沿中心点在 B_1 的螺线路径航行;其速度在矢径方向上的分量的数值 $\frac{\mathrm{d}r}{\mathrm{d}t}$ 等于 B 船速度的矢径分量. 由于 B 船的速度完全在矢径方向上,所以 $\frac{\mathrm{d}r}{\mathrm{d}t}=15$. 如果这个条件满足,则两船与点 B_1 的距离将永远相等. 为求出这条螺线路径的方程,令 B_1 为极点,B_1A_2 是极坐标的参考基线. 在图中示出的无限小的三角形中,

$$(\mathrm{d}s)^2=(\mathrm{d}r)^2+(r\mathrm{d}\theta)^2$$

但由于 $$\frac{\mathrm{d}r}{\mathrm{d}t}=15$$

和 $$\frac{\mathrm{d}s}{\mathrm{d}t}=30$$

所以 $$\frac{\mathrm{d}s}{\mathrm{d}t}=\alpha\frac{\mathrm{d}r}{\mathrm{d}t}$$

$$\mathrm{d}s=\alpha\mathrm{d}r$$

这样 $$(\alpha\mathrm{d}r)^2=(\mathrm{d}r)^2+(r\mathrm{d}\theta)^2$$

$$3(\mathrm{d}r)^2=(r\mathrm{d}\theta)^2$$

$$\sqrt{3}\,\mathrm{d}r=r\mathrm{d}\theta$$

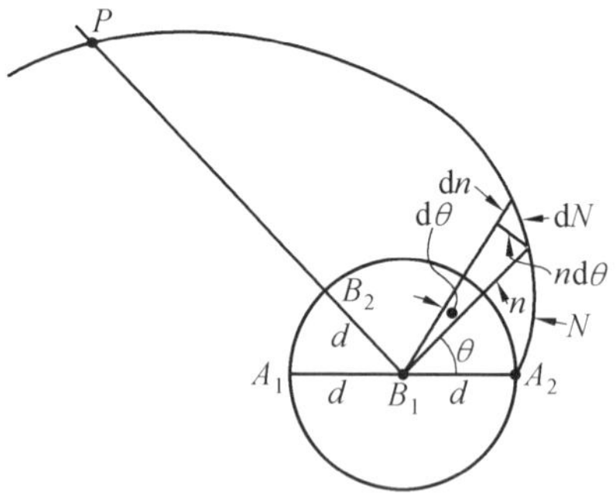

图 4

$$\frac{\mathrm{d}r}{r}=\frac{\mathrm{d}\theta}{\sqrt{3}}$$

当 $\theta=0$ 时,$r=d$,所以

$$\int_d^r \frac{\mathrm{d}r}{r} = \int_0^\theta \frac{\mathrm{d}\theta}{\sqrt{3}}$$

$$\log r \Big|_d^r = \frac{\theta}{\sqrt{3}} \Big|_0^\theta$$

$$\log \frac{r}{d} = \frac{\theta}{\sqrt{3}}$$

所以,$r = de^{\theta/\sqrt{3}}$,其中 r 的单位为海里,θ 的单位是弧度.

这样,当 A 船船长按上面的概述执行计划时,他的船就总可以在某一点 P 截住 B 船,点 P 的位置取决于船 B 从 B_1 点开始选取的方向.

❖巧译密码

试译出密码

$$\begin{array}{rl} THE & \\ EARTH & (地球) \\ VENUS & (金星) \\ SATURN & (土星) \\ +\ URANUS & (天王星) \\ \hline NEPTUNE & (海王星) \end{array}$$

上面每个字母代表一个数字.

解 显然 $N = 1$,因为设 $N = 2$ 或 0 将得出矛盾. 从右向左考虑各列.

第一列表明

$$E + H + 2S + 1 = E + 10l$$

即

$$H + 2S = 9 + 10(l - 1)$$

由此得 $H = 5, S = 7$,因为其他的数对 (H,S) 将得出矛盾.

第二列给出关系式

$$2 + 5 + 2U + T + R = 1 + 10m$$

从第三列得

$$2 + T + R + U + C_2 = U + 10n$$

其中 C_2 表示第二列相加后,记在“心里”的数字. 由此得

$$4 + 2U - C_2 = 10(m - n)$$

或

$$2U = 6 + C_2$$

从而 C_2 是偶数,且 $C_2 = 2$. 因此 $U = 4$($U = 9$ 将得出 $C_2 > 2$).

于是 $T + R = 6$,即 $T,R = 6,0$,不过次序还不能肯定. 剩下未被利用的数字还有2,3,8,9. 把第四列相加,得 $1 + 2A + E = 10P$,所以 $A = 8, E = 3$. 从第五列得出关系式

$$2 + E + U + A + R = P + 10q$$

或者

$$3 + V + R = P + 10(q - 1)$$

其中 $R = 0$ 或6,而 $P,V = 2,9$,次序可能不定. 但是,上述一切关系式,只有在 $P = 2, V = 9, R = 0, T = 6$ 时才成立. 因此,密码可以译成

$$\begin{array}{r} 653 \\ 38065 \\ 93147 \\ 786401 \\ +\quad 408147 \\ \hline 1326413 \end{array}$$

❖公平分配的参议员

参议员琼斯为人方方正正,他有一块长方形的土地(图1),决定当场把它分给他的九个孩子,分的办法是每个孩子得到的都是一块正方形土地,而面积则与他们的年龄(最接近的整数)成正比. 没有两个孩子岁数相同,而中间的一个孩子正是那个嘴上没毛的小欧,他告诉他父亲应该怎样来分这块地,试问:每个人的年龄是多大?(提示:"嘴上没毛"这个词是重要的.)

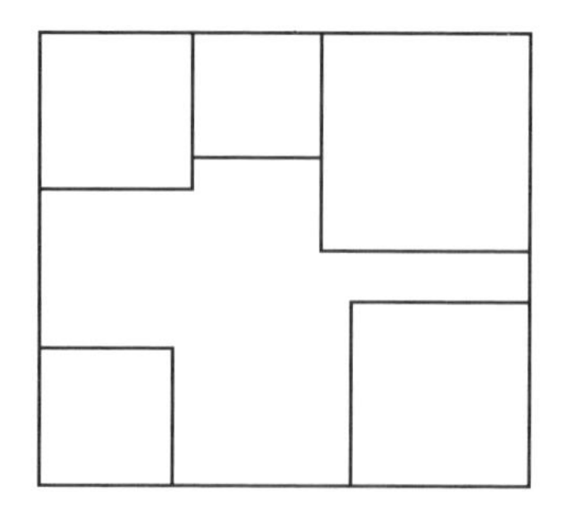

图1

解 这种类型的问题是电气工程师所熟悉的，他们在网络计算中要用到它——但其细节超出了本书的范围. 如果这九个正方形的面积是各不相同的，那么只有两种可能的分割方式. 还可以指出，一个矩形分成的正方形不可能少于9个. 在每一种情况下，可令这些正方形中的两个的边长为 a 和 b（如图2和3所示），用 a 和 b 可建立起所有其他正方形的相应的值. 对第一种情况，得到方程 $a+9b=3a-9b$（右上方的正方形），对第二种情况，得到 $7a+13b=9a+8b$（整个矩形的高度）. 对第一种情况，取最小的整数值 $b=1$（这时 $a=9$），对第二种情况 $b=2$（这时 $a=5$），各正方形的边长分别为1，4，7，8，9，10，14，15，18和2，5，7，9，16，25，28，33和36. 如果采用第一组数，小欧就会是嘴上没毛的九岁孩子；采用第二组数，他将是16岁——可能已经需要剃胡刀了. 因此，只存在一组正确的解（图3）. 顺便提一下，从上面的叙述可以看出，为了把一个矩形分成九个面积不等的正方形，它的高和底之比必须是32/33或61/69，这是一个神秘的、无法预料的事实.

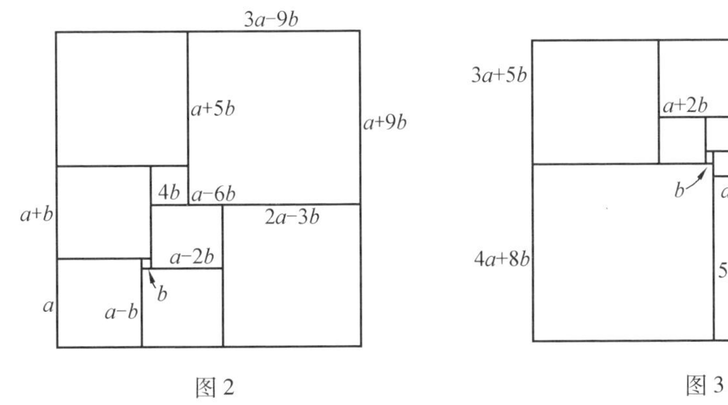

图2

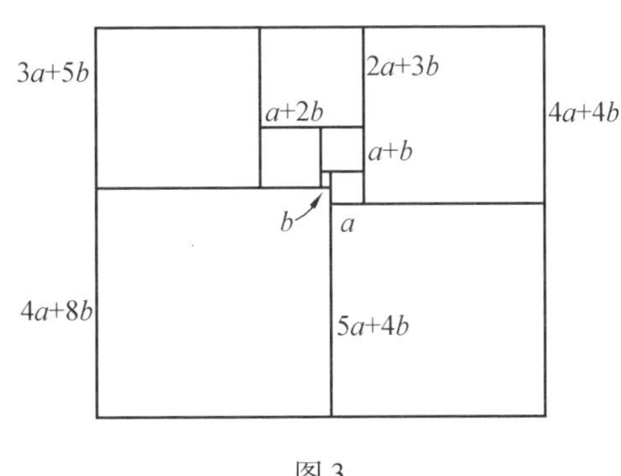

图3

❖蝗虫跳动

三只蝗虫放在一条直线上，记为A，B，C. 已知蝗虫B位于A与C的中点. 每一秒钟，其中一个蝗虫选择其他的两个蝗虫之一，跳到它到关于被选择蝗虫的对称点上（若 X 跳过 Y 到 X'，那么 $XY=YX'$）. 经过若干次跳动之后，它们回到原先的位置上（次序可能不同）. 求证：在这种情况之下，B必定回到它原来的位置.

证明 把三只蝗虫移动的直线看成是一条数轴，最初蝗虫在0，1，2三处，n 秒钟之后，第一、第二、第三只蝗虫分别在 x_n，y_n，z_n 三处. 显然，它们都是整数.

我们将用归纳法证明 x_n 和 z_n 是偶数，而 y_n 是奇数，$n=0,1,2,\cdots$，当 $n=0$

时，$x_0=0, y_0=1, z_0=2$. 今设 x_k 和 z_k 是偶数，而 y_k 是奇数，这里 k 是某个非负整数. 设第一只蝗虫跳过第二只，因此

$$x_{k+1}=y_k+(y_k-x_k)=2y_k-x_k$$

所以 x_{k+1} 也是偶数. 用同样的方法，可以考虑其他的情况，并且证明 x_{k+1} 和 z_{k+1} 都是偶数，而 y_{k+1} 为奇数. 因此，对于任何整数 $n\geqslant 0$，x_n 和 z_n 为偶数，而 y_n 为奇数. 若在第 m 秒钟之后，蝗虫回到开始的点，但可能次序不同，那么 $y_m=1$. 这是因为 y_m 必为奇数，又在集合 $\{0,1,2\}$ 中，只有 1 是奇数.

❖桅顶问题

一只船上有两根高度均为 25 m、相距 50 m 的桅杆；有一条 100 m 长的绳子，两端系在两根桅杆的顶上，并被按图 1 所示的方式绷紧. 假定这条绳在系到桅杆上时并没减少长度，且处于两根桅杆所在的平面内，求绳子与甲板接触之点到前面一根桅杆的距离.

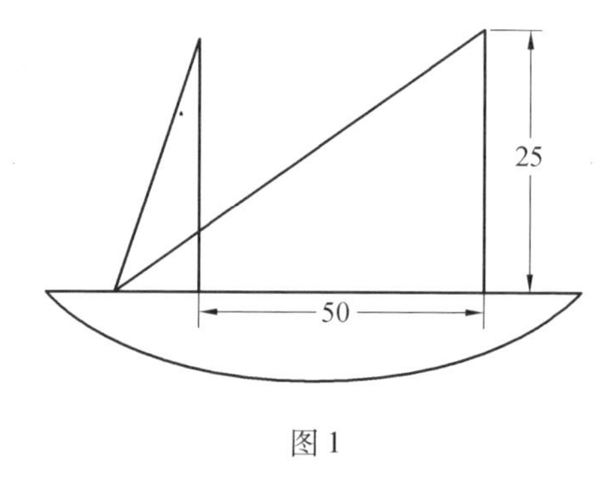

图 1

解 要用传统的代数方法解此题，需要建立一个方程，并用如下步骤解出.

$$\sqrt{x^2+625}+\sqrt{(50+x)^2+625}=100$$

$$\sqrt{(50+x)^2+625}=100-\sqrt{x^2+625}$$

$$(50+x)^2+625=10\,000-200\sqrt{x^2+625}+x^2+625$$

$$2\,500+100x+x^2+625=10\,000-200\sqrt{x^2+625}+x^2+625$$

$$200\sqrt{x^2+625}=7\,500-100x$$

$$2\sqrt{x^2+625}=75-x$$

$$4x^2 + 2\,500 = 5\,625 - 150x + x^2$$

$$3x^2 + 150x - 3\,125 = 0$$

$$x = \frac{-b \pm \sqrt{b^2 - 4ac}}{2a} = \frac{-150 \pm \sqrt{150^2 + 4 \times 3 \times 3\,125}}{2 \times 3} =$$

$$\frac{-150 \pm \sqrt{60\,000}}{6} = \frac{-150 \pm 244.949}{6}$$

所以

$$x = \frac{94.949}{6} = 15.824$$

但是,还有一种更简单的办法,就是将两个桅杆的顶点当做椭圆的两个焦点(图2). 为方便起见,设这两个点均在x轴上,并与y轴等距离. 这个方法是根据椭圆的定义——椭圆是与两个固定点(焦点)的距离之和为常数的动点的轨迹——提出来的. 上述椭圆的方程是$\frac{x^2}{a^2} + \frac{y^2}{b^2} = 1$,其中$a$为50,$y = -25$,$b = 43.3$. 这样,用很少的步骤就能得出$x = 40.825$,从这个数减去25,即得出所需要的值.

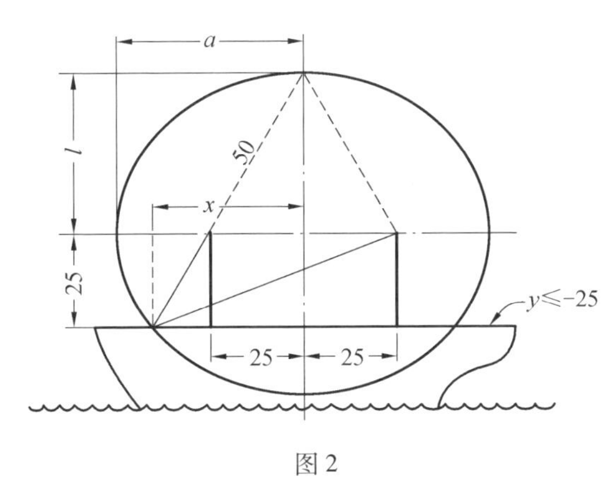

图2

❖载重卡车

有几个同样重的集装箱质量共为10吨. 并且它们中间每一个箱子都不超过1吨. 问至少有几辆载重为3吨的汽车,才能一次把这批货物运走?

解 5辆载重为3吨的卡车. 首先来证明,用4辆载重3吨的卡车是不够的,

现举一例,假如有13个相同的集装箱,每个质量为$\frac{10}{13}$吨,那么我们就不可能在载重3吨的卡车上装载3个以上的集装箱,因而4辆载重3吨的卡车不能一次把这10吨货物运走. 现在来证明,用5辆载重3吨的卡车就足够一次把这批货物运走. 对于每辆载重3吨的卡车,我们能在每一辆车上装载不少于2吨的货物(如果哪一辆车子装载货物少于2吨的话,按条件每个箱子不超过1吨的货物,那么还能增加一个集装箱的货物),所以,5辆载重3吨的卡车,能装载不少于10吨的货物. 因此有5辆载重3吨的卡车就足够了.

注 我们可以解决更一般的问题. 几个集装箱总质量为T吨,并且其中每一个集装箱的质量均不超过1吨. 至少需要多少辆载重p吨($p>1$)的卡车,才能一次把这批货物运走?

设$r=\frac{p}{【p】+1}$,其中【p】是p的整数部分,那么,一般问题的答案是:载重p吨的卡车至少需要的辆数N是刚好超过$\frac{T-r}{p-r}$的整数.

在开始已表明汽车辆数太少是不够用的,而且所有的集装箱都要求相等. 集装箱装载到n辆p吨的汽车上,其装法使用这样的辅助定理比较方便:如果有若干个总质量超过p吨的集装箱(每个不超过1吨),那么总能在载重为p吨的汽车上装上质量比$(p-r)$吨大的集装箱. 在本问题中,$p=3$,$T=10$,$r=\frac{3}{4}$,按辅助定理,载重为3吨的汽车上能装载$2\frac{1}{4}$吨,而所有集装箱总重为10吨,所以我们知道有5辆载重量为3吨的汽车就能把这批货物一次运走,而所需的最少辆数则刚好是超过$\frac{T-r}{P-r}=\frac{37}{9}$的整数.

❖换底

工程中绝大多数对数问题都采用以10为底,例如,计算尺就是这样. 有人注意到,任何一个正数以10为底的对数都永远小于这个正数本身. 如果这个底是异于10的某个正数,试问,这个正数为多大时,上述情况仍然存在?

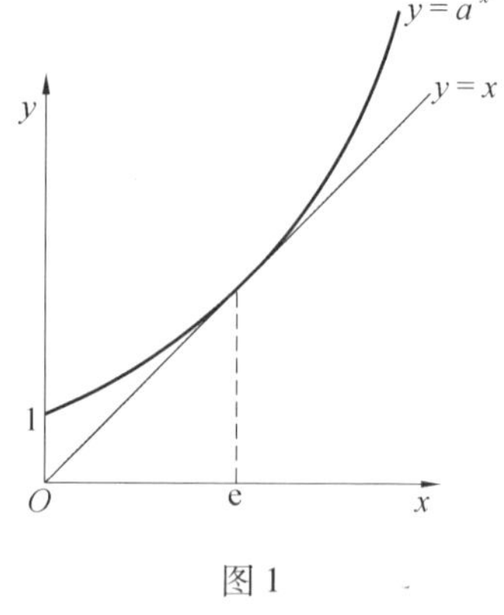

图1

解 这个问题的答案是1.44,实际推算步骤是这样的:如果我们作一条曲线$y=a^x$(图1),其中x是对数,y是真数,这个问题就相当于求出一个a

值，使得曲线 $y=a^x$ 与 $y=x$ 相切. 对于较高的 a 值，曲线完全位于 $y=x$ 以上，a 值较低时，曲线与 $y=x$ 相交，在相切的那一点 $\mathrm{d}y/\mathrm{d}x=a^x\ln a=1$，$a^x=x$，由此得 $x=\mathrm{e}$，$a=\mathrm{e}^{1/\mathrm{e}}=1.445$.

另外一个方法是求出满足 $y=a^y$ 的 a 的极大值. 微分 $\mathrm{d}y=(ya^{y-1})\mathrm{d}a+(a^y\ln a)\mathrm{d}y$，由此得出 $\frac{\mathrm{d}a}{\mathrm{d}y}=\frac{1-a^y\ln a}{ya^{y-1}}$. 令微分等于零，$1-a^y\ln a=0$，由于 $a^y=y$，$1-y\ln a=0$，所以 $1-\ln y=0$，由此得 $\ln y=1$，$y=\mathrm{e}$，同前面一样，$a=\mathrm{e}^{1/\mathrm{e}}$.

❖青蛙走迷宫

在 8×8 棋盘上放一些挡板，成为一个迷宫. 如果一个青蛙可以走到每个方格，而不用跳过任何障碍，这个迷宫称为好迷宫，否则称为不好的迷宫. 问好的迷宫多还是不好的迷宫多?

解 棋盘上有7条水平线和7条垂直线组成网格，每条线被分为8段. 因此有可能有 $7\times 8=56$ 个垂直方向的障碍. 类似地，也可能有56个水平方向的障碍. 由于在穿过好迷宫时要走的格子为63个，所以好迷宫最多有49个障碍. 两个迷宫称为互补的，如果每个障碍不能为这两个迷宫所共有，即出现且只出现在一个迷宫中. 在任一互补对中，至少有一对有56个障碍的迷宫是坏的. 因此好迷宫数和坏迷宫数至少一样多.

下面考虑一种特殊的迷宫对，其中一个迷宫在棋盘角部分的网格上有两个障碍隔离这个方格，这种迷宫和它的补迷宫都是坏的. 这证明坏的迷宫要比好迷宫多，见图1.

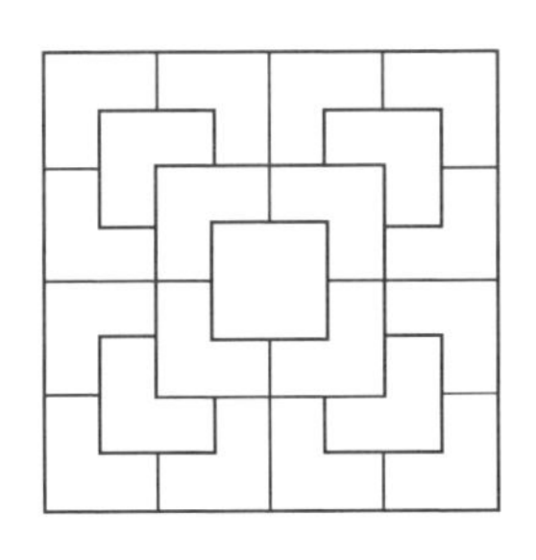

图1

❖数学家的贺年片

这个简单的加法问题是两位数学家用贺年片的独特形式提出来的，给出的条件是 $E^2=H$，同时每一个字母代表一个不同的数字，请求出下面加法问题的答案，并证明它是唯一解：

$$\begin{array}{r} D\ \&\ J \\ A\ N\ D\ R\ E\ E \\ S\ E\ N\ D \\ \hline C\ H\ E\ E\ R \end{array}$$

图1

解 破译这封巧妙的明信片有许多办法，其中最简单的办法如下：从左边（第一列）开始，显然 A 等于0，C 必定比 N 大1，因为1是从下一位进上来的最大数. H 必定是4或9，因为只有这两个数字才是另外一个数字的平方，但它不可能是9，因为如果 H 是9，D 和 S 加上进位的数不可能高达19. 因此 H 是4，E 是2. 第四列加上所进的数一定等于12，这意味着第三列中的 D 与 S 之和等于13，由此可知，D 与 S 或者是8与5（顺序可倒过来，即5与8），或者是7与6，因为4已经用过了. D 不可能是8，否则，最后一列的 J 与 R 就会是相同的数字，它也不可能是5或7，因为这样，从第四列看，R 就必须是4或2了. 因此，D 肯定为6，R 为3，S 为7. 这样，N 一定是8，C 是9，剩下的几个数依次是 & 为1（第五列），J 为5（第六列）. 这样，答案只能是如下形式：

$$\begin{array}{r} 6\ 1\ 5 \\ 0\ 8\ 6\ 3\ 2\ 2 \\ 7\ 2\ 8\ 6 \\ \hline 9\ 4\ 2\ 2\ 3 \end{array}$$

建议你把这个解法与你自己的解法对比一下，看看你的解法是否更简捷一些.

❖维佳和奥利娅的约会

维佳和奥利娅通常相约在地下铁道最后一站会面. 地铁的火车每隔一定的时间就开出一辆. 第一次维佳等了奥利娅12分钟，在此时间内开出了5辆火车；第二次维佳等了奥利娅20分钟，这段时间内开出了6辆火车；第三次维佳等了奥利娅30分钟，那么这段时间内可能有多少辆火车开出？（火车在站上耽误的

时间忽略不计)

解 10 或者 11 列火车.

假设火车每隔 T 分钟开出一列,因为 12 分钟内,显然经过了整整 4 个间隔时间,故必有 $4T \leqslant 12, T \leqslant 3$. 由于 5 列火车中第一列开出前和最后一列开出后经过的时间不多于 T 分钟,则有 $T + 4T + T > 12$ 由此有

$$2 < T \leqslant 3 \qquad ①$$

类似地,在 20 分钟内开出了 6 列火车,得到

$$\frac{20}{7} < T \leqslant 4 \qquad ②$$

由 ① 和 ② 得到 $2\frac{6}{7} < T \leqslant 3$.

假设在 30 分钟内开出 n 列火车,那么同样得到

$$(n-1)T \leqslant 30 < (n+1)T$$

或者

$$\frac{30}{T} - 1 < n \leqslant \frac{30}{T} + 1$$

考虑到 $2\frac{6}{7} < T \leqslant 3$,求得 $9 < n \leqslant 11$,故 $n = 10$ 或 11.

如果火车开出的时间间隔是 3 分钟,当第一辆火车开出的时候维佳就已到达,那么在 30 分钟内就可开出 11 辆火车. 仍旧是时间间隔 3 分钟,而当第一辆火车开出 1 分钟后维佳才到达,那么在 30 分钟内仅能开出 10 辆火车. 因此有两种不同的答案.

注 本题的解答与这样一般性的问题有紧密的联系,假设一条线上有彼此距离为 T 的 n 个点,长为 b 的线段能否覆盖这 n 个点?

答案:可以,但应有 $b/T - 1 < n \leqslant b/T + 1$.

❖三台扫雪机

这个问题与“何时开始下雪” 相仿,但是难度大得多:在午前开始下雪,有三台扫雪机分别于正午、一点和二点沿着同一路径开出去. 如果在这以后某个时刻,三台扫雪机同时开到一个地方,试求出它们相遇的时间和开始下雪的时间. 解题时自然假定,下雪的速度不变,每台扫雪机都以同样不变的速率扫雪.

解　请参考比较简单的"何时开始下雪"，那是说一台扫雪机在正午开始清扫行车道，在第一个小时内，它走过一英里，在第二个小时内，走了半英里. 问题是：雪是何时开始下的？你可能会记起有些人得出的答案是上午 11:30，但使用微积分 —— 遗憾的是这类问题必须使用微积分 —— 去证明，正确的答案是上午 11:23 开始下雪. 说来也巧，在目前这个问题里，雪倒确实是上午 11:30 开始下的，下面我们来看一下正确解决这个问题的步骤.

令 n 标志着从开始下雪到正午的小时数，令 x,y,z 为第一、二、三台扫雪机在正午过后 t 小时所走的距离. 这样，$dt/dx = t + n$，当 $t = 0$ 时，$x = 0$，解为 $t = e^x n - n$. 另外，$dt/dy = t - (e^y n - n)$，当 $t = 1$ 时，$y = 0$，解为 $t = e^y(n + 1 - ny) - n$，还有 $dt/dz = t - [e^z(n + 1 - nz) - n]$，当 $t = 2$ 时，$z = 0$，解为 $t = e^z(n + 2 - nz - z + nz^2/2) - n$. 令 d 为三台扫雪机相遇时 x,y,z 的共同值，T 为相遇时的 t 值. 这样，$(T + n)/e^d = n = n + 1 - nd = n + 2 - nd - d + nd^2/2$. 解这个方程组，我们得到 $n = 1/2$，$T = 3.195$. 因此，开始下雪是上午 11:30，扫雪机相遇的时间大约是下午 3:12.

❖魔术扑克

（1）魔术师从一副 52 张的扑克牌中任意抽出 5 张，看过以后，再从左到右在桌上排成一行，且让其中一张牌（不一定是第一张牌）面向下，其余的牌面向上. 魔术师要助手猜出面向下的那张牌. 试证：这两人可以找到一种达成一致的约定，使得助手总能猜出正确的答案.

（2）另一种玩法为魔术师藏起面向下的牌，其余 4 张面向上的牌仍然放在桌子上. 问这两人是否可以找到达成一致的约定，使得助手总能猜出隐藏的那张牌？

解　（1）将一副扑克牌从黑桃 A 到梅花 K 依次计数为 1，2，…，52. 所以在抽出 5 张牌，且显示出 4 张牌后，将它们按数字大小次序排好，再从 49 到 52 计数. 而其他面向下的牌按 1 到 48 计数. 这 4 张面向上的牌有 4！种排列方式. 今 4！ = 24，第一种排列方式为(49，50，51，52)，第二种排列方式为(52，51，50，49). 如果第 5 张面向下的牌的计数介于 1 到 24 之间，那么魔术师将 4 张面向上的牌，按照第 5 张牌的计数来选定 4 张牌的排列顺序，再把面向下的牌放在 4 张面向上的牌的左边，助手将会按照 4 张已知牌的排列数来确定第 5 张牌的计数. 如果第 5 张面向下的牌的计数在 25 到 48 之间，那么魔术师将它放在 4 张牌的右边，助手按照24加上排列数来确定第5张牌的计数，从而猜出第5张面向下的牌.

(2) 有可能，但是魔术师和助手要利用4张已知牌的绝对值，而不是相对值.

下面来构造一个顶点分别在两个集合 X 和 Y 中的图，X 中每个顶点表示一组5张牌的集合，Y 中每个顶点表示一组4张牌的一个排列. 如果 Y 中的一顶点所表示的4张牌的排列来源于 X 中某个顶点所表示的5张牌的集合，那么将这两个顶点连线，否则就不连线. 如果对于每个 X 中顶点 x，都能找到 Y 中顶点 y 与之相连，那么魔术师和他的助手的任务就完成了. 上面所说的图，因为顶点在两个集合中，所以叫做偶图. 我们所寻找的边的集合称为 X 饱和匹配，这是因为 X 中的每个顶点，都有 Y 中一些顶点与之匹配，虽然并不一定可逆.

著名的 Hall 定理告诉我们，一个偶图有一个 X 饱和匹配当且仅当

$$|A| \leqslant |N(A)|$$

其中，A 为 X 的子集，$N(A)$ 为 Y 的子集，它包含了所有与 A 中的点 x 相连的 Y 中的点 y. 在我们讨论的问题中，取 A 与 X 的一个子集，使得 $x \in A$，x 都与 $5 \cdot 4!$ 个 Y 中的点 y 相连，这里出现的5是由于5张牌中取4张面向上，这一共有5种取法，而4张牌又有4! 种不同的排法. 因此从 A 到 $N(A)$，共有 $120|A|$ 条边，而且每个 y 都与48个 x 相连. 这是因为对4张牌的每一个排列，选第5张牌都有48种选法，因此终点在 $N(A)$ 中的边共有 $48|N(A)|$ 条，但是终点在 $N(A)$ 中的边，其起点不一定在 A 中. 这就证明了

$$120|A| \leqslant 48|N(A)|$$

所以

$$|A| \leqslant \frac{48}{120}|N(A)| = \frac{2}{5}|N(A)| < |N(A)|$$

由 Hall 定理，存在一个 X 饱和匹配. 所以当5张牌被抽出时，魔术师用顶点 x 构成集合 A，找出与 x 匹配的 y，这个 y 用来表示4张牌的排列. 助手便可将这一步骤逆过来，找出5张牌构成的集合 X，因而猜出第5张牌.

注 为求完整性，我们给出 Hall 定理的证明. 为此对 X 应用归纳法. 当 $|X| = 1$ 时，Hall 定理成立. 假设当 $|X| \leqslant n-1$ 时，Hall 定理成立. 现在来讨论当 $|X| = n$ 的情形. 这时出现两种情形：

ⅰ 设对 X 的每个子集 $A(A \neq \varnothing, A \neq X)$，都有 $|A| < |N(A)|$. 任取一个 x，将任一个和它相连的 y 与之匹配，并取出这两个顶点. 在余下的偶图中，对任一 $X-\{x\}$ 中子集 A，仍有 $|A| \leqslant |N(A)|$，其中当 $y \notin N(A)$ 时，$N'(A) = N(A)$. 当 $y \in N(A)$ 时，$N'(A) = N(A) - \{y\}$. 由归纳假设，有一 $X-\{x\}$ 饱和匹配. 再加上边 (x,y)，则在原图中有一个 X 饱和匹配.

ⅱ 设 X 的某一子集 $B(B \neq \varnothing, B \neq X)$，有 $|B| = |N(B)|$，那么我们将原图分成两个子偶图. 一个是 B 和 $N(B)$ 中的点，另一个是 $X - B$ 和 $Y - N(B)$ 中的点，注意到一些边可能会丢失. 由于当 A 是 B 的子集时，$N(A)$ 是 $N(B)$ 的子集. 由归纳假设，第一个子图有一个 B 饱和匹配. 设在第二个图中，存在 $X - B$ 的一个子集，适合 $|N'(C)| < |C|$，其中 $N'(C)$ 是 $Y - N(B)$ 中所有与 C 中的点 x 相连的点 y 的集合. 需要注意的是，$N(C)$ 中的某些点可能不在 $Y - N(B)$ 中. 在原来的偶图中，令 $D = B \cup C$，那么 $N(D) = N(B) \cup N(C)$. 因此

$$|N(D)| = |N(B)| + |N'(C)| < |B| + |C| = |D|$$

这推出矛盾. 因此对任意 $Y - B$ 中的子集，$|A| < |N'(A)|$. 由归纳法假设，第二个子图有一个 $X - B$ 饱和匹配. 两个子图的匹配能联合成原图中的一个 X 饱和匹配.

❖剪方格板

将一个 6×6 方格纸板沿着盘上的线剪成四片相同的部分，有多少种办法？剪好后，把这四片摆在一起时（不许翻面），它们必须完全重合，几种典型的剪法如图 1 所示.

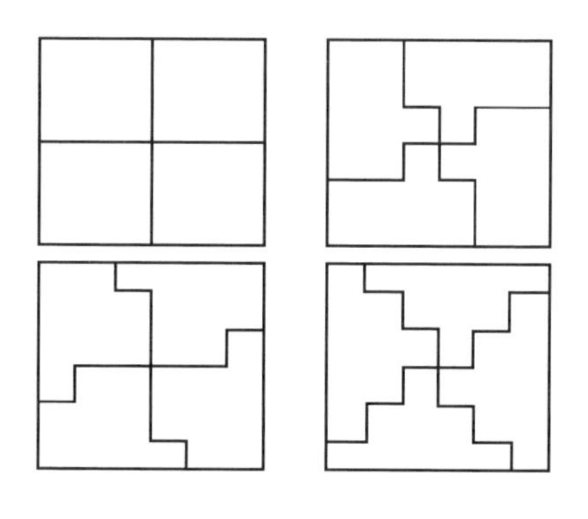

图 1

解 这个问题比人们预料的更有趣. 原来，此题并不仅仅是单纯训练猜测法，而可以采用能加以检验的分析方法.

在不同人提出的各式各样的解法中，剪法的数目最少的是 8 种，最多的高达 179 种. 后者包括了一些明显在本题叙述之外的剪法. 几个最令人喜爱的答案是 51，65 和 73，最多的是 95，如图 2 所示. 有位谢尔曼先生以巧妙的方式解释了他的分析方法（遗憾的是，他漏掉了 10 种可能的分割办法）. 谢尔曼说得很对，剪法可以考虑成或者是 $90°$ 剪法，即每片旋转 $90°$ 后，与另一片完全重合，或者是 $180°$ 剪法，即先将板平分成两半（沿水平线或竖直线剪），然后每一半再分

成两片，其中每片旋转 180° 后与另一片相重合. 为用图象说明谢尔曼法的前半部分，我们在图3中画出五组90°剪法，每组只画出两种（事实上，每组都有九种剪法）. 注意，内部那个单独的小方块总是中央四个正方块中西北方的那一个，中间的一片是由三个正方块组成的，最外面的一片是五个正方块. 不过，谢尔曼在这里却漏掉了6种具有以下特点的剪法. 在这几种方法中，中间那一片将被拆开，不过它与内部那个单独的正方块和外部那一片仍然紧密地联结在一起. 全部95种解法如图2所示.（大家可能会注意到，22种有水平直线截痕的图形与有22种竖直直线截痕的图形分别有相同的形状，但它们实际上是不同的. 这些剪法显然都应该包括在内.）

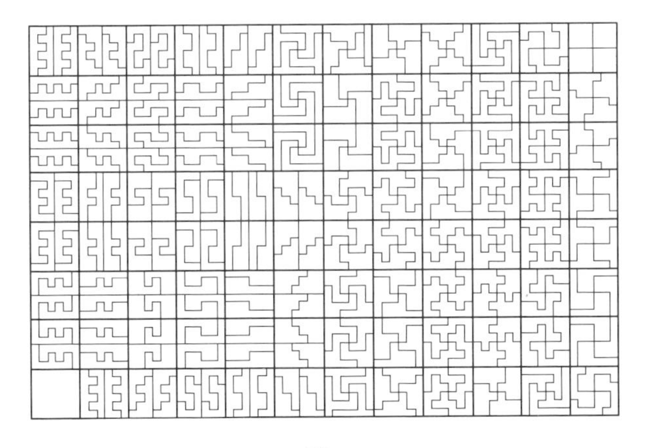

图2

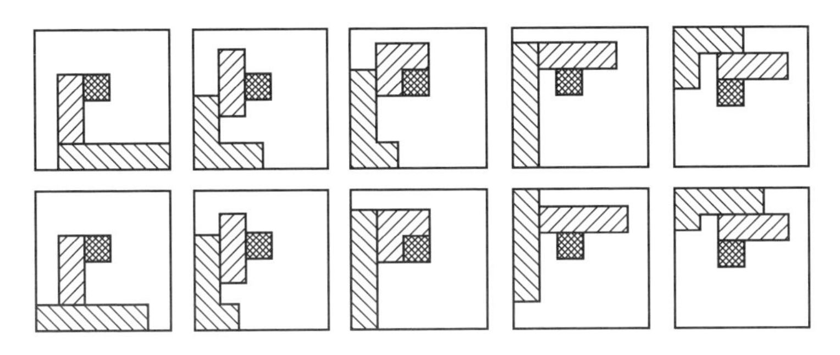

图3

❖一个数学谜语

欧拉在邮局买了一些邮票. 其中,2 分钱一张的邮票数是1 分钱一张的$\frac{3}{4}$,5 分钱一张的邮票数是2 分钱一张的$\frac{3}{4}$,还买了8 分钱一张的邮票5 张. 他用惟一的一张钞票付款,并且没有找回零钱,试问欧拉每种邮票各买多少张?

解 假设y为欧拉买的1 分钱一张的邮票数,则他买的2 分钱一张的邮票数为$\frac{3}{4}y$,5 分钱一张的为$\frac{9}{16}y$. 因为$\frac{9}{16}y$是一个整数,所以y必定被16 整除. 因此,存在一个整数x,使$y = 16x$. 由此可知,他买的1 分钱一张的邮票为$16x$张,2 分钱一张的为$12x$张,5 分钱一张的为$9x$张,8 分钱一张的为5 张. 假设用一张k元的钞票付款,则所买的邮票总价值由

$$16x + 2 \times 12x + 5 \times 9x + 8 \times 5 = 100k$$

给出. 由此可知

$$85x + 40 = 100k$$

即

$$17x = 20k - 8$$

这就是说

$$x = \frac{20k - 8}{17} = k + \frac{3k - 8}{17}$$

由于x和k均为整数,因此,$\frac{3k - 8}{17}$必须是一个整数. 但是k可以是1,2,5,10,50,100,1 000或10 000中的某一个整数. 因而使$\frac{3k - 8}{17}$是整数的惟一的k值,则是$k = 1\ 000$. 由此可知,欧拉买到的邮票是

1 分钱一张的:18 816 张
2 分钱一张的:14 112 张
5 分钱一张的:10 584 张
8 分钱一张的:　　5 张

❖二十个问题

假如我想好一个数,让你来猜,你最多问我二十个问题(回答只能是“是”与“否”),就可以确定这个数是什么. 试问:在提出二十个问题以后你就可以确定下来的数当中,我能够选取的最大的数是哪一个?

解 我们这里介绍一个有趣的解法. 如果将这个数用二进制表示,这个分析就可以大大简化. 因为对每一位数字来说都仅有两种可能:0 或 1,所以每一位的数都由一个回答而唯一地确定. 很显然,由 n 个问题所能确定的最大数值就是二进制的 n 位数的最大值(如果零也在可选择之列):

对于 $n=20$,这个数是 11111111111111111111.

这个数用普通进位制(即十进制)表示时,就是 $2^{20}-1=1\ 048\ 575$.

如果零不在可选择之列,那么,任何小于二进制的 21 位数的数(包括 $2^{20}=1\ 048\ 576$)都可确定.

所提的问题可按下述步骤、按一行数的顺序来确定. 问题的提法总是:“这个数是否大于 ××?”依次取每个数(见下面一行数字)来发问,直到第一次得到“是”的回答. 于是将这行中下一个数字加到刚刚问过的数字上,然后继续往下提上述问题. 对于每一个“是”的回答,就把下一个数加上,对于“否”的回答,则将下一个数减去,直到仅剩下两个可能的数,要再提一个问题来确定它. 这样将需要 20 个问题.

如果零不在可选之列,即为 $2^{19},2^{18},\cdots,2^{1},1$.

如果零在可选之列,则从每个数减 1,即为 $2^{19}-1,2^{18}-1,\cdots,2^{1}-1,0$.

运用不涉及二进制的推理的办法,当然也能够得到相同的答案,许多人都是这样做的,不过他们只是指出,用每个问题如何能将可能性的数目减少一半,但这远非一种简捷易行的方法,也无助于很容易地考虑将零作为一个可能的数包括在内所引起的后果. 对于那些不熟悉二进制和其他可能的进位制的人,我们可以顺便说一说,我们现在用的十进制,无疑是由于我们有十个手指这个事实所造成的. 大家都知道,我们运用从 1 到 9 这几个数字,当数到 10^{1} 时,就进到了第二位,当数到 10^{2} 时,就进到了第三位,数列 10^{3} 就进到了第四位,等等. 其他数字当然能以同样的方式被用做底数,事实上,有时六进制就有明显的优越性. 比如,用我们的十进制,三个平等的合股人(三人合营这种规模是常见的)简直就不能凑成总数为 10 000 元这样一个整数的资金. 但是,如果我们使用六

进制，问题就简单了. 当然，与我们现行的进位制相比，这时 10 000 元的数值是大大降低了，在十进制中只有 2 000 元，但三人中的每个人都能够平等地投资 2 000 元，因而大家都相安无事.

尽管六进制在数学问题中没有找到特别的应用，在现代，二进制却确实有相当重要的用途，特别是在电子计算机中. 在计算机中用二进制，不用十进制，这是因为不论一个数多么大，对每一位只需回答“是”与“否”，就可以用二进制确定这个数，即用很方便的二态机器操作来代替十态机器的操作.

❖青蛙重叠

在一个正方形的四个顶点上各站有一只青蛙(将青蛙看做一个点). 约定青蛙不能同时跳，但可以无先后顺序地跳动. 且每次跳到以另三个青蛙的重心为对称中心的对称点. 是否有一个青蛙能跳到另一个青蛙的身上?

解　由于每次跳动是以另三个青蛙的重心为对称中心. 所以跳了一次后，再跳一次便跳回原处，即两次跳动等于没有跳动. 因此，我们只要讨论以下这样的跳动就够了，即每个青蛙跳过后，下一次跳动是另一个青蛙.

记第 i 个青蛙在第 n 次跳动后的坐标为 $(x(i,n),y(i,n))$，$i=1,2,3,4$，$n=0,1,\cdots$ 而初始位置为

$$(x(1,0),y(1,0))=(1,1),(x(2,0),y(2,0))=(1,2)$$
$$(x(3,0),y(3,0))=(2,1),(x(4,0),y(4,0))=(2,2)$$

假设第 $n+1$ 次跳动轮到第四个青蛙，于是有

$$x(i,n+1)=x(i,n),y(i,n+1)=y(i,n),i=1,2,3$$

又前三个青蛙的重心的坐标为

$$P_n=\left(\frac{x(1,n)+x(2,n)+x(3,n)}{3},\frac{y(1,n)+y(2,n)+y(3,n)}{3}\right)$$

于是点 $(x(4,n),y(4,n))$ 关于点 P_n 的对称点为 $(x(4,n+1),y(4,n+1))$，它是

$$x(4,n+1)=\frac{2[x(1,n)+x(2,n)+x(3,n)]}{3}-x(4,n)$$

$$y(4,n+1)=\frac{2[y(1,n)+y(2,n)+y(3,n)]}{3}-y(4,n)$$

其中，$x(j,0),y(j,0)(j=1,2,3,4)$ 由整数构成.

下面用归纳法来证明：第 n 次跳动若由第 j 个青蛙完成，则 $x(n,j),y(n,j)$ 形如 $\frac{m_j}{3^n}$，其中整数 m_j 被 3 除不尽，而其余 3 个青蛙的坐标 $x(n,k),y(n,k)$ 形如

$\frac{m_k}{3^{n-1}}$,其中 m_k 为整数.

现在考虑第 $n+1$ 步,它由第 k 个青蛙完成,$k \neq j$. 记 k,j,p,q 为1,2,3,4 的一个排列,则

$$x(n+1,k) = \frac{2[x(n,j) + x(n,p) + x(n,q)]}{3} - x(n,k) = \frac{2(m_j + 3m_p + 3m_q)}{3^{n+1}} - \frac{9m_k}{3^{n+1}} = \frac{m'_k}{3^{n+1}}$$

由于3除不尽 m_j,所以3除不尽 m'_k. 这时第 j,p,q 个青蛙的位置坐标不变. 对 y 坐标同法讨论,所以由归纳法便证明了断言.

最后,我们来证明,按照题目要求的跳法,则任何时候,不可能有一个青蛙跳到另一青蛙身上. 事实上,若第 n 次跳动由第 j 个青蛙完成,它跳到第 k 个青蛙身上,即有

$$x(n,j) = x(n-1,k), y(n,j) = y(n-1,k)$$

即

$$x(n-1,k) = \frac{m_j}{3^n}$$

其中,3除不尽 m_j. 但是

$$x(n-1,k) = \frac{a_k}{3^v}$$

3除不尽 $a_k, v \leqslant n-1$,这导出矛盾,所以断言成立.

❖做游戏的孩子们

这个逻辑学的叙述体练习题,是一种能够很熟练地得到整数解的问题.

“我听到孩子们在花园里玩,他们都是你的孩子吗?”

“他们实际上是四家人的孩子”,主人回答说.“我的孩子最多,我弟弟的其次,我妹妹的再次,我堂妹的孩子最少. 他们正在玩丢手绢.”他接着说:“他们更喜欢玩棒球①,但他们人数不够,组不成两个队. 巧得很.”他沉思了一会儿说,“这四家的孩子数目的乘积正好是我家门牌的号码,你刚才不是看到了吗?”

① 在棒球比赛中,两队上场人数各为9人.

“我对数学还是有点才能的,”客人说:“让我看看是否能求出各家孩子的数目.”计算了一阵以后,他说,“我还需要再知道一点情况,你堂妹家只有一个孩子吗?”主人回答了这个问题,于是客人说:“知道了你这门牌的号码,又知道了你刚才的答案,我现在可以推算出各家孩子的准确数目了.”

请问:在这四家中每家各有几个孩子?

解　显然,孩子们的总数最多是十七个. 在这个条件下,如果孩子最少的一家只有一个孩子,则四家孩子人数的乘积——即门牌号码——是从24到140的几个数,如果最少的一家有两个孩子,那么,门牌号码是从120到240. 孩子最少的一家最多只能有两个孩子,因为若多于两个,四家孩子的总数最少也是18. 从问题“你堂妹家只有一个小孩子吗?”本身,就已经知道房子的门牌号码是120,因为孩子最少的家里无论是有一个还是两个孩子,门牌号码都只能是120. 但是,8,5,3,1或6,5,4,1这两种组合,乘积都等于120,而包括2的组合只有一种,即5,4,3,2,因此,主人对问题的回答一定是“不是”,客人才能知道答案. 由此可见,各家孩子的数目分别是5,4,3和2.

❖数学小组里的女孩

如果数学小组里女孩的人数比全组人数的50%少,而比全组人数的40%多,那么这个数学小组最少有几个人参加?

解　7个人. 假设参加小组的人数为n,其中女孩人数为m,依题意列出不等式$\frac{2}{5}<\frac{m}{n}<\frac{1}{2}$,我们需要在这个不等式中,当$m$是自然数时,求出最小的自然数$n$来. 我们从2到7中选择自然数$n$,只有分数$\frac{3}{7}$适合不等式,因此$n$的最小值是7.

注　注意到分数$\frac{3}{7}$的来由. 它的分子是$\frac{2}{5}$和$\frac{1}{2}$这两个分数分子的和,而分母又是$\frac{2}{5}$和$\frac{1}{2}$这两个分数分母的和.

对于任意的正分数$\frac{a}{b}$和$\frac{c}{d}$($\frac{a}{b}<\frac{c}{d}$). 分数$\frac{a+c}{b+d}$满足不等式$\frac{a}{b}<\frac{a+c}{b+d}<\frac{c}{d}$. 而且$\frac{a+c}{b+d}$称为中间分数.

下面,我们制造一张表,来帮我们找中间分数.

先写出分母不大于 n 的一个既约分数，然后按每列递增，我们就得到这样的表：

$\frac{0}{1}$																		$\frac{1}{1}$
$\frac{0}{1}$									$\frac{1}{2}$									$\frac{1}{1}$
$\frac{0}{1}$						$\frac{1}{3}$			$\frac{1}{2}$			$\frac{2}{3}$						$\frac{1}{1}$
$\frac{0}{1}$				$\frac{1}{4}$		$\frac{1}{3}$			$\frac{1}{2}$			$\frac{2}{3}$		$\frac{3}{4}$				$\frac{1}{1}$
$\frac{0}{1}$			$\frac{1}{5}$	$\frac{1}{4}$		$\frac{1}{3}$	$\frac{2}{5}$		$\frac{1}{2}$		$\frac{3}{5}$	$\frac{2}{3}$		$\frac{3}{4}$	$\frac{4}{5}$			$\frac{1}{1}$
$\frac{0}{1}$		$\frac{1}{6}$	$\frac{1}{5}$	$\frac{1}{4}$		$\frac{1}{3}$	$\frac{2}{5}$		$\frac{1}{2}$		$\frac{3}{5}$	$\frac{2}{3}$		$\frac{3}{4}$	$\frac{4}{5}$	$\frac{5}{6}$		$\frac{1}{1}$
$\frac{0}{1}$	$\frac{1}{7}$	$\frac{1}{6}$	$\frac{1}{5}$	$\frac{1}{4}$	$\frac{2}{7}$	$\frac{1}{3}$	$\frac{2}{5}$	$\frac{3}{7}$	$\frac{1}{2}$	$\frac{4}{7}$	$\frac{3}{5}$	$\frac{2}{3}$	$\frac{5}{7}$	$\frac{3}{4}$	$\frac{4}{5}$	$\frac{5}{6}$	$\frac{6}{7}$	$\frac{1}{1}$
…	…	…	…	…	…	…	…	…	…	…	…	…	…	…	…	…	…	…

凭借以上的表，我们能找到$\frac{a}{b}$，$\frac{c}{d}$ 的中间分数$\frac{a+c}{b+d}$. 本题中，我们找到第 7 行的$\frac{3}{7}$. 它刚好是$\frac{2}{5}$，$\frac{1}{2}$ 的中间分数.

❖免费的土地

牧场主史密斯有一块一英里见方的土地，打算全部或部分卖出去，土地本身不要钱，不过买主得出钱让史密斯在卖出的这块土地四周建一堵围墙，墙的价钱是每英尺 1.00 美元. 农民布朗对这件事很感兴趣，他想尽各种形状的地块，使他在每英亩上花最少的钱. 请问：他选择了一个什么样的地块？

解 很清楚，这个地块的面积（以平方英里为单位）与周长（英里为单位）之比必须为最大值. 有些人熟悉一个很容易证明的命题：给定长度的围墙如果呈圆形，则它所围起的面积最大. 这样，他们就匆匆忙忙解起题来，为农民布朗选了一块地——这个正方形土地的内切圆，它的面积与周长之比当然是 $\pi/4$ 除以 π，等于 0.25. 但是有人注意到，如果布朗把整个牧场都买下来，那么比例也是同样的，即也是1∶4，等于0.25. 因此，有人认为最合算的交易是这样：农民布朗把整个一英里见方的地都要下来，只是不要由四个由半径为 R 的弧划出去的地角（可以证明，基本形状是这样的一块地必将给出最大比例）. 现在的问题是求出 R（图 1），以使面积 / 墙的长度是最大值. 很容易列出方程 $A/L=(1-4R^2+\pi R^2)/[4(1-2R)+2\pi R]$. 令 $\mathrm{d}(A/L)/\mathrm{d}R=0$，很容易求出 R 为 $1/(2+\sqrt{\pi})$，即 0.265 英里. 面积与周长之比就是这个 R 值，两值之所以相等，在下面介绍的更完整的解法中将得到解释. 这说明，对那些想萃取本题全部精华的读者来说，与本书中多数题目不同，这个看来简单的问题要想求得完全正确的解，确实需要很复杂的分析.

将这个正方形分成八等份（图2），根据对称性，我们仅需考虑其中一部分.假定 DH 代表所要求的曲线. 点 A 是曲线上的一个点. 对于像 A 这样的点（八个当中任意一个），问题是以怎样的方式到达 MN 轴，才能以最小的周长包围最大的面积.

取从 A 到 B 的曲线的一个微分线段（图3），我们现在将这个微分线段放大（图4）.

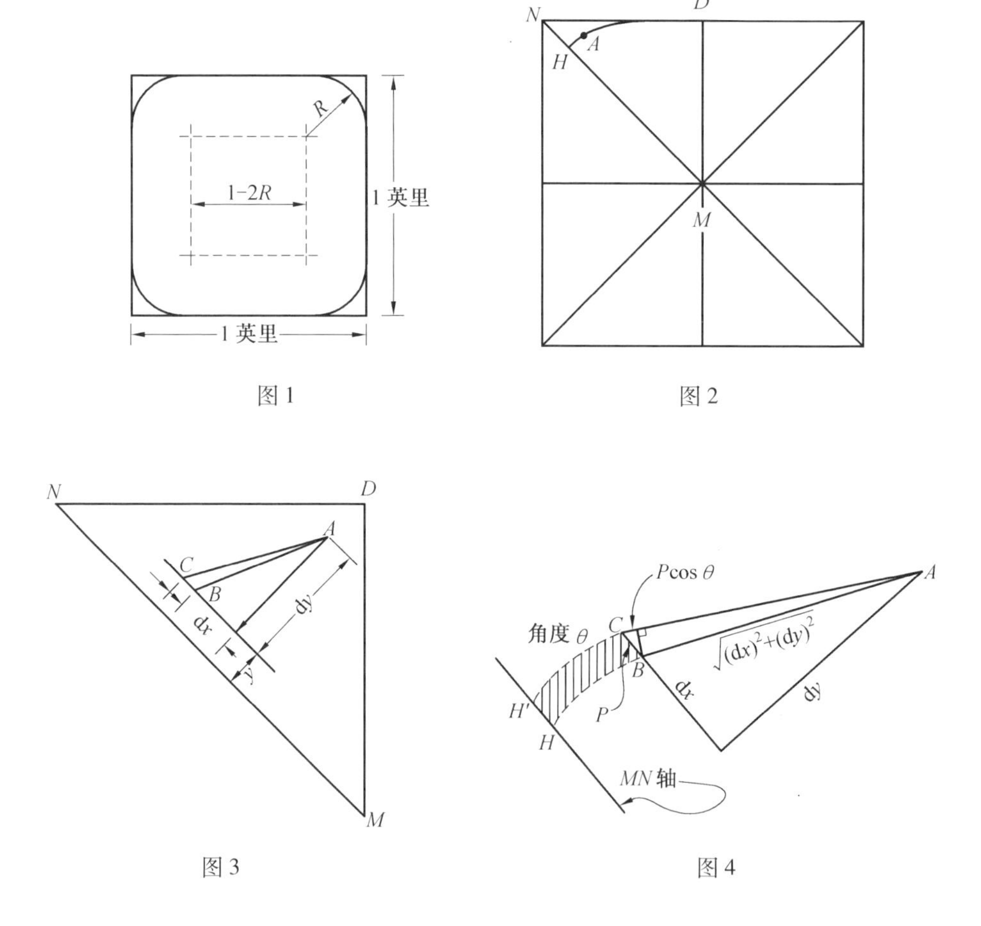

图1 图2
图3 图4

假定最佳路径是从 A 到 B. 现在考虑另一条路径 AC，距离 P 与 dx 相比是无限小的. 从 MN 轴到点 B 和 C 有相等的距离，因此，如果我们选择的路线是 AC，而不是 AB，就会增加一块面积，同时也会费去一段附加的周长 $P\cos\theta$. 如果 BH 是从 B 到 MN 轴的最佳路径，那么 CH' 必须平行于 BH，这样，$BCH'H$ 的面积就为

Py. 用 x 和 y 来表示附加的周长 $P\cos\theta$ 时

$$\cos\theta=\frac{\mathrm{d}x}{\sqrt{(\mathrm{d}x)^2+(\mathrm{d}y)^2}}=\frac{1}{\sqrt{1+\left(\frac{\mathrm{d}y}{\mathrm{d}x}\right)^2}}$$

$$\text{附加的周长}=P\cos\theta=\frac{P}{\sqrt{1+\left(\frac{\mathrm{d}y}{\mathrm{d}x}\right)^2}}$$

下面我们将说明,附加面积与附加周长之比必须等于整个图形的面积与周长之比(我们称这个比值为 R),因为如果 AB 是最佳路径,那么对这个路径的任何偏离都将给面积和周长加上这样一个量,使得总的比例 R 降低. 唯一可行的办法,是让两个附加量的比值小于 R. 但是,由于 AC 仅以一个微分量偏离 AB,所以当路径 AC 接近 AB 时,两个附加量的比例接近作为极限的 R. 这样,我们现在得到附加的面积和周长之比等于 R,即

$$Py\Big/\frac{P}{\sqrt{1+\left(\frac{\mathrm{d}y}{\mathrm{d}x}\right)^2}}=R\ \text{或}\ \mathrm{d}x=\sqrt{\frac{y^2}{R^2-y^2}}\mathrm{d}y$$

求积分,就得到方程 $x^2+y^2=R^2$,这是半径为 R 的圆的方程. 现在我们来确定它的圆心. 可以看出,这条曲线从点 D 开始必须沿正方形的边缘走一段距离. 这是因为对正方形边缘的任何偏离都必须与沿正方形边缘的这条路径相比较,使用的是上面比较 AB 和 AC 时所用的检验方法. 如前所述,附加面积和附加周长的比值(选择的是正方形的边,而不是对它的偏离)是

$$Py\Big/\frac{P}{\sqrt{1+\left(\frac{\mathrm{d}y}{\mathrm{d}x}\right)^2}}\ \text{或}\ y\sqrt{1+\left(\frac{\mathrm{d}y}{\mathrm{d}x}\right)^2}$$

这个比值如果大于 R,就说明正方形的边是更佳的路径. 在点 D,如果以 MN 为 x 轴,则 $y=\frac{a}{2\sqrt{2}}$(这里 a 是正方形的边长),$\mathrm{d}y/\mathrm{d}x=1$,这样,在点 D 上,$y\sqrt{1+\left(\frac{\mathrm{d}y}{\mathrm{d}x}\right)^2}=\frac{a}{2}$. 这个值是比所有可能的 R 值都大的,因为即使我们取可能的最小周长(从点 D 到 MN 的垂线),我们得到的总周长是 $4a/\sqrt{2}$,而即使我们取正方形整个面积 a^2 作为面积,比值 R 也不过是 $\sqrt{2}a^2/4a$,或者说 $\sqrt{2}a/4$,即 $0.353a$. 可见,在点 D 上,沿着正方形的边将是最佳路径.

但当 $\mathrm{d}y/\mathrm{d}x=1$,$y=\frac{R}{\sqrt{2}}$ 时,$y\sqrt{1+\left(\frac{\mathrm{d}y}{\mathrm{d}x}\right)^2}=R$,这时上述情况就不再存在了,

过了这一点以后，路径偏离正方形的边比沿着这个边更合适. 因此，在这一点，圆将与正方形的边相切，这就确定了这个圆的中心和整个图形（图5），这是一个用半径为 R 的圆的弧截去四个角的正方形.

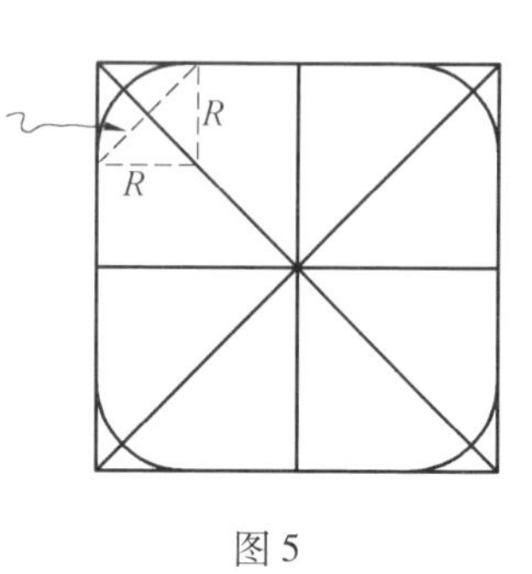

图5

下一个问题是求 R 的值. 整个图形的面积是 $a^2-4\left(1-\frac{\pi}{4}\right)R^2$，它的周长是 $4(a-2R)+2\pi R$，面积与周长之比就是 R，即

$$R=\frac{a^2-4(1-\pi/4)R^2}{4(a-2R)+2\pi R}$$

由此可得 $R/a=1/(2+\sqrt{\pi})=0.265$，即 $R=0.265a$.

人们可能会注意到，正方形本身的比值是 $R=0.250a$，内切于这个给定正方形的圆的比值也是这个值. 这样，在给定条件下，面积和周长的可能的最大比值是0.265.

❖挑选字母

小李、小王、小张在一个给定的字母表中分别选出不同数目的字母. 小李选得最多，小张选得最少. 一个字母若被某人选取，但其他人没有选它，则此人给两分；一个字母若恰被两人选出，则这两个人各给一分；一个字母若被三人都选出，则不给分. 是否有可能小张得分最高，小李得分最低？

解 可能.

若小李和小王两人所选的字母中有6个字母相同，小李和小张两人所选的字母中有3个字母相同，但是小王和小张两人所选的字母没有相同的. 另外，小王所选的字母中有2个字母是另外两人所没有选中的，小张所选的字母中有4个字母是另外两人所没有选中的. 于是小李选了9个字母，得9分；小王选了8个字母，得10分；小张选了7个字母，得11分. 这个例子说明题设的情况存在.

❖平衡板

一块水平板（图1）在一个柱面（不是正圆柱面）上平衡搁置，柱面的母线与板的长度方向垂直. 试问:使平板处于随遇平衡状态的柱面的横截面是什么曲线? 从什么地方开始平板将下滑? 大家总还记得:所谓“随遇平衡”,就是当有一个位移时,物体在新的位置仍保持平衡.“稳定”平衡则不然,在有一个微小位移时,它力图回到原来的位置. 而不稳平衡则是力图离开原来的位置越来越远.

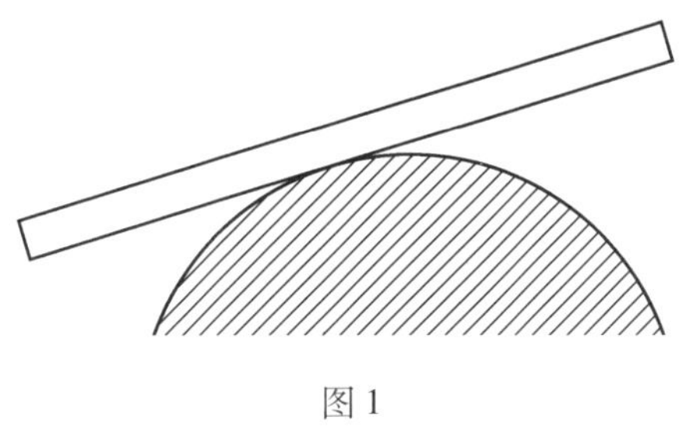

图 1

解 这个有趣问题的一个简单的解法如下. 如果要这块板处于随遇平衡状态,那么,不管把它移到哪一个位置,它的重心都必须处在它与柱面的切点的正上方. 因为板的移动是由滚动造成的,所以从切点到柱面最高点的距离,等于板上从切点到通过重心垂直于板面的线与板的交点之间的距离. 这样,可以列出如下几个方程:

$$\frac{\mathrm{d}y}{\mathrm{d}x}=-\frac{S}{T}$$

$$-T\frac{\mathrm{d}^2y}{\mathrm{d}x^2}=\frac{\mathrm{d}S}{\mathrm{d}x}$$

和

$$\frac{\mathrm{d}S}{\mathrm{d}x}=\sqrt{\left(\frac{\mathrm{d}y}{\mathrm{d}x}\right)^2+1}$$

因而

$$\frac{\mathrm{d}^2y}{\mathrm{d}x^2}=-\frac{1}{T}\sqrt{\left(\frac{\mathrm{d}y}{\mathrm{d}x}\right)^2+1}$$

$$\frac{\mathrm{d}y}{\mathrm{d}x}=-\sinh\frac{X}{T}$$

$$y=-T\mathrm{cohn}\frac{X}{T}$$

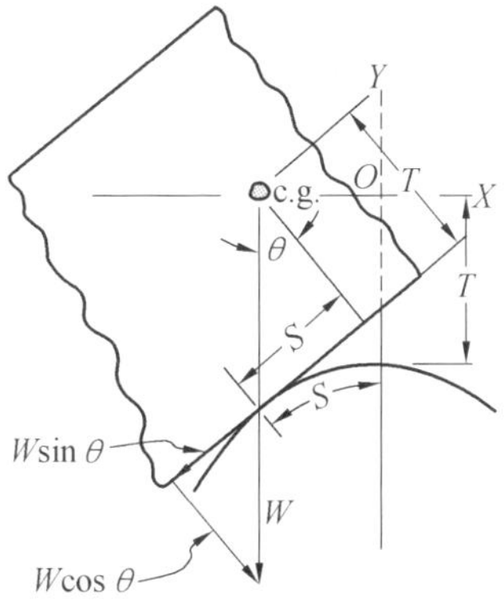

图 2

这样,这个柱的形状就像是一条颠倒过来的悬链线,如图 2 所示,因为这是人们所熟悉的曲线(在两个固定点之间悬着的一条均匀的线就是这种曲线)的方程. 当板的重量在切线方向的分量等于摩擦系数与重量在表面的法线方向的分量的乘积时,板开始向下滑. 在这一点上,$W\sin\theta=fW\cos\theta$,从这里可以看出,临界角就是其正切等于摩擦系数的那个角.

❖波尔达维亚货币

波尔达维亚是一个奇特的国家,它的货币的单位是布尔巴基,可是钱币只有两种:金币和银币.每一金币等于 n 布尔巴基,每一银币等于 m 布尔巴基($n,m\in\mathbf{N}$).用金币和银币可以组成10 000布尔巴基,1 875布尔巴基,3 072布尔巴基等等.实际上,波尔达维亚的货币体系并没有粗看上去那样奇特.

(1) 证明:只要保证有钱可找,就能购买任何价值为整数布尔巴基的货物.

(2) 证明:任何超过($mn-2$)布尔巴基的货款均可支付,不需要找钱.

证明 10 000,1 875,3 072的最大公约数为1,因此 m,n 的最大公约数为1.由培朱(Bezout)定理,存在正整数 α,β,满足

$$\alpha n-\beta m=1$$

于是要支付 k 布尔巴基,只需付出 $k\alpha$ 个金币,找回 $k\beta$ 个银币.

若 $k\geqslant mn-1$,则区间 $[k\beta m,k\alpha n]$ 中含有

$$k\alpha n-k\beta m+1=k+1\geqslant mn$$

两个连续整数,其中必有一个为 mn 的倍数.设为 tmn,则 $tn-k\beta,k\alpha-tm$ 均非负.用 $tn-k\beta$ 个银币,$k\alpha-tm$ 个金币即可支付 k 布尔巴基,无需找钱.

❖循环小数

它的除数、被除数和商都没有任何数字.唯一的一条重要线索是商中有九位循环小数,它从小数点后第二位开始.现请你把略掉的所有数字填上(图1).在最后的九个点上面的横线代表九位循环小数.

解 这个有趣的数字问题有许多可能的、各式各样的解,其中最简单的办法如下.我们先来确定除数.对一个九位循环小数来说,它必定包含 $999\ 999\ 999=81\times37\times333\ 667$ 中的一个因子,而且由于有一位不循环小数,它必定还有一个2或5的因子.因为它必须是一个六位数,所以除数只能是 $2\times333\ 667=667\ 334$.

第三个余数(最后一个余数也一样),在补上零之后,肯定至少是1 000 000(t 位数字),而最多是1 334 660(它要小于 $2\times667\ 334-1$,而且末位

图 1

为零)，这样，它的第二位数字只可能是1，2或3. 第八个余数在补零以后的形式为

$$\begin{array}{r} x\ y\ 0\ 0\ 0\ 0 \\ -\ 6\ 6\ 7\ 3\ 3\ 4 \\ \hline 1\ z\ 2\ 6\ 6\ 6 \end{array}$$

（除数只有六位）

（从上面可以看出，z仅可能为 0, 1, 2, 3）

按下来看，xy 只可能是 77，78，79 和 80. y 必须是偶数（它是两个偶数之差），因此 77 和 79 必须排除在外，80 也是不可能的，因为否则，就会有

$$\begin{array}{r} 0 \\ 3336670 \\ \hline 80 \end{array}$$

（5×667 334，这是唯一使最后一位为零的情况）

这就意味着第七个余数的最后一位是非偶数，但这是不可能的. 因此，唯一可能的解是 78，这使得 z 的值为 1，第三个和第十二个余数是112 666. 使 667 334 的倍数为七位数字，而且加上 112 666 以后，得到末位数是零的，只有 4 004 004 = 6 × 667 334. 根据这些数字，往回计算以后，我们就得到如图 2 所示的解.

另一个解法没有采用上述分析，而是回到循环小数所遵从的第一个原则，因此没有求出 78 这个数字，就得到了答案. 化为 n 位循环小数的任何分数都肯定等于这个循环数部分被 n 个 9 来除. 因此，循环小数 0. 142 857 肯定是从 142 857/999 999 得到的，而它等于 1/7，2/14，等等. 因此，在这样的长除法中，第三个和最后一个余数肯定等于商中的9 位循环小数除以2 997 再乘以2，因为 999 999 999 除以667 334 得1 498. 5. 但是这个九位循环小数的第一位和最后一位数字都是1，因为除1 倍以外，667 334 的任何倍数都不会只有6 位数字. 因此，我们求一个数 A，使得 2 997 × A = 1……001，仅需要花几分钟时间，即可发现 A 肯定是 56 333，将 56 333 乘以 2，就给定第三个和最后一个余数. 这样这个长除法中的其余部分就容易填了.

```
667334)7752341(11.6168830001
       667334
       1079001
        667334
        4116670
        4004004
         1126660
          667334
          4593260
          4004004
           5892560
           5338672
            5538880
            5338672
             2002080
             2002002
                  780000
                  667334
                  112666
```

图 2

❖凸多面体

考察有 100 条棱的所有多面体.

(1) 设多面体是凸的,试问一个平面最多能与多面体的多少条棱相交?

(2) 对于非凸的有 100 条棱的多面体

i 一个平面可以与多达 96 条棱相交;

ii 任何一个平面不可能与 100 条棱相交.

解 (1) 凸多面体的每一条棱都是两个面的公共边. 设该多面体有 n 个面,各面的边数分别为 $e_1,e_2,\cdots,e_n$. 显然有

$$e_1+e_2+\cdots+e_n=200,e_i\geqslant 3,i=1,2,\cdots,n$$

因此,$3n\leqslant 200$,$n\leqslant 66$. 凸多面体的各面都是凸多边形. 如果一张平面与某凸多边形相截,那么该平面至多与凸多边形的两条边相交. 因为凸多面体的每条棱是两个凸多边形面的公共边,所以一个平面至多只能与 n 条棱相交,$n\leqslant 66$. 下面将构造一个例子说明上界 66 可以达到. 参看图 1. 首先作一个以凸五边形 $ABCDE$ 为底面以 V_0 为顶点的凸锥形 P_0. 然后作一平面 π 与 P_0 的 6 条棱 CD,DE,V_0E,V_0A,V_0B 和 V_0C 相交. 对于 $0<j\leqslant 30$,我们通过给多面体 P_{j-1} 贴附一

个四面体 $V_jV_{j-1}AB$，构造多面体 P_j. 新添的顶点 V_j 在 P_{j-1} 的外侧接近 $V_{j-1}AB$ 面的地方，并且需很接近于顶点 V_{j-1}，使得 V_j 与 V_{j-1} 在平面 π 的同侧，于是平面 π 与新添的棱 V_jA 和 V_jB 相交. 这样进行了 30 次之后，所得多面体 P_{30} 的总棱数为 $10+30\times3=100$. 而凸多面体 P_{30} 与平面 π 相交的棱的数目为 $6+30\times2=66$.

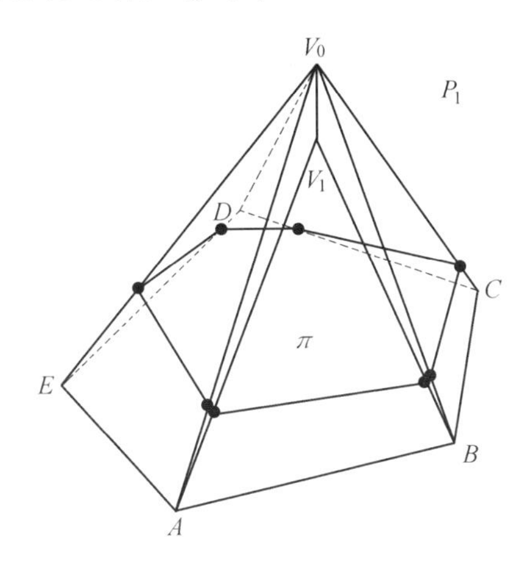

图 1

(2) i 我们将构造一个有 100 条棱的非凸多面体和与该多面体的 98 条棱相交的平面. 然后说明如何改变构造，使得相交棱数从 98 减到 96. 首先取定空间坐标系 $O-xyz$. 另外取定一数 h，并以平面 $z=h$ 作为以下构造的参照平面. 参看图 2，先取四面体 $ABCD$ 作为初始四面体，要求 AD 在参照平面 $z=h$ 上方，BC 在参照平面 $z=h$ 下方. 然后在 $\triangle ABD$ 内靠近点 B 处取一点 B'，在 $\triangle ACD$ 内靠近点 C 处取一点 C'（B' 和 C' 都在平面 $z=h$ 下方）. 从初始四面体 $ABCD$ 中切除四面体 $AB'C'D$，得到一个非凸多面体 $ABCDB'C'$. 该非凸多面体有六个面，其中四个是三角形面 ABC，BCD，$AB'C'$，$B'C'D$，另外两个是凹四边形面 $ABDB'$，$ACDC'$. 除了两条棱 BC 和 $B'C'$ 以外，参照平面 $z=h$ 与非凸多面体 $ABCDB'C'$ 的另外 8 条棱都相交. 以下我们称所构造的非凸多面体 $ABCDB'C'$ 为“基准多面体”. 以下将多次仿此作新的构造.

如图 3 所示，在三角形面 $AB'C'$ 取一接近 A 的点 A'（在参照平面 $z=h$ 上方）. 又以 $A'B'C'D$ 作为初始多面体，仿照上一段所述的办法构作一个类似于基准多面体的多面体. 做法是：在 $\triangle A'B'D$ 内取一接近 B' 的点 B''，在 $\triangle A'C'D$ 内取一接近 C' 的点 C''（B'' 和 C'' 都在平面 $z=h$ 的下方）. 设 $A'B'C'DB''C''$ 是所作出的仿基准多面体. 它有六个面，其中四个是三角形面 $A'B'C'$，$B'C'D$，$A'B''C''$，$B''C''D$；另外两个是凹四边形面 $A'B'DB''$，$A'C'DC''$. 将所作的两个多面体 $ABCDB'C'$ 和 $A'B'C'DB''C''$ 粘合成一个多面体. 黏合而成的多面体有这样的特

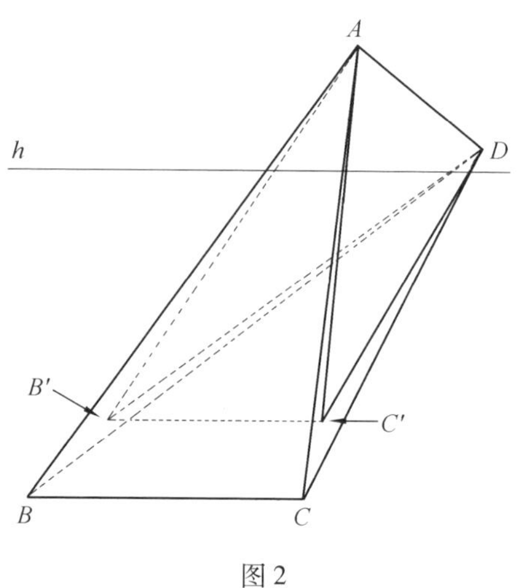

图 2

点:除了两条棱 BC 和 $B''C''$ 以外,所有其他的棱都与参照平面 $z=h$ 相交. 原基准多面体有 10 条棱,黏合而成的多面体有 16 条棱. 用这样的办法可以每次增加 6 条棱. 到了 15 次之后,构造出一个有 100 条棱的多面体,其中恰有 98 条棱与参照平面 $z=h$ 相交.

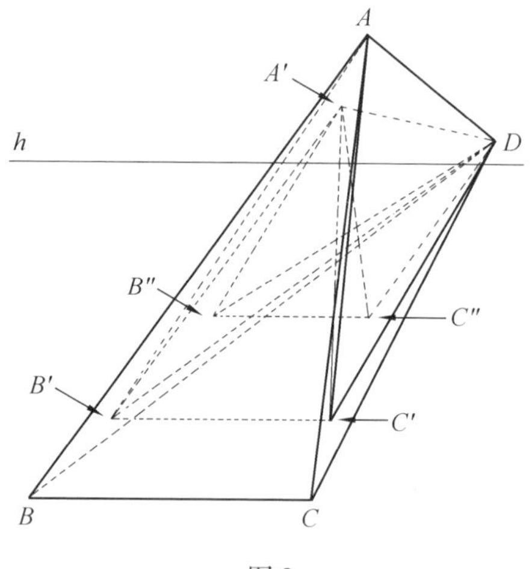

图 3

下面设法将数目 98 减少到 96,以适应题目的要求. 我们将叙述从基准多面体 $ABCDB'C'$ 开始构造新多面体的另一种方法. 如同前面一样,我们在三角形面 $AB'C'$ 内取点 A' 在参照平面 $z=h$ 的上方,在三角形面 $DB'C'$ 内取点 D' 也在参照平面 $z=h$ 的上方. 以 $A'B'C'D'$ 作为初始四面体类似于前面的做法构造一个仿基准多面体 $A'B'C'D'B''C''$,并与原基准多面体 $ABCDB'C'$ 相黏合. 这样得到的多面体较原基准多面体增添了 8 条棱. 综合运用上面所述的两种构造方法,可以得出一个有 98 条棱的多面体,其中的 96 条棱与参照平面 $z = h$ 相交.

还需将所构作的多面体的棱数增加到 100,以符合题目的要求. 为此,我们在凹四边形面 $ABDB'$ 和 $ACDC'$ 中连结 BB' 和 CC',然后将 B' 和 C' 离开所在平面各向外稍作移动,其余的地方保留原构造. 这样构作的多面体棱数增加到 100,而与参照平面 $z = h$ 相交的棱数仍为 96.

ⅱ 假设有一个平面 π 与多面体的所有棱都相交. 选取空间坐标系 $O\text{-}xyz$,使得 $O\text{-}yz$ 坐标平面与 π 平行. 多面体在 ox 轴上的投影是一个区间$[a,b]$. 对于 $x \in [a,b]$,过点$(x,0,0)$ 作平行于 π 的平面 P_x. 考察所作平面与多面体表面的交集. 该交集由一些线段和若干离散点组成(对很多情形,可能没有一个离散点). 约定以 $L(x)$ 表示 P_x 与多面体表面相交的那些线段长度之和.

引理 1 函数 $L(x)$ 的图像由一些直线段组成. $L(x)$ 是一个连续函数,并且

$$L(a) = L(b) = 0$$

引理的证明 考虑 P_x 与多面体表面交出的那些线段. 每一线段的两端沿着多面体的棱变动. 在 x 的变动过程中,只要 P_x 尚未遇到多面体的顶点,那么 $L(x)$ 在那一段必然是线性的,因此 $L(x)$ 是分段线性函数. 因为对任意的 $x \in [a,b]$,多面体的棱都不会整段出现于 P_x 上(否则 π 就不能与那段棱相交),所以 $L(x)$ 必定连续变化. 另外,显然 P_a 和 P_b 与多面体的交集仅含一些离散的点,所以 $L(a)=L(b)=0$. 设 $c \in (a,b)$,使得相应的平面 P_c 与多面体表面的交集不含多面体的任何顶点,则在 c 邻近 $L(x)$ 是线性函数并且取正值. 因此,在 c 邻近 $L(x)$ 或者是增函数,或者是减函数,或者是常值函数. 不妨设在 c 邻近 $L(x)$ 是单调减函数. 在这假定下,我们陈述以下引理.

引理 2 函数 $L(x)$ 在区间$[c,b]$ 上始终是单调非减函数.

引理的证明 设 d 是最大一个数,使得 $L(x)$ 在区间$[c,d]$ 上是线性的. 根据假定,函数 $L(x)$ 在这区间还是单调非减的.

现在考察 P_d 与多面体表面的交集. 该交集必定含有多面体的顶点. 先考虑交集仅含有一个顶点 A 的情形. 可以证明经过 d 时,函数 $L(x)$ 仍保持单调非减性质. 对于 P_d 与多面体表面的交集含多个离散点的情形,也可证明类似的结果. 考察区间$[c,b]$ 中函数 $L(x)$ 的线性段的转折点. 对这些转折点逐一讨论,就能最终完成引理 2 的证明.

现在回到原来的问题(2)ⅱ. 假定有一个平面与所有棱都相交,就能定义如上所述的函数 $L(x)$. 该函数在 c 处取正值并且在 c 邻近单调非减. 于是函数 $L(x)$ 保持单调非减直到 $x = b$ 处,但在该处都取 0 值,$L(b)=0$. 这样的函数不可能存在. 因此不存在与多面体所有棱都相交的平面.

注　对于问题(2) i,已经知道其他一些解答方法. 另外,还有一个很漂亮的办法,证明可以有平面与100条棱多面体的98条棱相交. 那个证明(连同很漂亮的图形)刊载在俄文“量子”杂志 Kvant,1994,2,pp.23 ~ 24.

尚不知道能否有平面与100条棱多面体的99条棱相交. 问题还可进一步推广,有一类范围广阔的未解决的问题存在.

❖猎人和狗

一个猎人沿着宽1英里的河的河岸,以每小时1英里的速度向上游走去. 他的狗在河对岸与他正相对的地方跳下河,以在静水中每秒3英里的速度朝猎人游去. 如果猎人一直走着,而狗逆水游向猎人,水流速度为每小时1英里,试问:在狗追上猎人时,猎人已走了多远?

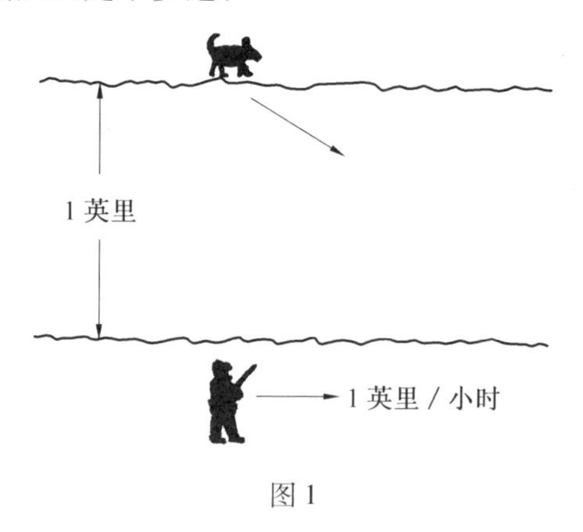

图1

解　这个追逐问题有多种解法,在正确的解法中没有两个是思路一样的. 一个特别令人喜欢的解法是假定这只狗很机敏,这选取了到最接近的可能的会合地点的直线路径. 据此,在狗遇到它的主人之前,它的每小时3英里的速度中与河流相平行的分速度必须达到人的速度(每小时1英里)加上河流流速(每小时1英里),即每小时2英里. 由于狗在与河流垂直方向的分速度为$\sqrt{3^2-2^2}=\sqrt{5}$,这个数值乘以时间就会得到河流的宽度1英里,由此得到时间为$1/\sqrt{5}$小时,猎人将步行相同的距离(以英里计),即0.447英里. 遗憾的是,这个方便的解法忽略了问题中的陈述,即狗——像所想象的那样——始终在朝着它的主人游去,这样,它的路径将是一条曲线,而不是直线. 这样的路径当然会使它游较长的路程——谁让它是狗呢! 这样,这个涉及方向的微小函数变化的问题,如果不用“微小函数变化的数学”，即微积分，就不可能解出来. 当然，如果使用微积分不当，会把这个问题弄得很复杂.

下面运用微积分的基本原理建立的方程达到了预期的目的，并使题解显得很简单. 如果我们假定河流是静止的，并把它的流速加到猎人的运动速度上去，显然，这个问题实质上没有改变. 这样，在图 2 中，河水是不动的，而猎人则沿河岸向右以每小时 2 英里的速度运动. 当他在点 P' 时，狗在点 P，并以每小时 3 英里的速度沿 PP' 方向运动. PP' 的长度用 y 表示，它在 BB' 上的投影为 x. 在无限小的时间间隔 $\mathrm{d}t$（小时）内，猎人从 P' 运动到 Q'，其距离为 $2\mathrm{d}t$，而狗则从 P 运动到 Q，距离为 $3\mathrm{d}t$. 作 PR 与 QR 线（它们分别与 BB' 线平行和垂直），构成 $\triangle PQR$. 将 PP' 延长到 R'，与自点 Q' 引的垂线交于点 R'，构成 $\triangle P'Q'R'$. $\triangle P'Q'R'$ 与 $\triangle PQR$ 显然是相似三角形，它们相应的边的比值是 2∶3. 如果 $PQ=\mathrm{d}z$，那么，如图所示，$P'R'=\frac{2}{3}\mathrm{d}z$.

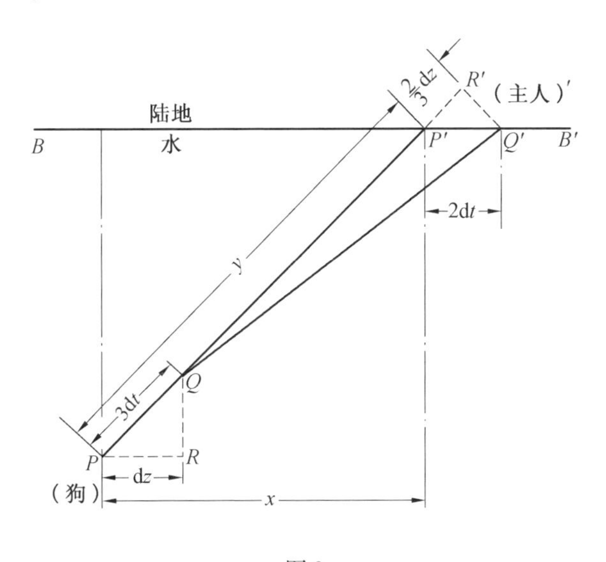

图 2

在时间间隔 $\mathrm{d}t$ 内，x 增加了 $2\mathrm{d}t$，又减少了 $\mathrm{d}z$，而 y 则增加了 $\frac{2}{3}\mathrm{d}z$，又减少了 $3\mathrm{d}t$. 这样

$$\mathrm{d}x=2\mathrm{d}t-\mathrm{d}z$$

$$\mathrm{d}y=\frac{2}{3}\mathrm{d}z-3\mathrm{d}t$$

消去 $\mathrm{d}z$，得

$$dy+\frac{2}{3}dx=-\frac{5}{3}dt$$

积分后得

$$1-y-\frac{2}{3}x=\frac{5}{3}t$$

附加常数是根据下述条件确定的:即在最初时刻,狗和猎人隔河相对,且距离为1英里,换句话说,当 $t=0$ 时, $x=0,y=1$.

当狗追上它的主人时, x 和 y 都变为零,因此, $t=3/5$ 小时.

由于猎人在陆地上实际的速度是每小时1英里,所以在狗赶上他之前,他走了3/5英里.

顺便指出,其他一些解法利用了包含指数函数和三角函数的微分方程,也迂回曲折地得到了完全同样的简单答案.

❖两个检查员

一队公共汽车正在行驶.如果一辆车上超过50个乘客就认为是超载.甲、乙两个检查员招呼这列车停下来.甲专门统计超载汽车在这车队中的百分数,而乙则统计超载乘客在总乘客中的百分数.他们谁统计的百分数大些?

解 乙.

假设这个车队中超载公共汽车的辆数为 k,未超载的辆数为 l,超载的汽车上的乘客人数为 A,未超载汽车上的乘客人数为 B.

那么依题意有 $A>50k,B\leqslant 50l$,两式变形为 $\frac{A}{k}>50,\frac{B}{l}\leqslant 50$,因此 $\frac{B}{A}<\frac{l}{k}$,在不等式的两端同时加上1,于是就得到 $\frac{A+B}{A}<\frac{l+k}{k}$,两端同时取倒数并乘以100%,就得到

$$\frac{A}{A+B}\cdot 100\%>\frac{k}{l+k}\cdot 100\%$$

这个不等式就表明了超载乘客的百分数要大于超载汽车辆数在车队内所占的百分数.

❖俄罗斯乘法

孩子们正上着算术课，他们已学会加和减，刚被教会用 2 去乘和用 2 去除——就只学了这么些. 小华这就站起来说："我现在完全可以把任意两个数相乘了，而且差不多能做得同我哥哥一样快."

"傻孩子，"老师说，"你怎么能够迅速地算出 85×76 呢？要知道，你只学会加法和减法，乘法也只学到 2 呀！"

"我能行！"小华说，"你瞧我这样做——"说着就算了起来. 现在要求你说明他是如何算的（这并不太难），如有可能，还请说明他为什么能那样算（这就不容易了）.

解 小华只用加法和用2乘除去计算乘式 85×76（或者任何别的一对数）的本事，引起了许多人的兴趣. 有人提醒我们，这就是所谓的俄罗斯乘法. 过去在俄国，许多地区的农民都使用过这种乘法. 几乎所有的人在解这道题时，都是在连续用 2 去除较小那个数（若有余数，则弃之不顾），同时连续用 2 去乘较大那个数，然后像下面这样，只把同奇数商并列的那些积相加：

76	85
38	170
19	340
9	680
4	1 360
2	2 720
1	5 440
	——
	6 460

这种算法，就回答"如何算"来说，是完全正确的，但是不容易看出"为什么". 最好像下面这样，把较小那个数写在上表中第一列的上面，并把每次用 2 去除得到的余数写在中列：

76		
38	0	85
19	0	170
9	1	340

4	1	680
2	0	1 360
1	0	2 720
0	1	5 440
	0	6 460

在这种写法中,只需把与余数1并列在一起那些积相加.其实,真正做法是把每一个积同与之并列的余数(在这个特例中,当然,余数不是0就是1)相乘,然后全部相加而得出答案.

这种乘法运算决不仅限于二进制,它所根据的,其实是一个熟知的关系式.这就是:任何一个数都可以表示成一个较小的数的乘幂之和.譬如说,这个较小的数可以是一个数字.这就是说,任何一个数,如果用这个数字连续去除它,每次得到一个余数,然后用这些余数依次分别去乘这个数字的各次幂(从零次幂开始,每除一次,幂次增加1),那么,把所得的积分部相加,就仍然得到原来那个数.我们在用十进制写出一个数时,就是不自觉地在这样做的.

例如,如果那个数是138,用来表示它的数字是5,写出来就是:

138	余数	5的升幂	(余数)×(幂)
27	3	1	3
5	2	5	10
1	0	25	0
0	1	125	125
			138

(如果我们采用五进制,138这个数自然就应写作1 023,这是按相反的顺序写出上表中那些余数.)

显然,138无论去乘什么数,譬如说乘151,只需要5连续去乘那个数,再乘上上表中列在同一行的余数(原来那个数就是同第一个余数相乘的),然后把所得的积全部相加起来.这就是:

138			
27	3	151	453
5	2	755	1 510
1	0	3 775	0
0	1	18 875	18 875
			20 838

根据以上说明不难看出,小华如果乘除已学到3,他也能做这种乘法,不过

反而要慢一些就是了：

76			
25	1	85	85
8	1	255	255
2	2	765	1 530
0	2	2 295	4 590
			6460

❖字母序列

考虑由两个字母 A 和 B 构成的词所组成的这样一个序列：序列中的第一个词是"A". 第 k 个词是由第 $k-1$ 个词经过下面的变换得到：每个 A 替换为 AAB，以及每个 B 替换为 A. 容易看出每个词是它的下一个词的起始部分. 这些词的起始部分相当于给出了一个字母序列

$$AABAABAAABAABAAB\cdots$$

(1) 这个序列中的第 1 000 个字母 A 在哪一位置出现？

(2) 证明：这个序列不是周期的.

解 (1) 以 S_n 表示这序列中的第 n 个词，S_n 是由 S_{n-1} 经过字母的替换得到的，我们用符号 $t(S_{n-1})=S_n$ 来表示. 注意到词 S_3 是由两个词 S_2 和一个词 S_1 按这一次序连在一起组成的. 这一性质我们用符号 $S_3=S_2\circ S_2\circ S_1$ 来表示. 我们来证明：对 $n\geqslant 3$ 有 $S_n=S_{n-1}\circ S_{n-1}\circ S_{n-2}$ 成立.

已知 $n=3$ 时成立. 假定对某个 $n(n\geqslant 3)$ 成立. 那么，我们有

$$\begin{aligned}S_{n+1}=t(S_n)=t(S_{n-1}\circ S_{n-1}\circ S_{n-2})=\\ t(S_{n-1})\circ t(S_{n-1})\circ t(S_{n-2})=\\ S_n\circ S_n\circ S_{n-1}\end{aligned}$$

因此就证明了我们要的结论. 以 a_n 和 b_n 分别表示 S_n 中字母 A 和 B 的个数，那么有 $a_1=1, b_1=0$，以及对 $n\geqslant 2$，有 $a_n=2a_{n-1}+b_{n-1}$ 及 $b_n=a_{n-1}$. 容易算出下面的表：

n	1	2	3	4	5	6	7	8	9
a_n	1	2	5	12	29	70	169	408	985
b_n	0	1	2	5	12	29	70	169	408
a_n+b_n	1	3	7	17	41	99	239	577	1 393

显见,第1 000个字母A出现在S_{10}中,1 000可这样表示为a_n的和:

$$1\ 000=985+12+2+1=a_9+a_4+a_2+a_1$$

注意到S_{10}可表示为

$$S_{10}=S_9\circ S_4\circ S_2\circ S_1$$

由此及

$$a_9+b_9+a_4+b_4+a_2+b_2+a_1+b_1=1\ 414$$

就可推出这就是第1 000个A的位置.

(2)首先证明对所有的n

$$\frac{a_{2n+1}}{b_{2n+1}}>\sqrt{2}+1,\frac{a_{2n}}{b_{2n}}<\sqrt{2}+1$$

我们有

$$\frac{a_2}{b_2}<\sqrt{2}+1,\frac{a_3}{b_3}>\sqrt{2}+1$$

假定对某个n有

$$\frac{a_{2n}}{b_{2n}}<\sqrt{2}+1$$

那么就有

$$\frac{a_{2n+1}}{b_{2n+1}}=\frac{2a_{2n}+a_{2n-1}}{a_{2n}}=2+\frac{b_{2n}}{a_{2n}}>2+\frac{1}{\sqrt{2}+1}=\sqrt{2}+1$$

假定对某个n有

$$\frac{a_{2n+1}}{b_{2n+1}}>\sqrt{2}+1$$

那么就有

$$\frac{a_{2n+2}}{b_{2n+2}}=\frac{2a_{2n+1}+a_{2n}}{a_{2n+1}}=2+\frac{b_{2n+1}}{a_{2n+1}}<2+\frac{1}{\sqrt{2}+1}=\sqrt{2}+1$$

这就用归纳法证明了所要的结论. 假定这个序列是周期的. 设p和q分别是在一个周期中字母A和B的个数. 因为$\frac{p}{q}$是有理数,不会等于$\sqrt{2}+1$. 我们可以假定

$$\sqrt{2}+1-\frac{p}{q}=\varepsilon>0$$

因为 $\varepsilon < 0$ 的情形可以类似处理，$\frac{p\varepsilon}{q}$ 是固定的数. 设 k_0 是大于$\frac{p\varepsilon}{q}+1$ 的最小整数，那么对所有的 $k \geqslant k_0$，有

$$\sqrt{2}+1>\frac{p}{q}\left(\frac{k}{k-1}\right)$$

对每个 n，设 k 是这样一个正整数：S_n 包含 $k-1$ 个周期但少于 k 个周期. 我们选择 n 是足够大的奇数，使得 $k \geqslant k_0$. 这样，在 $k-1$ 个周期中有 $(k-1)q$ 个字母 B. 因此，$b_n \geqslant (k-1)q$. 由此推出

$$a_n > b_n(\sqrt{2}+1) > b_n\,\frac{p}{q}\left(\frac{k}{k-1}\right) \geqslant pk$$

然而，S_n 由少于 k 个周期组成，而在 k 个周期中仅有 pk 个字母 A，和上式矛盾.

❖内三角形

这是一道有趣的几何题. 任意一个三角形，它的三条边全被四等分. 从各顶点向对边$\frac{1}{4}$那一点分别引一直线（图1），这样在原三角形内部构成一个三角形（画阴影线的部分）. 求这个内三角形面积同原三角形面积之比. 如果每条边被分成 n 等分，这个比值又是多少？

解 这道题的解法真是五花八门，它所具有的解法也许比十七年来我们收集到的任何其他习题的解法都要多. 其中有一些解法不但是精确的，而且十分有趣：有的用到了矢量分析和解析几何，有的则直接采用几何学方法，靠画出各种各样的辅助线去简化求证过程.

有一种最简单的解法，利用的是这样一个明显的事实：既然本问题对三角形的性质没有作具体规定，那么，内外三角形面积之比同自变量 n 之间的函数关系一定适用于任意三角形，当然也就适用于最简单的等边三角形. 从拓扑学的角度看，这一点也是显而易见的. 这基本上是一种求助于对称性的解法.

我们采用这样的记号：n 代表任意等分的份数；边等分后的每一段，为方便起见，取作 1. 这样，显然就有（图2）：

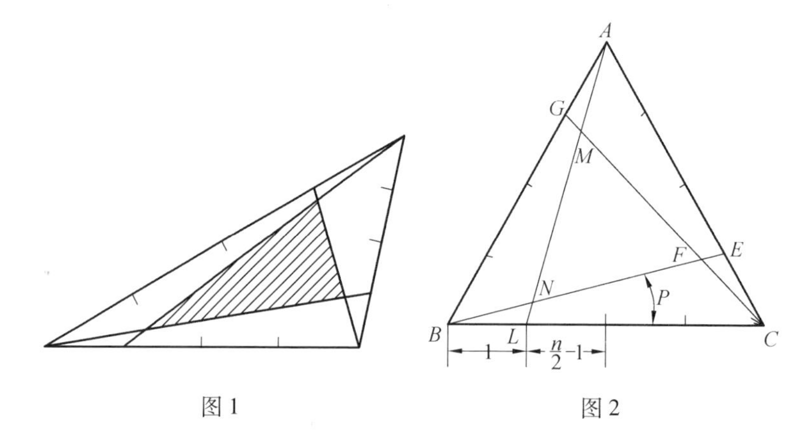

图1　　图2

$$AL=\sqrt{(n\sqrt{3}/2)^2+(n/2-1)^2}$$

或

$$AL=\sqrt{n^2-n+1}$$

为方便起见,等式右端记作 k. 把正弦定理用于 $\triangle ABL$(同时注意到,根据对称性,三个对应的三角形是全等的,而且中间那个 $\triangle MNF$ 是等边三角形),得到 $\sin p=\dfrac{\sin 60°}{k}$. 同样,由 $\triangle ANB$ 得到 $NB=\dfrac{n\sin p}{\sin 60°}=\dfrac{n}{k}$;由 $\triangle NBL$ 得到 $NL=\dfrac{\sin p}{\sin 60°}=\dfrac{1}{k}$. 由图可知,$MN=AL-(AM+NL)$,利用刚得到的结果,此式可化为 $[k^2-(n+1)]/k$. 由于我们所要求的面积比等于 $(MN)^2/n^2$,便得到答案 $(n-2)^2/(n^2-n+1)$;当 $n=4$ 时,此答案是 4/13.

另一种解法不求助于等边三角形,而是画出最少的辅助线,利用相似三角形的性质去得到同样的结果(图3). 通过等分点画出两条平行辅助线 GH 和 JE,可以看出,$GH=BC/n$;而 $DE=GH/(n-1)=BC/n(n-1)$,或 $BC/DE=n(n-1)$. 因为 $\triangle DEF$ 和 $\triangle BFC$ 是两个相似三角形,所以 $y/z=BC/DE=n(n-1)$,从而 $(y+z)/y=[n(n-1)+1]/n(n-1)$. 由于 $y+z=x/n$,上式可改写为 $x/yn=[n(n-1)+1]/n(n-1)$,从而有 $x/y=[n(n-1)+1]/(n-1)$. 因为 $\triangle BFC$ 和 $\triangle ABC$ 共一个底边,所以它们的面积比

$$(BFC)/(ABC)=y/x=(n-1)/[n(n-1)+1]$$

即

$$(BFC)=(ABC)(n-1)/[n(n-1)+1]$$

同理可证,$\triangle MAC$ 和 $\triangle ANB$ 的面积各自等于上述这个表式. 由于 $\triangle NMF$ 的面积就等于 $\triangle ABC$ 的面积减去三倍上述面积,我们于是立即得到所要求的面积比——结果和前一种方法一样.

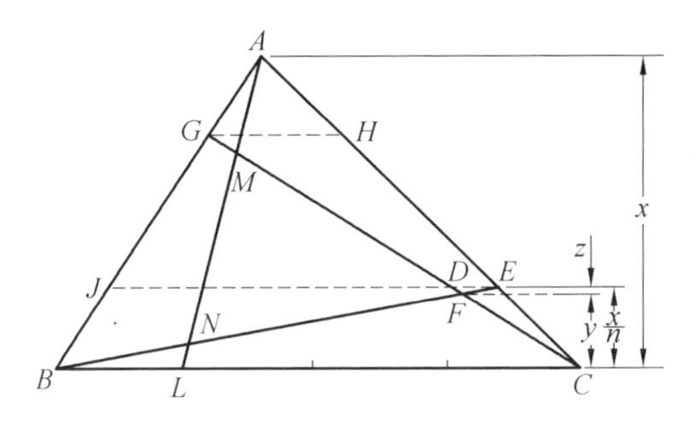

图 3

下面的第三种解法,恐怕才真正是最简单的解法.

根据这道题的陈述,我们可以认定,从顶点引向对边等分点的那些直线把无论什么三角形都按同样的比例加以区划. 这样,我们就可以应用等边三角形中存在着的那种对称性. 如图 4,我们画出三条虚线,再利用这样一个命题:高度相同的各三角形的面积,同它们各自的底边成正比. 我们把图中三个最小的三角形每一个的面积取作单位面积,并记作 1. 那么,图中标有数字 3 的那三个三角形,每一个的面积都是 3. 剩下的四个三角形,中间那个记作 y,其余三个各记作 x. 于是,仍旧利用刚才的命题,我们可以建立起两个方程:

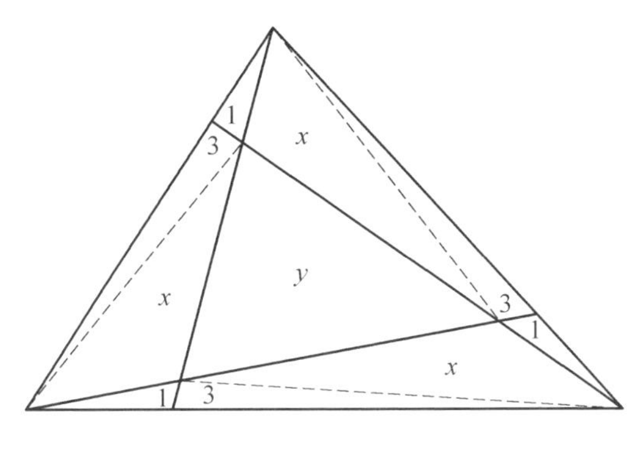

图 4

$$x+y+3=3(x+1)$$

和

$$2x+y+7=3(x+5)$$

联立求解,得到

$$x=8 \quad 和 \quad y=16$$

不难看出,原三角形的面积应是 52,所以,中间那个三角形的面积是原三角形面积的 4/13.(通过比较有关三角形的面积,我们还可看出,每一条从顶点引向对边等分点的直线都按4∶8∶1的比例被分成三段.)在上面求解中用n代替4,

我们同样能求得中间三角形的面积等于原三角形面积的$(n-2)^2/(n^2-n+1)$倍(这时,从各顶点向等分点引的直线按$n:n(n-2):1$的比例被分成三段).

❖数学家的贺年片

新年到了,两位数学家所寄的贺年片很独特,是一个加法式,给出的条件是$E^2=H$,同时每一个不同的字母代表一个不同的数字,请求出下面加法问题的答案,并证明它是惟一解.

$$\begin{array}{r} DBJ \\ ANDREE \\ +\quad SEND \\ \hline CHEER \end{array}$$

解 破译这封巧妙的贺年片有许多办法,其中最简单的办法如下. 从左边(第一列)开始,显然A等于0,C必定比N大1,因为1是从下一位进上来的最大数. H必定是4或9,因为只有这两个数字才是另外一个数字的平方,但它不可能是9,因为如果H是9,D和S加上进位的数不可能高达19. 因此H是4,E是2. 第四列加上所进的数一定等于12,这意味着第三列中的D与S之和等于13,由此可知,D与S或者是8与5(顺序可倒过来,即5与8),或者是7与6,因为4已经用过了. D不可能是8,否则,最后一列的J与R就会是相同的数字,它也不可能是5或7,因为这样的话,从第四列看,R就必须是4或2了. 因此,D肯定为6,R为3,S为7. 这样,N一定是8,C是9,剩下的几个数依次是B为1(第五列),J为5(第六列). 这样,答案只能是如下形式:

$$\begin{array}{r} 615 \\ 086322 \\ +\quad 7286 \\ \hline 94223 \end{array}$$

❖三等分线

纽约市有位先生出了这道使人着迷的几何题:“试证明任意一个三角形,各顶角的三等分线相交构成一个等边三角形.”(图1)他还附上了一个有趣的说明:“你们的读者在求解这道题时,肯定会有人和我一样,自然产生一个疑问:能否用这条定理去完成把任意角加以三等分的'不可能的'作图题?我对此断断续续地研究了四年之久,我的结论是:这办不到.不过,我很愿意听听你们的读者的意见."

解 为了解这道题,要求能巧妙地利用最有效和最节省时间的辅助线.尽管解法很多,但是,最简单的一种利用普通几何学的解法,恐怕要算是在开始时不管点 A,而只画出 $\angle B$ 和 $\angle C$ 的三等分线(图2).

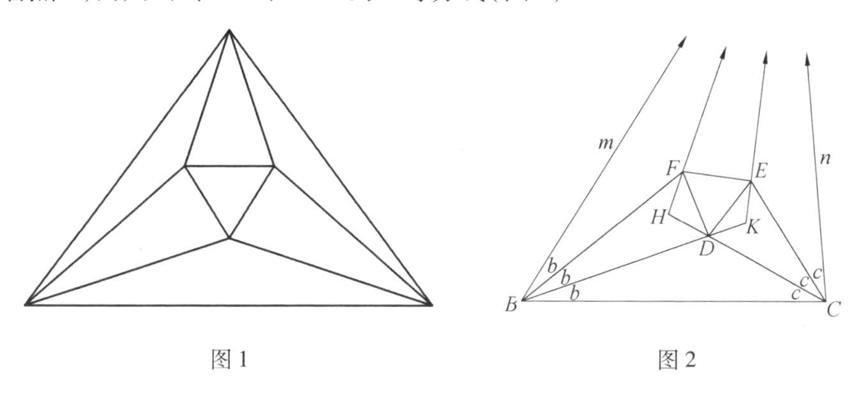

图1　　　　图2

由于点 A 确定出来后,应是 $\triangle ABC$ 的第三个顶点,所以 $a+b+c=60°$.画直线 DF 和 FH,使得 $\angle HDF=\angle HFD=a+c$.画直线 DE 和 EK,使得

$$\angle KDE=\angle KED=a+b$$

于是 $\angle FDE=360°-(a+120°)-2(b+c)-(a+b)-(a+c)=60°$

此外还可证明

$$\angle BFD=180°-b-(a+c)-(b+c)=a+60°=$$
$$180°-c-(b+c)-(a+b)=\angle CED$$

D 是三条直线 BC,BF 和 CE 相交构成的那个三角形各顶角的二等分线的交点,它与 BF 和 CE 等距.因为 DF 与 BF 所成的角同 DE 与 CE 所成的角相等,从而 $DF=DE$,所以 $\triangle DEF$ 是一个等边三角形.

我们现在还需证明,m,HF,KE 和 n 四条直线将汇聚到一点,并在那里形成三个相等的角.因为以 DE 为公共底边的两个小三角形都是等腰三角形,所以直线 KF 平分 $\angle K$.既然 BF 和 KF 都是角的二等分线,那么,点 F 就位于三角形 $m-BK-KE$ 的第三个角的二等分线上.再因为 $\angle BFH=a+60°-(a+c)=a+b$,而角 $m-KE=180°-2b-(180°-2a-2b)=2a$,从而知道 HF 是角 $m-KE$ 的二等分线.同理可证,KE 也是角 $n-HF$ 的二等分线.

❖加密解密

如果一个密码加密后只有一种解密方法,则称为好的. Dima 发明了一种密码,将俄文字母表(由33个字母组成)中每个字母用至多10个字母组成的序列来表示.借助于计算机的帮助,Dima的朋友Serjozha检查了这种加密方案,发现任何一批至多10 000个字母组成的电文至多可用一种方法(即Dima的方法)来解密.问Dima的密码是好的吗?

解 用反证法.如果Dima的密码不是好的.由题设,一定有一批电文,这批电文中每个电文必须是由超过10 000个字母组成的电文,即至少是由10 001个字母组成的电文,它们可以用Dima的方法和Serjozha的方法来解密.

题目要求每个俄文字母用至多10个字母组成的序列来表示,这至多10个字母组成一个"单词".由于每个"单词"最多由10个字母组成,所以用Dima方法解密的文件,至少由1 001个单词组成.因此这个文件的所有单词的初始字母至少有1 001个.由于俄文字母由33个符号组成,由抽屉原理,所以其中至少有31个字母是相同的.现在用Serjozha方法解密.这些字母可能是一个单词的第i个字母,$1 \leqslant i \leqslant 10$.再由抽屉原理,它们中至少有4个字母有相同的位置$i$.在这4个字母中选两个,去掉这两个字母之间的所有字母和这两个字母中的一个.用Dima方法解密,完整的单词被改变了,但仍可解密.但是这两个字母的选取,保证了这两个部分单词将组成一个新的完整的单词,因此改变后的文件,仍可用Serjozha的方法解密.这是一个比原来文件还要短的文件,却可用两种不同方法解密,这和题设矛盾,所以证明了Dima的加密方案是好的.

❖一个圆的圆心

只用圆规,找出通过三个给定点的一个圆的圆心(图1).附带提一下,对反演法有兴趣的读者可以用反演法去解这道题(但是不一定要这样做),也可以直接求解.当然,不管用什么方法,都只准靠用准确无误的交点去找出圆心,而不许用切点去逼近.

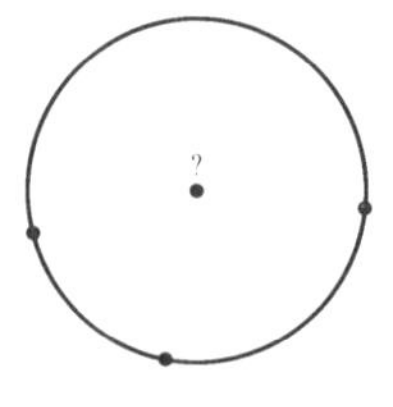

图1

解　只用圆规去求通过三给定点的一个圆的圆心,可不是一件容易的事情. 有两种解法值得在这里加以介绍.

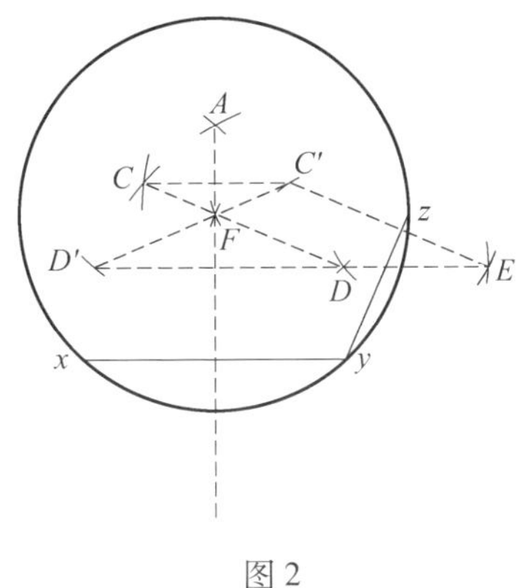

图 2

第一种解法是从要用到直尺的普通解法入手. 在图 2 中,给定点是 X,Y 和 Z. 以它们为圆心,以任意半径画圆相交,可以找出位于直线 XY 中垂线上的两点 A 和 B,以及位于 YZ 中垂线上的两点 C 和 D. 现在,我们要确定的就是 AB 和 CD 的交点. 以 A 和 B 为圆心,分别以 AC 和 BC 以及以 AD 和 BD 为半径画圆弧相交,可以求得点 C 和点 D 各自相对于直线 AB 的对称点 C' 和 D'. 再找出点 E,使得 $CC'ED$ 构成平行四边形. 由于 DD' 和 DE 都平行于 CC',所以 D',D 和 E 三点共线. 现在我们另外用作图法找出 $D'E,D'D$ 和 $C'E$ 的第四比例项(图 3). 以这第四比例项为半径,以 D' 和 D 为圆心画圆弧相交,得到点 F. 由于 $D'E/D'D=C'E/FD$,而且 $D'F=FD$,再因为根据前面作图,AB 是 $D'D$ 的中垂线,不难看出,F 就是我们所要求的圆心.

现在我们只需再证明,上述第四比例项可以只用圆规求得. 在图 3 中,以 $D'E$ 和 $D'D$ 为半径画出两个同心圆;再以 $C'E$ 为半径,以第一个圆上任一点 R 为圆心,在这同一个圆上确定出一点 S. 以适当长度为半径,分别以 R 和 S 为圆心画圆弧,同第二个圆相交于 R' 和 S'. 于是,$R'S'$ 就是所要求的第四比例项. 不难看出,$\triangle ORR'$ 和 $\triangle OSS'$ 是全等三角形,因而 $\triangle ORS$ 和 $\triangle OR'S'$ 相似,这就证明了 $R'S'$ 是所要求的第四比例项. 值得指出的是,意大利几何学家马歇洛尼曾经证明过,凡是用直尺和圆规能解决的作图题,全都可以只用圆规去完成.

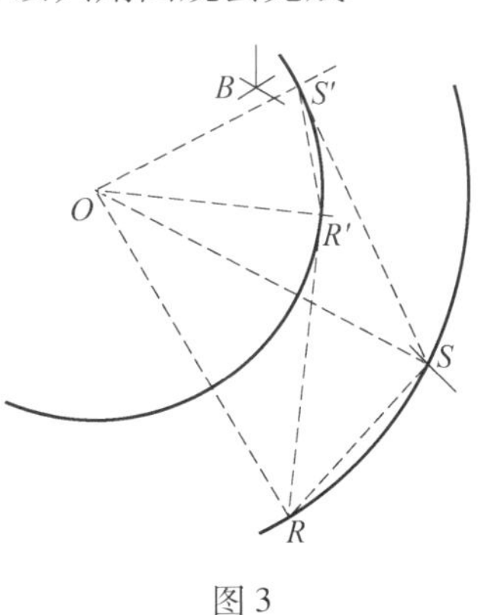

图 3

我们要介绍的第二种解法,非常漂亮地用到了反演法. 反演法是数学中一个用来研究几何图形的分支. 把一个几何图形变换为它的反演图形. 由于反演,我们可以从对于原图形成立的某些命题和性质——即所谓反演命题和反演性质——推导出对于反演图形成立的命题来.

例如,某一点对于一个圆的反演,就是通过该点的半径上去找出另一点,使得这两点各自与圆心的距离的乘积等于半径的平方. 这两点中,任一点都叫作另一点的反演点;而这个圆的圆心,则叫做反演中心. 利用这个原理,实际上在许多场合都能使作图得到简化. 目前这道题就是这样，下面是它的反演解法.

以 AB 为半径，以点 A 为圆心，画出一个圆 K（图4）. 再以 CA 为半径，以 C 为圆心，画圆弧同 K 相交于两点 R_1 和 R_2. 以这两点为圆心，以 R_1A 为半径画两个圆弧，它们彼此相交于两点 A 和 C'. 以 B 和 C' 为圆心，分别以 BA 和 $C'A$ 为半径画两个圆弧，它们彼此相交于点 P. 以 PA 为半径，以 P 为圆心画圆弧，同圆 K 相交于两点 U_1 和 U_2. 以 U_1 和 U_2 为圆心，以 U_1A 为半径，画两个圆弧彼此相交于 A 和 O. 点 O 就是所要求的那个圆的圆心.

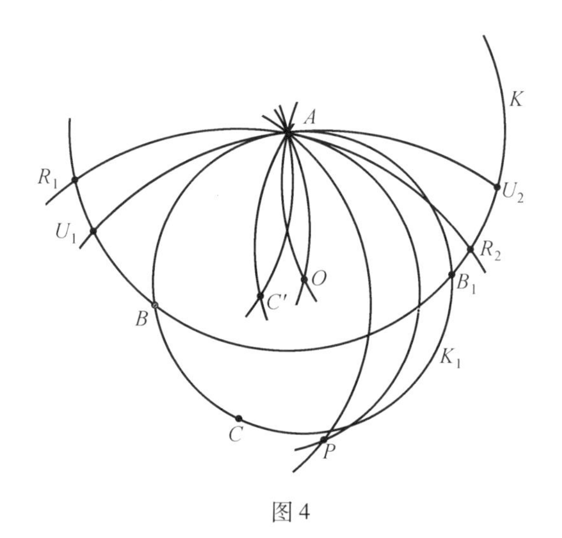

图4

现在我们来证明上面得到的解. 证明的依据，就是前面提到的反演变换定理. 这个定理的解析表式是 $r_1r_2=r^2$；这里 r_1 和 r_2 是两个互为反演的点各自到给定点 A 即反演中心的距离. 这种反演还要求，两个互为反演的点必须位于通过反演中心的一条直线上. 可以证明，反演以后，原来通过 A 的一条直线仍然是通过 A 的一条直线，原来不通过 A 的一条直线变成了通过 A 的一个圆，原来通过 A 的一个圆变成了不通过 A 的一条直线，原来不通过 A 的一个圆仍然是不通过 A 的一个圆，而位于反演基本圆圆周上的那些点的反演点就是它们自身. 选择 A 作为反演中心，选择 K 作为反演基本圆，从图4不难看出，C 和 C' 必定互为反演点；这是由于 $\triangle AC'R_1$ 和 $\triangle AR_1C$ 相似，因此有

$$AC'/AR_1=AR_1/AC$$

或

$$AC'\times AC=AR_1^2$$

由此可知，由 B 和 C' 两点确定的那条直线必定是所要求的通过 A，B 和 C 的那个圆 K_1 的反演线. 由图4还可论证 $OB=OA$. 同样，我们可以先证明 P 和 O 彼此互为反演点，于是有

$$AO \times AP = AU_1^2 = r^2$$

设

$$AP = 2a, BB_1 = 2m, AO = x$$

上式可改写为

$$2ax = r^2$$

因而

$$x = r^2/2a$$

又

$$OB^2 = (a - r^2/2a)^2 + m^2$$

而

$$m^2 = r^2 - a$$

因而

$$OB^2 = (r^2/2a)^2 \quad \text{或} \quad OB = r^2/2a$$

所以

$$OB = OA$$

这样一来,以 O 为圆心和 OA 为半径的那个圆必定通过点 B,因而必定也是直线 BC' 的反演圆,所以它也一定通过点 C. 这样就证明了它就是所求的那个圆 K_1.

❖巧换轮胎

货车的一个前轮胎能耐磨 15 000 km,而一个后轮胎能耐磨 25 000 km(前面有 2 个车轮,后面有 4 个车轮). 前后车轮如何替换,才能使货车行驶的距离最长? 并求能行驶的最长距离.

解　最长距离等于 $20\ 454\frac{6}{11}$km.

将 1 个外轮胎作为 1 个橡胶单位,那么在整个行程中共有 6 个橡胶单位. 按条件,1 km 内前轮外胎磨损$\frac{1}{15\ 000}$橡胶单位,后轮外胎磨损$\frac{1}{25\ 000}$橡胶单位. 1 km 内 6 个轮胎共磨损$\frac{2}{15\ 000}+\frac{1}{25\ 000}=\frac{11}{37\ 500}$橡胶单位. 假设汽车行驶了 x km,那时轮胎磨损了$\frac{11x}{37\ 500}$橡胶单位. 因为总共磨损不能超过 6 个橡胶单位.

因而有$\frac{11x}{37\ 500} \leqslant 6$,那么 $x \leqslant 20\ 454\ \frac{6}{11}$.

在行驶 20 454 km 的全程中,驶过了全程的$\frac{1}{3}$时,就停下来,把前面两个轮胎和后面的交换;再驶过全程的$\frac{1}{3}$又停下来,把前面两个轮胎与后面的轮胎交换(即6个轮胎每两个都安在前轮一次,并且都经过全程的$\frac{1}{3}$). 这样,在到达目的地时,6个轮胎将在同一个时间报废.

❖三角地上的房子

有一所坐落在等边三角形地块上的房子(图1),距离三个顶点分别为80,100和150码. 请找出一种最简单的方法,根据这些距离或根据任意距离 a,b 和 c 去求出这个三角形每边的长度.

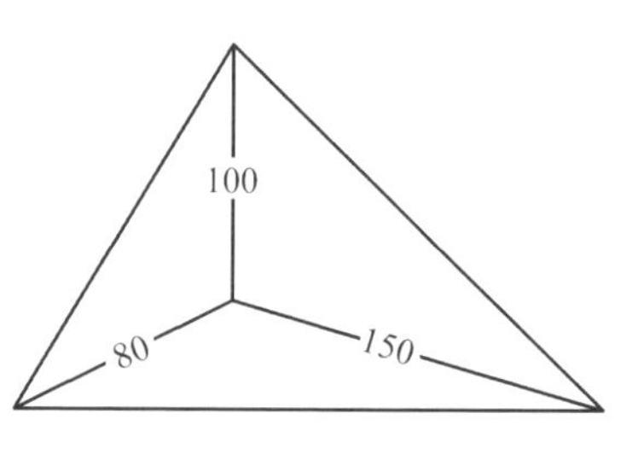

图1

解 尽管有许多人想出了五花八门的解法,可是,竟没有人用下面这种最简单的方法去求出所需的长度. 这个方法就是:以 a,b 和 c 作为三条边画一个三角形,再在其中任一条边上作一个等边三角形,然后测出这样形成的四边形的另一条对角线(图2). 为了证明这就是所求的长度,我们只需把 $\triangle ADC$ 绕点 D 转动 60°,使点 A 移到点 E,点 C 移到点 B. 这时,点 B 离 $\triangle AED$ 三顶点的距离恰好分别是 a,b 和 c,而 $\triangle AED$ 的每一条边都具有所求的长度 AD. 大多数人的做法与此相反,他们是从点 B 和未知 $\triangle AED$ 着手,通过转动去求解. 顺便提一下,这种转动的办法,在前面"台球桌"的问题中就用到过.

从上面的作图解法,我们不难求得这道题的代数解. 利用熟知的余弦公式,我们得到

$$d^2 = \frac{1}{2}\left(a^2 + b^2 + c^2 + \sqrt{3S(S-a)(S-b)(S-c)}\right)$$

由此可以算出

$$d = 179.6(\text{码})$$

有人在求代数解时发现,一个等边三角形的边长和给定某一点到它的三个顶点

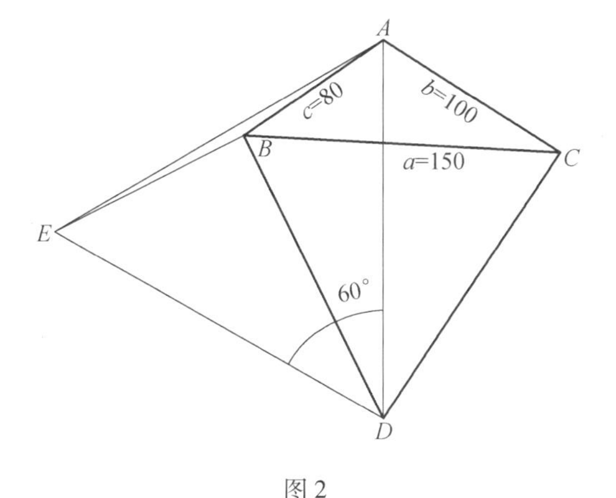

图 2

的距离之间,具有独特的对称性关系,这就是

$$a^4+b^4+c^4+d^4=a^2b^2+a^2c^2+a^2d^2+b^2c^2+b^2d^2+c^2d^2$$

可见,四个量当中的任一个可以作为那个等边三角形的边长,而其余三个量是给定点到三个顶点的距离.

同样的结果,不利用转动和三角学也能得到. 这就是在本题所给出的那个等边三角形的每一条边上,再各作一个三角形,它们的另外两条边分别是 a 和 b,b 和 c 以及 a 和 c. 这样就构成一个六边形. 十分明显,这个六边形的面积是原来那个等边三角形面积的二倍. 而且,不难证明,它的面积还等于三个各以 a,b 和 c 为边长的等边三角形的面积加上三个同样以 a,b 和 c 为三边的三角形的面积. 我们由这个方程就可以求出 d 的表达式来,结果和前面一样.

❖互不攻击

将尽可能多的马摆在 5×5 棋盘上,使得任两匹马都不能互相攻击. 试证:只有一种摆法.

证明 在 5×5 棋盘上,一匹马可以从一个方格跳遍所有方格恰好一次,如图 1.

由图1可知奇数标号和偶数标号可能互相攻击,但奇数标号互相绝不可能攻击,偶数标号互相也决不能攻击. 由此可知,我们在奇数标号的位置上放置马,则它们互相不能攻击. 它们一共有13个方格. 再加一格上放马,则必有两匹马互相攻击.

7	20	25	14	5
18	13	6	9	24
21	8	19	4	15
12	17	2	23	10
1	22	11	16	3

图1

下面来证明摆法惟一. 事实上,如果在奇数标号的方格中放上马,则上面摆法自然惟一;如果在偶数位置上放上马,则互相不攻击的马,只可放12匹,它比13少,这不适合命题要求. 所以证明了惟一性.

❖四块方形土地遗产

有一个叫琼斯的人,很有点数学家的风度,死后留下的是一份颇不寻常的遗嘱. 他把自己的大部分地产留给了老伴,但另作有规定,四个儿子每人可以继承一块恰好是正方形的土地,但是他们的面积要能满足下述条件:方形土地的面积用平方英里表示,边长用英里表示,约翰(J)那块正方形土地的面积必须等于亨利(H)的正方形的边长数值加上2;同样,汤姆(T)的面积必须等于约翰的正方形的边长加上2. 此外,亨利的面积加上比尔(B)的正方形的边长必须等于2;同样,比尔的面积加上汤姆正方形的边长必须等于2. 请问:每个儿子的方形土地的边长各是多少? 按照琼斯的规定,会不会出现不止一种安排而发生纠纷?

解 对于一位数学家来说,如果他能找到解决这个问题的捷径,那是很有理由感到满意的.

我们用符号J代表约翰的边长的英里数,H代表亨利的,B代表比尔的,T代表汤姆的,那么,我们立即可以建立四个方程:

$$J^2-2=H, H^2-2=-B$$

$$B^2-2=-T, T^2-2=J$$

由此出发,有三种求解方案. 其中有两种用的是普通的方法,第三种很有点创造性.

(1) 通过逐次代入,不难得到只含有一个未知数的方程. 但是,这是个16

次方程,有16个可能的解.即使只求其中一个或几个解的数值,无论用逐次逼近法还是用图解法,都是相当麻烦的.

(2)为了在用尝试法求解时不走弯路,可以对这四个方程加以分析.譬如说,十分显然,约翰和汤姆各自的面积,都必须大于2平方英里,而亨利和比尔各自的面积,都必须小于2平方英里.拿亨利那块土地来说,边长最大只能是1.42,最小可以是零.由此出发不难推断出,汤姆那块土地的边长最大只能是1.97,最小只能是1.85.我们这样利用四个方程循环进行分析,每一次都使汤姆边长的最大值和最小值更加接近,经过不多几次以后,就能使他的边长的最大值和最小值接近到小数点后两位.我们还不难证明,四个人的边长都是正值的解只有一个.

(3)这种富有创造性的解法,利用的是这四个方程所具有一种微妙的对称性质(我们在陈述这道题时就有意暗示了这一点).这就是:这四个方程的左端全都是某个未知数的平方减2,而右端都是某个未知数的一次幂(带正号或负号).凑巧,一个角度的余弦的平方同这个角度的倍角的余弦之间就存在着类似的关系,即$2\cos^2\alpha-1=\cos 2\alpha$.这样,如果我们令$J=2\cos x$,我们的第一个方程就成为$2(2\cos^2 x-1)=H$,因而$H=2\cos 2x$.把$H$的这个表达式代入第二个方程,并同样去处理第三、第四个方程,结果就得到方程$\cos 16x=\cos x$.它的通解是$x=m360°/15$和$x=n360°/17$,这里m和n可以是从1到8的任何整数,这样总共给出全部16个不同的解,和我们的方程次数相符.但是,根据这道题给出的条件,$\cos x$和$\cos 2x$必须是正值,$\cos 4x$和$\cos 8x$必须是负值,而要满足这些要求,只有取$m=1$.这就意味着$x=24°$.这样,问题的答案是:$J=2\cos 24°=1.827$(英里),$H=2\cos 48°=1.338$(英里),$B=-2\cos 96°=0.209$(英里),$T=-2\cos 192°=1.956$(英里).

进行对称性分析,可以缩短数学推理,为了说明这一点,恐怕再难找到更突出的例子了.事实上,从这两个例子我们就能总结出一个普遍的经验:倘若遇到一道题特别难解,应当先分析一下,看是否能找出某种对称性质,使问题的求解得到简化.

❖分球问题

汤普逊与约翰共有若干个球,它们分布在$2n+1$个袋中,如果汤普逊取走一个袋,约翰总可以把剩下的$2n$个袋分成两组,每组n个袋,并且这两组的球的个数相等.试证:每个袋中的球的个数相等.

证明　用数 $a_1,a_2,\cdots,a_{2n+1}$ 分别表示这 $2n+1$ 个袋中的球的个数. 显然, $a_1,a_2,\cdots,a_{2n+1}$ 是非负整数. 不妨设 $a_1\leqslant a_2\leqslant\cdots\leqslant a_{2n+1}$. 于是问题转化为:有 $2n+1$ 个非负整数,如果从中任意取走一个数,剩下的 $2n$ 个数可以分成两组,每组 n 个,其数字和相等. 证明这 $2n+1$ 个数全相等.

因为 $2\mid(a_1+a_2+\cdots+a_{2n+1})-a_i,i=1,2,\cdots,2n+1$. $a_1,a_2,\cdots,a_{2n+1}$ 具有相同的奇偶性. 易知把它们都减去 a_1 后所得的 $2n+1$ 个数 $0,a_2-a_1,a_3-a_1,\cdots,a_{2n+1}-a_1$ 也满足题意. 因 a_i-a_1 都是偶数, $0,\frac{a_2-a_1}{2},\frac{a_3-a_1}{2},\cdots,\frac{a_{2n+1}-a_1}{2}$ 这 $2n+1$ 个数也满足题意,且也都是偶数.

把它们再都除以 2,…,这个过程不可能永远继续下去,除非

$$a_1=a_2=\cdots=a_{2n+1}$$

所以,每个袋中的球的个数相等.

❖凸透镜

小李的物理课已学到光学,他正在实验室里准备验证凸透镜那个熟知的公式: $\frac{1}{f}=\frac{1}{u}+\frac{1}{v}$;这里 f 是焦距, u 是光源到透镜的距离, v 是光源的像到透镜的距离. 教授说:"大家先把透镜支座放在这个条形架子的中间固定好了(图 1),然后逐渐向远处移动电灯,把它放在各种不同的距离上. 对于电灯的每一个距离,移动屏幕,设法得到电灯的像. 最后精确地量下每次成像时的 u 和 v. 这块透镜的焦距是 12 cm."

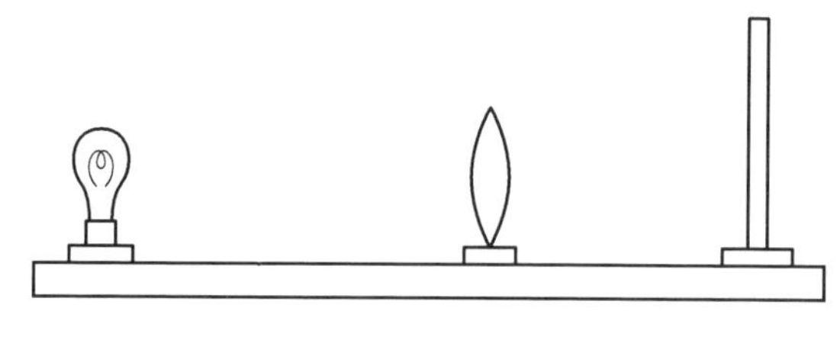

图 1

"好,"小李说,"不过我想要避免得到分数值,打算让测得的距离全都是整数厘米."

"但是不知道那样一来,读数的数目够不够多."教授有些怀疑.

"啊,够的!"小李想了一会儿,兴奋地说,"我能找到 15 个不同的电灯位

置去验证那个公式.”

请说明小李所说的这个数目是否正确,以及他为什么能那样快就得出这个数目.

解 通过改变凸透镜的方程,可以立即求得这道题的答案. 可以采取的改写方式有好几种,其中最简单的一种,恐怕要算是令 $u=f+r$ 和 $v=f+s$. 这相当于不是去测量物体和像到透镜的距离,而是测量它们各自到同一侧焦点的距离. 于是,要验证的方程被改写为 $rs=f^2$. 显然,只有 r 和 s 取整数,才能保证分别比 r 和 s 大一个整数 12 的 u 和 v 是整数. 这样,小李需要做的,就只是去找出 f^2(在这道题里是 144) 的所有因子,然后在各个因子上加上 12. 因此,这十五个电灯位置的读数是:13,14,15,16,18,20,21,24,28,30,36,48,60,84 和 156.

❖拳击大赛

设有 16 名拳击手参加一届大赛. 每名选手每天出场的次数不多于一次. 已知参赛选手的实力强弱各不相同. 在比赛中,实力较强者必定战胜实力较弱者. 根据大赛章程,每天的比赛日程在前一天傍晚由组织者排出,并且不得更改. 试证:可安排十天的比赛以判定所有参赛的 16 名选手的强弱顺序.

证明 首先证明一个预备命题:设有 2^m 名拳击手,他们的情况和赛场规则如题目所述. 假定这 2^m 名选手所分成的两组,各组都已排出组中的强弱次序. 那么再进行 m 天的比赛就能完全排出这 2^m 名选手的强弱次序. 对于 $m=1$ 的情形,命题的结论显然成立. 假定对于 $m=n$ 命题结论成立,考察 $m=n+1$ 情形. 设两组中的排列次序分别为 $A_1,A_2,\cdots,A_h$ 和 $B_1,B_2,\cdots,B_k$,$h+k=2^{n+1}$. 不妨设 $h\leqslant k$. 此后第一天的比赛安排如下:

$$A_i\leftrightarrow B_{2^n-i+1}, i=1,\cdots,h$$

如果第一天的比赛所有的 A_i 都获胜,再安排$(A_1,\cdots,A_h)$ 与$(B_1,B_2,\cdots,B_{2^n-h})$ 这两组之间的比赛. 因为 $h+(2^n-h)=2^n$,所以根据归纳假设,只需再进行 n 天比赛,就能获知这些选手之间的排列次序. 连同前面的结果,在总共 $n+1$ 天的比赛之后,完全排出了选手的排列次序. 下面,我们假定在此阶段的第一天比赛中,并不是所有的 A 组选手都战胜了对手.

不妨设 j 是未获胜的 A 组选手的第一个顺序号. 这就是说,$A_1,\cdots,A_{j-1}$ 都战胜了对手,但 A_j 没有战胜. 下面需要分别考察$(A_1,A_2,\cdots,A_{j-1})$ 与$(B_1,B_2,\cdots,$

B_{2^n-j+1}）之间的排列顺序和（$A_j, A_{j-1}, \cdots, A_h$）与（$B_{2^n-j+2}, B_{2^n-j+3}, \cdots, B_k$）之间的排列顺序（顺带说明，如果 $j=1$，那么上面列出的前一部分根本就没有，只需考察后一部分）. 这里所列出的两部分，每一部分两组选手的数目之和都是 2^n，即

$$(j-1)+(2^n-j+1)=2^n=(h-j+1)+k-(2^n-j+1)$$

只需进行 n 天比赛，就可以将每一部分所涉及的选手完全排出次序. 至于两部分选手之间的比较，则如前面所述已排出了强弱次序. 因此，总共只需安排 $n+1$ 天比赛，就可完全排出所有选手的强弱次序. 至此，我们完成了命题的归纳证明.

本题目中的参赛选手共为16名. 首先将16名选手分成八个2人组，用1天比赛判定各2人组中的强弱次序；其次，将八个2人组合成四个4人组，又用2天时间判定各组中的强弱次序；然后，再将四个4人组合成两个8人组，再用3天时间判定各组中的强弱次序；最后，将2个8人组合并在一起考察（共16人），再用4天时间就可完全确定所有选手的强弱次序. 整届比赛总共用去了 $1+2+3+4=10$ 天的时间. 这正是题目所要求的.

注 可参看 C. Li 和 A. Liu 的文章“The Coach′s Dilemma”. 该文刊载于以下杂志：Mathematics and Informatics Quarterly, 2, (1992), pp. 155 ~ 157.

例 设有32名拳击手参加一届大赛. 每名选手每天出场的次数不多于一次. 已知参赛选手的实力强弱各不相同. 在比赛中，实力较强者必定战胜实力较弱者. 根据大赛章程，每天的比赛日程在前一天傍晚由组织者排出，并且不得更改. 试证：可安排十五天的比赛以判定所有参赛的32名选手的强弱顺序.

证明 首先证明一个预备命题. 设有 2^m 名拳击手，他们的情况和赛场规则如题目所述. 假定这 2^m 名选手所分成的两组，各组都已排出组中的强弱次序. 那么再进行 m 天的比赛就能完全排出这 2^m 名选手的强弱次序.

对于 $m=1$ 的情形，命题的结论显然成立. 假定对于 $m=n$ 命题结论成立，考察 $m=n+1$ 情形. 设两组中的排列次序分别为

$$A_1, A_2, \cdots, A_h, B_1, B_2, \cdots, B_k, h+k=2^{n+1}$$

不妨设 $h \leqslant k$. 此后第一天的比赛安排如下：

$$A_i \leftrightarrow B_{2^n-i+1}, i=1, \cdots, h$$

如果第一天的比赛所有的 A_i 都获胜，再安排（$A_1, \cdots, A_h$）与（$B_1, B_2, \cdots, B_{2^n-h}$），这两组之间的比赛. 因为 $h+(2^n-h)=2^n$，所以根据归纳假设，只需再进行 n 天比赛就能获知这些选手之间的排列次序. 连同前面的结果，在总共 $n+1$ 天的比赛之后，安全排出了选手的排列次序.

下面，我们假定在此阶段的第一天比赛中，并不是所有的 A 组选手都战胜了对手. 不妨设 j 是未获胜的 A 组选手的第一个顺序号. 这就是说，$A_1,\cdots,A_{j-1}$ 都战胜了对手，但 A_j 没有战胜. 下面需要分别考察 $(A_1,\cdots,A_{j-1})$ 与 $(B_1,B_2,\cdots,B_{2^n-j+1})$ 之间的排列顺序和 $(A_j,A_{j+1},\cdots,A_h)$ 与 $(B_{2^n-j+2},B_{2^n-j+3},\cdots,B_k)$ 之间的排列顺序（顺带说明，如果 $j=1$，那么上面列出的前一部分根本就没有，只需考察后一部分）.

这里所列出的两部分，每一部分两组选手的数目之和都是 2^n，即

$$(j-1)+(2^n-j+1)=2^n=(h-j+1)+k-(2^n-j+1)$$

只需进行 n 天比赛，就可以将每一部分所涉及的选手完全排出次序. 至于两部分选手之间的比较，则如前面所述已排出了强弱次序. 因此，总共只需安排 $n+1$ 天比赛，就可完全排出所有选手的强弱次序. 至此，我们完成了命题的归纳证明.

本题中参赛选手共32名. 首先将32名选手分成十六个2人组，用1天比赛判定各2人组中的强弱次序；再将十六个2人组合并成八个4人组，用2天时间判定各4人组中的强弱次序；又将八个4人组合并成四个8人组，用3天时间判定各8人组中的强弱次序；再将四个8人组合并成两个16人组，用4天时间判定各16人组中的强弱次序；最后将全体32名选手合在一起，再用5天时间判定所有选手的强弱次序. 整届比赛共用去

$$1+2+3+4+5=15$$

天的时间，判定了所有32名参赛选手的强弱次序，这正是题目所要求的.

❖五和七

有两个整数，较小那个整数的平方的二倍正好等于较大那个整数的平方加1，而较小那个整数的末位数字是5，请证明较大那个整数一定能被7除尽. 如果用29和41分别代替5和7，同样的命题也成立.

解　这道题也是用来说明数的魔力的，很有趣. 而且，奇怪的是，它的解法竟然同“衣帽间的女孩”的解法相类似. 那道题是：“有一个在衣帽间工作的女孩，她看也不看一眼就把帽子胡乱退给存帽人，她这样不负责任的结果，存帽人中谁也拿不到自己的帽子的概率是多少？”读者应该还记得，在解那道题中，当帽子的总数是 $n,n-1$ 和 $n-2$ 时，存帽人谁都没有拿到自己帽子的那种帽子分布方式的数目分别是 x_n,x_{n-1} 和 x_{n-2}，第一步就是去找出这样三个数目之间的

一种确定的代数关系式. 然后,求出的帽子数相差1的两种最简单情况下的概率,也就是 $n=2$ 时 $x_2=1$ 和 $n=1$ 时 $x_1=0$. 把这两个已知数目代入上述关系式,就可以求出任意多个帽子时的概率,随着帽子数的增加,它们构成一个数列.

同样,对于目前这道题,只用简单的代数方法便可证明,方程 $2x^2-y^2=1$ 的由小到大的相邻三个根 t,不管它代表的是 x 还是 y,都满足下列关系式:

$$t_{n+2}=6t_{n+1}-t_n$$

由于本题方程的头两对根是

$$x_0=1, y_0=1 \quad 和 \quad x_1=5, y=7$$

根据上述关系式,以后的某一个根总可以由它的前一个根的六倍减去再前一个根而求出,这样就可以得到成对的 x 和 y 的一系列根:

$$x=1,5,29,169,985,5\ 741,\cdots$$

$$y=1,7,41,239,1\ 393,8\ 119,\cdots$$

若用10去除 x 的各个根,记下余数:

$$1,5,9,9,5,1,\cdots$$

用7去除 y 的各个根,记下余数:

$$1,0,6,1,0,6,\cdots$$

我们发现,继续除下去,以上两组中的六个余数将反复出现,而构成两个循环数列,而且,当用10去除 x 的根出现余数5时,用7去除对应的 y 的根总是出现余数0. 这就是我们要证明的结果. 在把这个方法用于29和41时,不同之处只是不用10而用100去除 x 的根,不用7而用41去除 y 的根. 上述关系,只不过是可以从佩尔(Pell)方程找出的许多奇特的关系中的一个.

❖谁是胜利者

三个朋友互相下棋,每两个人之间下了一样多的盘数,然后决定谁是胜利者. 第一个人说:"我赢的盘数比你们每一个人都多."

第二个人说:"我输的盘数比你们每个人都少." 在统计他们得分时,发现得分最多的是第三个人(记分标准是赢一盘记1分,输一盘记0分,平一盘记 $\frac{1}{2}$ 分),这种结局可能吗?

解 可能.

举例如下,假设他们之间每两个人之间下7盘棋,并且第一个人胜了第二个人2盘,第二个人胜了第一个人2盘,第一个人胜第三个人3盘,第三个人胜第一个人4盘. 其余均为平局,如图1.

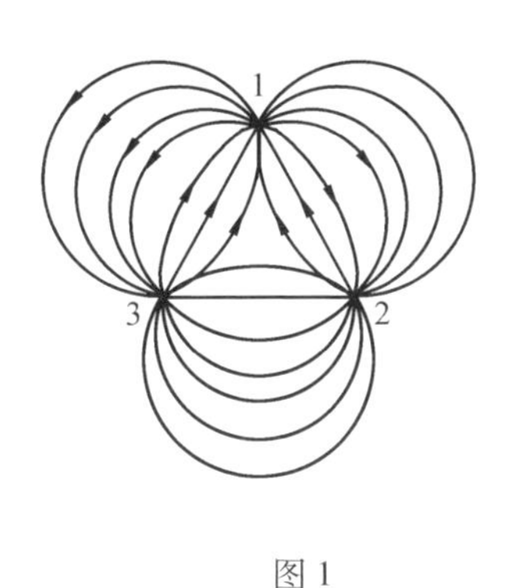

图 1

	+ a − b = $n-a-b$	+ c − d = $n-c-d$
+ b − a = $n-a-b$		+ e − f = $n-e-f$
+ d − c = $n-c-d$	+ f − e = $n-e-f$	

图 2

注 如果组成一张如图2的比赛表,所有胜的盘数记 +,输的盘数记 -,平局记 =,按图中字母,根据所给出的条件,就能列出一个线性不等式组.

而本题在自然数范围内至少有一组解.

❖相似而不全等

有一天,小张上几何课时学了什么是相似三角形和什么是全等三角形,放学后回到家里.

“爸爸,” 小张说,“我知道各相似三角形的对应角全都彼此相等;另外,两个三角形,如果有两条边及其夹角分别彼此相等,它们就一定是全等的. 但是,我能画出两个相似三角形,尽管其中一个的两条边等于另一个的两条边,它们彼此却不全等.”

他是怎样画的? 能画出这样两个三角形的必要条件是什么?

解 这道题有许多种解法,复杂程度各不相同. 但是,有一种最简单的解法:若两相似三角形对应边之比是 r,则它们的边长从小到大可以分别记作 a,b,c 和 a/r,b/r,c/r. 根据问题给出的条件,$a = b/r$,$b = c/r$(也可选择任何其他两对非对应边相等),于是我们可以把 a,b,c 改写为 b/r,b,br,这就是要求三角形三边的长度构成一个几何级数. 由于一个三角形两边之和必定不小于第三边,不难看出 r 的下限是 $r = 1$,而上限由式 $b/r + b = br$ 确定. 后一个式子可以写成 $1/r + 1 = r$,由此得到 $r = 1.618$. 一个典型的解是当 $r = 1.5$,而且两个三角形的边长都取整数值,这时两个三角形的边长分别是 8,12,18 和 12,18,27.

有一种相当有意思的几何解法,它相当于 $r = \sqrt{2}$ 的情况. 小张做给他爸爸看时,恐怕用的就是这种方法. 如图1所示.

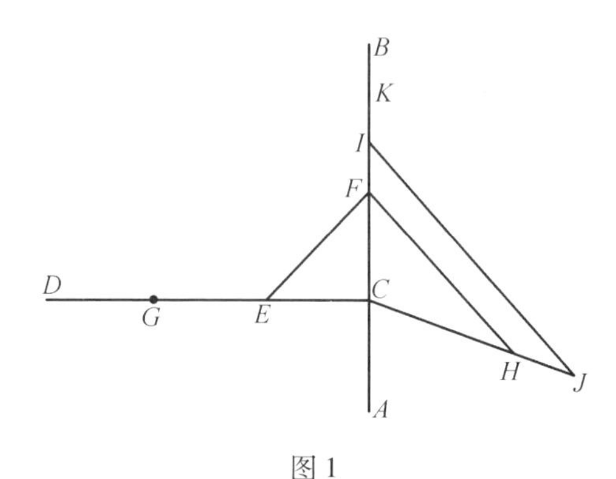

图1

(1) 画直线 AB 以及垂直于 AB 的 CD;

(2) 作图使 $CE = CF = EG = 1$,从而有 $CG = 2$ 和 $EF = \sqrt{2}$;

(3) 以 C 为圆心、以 $EF = \sqrt{2}$ 为半径画圆弧,以 F 为圆心、以 $CG = 2$ 为半径画圆弧:两弧相交于 H;

(4) 联结 CH 和 FH,CFH 就是图中那较小的三角形;

(5) 以 C 为圆心、以 $EF = \sqrt{2}$ 为半径画圆弧,与 AB 相交于 I;

以 C 为圆心、以 $CG = 2$ 为半径画圆弧,与 CH 相交于 J;

(6) 联结 IJ,CIJ 就是图中那较大的三角形.

现在来核对一下 IJ 的长度:作图使 $CK = CG = 2$,果然 $GK = IJ = 2\sqrt{2}$.

❖城市交通

一个城市的街道都只有三个方向,把城市划分成面积相等的等边三角形形状的街区. 车辆在驶至街道交叉路口时只允许直走、向左转 120° 或向右转 120°(直走约定为转 0°,所以转 120° 应如图1所示).

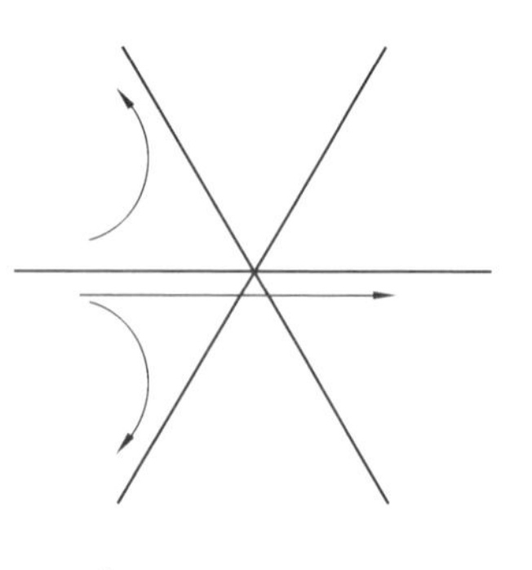

图1

现有一辆车从某路口 A 向另一路口 B 行驶,当它驶至这路口时,第二辆车从同一处出发沿第一辆车的行驶路线而行,两车的速度相同,但到路口 B 时,两辆车所走路线可以不同. 但两辆车的车速保持相同. 这两辆车是否可能在某

时刻在某一路口处相遇?

解 不可能. 把路口处如图 2 那样标上圆 ○,三角形 △ 及方块 □. 设在时刻 0 时第一辆车从标有 □ 的 A 处向标有 ○ 的 B 处行驶. 到时刻 1 时到达 B 处,这时第二辆车从 A 出发向 B 行驶. 但从 □ 向 ○ 行驶的车辆,不论怎样走,下一个到的路口必是标有 △ 的地方. 而从 ○ 的路口向 △ 路口行驶车辆,下一路口一定标有方块 □,而从 △ 路口驶向 □ 路口的车辆的下一路口是标有 ○ 的. 因此,在 $t \equiv 0 \pmod 3$,$t > 0$ 的时候,第一辆车在标有 □ 的路口,第二辆车在标有 △ 的路口;在 $t \equiv 1 \pmod 3$ 的时刻,这两辆车分别在标有 ○ 及 □ 的路口;在 $t \equiv 2 \pmod 3$ 的时候,则分别在标有 △ 及 ○ 的路口. 因此两辆车在任何时候都不会在同一路口相遇.

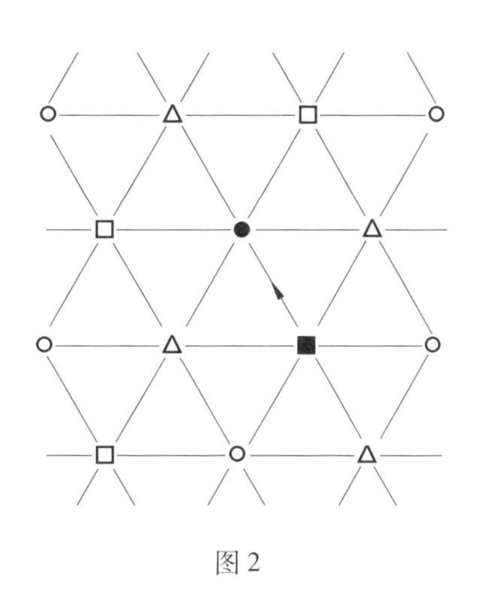

图 2

❖火柴杆正方形

试用长度全都一样的火柴杆摆成一个正方形,然后在正方形外面每条边上各自再摆成一个直角三角形. 正方形的每一条边分别是各三角形的一条边,而且这四个三角形各不相同(图 1). 为了摆成这样的图形,最少需要用多少根火柴杆?

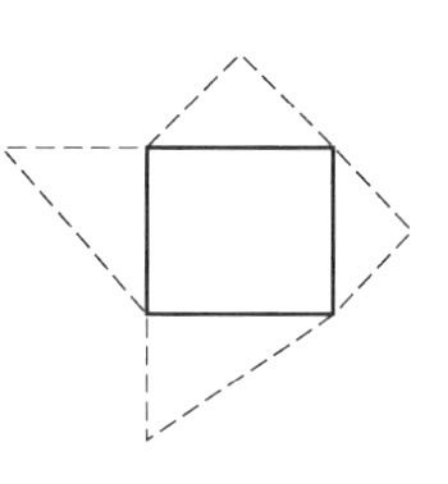

图 1

解 这道题本质上是用试凑法求解,但要求利用丢番图[①]的方法,使求解得到最大限度的简化,同时还要是严格解. 最简单的办法是利用一个熟知的关系式,就是:由三条整数边构成的任何一个直角三角形,如果这三条边没有整数公因子,它们总可以分别表示成 xy,$(y^2 - x^2)/2$ 和 $(y^2 + x^2)/2$;这里 x 和 y 是不同的正奇数. 从 x 和 y 可取的最小值(1,3) 开始,以最小的增量逐渐增大,我们

① 关于丢番图方法,可参见本书"某国的选举".

得到一系列可取值：(1,5)，(1,7)，(3,5)，(3,7) 和(5,7)；从而得到六个相应的直角三角形，它们的边长分别是 3,4,5;5,12,13,7,24,25;15,8,17;21,20,29 和 35,12,37. 根据问题的条件，十分明显，我们寻找的那个正方形的边长必须能被上面列出的数目中的四个数分别除尽. 满足这一条件的最小的数是 12，它能被以下这几个数除尽：第一个三角形的 3 和 4，第二个三角形的 12，以及最后

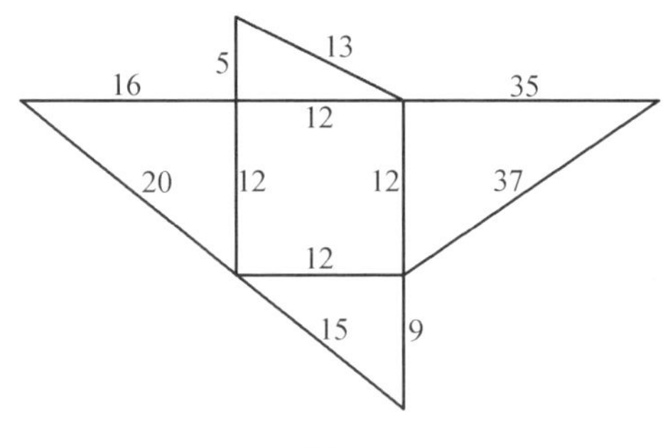

图 2

一个三角形的 12. 这样，相应得到四个三角形：12,16,20;9,12,15;5,12,13 和 35,12,37. 这四个三角形的周长加起来一共等于 198. 满足这个条件的数还有 15 和20，它们虽然比12 大，但也许能给出比较小的总周长. 经试验后得知，由这两个数出发作成的四个三角形的总周长分别是 226 和 298. 稍稍检查一下便可看出，比以上三个数更大的数是不必加以考虑的. 我们注意到，上面分析的任何一个直角三角形的周长(y^2+xy) 都比它的斜边的二倍大$x(y-x)$，而这个差数至少是2. 因此，每个三角形的周长也都比它的任何一条直角边至少大2. 设d是所求正方形的边长，这就意味着，四个三角形周长之和必须等于或大于$4(2d+2)$. 如果这个周长之和等于或小于 198，d 就必须等于或小于 23. 75，这样，我们就检查了所有的可能性. 所以，198 是按我们问题的要求在正方形外面构成四个三角形的周长之和的最小值.

❖测验分数

小马在一次数学测验中得分在 80 分以上. 他把分数告诉了小姜，小姜能正确地推算出小马解答了几道题. 如果小马的得分少一些，但还在 80 分以上，小姜就无法推算了. 小马得了多少分？（这次测验有 30 个选择题，计分的公式是$S=30+4c-w$，其中 S 为分数，c 是答对题数，w 是答错的题数，允许不答）

解　已知$S=30+4c-w>80$. 问题要求找到最小的这样的S，与它对应

的 c 是惟一的. 首先注意到 c 增 1,w 减 4,S 值不变,但要满足 $(c+1)+(w+4)\leqslant 30$,即 $c+w\leqslant 25$. 在 $c+w\leqslant 25$ 时,对同一个 S,不能惟一确定 c 值. 因此只有

$$c+w\geqslant 26 \quad ①$$

才可能惟一地确定 c 值. 其次,应有

$$w\leqslant 3 \quad ②$$

否则,若 $w>3$,可使 w 减 4,c 减 1 而得到 S 值不变(从 $S>80$ 得出 $c\geqslant 13$,这也是可能的). 于是,为了使 S 尽可能地小,我们应在不等式①与②许可的范围内,尽量减小 c,尽量增大 w. 这导致 $w=3$,$c=23$. 所以 $S=30+4\times 23-3=119$,即小马得了 119 分.

❖伪硬币

用一架天平从十二个给定币值的硬币中排选出混在其中的一个伪币,为此最少需要称多少次?假定十一个标准币的质量全都相等,而那个伪币比标准币不是轻些就是重些.

解 这道题是要求用一架天平称最少的次数,挑出混在 12 个硬币中的一个伪币来. 它就属于上面所说的那类问题.

有几个人证明了,在最不碰巧的情况下,最多只需要称三次. 其中一个人做得更好些,他详细地证明了,称重三次不仅能够挑出那个伪币,而且还可以知道它是较轻还是较重. 还有一个人,他用的解法和上面那个人一样,但是,他还画出了一张十分巧妙的图解(图 1),以一种独特的方式描述了他的解法.

对这张图,基本上不再需要作什么说明. 从每次称重可能出现的结果作出的判断写在引向下一次称重的那些直线的下面. 简单说来是这样:第一次,先在天平的两个盘上各放上四个硬币,剩下四个硬币未称. 若天平平衡,伪币一定是混在剩下的四个硬币中. 从这当中取出三个硬币,另取三个标准币,各放在天平的一个盘中再称一次,这样,继续称第三次,就能判断出那四个硬币中哪一个是伪币,而且能知道是轻还是重. 若称第一次时天平就不平衡,下一步是从轻的一组中拿出三个硬币加上重的一组中的一个硬币放在天平一端,把轻的一组中剩下的那个硬币加上三个标准币放在另一端,再称一次(在这次称重中,把上面这句话中"轻" 和"重" 两词交换位置也一样). 若天平这一次平衡,那么,放在天平盘上的那五个有嫌疑的硬币全都是标准币,伪币是混在这第二次未称的那

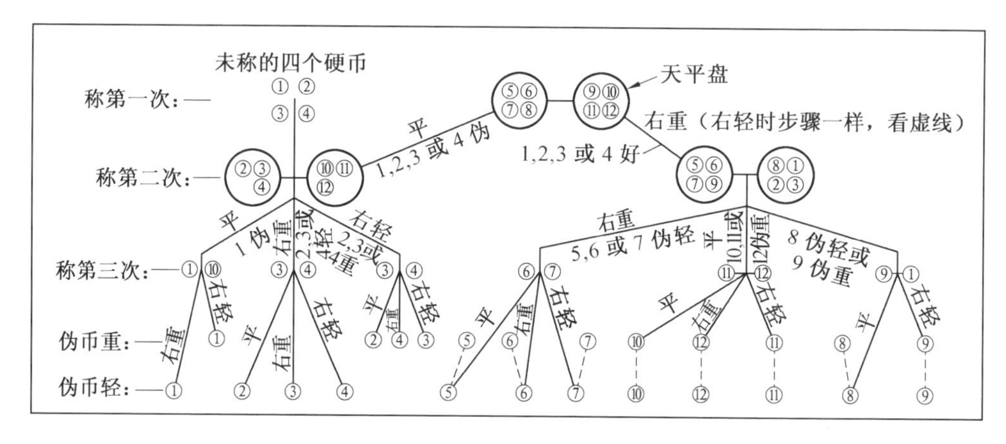

图1 图中文字的意义如下：

平 — 平衡；右轻 — 不平衡，右端轻；右重 — 不平衡，右重；伪 — 伪币；

伪轻 — 伪币轻；伪重 — 伪币重；好 — 好币

三个硬币中. 这样，只要如前再称一次，就能知道它们当中是哪一个轻了或重了. 若第二次称不平衡，而且只装有一个有嫌疑硬币的那个天平盘较重，那么，由于那个有嫌疑的硬币第一次是放在轻的一端，所以伪币一定是混在两次都放在轻的一端的那三个硬币中. 这样，也只要再称一次，就能把伪币找出来. 但是，如果只装有一个有嫌疑硬币的那个盘较轻，那么，或者那就是一个伪币，或者两次称重时都在重的一端那个硬币是伪币. 这样，同样是再称第三次就可以知道结果.

❖朋友佳音

64 位朋友同时每人得到一条消息，而且任意两人所得消息不同. 他们两两用电话相互告诉对方自己所得到的全部消息. 设每次电话恰好用一小时，问最少需多少小时才能使每个朋友都知道所有的消息？

解 设有 2^n 个朋友，经 n 轮电话后，每个人至多得到 2^n 条消息. 因此，为使每个人都得到所有的消息至少需要 n 个小时. 下面我们用归纳法证明 n 个小时就够了. 事实上，当 $n=1$ 时，要证的结论显然成立. 假设结论对于 $n-1$ 成立，$n\geqslant 2$. 考虑 2^n 个朋友的情况. 第一轮 2^{n-1} 对通话（用1小时）之后，我们将 2^n 个朋友分为两组，每组包括每一对通话交换消息中的一个朋友. 这样每组有 2^{n-1} 个朋友，他们知道原来 2^n 个朋友得到的所有消息. 归纳假设再经 $n-1$ 轮通话，

就可使得每个人知道所有的消息.因此结论对于 n 也成立,这就完成了归纳论证.特别对 64 个朋友的情况,最少需要 6 小时.

考虑以下情况:

(1)$k = 55$;

(2)$k = 100$.

对于 k 位朋友,设 $f(k)$ 表示所求的最少小时数.

定理 1 若 $k = 2^n$,其中 n 为正整数,则 $f(k) = n$.

证明 设有 $k = 2^n$ 个朋友,经 n 轮电话后每个人至多得到 2^n 条消息.因此为使每个人都得到所有的消息,至少需要 n 个小时.下面我们用归纳法证明 n 个小时就够了.事实上,当 $n = 1$ 时,要证的结论显然成立.假设结论对于 $n - 1$ 成立,$n \geqslant 2$.考虑 2^n 个朋友的情况.第一轮 2^{n-1} 对通话(用 1 小时)之后,我们将 2^n 个朋友分为两组,每组包括每一对通话交换消息中的一个朋友.这样每组有 2^{n-1} 个朋友,他们知道原来 2^n 个朋友得到的所有消息.归纳假设再经 $n - 1$ 轮通话就可使得每个人知道所有的消息.因此结论对于 n 也成立,这就完成了归纳论证.

定理 2 若 $2^n < k < 2^{n+1}$,其中 n 为正整数,且 k 为奇数,则 $f(k) = n + 2$.

证明 经过 n 轮通话,每个人至多得到 2^n 条消息.由于 k 为奇数,在第 $n + 1$ 轮通话中至少有 1 人没有通上话.由此可得 $f(k) \geqslant n + 2$.另一方面,用

$$A(1), A(2), \cdots, A(2^n), B(1), B(2), \cdots, B(k - 2^n)$$

标记 k 位朋友.由于 $k - 2^n < 2^n$,第一轮安排每个 $B(i)$ 与 $A(i)$ 通话,其中 $i = 1, 2, \cdots, k - 2^n$.第一轮之后,$A(1), A(2), \cdots, A(2^n)$ 得到消息的总和为原来 k 位朋友所得的 k 条消息.由定理 1 可知再经 n 轮通话可使 $A(1), A(2), \cdots, A(2^n)$ 中的每位朋友得到所有的消息.最后一轮安排每个 $A(i)$ 与 $B(i)$ 通话,$i = 1, 2, \cdots, k - 2^n$,从而每位朋友都得到所有的消息.综上可得 $f(k) = n + 2$.

定理 3 若 $2^n < k < 2^{n+1}$,其中 n 为正整数,且 k 为偶数,则 $f(k) = n + 1$.

证明 显然 $f(k) \geqslant n + 1$.以下安排一种 $n + 1$ 轮通话的方法,可使每位朋友得到所有的消息.

设 $k = 2m$.把 k 位朋友分为两组,每组 m 位朋友,将这两组朋友分别标记为 $A(1), A(2), \cdots, A(m)$ 和 $B(1), B(2), \cdots, B(m)$.对任意整数 r,若 $r = lm + i$,其中 l 为整数,i 为正整数且 $1 \leqslant i \leqslant m$,则记 $A(r) = A(i)$,$B(r) = B(i)$.对于 $1 \leqslant j \leqslant n$,第 j 轮安排 $A(i)$ 与 $B(i + 2^{j-1} - 1)$ 通话,其中 $i = 1, 2, \cdots, m$.第 $n + 1$ 轮安排 $A(i)$ 与 $B(i)$ 通话,其中 $i = 1, 2, \cdots, m$.用 $g(i)$ 表示开始时 $A(i)$ 和 $B(i)$ 所得到的两条消息.对于 $1 \leqslant j \leqslant n$,用归纳法可以断言第 j 轮通话后 $A(i)$ 和

$B(i+2^{j-1}-1)$ 两人都得到

$$g(i),g(i+1),\cdots,g(i+2^{j-1}-1)$$

此处对于 $r=lm+s$，其中 l 为非负整数，s 为正整数，且 $1\leqslant s\leqslant m$，也记 $g(r)=g(s)$. 事实上，当 $j=1$ 时，由于 $A(i)$ 与 $B(i)$ 通话，从而 $A(i)$ 与 $B(i)$ 都得到 $g(i)$. 设断言对于 $j-1$ 成立，其中 $2\leqslant j\leqslant n$，则第 $j-1$ 轮通话后，$A(i)$ 得到

$$g(i),g(i+1),\cdots,g(i+2^{j-2}-1)$$

$A(i+2^{j-2})$ 得到

$$g(i+2^{j-2}),g(i+2^{j-2}+1),\cdots,g(i+2^{j-1}-1)$$

由于在第 $j-1$ 轮中 $A(i+2^{j-2})$ 与 $B(i+2^{j-1}-1)$ 通话，在第 j 轮中 $A(i)$ 与 $B(i+2^{j-1}-1)$ 通话，从而第 j 轮通话后，$A(i)$ 与 $B(i+2^{j-1}-1)$ 都得到

$$g(i),g(i+1),\cdots,g(i+2^{j-1}-1)$$

这就完成了断言的归纳证明.

由断言可知经 n 轮通话后 $A(i)$ 得到

$$g(i),g(i+1),\cdots,g(i+2^{n-1}-1)$$

$A(i-2^{n-1}+1)$ 得到

$$g(i-2^{n-1}+1),g(i-2^{n-1}+2),\cdots,g(i)$$

由于在第 n 轮 $A(i-2^{n-1}+1)$ 与 $B(i)$ 通话，所以第 $n+1$ 轮 $A(i)$ 与 $B(i)$ 通话后他们都得到

$$g(i-2^{n-1}+1),g(i-2^{n-1}+2),\cdots,g(i),g(i+1),\cdots,g(i+2^{n-1}-1)$$

由于 $m=\dfrac{1}{2}k\leqslant 2^n-1$，从而 g 从 $i-2^{n-1}+1$ 到 $i+2^{n-1}-1$ 总共 2^n-1 个连续整数上的取值包含了 k 位朋友开始时得到的所有消息. 由此可得 $f(k)=n+1$.

由上面三个定理可得，$f(64)=6$，$f(55)=7$，$f(100)=7$

❖公切线

任意画三个圆，其中每一对圆的两条外公切线都有一个交点，试证明这样得到的三个交点位于一条直线上(图1).

解　这道题就像本书中许多题一样，不止有一种直接解法，而有好些迂回曲折的解法. 有一种比较简捷的解法如图2所示，其中 A，B 和 C 是三个大小不等的圆.

画出图中每一对圆的公切线，加以延长，它们相交于 D_1，D_2 和 D_3 三点. 在 A

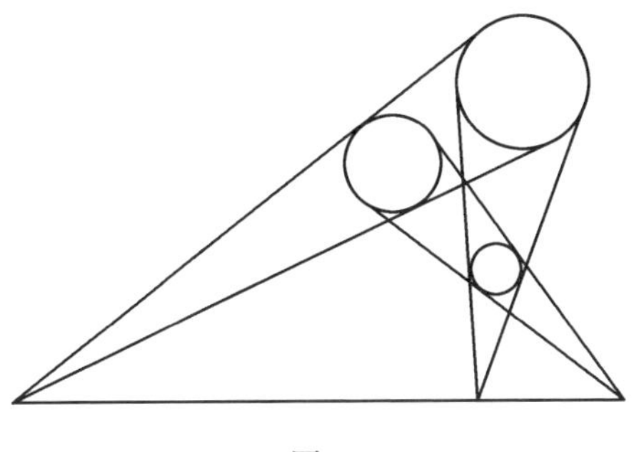

图 1

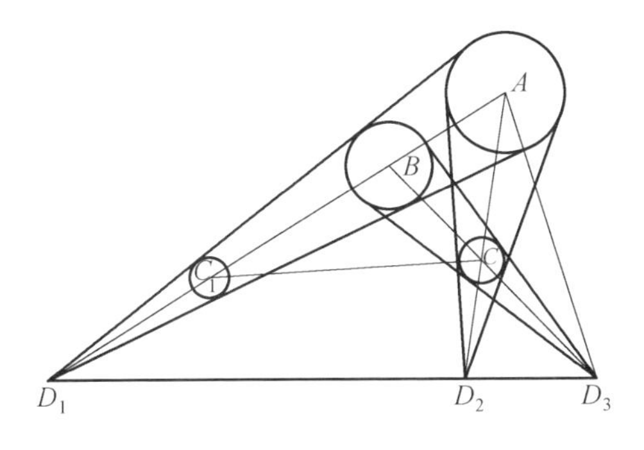

图 2

和 B 的两条公切线之间画一个和 C 相等的圆 C_1，这样，A 的半径 / C 的半径 $= AD_1/C_1D_1 = AD_2/CD_2$，亦即 $AD_1/AD_2 = C_1D_1/CD_2$. 于是，C_1C 和 D_1D_2 平行. 同样可以证明，C_1C 和 D_1D_3 平行. 因此，D_1D_2 和 D_1D_3 重合，它们是一条直线.

向我们提供上述解法的那个人讲了一个插曲. 他说，当这道题最初送给一位教授看时，他只想了一会立即就说："啊，这是不言自明的嘛！"他的朋友十分惊讶，请他解释一下，这道题难住了大多数优秀学生，他为什么竟说是不证自明的. 教授回答的大意是："代替平面上画的三个圆，可以设想有放在平板上的三个圆球. 代替画公切线，可以设想用圆锥去把每一对球卷裹住. 这样，这三个圆锥的顶点将位于那块平板上. 在三个球的上面再放上一块平板. 这后放上的一块平板在这三个球上一定能放得很平衡，而且一定同三个圆锥全部相切，从而也一定包含三个圆锥的顶点. 这样，这三个圆锥的顶点便同时位于两块平板上，从而一定是位于两块平板的交线上. 这条交线，当然是一条直线."

❖爷孙滑雪

爷爷和孙儿一块去滑雪.父亲知道在平路上他们的速度都是 7 km/h;下坡速度爷爷是 8 km/h,而孙儿是 20 km/h;上坡速度爷爷是 6 km/h,而孙儿是 4 km/h,他俩由同一时间出发,沿同一路线滑行.在下列两种情况下,父亲能否判断出上坡路程和下坡路程的长短?

(1) 孙儿先返回;

(2) 爷爷先返回.

解 在(1)的情况下下坡路程较长,在(2)的情况下推测不出上坡下坡路程的长短.

现用 x 表示上坡路程的长,y 表示下坡路程的长,因为在平路上爷爷和孙子的速度是一致的,因而平路上所花的时间也是一样的.这段时间无需比较.在上坡路和下坡路上爷爷和孙子所用去的时间分别是$\frac{x}{6}+\frac{y}{8}$和$\frac{x}{4}+\frac{y}{20}$.现在解答两个问题.

(1) 假设孙子花去的时间较少,即孙子先返回,那么就有$\frac{x}{6}+\frac{y}{8}>\frac{x}{4}+\frac{y}{20}$变形为 $9y>10x$.由此可知 $y>x$,从不等式就得出了下坡路程要比上坡路程长.

(2) 假设爷爷先返回,那就有 $9y<10x$,在这种情况下,无法推出 x 与 y 的大小.比如 $y=8$,$x=9$ 时不等式 $9y<10x$ 成立的,这时是 $y<x$;又比如 $y=9$,$x=9$ 时,不等式 $9y<10x$ 也成立,这时是 $y=x$;再比如 $y=11$,$x=10$ 时,不等式 $9y<10x$ 仍成立,而这时 $y>x$.因此,父亲在这种情况下就无法推断出上坡路程与下坡路程的长短关系.

❖最高顶点

有这样一个三角形,它的底边长 10 英寸,其余两边的长度之比是 3∶2.请问:这三角形的顶点必须位于什么线上?顶点距底边可能有的最大高度是多少?解答中应把边长比为 a/b 和底边长度为 1 的普遍情形包括在内.

解 说来奇怪,这么一道题看来像是简单的解析几何题(不过,真要这么去做,会绕好些圈子),竟使我们回想起本书"雾区之谜".在那道题中,讲的是一艘船正以快一倍的速度追捕另一艘航速为15海里的船,后者驶入海面浓雾区,并突然改变航向,企图在浓雾的掩护下逃掉.问题要求确定出进行追赶的那艘船上的船长为了确保追捕成功所应选取的航线(那位机灵的船长已猜到,逃船在雾区里不会再改变航向).在那道题中,那位机灵的船长开始沿对数螺线追逐的起点也是在一个阿波隆尼圆①上,这圆上各点离逃船刚进入雾区那一点的距离与离追船当时所在地点的距离之比是1∶2.

把现在的这道题当成一道传统的解析几何题来做,就会像上述海上追逐问题一样,应该得到一个圆.就题中所给的数字来说,这个圆的半径是12英寸,它也就是三角形的最大的高度.对于一般情形,这高度应是$k/(k^2-1)$.

就题中所给的特殊情形,我们介绍一种采用上述方法的典型的解法.把三角形的底边放在x轴上,使它的一端位于原点,这样,另一端就位于点(10,0).设点(x,y)是离底边两端距离之比为3/2的任何一点.按照距离公式,我们立即可写出从点(x,y)到原点(0,0)的距离是$\sqrt{x^2+y^2}$,从点(x,y)到点(10,0)的距离是$\sqrt{(x-10)^2+y^2}$.让这两个距离之比等于给定的比值,我们就得到如下方程:

$$3\sqrt{x^2+y^2}=2\sqrt{(x-10)^2+y^2}$$

这就是满足给定条件的那些三角形的顶点的轨迹方程.对上式两端取平方,简化后得到

$$(x+8)^2+y^2=144$$

这是一个圆的方程,它的圆心位于点(-8,0),半径是12.

为了求得在一般情况下的类似方程,我们可采用和上面相同的步骤,只是用a和b分别代替3和2,用1代替底边10.这样便得到下述方程:

$$a\sqrt{x^2+y^2}=b\sqrt{(x-1)^2+y^2}$$

两端取平方,加以简化,我们仍然得到一个圆的方程:

$$\left(x+\frac{b^2}{a^2-b^2}\right)^2+y^2=\frac{a^2b^2}{(a^2-b^2)^2}$$

可见,这个圆的圆心位于点$\left(-\frac{b^2}{a^2-b^2},0\right)$,而半径等于$\frac{ab}{a^2-b^2}$.

有人用x来表示y,结果便没有看出这个关系式代表的是一个圆.他们通过

① 希腊数学家阿波隆尼曾提出十个与圆有关的几何题,这是其中之一.

令微分 dy/dx 等于零去求极大值. 你瞧,照“老一套”去做有多糟糕!

其实,还有一种更简捷的解法,根本不用解析几何的方程. 这就是画出已知的底线 CD(图1),再任意取一点 O,使 OC/OD 等于比值 k;然后,画出 $\angle COD$ 的内平分线 OB 和 $\angle COD$ 的外平分线 OA. 根据熟知的几何定理,不难证明 CB/BD 和 CA/DA 都等于 k. 由此可知,B 和 A 是两个固定不动的点. 由于 BOA 显然是直角,所以,所求的轨迹是一个圆,它的直径就是 BA. 令 $CD=1$,则 $DA=(1+DA)/k$,从而 $DA=1/(k-1)$;又由于 $BD=1/(k+1)$,而两者之和 $2k/(k^2-1)$ 就是所求的直径. 这与前面的结果相同.

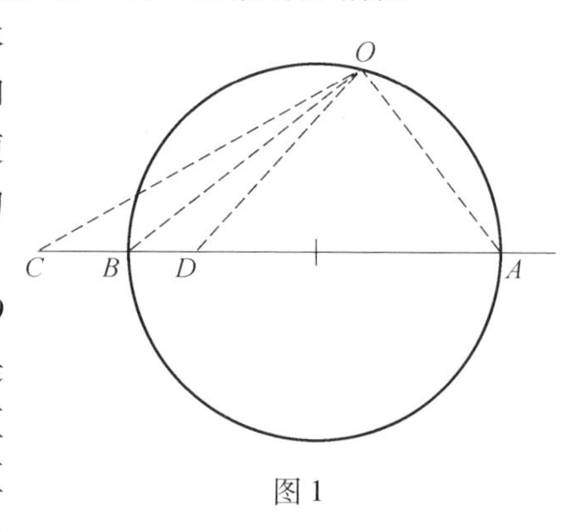

图1

❖巧剪纸条

在一长条纸上依次写上60个字母,它们或者是 X,或者是 O. 将这一长条纸剪成许多小长条,使得每一个小长条上的字母关于其中心是对称的. 例如 O,XX,$OXXXXO$,XOX 等等.

(1) 求证:有一种剪法,使得至多有24个小长条;

(2) 给出一个在长条纸上字母 X 或 O 排列的例子,使得按上述规则无论如何剪,所得的小长条不能少于15个;

(3) 试改进(2) 中的结果.

解 (1) 将60个字母的序列剪成12个子序列,使得子序列恰为5个连续的字母,凭经验不难发现每一个子序列总可以剪成一个或者两个合乎题目要求的小长条,即上面的字母关于中心对称. 事实上,不妨设所取的子序列第一个字母为 X,则仅有以下16种情况:

$$XXXXX \qquad (XOX)XX$$
$$(XXXX)O \qquad X(OXXO)$$
$$XX(XOX) \qquad XOXOX$$
$$(XXX)OO \qquad (XOX)OO$$
$$XXOXX \qquad (XOOX)O$$

$$XX(OXO) \qquad (XOOX)X$$
$$X(XOOX) \qquad XOOOX$$
$$(XX)OOO \qquad X(OOOO)$$

上述有4种情况为5个字母关于其中心对称,其余12种情况括号内与外的字母均关于其中心对称. 由此可看出用这种方法去剪,无论开始时60个字母如何写,所得小长条总不超过24个.

(2) 考虑如下以6为周期的字母序列:

$$XXOOXOXXOOXOXXOOXO \qquad ①$$

不难证明式①中连续5个或多于5个字母所成的子序列关于其中心必不对称,从而按题目要求剪含有式①中前60个字母的长条纸,所得的小长条不可能少于15个.

(3) 设长条纸上写有式①中的前60个字母,按题目要求将它剪成若干小长条. 称小长条上含有字母的个数为其长度. 可以证明所有小长条长度的平均数不大于3. 事实上,只需讨论长度为4的小长条$XOOX$和$OXXO$,有以下两种情形:

ⅰ 长度为4的小长条后接着一个长度为1的小长条,这两个长条的平均长度为2. 5;

ⅱ 长度为4的小长条后接着的小长条的长度大于1,从式①可以看出只有以下两种情况:

$$(OXXO)(OXO),(XOOX)(OXXO)$$

对于第一种情况,若后面还有字母,则必有小长条(X)或(XX). 所以这3个小长条的平均长度不大于3. 对于第二种情况,不妨设后面跟着的小长条为(OXO),若其后还有字母,则可能出现的情况为

$$(XOOX)(OXXO)(OXO)(X)$$
$$(XOOX)(OXXO)(OXO)(XX)(O)$$
$$(XOOX)(OXXO)(OXO)(XX)(OO)$$

上述情况所得的小长条平均长度均不大于3. 有可能出现问题的是最后为$(OXXO)(OXO)$或者$(XOOX)(OXXO)(OXO)$. 由于在最后的只能有一组,注意到整个序列最前面的小长条必为(X),… 或者(XX),(OO),… 或者(XX),(O),… 最前面的一个或者两个和最后面的合起来平均长度不大于3,于是小长条不少于20个. 下面给出一个剪的方法,使得小长条恰为20个:

$$(X)(XOOX)(OXXO)(OXO)\cdots$$

❖滚珠金字塔

这是关于一家轴承公司广告员的数学题. 这个广告员打算把1英寸大小的许多滚珠堆成一个金字塔,以壮观瞻,去吸引顾客对他的商品的注意. 堆成的金字塔的基底是三角形还是正方形,抑或是长方形,他都不在乎. 但是他希望,如有可能,最好把他拥有的36 894颗滚珠全部堆上去. 他知道,堆成三角形金字塔,就是把每颗滚珠放在三颗滚珠的上面;堆成正方形或长方形金字塔,就是把每颗滚珠放在四颗滚珠的上面. 那么,这个广告员应怎样去堆他的金字塔?

解　许多人都求出了正确答案,不过大多数人都发现,需要用到较多的代数知识,而且要用尝试法才能求得结果. 显而易见,这第一步是应该对每一种金字塔写出(利用二阶算术级数的求和公式)它的滚珠总数用层数 n 表达的公式:

三角形:$S = n(n+1)(n+2)/6$

正方形:$S = n(n+1)(2n+1)/6$

长方形:$S = n(n+1)(2n+3p-2)/9$

(p 是顶层的滚珠数)

显然,这里 n 必须是整数,所以这道题又是丢番图问题的一种. 下面我们要稍微分析一下,看上面三个方程中哪一个具有整数解(如果有的话). 我们可以采用各种各样方法,其中最简单的一种方法是利用这样一个事实:上面每个方程都包含了 $n(n+1)/6$,这就意味着,若要方程满足,两个相邻整数和另一个整数的连乘积必须等于 $6\times 36\,894$. 于是,剩下的事情就只是去写出可能有的因子组合,它们是:

$1\times 2\times(3\times 36\,894)$,这时 $n=1$;

$2\times 3\times(36\,894)$,这时 $n=2$;

$3\times 4\times(18\,447)$,这时 $n=3$;

$11\times 12\times(3\times 13\times 43)$,这时 $n=11$;

$43\times 44\times(3\times 3\times 13)$,这时 $n=43$;

对括号内的因子稍加分析就可以看出,它们哪一个都不等于$(n+2)$或者$(2n+1)$,这就排除了堆成三角形或正方形金字塔的可能性. 剩下要考虑的就只有长方形金字塔了. 当 $n=2,3,11$ 或 12 时,p 是分数,因此,除了 $n=1$ 和 $n=43$ 两种情况,其他情况都不用去考虑. 当 $n=43$ 时,$p=11$,这时给出的是一个43

层的长方形金字塔,顶层的滚珠数是 11 个. 当 $n = 1$ 时,$p = 36\ 894$,这是一种极端情况,即只有一层的长方形金字塔,36 894 颗滚珠全排成一条直线.

上面介绍的方法是许多人所采用的. 有一个人还利用了这样一个有趣的事实:既然 $6 \times 36\ 894$ 不能被 10 除尽,所以 n 和 $n+1$ 这两个数中必定有一个是素数. 另一种解法稍许麻烦些,但也得到相同的长方形金字塔,它的底面宽有 43 颗滚珠,长有 53 颗滚珠. 应该指出,这个金字塔高将是 30.7 英寸,重 5 460 磅左右,对陈列架的压力是每平方英尺 360 磅. 所以,要真的陈列出来,那陈列架一定得做得很坚牢!

❖签名游戏

已知凸多面体 k 的面数 $n \geqslant 5$,其中每个顶点恰好都引出三条棱. 两个人做下面的游戏:两人交替地在没有被签上名的面上签名,以先在具有公共顶点的三个面上签上名者为胜. 证明:在任何情况下,都是先开始签名的人获胜.

证明 首先证明这个凸多面体至少有一个面的边数大于等于 4. 不然的话,每一面均为三角形,从而 $3n = 2E$(其中 E 为多面体的棱数),但由欧拉公式 $V + n - E = 2$(其中 V 为多面体的顶点数),又由于每一个顶点恰好引出三条棱,所以 $3V = 2E$. 由这三等式消去 V, E 得 $n = 4$,这与已知 $n \geqslant 5$ 矛盾.

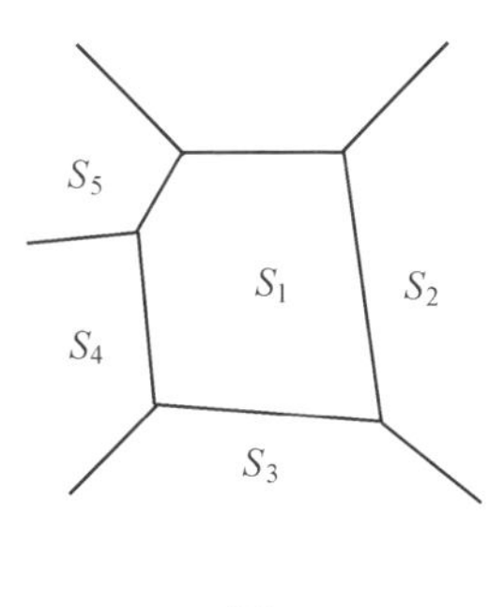

图 1

第一个人先在边数大于等于 4 的这个面 S_1 上签名,然后在与面 S_1 相邻的面 $S_2, S_3, \cdots, S_k (k \geqslant 5)$ 中选择一个面签名. 选择的方法是这样的(图 1):如果第二个人未在 $S_2, \cdots, S_k$ 上签名,则可在 $S_2, \cdots, S_k$ 中任取一个;如果第二人在 $S_2, \cdots, S_k$ 中某一个上签名,不妨设为在 S_2 上签名,那么 $S_3, \cdots, S_k$ 中必有与 S_2 不相邻者,第一个人就在这种面中的一个上签名. 设第一个人在 S_4 上签了第二次名,那么他一定可以在与 S_4 相邻的面 S_3, S_5 中的一个上再签一次名,从而取得了胜利.

❖阿丽丝与马大哈

阿丽丝去街角肉店替妈妈买了四样东西. 那位售货员草草记下这四样东西的价钱,但是,他不是把四个数加起来,竟一时糊涂把这四个数乘在一起,并就这样向阿丽丝要了7.11元. 阿丽丝已经做过加法心算,因为售货员要的钱数正对,她就付款离去. 请问,阿丽丝买的每样东西的价钱是多少?

解 这是一个丢番图问题,需要找出711 000 000的四个因子,使它们加起来等于711. 我们在这里把每样东西的价钱用分表示,这样可以简单些. 为了在最后的积中得到六个零,任何两个因子的乘积,末位数必须是零. 这是因为其余两个因子相乘,所得结果中决不会有五个以上的零,而这样所得的积的首位数字也绝不会是2或5①. 另外,四个因子的个位数字加起来必须是1,因此,这四个因子的个位数字只有两种可能性,即0,0,0,1或0,0,5,6. 711 000 000的四个因子是$(2)^6\times(3)^2\times(5)^6\times(79)$,为了满足上述条件,79必须乘以4,因为,不然就得乘以5,而这样一来,四个因子加起来就会超过711. 这是由于,其余三个因子即使彼此相等,从而给出最小的和数,这时它们加起来也会超过(711 - 395). 这一点根据的是一个普遍关系,即一个数的各个因子,当它们彼此相等时,加起来所得的和为最小. 这样,我们就知道其中一个因子是316;其余三个因子的末位数字各是5,0,0,而且加起来等于395,因为这三个因子的乘积的立方根是131,它们当中不会有哪个因子偏离这个几何平均值很远. 这样,剩下的我们要去试凑的因子组合就不多了,最后得到三个数是:1.25,1.20和1.50.

❖平分巧克力

n名儿童希望将m块相同的巧克力糖分成分量相等的n堆. 规定每块巧克力糖至多能被分成两部分.

(1) 如果$m=9$,那么对怎样的n,所述要求能实现?

(2) 更一般地,对怎样的n和m,所述要求能实现?

---

① 其和不大于711的两个因子相乘,最多只能得到五个零,即$200\times500\times=100\ 000$这一种情形.

解　问题(1)是问题(2)的特殊情形. 所以只需对问题(2)作出解答. 首先指出:如果 $m \geq n$,那么总能实现要求. 对此情形,每一等份的量不少于一整块巧克力. 首先让第一位儿童取一等份,为此至多需要将一块巧克力切开(分成两部分). 接着让第二位儿童取一等份. 如果上一位曾切开某块巧克力,那么第二位从他剩下那一部分开始. 必要时第二位儿童也要切开一块巧克力. 这样的过程可以继续下去,直到每位儿童都取到自己的那一等份.

现在,假定 $m < n$,并且题目所述的要求能够实现. 对此情形,每一等份都少于一整块巧克力. 因此所有的巧克力糖都必须切开. 我们构造一个有 n 个顶点的图. 每个顶点代表一位儿童,每条边代表一块巧克力糖(总共 m 条边). 某条边所连的两个顶点就是分取该块巧克力的两位儿童. 假定该图有 k 个连通分支,各分支的顶点数和边数分别为 $n_1,n_2,\cdots,n_k$ 和 $m_1,m_2,\cdots,m_k$. 因为所有儿童分到同样多的巧克力糖,所以

$$\frac{m_1}{n_1}=\frac{m_2}{n_2}=\cdots=\frac{m_k}{n_k}=\frac{m}{n}<1$$

因为每个连通分支是顶点数多于边数的连通图,所以必有 $m_j=n_j-1,j=1,2,\cdots,k$. 于是

$$n_1=n_2=\cdots=n_k=\frac{n}{k},m_1=m_2=\cdots=m_k=\frac{m}{k}$$

因此,为实现题目所述的要求,一个必要条件是存在 m 和 n 的公约数 k,使得 $\frac{m}{k}=\frac{n}{k-1}$. 当然,$k$ 必定是 m 和 n 的最大公约数.

下面说明上述条件也是充分的. 首先考察 $m=n-1$ 情形. 因为每一等份是一块巧克力糖的 $\frac{n-1}{n}$ 倍,所以只需每块切下 $\frac{1}{n}$ 部分. 前 $n-1$ 位儿童每位取走 $\frac{n-1}{n}$ 块巧克力之后,最后一位儿童取走每块剩下的部分,他所获得的巧克力也有 $(n-1)\times\frac{1}{n}$ 块. 对于 $k>1$ 的情形,基本条件是 $\frac{m}{k}=\frac{n}{k}-1$. 于是 $m=n-k$, $\frac{m}{n}=1-\frac{k}{n}$. 先让前 m 位儿童各将一块巧克力糖切开取走 $\frac{n-k}{n}$ 块,留下 $\frac{k}{n}$ 块. 然后让后面的 k 位儿童每位取走 $\frac{m}{k}$ 块切剩下的部分(每块剩下的部分为 $\frac{k}{n}$ 块). 后来的这些儿童,每人分得的量也是

$$\frac{m}{k}\times\frac{k}{n}=\frac{m}{n}$$

对于(1) 中的情形,$m = 9$. 因此 n 的可能取值为

$$1,2,3,4,5,6,7,8,9,\begin{cases}10, k=1\\12, k=3\\18, k=9\end{cases}$$

❖兜圈子游戏

老师让小王在娱乐活动时间想办法带着大家游戏. 他叫同学 A,B,C 和 D 分别站在边长为100英尺的方形操场的四个角上,自己站在操场的中央.

“我一开始喊口令,”小王大声宣布规则说,“同学 A,你就按照这个速率总是对着 B 稳步走去;你,同学 B,以同样的速率总是对着 C 走;C 对着 D 走;D 对着 A 走. 当你们在这中心处相遇的时候,我们再看看每个人各走了多少路.”

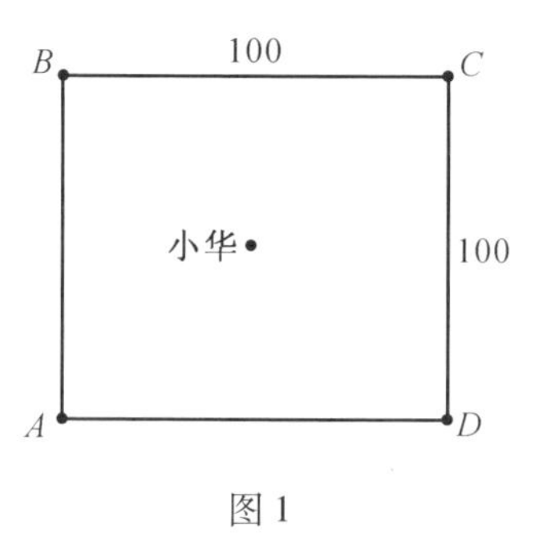

图 1

小王一喊出口令,他立即决定自己也以同样的步伐朝操场一边的中点走去,然后折回. 最后得到相当出乎意料的结果. 请你说明这以后发生的事情.

解 做这道题能使人感到愉快,因为尽管按部就班地去做这道题,解决很复杂,但是,如果思路正确,只要用简单的推理便能够做出来. 这种解法,有人称之为“易行的对称性方法”.

用普通的数学方法来解这道题,如图2所示. 图中右上象限中的曲线满足 $dy/dx = (x+y)/(x-y)$. 变换到极坐标,有:$x = r\cos\alpha, y = r\sin\alpha$;$dx = \cos\alpha dr - r\sin\alpha d\alpha$, $dy = \sin\alpha dr + r\cos\alpha d\alpha$. 于是,我们得到这道题的解:

$$\alpha = \log r + C$$

或者

$$r = C'e^{\alpha}$$

图 2

(这是对数螺线,不是阿基米得螺线);这里的积分常数不必加以确定. 这条曲线从原点到点(50,50)的弧长,可通过从 $r=0$ 到 $r=50\sqrt{2}$ 区间对 $\sqrt{dr^2+r^2d\alpha^2}$ 求积分而得出,结果是100. 因此,小华和他的

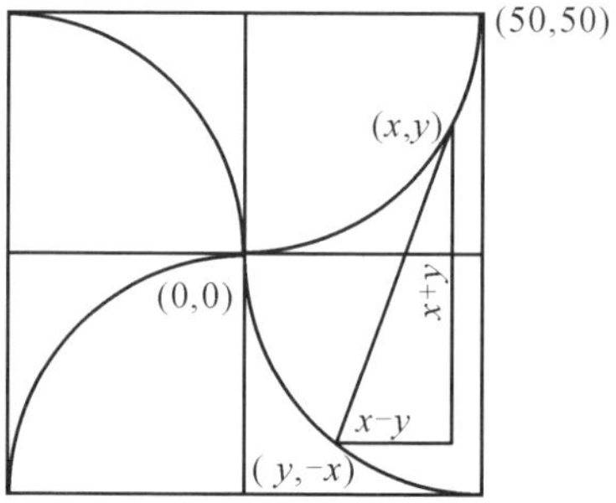

四个同伴会在同一时刻回到操场中心.

可是,我们用前面提到的对称性方法也能得到同样的结果,而且同样地严格,不过要省事些.小华的四个同学 A,B,C 和 D 开始时站成一个正方形,由于对称性,直到他们走到中心处相遇之前,他们走动中所处的位置总保持为一个正方形(图3).因此,不管开始时还是走动中,他们每个人运动的方向总是和追赶他的那个人的瞬时路径相垂直.(换句话说,仿佛每个人都在朝着一个固定不动的目标前进,尽管确定四个孩子位置的那个正方形在转动和不断缩小,但这却不影响每人应走的距离.)因此,追赶人赶上被追赶人所要走过的距离,就是他俩开始时彼此相隔的距离.他们每人走的距离都是100英尺,也就是正方形操场的边长.

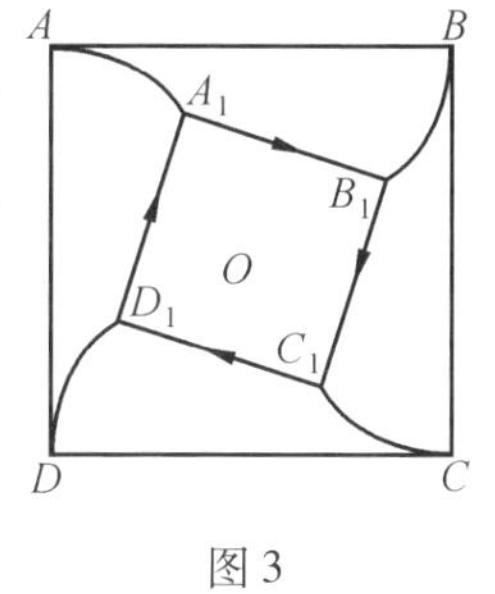

图3

❖涂涂抹抹

两个人轮流在 8×8 的方格板上玩涂格子游戏.第一个人每次将其中任意两个相邻的格涂上黑色,而第二个人将其中任意一格涂上白色.起初方格板上所有的格都是白色的.第二个人能否在他的每次涂色之后,使得板上任意一个 5×5 格正方形中:

(1) 至少有一个角的格涂成白色;

(2) 至少有两个角的格涂成白色.

(有公共边的两格叫做相邻的;同一格子可经两游戏者改涂颜色若干次)

解 (1) 对任意的 5×5 格正方形,图1中有 × 号的格中至少有一个是它的角格.第二个人总能将它涂成白色的.因为第一个人每次至多只能将图1中的一个有 × 号的格涂成黑色的.所以对任意 5×5 格正方形,至少有一个角的格涂成白色,是可以做到的.

		×			×		
×			×			×	
	×			×			×
		×			×		
×			×			×	
	×			×			×
		×			×		
×			×			×	

图1

(2) 若一个方格是某个 5×5 格正方形的角格,则它不能是另一个 5×5 格正方形的角格.所有这样的正方形只有16个,所以第二个人要实现(2)中的题设要求,必须在他涂色之后,板上至少要有32格是涂白色的.第一个人在前32次中,只要

对每格不重复涂色,那么他将把 64 格都涂成黑色的. 而第二个人在前 32 次中,充其量只能将 32 格涂成白色. 如果这时板上出现两个相邻的白格,第一个在第 33 次又可将它们涂成黑色,第二个人在第 33 次也只能将其中一个黑格涂成白色. 至此,板上的白格已不超过31 个,这样就达不到题设的要求. 若经前述32 次涂色后,板上不出现相邻的白格,那么这时就像国际象棋棋盘那样黑白相间. 这时,某些 5×5 正方形的角格都是黑色的,更谈不上有两个角的格是白色的. 所以对任意 5×5 格正方形,至少有两个角的格涂成白色是做不到的.

❖流亡者的遗产

一家保险公司决定留一笔特别储备基金,办法是每天从它的普通基金中抽出一笔现金转入特别基金. 作出决定的当天,应有 1 分钱转入特别基金,第二天转入 2 分,第三天转入 3 分,如此坚持下去. 每过一天,转入的现金增加 1 分钱. 这笔特别基金将以现款形式保存在公司的办公室里,没有利息. 规定在每天上午 10:00 转入. 这个计划付诸实行后,顺利地实行了许多天. 后来,由于公司的副经理勾结特别基金的保管人潜入办公室,偷走了全部基金,这个计划才停止实行. 到那时,这家保险公司营业不到一百万年. 那个副经理一直没有抓到. 他携带全家逃到很少有人知道的一个太平洋小岛上,找到一个活计养家糊口,过得还算愉快. 到了晚年,这个流亡者才决定用他那笔原封未动的赃款买礼物,作为遗产送给自己的孙子们. 他有 23 个孙子,全都非常喜欢狒狒. 于是这位祖父决定买一群狒狒送给他们. 他打电话给附近狒狒市场的一家批发商,索取了一张狒狒批发价单. 价单上每只狒狒的平均售价恰好是整数分钱. 仔细计算了以后,他发现偷来的钱刚好能为 23 个孙子每人买相当于一只狒狒价格分数那样多的狒狒. 请问:那家保险公司把现金转入特别储备基金的做法实行了多少天?

解 扼要说来,这道题的内容如下:有一笔基金是这样积累起来的:第一天存入一分钱,第二天存入两分钱,第三天存入三分钱,等等,直到有一天它被一个人悉数偷去. 这个偷窃犯逃到一个小岛上,后来数那笔赃款时才发现,那笔钱刚好够为他的 23 个孙子每人买相当于每只狒狒价格的分数那样多的狒狒. 这道题问的是:这笔基金直到被偷走前,已积累了多少日子?

设积累基金的天数是 n,每只狒狒的价格是 B,根据熟知的算术级数求和公式,$n(n+1)/2$ 必须等于 $23B^2$. 令 $x=2n+1$,$y=2B$,上述方程可改写成更合用的形式$x^2-46y^2=1$.求这个二元不定方程的两个整数解,正是丢番图早在公元3世纪就认真加以研究过的那种方程,其一般形式是$x^2-Ay^2=1$.关于这种方程,在数学史上有过一个故事.1657年,一位学识渊博的法国学者费马曾向两位英国数学家提出挑战,看谁先求出这种方程的通解.(1个世纪以后,著名数学家欧拉误以为这种方程是佩尔解出的,所以一直把它叫做佩尔方程.值得提一下的是,佩尔就是把除号÷引入英国的那位数学家.他于1643到1646年和1646到1650年先后在阿姆斯特丹和布雷达任教授,还在瑞士做过好几年克伦威尔的代理人.王政复辟后,他改做牧师,在埃塞克斯住过一阵子.他特别精于丢番图分析.说来凄惨,他1685年在伦敦逝世时十分潦倒.)费马证明了,方程$x^2-Ay^2=1$有无穷多个解,这一事实相当于这样一个令人吃惊的命题(这是数论的最迷人的成果之一):任何一个非平方数可以与一个无穷平方数数列中的任一个数相乘,使得所得到的乘积恰好比另一个平方数小1.例如,非平方数3与平方数1相乘得到积3,就比平方数4小1;3与平方数16相乘得48,比平方数49小1;而3与平方数3 136相乘得9 408,比平方数9 409小1,等等,实际上存在着无穷多个这种关系.不过,有关的平方数很快就变得像天文数字那样大了.

现在回到方程$x^2-46y^2=1$.显而易见,比值x/y稍大于46的平方根.它的精确值可以通过下述方式求出:把46的平方根写成连分数:

$$6+\frac{1}{+1}\ \frac{1}{+3}\ \frac{1}{+1}\ \frac{1}{+1}\ \frac{1}{+2}\ \frac{1}{+6}\ \frac{1}{+2}\ \frac{1}{+1}\ \frac{1}{+1}\ \frac{1}{+3}\ \frac{1}{+1}\cdots$$

然后拿每一个渐近分数试一试,直到解出上述方程.对于我们这道题,由第十二个渐近分数求得$x=24\ 335$,$y=3\ 588$.于是,所要求的天数$n=12\ 167$,这差不多是三分之一个世纪.接着求下一个解时,不必花多少工夫就可得到y的值为$24\ 335\times3\ 588\times2=174\ 627\ 960$,从而得到另一个答案592 192 224天.但是,这后一个解已超过一百万年,因此应当摒弃.顺便指出,有些人利用各种不太科学的试凑法,也得到了上述正确答案.

在这道题的各种试凑解法中,有一个解法特别巧妙.这种解法所用的基本方程是$\frac{x(x+1)}{2}=23y^2$,即$x(x+1)=46y^2$.这是个不定方程,因为整数条件无法用一个数学方程来表示.于是作代换$y=u/v$,得$x(x+1)=46y^2=\frac{46}{v}\times\frac{u^2}{v}$.这样,只要$46/v$是整数,$\frac{u^2}{v}-\frac{46}{v}=1$就是所要求的答案;这时有$u^2-46=v$.可以料到,$x$会是一个大数,这就要求$v$很小.把计算尺拉到46的平方根的位置,找出最接近46的平方根的那些分数,从中可看到156/23比较合适,这是因为基本方程中是以23作为系数,而且,若以156/23作为u,v就是21 529,y就是1 824,而

x 就是所要求的整数 12 167. 这个方法靠的是“推理和感觉”,20 分钟内就能求得答案,靠它来求解不定方程和数学难题往往是有效的. 不过,如果头几次试凑就失败了,通常就不宜再试下去了.

❖无法操作

对圆周上已有的红点和蓝点可进行如下操作:或者加上一个红点,同时改变它的相邻两点的颜色(即红变蓝,蓝变红);或者去掉一个红点,同时改变其原来相邻两点的颜色. 设开始时圆周上仅有两个红点. 求证:经任意有限次上述操作,不可能出现圆周上仅有两个蓝点的状态.

证明　设 S 是该圆周满足下列条件之一的红点和蓝点分布状态集合:

(1) 全是其个数不被 3 整除的红点;

(2) 有偶数个蓝点. 两个相邻蓝点之间的红点(可能是空集)称为一个链,其个数(可能是0)称为该链的长度,从某一个链开始依顺时针依次将每个链标上“+”或者“-”. 记标以“+”的链的长度和为 n,标以“-”的链的长度和为 m,则 $n-m$ 不被3整除(注意在(2)中,初始链的选取和顺时针与逆时针顺序的选取只影响 $n-m$ 的符号).

不难验证 S 中的一个状态经题中所说的操作所产生的状态仍在 S 中. 因为初始状态在 S 中,所以无论经多少次操作,所产生的状态都在 S 中. 由于仅有两个蓝点的状态不在 S 中,从而经任意有限次操作,不可能从仅有两个红点的状态产生仅有两个蓝点的状态.

注　不难证明:S 中的任一状态均可以从仅有两个红点的初始状态经有限次操作产生. 进一步,包含偶数个蓝点(可能是0个),但不在 S 中的状态都可以从仅有两个蓝点的初始状态经有限次操作产生. 所有包含奇数个蓝点的状态可从仅有三个蓝点的初始状态经有限次操作产生.

❖飞行员开会

有三位空军军官,他们各自正待在堪萨斯、莫比尔和哥伦布三城市附近(图1). 如果迁就一下,可以认为这三个城市的距离是一样的,都是700英里. 由于一件急事,需要这三位军官尽早碰头开一个重要会议. 少校金在堪萨斯市,他的飞机平均每小时只能飞 200 英里；少校莫尔顿在哥伦布市，他的飞机巡航速度是每小时 400 英里；上校科尔顿在莫比尔市，他驾驶的是一架每小时飞行 600 英里的喷气机. 科尔顿是个数学家，他用电话通知另两人到指定的最佳地点去和他会面. 十分凑巧，他选定的地点附近有一个飞机场. 他们三人同时于下午 2 时起飞. 他们将在何时何地相会？如果他们飞机的速度不是 200，400 和 600 英里，而分别是 300，400 和 500 英里，这样的变动对他们尽早碰头产生的主要影响是什么？

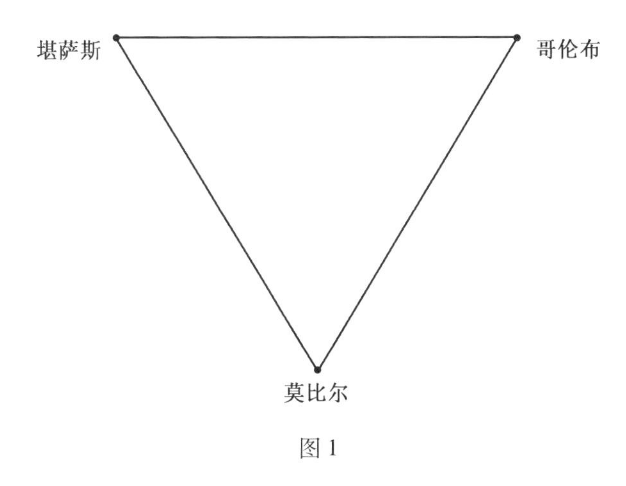

图 1

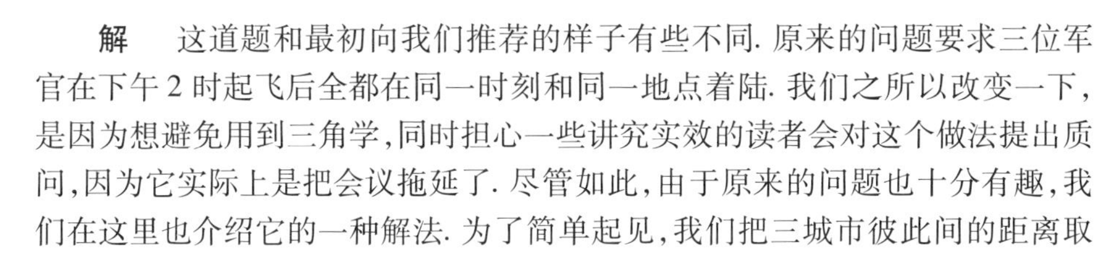

解　这道题和最初向我们推荐的样子有些不同. 原来的问题要求三位军官在下午 2 时起飞后全都在同一时刻和同一地点着陆. 我们之所以改变一下，是因为想避免用到三角学，同时担心一些讲究实效的读者会对这个做法提出质问，因为它实际上是把会议拖延了. 尽管如此，由于原来的问题也十分有趣，我们在这里也介绍它的一种解法. 为了简单起见，我们把三城市彼此间的距离取作 1，所花的时间 t 用$\frac{1}{100}$小时为单位. 把余弦定理用于 $\triangle CAP$ 和 $\triangle BAP$（这里 P 是三人碰头地点），我们有

$$CP = 6t = \sqrt{[1 + 4t^2 - 4t\cos(60^\circ + \theta)]}$$

而

$$BP = 4t = \sqrt{(1 + 4t^2 - 4t\cos\theta)}$$

由此求得 $t = 0.189$. 由于实际给定的距离是 700 英里，所以 $t = 1.323$ 小时，即 79.38 分；而 $\theta = 40°53.51'$，$AP = 264.6$ 英里. 这样就确定了碰头地点.

图 2

就我们现在陈述的这道题来说，它的正确解法如下（图 2）. 只要 600 英里/小时的喷气机能够同时或者提前抵达，那么，能最快抵达的那个开会地点一定

是在两架慢速飞机出发点之间的直线上，这是因为，如果不是这样，两架慢速飞机就必须飞得更远. 因为喷气机的速度恰好是两架慢速飞机速度之和，所以，在两架慢速机尽快相会所需要的最短时间里，喷气机能飞行 700 英里. 由于两架慢速机的航线是等边三角形中莫比尔市所在顶点的对边，这条直线上没有一点到莫比尔市的距离能大于三角形的边长 700 英里. 由此不难求得，开会地点距康萨斯市 $233\frac{1}{3}$ 英里，距哥伦布市 $466\frac{2}{3}$ 英里. 两架慢速飞机都是起飞后过 1 小时 10 分，即在午后 3∶10 到达开会地点. 莫比尔市距开会地点是 617 英里稍多一点，因此，科尔顿上校大约要花 1 小时零 2 分，即在午后 3∶02 到达开会地点.

如果三架飞机的速度改为各是 300 英里 / 小时，400 英里 / 小时和 500 英里 / 小时，这时的主要变化是，最快的那架飞机的速度不够快，以致不能及时赶到另两架飞机出发点的连线上去同它们相会. 在这种情况下，尽早相会的地点应是在三角形的内部，而且三架飞机应同时抵达那里. 这是因为，到一个三角形三顶点的距离和三给定数成正比的点，只是在该三角形之内有一个. 除这一点外，在别的任何地点开会，三架飞机中至少会有一架不得不飞得更远，从而会使开会时间推迟.

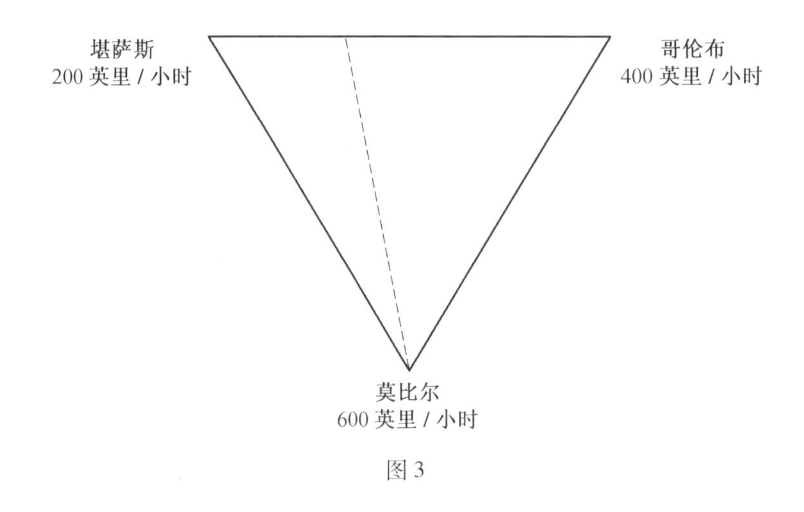

图 3

❖混合油问题

某汽车司机向同事借了 3 kg 煤油和 5 kg 汽油，一起倒进了一个桶里，正好满到桶边，并且把它称了一下，几天以后，同事来取桶，这个司机倒进了 3.5 kg 煤油和 4 kg 汽油，桶又满到了边上，而且质量与第一次一样，司机还给他同事的汽油(以及煤油)与借来的是同类的.

汽油和煤油的密度可以用普通的除法计算,不需要列出任何方程,但邦迪先生知道得要多得多,他断言:

(1)司机们不善于区分煤油和汽油;

(2)对于现代的汽车发动机来说,桶里的这种较重的燃料是不合适的;

(3)他,邦迪先生本人,能这样地解决问题,得到较轻的、连飞机发动机也可以使用的混合燃料.

他是怎么办到的?

解 如果默认汽油和煤油的密度不同,那么从问题的条件推知,3.5 L煤油重3 kg,5 L汽油重4 kg.因此,煤油的密度是$\frac{3}{3.5}=\frac{6}{7}$ kg/L,汽油的密度是$\frac{4}{5}$ kg/L.知道了这两种燃料的密度,不难计算借来的(以及归还的)混合物的体积是8.5 L,重7 kg,密度是$\frac{7}{8.5}$ kg/L.

但邦迪先生断言,司机们不善于区分煤油和汽油,由此可得,"汽油"和"煤油"的密度可以是相同的,把未知的密度记为x,我们得到方程

$$3+5x=3.5x+4$$

因而$x=\frac{2}{3}$.这样一来,对司机们不满意的邦迪先生能从有相同密度的"汽油"和"煤油"得到密度不过是0.667 kg/L的混合物,它比原来的两桶混合物要轻得多.

这个问题也可以通过另一条途径解决.把煤油密度记为x,汽油密度记为y,由题设得方程组

$$\begin{cases}\frac{3}{x}+5=3.5+\frac{4}{y}\\3+5y=3.5x+4\end{cases}$$

对其中一个方程解出y并代入另一个方程,得到x的二次方程

$$21x^2-32x+12=0$$

这样,问题有两解:$x_1=\frac{6}{7},y_1=\frac{4}{5};x_2=\frac{2}{3},y_2=\frac{2}{3}$.第一组解是司机所用的混合物,第二组解是邦迪先生所说的混合物.

❖人口调查员

人口调查员小欧来到琼斯家里. 琼斯回答完关于自己的问题之后,小欧又问:"这里还住有谁?"

琼斯答:"还有三个人,不过全不在家."

小欧道:"那么,你也许能告诉我他们的姓名和年龄吧."

琼斯按着岁数大小说了那三个人的姓名,然后,他挤了挤眼说:"他们三人的年龄的乘积是1 296,而和数正好是本宅的门牌号."

小欧思索片刻,问了一句:"他们当中有人和你同龄吗?"

"没有,"琼斯回答. 小欧于是就满意地离去了.

请问:琼斯家的门牌号是多少?

解　这道有趣的问题也许应该归入速算法练习题,它有许多种解法,其中有一种解法特别快. 大家知道,将1 296分解为三个因子有好多种方法,并且其中必定有两种分解法所得到的三个因子之和相等,而这个和数必定就是本题的答案,因为如果不是有两组因子的和相等,小欧就没有必要再追问一句"他们当中有人和你同龄吗". 显然,两组因子之和相等的情况只出现一次,否则,小欧就无能为力了. 这两组因子就是81,8,2和72,18,1,由此立即可得出门牌号91.

❖狼羊博弈

有两个棋手在一个无限平面上对局,棋子共有51个,其中1只狼,50只羊. 第一个棋手开局移动狼,然后第二个棋手移动一只羊. 接着第一个棋手再移动狼,然后第二个棋手再移动一只羊,依此进行下去. 狼和羊每次移动可沿任意方向且距离不超过1 m. 对任意的k值,问是否可以有棋子的一个初始摆法,使得狼不能捕获任一只羊?

解　可以. 在平面上以米为单位建立直角坐标系$O-xy$. 把50只羊置于50条直线$y=3, y=6, y=9, \cdots, y=3\times 50$上使得每条直线上仅有一只羊,而且开始时没有一只羊离狼的距离在1 m之内. 由于狼一步至多移动1 m,但任意两只羊之间的距离都不小于 3 m,从而在同一时间,狼至多威胁到一只羊. 在 1 对 1 的情景下,即使羊沿一条直线运动,狼也不可能捉到羊.

❖硬币三角形

这道难题和本书“稳操胜券的办法”题属于同一类,只是作了些有趣的改动. 你可能还记得,在那道题里,随便放了三堆硬币,两个游戏人轮流从中取硬币,每人每次必须从其中的一堆里至少取一个硬币. 按预先约好的输赢规定,你要自己或者迫使对手去取那最后剩下的一个硬币. 在目前这道题里,有 15 个硬币分五行摆成一个三角形(图 1),各行的数目分别是 1,2,3,4 和 5. 两个游戏人轮流从任选的一行中取硬币,每次至少取一个. 这个游戏有两种输赢规定:或者取那最后一个硬币的人赢,或者迫使对手去取最后一个硬币的人赢. 如果你懂得这中间的“诀窍”,而对手不知道,那么,不管谁先手取硬币,你都准能赢. 你知道该怎样玩吗?

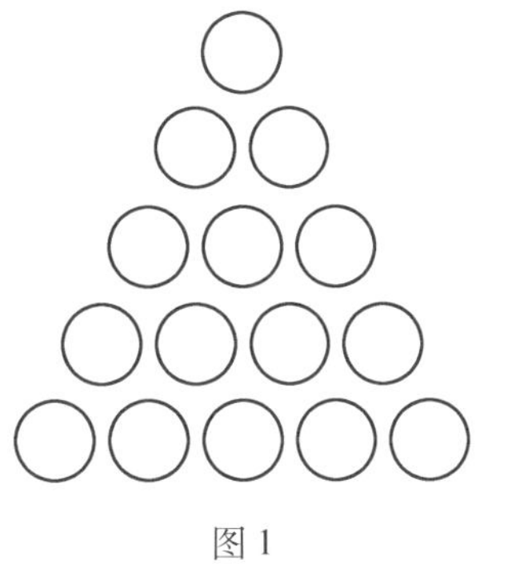

图 1

解 就像“稳操胜券的办法”中一样,这里的窍门也是要设法去建立起一种平衡态势,让 2 的同次幂全都成对地出现,譬如说要么出现两个,要么完全不出现,而不要让它出现一个或三个. 坚持这种战术,直到最后的态势仍对自己有利. 当然,怎样算有利的态势,与必须由你还是必须由对手去取那最后一个硬币才算你赢有关. 最初,如图 2 所示,2 的幂以 4 和 2 的形式成对出现,但以 1 的形式不成对出现,这是不平衡的. 所以,先取的游戏人应该从第一、第三或第五行中取走一个硬币. 倘若他不懂这游戏的诀窍,譬如说,错误地从中间一行取走两个硬币,那么,懂诀窍的第二个游戏人从第二行中取走一个硬币,后者显然就取得了一种平衡态势. 照这样玩下去,懂诀窍的游戏人最终会保持一种必赢的态势(同输赢规定有关,有时这也可以是不平衡的态势). 例如,如果规定取最后一个硬币的人是输家,那么,懂诀窍的游戏人会让剩下的硬币是 1,1,1 或者 1,1,1,1,1. 值得指出的是,如果懂诀窍的游戏人是后手,而对方无意识地在先手取硬币时获得了有利态势,那么,懂诀窍的那人就应该只取

1	2	3	4	5
			4	4
	2	2		
1		1		1

图 2

走一个硬币，而把希望寄托在对手下一轮取硬币时发生错误. 此外，当硬币比较少，譬如在本题中只有15个时，一个不知道要用到二进制，即不知道去考察1，2和4的人，只要玩得久了，凭经验也能像上面那样去正确地取硬币. 这时，懂诀窍的老手可以把硬币排列的行数或每行的硬币数胡乱改变一下，借以迷惑对手，然后再按上面介绍的战术去玩，就可望取胜.

❖直达航班

某国的城市多于101个. 这个国家的首都与其他100个城市有直达航班，首都之外的每个城市都与10个城市有直达航班. 已知从这个国家的任一城市可乘飞机到达任一另外的城市（未必是直达航班，中途可能在其他某些城市停留）. 求证：可以关掉与首都相连的一半直达航班，使得仍然可以从这个国家的任一城市乘飞机到达任一另外的城市.

证明　构造一个图 G，使得该图的每一个顶点表示一个城市，表示两个有直达航班的城市的点之间有一条边. 记 M 表示的城市是首都，从 G 中去掉顶点 M 和所有与 M 相连的边所得的图记为 G'. 假设 G 是一个连通图，显然 G' 可以分解为若干连通分支. 由 G 的连通性可知 G' 的每一个连通分支中至少有一个顶点在 G 中与 M 有边相连. 由假设可知在 G 中与 M 有边相连的顶点在 G' 中的度数为9. 在 G 中与 M 无边相连的顶点在 G' 中的度数为10. 由于任一图中的顶点度数之和为偶数，所以在 G' 的每一个连通分支中至少有两个顶点在 G 中与 M 有边相连. 由于在 G 中 M 的度数为100，从而 G' 的连通分支至多有50个. 于是 G' 加上顶点 M，再加上 G' 的每一个连通分支中一条原来在 G 中与 M 连的边就构成一个连通图，即要证的结论成立.

❖平方和立方

用你能想到的最简单的方法去找出两个由0，1，2，3，4，5，6，7，8和9这十个数字构成的整数（每个数字在两个整数中只用到一次，也就是说，如果一个整数中有5，另一个整数中就不能再出现5），使这两个整数分别是同一个数的平方和立方.

解　显而易见,为求得这道题的答案,最快的办法是去找一本手册来检索其中的平方和立方表.不过,若在这样做之前稍微动点脑子,一定能使检索和核对的时间大为节省,而且也一定能增加趣味.有一个人是这样做的:他注意到(凡是解出这道题的人都会注意到的),只需要对从47到99(首尾包括在内)的数进行核对,因为只有这些数的平方和立方才分别有四位数字和六位数字.他还意识到,在这些数中,末位数字为0,1,5和6的那些数也不必加以考虑,因为,这些数的平方和立方的末位数字将是相同的.此外,由于他熟悉数字9的规律,他知道,还可以把既不能被3除尽又不是比9的倍数小1的那些数全都排除在外;这是因为 $x^3+x^2=x^2(x+1)$,这里两个因子中一定有一个因子是9的倍数[①].在这样思考一会(所花的时间也许比上面叙述的时间还要少)以后,他才去查平方和立方表,并且只在看到48,53,54,57,62,63,69,72,78,84,87,89,93,98和99(总共十五个数)这些数时才核对一下,结果得知,只有69这个数满足本题的要求.

❖爱丽丝的游戏

爱丽丝有两只袋子,每只装4个球,每个球上写一个自然数.她从每只袋中随机地抽出一个球,记下两个球所标数的和,然后将球放回各自的袋中.这样重复多次.比尔在观察这些记录时发现,每两个球所标数的和发生的频率与从1至4中随机抽出的两个数(允许重复)构成同样的和的频率恰好相同.由此,对球上标的数能得出怎样的结论?

解　一种显然的可能 是每只袋中含的数都是1,2,3,4.我们要找出其他的情况.

设一只袋中的数为 a_1,a_2,a_3,a_4,另一只袋中的数为 b_1,b_2,b_3,b_4.则和 s 出现的概率与多项式

$$(x^{a_1}+x^{a_2}+x^{a_3}+x^{a_4})(x^{b_1}+x^{b_2}+x^{b_3}+x^{b_4})$$

中 x^s 项的系数成正比.

根据题意,上述多项式恒等于

$$(x+x^2+x^3+x^4)(x+x^2+x^3+x^4)=x^2(x+1)^2(x^2+1)^2$$

因为 a_i,b_i 都是自然数,所以

① 因 x^3 和 x^2 恰好用到0,1,…,9十个数字,x^3+x^2 必能被9除尽.

$$x^{a_1}+x^{a_2}+x^{a_3}+x^{a_4}=x(x+1)^{\gamma}(x^2+1)^{\delta} \quad ①$$
$$x^{b_1}+x^{b_2}+x^{b_3}+x^{b_4}=x(x+1)^{2-\gamma}(x^2+1)^{2-\delta} \quad ②$$

其中,$\gamma,\delta \in \{0,1,2\}$.

在①中令 $x=1$ 得 $4=2^{\gamma+\delta}$,即 $\gamma+\delta=2$,将 γ,δ 的所有可能值代入①,②得

$$\{a_1,a_2,a_3,a_4\}=\{1,3,3,5\},\{1,2,3,4\},\{1,2,2,3\}$$
$$\{b_1,b_2,b_3,b_4\}=\{1,2,2,3\},\{1,2,3,4\},\{1,3,3,5\}$$

因此除了开头所说的情况外,还有另一种可能:一只袋中的数为1,3,3,5,另一袋中的数为1,2,2,3.

❖末位移首位

找出这样一个最小的数——如果把它的最后一位数字移到前面作第一位数字,新得到的数是原来那个数的九倍.

解 这道题自提出来后,已经知道可以用三种方法求解.其中有一种用的是普通代数学的方法,即建立一个关系式.若原来那个数记作 $(10a+b)$,而且总共有 $(n+1)$ 位数字,那么立即得到一个关系式 $9(10a+b)=(10^n b+a)$;由此得到 $89a=(10^n-9)b$.因为 (10^n-9) 当然是9999…1,我们于是用89去除它,直到最后移下1而没有余数为止,这样就可以得到商 a①,而且知道 n 是43.又因为 b 显然是9,于是我们所要求的那个数是一个像天文数字那样的大数:10 112 359 550 561 797 752 808 988 764 044 943 820 224 719.其余两种解法,是避免用89去作长除法运算.其中一种解法,用的是短除法.因为所要求的那个数的首位数字和末位数字必定各是1和9,所以原数乘以9所得结果的头两位数字必定是91.这样,我们就可以写出除式

$$\begin{array}{r} 9\,|\,9101\cdots \\ \hline 101 \end{array}$$

在做这种短除法时,每次都把商数中新得到的那个数字新填写在被除数里,直到被除数里出现1同时又没有余数为止.也可以用乘9的办法把这个过程颠倒过来.考虑到所要求的原来那个数的末两位数字必定是19,我们可以写出乘式

$$\begin{array}{r} 9 \\ \cdots 4719 \\ \hline 471 \end{array}$$

---

① 实际上得到的商是 a/b;b 是9,由此可算出 a.

在做这种乘法时,每次都把乘积中新得到的那个数字新添写在乘数前面,直到乘数里出现 1 同时又没有进位为止.

❖棋盘染色

某个 9×9 棋盘由 81 个单位方格组成. 给其中某些单位方格染色,使得任意两个染色方格中心的距离大于 2.

(1) 试举一个有 17 个染色方格的例子;

(2) 试证:染色方格的数目不能超过 17.

解 (1) 参看图1,我们将17个方格染色(请注意:这恰恰是国际象棋中的"马步"). 任意两个染色方格中心的距离大于 2.

	//					//		
			//					//
//					//			
		//					//	
				//				
	//					//		
			//					//
//					//			
		//					//	

图 1

(2) 将 9×9 棋盘分割成 9 个 3×3 子棋盘. 每个子棋盘至多只能有两个染色方格. 下面来考察 9×9 棋盘所分割而成的 9 个 3×3 子棋盘是否每个都能有两个染色方格.

首先,如图 2 所示,子棋盘的染色方案本质上只有两种. 在图 3 所示的 9×9 棋盘里,有 4 个格子标有 * 号(位于四边居中位置). 假定至少有一个标有 * 号

X	O	O
O	O	O
O	X	O

O	O	X
O	O	O
X	O	O

图 2

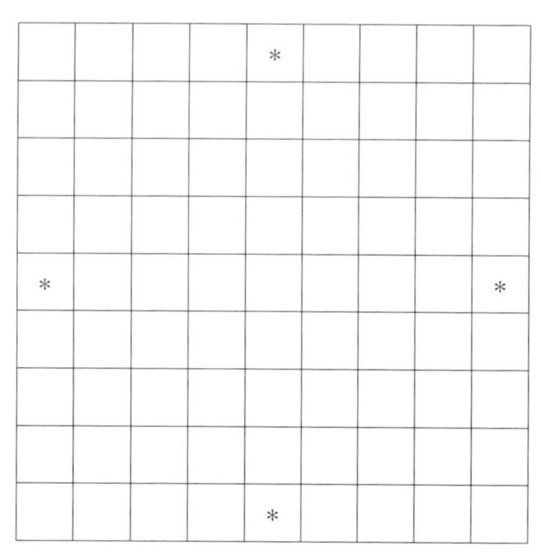

图 3

的方格被染色，不妨设是上侧居中位置的方格. 由于对称性，我们可以假定棋盘正北方的子棋盘的染色方式如图 4 所示. 于是，棋盘西北角子棋盘的染色方式只能是图 4 所示的形式. 然后，正西侧的子棋盘、西南角的子棋盘的中央的子棋盘也都必须如图 4 所示. 经过这样的推演，我们发现：正南侧的子棋盘不能有两个染色方格. 最后，还需讨论一种情形. 假定在图3 的4 个标有 * 号的格子中无一格被染色. 对此情形，我们将删去 4 个 * 号格的棋盘，划分成 17 个“十字形”（其中有 8 个“十字形” 各去掉一格），如图 5 所示，因为每个“十字形” 中最多能有一格被染色，所以最多只能有 17 个方格被染色.

O	X	O	O	X	O	—	—	—
O	O	O	O	O	O	—	—	—
X	O	O	X	O	O	—	—	—
O	O	O	O	O	X	—	—	—
O	O	X	O	O	O	—	—	—
X	O	O	O	X	O	—	—	—
O	O	O	?	?	?	—	—	—
O	O	X	?	?	?	—	—	—
X	O	O	?	?	?	—	—	—

图 4

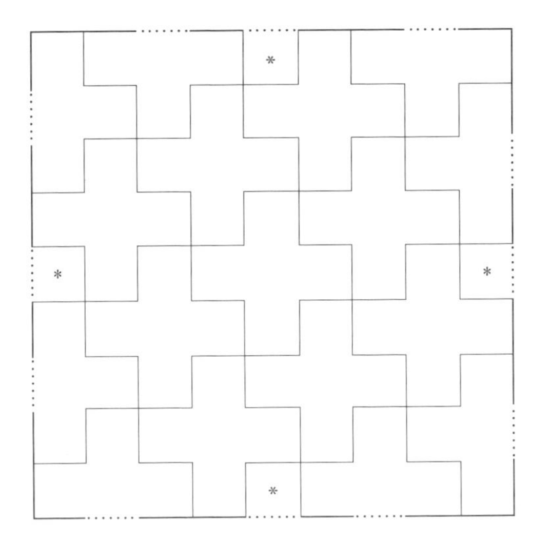

图 5

❖某国的选举

有一个共和国,它的总统每年选举一次,由它各行政州派出的代表从两位总统候选人中选出. 它的选举制度十分奇特,虽然每个州只推出一名代表,但是,一个代表投票赞成一位候选人,在计票时并不认为他所投的是一票,而认为他所投的票数等于全部投这位候选人票的代表的人数. 随着人口的增加,这个国家在过去十年中被划分为越来越多的行政州,到现在,它的州的数目已经非常接近法定极限 275. 而且巧得很,在过去十年中,每年当选总统超过竞选对手的票数刚好全是一样的. 那么,在最后一次选举时,这个国家有多少个州?

解 不难看出,这是一个丢番图问题. 通过选择适当的参量,我们可以用最简单的方式,也就是通过最少的试凑手续,找到一个未知量那些能满足一个加上好些限制条件的方程的整数值. 丢番图是大约 16 世纪以前的一位伟大的代数学家,关于他的事迹,有人写道:

丢番图流芳百世,
参变量替他扬名.
他证明参量可以妙用,
“试凑法” 从此得以简化.

就本题来说，显然，是要去求得最后一年最接近275的州数，在适当选择一个选票差数后，由它能得到十个数目依次减少的州数，而且当中每一个州数都能得出同一个选票差数．设州数是 n，同时设投票赞成竞选得胜者的代表的人数是 $n-x$，那么投票赞成失败者的代表的人数就是 x，由此立即得到方程 $(n-x)^2-x^2=p$（这里 p 是选票差数，是常数）．此式可改写成 $n(n-2x)=p$．满足这个方程的 n 应该有十个不同的数值，而最大的那个 n 值必须非常接近275．显而易见，方程左端的第二个因子不会大于第一个因子，否则 x 会是负数．此外，这两个因子或者同是奇数，或者同是偶数．p 一定得有足够多的素数因子，才能保证有十个各有两个因子的组合，而且其中的 n 最大可以接近275，而最小要保证能比另一个因子至少大2．为了能做到这一点，n 的这个最大值，应该有尽可能多的小素数因子，以保证能作出上述十个双因子组合．此外，同 n 的这个最大值比较起来，p 的值还应尽可能小，使 p 的小素数因子，除去那些构成 n 最大值的小素数因子后，余下的素数因子最少．不难看出，把满足上述条件的 n，$n-x$，x 和 $n(n-2x)$ 这四个量开列出来，可以列出三个彼此不同的表．显然，以 $n=270$ 开头的那个表是最佳解．

	州数 n	投胜者代表人数 $n-x$	投败者代表人数 x	选票差数 $n(n-2x)$
A	240	127	113	240(14)
	210	113	97	210(16)
	168	94	74	168(20)
	140	82	58	140(24)
	120	74	46	120(28)
	112	71	41	112(30)
	84	62	22	84(40)
	80	61	19	80(42)
	70	59	11	70(48)
	60	58	2	60(56)
B	270	143	127	270(16)
	240	129	111	240(18)
	216	118	98	216(20)
	180	102	78	180(24)
	144	87	57	144(30)
	120	78	42	120(36)
	108	74	34	108(40)
	90	69	21	90(48)
	80	67	13	80(54)
	72	66	6	72(60)
C	252	136	116	252(20)
	210	117	93	210(24)
	180	104	76	180(28)
	168	99	69	168(30)

续表

州数 n	投胜者代表人数 $n-x$	投败者代表人数 x	选票差数 $n(n-2x)$
140	88	52	140(36)
126	83	43	126(40)
120	81	39	120(42)
90	73	17	90(56)
84	72	12	84(60)
72	71	1	72(70)

❖西班牙棋盘和标号问题

考虑 $h+1$ 个棋盘,将每个棋盘的方格标上1至64,使得任两个棋盘的周界在以任一种方式重叠时,没有两个在同样位置的方格有相同的数,问 h 的最大值是多少?

解 如果有17个棋盘,考虑每块棋盘的4个角上的数所成的四元集,由于每个四元集都是集

$$M=\{1,2,3,\cdots,64\}$$

的子集,所以17个四元集中必有两个集有公共元,相应的两个棋盘可以叠合起来,使得一个角上的数相同,因此 $h\leqslant 15$.

另一方面,设第一个棋盘的方格已按图1填好.

1	2	3	4	5	6	7	8
9	10	11	12	13	14	15	16
17	18	19	20	21	22	23	24
25	26	27	28	29	30	31	32
33	34	35	36	37	38	39	40
41	42	43	44	45	46	47	48
49	50	51	52	53	54	55	56
57	58	59	60	61	62	63	64

图1

考虑16个四元组:

$$(1,8,64,57),\quad (11,23,54,42)$$
$$(2,16,63,49),\quad (12,31,53,34)$$
$$(3,24,62,41),\quad (13,39,52,26)$$
$$(4,32,61,33),\quad (14,47,51,18)$$

(5,40,60,25), (19,22,46,43)
(6,48,59,17), (20,30,45,35)
(7,56,58,9), (21,38,44,27)
(10,15,55,50), (28,29,36,37)

(经过旋转,每一组中的数变为同一组中的数).

将图1中的第k组数换成第$k+1$组($k=1,2,\cdots,8$. 第9组即第1组),便产生1个新棋盘,再将新棋盘上第k组数换成第$k+1$组,又产生1个新棋盘,这样继续下去,共得16个棋盘.

这16个棋盘无论如何重合,只要不把棋盘翻过来放在另一个棋盘上,相同位置上的两个方格都没有相同的编号(因为上述16组中,任意两组没有公共元),所以$h=15$.

如果允许将棋盘翻过来进行叠合,那么$h=7$.

一方面,考虑图1中2,7,16,56,63,58,49,9所占的8个方格,这8个方格中的数组成一个八元集,六十四元集M至多有8个互不相交的八元子集. 因此,对于9个棋盘,必有2个八元子集有公共元,相应的两个棋盘可以叠合在一起(包括将一个棋盘翻过来),使同一位置上有相同的数,所以$h\leqslant 7$.

另一方面,将上述16个组中,第1组与第16组,第2组与第7组,第3组与第6组,第4组与第5组,第8组与第13组,第9组与第12组,第10组与第11组,第14组与第15组,两两合并成8组,仿照前面的做法,可以得出8个棋盘满足要求,因此$h=7$.

❖狗追猫

一条跑得很快的狗,它盯上了正北方向60码处的一只猫,吓得它朝正东的一棵树飞跑而去(图1). 这条狗跑得比那只猫快四分之一,它急于要猎得那只猫,于是总是对准那只猫追赶. 我们要问的是:那只猫在被这条狗抓捕以前来得及跑多远? 值得顺便提一下的是,如果这条狗是欧几里得转世,知道两点间以直线距离为最短,而且,如果它当时想起了毕达哥拉斯定理,知道由60,80和100三条边构成的直角三角形中,斜边刚好比长直角边长25%;那么,它就会果断地朝着北偏$\arcsin\dfrac{4}{5}$东方向径直跑去,这样,那只猫只跑了80码就会被抓住. 可惜,这条狗不具备我们人类所有的那种知识和远见,只得白白浪费时间和精力,死死盯住那只猫追赶,结果,在它来得及截住那只猫以前,猫已躲到树上去了. 不过,话说回来,这场狗追猫的结局要由你去发现.

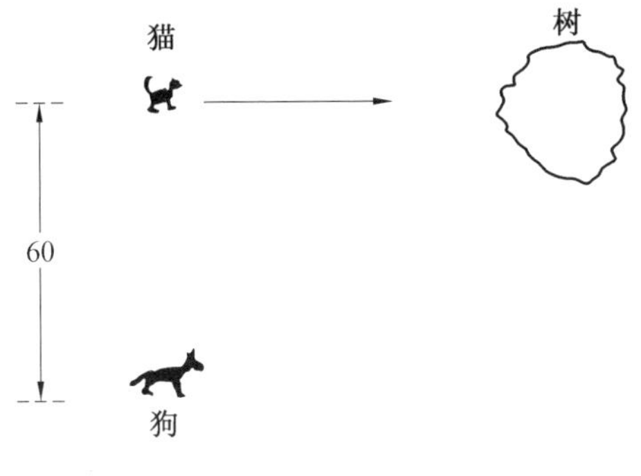

图 1

解 在这道狗追猫问题中,那条狗不是按欧几里得和毕达哥拉斯的教导追猫,它不仅有一些漂亮的解法,而且包含深奥的哲理. 我们在介绍这道题时顺便说过,假如那条狗具有更善于辞令的所谓人类所具备的那种知识和远见,它一定会立即选择北偏东的方向径直跑去,而少跑好些路. 对这句话,有人寄来一封信,假托那条狗的名义提出抗议:"先生:是谁在侮辱我,胡说我不具有'人类那样的知识和远见'? 我想,不会有哪个人竟以为他在抓一只猫时会比我更敏捷吧. 我不敢说我掌握毕达哥拉斯定理比人类还好,但我得实践. 我可不愿向着假设的某一点笔直跑去. 我让自己同那只猫始终保持最短的距离,这是因为,第一,我知道,我也许会慢了几步,或者在最后阶段冲刺时快了几步,而错过那只猫;第二(这是最重要的),我不是那么笨,如果猫不改变方向和速度一直朝东跑,我会抓住时机的. 问题是,倘若我利用了那种'人类的知识',而那只猫为了活命却改变逃跑路线,我这顿美餐岂不成了泡影! "对于那条狗的抗议信,我们只好抱歉地回信道:"亲爱的狗先生:来函抗议收悉. 对于狗类来说,是应该按您信中所说的去做. 不过请注意,我们说的'所谓人类'一词,是包含有讽刺意味的. 总之,我们祝你大享猫肉的美味 —— 但也许只是作一场格斗吧,那也无关紧要."

为了求得那条狗始终对着猎物追赶而跑过的路程(以码为单位),需要用到微积分. 我们先就一般情形来求解这道题(图 2). 设 D 是任意瞬间狗和猫之间的距离,α 是狗追逐方向和猫逃跑方向间的夹角,v 是猫的速度,而 cv 是狗的速度. 这样,狗逼近猫的相对速度是

$$\frac{\mathrm{d}D}{\mathrm{d}t}=-(cv-v\cos\alpha)$$

而狗的角速度是

$$\frac{\mathrm{d}\alpha}{\mathrm{d}t}=-\frac{v\sin\alpha}{D}$$

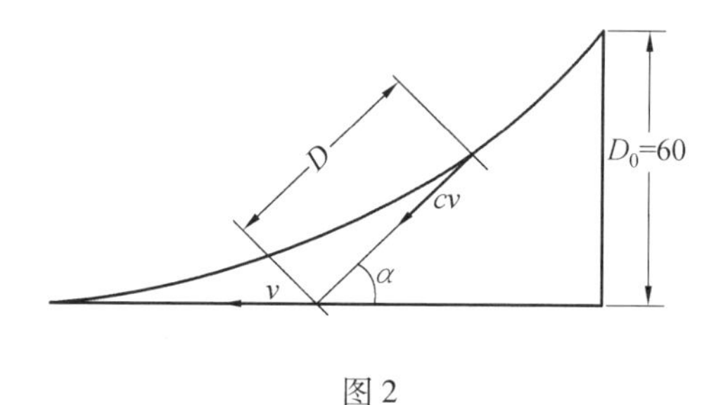

图 2

由上两式得

$$v\mathrm{d}t=-\frac{\mathrm{d}D}{c-\cos\alpha}=-\frac{D\mathrm{d}\alpha}{\sin\alpha}=\frac{M\mathrm{d}D+ND\mathrm{d}\alpha}{M(c-\cos\alpha)+N\sin\alpha}$$

式中 M 和 N 可以是任意数值. 为了方便,令 $M=c+\cos\alpha$ 和 $N=-\sin\alpha$,得

$$v\mathrm{d}t=\frac{c\mathrm{d}D+\cos\alpha\mathrm{d}D-\sin\alpha D\mathrm{d}\alpha}{c^2-\cos^2\alpha-\sin^2\alpha}$$

整理后得

$$v\mathrm{d}t=\frac{c\mathrm{d}D+d(D\sin\alpha)}{c^2-1}$$

在两积分限 $D=0$ 和 $D=D_0$ 间积分上式,立即得到猫逃跑奔走的距离是

$$\frac{cD_0}{c^2-1}$$

这是一个相当简单明显的关系式:被追逐的猫跑过的距离等于追逐者狗和被追逐者猫之间原来的距离乘以两者的速度比再除以速度比的平方减一. 就本题给出的数值而言,猫被追上以前跑过的距离等于

$$\frac{\frac{5}{4}\times 60}{\frac{25}{16}-1}$$

即$\frac{400}{3}$码.

❖休息前后

偶数个人围着一张圆桌讨论. 休息后,他们依不同次序重新围着圆桌坐下. 证明:至少有两个人,他们中间的人数在休息前与休息后是相等的.

解 将座位的号码依顺时针次序记为

$$1,2,\cdots,2n \qquad ①$$

每一个人可对应一对数(i,j),其中i,j分别为他休息前和休息后的座号.

显然"横坐标"i与"纵坐标"j都跑遍①,也就是$\bmod 2n$的一个完全剩余系.

如果每两个人(i_1,j_1),(i_2,j_2)在休息前后坐在他们之间的人数均不相同,则应当有

$$j_2-j_1\neq i_2-i_1 \qquad ②$$

当$j_2<j_1$(或$i_2<i_1$)时,②中j_2应换成$2n+j_2$(i_2应换成$2n+i_2$).所以更好的写法是用同余式

$$j_2-j_1\not\equiv i_2-i_1 \pmod{2n} \qquad ③$$

③也就是

$$j_2-i_2\not\equiv j_1-i_1 \pmod{2n} \qquad ④$$

④表明纵横坐标之差$j-i$均不同余$(\bmod 2n)$,它也应当跑遍$\bmod 2n$的一个完系.

注意$\bmod 2n$的任一个完系的和恒等于

$$1+2+\cdots+(2n)=2n(2n+1)/2=n(2n+1)\not\equiv 0 \pmod{2n}$$

但

$$\sum(j-i)\equiv\sum j-\sum i\equiv 0 \pmod{2n}$$

矛盾!

这表明必有两个人在休息前后,坐在他们之间的人数相等.

❖三角形篱栅

农场主琼斯的土地分布在会聚成80°的两条大路旁边.他打算筑起一道篱栅围出一个三角形区域,两条边沿着大路,第三条边刚好从他谷仓后面通过.他的谷仓距一条大路200英尺,距另一条大路300英尺(图1).他把自己的想法告诉了小儿子.琼斯还说,他希望最好能把他所储备的2 000英尺篱栅材料全部用上去."那很好办,"小儿子说,"我这马上就告诉你怎样去布置这个三角形的第三条边."他是怎样做的呢?

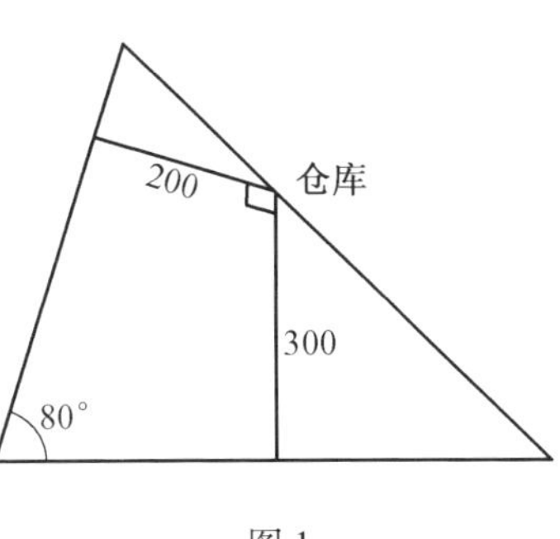

图1

解 把你对这道题的解法同那个小儿子的解法作一比较,是很有意思的. 他当即就看出,这道题是要求通过一给定点画一条直线同两条相交线相割,以构成一个具有给定周长的三角形. 他在一张纸上先画出两条相交成 80° 的直线 CA 和 CB,然后在各条线上按适当的比例定出距交点同为1 000英尺的两点 D 和 E(图2). 他再画一个圆在这两点与这两条直线相切,然后经过给定那一点 P 画该圆的切线. 显然,这样的切线有两条,即 HJ 和 FG,它们各自与圆相切于点 K 和点 L. 他最后量出这两条切线同两条交线相交的那些点的位置,求解就全部完成了.

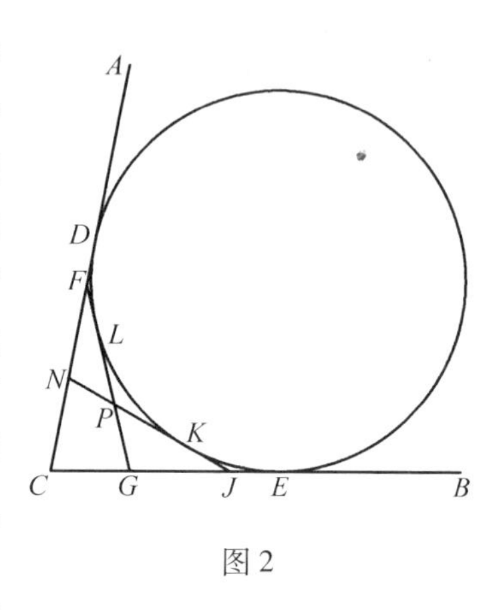

图2

证明:由于从一点所画的一个圆的两条切线彼此相等,所以 HK 等于 HD, KJ 等于 JE. 由此立即看出,HJ 加上三角形的另两条边 CH 和 CJ 就等于题中给出的周长2 000英尺. 有些人没有注意我们曾暗示过他"马上"就做出来了,从而去建立两个联立三角方程. 这样,他们得到的答案数值竟包括好几位小数.

❖扇形放棋子

给定圆被分成 n 个扇形. 某些扇形里放置了棋子,所放棋子的总数等于 $n+1$. 每次变换让两个在同一扇形内的棋子朝相反方向分别进入两侧相邻的扇形. 试证:经若干次这样的变换后,必定出现至少半数扇形有棋子占据的情形.

证法1 设若干次变换之后,不再有可能继续作变换. 则此时每一扇形内至多只有一枚棋子,但这与棋子总数等于 $n+1$ 相矛盾. 因此,变换总能无限次进行下去,如果某一时刻,在某一对相邻扇形中至少有一枚棋子,那么变换以后依然如此. 如果某一时刻,所有各对相邻的扇形每对都至少含有一枚棋子,那么当然至少有一半扇形被棋子占据. 现在作相反的假设,证明其不可能. 假定如上所述的情形永远不出现,则根据前面的说明,存在某一对相邻扇形(X,Y),经无穷多次变换该对扇形永远不被占据. 给扇形依次编号,不妨将 X 编号为1,将 Y 编号为 n. 约定以 a_{jk} 表示第 j 枚棋子在第 k 次变换后所在扇形的编号数. 按照所

作的假设

$$2 \leqslant a_{jk} \leqslant n-1, j=1,\cdots,n+1, k=1,2,\cdots$$

考察数列

$$f_k=\sum_{j=1}^{n+1} a_{jk}^2, k=1,2,3,\cdots$$

这数列是递增的. 如果第 $k+1$ 次变换将第 m 号扇形内的两枚棋子朝相反方向移到两个相邻扇形中去,那么

$$f_{k+1}=\sum_{j=1}^{n+1} a_{jk}^2-2m^2+(m-1)^2+(m+1)^2=f_k+1$$

因为能无限次进行变换,所以上述数列将无限增大,但这是不可能的. 因为

$$\sum_{j=1}^{n+1} a_{jk}^2 \leqslant (n+1)(n-1), k=1,2,3,\cdots$$

这一矛盾证明了题目的结论.

证法 2 如果相邻的两扇形都无棋子,那么就称两扇形的公共边界是"孤立的". 为了证明题目的结论,我们将用到以下三项事实:

(1) 变换总是可进行的(因为至少有一个扇形含有两枚棋子).

(2) 变换不会将非孤立边界变成孤立的边界(显然).

(3) 变换一次次进行下去,每条边界都将在某时刻被棋子越过(证明见后).

上面陈述的事实(1) 保证变换可永远进行下去. 事实(3) 指出,在一系列变换中,每条边界都在某一时刻变成非孤立的. 事实(2) 指出,某边界一旦成为非孤立的,它将永远是非孤立的. 综合三项事实,可以断定:某时刻之后,所有的边界都将永远是非孤立的. 因而,至少有一半扇形被棋子占据. 为了证明事实(3),我们考察任意指定的一条边界 B. 从 B 出发绕圆心一周,依次将每个扇形内的棋子数写下. 将这些数从右向左排列,可视为一个有 n 位数字的 $(n+2)$ 进位数 X(请注意,一个扇形内所放的棋子数不超过 $n+1$). 现在进行一次变换,则有以下两情形之一出现:

ⅰ X 严格增加;

ⅱ 某一棋子越过边界 B(导致从 X 的首位取 1 移到末位去).

因为不超过 n 位的 $(n+2)$ 进位数最大也只有 $(n+2)^n-1$,所以情形 ⅰ 不可能无限次地出现. 因而在一系列变换之后,必有棋子越过界线 B.

❖盒中之球

一名制造商将直径为2英寸的钢球一盒一个地放进带有衬垫的正方形盒子中，方盒内部的有效边长为2英寸，恰好使球与盒子的各壁相贴. 他忽然想到，可以利用盒子顶部四个角的空间再放置四个球(图1)，使它们刚好顶住大球，并与盒顶及两个侧面相贴. 问这四个小球的直径应为多少?

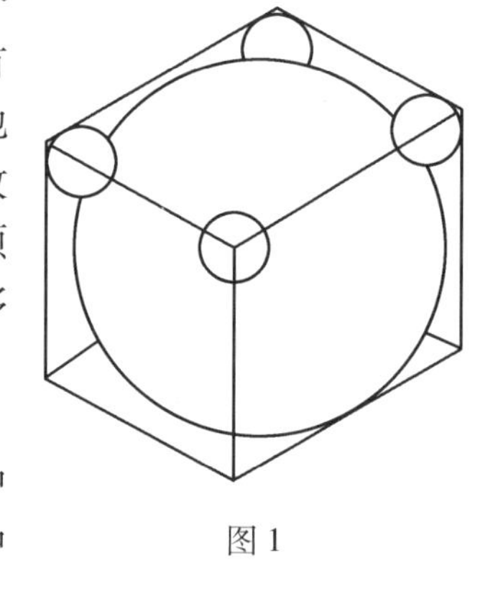

图1

解 此题有大量不同方案的正确解答，其中最好的方法如下. 设大球的半径为R，则由盒子中心(即大球的球心)到盒子各角的距离等于$R\sqrt{3}$，显然，这段距离等于正方体任一边长之半与任一面上对角线之半的平方和的平方根. 同理，小球中心到盒角的距离等于$r\sqrt{3}$，r即所求的半径. 由图2不难看出，$R\sqrt{3}-R=r\sqrt{3}+r$，由此得出：$r=(2-\sqrt{3})R$，本题中$R=1$，所以$r=0.268$英寸. 这一分析很容易进一步引申：在盒子中还可以连续不断地放入更小的球，第n个小球的半径为$r_n=(2-\sqrt{3})^nR$. 从这一结果可以得出以下有趣的结论：

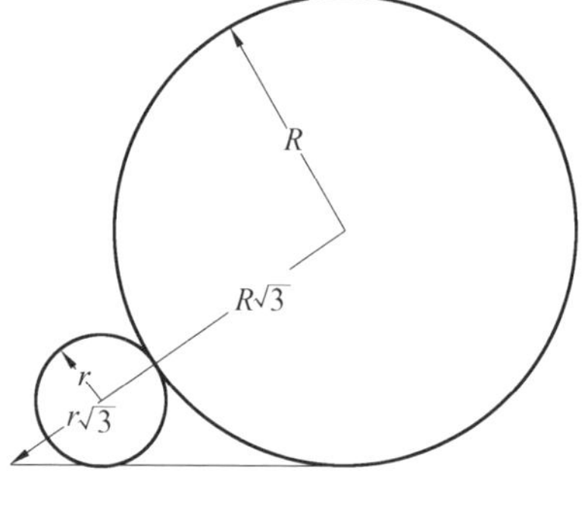

图2

盒中大球贴小球，
角上小球乐悠悠，
小球更贴小小球，
如此类推无尽头.

还有一种不很简捷但却颇为奇特的解法，即考虑到可在盒中连续装入无限个越来越小的球，这与前述的四行诗简直如出一辙. 由于对称性，前一个球与后一个球的直径之比为一恒定的分数c，因此，若最大那个球的直径等于1，则所有直径之和为$\frac{1}{1-c}$. 由于对角线长为$\sqrt{3}=\frac{2}{1-c}-1$，由此就可解得c.

❖航空公司

某国有21个城市. 有若干个航空公司在其间开辟航班,每个公司都只在5个城市间对开直达的航线(允许不同公司的飞机同时飞行于两城市之间). 每两个城市间至少都有一条直达的航线,问至少要有多少个航空公司,才能达到上述要求?

解　要使21个城市间至少都有一条直达的航线,则航线总数不少于

$$20+19+\cdots+3+2+1=210$$

而每个航空公司只能经营$4+3+2+1=10$条直达航线. 因此,至少要21个航空公司.

如图1,将21个城市表示为正21边形的顶点,而每条直达航线就相当于它的边和对角线.

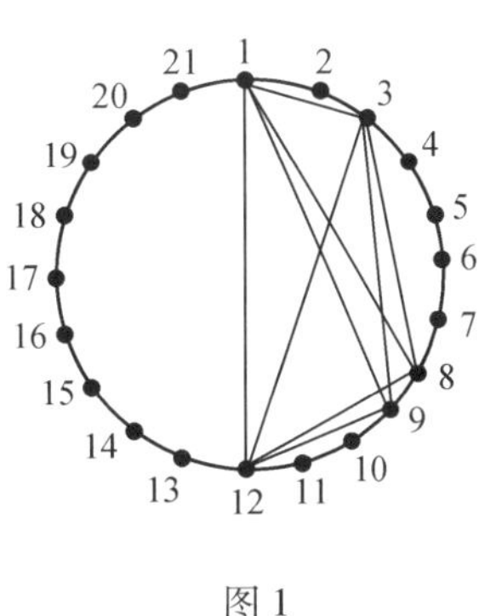

图1

试举一个航线布局的例子:第一个航空公司经营联系第1,3,8,9,12号城市的航线. 其余的城市间的航线,可将图1中的网格绕正多边形的中心转过$k\cdot 360°/21$的角度($k=1,2,\cdots,20$)而得到. 我们注意到,连结1,3,8,9,12号顶点的线段中,8~9,1~3,9~12,8~12,3~8,3~9,1~8,1~9,3~12,1~12的长度,恰好是正21边形的边及其对角线的一切可能的长度,这样一来,图1中网格顺次转过20次后,恰好布满了正21边形的所有边和对角线. 这意味着21个航空公司按照上述设置的航线,就能满足题设要求.

❖四边连击

一台球手(以"非英格兰"方式)击出一球,此球在碰撞到球台四个不同的橡皮边后又回到出发点,问它的行程有多远?

解　在许多可行的解法中,最佳和最迅速的解法是用镜面成像法. 由于台

球经桌子反射后(图 1) 的途径必为一直线,为了使球终止于起点,球所经过的路线必须与对角线平行,且等于对角线的两倍长,这是因为此路径的末端到对角线终端的连线平行且相等,这样就组成了一个平行四边形.

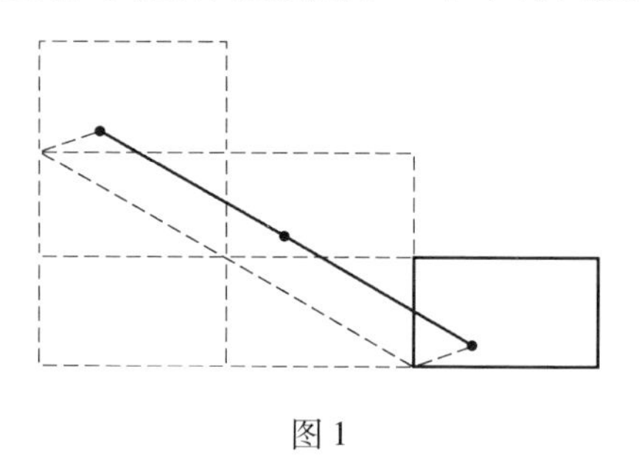

图 1

❖灯光闪亮

在一数轴的每个整点处均安装一个带有按钮开关的灯,每按一次开关,点亮的灯关闭,不亮的灯点亮. 现选取一条有有限个小孔的模板,这些小孔位于一直线且小孔间的距离均为整数. 我们可进行这样的操作 P:模板可沿数轴作任意刚体移动,但要使其小孔中心位于数轴的整点处. 当模板在任一固定位置时,可以同时按下所有小孔所对的整点处的灯的开关. 证明:在初始状态灯都不亮时,对任意选定的模板,一定可通过若干次这样的操作 P,使得恰有两盏灯是亮的.

证明 如果模板上只有一个小孔,则结论显然成立. 所以,可假定小孔的个数 $n > 1$. 我们用较为代数化的语言来叙述这个问题. 把亮的灯看做是在其所在的整点处标上“1”,不亮的灯标上“0”. 同样,在模板的小孔处标上“1”,在离小孔距离为整数的点处标上“0”. 这样,全体灯的一种状态就是对数轴的整点标以“0”,“1” 的一个图形,每一次操作 P 将使小孔所对的整点处所标的“0” 或“1” 变为“1” 或“0”,从而得到一个新图形. 所以,我们的问题就是:从全由“0”组成的图形出发,通过若干次操作 P 一定可得到仅由两个“1” 组成的图形. 下面来给出这样的操作的算法.

首先,将模板在任意取定的一个位置对全由“0” 组成的图形做操作 P. 如果得到了仅由两个“1” 组成的图形,则算法结束. 如果不是这样的图形,则做以下的运算 A:将这模板往右移动,移到使这模板上的第一个“1”(从左开始) 对应到所得图形的第二个“1” 的位置,并做操作 P. 若还得不到所要的图形,则继

续做这样的运算 A. 在做每一次运算 A 后，我们总是得到这样形式的图形：在这个图形的第一个“1”(从左开始)后面有若干个“0”，接着是有 $n-1$ 个“0”和“1”，且其中最后一个必是“1”. 我们把这最后 $n-1$ 个“0”和“1”组成的数列称为是该图形的结尾数列. 因为我们可以作任意多次这样的运算 A，所以一定能得到两个有相同结尾数列的不同的图形(为什么？请读者思考)，把先后得到的这样的两个图形记作 C_1 和 C_2.

对每个这样得到的图形，一步步反推回去就返回到全由“0”组成的图形. 所谓“一步步反推回去”就是依次作这样的运算 B(它可看做是运算 A 的逆运算)：将模板最右边的“1”对应到图形最右边的“1”，并做操作 P. 设图形 C_1 做 m 次运算 B 后，返回到全由“0”组成的图形. 由于图形 C_2 的第一个“1”和它的结尾数列之间的“0”的个数一定多于图形 C_1 的第一个“1”和它的结尾数列之间的“0”的个数，所以，对图形 C_2 做 m 次运算 B 后，就得到仅由两个“1”组成的图形(为什么？请读者思考).

❖立方和

请你尽快找出两个整数，要求这两个数的立方和为另一整数的四次方. 找到符合此条件的一对整数后，阐明你如何才能求出所有的答案.

解 这道题的简单解法是在等式 $a^3+b^3=c^4$ 的等号两边同除以 c^3，得关系式 $(a/c)^3+(b/c)^3=c$. 如果 a/c 和 b/c 是不等于 1 且互不相同的两个数，则所求不同整数就可以很快找到. 例如，假若 a/c 与 b/c 分别为 2 和 3，则 c 为 $2^3+3^3=35$，所求整数就是 70 和 105.

❖多米诺覆盖

用 n 个 2×1 的矩形(这种矩形我们以后称它为骨牌或多米诺)覆盖 $2\times n$ 的棋盘，有多少种不同的盖法？

解 设有 f_n 种不同的盖法. 如果 $n=1$，显然只有一种盖法，即 $f_1=1$. 当 $n=2$ 时，有两种盖法(图 1)，即 $f_2=2$.

对于 $n>2$. 我们注意全体覆盖可以分成两类. 第一类是在最右边竖放一张

骨牌，第二类是在最右边横放两张骨牌（图2）.

每个第一类覆盖，实际上是用 $n-1$ 张骨牌来覆盖 $2\times(n-1)$ 的棋盘. 所以，第一类覆盖有 f_{n-1} 种.

每个第二类覆盖，实际上是用 $n-2$ 张骨牌来覆盖 $2\times(n-2)$ 的棋盘. 所以，第二类覆盖有 f_{n-2} 种.

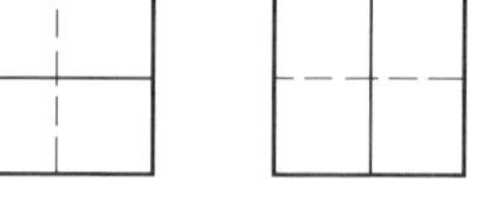
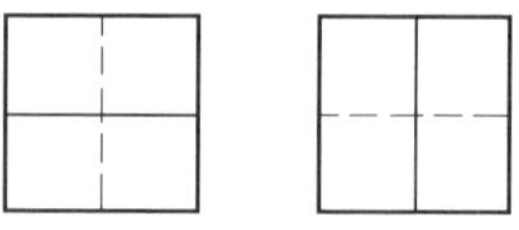

图1

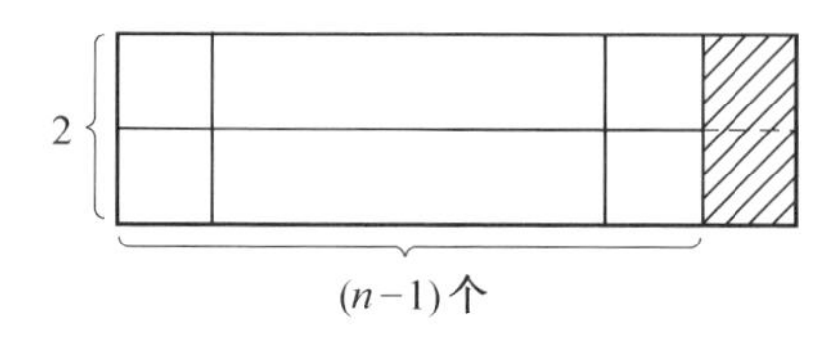

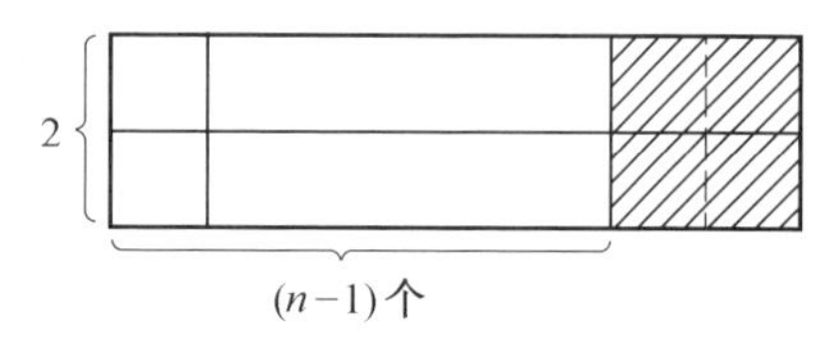

图2

于是，我们得到

$$f_n=f_{n-1}+f_{n-2} \quad ①$$

由 $f_1=1,f_2=2$ 及递推关系 ① 可逐步推出

$$f_3=f_1+f_2=3$$
$$f_4=f_2+f_3=5$$
$$f_5=f_3+f_4=8$$
$$\vdots$$

从而得到一串数

$$1,2,3,5,8,13,21,34,55,89,\cdots \quad ②$$

这串数通常称为斐波那契（Fibonacci，1175 ～ 1250，意大利数学家）数.

从递推关系式 ① 及“初始条件”$f_1=1,f_2=2$ 可以导出第 n 个斐波那契数

$$f_n=\frac{1}{\sqrt{5}}\left[\left(\frac{\sqrt{5}+1}{2}\right)^{n+1}-\left(\frac{1-\sqrt{5}}{2}\right)^{n+1}\right]$$

❖牧牛

一个农民有一片广阔的草地用来放牛，草地上各处草的生长速度是均匀的，并且每头牛所吃的草也一样多. 8 头牛在两星期内吃掉了一块两英亩（1 英亩 = 4 046.86 平方米）草地原有的和新长出的草. 然后，农民将这 8 头牛赶到了另一块两英亩的草地上，在这片地上牧养了三个星期. 在这五个星期内，另一群牛吃掉了一块五英亩草地上的草，请问：这群牛有多少头？

解 这是一道极好的教人如何节省大量时间和精力的例题. 避开无关紧要的枝节,只要巧妙地利用所需数据,就能把一个貌似复杂的问题转换成简单的智力练习,从而得出所求的特定答案. 虽然题目给出的是三块情况不同的草地,但根据后两个条件就完全能迅速地得出答案,第一个条件可以不予考虑. 这是因为无论在哪种情况下,原来的草与新长出的草都是在五星期内被吃掉的,这也就意味着被吃掉的草总量与草地的面积成正比,所以,未知头数的那群牛在5/3的时间内吃掉的牧草相当于8头牛所吃掉的5/2,所求牛的头数就等于8头牛的3/2,即12头. 多余的那个条件可以用来确定每亩原生草与新生草生长速度的比率,但这个问题以及其他一些有趣的关系都并非本题所问,没有必要加以解答.

❖同花顺

一副36张牌按以下顺序从上到下排列:黑桃,梅花,红心,方块,黑桃,梅花,红心,方块,依此类推. 某人从上边拿出一部分牌,翻转后整体插入剩余的牌中,然后从上依次4张一组,4张一组取牌. 求证:取出的任一组4张牌是不同花色.

证明 如果一组4张牌不同花色,则称这组牌是协调的. 由这副36张牌的排法可知:从这副牌依次任取一组牌,这组牌必是协调的. 这副牌从上至下分为A,B,C三部分,每部分牌的张数分别记为$4k_1+l_1,4k_2+l_2,4k_3+l_3$,其中,$k_i$和$l_i$均为非负整数,且

$$0\leqslant l_i\leqslant 3$$

$$4(k_1+k_2+k_3)+l_1+l_2+l_3=36$$

用A'表示A的整体翻转,从上至下按B,A',C的顺序排列这副牌. 若一组牌完全在B内,或者A'内,或者C内,则这组牌显然是协调的. 从而只需讨论以下两组分别记为X和Y的牌,其中X仅与B和A'有交,Y仅与A'和C有交. 若有X这组牌,则$l_2>0$,且X由B底部的l_2张牌和A'顶部的$4-l_2$张牌组成. 由于B中有$4k_2+l_2$张牌,所以B底部的l_2张牌与其顶部的l_2张牌具有相同花色的顺序,又A'的顶部的$4-l_2$张牌恰为A底部的$4-l_2$张牌,从而由这副牌用原来A,B,C的顺序可知X是协调的. 按B,A',C的顺序将整副牌从上至下分为9组,由以上证明可知至少有8组牌是协调的. 由于整副36张牌4种花色各有9张,从而可

能剩下的惟一一组 Y 也必是协调的.

❖失稳的轮子

一位机修工有一个极不平衡的轮子,而他手头上仅有两个等重物体可用来矫正这种不平衡状态. 每块重量都是整数磅. 每块重物都可固定在半径为 6 英寸且与轮子同心的圆周上的任意一位置,轮轴可置于刀口上进行矫正. 请问:这两块重物应怎样放置,方能使轮子平衡? 若不平衡力矩为6英寸·磅,每块重物为两磅,在平衡时,二者相距多远?

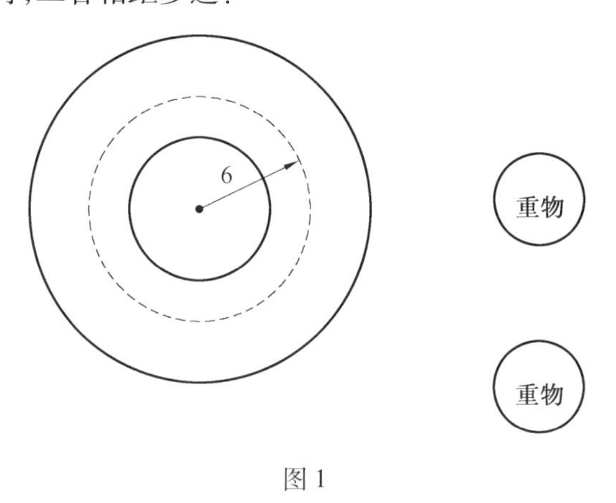

图 1

解　自然要假定我们这位机修工并非数学家,但他掌握一种很常用的圆周上划分角度的方法. 在本题中,圆周的半径为 6 英寸. 将轮轴静置于刀口上,他能够在轮心正上方标出一点(图 2). 他可以将重物分别放在与这顶点等距离的两个位置上,比方说开始时放在圆心与顶点连线两侧的 45° 处,然后将它们同时朝着或背离顶点移动,这样反复试验,直到轮子在任意位置上都平衡时为止. 若每块物重为两磅,而不平衡力矩为6英寸·磅,当轮子水平放置时,这组重物就把不平衡力矩矫正过来了. 在此位置上中,每块两磅的重物都有一个 $1\frac{1}{2}$ 英寸的力臂,两重物之间的弦长为 $2\times\sqrt{36-\frac{9}{4}}=11.5$(英寸).

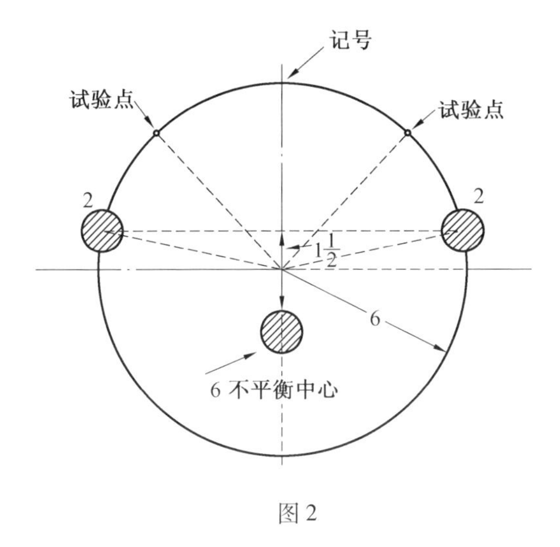

图 2

❖掷骰子问题

1654 年,德梅尔(DeMe′re′) 爵士曾拿了一个在掷骰子等游戏中产生的分点题(The problem of the points) 去请教他的朋友 —— 法国数学家巴斯卡(Pascal). 问题是这样的:四颗骰子掷 1 次至少得一个 6 点与两颗骰子掷 24 次至少得两个 6 点这两个事件哪一个的概率较大?

解　我们把第一个事件记作 A,把第二个事件记作 B. 这样 $\overline{A}$ 就是"四颗骰子掷1次没有得到一个6点",由于一颗骰子掷一次没有得到6点的概率为5/6,掷骰子又是独立的游戏,所以 $P(\overline{A})=\left(\frac{5}{6}\right)^4$,根据对立事件概率的计算公式

$$P(A)=1-P(\overline{A})=1-\left(\frac{5}{6}\right)^4\approx 0.517\ 7$$

此外,$\overline{B}$ 是"两颗骰子掷 24 次没有得到两个 6 点". 为了保证试验结果的等可能性,我们用数对来表示两颗骰子掷一次所得的结果,例如,(3,4) 表示第一颗骰子掷出 3 点,第二颗骰子掷出 4 点(这是解题关键,假如把两颗骰子掷一次的试验结果当成所得点数,即可能得到 2,3,…,11,12 点,那就错了,因为这里所谓的 11 个结果不是等可能的. 读者可以想一下,例如,得到 6 点有 1 与 5,2 与 4,3 与 3 等配合,但得到 12 点只有 6 与 6 一种配合). 这样,两颗骰子掷一次共有 36 个等可能的结果,即(1,1),(1,2),(1,3),…,(6,4),(6,5),(6,6) 因此,两颗

骰子掷一次没有得到两个六点有(1,1),(1,2),…,(6,4),(6,5) 共35 个等可能的结果,其概率为$\frac{35}{36}$. 于是,$P(\overline{B})=\left(\frac{35}{36}\right)^{24}$,所以

$$P(B)=1-P(\overline{B})=1-\left(\frac{35}{36}\right)^{24}\approx 0.4914$$

计算结果表明,四颗骰子掷一次至少得一个6 点的概率稍大一些.

❖老人和儿子

一位老人与他的儿子带着他们的马进行行程为64 英里的旅行. 马每小时行进8 英里,但只能由一人骑. 老人和儿子徒步行走的速度各为每小时3 英里和4 英里,二人轮流骑马和步行. 骑马者走过一定距离就下鞍拴马,独自步行;而步行者到达此地再上马前进. 行至旅程之半,二人花了半小时吃饭和喂马. 如果他们于早晨六点动身,那么将在何时抵达目的地?

解 很清楚,每个人在步行时走过的旅程必须与另一个人策马走过的距离相等. 如果他们在行程之半的32 英里处相会(无论是哪个人骑马到此处),并设老人徒步走过的距离为W,由于两人所用的时间相等,可写出方程$W/3+(32-W)/8=W/8+(32-W)/4$,解方程,得$W=12$,由此算出两人所用的时间各为6.5 小时. 类似地,设二人同时到达终点,这样,就要将6.5 乘以2,再加上吃饭所花的半小时. 可见,他们将于晚上7:30 抵达目的地.

❖地铁平面图

Martian 地铁平面图表示为平面上一条封闭曲线,这条曲线可以自交,但是在每一点至多自交一次. 求证:可以在每一个道路交叉点沿一条道路建一个上面的通道,沿另一条建一个下面的通道,使得火车沿封闭曲线运行时总能交替地从上面和下面的通道通过各个道路交叉点.

证明 Martian 地铁图中的封闭曲线将全平面分成许多个连通部分(通常称为区域),其中仅有一个是无界的. 按下述法则将这些区域分成两部分,分别称为U 区域和R 区域:

(1) 无界区域为R 区域;

(2) 若两个区域相邻,即有一段曲线作为它们的公共边界,则它们应分别在不同的区域. 由于 Martian 图中曲线的每一交叉点都是十字交叉点,从而按上述规则,每一个区域都可惟一确定其是 U 区域还是 R 区域,如图 1. 带阴影的是 U 区域,不带阴影的是 R 区域.

对于每一个道路交叉点,若火车沿一条路趋向该点时,R 区域在火车的左侧,则沿这条路建上面的通道通过该点. 如图 2 所示.

在这种情况下,沿另一条路趋向该点时,R 区域必在右侧,从而建下面的通道通过该点.

若一列火车通过一个道路交叉点时,R 区域在其左(右)侧,则通过该交叉点后继续向前运行时,R 区域必在其右(左)侧. 由此可知按这种方案修建每一个交叉点的上下通道,就能保证火车运行时,交替地从上面和下面的通道通过道路的每个交叉点.

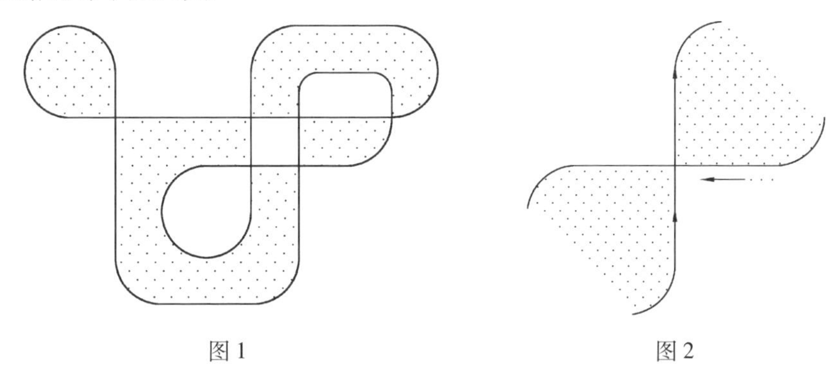

图 1　　　　图 2

❖裁纸

请把一张长方形打字纸裁成三块,使这三块纸拼起来成为一正方形,并证明你拼成的确实是正方形.

解　通过简单图解就可完成这项工作. 根据适当比例在纸上标出 $ABEH$(图 1),将 EB 延长到 J,使 BJ 等于 AB,在 EJ 上作一半圆,然后将 BA 延长至 K. 在 EB 上作半圆,并在半圆上标出点 D,使 ED 等于 BK,联结 BD,并将它延长到 AH 相交于 C. 所求的三块为 $\triangle ABC$ 和 $\triangle BED$ 以及四边形 $CDEH$. 为证明此结果,作 EG 平行于 BC,与 AH 延长线相交于 G,作 GF 平行于 DE,与 BC 的延长

线相交于 F,组成矩形 $DEFG$. 显然,它是包括两个三角形和一个四边形的正方形,它们分别全等于原来那个矩形上所画的三块图形.

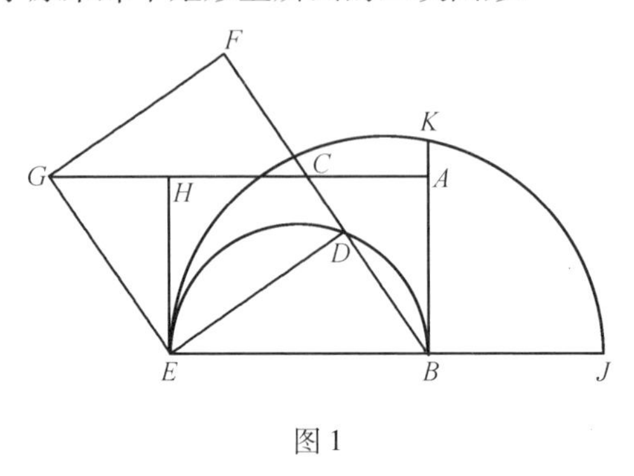

图 1

❖排序问题

从 n 个人中选出 q 个不同的两人小组排名次为 $1,2,\cdots,q$(无并列的),m 为大于等于$\frac{2q}{n}$的最小整数,证明:在上面的小组中可以选出 m 个组,依名次顺序排成一列,并且每相邻的两组中有一个公共成员(假设所排的列中每连续三组无公共成员).

证明 我们用 n 个点表示 n 个人,如果两个人在同一小组,就在相应的两点间连一条边并标上号码(名次). 这样得到一个图,有 n 个点,q 条边分别标为 $1,2,\cdots,q$. 要证明的结论是可以从一个点出发,沿着边,依标号从小到大顺序前进,能走过 m 条边.

对顶点 v,我们用 $L(v)$ 表示从 v 出发,沿着边,依标号从小到大的顺序前进,能走过的边数的最大值. 每个 $L(v)$ 的大小(是否大于等于 m)难以估计,所以考虑所有 $L(v)$ 的和 $\sum\limits_{\text{所有}v} L(v)$,如果

$$\sum_{\text{所有}v} L(v) \geqslant 2q \qquad ①$$

那么其中必有某个 v,满足 $L(v) \geqslant \frac{2q}{n}$,从而 $L(v) \geqslant m$,结论成立.

因而只需证明 ①,我们对 q 施行归纳,奠基是显然的,假定命题对于 $q-1$ 成立,考虑 q 条边的情况,设点 n,w 的连线标号为 1,将这条边去掉,余下的图只有 $q-1$ 条边,记其中各点与 $L(v)$ 相应的量为 $L'(v)$,则有

$$L(u) \geqslant L'(w)+1, L(w) \geqslant L'(n)+1, L(v) \geqslant L'(v)$$

其中,所有 $v \neq n, v \neq w$.

相加并利用归纳假设得

$$\sum_{所有v} L(v) \geqslant 2+\sum_{所有v} L'(v) \geqslant 2+2(q-1)=2q$$

❖石块落地

在一个高塔上,尽可能使劲地沿水平方向抛出一块石头,在抛出这块石头的同时,让另一块石头自由落下. 请问:(1) 在忽略空气阻力时,(2) 在不忽略空气阻力时,哪块石头先落到地面?

解 两块石头在同样大的重力的作用下,下降同样大的高度,因此,如果不考虑空气阻力,那么,不必经过计算,就可以说出,两块石头将同时落到地面.

空气的阻力 F 与速率的平方成正比:

$$F \propto V^2 = V_x^2 + V_y^2$$

式中 V_x 和 V_y 分别是速度的水平分量和竖直分量. 作用于石块的竖直力等于向下的重力和向上的空气阻力之和. 那块朝水平方向抛出的石块的总速度比较大,所以它受到的空气阻力也比较大. 因此,在考虑到空气阻力时,它将下落得慢一些,从而比那块自由落下的石头晚一些落到地面.

❖英俊舞伴

在一次舞会上,若干个男孩和女孩跳华尔兹. 是否有可能使每一个女孩的下一个男伴总是比前一个男伴更加英俊一些或者更加聪明一些? 是否有可能在每一次跳舞中,有一个女孩找到的男伴比下一个男伴更加英俊也更加聪明?(男孩、女孩的数目是相等的,所有的人都参加跳舞)

解 答案是肯定的. 例如,有4个男孩和4个女孩. 对男孩按他们的英俊程度来计数,1号为最不英俊的,4号为最英俊的. 设这4个男孩按聪明程度排列为4,1,2,3(4是最聪明的). 按照灵智增长的次序,每一个女孩轮流同每一个男孩跳舞. 在与4号跳过之后,再回到1号. 对于每一次跳舞,同两个女孩跳舞的男孩比上一次跳过的男孩更英俊也更聪明,而其他的两个同一个男孩跳舞,他或者更聪明,或者更英俊.

设有 n 个男孩和 n 个女孩. 按照一个比前一个更聪明将男孩编号,编为 1,2,…,n. 对于同样的男孩,按照英俊的程度编为 2,…,n,1,这里 n 足够大. 对于每一次跳舞,有 $n-2$ 个女孩同一个男孩跳舞,他比上一次跳舞的男孩更聪明也更英俊,而其余 2 个女孩的舞伴或者更加聪明,或者更加英俊. 我们需要 $\frac{n-2}{n} \geqslant 0.8$,也就是 $n-2 \geqslant 0.8n$,或者 $0.2n \geqslant 2$,即 $n \geqslant 10$.

四种病

如果有70%的人有胃病,75%的人弱视,80%的人有肝病,85%的人染上了结膜炎,问同时患有这四种病的最小百分比是多少?

解 这是一道典型的智力测验题,只需动动脑子,而不必进行什么正规的数学运算. 显然,如果只有两种病,患者的百分比为70%和75%,同时患这两种病的百分比应是45%,即70%加75%减去100%. 与此相似,用同时患有前两种病的最小百分比45%与患有第三种病的百分比80%进行复合,得到同时患前三种病的最小百分比25%. 再用此数与患第四种病的百分比85%复合,就得出了同时患四种病的最小百分比10%. 这种方法也可以推广到任意的数目,只要从给定的所有百分数的总和中减去一个数,就可以直接得到答案,这个减数就是疾病的种数减去1,再乘以百分之百.

❖结点标数

正六边形被分割为24个相等的三角形. 在图1中所示的19个结点处写上不同的数. 证明:在划分的24个三角形中,至少有7个三角形,其顶点处的三个数是沿逆时针方向按递增顺序书写的.

证明 将连接相邻两结点的线段标上箭头,其方向是从结点处所写的数较小的一端指向较大的一端. 从每个三角形的中心来看,如果箭头沿顺时针方向,就称为顺箭头;如果箭头沿逆时针方向,就称为逆箭头.

考虑正六边形边界上的12条线段,它们分别只属于一个三角形,这12个箭头中至少有一个是逆箭头. 否则,正六边形边界上的12个结点处的数,沿顺时

针方向依次将为 $a_1 < a_2 < \cdots < a_n < a_1$,矛盾.

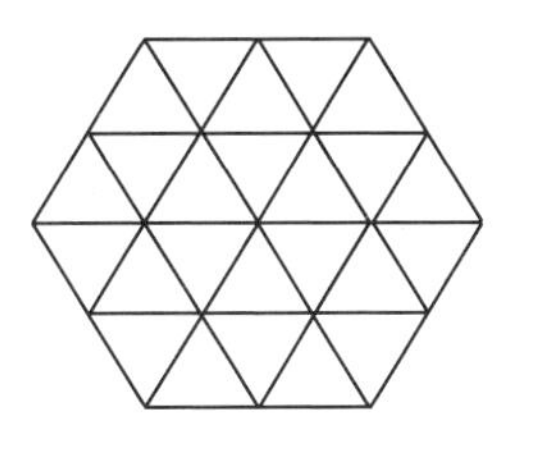
图 1

再考虑正六边形内连接相邻两个结点的线段. 这样每条线段属于两个三角形,而每个三角形含有三条线段,但其中 12 条在正六边形的边界上,三角形有 24 个,所以正六边形内的线段有 $(24 \times 3 - 12) \div 2 = 30$ 条. 其中每条线段的箭头是一个三角形的顺箭头和另一个三角形的逆箭头.

我们再定义:在顶点处的三个数沿顺时针方向按递增顺序书写的三角形,称为顺三角形;在顶点处的三个数沿逆时针方向按递增顺序书写的三角形,称为逆三角形.

显然,一个顺三角形恰有一个逆箭头,一个逆三角形恰有两个逆箭头,而正六边形内 30 个箭头的每一个都恰是某个三角形的逆箭头.

现在设 24 个三角形中有 m 个顺三角形和 n 个逆三角形,那么

$$m + n = 24 \quad ①$$

根据上面的分析,整个图中逆箭头数为

$$m + 2n \geqslant 31 \quad ②$$

由 ② - ① 得 $n \geqslant 7$.

❖缺角的棋盘

一个棋盘相对的两角各被切去一个正方块,棋盘上还剩下 62 个方块(图 1). 现在给你 31 个多米诺骨牌,每一个骨牌的面积与两个方块相等,要求用这些骨牌不重叠地将这个缺角的棋盘覆盖起来. 请用简单几句话来证明这是不是可能做到.

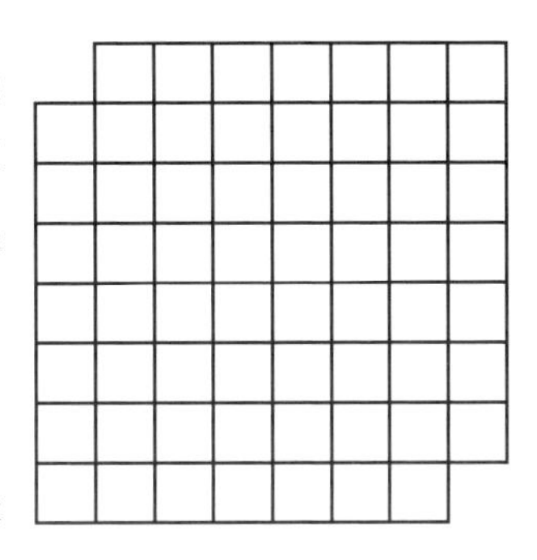
图 1

解 既然棋盘的对角具有同一种颜色,而由于所有相邻的方块都具有不同的颜色(图 2),每块多米诺牌必定盖住一黑一白两个方块,所以要 31 块骨牌盖住 30 个某种颜色以及 32 个另一种颜色的方块,显然是不可能的.

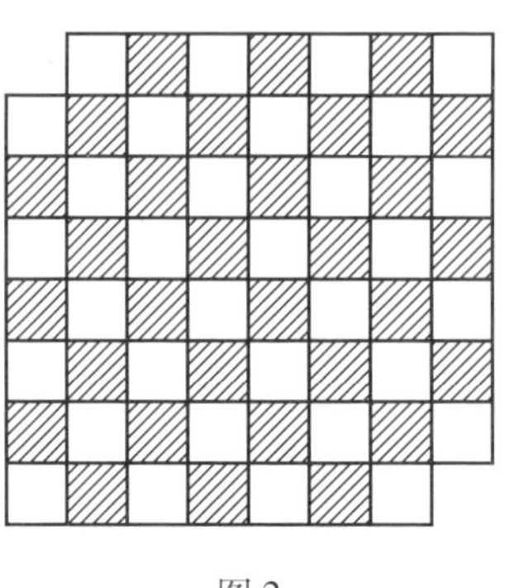

图 2

❖魔法师法则

有 N 座城市,其中任意两座都有道路相连. 这些道路互不相交(必要时通过桥涵避免相交). 一个魔法师企图在道路上建立一种单向法则:如果某人从一个城市出来,他就不能再回到那个城市. 证明:

(1) 可以建立这样的法则;

(2) 存在一个城市,从它出发可以到达任一其他城市;也存在一个城市,不可能从它出发到任一其他城市;

(3) 恰存在一条道路通过所有城市.

解 (1) 将城市用1到 N 编号. 任意两座城市之间的道路定向为从编号小的城市通向编号大的城市. 当某人从一个城市出来后,他只能到达编号越来越大的城市,因而不能回到出发时的那个城市.

(2) 从城市1出发,可以到达任一其他城市,因为它们的编号都大于1. 从城市 N 出发,不能到达任一其他城市,因为它们的编号都小于 N.

(3) 要通过所有的城市,必须从城市1出发,依城市编号的自然次序到达所有城市.

❖馅饼盘子

如果一个半圆形馅饼被切成一系列与它同半径的扇形后置于一圆盘上(图1),圆盘的最小直径应是多少?

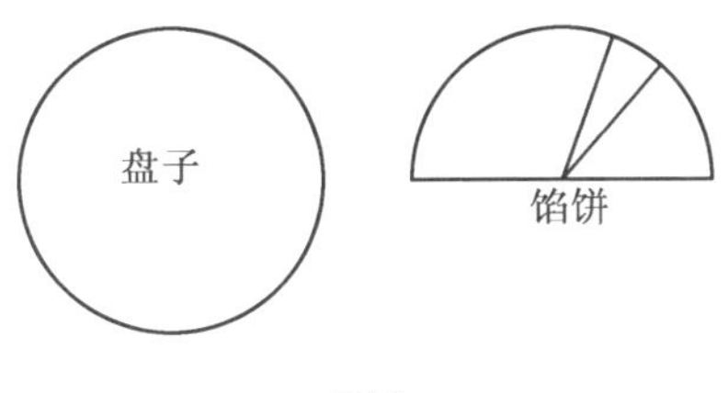

图 1

解 考虑到具有单位半径的半圆形馅饼的面积为$\frac{\pi}{2}$,即 1.570 8,这个半圆可以切成大量偶数个小扇形,每一对小扇形都可近似地组成一个窄矩形,矩形的长等于 1 单位长度. 如果增加扇形的数目,则它们的弧度就要减小,增加到最大极限时所得到的一对扇形的组合就极其接近于一个真正的长度等于 1 的窄矩形. 将所有的矩形按草图所示排列起来,就可组合成这样一个十字形,它的中间部分为一个面积等于 1 的正方形,周围是 4 个长度等于 1,宽度为 1/4 (1.570 8 - 1) 即 0.142 7 的矩形. 由图 2 不难看出,所求圆盘的直径为 $\sqrt{1+(1.2854)^2}$ 或 1.628,也就是说,若半圆形馅饼可切成细条状,则盛放它的盘子的半径仅是馅饼本身半径的 31.4%,这个容器仅有 24.5% 的面积没有利用上.

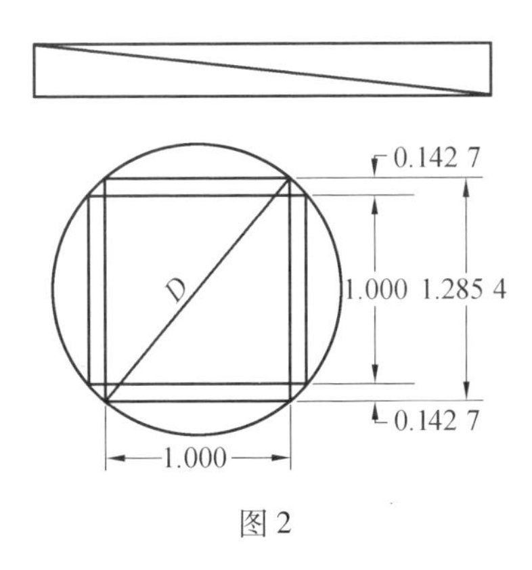

图 2

❖童子军的国籍

一群童子军,年龄从 7 岁至 13 岁,代表 11 个国家. 证明:至少有 5 个孩子,每一个人的同年龄的人多于同国籍的人.

证明 考虑一个7行11列的矩阵(数表),表中的元素 a_{ij} 表示第 j 个国家的年龄为 i 的人数. 令 $r_i=\sum\limits_{j=1}^{11}a_{ij}$ 为第 i 行的和,$1\leqslant i\leqslant 7$;$c_j=\sum\limits_{i=1}^{7}a_{ij}$ 为第 j 列的和,$1\leqslant j\leqslant 11$. 则

$$\sum_{i=1}^{7}\sum_{j=1}^{11}a_{ij}\left(\frac{1}{c_i}-\frac{1}{r_i}\right)=\sum_{i=j}^{7}\sum_{j=1}^{11}\frac{a_{ij}}{c_i}-\sum_{i=1}^{7}\sum_{\substack{j=1\\ i=j}}^{11}\frac{a_{ij}}{r_i}=$$

$$\sum_{j=1}^{11}\frac{1}{c_j}\sum_{i=1}^{7}a_{ij}-\sum_{i=1}^{7}\frac{1}{r_i}\sum_{j=1}^{11}a_{ij}=\sum_{j=1}^{11}1-\sum_{i=1}^{7}1=4$$

由于 $\frac{1}{c_j}-\frac{1}{r_i}<1$,所以在上述和中至少有5个 $\frac{1}{c_j}-\frac{1}{r_i}>0$,即至少有5个孩子,每个人的同年龄的人数 r_i 多于同国籍的人数 c_j.

❖在烧杯内的测量

一个截面积为1 cm^2 的钢棒竖直悬挂于一烧杯之上,烧杯的截面积为2 cm^2,里面装了一些水,使钢棒恰与水平面接触(图1). 将此烧杯置于有刻度的天平的一个托盘上,在另一托盘上也放置一只烧杯及足够重的砝码,以使天平保持平衡. 现在在第一只烧杯中注入1 cm^3 的水,问要在另一只烧杯内加多少水,方能使天平继续保持平衡?

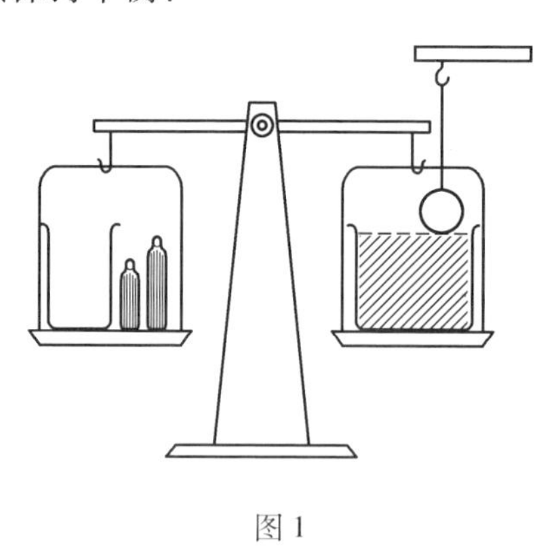

图1

解 简单明了的回答是:必须在第二只烧杯中注入2 cm^3 的水;其中1 cm^3 是用于平衡第一只烧杯内所加入的水,同时,当此杯内液面上升1 cm时,钢棒排开1 cm^3 的水而受到一个浮力,第二只烧杯内的另1 cm^3 的水就是为了平衡这个浮力所产生的反作用力而加入的.

❖如此相识

(1) 是否出现由10个女孩和9个男孩组成的集体,使得不同女孩已经认识不同数目的男孩,而每个男孩已经认识相同数目的女孩;

(2) 当11个女孩和10个男孩时又如何?

解 (1) 由题设,女孩认识男孩数只可能为0,1,2,…,9之一,他们的总和为45. 由于男孩认识的女孩数相同,设男孩认识女孩数为m,总和为$9m$. 因此必须$9m=45$,即$m=5$. 注意到必有一个女孩不认识所有男孩,所以只有9个女孩和9个男孩才有互相认识的可能. 将男孩排成列,女孩排成行如下表:

	男1	男2	男3	男4	男5	男6	男7	男8	男9
女1	+	+	+	+	+	+	+	+	+
女2	+	+	+	+	+	+	+	+	0
女3	+	+	+	+	+	+	+	0	0
女4	+	+	+	+	+	+	0	0	0
女5	+	+	+	+	+	0	0	0	0
女6	0	0	0	0	0	+	+	+	+
女7	0	0	0	0	0	0	+	+	+
女8	0	0	0	0	0	0	0	+	+
女9	0	0	0	0	0	0	0	0	+
女10	0	0	0	0	0	0	0	0	0

交叉位置表示认识与否. 认识记+,不认识记0. 于是证明了会出现题目要求的情形.

(2) 由题设,女孩认识男孩数只可能为0,1,…,10,他们的总和为55. 设男孩认识女孩的数目为m,即总和为$10m$. 因此必须$10m=55$. 这不可能. 所以证明了这种情形不会发生.

此问题的一般情形为:

设n为大于1的整数. 在$n+1$个女孩和n个男孩组成的集体中,所有女孩已经认识的男孩数不同,而所有男孩都已经认识相同数目的女孩. 这种情形会出现吗?

解 总共有$n+1$个女孩,认识的男孩数必不超过n. 由于认识的男孩数不同,所以只可能为0,1,2,…,n. 因此总数为

$$0+1+2+\cdots+n=\frac{n(n+1)}{2}$$

再看男孩. 他们认识的女孩数为 m, 有 $0 \leqslant m \leqslant n+1$. 于是总数为 nm. 因此必须有

$$nm=\frac{n(n+1)}{2}$$

所以 n 为奇数, $n=2m-1$. 注意有一个女孩认识的男孩数为零, 因为认识一个人是相互的, 所以我们可以不考虑这个女孩.

我们的结论是要求的情形一定出现. 事实上, 不妨将男孩、女孩都编号为 $1,2,\cdots,n$, 使得第 k 个女孩认识编号为第 $1,2,\cdots,n-k+1$ 的男孩, $k=1,2,\cdots,m$. 余下为编号第 $n-m+2,\cdots,n$ 的男孩. 注意到 $n=2m-1$, 余下 $n-(n-m+1)=m-1$ 个男孩和 $n-m$ 个女孩认识. 设第 $m+k$ 个女孩认识编号为第 $m+k, m+k+1,\cdots,n$ 的男孩, 因此 $k=1,2,\cdots,m-1$. 于是每个男孩认识 m 个女孩, 而女孩认识的男孩数为 $n,\cdots,n-m+1,n-m,\cdots,1$. 这说明了会出现题目要求的情形.

❖买　猪

约翰、詹姆斯和亨利这三个男人与他们的妻子玛丽、苏珊和安娜(次序不是一一对应)去市场买猪. 每人所买猪的头数与他买每头猪所付的钱数一样多, 约翰比苏珊多买了 23 头, 詹姆斯比玛丽多买了 11 头, 每个男人都比他的妻子多花了 63 元, 请问: 三个男人的妻子各叫什么名字?

解　很容易列出下面的算式:

(男人所花的钱)^2	-	(妻子所花的钱)^2	= 63
32^2	-	31^2	= 63
12^2	-	9^2	= 63
8^2	-	1^2	= 63

约翰:32	詹姆斯:12
− 23	− 11
苏珊:9	玛丽:1

所以,答案如下:约翰 — 安娜;詹姆斯 — 苏珊;亨利 — 玛丽.

对于上面列出的 $x^2 - y^2 = 63$ 的式子只可能有三种解答. 因为 $x + y$ 必定是63 的一个因子,$x - y$ 就无疑是63 较小的一个因子,所以 $x - y$ 肯定是7,3 或1,相应的 $x + y$ 就是9,21 和63. 由此可以确定 x 和 y.

❖一县几区

某个县下属的每两个区都恰好由汽车、火车、飞机三种交通方式中的一种直接联系,已知在全县中三种交通方式全有,但没有一个区三种方式全有,并且没有任何三个区中两两联系的方式全相同. 试问这个县至多有几个区?

解 将每一个区用一点表示(我们称它为顶点). 根据两个区之间的交通方式(汽车、火车、飞机) 将相应的两个顶点之间的连线(我们称它为边) 分别涂上红色、蓝色、白色,这样就得到一个图. 根据题意,这个图具有以下性质:

(1) 这个图的每两个顶点之间有一条边连结,每条边都涂上红、蓝、白三种颜色中的一种.

(2) 整个图中三种颜色的边全有.

(3) 每一个顶点引出的边中,至多只有两种颜色.

(4) 在这个图中不存在同色三角形,即没有一个三角形,它的三条边的颜色全相同.

现在我们来证明:这个图的顶点个数 n 至多为4,也就是这个县至多有4 个区.

假设 $n = 5$,即至少有 5 个顶点 A,B,C,D,E. 根据(3),可以将顶点分为三类:非红、非蓝、非白. 非红类表示这个顶点引出的边都不是红色的,非蓝、非白的意义与此类似(我们并不排斥同一个顶点出现在两个类中的情况,因为,如果由某一个点发出的边同是红色的,它就可以出现在非蓝类和非白类中). 显然,至少有一个类含有不少于两个顶点,否则顶点的总个数小于等于 $3 \times 1 = 3$,与假设 $n \geqslant 5$ 不符.

如果有三个顶点在同一类中, 比如说,A,B,C 都在非红类中, 那么根据(2),有不在这一类中的顶点 D,不妨设 D 在非蓝类中,那么 DA 既不是红的,也不是蓝的, 因而一定是白的. 同样 DB,DC 也是白的. 如果 AB 是白的, 那么 $\triangle ABD$ 是一个同色三角形,与(4) 矛盾,因此AB是蓝的,同样AC,BC也是蓝的,但这样一来,$\triangle ABC$ 是一个同色三角形,仍与(4) 矛盾.

如果每一个类中至多有两个顶点,那么,由于至少有一类含两点,可设 A,B 在非红类中;又不妨设 AB 是蓝的,从而必有其他点 C 在非蓝类中,且 AC 和 BC 只能是白的,从而还有另一点 D 在非白类中. 既然 A,B 非红而 D 非白,那么 AD 和 BD 就只能是蓝色的,那么 $\triangle ABD$ 是同色三角形,与(4) 矛盾.

综上所述,于是证明得 $n \leqslant 4$.

$n = 4$ 的情况是可能的,例如,取一个四边形,它的四条边都是红色,而两条对角线分别为蓝色与白色,就可以得到一个满足题设四个条件的图.

❖开过的电车

一个人以3英里/小时的速度沿一条有电车过往的街道行走,他注意到,在有40辆与他同向的车从身边驶过的时间内,有60辆车相向驶过. 请问:电车平均车速为多少? 在解这道题时,请对你的答案作出充分证明,并说出你所用的时间.

解 这道题的一般解法是运用相对速度. 人对于来往车辆的相对速度与他所遇到的车数成正比,由此可建立等式$(x+3)/(x-3)=60/40$,解得 $x=15$ 英里/小时. 另一种不太技巧但更简便易懂的方法,是在人开始步行时画两辆车,第40辆在他的后面而第60辆在他的前方,当两车会交并与人相遇时,必定各自行驶了二者间距离的一半,也就是50个车辆间隔距离,同时人走过的距离为10个车辆间隔距离,可见,人的速度等于车速的$\frac{1}{5}$,因此,车速为15英里/小时.

❖击球落袋

在一个直角三角形的桌子上打台球. 设其中一个锐角为30°,在三个角上都有口袋. 一个球放在位于30°角的口袋前面,打向对边的中点. 假设击球的力量足够大,证明:该球将在8次反射之后落入位于60°角的口袋中.

证明 作平行四边形 $ABCD$,其中 $\angle BAD = 60°$,$BC = 3AB$. 设 E 为 AD 边上的点,使得 $\triangle ABE$ 成为等边三角形. 设 F 为 BE 的中点,AC 交 EF 于 G,则 $\triangle AGE$ 相似于 $\triangle CGB$. 因此 $BG = 3GE$,从而 G 是 EF 的中点. 现在 $\triangle AEF$ 是一个

角度分别为 30°,60° 和 90° 的三角形,代表题目中的台球桌.

将球放在点 A,打向点 G,也就是点 C. 将 $ABCD$ 如图 1 那样分割成若干角度分别为 30°,60° 和 90° 的三角形. 容易看出这个球经过 8 次碰撞,最终落入点 C 的代表的 60° 角处的口袋中.

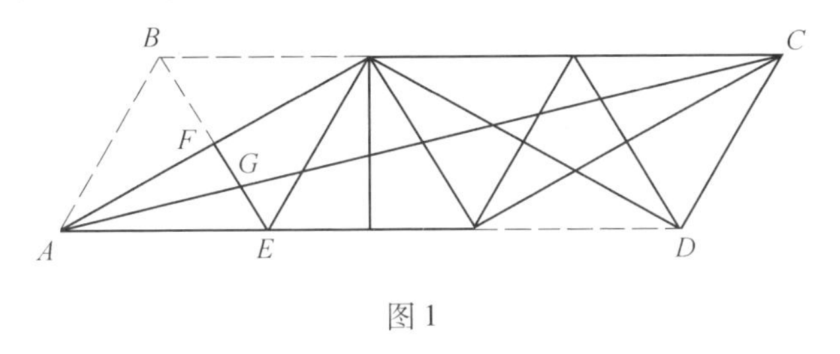

图 1

❖共同的生日

在小尤克里德生日那天,他满面微笑地来到教室,接受史密斯老师和其他 29 位同学的祝贺,他说,"我不知道今天是否是班里其他哪位同学的生日,可是我敢以 1 对 5 的比例来打赌说,这班上一定至少有两位同学在同一天过生日,不管是哪一天."史密斯心算了一下 30/365,认为尤克里德押了一笔慷慨的赌注,如果他敢跟全校 24 个班(人数相同)的同学都打赌,他就得沮丧地掏出一大笔钱. 请问:小尤克里德真的那么愚蠢吗?

解 由于对 30 个生日的选择有$(365)^{30}$种可能,其中 $365\times364\times363\times362\cdots\cdots336$ 是生日不同的可能性,由二者的商可得 30 个同学中无同一天生日的概率为 0.294. 假定尤克里德以 1 元对 5 元分别与 24 个班打赌,并且机遇相同,那么他就会输给 7 个班,而赢 17 个班,也就是说,他就要失去 7 元,得到 85 元,净赢 78 元. 提出这道题的人还附带提到美国过去历届总统中,有两位总统波克和哈定同是 9 月 2 日生日;另两位总统约翰·亚当斯和杰弗逊都是 7 月 4 日逝世. 这提供了一个有趣的例证:在任何范围内,两件事在同一天发生的机会都远不止一次.

❖换乘电车

在平面图上,城市是一个凸多边形,它的街道是多边形的所有对角线,而街道的交点叫做交叉点(多边形的顶点不算).在该城建有电车交通,每条线路从头到尾贯穿全街,并在这条街道的所有交叉点及其两端设有车站.已知每个交叉点仅有两条街相交,并且其中至少有一条有电车线路.求证:从任一交叉点可乘电车到另一交叉点,换车的次数不超过两次(从一条线路到另一条线路,可在它们的任一公共车站处换车).

证明　设A,B是任意的交叉点.用$a(b)$表示两条相交于$A(B)$的街道之一,沿该街道有电车线路(如果相交于$A(B)$的两条街道都是电车线路通过,那么可以从中任选一条作为$a(b)$街).有三种可能的情况:

ⅰ a街和b街重合;

ⅱ a街和b街相交于交叉点C或者有公共的终点站C;

ⅲ a街和b街不重合,不相交,并且也没有公共的终点站.

在第一种情况下,可从A直达B,显然不必换车.在第二种情况下,可以这样走:从交叉点A沿a街乘电车到车站C,然后改乘沿b街行驶的电车到交叉点B.

假设发生第三种情况,那么,从含有a街和b街的电车终点站的街道中,可选出两条相交的街道(多边形是凸边的),其中至少有一条街道是有电车线路的.于是该线路与沿a街行驶的线路有公共的终点站A_1,而与沿b街行驶的线路有公共的终点站B_1.所以从A到B可以这样走,如图1所示(箭头表示从A到B经两次换车.行驶电车的街道,用虚线表示,多边形的边和不通行电车的街道,用实线表示).沿a街行驶的电车可驶到A_1,然后换乘电车从A_1到B_1.在终点站B_1改乘沿b街行驶的电车到交叉点B.

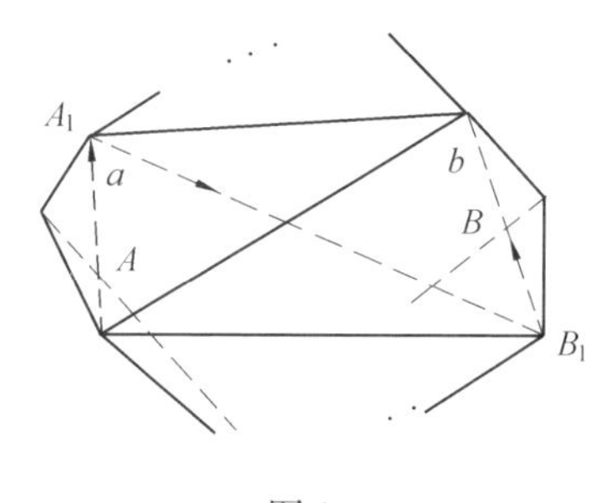

图1

注　上述推证表明:A,B为交叉点,从A乘车到B需要两次换车时,可选择这样的线路,在这线路中必须在终点站换车.如果不准在线路的终点站换车,那么情形ⅱ的结论将不成立.例如,除了从某一顶点出发的街道外,该城其余所有的街道都有线路,便是这种情况.因为,这时从A乘车到B,非在终点站换车不可(见图2).

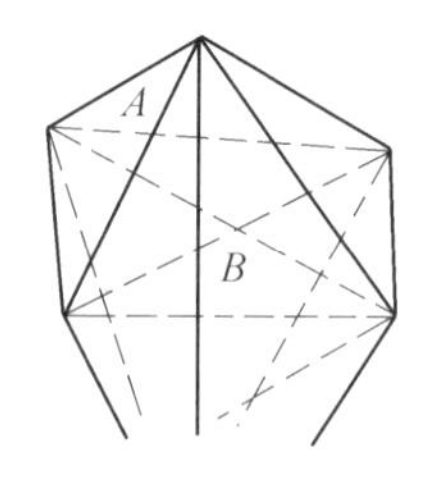

图2

❖立方体对角电阻

一个边长为 1 英寸的立方体,其各棱边均由导线构成(图 1),导线的电阻率为 1 欧姆/英寸,问立方体对角间电阻是多少?

解　做一个辅助图(图 2),将最靠近 A 的三个顶点短接,同样将最靠近 B 的三个顶点短接. 因为三个顶点是等势(对称)点,即便短路也无电流通过,所以这样做并不影响电流的正常流动. 在 AD 间并联着 3 个等值电阻,在 DC 间并联着 6 个,在 CB 间并联着 3 个,因此,所求电阻为$\frac{1}{3}+\frac{1}{6}+\frac{1}{3}=\frac{5}{6}$(欧姆).

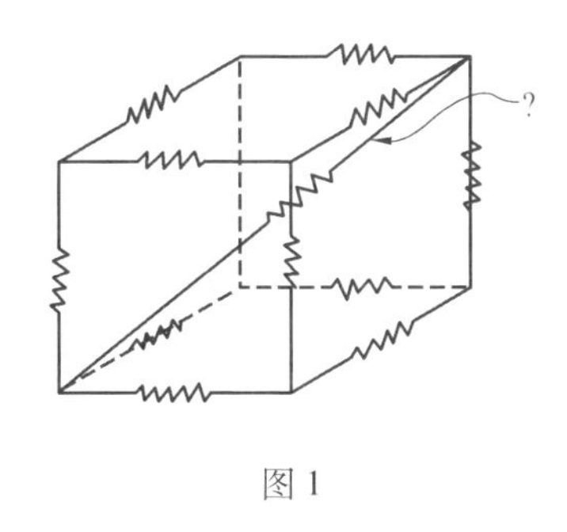

图 1

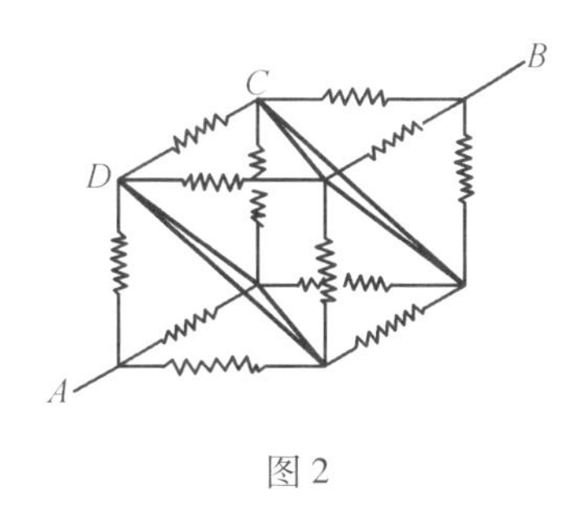

图 2

❖一位步行者

一个步行者行走了 3.5 小时,在每一小时的时间间隔,他都行走了3.5 km. 问他行走的平均速度是否一定为每小时 3.5 km?

解　否. 可以举出许多反例.

假设步行者从时刻 $t=0$ 开始(以分钟为单位),其速度函数 $v(t)$ 满足

$$v(t)=3,0\leqslant t<30$$

$$v(t)=4,30\leqslant t<60$$

$$v(t+60)=v(t)$$

则其速度函数的图像如图 1. 在每一小时的时间间隔里,步行者的速度总有 30 分钟为每小时 3 km,有 30 分钟为每小时 4 km. 但他所走的总路程等于$\frac{1}{2}$(3 +

$4+3+4+3+4+3)=12$ km. 所以,平均速度等于$\frac{12}{3.5}=\frac{24}{7}$,不等于 3.5.

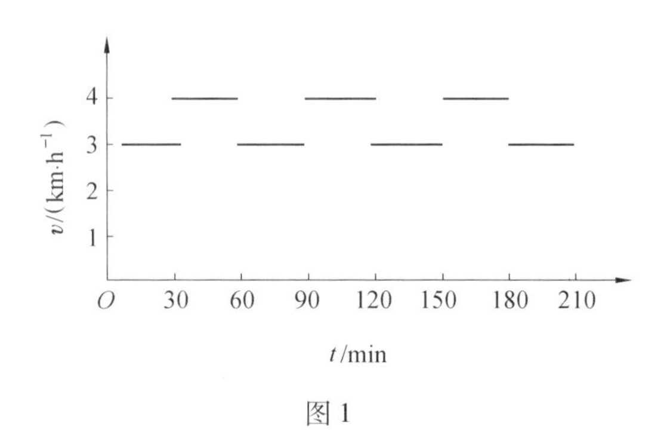

图 1

❖中线和十字联轴器

证明直角三角形斜边中线长为斜边之半(图 1) 的最快方法是什么? 从实际出发,如果你对联轴器十分熟悉,那么这一原理在十字联轴器上有什么用处?

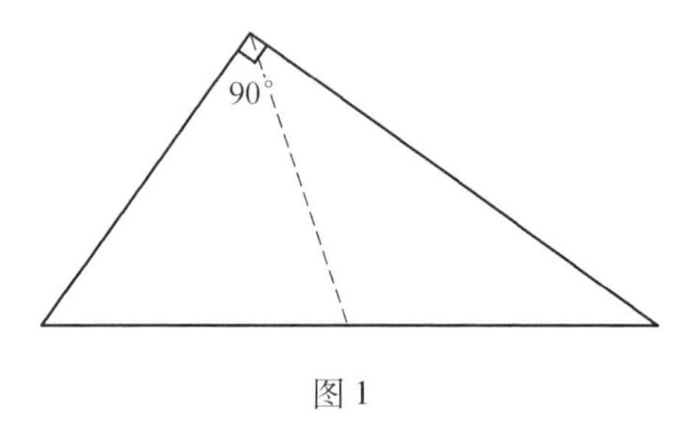

图 1

解 以直角三角形的斜边为直径作一个圆,三角形的顶点一定落在圆周上,题目中的中线就是半径,因此它必定是斜边的一半(图 2). 在一个十字联轴器中,设中间部分的中心 C 到 A 轴轴线的距离为 x,到 B 轴轴线的距离为 y,于是组成一个以两轴轴线间距离为斜边的直角三角形,既然此三角形斜边中线等于斜边的一半,所以点 C 总是与斜边中点保持等距离,并且随着轴的转动而作圆周运动.

90°

图 2

❖有女孩吗

一些男孩与女孩组成一个 $n \times n$ 的方阵. 我们知道每一行、每一列及每一条与对角线平行的直线上女孩的数目. 对怎样的 n, 这些信息足以确定方阵中哪些位置为女孩? 对哪些位置, 我们可以断定那里有没有女孩?

解 $n=1,2,3$ 时信息是足够的(平行于对角线的直线告诉我们角上是否有女孩).

$n=4$ 时, 信息未必足够. 如图 1, 将 1(表示 1 个女孩) 与 0(表示 1 个男孩) 对换则所有信息并未改变.

	1	0	
0	a		1
1			0
	0	1	

图 1

四角是否有女孩可以确定. 中央 4 个位置也可以确定: 图中 a 的上方与右方两个数的和为已知(它们在一条平行于对角线的直线上), 第一行与第一列的和亦为已知. 因此, a 的右上方与左下方的两个数的和为已知, 而 a 与这两个数在一条平行于对角线的直线上, 所以 a 可以确定.

$n=5$ 时, 四角可以确定. 中心也可以确定, 理由如下: 设第 i 行第 j 列的女孩为 a_{ij}, 则

$$3a_{33}=\sum_{j=1}^{5}a_{3j}-\sum_{j\neq 3}\sum_{i=1}^{5}a_{ij}+(a_{41}+a_{52})+(a_{14}+a_{25})+(a_{12}+a_{21})+(a_{45}+a_{54})+\sum_{i=1}^{5}a_{ij}+\sum_{i+j=6}a_{ij}$$

其中每一括号及每一和号 $\sum$ 中的和均为已知, 所以 a_{33} 可以定出.

其余的 20 个位置无法定出. 事实上, 在图下边添一行, 右边添一列, 即可说明 8 个位置中 0 与 1 可以互换. 由对称性, 其他 12 个位置也是如此.

$n \geqslant 6$ 时, 仅仅四角可以确定, 因为 $n \times n$ 的阵中总可产生一个 5×5 的子阵, 使需要变更的位置不是这子阵的四角与中心.

❖后退的自行车

使一辆普通的自行车的脚踏板处于一高一低的位置,轻轻扶住车座使车体不致倾倒,如果对较低的那个脚踏板施一个指向车尾方向的力,则自行车将:(a) 前进,(b) 后退,(c) 根本不动. 为什么?

解 一个颇有启发性的解答如下所述:为使一物体运动,在对它施加一力时,力的作用点应该能沿着力的方向自由移动. 不难看出,如果力施加在后轮的轮辐上,则车轮将沿力的方向滚动. 假若作用点在地面与车轴间的某一位置,则这点相对于车轴是向前运动的,相对于地面却是向后运动的,并与作用力的方向一致. 为了达到一定速度,自行车有一个小小的速度比(大链轮转速与小链轮转速的比值),脚踏板相对于车体将缓慢向前运动,但这一运动相对于地面和所施力的方向是向后的,因此,自行车将向后运动. 当此力作用在位于上方的那个脚踏板上时,制动器将起作用,因而答案是(c).

❖涂色阻击

一张无限大的纸被两组平行直线分为小正方格. 甲乙二人做如下游戏:甲先选取一个小正方格,将其涂成红色,然后乙选取一个未被涂色的小正方格,将其涂成蓝色,依此类推. 甲的目的是选取四个小正方格涂成红色,使其顶点构成一个边与两组平行直线相平行的正方形. 乙的目的是阻止甲达到其目的. 问甲能否取胜?

解 甲有必胜策略. 将小正方格标号为(x,y),其中x,y为整数. 甲开始先将原点小正方格$(0,0)$涂成红色. 假设乙将(x,y)涂成蓝色. 甲选取正整数$k>\max\{|x|,|y|\}$,将$(k,0)$涂成红色. 这之后,甲只在标号为k的倍数的小正方格上涂红色,相应地,乙也必须在标号为k的倍数的小正方格上涂蓝色. 这就等价于在乙回应之前,甲已经将$(0,0)$和$(1,0)$涂成了红色. 换言之,乙第一次将小正方格(x,y)涂成蓝色不起任何作用. 现在我们断言:乙必须将$(0,1)$,$(1,1)$,$(0,-1)$和$(1,-1)$中的某一个涂蓝. 否则,甲再将$(2,0)$或者$(-1,0)$涂红,就在同一行得到三个红色小正方格,且它们的正上方和正下方都没有蓝

色小正方格,甲必定获胜.因此,乙必须在(0,0)或者(1,0)的正上方或者正下方取一个小正方格涂蓝.不妨假设乙将(0,1)涂成蓝色,则甲将(2,0)涂红,逼迫乙将(0,-1),(1,-1)和(2,-1)中的某一个涂蓝.然后甲将(3,0)涂红,逼迫乙将(1,1),(2,1)和(3,1)中的某一个涂蓝.然后甲将(4,0)涂红,在下一步他可以取(2,2)或者(2,-2)涂红,形成必胜局面.

❖偶数门

为什么一所每个房间都有偶数个门的房子,也必定有偶数个通向外面的门?

解 房子的每一扇通户外的门都有一面朝向外面,因此,我们要证明的是有偶数个门面朝向户外.如果这所房子共有 N 个门,一共也就是 $2N$ 面.题目实际上说明每个房间都有偶数个门面是向里的,因此,有偶数个门面在这套房子的内部,设此偶数为 $2K$,则朝外的门面有 $2N-2K=$ 一个偶数.

❖分组问题

1 990 个人分为若干互不相交的子集,使得

ⅰ 每个子集中没有人认识这子集中所有人.

ⅱ 每个子集中,任意三个人中至少有两个人互不相识.

ⅲ 每个子集中,对任意两个不相识的人,这子集中恰有一个人认识这两个人.

(1)证明在每个子集中,每个人认识的人数相等.

(2)求满足上述条件的子集最多能有几个?

注 约定 A 认识 B,则 B 认识 A,每个人认识他自己.

解 (1)只考虑一个小组.设 y_1 与 y_2 在同一组中互不相识,由ⅲ,存在 x 与 y_1,y_2 均相识.设除去 x 与自身外,y_1 认识的人为 $z_{11},z_{12},\cdots,z_{1h}$,$y_2$ 认识的人为 $z_{21},z_{22},\cdots,z_{2k}$.

由ⅱ,x 与 z_{1j} 均不相识.由ⅲ,$z_{11},z_{12},\cdots,z_{1h}$ 与 y_2 均不相识.所以 $z_{11},z_{12},\cdots,z_{1h},z_{21},z_{22},\cdots,z_{2k}$ 互不相同,并且与 x,y_1,y_2 也互不相同.

由 iii,z_{11} 与 y_2 有一公共的熟人,不妨设为 z_{21}. z_{12} 与 y_2 也有一公共熟人,此人决非 z_{21}(否则 y_1 与 z_{21} 有两个公共熟人 z_{11},z_{12},与 iii 矛盾). 设 z_{12} 与 y_2 的公共熟人为 z_{22}. 如此继续下去,可知 $h \leqslant k$($z_{11}, z_{12}, \cdots, z_{1h}$ 在 $z_{21}, z_{22}, \cdots, z_{2k}$ 中各有一个熟人,并且这些熟人互不相同). 由对称性,亦有 $k \leqslant h$. 所以,$k = h$,即互不相识的两个人,熟人的个数相同.

对于 y_1 的熟人 x,x 的熟人 y_2 与 y_1 互不相识. 由上面的论证,我们知道 x 与 z_{11} 的熟人个数相同,z_{11} 与 y_2 的熟人个数相同. 从而,这一组中,每个人的熟人个数均为 $h + 1$.

(2) 在一组中,x 有一个不认识的人 y,x,y 有一公共熟人 z,z 有一不认识的人 u,u 不可能与 x,y 都认识(否则与 iii 矛盾). 设 u 不认识 x,则 u,x 有一公共熟人 v,v 不同于 y,z. 于是每一组中至少 5 个人. 5 个人的组是可以存在的,只需 x 认识 y,y 认识 z,z 认识 u,u 认识 v,v 认识 x,其余的每两对人互不相识.

于是小组的个数至多为 $\frac{1\ 990}{5} = 398$.

❖步行速度

某夫人每天都驾驶私人汽车在下午 5 点准时到车站接她的丈夫,全程的平均车速为 30 英里/小时. 有一天,这位先生未通知他的夫人就乘早一班火车于 4 点进了站,然后步行回家. 夫人在途中遇到了他,两人一起驱车返回住所,他们比往日早 15 分钟到家. 问这位先生步行速度是多少?

解 很明显,若这位先生比往常早到家15分钟,而夫人又以30英里/小时的速度开车,她势必往返各省下了 $7\frac{1}{2}$ 分钟,来去均少行驶了 $3\frac{3}{4}$ 英里. 既然她预定下午 5 点到车站,所以她遇见他时肯定是 4 点 52.5 分,也就是说,他已用 $52\frac{1}{2}$ 分钟走过了 $3\frac{3}{4}$ 英里,换句话说,他的速度为 $4\frac{2}{7}$ 英里/小时. 这是一道构思绝妙的智力练习题,只需要几分钟的分数约分就能得出答案. 当然还有一些冗长和繁琐的求解方式,有人画蛇添足地求出从车站到住所的距离,显然它不到 30 英里,但这些都不影响答案.

❖"飞棋"遍访

给定4×4方格棋盘和一枚"飞棋","飞棋"的每一步允许从所在格出发跨过邻格到达同行除邻格外的任一格,或者跨过邻格到达同列除邻格外的任一格.试问该棋子能否从棋盘上某一格出发经过16步遍访棋盘的每一格回到原出发格?

解法1 如图1所示,题目提出的任务可以完成.

解法2 图2显示了另一枚逐格前进的棋子,遍访棋盘各格,回到起点的整个旅行路线.我们在图2的各行作同样的置换,使得置换后的各行都是"飞棋"所允许的路线,这样就得到图3.

然后,我们又用类似的做法,对图3的各列作同样的置换,使得置换后的各列也都是"飞棋"所允许的路线,这样,我们得到了"飞棋"遍访16格,最后回到起点的允许路线,如图1所示.

9	15	10	8
3	1	4	2
12	14	11	13
6	16	5	7

图1

1	2	3	4
16	7	6	5
15	8	9	10
14	13	12	11

图2

3	1	4	2
6	16	5	7
9	15	10	8
12	14	11	13

图3

❖最大公约数和最小公倍数

请你以最快的速度证明,两个数的最大公约数,也就是这两个数之和与这个两数的最小公倍数的最大公约数.

解 设任意两数为N和M,定义它们的最大公约数为G,$N=GA$,$M=GB$,其中A与B是无公因子的整数.M和N的最小公倍数是GAB,M与N之和为$G(A+B)$.由于A与B无公因子,同样$A+B$与A,B,AB亦无公因子,因而G也

是M和N之和与二者最小公倍数的最大公约数.随意抽取两个数字就能阐明这一点.例如,在42与144的情况下,G等于6,A等于7,B等于24,42和144的情况下,G等于6,A等于7,B等于24,42和144可以写成6×7和6×24.最小公倍数为GAB,即$6\times7\times24=1\ 008$.42与144之和186等于$6(7+24)$,既然7与24无公因子,则两个数当中的任意一个与它们之和都无公因子.

❖循环赛

在n名选手的循环赛中,每两人比赛一次(无平局),证明以下情况恰有一种发生:

(1)可将选手分为两个非空集合,使得一个集合中的任一名选手战胜另一个集合中的任一名选手.

(2)所有选手可以标号1至n,使得第i名选手战胜第$i+1$名,而第n名战胜第1名.

证明 用图论语言可表述为:对有限集X的每两个不同元素的有序对(x,y),有一个数$f(x,y)=0$或1与之对应,并且对所有$x,y(x\neq y)$,$f(x,y)\neq f(y,x)$.证明以下两种情况恰有一种出现:

(1)X是两个不相交的非空集合U,V的并集,对于任意的$u\in U,v\in V$均有$f(u,v)=1$.

(2)X的元素可标上$x_1,x_2,\cdots,x_n$,使得

$$f(x_1,x_2)=f(x_2,x_3)=\cdots=f(x_{n-1},x_n)=f(x_n,x_1)=1$$

在$f(x,y)=1$时,画一条从点x至y的有向弧$x\to y$.在$f(x,y)=0$时(这时$f(y,x)=1$),画一条从y至x的有向弧$y\to x$.产生一个有向图(在第二种说法中,$x\to y$即选手x胜选手y).

(1),(2)显然不可能同时出现(若图成为一个圈,则从$v\in V$立即得出所有点均属于V),只需证(1),(2)中至少有一种出现.

$n=2$时,(1)显然成立.在$n\geqslant3$时,设x_1胜得最多.若x_1胜所有选手,则(1)成立(取$U=\{x_1\}$).否则设y胜x_1,被x_1战胜的选手中必有z胜y(因为x_1胜得最多),这样图中就有圈存在.

设最长的圈为$x_1\to x_2\to\cdots\to x_m\to x_1(i\neq j$时,$x_i\neq x_j)$.

若$m=n$,(2)成立.我们设$m<n$.

令$C=\{x_1,x_2,\cdots,x_m\}$.对$y\notin C$,或者每一个i,均有$x_i\to y$,或者每一个i均

有 $y \to x_i$. 否则将有某个 i，使 $x_i \to y$ 而 $y \to x_{i+1}$（约定 $x_{m+1} = x_1$），从而圈可以扩大为

$$x_1 \to x_2 \to \cdots \to x_i \to y \to x_{i+1} \to \cdots \to x_m \to x_1$$

矛盾. 令

$$A = \{y \in X \setminus C \mid y \to x_i, i = 1,2,\cdots,m\}$$

$$B = \{y \in X \setminus C \mid x_i \to y, i = 1,2,\cdots,m\}$$

则 $A \cup B = X \setminus C$，从而 A,B 至少有一个非空.

对任一对 $a \in A, b \in B$. 若 $b \to a$，则

$$a \to x_1 \to \cdots \to x_m \to b \to a$$

是更大的圈，矛盾. 因此恒有 $a \to b$. 令（若 B 非空）

$$U = A \cup C, V = B$$

或令（若 A 非空）

$$U = A, V = B \cup C$$

则(1) 成立.

❖巡道员

两个巡道员沿轨道行走，一列火车在 10 s 内从第一人身旁飞驰而过，20 分钟后，车运动到了第二人所在处，整个车列从此人身旁经过时用了 9 s. 请问：在火车驶离第二人后经多长时间两人相遇？所有的速度都是恒定的. 方向、速度、车长和距离都未给出，解题时也不需要它们.

解 这是一道运动熟悉的相对速度求解的题目. 不妨设车长度为 L. 既然列车花了 10 s 才从 A 身旁通过，花 9 s 才通过 B，可见 A 与火车的相对速度为 $L/10$，而 B 与火车的相对速度为 $L/9$，A 与 B 的相地速度为 $L/90$，这个数字是 B 与车的相对速度的 1/10. 既然火车用了 1 210 s 到达 B，则 A 到达 B 就要花费十倍于火车的时间，也就是 12 100 s，其中有 1 219 s 是火车到达并经过 B 所占用的时间，其余的 3 小时 1 分 21 秒即所求的时间. 这是实用、简捷、近似的算法，我们摒弃了那些虽然严格但过于兜圈子的方式.

另一种解法与上述思路迥然不同，但可能更新奇. 这种方法是假定列车是静止的，有一位观察者从这列静止的火车上向外看，看到车窗外两个巡道员相继飞速掠过，在他看来好像第二个人比第一个人走得快，既然第一个人要 10 s 才能走完第二人在 9 s 内通过的距离，所以，在 9 s 内第二人就比第一人赢得了

1 s 的时间. 题目又给定了第一人之后又过了 20 min9 s 的时间,第二人方从车尾掠过,所以,两人相会的时间将是 20 min9 s 的 9 倍,即 3 h1 分 21 s.

❖骑士的仆从

某王国有 32 名骑士. 其中某些骑士是另外骑士的仆从. 每名仆从最多只能有一名主人. 每名主人必须比他的任何一名仆从富有. 如果一名骑士拥有不少于 4 名仆从,那么他就被封为贵族. 试求贵族数目的最大可能值(该王国遵循这样的法律:我的仆从的仆从不是我的仆从).

解 最富的骑士不是其他骑士的仆从. 因此,至多有 31 位骑士可能 成为其他骑士的仆从. 每位至多有一位主人,因此至多有 7 位贵族. 下面指出 7 位贵族的情形是可能的. 假定 32 位骑士,各位拥有的财产互不相同. 按财产递减的顺序,用 1,2,…,32 给骑士们编号. 对于 $n=1,5,9,13,17,21,25$,让 n 作为 $n+1,n+2,n+3,n+4$ 的主人. 于是,恰好有 7 名贵族.

❖连续整数

请你找出三个连续整数,要求从中任取两个所组成的所有分数之和为另一整数.

解 许多人没有借助于代数,一下就“本能” 地猜到了所求的连续整数为 1,2,3;所组成的分数之和 $1/2+1/3+2/3+2/1+3/2+3/1$ 为 8. 其实,只需片刻工夫便可巧妙地证明,只有这组整数才是唯一满足题目所给条件的连续正整数. 运用代数方法可得到由 $x-1,x,x+1$ 所组成的分数之和为$\frac{6x^2}{x^2-1}$. 不难看出,x^2 与 x^2-1 互为素数,所以,x^2-1 必为 6 的约数,唯一的解是 $x=2$.

❖关键的一列

$n\times n$ 表格的每个方格内写一个数. 我们知道表格的任何两行都不同. 证明:表格含有这样的一列,如果把它删去,剩下的表格也没有相等的行.

注 行1,1,2,7,5和1,1,7,2,5是不同的,也就是不相等的.

证明 我们先证明一个引理:如果有 n 个点用一些线段连结起来,没有线段组成闭合环,那么此种线段最多有 $n-1$ 条.

引理的证明 用归纳法证明.当 $n=1$ 或2时,引理显然成立.设当 $n=k$ 时引理成立,此时最多有 $k-1$ 条线段.现在考虑 $n=k+1$ 的情形,在 $k+1$ 个点中如果有一点不和别的点连结,那么连结其他 k 个点的线段按归纳假设最多只有 $k-1$ 条,即连结所有 $k+1$ 个点的线段少于 k 条.如果 $k+1$ 个点中的每一点都和别的点连结,那么因为没有闭合环,所以一定有一点只由一条线段和另一点连结.除去这点和这条线段,其余 k 个点最多只有 $k-1$ 条线段,所有 $k+1$ 个点最多只有 k 条线段.按数学归纳法原理,引理对于一切正整数成立.

现在用反证法来证明原题.设 $n\times n$ 表格中把任何一列删去,剩下的表格都有相等的行.由于原表格的任何两行都不同,所以删去某一列后剩下相等的两行,其被删去的同列两数必不同.我们用 n 个点代表原表格的 n 行.如果两行只有某一列的两个数不同,其他对应(即同列)的数都分别相同,我们就用线段连结代表这两行的两点,按假设,这样的线段至少有 n 条.但是可以证明这样的线段不能组成闭合环.因为,如果有闭合环 $P_1P_2\cdots P_kP_1$(P_i 是代表第 i 行的点,$i=1,2,\cdots,k,k\leqslant n$),不妨设删去第 i 列后剩下的第 i 行和第 $i+1$ 行相同(P_{k+1} 即 P_1),那么前 k 行如下:

$$
\begin{array}{ccccccccc}
1 & a_1 & a_2 & a_3 & \cdots & a_{k-1} & a_k & \cdots & a_n \\
2 & b_1 & a_2 & a_3 & \cdots & a_{k-1} & a_k & \cdots & a_n \\
3 & b_1 & c_2 & a_3 & \cdots & a_{k-1} & a_k & \cdots & a_n \\
\vdots & \vdots & \vdots & \vdots & & \vdots & \vdots & \vdots & \vdots \\
k & b_1 & c_2 & d_3 & \cdots & l_{k-1} & a_k & \cdots & a_n
\end{array}
$$

这里不同的字母表示不同的数.由此可见,删去第 k 列后,第 k 行和第一行剩下的并不相同,所以线段 P_kP_1 并不存在,也就是实际上不存在闭合环.那么,按引理,线段最多有 $n-1$ 条,和按假设最少有 n 条的结论相矛盾.因此,原题得证.

❖牛、马和鸡

一位农民在数他的牛、马和小鸡.此人颇有些数学家的气质,他发现了这些

动物的数目均为素数，并且这些素数互不相同. 他更进一步观察到：如果用牛与马的总和乘以牛的数目，乘积恰好比鸡数目大120. 试问：他的每一种动物各有多少？

解 根据已知条件，可列出等式 $C(C+H)=F+120$，其中 F 为鸡的数目，C 为牛的数目，H 为马的数目. 从等式可看出，F 不能等于2这个唯一的偶素数，因为当 F 等于2时，C 也必定等于2，此时 $C+H=61$，而 C 与 F 同时等于2就违反了数字互不相同这一已知条件. 可见 F 必定是奇数. 由此可知，C 与 H 当中肯定有一个等于2，否则，这两个数之和就会得偶数. 显而易见，由于 C 等于2会导致乘积为偶数，因而毫无疑问是 H 等于2. 我们重列一下等式 $C^2+2C-120=F$，即 $(C+12)(C-10)=F$，为了使 F 是素数，$C-10$ 必须等于1. 由此解出 $C=11$，$F=23$，这是本题唯一正确的答案.

❖行列同积

给定 4×4 方格表. 能否从小于100的正整数中选出16个不同的数填入方格表（每格一数），使得每一行所填数的乘积和每一列所填数的乘积都等于同一个数？

解 如图1所示，我们首先将四种花色的A，K，Q，J牌共16张放置在 4×4 方格表的各个格子中（每格一张牌），使得每一行的四张牌的花色和字母各不相同，每一列也如此. 约定用1，2，3，4分别表示字母A，K，Q，J，用1，5，6，7分别表示黑桃、红桃、方块、梅花这四种花色. 然后如图2所示，将每个格子所放牌代之以表示该牌字母的数与表示该牌花色的数之乘积. 这样，每行每列所放数的乘积都等于 $1\times2\times3\times4\times1\times5\times6\times7=5\ 040$.

♠A	✂J	◉K	♣Q
✂Q	♠K	♣J	◉A
◉J	♣A	♠Q	✂K
♣K	◉Q	✂A	♠J

图1

1	20	12	21
15	2	28	6
24	7	3	10
14	18	5	4

图2

❖填数字

有个每行每列各有五个方格的正方形,每个方格填一数字. 如果每一列的五个数字分别从 1 ~ 15,16 ~ 30,31 ~ 45,46 ~ 60,61 ~ 75 等五组数字选取,并且第三行与第三列相交的方格保留空白,那么,最多可以有多少种填法,使得每次填好后,每行、每列和对角线的数字总和各不相同?

解 如果对题意分析不清,就很可能使问题复杂化. 显然,满足行、列及对角线上数字之和互不相同的填法种数,不可能超过第三列互不相同的种数. 实际上,由于满足行、对角线上数字之和不同的种数大于第三列的种数 $C_{15}^4 = 1\ 365$,所以此数即为所求种数.

❖理想婚姻

社会学家认为:理想的婚姻是互补型的,于是一位搞数学的先生开办了一个婚姻介绍所,他首先把每个登记的男女青年赋以 5 项指标,即身高、相貌、收入、爱好、职业,然后制定一个标准,达到后将该项计为 1,否则记为 0. 这样就可以比较两个人的差异程度,如相似则记0,相异记为1,定义5项指标和差异程度之和为差异度,现在他想找一组差异度大于 2 的成员,问这组最多可含多少成员.

解 此问题用数学语言描述即为:对集合 $S = \{(a_1,a_2,a_3,a_4,a_5) \mid a_i = 0$ 或 $1,i = 1,2,\cdots,5\}$ 中的任意两个元素 $\{\overline{a_1},\overline{a_2},\cdots,\overline{a_5}\}$ 和 $\{\overline{b_1},\overline{b_2},\overline{b_3},\cdots,\overline{b_5}\}$. 定义它们之间的距离为 $|\overline{a_1}-\overline{b_1}|+|\overline{a_2}-\overline{b_2}|+\cdots+|\overline{a_5}-\overline{b_5}|$. 取 S 的一个子集,使此子集中任意两个元素之间的距离大于 2,这个子集中最多含有多少个元素? 这个子集中最多含有 4 个元素,为方便计,在集合 S 中我们称 $a_i(i=1,2,3,4,5)$ 为元素 $A(a_1,a_2,a_3,a_4,a_5)$ 的第 i 个分量,显然集合 S 中任意两个距离大于 2 的元素,至多有两个同序号分量相同.

	a_1	a_2	a_3	a_4	a_5
A_1	1	1	0	0	0
A_2	0	0	0	1	1
A_3	1	0	1	0	1
A_4	0	1	1	1	0

如上表所示,存在 S 的一个子集,它含有元素 A_1,A_2,A_3,A_4,任意两个元素间的距离大于2.

以下用反证法证明在 S 的子集中,欲使任意两个元素间距离都大于2,所含元素不得超过4个,假设有一个 S 的子集,存在5个元素 B_1,B_2,B_3,B_4,B_5,任意两个元素间距离大于2.

根据抽屉原则,至少有三元素第一分量相同(因每一分量只能是1或0),不妨设为 B_1,B_2,B_3,第一分量都为1. 又 B_1,B_2,B_3 中至少有两元素第二分量相同,不妨设为 B_1,B_2,第二分量都为1. 如下表,对于 B_1,B_2,若还有一对分量相同,则导致矛盾,否则其他分量分别为1,1,1,0,0,0,那么 B_3 的第三、四、五个分量必与 B_1 或 B_2 有两对相同分量导致矛盾.

	a_1	a_2	a_3	a_4	a_5
B_1	1	1	1	1	1
B_2	1	1	0	0	0
B_3	1				
B_4					
B_5					

❖价高价低

月初的时候,某商店有10种不同的商品待售,当时各种商品的价格相同. 从这一天起,任何接连的两天,后一天每一种商品的价格都是该商品上一天价格的两倍或者三倍. 到了下月初,所有商品的价格各不相同. 试证:此时商品最高价与最低价的比值大于27.

证明 设开始时每种商品的价格都是 p 个货币单位. n 天之后,每种商品价格都可表示成 $p2^i3^{n-i}$,这里 i 是价格变两倍的次数,$n-i$ 是价格变三倍的次数. 到了一个月之后,有足够多的天数,使得10种商品价格各异. 这些商品价格虽异,但价格最接近的情形是指数 i 取相继的10个整数. 例如

$$p2^j3^{n-j},p2^{j+1}3^{n-j-1},\cdots,p2^{j+9}3^{n-j-9}$$

于是,最高价与最低价之比至少是

$$\frac{p2^j3^{n-j}}{p2^{j+9}3^{n-j-9}}=(\frac{3}{2})^9=(\frac{27}{8})^3$$

因为 $\frac{27}{8}>3$,所以上面的比值大于27.

❖湖滨渡轮

在圆形湖滨上有若干个地点,它们之间某些点有航线联系. 已知对于 A 和 B 两点,当且仅当从沿湖滨向右看分别在它们下面一点的 A' 和 B' 没有航线联系时,它们才有航线联系. 证明:从任意一点都可以乘轮船到另外一点,且换船不超过两次.

证明 设沿湖滨的所有点依次为 $1,2,3,\cdots,n$(在第 n 点的下面是第1点). 根据题设,任意的两个"相邻的相邻点对" $k-1$ 和 k,k 和 $k+1$ 恰有一对,其间有航线,所以相邻点之间有航线和没有航线是相间交替的. 例如,1和2,3和4,$\cdots$,$2k-1$ 和 $2k$,$\cdots$ 之间是有航线联系的(图1). 显然,余下的是证明任意两组点对 $2k-1$ 和 $2k$,$2l-1$ 和 $2l$ 之间存在航线,而这从题设即可得到:或者 $2k-1$ 和 $2l-1$ 之间,或者 $2k$ 和 $2l$ 之间,是有航线的. 若 $2k-1$ 和 $2l-1$ 之间有航线,则从 $2k$ 到 $2l$ 可依次经 $2k-1$ 和 $2l-1$ 换船,其他类推. 命题得证.

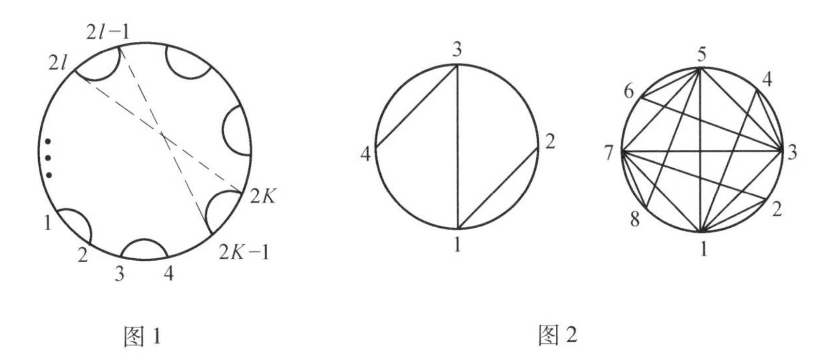

图1　　　　图2

从我们的推证过程中可以发现,根据题设,湖滨的地点数是有限制的. 首先 n 必须是偶数,进而要求 $n\geqslant4$. 可以验证 $n=6$ 时,符合题设的航线系统是不存

在的. 另一方面,图 2 表示 $n=4$ 和 $n=8$ 的航线系统. 事实上,当 $n=4k$(k 为自然数) 时,符合题设的航线系统才存在.

❖本是同根

有 20 名学生同在一所小学. 其中任何两个学生有相同的祖父或外祖父. 求证:存在 14 个学生,他们有一个共同的祖父或外祖父.

证明　一个小孩若有祖父 A 和外祖父 B,我们说成(A,B). 可能还有好几个这样的小孩:任何其他的小孩必以 A 或者 B 作为祖父或外祖父. 我们当然可以设不是所有的 20 个孩子有一个共同的祖父和外祖父. 于是,至少有一个孩子他的外祖父不是 B,对这个孩子来说,就是(A,C). 类似地,也有一个孩子他的祖父和外祖父不是 A,由于这个孩子与(A,B) 及(A,C) 都有共同的祖父和外祖父,所以它是(B,C). 由此推出:每一个孩子必是(A,B),(A,C) 或(B,C) 之一. 由于 20 个孩子共有 40 个祖父和外祖父,重复的也计算在内. 由抽屉原理,A,B,C 中至少有一个至少是 14 个孩子的祖父或外祖父.

❖切割三角形

凸的 $2n+1$ 边形的每个顶点涂上三种颜色之一,同时任意两个相邻的顶点不同色. 试证:这 $2n+1$ 边形可被不相交的对角线分割为三角形,这些三角形的顶点均涂不同的颜色.

证明　用数字 1,2,3 表示颜色. 在所考察的 $2n+1$ 边形中,每条边的端点标记不同的数字. 我们用数学归纳法来证明.

对于三角形的情况($n=1$),顶点是用三个不同的数字 1,2,3 标记,并且不能再分割.

假设对任意的 $2n-1$ 边形,其顶点按上述方式标记,我们能用不相交的对角线将它分割成所需的三角形. 现考察 $2n+1$ 边形.

引理　如果 $2n+1$ 边形的顶点按上述方式标记,那么总可以找到标记着数字 1,2 和 3 的多边形的三个连续的顶点.

引理的证明　如果不然,在任意的三个连续的顶点,碰不到所有三个数字

1,2 和 3,设它们都标以 1 和 2. 根据假设,与它们相邻的顶点只标以 2 和 1. 我们就有"四顶点组"的连续顶点 2121. 与这"四顶点组"相邻的顶点,根据假设将是标记着 1 和 2,我们便有六个连续的顶点组 121212. 如此继续,结果得到 $2n$ 个顶点连续地标记着 1212…12(或者 2121…21),最后第 $2n+1$ 个顶点不得不标记数字 3,使之满足编号的条件. 于是我们得到一组三个相邻的顶点,标记 1,2 和 3. 这与假设矛盾,引理证毕.

考察多边形中标记以不同数字的三个连续的顶点. 设它们的次序是 1,2,3. 将其相邻(左边和右边)的顶点并入,无论如何只有四种情况:21231,31231,21232,31232,如图 1.

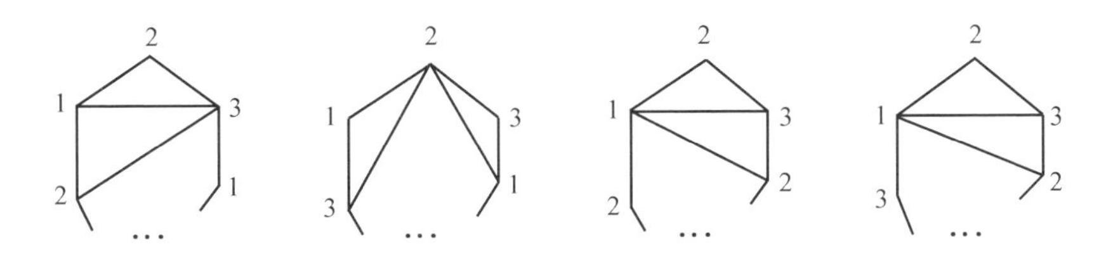

图 1

所有这些情况,都可以将 $2n+1$ 边形用不相交的对角线分割出两个所需的三角形(见图 1),同时,余下的 $2n-1$ 边形将仍然满足题设条件. 根据归纳假设,我们可以将其分割成所需的形式.

❖多吃巧克力

一片巧克力为矩形,有 5 条纵向凹痕和 8 条横向凹痕. 因此这块巧克力可以分成 $6\times9=54$ 小块. 两个人用这块巧克力来玩如下的游戏. 他们轮流运作如下:将巧克力沿着凹痕从边上掰下宽为 1 的一小条,并且吃下去,第二人也是如此. 试证:第一个玩耍的人能够使得自己比对手多吃 6 块巧克力.

证明 第一个玩耍者先在巧克力的右边掰下一条宽为 1 的 6 小块巧克力. 如果第二人在右边掰下余下的宽为 1 的一小块,则余下宽为 1 的小块再由第一人掰下. 以后只要第二人在一边掰下宽为 1 的小块,第一人接下去在另一边掰下同样位置的一小块. 这样继续下去,最后全部吃完. 所以第一人比第二人多吃恰好 6 小块. 如果第二人掰下右边余下的两块(宽为 1),则第一人也掰下某一边的宽为 1 的两块. 由于第一人一开始掰了 6 块,所以余下 $6\times8-6=42$ 小块.

只要以后第一人总掰下与第二人相同数目的小块，且位置为相反的边，则第一人也能达到目的. 如果第二人掰下其他位置，则第一人掰下相反一边同样位置的巧克力. 所以第一人仍能如愿以偿.

❖完美坐法

有 n 个人，每个人恰好认识 3 个人，他们围着圆桌坐下，如果每个人认识他两旁的人，就称这种坐法为完美的. 证明：如果有一种完美的坐法 S，则必有另一种完美的坐法，它不能由 S 经过旋转或反射得出.

证明 将每个人用点表示，并在认识的人之间连上一条线，得到一个有 n 个点，每点引出 3 条线的“3 正则图”，由于 $3n$ 等于边数乘以 2，所以 n 是偶数 $2k$，而边数是 $3k$.

图中的 k 条边，如果两两不相邻（没有公共端点），便称为一个 1— 因子，对于“3 正则图”，如果 E 是它的一个 1— 因子，F 也是它的一个 1— 因子，并且 $E\cap F=\varnothing$，那么从图中去掉 E 与 F 的边，剩下的 k 条边也组成一个 1— 因子 F'，F' 与 E 没有公共元（边）.

考虑满足 $E\cap F=\varnothing$ 的 1— 因子组 (E,F)，其中 E 包括一条固定的边 e，根据上面所说，每个组 (E,F) 有一个“伴侣” (E,F)，所以这种 1— 因子组的个数是偶数.

另一方面，$\{(E,F),E\cap F=\varnothing,e\in E\}$ 可以按照 $E\cup F$ 来分类，如果 $E\cup F$ 是一个圈，那么它只产生一个组 (E,F)；如果 $E\cup F$ 不是一个圈，由于 $E\cup F$ 中每个点引出两条边，所以它可以分成若干个不相连的圈，每个圈有 2 个 1—因子，在含 e 的那个圈中，E 的边只有一种取法，在其余的圈中均有 2 种取法，所以共有 2^{t-1} 种 (E,F)，其中 C 为圈数，总和为

$$\sum_{E\cup F}2^{c-1} \qquad ①$$

当 $c>1$ 时，2^{c-1} 为偶数；当 $c=1$ 时，2^{c-1} 为奇数. 由于总个数为偶数，所以 ① 中应有偶数个 $c=1$，即有史密斯（Smith）定理在“3 正则图”中，通过每条边 e 的圈（Hamilton）有偶数个.

现在，已知过 e 有一个哈密尔顿圈，因而至少还有一个过 e 的哈氏圈.

❖无处停泊

靠岸边的海面划出10×10的格子，在这块水域上停泊船只. 你申请到10条船的泊位，一条1×4的船，两条1×3的船，三条1×2的船，四条1×1的船. 在停泊时，要求两船间没有公共交点，但是可以和岸边接触. 试证：

(1) 从大船到小船的次序来停泊船只，这总是可以做到的.

(2) 从小船到大船的次序来停泊船只，则举例说明有的情形，大船无处停泊.

证明 (1) 先驶入停泊场的船为1×4大船. 注意到它可任意停泊，且其他船和它无交点. 所以在它的邻边上不驶入任何船就行了. 总之，它至多占了10×10方格中3×10方格或10×3方格. 余下至少为7×10方格或10×7方格.

我们称1×10方格为一行，10×1方格为一列. 所以余下7行或7列可以任意停放. 它们若不依次相邻，则停放的自由度更大，所以我们不妨设它们是7列依次相邻的.

放船方式为一条1×4的船停放在顶点坐标为(0,0)，(0,4)，(1,4)，(1,0)的长方格中；两条1×3的船停放在顶点坐标为(3,1)，(3,4)，(4,4)，(4,1)的长方格和顶点坐标为(5,6)，(5,9)，(6,9)，(6,6)的长方格中；三条1×2的船停放在顶点坐标为(7,1)，(7,3)，(8,3)，(8,1)的长方格，顶点坐标为(7,4)，(7,6)，(8,6)，(8,4)的长方格和顶点坐标为(7,7)，(7,9)，(8,9)，(8,7)的长方格中；四条1×1的船停放在顶点坐标为(9,2)，(9,3)，(10,3)，(10,2)的方格，顶点坐标为(9,4)，(9,5)，(10,5)，(10,4)的方格和顶点坐标为(9,6)，(9,7)，(10,7)，(10,6)的方格，顶点坐标为(9,8)，(9,9)，(10,9)，(10,8)的方格中.

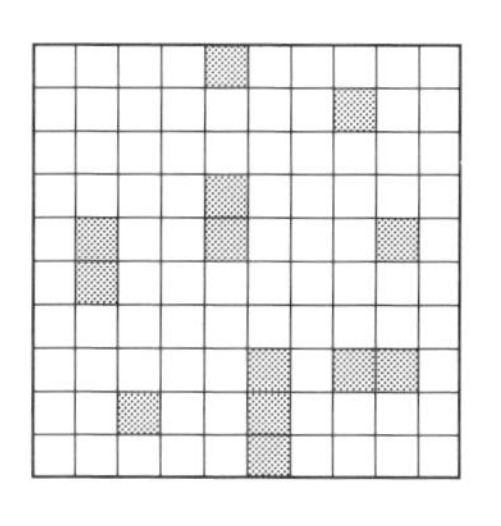

图1

(2) 图1说明1×4的船无处可放了.

❖飞船运货

装在集装箱里的货物要运到太空站“礼炮号”上，集装箱的数目不少于35

个,货物的总质量是18吨.有七艘"进步号"飞船,每艘载重为3吨.已知这些船可同时运走现有集装箱中任意的35个.证明:它们可以一次运走现有的全部货物.

证明 质量 $x > 0.5$ 吨的集装箱的个数少于 $18 \div 0.5 = 36$,即不超过35个.根据题设,所有这样的集装箱可同时被装上船(必要时还可以添上质量 $x \leqslant 0.5$ 吨的集装箱,直到总数为35个为止).剩下来的只能是"轻的"(质量不大于0.5吨)集装箱,我们证明这些集装箱可同时被装上船.

事实上,如果到某一时候,质量 $x \leqslant 0.5$ 吨的集装箱装不上船,那么这时每艘船均已装了多于 $3-x$ 吨的货物,这样,所有已经装上船的货物的总质量大于 $7(3-x)$ 吨,而剩下的货物质量小于 $18-7(3-x)=(7x-3)$ 吨.但是这时 $x < 7x-3$,由此得 $x > 0.5$ 吨,这与假设($x \leqslant 0.5$ 吨)矛盾,所以命题得证.

❖实力悬殊

在一次棋类比赛中有 $2n$ 个选手,共进行两轮比赛.在每轮比赛中,每个选手都要和其他选手比赛一次.在比赛时,胜记1分,平记 $\frac{1}{2}$ 分,输记0分.如果每一个选手第一轮的总分和第二轮的总分之差至少为 n 分,试证:这个差恰好为 n 分.

证明 记第 i 个选手在第一轮比赛中得分 a_i,在第二轮比赛中得分 b_i,$1 \leqslant i \leqslant 2n$.由于同一选手在两轮比赛中分数差为

$$|a_i - b_i| \geqslant n$$

我们将 $2n$ 个选手排队,使得第 $1,\cdots,s$ 个选手在第一轮比赛中总分为 $a_i \leqslant n-1$,在第二轮比赛中总分为 $b_i \geqslant n$.又第 $s+1,\cdots,2n$ 个选手在第一轮比赛中总分为 $a_i \geqslant n$,在第二轮比赛中总分为 $b_i \leqslant n-1$.

集合 A 由第 $1,\cdots,s$ 个选手构成,集合 B 由第 $s+1,\cdots,2n$ 个选手构成.于是有

$$b_i - a_i \geqslant n, 1 \leqslant i \leqslant s; a_i - b_i \geqslant n, s+1 \leqslant i \leqslant n$$

由于每轮比赛所得总分为

$$\binom{2n}{2} = n(2n-1)$$

因此有

$$a=\sum_{i=1}^{s}a_i,a'=\sum_{i=s+1}^{2n}a_i,b=\sum_{i=1}^{s}b_i,b'=\sum_{i=s+1}^{2n}b_i$$
$$a+a'=b+b'=n(2n-1)$$

注意到对集合 A 而言,其中选手在第二轮比在第一轮所得的总分增加 $b-a$ 分. 这些分是由集合 A 中选手实质上胜集合 B 中选手而得到的(这里胜者得 1 分,平局各得$\frac{1}{2}$分,而输者得 0 分). 如果集合 A 中选手和集合 B 中选手比赛时总胜,则得分 $s(2n-s)$. 所以证明了 $b-a\leqslant s(2n-s)$. 同理 $a'-b'\leqslant s(2n-s)$.

另一方面,由
$$b_i-a_i\geqslant n,1\leqslant i\leqslant s$$
有
$$b-a\geqslant sn$$
同理
$$a'-b'\geqslant (2n-s)n$$
于是有
$$sn\leqslant b-a\leqslant s(2n-s),(2n-s)n\leqslant a'-b'\leqslant s(2n-s)$$
这证明了
$$sn\leqslant s(2n-s),(2n-s)n\leqslant s(2n-s)$$
即有
$$n\leqslant 2n-s,n\leqslant s$$
至此证明了 $s=n$,所以
$$n^2\leqslant (b-a)\leqslant n^2,n^2\leqslant (a'-b')\leqslant n^2$$
这证明了
$$\sum_{i=1}^{n}(b_i-a_i)=n^2,\sum_{i=n+1}^{2n}(a_i-b_i)=n^2$$
但是
$$b_i-a_i\geqslant n,1\leqslant i\leqslant n$$
所以
$$b_i-a_i=n,1\leqslant i\leqslant n$$
同理
$$a_i-b_i\geqslant n,n+1\leqslant i\leqslant 2n$$
所以
$$a_i-b_i=n$$
总之证明了
$$|a_i-b_i|=n,1\leqslant i\leqslant 2n$$

❖多少游客

一批旅游者决定分乘几辆大汽车,要使每车有同样的人数.起先,每车乘坐22人,可是发现这时有1人坐不上车.若是开走一辆空车,那么所有的旅游者刚好平均分乘余下的汽车.问原先有多少辆汽车和这批旅游者有多少人?(已知每辆汽车最多容纳32人)

解 设原先有k辆汽车,而开走一辆汽车后,留下的每车乘n人.我们注意到$k \geqslant 2, n \leqslant 32$.旅游者人数显然等于$22k+1$.一辆空车走开后,所有的旅游者为$n(k-1)$人.所以

$$22k+1=n(k-1)$$

由此

$$n=\frac{22k+1}{k-1}=\frac{22(k-1)+22+1}{k-1}=22+\frac{23}{k-1}$$

因为n是自然数,所以$\frac{23}{k-1}$必须是整数,但23是素数,又$k \geqslant 2$,因此$k-1=1$或$k-1=23$.

如果$k=2$,那么$n=45$,不满足题目的条件.如果$k=24$,那么$n=23$,满足题目的条件.在这种情况下,旅游者的人数等于$n(k-1)=23 \times 23=529$.

❖巧分奶酪

试将不同质量的25块奶酪中的一块切为两块,再将这26块奶酪分为两堆,则总能出现下面情形:

(1)每堆有13块;

(2)两堆的质量相同;

(3)对切成两块的那块奶酪,两块分别在不同的堆中.

解 取出最重的那块奶酪,记作a_0,其余24块奶酪分别记作$a_1, a_2, \cdots, a_{24}$,且

$$a_1 \geqslant a_2 \geqslant \cdots \geqslant a_{24}$$

问题化为求出非负实数x, y,使得

$$x+y=a_0$$

又求出 1,2,…,24 的排列 $i_1,i_2,\cdots,i_{24}$,使得

$$ai_1+\cdots+ai_{12}+x=ai_{13}+\cdots+ai_{24}+y$$

我们取

$$i_1=1,i_2=3,\cdots,i_{12}=23,i_{13}=2,i_{14}=4,\cdots,i_{24}=24$$

记

$$a=ai_1+ai_2+\cdots+ai_{12}=a_1+a_3+\cdots+a_{23}$$
$$b=ai_{13}+ai_{14}+\cdots+ai_{24}=a_2+a_4+\cdots+a_{24}$$

则

$$a-b=(a_1-a_2)+(a_3-a_4)+\cdots+(a_{23}-a_{24})=c\geqslant 0$$

所以

$$c=a-b=a_1-(a_2-a_3)-(a_4-a_5)-\cdots-(a_{22}-a_{23})-a_{24}\leqslant a_1\leqslant a_0$$

目的为求 $x\geqslant 0,y\geqslant 0$,有 $a+x=b+y$,即 $a-b=y-x$ 有

$$0\leqslant c=y-x\leqslant a_1\leqslant a_0=x+y$$

所以

$$y=x+c,a_0=x+y=2x+c$$

即

$$x=\frac{a_0-c}{2}\geqslant 0,y=\frac{a_0+c}{2}\geqslant 0$$

这证明了将奶酪 a_0 切成质量为

$$x=\frac{a_0-c}{2}$$

的一块,另一块质量为

$$y=\frac{a_0+c}{2}$$

则有

$$a+x=b+y$$

即符合条件.

❖司机问题

史密斯先生经常在两地往返. 他每天 17 时准时被司机从车站接回. 有一天,他意外地于 16 时到达车站,就开始步行回家. 然后他遇见了正驾车直奔车站去接他的司机. 于是,司机驱车走完了剩下的路程,把他送回了家. 到家时,比通常提前了 20 分钟.

第二天,史密斯先生乘火车,意外地于16时30分到达车站,于是,再次步行

回家. 路上又遇见了司机,司机驱车把他送回了家. 试问这次他比平常提前多长时间到家?(假设步行速度与车速均不变,而且,汽车转弯及史密斯先生上车均不消耗时间)

解法1 第一天,司机节省了20分钟的驱车时间,因此,史密斯先生在距离车站10分钟驱车路程的地方上了车. 如果一切均如往常一样,则司机将准时于17时抵达车站. 因此,节省了10分钟,这就说明史密斯先生于16时50分钟被接上了车. 因而,司机驱车在10分钟内走过的路程,史密斯先生步行需50分钟. 所以,司机驱车的速度是史密斯先生步行速度的5倍.

现在,假设第二天史密斯先生步行$5t$分钟. 因此,司机驱车在t分钟内就走完了史密斯步行$5t$分钟走过的路程. 所以,史密斯先生在17时以前t分钟,即16时$(60-t)$分,被接上了车,由于他在16时30分开始步行,步行了$5t$分钟,因而,史密斯先生必定在16时$(30+5t)$分钟上车. 从而,$30+5t=60-t$,$t=5$. 所以,司机在一个方向上节省了5分钟的路程,故到家时比平时提前了10分钟.

解法2 设想有一张图,在这张图上画出了到车站的距离与时间t的关系. 以这种方式,可以十分简单地画出史密斯先生及其司机的行动路线. 例如,在正常的一天,我们研究的是图1的情形. 在这里,我们关心的是16时以后的时间.

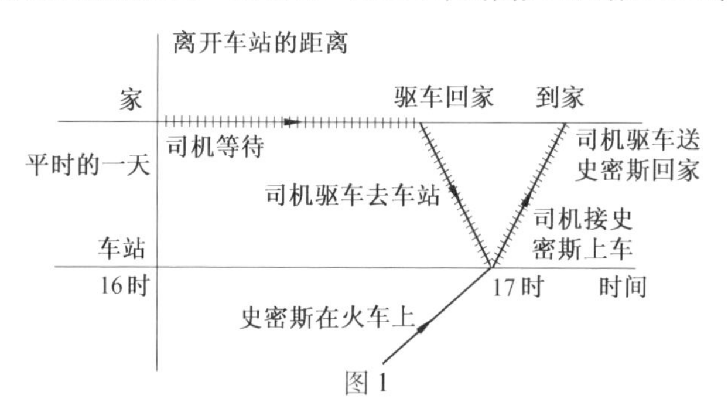

图1

包括平常一天的行程在内的三次行程,构成了图2. 由于步行和驱车的速度均不变,因而这些界线分段平行. 又因为16时30分恰好是16时与17时的中点. 所以这些平行线段之间所夹的线段的比例为1:1. 故得出节省的时间为

$$\frac{1}{2}\times 20=10(分)$$

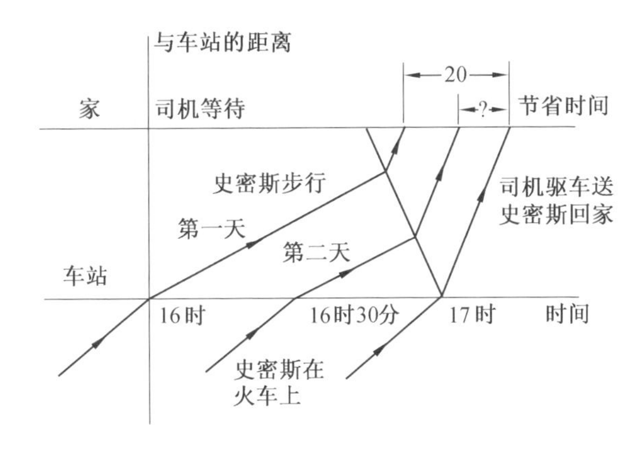

图2

❖涂色决胜

某个游戏中，第一个选手在平面上某点标以红色，第二个选手在平面上未着色的点中取10点标以绿色. 接下去第一个选手和第二个选手轮流同法对未着色的点标上颜色. 如果有三个红点构成等边三角形，则第一个选手胜. 第二个选手是否总能做到不让第一个选手胜？

解 第一人必胜. 因为在第 n 步后，第一人在一条直线上作了 n 个不同红点，相应第二人作了 $10n$ 个不同绿点. 可是在直线一侧可以有

$$\binom{n}{2}=\frac{n(n-1)}{2}$$

个位置，使得这些位置标上红点，则和直线上两点构成一个等边三角形. 因此在直线外可以标 $n(n-1)$ 个红点，使得这些红点中任一点都能使第一人胜.

由于第二人只能标上 $10n$ 个绿点，所以当 $n(n-1)>10n$ 时第一人必胜. 今 $n(n-1)>10n$，即 $n(n-11)>0$. 因此取 $n=12$，即到第12步，则第一人胜. 这证明了断言.

❖加班费问题

美国某公司要求所属的350个职员加班，并且提出给每个男职员加班工资

10 美元,给每个女职员加班工资 8.15 美元.全部女职员都同意加班,而部分男职员却拒绝了,在计算时已经弄清楚了,加班工资总额与男职员人数无关,付给全部女职员的加班工资总额是多少?

解 设 m 是男职员总数,x 是拒绝加班的男职员的百分数,于是付出的加班工资总额为

$$T = 8.15(350 - m) + 10(1 - x)m = 2\ 852.50 + m(1.85 - 10x)$$

只有当 $x = 0.185$ 时,T 的值才与 m 无关.此外,已知 $m < 350$,因此,m 和 $0.185m$ 都是整数,这就是说,$m = 200$.由此得出,150 个女职员共得加班工资 1 222.50 美元.

❖银币排列

100 枚银币按质量顺序排成一行.101 枚金币也按质量顺序排成一行.已知所有这些硬币质量各不相同.给定一架天平,每次允许比较任选的两枚硬币的质量.试问最少要使用天平多少次,才能准确判定哪一枚硬币的质量居中(所谓"居中"是指:若将这 201 枚硬币按质量顺序排成一行,该枚硬币恰好排在第 101 位)?请证明你所需要的称量次数确实是最少的.

解法 1 设 m 是任意给定的正整数.假定有 $m-1$ 枚按质量顺序排列的银币和 m 枚按质量顺序排列的金币,并且这 $2m-1$ 枚硬币质量不同.约定以 $f(m)$ 表示按照题目所述用天平在这 $2m-1$ 枚硬币中判定质量居中的一枚所需要的最少称量次数.又设有 m 枚银币和 m 枚金币满足类似上面所述的条件.约定以 $F(m)$ 表示在这 $2m$ 枚硬币中用所述的天平判定质量排第 m 位的硬币所需要的最少称量次数.我们断定这两个函数有以下一些性质(符号 $\max\{A,B\}$ 表示数 A 和数 B 中较大的一个):

(1) $f(1) = 0, F(1) = 1$;

(2) $f(2k+1) \leqslant \max\{F(k), f(k+1)\} + 1$;

(3) $f(2k) \leqslant \max\{F(k), f(k)\} + 1$;

(4) $F(2k+1) \leqslant f(k+1) + 1$;

(5) $F(2k) \leqslant F(k+1)$.

性质(1)是显然的.我们将只给出(2)的证明,因为(3),(4),(5)的证明与之类似.为了证明(2),需要考察符合条件的 $2k$ 枚银币和 $2k+1$ 枚金币.设按

由重到轻顺序的金币的排列为 $G_1,G_2,\cdots,G_{2k+1}$；银币的排列为 $S_1,S_2,\cdots,S_{2k}$. 我们的称重策略是：第一次称量比较 G_{k+1} 与 S_k. 如果 G_{k+1} 比 S_k 重，则对于 $r\geqslant k$ 也可断定 G_{k+1} 比 S_r 重. 同时，G_{k+1} 也比 G_s 重，这里 $S\geqslant k+2$. 因此 G_{k+1} 至少比 $2k+1$ 枚其他硬币重. 由此得知：对于 $i\leqslant k+1$，所有的 G_i 都不能是质量居中者. 同样的道理，对于 $i\leqslant k+1$，可以断定 S_{k+1} 轻于 G_i. 对于 $j\leqslant k$，可以断定 S_{k+1} 轻于 S_j. 因此 S_{k+1} 至少比 $2k+1$ 枚硬币轻. 因此，对于 $j\geqslant k+1$，所有的 S_j 也都不是居中者. 这样，我们只需在剩下的 k 枚金币和 k 枚银币中，判定这些硬币中的哪一枚排在这 $2k$ 枚硬币的第 k 位. 这需要 $F(k)$ 次称量. 因此

$$f(2k+1)\leqslant F(k)+1$$

如果第一次称量的结果判定 G_{k+1} 比 S_k 轻，那么仿照上面的做法，我们可以去掉 $G_{k+2},\cdots,G_{2k+1}$ 和 $S_1,S_2,\cdots,S_k$. 然后，对剩下的 k 枚银币和 $k+1$ 枚金币进行称量以确定这 $2k+1$ 枚硬币之中质量居中的一枚. 为此需要称量 $f(k+1)$ 次. 综合两种情形，我们证明了(2)：

$$f(2k+1)\leqslant \max\{F(k),f(k+1)\}+1$$

在(2)，(3)，(4)，(5)的基础上，可推出以下论断：

(6) 对于 $m\geqslant 2$，$F(m)\leqslant n+1$，$f(m)\leqslant n+1$. 这里 n 是满足以下条件的正整数：$2^{n-1}<m<2^n$.

为了证明论断(6)，将对 m 进行归纳. 对于 $m=2$，显然 $n=1$. 并且易见 $F(2)=f(2)=2$. 假定对于 $m=2,3,\cdots,2k-1$，论断(6)成立. 设 $2^{n-1}<2k\leqslant 2^n$，则 $2^{n-2}<k\leqslant 2^{n-1}$. 根据归纳假设

$$F(k)\leqslant n,f(k)\leqslant n$$

依据(5)可得

$$F(2k)\leqslant F(k)+1\leqslant n+1$$

又依据(3)可得

$$f(2k)\leqslant \max\{F(k),f(k)\}+1\leqslant n+1$$

又设 $2^{n-1}<2k+1<2^n$，则 $2^{n-2}<k+1\leqslant 2^{n-1}$. 根据归纳假设 $f(k+1)\leqslant n$，并设 $F(k)\leqslant n-1$ 或者 $F(k)\leqslant n$. 于是根据(4)可得

$$F(2k+1)\leqslant f(k+1)+1\leqslant n+1$$

根据(2)可得

$$f(2k+1)\leqslant \max\{F(k),f(k+1)\}+1\leqslant n+1$$

至此，我们完成了论断(6)的证明.

问题所要求证明的是：$f(51)\leqslant 7$. 因为 $2^5<51<2^6$，所以由(6)可得 $f(51)\leqslant 7$. 至于具体称量办法，可按照命题(2)证明所提示的办法去做.

下面对所定义的函数作更精细的估算. 我们将证明：

(7) 如果 $2^{n-1} < m \leqslant 2^n$,那么 $f(m)=F(m)=n+1$. 因此,f 和 F 都是单调非降函数. 对于题目所述的情形,因为 $2^6 < 101 < 2^7$,$f(101)=7+1=8$,所以最少称量次数恰为 8 次.

我们对 m 作归纳,以证明前述论断(7). 首先,对于 $m=2$ 情形的论断是显而易见的. 假定论断对 2 到 $2k-1$ 的自然数都成立,进而对 $2^{n-1} < 2k \leqslant 2^n$ 情形验证 $f(2k)=n+1$. 对此情形,在前面讨论中已经知道 $f(2k) \leqslant n+1$. 还将对此情形证明 $f(2k) \geqslant n+1$. 我们有 $2k$ 枚金币 $G_1, G_2, \cdots, G_{2k}$ 和 $2k-1$ 枚银币 $S_1, S_2, \cdots, S_{2k-1}$(都按从重到轻次序编号). 很自然地想到,第一次称量选择适当的 i 和 j,将 G_i 与 S_j 作比较. 鉴于对称性,不妨设 $i \leqslant k$. 以下对 $i+j \leqslant 2k$ 和 $i+j > 2k$ 这两种情形分别加以讨论.

设 $i+j \leqslant 2k$,不妨设 G_i 重于 S_i,于是 $G_{i+1}, G_{i+2}, \cdots, G_{2k}$ 这 $2k-i$ 枚金币在搜索范围内不能排除. 另外,S_{2k-i} 轻于 $S_1, S_2, \cdots, S_{2k-i-1}$. 因为 $2k-i \geqslant j$,所以 S_{2k-i} 也轻于 $G_1, G_2, \cdots, G_i$. 但是 $S_i, S_2, \cdots, S_{2k-i-1}$ 和 $G_1, G_2, \cdots, G_i$ 共有 $(2k-i-1)+i=2k-1$ 枚,S_{2k-i} 仍有可能居第 $2k$ 位. 因此 $S_1, S_2, \cdots, S_{2k-i}$ 也在搜索范围之内不能排除. 为了在 $G_{i+1}, G_{i+2}, \cdots, G_{2k}$ 和 $S_1, S_2, \cdots, S_{2k-i}$ 这些硬币中搜寻目标,需要 $F(2k-i)$ 次称量. 根据归纳假设 $F(2k-i) \geqslant F(k)=n$,因此 $f(2k) \geqslant n+1$.

设 $i+j > 2k$. 对此情形,在比较 G_i 与 S_j 之后(不妨设 G_i 重于 S_j),尚需在 $G_{2k-j+1}, G_{2k-j+2}, \cdots, G_{2k}$ 和 $S_1, S_2, \cdots, S_{j-1}$ 范围搜寻. 考虑到 $j=2k-i \geqslant k$,我们有

$$f(2k) \geqslant 1+f(j) \geqslant 1+f(k)=n+1$$

对于

$$2^{n-1} < 2k \leqslant 2^n$$

上面证明了 $f(2k) \geqslant n+1$. 对于此情形的另一个不等式 $F(2k) \geqslant n+1$ 也可用类似方法证明. 为了最后完成论断的证明,还需假设结论对从 2 到 $2k$ 的自然数成立,进而判断结论对 $2k+1$ 也成立. 这仍可按照与上面讨论相类似的方法进行.

解法 2 首先针对一个稍有不同的问题叙述一种算法. 然后,将说明如何利用该算法去解决原来提出的问题. 最后指出这算法是最优的.

对于给定的正整数 k,设有 k 枚质量各不相同的硬币. 如果对某硬币恰存在 $【\frac{k}{2}】$ 枚比它重的硬币,那么我们就称这枚硬币为"居中者"($【x】$ 表示 x 的整数部分). 这定义与题中所述的相容,但更宽地涵盖了 k 为偶数的情形.

设有 2^n 枚质量互不相等的硬币,其中一半是按质量排序的银币,另一半是按质量排序的金币. 下面叙述一种算法,说明如何通过 n 次称量(每次比较两枚

硬币的质量)，确定哪一枚硬币是居中者 M. 对于 $n=1$ 情形，恰有两枚硬币，只需一次称量比较. 对于 $n>1$ 情形，先取出金币的居中者 G 与银币的居中者 S 予以称量比较，不妨先设金币居中者 G 较重. 于是金币的前一半（比 G 重者）的每一枚比所有后半部分银币（S 及比 S 轻者）都重，当然也比所有后半部分金币重. 这说明金币前一半的每一枚都至少比 2^{n-1} 枚硬币重，当然比 M 重. 同样的讨论可知，银币后一半的每一枚都比多于总数一半的硬币轻，因而轻于 M. 鉴于对称性，如果第一次称量判定 S 比 G 重，那么只需将前面论述中的界定词“金”和“银”互换，仍然可以判定某种硬币的一半比 M 轻，另一种硬币的一半比 M 轻. 因此，在第一次称量之后，只需在剩下的 2^{n-1} 枚硬币中搜寻居中者 M. 所有的条件仍保留有效：这 2^{n-1} 枚硬币中有一半是按质量排序的金币，另一半是按质量排序的银币，居中者就是全体 2^n 枚硬币的居中者 M. 我们可以对这 2^{n-1} 枚硬币进行第二次称量，又可仿照前述办法排除一半，剩下 2^{n-2} 枚硬币. 如此进行下去，经过 $n-1$ 次称量比较这之后仅剩下的两枚硬币. 这情形已在前面提到过. 因此，总共需要 n 次称量就能找到 M.

回到原来提出的问题. 该问题涉及 100 枚按质量排列的银币和 101 枚按质量排列的金币. 我们添加 55 枚虚拟硬币. 其中 14 枚质量递增的虚拟银币比 201 枚真实硬币都重；14 枚质量递增的虚拟金币比上述 14 枚虚拟银币还重；又有 14 枚质量递减的虚拟金币比 201 枚真实硬币都轻；最后还有 13 枚质量递减的虚拟银币比前面提到的所有其他硬币都轻. 这样，我们总共有 2^8 枚硬币，半数是银币，半数是金币. 这里的居中者 M 仍是原有问题中的居中者. 因为有 $2^7-14-14=100$ 枚真实硬币比 M 重，有 $(2^7-1)-14-13=100$ 枚真实硬币比 M 轻，因此，我们至多只需进行 8 次称量就可以找到 M.

最后说明前面所述算法是最优的. 假定有一种算法只用 7 次允许称量就能从所给的 201 枚硬币中找到居中者 M. 我们构造一个关于这算法的“决策树”. 决策树的树根表示第一次称量. 从树根引出两树枝表示第一次称量结果的两种情形. 到了第二次称量之后，上述两树枝又各分出两树枝. 如此继续下去. 到了第 7 次称量之后，那一层次将分出 2^7 个树枝. 至多能作出 128 个最后判断. 但是，所述的 201 枚硬币中，每一枚都可以成为居中者 M. 仅仅 128 种不同的最后决断是不够的. 所以 7 次称量不能保证一定找到居中者 M.

❖小羊、小牛、小猪

一个农场要用 100 元买 100 头牲畜. 如果每头小牛值 10 元，每头小羊值 3

元,每头小猪值0.5元,那么农场共买了多少头小羊、小牛、小猪?

解 一头牲畜的平均价格为1元,每头小牛的价格与平均价格差9元,每头小羊的价格与平均价格差2元,每头小猪的价格与平均价格差 -0.5元.因此,每买一头小牛就得买18头小猪,而每买一头小羊就得买4头小猪.设买了x头小牛,y头小羊,那么有

$$x(1+18)+y(1+4)=100$$

化简后得

$$5y=100-19x$$

要使$100-19x\geqslant 0$,且可被5整除,只有当$x=0$或$x=5$,即$y=20$或$y=1$时才有可能.所以,农场或者买20头小羊,80头小猪,或者买5头小牛,1头小羊和94头小猪.

❖收藏硬币

钱币学者弗瑞德收藏了一些硬币,这些硬币的直径都不超过10 cm.所有这些硬币单层平放在一个30 cm×70 cm的盒子里.他新近收到一枚直径25 cm的硬币.试证:连同新收到的硬币,他的所有硬币可以单层平放到一个55 cm×55 cm的盒子里.

证明 如图1所示,将55 cm×55 cm方盒分成三部分,并将新收藏的硬币放到左下方那个25 cm×25 cm正方形里.再来看原有的那些硬币.

图2是原来旧盒子的图示.将原来完全容纳在旧盒子左边30 cm×55 cm矩形内的那些硬币移到新盒子上方的30 cm×55 cm矩形之中.最后剩下的那些硬币在原有盒子中完全容纳在右边30 cm×25 cm矩形中(因为原来收藏的每块硬币直径都不超过10 cm).可将这些硬币完全移到新盒子右下方的25 cm×30 cm矩形中去.

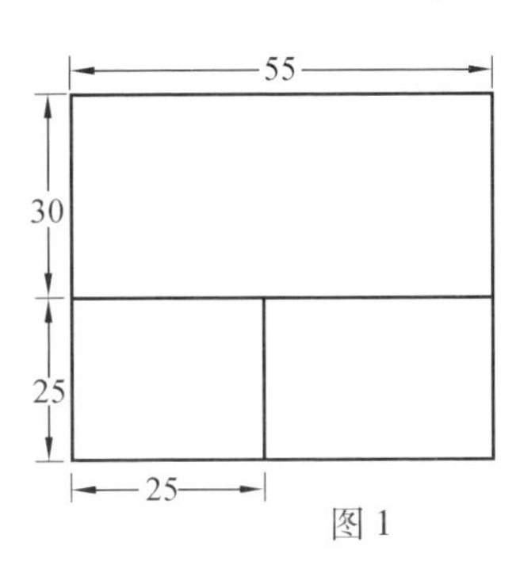

图 1

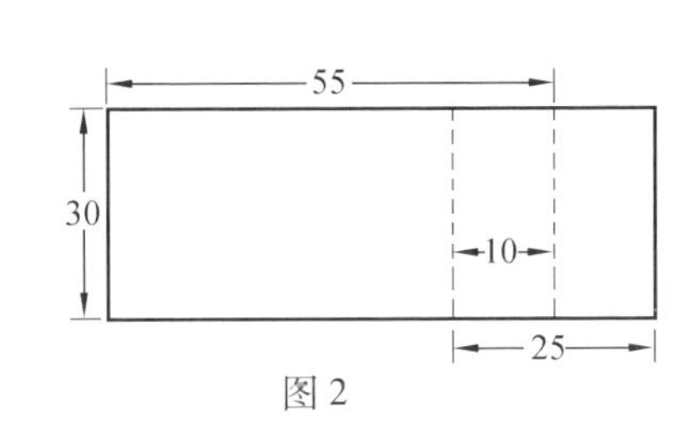

图 2

❖公共汽车站

公共汽车路线上共有 14 个车站(包括起点和终点),在车上不能同时载多于 25 个乘客. 证明:在公共汽车由一个端点驶往另一个端点的一次行程中.

(1) 必能找到 8 个不同的车站,$A_1,B_1,A_2,B_2,A_3,B_3,A_4,B_4$,使得对每个 $k=1,2,3,4$,都没有一个乘客由 A_k 站乘往 B_k 站;

(2) 可能有这样的情形,即不存在 10 个不同的车站 $A_1,B_1,\cdots,A_5,B_5$ 具备类似的性质(所谓一个乘客由 A 站乘往 B 站,是指他由 A 站上车,到 B 站下车).

证明 (1) 我们先来证明一条引理.

引理 如果在一张由49个小方格组成的正方形表格中,有24个小方格中标有"十"字,那么必可从表中找出4行 a_1,a_2,a_3,a_4 和4列 b_1,b_2,b_3,b_4,使得对每个 $i=1,2,3,4$,位于 a_i 和 b_i 交点处的小方格中都标有"十"字.

引理的证明 为证明这一引理,首先需要指出,我们一定能够划去一行和一列,在它们的交点处标有"十"字(以下我们简称此过程为"取出十字"),而表中仍剩下不少于15个"十"字. 当然,如果每行每列中的"十"字都不多于5个,则事情很显然(取出任何一个"十"字都行);如果在某一行中有6个"十"字,则在相应的6列中,必有某一列中的"十"字不多于4个,于是只要划去该行连同相应的这一列即可. 对某一行中有7个"十"字的情形可作类似的考虑. 接下来,我们还可再指出,从带有15个标着"十"字的小方格的 6×6 的方格表中,还能再次"取出十字",使得在剩下的 5×5 方格表中,仍有不少于8个"十"字. 然后再作第三次"取出十字",使得表仍剩下至少1个"十"字. 于是引理即可获证.

现在我们回到命题本身:在第7站和第8站之间时,车上不能多于25人. 画一个 7×7 的方格表,将它的行依次标上数字1到7(代表前7个车站),将列依次标上数字8到14(代表后7个车站). 如果汽车上有乘客自车站Q_i乘往Q_j($i \leqslant 7, j \geqslant 8$),则将表中第$i$行第$j$列方格空着,而将表中其余的方格都标上“十”字. 由于表中不可能有多于25个空格,因此至少标有24个“十”字,于是根据引理即知,在方格表中存在4行和4列,位于它们交点上的方格中都标有“十”字. 于是这些行和列的标号即是所要寻找的8个车站的编号.

(2) 我们假定对一切i,j($1 \leqslant i \leqslant j \leqslant 10$),都各有一个乘客自第$i$站乘往第$j$站(而最后4个车站,汽车空驶). 不难验证,此时问题的条件满足(当汽车行驶在第5站和第6站之间时,车上乘客数达到最大值——25人),但此时不存在5对车站,在它们之间无人上下.

❖回到起点

一选手声称,在一个等边三角形的弹子球桌上玩弹子球. 他能从桌边打出这样一个球,使得这个球从三个不同方向经过某一点三次,且最后回到出发点. 这可能吗?(假设通常的反射律成立)

解　将等边三角形各边三等分,在等分点上作其他边的平行线. 于是将等边三角形分为9个小等边三角形. 显然从点A,B,C,D,E,F中任一点击球P(在等边三角形的重心上),则球从三个不同方向过定点P,所以答案是肯定的.

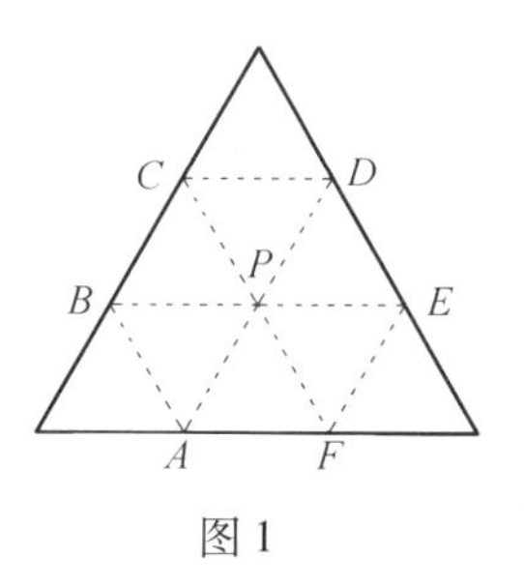

图1

❖不必找零

小王有若干人民币,一元3张,二角4张,五分3张,一分4张. 证明:小王购买4元以内的商品总可以不用找补.

证明　因为对于任一张人民币取出的先后顺序,都不影响币值,这是组合问题,而且在这些人民币中可取出任意张数,当取法不同时,所得币值也不同. 因此,由这些人民币可以组成不同币值的总数就等于组合总数. 据不尽相异元素的组合总数公式,能组成不同的币值的种数为

$$(3+1)(4+1)(3+1)(4+1)-1=399$$

而在 4 元以内,恰有 399 种不同的币值. 所以,此人购买 4 元以内商品总可以不用找补.

注 这道题中,不同种类的钱币共 14 张,总币值 3.99 元. 如果为了携带方便,假设总币值一定,而使钱币张数减少时,能不能得出同样的结论呢? 我们可以回答如下:

(1) 设此人有 12 张人民币,二元 1 张,一元 1 张,二角 4 张,一角 1 张,五分 1 张,一分 4 张,由前述方法得

$$2 \times 2 \times 5 \times 2 \times 2 \times 5 - 1 = 399$$

这就是说,总币值一定,当张数由 14 张减少到 12 张时,与原题有相同的结论.

(2) 设此人有 10 张人民币,二元 1 张,一元 1 张,五角 1 张,二角 1 张,一角 2 张,五分 1 张,二分 1 张,一分 2 张. 由前述方法得

$$2 \times 2 \times 2 \times 2 \times 3 \times 2 \times 2 \times 3 - 1 = 575 > 399$$

组合数为什么会超过不同币值的总数呢? 因为一角 2 张与二角 1 张,一分 2 张与二分 1 张是重复币值. 如何剔除这些重复币值呢? 现将二角 1 张,看成一角 2 张;二分 1 张;看成一分 2 张,即把原来的 10 张看成 12 张,其中二元 1 张,一元 1 张,五角 1 张,一角 4 张,五分 1 张,一分 4 张,这样一经改变元素的个数之后,既没有重复币值的可能,又不遗漏组成不同的币值可能,即组成不同币值的总数与组合总数是一致的. 于是不同的币值的种数为

$$2 \times 2 \times 5 \times 2 \times 2 \times 5 - 1 = 399$$

这就是说,总币值一定,当张数由 14 张减少到 10 张时,仍与原题有相同的结论.

一般地,设某人有 n 分人民币,如果此人购买价值不超过 n 分的任一商品都不需要找补,并且不同种类的钱币张数之和最少,那么此人应有不同种类的钱币(十元、五元、二元、一元、五角、二角、一角、五分、二分、一分应取的张数分别记为 A,B,C,D,E,F,G,H,I,J,【x】表示不大于 x 的最大整数) 张数的计算公式为

$$A = 【a/1000】 - 1, a = n + 1 \geqslant 1000$$
$$B = 【b/500】 - 1, b = a - 1000A$$
$$C = 【c/200】 - 1, c = b - 500B$$
$$D = 【d/100】 - 1, d = c - 200C$$
$$E = 【e/50】 - 1, e = d - 100D$$
$$F = 【f/20】 - 1, f = e - 50E$$
$$G = 【g/10】 - 1, g = f - 20F$$
$$H = 【h/5】 - 1, h = g - 10G$$
$$I = 【i/2】 - 1, i = h - 5H$$
$$J = j/1 - 1, j = i - 2I$$

在上述公式中,若 $a < 1\,000$,则 $A = 0$;若更有 $b = a < 500$,则 $B = 0$;依此类推.

上述公式是依据如下原则推出的:在总币值一定的条件下,为使钱币的张数最少,必须尽量多带大币值的钱币,但为使购买此大币值以下钱数的商品不需找补,带此币值的张数又必须受一定的限制,现以第一式为例加以说明.

设总币值大于 10 元,则应尽量多带 10 元的钱币,但为使购买 10 元以下的商品不需找

补,则 10 元以下的钱币必须不少于 9.99 元. 因此 10 元钱币的张数 A,应为满足不等式

$$n-1\ 000A\geqslant 999$$

的最大非负整数解,即

$$A\leqslant\frac{n-999}{1\ 000}=\frac{n+1}{1\ 000}-1$$

其最大整数解为(当 $n+1\geqslant 1\ 000$)

$$A=【\frac{n+1}{1\ 000}】-1$$

除最后一式以外的其余各式同理可以推出,最后一式是显然的.

利用上述公式,可以解答前面提出的一类组合问题. 现举两例,以资验证.

例 1　某人打算用 0.40 元选购价格不超过这个币值的任一商品都不需要找补,问此人最少应有不同种类的钱币各多少张?

解　因为总币值 $n=40$ 分,则 $a=40+1=41$. 由上述公式知:A,B,C,D,E 均为 0,于是

$$f=a=41,F=【41/20】-1=1$$

$$g=41-20\times 1=21,\ G=【21/10】-1=1$$

依次类推得 $H=1,I=2,J=1$,所以,此人最少应有:二角 1 张,一角 1 张,五分 1 张,二分 2 张,一分 1 张共 6 张人民币.

例 2　某人计划用100元购买不超过这个币值的任一商品都不需要找补,问此人最少应有不同种类的钱币各多少张?

解　因为 $n=100$ 元 $=10\ 000$ 分,由上述公式知,此人最少应有:十元 9 张,五元 1 张,二元 1 张,一元 2 张,五角 1 张,二角 1 张,一角 2 张,五分 1 张,二分 2 张,一分 1 张,共 21 张人民币.(进一步的讨论详见附录(2))

❖全部解决

8 个学生被要求解答 8 个同样的问题.

(1)每个问题被 5 个学生解出. 求证:其中有两个学生解出了所有 8 个问题;

(2)如果 5 改为 4,证明:不存在这样的两个学生的情形是可能发生的.

证明　(1)设我们不能找到两个学生,使得每一个问题未能被他们中至

少一个解决. 因此,对于每一对学生,总存在一个问题,使得这两个学生都不能解决. 因为我们有 4 对学生并有 8 个问题,由抽屉原则,一定存在一个问题和 4 对学生,他们都不能解决这一问题. 因此,能解决这一问题的学生不会多于 4 个,这是一个矛盾!

(2) 我们用 $A,B,\cdots,G,H$ 来表示这 8 个学生,每人正好解出了 4 个题目,具体情况由下表列出.

	1	2	3	4	5	6	7	8
A	0	0	0	0				
B	0	0			0	0		
C			0	0	0	0		
D	0		0				0	0
E		0		0			0	0
F		0			0	0	0	
G	0			0	0			0
H			0			0	0	0

容易看出,每一个问题被 4 个学生解决,每两个学生至多做出了 7 个问题.

❖卡车运货

13.5 吨货物分装在一批箱子里,箱子本身的质量极轻. 每个箱子所装货物都不超过 350 kg. 证明:可以用 11 辆载重为 1.5 吨的卡车一次运走这批货物.

证明 我们可按如下办法分装货物:先往第 1 辆卡车上装货箱,一直装到不超过1.5 吨,但若再加一箱便超过1.5 吨时为止,并将这导致超载的最后一箱货物放在汽车旁边. 再照此办法,为第 2 辆、第 3 辆 … 装货箱,直到装过 8 辆卡车. 这时,已经装上这 8 辆卡车的货物连同每辆卡车旁边所放的货箱中的货物,总质量已超过 $1.5\times 8=12$ 吨,因此剩下的货物已不足 1.5 吨,完全可以交给第 9 辆卡车来运,然后,再将前 8 辆卡车旁边所放的共 8 箱货物分成两份,每份 4 箱,质量都不超过 $4\times 350=1400$ kg,故可用两辆卡车将它们拉走.

❖蝗虫跳跃

在 $O\text{-}xy$ 平面上给定正方形 $0 \leqslant x \leqslant 1, 0 \leqslant y \leqslant 1$. 一只蝗虫站在这正方形外的一点 M 上. M 具有非整数坐标,蝗虫可从点 M 跳到关于正方形最左边的那个顶点对称的一点上. 设正方形的中心为 C,d 表示最初位置 M 与 C 之间的距离. 求证:不论蝗虫多少次地重复跳的动作,它总不能到达距离 C 多于 $10d$ 的地方.

证明 我们把 $O\text{-}xy$ 平面分为许多正方形 $m \leqslant x \leqslant m+1, n \leqslant y \leqslant n+1$,这里 m 和 n 为整数. 我们把数 $|m|+|n|$ 称为正方形 $0 \leqslant x \leqslant 1, 0 \leqslant y \leqslant 1$ 同正方形 $m \leqslant x \leqslant m+1, n \leqslant y \leqslant n+1$ 的距离. 容易看出,若我们构造正方形 $m \leqslant x \leqslant m+1, n \leqslant y \leqslant n+1$ 关于正方形 $0 \leqslant x \leqslant 1, 0 \leqslant y \leqslant 1$ 的最左边的顶点对称的正方形,那么这个新正方形到正方形 $0 \leqslant x \leqslant 1, 0 \leqslant y \leqslant 1$ 的距离将是 $|m|+|n|$. 如果这只蝗虫最初在正方形 $m \leqslant x \leqslant m+1, n \leqslant y \leqslant n+1$ 中,这里 $m \neq 0, n \neq 0$,我们有

$$d^2 \geqslant (|m|-\frac{1}{2})^2+(|n|-\frac{1}{2})^2$$

设 f 是这只蝗虫能从点 C 跳过的最大距离,那么

$$f^2 \leqslant (|p|+\frac{1}{2})^2+(|q|+\frac{1}{2})^2$$

这里 $|p|+|q|=|m|+|n|$. 因为

$$(|p|+\frac{1}{2})^2+(|q|+\frac{1}{2})^2 \leqslant (|p|+|q|+\frac{1}{2})^2+(\frac{1}{2})^2$$

我们看出

$$f^2 \leqslant (|m|+|n|+\frac{1}{2})^2+(\frac{1}{2})^2$$

因为 $f \leqslant 10d$,这是因为

$$(|m|+|n|+\frac{1}{2})^2+(\frac{1}{2})^2 \leqslant 100[(|m|-\frac{1}{2})^2+(|n|-\frac{1}{2})^2]$$

现设 n 和 m 中有一个为 0,不妨设 $m=0$,那么

$$d^2 \geqslant (|n|-\frac{1}{2})^2$$

且

$$f^2 \leqslant (|n| + \frac{1}{2})^2 + (\frac{1}{2})^2$$

由于

$$(|n| + \frac{1}{2})^2 + (\frac{1}{2})^2 \leqslant 100(|n| - \frac{1}{2})^2$$

得出

$$f \leqslant 10d$$

❖桌面上的蜗牛

一只蜗牛沿着桌面以固定的速度爬行，它每隔 15 分钟便折转 90°，在每两次折转之间则都沿着直线爬行. 证明：只有经过整数个小时的爬行，蜗牛才可能回到原出发点.

证明　蜗牛爬过的横向路段数目是偶数（蜗牛在 15 分钟内爬过的每一条线段都称为一个路段），这是因为它在多少条横向路段上朝着远离原出发点的方向爬去，那么就一定要在同样数目的横向路段上朝着接近原出发点的方向爬来. 同理，它所爬过的纵向路段数目也是偶数. 由于横向和纵向路段的数目应当相等，可知，路段的总数目是 4 的倍数.

❖彩票中奖

一张数学彩票上面印了 6 个数，这些数为 1，2，…，36 之一. 现在公布 6 个数，一张彩票称为得奖，如果上面印的 6 个数没有一个出现在公布的数中. 试证：

（1）如果一次买了 9 张彩票，则必有一张得奖；

（2）如果一次买了 8 张彩票，则有可能没有得奖的彩票.

解　（1）我们买下面 9 张彩票，上面印的数分别为

①1，2，3，4，5，6；

②1，2，3，7，8，9；

③4，5，6，7，8，9；

④10，11，12，13，14，15；

⑥13，14，15，16，17，18；

⑦19，20，21，22，23，24；

⑧25，26，27，28，29，30；

⑨31，32，33，34，35，36.

⑤10,11,12,16,17,18;

将①,②,③三张彩票作为第一组,④,⑤,⑥三张彩票作为第二组,⑦,⑧,⑨作为第三组. 第一组由1,2,…,9组成,第二组由10,…,18组成,第三组由19,…,36组成.

公布的6个数字,若至多两个数字在第三组中出现,则第三组中必有得奖的数学彩票. 若有三个或三个以上数字在第三组中出现,在第一或第二组中没有数字出现,则也有得奖的彩票.

余下数字分布为

一	二	三
1	1	4
2	1	3
1	2	3

总之,在第一组或第二组中只有一个数字出现,显然这时有得奖的彩票. 所以证明了结论.

(2) 如果只买了8张彩票,每张彩票有6个数字. 由于8张彩票中最多1,2,…,36都出现过,而$6\times8-36=12$,所以至少有两张彩票有一个相同的数字.

设有3张彩票有相同的数学a_1,余下5张彩票分别有5个不同于a_1,且不相同的数字$a_2,\cdots,a_6$. 则公布$a_1,\cdots,a_6$后,就不一定得奖.

设至多有两张彩票有相同的数字,由$6\times8-32=16$可知,必有两张彩票有相同数字,记作a_1. 这两张彩票至多有11个不同数字. 由于$12-11=1$,所以另有两张彩票有相同的数字$a_2\neq a_1$. 余下$8-2\times2=4$张彩票,各有不同数字a_3,a_4,a_5,a_6,且$a_i\neq a_1,a_2,3\leqslant i\leqslant6$. 公布$a_1,\cdots,a_6$后,也不一定得奖. 至此证明了若买8张彩票,则有可能没有得奖.

更多张彩票问题如下:

一张数字彩票上面印上10个数,这些数为1,2,…,100之一. 现在公布1,2,…,100中的10个数. 一张彩票称为得奖,如果上面印的10个数没有一个出现在公布的数中. 试证:

(1) 如果一次买13张彩票,无论你如何选,则必有一张得奖;

(2) 如果一次买12张彩票,无论你如何选,则有可能没有得奖的彩票.

证明 (1) 我们买13张彩票,上面印的数字分别为

①1,…,10;

②1,…,5,11,…,15;

③6,…,15;

⑧41,…,50;

⑨51,…,60;

⑩61,…,70;

④16,…,25;

⑤16,…,20,26,…,30;

⑥21,…,30;

⑦31,…,40;

⑪71,…,80;

⑫81,…,90;

⑬91,…,100.

于是不论公布的是哪10个数，则总有一张彩票得奖，没有一个数字和公布的10个数字相同.事实上，将上面13张彩票，按照第1,2,3张，第4,5,6张，以及余下7张分成三组.若公布的数字中，在21,…,100间至多有6个数，那么必有一张彩票胜.假设在21,…,100间至少有7个数字，余下在1,…,20间至多3个数.在1,…,15间若至少有两个数，则在16,…,30间至多一个数，所以第4,5,6三张彩票中必有一张得奖.若在16,…,30间至少有两个数，则在1,…,15间至多有一个数，所以在第1,2,3三张彩票中必有一张得奖.因此无论哪种情形，总有一张彩票得奖.

（2）如果只买了12张彩票，每张彩票上有10个数.由于12张彩票中最多1,2,…,100都出现过，而$10\times12-100=20$，所以至少有两张彩票有一个相同的数.设有3张彩票有相同的数字a_1，余下9张彩票分别有9个不同于a_1，且不相同的数$a_2,\cdots,a_{10}$.则公布$a_1,\cdots,a_{10}$后，就不一定胜.

设至多有两张彩票有相同的数字，由$10\times12-100=20$可知必有两张彩票有相同的数字，它们至多有19个不同数字.由于$20-19=1$，所以必另有两张彩票有相同的数字$a_2\neq a_1$.余下$10-2=8$张彩票，各有不同数字$a_3,\cdots,a_{10}$，且$a_i\neq a_1,a_2,3\leqslant i\leqslant10$.公布$a_1,\cdots,a_{10}$后不一定得奖.至此证明了若买12张彩票，则有可能胜不了.

❖相遇问题

平面上有4条直线，其中任何两条都不平行，任何3条都不相交于同一点.在每一条直线上都有一个匀速行走的行人.已知第一位行人同第二、三、四位行人都曾相遇，第二位行人同第三、四位行人也都曾相遇.证明：第三位行人也同第四位行人曾经相遇.

证明　证明一个更为广泛的结论：如果有n个行人，分别沿着n条两两不平行的道路匀速行走，并且已知，第一位行人与其余行人都曾相遇，第二位行人与其余行人也都曾相遇，则有

ⅰ 第一位行人与其余行人都曾相遇；

ii 在第一时刻所有的行人都分布在一条直线上. 为了证明这个结论,应当为这些道路所在的平面添加一条与平面垂直的直线 —— 一根表示时间的纵轴,并考察全体行人的运动图像(“时空直线”). 所有这些图像都是直线,并且第一、二条“时空直线” 同其余的“时空直线” 都相交. 而第一、二两条“时空直线” 在空间中决定了一个平面. 既然任意第 i 条“时空直线” 都既与第一条又与第二条“时空直线” 相交,故知它们都位于这个平面之内,从而所有的“时空直线” 全都位于同一平面之中. 假若有某两个行人不曾相遇,则相应的两条“时空直线” 不相交,但因它们共面,故知它们一定平行,从而它们在道路所在平面中的投影也应当是平行的,因而与已知条件矛盾. 这表明每两个行人都曾相遇,从而 i 获证. 我们再来考察时刻 $t = 0$. 这个时刻一方面由所有行人的起步时刻所确定,另一方面也是由原来的平面同“时空直线” 平面的交线所确定. 因而,在开始时,所有的行人都处于这两个平面所交成的直线上,又由于他们每一个人的运动都是匀速的,所以在每一时刻,所有行人全都位于同一开始的直线相平行的直线上.

❖免服兵役

在某一国家中,有两条严格的法律:

(1) 如果一个人比他的“邻居”(那些住得离他近于 r 的人们) 中的80% 更矮一些,他就可以免服兵役;

(2) 如果一个人比他的“邻居”(那些住得离他近于 R 的人们) 中的80% 更高一些,他就可以当警察.

可喜的是,每一个人 X 可以自行选择他的 $r = r(X)$ 和 $R = R(X)$. 问是否有可能使得这个国家的人有 90%(或更多) 的人可以免服兵役,同时有 90%(或更多) 的人当上警察(1 人居住的地方是平面上的一个固定点. 自然地,领域的集合不能是空集)?

解 答案是肯定的. 考虑下面的例子. 设这个国家的男人生活在一条直线的若干点上. 他们按照村落来分群,每一村落由 10 个男人组成,并由参数 s,d,R,a,h 所确定. 我们来描述一个(s,d,R,a,h) 村落. 我们设 $d > 0, a > 0, h > 0, a > 9h$,这一村落的男人生活在点

$$s + d, s + \frac{d}{3}, s + \frac{d}{3^2}, \cdots, s + \frac{d}{3^9}$$

他们的高度是 $a, a - h, a - 2h, \cdots, a - 9h$,并且由他们选定的 R 的值分别为

$$d,\frac{d}{3},\frac{d}{3^2},\cdots,\frac{d}{3^9}$$

他们中的9个人，除了最后一个外，都比他们的邻居中的所有人高. 现在考虑100个村落 $B_0,B_1,\cdots,B_{99}$. 对于每一个村落 B_i，它的参数是

$$s_i=\frac{100}{3^i},d_i=\frac{100}{3^{99}},a_i=100+i,h=0.1$$

这100个村落组成这个国家，因此这个国家的男人共1 000个. 每一个男人在 R 内的邻居也生活在他的村落中. 因此，仅有100个男人不能被警察局接受，这些人就是每一村落中最右边的人. 在村落 B_i 中的每一个人，选择

$$v=\frac{100}{3^i}$$

于是，他至多比他的邻居中的9个人高. 这些邻居都来自于他的村落，他的邻居中其余的人都来自于 $B_j,j>i$，因此他们都比他高. 当 $i<95$ 时，他们的数至少是50. 因此，当 $i<95$ 时，村落 B_i 中的所有男人都可以免服兵役，而他们的总数是950.

❖黑马与白马

在大小为 3×3 的国际象棋棋盘的4个角上各放了一只马，上面两角放的是白马，下面两角放的是黑马. 我们要把白马走到下面两角，把黑马走到上面两角. 每一步都可以走动任何一只马，但必须按照国际象棋规则，且只能走到空格里. 证明：为此至少要走16步.

证明 按照马在棋盘上的绕行顺序将棋盘上的方格（除中间的方格外）编号，如图1，白马在1和3号方格中，黑马则在5和7号方格中. 在图2中，将方格按编号排列在圆周上，白圈对应着白马，黑点则对应着黑马. 由于在马走了一步之后，方格的颜色都会发生变化，所以每只马都将走偶数步. 再利用图2，自行证明任何一只马都不可能刚好走两步. 这样，每只马都将走不少于4步，因此其总数不会少于16步.

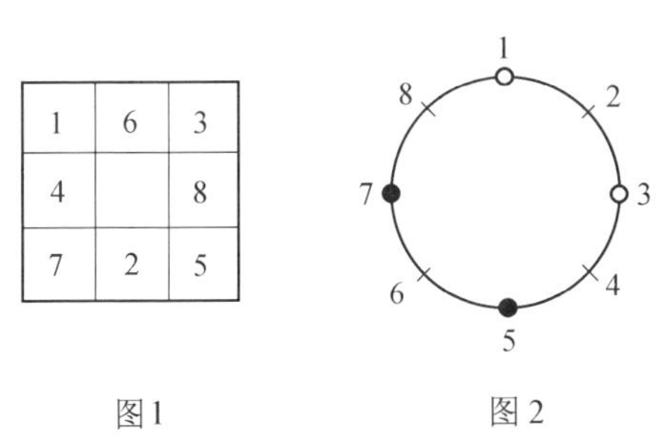

图1　　图2

❖湖中宝藏

在一个圆形湖的岸上,种着6棵松树.已知在两个三角形的垂心的连线的中心 T 处埋藏着宝藏,其中一个三角形以3棵松树为顶点,另一三角形以另外的3棵松树为顶点.问要跳水几次才能找到宝藏?

解法1 设 A,B,C,D 是圆周上的四个点.我们将证明:若 X 与 Y 分别是 $\triangle ABC$ 和 $\triangle BCD$ 的垂心,$AXYD$ 是一平行四边形.

设 S 与 T 分别是 $\triangle ABC$ 和 $\triangle DBC$ 自 A 和 D 作的高的垂足.如图1.再令 AS 与 DT 的延长线重新交圆周于 P 和 Q.因为 BX 垂直于 AC,我们有 $\angle XBS=90°-\angle ACB$.类似地,$\angle CAS=90°-\angle ACB$,所以 $\angle XBS=\angle CAS$,并且 $\angle PAC=\angle PBC$,因为这两个角由同一弧所张成.因此,$\text{Rt}\triangle XSB$ 和 $\text{Rt}\triangle PSB$ 是全等的,由此得到 $XS=PS$.类似地 $YT=QT$.因为 TS 垂直于 YQ 和 XP,我们看出 $\angle YXS=\angle QPS$.由此连接 AP 和 DQ 的中点的直线垂直于 AP 和 DQ,故 $\angle DAP=\angle QPA$.于是

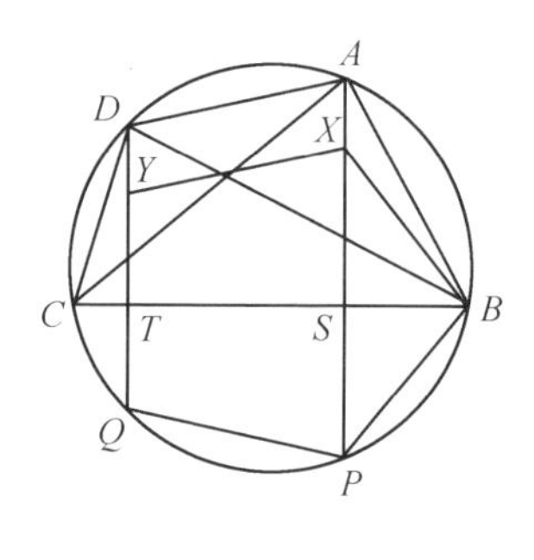

图1

$$\angle DAP=\angle YXP$$

这就推出 AD 平行于 XY,所以证明了 $AXYD$ 是一平行四边形(因为 $AP /\!/ DQ$).

设想我们有不同的两对三角形,每对三角形中没有公共点,它们的顶点由松树组成.为不失一般性,可以设一对三角形中,有一个是 $\triangle ABC$;另一对三角形中,有一个是 $\triangle BCD$,如果 X 和 Y 分别是 $\triangle ABC$ 和 $\triangle BCD$ 的垂心,那么 $AXYD$ 为一平行四边形.由于在这两对中另外的两个三角形为 $\triangle DEF$ 和 $\triangle EFA$,我们看出 $ADMN$ 是一平行四边形,这里 M 和 N 分别是 $\triangle DEF$ 和 $\triangle EFA$ 的垂心.因此 $XYMN$ 为一平行四边形.所以 XM 的中点和 YN 的中点重合.这意味着问题中所有的中点重合,因此船长只需挖掘一个点.

解法2 设给定的圆是复平面上的单位圆.松树所在之处用复数 z_1,$z_2,\cdots,z_6$ 表示,因此 $0,z_m,z_n,z_m+z_n$ 为某一菱形的四个顶点.z_m+z_n 垂直于 z_m 与 z_n 的连线.因此,对于顶点为 z_k,z_m,z_n 的三角形,过 z_k 向 z_mz_n 所作的垂线上的任一点 z 能被表示为

$$z = z_k + t(z_m + z_n)$$

这里 t 为实数. 因此,以 z_k, z_m, z_n 为顶点的三角形的垂心 h_{kmn} 是

$$h_{kmn} = z_k + z_m + z_n$$

而顶点分别为 z_k, z_m, z_n 和 z_r, z_s, z_t 的两个三角形的垂心连线的中点 P 可表示为

$$P = \frac{h_{kmn} + h_{rst}}{2} = \frac{z_1 + z_2 + \cdots + z_6}{2}$$

因此,船长只需去挖掘一个点.

❖慢行的蜗牛

蜗牛非匀速地向前爬行(不往后退),若干个人依次在6分钟的时间内观察了它的爬行. 每个人都在前一个人尚未结束时即已开始观察,而且都正好观察1分钟时间. 如果每个人在自己的观察时间内都发现蜗牛刚好爬行了1 m,证明:蜗牛在这6分钟内所爬行的距离不超过10 m.

证明 设 a_1 为第一个观察者,设 a_2 是在 a_1 停止观察之前即已开始观察的人中最后一个开始观察的,设 a_3 是在 a_2 停止观察之前即已开始观察的人中最后一个开始观察的,依此类推. 于是,奇数号观察者 $a_1, a_3, a_5, \cdots$ 的观察区间互不相交,偶数号观察者 $a_2, a_4, a_6, \cdots$ 的观察区间也互不相交(不然的话,其中必有某个观察者 a_i 被选错了). 由于每个观察区间都是1分钟,而全部观察时间为6分钟,所以无论是偶数号观察者还是奇数号观察者的数目都不超过10人,这也就表明蜗牛的爬行距离不超过10 m.(它在下述情形下可以正好爬行10 m:每当仅有一个观察者观察它时,它即爬行,而在其他时间内,它都停止不动)

❖滑雪观众

在越野滑雪的场地上,沿着路线放置1 000张椅子,依次地用1,2,…,100来编号. 由于错误,n 张票已经售出,$100 < n < 1\ 000$,每一张票上印好了1,2,…,100中的一个数字,并且每一个数字至少印在一张票上. 自然,有一些票上印上了相同的座位号. 这样的 n 个参观者在不同的时间进入场地. 每一个人按照他的票上的数字走上相应的座位,如果位子是空的,他就坐了下来. 如果已经被占住了,他就叫一声"哦"并移至下一个座位. 重复这一过程,直到他找到一个空位并在此就坐. 他在每一个被占住的位子上都叫一声"哦",但在其他的

时刻不这样做. 求证:所有的参观者都能找到座位,"哦"的数目的总和不依赖于参观者到达的顺序,并且这个数目依赖于数字在票上的分布.

证法1 首先,我们将证明:所有的参观者都能有座位. 用反证法,假若有一个参观者找不到座位. 那么,从101号到1 000号的座位全都有人坐了. 如果在前100号座位中,只有k个座位上有人,至少有$1\ 000-k$个参观者没有座位,因此,至少有

$$900+k+100-k+1=1\ 001$$

参观者是有票的,这是矛盾!

我们来计算"哦"的数目. 对于$1\leqslant i\leqslant n$,设$f(i)$表示持有从1到i的票号的票的参观者的数目. 由于至少有一张票上有号码j:$1\leqslant j\leqslant 100$,我们有$f(i)\geqslant i$. 考察一个固定的$i$,只有这$f(i)$个参观者能坐上第$i$个位子,并且其中的$i$个人才能占有前$i$个位子. 由此可知,其中的$f(i)-i$个人会对第$i$个位子说"哦". 因此,"哦"声的总数是

$$\sum_{i=1}^{n}f(i)-\frac{n(n+1)}{2}$$

这个数只与票号的分布有关,与参观者进场的先后没有关系.

证法2 第i个进场的观众手中的门票号码记为a_i,设他实际坐上的座位号为b_i,显然$b_i\geqslant a_i$,$i=1,2,\cdots,n$. 当所有的人坐定之后,从1号,2号直到n号的位子全被占满了,因此

$$b_1+b_2+\cdots+b_n=1+2+\cdots+n=\frac{n(n+1)}{2}$$

对第i个进场的观众来说,从座位a_i转到座位b_i,他一共说了b_i-a_i次"哦". 因此,"哦"被叫的总数是

$$\sum_{i=1}^{n}(b_i-a_i)=\sum_{i=1}^{n}b_i-\sum_{i=1}^{n}a_i=\frac{n(n+1)}{2}-\sum_{i=1}^{n}a_i$$

这是一个只与票号的分布有关的数.

注 第二种证法比较容易理解,数字$\sum\limits_{i=1}^{n}a_i$表示所有票上数字之和,计算起来也比较直接. 比较上面形式中不同的两种解答,必须得出关系式

$$\sum_{i=1}^{n}f(i)+\sum_{i=1}^{n}a_i=n(n+1)$$

事实上,设有c_i个人拿着写有i号的票子. 显然,当$i>100$时,$c_i=0$. 我们有

$$\sum_{i=1}^{n} a_i = \sum_{i=1}^{100} ic_i$$

此外,我们有

$$f(i) = \begin{cases} \sum\limits_{k=1}^{i} c_k, 1 \leqslant i \leqslant 100 \\ n, 100 < i \leqslant n \end{cases}$$

所以

$$\begin{aligned}\sum_{i=1}^{n} f(i) + \sum_{i=1}^{n} a_i = &\sum_{i=1}^{100} f(i) + \sum_{i>100} n + \sum_{i=1}^{100} ic_i = \\ &\sum_{i=1}^{100}\sum_{k=1}^{i} c_k + (n-100)n + \sum_{i=1}^{100} ic_i = \\ &\sum_{i=1}^{100}(101-i)c_i + \sum_{i=1}^{100} ic_i + (n-100)n = \\ &101\sum_{i=1}^{100} c_i + n(n-100) = 101n + n(n-100) = \\ &n + n^2 = n(n+1)\end{aligned}$$

这正是我们所需要的.

❖多做习题

学生在一学年内,规定在每连续的7天中都应该做25道习题,学生做每一道习题所需的时间,在同一天内是不变的,但在一学年内是按照学生自己所了解的规律变化的,并且每做一道习题所需的时间都不足45分钟.学生希望做题所用的总时间最少,证明:为了达到这个目的,学生选择一个星期中的某一天,他在每个星期的这一天中做25道习题.

证明 设学生在某连续的8天中,所解答的题目数目分别是 $a_1,\cdots,a_7,a_8$.根据条件,就有 $a_1+a_2+\cdots+a_7=25$ 及 $a_2+a_3+\cdots+a_8=25$,故知 $a_1=a_8$.这就表明,学生有每一天中所解答的题目数量是以每7天为一周期而重复变化的,因此学生只要在一个星期之内安排好解题计划 $(a_1,a_2,\cdots,a_7)$ 就行了,将学生在星期一解完全部25道题所需要的时间记作 s_1,并相应地定义出 $s_2,s_3,\cdots,s_7$.那么,如果学生在星期一所解的题数不是25道,而是 a_1 道,则他在这一天所花去的解题时间就是 $\frac{a_1}{25}s_1$,相应地,在星期二是 $\frac{a_2}{25}s_2$,依此类推.从而所花费的总时间就是 $S=\frac{1}{25}(a_1s_1+\cdots+a_7s_7)$.从 $s_1,s_2,\cdots,s_7$ 中取出最小值 s_k,并令 $a_k=25$,

而令其余 $a_i=0$,则 S 将达最小值.

❖植物手册

在一本植物手册中,对所登录的植物用 100 个特征加以描述(逐一说明每种植物是否具有第 1 个特征,第 2 个特征,…,第 100 个特征). 如果两种植物的不同特征数目不少于 51,那么就称这两种植物不相似.

(1) 试证:该植物手册不可能登录多于 50 种两两不相似的植物;

(2) 试问该植物手册能否登录 50 种两两不相似的植物?

解 下面的讨论将统一地对问题(1) 和问题(2) 作出回答. 将手册中用来描述植物的 100 个特征任意排定一个顺序(用 1,2,…,100 作为顺序号). 约定以长为 100 的(0 - 1) 码 $A=(a_1,a_2,\cdots,a_{100})$ 表示某种植物的特征状况(称为该植物的编码). 这里规定

$$a_i=\begin{cases}0,\text{如果该植物不具有第 } i \text{ 号特征}\\1,\text{如果该植物具有第 } i \text{ 号特征}\end{cases}$$

两个编码

$$A=(a_1,a_2,\cdots,a_{100}),B=(b_1,b_2,\cdots,b_{100})$$

之间的距离定义为

$$d(A,B)=\sum_{j=1}^{100}|a_j-b_j|$$

于是,两种不相似植物之间的编码距离至少为 51.

引理 任意种两两不相似的植物之中,至少有两种植物之间的编码距离不小于 52.

引理的证明 设有若干个给定的编码. 如果将这些编码在同一位置处的数字一齐改变(每个编码那一位的数字都改变,将0 变成1,将1 变成0),那么这些编码两两之间的距离保持不变. 设有三种两两不相似的植物. 假定第一种与其他两种中的每一种的距离都等于 51. 我们将这三种植物的编码的某些位置的数字一齐改变,可以使得第一种植物的编码成为(0,0,…,0). 不妨设第二种植物的编码成为

$$(\underbrace{0,0,\cdots,0}_{49\text{位}},\underbrace{1,1,\cdots,1}_{51\text{位}})$$

第三种植物的编码也应恰有 51 个 1. 设其中 x 个 1 在前面 49 位中,$51-x$ 个 1 在

后面51位中. 则第二种植物与第三种植物的编码距离为 $x+[51-(51-x)]=2x$. 这是一个偶数,并且不小于51(因为第二种植物与第三种植物不相似). 至此,我们证明了第二种植物与第三种植物之间的距离不小于52. 引理证毕.

下面解答问题(1) 和问题(2). 设有 m 种两两不相似的植物,$m\geqslant 50$. 设这些植物的编码分别为 $A_1,A_2,\cdots,A_m$. 则其中至少有48对之间的编码距离不小于52. 如果记

$$S=\sum_{1\leqslant i<j\leqslant m} d(A_i,A_j)$$

那么

$$S\geqslant C_m^2\times 51+48$$

另一方面,我们逐个观察编码的100个位置,估算在每一位上这 m 种两两不相似的植物对 S 的贡献. 设在某一位上,这 m 种植物编码中有 t 种数码是1,$m-t$ 种数码是0,则 m 种植物在该位置对 S 的贡献

$$t(m-t)\leqslant T=\begin{cases}\left(\dfrac{m}{2}\right)^2,若\ m\ 是偶数\\ \dfrac{m^2-1}{4},若\ m\ 是奇数\end{cases}$$

因此 $S\leqslant 100T$. 如果 $m=50$,那么

$$S\leqslant 100\times(25)^2=2\ 500\times 25$$

但是,在前面我们曾经得到

$$S\geqslant C_{50}^2\times 51+48=2\ 499\times 25+48$$

关于 S 的这两个不等式是不相容的. 这一矛盾说明了不可能有50种或多于50种两两不相似的植物载入该手册. 因此,对问题(1) 和问题(2) 的回答都是否定的.

❖散步的绅士

三位绅士在长100 m的林间小径上散步,他们的速度分别是1 km/h,2 km/h和3 km/h. 当他们走到小径的尽头时,便转过身来按原来的速度往回沿着小径继续散步. 证明:我们总能找到一个长达1分钟的时间间隔,三位绅士在这段时间内都朝着同一方向散步.

证明 绅士们的运动都以12分钟为周期:每经过12分钟,他们中的每个人都又站在小径的起点,并开始朝前走. 所以,可将时间 t 的轴缠绕在一个周长

为12分钟的圆周上，而且圆周共分为3层：第一层圆周由两段弧组成，每段弧各为6分钟；第二层由3段弧组成，每段弧各为4分钟；第三层由6段弧组成，每段弧各为2分钟. 可将每层圆周上的弧段分别染为黑、白两种颜色(用颜色代表相应的绅士在小径上的运动方向)，在每一层圆周上两种颜色都相间出现. 我们来考察第一、二两层圆周上的同色弧段的相交处，发现它们至少有两段共同的黑色弧段 α 和 β，各为2分钟，也有两段共同的白色弧段 γ 和 δ，亦各为2分钟，至于在第三层圆周上，则有3段黑色弧段，以及同它们呈中心对称为3段白色弧段. 因此，如果弧 α 和 β 同第三层圆周上的3段黑弧之交形成了小于1分钟的弧段，那么弧 γ 和 δ 就必然与白色弧段交成大于1分钟的弧段，知命题获证.

❖禁9出现

设有一个由自然数组成的算术数列，公差不等于0. 并设该数列每一项的十进制表示都不出现数字9.

(1) 试证：该数列的项数小于100；

(2) 试举出一个满足条件的72项算术数列的例子；

(3) 试证：任何一个满足所述条件的算术数列的项数不超过72.

解 (1) 可由更强的结果(3)导出.

(2) 为了证(2)，我们举出一个满足条件的72项算术数列. 这数列首项为1，公差为125，最后一项是8 876. 为了说明该数列满足题目的要求，我们来考察各项的十进制表示. 对于十进制表示不足四位的那些项，约定在前面补0作成四位数码. 容易看出，该数列各项最后三位数码依次排列将按以下方式循环：

$$001,126,251,376,501,626,751,876$$

该数列各项四位数码的第一位都不超过8. 因此，数列所有各项的十进制表示都不出现数字9.

(3) 设有一个满足题目条件的算术级数其公差为正整数 d，又设该数列最大一项的十进制表示有 $m+1$ 位数字. 考察该数列各项的十进制表示. 按照十进制表示的 10^m 位的数字分别为 $0,1,\cdots,8$，把该数列分成九段. 下面将证明每段都不超过8项.

首先考察 10^m 位数字为0的那一段. 设该段最后一项是 a_h. 因为最大项的 10^m 位数字等于0，并且其余各位都不出现数字9，所以必有

$$a_h \leqslant \frac{8}{9}(10^m-1) < 10^m \leqslant a_{h+1}$$

于是

$$d \geqslant 10^m - \frac{8}{9}(10^m - 1) > \frac{1}{9} \times 10^m$$

因此,在这第一段中,至多只有数列的 8 项. 同样可证,所分的九段中的每一段至多只有数列的 8 项. 因此,这一数列最多只有 $9 \times 8 = 72$ 项.

❖混合液体

在 n 个量杯中分别装满了 n 种不同液体,此外还有 1 个空量杯. 问能否通过有限次的混合,使得各个量杯中的液体全都变得成分相同(也就是每个量杯里都有原来每种液体的 $\frac{1}{n}$,而且还有一个空量杯)? 量杯上都有刻度,可以度量所盛液体的体积.

解 仅当 $n = 2^k$. 提示:设 n 为任意一个整数,而所有的水在经过 m 次倾倒后,全都并到了一个杯子里,我们要来证明 $n = 2^k$. 显然,在最后一次倒水之前,水都集中在两个杯子里,而且各占总量的一半. 这样,如果将总水量记作 1,那么在第 $m-1$ 步上,水在不空的杯子中的分布就是$(\frac{1}{2}, \frac{1}{2})$. 我们现在来归纳假设,假定在第$(m-k)$步上,水在杯子中的分布是$(-\frac{x}{2^a}, \frac{y}{2^b}, \cdots, \frac{z}{2^c})$. 那么在前一步上又是怎样的呢? 由于杯子的编号是任意的,所以我们可以假定,这一步是由 2 号杯向 1 号杯倒水的. 于是就有两种可能:或者 2 号杯已经空了,那么在前一步上水的分布就是$\frac{x}{2^{a+1}}, \frac{x}{2^{a+1}}, \frac{y}{2^b}, \cdots, \frac{z}{2^c}$;或者在 2 号杯中还剩有一些水,那么在前一步上水的分布就是$\frac{x}{2^{a+1}}, \frac{x}{2^{a+1}} + \frac{y}{2^b}, \cdots, \frac{z}{2^c}$,在这两种情况下,我们都已看到,所有的分母都是 2^k 的形式,特别地,在第一次倒水之前,分母也都应当具有这种形式,而这正意味着 $n = 2^k$.

❖切馅饼

大馅饼的形状如同一个内接于半径为 1 的圆的正 n 边形. 过每边的中点都

在馅饼上切出一个长度为1的直线切口. 证明:如此一来,总能在馅饼上切下来一块.

解 我们来考察图1,易见,O 是馅饼的中心,K 和 L 是边 AB 和 BC 的中点,以 BO 作为直径所作的圆周经过 K 和 L 所切的切口(或其延长线)的交点. 如果 P 点位于圆 $OKBL$ 之内,则 $KP \leqslant BO = 1$,且 $LP \leqslant 1$,从而点 P 就是切口本身非经延长的交点,这样,$KPLB$ 这一小块已被切了下来. 再设点 P 位于圆外,此时 $\angle KPL < \angle KOL$,因此 $\angle OKP < \angle OLP$,亦即 $\alpha < \beta$,下面只需再指出,点 $K, L, M, \cdots$ 沿着圆行进,不可能同时都满足不等式 $\alpha < \beta, \beta < \gamma, \cdots, \delta < \alpha$. 这也就意味着,至少有一小块馅饼被切了下来.

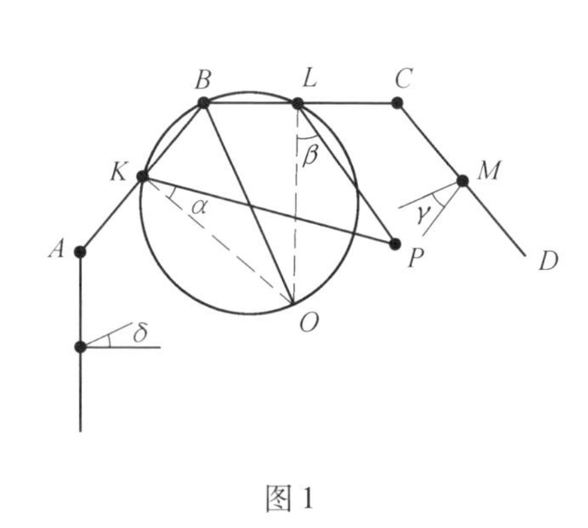

图1

注 由解答过程可见,如果切口的长度都小于1,那么在 $n > 3$ 时,总可以做到不使任何一块馅饼被切下来.

❖表格问题

将数1,2,…,25排在5×5的表格中,每一行从左到右都是递增的,求第三列的数的总和的最大可能值及最小可能值.

解 记第 i 行,第 j 列元素为 a_{ij},由题设,$1 \leqslant a_{ij} \leqslant 25, 1 \leqslant i, j \leqslant 5$. 又不同位置的数不相同. 另一方面,还有

$$a_{i1} < a_{i2} < a_{i3} < a_{i4} < a_{i5}, i = 1,2,3,4,5$$

目的是求

$$a_{13} + a_{23} + a_{33} + a_{43} + a_{53}$$

的最大可能值和最小可能值. 注意到 $a_{i1} < a_{i2} < a_{i3}$,我们取

$$\begin{matrix} 1 & 2 & 3 & * & * \\ 4 & 5 & 6 & * & * \end{matrix}$$

7	8	9	*	*
10	11	12	*	*
13	14	15	*	*

这时第三列的和为 3 + 6 + 9 + 12 + 15 = 45. 有 * 的位置所放的数必须为 16, 17,…,25 之一. 由选取可知 45 是第三列所能达到的最小数.

再注意到 $a_{i3} < a_{i4} < a_{i5}$,我们取

*	*	23	24	25
*	*	20	21	22
*	*	17	18	19
*	*	14	15	16
*	*	11	12	13

这时第三列的和为 11 + 14 + 17 + 20 + 23 = 85. 有 * 的位置所放的数必为 1, 2,…,10 之一. 由选取可知 85 是第三列所能达到的最大数.

❖肖像悬挂方式

西班牙国王决定在要塞的圆形钟楼内按自己的意愿重新悬挂诸位先王的肖像,但是他想每一次仅交换相邻两肖像的位置,而且这两张相邻肖像上的国王不应是有王位直接继承关系的. 此外,他仅追求肖像之间的相对位置(若两种悬挂方式的区别仅在于一种可由另一种经过整体转动一段圆弧得到,则认为是同一种悬挂方式). 证明:不论肖像原先是如何悬挂的,国王都可以按照他的法则得到任何新的悬挂方式.

证明 把肖像按次序编号为 1,2,…,n,很明显,只要证明对于原来肖像的任意排列都能够得到顺序 1,2,…,n 就足够了. 为了得到这样的顺序,首先把第一个肖像放在第二个肖像的前面(明显地,由于第一个肖像可以和任意其他的肖像置换,做到这点不会有困难),然后使第一个肖像与第二个肖像一起向前变动次序,直至超过第三个肖像为止,依次类推.

❖上下电梯

设电动楼梯不开动时，某人上楼梯的速度和下楼梯的速度都是常数，且上楼梯的速度大于下楼梯的速度，而下楼梯的速度又大于电动楼梯的速度（上行和下行时也都是常数）. 若此人在上行电动楼梯开动时，由上向下行走到底，再由下向上行走到顶；此人再在下行电动楼梯开动时，由上向下行走到底，再由下向上行走到顶. 上面两种情形，哪一种更快？

解　此人在向下运动的电动楼梯上来回要快于在向上运动的电动楼梯上来回.

为了证明这点，我们记此人在下行、上行的速度分别为 a,b. 记电动楼梯的运动速度为 v. 于是此人在往下运动的电动楼梯上往下走的速度为 $a+v$，往上走的速度为 $b-v$；在往上运动的电动楼梯上往下走的速度为 $a-v$，往上走的速度为 $b+v$. 不妨设电动楼梯的长度为 1，于是此人在往下运动的电动楼梯上来回的时间为

$$\frac{1}{a+v}+\frac{1}{b-v}$$

在往上运动的电动楼梯上来回的时间为

$$\frac{1}{a-v}+\frac{1}{b+v}$$

由题设有 $b>a>v$，今

$$\left(\frac{1}{a+v}+\frac{1}{b-v}\right)-\left(\frac{1}{a-v}+\frac{1}{b+v}\right)=$$

$$\frac{1}{a+v}-\frac{1}{a-v}+\frac{1}{b-v}-\frac{1}{b+v}=$$

$$\frac{-2v}{a^2-v^2}+\frac{2v}{b^2-v^2}=\frac{2v(a^2-b^2)}{(a^2-v^2)(b^2-v^2)}<0$$

❖电影院问题

7 个学生决定在星期天走遍 7 家电影院，各家影院的场次都是 9:00，10:40，12:20，14:00，15:40，17:20，19:00 和 20:40（共 8 场）. 在看每一场电影时，都是

6个学生在一起，而有某一学生（不一定是同一个人）单独去另一家电影院. 到了夜晚，每个学生都到过了每一家电影院. 证明：每一家电影院都有一个场次未曾有这些学生光顾.

证明　如果问题的断言不成立，那么学生们至少应在其中的一家电影院观看8场电影，而在其余6家电影院的每一家各观看两场. 所以一共至少应看20场电影. 但是，一次他们仅能观看两场（6个人看一场，第7个人看另外一场），即一天之中，他们仅能观看16场电影，因此矛盾.

❖无限棋盘

在一个朝任何方向都是无限大的国际象棋棋盘上，定义了一个小正方格的集合A. 在这个棋盘上，每个不属于A的小正方格都放置了一个王. 在每一步中，每个王或者留在原来的小正方格里，或者移到与之相邻的小正方格里，该小正方格里可能有在这一步之前的另一个王. 每个小正方格最多只能放置一个王. 问是否存在正整数k，使得k步之后，棋盘上所有的小正方格里都有王？考虑下述情形：

（1）将棋盘上的横行和纵行分别用$-\infty$到∞的整数编号，则每个小正方格可以用两个整数作为其坐标. 定义集合A为所有那些其坐标为100的倍数的小正方格.

（2）设想在棋盘上任意取定100个小正方格，定义集合A为这100个小正方格中放置后时能够攻击到的所有小正方格（即A中的每个小正方格至少能够被某个后攻击到）.

注　如果A只包含一个小正方格，则$k=1$就可以. 具体走法是：在A的这个小正方格左侧的全体王都向右走一格.

解　（1）不存在. 假设k步之后能够把所有空格都填满，考虑棋盘上由所有坐标满足$0\leqslant x,y\leqslant 40\ 000k$的小正方格$(x,y)$构成的区域$K$. 这个区域里最初有$(400k+1)^2$个空格，而$K$的边界上共有

$$4\cdot 40\ 000k=400^2k$$

个空格，因此，k步之后最多有$(400^2k)k=(400k)^2$个新的王进入区域K. 显然$(400k)^2<(400k+1)^2$，我们得到矛盾.

（2）存在. 当$k=200$时有如下走法：考虑任意一个没有放置后的横行. 每

个后最多能够攻击该行上的三个小正方格,故该横行最多包含 300 个空格. 将该横行最左边的空格左侧的所有王都向右走一格,同时将最右边的空格右侧的所有王都向左走一格,这样每一步可以减少两个空格. 对所有这样的横行同时做上述走法,则 150 步之后,这些横行就不再包含空格. 最多还剩下 100 个放置后的横行,它们包含的全是空格. 这时从纵行的角度看,每个包含空格的纵行最多包含 100 个空格. 因此只需对全体纵行用同样的走法,就可以再用 50 步将所有的空格都用王填满.

❖吃糖果游戏

有两小堆糖果,两人进行游戏,他们轮流执步,执步者吃掉其中一小堆,而把另一堆分为两部分(可相等也可不相等),如果另一堆中总共只有一块糖果而无法再分了,那么他就吃掉这一块而取胜,如果开始时两小堆糖果分别有 33 和 35 块,试问谁将取胜? 为了能取胜,应当如何执步?

解　先执步者在第一步中应吃掉有 33 块糖果的那一堆,然后把另一堆分成 17 块,18 块两份,在以后的过程中他始终应留给对手两堆数目皆为 $5k+2$ 或 $5k+3$ 的糖果(请验证,他能做到这一点). 这样一来,他的对手最终不得不把 2 块或 3 块糖果分成两堆,因而输掉.

❖飞奔下楼

一个楼梯有 100 级. 小明想用这样的方式来下楼梯:交替地先跳下几级再跳上几级,且他每次上下楼梯的级数只能是 6(即超过 5 级,在第 6 级落下),7 或 8 级. 此外,他不希望在同一级上落下两次. 他能用这样的办法下楼吗?

解　我们把先跳下几级后再跳上几级称为是一个下楼组. 偶下楼组是指下及上的级数均不为 7,而奇下楼组是指下及上的级数恰好只有一个为 7. 由要求不在同一梯级上停留两次,所以不考虑下及上同样级数这样的组,因为这保持原位不动. 假定以这样的方式下楼是可以做到的,那么,小明最后一次下楼必须从第 92 级或更低级往下走(梯级编号是从楼上往下计). 设他到达这一级时经过了 k 个偶下楼组和 l 个奇下楼组,那么,他下楼前到达的梯级数至多是

$$2k + l \geqslant 92$$

另一方面,小李已经下楼及上楼共 $2k + 2l$ 次. 如果他在下及上的过程中没有在同一梯级上停留过,那么必须有

$$2k + 2l \leqslant 100$$

这样就推出

$$l \leqslant 8, k \geqslant 42$$

这 l 个奇下楼组把这 k 个偶下楼组至多分为不多于 9 个相邻组段.

根据抽屉原理,最长的偶下楼组段的长度至少是 5. 由于不能在同一梯级上停留两次,所以相邻的两个偶下楼组不能是不一样的(即一为下 6 上 8,另一为下 8 上 6;或一为下 8 上 6,另一为下 6 上 8). 因此,在一偶下楼组段中所有的偶下楼组都必须是同样的. 设这最长的偶下楼组段开始在第 h 梯级,若所有的偶下楼组均为下 6 上 8,那么,小明将依次停留在第 $h + 6, h - 2; h + 4, h - 4; h + 2, h - 6; h, h - 8$ 梯级. 若所有的偶下楼组均为下8 上6,那么,将依次停留在第 $h + 8, h + 2; h + 10, h + 4; h + 12, h + 6; h + 14, h + 8$ 梯级. 所以不管何种情形,都将在同一梯级($h + 8$ 或 h) 上停留两次. 因此,这样的下楼方式不能实现.

❖射击叶片

柯夫波依 · 德日明与朋友们打赌,称他能用一发子弹击中换气扇的所有 4 个叶片(换气扇的轴每秒钟旋转 50 周,4 个半圆盘状的叶片等距离地安装在轴上,相互之间错开某个角度,且叶片与轴垂直). 德日明可以选择任何时刻射击,其子弹速度可以达到任意值. 证明:德日明将获胜.

证明 我们先来研究坐标系(x,t),这里 x 是点在子弹弹道上的坐标,t 是时间. 子弹弹道在该平面上是直线, 如果线段 $x = a_i, t \in \left[t_i + \frac{n}{50}, t_i + \frac{n + 0.5}{50}\right]$ (这是图1 上所画出的垂直线段之一) 与它相交,换气扇的叶片就会碰到子弹. 这样,就需要证明,无论 t_1, t_2, t_3, t_4 如何(它们对应着圆盘相互间错动的角度),都存在着一条直线,与图 1 所画线段中的 4 条相交,请自行完成证明.

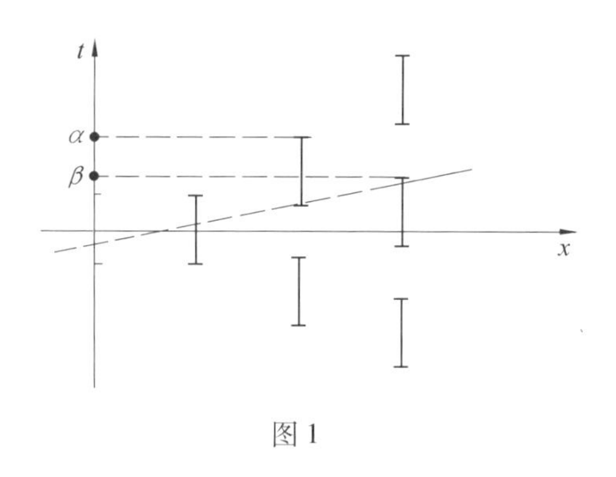

图 1

❖区分假币

给定61枚外表相同的硬币. 其中有两枚质量相同的假币,其余59枚是质量相同的真币. 假币与真币质量不同,并不知道一枚假币与一枚真币哪一种更重. 如何用一架天平进行三次称量解决这一问题(并不要求将假币从真币中区分出来)?

本题有多种解法,以下先叙述其中两种,然后介绍推广问题的解答.

解法 1　取出一枚硬币另放. 将其余的硬币均分成 A,B,C 三组(每组 20 枚). 三组中必有两组质量相同. 通过两次称量即可知晓哪两组质量相同(设为 A 组和 B 组),还知晓其中每一组与第三组(C 组)相比较谁重谁轻. 以下约定用记号 $W(X)$ 表示集合 X 中硬币的总质量. 我们将 A 组硬币再分成两个小组,每组 10 枚. 以下分两种情形讨论.

(1) 设 A 所分两小组的质量相同,则 A 中无假币. 如果 $W(A)>W(C)$,那么假币比真币轻. 如果 $W(A)<W(C)$,那么假币比真币重.

(2) 设 A 所分两小组的质量不同,则 A 中有一枚假币. 如果 $W(A)>W(C)$,那么假币比真币重. 如果 $W(A)<W(C)$,那么假币比真币轻.

解法 2　取出一枚硬币另放. 将其余的硬币均分成两组 A 和 B(每组 30 枚硬币). 第一次称量比较 $W(A)$ 和 $W(B)$. 不妨设 $W(A)\geqslant W(B)$. 然后将 A 均分成三个小组 C,D 和 E. 每小组 10 枚硬币. 再通过两次称量,比较 $W(C)$ 与 $W(D)$,比较 $W(D)$ 与 $W(E)$. 以下分两种情形讨论.

(1) 如果 $W(A)=W(B)$,那么 A 组和 B 组各含一枚假币. 因此,在 C,D,E 中有与其他两小组质量不同的小组. 该小组比其他小组重,则假币比真币重. 否则

假币比真币轻.

(2) 设 $W(A) > W(B)$. 如果 $W(C)=W(D)=W(E)$,那么 A 中不含假币,B 含有1枚或2枚假币,因此假币较轻. 对此情形,如果 C,D,E 三小组质量不全相同,那么 A 至少含一枚假币,B 不含假币,因此假币较重.

推广问题的解答:更一般地,设硬币总数为 $6k+1$,其中有两枚假币. 我们先将 $6k+1$ 枚硬币中的一枚放在一旁,然后将其余 $6k$ 枚硬币均分为 A,B,C 三组(每组有 $2k$ 枚硬币). 我们注意到 A,B,C 三组不可能质量全相同,也不可能质量全不同. 通过两次称量可以判定哪两组质量相同,并且能确定这质量与第三组质量相比哪组较重. 例如,第一次称量可将 A 与 B 的质量相比,第二次称量可将 B 与 C 的质量相比. 为不失一般性,可设 A 与 B 的质量相同,C 组更重. 再将 A 分成两个小组,每小组 k 枚硬币. 若两小组质量相同,则假币比真币重. 若两小组质量不同,则假币比真币轻.

❖画线游戏

在平面上有1 968个点,它们是一个正1 968边形的顶点. 两个游戏者按照如下的法则轮流用线段连接多边形的顶点:两个顶点中若至少有一个已与其他顶点相连,则不可用线段连接此二顶点;所连线段不得与已连的线段相交. 如果谁不能按此法则继续进行下去,则为负者. 问为了能取胜,应当如何进行游戏?在正确游戏的过程中,谁将会取胜?

解 先行者将取胜. 先行者第一步应该经过1 968边形的中心引一条对角线,然后始终保持着使自己所连的线段与对手刚刚所连的线段关于这条对角线对称.

❖棋盘方格

设某个 $M\times N$ 矩形棋盘划分成 1×1 小方格. 并设有许多块 1×2 牌,每块牌放到棋盘上恰占两格. 已知棋盘未被这些牌完全盖住,但已不可能移动任何一块牌(棋盘有边框,并且牌不能从棋盘上抽出). 试证:未盖住的棋盘方格数

(1) 小于$\frac{1}{4}MN$;

(2) 小于$\frac{1}{5}MN$.

证明 我们注意到这样一些有用的事实:对于题目所述的状况,棋盘上不能有相连两空格;在单个空格周边,不能有牌以窄端与该空格接界(否则该牌可滑入空格).

(1) 首先指出:靠棋盘边框处不可能有任何空格,否则与该空格三边相邻的牌当中至少有一块牌可以滑入空格(对于空格在角上的情形,与空格两边相邻的牌当中至少有一块可以滑入空格). 现在考察棋盘内部的$(M-2)\times(N-2)$区域. 该区域的任何2×2正方形不能有多于一个空格,否则,若有相连两空格,当然有牌可滑动. 即使两空格在2×2正方形的对角位置,也有牌可滑入. 将$(M-2)\times(N-2)$内部区域划分成若干2×2正方形,至多剩下由$(M-2)+(N-2)-1$方格组成的角尺形,但该角尺形至多有比半数多1的空格. 连同棋盘四围的$2M+2N-4$个格子一同考虑,空格数少于角尺形与四围总格子数的四分之一. 因此,总共的空格数小于$\frac{1}{4}MN$.

(2) 首先指出:任两空格不能仅隔一格. 否则,典型情形将如下面图1所示(阴影表示空格).

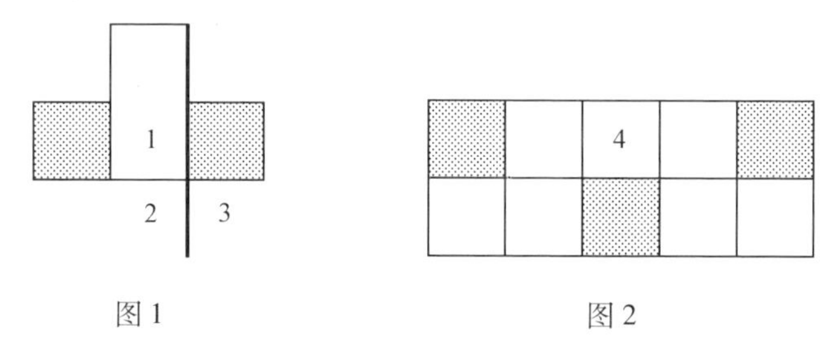

图1　　图2

对此情形在1和2的右侧将出现如同$M\times N$棋盘四围周边的情形,因而1和2的右侧不可能有空格出现. 其次,我们来证明任何2×5矩形至多含有两个空格. 否则,出现三个空格的典型情形将如上面图2所示. 对此情形,4至少可滑入三个空格中的某一个. 将$M\times N$棋盘尽可能划分成$2\times N$带形(如果M是奇数,将剩下$1\times N$个作为沿棋盘边框的格子,其中不会有空格). 假定$N=5q+r$, $0\leqslant r\leqslant4$. 考察每个$2\times N$带形,若$r=1$或$r=2$,则在带形的一端或两端靠棋盘边框处预留2×1个格子. 若$r=3$或$r=4$,则在带形的左端靠棋盘边框处预留2×3个格子,这些格子中至多有一个空格(小于$\frac{2\times3}{5}$). 对于$r=4$情形,还在

带形右端预留 2×1 个格子(不会有空格). 除了如上所述预留的格子而外,将 $2 \times N$ 带形剩下的 $2 \times 5q$ 格划分成 q 个 2×5 矩形. 这样,我们证明了每个 $2 \times N$ 带形中至多有 $\frac{2N}{5}$ 个空格. 据此可得知整个 $M \times N$ 棋盘上至多有 $\frac{MN}{5}$ 个空格.

❖粉笔印痕

在一个小立方块的表面上用粉笔标出 100 个不同的点. 证明:我们可以有两种不同的方法把方块放到黑桌子上(并且准确地放在相同的位置上),使得它们在桌子上留下的粉笔印痕有所不同(如果粉笔点在立方块的棱上或顶点上,也将产生印痕).

证明 假设结论相反. 首先容易看出,立方块的 8 个顶点或者全部被粉笔标出,或者一个都没有被标出. 这样一来,除了顶点外,还用粉笔标出了 100 个或 92 个点. 但是容易看出,与每个非顶点的被标出的点相对应,还应补上另外的 5 个点(若该点为某一面的中心点),11 个点(对于在棱的中点)或者 23 个点(对于其他情形),故知它们的总和应能被 6 整除. 但是无论是 100 还是 92 都不能被 6 整除.

❖移动士兵

在棋盘的一方格上有一兵. 两人按下述规则轮流把它移到另一方格:每次移动的距离严格大于前一次移动的距离. 谁无法实现这样的移动谁就算输. 如果两人总是选择最佳的方式来移动,那么谁将获胜(兵总是放在它所在方格的中心)?

解 这问题的关键是把棋盘上的每一个方格看做是由这样四个方格组成的四方格组中的一个,即对于通过棋盘中心的水平线和垂直线对称的四个方格. 例如,方格 $a2$,$h2$,$a7$ 和 $h7$ 就组成了这样一组(把棋盘的行依次表示为 a,b,c,d,e,f,g,h,列依次表示为 1,2,3,4,5,6,7,8). 第一个移动兵的人必胜,不管兵开始放在哪个方格. 他的策略是:把兵从它原来的方格移到这方格所属的四方格组中的对角的那个方格. 这样,第二个人总是被迫把兵移到这"四方格组"所围成的棋盘之外,而第一人仍按原策略移动. 这样,第二人最后总是只能把兵放在棋盘的一个角的方格上，即 $a1$，$h1$，$a8$ 和 $h8$ 中的一个. 这时，第一人把兵移到对角的方格就获胜.

❖找出珍珠

有一个半径为10 cm的圆形糕点，烤制时在其中放入了一颗半径为3 cm的珍珠，我们想找到它，为此允许用刀沿直线将糕点切成(可相等也可不相等的)两块. 如果刀子没有切到珍珠，可以再切开其中的一块；如果珍珠还未被发现，则还可以再切开已得到的三块之一；如此下去. 证明：无论我们怎样切，在切了32次之后，都还有可能未发现珍珠. 可以这样切33次，使得不论珍珠在什么位置，都能把它找出来.

证明 为了能在33次切割以内找到珍珠，只需使切割方向相互平行且保持相等距离即可. 关于32次切割未必能找出珍珠的证明只以下面的论断为基础：无论 k 次分割如何进行，在所分割出来的 $k+1$ 个部分里都能做出不超过 $k+1$ 个圆，使这些圆的半径之和等于10 cm. 采用归纳法来证明，当 $k=0$ 时这是显然的，假设这个结论对于 k 次分割正确，而且又作了第 $k+1$ 次分割. 如果这次分割未触及圆，则结论仍然成立. 如果其中的一个圆被分割了，则如图1所示，这时我们用两个圆来代替这一个圆. 这里诸圆半径之和没有改变，因而论断仍然成立，这样一来，在经过32次分割之后，能够作出33个圆，它们半径之和等于10 cm，这时只要其中有一个圆的半径大于3 mm，而如果珍珠位于此图中，则它都将不会被发现.

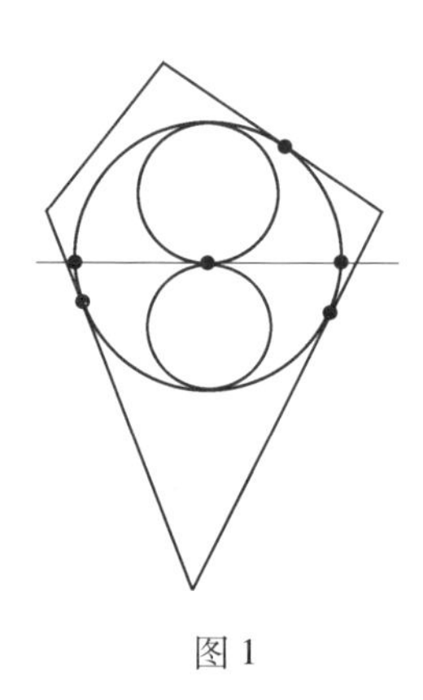
图1

❖鲁毕克魔方

在鲁毕克魔方的表面上，能否画一条封闭的路径，使其通过每个小正方形恰好一次，且不经过正方形的任一顶点.

解 能. 图1是鲁毕克魔方展开后得到的平面表示. 依图中所标数字(注意:标有相邻整数的两个小正方形一定有一条公共边)依次从1到54,然后回到1,就得到这样一条封闭路径.

			1	54	11			
			2	53	12			
			3	52	17			
6	5	4	50	51	18	16	13	10
46	47	48	49	20	19	15	14	42
31	30	29	28	21	38	39	40	41
			27	22	37			
			26	23	36			
			25	24	35			
			32	33	34			
			45	44	43			
			7	8	9			

图1

❖勾数游戏

两个人进行如下的游戏,即两个人轮流从数列1,2,3,…,100,101中(根据自己的选择)勾去9个数. 经过这样的11次删除后,还剩下两个数,此后第二个人即应付给第一个人分数,分数值即为最后剩下的两个数之差. 证明:不论第二个人怎样做,第一个人都至少会得到55分.

证明 第一人只需在头一步勾去47至55的9个数,则剩余的数即分为两组:由1至46和由56至101各一组. 对于第二人勾去的每一个数k,第一个都勾去$|55-k|$,这就可使所余下的两个数之差等于55.

❖封闭路径

在某个国家有1 988个城市和4 000条公路,每一条公路连接两个城市.证明:存在一条封闭的路径,它通过不多于20个城市.

证明 现有1 988个城市及连接它们的4 000条公路构成的一个公路网.如果一个城镇从其出发的公路不多于两条,那以我们就把这城镇及从它出发的公路均从网中抹掉,得到一个新的公路网.对这个新的公路网,再这样做.如此重复下去,到最后得到一个公路网,其中每个城镇至少有三条公路从它出发(因为$4\ 000 > 2 \times 1\ 988$,所以在上述过程中不可能把所有城镇都抹去).

经过上述过程后,在所得到的公路网中任取一个城镇,把它作为根来构造一棵树.在这棵树的每一层中的城镇个数一定不少于其前一层中的城镇数,除非有城镇从根(城镇)出发可有两条不同的路径到达.现在来考虑这棵树的前11层.如果这11层中的每个城镇都不可能由两条不同的路径来到达,那么,这公路网中的城镇数大于等于

$$2^0 + 2^1 + 2^2 + \cdots + 2^{10} = 2\ 047 > 1\ 988$$

得到矛盾.所以,必有一个城镇,从根(城镇)出发可经过两条不同的路径到达,而每条路径包含的公路数不超过10,即有一条封闭的路径,它由不多于20条公路组成.

❖永无休止

在一张大小为$n \times n$的方格纸上码放黑白两色的立方块,并且每个立方块恰好占一个小方格的位置.首先任意码放了第一层,随之想起了限制条件:每个黑方块应与偶数个白方块相邻,每个白方块应与奇数个黑方块相邻.在码放第二层时就应使第一层的所有方块满足这个条件.如果对于第二层的所有方块,这个条件也已满足,则不需码放更多的方块;如果不能全满足,则再码放第三层方块,以使第二层的所有方块满足条件,如此下去.试问是否存在一种码放第一层方块的方法,使得这个过程永无休止?

解 我们从右端排起,最右边的立方块应是黑色的.事实上,如果它是白

色的,则按照条件,在任意一组由一个方块形成的集合之中白色的不少于 1 块,即所有的方块都应为白色的. 再作类似的讨论即知,从右边开始的前 4 块均应为黑色的(否则在任意 4 个方块中将有白色的,则白色方块数将不少于 25),但第5个方块应为白色的. 若不然,则在任意的5个一组的方块中白色的都不多于 1 块,于是白色的方块将不超过 20 个. 这样继续讨论下去,即可证明,在从右边数起的 k 个方块中,白色的恰有【$\frac{23k}{100}$】个. 因此可知,每一个方块的颜色都惟一确定.

❖金发碧眼

已知在某地的蓝眼睛人中有金发的人所占的比例要大于在所有人中有金发的人所占的比例. 试问在有金发的人中有蓝眼睛的人所占的比例和在所有人中有蓝眼睛的人所占的比例哪一个大?

解 既不是蓝眼睛也不是金发的人数为 a,是蓝眼睛但不是金发的人数为 b,是金发但不是蓝眼睛的人数为 c,既是蓝眼睛也是金发的人数为 d. 在有蓝眼睛的人中,有金发的人所占的比例是

$$\frac{d}{b+d}$$

在所有人中,有金发的人所占的比例是

$$\frac{c+d}{a+b+c+d}$$

由条件知

$$\frac{d}{b+d} > \frac{c+d}{a+b+c+d}$$

所以

$$\frac{d}{c+d} > \frac{b+d}{a+b+c+d}$$

由此推出在有金发的人中有蓝眼睛的人所占的比例要高于在所有人中有蓝眼睛的人所占的比例.

❖德·梅齐里亚克砝码问题

德·梅齐里亚克(法国数学家,1581 ~ 1638)的砝码问题,是一个著名的数学问题,他在1624年出版的著作中解答了这个问题.这个问题是这样的:

一位商人有一个40磅(1磅=0.453 6千克)重的砝码,由于跌落在地而碎成4块,后来称得每块碎片的质量都是整数磅,而且可以用这4块用天平来称从1至40磅之间的任意整数磅的重物,问这4块砝码碎片的质量各为多少?

解 问题的答案是:4块碎片的质量分别为1,3,9,27磅.

这是一个十分耐人寻味的问题.这4块碎片的质量可以用 $3^0,3^1,3^2,3^3$ 表示,而

$$40=3^0+3^1+3^2+3^3$$

由此我们可以猜想一般的情况:是否可以用一套磅数为

$$1,3,9,\cdots,3^n$$

的砝码,来称磅数为任何正整数

$$N\leqslant 1+3+9+\cdots+3^n=\frac{3^{n+1}-1}{2}$$

的物体?那就要设法证明下面的事实.

定理 任何正整数都是3的有限项不同次幂的代数和

$$N=3^{\alpha_1}+3^{\alpha_2}+3^{\alpha_3}+\cdots+3^{\alpha_k}-3^{\beta_1}-3^{\beta_2}-3^{\beta_3}-\cdots-3^{\beta_h} \quad ①$$

证明 以3作除数,应用“辗转相除法”,设

$$N=3q_1+c_0,\quad q_1=3q_2+c_1,\quad q_2=3q_3+c_2$$

$$q_{n-2}=3q_{n-1}+c_{n-2},\quad q_{n-1}=3q_n+c_{n-1}$$

其中,$0\leqslant c_i<3(i=0,1,2,\cdots,n-1)$. $0<q_n<3$,于是有

$$\begin{aligned}N&=3(3q_2+c_1)+c_0=3^2q_2+3c_1+c_0=\\&3^2(3q_3+c_2)+3c_1+c_0=\cdots=\\&3^nq_n+3^{n-1}c_{n-1}+3^{n-2}c_{n-2}+\cdots+3^2c_2+3c_1+c_0\end{aligned} \quad ②$$

由于 $0<q_n<3$, $0\leqslant c_i<3(i=0,1,2,\cdots,n-1)$,即是说,除零外,$q_n$ 与 c_i $(i=0,1,2,\cdots,n-1)$ 只能取1或2,而 $2=3-1$,代入式②的末端经整理便可得到①.

改写①得

$$N+3^{\beta_1}+3^{\beta_2}+3^{\beta_3}+\cdots+3^{\beta_h}=3^{\alpha_1}+3^{\alpha_2}+3^{\alpha_3}+\cdots+3^{\alpha_k}$$

由此可见，只要把质量为 3^{α_1} 磅，3^{α_2} 磅，…，3^{α_k} 磅的砝码放在一个盘子里，而把 3^{β_1} 磅，3^{β_2} 磅，…，3^{β_h} 磅的砝码和 N 磅的重物放在另一个盘子里，天平的左右两个盘子质量就相等了，这样就称出 N 磅的重物来. 因此，我们的猜想就得到证实.

特别当 $n=3$ 时，因为

$$40=3^0+3^1+3^2+3^3$$

所以德·梅齐里亚克的砝码问题就是特例. 由此我们还可以编出一些类似的趣味数学问题. 譬如：

实验室订做一架天平用来称质量不超过 364 g 的任何正整数克的重物，试设计出一套有 6 种不同质量的砝码来；如果要称质量分别为 361 g 和 355 g 的物体，有怎样称法？

❖提问次数

有一个由卡片组成的集合，每张卡片上印有从 1 到 30 中的一个数字（这些卡片上的数字可以重复）. 让每个学生取一张卡片. 然后，老师对学生进行这样的提问：他读出一组数（可能只有一个），并请所持卡片上的数在这组数内的学生举手. 试问为了确定每个学生的卡片上的数，老师必须进行多少次这样的提问（给出提问的次数，并证明它是最小的. 注意：不一定必须有 30 个学生）？

解　不管有多少个学生，进行 5 次提问是必要和充分的. 4 次提问仅可能区分 $2^4=16$ 种可能，这对有 30 个可能的数是不够的. 另一方面，即使把数的范围扩大到包括 0 和 31，5 次提问是足够的. 在二进制中，这些数可表示为从 00000 到 11111 这些五位数. 在第 k 次，$1\leqslant k\leqslant 5$ 提问中，老师读出所有这些二进制的五位数中第 k 位数字为 0 的那些数. 这样，通过 5 次提问老师就知道了每个学生的数的二进位表示，由此就可确定在十进制中的值.

❖马戏舞台探照灯

演出马戏的舞台被 n 盏探照灯照亮，其中每盏探照灯照亮舞台上的一个凸图形，现知，如果关闭其中任何一盏探照灯，则舞台仍可照常被全部照亮；但若

关闭任意两盏灯,则舞台就不能被全部照亮了.试问对怎样的 n 值,这才有可能?

解　对任意的 n 值,都有可能.将这些探照灯分别编为 $1,2,\cdots,n$ 号,则其中不同数对 (i,j) 的数目共有 $\frac{1}{2}n(n-1)$ 对.我们来按如下方法设计一个照明系统:先在舞台正上方安放 n 个与舞台半径相同的圆盘,对每个圆盘都以同样的方式作内接正 $\frac{1}{2}n(n-1)$ 边形.再指定两个圆盘,而对除它们之外的各个圆盘都截去同样的1个弓形,弓形是由内接多边形的边和以该边为弦的弧所围成的(图1).然后再另外指定两个圆盘,并对除它们之外的各个圆盘也都截去同样的1个弓形.如此这般地进行下去,共作 $\frac{1}{2}n(n-1)$ 次,于是每个圆盘都被截得只剩下 $n-1$ 个弓形.如果每个这样的圆盘都代表1盏探照灯所能照亮的凸区域,那么这样的照明系统显然就能满足题目中的条件.

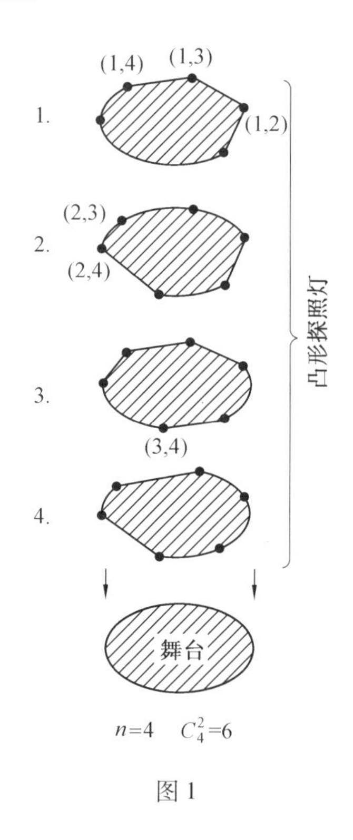

图1

❖针刺方块

一个 $20\times20\times20$ 的立方体由2 000块 $2\times2\times1$ 大小的长方块所组成.证明:可以用一根针刺透这个立方体,但不穿过任意一个长方块.

解　每个 20×20 的面上有 $19\times19=361$ 个在其内的格点.因为立方体有三对平行的面,所以共有 $361\times3=1\ 083$ 条可能存在的直线,针可以沿它们通过立方体,图中用有向直线表示了它们中的一条.假定我们的目的不能到达,那么这1 083条直线必须均被长方块所阻拦,而这种阻拦仅可能被一个长方块的 2×2 的面的中心所实现.

我们来证明一条所说的直线必被偶数块长方块所阻拦.现对图1中的有向直线,我们来考察在立方体中所标出的 $m\times n\times20$ 的大长方块,它的边界由所说的有向直线和标出的在立方体表面的四个面确定. 这个大长方块中的单位立方体由两类组成:一是不阻拦有向直线的小长方块中的单位立方体,这时它可能有0,2或4个单位立方体属于这个大长方块;二是阻拦这有向直线的小长方块中的单位立方体,这时它必有1个单位立方体属于这大长方块. 因为这个大长方块中的单位立方体的个数可被20整除,是偶数,而这就证明了我们的结论. 然而,2 000块小长方块至多阻拦这1 083条直线中的1 000条. 因此,我们的目的一定能达到.

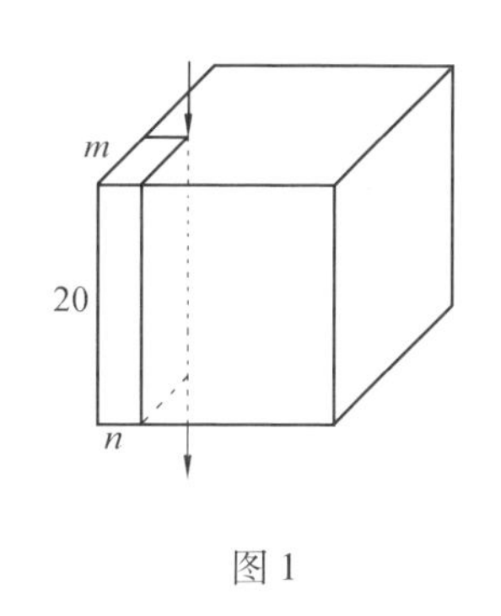

图1

❖白色顶点的六面体

白球面的表面积的12% 沾上了红色. 证明:存在着球的一个内接平行六面体,它的所有顶点都是白色的.

证法1 问题条件中的12% 可以换为$(50-\varepsilon)\%$,其中$\varepsilon>0$是一个可以任意小的正数,事实上,若将球作中心对称反射,并不会得到一个全红的球,在它上面仍有全白的区域. 因此,原来球上同这一区域互为中心对称的区域也是白色的. 在这两个白色区域中各取正方形的4个顶点(两个正方形关于球心中心对称),即得所求作的平行六面体的8个顶点.

证法2 取3个过球心且互相垂直的平面,将球依次关于它们作3次反射,则在所得的球面上,红色所覆盖的面积不超过球面的$8\times12\%=96\%$. 因而存在一个白点,它与它在各次反射中所重合的点一道,给出了所作的平行六面体的所有顶点. 按这一思路可以证明出,存在一个顶点皆为白色的正方体.

❖马行棋盘

在一个无限大的棋盘上,沿每一行(或列)放一个兵,空三格,再放一个兵,再空三格(在两个方向都这样)……,使得每四行、每四列中仅有一行、一列包含兵. 证明:一个马不可能不重复地走过每一个空格.

证明 考虑一个 61×61 的子棋盘，它的每个角上放有兵.

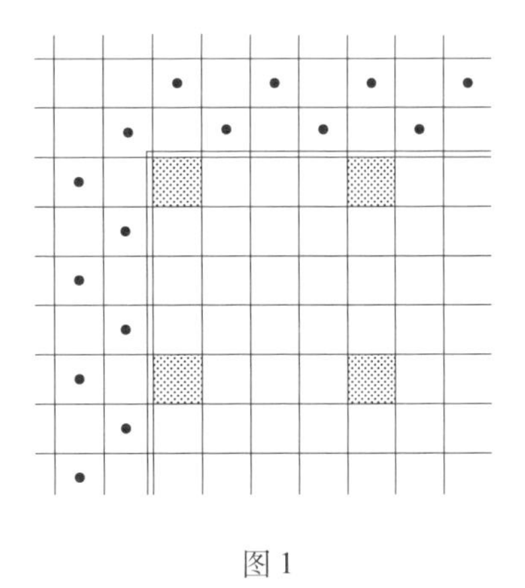
图 1

图 1 中画出了这子棋盘的左上角，用双线表示其边界. 兵所占有的方格中画满小点. 在通常的涂色（黑、白两色）棋盘上，所有这些放兵的小格有同样的颜色，设为黑色. 这样，这个子棋盘有 $61^2=3\ 721$ 个方格，其中1 860 个是白的. 在1 861 个黑格中，$16^2=256$ 个黑格被兵占据，剩下 $1\ 861-256=1\ 605$ 个空格. 还有 $4(61+1)=248$ 个黑格在这子棋盘之外，它们中的每一格从子棋盘中的某一白格出发走一个马步就可达到. 在图 1 中这些黑格标有粗黑点. 因为 $1\ 605+248=1\ 853<1\ 860$，所以，一个马不可能按要求遍历子棋盘中的每个白格.

❖天文探照灯

天文探照灯可照亮一个卦限（所有平面角都是直角的三面角），现将它置于正方体的中心. 问能否将它转到适当角度，使它不能照亮正方体的任何一个顶点?

解 可以做到. 在正方体的中心处安放8 盏探照灯，使它们照亮整个空间，且使其中的 1 盏恰好照亮正方体的两个顶点（由于主对角线间的夹角是锐角，所以这是能够做到的）. 于是根据狄利克雷准则即知，这时其中必有 1 盏探照灯没有照亮正方体的任何一个顶点.

❖左右砝码

有一组砝码，其质量均为 2 的方幂：1 g，2 g，4 g 等等，其中有些砝码可以有同样的质量. 在一架天平的两边放上一些砝码使天平平衡. 已知左边的砝码是各不相同的. 证明：天平右边的砝码个数不会少于左边的个数.

证明 首先指出，如果两边有相同的砝码，那么把它们取走后不影响天平的平衡.如果用这样的办法,可取走两边所有的砝码,那么这就表明开始时两边砝码个数相等.因此,可以假定用这样的办法不能取走所有的砝码,而得到这样的情形:右边的砝码是 $2^{\alpha_1},2^{\alpha_2},\cdots,2^{\alpha_m}$,其中 $0\leqslant\alpha_m\leqslant\cdots\leqslant\alpha_2\leqslant\alpha_1$;左边的砝码是 $2^{\beta_1},2^{\beta_2},\cdots,2^{\beta_n}$,满足 $0\leqslant\beta_n<\cdots<\beta_2<\beta_1$,且任一 $\beta_i\notin\{\alpha_1,\alpha_2,\cdots,\alpha_m\}$.

我们用归纳法来证明 $m\geqslant 2n$.因为 $\beta_i\notin\{\alpha_1,\alpha_2,\cdots,\alpha_m\}$,在 $n=1$ 时有等式

$$2^{\alpha_1}+2^{\alpha_2}+\cdots+2^{\alpha_m}=2^{\beta_1}$$

所以 $m\geqslant 2$,结论成立.假设结论对 $n(n\geqslant 1)$ 成立.在 $n+1$ 时有等式

$$2^{\alpha_1}+2^{\alpha_2}+\cdots+2^{\alpha_m}=2^{\beta_1}+2^{\beta_2}+\cdots+2^{\beta_{n+1}}$$

这时不能有 $\alpha_m>\beta_{n+1}$.若不然,上式两边各项,除了 $2^{\beta_{n+1}}$ 外,均能被 $2^{\beta_{n+1}+1}$ 所整除,这不可能.因此,$\beta_{n+1}>\alpha_m$.容易看出,所有使得 $\alpha_i<\beta_{n+1}$ 的项 2^{α_i} 之和一定能被 $2^{\beta_{n+1}}$ 所整除.由此推出,必有 $j\leqslant m-2$ 使得

$$2^{\alpha_{j+1}}+2^{\alpha_{j+2}}+\cdots+2^{\alpha_m}=2^{\beta_{n+1}}$$

因而有

$$2^{\alpha_1}+2^{\alpha_2}+\cdots+2^{\alpha_j}=2^{\beta_1}+2^{\beta_2}+\cdots+2^{\beta_n}$$

由归纳假设知 $j\geqslant 2n$,因而有

$$m\geqslant j+2\geqslant 2(n+1)$$

所以当 $n+1$ 时结论亦成立.

❖太阳黑斑

在球状的太阳表面上发现了有限个圆形黑斑,其中每一个黑斑所占面积都小于太阳表面积的一半.这些黑斑假定为闭区域(即边界属于它),且彼此不相交.证明:在太阳表面上有在同一直径上的相对两点未被黑斑覆盖.

证明 我们来考察半径最大的黑斑,并以它的圆心为圆心作一个半径更大的圆(该圆包括着所考察的黑斑),但不与这些黑斑相交.我们再来(关于太阳的中心)中心对称地映射所有的黑斑.容易看出,映射出的黑斑仍未覆盖整个圆.圆上的任何一个未被盖住的点及同其处于同一直径的另一端的点即为所求.

❖特殊直线

平面上给定20个点,其中任三点不共线.这20个点中有10个染红色,另10个染蓝色.试证:存在一条直线,在该直线的两侧各有5个红点和5个蓝点.

证明 对于$0\leqslant\theta\leqslant2\pi$,考察与$x$轴正方向夹$\theta$角的所有有向直线组成的集合$L(\theta)$.

假设对于某个给定的$\theta\in[0,2\pi]$,有$L(\theta)$中的某一条有向直线通过两个红点并且该直线两侧各有4个红点,则将这条直线记为$R(\theta)$.对所有其他情形,都有无穷多条$L(\theta)$中的直线,使得每一条这样的直线两侧各有5个红点.对这样的情形,约定将所有上述有向直线的并集记为$R(\theta)$.易见这样的$R(\theta)$都是介于两平行直线之间的无限长有向带形(不含边界).关于蓝点,也类似地定义$B(\theta)$.如果对某个θ值,$R(\theta)$与$B(\theta)$相交(即交集不空),那么$R(\theta)$与$B(\theta)$不可能都是单独的直线,否则将有20个点中的4点共线.如果$R(\theta)$与$B(\theta)$都是有向带形并且交集不空,那么交集中任何一条直线都满足要求(该直线两侧各有5个红点和5个蓝点).如果$R(\theta)$与$B(\theta)$相交,并且$R(\theta)$是单独一条直线,$B(\theta)$是一个带形,那么将$R(\theta)$绕其上的两个红点中间某点旋转一个微小角度(旋转中不接触其他18个点),就得到一条直线.该直线两侧各有5个红点和5个蓝点.对于$R(\theta)$与$B(\theta)$相交,并且$R(\theta)$是一个带形,$B(\theta)$是单独一条直线的情形,可仿照刚才的办法讨论.

下面尚需证明必有某个$\theta\in[0,2\pi]$使得$R(\theta)$与$B(\theta)$相交.

假定$R(0)$与$B(0)$不相交,并且$R(0)$在$B(0)$的左侧.让θ从0变到π.请注意:$R(\pi)$和$B(\pi)$正好是倒转方向的$R(0)$和$B(0)$,因此$R(\pi)$在$B(\pi)$的右侧.从以上的观察可以看出,必定有某个$\theta_0\in(0,\pi)$,使得当θ从0向π变化跨过θ_0的前后,$R(\theta)$从$B(\theta)$的左侧变到了右侧.因此$R(\theta_0)$与$B(\theta_0)$必定相交.

❖柯尼亚与维佳的游戏

柯尼亚和维佳在无穷大的方格纸上做游戏.自柯尼亚开始,他们依次在方格纸上标出结点,即纸上的铅垂直线和水平直线的交点.他们每标出一个结点,都应当使所有已标出的结点全都落在某一个凸多边形的顶点上(自柯尼亚的第二步起算). 如果谁不能再按法则进行下去,就判谁输. 问按正常情况,这一游戏谁能赢?

解 柯尼亚总能获胜,他可以这样来做:选定一个方格的中心作为对称中心,每次都将与维佳所标的点相对称的点标出,容易看出,维佳总是有点可标(在维佳标3点之后,凸多边形仍然是凸的). 在柯尼亚标了6步之后,就只能再在由六边形的各边及其两邻边的延长线所形成的6个三角形区域中标点,即是说,对维佳来说,仅剩下有限个可标的点了,于是游戏必然在柯尼亚对称地标出了维佳的最后一步之后结束.

❖罚单几何

在一月份,小李和老杨已被罚款20次,每人各收到了20张罚单(每一张不超过5元, 他们收到的至少是2元). 小李收到的5元、4元、3元、2元罚款单的张数分别和老杨收到的4元、3元、2元、5元的一样多. 假定他们的罚款总数相同,问小李收到了几张2元罚单?

解 设小李分别有5元、4元、3元及2元的单子a_5,a_4,a_3和a_2张. 由条件知

$$a_2+a_3+a_4+a_5=20$$
$$5a_5+4a_4+3a_3+2a_2=5a_2+2a_3+3a_4+4a_5$$

上式即

$$-3a_2+a_3+a_4+a_5=0$$

所以,$4a_2=20$,小李得到了2元的罚单5张.

❖石头的质量

一堆石头的总质量是100 kg,其中每块的质量都不超过2 kg. 以各种方式取出其中的一些石头,并求出这些石头的质量之和与10 kg的差,设这些差中绝对值的最小值是d. 试问在一切满足上述条件的石头堆中,d的最大值是多少?

解 记 d 的最大值为 D. 在一堆由55块同样质量(每块都为$\frac{20}{11}$kg)的石头中,显然就是 $d=\frac{10}{11}$,故知 $D\geqslant\frac{10}{11}$. 再证 $D=\frac{10}{11}$.

假设 $D>\frac{10}{11}$. 则必存在某堆总质量为100 kg的石块,从中取出的任何小堆的质量 M 都满足不等式 $|M-10|>\frac{10}{11}$. 我们来考察其中的这样一小堆石块,它们的质量之和 $M>10$,但在去掉小堆中任何一块之后,它们的质量之和都要小于10(这样的小堆显然是存在的). 以 $x_1,\cdots,x_k$ 记这一小堆中各石块的质量,$M=x_1+\cdots+x_k$. 根据假设,有 $M>10+\frac{10}{11}$,而对任何 x_i 都有 $M-x_i<10-\frac{10}{11}$. 这意味小堆中每一块石头的质量 x_i 都大于$\frac{20}{11}$,$i=1,2,\cdots,k$. 但根据条件可知 $x_1\leqslant2,\cdots,x_k\leqslant2$,因此就有 $k>5$. 这样一来,若记 $M'=x_1+x_2+x_3+x_4+x_5$,就会有 $5\times\frac{20}{11}<M'<10$,这表明这5块石头的质量之和 M' 不到10 kg,矛盾.

❖歹徒与警察

将某一城镇看做一个无限平面,它被直线划分成许多方块. 这直线是街道,而方块是小区. 在第100个交点,沿着某一条街站着一个警察. 在城镇某处有一个歹徒,他的位置和行走速度是未知的. 要看到这个歹徒是警察的目的. 是否存在一种算法使警察能达到目的?

解 我们假设:

ⅰ 警察在所站的街上能看多远不加限制;

ⅱ 没有超时的限制;

ⅲ 歹徒与警察在同一街上总是要被看见.

设 i,j 和 k 是整数;南北街道是 $x=i$,对所有 i;东西街道是 $y=j$,对所有 j;设第 k 位警察在$(100k,0)$.

(1) 对偶数 k,第 k 位警察始终不动. 歹徒将陷于某一个 k 的 $x=200k$ 和 $x=200(k+1)$ 之间的无限长条形区域内. 设 $k=k^*$.

(2) 其余所有警察,沿 $y=0$ 向$(0,0)$移动,直至首先到达第一个 $x=S$ 的叉路口,满足对 $x=i$,i 从0至 S 的每一条街上都已有一个警察. 警察正常速度移动，譬如每分钟一个小区. 不过来一次仅依赖于 k^*. 在 k^* 长条区域内的每一个 $x=i$ 街道已被警察控制. 此时歹徒将陷于对某一 i^*, $x=i^*$ 和 $x=i^*+1$ 内单一小区域的 $y=j^*$ 的街上.

(3) 对每一 k，一旦出现第 k 个条形区域，所有街道被警察控制，一个警察向北，另一个警察向南. 对 $k=k^*$，歹徒被看见是必然的.

❖公爵的愿望

围着圆桌坐着来自 k 个城堡的 13 位勇士，其中 $1<k<13$. 每位勇士手中都拿着一只金的或银的高脚酒杯，并且金杯的数目刚好是 k 只. 公爵让他们每人都将手中的杯子交给右边的邻座，并且一直重复进行下去，直到有某两个来自同一城堡的勇士都持有金杯为止. 证明：公爵的愿望总是能够实现的.

证明 设 $B_1,\cdots,B_L$ 是来自某个城堡 M 的勇士. 我们假定杯子已传遍整个圈子. 则每个勇士 B_i 都拿到过每一只金杯，因此他们共拿到过金杯 kl 次. 因为 $1<k<13$，故 $kl\neq 13$. 如果 $kl>13$，则在某一时刻在来自 M 的勇士们手中曾同时持有两个金杯，问题即已获证.

若 $kl<13$，则在某个时刻，在来自 M 的勇士们手中，连 1 个金杯也没有. 但因金杯数目等于城市数目，所以在该时刻，必有两个金杯落到了来自某个其他城堡 N 的勇士们手中，而这也正是所要证明的.

❖躲开老师

在一个正方形游泳池的中心有一个男孩，而在游泳池某一个角上站着他的老师(不会游泳). 老师在岸上跑步的速度是男孩游泳速度的 3 倍，但男孩跑得比老师还快. 男孩能否躲过老师捕捉而逃脱呢?

解 男孩能躲开老师而逃脱.

如图 1，设老师在正方形的顶点 T 上. 开始，男孩从中心 B，游向相对顶点 V. 我们可设教师向 W(U 也一样) 方向跑到 W(U). 此时男孩到达 C. 设 $TW=1$，则

$$BC=\frac{1}{3},CV=\frac{1}{\sqrt{2}}-\frac{1}{3},CD=\frac{1}{2}-\frac{1}{3\sqrt{2}}$$

这里 $CD \perp UV$.

男孩将向 D 游上岸,教师向 V 跑是最好的办法. 但是男孩到达 D 时,教师不能到达 V. 因为

$$\frac{1}{3}-\left(\frac{1}{2}-\frac{1}{3\sqrt{2}}\right)=\frac{\sqrt{2}-1}{6}>0$$

图 1

❖逃脱的兔子

在正方形的中心坐着一只兔子,在四个顶点上各有一只狼. 如果狼只能沿着正方形的边跑动,且狼的最大速度是兔子最大速度的 1.4 倍. 试问兔子能否从正方形中逃出?

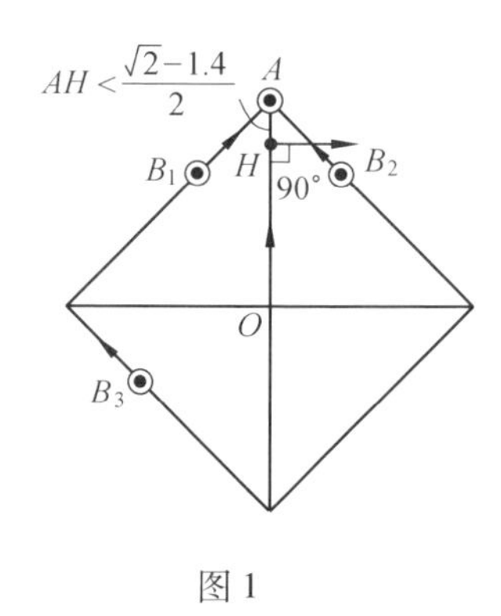

图 1

解 可以. 为此,兔子应该采用如下的战略:起先,它应选出正方形的任意一个顶点 A,并以最大速度沿对角线朝它跑去,直跑到离点 A 不足$\frac{1}{2}(\sqrt{2}-1.4)$的地方(例如,离点 A 的距离为 0.005 的地方,此处假定正方形的边长为 1). 然后,它不改变速度,但旋转 90°,沿着与对角线垂直的方向,朝正方形仅有一只狼的边跑去(如果在这一时刻,在点 A 处有一只狼,则兔子可以任意朝左或朝右旋转 90° 跑向正方形的一条边,参阅图 1). 不难验证,当兔子穿越正方形的边时,没有任何一只狼可以到达该边上的这一点处.

注 如果狼的速度$\sqrt{2}$ 倍于兔子速度,那么狼就会抓住兔子了. 因为在每时刻,狼都处在以兔子为中心的十字架的端点处,该十字架的两边分别平行于正方形的两条对角线.

❖谁是胜者

有一种游戏,两人轮流选一个较大的自然数. 在每一轮中,所选新数与原来数两者之差必须大于 0,但小于原来数. 开始数是 2,谁选到数1 987 就是胜者. 在两人都不失误的情况下,谁是胜者?

解 首选游戏者获胜. 他所选的数系列是:1 987,993,496,248,124,62,31,15,7,3. 每项被2除,把余数加上,我们证明这是通向获胜之路.

假设$2K$或$2K+1$是获胜之数. 我们来证明选到K也能取胜. 因为对手的下一次移动所能选的最大数是$2K-1$,最小数是$K+1$,所以此后我们选$2K$或$2K+1$都能获胜. 因为初始位置是2,首选者先选3,然后可以选上述一系列取胜的数.

❖天平分牛奶

商店里运到了大罐牛奶,售货员有一架缺少砝码的天平(在秤盘中可以放牛奶瓶),并有3个一样的牛奶瓶,其中有两个空的,另一个中盛有1 L牛奶. 怎样才能在一个瓶中刚好装进85 L牛奶,而使用天平又不超过8次(假定牛奶瓶的容积超过85 L,又可按如下方式使用天平:在天平的一端放上装有牛奶的瓶子,而在另一端放上空瓶,并往空瓶里注入牛奶使天平达到平衡)?

解 可以先使用5次天平,使得有一个牛奶瓶中装入17 L牛奶,而另外两个瓶子仍然空着,再使用两次天平,使得两个空瓶都分别装进17 L牛奶,再将两瓶中的牛奶并入一个瓶子,成为34 L(这时不用使用天平). 最后再使用一次天平,使刚才空出的瓶子中也装入34 L牛奶. 最终,只要将34 L,34 L,17 L牛奶并入一瓶就可以了.

注 用类似的方法,可以在一个瓶内装入$(2^{n_1}+1)(2^{n_2}+1)\cdots(2^{n_k}+1)$L牛奶,并只要使用$N=(n_1+1)+\cdots+(n_k+1)$次天平. 我们有$85=(2^2+1)(2^4+1)$及$N=8$.

❖先后次序

三名赛跑选手X,Y和Z参加一次比赛. 选手Z起跑有些滞后,开始时位于最后. 选手Y开始居第二位. 在整个赛程中,选手Z与其他选手交换了6次前后次序,而选手X与其他选手交换了5次前后次序. 已知Y先于X到达终点. 这三名选手到达终点的先后次序如何?

解法1 我们注意到:如果行程中一名选手与另一名选手交换前后次序,那么他或者从奇数位变成偶数位,或者从偶数位变成奇数位. 选手X开始时居

第一位. 经奇数次交换次序,他必居第二位(这是三人参赛情形惟一的偶数位). 因为选手 Y 最后领先于 X 到达,所以 Y 必第一个到达终点. 因而 Z 必第三个到达终点. 请注意,这与所述条件相吻合,因为 Z 出发时居奇数位,并且在行程中偶数次改变次序. 因此,到达终点的先后次序依次为 Y,X,Z.

解法2 因为选手 Y 开始时落后于选手 X,到达终点时先于选手 X,所以选手 X 与选手 Y 交换次序奇数次. 因为选手 X 与选手 Z 交换次序只能是偶数次,所以 Z 到达终点时仍在 X 之后. 因此,到达终点的先后次序依次为 Y,X,Z.

❖黑海大叔的"勇士"

黑海大叔用鬼针草扎了一列无穷多个"勇士". 证明:他可以从队列中取走一部分"勇士",使得剩下的无穷多个"勇士"刚好按个子高矮排列(不一定要按递减顺序排列).

证明 假如在勇士的队列中没有个子最矮的. 这意味着对每个勇士,都可以找出比他还矮的勇士来,因此在这种情况下,可以通过挑选越来越矮的勇士来达到目的,如果有某个勇士 A_1 是个子最矮的,则留下他来,再在其后的勇士中选取个子最矮的勇士 A_2(如果这样的 A_2 不存在,则可对 A_1 之后的队列采用开头的那种办法,从而问题已证). 继而,再在 A_1 和 A_2 之后的勇士中选取个子最矮的 A_3(如果这样的 A_3 不存在,则问题已证). 然后再选 A_4,A_5,等等. 于是可得一个按递增顺序排列的勇士队列 $A_1,A_2,A_3,\cdots$.

❖委员会选举

一个由 11 个人组成的俱乐部有一个委员会. 在委员会的每一次会议上要推选出一个新委员会,它和原来的委员会组成只有一个人不同(即增加一个新委员或减少一个老委员). 根据俱乐部章程,委员会至少由 3 人组成,每一届委员会必须和它的前一届的成员不同. 试问能否经过若干次改选后,所有可能的委员会的组成都已经出现过?

解 设 m 和 n 分别表示所有人数为偶数和奇数的委员会的个数. 由于委员

是从 11 人中选出,且至少有 3 人,所以

$$m=\binom{11}{4}+\binom{11}{6}+\cdots+\binom{11}{10}$$

$$n=\binom{11}{3}+\binom{11}{5}+\cdots+\binom{11}{11}$$

如果所有这些委员会,经过若干次改选后都会出现.那么,由于改选一次改变委员会人数的奇偶性,所以一定可以通过若干次改选,无重复地把所有这些可能的委员会奇、偶数相间地依次选出.然而

$$m-n=\sum_{i=0}^{11}(-1)^i\binom{11}{i}-\binom{11}{0}+\binom{11}{1}-\binom{11}{2}=$$

$$(1-1)^{11}-1+11-55=-45$$

即人数为奇数的委员会的个数多于偶数的.因此,所说的情形是不可能出现的.

❖飞机降落

某国共有1 985个飞机场,从每个机场都起飞一架飞机,并且都降落在离原来机场最远的一个机场.试问能否出现这样的情况,即所有1 985架飞机全部降落在某50个机场中(可认为地面是平面,飞行皆沿直线.并假定每两个机场之间的距离都互不相等)?

解 可能发生.首先令50个机场分布在正50边形的顶点上,其余机场在形内.则自形内机场起飞的飞机必飞往顶点,而自顶点机场起飞的则沿对角线飞往相对的顶点.这样一来,所有飞机就都在50边形的50个顶点降落了.但考虑到每两个机场之间的距离都应各不相同,我们还应略微改动上述布局,以满足题目要求.

❖靴子排列

设30只靴子任意排成一行,其中有15只左脚靴子和15只右脚靴子.证明:必定有接连排列的10只靴子,其中有5只左脚靴子和5只右脚靴子.

证明 将30只靴子依次编号.考察从 k 到 $k+9$ 这10只靴子,约定将其中

的左脚靴子数减去右脚靴子数之差记为 D_k. 我们注意到:D_k 总是偶数,并且 $D_{k+1}-D_k$ 只能取值0或者 ±2. 如果 $D_1=0$,那么问题已解决. 不妨设 $D_1 \geqslant 2$. 因为

$$D_1+D_{11}+D_{21}=0$$

所以必有某个 $D_m \leqslant 0$. 不妨设 m 是满足上述要求的最小序号. 因为 $D_{m-1} \geqslant 2$,并且不可能有 $D_m \leqslant -2$,所以只能是 $D_m=0$. 因此,从 m 到 $m+9$ 这10只靴子中,恰有 5 只左脚靴子和 5 只右脚靴子.

❖丹妮娅的皮球

丹妮娅将一个小球掉在了巨大的游泳池里,她想捞出小球. 今有 30 块各长 1 m 的窄板可供她架桥,她将每块板的两端支撑在游泳池的边缘上或是已经固定好了的窄板上,以使得最终能踏着架设的桥板到达小球的上方. 证明:如果小球离游泳池边缘的距离超过 2 m,那么丹妮娅的尝试就不会获得成功.

证明 设 O 为方格平面上任意一点,在平面上找出与以 O 为圆心以100 m 为半径的圆相交的、最北边的一条水平直线 $y=k$(直线 $y=k+1$ 不与圆周相交). 如果该直线上所有的整点都位于圆周之外,那么不难证明,其中离圆周最近的整点与圆周的距离不超过 $\frac{1}{14}$,因此圆周必与以该整点为圆心以 $\frac{1}{14}$ 为半径的圆相交. 所以以下设在直线 $y=k$ 上有某些整点位于圆 O 之内.

设 B 是其中离圆周最近的整点. 以 A 记直线 $y=k$ 上离 B 最近的位于圆外的整点,则有 $AB=1$. 假设圆周不与以 A 和 B 为圆心以 $\frac{1}{14}$ 为半径的圆相交,则此时就有

$$OA>100+\frac{1}{14}, 99<OB<100-\frac{1}{14}$$

因此就有

$$OA-OB>\frac{1}{7}$$

以及

$$OA^2-OB^2=(OA-OB)(OA+OB)>\frac{199}{7}$$

设 O' 是自 O 向直线 $y=k$ 所引垂线之垂足,$O'B=x$,则 $O'A=x+1$,以及

$$(x+1)^2-x^2=OA^2-OB^2>\frac{199}{7}$$

由此可知 $O'B=x>\frac{96}{7}$，于是就有

$$OO'^2=OB^2-O'B^2<(100-\frac{1}{14})^2-(\frac{96}{7})^2<99^2$$

从而 $OO'<99$.

由于圆心 O 到直线 $y=k+1$ 的距离是 $OO'+1$，这样一来就不足 $99+1=100$ 了，于是我们的半径为100的圆就会与直线 $y=k+1$ 也相交了，但这是与我们一开始的选取相矛盾的，因此断言得证.

❖棋盘行走

一个（国际象棋的）车位于 $m\times n$ 棋盘上. 两位游戏者轮流地在水平方向或者垂直方向移动它，移动多少方格都行. 车所经过的方格（包括通过的和停止的）都被涂上了颜色，车不能再经过或停止于已经涂色的格子. 游戏者若无法再动，算输. 谁有必胜的策略？先走的还是后走的？他该如何动作？

解　设水平方向的维数 $n\geqslant m$. 第一人如果总是将车在水平方向移动得尽可能地远，而使得第二人只能在垂直方向作出反应，则可取胜. 显然，在第一人走出 k 步之后，由第二人作出反应，那么由于 $m\leqslant n$，在第二人作出 k 次反应之后，第一人还有作出反应的机会. 用上述策略，第一人总能取胜.

❖两个特殊的人

证明：在任何由12个人组成的人群中，都可以找出2个人来，使得在其余10个人中都至少有5个人，他们中的每个人都满足下述条件，即或者都认识开始的两个人，或者不认识这两个人中的任何一个人.

证明　用反证法，先任意选出2个人 A 和 B，再在其余10个人中选出这样一些人 $C_1,C_2,\cdots,C_k$ 来. 他们中的每一个都刚好认识 A 和 B 的一个人，假设 $k\geqslant 6$. 因为如果 $k\leqslant 5$，则人群中就会有 $10-k\geqslant 5$ 人满足题目要求. 我们来用两种不同方式计算3人组 $\{A,B,C_i\}$ 的数目 N. 首先，我们一共有 $\frac{1}{2}\times 12\times 11=$

66 个不同的两人对$\{A,B\}$,而每一对都对应着不少于 6 个人 C_i,所以 $N \geqslant 6 \times 66$. 而另一方面,可以将 C_i 固定,而找出与他对应的所有两人对$\{A,B\}$,他在这些对中都刚好认识一个人. 如果 C_i 有 n 个熟人,那么与他相应的这种两人对共有 $n(11-n) \leqslant 30$ 对. 我们可以有 12 种选择 C_i 的办法,由此知 $N \leqslant 30 \times 12 = 360 = 6 \times 60$. 于是,一方面有 $N \geqslant 6 \times 66$,一方面又有 $N \leqslant 6 \times 60$,这是矛盾的.

另一种解法见“相逢何必曾相识”.

❖屏幕显数

初始时数 123 显示在计算机屏幕上. 每一分钟计算机都给屏幕上的数加上 102. 计算机专家米沙可任意改变计算机屏幕上所显示数的各位数字的前后顺序. 试问他能否永远不让屏幕上出现有 4 位数字的数?

解法 1 米沙能够防止屏幕上出现 4 位数. 他的操作办法如下:先将 123 改成 312,然后静观计算机屏幕上依次出现 414,516,618,720. 此时他将 720 改成 027. 再静观计算机屏幕上出现 129,231. 米沙再将 231 改成 312. 到此,重复前面所用办法,进入循环运作.

解法 2 米沙能够防止屏幕上出现 4 位数. 对于头一位数字为 0 或 1 的 3 位数,将该数与 102 相加的运算进行不超过 5 次,就必定出现末位数字为 0 或 1 的状况. 米沙的办法是:等候屏幕上出现最后一位数字等于 0 或 1 的数,然后将第一位数字与第三位(即最后一位)数字对调. 因为总共有有限个三位数字的数(包括第一位等于 0 的三位数在内),所以上述操作必定最终进入一个循环状态.

❖有容乃大

有 20 个容量为 1 L 的容器,它们分别装有 1 cm^3,2 cm^3,…,20 cm^3 的水. 可将容器 A 中的部分水倒入容器 B 中,所倒的量与 B 中所有的量相同(这时要求 A 中的水不少于 B 中的水). 经过若干次互相倒入之后,是否可以做到

(1) 有 5 个容器含有 3 cm^3 的水,其余容器含有 6 cm^3,7 cm^3,…,20 cm^3 的水?

(2) 将所有的水装在一个容器中?

解 (1) 在每一次那样的倒入之后,含有奇数体积的水的容器数不可能增加,事实上,两个容器中含有水的量是奇数或偶数,不外乎三种情况,简记为(奇,奇),(奇,偶),(偶,偶). 倒入前后容器含量奇偶变化为

(奇,奇)→(偶,偶)
(奇,偶)→(偶,奇)
(偶,偶)→(偶,偶)

题目所给条件,一开始含有奇数体积的水的容器10个,而要求的结果,容器中的水分别是3,3,3,3,3,6,7,…,20 cm^3,共有12个容器中含有奇数体积的水. 根据以上论述,这是不可能做到的.

(2) 各容器中的水总量为

$$1+2+\cdots+20=2\times105(cm^3)$$

假如所有的水倒入一个容器中,那么在最后一次之前,某两个容器A和B中各盛有105 cm^3 的水. 但是,容器中多于20 cm^3 的奇数体积的水只有多于20 cm^3 的奇数量倒出部分而得到. 因此,在这个时刻,容器A和B中的一个装有不少于105 cm^3 的水,而另一个装有多于105 cm^3 的水,这是不可能的,因这时水的总量要求超过210 cm^3.

❖散盘同色

设骰子的面和棋盘的每个格子一样大. 将骰子放在任一格子上,再翻向邻近的格子上. 用这个办法翻遍棋盘上的每个格子,但是每格只过一次. 是否可以将骰子的面涂成黑色或白色,使得在翻转过程中,棋盘和骰子的底同色?

解 这是不可能的.

骰子共有六个面,它上面有些面涂上了黑色,有些面涂上了白色,但是相邻的两个面不可能颜色相同. 我们将棋盘中的每个格子的四个边上,有些边涂以红色,条件为

(1) 它不在棋盘的边上;

(2) 它不是连续翻动骰子时的公共边. 例如,实线为红线,数字表明第 n 次翻动,将这些红线中有公共端点的红线连起来成为一条路径,所以路径有若干个,但它们不可能将棋盘分成两部分. 因此若分成了两部分,则骰子不可能从其

中一部分翻到另一部分. 因此,这些路径构成一些树,它有若干个端点. 取出一个端点,如图1.

其中1,3为黑格,2,4为白格. 假设骰子翻动时第一面为黑色,第二面为白色,第三面为黑色,则第四面必翻成骰子的第一面,它是黑的,这是不可能的.

4	3
1	2

图1

至此,证明了无红色线存在. 但是当 $n > 1$ 时,红线必然仍在,这又导出矛盾. 所以证明了不可能.

❖"咬格子"游戏

在一种"咬格子"的游戏中,两名选手轮流"咬"一个由单位正方形组成的 5×7 网格,所谓"咬一口"就是一个选手在剩余的正方形中挑选一个正方形,然后去掉("吃掉")所选正方形的左面的一条边(朝上延长)与底边(朝右延长)所确定的象限中的全部正方形. 例如,如图1所示,有阴影的正方形是所言的,吃掉的是这个有阴影的正方形及画"×"的四个正方形(有两条或更多条边是虚线的正方形是在"咬"这口之前已吃掉的). 游戏的目标是要对手"咬"最后一口,图中所示的是35个正方形组成的集合的一个子集,它是在"咬格子"游戏过程中可能出现的一个子集.

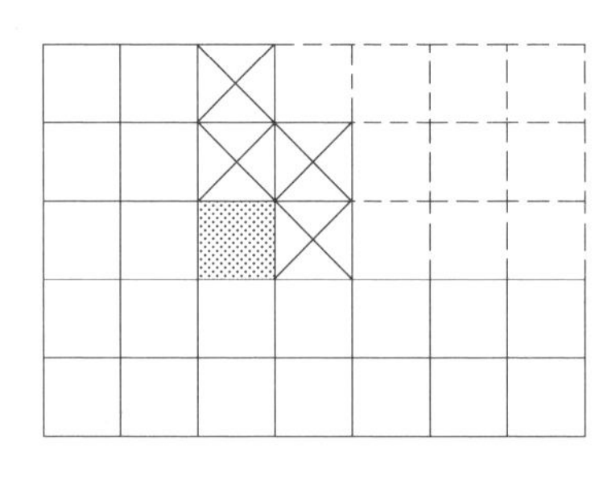

图1

在游戏过程中,可能出现的不同的子集总共有多少个? 整个网格及空集也计算在内.

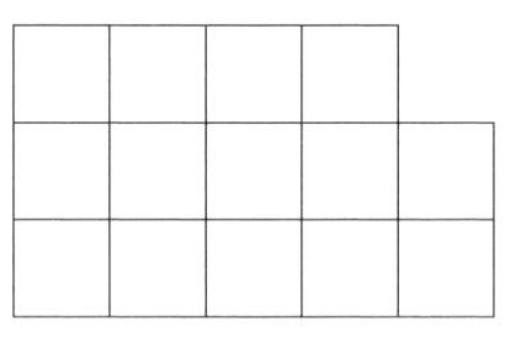

图2

解 在这种"咬格子"的游戏中,从左看到右没有吃掉的正方形所列的高度是不会增的(图2). 不难证明这个条件是充分必要的. 而且,任一这样的形状能够完全被12步折线路径所描述. 这个折线路径是从原来的 5×7 网格的左上角到右下角沿着吃掉和没有吃掉的正方形所形成的边界. 此折线能由含 V 和 H 的12个字母的序列描述. 这样的序列中包含7个 H(表示没有被吃掉的正方形顶部或被吃掉的正方形的底部)和5个 V(表示从没有被吃掉的正方形的顶部沿铅垂向下移动一个单位,到临接的比它低的正方形的顶部). 例如,开始时,在图 1 中出现的情况可用 *HHHVHVVHHHVV* 表示，图 2 中出现的情况可用 *VVHHHHVHVVHH* 表示.

因此,7 个 H 和 5 个 V 的序列共有 $\frac{12!}{7!\ 5!}=792$ 种. 其中包括序列 *HHHHHHHVVVVV* 和 *VVVVVHHHHHHH*(即全图和空图).

❖钱币集中

在一个由 n 个方格组成的 $1\times n$ 棋盘中的每个方格上各放一个钱币. 第一次搬动将某一个方格上的钱币放在相邻的一个方格中的钱币上(在原来的方格的左边或右边都可以,但是不能出棋盘). 以后的每次搬动是将某个方格中的所有钱币(若有 k 个)搬到与此方格相邻的第 k 个位置的方格中(左或右都可以,但是不能出棋盘). 试证:能经过 $n-1$ 次搬动,将所有钱币都集中在一个方格中.

证明 设 n 为奇数,记作 $n=2m+1$. 考虑第 $m+1$ 个方格,将其中钱币向左运动一次,于是第 m 个方格中有两个钱币,而第 $m+1$ 个方格中无钱币. 将第 m 个方格中的钱币搬到第 $m+2$ 个方格中,这样依次从左到右,再从右到左,经过 $n-1$ 次运动,便将钱币都放在最右边那个方格中,而其余方格中无钱币.

设 n 为偶数,记作 $n=2m$. 考虑第 m 个方格,将其中钱币向右运动一次,于是第 $m+1$ 个方格中有两个钱币,而第 m 个方格中无钱币. 将第 $m+1$ 个方格中的钱币搬到第 $m-1$ 个方格中,这样依次从右到左,再从左到右,经过 $n-1$ 次运动,便将钱币都放在最右边那个方格中,而其余方格中无钱币.

❖多少道选择题

16 名学生参加一次数学竞赛. 考题全是选择题,每题有四个选项,考完后发现任何两名学生的答案至多有一道题相同,问最多有多少道考题? 说明理由.

解 设共有 k 道题,四个选项是 1,2,3,4. 记有 a_i 个学生对某道题 S 的答案是 $i(i=1,2,3,4)$,则 $\sum_{i=1}^{4}a_i=16$. 现定义“两人对”为某题答案相同的两个人. 考

虑对题 S 答案相同的"两人对"的总数 A.

$$A=\sum_{i=1}^{4}C_{a_i}^{2}=\frac{1}{2}\sum_{i=1}^{4}(a_i^2-a_i)$$

因为

$$\sum_{i=1}^{4}a_i^2\geqslant\frac{1}{4}(\sum_{i=1}^{4}a_i)^2=64$$

所以

$$A\geqslant\frac{1}{2}(64-16)=24$$

k 道题的"两人对"总数 $B\geqslant 24k$.

另一方面,由题设任意两人至多构成一个"两人对",所以

$$24k\leqslant B\leqslant C_{16}^{2},k\leqslant 5$$

当 $k=5$ 时,存在如下答题方式满足题设要求,其中 $P_1,P_2,\cdots,P_{16}$ 表示16名学生.

P_1:11111,P_2:12222,P_3:13333,P_4:14444

P_5:21234,P_6:22143,P_7:23412,P_8:24321

P_9:31342,P_{10}:32431,P_{11}:33124,P_{12}:34213

P_{13}:41423,P_{14}:42314,P_{15}:43241,P_{16}:44132

❖不可再少

在棋盘上画直线,使得棋盘中每个方格,都有一条直线过其内点,试求最小直线数,这里棋盘为

(1) 3×3;

(2) 4×4.

试画出图来说明有这些直线就够了,且证明再少一根直线就不行了.

解 我们先来证明在 $m\times n$ 棋盘上,一条直线至多穿过 $n+m-1$ 个方格的内点.事实上,棋盘中画出格子的水平线有 $m+1$ 条,垂直线有 $n+1$ 条.这些线称为母线.虽然一条平行于水平线的直线中可取 n 个不同方格的内点,平行于垂直线的直线中可取 m 个不同方格的内点,现在考虑斜线,它交母线至多 $n+1+m+1=n+m+2$ 条.实际上,它至多只能和 $n+m$ 条母线相交,这是因为它和每个小方格至多交于两条边(如果它过一个小方格的顶点,实际上和两条边相交.我们在计数时,只算它和一条边相交).所以一条直线上至多有

$n+m-1$ 个不同方格的内点,这证明了断言.

(1) 当 $n=m=3$. 由于每条直线至多有 $3+3-1=5$ 个不同方格中的内点,而总共有 $3^2=9$ 个不同方格,所以若有两条直线,它们包含了这9个不同方格的内点,再减少一条便不可能了.

(2) 当 $n=m=4$. 由于每条直线至多有 $4+4-1=7$ 个不同方格中的内点,而总共有 $4^2=16$ 个不同方格,所以若有三条直线,它们包含了16个不同方格的内点,再减少一条便不可能了.

❖矮人国的友谊

住在山下的矮人国的社交生活是基于"互访"之上的,并且这种"互访"有矮人国里自己的规则,两个小矮人只有在他们相识后才可以互访,但存在着三种不同层次的友谊:

门客可以互相拜访,并且可以高兴谈多久就谈多久,但必须站在门口,不能跨过门槛;

茶客可以进门,还可以享有一杯茶,但不能呆在那儿吃晚饭;

饭客可以互访,并且想呆多久就呆多久,可以喝啤酒、吃晚饭和在火炉边聊天.

每个小矮人各有一个不同类型的朋友. 这个社交圈还有着这样的结构:每两个小矮人 A,B 都被由不同类型的朋友组成的链结合在一起,使得 A 认识某人,某人认识某人,某人又认识某人,……,某人认识 B.

(1) 证明小矮人的人数一定是个大于2的偶数,并且对每个大于2的偶数 n,一定存在由 n 个小矮人组成的这样的社交圈.

(2) 邪恶的妖魔们想要在这群小矮人中孤立出一组来,为了达到这一目的,他们必须破坏某些朋友关系. 假设他们成功了,因为他们破坏了 F_d 个门客友谊,F_t 个茶客友谊以及 F_s 个饭客友谊,并且所有这些友谊关系必须是为了孤立出这组小矮人而遭破坏的. 证明:F_d,F_t,F_s 要么全是偶数,要么全是奇数.

解 (1) 设 d 是这一矮人国的朋友关系的个数,n 是矮人数,则由于每个小矮人恰有3个朋友,所以有关系式

$$3n=2d$$

即 n 是偶数,又由于每个矮人必有3个朋友,故 $n>2$.

现设 n 是任意大于2的偶数. 我们用 $\sim,\leftrightarrow,\Leftrightarrow$ 分别表示门客、茶客和饭客

关系. 当 $n=4k$ 时,设 $a_1,\cdots,a_{2k},b_1,\cdots,b_{2k}$ 表示这 n 个小矮人,我们来赋予他们朋友关系:

$$a_{2i-1}\sim a_{2i},b_{2i-1}\sim b_{2i},i=1,\cdots,k$$

$$a_{2i}\leftrightarrow a_{2i+1},b_{2i}\leftrightarrow b_{2i+1},a_1\leftrightarrow b_{2k},b_1\leftrightarrow a_{2k},i=1,\cdots,k-1$$

$$a_i\Leftrightarrow b_i,i=1,\cdots,2k$$

容易验证这一关系确实建立了满足要求的 n 个小矮人的社交关系.

当 $n=4k+2$ 时,设 $a_1,\cdots,a_{2k+1},b_1,\cdots,b_{2k+1}$ 表示 n 个小矮人,赋予朋友关系如下:

$$a_{2i-1}\sim a_{2i},b_{2i}\sim b_{2i+1},a_{2k+1}\sim b_1,i=1,\cdots,k$$

$$a_{2i}\leftrightarrow a_{2i+1},b_{2i-1}\leftrightarrow b_{2i},b_{2k+1}\leftrightarrow a_1,i=1,\cdots,k$$

$$a_i\Leftrightarrow b_i,i=1,\cdots,2k+1$$

同样这也建立了 n 个小矮人的社交关系.

(2)设共有 n 个小矮人 $a_1,\cdots,a_n$,现要从中孤立出 m 个人 $a_1,\cdots,a_m$. 由题意只需破坏 $\{a_1,\cdots,a_m\}$ 与 $\{a_{m+1},\cdots,a_n\}$ 之间的朋友关系. 我们对 m 用归纳法来证明.

当 $m=1$ 时,a_1 恰有一个门客,一个茶客和一个饭客,必须且只需破坏这三个关系即可. 所以 $F_d=F_t=F_s=1$ 同为奇数,故 $m=1$ 时命题成立.

假设 $m=k$ 时结论成立,则当 $m=k+1$ 时,设所需破坏的门客、茶客、饭客的关系数分别为 F_d,F_t,F_s. 考虑第 m 个小矮人 a_m 的朋友关系,如果 a_m 的朋友全都在集合 $\{a_{m+1},\cdots,a_n\}$ 中,则若设把 $\{a_1,\cdots,a_k\}$ 从中孤立出来的门客、茶客、饭客关系数分别为 F'_d,F'_t,F'_s,那么 $F_d=F'_d+1,F_t=F'_t+1,F_s=F'_s+1$(因为此时无需破坏 a_m 的朋友关系). 由于 F'_d,F'_t,F'_s 的奇偶性相同,故 F_d,F_t,F_s 的奇偶性也相同. 若 a_m 中恰有一个朋友在 $\{a_1,\cdots,a_k\}$ 中,由对称性,不妨设这一朋友是门客,则若要孤立 $\{a_1,\cdots,a_k\}$,必须要破坏 a_m 的这一门客关系(这在孤立 $\{a_1,\cdots,a_{k+1}\}$ 时没被破坏),而不必破坏 a_m 的另两个关系(但这在孤立 $\{a_1,\cdots,a_{k+1}\}$ 时必须要破坏). 故

$$F'_d=F_d+1,F'_t=F_t-1,F'_s=F_s-1$$

即

$$F_d=F'_d-1,F_t=F'_t+1,F_s=F'_s+1$$

由假设 F'_d,F'_t,F'_s 的奇偶性相同,所以 F_d,F_t,F_s 的奇偶性也相同.

若 a_m 恰有两个朋友在 $\{a_1,\cdots,a_k\}$ 中,不妨设这两个朋友一个是茶客,一个是饭客,则同样的讨论知

$$F_d=F'_d+1,F_t=F'_t-1,F_s=F'_s-1$$

于是由 F'_d,F'_t,F'_s 奇偶性相同的假设知 F_d,F_t,F_s 奇偶性相同.

最后,若 a_m 的朋友全在 $\{a_1,\cdots,a_k\}$ 中,则易知

$$F_d = F'_d - 1, F_t = F'_t - 1, F_s = F'_s - 1$$

所以同理可得 F_d, F_t, F_s 有相同的奇偶性.

因此利用归纳法我们证明了若要孤立出一批小矮人来,需破坏的朋友关系系数 F_d, F_t 和 F_s 具有相同的奇偶性.

❖路径条数

8×8 棋盘中,每个小方格有两条对角线. 在每个小方格中,任取一条对角线. 这64条对角线构成集合 W. 相连的对角线全体称为一个路径,则 W 由若干条互不相连的路径构成. 这些路径数能大于

(1) 15 条吗?

(2) 20 条吗?

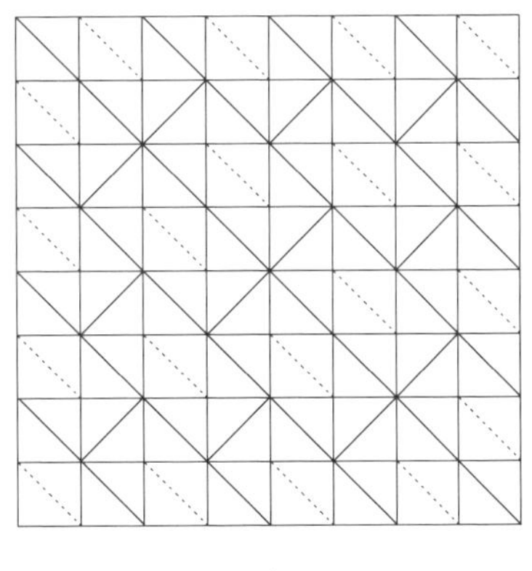

图 1

解 图 1 中,实线构成 1 个路径,而虚线构成 20 个路径. 所以总共得到 21 条路径. 因此(1) 和(2) 的答案都是肯定的.

❖矮人仪式

一个古老的矮人仪式需要 10 个矮人当太阳在盛夏日升起时站在水平地面上,并使得在每 5 个人中有 4 人站在一个圆上,在所有这样的安排中,试求出站在一个圆上的矮人的最多的人数的最小值.

解 先证明至少有 5 个人在同一圆周上,若不然,则这 10 个矮人所组成的 5 人组共有 $C_{10}^5 = 252$ 个,每个 5 人组中有 4 个人在一个圆周上. 但这 4 个人总共可属于 6 个 5 人组,于是不同的圆应有 $\frac{252}{6} = 42$ 个. 这 42 个不同的圆总共应有 $42 \times 4 = 168$ 个人在它们上面,但实际上只有 10 个人,因而,至少有 1 个人的位置属于 17 个圆周.

这 17 个圆周(不同的)除了公有这个人的位置外,另有 $3 \times 17 = 51$ 人站在上面,但另外实际上只留下 9 个人,于是,至少还有 1 个人站在 6 个不同的圆周上,但另外仅余下 8 个人,矛盾!

其次证明:上面得出的至少有 5 个人所在的这个圆周上至少有 9 个人.

不妨设 A,B,C,D,E 为站在同一圆周 C_1 上的5个人,若结论不正确,则不妨记不在 C_1 上的两个人为 X,Y,则有:因{A,B,C,X,Y}这5人组中有4个人在一个圆周上,而 X,Y 均不在 C_1 上,因而可设 A,B,X,Y 同在一个圆 C_2 上,而 $C_2 \neq C_1$ 导致 C,D,E 均不在 C_2 上.

因{C,D,E,X,Y}这 5 人组中有 4 人在同一圆周上,而 X,Y 均不在 C_1 上,故可设 C,D,X,Y 同在圆周 C_3 上,而 X 不在 C_3 上. 于是,考察由 A,C,E,X,Y 组成的5 人组,其中任何4 人在同一圆周上均可导致矛盾. 但如果任何4 人不在同一圆周上又与所设矛盾. 故 A,B,C,D,E 所在的圆周 C_1 之外,至多只有一个人,即矮人最多的圆周上至少有 9 个人.

当矮人数是 $N(N > 10)$ 时,在题设条件下,站在一个圆上的矮人最多人数的最小值为 $N - 1$. 证明与上述 $N = 10$ 的证明相似.

另一种解答见“小鸟啄食”.

❖彼得的骰子

彼得想做一个骰子,在每一个面上刻上不同的正整数,使得相邻面的数字的差至少为2. 求这六个面的数字的最小总和.

解 显然我们先将骰子的一对对面刻上最小数,它们是 1 及 2. 由于相邻两面之差至少为2,我们在与刻上 1 的面相邻的一个面上刻上4,它的对面刻上5,余下两面可刻7 及8. 所以最小可能的总和为 $1 + 2 + 4 + 5 + 7 + 8 = 27$. 它是最小总和的主要原因为:不可能在骰子上刻上连续三个正整数 $n,n + 1,n + 2$,这样必有两个相邻的数之差恰好为 1,和题设矛盾. 由此可知 27 为所求的最小数.

❖会议代表

在一次国际学术会议中,与会代表共熟悉 $2n(n \geqslant 2)$ 种语言,每位代表恰好熟悉两种语言,且任意两位代表至多只熟悉一种公共语言. 假设对每个 k,$1 \leqslant k \leqslant n-1$,被 k 个代表所熟悉的语种个数至多只有 $k-1$. 证明:在本次会议中必存在 $2n$ 个代表,使得这些代表共熟悉所有 $2n$ 种语言,且每种语言都恰被其中的两位代表所熟悉.

证明　我们构造图 G:每个顶点表示一种语言,连接两个顶点的边表示该会议中掌握由这两顶点所表示的两种语言的代表. 由假设,G 是具有 $2n$ 个顶点的简单图,使得以下(*)条件成立:

对每个整数 k,$1 \leqslant k \leqslant n-1$,至多存在 $k-1$ 个度数小于等于 k 的顶点.

(*)

我们只需证明 G 有一个哈密尔顿圈. 我们用反证法来证明. 若 G 没有哈密尔顿圈,则不相连的顶点对的集合非空,通过把某些这样的顶点对连接起来我们可构造一个新的图 G',它具有 $2n$ 个顶点,且使得

i (*) 成立;

ii G' 无哈密尔顿圈;

iii 当我们把一对不相连的顶点用边连接时,可得到一个有哈密尔顿圈的图.

对 G' 的一个顶点 v,设 $d(v)$ 是 v 的度数,则

(1) 从 ii 和 iii 我们推出,对于一对不相连的顶点,存在一条长度为 $2n-1$ 的道路连接它们,且该道路通过 G' 的所有顶点.

(2) 若 $d(v) \geqslant n$,$d(v') \geqslant n$,则 v 和 v' 必须相连,因为否则我们将有一条通过 G' 的每个顶点的长度为 $2n-1$ 的道路

$$v_1 v_2 v_3 \cdots v_{2n}, v_1 = v, v_{2n} = v'$$

假设 $d(v) = s \geqslant n$. 用 $v_{i_1}, v_{i_2}, \cdots, v_{i_s}$ $(2 = i_1 < i_2 < \cdots < i_s < 2n)$ 记与 $v_1 = v$ 相连的顶点,则对每个 $j = 1, 2, \cdots, s$,顶点 $v_{i_j - 1}$ 不与 $v_{2n} = v'$ 相连(否则,在 G' 中我们将有哈密尔顿圈

$$v_1 v_2 \cdots v_{i_j - 1} v_{2n} v_{2n-1} \cdots v_{i_j} v_1$$

这与 ii 相矛盾),从而

$$d(v') \leqslant 2n - (s+1) \leqslant n-1$$

这与 $d(v') \geqslant n$ 的假设矛盾.

(3) 由(2)知,G' 使 $d(v) \leqslant n-1$ 的顶点 v 的集合 V 非空. 所以存在 $\max d(v) = m \leqslant n-1$. 取 v_1,使 $d(v_1) = m$. 条件(*)对 $k = n-1$ 意味着至少存在 $2n-(n-1)+1 = n+2$ 个度数大于等于 n 的顶点,从而推出在这些顶点中存在一个顶点. 例如 v_{2n},它不与 v_1 相连. 考虑通过 G' 的每个顶点的长度为 $2n-$

1 的道路 $v_1v_2\cdots v_{2n}$,用 $v_{i_1},v_{i_2},\cdots,v_{i_m}(2=i_1<i_2<\cdots<i_m<2n)$ 记与 v_1 相连的顶点. 上述讨论证明,对每个 $j=1,2,\cdots,m$, v_{i_j-1} 不与 v_{2n} 相连. 对 $k=m$ 的条件(*)证明,在 $v_{i_1-1},v_{i_2-1},\cdots,v_{i_m-1}$ 中,至少存在一个顶点 v_q,使 $d(v_q)\geqslant m+1$,从 m 的定义我们推出 $d(v_q)\geqslant n$. 所以我们有 v_q 和 v_{2n} 分别满足 $d(v_q)\geqslant n$, $d(v_{2n})\geqslant n$,但它们不相连,与(2)矛盾.

❖猫的比率

两座房屋 A 和 B 各被分成两个单元. 若干只猫和狗住在其中. 已知 A 房第一单元内猫的比率(即住在该单元内猫的数目与住在该单元内猫狗总数之比)大于 B 房第一单元内猫的比率,并且 A 房第二单元内猫的比率也大于 B 房第二单元内猫的比率. 问是否整座房屋 A 内猫的比率必定大于整座房屋 B 内猫的比率?

解 下表给出的反例指出:对所提问题的回答应该是否定的. 表中具体写出了各个单元及整座房物中的宠物情况和猫占宠物总数的比率.

	一单元	二单元	整座房屋
A	猫 1,狗 0,猫的比率为 1/1	猫 1,狗 3,猫的比率为 1/4	猫 2,狗 3,猫的比率为 2/5
B	猫 3,狗 1,猫的比率为 3/4	猫 0,狗 1,猫的比率为 0	猫 3,狗 2,猫的比率为 3/5

❖狗捉狐狸

一狐狸在狗之前60狐步处,并且离它的洞穴49狗步. 在同样的时间里狗跳 6 步而狐狸跳 9 步,问狗在狐狸躲入洞穴前能抓到狐狸吗?

解 设一狗步长为 x 米,一狐步长为 y 米. 根据题意,当

$$\frac{49x}{9y}\geqslant\frac{60y+49x}{6x}$$

时,狗能抓到狐狸,这个不等式可化为

$$98\left(\frac{x}{y}\right)^2-3\times49\left(\frac{x}{y}\right)-180\geqslant0$$

所以

$$\left(\frac{7x}{y}-\frac{21}{2}\right)^2\geqslant\frac{1\ 161}{4},\left|\frac{7x}{y}-\frac{21}{2}\right|\geqslant\frac{3\sqrt{129}}{2}$$

因为$\frac{x}{y}>0$,所以$\frac{x}{y}\geqslant\frac{1}{14}(3\sqrt{129}+21)$. 即当$\frac{x}{y}\geqslant\frac{1}{14}(3\sqrt{129}+21)$时,狗能抓到狐狸.

❖六边形标数

在六边形的各边及各顶点上标以数字. 顶点上的数字为相邻两边的数字之和. 再将各边及某一个顶点的数字抹去,你能否将这顶点的数字算出来.

解法1 将6个顶点按逆时针方向标号为1,2,…,6. 第i个顶点标上数字a_i,相应边标上数字b_i,$i=1,2,\cdots,6$. 由题设

$$a_1=b_6+b_1,a_2=b_1+b_2,a_3=b_2+b_3$$
$$a_4=b_3+b_4,a_5=b_4+b_5,a_6=b_5+b_6$$

由对称性,不妨设抹去的是第一个顶点之数字a_1,以及6条边上标的数字b_1,$b_2,\cdots,b_6$. 由于

$$a_2+a_3+a_4+a_5+a_6=b_1+2b_2+2b_3+2b_4+2b_5+b_6=$$
$$b_1+b_6+2a_3+2a_5$$

所以

$$a_1=b_1+b_6=a_2-a_3+a_4-a_5+a_6$$

这证明了由第2,3,…,6个顶点标上的数可算出第一个顶点上的数.

解法2 由题设有

$$a_1+a_3+a_5=b_1+b_2+\cdots+b_6=a_2+a_4+a_6$$

由此可知,任一顶点上标的数字a_i,可由其他5个顶点上标的数字算出来.

❖奇怪的乘式

史密斯先生作普通的乘法,用字母E代表偶数数字,用字母O代表奇数数字,乘式是

$$
\begin{array}{r}
O\,E\,E \\
\times \quad E\,E \\
\hline
E\,O\,E\,E \\
+\ E\,O\,E \quad \\
\hline
O\,O\,E\,E
\end{array}
$$

试译出这个密码.

解 因为

$$188 \times 8 = 1\,504$$

所以第一个 O 应大于1,用这个 O 乘以乘数中的十位数字 E,得数不大于8,因此第一个 O 应为3,乘数的十位数字 E 应为2. $3EE$ 乘以2后,等于 EOE,所以 $3EE$ 只能是306,308,326,328,346和348. 但把这些数乘以4和6,不能得到 $EOEE$. 把它们乘以8,这时只有346和348能给出得数 $EOEE$. 其次

$$346 \times 28 = 9\,688$$

积不是 $OOEE$. 因此,本题的惟一解是

$$
\begin{array}{r}
3\,4\,8 \\
\times \quad 2\,8 \\
\hline
2\,7\,8\,4 \\
+\ 6\,9\,6 \quad \\
\hline
9\,7\,4\,4
\end{array}
$$

❖运作实现

mn 个不同的物体排成一个 $m \times n$ 矩形阵列. 每次操作允许对任意选择的若干行进行行内置换(水平运作),或者对任意选择的若干列进行列内置换(竖直运作). 求最小的自然数 k 使得 mn 个物体在 $m \times n$ 阵列内的任意换位都可以通过不超过 k 次允许运作实现,并且必有某种换位不能通过少于 k 次允许运作实现(所谓"换位"是指 mn 个物体重新放置成 $m \times n$ 阵列的任何一种情形).

解 舍去最平凡的情形,可设 $m,n \geqslant 2$. 下面的例子说明,为了实现某些换位,3次操作是不可少的. 例如,在 $m \times n$ 方格阵列中,取出一个 2×2 方块,要求实现如下的换位:一次水平运作之后,a 与 d 之中至少有一个离开本列,再来一

次竖直运作也不能使 a 与 d 中的离开者回归本位,至少还需要进行一次操作.通过如下所示的 3 次操作,可以实现所要求的换位.

为了对一般情形证明 $k=3$ 的充分性,先要证明两个引理.这两个引理所涉及的基本情况陈述如下:

基本假设 在 $m \times n$ 方格表中每格填写一个数,共填写了 n 个 1,n 个 2,……,n 个 $m-1$ 和 n 个 m.

引理 1 在基本假设的前提下,能够从每行选出一个代表方格,使得 m 个代表方格所填的数各不相同,$1,2,\cdots,m$ 这些数各有一个.

引理的证明 将对 r 用归纳法,证明这样的论断:可以从前 r 行中每行各选一格,使得所选各格填写的数不相同.对于 $r=1$,结论显然成立.假设对于 $r=s$ 结论成立,考察 $r=s+1$ 的情形.我们先对其中的前 s 行运用归纳假设,将这 s 行所选的代表格填写的数的集合记为 E_s.如果第 $s+1$ 行各格填写的数不全在 E_s 中,那么就取一个不属于 E_s 的数所在格作为第 $s+1$ 行的代表格.现在假定第 $s+1$ 行各格填写的数全在 E_s 之中.前 $s+1$ 行总共有 $(s+1)n$ 格,而填写 E_s 中 s 个不同数的格子至多只有 sn 个,所以在前 s 行中必有某行(设为第 q 行)有一格填写的数 $w \neq E_s$.将这填写 w 的格子改选为第 q 行的新的代表格.该行原代表格所填之数 v 必在第 $s+1$ 行某格出现,就选取这一格作为第 $s+1$ 行的代表格.

引理 2 在基本假设的前提下,可以通过水平运作使得每一列所填数的集合都是 $\{1,2,\cdots,m\}$.

回到原来的问题.下面证明对 $m \times n$ 阵列的任意换位,$k=3$ 是充分的.为此,先给 $m \times n$ 表格的各小格标出放在该格的物体在换位中将达到的行数.然后通过水平运作达到引理2所述的状态——这是第一次操作.第二次操作是通过竖直运作将各格中的物体移到所要达到的行.第三次操作通过水平运作将各格中的物体移到所要达到的位置.

❖方格纸着色

在宽大无边的方格纸上,某些方格着红色,而其余的着蓝色,并且每个尺寸为 2×3 的 6 格长方形恰好含有两个红格,问尺寸为 9×11 的 99 格长方形能含有多少个红格?

解 我们选取任意的红格 K_0,考察以它为中心的 3×3 的正方形.在 K_0 的水平或垂直方向的邻格不可能是红色的.例如,如图 1 所示,K 表示红格,那么对左边或右边 2×3 长方形来说,它总共只有一个红格(K_0),这与题设不符.因此,K_0 的四邻只能是蓝格.

其次，在右边的长方形中还必须有一个红格，例如图 2 中的 K_1. 这时，考察上边和左边的 2×3 长方形，由题设推得在 3×3 正方形相对于 K_1 的对角线的另一端，也应该是红格 K，在这个正方形中，红格是沿一条对角线排列的. 沿"红色的对角线" 移动我们所考察的正方形，得到以 K_1 和 K 为中心的正方形，从上述推证可知，位于 KK_0K_1 所在的整条斜行上都是红格. 而红色斜行线上、下两侧各有两条斜行都是蓝格，如图3 所示. 观察图3 中画出的部分是 2×3 长方形，其对角线两角落是红格，由此可知，红色的斜行向上、下两侧各隔两斜行之后，又是红色的斜行. 依此，红色斜行两侧是两条蓝色斜行，之后又是一条红色斜行，等等，如图 4 所示.

C	K	C
C	K_0	C
C	C	C

图 1

C	C	K_1
C	K_0	C
K	C	C

图 2

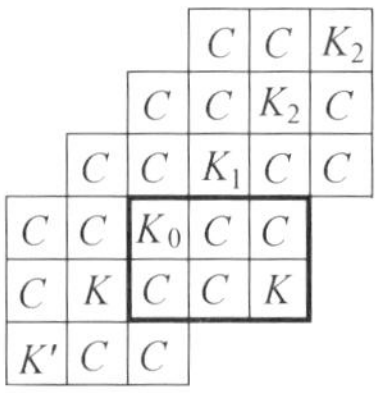

			C	C	K_2
		C	C	K_2	C
	C	C	K_1	C	C
C	C	K_0	C	C	
C	K	C	C	K	
K'	C	C			

图 3

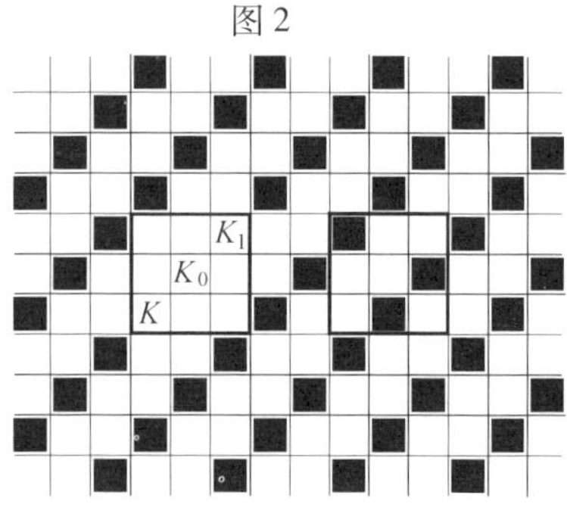

图 4

图中 C 代表蓝色，K 代表红色.

由此可见，如果着色要满足题设要求，即应如上述：一红色斜行和两蓝色斜行相间排列（当然，这些斜行的走向也可以从上到下，从左到右）. 反之，这样的着色必满足题设. 这样，每个 3×3 的正方形都正好含有 3 个红格，而 9×11 的长方形可分成 9 个 3×3 的正方形和 3 个 2×3 的长方形，它们共含有 $9\times3+3\times2=33$ 个红格.

❖跳迪斯科的年轻人

一群年轻人去跳迪斯科，每跳一次舞需交 1 元，每个男孩与每个女孩恰好跳一次后，大家去另一处跳舞. 那里用辅币支付，也们用了与前面同样多的钱. 每个人的入场费是1 辅币，每跳一次舞需1 辅币，每个人恰好与其他人各跳两次舞（不分性别）. 最后还剩下 1 个辅币. 问每 1 元换几个辅币？

解　设有 b 个男孩，g 个女孩，每 1 元换 x 个辅币，则起先共跳 bg 次舞，后来共跳

$$2\binom{b+g}{2}=(b+g)(b+g-1)$$

次舞，根据题意

$$bgx=(b+g)(b+g-1)+(b+g)+1$$

即

$$(b+g)^2+1=bgx \tag{①}$$

令 $x=u+2$，则

$$g^2-ubg+b^2+1=0 \tag{②}$$

设 g,b 为使②成立的正整数，并且 $b+g$ 为最小．不妨设 $b\leqslant g$．由韦达定理（或直接验证）可知 $ub-g,b$ 也是②的解，并且为正（因为 $(ub-g)g=b^2+1$）．所以 $ub-g\geqslant g$，从而

$$(b+1)^2>b^2+1=g(ub-g)\geqslant g^2$$

结合 $g\geqslant b$ 使得 $g=b$．代入②得

$$2g^2-ub^2+1=0$$

于是 g 整除 1，从而 $g=1,u=3,x=5$．即 1 元换 5 个辅币．

❖比赛胜出

小张、小王及小李三人参加一个比赛（每人比赛次数相同）．是否可能小张得分比其他两人多，小李得分比其他两人少，然而小张胜的次数比其他两人少，小李胜的次数比其他两人多（胜一局得 1 分，平一局得 1/2 分）？

解　小张、小王及小李三人，每两人都参加了六次游戏．小张和小王玩了六次，都是平局，各得 3 分．小张和小李玩了六次，三次平局，小张胜二次，输一次，所以小张得 $\frac{7}{2}$ 分，小李得 $\frac{5}{2}$ 分．小王和小李玩了六次，各胜三次，所以小王和小李各得 3 分．总分为小张得 $\frac{13}{2}$ 分，小王得 6 分，小李得 $\frac{11}{2}$ 分．小张胜了二次，小王胜了三次，小李胜了四次．上面这个例子符合题目要求．所以回答是可能的．

❖非等价大圆周

在一个球面上给出5点，没有3点在一个大圆圆周上，不包含任何给出点的两个大圆被称为是等价的，假如它们中的一个能够被移动到其他的不通过给出点的位置.

（1）在球面上有多少非等价的不包含任何给出点的大圆周?

（2）当球面给出 N 个点时回答同一问题.

解　我们仅证明(2)，因为它将包含(1) 这样一个特殊情况，我们要求的非等价大圆数是$\frac{N^2-N+2}{2}$，在附加的假定下，N 个点中没有两个是对应的，对于$N=1$ 这是无意义的，对于$N\geqslant 3$，这是多余的，因为两个对应点与任何第三点是在大圆上，然而对于 $N=2$，我们有$\frac{N^2-N+2}{2}=2$. 假如两个点是对应的，将没有两个非等价的大圆.

我们的基本工具是在点和一个平面直线之间的部分变换. 若 O 是一个固定点，对于任意点 $P\neq O$，若点 P' 是在 OP 上使得 $OP\cdot OP'=1$，点 P 的像是通过 P' 垂直于 OP 的直线 $L(P)$. 相反地，一条不通过点 O 的直线是惟一一点的像. 对于每一条这样的线，我们确定点 O 在直线左边为正向，这个变换被称做关于 O 的交换，并且具有下列性质：

ⅰ 假如 P 在 $L(Q)$ 上，则 Q 在 $L(P)$ 上.

ⅱ 假如 P 在 $L(Q)$ 的左边，则 Q 在 $L(P)$ 的左边.

ⅲ 假如 P 在 $L(Q)$ 的右边，则 Q 在 $L(P)$ 的右边.

假定P在$L(Q)$ 上，若从O作$L(Q)$ 的垂线，分别交$L(Q)$ 和$L(P)$ 于Q',R，则 $\triangle OPQ'$ 和 $\triangle ORP'$ 是相似的，使得 $OQ'\cdot OR=OP\cdot OP'=1$，因此 $Q=R$，于是证明 ⅰ. 假定 P 是在 $L(Q)$ 的左边，若 OP 交 $L(P)$ 和 $L(Q)$ 于 P',R，因 $OR\cdot OR'=OP\cdot OP'=1$，$OR>OP$，因此 $OR'<OP'$，即 $L(R)$ 是在 $L(P)$ 的左边，由 ⅰ，Q 在 $L(R)$ 上，因此 ⅱ 成立，ⅲ 是 ⅰ 和 ⅱ 推得的结果.

我们现在证明一个类似的问题，若一个平面上有 N 个点，无三点共线，不通过任何一个点的两条线被说成等价的，假如它们能由平面上的刚体运动而相互变换，而不通过 N 个点中的任何一个，若 O 是 N 个点中的一个，我们规定 O 在左边为正向，以这样一种方式来为不通过点 O 的所有线定方向，现在两条线是等价的当且仅当 N 个点的子集在一条线的左边，并且子集也恰好在另一条线的左边,我们实施关于 O 的变化,则另外 $N-1$ 个点被变换成 $N-1$ 条直线,这些直线划分平面成一个区域数,由性质 ii 和 iii,两条不通过 N 个点中的任何一条直线被说成等价的,当且仅当它们是同一区域两个点的像,非等价线数等于平面由 $N-1$ 条线划分的区域数.

注意到这些线没有任何两条是平行的,假如 $L(P)$ 平行于 $L(Q)$,则 P 和 Q,O 是共线的,这是不可能的. 同样,$N-1$ 条线中没有三条相交于同一点,假如 $L(P)$,$L(Q)$ 和 $L(R)$ 相交于一点 S,则 P,Q 和 R 都在 $L(S)$ 上,又与假设矛盾,若 $f(N)$ 是确定的通常位置上 $N-1$ 条线划分平面区域的最小数,我们有 $f(2)=2$,假定通常位置上的 $N-2$ 条线划分平面成 $f(N-2)$ 个区域,则第 $N-1$ 条线必须与这些线中的每一条相交于一个特殊点,这样划分它自己成 $N-1$ 段,每段分割一个区域成两个,使得 $f(N)=N-1+f(N-1)$,而 $f(N-1)=N-2+f(N-2)$,等等. 重复这个推导,有 $f(N)=(N-1)+(N-2)+\cdots+2+f(2)=\frac{N^2-N+2}{2}$,$f(N)$ 不仅是由通常位置的 $N-1$ 条线划分平面成区域数的最小值,实际上它仅仅是可能值.

最后,我们着手去解决最初的问题,给出如同赤道球面上不通过 N 个点中任一个的最大圆周. 对任何南半球上的点,从球的中心投影到南极的切平面,赤道上的点将没有像,整个北半球上的点如同它们对应的点具有相同的像,因为 N 个点中没有两个是对应的,它们的像是互不相同的,注意到不同于赤道的一个大圆是被投影到切平面的一条线,考虑一个大圆南边上的两点,假如都在同一半球,即都在北半球,它们的像将在大圆的像线的同一边. 假如它们在相反的半球上,它们的像将在这条线相反的边上,因此两个大圆是等价的,当且仅当它们在切平面上被投影成等价的线,因此,非等价的大圆数是 $\frac{N^2-N+2}{2}$,当 $N=5$,这个数是 11.

❖蚂蚁爬行

一只蚂蚁沿着正立方体的棱爬行,并且限定只在正立方体的顶点处转弯. 已知它恰访问某一顶点 25 次. 试问是否可能它恰访问其他 7 个顶点各 20 次?

解 用红、蓝二色给正立方体的 8 个顶点染色,使得每种颜色的顶点恰有 4 个,并且任意两个相邻的顶点异色. 蚂蚁在爬行中所经历的红色顶点总数与所经历的蓝色顶点总数至多相差 1. 如果它访问某一顶点 25 次,那么不可能恰

访问其他 7 个顶点各 20 次.

❖雪球

一个男孩做了两个雪球. 其中,大雪球的直径为小雪球直径的二倍. 他把这两个雪球放进一个温暖的房间. 在那里,这两个雪球开始融化. 因为只有球的表面受到暖风的影响. 所以假设融化的雪量与球的表面积成比例. 当大球被融化一半时,小球没有融化的还有多少?

解 我们将证明,从体积的减少(速率)与表面积成比例这一假设出发,可以得出一个令人惊奇的结果,即半径的减少(速率)与半径的长短无关,是恒定的. 结果,两个球的半径将减少同样的值.

球的体积和表面积分别为 $V = 4\pi r^3/3$ 和 $S = 4\pi r^2$. 以 t 为时间参数,则球体积的减少速率为

$$\frac{\mathrm{d}V}{\mathrm{d}t} = \frac{4}{3}\pi \cdot 3r^2 \cdot \frac{\mathrm{d}r}{\mathrm{d}t} = 4\pi r^2 \cdot \frac{\mathrm{d}r}{\mathrm{d}t}$$

这应该与表面积 $S = 4\pi r^2$ 成比例. 借助一个常数 k,则得

$$4\pi r^2 \cdot \frac{\mathrm{d}r}{\mathrm{d}t} = k(4\pi r^2)$$

由此得出,正如所断定的那样

$$\frac{\mathrm{d}r}{\mathrm{d}t} = k$$

假设这两个雪球最初的半径分别为 $2r$ 和 r,则大雪球的体积为

$$V = \frac{4}{3}\pi(2r)^3 = \frac{32}{3}\pi r^3$$

在融化一半之后,该球的体积为

$$V = \frac{16}{3}\pi r^3 = \frac{4}{3}\pi(\sqrt[3]{4}r)^3$$

这个公式表明,融化一半之后,该球的半径长为$\sqrt[3]{4}r$. 所以,这两个球的半径均减少了$(2 - \sqrt[3]{4})r$. 因此,小球剩下的半径为

$$r - (2 - \sqrt[3]{4})r = r(\sqrt[3]{4} - 1)$$

所以,小球剩下的体积为

$$V = \frac{4}{3}\pi r^3(\sqrt[3]{4} - 1)^3$$

这大约是原来体积的$\frac{1}{5}$($(\sqrt[3]{4}-1)^3\approx 0.2027$).

❖猜数比赛

斯蒂文和彼得参加一次猜数比赛.斯蒂文被告知某三个正整数的和.彼得被告知这三个数的乘积.斯蒂文对彼得说:"如果你的数比我的数大,我就能猜出这三个数."彼得回答道:"可惜我的数比你的数小.这三个数是X,Y,Z."你能求出这三个数吗?

解 告诉斯蒂文的是三个正整数之和S,告诉彼得的是那三个数之积P.显然$S\geqslant 3$.要求他们猜出三个数$\{X,Y,Z\}$.如果$S=3$,那么斯蒂文立即回答$\{1,1,1\}$.如果$S=4$,那么斯蒂文立即回答$\{1,1,2\}$.如果$S=5$,那么可能的情形有两种:$\{1,1,3\},P=3$;$\{1,2,2\},P=4$.对这两种情形都有$P<S$.如果$S\geqslant 7$,那么至少有两种情形$P>S$.因而斯蒂文无法准确判断作出回答.两种$P>S$的情况为

i $\{1,2,S-3\},P=2(S-3)=S+S-3>S$;

ii $\{1,3,S-4\},P=3(S-4)=S+2(S-6)>S$.

因此,符合题目所述条件的只有$S=6$.对于$S=6$,有以下三种情况:$\{1,1,4\},P=4<S$;$\{1,2,3\},P=6=S$;$\{2,2,2\},P=8>S$.这三种情形之中,仅$\{2,2,2\}$对应于$P>S$,并且仅$\{1,1,4\}$对应于$P<S$.因此,所求的三个数是$\{X,Y,Z\}=\{1,1,4\}$.

❖猴子分苹果

海滩上有苹果若干,这是$n(n\geqslant 2)$个猴子的财产,它们要平均分配.第一个猴子来了,左等右等不见别的猴子来,它把苹果分成n堆,每堆一样多,还剩下$a(1\leqslant a<n)$个,它把这a个扔到海里,自己拿起这n堆中一堆.第二个猴子来了,它又把这些苹果分成n堆,每堆一样多,还剩下a个,它把这a个扔到海里,自己拿走了其中一堆.以后的每个猴子都是如此分配.最后海滩上剩下的苹果恰可平分为n堆,问海滩上原来苹果和最后剩下的苹果至少是多少?

解 设海滩原有苹果x个,按题意

第一个猴子拿走数为

$$\frac{1}{n}(x-a)$$

剩下数为

$$\frac{n-1}{n}(x-a)=\frac{1}{n}[(n-1)x-a(n-1)]$$

第二个猴子拿走数为

$$\frac{1}{n^2}[(n-1)x-a(n-1)-an]$$

剩下数为

$$\frac{1}{n^2}[(n-a)^2x-a(n-1)^2-a(n-1)n]$$

……

第 n 个猴子拿走数为

$$\frac{1}{n^n}[(n-1)^{n-1}x-a(n-1)^{n-1}-\cdots-a(n-1)n^{n-2}-an^{n-1}]$$

剩下数为

$$\frac{1}{n^n}[(n-1)^n x-a(n-1)^n-\cdots-a(n-1)^2n^{n-2}-a(n-1)n^{n-1}]=$$

$$\frac{1}{n^n}\{(n-1)^n x-a[n^{n+1}-(n-1)^{n+1}-n^n]\}$$

由题意,第 n 个猴子拿走剩下的苹果数应为 n 的倍数,令其为 ny,从而

$$\frac{1}{n^n}\{(n-1)^n x-a[n^{n+1}-(n-1)^{n+1}-n^n]\}=ny$$

整理为

$$(n-1)^n x-n^{n+1}y=a[n^{n+1}-(n-1)^{n+1}-n^n] \quad ①$$

二元一次不定方程 ①,由于系数互质,故有整数解

$$\begin{cases}x=x_0+n^{n+1}t\\y=y_0+(n-1)^n t\end{cases}\quad t\text{ 为整数} \quad ②$$

其中,x_0,y_0 是方程 ① 的一组特解.

又 x,y 的系数异号,故方程 ① 有无穷多组正整数解,若方程 ① 最小正整数解为 x_1,y_1,那么 n 个猴分苹果的问题解答为:海滩上原有苹果至少为 x_1,剩下苹果至少为 ny_1.

在 5 猴分苹果问题中,$n=5$,$a=1$,所对应的不定方程为

$$4^5x-5^6y=1(5^6-4^6-5^5)$$

即

$$1\ 024x - 15\ 625y = 8\ 404 \qquad ③$$

不定方程 ③ 整数解公式为

$$\begin{cases} x = 3\ 121 + 15\ 625t \\ y = 204 + 1\ 024t \end{cases} \quad t\ 为整数 \qquad ④$$

方程 ③ 的最小正整数解为

$$x_1 = 3\ 121, y_1 = 204$$

那么5猴分苹果问题的答案为:海滩 上原有苹果数至少为3 121 个,最后剩下苹果数 $5y_1 = 1\ 020$ 个.

❖绝缘胶带

给定一个边长等于 n cm 的正方体(n 是正整数). 给你足够长的宽度为 1 cm 的绝缘胶带. 要求将此胶带贴在正方体的表面上. 胶带可以经正方体的棱从一面到另一面,但要求胶带的边在每一面都必须与正方体的某一条棱(同时是该面的一边)平行. 胶带只允许横跨正方体的棱,不允许纵向跨棱粘贴,也不允许跨越正方体的顶点. 为了完全盖住正方体的各面,最少需要多少段这样的胶带?

解 覆盖正方体的一个面至少要有 n 段胶带. 这 n 段胶带至多能盖住正方体的四个面,至少还有两个空白面. 因此至少还需要另外 n 段胶带. $2n$ 段胶带就足以覆盖整个正方体的表面.

❖在哪登陆

船上的一个人到海岸上最近的点 S 的距离为 b km,点 S 沿海岸线到他住的地方点 H 的距离为 a km. 如果这个人以 r km/h 匀速划行和以较快的速度 ω 步行,为了用最短的时间到家,他应该在 S 和 H 之间哪点 L 着陆.

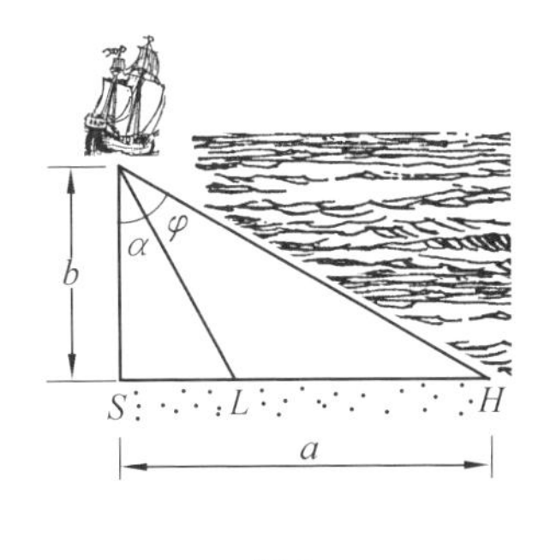

图 1

解 如图1,设 α 表示这个人的划行路线与到岸边点 S 的连线的夹角. 定义 $\varphi = \tan^{-1}\dfrac{a}{b}$. 如果

$T(\alpha)$ 表示他行程所花费的时间总数. 那么

$$T(\alpha)=\frac{b\cdot\sec\alpha}{r}+\frac{a-b\cdot\tan\alpha}{\omega} \qquad ①$$

注意,$b\cdot\sec\alpha$ 和 $a-b\cdot\tan\alpha$ 都假设是非负的,因为它们都表示距离. 因此,我们要求 $0\leqslant\alpha\leqslant\varphi$.

首先我们把 ① 改写为

$$T(\alpha)=\frac{a}{\omega}+\frac{b}{r\omega}(\omega\cdot\sec\alpha-r\cdot\tan\alpha) \qquad ②$$

根据对函数的了解,我们想到式子 $\omega\cdot\sec\alpha-r\cdot\tan\alpha$ 可以用一个直角三角形表示出来,ω 为斜边,r 为对锐角 θ 的腰,从而,式 ② 可改写为

$$T(\alpha)=\frac{a}{\omega}+\frac{b}{r\omega}\sqrt{\omega^2-r^2}\left(\frac{\omega}{\sqrt{\omega^2-r^2}}\sec\alpha-\frac{r}{\sqrt{\omega^2-r^2}}\tan\alpha\right) \qquad ③$$

或者

$$T(\alpha)=\frac{a}{\omega}+c(\sec\theta\cdot\sec\alpha-\tan\theta\cdot\tan\alpha) \qquad ④$$

其中,$c=\frac{b}{r\omega}\sqrt{\omega^2-r^2}$.

于是,为把 $T(\alpha)$ 减为最小,我们必须把 $\sec\theta\cdot\sec\alpha-\tan\theta\cdot\tan\alpha$ 减为最小,注意到

$$\begin{aligned}&\sec\theta\cdot\sec\alpha-\tan\theta\cdot\tan\alpha=1+\sec\theta\cdot\sec\alpha-1-\tan\theta\cdot\tan\alpha=\\&1+\sec\theta\cdot\sec\alpha(1-\cos\theta\cdot\cos\alpha-\sin\theta\cdot\sin\alpha)=\\&1+\sec\theta\cdot\sec\alpha[1-\cos(\theta-\alpha)]\end{aligned}$$

因此,④ 变成

$$T(\alpha)=\frac{a}{\omega}+c\{1+\sec\theta\cdot\sec\alpha[1-\cos(\theta-\alpha)]\} \qquad ⑤$$

最后,因为对我们的 α 和 θ,$\sec\theta\cdot\sec\alpha[1-\cos(\theta-\alpha)]\geqslant0$,我们看到,对于在 0 和 $\varphi=\tan^{-1}\frac{a}{b}$ 之间的所有 α,都有

$$T(\alpha)\geqslant\frac{a}{\omega}+c$$

而且,如果 $0<\theta<\varphi$,那么,当 $\alpha=\theta=\sin^{-1}\frac{r}{\omega}$ 时,$T(\alpha)$ 取最小值 $\frac{a}{\omega}+c$. 于是,如果 $\theta<\varphi$,即如果 $\sin^{-1}\frac{r}{\omega}<\tan^{-1}\frac{a}{b}$,那么,这个人应当在距离点 S 为 $b\cdot\tan\theta=br/\sqrt{\omega^2-r^2}$ 的点 L 着陆. 如果 $\theta\geqslant\varphi$,那么这个人应该在点 H 着陆.

❖圆周置数

总和等于100的10个数被放置在给定的一个圆周上. 任意3个紧挨着放置的数之和不小于29. 求一个最小的数A,使得所述的10个数中任何一个都不大于A. 请证明你所求出的A确实是最小的一个.

解 取所放置10个数中最大的一个暂时搁置一旁,将剩下的9个数依顺序分成3组. 每组恰为紧挨着放置的3个数,因而每组之和不小于29. 于是,最大的一个数将不超过$100-3\times 29=13$. 下面的例子说明上界13确实可以达到. 我们在圆周上依次放置以下10个数:3,13,13,3,13,13,3,13,13,13. 显然这样放置的数满足条件,并且最大的数等于13. 因此,13是所有可能的合乎条件放置数的最小上界.

❖蜜蜂问题

两列火车相距50 km在同一轨道上相向行驶,时速均为25 km/h,火车A的前端有一只蜜蜂以50 km/h的速度飞向火车B,遇到B后蜜蜂即回头以同样速度飞向A,遇到A后又回头飞向B,速度始终保持不变,如此下去,直到两列火车相遇时蜜蜂才停住. 问这只蜜蜂共飞了多长距离?

注 关于解蜜蜂问题的故事,在美国数学界广为流传,故事说,这个问题是大数学家冯·诺依曼在一次鸡尾酒会上,一位客人告诉他的.

这个问题最直接且有效的解法是用两列火车运行所需的时间来求解. 由于两列火车相距50 km,相遇时所经过的时间为1 h,所以在这段时间内,蜜蜂正好飞行50 km.

但是,冯·诺依曼解这个问题时,却独辟蹊径,使用无穷级数求和的新思路,现介绍如下.

解 首先,相对于蜜蜂要飞去的火车B来说,它的相对速度为75 km/h,因此,蜜蜂飞到火车B时所用的时间为$\frac{50\text{ km}}{75\text{ km/h}}$,也就是$\frac{2}{3}$h,其间行程为$50\times\frac{2}{3}$km. 容易断定,这时两列火车之间的距离是原距离的$\frac{1}{3}$,即$50\times\frac{1}{3}$km,所以,蜜蜂在下一段由B飞到A时,要飞行的距离是原来的$\frac{1}{3}$. 如此类推,每一段由一列火车飞到另列火车所要飞行的距离都是前一段的$\frac{1}{3}$. 于是,蜜蜂在两列火车相遇时所飞行的全程就是下列无穷级数的和:

$$50\times\frac{2}{3}+50\times(\frac{1}{3}\times\frac{2}{3})+50\times(\frac{1}{3^2}\times\frac{2}{3})+\cdots+50\times(\frac{1}{3^{n-1}}\times\frac{2}{3})+\cdots=$$

$$50\times2(\frac{1}{3}+\frac{1}{3^2}+\cdots+\frac{1}{3^n}+\cdots)=100\times\sum_{n=1}^{\infty}(\frac{1}{3})^n=100(\frac{1}{1-\frac{1}{3}}-1)=$$

$$100\times\frac{1}{2}=50$$

❖村庄小路

一个村庄的形状是正方形,共有9个街区,每个街区是边长为l的正方形,以3×3形式组成村庄. 每个街区都由沥青路围住. 由村庄的一个角上开始沿沥青路走,走过每段沥青路(至少一次)并回到出发点,要走的最小距离是多少?

解　如图1所示的长为$28l$的闭路线是最小的. 四个角各有两条路,至少要到一次(到达及离开),而其余的12个交叉点有三或四条路会合,至少要到两次,因此最小值至少是$(4+12\times2)l=28l$.

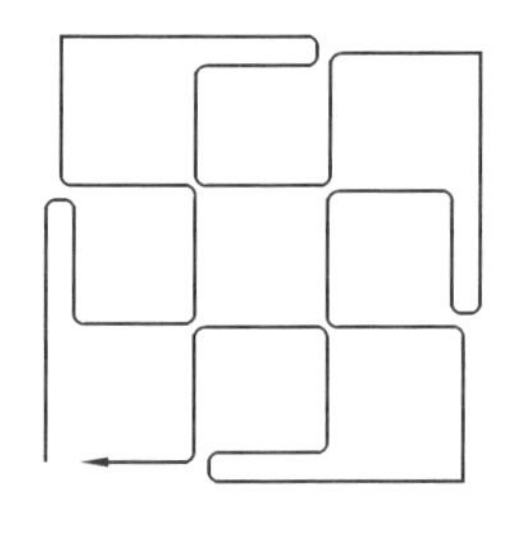

图1

❖迷途知返

一个猎人在一个未勘察过的叫做"野盆地"的地区迷了路. 不过他有一个指南针,而且在两个距离很远的山峰上有两所可见的点了火的护林站A和B,他又知道自己住处O到这两点的方位. 这猎人从一个观测点C测得了A与B的方位,他走到不远的另一个观测点D,从那里他又测得了A,B,C的方位. 不知怎么的,他突然悟到这七个方位应能使他找到回家的方向,即从D到O的方位.

试证明:若他有(1)数学用表;(2)直尺. 此时,他可将指南针作分度仪使用. 这猎人的问题便能获得解答.

证明 设θ为由D到O的方位,α,β为由O到A,B的方位,α_1,β_1是从C到A,B的方位,$\alpha_2,\beta_2,\gamma_2$是从$D$到$A,B$的方位,我们设法确定$\theta$.

(1) 利用t个已知的方位与θ可确定三角形ODA,DAC,DCB,ODB的全部角. 由正弦定理和恒等式

$$\frac{OD}{DB}=\frac{OD}{DA}\cdot\frac{DA}{DC}\cdot\frac{DC}{DB}$$

得出

$$\frac{\sin(\beta-\beta_2)}{\sin(\theta-\beta)}=\frac{\sin(\alpha-\alpha_2)}{\sin(\theta-\alpha)}\cdot\frac{\sin(\alpha_1-\gamma_2)}{\sin(\alpha_1-\alpha_2)}\cdot\frac{\sin(\beta_1-\beta_2)}{\sin(\beta_1-\gamma_2)}$$

其中

$$\sin(\theta-\alpha)=k\cdot\sin(\theta-\beta)$$

$$k=\frac{\sin(\beta-\beta_2)}{\sin(\alpha-\alpha_2)}\cdot\frac{\sin(\alpha_1-\alpha_2)}{\sin(\beta_1-\beta_2)}\cdot\frac{\sin(\beta_1-\gamma_2)}{\sin(\alpha_1-\gamma_2)}$$

从上面的结果,使可能得出要求的方位θ,我们求得

$$\tan\theta=\frac{\sin\alpha-k\cdot\sin\beta}{\cos\alpha-k\cdot\cos\beta}$$

(2) 若无数学用表,用分度规和直尺也可由下面简单的作图法获得问题的解答,以任意适当长度作出CD,直线CA,DA,CB,DB定出点A,B的位置,接着AO和BO确定O,于是能读出DO的方位.

有下列两种情况,用作图法失效且三角方程变成不确定的: i 若CD与A(或B)共线,或 ii 若O与AB共线,此时假若没有别的条件可利用,猎人还可绕道回家,即按照已知的方位到A(或B)处,再由那里返回O处.

❖抛掷硬币

两个人抛掷硬币. 一个人抛他的硬币10次,另一个人抛他的硬币11次. 第二个硬币"头像"出现次数比第一个人多的概率是多少?

解 考虑前20次掷硬币的情况. 可能有三种结果:

(1) 第一个人(A)的"头像"出现次数比第二个人(B)的多;

(2) A与B的"头像"出现次数一样多;

(3) B的"头像"出现次数比A的多.

设(1)的概率是P_1,(2)的概率是P_2,于是(3)的概率也是P_1.

如果(1)出现,A将获胜. 如果(3)出现,B将获胜. 如果(2)出现,获胜者就

由 B 的最后一次抛掷的结果来定，如果是“头像””，则 B 获胜. 所以 B 的“头像”比 A 的“头像”多的概率就是 B 获胜的概率. 这概率是 50%. 所以 B 的“头像”较多的概率为 50%.

❖地铁车站

M 城的街道由 20 × 20 个小正方形组成的整齐的方格网交织而成. 在某些十字路口处设有地铁车站. 现知不论从任何地点出发到街道上，都只需沿着街道走不超过两个路段即可到达地铁车站. 试问 M 城市至少有多少个地铁车站?

解　60 个车站. 我们来沿螺旋线布列互不相交的图形，使它们布满整个 20 × 20 正方形，图形形态如图 1(a) 所示. 这样的图形可放下不少于 60 个，而在每一个图形中都至少存在一个车站. 这表明车站数目不少于 60 个（按照图 1(b) 所示的设计方式布列，则恰好能安排 60 个车站).

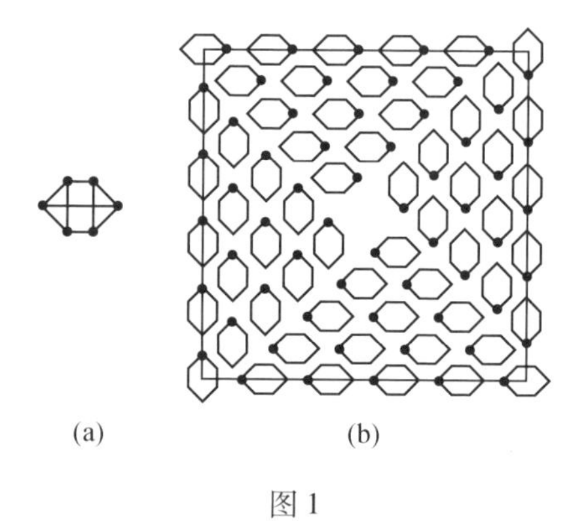

图 1

❖超级象棋

“超级象棋”是在 30 × 30 的棋盘上下的棋，共有 20 个棋子. 每个棋子行走都有自己的规则. 但除起始格子外，移动不能超过 20 个格子. 一个棋子可以抓住在它走的格子上的任何别的棋子. 允许路径（如向前 m 个格子，向右 n 个格子）不依赖棋子的起始格子. 证明：

(1) 一个棋子不能抓住来自多于 20 个起始格子上的给定格子上的棋子;

(2) 可以在棋盘上安排 20 个棋子,使其中没有一个棋子能抓住在某一路径上的任何别的棋子.

证明 (1) 假定有这样一个格子,某一棋子能从 21 个不同格子上移到这一格子上. 这意味着这一格子有 21 个可允许路径,所以从任何起始格子上,它能在一条路径下走到任何 21 个不同格子上. 这与假设矛盾.

(2) 把棋子从 1 到 20 排序. 按要求依次把它们放在棋盘格子上,直到不可能再放棋子. 放置第一个棋子无任何困难. 假定前 k 个棋子已经放好, $1 \leqslant k < 20$,每个棋子占一格子,并控制20个别的格子. 这样$21k$个格子便不能再放棋子. 现在对前k个棋子中的每一个,第 $k+1$ 个棋子能从20个不同格子上抓住它,这又使另外$20k$个格子不能再放棋子,然而$41k \leqslant 41 \times 19 = 779 < 900$,故当 $k < 20$ 时,仍有位置可放第 $k+1$ 个棋子.

❖会议代表

有 1 000 位来自不同国家的代表参加一个会议,每个代表都懂得若干种语言. 现知,其中任意 3 位代表之间都可进行交谈而不需其他人帮助(可能出现 3 人中有 1 人为其余两人充当翻译的情况). 证明:可以将所有的代表分配住进 500 个房间,每个房间两人,使得每个房间中的两个人都可以进行交谈.

证明 在任意3个代表中,都有某两个代表可以相互交谈. 去掉他们之后,在剩下的代表中,这个断言仍可成立. 于是在作了若干次这样的剔除后,我们就会遇到仅剩下 4 人的情况了,对于他们容易验证断言的正确性.

❖计时比赛

两个棋手下棋并用计时钟(当一个棋手走棋后,按动计时钟,他的钟就停止而对手的钟走动). 已知当两个棋手各走了 40 步棋后,两个钟都走了 2 小时 30 分. 证明:在棋局过程中总有一个时候两只钟所记的时间相差 1 分 51 秒. 又是否可以断定曾有一个时候两只钟所记时间之差为 2 分钟?

证明 用反证法. 假定两只钟所记的时间任何时候都不会相差1分51秒,

则先下棋的甲的第一步棋必定在111秒钟之前下，而后下的乙的第一步棋在第222秒（在乙的钟上）之前下，甲的第二步棋（整个棋局中的第三步棋）必走在甲的钟走到333秒之前下. 用归纳法可知，在每一步棋落子时，两只钟所记的时间之差都小于111秒. 从而除甲方的第一步棋外，每步棋的用时都小于222秒. 因此，在甲方的第40步棋落子时，甲的总共用时必定小于79×111秒，这就小于2小时30分. 这个矛盾说明了两只钟所记时间总有相差1分51秒的时候. 另一方面，如果甲的第一步棋用时115秒，此后双方每步棋都用时230秒，直到最后，甲的第40步棋用时145秒，乙的第40步棋用时30秒，则双方的总用时都是2小时30分钟，而两只钟的记时都不会相差2分钟.

❖最大差数

在400张卡片上分别写着数字1，2，3，…，400. 两个人A和B进行如下的游戏：第一步，A任意取出200张卡片给自己，其余的都交给B. B则从交给自己和A取出的两组卡片中各取出100张给自己，把其余的都交给A. 这时，两人手中就各有200张卡片. 下一步时，A再从两人手中的卡片中各取出100张给自己，其余的都交给B，并一直如此交替进行下去. 在B进行完第200步以后，就分别计算出两人手中的卡片上的数字之和C_A与C_B，然后A付给B差额C_B-C_A. 试问在双方都以正确的策略进行游戏时，B所能得到的最大差数是多少？

解 20 000. 如果$x_1\geqslant\cdots\geqslant x_{200}$为第一组数，$y_1\geqslant\cdots\geqslant y_{200}$为第二组数，则当B在执步时取出卡片$x_1,\cdots,x_{100}$和$y_1,\cdots,y_{100}$，那么他就保证了自己这边有$(x_1-x_{101})+\cdots+(x_{100}-x_{200})+(y_1-y_{101})+\cdots+(y_{100}-y_{200})\geqslant 20\ 000$. 但如果A在每一步中，就把数字1，2，…，100，201，…，300归于第一组，而把其余的都归入第二组，而且在B每次执步之后，都使之回到这一情形，则这时就有$C_B-C_A=20\ 000$.

❖猫捉老鼠

在"猫捉老鼠"的游戏中，在迷宫A，B或C中，猫追逐老鼠. 猫从标有K的点出发走第一步，可沿着线走到旁边一点. 然后老鼠从点M出发，按同样规则走一步，等等. 见图1.

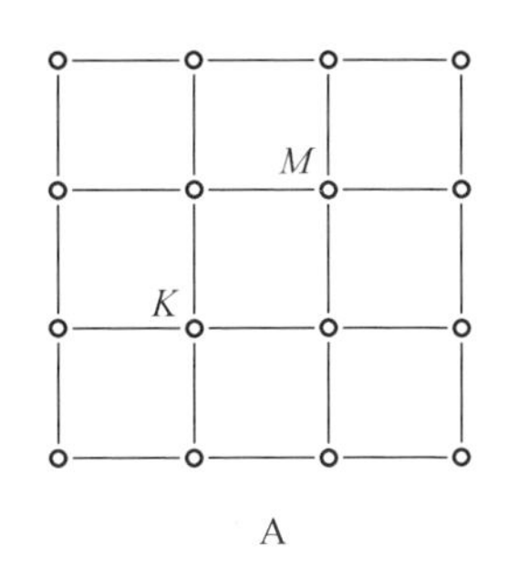

A

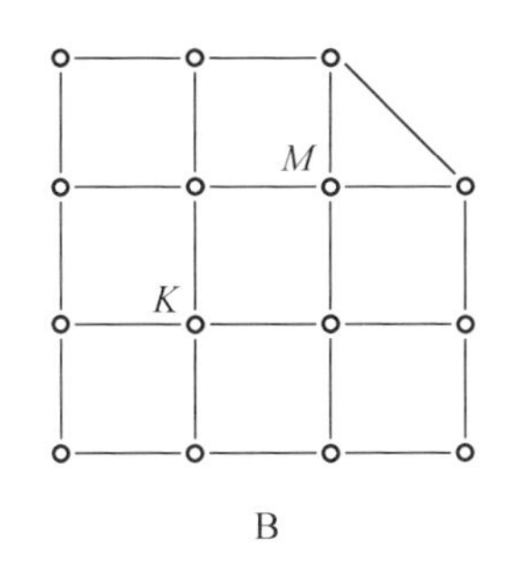

B

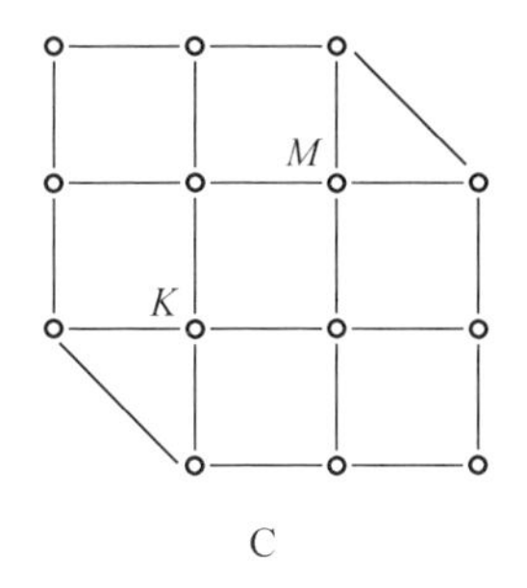

C

图 1

如果在某一时刻猫和老鼠在同一点上,猫就吃掉老鼠. 在图 1 中 A,B,C 的情况下,猫是否有能够抓住老鼠的策略?

解　在迷宫 A 中,易见猫没有抓住老鼠的策略,除非老鼠向猫跑去而自杀. 所以不论猫怎样走,老鼠总可走到与猫处在一个小正方形的对角线的两端的位置上.

在迷宫 B 中,把各点标记如图 2. 并把这些点依次交替地涂成白的和黑的(图 3). 不论老鼠怎样走,猫的头五步为

$$K \to L \to M \to D \to R \to M$$

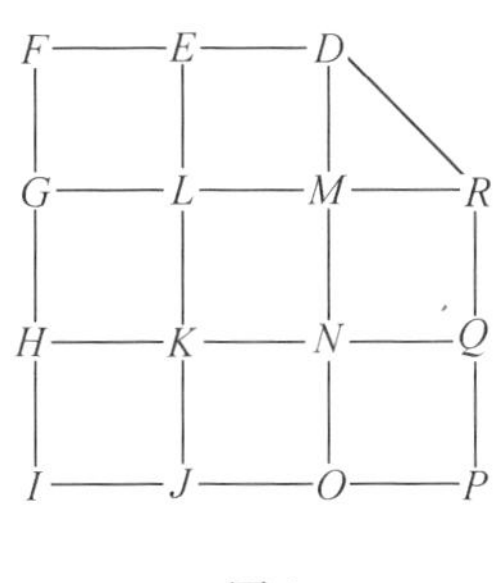

图 2

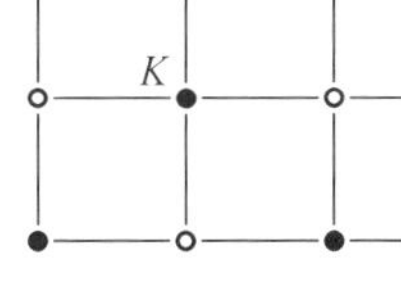

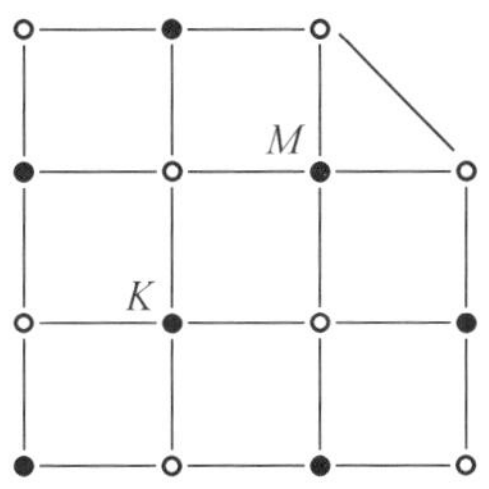

图 3

这样老鼠的头五步中,不能在 D 与 R 之间走. 各走五步后,猫在 M 处,老鼠在白点上(P,J,H,F 之一). 这样,猫总能把老鼠逼到角上而吃掉.

在迷宫 C 中,老鼠可以按猫的走法使自己处于中间小正方形的中心点对称的位置. 这样猫就无法抓到老鼠.

❖愿望能否实现

在尺寸为 8 × 8 的国际象棋棋盘的所有方格里都填上自然数. 允许挑出任

何一个尺寸为3×3或4×4的正方形,将其中所填写的所有自然数都加1. 我们希望在经过若干次这样的运算之后,可以使得所有方格中的数都可被10整除. 试问这种愿望是否总能实现?

解 并非永远都可实现. 我们按mod10来考察这些数(即考察这些数的最后一个数码). 取一组全为0的数,我们来考察,从这组数出发,借助条件中所指的运算,究竟可以得出多少组数来? 尺寸为3×3和4×4的正方形共有$(8-3+1)^2+(8-4+1)^2=61$个,所以所求的数组不多于10^{61}个. 但是所有可能的不同数组却有10^{64}个之多. 因此,必然存在这样数组,它们不能从全0数组出发,借助于所述的运算来得到. 那么当我们将这样的数组取作最初的数组时,所述的愿望便不能实现了.

❖钢琴家

假设有无限多间房间排成一排,向两个方向无限延伸. 将这些房间用连续整数加以编号. 每间房间里放有一架钢琴,有限多位钢琴家住在这些房间里(一些房间里不止住着一位钢琴家). 每天都有两位住在相邻房间(例如k号和$k+1$号房间)的钢琴家,由于担心影响对方练习,分别搬到$k-1$和$k+2$号房间去住. 证明:经过有限天之后,这样的搬家过程必定终止.

证明 假设有N位钢琴家. 对于$1\leqslant i\leqslant N$,假设从左边数第i位钢琴家在k次搬家后住在$X_{i,k}$号房间. 则有下述事实:

(1) 对任意k,总有$X_{1,k}\leqslant X_{2,k}\leqslant\cdots\leqslant X_{N,k}$;

(2) $X_{1,0}\geqslant X_{1,1}\geqslant X_{1,2}\geqslant\cdots$;

(3) $X_{N,0}\leqslant X_{N,1}\leqslant X_{N,2}\leqslant\cdots$;

(4) $X_{1,k}+X_{2,k}+\cdots+X_{N,k}$是一个常数;

(5) 当k增加1时,$X_{1,k}^2+X_{2,k}^2+\cdots+X_{N,k}^2$增加4.

(4)和(5)成立是因为每次搬家后,对某个j,住在j和$j+1$号房间的两位钢琴家分别搬到$j-1$和$j+2$号房间,从而有

$$(j-1)+(j+2)-j-(j+1)=0$$
$$(j-1)^2+(j+2)^2-j^2-(j+1)^2=4$$

如果搬家过程永不终止,则(5)中的和将无限制地增长. 根据(1)~(4),这意味着$X_{1,k}$要无限制地减小,而$X_{N,k}$要无限制地增大.

显然当 $N=2$ 时上述情况不可能发生. 假设 $N=M$ 是使得上述情况发生的最小正整数,则对于 $2\leqslant m<M$,存在整数 C_m,使得对所有的 k,均有 $X_{1,k}\geqslant X_{1,0}-C_m$ 和 $X_{N,k}\leqslant X_{N,0}+C_m$. 记 C 为 $C_2,C_3,\cdots,C_{M-1}$ 的最大值. 现在考虑这 M 位钢琴家. 如果 $X_{1,k}$ 无限制地减小,而 $X_{M,k}$ 无限制地增大,则对某个 l,$X_{M,l}-X_{1,l}>3MC$. 由抽屉原理,存在某个 j,使得 $X_{j+1,l}-X_{j,l}>3C$. 现在,住在第 j 位钢琴家左侧的钢琴家数目(包括他本人)必定少于 M,因此 $X_{j,k}$ 最多可能再增大 C. 同理 $X_{j+1,k}$ 最多可能再减小 C. 这说明住在第 j 位钢琴家左侧的钢琴家(包括他本人)与住在他右侧的钢琴家互不干扰,不会再搬家. 于是 $X_{1,k}$ 最多再减小 C,而 $X_{M,k}$ 最多再增大 C,这说明 $X_{1,k}$ 无限制地减小,而 $X_{M,k}$ 无限制地增大是不可能的.

❖"黑匣子"的秘密

在一个"黑匣子"(不知其内部结构)上,装有一个由 N 盏指示灯组成的信号盘和一个由 N 个开关组成的控制器,其中每个开关都有两种不同状态. 当对控制器上的开关作一切可能的状态变换时,信号盘上的指示灯则相应地呈现出一切可能的亮灭组合. 且信号盘上指示灯的亮灭状态惟一地取决于控制器上开关的状态. 现知,每变换一个开关的状态,都恰好改变一盏指示灯的亮灭状态. 证明:每一盏指示灯的状态都惟一地取决于一个开关的状态(即每盏指示灯都有一个自己的控制开关).

证明 (1)在开关的任何状态之下,对于每一个指定的指示灯,都可以通过改变某一个开关的状态来控制其亮灭,这是因为改变不同的开关的状态对应着改变不同的灯的亮灭情况.

(2)将所有的开关都扳到这样一个状态,使得每一个指示灯都灭掉. 每一个开关的这种状态称做"断开"或"接通". 如果现在"接通"k 个开关,则有 $r\leqslant k$ 个指示灯点亮. 但若 $r<k$,则可扳动 r 个开关,使得所有的灯都熄灭(参考(1)),然而此时却非所有的开关都断开了. 这个矛盾告诉我们必有 $r=k$.

(3)将开关按 $1,2,\cdots,n$ 编号,然后再为指示灯编号,使得当第 i 号开关接通而其余开关都断开时,则第 i 号指示灯点亮. 我们来证明,如果接通第 i_1,$i_2,\cdots,i_k$ 号开关,则相应号码的指示灯便都会点亮. 由(2)可知,此时必有 k 个指示灯点亮. 但若其中有一个指示灯的编号 j 有别于 $i_1,i_2,\cdots,i_k$. 我们通过扳动 $k-1$ 次开关,可以熄掉其余 $k-1$ 个指示灯(参考(1)). 于是开关 $i_1,\cdots,i_k$ 中有一个被接通,但是 j 号指示灯却亮着,这与 j 的编号原则矛盾. 结论得证.

❖足球比赛

八支足球队参加单循环比赛(每队与另外任何一队比一场),没有平局.证明在赛后可以找到四个队 A,B,C,D,使得 A 打败 B,C,D,而 B 打败 C,D 以及 C 打败 D.

解 八支球队中,总有赢的场次最多的冠军队,用 A 表示冠军队.它至少要赢4场.用 B,C,D,E 表示被 A 打败的球队.在这些队中(只看这些队之间的比赛),又有一支冠军队,它至少赢两场.例如,B 队是冠军队,它打败了 C 和 D.而 C,D 之间的比赛总有个胜队.所要求的队 A,B,C,D 的次序总是存在的.

注 为保证这一结果,八支球队是必须的.对于七支球队,球队编号为0到6(编号作为模7理解,即10队即为3队),如果第 i 队只打败 $i+1,i+2,i+4$ 队,$i=0,1,2,3,4,5,6$,就没满足题中要求的四支球队.

❖墨渍的形状

一张纸被染了墨渍.对于墨渍中的每一点都确定出它到墨渍边界的最大距离和最小距离.在一切最小距离中取最大值,在一切最大距离中取最小值,并比较它们的大小.如果这两个值相等,试问墨渍应具有什么形状?

解 设墨渍中的各点到边界的最小距离在点 A 处达到其最大值 r_1,而各点到边界的最大距离在点 B 处达到其最小值 r_2.则以 A 为圆心以 r_1 为半径所作的圆含于墨渍内部,而以 B 为圆心以 r_2 为半径所作的圆包含着墨渍.根据 $r_1=r_2=r$ 可知,点 A 与点 B 重合,而墨渍的形状即为以 r 为半径的圆.

❖兵行天下

(1) 在一块大小为 20×20 的国际象棋棋盘上,每个方格都有一个兵.试求最大可能的正实数 d,使得可以将每个兵都移至一个新方格,移动的距离(即原来方格的中心和新方格中心之间的距离)至少为 d,且每个方格都恰有一个兵

(给出最大可能的 d,证明可以将每个兵至少移动距离 d,而且没有更大的 d 使得这一过程能够实行).

(2) 对于大小为 21×21 的国际象棋棋盘回答与(1) 相同的问题.

解 (1) 设方格中心的坐标为(i,j),$1\leqslant i,j\leqslant20$. 在方格(11,11) 处的兵最远可以到达(1,1),所以 d 的最大值为 $10\sqrt{2}$. 下面证明确定可以将每个兵都移动至少 d. 记

$$p_k=\begin{cases}k+10,k\leqslant10\\k-10,k\geqslant11\end{cases}$$

$k=1,\cdots,20$. 我们把方格(i,j) 处的兵移到方格(p_i,p_j). 这样移动之后,每个方格都恰有一个兵,且每个兵移动的距离都恰好等于 $10\sqrt{2}$.

(2) 设方格中心的坐标为(i,j),$1\leqslant i,j\leqslant21$. 如同(1) 中的讨论,$d$ 的最大值为 $10\sqrt{2}$. 对处于 20×20 以内方格的兵,用(1) 中相同的方式移动,则每个兵移动的距离都恰好等于 $10\sqrt{2}$. 将(1,21) 处的兵移到(21,21),将(21,21) 处的兵移到(21,1),将(21,1) 处的兵移到(1,21). 这些移动的距离至少有 $20>10\sqrt{2}$. 对于 $2\leqslant k\leqslant20$,将$(k,21)$ 和$(21,22-k)$ 处的兵互换位置. 这些移动的距离等于

$$\sqrt{(21-k)^2+(1+k)^2}=\sqrt{2(22-k)^2-42}\geqslant\sqrt{2\times11^2-42}=10\sqrt{2}$$

❖奔跑的狮子

在半径为 10 m 的圆形表演场地中,有一头狮子在奔跑,它沿着折线共跑了 30 km. 证明:它在拐弯中所转过的角之和不少于 2 998 弧度.

证明 依次以狮子的转弯点为轴来旋转场地,把狮子的轨迹变为直线. 在每一次这样的旋转后,场地的中心 O 都移过了一段距离,其大小不超过狮子的相应的转角之值(以弧度为单位) 同 10 m 的乘积(因为此时场地中心与狮子的距离不超过 10 m). 因此,点 O 所移动的距离之和不超过狮子所拐的角的和同 10 m 的乘积. 但是不难看出,连结点 O 开始时的位置与之最终位置的线段之长不超过 29 980 m(因为 30 000 - 20 = 29 980),由此即得所证之结论.

❖舞蹈训练班

在一个舞蹈训练班里,15个男孩和15个女孩相对站成两排,形成15对.已知每对男女的身高相差不超过10 cm.现在让这些男孩和女孩分别按照从高到矮的次序站成两排,重新形成15对.证明:这15对男女的身高同样相差不超过10 cm.

证明 设$b_1 \geqslant b_2 \geqslant \cdots \geqslant b_{15}$为15个男孩的身高,$g_1 \geqslant g_2 \geqslant \cdots \geqslant g_{15}$为15个女孩的身高.假设存在某个$k \in \{1,\cdots,15\}$,使得$|b_k - g_k| > 10$.不妨假设$g_k - b_k > 10$,则对任意$i \in \{1,\cdots,k\}$和$j \in \{k,\cdots,15\}$,均有$g_i - b_j > 10$.考虑身高为$b_j, j \in \{k,\cdots,15\}$的男孩和身高为$g_i, i \in \{1,\cdots,k\}$的女孩.由抽屉原理,这16个男女中至少有2人是原来的一对,而他们的身高相差超过10 cm,与题设矛盾.

❖两个齿轮

两个相同的齿轮各有32个齿,它们在啮合时同时掉了6对齿.证明:可使一个齿轮相对另一个齿轮这样来转动,使得在一个齿轮的断齿处刚好碰上另一个齿轮的整齿.

证明 用n表示被碰掉了的齿的对数($n=6$或$n=10$),这时在每个齿轮上各有n^2-n+1个齿.上面的齿轮相对于下面的齿轮,一共存在着n^2-n+1种不同的可使两个齿轮的齿相互啮合的放法.我们将齿轮的缺齿位置叫做空穴,并来考察下面齿轮上的一个任意的空穴.显然,在上面齿轮的$n-1$种放法之下(除了原来的一种放法),在该空穴的上方都将出现上面齿轮上的空穴.但是下面的齿轮上共有n个空穴,因此在上方齿轮的n^2-n+1种放法之中,只有$n(n-1)$种放法可以出现上下空穴对齐的情况.既然有$n^2-n+1-n(n-1)=1$,所以可以找到上面齿轮的一种放法,使得上下方的断齿碰到整齿.

❖互相攻击

在 $N\times N$ 的国际象棋棋盘上放置 N^2 个马. 问是否有可能将它们重新放置，使得原来能够互相攻击的任意一对马在重新放置后处于相邻(即至少有一个公共的边界点)的方格内？考虑两种情形：

(1) $N=3$；

(2) $N=8$.

解 (1) 能. 如图 1 所示.

1	6	3
4	9	8
7	2	5

→

1	8	7
2	9	6
3	4	5

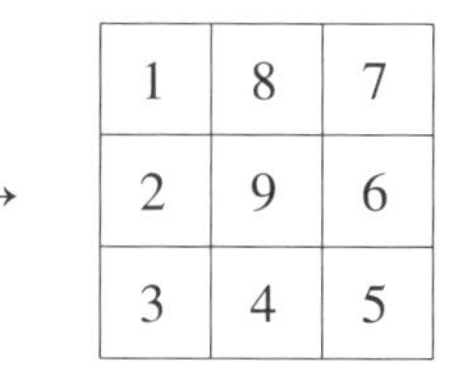

图 1

原来能够互相攻击的棋子对为

$$(1,2),(2,3),(3,4),(4,5),(5,6),(6,7),(7,8),(8,1)$$

经过重新放置，所有这些棋子对都变成相邻的.

(2) 不能. 如图 2 所示.

棋子 0 与棋子 1 到 8 都能够互相攻击，所以在重新放置以后，棋子 1 到 8 均应与棋子 0 相邻. 同理，棋子 0 和棋子 9 到 15 均应与棋子 1 相邻. 但是，棋子 0 和 1 不可能既相邻又没有共同相邻的其他棋子.

		11		12			
	10				13		
	8		1				
7	9			2	14		
		0		15			
6				3			
	5		4				

图 2

❖取走一个砝码后

今有若干个砝码，其质量皆为整数. 现知可将它们分成 k 个质量相同的砝码组. 证明：至少可以有 k 种不同的方法从中取走 1 个砝码，使得剩下的砝码不能再分成 k 个质量相同的组.

证明 如果 1 个砝码被取走之后，我们无法把其余的砝码按质量等分为 k 个组，就称该砝码是本质性的. 不具备这种性质的砝码就叫做非本质性的. 假设原命题不成立，则本质性的砝码少于 k 个. 我们要来证明，对于任意自然数 n，每一个非本质性的砝码的质量都是 k^n 的倍数，即可被任意大的数整除，从而只能表明它们的质量是零，由此引出矛盾. 下面对 n 使用归纳法. 当 $n=1$ 时显然成立. 事实上，全体砝码之和可被 k 整除，而当取走任意一个非本质性的砝码后，其余的砝码又都可以分成 k 个质量相同的组（根据非本质性的砝码的定义），因此知每个非本质性砝码的质量都可被 k^1 整除. 再设每个非本质性砝码的质量都是 k^n 的倍数，我们来证明它们也是 k^{n+1} 的倍数. 由于已假设本质性砝码的数目不少于 k 个，所以必存在 1 组砝码，其中的每一个砝码都是非本质性的（否则本质性砝码组的数目将不少于组数）. 于是这个全由非本质性砝码组成的砝码组的质量是 k^n 的倍数，而由于 k 个砝码组的质量全都相等，故知所有砝码的质量之和，在非本质性的砝码取走之前和取走之后，都是 k^{n+1} 的倍数，由此即知每个非本质性砝码的质量都是 k^{n+1} 的倍数.

❖立方体涂色

某些数量的立方体被涂上六种颜色，每一立方体都有不同颜色的六个面（不同立方体颜色的配置也许是不同的）. 这些立方体放在桌子上形成一个矩形，允许把其中一列的立方体拿出来，沿着它的长轴旋转后重新放入矩形中. 对矩形的每一行也允许进行类似操作. 我们是否能通过如此操作，总是做成单色的矩形（即使得所有立方体的顶面有同样颜色）？

解 这一工作总是可以完成的. 首先选择顶面颜色，不妨是红色. 我们调整一个立方体，就意味着让它顶面是红色. 给出一个矩形块，一次调整一个立方

体，从左到右，从前面到背面.

假设下次要调整第 i 行，第 j 列的立方体，假设我们需要旋转 i 行. 为了不调整这一行前 $j-1$ 个立方体，我们旋转前 $j-1$ 列，使得所有红面到左面，当旋转第 i 行时，它们一直保持在左面. 现在再重新调整前 $j-1$ 列.

类似地，如果要旋转第 j 列，我们也可以通过相似的三步过程.

❖寻常国与镜子国

现有两个国家，一个是寻常的国家，另一个是它的镜子国. 对于寻常国家中的每一个城市，镜子国中都有一个城市与之对应，反过来也一样. 现知，若寻常国中的某两个城市之间有铁路连接，则在镜子国中相应的两城市之间没有铁路连接；而对寻常国中的任意两个无铁路连接的城市，在镜子国中相应的两城市之间却一定有铁路连接. 设在寻常国中，女孩阿莉莎如果少于两次中转，就不能由 A 城到达 B 城. 证明：阿莉莎在镜子国中，可以由任何一城市到达另一个城市，且都不需要超过两次中转.

证明　在寻常国中 A 城和 B 城之间没有铁路相连（否则由 A 至 B 不用中转即可到达），所以它们在镜子国中有铁路相连. 现设 C 与 D 是任意两个城市. 在寻常国中，C 不可能同时与 A 和 B 都有铁路相连（否则由 A 至 B 只需中转一次），因此在镜子国中，由 C 城有路通往 A 城或 B 城. 对于 D 城亦有类似情况. 所以阿莉莎在镜子国可以由 C 到达 D（经过 A 城或 B 城），而不用超过两次中转.

❖兵临空格

在 8×8 国际象棋棋盘的左下角放着 9 个兵形成 3×3 的正方形. 任何一个兵都能跳越另一个兵进入一空格，即可以认为是关于相邻兵的中心对称反射. 现在要求 9 个兵重新排列于棋盘的另一个角形成 3×3 的正方形，问能否将兵重新排列于：

（1）左上角？

（2）右上角？

解法 1　（1）国际象棋的棋盘是黑白相间的. 注意 5 个兵开始在黑格上，其

他4个在白格上. 所有允许的移动都是在同色格子上进行的. 左上角有5个白格,4个黑格,因此把兵移动到右上角是不可能的.

(2) 从左边把纵列编上数字,注意有6个兵开始在奇数号码的列上,3个兵开始在偶数号码的列上. 在允许的移动下,偶数号码列上的兵总是移动到偶数号码的列上,而奇数号码列上的兵总是移动到奇数号码的列上. 右上角 3×3 正方形中,有6个格在偶数列上,3个格在奇数列上,这是不可能将兵移动到这些位置上的.

解法2 图1中有 $*$ 号标记的格子上的兵,移动后只能停留在 $*$ 号标记的格子上.

*		*		*		*	
*		*		*		*	
*		*		*		*	
*		*		*		*	

图1

左下角 3×3 有4个 $*$,左上角 3×3 有2个 $*$,右上角 3×3 有1个 $*$,因此(1) 和(2) 都不能完成.

注意:实际上,只需解(1) 与(2) 之一,若(1) 是肯定的,旋转 $90°$,就推出(2) 也是肯定的;若(1) 是否定的,(2) 也是否定的. 这是一个8年级的选手指出的.

❖一帆风顺

沿着直线 MN 分布着30个间隔相等的地点 $A_1,A_2,\cdots,A_{30}$,由它们各引出1条直线状的道路. 这30条道路全都位于直线 MN 的同一侧,且与直线 MN 交成的角度如下表所示.

№	1	2	3	4	5	6	7	8	9	10
	60°	30°	15°	20°	155°	45°	10°	35°	140°	50°
№	11	12	13	14	15	16	17	18	19	20
	125°	65°	85°	86°	80°	75°	78°	115°	95°	25°
№	21	22	23	24	25	26	27	28	29	30
	28°	158°	30°	25°	5°	15°	160°	170°	20°	158°

从这 30 个地点同时各开出 1 辆汽车,以相同的速度不转弯地沿着各自的直线状道路驶去. 在这些道路的交叉口上都设有栅栏,凡第一辆驶抵交叉口处的汽车,都可顺利地通过栅栏,而在其后面抵达的车辆,则都被栅栏挡在自己的道路上. 试问哪些汽车可以一直顺利地沿着自己的道路行驶? 哪些汽车会被栅栏挡在某个交叉路口?

解　将由地点 A_n 引出的直线状道路记作 a_n,由 A_n 开出的汽车记作 n. 如果汽车 m 被交叉路口 P_{nm} 的栅栏挡住,则表明角 α_n 比 α_m 更接近于90°(即道路 a_n 比 a_m 更陡,见图1). 设 α_m 在与 α_n 相交的道路中是最陡的一条. 如果 a_m 比 a_n 更陡,则汽车 m 不会在交叉路口 P_{nm} 被栅栏挡住(可用反证法证明). 由于 a_{14} 是最陡的道路(参阅题目条件),所以

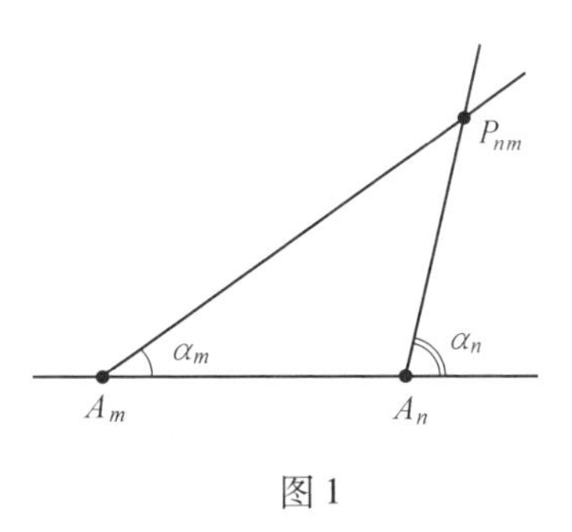

图 1

№14 汽车任何时候都不会被栅栏挡住,而所有行驶在与 a_{14} 相交的其他道路上的汽车都将会被栅栏挡住(这些汽车是 №1,2,3,4,6,7,8,10,12,13,18,19,22,27,28,29 和 30). 再按类似思路作进一步分析,即可知道,只有 №14,23,24 号汽车不会被栅栏挡住. 这一答案不依赖于相邻地点之间的距离.

❖转移液体

有两个 3 L 的瓶子,一个装有 1 L 水,另一个装有 1 L 质量分数为 2% 的盐水. 我们可以把液体从一个瓶子倒入另一个瓶子,然后混合,得到不同浓度的盐水. 问原来装水的瓶子中能否有质量分数为 1.5% 的盐水?

解　允许把一个瓶子中的液体转移到另一个瓶子. 在 n 次转换后,让 a_n 和

b_n 分别表示开始时有水和有质量分数为2% 的盐水的两个瓶子中溶质的浓度，则 $a_0 = 0, b_0 = 0.02$. 假设在 n 次转换后，一个瓶子是空的，那么对所有 $m > n$，$a_m = b_m = 0.01$. 因此，对某一 n 有 $a_n = 0.015$，不能发生有空瓶的情况. 我们可以假设瓶子始终不是空的，注意 $a_0 < b_0$，我们证明对所有 $n, a_n < b_n$.

假设在 n 次转换之前，有 $a_{n-1} < b_{n-1}$. 如果转换是从有水的瓶子开始，那么 $a_n = a_{n-1}$，而 $a_{n-1} < b_n < b_{n-1}$；如果转换是从另一瓶子开始，那么 $b_n = b_{n-1}$，而 $a_{n-1} < a_n < b_{n-1}$. 不论哪种情形，有 $a_n < b_n$. 假设现在对某一 $n, a_n = 0.015$，则 $b_n > 0.015$. 把一个瓶倒空，液体都进入另一瓶子，则质量分数超过0.015，这明显与应是0.01 矛盾. 因此，$a_n = 0.015$ 是不可能的.

❖采蘑菇的小男孩

一些小男孩采蘑菇，其中一人采到6只，其余的人每人都采到13只. 第二次一些学生（人数与第一次不同）出去采蘑菇，其中一人采到5只，其余的人每人都采到10只. 如果已知两次采到的蘑菇数相同，并且蘑菇数大于100，但不超过200，问两次各有几个学生去采蘑菇？

解　设第一次有 $n+1$ 个男孩，第二次有 $m+1$ 个男孩，他们分别采集了 $6+13n$ 和 $5+10m$ 个蘑菇. 并且根据题意

$$7 < n < 15, 9 < m < 20$$

由于两次采集的蘑菇数相同，所以

$$6 + 13n = 5 + 10m$$

即

$$13n + 1 = 10m$$

在区间[8,14] 中存在惟一的数 $n = 13$，使 $13n + 1$ 能被10 整除. 因此，第一次有14 个男孩，第二次有18 个男孩.

❖棋中皇后

一个国际象棋棋盘(8×8 方格）的每一方格染红色或蓝色，证明：有一种颜色的方格具有如下性质，即棋中皇后可以走遍这种颜色的所有方格. 规则是可以多次进入这种颜色的每一方格，也可以穿越另一种颜色的方格，但不能把皇

后放在其上. 皇后可沿水平方向、垂直方向或者方格的对角线移动任何距离.

证法 1 当棋盘的每一格被着蓝色或红色后,如果皇后能按规则走遍所有的蓝(红) 格,那么棋盘称为具有性质 $BQ(RQ)$. 首先注意,若棋盘的某一行或某一列都是蓝(红) 的,则棋盘是 $BQ(RQ)$.

我们对列数用归纳法. 如果只有 1 列,结论显然是成立的. 设有 n 列的棋盘结论成立. 考虑有 $n+1$ 列的棋盘 A. 按上面提示的注意,可以假设 A 中没有全蓝或全红的行和列. 设 B 是 A 去掉最左边一列后的棋盘. 从归纳假设,B 是 BQ 或 RQ. 不妨设 B 是 BQ.

设 S 是 L 中任意一蓝格,如果它在 A 中所在行有另一蓝格 S_0,那么皇后可以联通从 S 至 S_0. L 和 B 是 BQ,即 A 是 BQ. 因此可假设:若 L 中某一方格是蓝的,则它在 A 中所在行所有其他方格都是红的,即 B 是 RQ.

在 L 中一定存在两个相邻的方格 X_1 和 X_2. 不妨设 X_1 是蓝色,X_2 是红色,X_1 在 A 中右边相邻一格 Y(按上面假设) 必定是红的,因此皇后可以从 X_2 至 Y 移动,即 L 和 B 是 RQ,A 亦是 RQ,因此 A 是 BQ 或 RQ. 所以完成归纳法,问题的结论也被证明.

证法 2 皇后首先打算从上到下一行一行地走遍红格. 假设从第 i 行到第 $i+1$ 行不再能走,皇后再打算从左到右一列一列走遍蓝格,假设从第 j 列到第 $j+1$ 列不再能走. 不妨假定(i,j) 这一方格是红色,于是$(i+1,j+1)$ 方格必须是蓝色. 现在,如果$(i+1,j)$ 方格是红色,那么,皇后就能从第 i 行走到第 $i+1$ 行;如果$(i+1,j)$ 方格是蓝色,那么皇后就能从第 j 行走到第 $j+1$ 列. 不论哪种情况,与前面假设产生矛盾.

❖智力冠军

在一次智力比赛大会上,一位选手宣布:如果允许他提出 20 个问题,那么他就能猜中辞海里的任何一个词. 这可能吗?

解 我们讲两种解法:第一种是“理论” 解法,第二种是“实际” 解法.

(1) 在二进位制里,任何一个正整数 N 可以表示为

$$N=\sum_i \alpha_i 2^{i-1}, i=1,2,\cdots,n$$

其中,所有的系数 α_i 等于 0 或 1. 由此可见,给定了 n 个系数 α_i,我们能得到从 1

开始的2^n个自然数. 设$n = 20$,那么,$2^{20} = 1\ 048\ 576$. 由于在《辞海》中解释的词数小于1 048 576,所以可以把它们从1开始编号,所用的数以二进制表示时的符号不超过20个. 这位选手可以这样地提出问题:"您要我猜的词的号码用二进制表示时,第i个数码($i = 1, 2, \cdots, 20$)等于1吗?"

所得到的回答或者"是",或者"不是",这位选手要不了20步就能确定这个号码,从而猜中你所想的词.

(2)《辞海》1979年版共有上、中、下三册. 我们用2个问题确定要猜的词在哪一册,假定它在最厚的有1 652页的中册. 由于$2^{10} < 1\ 652 < 2^{11}$,所以接着用11个问题可以确定要猜的词在哪一页. 为了知道这个词在这一页的哪一栏——左还是右,我们要1个问题,剩下来还有6个问题用于找某一栏里要猜的词,这已经足够了,因为无论哪一栏中的词都不多于$2^6 = 64$个.

❖谁能取胜

在10×10的棋盘上,二人做游戏. 动作是轮流进行的,开局者可往空格里填入X,第二人可往空格里填入O. 当所有100个格子都填满了时,他们计算两个数字C和Z,C是五个连续分布在一行、一列或一条对角线上的X的个数,如有6个这样的X,就算两个,有7个这样的X就算三个,如此类推. 类似地,Z是对O作同样的计算得出的. 如果$C > Z$,则第一人胜;若$C < Z$,则第一个败;若$C = Z$,则为平局. 问第一人是否有策略足以保证

(1) 平局或得胜;

(2) 得胜.

解 (1) 第一人有成平局的策略. 从任何一个格子开始,然后针对第二人的走法,对一条能将棋盘分为两个10×5的中心线采取对称的动作. 如果第二人画上一个对称于已画好了的格子的格子,那么第一人可画任何一个空格并重复这一过程. 最后,我们有一个对称的图形,它保证了$C = T$.

(2) 第二人同样可以使用对称策略以保证$F = S$,因此第一人不可能必胜.

❖编号问题

有 n 个人来自 k 个国家($n \geqslant k \geqslant 2$),若 $n=\frac{3^k-1}{2}$,试问是否存在一种用1,2,…,n 这些数字给他们进行编号的方案,使得每个国家的任何两个同胞的编号之差,都不是一个同胞的编号?

解 下面将这个问题的提法改用集合语言来表述,并对 k 采用数学归纳法进行证明.

命题 对于 $k \geqslant 2$,集合 $S=\{1,2,\cdots,\frac{3^k-1}{2}\}$ 可以分解为 k 个互不相交的子集 $S_1,S_2,\cdots,S_k$,使得每个 S_i 中的任二数之差,不等于 S_i 中的任一数.

证明 当 $k=2$ 时,由于

$$S=\{1,2,3,4\}=\{1,4\}\cup\{2,3\}=S_1\cup S_2$$

S_1,S_2 具有命题所述的性质,即 $k=2$ 时命题成立.

现在设命题在 k 时成立,即

$$S=\{1,2,\cdots,\frac{3^k-1}{2}\}=S_1\cup S_2\cup\cdots\cup S_k$$

其中,S_i 互不相交,且 S_i 具有命题所述的性质.

以下讨论 $k+1$ 的情形. 为叙述方便,设 $l=\frac{3^k-1}{2}$,并且,对于上述的每一个 S_i,我们把 S_i 中的一切元素同加上 $2l+1$ 所得到的数所组成的集合记成 S'_i,即

$$S'_i=\{s+(2l+1)\mid s\in S_i\},i=1,2,\cdots,k$$

并构作如下 $k+1$ 个集合:

$$S''_1=S_1\cup S'_1,S''_2=S_2\cup S'_2,\cdots,S''_k=S_k\cup S'_k$$

$$S''_{k+1}=\{i+1,i+2,\cdots,2i+1\}$$

注意到 $\frac{3^{k+1}-1}{2}=3\cdot\frac{3^k-1}{2}+1=3l+1$,因此显然有

$$S''_1\cup S''_2\cup\cdots\cup S''_k\cup S''_{k+1}=$$

$$S_1\cup S_2\cup\cdots S_k\cup S''_{k+1}\cup S'_1\cup S'_2\cdots\cup S'_k=\{1,2,\cdots,\frac{3^{k+1}-1}{2}\}$$

且显然 $S''_1,S''_2,\cdots,S''_k,S''_{k+1}$ 互不相交.

最后再证明 S''_i 中任两数之差不等于 S''_i 中的任一数($i=1,2,\cdots,k+1$).

(1) 若两数 $l+r, l+s \in S''_{k+1}$，$1 \leqslant r < s \leqslant l+1$. 于是 $(l+s)-(l+r)=s-r \leqslant l$，从而 $(l+s)-(l+r) \notin S''_{k+1}$.

(2) 若两数都属于 $S''_i(1 \leqslant i \leqslant k)$，今 $S''_i = S_i \cup S'_i$，故又分下列三种情况讨论：

i 若两数 $r, s \in S_i(1 \leqslant r < s \leqslant l)$. 于是由归纳假设知 $s-r \notin S_i$，又 $s-r \leqslant l-1$，故 $s-r \notin S'_i$. 从而 $s-r \notin S''_i$.

ii 若两数 $r+(2l+1), s+(2l+1) \in S'_i$，$r, s \in S_i$，且 $1 \leqslant r < s \leqslant l$. 于是

$$[s+(2l+1)]-[r+(2l+1)]=s-r<l$$

故

$$[s+(2l+1)]-[r+(2l+1)] \notin S'_i$$

且由归纳假设 $s-r \notin S_r$，因此

$$[s+(2l+1)]-[r+(2l+1)] \notin S''_i$$

iii 若两数中有一数 $r \in S_i$，另一数 $s+(2l+1) \in S'_i$，$s \in S_i$，又分以下两情况讨论：

a. 如果 $r<s$，于是

$$[s+(2r+1)]-r=(s-r)+(2l+1)$$

由归纳假设知 $s-r \notin S_i$，因此

$$[s+(2l+1)]-r \notin S'_i$$

又由 $s-r>0$，故

$$[s+(2l+1)]-r \notin S_i$$

从而

$$[s+(2l+1)]-r \notin S''_i$$

b. 如果 $s \leqslant r$，于是

$$[s+(2l+1)]-r=(2l+1)-(r-s) \geqslant (2l+1)-(l-1)=l+2>l$$

因此

$$[s+(2l+1)]-r \in S_i$$

又由 $r-s \geqslant 0$，故

$$[s+(2l+1)]-r \in S'_i$$

因此

$$[s+(2l+1)]-r \in S''_i$$

综上所述，S''_i 中任两数之差均不等于 S''_i 中的任一数($i=1,\cdots,k+1$)，从而命题在 $k+1$ 时成立.

至此，命题得证.

上述证明不单对所提问题给出了一个肯定的回答，而且提供了一种具体的

编号方案.

例如,$n=4,k=2$:

$$S_1=\{1,4\},S_2=\{2,3\}$$

$n=13,k=3$:

$$S_1=\{1,4,10,13\},S_2=\{2,3,11,12\},S_3=\{5,6,7,8,9\}$$

$n=40,k=4$:

$$S_1=\{1,4,10,13,28,31,37,40\}$$

$$S_2=\{2,3,11,12,29,30,38,39\}$$

$$S_3=\{5,6,7,8,9,32,33,34,35,36\}$$

$$S_4=\{14,15,16,17,18,19,20,21,22,23,24,25,26,27\}$$

❖掰巧克力

两人进行一项博奕游戏. 一块矩形的巧克力,按6×10的方式,分成60个小方块. 在博奕游戏中,只可沿着划分小方块的直线,把巧克力掰分. 第一人沿着线把巧克力掰开分成两块,拿走其中一块,第二人掰开剩下的巧克力,再拿走其中一块,第一人又将剩下的巧克力掰开,重复这样的过程一直进行下去. 谁最后留下一个小方块巧克力给对手就算获胜,问这项博奕游戏中谁获胜?

解 第一人将在博奕游戏中获胜. 第一人将拿走6×4的一块,留下6×6正方形. 接着,不论第二人如何掰分,第一人始终可留给对手一个小正方块.

❖公路划分

沿一条成直线的高速公路有n根电杆,把公路分成$n+1$段,每段的长不超过1 km. 证明:对于任意的整数k,$1\leqslant k\leqslant n-1$,我们可以只选留$k$个电杆而去掉其余的,把公路重新划分为$k+1$段,使得最长的一段比最短的一段至多长1 km.

解 取个k根电杆组成的集合,我们按以下五步规则选取其一:

(1) 选出所有这样的k— 集合:它分成的$k+1$个路段中,最短一段的长度为最大,设这个最大值为m.

(2) 进一步选出所有这样的 k— 集合:它包含的长度为 m 的路段数尽可能地少,设这个最小值为 p.

如果选出的集合中的任一个,它的 $k+1$ 段中没有长度超过 $m+1$ 的路段,就得到了我们所要的结论,因此可假定这样的路段存在于每一个选出的集合中.

(3) 再选取 k— 集合,使它包含的长度超过 $m+1$ 的路段数尽可能地小,令这个值 $q \geqslant 1$.

在每一个这样的 k— 集合中,考虑所有由一个长为 m 的路段和一个长度超过 $m+1$ 的路段所组成的对子,令第一段界于电杆 A_i 和 A_j 之间,第二段界于 A_s 和 A_t 之间(注意:公路两端也看做一根电杆),对于每一个这样的对子,计算这个 k— 集合中界于对子之间,但不包括 A_i,A_j,A_s 和 A_t 的电杆数.

(4) 再选取 k— 集合,使得其中位于由一个长度为 m 的路段和一个长度超过 $m+1$ 的路段所组成的对子之间的电杆数的最小值尽可能地小,令此数值为 d.

(5) 如果一些 k— 集合仍然保持不能区分,则任取其一,记为 S.

于是选出了一个具有参数 (m,p,q,d) 的由 k 根电杆组成的 k— 集合 S. 假定 $d=0$,那么存在 A_iA_j 和 A_sA_t,使得 $|A_iA_j|=m$, $|A_sA_t|>m+1$,以及 $j=s$ 或者 $t=i$,为不失一般性,我们可以假定 $i<j=s<t$,因为 $A_sA_t-A_jA_s>1$,存在一根电杆 A_z 不在 S 之内,它比 A_s 更靠近 A_jA_t 的中点. 我们定义 S',从 S 中减掉 A_s 并用 A_z 代替. 注意 S' 有参数 $(m+?,?,?,?)$ 或 $(m,p-1,?,?)$,与(1) 或(2) 矛盾,假定 $d>0$,我们可假定 $i<j<s<t$. 令 A_x 是恰好在 A_s 之前的电杆,以及 A_y 是在 A_s 后的第一根使得 $A_yA_t \leqslant m+1$ 的电杆,A_y 不在 S 中且 $A_yA_t>m$,我们定义 S',从 S 中减去 A_s 而代以 A_y,如果 $A_xA_y \leqslant m+1$,则 S' 将有参数 $(m,p,q-1,?)$,与(3) 矛盾. 如果 $A_xA_y>m+1$,则 S' 将有参数 $(m,p,q,d-1)$,与(4) 矛盾,这就得到了我们所希望的结果.

❖互访活动

一个班级的 30 名学生要进行互访活动,每个学生在一个晚上可以访问几家. 但如果那天晚上他有客来访,就必须留在家里. 要每个学生都访问过他的每个同学. 证明:

(1) 四个晚上是不够的;

(2) 五个晚上是不够的;

(3) 十个晚上就够了;

(4) 七个晚上就够了.

证明 以 S 表示日期的集(第一天,第二天 ……),给了一个访问的日程,就对每个学生给一个 S 的子集,以说明这学生在那几天是出去访问的. 一个日程表符合要求的充分必要条件是:在给每个学生的 S 的子集中,没有一个集是另一个集的子集.

现我们证明(4),它蕴含了(3). 这时 $|S| = 7$. 显然,三元子集不会是另一个三元子集的子集. 因为 $\binom{7}{3} = 35 > 30$,S 是足够的三元子集,因此可以给每个学生不同的三元子集. 这样就做出了符合要求的日程安排.

最后我们证明六天是不够的,它蕴含了(1) 及(2). 这时 $|S| = 6$,S 的子集 $S_0, S_1, S_2, \cdots, S_6$ 如果满足 $|S_i| = i$ 及 $S_i \subset S_{i+1}$,就称之为链. 考虑 S 的一个 i 元子集 S_i,它属于 $i!\,(6-i)!$ 条链,因为链中子集 S_i 的前面的子集有 $i!$ 种取法,链中其他一些子集有 $(6-i)!$ 种取法. 对于 $0 \leqslant i \leqslant 6$,$i!\,(6-i)!$ 的最小值是 $3!\,3! = 36$,因此每个子集至少属于 36 条链. 链的总数显然是 $6! = 720$. 因此至多可给 $720/36 = 20$ 个子集(21 个子集中总有两个在同一链中). 因学生有 30 个,所以六天是不够的.

❖多少考生

一次数学考试中,有 4 个选择题,每个题有 3 个可能的答案. 一群学生参加考试,结果是对于其中任意 3 个人,都有一个题目,他们的答案各不相同. 问至多有多少名学生?

解 至多 9 个学生.

我们设每个问题的答案为 0,1,2 三种. 如果人数大于等于 10,则第 4 个问题的答案中,最多的两种至少出现 7 次. 考虑这 7 个人,他们对第 4 个问题的答案为 0 或 1(设答案 2 最少).

这 7 个人对第 3 个问题的答案中,最多的两种(设为 0 与 1) 至少出现 5 次.

5 个人(他们第 3 个问题的答案为 0 或 1) 对第 2 个问题的答案中,最多的两种(不妨仍设为 0 或 1) 至少出现 4 次.

因此,有 4 个人,他们对第 2,第 3,第 4 个问题的答案均为 0 或 1,这 4 个人中有两个人对第1个问题答案相同. 这两个人及另一个人(4个人中的),对每一个问题的答案均至少有两个是相同的,因此总人数小于等于9.

另一方面,如果9个人的答案如下表所示,则每三个人都至少有一个问题,他们的答案各不相同.

问题\人	1	2	3	4	5	6	7	8	9
1	0	1	2	0	1	2	0	1	2
2	1	2	0	0	1	2	2	0	1
3	0	1	2	1	2	0	2	0	1
4	1	1	1	0	0	0	2	2	2

❖西西弗斯

到一个山顶有1 001个台阶,有些台阶上有岩石(每一台阶上岩石至多一块),西西弗斯可以拿任何一块岩石放到它上面最近的一个空的台阶上,而后他的对手埃特把一块岩石(下面的台阶是空的)推下一个台阶.

总共有500块岩石,开始时放在最下面的500个台阶上. 西西弗斯和埃特轮流搬岩石,西西弗斯先搬. 他的目标是要把一块岩石搬到最上面的台阶上. 埃特是否能够阻止他实现这个目标?

解 埃特可以阻止西西弗斯把岩石放到最高的台阶.

每次西西弗斯移动一块岩石而造成空位时,这个空位的上一级台阶一定有岩石(如果西西弗斯某次把台阶A的岩石搬走,在搬走后,A上面一级的台阶上必有岩石,因为在搬A外的岩石时,如果A的上一级台阶是空的,西西弗斯就该把A处的岩石搬到那里). 因此,埃特就可以把A的上一级台阶的岩石推下到A的位置上.

下面我们说明这样的策略就可使西西弗斯永远不能把岩石搬到顶级台阶上.

在开始时第一级台阶上有岩石,而埃特的策略可保证在埃特推下石块后,第一级台阶上总是有岩石的. 还有,开始时在最上面的岩石(在第500级的台阶上)下面没有相连的两级空台阶,而当西西弗斯在搬成有两级相连的空台阶(在它们上面有岩石)时,下面那级台阶必定本来就是空的. 这样,按埃特的策略，埃特就把这相连两级空台阶的上面一级放上岩石. 因此，埃特的策略就保证在他推下岩石后，在最上面的岩石下面不会有两级连着的空台阶. 因而当轮到西西弗斯搬石块时，第一级台阶上是有岩石的，而且在最高的岩石下不会有连着的两级空台阶. 这样，最高的岩石所在的台阶至多是第 999 级台阶. 从而西西弗斯永不可能把岩石放到第1 001 级台阶上.

❖单色长方形

在一直角坐标系中，考虑整点坐标(x,y)，其中x,y为整数，满足$1 \leqslant x \leqslant 12, 1 \leqslant y \leqslant 12$. 将这 144 个点分别染成红、白、蓝三色. 证明：存在一个长方形，它的边平行于坐标轴，它的顶点具有相同的颜色.

证明 不难知道，无论怎样给这144个点着色，下述两情况必有其一发生：

i 位于每条直线$y=j(1 \leqslant j \leqslant 12)$上的12个点中，都恰好为4红、4白、4蓝.

ii 可以找到某条直线$y=j_0$，其上着某种颜色的点数不少于5.

如果情形 i 发生，则三种颜色的点都恰好有 48 个，它们分布在 12 条直线$y=i(1 \leqslant i \leqslant 12)$上. 于是知有某条直线$x=i_0$，不妨就是$x=1$上，有不少于4个红点，可不妨认为$(1,1),(1,2),(1,3),(1,4)$都是红点，如图 1. 又此时在直线$y=1$上也有 4 个红点，不妨设为$(1,1),(2,1),(3,1),(4,1)$. 注意到在直线$y=j(2 \leqslant j \leqslant 4)$上，除了已提到的红点外，分别都还有另外 3 个红点. 我们来考察这 9 个红点的分布.

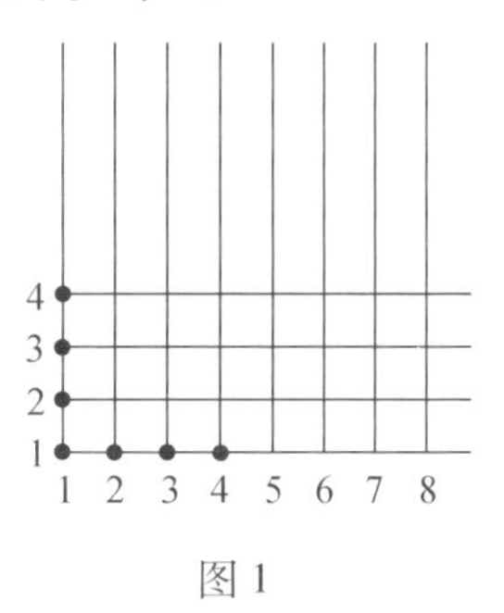

图 1

如果这 9 个红点中，有一个红点(i,j)的横坐标满足$2 \leqslant j \leqslant 4$，则红点$(1,1),(i,1),(i,j),(1,j)$恰构成一个矩形的四个顶点. 如果不然，这 9 个红点都只能分布在8条直线$x=i(5 \leqslant i \leqslant 12)$之上，从而必有 2 个红点具有相同的横坐标，记为$(i,j_1),(i,j_2)$，于是四个红点$(1,j_1),(i,j_1),(i,j_2),(1,j_2)$恰构成一个矩形的全部顶点. 总之，在情形 i 之下，结论成立.

如果情形 ii 发生，不妨就是在$y=1$上有 5 个红点，且它们就是$(1,1)$，$(2,1),(3,1),(4,1)$与$(5,1)$. 我们来考虑如下55个点：(i,j)，其中$1 \leqslant i \leqslant 5$，$2 \leqslant j \leqslant 12$.

如果其中有某两个纵坐标相同的点$(i_1,j),(i_2,j)$同为红点，则四个红点$(i_1,1),(i_2,1),(i_2,j),(i_1,j)$恰构成一个矩形的四个顶点.

如果不然,则上述55个点中至多有11个红点,且每条直线 $y=j(2\leqslant j\leqslant 12)$ 上至多一个,从而至少有44个白点和蓝点,不妨设其中白点的数目不少于22个. 由于它们都分布在5条直线 $x=i(1\leqslant i\leqslant 5)$ 上,所以至少有一条直线,不妨设 $x=1$ 上有不少于5个白点,且不妨设这些白点即为$(1,2)$,$(1,3)$,$(1,4)$,$(1,5)$,$(1,6)$. 我们再来考虑这样20个点:(i,j),其中,$2\leqslant i\leqslant 5$,$2\leqslant j\leqslant 6$.

如果其中有某两个横坐标相同的点(i,j_1),(i,j_2)同为白点,则4个白点$(1,j_1)$,(i,j_1),(i,j_2),$(1,j_2)$恰构成一个矩形的全部顶点.

如果不然,则上述20个点中,至多有4个白点,且每条直线 $x=i(2\leqslant i\leqslant 5)$ 上至多一个. 又由前知,每条直线 $y=j(2\leqslant j\leqslant 6)$ 上至多有一个红点,从而至少有 $20-4-5=11$ 个蓝点. 这些蓝点分布在5条直线 $y=j(2\leqslant j\leqslant 6)$ 上,如图2所示. 从而至少有一条直线,不妨 $y=2$ 上有3个蓝点,且不妨就是$(2,2)$,$(3,2)$,$(4,2)$. 再考虑这样12个点:(i,j),其中 $2\leqslant i\leqslant 4$,$3\leqslant j\leqslant 6$. 由前知,每条直线 $y=j(3\leqslant j\leqslant 6)$ 上至多有1个红点,每条直线 $x=i(2\leqslant i\leqslant 4)$ 上至多有1个白点,故至少还有 $12-4-3=5$ 个蓝点. 它们都分布在4条直线 $y=j(3\leqslant j\leqslant 6)$ 上,所以至少有2个蓝点具有相同的纵坐标,不妨为(i_1,j),(i_2,j). 于是4个蓝点$(i_1,2)$,$(i_2,2)$$(i_2,j)$$(i_1,j)$恰构成一个矩形的全部顶点.

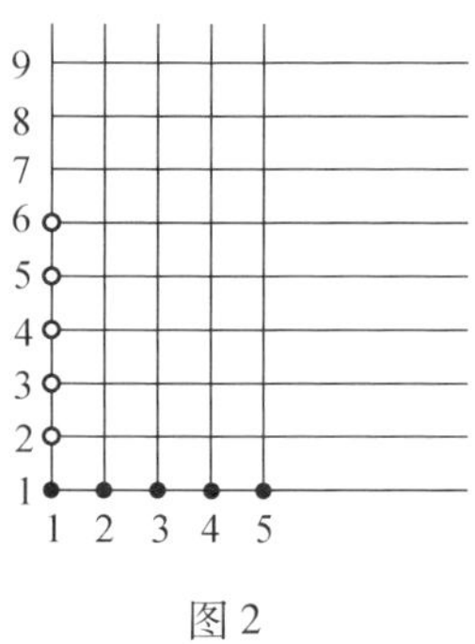

图2

至此,我们证明了在情形ii下结论也成立.

综上,在一切情形下,结论均成立.

❖一条线上的蚱蜢

三只蚱蜢在一直线上,每一秒有一只蚱蜢跳动,它跳过另一只(但不跳过两只)蚱蜢. 证明:在1 985秒后,这三只蚱蜢不会在起始的位置上.

证明 蚱蜢的六种排列为

123 [132] 312 [321] 231 [213]

安排时每隔一个都框起来. 跳一次把排列变成相邻的排列(第一个与第六个排列也看做是相邻的). 如果初始的排法不是加框的一种,由于1 985是奇数,在跳奇数次后,结果必定是加框的某一种排列. 因此在跳1 985次后蚱蜢不会回到起始位置.

❖标准线段

在线段 AB 的两个端点,一个标以红色,一个标以蓝色.在线段中间插入几个分点,在各个分点上随意地标以红色或蓝色.这样就把原线段分为 $n+1$ 个不重叠的小线段.这些小线段两端颜色不同者叫做标准线段.那么,标准线段的个数是奇数,对吗?

解 可以看出,线段 AB 的长度以及各小线段是否等长与解题无关.因此,可不妨设 AB 长为 $n+1$ 个单位,各小线段长均为1个单位.以 A 为坐标原点,AB 为 x 轴建立直角坐标系.对于包括 A,B 在内的 $n+2$ 个点.若标红色则取其纵坐标为0,若标蓝色则取其纵坐标为1,横坐标不变,在坐标系中作出这些点.为不失一般性,设 A 标以红色,则 B 标以蓝色,顺次连接这 $n+2$ 个格点得到一条起点在 x 轴上,终点在 $y=1$ 直线上的折线,其中斜率为 $+1$ 或 -1 的每小段是标准线段,斜率等于0的每小段是非标准线段.显然,从 A 出发每经过两条标准线段回到 x 轴,故只有经过奇数条标准线段才能结束于在 $y=1$ 直线上的点 B,所以标准线段的个数是奇数.

❖俱乐部成员

一个班级的32名学生组有33个俱乐部,每个俱乐部有3名学生,且没有两个俱乐部的成员相同.证明:有两个俱乐部恰有一名共同的成员.

证明 用反证法.假定没有两个俱乐部恰有一个公共成员.如果每个学生至多属于3个俱乐部,那么最多可能有32个俱乐部.因此某个学生A至少属于4个俱乐部.设其中第一个俱乐部由A,B,C组成.第二个就必定恰含B,C中的一个.可以设它由A,B,D组成.如果第三个俱乐部不包含B,就必定由A,C,D组成.然而第四个俱乐部至多只能有B,C,D中的一个,它就和前3个俱乐部中的一个恰有一个公共成员.因此,B属于每个含A的俱乐部.这样,当学生A属于4个或更多的俱乐部时,这些俱乐部都有另一个学生B.而由对称性,A也属于每个含B的俱乐部.

设他们两人属于 k 个俱乐部,因为其余的30个学生中,每个人至多参加含

A,B的k个俱乐部中的一个,所以$k \leqslant 30$,而参加这k个俱乐部的(除A,B外的)另外k个学生也不能参加其余的$33-k$个俱乐部了.这其余的$33-k$个俱乐部都由不在前面k个俱乐部中的$30-k$个人所组成.

因为$30-k<33-k$,与前面一样,总有人至少参加4个俱乐部.同样的论证又可重复一遍.因为正整数不能无限次下降,这就得到了矛盾.

❖如何装色块

如图1,今有9块3种颜色的小方块:3块红色(R),3块白色(W),3块蓝色(B).把它们摆入一个3×3的大方格中去,使每一行和每一行都有3种不同颜色的小方块,如果用转动大方格而改变小方格位置的摆法不算,有多少种摆法?

解 首先注意,至少有3种不同的摆法满足题目条件,这3种摆法的区别在于中心小方格的颜色不同.

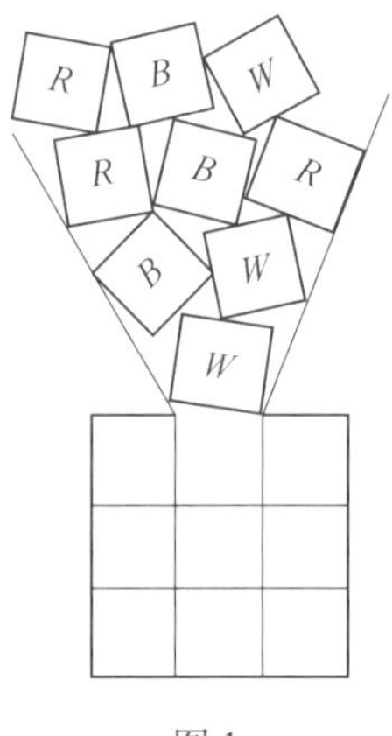

图1

现在来研究不同摆法的最大可能性.可用3种方法摆好左上角.然后,可用两种方法选出一块小方格摆好第一行第二格,最后,还可用两种方法选出一块小方格摆好第二行第二格.选好上面3块小方块后,只有一种方法摆好其余空格.因此最多只有$3\times2\times2=12$种不同的摆法.

但是,旋转大方格,可以把每一种摆法换成另外3种摆法.因此,如果不考虑旋转,最多只有$12\div4=3$种本质上不同的摆法.再和上面提出的至少有3种摆法的结论对照,说明恰好有3种摆法.

❖挑硬币

有68枚质量互不相同的硬币,用天平在100次内要找出最重和最轻的硬币,试说明该怎样来做.

解法 1 要求在 68 枚硬币中，使用天平在 100 次内找出最重和最轻的硬币. 先把硬币分成34对，用天平称34次，每次确定一对中较重和较轻的硬币. 把所有较重的硬币放成一堆，把较轻的硬币放入另一堆. 最重的硬币必定在前一堆中. 把这堆 34 枚硬币分成 17 对，再称 17 次，定出较重的 17 枚硬币，最重的硬币必在其中，因为 17 是奇数，在 17 枚硬币中拿出一枚（到最后再称一次）. 其余的 16 枚再分成 8 对，这样做下去，总共称的次数是

$$17 + 8 + 4 + 2 + 1 + 1 = 33$$

这样就可在重的一堆中确定最重的硬币. 类似地对较轻的一堆用 33 次天平可找出最轻的硬币，而称的总次数为

$$34 + 33 + 33 = 100$$

解法 2 一般地，我们证明对于 $2n$ 枚硬币称 $3n-2$ 次就足够了. 先把硬币分成 n 对，称 n 次就可分成重堆和轻堆. 最重的硬币在重堆的 n 枚中. 每称一次可排除一枚硬币，因为共有 n 枚硬币，称 $n-1$ 次就够了.

类似地称 $n-1$ 次就可定出轻堆中最轻的硬币. 这样称 $3n-2$ 次就可达到目标.

❖棱染色

凸多面体的所有面均为三角形. 证明：它的每条棱都可分别涂成红色或蓝色，使任两顶点之间的通路都仅由红棱或仅由蓝棱构成.

证明 先把某个顶点 A 处的所有三角形的棱均涂色如图 1（不同颜色的棱用不同粗细的实线表示），那么这部分的所有的顶点均已能满足题设. 继续增加与这部分邻接的三角形，涂色原则是：如三角形已有两条棱被涂过色，则第三棱可任意涂一色（如图 1 中 α 面的虚线处），而如三角形只有一条棱被涂过色，则另外两条棱应分别涂以不同的颜色（如图 1 中 β 面的虚线处），这样直至涂完多面体的所有棱，就能达到题中的要求.

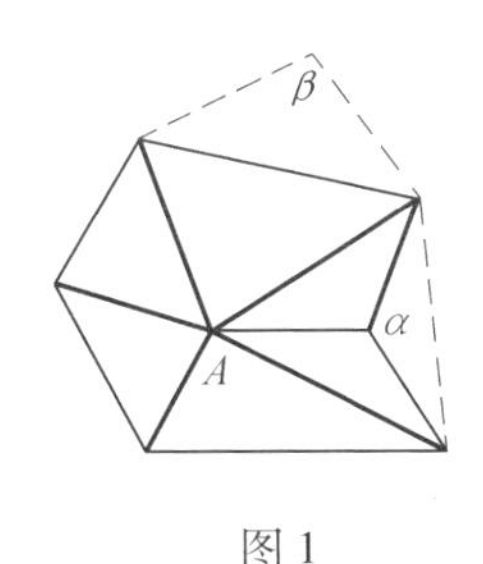

图 1

❖变色龙

在一岛上有13条灰色的、15条褐色的和17条深红色的变色龙.如果两条不同颜色的变色龙相遇,就都同时变成第三种颜色的变色龙(例如,一条灰色的变色龙与一条褐色的变色龙相遇,它们就都同时变成深红色的变色龙).是否可能所有的变色龙都变成同样的颜色?

解 在开始时,各种颜色的变色龙的数目被3除时的余数分别为0,1,2.每一次相遇仍保持这种情况(次序可以改变),因为有两种变色龙的条数减少1,而另一种颜色的变色龙条数增加2.所以任何时候都至少有两种颜色的变色龙.

❖合作伙伴

一次会议有1 990位数学家参加,每人至少有1 327位合作者.证明:可以找到4位数学家,他们中每两个人都合作过.

证明 设数学家 u_1,u_2 合作过.与 u_i 合作过的数学家的集合记为 A_i,则

$$|A_1\cap A_2|=|A_1|+|A_2|-|A_1\cup A_2|\geqslant 2\times 1\ 327-1\ 990>0$$

从而有数学家 $u_3\in A_1\cap A_2$.

$$|A_1\cap A_2\cap A_3|=|A_1\cap A_2|+|A_3|-|(A_1\cap A_2)\cup A_3|\geqslant$$
$$3\times 1\ 327-2\times 1\ 990=1$$

从而有数学家 $u_4\in A_1\cap A_2\cap A_3$.

数学家 u_1,u_2,u_3,u_4 即为所求.

❖六位音乐家

六位音乐家在一次宫廷音乐节上相聚,在安排的每次音乐会上有某些音乐家表演,而另外的几位就作为观众欣赏演出.要使每个音乐家都能够作为观众观看其他任何一位音乐家的表演,这样的音乐会至少进行几场?

解　设六个音乐家是A,B,C,D,E和F.假定只有三次音乐会.因为每个人至少要演出一次,至少有一个音乐会有两个或更多的人演出.例如,A和B都在第一个音乐会上演出,这两人中每人都必须为另一人演出.设在第二个音乐会上A为B演出(即A演出,而B作为观众),而第三个音乐会上B为A演出.这时C,D,E和F都必须在第二个音乐会上演出,因为这是B的仅有的做观众的时间.类似地他们都必须在第三个音乐会上演出.只有第一个音乐会不能使C,D,E,F中每人为另一人演出,因而至少要有四个音乐会.又四个音乐会是够的,因为安排在四个音乐会上演出的分别是A,B,C;A,D,E;B,D,F及C,E,F就可以了.

❖同色方格

在无限宽大的方格纸上的每一格,任意涂上给定的$n(n \geqslant 2)$种颜色中的一种.证明:总可以找到四个同色的方格,以其中心为某矩形的顶点,且该矩形的边与纸上的方格的边平行.

证明　在方格纸上划分出宽度为$n+1$格的水平带状区域,即区域上每一纵列有$n+1$格.由于给定的颜色为n色,所以每列上出现的颜色不超过n色.根据抽屉原则:每列中同色的方格不少于2个.由于带状区域的列数是无限的,而且每列格子上涂色的方式却是有限的(至多n^{n+1}种),再根据抽屉原则,总存在两列的涂色方式是相同的.因此,可在这两列中找到四个(每列两个)同色的格子,以其中心为顶点的四边形是矩形,且它的边与纸上方格的边平行.

注　类似地,还可以找到四个同色的格子,以其中心作为某矩形的顶点,且矩形的边与纸上的方格的对角线平行.

❖巧堆正方体

设有27个同样大小的正方体,其中9个红正方体,9个蓝正方体,9个白正方体.是否可能将这27个正方体砌成一个大正方体,使得每一行(平行于正方体棱的)所含3个正方体恰有两种不同的颜色.

解　首先看一个类似的平面问题:设有9个相同的正方形,其中3个红的,

3 个蓝的,3 个白的,试作一个 3×3 正方形满足类似于原题的要求. 图 1 显示了这问题的一个解(R 表示红色正方形,B 表示蓝色正方形,W 表示白色正方形).

R	R	B
R	W	W
B	W	B

图 1

B	B	W
B	R	R
W	R	W

图 2

回到原问题的解答. 我们在最上一层按照平面问题解答(图 1)的方式放置颜色方块. 第二层的放置与第一层相同. 将前述平面问题解答中的颜色作循环置换得到另一个平面问题解答(图 2),然后按此方式摆放空间问题的第三层颜色方块. 至此,完成了原问题的解答.

❖返回原处

在圆形跑道上 n 个不同点处,有 n 辆汽车正准备出发. 每辆车每小时跑一圈. 听到信号后,它们各选一个方向立即出发. 如果两辆车相遇,则同时改变方向并以原速前进. 证明:必有一时刻每一辆车回到原出发点.

证明 设两辆车在相会时交换其编号,这样我们看到的是每一辆车,例如 1 号车,依同样速度和方向一圈一圈地绕圆周运行. 所以在一小时后(经过若干次变换编号),每一个出发点被一辆与原先号码相同的车占据,并且它准备运行的方向与一个小时前在那里出发的车完全相同.

恢复每辆车原先的号码,就回到实际发生的状态,由于汽车的顺序不会改变,仅有的可能是将原先出发时的状态作了一个旋转(也可以就是原先的状态). 于是对某个 $d\mid n$,经过 d 小时后,每辆车回到了出发点.

❖基本砝码组

满足以下要求的一组砝码被称为一个基本组:组中每个砝码的质量都是整数;组中所有砝码质量的总和等于 200,并且任何不超过 200 的整数质量都可用组中惟一确定的一些砝码通过天平称出("惟一"的含义不涉及用来称重的砝码的排列次序,也不涉及在两个等质量的砝码中选用哪一个 —— 假或有这种选择的可能).

(1) 显然 200 个质量为 1 的砝码组成一个基本组. 试举出不同于这简单情形的另一基本组;

(2) 总共有多少个不同的基本组?

解 (1) 2 个质量为 1 的砝码和 66 个质量为 3 的砝码组成一个基本组. 另外,由 66 个质量为 1 的砝码和 2 个质量为 67 的砝码也组成一个基本组.

(2) 将指出,除了题目中所述的最简单的基本组和上面列出的两个基本组以外,不存有其他基本组. 假设一个基本组含有 k_1 个质量为 w_1 的砝码,k_2 个质量为 w_2 的砝码,$\cdots k_n$ 个质量为 w_n 的砝码,并且

$$w_1 < w_2 < \cdots < w_n$$

因为我们要用质量为 w_1 的砝码称出质量为

$$1,2,\cdots,w_2 - 1$$

的物体,所以必须 $w_1 = 1$,并且(当 $n \geqslant 2$ 时)$k_1 = w_2 - 1$. 如果 $n > 2$,根据同样的推理可断定 $k_1 + k_2w_2 = w_3 - 1$. 更一般地有

$$k_1 + k_2w_2 + \cdots + k_jw_j = w_{j+1} - 1, j = 1,\cdots,n - 1 \quad ①$$

此外,因为总质量等于 200,所以

$$k_1 + k_2w_2 + \cdots + k_nw_n = 200 \quad ②$$

根据 $j = n - 1$ 的式 ① 和式 ② 可得 $w_n - 1 + k_nw_n = 200$,即

$$(k_n + 1)w_n = 201 = 3 \times 67$$

因为 $k_n \geqslant 1$,所以可能的解为

$$w_n = \begin{cases} 1, k_n = 200 \\ 3, k_n = 66 \\ 67, k_n = 2 \end{cases}$$

第一个解显然有 $n = 1$, 即由 200 个质量为 1 的砝码组成基本组. 第二个解只能是 $n = 2$,即(1) 中给出的一个基本组. 利用 $j = n - 2$ 的式 ① 和式 ②,对第三个解得到

$$w_{n-1} - 1 + k_{n-1}w_{n-1} + 2 \times 67 = 200$$

即

$$(k_{n-1} + 1)w_{n-1} = 67$$

但 $w_{n-1} < w_n = 67$,所以 $w_{n-1} = 1$. 因此 $n = 2, k_1 = 66$. 我们看到,第三个解就是 (1) 中给出的另一个基本组.

❖同色三角形

把平面上无三点共线的1 989个点任意地分成117个集合,在每个集合内将每两点均连以线段,并把它们任意地染成红、蓝、黄三色中的一种. 证明:一定有一个集合,其内存在一个三角形,它的三条边是同色的.

证明 因为$1\ 989 = 117 \times 17$,所以当把1 989个点分成117个集合的时候,依抽屉原则,至少有一个集合含有的点不少于17. 在这个集合中,任取一点X,从它引出的线段应不少于16条,它们被分别染成红、蓝、黄三色中的一种. 因为$16 > 3 \times 5$,又依抽屉原则,至少有6条被染成同一颜色. 为不失一般性,我们不妨设图1中的XA,XB,XC,XD,XE,XF被染成红色. 现在再考虑A,B,C,D,E,F这6个点. 如果它们每两点的连线已有一条是红色,则结论已真(如AC染成红色,则$\triangle AXC$为红色边的三角形). 不然,这6点中的每两点的连线只染成黄色或者蓝色中的一种. 下面考虑从A出发的5条连线AB,AC,AD,AE,AF,因它们只染成黄色或蓝色,但$5 > 2 \times 2$,仍依抽屉原则,必有三条染成同色,我们不妨设AB,AC,AD染成黄色. 此时,如果BC,CD,DB中有一条染成黄色,结论已真(如BC染成黄色,则$\triangle ABC$为黄色边三角形). 不然,BC,CD,DB全染成蓝色,则$\triangle BCD$为蓝色边三角形,结论亦真.

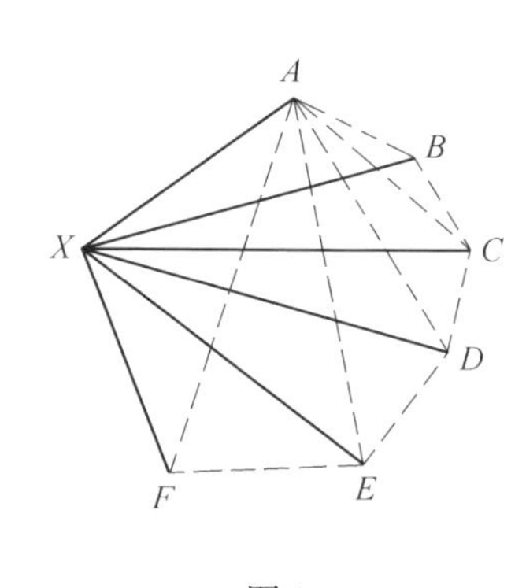

图1

注 我们可以证明更强的结论,即存在至少两个同色三角形,详见附录(3).

❖大象体重

15头象排成一行,它们的质量都是整数. 除了最右那头象而外,每头象的质量与其右邻象的二倍质量之和都恰好等于15吨. 试确定每头象的质量.

解 将大象从左到右用$1,2,\cdots,15$编号. 设第i头象的质量是$(5\ 000 + x_i)$ kg. 则有

$$5\ 000 + x_i + 2(5\ 000 + x_{i+1}) = 15\ 000$$

因而

$$x_i = -2x_{i+1}$$

于是

$$x_{14} = -2x_{15}$$

$$x_{13} = (-2)^2 x_{15}$$

$$\vdots$$

$$x_1 = (-2)^{14} x_{15} = 2^{14} x_{15}$$

但

$$2^{14} = 16\ 384 > 15\ 000$$

如果 $x_{15} \neq 0$,那么第一头象的质量在[0,15 000]之外. 但这不可能,因此 $x_{15} = 0$. 每头象的质量都是 5 000 kg.

❖彼得的朋友

彼得有25名同班同学(他自己未计入数目25之内). 已知这25名同学在班内的朋友数目各不相同. 试问彼得在该班有多少名朋友(请给出一切可能的答案)?

解 分两种情形讨论.

(1) 假定某位同学在班上的朋友数为0. 则除了这位孤独者和彼得以外,其他同学每人在班上的朋友数不多于24. 因为这些同学总共24人,每人在班上的朋友数不同,所以它们的朋友数依次为1,2,…,24.

约定将朋友数为1,2,…,12的同学编为 A 组,将朋友数为13,14,…,24的同学编为 B 组. 将各组同学的朋友数求和,分别得到

$$S(A) = 1 + 2 + \cdots + 12 = 78$$

$$S(B) = 13 + 14 + \cdots + 24 = 222$$

设 A 组中有 k 名同学是彼得的朋友,则 A 组同学在 B 组中的朋友数总和不多于 $S(A) - k$,另外 B 组同学在本组中的朋友数总和不超过 12×11. 因此,彼得在 B 组中的朋友数不少于

$$S(B) - 12 \times 11 - (S(A) - k) = 12 + k$$

但 B 组总共只有12人,所以只能是 $k = 0$. A 组中没有彼得的朋友(A 组同学也没有在本组中的朋友),B 组的每位同学都是彼得的朋友. 对此情形,彼得在班上

有 12 名朋友.

(2) 设班上没有孤独者,每个人都有朋友,朋友数各不相同,最多可达 25 人. 约定将朋友数为 1,2,…,12 的同学编入 A 组,将朋友数为 13,14,…,25 的同学编入 B 组. 将各组同学的朋友数求和,分别得到

$$S(A)=1+2+\cdots+12=78$$

$$S(B)=13+14+\cdots+25=247$$

设 A 组中有 k 名同学是彼得的朋友. 则 A 组同学在 B 组中的朋友数总和不多于 $S(A)-k$. 另外,B 组同学在本组中的朋友数总共不超过 13×12. 于是,彼得在 B 组中的朋友数不少于

$$S(B)-13\times12-(S(A)-k)=13+k$$

但 B 组总共只有 13 人,所以 $k=0$. A 组中无彼得的朋友,B 组中的每位同学都是彼得的朋友. 对此情形,彼得在班上有 13 名朋友.

❖足球冠军赛

在学校足球冠军赛中,要求每一队都必须同其余的各个队进行一场比赛,每场比赛胜队得 2 分,平局各得 1 分,败队得 0 分. 已知有一队得分最多,但它胜的场次比任何一队都少,问至少有多少队参赛?

解 称得分最多的队 A 为优胜队,设 A 队胜 n 场,平 m 场,则 A 队的总分为 $2n+m$ 分.

由已知条件,其余的每一队至少胜 $n+1$ 场,即得分不少于 $2(n+1)$ 分,于是

$$2n+m>2(n+1),m\geqslant3$$

因此可以找到这样一个球队,它和优胜队打成平局,这个队的得分应不少于 $2(n+1)+1$ 分,于是

$$2n+m>2(n+1)+1,m\geqslant4$$

设共有 s 队参赛,则优胜者至少要胜一场,否则,它的得分就不会超过 $s-1$ 分,任何其他一队得分严格少于 $s-1$ 分,而所有参赛队得分少于 $s(s-1)$ 分,而 s 队所得总分为 $s(s-1)$ 分,出现矛盾.

于是 $m\geqslant4$,$n\geqslant1$,即优胜队 A 至少要进行 5 场比赛,即有不少于 6 队比赛.

总可以得到一个 6 个队的比赛得分表,如下表. 符合题设条件,即优胜队 A 胜的场次最少.

	A	B	C	D	E	F	得分
A	/	1	1	1	1	2	6
B	1	/	2	0	0	2	5
C	1	0	/	0	2	2	5
D	1	2	2	/	0	0	5
E	1	2	0	2	/	0	5
F	0	0	0	2	2	/	4

❖继承遗产

若干人共同分享一笔遗产. 所获遗产少于 99 美元的继承人被称为贫者,所获遗产多于 10 000 美元的继承人被称为富者(某些继承人可以既不是贫者,也不是富者,为中产者). 遗产总数和继承人总数满足这样的条件:不论怎样分这笔遗产,所有富者继承的遗产总数不少于所有贫者继承的遗产总数. 试证:富者所获的遗产总数至少是贫者所获遗产总数的 100 倍.

证明　设总共有 n 名继承人,则遗产总数多于 $10\ 000n$. 否则,如果平均分就不会有富者,与题目条件相矛盾. 设这些继承人中有富者 w 人、贫者 p 人和既非富者又非贫者的中产者 m 人. 设各类人继承的遗产总值分别为 W,P 和 M. 显然

$$M \leqslant 10\ 000m$$

如果 $W < 100P$,那么

$$10\ 000n < W + P + M < 101P + M < 9\ 999p + 10\ 000m < 10\ 000(p + m) < 10\ 000n$$

这一矛盾说明 $W < 100P$ 不可能. 因此,只能是

$$W \geqslant 100P$$

❖全盘控制

在 $2n \times 2n$ 的棋盘上,随机地取 $3n$ 个方格. 证明:可以在棋盘上放 n 只车,使

得每个取定的方格上有一只车或至少被一只车控制住.

证明 采用归纳法. 假设结论对 $2(n-1)\times2(n-1)$ 的棋盘成立,考虑 $2n\times2n$ 的棋盘.

如果有一行、一列中没有取定的方格,由于 $3n/2n>1$,所以必须有一行中取定的方格个数大于等于 2,同样也必有一列中取定的方格个数大于等于 2,删去上述两行两列,剩下的 $2(n-1)\times2(n-1)$ 的棋盘至多有 $3(n-1)$ 个取定的方格,根据归纳假设,可放 $n-1$ 只车,使得每个取定的方格上有一只车或至少被一只车控制住. 对于原来的棋盘,只要在上述删去的,至少有两个取定方格的行与列的交叉处再放一只车,就可达到同样的要求.

如果找不到一行、一列均没有取定的方格,那么不妨假定每一行都至少有一个取定的方格. 由于 $3n=2\times n+1\times n$,所以必有 n 行(或更多的行),每行恰有 1 个取定的方格. 不妨设前 n 行每行恰有 1 个取定的方格,并且这些方格在前 n 列. 在后 n 行的前 n 列中放 n 只车,每两只车不同行也不同列. 这些车就能满足我们的要求.

❖采蘑菇

11 名女孩与 n 名男孩到森林中去采蘑菇. 所有孩子总共采到 n^2+9n-2 枚蘑菇,并且每个孩子采到的数量都一样. 试问女孩的数目与男孩的数目哪一个更大?

解 孩子的总数 $n+11$ 能整除蘑菇总数

$$n^2+9n-2=(n+11)(n-2)+20$$

$n+11$ 能整除 20,于是 n 只能是 9. 因此,女孩比男孩多.

❖几篇小说

一本书由 30 篇小说组成,每篇的篇幅分别是 1 页,2 页,…,30 页. 小说从第 1 页开始刊印,且每篇均由新的一页开头. 试问从奇数页码开头的小说,至多有几篇?

解　显然,篇幅为偶数页的小说(简称 A 类小说),其开头和结尾的页码奇偶数相反,而篇幅为奇数页的小说(简称 B 类小说),其开头和结尾的页码奇偶数相同.

我们举出下述的编排方式:从第1页开始,接连刊印15篇 A 类小说,它们每篇都开头于奇数页码. 余下15篇 B 类小说再接着刊印下去,其中有8篇是开头于奇数页码的. 这样,共有23篇开头于奇数页码.

假如有某种编排方式,使得开头于奇数页码的小说有 S 篇($24 \leqslant S \leqslant 30$). 其中 A 类 m 篇($9 \leqslant m \leqslant 15$),$B$ 类 $S-m$ 篇($9 \leqslant S-m \leqslant 15$). 在这种情况下,每篇 B 类小说(若有排在最后一篇的除外)之后,必刊印一篇开头于偶数页码的小说. 因为全书连续刊印,故至少必另有 $S-m-1$ 篇小说刊印在内. 这样,全书至少有 $2S-m-1 \geqslant 48-15-1=32$ 篇,这与全书只有30篇矛盾. 所以,从奇数页码开头的小说,至多有23篇.

❖异色正方体

设有足够多的单位正方体,某些是黑色的,另一些是白色的. 考察由 n^3 个单位正方体砌成的 $n \times n \times n$ 正方体. 如果规定每一个单位正方体恰与三个异色的单位正方体有公共面,那么对怎样的 n,上述 $n \times n \times n$ 正方体可以砌成?

解　针对题中所述的由染色单位正方体砌成的 $n \times n \times n$ 正方体,我们构作一个有 n^3 个顶点的图. 每个顶点代表一个染色的单位正方体. 每条边所连接的顶点代表两个有公共面的异色正方体. 如果 n 是奇数,那么 n^3 个顶点的图不可能每个顶点的度数都等于3. 题目所要求的 $n \times n \times n$ 正方体不可能砌成.

下面指出 $n=2k$ 是所要求的 $n \times n \times n$ 正方体可以砌成的必要充分条件. 对于 $k=1$,我们有 $2 \times 2 \times 2$ 正方体. 对于 $k>1$,$n=2k$,我们用 k^3 个上面 $k=1$ 的情形所示的 $2 \times 2 \times 2$ 基本正方体拼成 $n \times n \times n$ 正方体,每两个基本正方体拼合时,将同样颜色的方格面相对接. 这样拼成的 $n \times n \times n$ 正方体显然符合要求. 综上所述可以判定:当且仅当 n 是偶数时,题目所述的要求可实现.

❖认识不认识

证明:在任何由12人组成的人群中,都可以找出两个人,使得在其余10人中，至少有5个人，他们中的每1个人或者全认识这两个人或者全不认识这两个人.

证明　考虑这个问题时，我们可以站在其中任何1人的角度上来设想，而且还可以把人群的总人数考虑得更一般一些，比如说记作 n.

为便于讨论，我们对每个人，将除他之外的 $n-1$ 个人两两形成的 C_{n-1}^2 个"两人对"都分作两类：将"对"中的两人他都不认识的或都认识的"两人对"归于甲类，而将他认识其中1人不认识另1人的"两人对"归于乙类. 我们先来考察，对其中每个人来说，属于乙类的"两人对"至多有几对？

任取人群中1人，设他认识其中 k 人，不认识其余 $n-1-k$ 人，于是他有 $k(n-1-k)$ 个乙类的"两人对". 注意到算术－几何平均不等式，便得

$$k(n-1-k)\leqslant\left[\frac{k+(n-1-k)}{2}\right]^2=\frac{(n-1)^2}{4}$$

这就是说，每个人至多有 $(n-1)^2/4$ 个乙类"两人对".

这样一来，将各人的乙类"两人对"加起来，不会超过 $n(n-1)^2/4$ 对. 而另一方面，这个由 n 个人所组成的人群中，一共只有 $C_n^2=n(n-1)/2$ 个"两人对". 因此平均来看，每个"两人对"至多有

$$\frac{n(n-1)^2}{4}\bigg/\frac{n(n-1)}{2}=\frac{n-1}{2}$$

个人以其作为乙类"两人对"，但 $\frac{n-1}{2}$ 未必为整数，从而其中至少有1人"两人对"，以其作为乙类"两人对"的人不超过【$\frac{n-1}{2}$】. 于是对于这个"两个对"，至少会有

$$n-2-【\frac{n-1}{2}】=【\frac{n}{2}】-1$$

个人以其作为甲类的"两人对".

在 $n=12$ 的场合，刚好有【$\frac{n}{2}$】$-1=5$，这正是我们所要求证的.

❖循环棋赛

101名棋手参加多场循环赛. 任何一场都不是全体棋手参加的. 已知这101名棋手中任意两名都恰在一场循环赛中相遇. 试证：其中某一名棋手至少参加了11场循环赛（规定参加任何一场循环赛的所有棋手恰好两两对赛一次）.

证明　假定有一名棋手A仅参加了不多于10场循环赛.按照规定,选手A必须与100名其他棋手每人对赛一次.根据抽屉原理,在某场循环赛中,选手A至少与10名其他棋手对赛.因此,参加这场循环赛的棋手至少有11名,至少有一名棋手B未参加这场循环赛.选手B至少要在另外11场循环赛中与他未参加那场循环赛的11名参加者对赛.

❖平面涂色

在平面上画出$n(n \geqslant 2)$条直线,将平面分成若干个区域.在其中的一些区域上涂了颜色,并且任何两个涂色的区域不能有相邻接的边界*.证明:涂色的区域数不超过$(n^2+n)/3$.

证明　如果所画的直线都互相平行,那么它们将平面分成$n+1$个区域,这时能涂色的区域不超过n个.因为

$$(n^2+n)/3=n(n+1)/3 \geqslant n(2+1)/3=n$$

所以在这种情况下,命题成立.

今设并非所有的直线都互相平行.每个区域的边界是由若干条位于不同直线上的线段或射线所组成的.这些线段和射线称为区域的边.每个区域的边数不少于2.用m_2表示有两条边涂色区域的个数,m_3表示有三条边的涂色区域的个数,等等.我们用m_k表示边数最多的涂色区域的个数.

首先证明$m_2 \leqslant n$.任何有两条边的区域的边界是由两条射线组成的,并且每条射线只能是一个涂色区域的边界.所有这样的射线不超过$2n$条(每条直线上的射线不超过两条).所以有两条边的涂色区域的边数不超过$2n$,或者说$m_2 \leqslant n$.n条直线中的每一条被分成的区间(线段或射线)数不多于n,所以所有的区间数不超过n^2,因而所有的区域边的总数也就不超过n^2条.由于每个区间至多是一个涂色区域的边,所以

$$2m_2+3m_3+\cdots+km_k \leqslant n^2$$

涂色的区域数为$m_2+m_3+\cdots+m_k$,利用上述不等式,得

$$m_2+m_3+\cdots+m_k \leqslant m_2/3+(2m_2+3m_3+\cdots+km_k)/3 \leqslant n/3+n^2/3=(n^2+n)/3$$

* 只有一个公共点的两个区域,不认为是有相邻接边界的.

❖交换公寓

在某一城市中只允许简单（成对）交换住房公寓（若两个家庭交换住房，在同一天内，他们不允许再参加另外的住房交换）．证明：任何复合的交换可以在两天内完成（假设在任何交换（简单或复合）中，每一家庭占有一套住房，在交换前或交换后各家庭是不能分散迁移的）．

证明　设有 n 套住房要进行复合的交换．选其中之一标上号码1．现在1号住户要换到另一处，称它为2号．接着，2号住户要换到3号（或者可能是1号）．继续用这样方式标号进行下去，必须达到住房（譬如 k 号）中的住户希望住入1号．现在再寻找一个新住房 $k+1$ 号，再进行上述过程．直到所有 $1,2,\cdots,n$ 住房都已顾及．于是一个完全复合交换，可以分拆成一个或多个各自不相干扰的交换圈．只要说明任何这样的圈的交换是可以通过2天的简单交换达到的，对要证的结论是充分且必要的．

图1和图2指出，对 $k=6$ 和 $k=7$ 是如何做到的．每条实线之间的两个数表明这两个号码的住房在第一天进行简单交换．每条虚线之间两个数表明在第二天进行，这箭头指出所要求的复合交换．

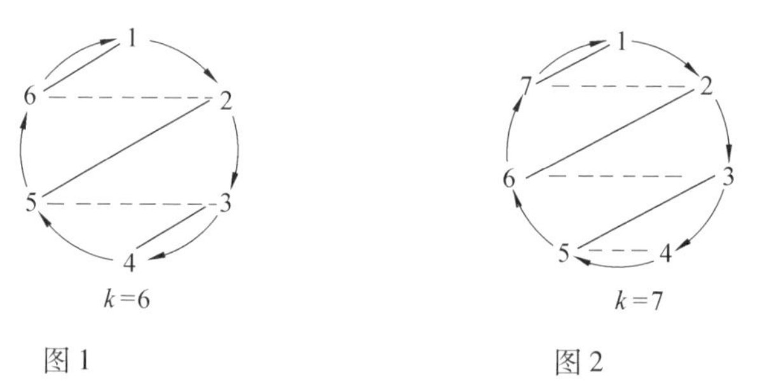

图1　　　　图2

例如，在图1中，3号与4号在第一天互换．在第二天，新的3号住户（即原来的4号）与新的5号住户互换，而新的4号住户（原来的3号住户）就不再换．

对长度为 k 的圈，要求的简单交换如下表．

k	第一天互换	第二天互换
偶数	$\binom{1}{k}\binom{2}{k-1}\cdots\binom{k/2}{k/2+1}$	$\binom{2}{k}\binom{3}{k-1}\cdots\binom{k/2}{k/2+2}$
奇数	$\binom{1}{k}\binom{2}{k-1}\cdots\binom{(k-1)/2}{(k-1)/2+2}$	$\binom{2}{k}\binom{3}{k-1}\cdots\binom{(k+1)/2}{(k+1)/2+1}$

❖党中有党

一个党派有1 982人，在任何四人的小组中，至少有一人认识其他三人. 问在这个党派中认识所有其他人的最少人数是多少？

解 所谓“认识”，或者是双方相互认识，或者是单方面认识.

(1) 假设认识都是双方的——就是说，如果p_i认识p_j，那么p_j也认识p_i. 作一个有1 982个点的图G，每一个点代表一个人. 如果p_i和p_j不认识，就用一条线段把p_i和p_j连接起来. 如果有一个人p认识所有其他的人，那么p和其他点都不相连接，于是p成为孤立点. 这样，问题就变成：G中至少有几个孤立点，才可以使得任何四点及其中两点间可能有的线段所成子图都至少有一个孤立点？

如果G没有线段，那么所有1 982年点都是孤立的，这样显然可以满足题设条件.

如果G有一条线段，除这条线段所连接的两点以外，其余1 980个点都是孤立的，这样也显然满足题设条件.

如果G有两条线段，那么这两条线段必有一个公共端点，因为否则四个端点都不是孤立点，与题设相矛盾. 现在设两条线段是p_1p_2和p_2p_3. 按题设条件，p_1，p_2，p_3和其他点p都不能连接，p和另外的点也不能连接. 这就是说，p不但在其与p_1，p_2，p_3所成的子图中是孤立点，而且在G中也是孤立点，于是这样的孤立点有1 979个.

由上面的分析可知，G至多只可能有三条线段连接三点成为三角形. 这时G中仍有1 979个孤立点，这就是在双方认识的假设下所求的最小数目.

(2) 假设认识可以是单方的. 设想这样的情况：让1 982人排成一个圆周，面向圆内，相邻的人都是向左单方认识，不相邻的人都是双方认识. 换句话说，每个人都不认识他的右邻，但是认识其余1 980人. 这样就没有人认识其他1 981人，能不能使任何四人之中都有一人认识其他三人呢？假设有四人p_1，p_2，p_3，p_4，其中每一人都不完全认识其他三人，由于p_1只不认识他的右邻，这个右邻就只能是p_2，p_3或p_4，不妨设是p_2. 同样，p_2的右邻是p_3或p_4但不能是p_1，不妨设是p_3. 那么p_3的右邻必是p_4. 现在p_4的右邻不是p_1，p_2或p_3，所以p_4认识p_1，p_2和p_3，与假设相矛盾. 因此，在上述情况下也能满足题设条件. 这时没有人认识所有其他的人，就是在容许单方认识的假设下所求的最小数是0.

❖操作问题

给定 $n \times n$ 棋盘. 考察连接棋盘小格的中心并且平行于棋盘边框的那些线段. 由若干条这样的线段衔接而成的不自交闭折线被称为车路. 棋盘的各小格中填有数. 每次操作允许任选一条闭车路,将该车路所经过各方格中填写的数都增加1. 设最初棋盘的一条对角线上所有方格都填有数字1,其他各方格都填写数字0. 试问能否经过若干次操作将棋盘所有各格内填写的数统统变成相同的一个数.

解　用黑白两种颜色给 $n \times n$ 棋盘的小方格交替染色(如同国际象棋棋盘那样). 最初填写数字1的方格颜色都相同,不妨设都为黑色. 于是所有黑格中所填数之和 B 大于所有白格中所填数之和 W. 每条车路经过的黑格数与白格数相同. 因此,任何允许操作都不改变黑格所填数总和减去白格所填数总和之差值,即

$$B' - W' = B - W = n$$

如果 n 是偶数,那么黑格数目与白格数目相等. 不论经过多少次操作,永远不可能将棋盘所有各格填写的数变得完全相同.

再来考察 n 是奇数的情形. 此情形黑格的数目比白格的数目多1. 如前所述,差值 $B - W = n$ 保持不变. 如果若干次操作之后,所有各格中填写的数变成完全相同的数,那么这个相同的数应该是 n. 将设计 n 组车路,其中第 j 组车路不经过对角线上的第 j 个方格,但是经过棋盘上所有其他方格各一次. 于是,经过这 n 组车路所对应的所有操作,棋盘上对角线以外的每个方格都增加了 n,而棋盘对角线上的方格增加了 $n-1$. 这样,所有方格所填数都变成了 n. 下面具体说明这 n 组车路的构造办法. 对于 $n=5$ 情形,鉴于对称性,我们只需指出如图1所示的三组即可. 对更一般的情形,都可以仿照图1中的办法构造出所需的 n 组车路.

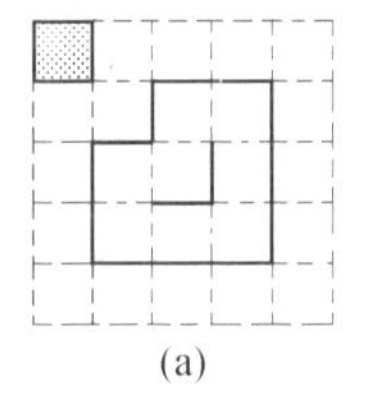
(a)

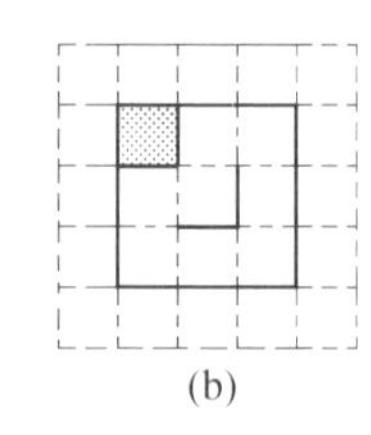
(b)

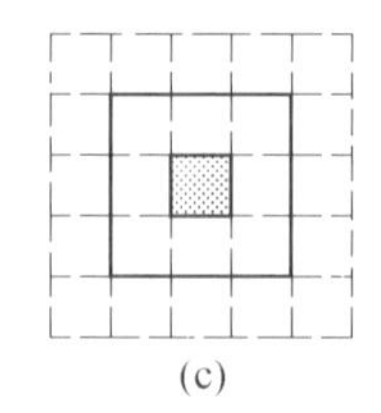
(c)

图1

❖洗牌复原

将顺序为1,2,3,…,2n的2n张牌变成$n+1$,1,$n+2$,2,…,$n-1$,2n,n,即原先的前n张牌移至第2,4,…,2n张,而其余的n张牌,依照原来顺序排在奇数位置1,3,5,…,$2n-1$,这称为一次"完全"洗牌,试确定有哪些n,从顺序1,2,…,2n开始,经过"完全"洗牌可以恢复到原状.

解 n可为任意自然数.事实上令$m=2n+1$.一次洗牌将x变为$y\equiv 2x(\bmod m)$.因此经过k次洗牌后,x变为$2^k x(\bmod m)$.由于m为奇数,所以$2^{\varphi(m)}\equiv 1(\bmod m)$,这里$\varphi(m)$是欧拉函数,从而$2^{\varphi(m)}x\equiv x(\bmod x)$,即经过$k(k=\varphi(m))$次洗牌恢复原状.

❖螺旋放置

平面上按如下方式给出一个螺旋放置的正方形系列:最初是两个为1×1正方形,这两个正方形有一条竖直的公共边,并排水平放置;第三个为2×2正方形,紧贴着放置在前两个正方形上方,有一条边为前两个正方形各一条边之并;第四个为3×3正方形,紧贴着放置在第一个和第三个正方形的左方,有一条边为那两个正方形各一条边之并;第五个为5×5正方形,紧贴着放在第一、第二和第四个正方形的下方,有一条边为那三个正方形各一条边之并;第六个为8×8正方形,紧贴着放置在第二、第三、第五个正方形的右方,……每一个新的正方形与已拼成的矩形有一条公共边,该公共边上含有上一个正方形的一条边.试证:除了第一个正方形以外,所有这些正方形的中心统统都在两条固定直线上.

证明 设所作的正方形依次为$S_0,S_1,S_2,\cdots$这些正方形的中心依次为$(x_0,y_0),(x_1,y_1),(x_2,y_2),\cdots$为确定起见,设最初4个正方形的中心为

$$(\frac{1}{2},\frac{1}{2}),(\frac{3}{2},\frac{1}{2}),(1,2),(-\frac{3}{2},\frac{3}{2})$$

于是

$$\frac{y_2-y_0}{x_2-x_0}=3,\frac{y_3-y_1}{x_3-x_1}=-\frac{1}{3}$$

正方形 $S_0, S_1, S_2, \cdots$ 的边长正好是斐波那契数 $f_0, f_1, f_2, \cdots$ 我们注意到

$$f_n = f_{n-1} + f_{n-2} = 2f_{n-2} + f_{n-3} = 3f_{n-3} + 2f_{n-4}$$

以下将分情形利用正方形的边长计算 $x_n - x_{n-4}$ 和 $y_n - y_{n-4}$，从而算出

$$k_n = \frac{y_n - y_{n-4}}{x_n - x_{n-4}}$$

(1) $n \equiv 0(\mathrm{mod}4)$.

$$x_n - x_{n-4} = -\left(\frac{1}{2}f_n - f_{n-3} - \frac{1}{2}f_{n-4}\right) =$$

$$-\frac{f_n - 2f_{n-3} - f_{n-4}}{2} = -\frac{1}{2}(f_{n-3} + f_{n-4})$$

$$y_n - y_{n-1} = -\frac{1}{2}(f_n + f_{n-4}) = -\frac{3}{2}(f_{n-3} + f_{n-4})$$

$$k_n = 3$$

(2) $n \equiv 1(\mathrm{mod}4)$.

$$x_n - x_{n-4} = \frac{1}{2}(f_n + f_{n-4}) = \frac{3}{2}(f_{n-3} + f_{n-4})$$

$$y_n - y_{n-4} = \frac{1}{2}f_n + f_{n-1} - \frac{1}{2}f_{n-4} = -\frac{1}{2}(f_{n-3} + f_{n-4})$$

$$k_n = -\frac{1}{3}$$

(3) $n \equiv 2(\mathrm{mod}4)$.

$$x_n - x_{n-4} = \frac{1}{2}f_n - f_{n-3} - \frac{1}{2}f_{n-4} = \frac{1}{2}(f_{n-3} + f_{n-4})$$

$$y_n - y_{n-1} = \frac{1}{2}(f_n + f_{n-4}) = \frac{3}{2}(f_{n-3} + f_{n-4})$$

$$k_n = 3$$

(4) $n \equiv 3(\mathrm{mod}4)$.

$$x_n - x_{n-4} = -\frac{1}{2}(f_n + f_{n-4}) = -\frac{3}{2}(f_{n-3} + f_{n-4})$$

$$y_n - y_{n-4} = \frac{1}{2}f_n - f_{n-3} - \frac{1}{2}f_{n-4} =$$

$$\frac{1}{2}(f_n - 2f_{n-3} - f_{n-4}) = \frac{1}{2}(f_{n-3} + f_{n-4})$$

$$k_n = -\frac{1}{3}$$

在前面，我们已经算出

$$\frac{y_2 - y_0}{x_2 - x_0} = 3, \frac{y_3 - y_1}{x_3 - x_1} = -\frac{1}{3}$$

统观各种情形，可以判定：对于偶数 n 有 $k_n = 3$，所有偶数编号正方形的中心全

在过点(x_0,y_0)且斜率为3的直线上. 对于奇数n有$k_n=-\frac{1}{3}$,所有奇数编号正方形的中心全在过点(x_1,y_1)且斜率为$-\frac{1}{3}$的直线上.

❖午夜时分

从中午到午夜(但不包含午夜),时钟的秒针平分时针和分针之间夹角之一(其中有一个大于等于180°)多少次? 检验答案.

解　我们从12点的位置开始按顺时针方向以度数来度量针的位置. 如果以h,m,s表示时针、分针和秒针与12点位置所成角度,则$0\leqslant h,m,s<360°$,则当$s=\frac{h+m}{2}$和$s=\frac{h+m}{2}\pm180°$时,出现平分现象(注意, ±号的选择中仅有一个可得到适当范围内的值). 由此得刚好当$s=\frac{h+m}{2}$是180°的倍数时,秒针平分时针和分针之间两个夹角之一,即考虑中午后t小时的一点,$0\leqslant t<12$时,时针一共移动了$30t$度,分针移动了$12\cdot30t$度,秒针移动了$60\cdot12\cdot30t$度,由此得$30t-h$,$12\cdot30t-m$和$60\cdot12\cdot30t-s$都是360°的倍数,所以$\frac{h+m}{2}$与$\frac{30t+12\cdot30t}{2}$相差180°的倍数,对于某些整数m有

$$60\cdot12\cdot30t-\frac{30t+12\cdot30t}{2}=180m$$

简化得平分条件为$1\,427t=12m$,因而对整数m,平分出现在时间$t=\frac{12m}{1\,427}$,因为$0\leqslant t<12$,我们有$0\leqslant m<1\,427$,所以在12小时内刚好有1 427次平分,每$\frac{12}{1\,427}$小时出现一次,近似地为30.273 3秒.

❖跳石子游戏

我们将62粒石子放到一个普通的8×8棋盘上,每一格放一块而对角上的两个小格空着. 现在我们按如下规则往下拣石子,一次跳过两格,把跳过的两格中的石子拣去. 因而如果我有

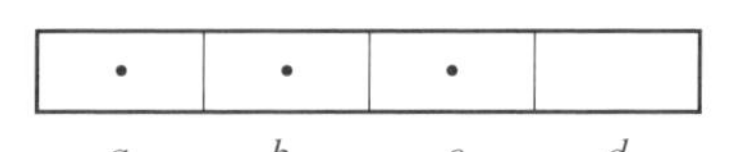

a b c d

我们可以把 a 格中的石子跳到 d 拣去 b 和 c 格中的石子，变成

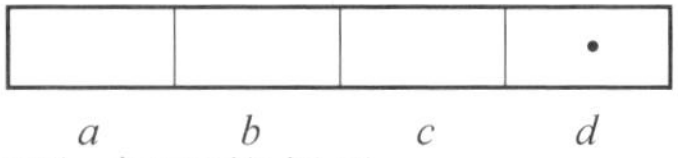

a b c d

我们可以在棋盘上横跳竖跳，但不能斜跳.

证明：如果我们一直跳到只剩下两块石子，它们必在相同颜色的格子内.

证明 在游戏的任一时刻，设变量 R 表示红格中的石子数，设 B 表示黑格中的石子数，我们不妨假定开始时角上两个没有石子的格子都是红色的，所以开始时 $B=32, R=30$，在游戏进行过程中，我们始终跟踪量 $B-R$.

跳一次拣去的两块石头，一块是红格中的，一块是黑格中的，而跳的一块石头从黑格跳到了红格中或从红格跳到黑格中，于是每跳一次 R 或 B 中有一个不变而另一个减少 2. 所以，每跳一次，$B-R$ 或者增加 2 或者减少 2.

现在 $B-R$ 在开始时的值为 2，所以跳过一次它可以被 4 整除，而跳二次后，它又不能被 4 整除了，在跳了第三次以后，$B-R$ 再次能被 4 整除，然后在第四次跳以后再不能被 4 整除. 如此继续下去. 我们看到在任意偶数次跳以后，$B-R$ 都不能被 4 整除.

如果最后剩下两块石头，这时必刚好跳过 30 次，所以 $B-R$ 不能被 4 整除. 特别是我们最后不可能有 $B-R=0$. 因而最后的两块石子必在相同颜色的格子中.

❖保险箱的钥匙

奥林匹克执行委员会由九人组成. 奥林匹克的文件都藏在保险箱内，要使当且仅当委员会的人数不少于 $\frac{2}{3}$ 时才能打开保险箱，那么保险箱应该有多少把锁，配多少把钥匙，怎样把这些钥匙发给委员们？

解 根据条件，委员会的任何五人都打不开保险箱，因为 $5<6=\frac{2}{3}\cdot 9$，也就是说，对于委员会的每五个人都有一把锁他们都打不开，并且不同的这样的五人组对应不同的锁（否则属于两个不同的五人组的不少于六个人还打不开这把锁）. 因此，保险箱的锁应不少于 $C_9^5=\frac{9\cdot 8\cdot 7\cdot 6}{1\cdot 2\cdot 3\cdot 4}=126$ 把. 其次，不属于委

员会中给定的五人组中的四个人中任何一人都应该有打开这个五人组不能打开的锁的钥匙(任何六人都能打开保险箱). 也就是说,需要不少于$4\cdot C_9^5=504$把钥匙. 准备126把锁和相应的504把钥匙,把每把锁的钥匙分给委员会的四个成员,使不同的四人组(确切地说有$C_9^4=126$组)对应于不同的锁. 这样,就满足了问题的条件.

❖游戏公平吗

三个人A,B,C玩下面的游戏. 从集合$\{1,2,\cdots,1\ 986\}$中随机地取一个k元子集,k为小于等于1 986的一个固定整数,各种选取的概率相等,根据所取出的数的和除以3的余数为0,1或2,依次地定出胜利者为A,B或C,问k为何值时,这游戏是公平的(即各人获胜的机会相等)?

解 将集合P中元素的和记为$S(p)$,并根据$S(p)$除以3的余数为0,1或2,将P归入第一、二、三类.

令$T_j=\{3j-2,3j-1,3j\}\{j=1,2,\cdots,662\}$.

如果$3\nmid k$(3不整除k),这时每个k元子集P必与某个T_j的公共元素的个数

$$|P\cap T_j|=1\text{ 或 }2 \qquad ①$$

对每个P,在满足式①的j中,必有一个最小的,记为j_0. 如果$|P\cap T_{j_0}|=1$,将公共元素加1,如果$|P\cap T_{j_0}|=2$,将两个公共元素各减1,必要时,将所得的结果减3或加3,以使所得和或差仍为T_{j_0}中的元素. 经过上述处理,每个第一类的子集P变为第二类的子集P',并且不同的P变为不同的P',于是第二类的子集个数不少于第一类. 同理第三类的子集个数不少于第二类,第一类的子集个数不少于第三类,故这时三类中子集个数相等,从而游戏是公平的.

如果$3|k$(3整除k),这时满足式①的三类中子集的个数仍然相等,但这时有不满足式①的子集,这种子集P的$S(p)$被3整除,因而游戏是不公平的,它有利于A.

❖三连格问题

在1 987×1 987网格的正方形内切去任意一格后,证明:其余部分总能划

分成若干个三连格(三连格如 状).

证明 先指出1 987 = 6 × 331 + 1. 然后用数学归纳法来证明对于一般情况的$(6n+1)\times(6n+1)$ 正方形该命题也成立,第一步考虑当$n=1$,即由7×7 的正方形切去任意一格后的情况. 由于对称关系,所切格子的位置不外乎在图1(a),(b),(c) 三种阴影区内的某格上. 于是其余部分都能按图中所示分成若干三连格.

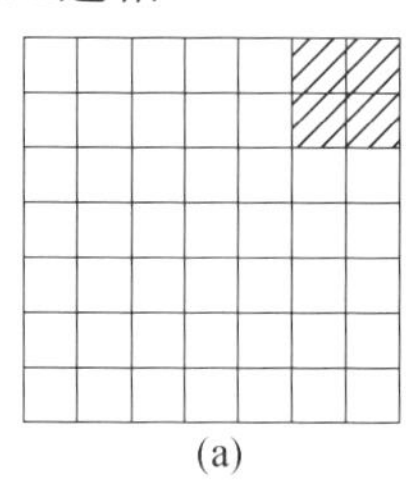
(a)

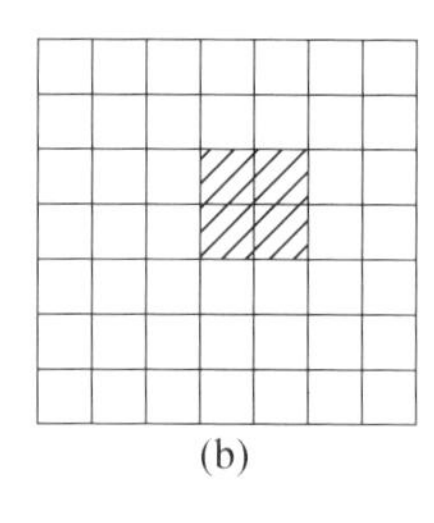
(b)

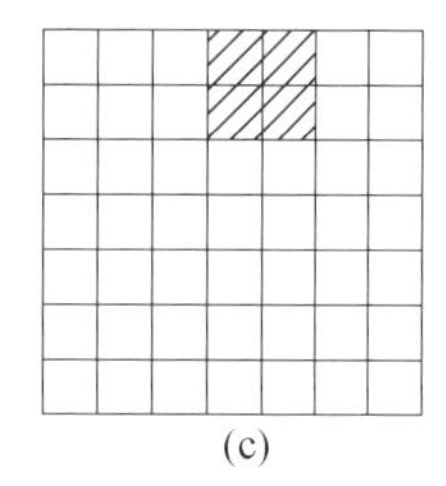
(c)

图1

第二步假设命题对于$(6n+1)\times(6n+1)$ 正方形能成立,再来证明对于$(6n+7)\times(6n+7)$ 正方形能否成立. 不难看出在切去任一小格后,把$(6n+1)\times(6n+1)$ 正方形放在$(6n+7)\times(6n+7)$ 正方形的某一角上并覆盖所切小格总是可以的. 剩下部分也一定能划分成2×3 的长方块从而再分成两个三连格,所以命题也成立.

$n=661$ 即为本题所求.

❖又见黑烟

当你正坐在一条东西向路旁时,风以每小时10 km的速度向东吹. 一辆卡车沿路朝东向你开来,突然马达出现故障,当它离你0.5 km时开始排黑烟,尽管卡车有故障,它仍以常速继续向东开去. 你发现你刚好处在烟中2分钟,问卡车开得有多快(有两种可能的答案)? 试阐述你的理由.

解 你所碰到的烟是卡车在你之西0.5 km到从你身旁开过这段时间内排放的. 注意,如果卡车速度$s<10$ km/h,你一开始遇到的烟是卡车最先排出的,而如果$s>10$ km/h,你首先遇到的是卡车从你身旁开过时最后排出的烟.

从卡车开始排烟那一时刻到你开始遇到烟的这段时间是$t=\frac{0.5}{10}$. 因为风以

每小时10 km的速度将烟吹过了0.5 km,当卡车从你身旁开过去时排出的烟刚一排出在时间 $t=\dfrac{0.5}{s}$ 立即遇到你,因为卡车是以速度 s 通过了0.5 km路程. 既然你在烟中的时间共为2分钟(即为$\dfrac{1}{30}$小时),我们有 $\left|\dfrac{0.5}{10}-\dfrac{0.5}{s}\right|=\dfrac{1}{30}$,这样或者$\dfrac{0.5}{10}-\dfrac{0.5}{s}=\dfrac{1}{30}$,或者$\dfrac{0.5}{s}-\dfrac{0.5}{10}=\dfrac{1}{30}$,由这些方程得 $3s-30=2s$ 或 $30-3s=2s$,因而两个答案是 $s=30$ km/h 或 $s=6$ km/h.

❖规范直线

如果坐标平面上的直线 l 与 x 轴、y 轴、x 轴与 y 轴的角平分线之一平行,则 l 叫做规范直线. 坐标平面上有六个点,其中任意两点连一条直线,在这些直线中最多有多少条规范直线?

解 将平面上给定的六个点构成的集合记作 A,过 A 中任意两点连一直线,设其中有 k 条规范直线,其集合记作 B,如果 A 中的点 a 在 B 中的规范直线 l 上,则将 a 与 l 配成对 (a,l),所有这种对子的集合记作 S. 对于 A 中的点 a,由于过 a 的规范直线至多有 4 条, 即至多有 4 条规范直线和 a 配成对, 因此, $|S(a,\cdot)|\leqslant 4$. 所以, $|S|=\sum\limits_{a\in A}|S(a,\cdot)|\leqslant 6\times 4=24$. 另一方面,对于 B 中的规范直线 l,由于 l 是连结 A 中两点的直线,因此 l 上至少有 A 中两个点,即至少有两个点与 l 配成对,所以 $|S(\cdot,l)|\geqslant 2$ 即得 $2k\leqslant 24$,从而 $k\leqslant 12$.

如果 $k=12$,则由

$$2k=24=\sum_{l\in B}|S(\cdot,l)|=|S|=\sum_{a\in A}|S(a,\cdot)|=24$$

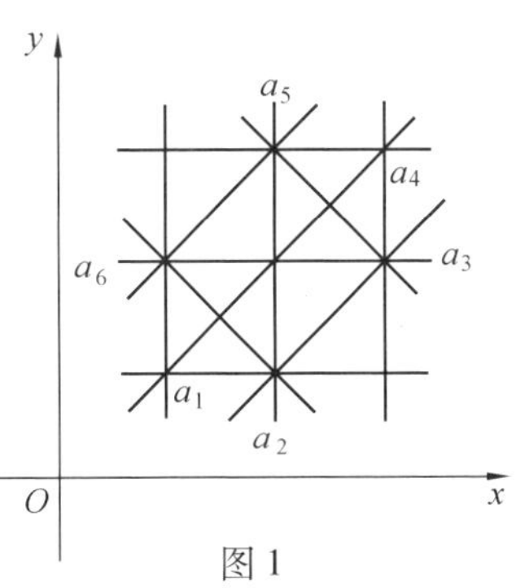

图 1

可知,对 A 中每个点 a,有 $|S(a,\cdot)|=4$,即过点 a 的规范直线恰有4条. 对于 B 中每条规范直线 l,有 $|S(\cdot,l)|=2$,即每条规范直线上恰有2个 A 中的点. 由于 A 是有限点集,因此必有一个矩形区域 D,它的两条边平行于 x 轴,另两条边平行于 y 轴,使得 A 中六个点在 D 的内部或边界上,并且 D 的每条边都含有 A 中的点. 注意,矩形区域 D 必有一个顶点 a 是 A 中的点,否则 D 的每条边有 A 中两个点,从而 A 应有 8 个点,不可

能. 过点 a 的4条规范直线中,必有一条 l 与区域 D 恰有一个交点,即 l 上只有 A 中一个点,但 l 上应有 A 中两个点,矛盾. 因此,$k \leqslant 11$.

图1给出了使 $k = 11$ 的六个点 $a_1,a_2,\cdots,a_6$. 因此,连接六个点中任意两点的直线至多有11条规范直线.

❖十三边形

作一个十三边的多边形(这个多边形可能不是简单的. 意思是说其某些边可能与另外一些边交叉). 作一条与此多边形的13条边都相交的直线. 证明:此直线至少通过一个顶点.

证明　从十三边形的一个顶点开始沿着图形走,即沿着边从一个顶点到另一个顶点移动. 假定直线交每边于内部某一点而不是顶点. 由此推出,当我们沿每边移动时都要穿过该直线一次,而在我们回到起点时,我们共穿过了该直线13次. 因13是奇数,我们的结论是:我们现在相对于直线的位置必是在起点处的对面. 显然这是矛盾的. 因为事实上我们已经回到了起点. 这一矛盾说明一直线交每条边于非顶点的某点是不可能的.

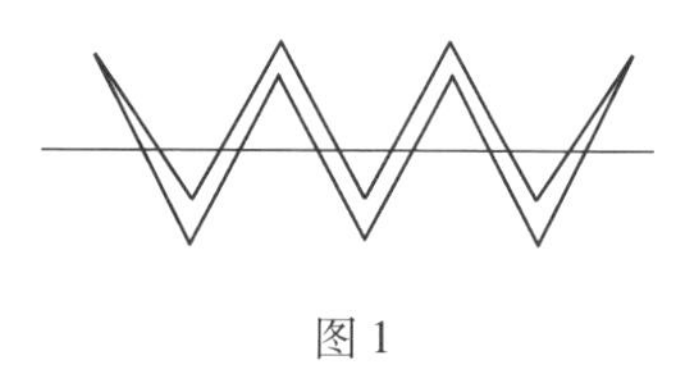
图1

图1说明对某具有偶数条边的多边形是如何可能满足这一条件的,甚至它们的边不相互交叉.

❖象棋选手

一批象棋选手,共 $n(n \geqslant 3)$ 个人. 欲将他们分成三组进行比赛,同一组中的选手都不比赛,不同组的每两个选手都要比赛一盘. 试证:要想总的比赛盘数最多,分组时应使任何两组间的人数最多相差一人.

证明　设比赛盘数最多的分组法是三个组的人数分别为 r 人、s 人和 t 人 $(r + s + t = n)$.

考虑不同组的每两个选手都要比赛一盘,因此,比赛的盘数总数是 $rs + st + tr$.

假设比赛盘数最多的分组法中,“任何两组间的人数最多相差一人”不成立,则至少能找到某两个组,使这两组的人数之差不小于 2. 为确定起见,不妨设 $r - t \geqslant 2$. 我们就将人数为 r 的那个组取出一人放到人数为 t 的那个组中,这样就得到了三组的人数分别为 $r-1, s, t+1$ 的分组法,这种分组法按规则总共要赛的盘数为

$$s(r-1) + s(t+1) + (t+1)(r-1)$$

即

$$rs + st + tr + r - t - 1$$

由于 $r - t \geqslant 2$,所以

$$rs + st + tr + r - t - 1 > rs + st + tr$$

这表明:按新法分组总盘数大于原来分组比赛的总盘数,这与按 r, s, t 分组盘数最多的假设矛盾. 故不可能有两组人数之差不小于 2. 因此,要想总的比赛盘数最多,分组的办法应使任何两组的人数最多相差 1 人.

❖残计算机

我们着手作正整数倒数的加法:$\frac{1}{1} + \frac{1}{2} + \frac{1}{3} + \cdots$. 但是在我们所使用的计算器上,0 键已坏,所以凡包含数字 0 的 n,我们都不能把 $\frac{1}{n}$ 加进去,这样一来,$\frac{1}{10}, \frac{1}{20}, \frac{1}{100}, \frac{1}{1\,023}$ 等等都无法加到和中去. 证明:不管我们如此连续加多长时间,所得和数将永远不会达到 100.

证明 先看看有多少个 n 位数不包含数字 0. 因为这 n 个数字中的每一个都在集合 $\{1, 2, \cdots, 9\}$ 内,回答是 9^n. 这 9^n 个数中每一个都超过了 10^{n-1},所以它们的倒数之和小于

$$9^n\left(\frac{1}{10^{n-1}}\right) = 9(0.9)^{n-1}$$

在已坏的计算器上作如此的加法运算,加到最后一个 n 位数时得到的总和将由 T_n 表示,所以我们有

$$T_n < 9 + 9(0.9) + 9(0.9)^2 + 9(0.9)^3 + \cdots + 9(0.9)^{n-1}$$

为计算此不等式右边的数,称其为 S_n 且注意到

$$S_n - (0.9)S_n = 9 - 9(0.9)^n$$

这就给出了

$$0.1S_n = 9[1-(0.9)^n], S_n = 90[1-(0.9)^n] < 90$$

所以 $T_n < S_n < 90$,故总和将永远也不会达到90.

有趣的是,如果我们要加所有正整数的倒数,其和将不会有上界. 加了足够多的倒数后,将会使和任意大.

❖再摆一张

在 6×6 棋盘上摆好了一些多米诺骨牌,每张骨牌覆盖两个相邻方格. 证明:如果棋盘上至少还有14个方格未被骨牌覆盖,则至少还可以再摆上一张骨牌而不动其他摆好的骨牌.

证明　用反证法. 假定棋盘上不能再摆上一张骨牌,则棋盘上任意两个未被骨牌盖住的方格(下称空格)都不相邻. 棋盘下方 5×6 部分中所有空格的集合记作 A,棋盘上方 5×6 部分中所有骨牌的集合记作 B. 设空格 $a\in A$,则位于空格 a 的上方且与 a 相邻的方格 a' 必被某个骨牌 b 盖住,否则 a 与 a' 是相邻的空格,不可能. 令骨牌 b 是集合 A 到 B 的映射 φ 下空格 a 的像,即 $b=\varphi(a)$. 这样便建立映射 $\varphi: A\to B$. 对于另一个空格 $a^*\in A$,如果 $\varphi(a^*)=\varphi(a)$,则 a^* 与 a 是相邻的空格,不可能. 因此,φ 是单射,故 $|A|\leqslant|B|$. 由于棋盘上至少有14个空格,所以至多摆上了 $\frac{6\times6-14}{2}=11$ 张骨牌,即 $|B|\leqslant11$. 另一方面,由于两个空格不相邻,因此棋盘上方第一行上至多有3个空格,即棋盘下方 5×6 部分中至少有11个空格,即 $|A|\geqslant11$. 于是 $11\leqslant|A|\leqslant|B|\leqslant11$. 因此,$|A|=|B|=11$. 这表明,整个棋盘上恰好摆上了11张骨牌,而且都摆在上方 5×6 部分中. 换句话说,棋盘下方最后一行全是空格,与两个空格不相邻相矛盾.

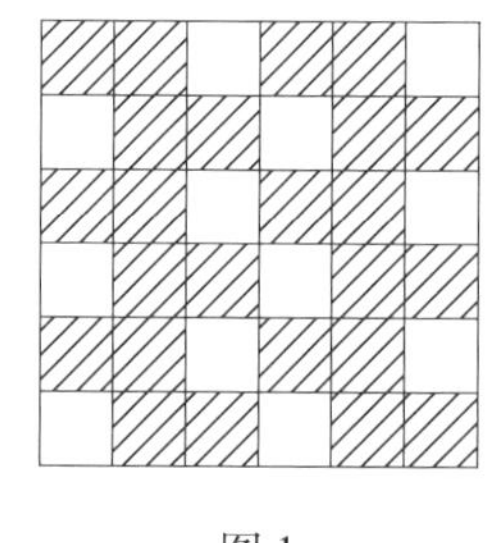

图1

注　数字14不能再减少,由于一张骨牌覆盖两个相邻方格,所以棋盘上空格数应是偶数. 图1给出了恰有12个空格并且不能再摆上一张骨牌的一个例子.

❖三针相会

在正午,时钟的时针、分针和秒针相重,下次相重在何时?

解 一小时时针转动30度,分针转动360度,而秒针转动$60\times360=21\ 600$(度),所以,x小时三针转动的度数为$30x$度、$360x$度和$21\ 600x$度.

分针和时针上次与下次相重之间,分针比时针多转360°,如果连续两次相重的间隔为x小时,我们有

$$360x=30x+360$$

因而有$x=\frac{12}{11}$小时,类似地可求出秒针和时针连续两次相重的间隔y,我们解

$$21\ 600y=30y+360$$

得$y=\frac{360}{21\ 570}=\frac{12}{719}$小时,所以,午后当三针再次相重时的小时数$h$必同时为$\frac{12}{11}$和$\frac{12}{719}$的倍数,因而对某两个正整数$u$和$v$有$u(\frac{12}{11})=h=v(\frac{12}{719})$. 这就得出$719u=11v$. 这样11整除$719u$,因而必为11的倍数. 最小解是$u=11$,因而$h=12$,那么三针下次相重于午夜.

❖取棋子

盒中放有足够数量的棋子,甲、乙二人做取棋子游戏,甲有时每次取5枚,也有时每次取$5-k$枚;乙有时每次取7枚,也有时每次取$7-k$枚(这里$0<k<5$). 据统计,甲先后共取棋子36次,乙先后共取40次. 结果两人所取出的棋子总数恰好相等. 求证:盒中至少有240枚棋子.

证法1 由于$0<k<5$,又k为整数,故k只可能取值为1,2,3,4.

因此,甲每次最少要取$5-4=1$枚棋子,乙每次最少要取$7-4=3$枚棋子. 所以,甲36次至少要取36枚棋子,乙40次至少要取120枚棋子.

可见,要甲、乙能实现所取的棋子总数恰好相等,至少每人要各取120次. 因此,甲、乙两人所取棋子数总和至少为240枚,也就是盒子中至少装有240枚棋子.

证法2 设甲按每次5枚共取了x次,乙按每次7枚共取了y次,则甲按每次$5-k$枚共取了$36-x$次,乙按每次$7-k$枚共取了$40-y$次.

依题意可得如下方程式

$$5x+(36-x)(5-k)=7y+(40-y)(7-k)$$

化简得

$$x-y=\frac{100}{k}-4$$

因为$0\leqslant x\leqslant 36$,$0\leqslant y\leqslant 40$,所以

$$36\geqslant x\geqslant x-y=\frac{100}{k}-4$$

因为k是整数,且$0<k<5$.以$k=1,2,3,4$试除,知$k=4$.此时$x-y=21$.

注意$y\geqslant 0$,可知x只能取$21,22,23,\cdots,36$中的整数值.

设甲、乙二人取出棋子总数为ω,由二人所取棋子数相等,得

$$\omega=2[5x+(36-x)(5-4)]=8x+72\geqslant 8\times 21+72=240$$

因此,盒中至少装有240枚棋子.

❖三角阵列

在纸上画一个由36个点组成的三角阵列,如图1所示.然后把某些点圈起来.如果要求不能把三个相邻的点都圈上以免形成小三角,我们所能圈的点的最大可能数目是多少?证明你的答案是对的.

解 通过把36个点分成每组由6个点组成的3组和每组由3个点组成的6组作成三角形.如图1,在3个点组成的每组中我们最多能圈两个点.另外,在6个点组成的每组中我们最多能圈4个点,因为稍作试验,说明了如果在6个点中圈5个,5个点将至少包含一个由3个相邻点组成的小三角形.

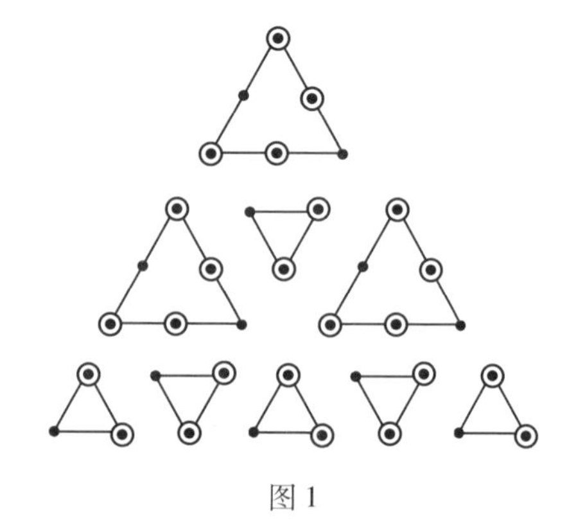

图1

所以3大组中将包含不超过12个被圈的点,而6小组中也包含最多12个有圈的点,由此推得总数不超过24

个点,所以这已是最大数了.

❖握手次数一样多

一群人参加一个晚会.熟悉的朋友见面,总是要握手问好.证明:不论在何种情形,必有两人,他们握手的次数是一样多的(假定不同的两人至多只握手一次).

证明 可以设参加晚会的人数为 n.按照各人握手的次数,便可将这些人分为 n 个类:$A_0,A_1,\cdots,A_{n-1}$,其中 A_i 表示由恰好握过 i 次手的人组成的集合.很自然地会想到把 n 个类看成"抽屉",而把每一个人看成一个"苹果".但是,这里出现了多少有点异常的情况:苹果的数目与抽屉的数目竟是相等的,因此抽屉原则不能直接应用.这就需要进一步分析.稍加注意,就可以看出集合 A_0 与 A_{n-1} 中必有一个是空集.这是因为若 A_0 不是空集时,表示至少有一个人同谁也没有握过手,因此所有的人至多只能握过 $n-2$ 次手,这表明,A_{n-1} 是一个空集.反过来,如果 A_{n-1} 不是空集,表明有一个人同其余所有的人都握过手,因此这 n 个人每人至少握手一次,这就说明 A_0 为一空集.既然 A_0 与 A_{n-1} 中至少有一个是空集,那么这 n 个人实际上是被分在 $n-1$ 个类中,按照简单的抽屉原则,必有两人属于同一类之中,这正说明这两个人在晚会上握过手的次数是相等的.

❖委任委员

俱乐部有三个重要的委员会:执行委员会、预算委员会和计划委员会,俱乐部成员不能同时为三个委员会的成员,但每人应至少是一个委员会的成员,每一个委员会至少有一个成员.如俱乐部有 10 个成员,问有多少种不同的委任委员的方法?

解 开始我们先忽略每个委员会至少必须有一个成员的要求,俱乐部 10 个成员每人都将被委任为以下六种委员之一:BE,BP,EP,B,E,P(这里,如"BE"意思是委任以两个委员会的委员,即预算和执行委员会,而 P 仅委任以计划委员会委员,等等).这些是仅有的可能,因为每个成员必须至少是一个委员会的委员,而规定不允许 BEP.对俱乐部的 10 个成员,因为每人都有六种不同的委任方法，故有 6^{10} 不同的委任可能.

我们发现某些委任方法不合理. 因为它们使至少一个委员会没有成员. 例如，为计算有几种委任方法使预算委员会没成员，我们见到，出现这种情况时，10个人中接近了以下委任之一：EP,E,P，所以 6^{10} 中有 3^{10} 种可能使预算委员会没有成员. 因此不能允许其出现. 类似地有 3^{10} 种可能使执行委员会发生同样问题，这些情况说明合理的委任数是 $6^{10}-3\times 3^{10}$.

然而，这并不完全正确，因为某些不合理的委任被算入了两次，因而我们减去的太多了. 三种委任，即每人都属 B，每人都属 E 和每人都属 P 每种情况都扣掉了两次，因此我们必须把它们每种都加上一次，最后计得

$$6^{10}-3\times 3^{10}+3=60\ 289\ 032$$

❖赛过几场

A,B,C,D,E 五个球队进行单循环比赛（全部比赛过程中任何一队都要分别与其他各队比赛一场且只比赛一场）. 当比赛进行到一定阶段时，统计 A,B,C,D 四队已经赛过的场数为：A 队 4 场，B 队 3 场，C 队 2 场，D 队 1 场. 请你判定哪些球队之间互相比赛过，其中 E 队已经比赛过几场？

解法 1 五个球队单循环比赛时，其中每队至多比赛 4 场. A 已赛过 4 场，可以断定 A 与 B,C,D,E 各赛了 1 场，由已知 D 只赛过一场，因 A,D 已赛 1 场，所以 D 不能再与 B,C,E 比赛过. 因 B 赛过 3 场，已赛过的一场是(A,B)，所以另两场只能是(B,C)，(B,E). 这时恰满足 C 队赛过 2 场，D 队赛过 1 场的条件. E 队赛过的 2 场为(A,E)，(B,E)，另外，已证 D,E 没有比赛过. 假设 C,E 赛过，则将与 C 队只赛过 2 场相矛盾. 所以判定 E 队赛过且只赛过(A,E)，(B,E) 两场.

所以已赛过的队是(A,B)，(A,C)，(A,D)，(A,E)，(B,C)，(B,E)，其中 E 已赛过 2 场.

解法 2 由 A 赛过 4 场，D 赛过 1 场，易知(A,B)，(A,C)，(A,D)，(A,E) 已赛过，D 只与 A 比赛过. 由于 C 共赛过两场，A,C 已赛一场，且 D 没有与 C 比赛，故另一场只能与 B 或 E 比赛.

若 C,E 赛过，则此时 B 至多只能赛过两场，与已知 B 赛过 3 场相矛盾，因此 C 与 E 赛过的假设不能成立，故只能是 C 与 B 赛过.

这时，B 除与 A 及 C 各赛一场外，还应再赛一场. 但 B,D 没有比赛(因 D 只

与 A 赛了一场),故这一场只能在 B,E 之间进行.

综上所述,已经赛过的队是(A,B),(A,C),(A,D),(A,E),(B,C),(B,E),其中 E 已赛过 2 场.

解法 3　因为五个球队进行单循环比赛,两队交锋一次,每队都计数比赛一场,所以比赛中五个队统计赛过场数总和应是偶数. 但统计 A,B,C,D 赛过场数之和为偶数($4+3+2+1=10$),所以 E 赛过之和必为偶数. 五个队单循环赛中,一个队至多赛 4 场,所以 E 队赛的场数只可能为 0,2,4. 但已知 A 赛过 4 场,即 A 与 B,C,D,E 都比赛过,所以 E 赛的场数不能为 0;另外因 D 只赛过一场(D 与 A 已赛过),所以 E 不能再与 D 比赛,即 E 不能赛过 4 场,于是断定 E 只能赛过 2 场. 由于 E,A 已赛过一场,D 只赛过一场,所以 E 的另一场只能与 C 或 B 进行. 若 E,C 比赛,这时 C 赛过两场数已满足,但 B 赛过 3 场数将不能满足,所以 C,E 比赛过的假设不能成立,只能是 B,E 比赛过. 综上所述,经验证可知已赛过的队是(A,B),(A,C),(A,D),(A,E),(B,C),(B,E),其中 E 已赛过 2 场.

❖重新上色

按传统的棋盘着色法,一般使用两种颜色且没有共边的小格有相同的颜色,我们希望对棋盘重新上色,使或者共边或者共角的小格中没有哪两个小格有相同的颜色. 容易看清这至少需要四种颜色. 证明:我们如用四种颜色这样上色,将在某行或某列仅出现两种不同颜色.

证明　假定第一行的小格至少有三种不同的颜色. 那么在这一行中将有三个连续的小格有三种不同颜色. 我们把它们标为 1,2 和 3,如图 1 所示.

1	2	3
3	4	1
1	2	3
3	4	3

图 1

在2以下的小格与1,2,3共边或共角,因此必须着上第四种颜色,我们称之为4,现在我们见到在 1 以下的小格必须着上颜色 3,而在 3 以下的小格为颜色 1.

类似推理说明在4以下的小格为颜色2,而其邻格着色为1和3,如图1所示.这样继续直到最后一行,我们见到三列中每列都只有两种颜色.

❖小方格填数问题

一个正方形被分成$15\times 15=225$个大小相同的小方格(图1).在每一个小方格中,任意填写1,2,3,…,55,56中的一个数.证明:一定能够找到四个小方格,它们的中心构成一个平行四边形的四个顶点,并且这平行四边形各条对角线两端的两个小方格中的数字之和相等.

证明 由于15是一个奇数,所以一定有一个小方格处在大正方形的中心位置,我们把它称为中心小方格,在图1中用黑色标出,把关于中心小方格为中心对称的每两个小方格配成一对,这样,便把除去中心小方格之外的224个小方格配成了112对.在任一对这种小方格中,令x表示其中一个小方格中所放的数,x^*表示其对称的另一小方格中所放的数,由假设可知

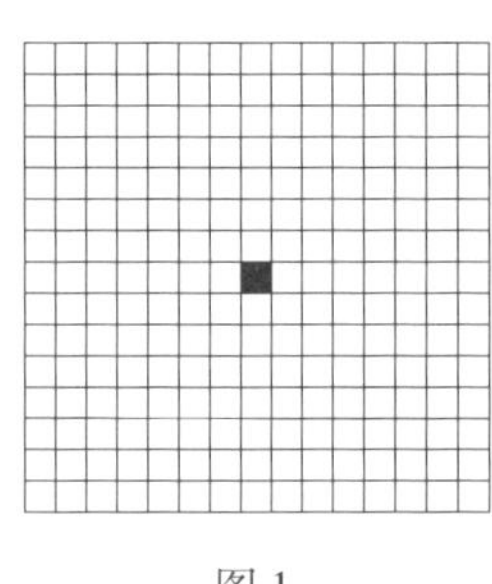

图1

$$1\leqslant x\leqslant 56,1\leqslant x^*\leqslant 56$$

所以

$$2\leqslant x+x^*\leqslant 112$$

这就是说,任何一对小方格中两数之和不外乎

$$2,3,4,\cdots,110,111,112$$

之111种可能.但是,我们共有112对小方格.根据原则一,必有至少两对小方格,使得各对中两数之和为同一数字.每对小方格的中心连线,假如它们不重合的话,必在中心小方格的中心处互相平分,所以这时四个小方格中心是一个平行四边形的四个顶点.

把连线互相重合的情形,看做是一个蜕化了的平行四边形,可以认为,在这种情况下,结论仍然是正确的.

❖红蓝相邻

在一张图纸上作一正方形，每边 n 个小方格，n 为奇数且在中间一行和中间一列着上蓝色（图 1 表示了 $n=5$ 的情况）. 接下去，在与蓝格相邻的所有未着色的小格上着上红色，然后与红格相邻的所有小格上着蓝色. 这样蓝红相间地继续下去，直到正方形全部着上颜色. 蓝格与红格总数相比如何？验证答案.

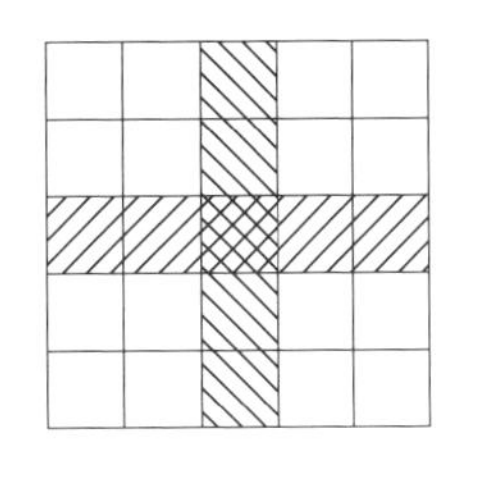

图 1

解　考虑正方形沿边的一些小格，从正方形四周沿边小格中任意一个开始，我们发现颜色是相间不同的，一格一格看过去，在回到起始点之前的最后一格的颜色与开始时的第一格相反，所以这就推出了在沿边的小格中，红色的数目与蓝色的数目相等.

现在“剥”掉沿边一层小格，并重新开始，新的沿边小格中红色的与蓝色的数目还是相等的. 这样继续下去，一次去掉一层小格直到只剩下中心一个小格为止. 我们去掉了相等数目的红色与蓝色的小格. 因中心的一个小格是蓝色的，我们可得出结论：在原来的正方形中，蓝色的小格刚好比红色的多一格.

❖女生人数

某校初二有甲、乙、丙三个班. 甲班比乙班多4名女同学，乙班比丙班多1名女同学. 如果把甲班的第一组调到乙班，乙班的第一组调到丙组，丙班的第一组调到甲班，则三个班的女同学人数恰相等. 已知丙班第一组中共有 2 名女同学. 问甲、乙两班第一组各有几名女同学？

解法 1　设丙班有 n 名女同学，甲班第一组有 x 名女同学，乙班第一组有 y 名女同学. 则乙班原有 $n+1$ 名女同学，甲班原有 $n+5$ 名女同学. 依题意，列出方程

$$(n+5)-x+2=(n+1)-y+x=n-2+y$$

所以

$$7-x=1-y+x=y-2$$

即

$$\begin{cases}7-2x=1-y\\1+x=2y-2\end{cases}$$

解得 $x=5, y=4$.

所以甲班第一组有5名女同学,乙班第一组有4名女同学.

解法2 甲班比乙班多4名女同学,乙班比丙班多1名女同学,显然,甲班调出3名女同学补乙班1名、补丙班2名,则三个班女同学人数相等,不妨称此人数为女同学"调等人数".由题意,丙班调第一组2名女同学去甲班,这时丙班女同学与"调等人数"相差4人,而乙班第一组女同学调入丙班后将补充丙班女同学恰达到"调等人数".因此乙班第一组有4名女同学.甲班女同学比"调等人数"多3人,丙班第一组2名女同学调入后,这时将比"调等人数"多5人,但甲班第一组女同学调入乙班后,甲班女同学将恰达到"调等人数".所以甲班第一组应有5名女同学,进而求得乙班第一组有4名女同学.

❖阴影矩形

把一个正方形分成100个小正方形,如图1所示.在一些小正方形上画上影线构成阴影的矩形可有多少种不同的画法(图上给出了一种画法)?要肯定已把正方形作为矩形计入了,并不要忘记每一种可能的影线的画法.证明答案是对的.

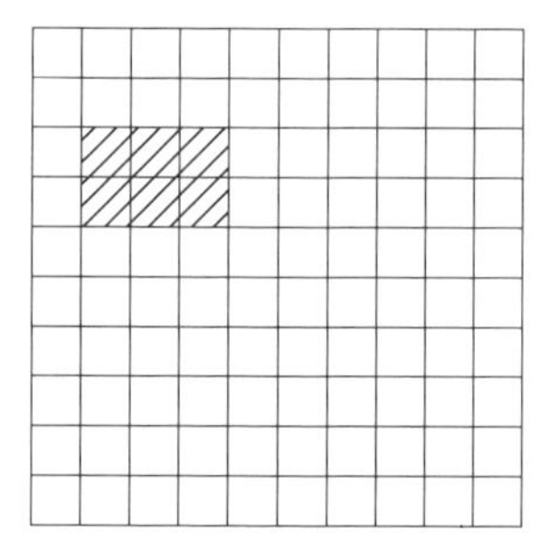

图1

解 图1中水平线和竖直线的交点有 $121=11^2$ 个.设 P 为其中任一点.现选择第二点 Q,使 PQ 既非水平线也非竖直线.换句话说,Q 是121个点中除与 P 在同一水平线和同一竖直线上的21个点以外的任意点,因此 Q 有100种可能的选择.

在我们试探的矩形中只有一个以 PQ 为对角线,且计入的这些矩形都按以上方法选择的 P,Q 所得的某一线段 PQ 为对角线.选择 P 和 Q 的方法有 $121\times100=12\ 100$ 种,但这并不是说有12 100个不同的矩形.因为按此方法计数,每一个矩形被计入了四次(点 P 可以在矩形四个角的任一个角上,且以 Q 为对角线上的点).所以,不同矩形的总数为 $12\ 100/4=3\ 025$.

❖运动队知多少

由 10 名学生按照下列条件组织运动队：

(1) 每人可以报名参加若干个运动队；

(2) 任一运动队不能完全包含在另一队中，也不能与另一队完全相同.

试问在上述条件下，最多能组织多少个运动队？

解 设 M 是满足条件(1) 和(2) 且含有最多运动队的集合，M_i 是 M 中恰含 i 个人的那些运动队组成的子集，并设使 M_i 非空的最小 i 值为 r，最大 i 值为 s.

若 $s>5$，设 N 是由 M_s 中的运动队除掉一名队员所得到的一切可能的运动队所组成，则 N 中的运动队都有 $s-1$ 人. M_s 中的每个运动队恰含有 N 中的 s 个运动队，而 N 的每个运动队至多包含于 M_s 中的 $11-s$ 个运动队之中. 因此，若用 $|N|$，$|M_s|$ 分别表示 N 和 M_s 中运动队的数目，则

$$(11-s)|N|\geqslant s|M_s|$$

$$|N|\geqslant\frac{s}{11-s}|M_s|\geqslant\frac{6}{5}|M_s|>|M_s|$$

此外还有 $N\cap(M\backslash M_s)=\varnothing$. 事实上，若 $M_i(i<s)$ 中的运动队包含于 N 中的某队之中，则因 N 中的队系由 M_s 中某队去掉一名队员所生成，故 M_i 中的队必含于 M_s 中某队之内，这不可能. 这样一来，若令

$$S=(M\backslash M_s)\cup N$$

则 S 也满足条件(1) 与(2) 且 $|S|>|M|$，矛盾. 故必有 $s\leqslant 5$.

同理，若 $r<5$，设 T 是将 M_r 中的运动队加上一名队员所得的一切可能的运动队的集合. 于是 M_r 中每队恰被 T 中 $10-r$ 个队所包含，而 T 中每队至多包含 M_r 中的 $r+1$ 个队. 像上面一样地可以证明 $r\geqslant 5$. 综上可知，M 中的运动队全由五人组成. 由五人组成的所有可能的运动队的数目为 $C_{10}^5=252$，这些运动队显然满足条件(1) 和(2)，故所求的最大值即为 252.

❖四角之和

将数字填入棋盘的 64 个小格中，使任意 2×2 的小正方形中四个数的和为 10(图 1 给出了一个例子). 证明：四个角上小格中的数之和也是 10.

1	3	6	0	3	2	-1	-3
2	4	-2	7	0	6	4	10
0	4	4	1	2	3	-2	-2
6	0	2	3	4	1	6	6
-1	6	3	2	1	4	-3	-1
3	3	-1	6	1	4	6	9
2	2	6	-1	4	1	0	-4
-2	8	-6	11	-4	9	0	14

图 1

证明 棋盘中间六列由 12 个 2×2 正方形组成,故在这几列上的数之和为 120,类似地,在中间六行上的数之和也为 120,这两批数的总和为 240,但在这总和中,某些数计入了两次,在 240 中被计入两次的数都是在中间 6×6 正方形中的数,这正方形由 9 个 2×2 正方形组成,它们的和是 90. 要计算不在角上的 60 个数的正确的和,必须从 240 中减去重复计入的 90,剩下 150.

这整个 8×8 棋盘由 16 个 2×2 正方形组成,所以总和是 160,这就得到四角上数之和为 $160-150=10$.

❖缝纫小组

某缝纫社有甲、乙、丙、丁四个小组. 甲组每天能缝制 8 件上衣或 10 条裤子;乙组每天能缝制 9 件上衣或 12 条裤子;丙组每天能缝制 7 件上衣或 11 条裤子;丁组每天能缝制 6 件上衣或 7 条裤子. 现在上衣和裤子要配套缝制(每套为一件上衣和一条裤子),问 7 天中这四个小组最多能缝制多少套衣服?

解 甲、乙、丙、丁四组每天缝制上衣与裤子的数量之比分别是:$\frac{8}{10}$,$\frac{9}{12}$,$\frac{7}{11}$,$\frac{6}{7}$. 对于任意两个组,若 A 组对应分数是$\frac{a_1}{b_1}$,B 组对应分数是$\frac{a_2}{b_2}$,且$\frac{a_1}{b_1}>\frac{a_2}{b_2}$. A 组做 t 条裤子,就要少做$\frac{a_1}{b_1}t$ 件上衣. 这些上衣让 B 组做,要花$\frac{a_1t}{b_1a_2}$ 天时间. 这些时间 B 组可以做$\frac{a_1t}{b_1a_2}b_2=\frac{a_1}{b_1}\Big/\frac{a_2}{b_2}>t$ 条裤子,因此裤子不如由 B 组来做更好. 从

而,在满足配套的前提下,A 组应尽量多做上衣,而 B 组应尽量多做裤子. 由于 $\frac{6}{7}>\frac{8}{10}>\frac{9}{12}>\frac{7}{11}$,这说明了丁组生产上衣的效率最高,丙组生产裤子的效率最高. 于是我们让丁组 7 天都生产上衣、丙组 7 天都生产裤子. 设甲组生产上衣 x 天,生产裤子 $7-x$ 天. 乙组生产上衣 y 天,生产裤子 $7-y$ 天. 则四个组 7 天生产上衣 $6\times7+8x+9y$ 件,生产裤子 $11\times7+10(7-x)+12(7-x)$ 件. 依题意,有

$$42+8x+9y=77+70-10x+84-12y$$

整理得

$$6x+7y=63, y=9-\frac{6}{7}x \quad ①$$

令 $w=42+8x+9y$,把 ① 的结果代入 w 中,得

$$w=42+8x+9(9-\frac{6}{7}x)=123+\frac{2}{7}x$$

因为 $0\leqslant x\leqslant7$,所以当 $x=7$ 时,$w_{max}=125$.

这说明:安排甲、丁组生产上衣 7 天,丙组生产裤子 7 天,乙组生产上衣 3 天、裤子 4 天时,四个组最多可生产制服 125 套.

❖说谎的恶棍

劳杰克岛上的每一个居民或是讲真话的骑士,或者说谎的恶棍,我遇到四个叫 A,B,C,D 的劳杰克人,他们中三人这样讲:

A:“B 是一个恶棍.”

B:“我们之中恶棍的数目是奇数.”

C:“D 是一个 *xark*.”

我知道在劳杰克语言中,*xark* 的意思或者是指恶棍或者是指骑士,但我记不清是哪一个. A 是 *xark* 吗? 证明你的答案.

证明 A 肯定不是 *xark*. 如果 A 是骑士,则 B 是恶棍,所以 A,B,C,D 中恶棍数是偶数. 既然 B 是恶棍,C 或 D 刚好有一个是恶棍. 如果 C 是恶棍则 D 不是 *xark*,而是一个骑士,所以在这种情况下,*xark* 的意思必指恶棍,而且既然假定 A 是骑士,他不是 *xark*. 根据 A 是骑士的假设再假定 C 是骑士,则 D 必是恶棍,他也是 *xark*. 在这种情况下,*xark* 的意思是指“恶棍” 且 A 不是.

现假设 A 是恶棍,则 B 是骑士,且恶棍的总数成奇数,这样 C 和 D 或者都是恶棍,或者都是骑士. 如两个都是恶棍,则 D 不是 *xark*,而且 *xark* 的意思是指骑

士，这样 A 不是 *xark*，最后，如果两个都是骑士，则 D 是骑士且是 *xark*，所以在此 *xark* 意思是指骑士，A 不是 *xark*.

❖不全等的三角形

给定一个正十二边形，以其中任意三个顶点为顶点作三角形. 问这些三角形中有多少个不相等的三角形？

解 将符合题意的所有三角形构成的集合记作 S，设给定的正十二边形的顶点依次为 A_1，A_2，…，A_{12}. 按三角形的最短边长将 S 中三角形分类. S 中最短边长为$|A_1A_2|$的三角形有 $\triangle A_1A_2A_3$，$\triangle A_1A_2A_4$，$\triangle A_1A_2A_5$，$\triangle A_1A_2A_6$，$\triangle A_1A_2A_7$（图 1）；最短边长为$|A_1A_3|$的三角形有 $\triangle A_1A_3A_5$，$\triangle A_1A_3A_6$，$\triangle A_1A_3A_7$，$\triangle A_1A_3A_8$；最短边长为$|A_1A_4|$的三角形有 $\triangle A_1A_4A_7$，$\triangle A_1A_4A_8$；最短边长为$|A_1A_5|$的三角形有 $\triangle A_1A_5A_9$. 因此，S 中有 12 个不相等的三角形.

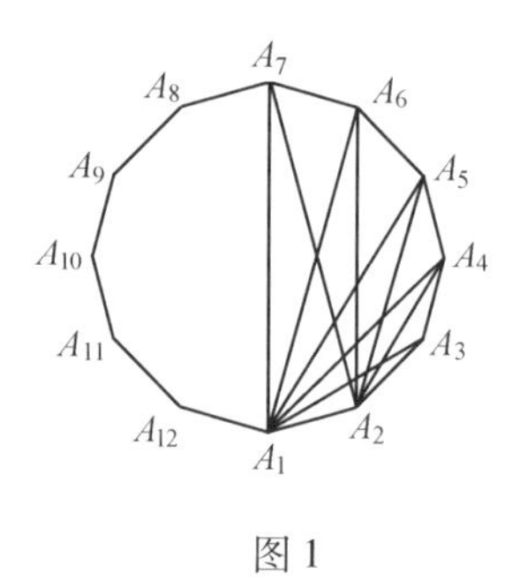

图 1

❖小额汇票

我得到通知说要我用小额汇票支付 1 000 000 美元. 如果我仅使用 1 美元、5 美元和 10 美元的汇票，有多少种不同付法？

解 如果我根本不用10美元的汇票，我使用5美元汇票的方式可以从0直到包含 1 000 000/5 = 200 000 种在内的各种方式，所以可使用 5 美元汇票的方式有2 000 001 种（因为总数要付1 000 000 美元，1 美元汇票的数目即可确定）.（译者注：即用5 美元汇票支付后的余额用1 美元的补足，如不用5 美元的，则全用 1 美元汇票支付）

如果我刚好用一张 10 美元汇票，我可使用的 5 美元汇票的最大数目将是 200 000 − 2 = 199 998，所以我使用 5 美元汇票的方式有 199 999 种. 类似地，如果刚好使用 2 张 10 美元的汇票，则有 199 997 种使用 5 美元的可能.

这样继续下去，我们看到，每当我多用一张10美元的汇票，使用5美元汇票的机会就减少 2. 这样用 1 美元、5 美元和 10 美元汇票支付 1 000 000 美元的方式的总和为 200 001 + 199 999 + 199 997 + 199 995 + … + 5 + 3 + 1,这是前 100 001 奇数的和,所以等于$(1\ 000\ 001)^2 = 10\ 000\ 200\ 001$

❖最短数龙

当任意 k 个连续的自然数中都必有一个自然数,它的数字之和是11 的倍数时,我们把其中每个连续 k 个自然数的片断都叫做一条长度为 k 的"龙". 求证:最短的"龙" 的长度为 39.

证明 "龙" 显然有如下性质:

若存在长为 k 的"龙",则必须存在大于 k 的任意长度的"龙". 这是因为任何长度大于 k 的自然数片断都包含有 k 个连续自然数,因此都必存在某个自然数数字和是 11 的倍数.

下面我们首先证明,存在长为 39 的"龙". 任意连续 39 个自然数的前 20 个自然数中必可找到两个数的末位是 0,其中至少有一个在末位 0 的前一位不是 9. 我们设这个自然数为 N,并记 N 的数字和为 n. 则数 $N,N+1,N+2,\cdots,N+9$, $N+19$,都是这连续 39 个自然数中的数,它们的数字和依次是 $n,n+1,n+2$, $n+3,\cdots,n+9,n+10$. 这是11 个连续的自然数,显然至少有一个是11 的倍数,由"龙" 的定义可知:存在长度为 39 的"龙".

显然,最短"龙" 的长度应不大于 39.

下面证明,最短"龙" 的长度应为 39. 我们举特例证明,不存在长为 38 的"龙".

对于 38 个连续自然数的区间[999 981,1 000 018] 中,这些自然数的数字和依次为

$$45,46,47,48,49,50,51,52,53$$
$$45,46,47,48,49,50,51,52,53,54$$
$$1,2,3,4,5,6,7,8,9,10$$
$$2,3,4,5,6,7,8,9,10$$

其中没有一个为 11 的倍数. 因此,依照"龙" 的定义,不存在长为 38 的"龙".

根据"龙" 的性质,不会有长度小于 38 的"龙".

如若不然,比如说有长为 37 的"龙",依"龙" 的性质,必存在长为 38 的"龙",得出矛盾. 综上所证可知,最短"龙" 的长度为 39.

❖桌上的分布

桌子上放着四枚互不碰到的分币，证明：至少有两枚分币的中心间的距离大于$\sqrt{2}$倍分币的直径.

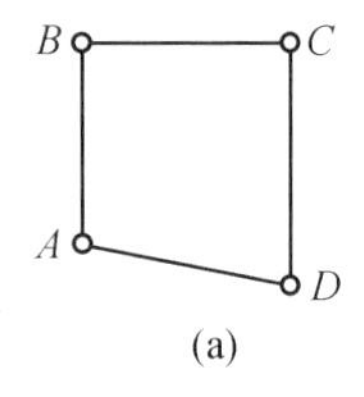

(a)

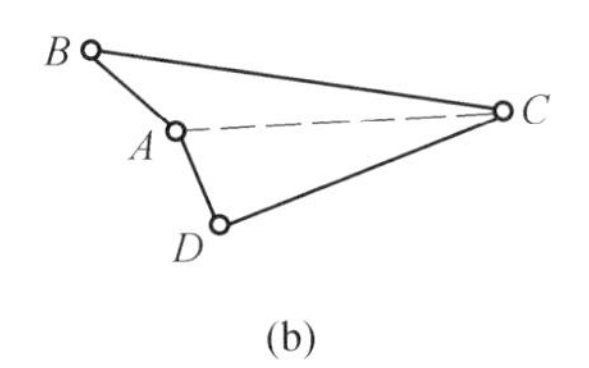

(b)

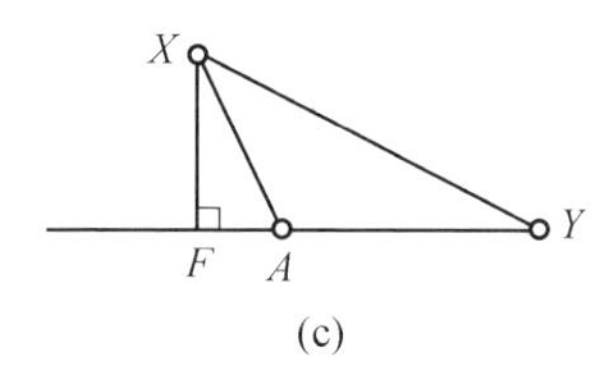

(c)

图1

证明 设$ABCD$为由四枚分币的四个中心组成的四边形且假定$\angle A$为此四边形中四个内角中最大的角. 如图1(a),(b),(c),因为$ABCD$四角之和为360°,我们必有$\angle A \geqslant 90°$.

如果$\angle A \geqslant 180°$,作AC且注意到既然$\angle BAC + \angle DAC \geqslant 180°$,两个角中至少有一个大于等于90°,这就推出必存在两个分币中心与A构成的角大于等于90°,但小于180°(在第一种情况下,将是B和D;在第二种情况下,将是B和C或D和C). 称这两点为X和Y.

从X作AY(延长线)的垂线XF,且注意

$$XY^2 = XF^2 + FY^2 = XF^2 + (FA + AY)^2 \geqslant XF^2 + FA^2 + AY^2 = XA^2 + AY^2$$

现有X,A,Y是互不相碰的分币的中心,因而$XA > d$和$AY > d$,这里d为分币的直径. 这样$XY^2 > d^2 + d^2 = 2d^2$,即得$XY > \sqrt{2}d$.

❖派车问题

两个汽车队派出汽车运送货物. 第二车队派出的车数比第一车队派出的车数的两倍要少. 如果第一车队多派出两辆车,而第二车队少派出两辆车,那么第二车队的车数多于第一车队的车数,若派出的全部车数少于18,求每个车队派出几辆车?

解 设 x 和 y 分别为第一和第二车队派出的车数,根据题目条件,有

$$\begin{cases} y < 2x \\ y - 2 > x + 2 \\ x + y < 18 \end{cases} \quad ①$$

由前两个不等式推得,$x + 4 < y < 2x$,即 $x + 4 < 2x$,$x > 4$. 类似地,由不等式 $x + y < 18$ 和 $y > x + 4$ 可求得 $2x + 4 < 18$,即 $x < 7$. 这样,$4 < x < 7$,又因为 x 是整数,因此或是 $x = 5$,或是 $x = 6$. 将 $x = 5$ 代入 ①,可确认这个 x 值是不适合的,因为得到的不等式组有非整数解. 当 $x = 6$ 时,所得的不等式组具有惟一解 $y = 11$,因此,$x = 6$,$y = 11$.

❖最小长度

设有 2^n 个由数字 0 和 1 组成的有限数列,其中没有任何一个数列是另一数列的前段. 数列的项数称为长度. 求这组数列的长度之和的最小值.

解 满足题中要求的数列组称为正规组,组中的数列,按其长度大于、等于或小于 n,分为长、标准和短三种. 如果组中所有数列都是标准的,则称为标准组,否则就称为非标准组.

长度为 n,每项都是 0 或 1 的所有不同的数列恰有 2^n 个,显然,它们组成一个标准正规组,其长度之和为 $n \cdot 2^n$. 所以,所求的最小值不超过 $n \cdot 2^n$. 下面我们来证明最小值就是 $n \cdot 2^n$,即证明任一正规组中所有数列的长度之和都不小于 $n \cdot 2^n$.

对于任一正规组,如果其中没有短数列,结论显然成立. 如果其中有短数列,那么它也必有长数列. 否则,任一短数列至少有两种可能在其尾部补上一些 0 或 1 而成为标准的而仍保持组的正规性,从而将得到一个由多于 2^n 个数列组成的标准正规组,这是不可能的. 可见,只需对既含短数列又含长数列的非标准正规组来论证.

对于任一数列 a,记其长度为 $\| a \|$. 设正规组中有短数列 S 和长数列 L,$\| S \| < n$,$\| L \| > n$,则 $\| L \| - \| S \| \geq 2$. 在正规组中去掉 S 和 L,添上数列 $S0$ 和 $S1$,则新组仍为正规组且组中各数列长度之和不增. 如果 $S0$,$S1$ 是标准的,则我们通过上述变换使标准数列的数目增加了两个. 如果 $S0$ 仍为短数列,于是组中仍有长数列,我们可再进行如上的变换并直到得出标准数列为止. 这样,上述一系列变换终于使标准数列增加了两个且组中数列长度之和不增. 如

果此时组中还有短数列,又可重复上述变换过程,直到组中不含短的数列为止.由于 变化过程始终保证数列长度之和不增,这就证明了任一正规组中数列长度之和都不小于 $n \cdot 2^n$,即所求的最小值为 $n \cdot 2^n$.

❖中点涂色

平面上有 n 个不同的点,每一对点连结成一条线段.把每一条线段的中点涂上红色.

(1) 证明:平面上红色点的个数不小于 $2n-3$.

(2) 请你设计一种特殊情况,使得涂上红色的点的个数恰好等于 $2n-3$.

解 (1) 在所有点中,找出距离最大的两点 M 和 N,设它们的距离为 d.分别以 M 和 N 为圆心,$\frac{d}{2}$ 为半径作两个圆 C_M 和 C_N,如图1,在余下的 $n-2$ 个点中,对于任意的一点 P 来说,由于 $\frac{1}{2}MP \leqslant \frac{1}{2}MN$,因此 MP 的中点必在圆 C_M 内(或圆周上).同样,NP 的中点必在圆 C_N 内(或圆周上).可见,在 C_M,C_N 中都至少各有 $n-2$ 个红色的点,再加上 MN 的中点(即两圆的切点),所以,平面上至少有 $2(n-2)+1=2n-3$ 个红色的点.

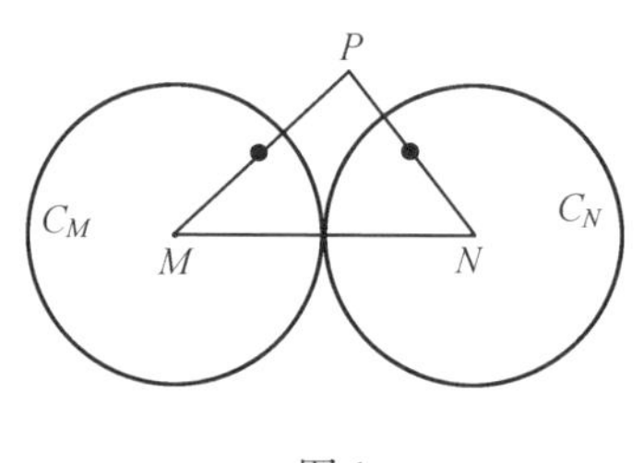

图1

(2) 当 n 个点全部在一条直线上,并且相邻两点间的距离都相等时,即 $A_1A_2=A_2A_3=A_3A_4=\cdots=A_{n-2}A_{n-1}=A_{n-1}A_n$.

显然每对相邻点所成线段的中点应涂红色,共得 $n-1$ 个红点.此外除 A_1,A_n 外,其余 A_2,A_3,$\cdots$,A_{n-1} 这 $n-2$ 个点都至少是某一个线段 A_iA_j 的中点.这 $n-2$ 个点也应涂红色,因此恰好有 $2n-3$ 个红点.

❖如何分组

空间中有1 989个点,其中任何三点都不共线,把它们分成点数各不相同的30组,在任何三个不同的组中各取一点为顶点作三角形.试问要使这种三角形的总数最大,各组的点数应为多少?

解 当把1 989个已知点分成30组,各组点数依次为$n_1,n_2,\cdots,n_{30}$时,顶点在三个不同组的三角形的总数为

$$S=\sum_{1\leqslant i<j<k\leqslant 30}n_in_jn_k$$

因此,本题即是问在$\sum_{i=1}^{30}n_i=1\ 989$,且在$n_1,n_2,\cdots,n_{30}$互不相同的条件下,$S$在何时取得最大值.

由于把1 989个点分成30组只有有限多种不同分法,故必有一种分法使S达到最大值,设$n_1<n_2<\cdots<n_{30}$为使S达到最大值的各组的点数.

(1)对于$i=1,2,\cdots,29$,均有$n_{i+1}-n_i\leqslant 2$,若不然,设有i_0,使$n_{i_0+1}-n_{i_0}\geqslant 3$. 不妨设$i_0=1$,这时我们改写

$$S=n_1n_2\sum_{k=3}^{30}n_k+(n_1+n_2)\sum_{3\leqslant j<k\leqslant 30}n_jn_k+\sum_{3\leqslant i<j<k\leqslant 30}n_in_jn_k$$

令$n'_1=n_1+1,n'_2=n_2-1$,则

$$n'_1<n'_2<n_3,n'_1+n'_2=n_1+n_2$$

$$n'_1n'_2=n_1n_2+n_2-n_1-1>n_1n_2$$

所以,当用n'_1,n'_2代替n_1,n_2时,将使S变大,矛盾.

(2)使$n_{i+1}-n_i=2$的i值至多一个. 若有$1\leqslant i_0<j_0\leqslant 29$,使$n_{i_0+1}-n_{i_0}=2$,$n_{j_0+1}-n_{j_0}=2$,则当用$n'_{i_0}=n_{i_0}+1,n'_{j_0+1}=n_{j_0}+1-1$代替$n_{i_0},n_{j_0+1}$时,将使$S$变大,这不可能.

(3)若30组的点数从小到大每相邻两组都差1. 设30组的点数依次为$k-14,k-13,\cdots,k,k+1,\cdots,k+15$,则有

$$(k-14)+(k-13)+\cdots+k+(k+1)+\cdots+(k+15)=30k+15$$

这时点的总数为5的倍数,不可能是1 989. 故知$n_1<n_2<\cdots<n_{30}$中,相邻两数之差恰有一个为2而其余的全为1.

(4)设

$$n_j=\begin{cases}m+j-1,j=1,\cdots,i_0\\m+j,j=i_0+1,\cdots,30\end{cases}$$

其中,$1\leqslant i_0\leqslant 29$. 于是有

$$\sum_{j=1}^{i_0}(m+j-1)+\sum_{j=i_0+1}^{30}(m+j)=1\ 989$$

$$30m-i_0=1\ 524$$

由此解得$m=51,i_0=6$. 所以,当S取得最大值时,30组点数依次为51,52,…,56,58,59,…,81.

❖长寿的兔子

若一只兔子的寿命是10年.如果开始有一对刚生的兔子,以后每年出生兔子数是前一年出生兔子数的两倍,求第 n 年兔子的总数.

解　先从历年兔子出生数来说,是一个数列

$$\{a_n\}=\{2^{n+1}\},n=0,1,2,\cdots$$

再从兔子的寿命来说,又是一个数列

$$\{b_n\}=\begin{cases}1,n=0,1,2,\cdots,9\\0,n=10,11,\cdots\end{cases}$$

因此 $\{a_n\}$ 的生成函数

$$A(X)=\sum_{n=0}^{\infty}2^{n+1}X^n=\frac{2}{1-2X}$$

而 $\{b_n\}$ 的生成函数

$$B(X)=\sum_{n=0}^{9}X^n=\frac{1-X^{10}}{1-X}$$

两项同时考虑得

$$\begin{aligned}C(X)=A(X)B(X)=\\&(1-X^{10})\frac{2}{(1-X)(1-2X)}=\\&(1-X^{10})\left(\frac{4}{1-2X}-\frac{2}{1-X}\right)=\\&(1-X^{10})\sum_{n=0}^{\infty}(2^{n+2}-2)X^n\end{aligned}$$

由此得到第 n 年兔子的总数 C_n 是

$$C_n=\begin{cases}2^{n+2}-2,n=0,1,2,\cdots,9\\2^{n+2}-2^{n-8},n=10,11,\cdots\end{cases}$$

❖图形纸片问题

桌上互不重叠地放有1 989个大小相同的圆形纸片.问最少要用几种不同颜色,才能保证无论这些纸片如何放置,总能给它们每个染上一种颜色,使得任

何两个相切的圆形纸片都染有不同的颜色?

解 考察如图1所示的11个圆纸片的情形.显然,A,B,E三个圆片只能染1和3两种颜色,而且是A为一种颜色,B和E为另一种颜色.若只有三种颜色,则C和D无法染上不同的颜色.所以,为了给这11个圆片染色并使之满足要求,至少要有四种不同颜色.

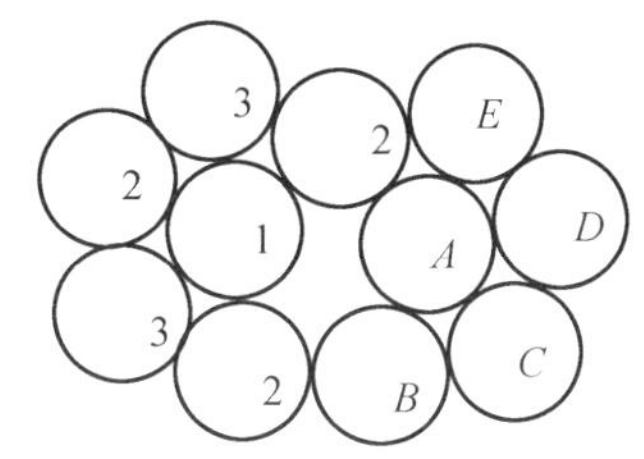

图1

下面用归纳法证明只要有四种不同颜色,就可以按题中要求进行染色.

当$n=4$时,即只有4个圆纸片时,命题的结论当然成立.设当$n=k\geqslant 4$时,可用四种颜色进行满足要求的染色.当$n=k+1$时,考察这$k+1$个圆的圆心的凸包.设A是此凸包多边形的一个顶点.显然,以A为心的圆至多与其他3个圆相切.按归纳假设,除以A为心的圆片外的其他k个圆片可用四种颜色染色.染好之后,因与圆片A相切的圆片至多3个,当然至多染有三种颜色,于是只要给圆片A染上第四种颜色就行了,这就完成了归纳证明.

综上可知,为了进行合乎要求的染色,最少需要四种不同的颜色.

❖怎样管理保险柜

为了管理保险柜,组织了一个有11位成员的委员会.保险柜上加了若干把锁,这些锁的钥匙分配给各位委员保管使用,问最少应该给保险柜加多少把锁,才能使任何6位委员同时到场才能打开柜,而任何5人到场都不能将柜打开?

解 设满足要求的锁的最少把数设为n,设A是全部n把锁的集合,$A_i\subset A$,且A_i是第i个委员可以打开的锁的集合.按已知,对于$M=\{1,2,\cdots,11\}$的任一个五元子集$\{i_1,i_2,i_3,i_4,i_5\}$,都有

$$\bigcup_{k=1}^{5} A_{i_k}\neq A \qquad ①$$

对于M的任一个六元子集$\{j_1,j_2,j_3,j_4,j_5,j_6\}$,都有

$$\bigcup_{k=1}^{6} A_{j_k}=A \qquad ②$$

式①表明,集合$A-\bigcup\limits_{k=1}^{5} A_{i_k}$非空.设$X_{i_1\cdots i_5}$是它的一个元素.显然,$X_{i_1\cdots i_5}$所对应的锁是编号为$i_1,i_2,i_3,i_4,i_5$的5位委员打不开的一把锁.式②则表明,对任

何 $j \notin \{i_1, i_2, i_3, i_4, i_5\}$, $X_{i_1 \cdots i_5} \in A_j$. 这样一来,我们就在 M 的五元子集与锁之间建立了一个对应关系.

实际上,这个对应还保证了不同的五元子集对应于不同的锁. 设对于两个不同的五元子集 $\{i_1, \cdots, i_5\}$ 和 $\{k_1, \cdots, k_5\}$ 有 $X_{i_1 \cdots i_5} = X_{k_1 \cdots k_5}$. 由于两个子集不同,故必存在 $j \in \{i_1, \cdots, i_5\}$ 但 $j \notin \{k_1, \cdots, k_5\}$,于是由 ① 和 ② 知

$$X_{i_1 \cdots i_5} \notin A_j, X_{k_1 \cdots k_5} \in A_j$$

矛盾. 由此可见,上面的对应关系是个单射. 所以,锁的个数 n 不小于 M 的所有五元子集的总数,即有 $n \geqslant C_{11}^5 = 462$.

另一方面,可以证明,如果保险柜上加了 462 把锁,我们确实可以适当分配钥匙以达到题中的要求. 事实上,我们在这 462 把锁与集 M 的 462 个五元子集之间建立一个双射,即建立一个一一对应,并将对应于子集 $\{i_1, \cdots, i_5\}$ 的那把锁的钥匙分发给其余的 6 人每人一把. 这样一来,任何 5 位委员,总有一把锁打不开;任何一把锁恰有 5 名委员打不开,所以任何 6 位委员都可打开.

综上可知,所求的锁的最少把数为 $n = 462$.

❖彭达哥尼亚生物

在彭达哥尼亚生长着两种生物:A 型和 O 型. A 型呈顶角是 $36°$ 的等腰三角形,O 型呈顶角是 $108°$ 的等腰三角形,每一年在大分裂的那一天,每一个 A 型裂变为两个小的 A 型和一个 O 型(图 1),每一个 O 型裂变成为一个 A 型和一个 O 型(图 2). 在一年的其他时间里,它们生长到成熟的大小为止. 早期,彭达哥尼亚恰有一个 O 型,长此以后,这两种类型生物数量之比是否会趋于一个极限?如果会,试确定此极限.

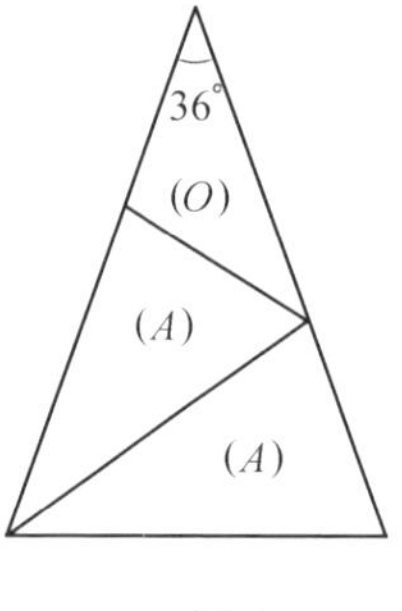

图 1

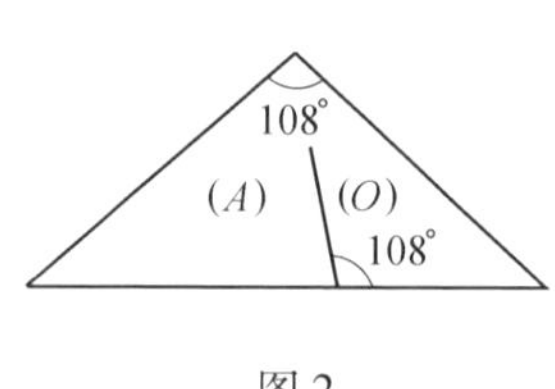

图 2

解　设第 n 年 A 型的数量为 a_n，O 型的数量为 b_n，由题设

$$a_0=0,b_0=1,a_1=1,b_1=1$$
$$a_2=2+1=3,b_2=1+1=2$$
$$a_3=2\cdot 3+2=8,b_3=3+2=5$$

一般地

$$a_{n+1}=2a_n+b_n,b_{n+1}=a_n+b_n$$

所以

$$\frac{a_{n+1}}{b_{n+1}}=\frac{2a_n+b_n}{a_n+b_n}=1+\frac{1}{1+b_n/a_n}$$

令 $a_n/b_n=x_n$，则

$$x_{n+1}=1+\frac{1}{1+1/x_n}=\frac{x_n}{x_n+1}$$

据上式以及 $x_n\geqslant 0(n=0,1,2,\cdots)$ 有 $0\leqslant x_n<2$，这说明数列 $\{x_n\}$ 是有界的.

又 $x_0=0<1-x_1$，假定 $x_{k-1}<x_k\quad(k\geqslant 2)$，则

$$x_{k+1}-x_k=\frac{x_n}{x_n+1}-\frac{x_{n-1}}{x_{n-1}+1}=\frac{x_n-x_{n-1}}{(x_n+1)(x_{n-1}+1)}>0$$

这表明数列 $\{x_n\}$ 是递增的. 因此，$\{x_n\}$ 趋于确定的极限.

设 $\lim\limits_{x\to\infty}x_n=\alpha$，则 $\alpha=1+\dfrac{\alpha}{\alpha+1}$，即 $\alpha^2-\alpha-1=0$，所以

$$\alpha=\frac{1+\sqrt{5}}{2}\left(\alpha=\frac{1-\sqrt{5}}{2}\text{不合题意}\right)$$

即长此下去，两类型数量之比趋近于确定的极限，其极限值为$\dfrac{1+\sqrt{5}}{2}$.

❖乘积最大

已知若干个正整数之和为 1 976，求其积的最大值.

解　和为 1 976 的不同的正整数组只有有限多个，所以这个最大值是存在的.

设 $X_1,X_2,\cdots,X_n$ 都是正整数，$X_1+X_2+\cdots+X_n=1\ 976$ 且使其积 $P=X_1X_2\cdots X_n$ 取得最大值.

(1) 对所有 i，均有 $X_i\leqslant 4$. 若不然，设 $X_j>4$，则 $X_j=2+(X_j-2)$ 而 $2(X_j-2)=2X_j-4>X_j$，故当用 2 和 X_j-2 代替 X_j 时将使乘积变大，此不可

能.

(2) 对所有 i,都有 $X_i \geqslant 2$,若有某 $X_j = 1$,则 $X_iX_j = X_i < X_i + X_j$,故当用 $X_i + X_j$ 代替 X_i, X_j 时,将使乘积 P 变大,矛盾.

(3) 因为 $4 = 2 + 2 = 2 \times 2$,故 $X_i = 4$ 不必要,它可以用两个 2 来代替而保持和与积都不变.

(4) 由以上论证知 $P = 2^r3^s$,其中 r 和 s 都是非负整数. 因为 $2 + 2 + 2 = 3 + 3, 2^3 < 3^2$,故必有 $r < 3$,又因 $1\,976 = 658 \times 3 + 2$,故得 $r = 1, s = 658$. 所以,所求的 P 的最大值为 2×3^{658}.

❖谁是带头人

一群孩子沿圆周站成一圈,他们需要选出一个带头人,并且决定按以下的方式产生:第一个人留在圆圈上,第二个人,即按顺时针方向跟在第一个人之后的人从圆圈上走开,紧跟其后的第三个人留下,第四个人走开,如此继续,沿着圆周每隔一人留下一人,圆圈不断收缩,直到最后圆圈上仅留下一人作为当选人,试确定谁当选(即确定最后留下的人从第一人起按顺时针方向计算在开始时站在哪个位置). 如果已知最初开始共有:(1)64 人;(2)1 981 人.

解 (1) 第一人. 从圆圈上走掉 32 人以后,圆圈上还剩下 32 人,于是第一人又开始重复前面的过程. 又走掉 16 人以后,从第一人开始再重复同样的过程,经过若干次以后,我们即可知圆圈上只剩下第一人.

(2) 第 1 915 人. 从问题(1) 的解答可以看出,如果圆周上原有 2^n 个人,则第一人(即从其开始的那个人) 将一直留到最后. 设最初圆周上有 1 981 个人,让我们沿着圆周往前走,每经过一个人时,从圆周上走开一个人,当走掉 957 个人时,我们就停下来,这时圆周上还剩下 $1\,981 - 957 = 1\,024 = 2^{10}$ 个人,这时剩下的第一个人原来的编号是 $2 \times 957 + 1 = 1\,915$,这个人在圆周上将一直留到最后.

注 在一般情形下,当圆周上共有 N 个孩子的时候,最后留在圆周上的人的编号可以借助二进位制记数法来确定:只需将数 N 写成二进位数,将首位数字 1 移到末位,即得到当选的带头人的编号的二进制表示.

例如:(1)$64_{10} = 100000_2 \rightarrow 000001_2 = 1_{10}$;(2)$1\,918_{10} = 11011110101_2 \rightarrow 10111101011_2 = 1\,915_{10}$

❖两个骑手

摩托车骑手和自行车骑手在同一段时间内，一同由 A 地去 B 地，走过全程的$\frac{1}{3}$时，自行车骑手停下来休息，当他休息完准备继续时，摩托车骑手距B地还有全程的$\frac{1}{3}$，摩托车骑手到达 B 地后一刻也不停留，马上向 A 地返回. 试问是摩托车骑手先到达 A 地，还是自行车骑手先到达 B 地.

解　自行车骑手先到达 A 地.

这是因为自行车骑手在行完全程的$\frac{1}{3}$时停下来休息，而当他休息后离开时，才发现摩托车骑手距 B 地还有全程的$\frac{1}{3}$，这时摩托车已行驶了全程的$\frac{2}{3}$，也就是说，自行车走完全程的$\frac{1}{3}$比摩托车走完全程的$\frac{2}{3}$要快(因为摩托车行驶全程的$\frac{2}{3}$所花的时间是自行车行驶全程$\frac{1}{3}$所花的时间再加上自行车停下来休息的时间). 接下来自行车将继续向前行驶留下来的全程的$\frac{2}{3}$，而摩托车则要行驶留下的全程的$\frac{1}{3}$，再由 B 地返回 A 地行驶全程，因此摩托车需要行驶全程的$\frac{1}{3}+\frac{3}{3}=\frac{4}{3}$，显而易见，自行车行驶全程的$\frac{1}{3}$比摩托车行驶全程的$\frac{2}{3}$快些，那么自行车行驶全程的$\frac{2}{3}$就比摩托车行驶全程的$\frac{4}{3}$要快些.

❖巧涂玻璃片

有 1 987 片玻璃片，每片上涂有红、黄、蓝三色之一，进行下列操作：将不同颜色的两块玻璃片擦净，然后涂上第三种颜色(例如，将一块蓝玻璃和红玻璃片上的红色与蓝色擦掉，然后在两片上涂上黄色). 证明：

(1) 无论开始时红、黄、蓝色玻璃片各有多少片，总可以经过有限次操作而

使所有的玻璃片涂有同一种颜色;

(2) 最后变成哪一种颜色,与操作顺序无关.

解 设红片、黄片和蓝片的数目分别为 x,y,z. x,y,z 被3除后的余数中必有两个是相等的.

事实上,不妨设 $x=3a+1,y=3b+2,z=3c,a,b,c$ 为整数,又 $x+y+z=3(a+b+c+1)\neq 1\ 987$.

显然是矛盾的,这就说明了 x,y,z 可由下式表示(这里可假设 y,z 是除3同余的)

$$x=3a+m,y=3b+n,z=3c+n$$

比较一下 y 和 z 的大小,不妨设 $c\geqslant b$. 若 $c=b$ 本题得证.

若 $c>b$,于是取黄片 $3b+n$,取蓝片 $3b+n$,按规则操作得证片数为 $3a+6b+m+2n$,黄片为零,蓝片为 $3(c-b)$.

接着,各取红片、蓝片1片,产生2片黄片,再各取蓝片、黄片2片,产生4片红片,于是红片数为 $3a+6b+m+2n+3$,黄片为零,蓝片为 $3(c-b-1)$. 如果 $c-b-1=0$,本题得证,否则类似再操作 k 次,直至 $c-b-1-k=0$. 最后所有玻璃片都涂上了红色.

很明显,最后产生1 987个红片,不是偶然的,完全是因为红片数除以3的余数和别的色片余数不同,不论如何操作,都不可能改变三者的余数之间的关系,即两个相等而异于第三个,故最后变成哪一种颜色,与操作顺序无关.

❖不是原来的狗

某女士托运一批什物:沙发、皮箱、手提包、筐子、影碟、硬纸盒和一只小狗,沙发的质量等于皮箱与手提包的质量和,或者等于筐子、影碟、硬纸盒的质量和,而筐子、影碟、硬纸盒的质量一样,它们其中任何一件的质量都比狗的质量重,到达目的地,什物卸下后,重新过磅时,发现皮箱与狗的质量和比沙发重,手提包与狗的质量和也比沙发重,这位女士立即声明,这只狗一定不是她原来的那只狗. 请证明:这位女士的声明是正确的.

证明 我们用这批物件中每一样物件的第一个字母来表示它的质量: s(沙发),l(皮箱),h(手提包),k(筐子、影碟、硬纸盒),而小狗的质量记为 m.

从题意中得知

$$s = l + h \quad ①$$

$$s = 3k \quad ②$$

$$k > m \quad ③$$

$$m + h > s \quad ④$$

$$m + l > s \quad ⑤$$

由 ④,⑤ 得出

$$m > s - h, m > s - l$$

因此有

$$2m > 2s - (h + l)$$

而由 ① 可知 $s = l + h$,故得 $2m > s$;又由方程 ② 和不等式 ③ 得到 $s > 3m$,这样一来,$2m > s$,$s > 3m$,因此就会得出 $2m > 3m$,那么 $m < 0$,这岂不是说她原来那条狗的质量是负数么?所以这只狗当然不是她原来那只狗.

注　一般地说,有下列定理成立,线性不等式的不相容,当且仅当存在这些不等式的一个正系数的线性组合,它是一个不能成立的数值不等式.

本题就是使用此定理的一个典型例子.

按条件列出 6 个不等式的不等式组:

$s - 3m > 0(H_1)$;$h - s + m > 0(H_2)$;$-h + m > 0(H_3)$;$m > 0(H_4)$;$s > 0(H_5)$;$h > 0(H_6)$.

取出 4 个不等式相加 $(H_1) + (H_2) + (H_3) + (H_4)$,我们就得到

$$(s - 3m) + (h - s + m) + (-h + m) + (m) > 0$$

即 $0 > 0$,这就是所找到的不能成立的不等式.

❖数学家的朋友

在一群数学家中,每一个人都有一些朋友(关系是相互的). 证明:存在一个数学家,他所有朋友的朋友的平均数不小于这群人的朋友的平均数.

证明　记 M 为这群数学家的集合,$n = |m|$. $F(m)$ 表示数学家 m 的朋友的集合,$f(m)$ 表示数学家 m 的朋友数(即 $f(m) = |F(m)|$). 命题等价于证明必有一个 m_0 使

$$\frac{1}{f(m_0)}\sum_{m \in F(m_0)} f(m) > \frac{1}{n}\sum_{m \in M} f(m)$$

若不存在这样的数学家 m_0,则对任意的 m_0 有

$$n\sum_{m\in F(m_0)}f(m) < f(m_0)\sum_{m\in M}f(m)$$

对一切 m_0 求和得到

$$n\sum_{m_0}\sum_{m\in F(m_0)}f(m)=n\sum_{m}\sum_{m\in F(m_0)}1=n\sum_{m\in M}f^2(m) < \left[\sum_{m\in M}f(m)\right]^2$$

这与熟知的哥西不等式矛盾. 因此命题成立.

❖打开保险箱

30个保险箱30把钥匙,每把钥匙恰好能开一个保险箱. 每个保险箱也只有一把钥匙能打开. 钥匙锁在保险箱里,每个保险箱里一把钥匙,放法是随机的. 先打破两个箱子取出钥匙,问其余的保险箱均可用钥匙打开的概率是多少?

解 我们证明更一般的结论:在 n 只保险箱有 k 只被打破时,其余 $n-k$ 只可用钥匙打开的概率为 k/n.

采用归纳法. $n=k$ 时结论显然成立. 假定结论对 $n\geqslant k$ 成立,考虑 $n+1$ 只箱. 不妨设前 k 只被打破. 保险箱 $n+1$ 能用钥匙开时,第 $n+1$ 把钥匙必定不在这只保险箱中,设它在第 $m(m\leqslant n)$ 只保险箱中,当且仅当第 m 只保险箱打开时,第 $n+1$ 只保险箱可用钥匙打开. 因此,我们可以认为第 $n+1$ 只保险箱中的钥匙在第 m 只保险箱中,而将第 $n+1$ 只保险箱及其钥匙去掉. 由归纳假设,在前 k 只被打破时,其余的可用钥匙打开的概率为 k/n. 而第 $n+1$ 把钥匙不在第 $n+1$ 只箱子中的概率为 $n/(n+1)$. 因此,对于 $n+1$,所求概率为

$$n/(n+1)\times k/n=k/(n+1)$$

于是结论对一切自然数成立.

原题是 $n=30,k=2$ 的特例,答案为 1/15.

❖城中城

一个城市形如以5 km为边长的正方形. 马路将城市分成边长为200 m的正方形街区. 有人被准许用长为10 km的沿着马路的封闭路线围一座城中城,所围的城中城最大面积是多少?

解 设 l 为沿着城市马路的任意一条封闭路线,而 l' 是沿着把 l 的所有环

节包含在自己内部或边上的极小矩形周边的路线. 于是 $l' \leqslant l$,而 l' 所围的面积不小于 l 所围的面积. 由此推出,为了使给定路线长度下所围面积达到最大,必须沿矩形的周边行走. 留下的问题是说明什么样的矩形. 设 x 为矩形的一边长,于是另一边长为 $5-x$(以 km 为单位),其面积 $S=5x-x^2$. 此时,$0\leqslant x\leqslant \frac{5}{2}$. 函数 $S=5x-x^2$ 在点 $x=\frac{5}{2}$ 处达到最大. 但是按题设条件 x 只能取形如 $\frac{k}{5}$ 的值,其中 k 为整数. 在区间 $[0,\frac{5}{2}]$ 上函数 $S=5x-x^2$ 是单调上升的. 因此,在上面指出的 x 的变化区域的限制条件下,它将在 $\frac{k}{5}\in[0,\frac{5}{2}]$ 的最大 k 下达到最大值. 这将在点 $x=\frac{12}{5}$ 处. 相应的矩形面积等于 $\frac{156}{25}=6.24\ \mathrm{km}^2$.

❖如此造表

不同的自然数 $a,b,\cdots,k$ 写成如下形式

$$\begin{array}{ccccccc} a & \to & b & \to & c & \to & d \\ & & \uparrow & & \uparrow & & \uparrow \\ & & e & \to & f & \to & g \\ & & & & \uparrow & & \uparrow \\ & & \leftarrow & & h & \to & i \\ & & & & & & \uparrow \\ & & & & & & k \end{array}$$

已知表中两个箭头所指的数等于在这两箭头始端的数之和. 问按这样排列,d 最小是多少?

解 根据表的构造规则,我们企图使 d 尽可能小,试取 $e=1,h=2$,则 $f=3$. 再取 $a=4$,则 $b=5,c=8$. 现在还没用到的较小自然数是 6,7. 取 $k=6$,则 $i=8$,与 $c=8$ 重复,不可以;取 $k=7$,则 $i=9,g=12,d=20$.

我们试证 $d=20$ 是最小的. 假如存在一种表,其中 $d<20$,那么由

$$\begin{aligned} 20 > d = c+g = b+2f+i = \\ a+e+2(e+h)+h+k \geqslant \\ 1+2+3+4+2(e+h) \end{aligned} \quad ①$$

即

$$e+h<5$$

可设 ⅰ $e=1,h=3$；ⅱ $e=1,h=2$.（另一种情形，表是关于直线 fd 对称的）

在 ⅰ 情形下，$f=4$，而由式①$a+k<8$. 除已出现的数，a,k 只能是2和5. 但 $a=2$ 时，$b=3$ 与 $h=3$ 重复，$k=2$ 时，$i=5$ 与 $a=5$ 重复.

在 ⅱ 情形下，$f=3$，而由式①$a+k<11$. 这时 a,k 只能是4和5或4和6. 但是 $a=4,b=5,k$ 只能是6，而 $i=8$ 与 $c=8$ 重复；$k=4$ 时，$i=6,a$ 只能是5，而 $b=6$ 与 $i=6$ 重复.

所得矛盾证明了 d 的最小值是20.

❖混乱的拳击赛

在一次混乱无序的拳击比赛中，比赛进行的场次完全是随意的. 比赛之后，竞赛的组织者决定将拳击手们另行分组，分为 $n(n>1)$ 组，使得每一个拳击手至多与和他分在同一组的拳击手的 $1/n$ 的人交过手. 这样的划分总是可能的吗?

解　这样划分总是可能的. 对于拳击手分组的每一种分法，在同一组中的两位拳击手如果交过手则用一根芦笙为记，因为所有将拳击手分组的分法数是有限的，必然有一个分法所对应的芦笙数最小，我们断言这个分法适合所要求的条件.

假定某拳击手拉尔菲在他所在的组中与他交过手的人超过该组人数的 $1/n$，则将其调换，因为共有 n 组并且其中一组包含了拉尔菲曾与之交手的拳击手多于该组人数的 $1/n$，设为 m. 必然有另一组包含的与之交过手的人小于 m，将拉尔菲调整到这一组，则芦笙数将减少，但这与这一分法的芦笙数最小的假定相矛盾，所以我们的断言正确.

❖困难的竞赛

一次困难的数学竞赛包括第 Ⅰ 部分和第 Ⅱ 部分，总共28道题目. 每个竞赛者都恰好解出7道题. 每两道题恰好有两个竞赛者都解出. 试证：有一个竞赛者，他在第 Ⅰ 部分中没有解出什么题或至少解4道题.

证明　考虑任一道题，设它被 r 个竞赛者解出. 这些竞赛者每人还解出其他6道题;如果不同的人解出相同的题可以重复计算,那么r个人总共解出其他$6r$道题. 所考虑的那道题和其他27道不同的题的每一道,都恰好被两个人解出,这两个人必在上述r个人之中,所以重复计算的其他$6r$道题中含有27道不同的题,每一道都重复计算两次,即

$$6r = 27 \times 2, r = 9$$

这就是说,每一道题都有9个竞赛者解出,从而竞赛者的人数是$9 \times 28 \div 7 = 36$.

我们用反证法来证明本题的结论. 假设每个竞赛者都解出第Ⅰ部分的1道或2道或3道题,人数分别为x,y,z,则

$$x + y + z = 36 \quad ①$$

又设第Ⅰ部分有n道题,则重复计算解出题数得

$$x + 2y + 3z = 9n \quad ②$$

这n道题的每两道恰好被两个人解出,这两个人只能在对n道题解出2道的y个人和解出3道的z个人之中,那么每两道题的组合按解出人数复重计算得

$$C_2^2 y + C_3^2 z = C_n^2 \times 2$$

即

$$y + 3z = n(n - 1) \quad ③$$

联立①,②,③解出x,y,z,如果不都是非负整数,那就得到矛盾. 事实上,可以求得

$$y = -2n^2 + 29n - 108 = -2(n - 29/4)^2 - 23/8 < 0$$

这就证明了本题的结论.

❖谁是跳高亚军

有一种体育竞赛共含M个项目,有运动员A,B,C参加,在每一项目中,第一、二、三名分别得p_1,p_2,p_3分,其中p_1,p_2,p_3为正整数且$p_1 > p_2 > p_3$. 最后A得22分,B与C均得9分,B在百米赛中取得第一. 求M的值,并问在跳高中谁取得第二名.

解　考虑每人所得总分数,我们有方程

$$M(p_1 + p_2 + p_3) = 22 + 9 + 9 = 40$$

由于$p_1 + p_2 + p_3 \geqslant 1 + 2 + 3 = 6$,故$6M \leqslant 40$,从而$M \leqslant 6$.

另外,由题设知至少有百米与跳高两个项目,从而$M \geqslant 2$. 又因M为40的因子,故M只能取2,4,5三个值.

若 $M=2$,看 B 的总分可知 $9\geqslant p_1+p_3$,由此得 $p_1\leqslant 8$. 因此,若 A 拿两个第一,总分将小于等于 16,不可能到 22 分,因此 $M\neq 2$.

若 $M=4$,仍看 B 的总分,可知 $9\geqslant p_1+3p_3$,由于 $p_3\geqslant 1$,故 $p_1\leqslant 6$. 如果 $p_1\leqslant 5$,那么四场至多得 20 分,与 A 得 22 分矛盾,故 $p_1=6$. 另一方面,由 $4(p_1+p_2+p_3)=40$,得 $p_2+p_3=4$,只能是 $p_2=3,p_3=1$. A 的百米已不可能为第一,故 A 至多得三个第一. 因此 A 的总分至多是

$$3p_1+p_2=18+3=21<22$$

也是矛盾.

因此,只能是 $M=5$. 这时 $p_1+p_2+p_3=8$. 假如 $p_3\geqslant 2$,那么 $p_1+p_2+p_3\geqslant 4+3+2=9$,这表明只能是 $p_3=1$. 另外 p_1 不能小于等于4,否则五场的最高分小于等于 20,与 A 得22 分矛盾! 因此 $p_1\geqslant 5$. 如果 $p_1\geqslant 6$,那么 $p_2+p_3\leqslant 2$,这是不可能的. 又因 $p_2+p_3\geqslant 2+1=3$,故由 $p_1+p_2+p_3=8$,知 $p_1\leqslant 5$. 因此只能是 $p_1=5$. 因此,$p_2+p_3=3$,由此得 $p_2=2,p_3=1$. 由此可见,A 一定得了四个第一,一个第二,即 $4p_1+p_2=22$. B 的分数分布是 $p_1+4p_3=9$,C 的分数分布 $4p_2+p_3=9$.

由此可知 A 的百米第二,C 的百米第三,在其余的项目中,包括跳高,C 都是第二名.

❖摩托车大赛

一位煤渣跑道摩托车比赛迷错过了一次最有趣的比赛,事后他从朋友那里打听到:选手与比赛场次一样多,任两选手仅在一次比赛中相遇,在每次比赛中,与通常一样,四个选手出发.

摩托车竞赛爱好者得到的消息完全吗?

解法 1 设 n 是选手数. 由条件知道,比赛场次也是 n,每一场有四个选手参加,因此比赛人次共 $4n$,由于选手数是 n,而且他们每个人参加的比赛场数一样多,所以每个选手参加 $4n/n=4$ 场比赛. 在这四场比赛里,他每次与三个不同的对手较量,因而所有的选手共13 个,比赛也是13 次. 这样,煤渣跑道竞赛爱好者从熟人那里得到的信息是完全的,因为这些信息使他能确定选手数和竞赛场次都是 13,但是,这些信息对确定各场竞赛的选手组成是不够的.

事实上,从1 到13 把选手编号,那么13 个选手参加13 场竞赛的两种不同的秩序表如下(各种可能的秩序表的总数要大得多).

场次	选　手	选　手
Ⅰ	1,2,3,4	1,2,5,8
Ⅱ	1,5,6,7	1,3,6,9
Ⅲ	1,8,9,10	1,4,7,10
Ⅳ	1,11,12,13	1,11,12,13
Ⅴ	2,5,10,12	2,3,10,12
Ⅵ	2,6,8,13	2,6,4,13
Ⅶ	2,7,9,11	2,9,7,11
Ⅷ	3,5,9,13	5,3,7,13
Ⅸ	3,6,10,11	5,6,10,11
Ⅹ	3,7,8,12	5,9,4,12
Ⅺ	4,5,8,11	8,3,4,11
Ⅻ	4,6,9,12	8,6,7,12
XⅢ	4,7,10,13	8,9,10,13

解法2　设n是选手数. 若每个选手与其他人只在一场比赛中相遇,且在每场比赛中只有两个选手出发,那么竞赛应进行$\frac{n(n-1)}{2}$场. 但实际比赛中每场有四个选手出发,可组成六对不同的选手. 因为

$$C_4^2=\frac{4\cdot 3}{1\cdot 2}=6$$

所以实际竞赛场次是两人一对出发场次的$\frac{1}{6}$,即

$$\frac{n(n-1)}{12}$$

由题设条件,竞赛场次是n,因此

$$\frac{n(n-1)}{12}=n$$

解之,得$n_1=0$,$n_2=13$. 满足问题条件的惟一的解是$n=13$.

❖顺流而下

河水是流动的,在点Q处流入静止的湖中,一游泳者在河中顺流从P到Q,然后穿过湖到R,共用3小时. 若他由R到Q再到P,共需6小时. 如果湖水也是流动的,速度等于河水速度,那么,从P到Q再到R需5/2小时. 问在这样的条件下,从R到Q再到P需几小时?

解　设游泳者的速度为1,水速为y,$PQ=a$,$QR=b$,则

$$\frac{a}{1+y}+b=3 \quad ①$$

$$\frac{a+b}{1+y}=\frac{5}{2} \quad ②$$

$$\frac{a}{1-y}+b=6 \quad ③$$

①－②得

$$\frac{by}{1+y}=\frac{1}{2}$$

即

$$b=\frac{1+y}{2y} \quad ④$$

③－①得

$$\frac{2ay}{1-y^2}=3$$

即

$$a=\frac{3(1-y^2)}{2y} \quad ⑤$$

由②,④,⑤得

$$\frac{5}{2}(1+y)=a+b=\frac{1+y}{2y}(4-3y)$$

即

$$5y=4-3y$$

于是

$$y=\frac{1}{2}$$

$$\frac{a+b}{1-y}=\frac{a+b}{1+y}\times\frac{1+y}{1-y}=\frac{5}{2}\times\frac{1+\frac{1}{2}}{1-\frac{1}{2}}=\frac{15}{2}$$

即本题答案为15/2小时.

❖围棋新秀

一次围棋大赛先后进行了11个星期,有一位围棋新秀,他的战绩是:每日至少胜一次,每星期最多胜12次,由此记录一定可以推知:在一段连续的日子里,这一位围棋新秀不多不少正好胜了21次.

证明 这一结论似乎有点出奇,但是,若你细读了下述证明过程,便会对这结论深信不疑了.

11个星期共有77天,用s_i表示从第1天至第i天这位棋手累计胜棋的次数$(i=1,2,\cdots,77)$. 由题设条件可知

$$1<s_1<s_2<\cdots<s_{77}\leqslant 12\times 11=132$$

再令

$$t_i=s_i+21, i=1,2,\cdots,77$$

易见

$$22\leqslant t_1<t_2<\cdots<t_{77}\leqslant 132+21=153$$

由此可见$s_1,s_2,\cdots,s_{77}$及$t_1,t_2,\cdots,t_{77}$这$2\times 77=154$个正整数落在1至153之间,因此必有两个数是相等的. 显然$t_1,t_2,\cdots,t_{77}$是互不相等的,$s_1,s_2,\cdots,s_{77}$也互不相等,惟一可能的是某一个s_i与某个t_j相等,即$s_i=t_j=s_j+21$,由此得$s_i-s_j=21$. 这正说明,从围棋大赛的第$j+1$天到大赛的第i天这一段连续的日子里,这位围棋新秀恰好胜了21次.

❖删去一列

设$n\geqslant 2$,一个$n\times n$的矩阵,每两行都不完全相同. 证明:一定能删去一列,使剩下的矩阵中每两行仍然不完全相同.

证明 先将命题加强为:一个$m\times n(2\leqslant m\leqslant n)$的矩阵中,如果每两行都不完全相同,那么一定可以删去一列,删去这列后每两行仍然互不相同.

在$n=2$时,$m=2$. 第一行中必有元素与第二行同一列的元素不同,保留这列删去另一列,第一行与第二行仍然不同.

设命题对于n成立. 考虑$m\times(n+1)$的矩阵$(2\leqslant m\leqslant n+1)$,矩阵中每

两行都不全相同.

删去第一列,如果每两行仍全不相同,结论已经成立. 设其中有相同的行:第 $h_{11},h_{12},\cdots,h_{1t_1}$ 行相同;第 $h_{21},h_{22},\cdots,h_{2t_2}$ 行相同;…;第 $h_{l1},h_{l2},\cdots,h_{lt_1}$ 行相同. 只保留第 $h_{11},h_{21},\cdots,h_{lt_1}$ 行,将其余的行删去,得到一个 $l\times n$ 的矩阵,$l\leqslant m-1\leqslant n$.

如果 $l=1$,那么原矩阵删去第一列后各行就完全相同,所以原矩阵各行的第一个元素互不相同. 因此保留第一列删去其他任一列后,各行互不相同.

如果 $l\geqslant 2$,那么由归纳假设,在新矩阵中存在一列,不妨设为最后一列,删去这列后各行仍不相同. 这时,在原矩阵中,删去最后一列,第 h_{ij} 行与第 $h_{i'j}$ 行 $(i\neq i')$ 当然不同,而第 h_{ij} 行与第 $h_{ij'}(j\neq j')$ 行中的第一个元素不同,因此各行均不相同.

❖必有圆心

半径为1的圆盘上任意地放置7点,这里所谓的圆盘,包括圆周及圆的内部. 若这7个点中任意两点的距离都不小于1,则7点中有一点为圆心.

证明 设这个圆的圆心为 O,用直径 A_1A_4,A_2A_5,A_3A_6 把这圆盘分成6块相等的扇形 A_1OA_2,A_2OA_3,$\cdots$,A_6OA_1(图1). 令

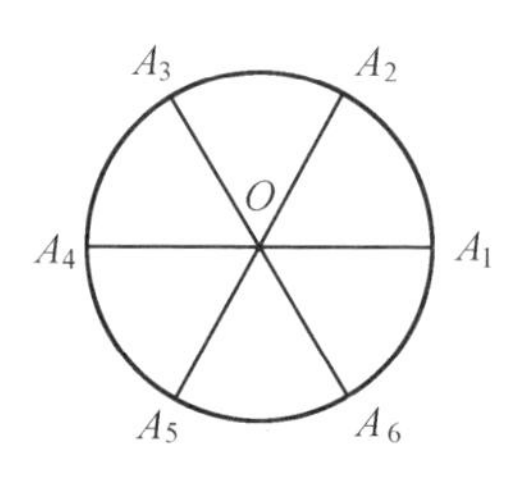

图1

S_1 等于扇形 A_1OA_2 但不含线段 OA_2

S_2 等于扇形 A_2OA_3 但不含线段 OA_3

⋮

S_6 等于扇形 A_6OA_1 但不含线段 OA_1

很明显,除圆心 O 之外,圆盘上任一点都属于而且仅属于某一个 S_i,若7点中没有一个为圆心,由抽屉原则可知,必有两点属于同一个 S_i,但 S_i 中之任意两点的距离都小于1,与条件矛盾,故不可能7点中无一个为圆心,从而证明了结论.

事实上,这7个点的位置,在不计较绕圆心的任何旋转之下,是惟一地确定了的. 因为已证有一点必在圆心,其余6点与中心的距离不小于1,所以它们必在圆周上,再加上这6点相互间的距离不小于1,可知这6个点必须均匀地分布在圆周上.

❖观看球赛

某市有 n 所中学,第 i 所中学派出 c_i 名学生($1 \leqslant c_i \leqslant 39, 1 \leqslant i \leqslant n$) 来体育馆观看球赛,总人数 $\sum_{i=1}^{n} c_i = 1\ 990$. 看台上每一横排有 199 个座位. 同一学校的学生必须坐在同一横排,问至少要安排多少个横排才能保证学生全部坐下?

解 先简略估计一下. 1 990 个学生,每排坐 199 个,至少要

$$1\ 990 \div 199 = 10$$

个横排才能坐下.

但 10 个横排未必能保证同一学校的学生都坐在同一横排. 如果让学生按照学校顺次入坐,第一排满了再坐第二排,第二排满了再坐第三排 ……. 那么全部学生都在 10 个横排中就座,但有些学校的学生可能分在一排的排尾及下一排的排头.

出现上述情况时,可以把不合要求的学校调整到备用的横排. 至多有 9 个学校不合要求(他们有一部分人坐在第一,二,……,九排的排尾). 而 5 个学校的人数小于等于 $5 \times 39 = 195 < 199$,所以只需要 2 排备用的横排,就可以安排这些学校(每排可以安排 5 个学校).

因此,12 个横排足以保证全部学生按要求坐下.

12 个横排能不能减少成 11 个横排呢(在一般情况下,10 个横排是不够的. 这一点虽然没有证明,仅凭感觉或常识就可以相信)?

不能! 为此,我们注意在各学校人数均不太少时,每排可安排 5 个学校,不能安排 6 个学校,如各校人数大于等于

$$\left[\frac{199}{6}\right] + 1 = 34$$

时即是这样. 此时,如果学校个数大于等于 56,那么 11 个横排就不够了.

由于总人数

$$1\ 990 = 56 \times 35 + 30 = 30 \times 36 + 26 \times 35$$

所以可取 $n = 56$,这 n 所学校中,有 30 所派出 36 个,26 所派出 35 人.

每排只能安排 5 个学校

$$199 = 5 \times 35 + 24$$

所以必须 12 个横排才能保证 56 所学校派出的学生全部按要求坐下.

❖盖住994个点

平面上有1 987个点,其中任何三点中都有两点的距离小于1. 求证:存在一个半径为1的圆,它至少盖住这1 987个点中的994个点.

证明　大家应当注意到,994的两倍正好比1 987多1. 因此,我们只需依据条件就能证得:可以作出两个半径为1的圆,把这1 987个点全部盖住,那么就证得了所需的结论.

在给定的1 987个点中,任取一个点,记为A,以A为圆心、以1为半径作圆,这个圆叫做圆A. 如果圆A已经盖住所有的1 987个点,那么问题已经得证. 因此设给定的点中有一点,记为B,不在圆A内. 以B为圆心、以1为半径作圆,叫做圆B. 下面我们来证明,圆A和圆B合起来就已经盖住了给定的1 987个点. 如果这一结论不正确,就是说,其中至少有一点,记为C,既不在圆A内又不在圆B内. 这就是说$AC \geqslant 1$且$BC \geqslant 1$,但又已知$AB \geqslant 1$(因为B不在圆A内),因此A,B,C三点中,任何两点间的距离均不小于1,这与假设矛盾. 现在已经确认,给定的1 987个点中的每一个点,或者落在圆A内,或者落在圆B内,根据第二种形式的抽屉原则,必有994个点落在其中的一个圆内. 这样就完全证明了结论.

❖矮人的房子

森林里住着12名矮人,他们的房子被涂上红色或黑色. 第j名矮人在j月份出访他的所有朋友(这12名矮人中有一些人). 如果他发现大多数朋友的房子的颜色与他不同,他回来后就改变自己房子的颜色,以与他的朋友保持一致. 证明:经过一段时间后,每名矮人都不再改变房子的颜色.

证明　将每名矮人与他的朋友连上一条线,如果两人房子同色,这线为黄色,否则为蓝色. 考虑黄线的条数s. s是有界的(显然小于等于C_{12}^{2}).

当一名矮人改变房子的颜色时,从他引出的黄线的条数严格增加,s也严格增加.

由于s有上界,s取整数,所以经过若干次增加后,s不再继续增加. 这就是所要证明的结论.

注　s 是状态的函数. 房子的颜色从一种变为另一种时,s 严格递增.

❖距离不超过 2

平面上任意给定 1 980 个点,其中任意两点的距离均大于$\sqrt{2}$. 求证:其中必有 220 个点,彼此之间的距离都不小于 2.

证明　由于 $1\ 980 \div 220 = 9$,因此我们应当特别注意 9 这个数字. 设想在该平面上已经建立了一个直角坐标系,两族直线 x 等于整数,y 等于整数把整个平面分成了无限多个边长为 1 的小正方形. 我们将在第一象限中最靠近原点的 9 个小方格编上从 1 到 9 的号码(图 1),我们把这 9 个方格平行地往上、往下、往左、往右推移 3 个小方格,就把附近的 $4 \times 9 = 36$ 个小方格按同样的方式编号;用同样的方法来推移这些新编了号的 9 个小方格,并且无止境地作下去,便把全平面上的每一个小方格都编上了 1 至 9 中的一个号码. 由于给定的点之间的距离大于$\sqrt{2}$,可见没有两个点会落在同一个小方格中,因此,给定的 1 980 个点便分布在 1 980 个不同的小方格中. 这些小方格被分成 9 类,即有相同编号的点被视为一类. 由抽屉原则,至少有 220 个点会落在同一类的不同方格中,由编号的方法可知,这些点相互之间的距离大于等于 2.

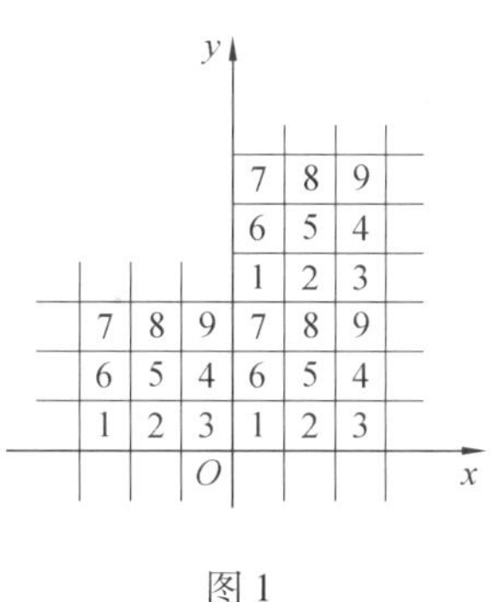

图 1

❖分割正方形

正方形被 9 条直线分割,每一条都与正方形的一对对边相交,把该正方形分成面积之比为 $2:3$ 的两个梯形. 求证:这 9 条直线中至少有 3 条相交于同一点.

证明　如图 1,设 CD 是一条这样的直线. 我们再画出这两个梯形的中位线 AB,由于这两个梯形有相等的高,因此它们的面积比应当等于对应的中位线长的比,即等于$AP:PB$(或者$BP:PA$),因此点 P 有确定的位置,它在正方形一对对边中点的连线上,并且$AP:PB=2:3$. 由几何上的对称性,这种点共有 4 个,即图1中的P,Q,R,S. 我们的9条适合条件的分割直线中的每一条必须过P,Q,R,S这4点中的一个. 把P,Q,R,S看成4只抽屉,9条直线当成9只苹果,即可以看出必有3条分割直线经过同一个点.

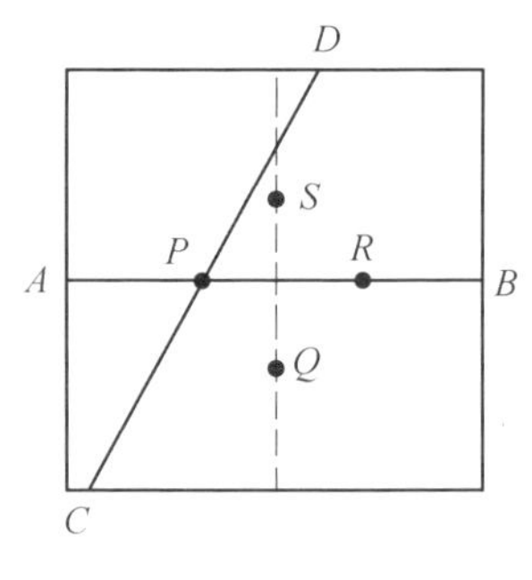

图1

❖奇怪的时钟

有一台两针完全一样的时钟,因而分不出长针与短针. 试问由它确定时间的最大可能误差是多少?

解 大家知道:

(1) 如果没有钟表,任何人也可以确定时间,其误差总不会超过6小时;

(2) 时钟所表示的时间,由一枚短针在钟面上所指的刻度数(坐标)就可以完全确定下来,长针只不过起辅助作用,它好像是针面上的一个游标,可以把短针的精确度提高12倍.

如果短针在钟面上的坐标记作ξ,长针的坐标记作η,则有

$$\eta - 12\{\xi\} = 0, 0 \leqslant \xi \leqslant 12, 0 \leqslant \eta \leqslant 12$$

这里$\{\xi\}$表示数ξ的小数部分.

假设时钟的两枚针一样长,我们用x表示一枚针的坐标,y表示另一枚针的坐标,可能有下面三种情况:

ⅰ 若$x - 12\{y\} \neq 0$,则$y - 12\{x\} = 0$.

这时,时钟的时间为x.

ⅱ 若$y - 12\{x\} \neq 0$,则$x - 12\{y\} = 0$.

这时,时钟的时间为y.

ⅲ 若$y - 12\{x\} = 0$,且$x - 12\{y\} = 0$.

此时时间可能是x也可能是y. 两针这样的特殊的位置共有143个. 适合这种情况的数x,y,就是函数$y = 12\{x\}$与$x = 12\{y\}$的图像的143个交点的坐标(图1).

这些点在由方程

$$y = x + \frac{12}{13}k, k = 0, \pm 1, \cdots, \pm 11 \quad ①$$

所确定的23条直线上.

如果现在我们用$r = |x - y|$表示误差是由时钟所指的两个时间(x与y)

中，用其中一个代替另一个而产生的，那么根据等式①，有

$$r=\frac{12}{13}|k|,k=0,\ \pm1,\cdots,\ \pm11$$

根据题目条件去掉大于6小时的误差，我们得到最大误差：当 $k=\pm6$ 时，$r=\frac{72}{13}=5\frac{7}{13}$，即5小时32分 $18\frac{6}{13}$ 秒（在上面的推理中，我们假定时钟主人正确无误地读出两针的坐标）.

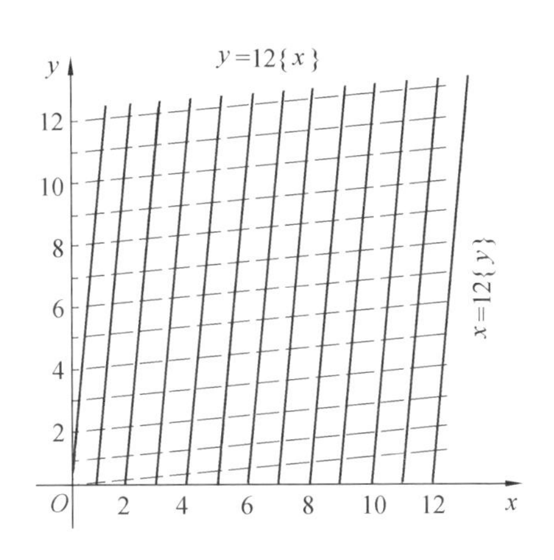

图1

❖公园的小树

设有一座圆形的公园，中心为 O，半径等于50 m，以点 O 为坐标原点，选取过 O 的互相垂直的两条直线为坐标轴，建立平面直角坐标系. 并选取单位长度为1 m. 如果在圆内除 O 以外的每个整点处都种上一棵小树，那么，当这些小树长得足够粗的时候，从园子的中心 O 环顾四周，视线都会被树干所遮断，使人看不到公园的边缘. 现在问当树干长到多粗时，才会发生所说的这种情况？

解 我们的答案是：当树干的半径大于 $\frac{1}{50}$ m（即2 cm）时，从点 O 朝任何方向看去，视线都会被遮断，而当树干的半径小于 $\frac{1}{\sqrt{2\ 501}}$ m时，至少在一个方向上视线不会被遮断.

引理 以原点 O 为对称中心，任意画一个长方形 $ABCD$（图1）. 如果这长

方形的面积大于4,那么,在它里面除了点 O 外,一定还有其他的整点.

引理的证明 以那些坐标为偶数的整点 $(2k,2l)$ 为中心,作出一系列边长为2的正方形. 长方形 $ABCD$ 必定被某些这样的 2×2 的正方形所盖住,把这些正方形一个一个地剪下来,并把它们平行地移到和中心在 O 的那个 2×2 的正方形1234相重合的位置上去,自然,这时长方形 $ABCD$ 也被剪碎成好几片移到正方形1234里面去了.

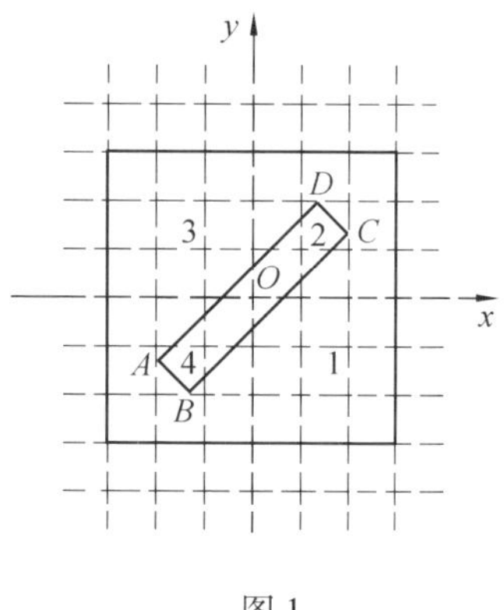

图1

注意:正方形1234的面积等于4,而长方形 $ABCD$ 的面积是大于4的. 根据面积的重叠原则,至少有两个碎片会有公共点. 设一个公共点的坐标是 (s,t),其中 $-1\leqslant s\leqslant1$, $-1\leqslant t\leqslant1$. 这就意味着,在原来的长方形 $ABCD$ 内有一个点 P,它的坐标是 $(2m+s,2n+t)$;还有一个点 Q,它的坐标是 $(2m'+s,2n'+t)$(图2).

考察点 Q 关于原点 O 的对称点 Q'. 由于已知长方形 $ABCD$ 关于原点对称,得知 Q' 必然也在此长方形内. 由对称性可知 Q' 的坐标是 $(-2m'-s,-2n'-t)$. 既然 P 和 Q' 是长方形 $ABCD$ 之内的两个点,那么 P 和 Q' 的连线上的中点 R,也一定在这个长方形内. 可算出 R 的两个坐标分别是

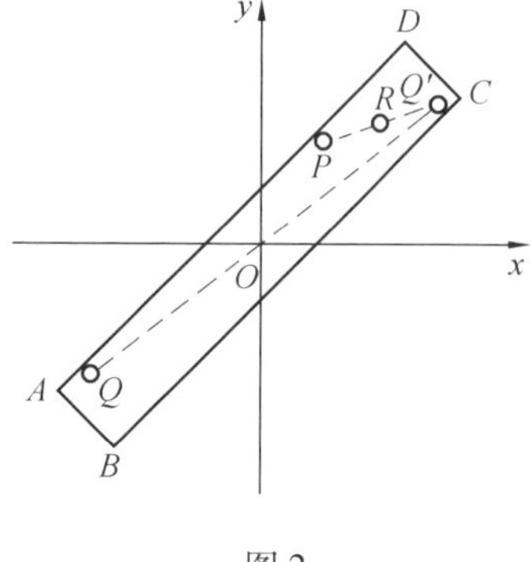

图2

$$\frac{(2m+s)+(-2m'-s)}{2}=m-m'$$

$$\frac{(2n+t)+(-2n'-t)}{2}=n-n'$$

这表明 R 是包含在长方形 $ABCD$ 中的一个整点,并且,R 和原点 O 显然是不同的,这是因为,若 $R=O$,即得 $m=m'$,$n=n'$,也就是 $P=Q$,这是不可能的. 引理证毕.

下面我们利用引理先证答案的第一部分. 我们用 ρ 表示树干的半径,并设 $\rho>\frac{1}{50}$. 显然,还必须认为 $\rho\leqslant\frac{1}{2}$.

在圆 O 中,取任一直径 AB(如图3). 过 A 和 B 两点分别作圆 O 的切线,并作两直线 FG 和 EH 平行于 AB,且与 AB 的距离均为 ρ,这样就得到了一个长方形 $EFGH$. 显然,长方形 $EFGH$ 的面积为

$$100 \times 2\rho > 100 \times 2 \times \frac{1}{50} = 4$$

因此,根据引理,在这个长方形内有一个整点 R. 实际上,R 不但在这长方形内,而且还在公园内部,对于这一点,可以证明如下.

设 $R = (m,n)$,其中 m 和 n 均为整数. 显然

$$m^2 + n^2 = OR^2 \leqslant OE^2 = 50^2 + \rho^2 \leqslant 50^2 + \frac{1}{4}$$

由于 $m^2 + n^2$ 是一个整数,上述不等式实际上是 $m^2 + n^2 \leqslant 50^2$,即 R 还在公园之内. R 的关于 O 的对称点 R' 应在此长方形内,并且也在公园之内.

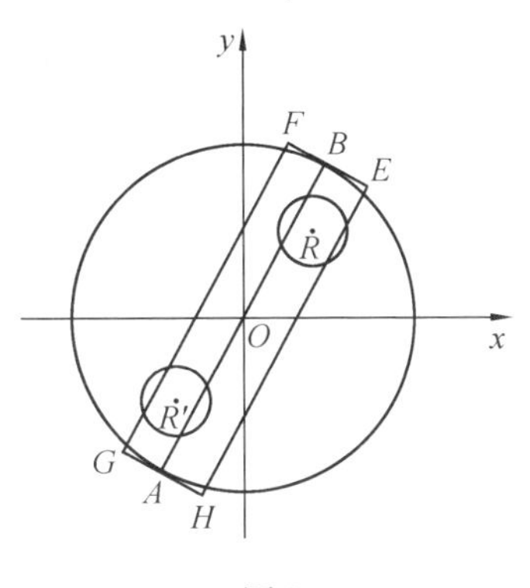

图 3

既然是 R 和 R' 都是公园内的整点,这两点都不与 O 重合,因此,这些点上是种了树的. 很明显,以 R 和 R' 为圆心、以 ρ 为半径作出的两个小圆一定和直径 AB 在 O 的两边相交. 这就是说,当 $\rho > \frac{1}{50}$ 时,OA 和 OB 两个方向的视线都会被树干遮断. 由于直径 AB 是任意作的,所以,这时站在点 O 无论朝哪一个方向上看去,都将看不到公园的边界.

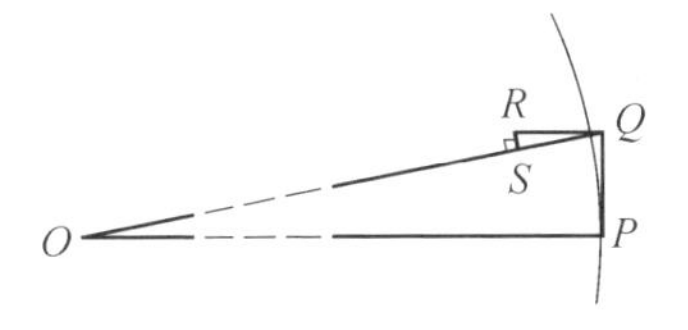

图 4

现在证明答案的第二部分. 在坐标为 $(50,0)$ 的点 P 处作圆 O 的切线,在这切线上取坐标为 $(50,1)$ 的整点 Q(图 4). 很明显,在线段 OQ 上不再会有整点了. 在圆内的整点中,离直线 OQ 最近的整点是 $R(49,1)$. 作 $RS \perp OQ$. 由于 $\triangle OPS \backsim \triangle QSR$,故有

$$\frac{RQ}{QO} = \frac{RS}{QP}$$

因此

$$RS = QP \cdot \frac{RQ}{QO} = 1 \cdot \frac{1}{\sqrt{50^2 + 1}} = \frac{1}{\sqrt{2\ 501}}$$

所以,当 $\rho < \frac{1}{\sqrt{2\ 501}}$ 时,R 那一点上的树干不会遮断 OQ 方向的视线,其余整点上种的树,就更不可能干扰视线 OQ 了!(进一步研究详见附录(4))

❖四腿落地

四条腿长度相等的椅子放在不平的地面上,四条腿能否一定同时着地?

解 初看这个问题似乎与数学毫不相干,怎样才能把它抽象成一个数学问题呢?

假设椅子中心不动,每条腿的着地点视为几何学上的点,用 A,B,C,D 表示,把连线 AC 和 BD 当做直角坐标系中的 x 轴和 y 轴,把转动椅子看做坐标轴的旋转(图1). 用 θ 表示对角线 AC 转动后与初始位置 x 轴的夹角,$g(\theta)$ 表示 A,C 两腿与地面距离之和,$f(\theta)$ 表示 B,D 两腿与地面距离之和.

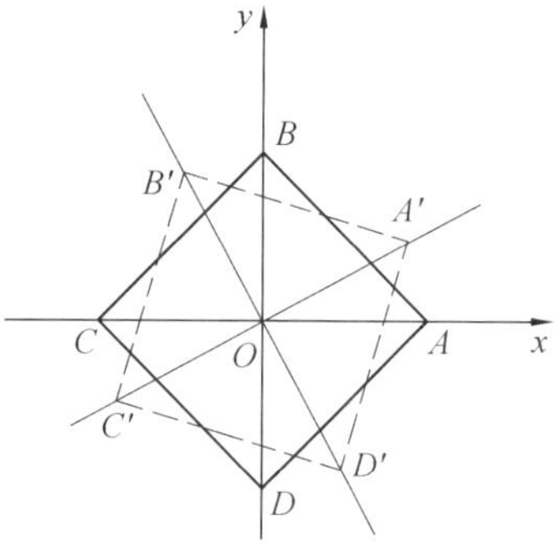

图1

当地面光滑时,$f(\theta)$,$g(\theta)$ 皆为连续函数. 因三条腿总能同时着地, 故有 $f(\theta)\cdot g(\theta)=0$.

不妨设初始位置 $\theta=0$ 时,$g(\theta)=f(\theta)=0$,$f(\theta)>0$,这样,椅子问题就抽象为如下的数学问题.

已知 $f(\theta)$,$g(\theta)$ 为连续函数,$g(0)=0$,$f(0)>0$, 且对任意的 θ, 都有 $g(\theta)\cdot f(\theta)=0$. 求证:存在 $\theta_0\in(0,\frac{\pi}{2})$,使 $g(\theta_0)=f(\theta_0)=0$.

证明 令 $h(\theta)=g(\theta)-f(\theta)$,则有

$$h(0)=g(0)-f(0)<0$$

将椅子转动$\frac{\pi}{2}$,即将 AC 与 BD 的位置互换,则有 $g\left(\frac{\pi}{2}\right)>0$,$f\left(\frac{\pi}{2}\right)=0$. 故

$$h\left(\frac{\pi}{2}\right)=g\left(\frac{\pi}{2}\right)-f\left(\frac{\pi}{2}\right)>0$$

因 $h(\theta)$ 是连续函数,由连续函数的中间值定理知,必存在$0<\theta_0<\frac{\pi}{2}$,使 $h(\theta_0)=0$,即 $g(\theta_0)=f(\theta_0)$. 由条件对任意的 θ,均有 $g(\theta)\cdot f(\theta)=0$,故有

$$\begin{cases}g(\theta_0)\cdot f(\theta_0)=0\\g(\theta_0)=f(\theta_0)\end{cases}\Rightarrow g(\theta_0)=f(\theta_0)=0$$

这就是说,存在 θ_0 的方向,四条腿能同时着地. 所以,本题的答案是:如果地面为光滑曲面,则四条腿能同时着地.

❖李普曼问题

1958 年,加拿大多伦多大学的李普曼(Joe Lipman)教授提出如下问题:

不可能将单位正方形的每点涂上红、黄、蓝三种颜色之一,而使得每一个涂上相同颜色的点所组成的点集的直径都小于$\sqrt{65/64}$.

证明 用反证法,假设符合要求的涂色方式是存在的,由于 S 的四个顶点只用三种颜色涂染,由抽屉原则,必有两点颜色相同. 这同色的两点显然不能是位于一条对角线上的两个顶点,否则涂有这种颜色的点集的直径等于$\sqrt{2}>\sqrt{\frac{65}{64}}$. 所以同色的两点只能在 S 的一条边上,不失一般性,可设 C 与 D 是红色的. 现在来看 E,G,F 三点,由于

$$GD=EC=\sqrt{\frac{65}{64}},FC>FG=\sqrt{\frac{65}{64}}$$

可知这三点一定不是红点,否则红点的集合的直径大于等于$\sqrt{65/64}$,与假设不合. 所以 E,G,F 这三点,只能被黄、蓝两种颜色所染,又依抽屉原则,这三点中必有两点同色. 由于

$$FE=FG=\sqrt{\frac{65}{64}}$$

可知同色的只能是 E,G 两点,不妨设它们是黄点. 考虑 D 关于 E 的对称点 K,由于

$$KC>EC=\sqrt{\frac{65}{64}},\quad KG=\sqrt{\frac{65}{64}}$$

可见 K 与 C,G 都不同色,K 必为黄点. 另一方面,由于

$$BD>BE>FE=\sqrt{\frac{65}{64}}$$

因此 B 也是蓝点. 但是

$$KB=\sqrt{\left(\frac{3}{4}\right)^2+1^2}=\sqrt{\frac{5^2}{4^2}}=\frac{5}{4}>\sqrt{\frac{65}{64}}$$

这表明蓝点集合的直径必大于$\sqrt{65/64}$,这与题设矛盾!

❖神奇的 6 174

任意4个不全相等的数字可以组成若干个四位数(允许0为千位数字),用其中最大的减去最小的,称为一次操作.对所得差的4个数字继续施行同样的操作.证明:经过有限多次操作后,得到的结果为6 174.

证明 四位数(包括首位为0的)共10^4个.个数有限,因而枚举能够解决问题,但在没有计算机帮助的情况下,逐一列举太繁琐.我们可以稍加分析,分两种情况来讨论.

设4个数字为$a \geqslant b \geqslant c \geqslant d$.

(1)如果$b=c$,一次操作后,出现的4个数字中有两个9,另两个($10+d-a$与$a-1-d$)的和为9.由于(箭头表示操作,中间出现的数只列出同样数字中最大的一个)

$$9\ 990 \to 9\ 981 \to 8\ 820 \to 8\ 532 \to 6\ 174$$
$$9\ 972 \to 7\ 731 \to 9\ 765 \to 8\ 640 \to 8\ 721 \to 7\ 443 \to$$
$$9\ 963 \to 6\ 642 \to 7\ 641 \to 6\ 174$$
$$9\ 954 \to 5\ 553 \to 9\ 981$$

所以最后均产生差6 174.

(2)如果$b>c$,一次操作后,出现的4个数字中有两个和为10($10=(10+d-a)+(a-d)$),另两个的和为8($8=(10+c-1-b)+(b-1-c)$).因此,应从(9,1),(8,2),(7,3),(6,4),(5,5)中取一组与(8,0),(7,1),(6,2),(5,3),(4,4)中取一组搭配,含数字4,4或5,5的情况已在(1)中讨论过.只剩下$4 \times 4=16$种情况.由于

$$9\ 810 \to 9\ 621 \to 8\ 532 \to 6\ 174$$
$$9\ 711 \to 8\ 532$$
$$9\ 531 \to 8\ 721$$
$$8\ 622 \to 6\ 543 \to 9\ 882$$
$$8\ 730 \to 8\ 532$$
$$7\ 632 \to 6\ 552$$
$$7\ 533 \to 6\ 174$$

均化为(1)中已讨论过的情况,所以这时结论也成立.

❖步行问题

某个人步行了10小时，共走完45 km. 已知他第一个小时走6 km，而最后一小时因疲劳只走了3 km. 求证：一定有连续的两小时，在这段时间内这个人至少走了9 km.

证明 设这个人在第 i 小时步行 $a_i$km($i=1,2,\cdots,10$). 已知 $a_1=6$，$a_{10}=3$ 且 $a_1+a_2+\cdots+a_9+a_{10}=45$，因此 $a_2+\cdots+a_9=36$. 把这等式的左边分为4组，即

$$(a_2+a_3)+(a_4+a_5)+(a_6+a_7)+(a_8+a_9)=36$$

这说明这4个括号中的数的算术平均值等于9，因此其中至少有一个括号中的数不小于9. 例如，$a_4+a_5\geqslant 9$ 时，表明这个人在第4小时和第5小时这段时间内，走完的距离不少于9 km.

❖取数博弈

给定一个整数 $n_0>1$ 后，两名选手A，B按以下规则轮流取整数 $n_1,n_2,n_3,\cdots$：

在已知 n_{2k} 时，选手A可以取任一整数 n_{2k+1}，使得 $n_{2k}\leqslant n_{2k+1}\leqslant n_{2k}^2$.

在已知 n_{2k+1} 时，选手B可以取任一整数 n_{2k+2}，使得$\dfrac{n_{2k+1}}{n_{2k+2}}$是一个质数的正整数幂.

若A取到1 990，则A胜. 若B取到1，则B胜.

对怎样的初始值 n_0

(1) A有必胜的策略；

(2) B有必胜的策略；

(3) 双方均无必胜策略？

解 $n_0=2$ 时，A只能取2，3，4，B可取1，B胜.

$n_0=3$ 时，A只能取3至9，均为形如 p^k 或 $2p^k$(p 为质数)的数，从而B可取1或2，B胜.

$n_0=4$ 时,A 只能取4至16,均为形如 p^k,$2p^k$ 或 $3p^k$ 的数,从而B可取1,2或3,B胜.

$n_0=5$ 时,A 只能取5至25,均为形如 p^k,$2p^k$,$3p^k$ 或 $4p^k$ 的数,B可取1,2,3,4,B胜.

若 $45\leqslant n_0\leqslant 1\ 990$,则 A 可取1 990,A 胜.

若 $21\leqslant n_0\leqslant 44$,则 A 可取 $420=2^2\times 3\times 5\times 7$,B取的数在45与1 990之间,由上一种情况,A胜.

若 $13\leqslant n_0\leqslant 20$,则 A 取 $n_1=2^3\times 3\times 7=168$,$n_2$ 在21与1 990之间,A胜.

若 $11\leqslant n_0\leqslant 12$,则 A 取 $n_1=3\times 5\times 7=105$,$n_2$ 在15与1 990之间,A胜.

若 $8\leqslant n_0\leqslant 10$,则 A 取 $n_1=2^2\times 3\times 5=60$,$n_2$ 在12与1 990之间,A胜.

若 $n_0>1\ 990$,取 $n_1=2^{r+1}\times 3^2$ 满足

$$2^r\times 3^2<n_0\leqslant 2^{r+1}\times 3^2<n_0^2$$

则 n_2 满足 $8\leqslant n_2\leqslant n_0$. 用 n_2 代替 n_0,继续采取上面的方法,经过有限多步后得到

$$8\leqslant n_{2k}\leqslant 1\ 990$$

于是 A 胜.

最后,在 $n_0=6$ 或7时,A 取 $n_1=30$,则 B 只能取6(B取10或15,A均胜),A再取30,这样 A 立于不败之地.

另一方面,在小于等于49的数中,A 只有取30与42才能保证 $n_2\geqslant 6$,而这时 B 总可以取 $n_2=6$. 因此,B 可立于不败之地.

所以在 $n_0=6$ 或7时,两人均无必胜策略.

❖分划三角形

设 $\triangle ABC$ 为一等边三角形,E 是三边上点的全体. 对于每一个把 E 分成两个不相交子集的分划,问这两个子集中是否至少有一个子集包含着一个直角三角形的三顶点? 给出证明.

证明 如图1,在边 BC,CA,AB 上分别取三点 P,Q,R,使得 $PC=BC/3$,$QA=CA/3$,$RB=AB/3$. 很明显,$\triangle ARQ$,$\triangle BPR$,$\triangle CQP$ 都是直角三角形,它们的锐角是30°及60°.

设 $E=E_1\cup E_2$,$E_1\cap E_2=\varnothing$. 由抽屉原则,P,Q,R 中至少有两点属于同一子集,不妨设 P,$Q\in E_1$,如果 BC 边上除 P 之外还有属于 E_1 的点,那么结论已成

立. 设 BC 上的点除 P 之外全属于 E_2,那么只要 AB 上有异于 B 的点 S 属于 E_2,设 S 在 BC 上的投影点为 S',则 $\triangle SS'B$ 为一直角三角形. 再设 AB 内的每一点均不属于 E_2,即除 B 之外全属于 E_1,特别是 $R,A \in E_1$,于是 $\triangle AQR$ 为一直角三角形,这时三顶点全在 E_1 中. 证毕.

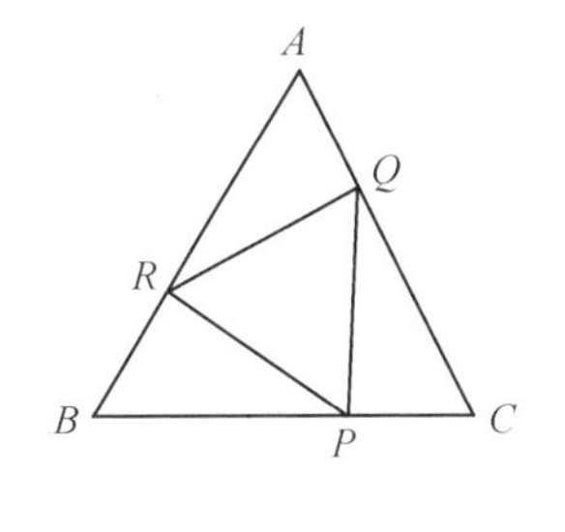

图 1

❖黑白方格

将 $m \times n$ 的矩形表中每个小方格涂上黑色或白色,两种颜色的方格个数相等. 问能否使表中每一行、每一列中都有一种颜色的方格超过 3/4?

解 不可能. 设每行、每列中都有一种颜色的方格超过 3/4,其中前 p 行白色占优势,后 q 行黑色占优势;前 r 列白色占优势,后 s 列黑色占优势(如图 1). $p+q=m,r+s=n$.

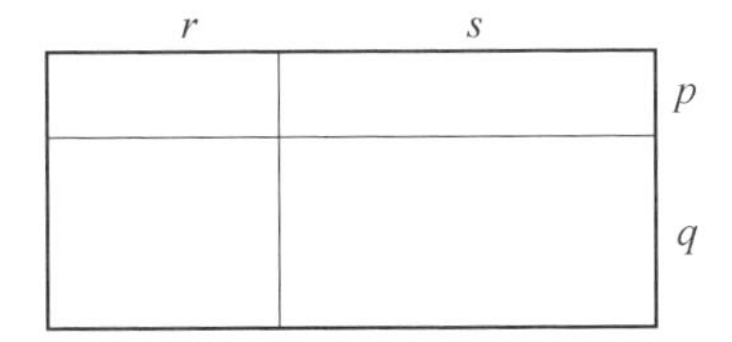

图 1

全　　白	黑白相间
黑白相间	全　　黑

图 2

考虑 $p \times s$ 及 $q \times r$ 的矩形中的 $ps+qr$ 个方格. 其中的白格可看成 s 列或 q 行中的"少数派",而黑格可看成 p 行或 r 列中的"少数派". 如图 2 所示. 由于在每行、每列中"少数派" 少于 $n/4$ 或 $m/4$ 个,所以前一个矩形中的白格与后一个矩形中的黑格的个数之和小于 $\frac{m}{4}(s+r)=\frac{mn}{4}$. 同样,前一个矩形中的黑格与后一个中的白格之和小于 $\frac{n}{4}(p+q)=\frac{mn}{4}$. 所以这两个矩形中的方格数 $ps+qr<\frac{mn}{4}+\frac{mn}{4}=\frac{mn}{2}$,即少于方格总数的一半. 因此

$$ps+qr<pr+qs$$
$$(p-q)(s-r)<0$$

从而 $p \leqslant q, r \leqslant s$ 或 $q \leqslant p, s \leqslant r$. 不妨设为前者. 这时 $p \leqslant \frac{m}{2}, r \leqslant \frac{n}{2}$,白色方格总数小于

$$pr + q \times \frac{n}{4} + s \times \frac{m}{4} = pr + \frac{n}{4}(m-p) + \frac{m}{4}(n-r) =$$

$$\frac{mn}{2} - p\left(\frac{n}{4} - \frac{r}{2}\right) - r\left(\frac{m}{4} - \frac{p}{2}\right) \leqslant \frac{mn}{2}$$

与两种颜色的方格相等矛盾.

注 每行、每列中都有一种颜色的方格恰好占 3/4 是可能的(这时 m, n 当然都被 4 整除),图 1(如果其中 $p = q = \frac{m}{2}, r = s = \frac{n}{2}$) 即满足要求.

❖红边绿边

一棱柱以五边形 $A_1A_2A_3A_4A_5$ 与 $B_1B_2B_3B_4B_5$ 分别为上底和下底,这两个多边形的每一条边以及线段 $A_iB_j(i,j=1,2,\cdots,5)$ 均涂上了红色或绿色,每一个以棱柱的顶点为顶点,以涂了颜色的线段为边的三角形都有两条颜色不同的边. 求证:上底和下底的 10 条边颜色一定相同.

证明 首先证明上底的 5 条边同色,不然的话,一定可以找到相邻的两条边,例如,A_1A_5 及 A_1A_2,前者是红的而后者是绿的.

自 A_1 往下底的顶点一共可以引 5 条线段,即 $A_1B_j(j=1,2,\cdots,5)$,它们被涂两种颜色,因此其中必有 3 条是同色的,不妨设它们涂着绿色,这 3 条绿色的线段中,必有两条,它们的下端点的标号是相邻的,例如,B_1 与 B_2,这就是说 A_1B_1 与 A_1B_2 是绿色的,依题设,此时 B_1B_2 必为红色,考察 $\triangle A_1A_2B_2$ 可知 A_2B_2 必为红色,再看 $\triangle A_2B_1B_2$,这时 A_2B_1 为绿色,这时 $\triangle A_1A_2B_1$ 的三边全为绿色,与假设相违,这就证明了上底的 5 边同色,同理,下底的 5 边也同色.

如果上、下底的颜色不同,不妨设上底为绿色而下底为红色,由前面说过的理由,可设 A_1B_1 与 A_1B_2 同色,由于 B_1B_2 为红色,所以这两条线段只能是绿色. 这时 A_2B_1 与 A_2B_2 只能为红色. 而这时 $\triangle A_2B_1B_2$ 三边全为红色,又得矛盾,因此,上、下底上的 10 条边只能是同一种颜色.

注 本题中上、下底的边数可以改为 $2n+1$,这里正整数 $n \geqslant 2$,证明方法完全相同,但边数不可改为 $2n$,这时我们可将上、下底的边任意地涂色,对线段 A_iB_j,按下列规则进行:

$$\begin{cases}\text{涂红,当 } i+j \text{ 为偶数时}\\ \text{涂绿,当 } i+j \text{ 为奇数时}\end{cases}$$

对于相邻的两自然数$j,j+1$,这时,$i+j$与$i+j+1$奇偶性不同,所以A_iB_j与A_iB_{j+1}一定不同色,显得$2n$与1的奇偶性也不同,故A_iB_{2n}与A_iB_1也不同色,这时,任何所说的三角形的三边必不同色,但对上、下底边上的颜色却无任何限制.

❖舞兴正浓

今有男女各$2n$人,围成内外两圈跳邀请舞.每圈各$2n$人,有男有女,外圈的人面向内,内圈的人面向外.跳舞规则如下:每当音乐一起,如面对面者为一男一女,则男的邀请女的跳舞.如果均为男的或均为女的,则鼓掌助兴.曲终时,外圈的人均向前走一步,如此继续下去.直至外圈的人移动一周.证明:在整个跳舞过程中至少跳一次舞的人不少于n对.

证明 将男人记为$+1$,女人记为-1.外圈的$2n$个数$a_1,a_2,\cdots,a_{2n}$与内圈的$2n$个数$b_1,b_2,\cdots,b_{2n}$中有$2n$个$+1$,$2n$个-1.因此

$$a_1+a_2+\cdots+a_{2n}+b_1+b_2+\cdots+b_{2n}=0$$

从而

$$\begin{aligned}&(a_1+a_2+\cdots+a_{2n})(b_1+b_2+\cdots+b_{2n})=\\&-(b_1+b_2+\cdots+b_{2n})^2\leqslant 0\end{aligned} \qquad ①$$

另一方面,当a_1与b_i面对面时

$$a_1b_i,a_2b_{i+1},\cdots,a_{2n}b_{i-1}$$

中的负数表示这时跳舞的人数.如果在整个跳舞过程中,每次跳舞的人数均少于n对,那么

$$a_1b_i+a_2b_{i+1}+\cdots+a_{2n}b_{i-1}>0,i=1,2,\cdots,2n \qquad ②$$

从而总和

$$\begin{aligned}&\sum_{i=1}^{2n}(a_1b_i+a_2b_{i+1}+\cdots+a_{2n}b_{i-1})=\\&(a_1+a_2+\cdots+a_{2n})(b_1+b_2+\cdots+b_{2n})>0\end{aligned} \qquad ③$$

③与①矛盾.这表明至少跳一次舞的人不少于n对.

❖17 个科学家问题

17 个科学家,其中每一个人都和其余所有的人通信. 在他们的通信中,只讨论 3 个题目,而且每两个科学家之间只讨论 1 个题目. 求证:至少有 3 个科学家相互之间在讨论同一个题目.

证明　从这 17 个科学家中,任意找出一位,不妨称之为 X 先生,X 先生同其余的16位科学家通信,讨论的是3个题目,由于 $16 = 3 \times 5 + 1$,由抽屉原则可知,至少有 6 位科学家在同 X 先生讨论着同一题目,不妨称此题目为题目 1. 如果这 6 位科学家中,有 2 位也在讨论着题目 1,那么命题已得证. 所以只需考虑这种情形:这 6 位讨论的是题目 2 与题目 3.

在这 6 位科学家中,请出一位 Y 先生,他同其余 5 位科学家通信,只讨论 2 个题目. 由于 $5 = 2 \times 2 + 1$,再一次运用抽屉原则,得知 Y 先生一定同至少 3 位科学家之间讨论同一题目. 例如是题目 2. 如果那 3 位科学家之间,有 2 位也在讨论题目 2,命题又已得证,排除这一情况之后,那 3 个人只能是相互讨论题目 3. 这样,命题也已得证.

❖两位游客

两位游客位于山两侧具有同一海拔的 A,B 两地点. 连结 A,B 的山路成一折线,这条折线的每个顶点都不低于 A,B. 问两名游客能否沿着山路上下,且在任何时刻都保持同样的高度,直至 A 处的游客甲到达 B,B 处的游客乙到达 A?

解　这折线上峰(极大值)、谷(极小值) 相间. 对峰的个数进行归纳. 只有一个峰的情况,显然甲可走到 B,乙可走到 A,并且甲、乙始终保持高度一致.

设峰的个数少于 n 时,可以实现题中要求,考虑 n 个峰的情况.

设 C 为最高峰,D 为最低谷,D 在 C,B 之间(图 1).

又设 D,B 之间 E 为最高峰(如果有几个同样高,则取最右边的作为 E),E 与 A,C' 之间的 E' 等高(如果有几个这样的点,取最左边的作为 E'),D 与 A,E' 之间的 D' 等高(同样,有几个可能的 D' 时取最左边的一个).

将 BE 这一段与 AE' 合成一条山路,E 与 E' 重合,成为惟一的最高峰. 由归纳假设,甲可沿这条路从 A 到 B,乙由 B 到 A,并且两人始终保持高度一致. 由于

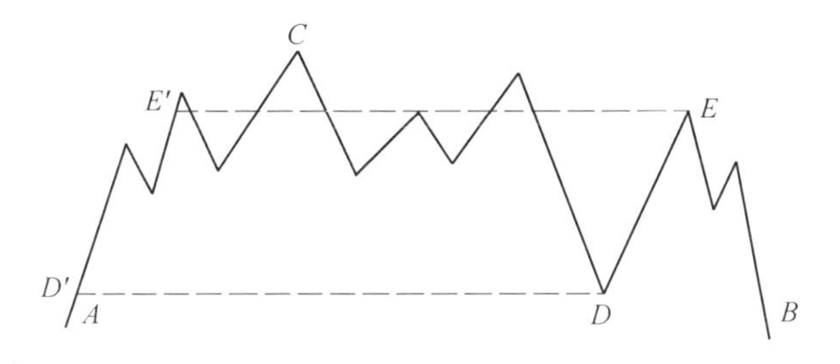

图 1

E 是惟一的最高峰，两人必在这里相会，即甲可由 A 到 E'，乙可由 B 到 E，并且始终保持高度一致.

同样，设想 $D'E'$ 与 DE 合成一条山路，可以得出甲可由 D' 到 E'，乙可由 D 到 E，并始终保持高度一致. 因此，甲也可由 E' 到 D'，乙由 E 到 D，并满足所述要求.

$D'D$ 这段，峰比 AB 至少少 1，根据归纳假设，甲可由 D' 到 D，乙同时由 D 到 D'，两人始终保持高度一致.

经过以上三步，甲已由 A 经 E'，D' 到 D，乙由 B 经 E，D 到 D'. 然后甲再由 D 经 E 到 B，乙由 D' 经 E' 到 A，在整个过程中，两人始终保持高度一致.

❖疏密有序

在一个 20×25 的长方形中任意放进 120 个 1×1 的小正方形. 证明：在这个长方形中，一定还可以放下一个直径为 1 的圆，使之不和这 120 个小正方形中的任何一个相交.

证明 我们用反证法来证明. 假设按某一种方式放进 120 个 1×1 的小正方形之后，再也放不进一个直径为 1 的圆，我们将从中引出矛盾.

从长方形 $ABCD$（图 1）的每一边剪去一个宽为 $\frac{1}{2}$ 的长条，余下一个 19×24 的长方形 $A'B'C'D'$. 可以算出，长方形 $A'B'C'D'$ 的面积是 456.

如果 P 为 $A'B'C'D'$ 内的任一点，以点 P 为圆心，以 $\frac{1}{2}$ 为半径，作一个圆，它一定会全部在长方形 $ABCD$ 之内. 依假定，它一定会和某一个 1×1 的小正方形 $EFGH$ 相交，这就是说，P 到 $EFGH$ 的（最短）距离不超过 $\frac{1}{2}$.

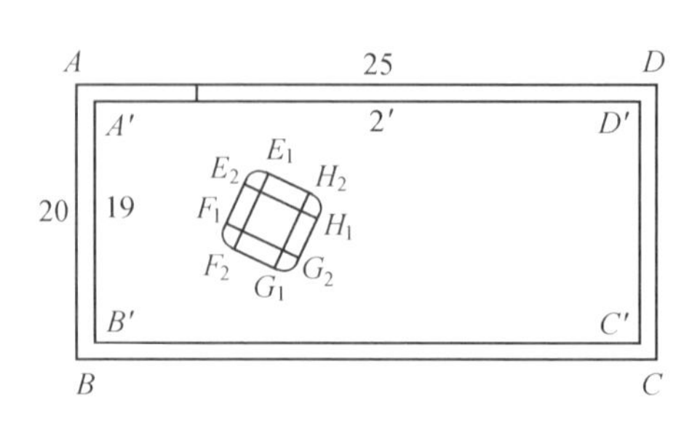

图 1

在 $EFGH$ 的四条边上各安装一个$\frac{1}{2}\times 1$的长条:EE_2F_1F,FF_2G_1G,GG_2H_1H,HH_2E_1E,再在四个角上各安装$\frac{1}{4}$个半径为$\frac{1}{2}$的圆. 这样便得到一个图形 $E_1E_2F_1F_2G_1G_2H_1H_2$,这个图形的面积是

$$1+4\times\frac{1}{2}+\frac{\pi}{4}=\frac{12+\pi}{4}$$

由于 P 到 $EFGH$ 的距离不超过$\frac{1}{2}$,故 P 必落入这一图形中. 因为点 P 是在 $A'B'C'D'$ 中任意选取的,我们便可得到这样的结论:长方形 $A'B'C'D'$ 能被 120 个 $E_1E_2F_1F_2G_1G_2H_1H_2$ 那样的图形完全盖住.

但是,这是根本不可能的! 因为,一方面 $A'B'C'D'$ 的面积等于 456,另一方面,120 个那种图形的面积的总和为

$$120\times\frac{12+\pi}{4}$$

但是

$$120\times\frac{12+\pi}{4}<120\times\frac{12+3.2}{4}=30\times 15.2=456$$

这个矛盾表明:在长方形 $ABCD$ 中任意放进 120 个 1×1 的正方形之后,一定还有一块空地可以放进一个直径为 1 的完整的圆.

❖夫妻宴

30 对夫妻围着圆桌坐下. 证明:至少有两名妻子到各自丈夫的距离相等.

证明 依顺时针次序将座位编为 1,2,…,60 号. 第 i 名妻子 w_i 与其丈夫 h_i 之间距离为

$$d_i=\begin{cases}w_i-h_i,若\ h_i<w_i<h_i+30\\60+h_i-w_i,若\ h_i+30\leqslant w_i\\h_i-w_i,若\ w_i<h_i<w_i+30\\60+w_i-h_i,若\ w_i+30\leqslant h_i\end{cases}$$

如果模2,可以简单地写成

$$d_i\equiv w_i+h_i(\mathrm{mod}2)$$

由于$\{w_1,w_2,\cdots,w_{30},h_1,h_2,\cdots,h_{30}\}=\{1,2,\cdots,60\}$,所以

$$\sum_{i=1}^{30}d_i\equiv 1+2+\cdots+60=\frac{60\times 61}{2}\equiv 0\ (\mathrm{mod}2) \qquad ①$$

如果d_i互不相同,那么

$$\{d_1,d_2,\cdots,d_{30}\}=\{1,2,\cdots,30\}$$

于是

$$\sum_{i=1}^{30}d_i\equiv 1+2+\cdots+30=\frac{30\times 31}{2}\equiv 1\ (\mathrm{mod}2) \qquad ②$$

① 与 ② 矛盾. 这表明$d_1,d_2,\cdots,d_{30}$中必有两个相同.

❖总有一点

平面上有$n(n\geqslant 4)$个互不相同的点$P_1,P_2,\cdots,P_n$,在每两点之间连起直线段,已知其中长度等于d的线段有$n+1$条.求证:从这n个点中可以找出一个点来,使得从这一点出发的线段中至少有3条的长度等于d.

证明 设从点P_i出发的长度为d的直线段共有$d_i(i=1,2,\cdots,n)$条,由于$P_iP_j=d$时,同一条线段P_iP_j在d_i与d_j中各被计算了一次,依题设有$d_1+d_2+\cdots+d_n=2(n+1)$,因此

$$\frac{d_1+d_2+\cdots+d_n}{n}=2\left(\frac{n+1}{n}\right)>2$$

由平均值原则知,必有一个$d_i\geqslant 3$,这表明从P_i出发的线段中,至少有3条的长度等于d.

❖凤换巢

在某树林中有 $n(n \geqslant 3)$ 个凤巢，彼此之间距离不等，每个巢中各有一只凤. 如果清晨，一些凤离开自己的巢飞到别的巢中，并且清晨前每一对距离小于另一对的凤，清晨后，前一对的距离反而大于后一对（两对中可以有一只凤相同）. 问 n 可以取哪些值？

解 设凤 m 原来在巢 m 中，清晨飞到巢 $f(m)$ 中，$1 \leqslant m \leqslant n$，则 f 是

$$\{1,2,\cdots,n\} \rightarrow \{1,2,\cdots,n\} \quad ①$$

的映射（函数）.

f 是单射，即没有两只凤飞入同一个巢中，否则第 3 只凤 A 到它们的距离 AB，AC 的大小顺序不是变为相反，而是变为相等，与已知不合.

由 ① 及 f 为单射，f 必为一一对应.

设想各只凤再按映射 f 飞一次（即第 m 个巢中的凤飞入巢 $f(m)$ 中），那么各个距离（共 C_n^2 个）又恢复到原来的顺序. 所以每只凤必定回到自己的巢中，即

$$f[f(m)] = m \quad ②$$

其中包括 $f(m) = m$，即这只凤留在巢中，没有飞出.

满足 ② 的映射，通常称为对合. 它表明凤 m 飞入凤 $f(m)$ 的巢中，而凤 $f(m)$ 则飞入 $m = f[f(m)]$ 巢中，这一对凤彼此交换位置（包括 $f(m) = m$，即这一对凤"退化"为孤凤的情形）.

设 $n \geqslant 4$. 如果恒有 $f(m) = m$，那么各对凤之间距离的大小顺序没有改变，与已知不符. 设凤 m_1 变为 $f(m_1) \neq m_1$，则 $f(m_1)$ 变为 m_1. 如果其他凤均在原地不动，则在变换后（即清晨后），其中任两只的距离与 m_1，$f(m_1)$ 这两只的距离的大小关系没有改变，与已知不符. 如果又有凤 m_2 变为 $f(m_2) \neq m_2$，则 $f(m_2)$ 变为 m_2. 凤 m_2，$f(m_2)$ 的距离与 m_1，$f(m_1)$ 的距离的大小顺序在变换后不变，仍与已知矛盾，从而只能 $n = 3$.

$n = 3$ 是可能的. 如图 1，3 只凤 A，B，C 原来距离 $AB > BC > CA$. 清晨 A 不动，B，C 变换位置，则距离顺序变为 $CA > BC > AB$.

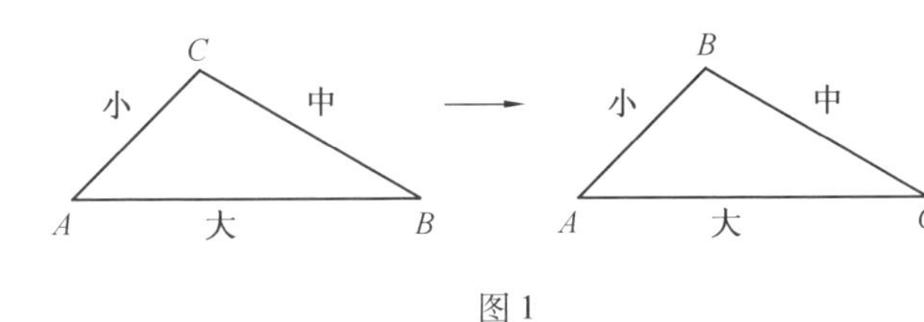

图 1

❖同心圆盘

两个大小不同的同心圆盘各被等分成 100 个扇形(图 1). 从每一个圆盘上独立地、随机地取出 50 个部分涂上黑色. 把小圆盘绕中心进行旋转,转到一个内外的扇形对齐的位置之后,再计算内外颜色相同的扇形的总数. 证明:不论原先内外盘的颜色是怎样涂的,一定存在某种位置,使得颜色能匹配的扇形个数不小于 50.

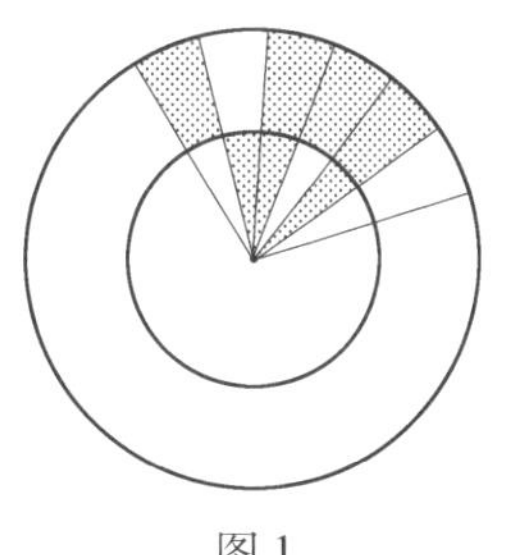

图 1

证明　转动内盘,一共有 100 种不同的(相对于外盘的)位置. 注意内盘的一个固定的扇形,它在这 100 次转动中与外盘的扇形发生颜色匹配的情况恰好是 50 次. 由于这对每一个内部扇形都是正确的,因此在这 100 次转动中,颜色匹配的总数为 $100 \times 50 = 5\ 000$,可见每一位置的颜色匹配平均数是 50,根据平均数原则可以推知,必存在一个位置,此时的匹配数不少于 50.

❖芝诺国奇事

在芝诺国,只有稻草人永远说真话,政府发言人永远说假话,其余的人以概率 p 说谎. 稻草人决定退出总统竞选,并告诉他身边的第一个人,这个人再告诉他身边的另一个人,如此继续下去,直至这链上第 n 个人将决定告诉政府发言人. 发言人在此之前未听到有关的信息. 在 $n=19$ 与 20 这两种情况中,发言人宣布的结果与稻草人的决定相符合的可能性哪一种较大?

解　设发言人宣布的结果与稻草人的决定相符的概率为 Q_n,不符的概率为 $P_n = 1 - Q_n$,则有递推关系

$$Q_n = pP_{n-1} + (1-p)Q_{n-1} \quad ①$$

即

$$Q_n = p + (1-2p)Q_{n-1} \quad ②$$

将 n 换成 $n-1$ 得

$$Q_{n-1} = p + (1-2p)Q_{n-2} \quad ③$$

② - ③ 得

$$Q_n - Q_{n-1} = (1-2p)(Q_{n-1} - Q_{n-2}) \quad ④$$

由于 $Q_0 = 0, Q_1 = p$,所以由 ④ 导出

$$Q_n - Q_{n-1} = p(1-2p)^{n-1}$$

于是当 $p \gtreqqless 1/2$ 时,$Q_{19} \gtreqqless Q_{20}$.

❖凸五边形顶点

凸四边形的内部取定五个点,使得这五个点与凸四边形的顶点(共九个顶点)中,任何三点都不共线. 证明:从这九个点中可选出五个点,它们构成一个凸五边形的顶点.

证明　记凸四边形的顶点为 B_1, B_2, B_3, B_4,其内部五个点为 A_1, A_2, A_3, A_4, A_5. 如果 A_1, A_2, A_3, A_4, A_5 已构成凸五边形的顶点,则结论成立.

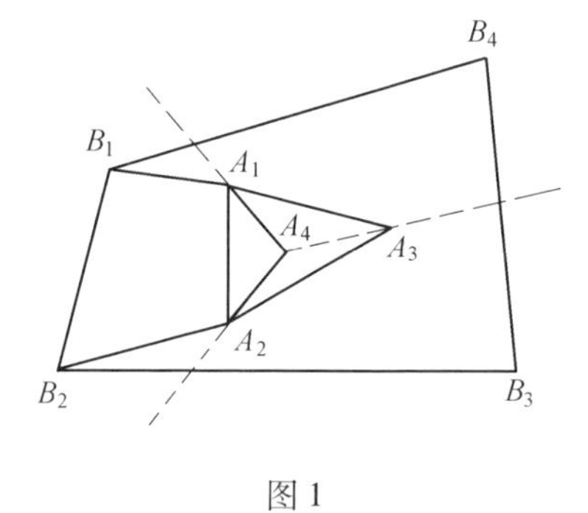

图 1

若 A_1, A_2, A_3, A_4, A_5 不构成凸五边形的顶点,则其中必有四点不能为凸四边形的顶点. 于是必有一点落在某个三角形的内部,不妨设 A_4 为 $\triangle A_1A_2A_3$ 内部一点(图 1). 这样,在 $\angle A_1A_4A_2, \angle A_2A_4A_3, \angle A_3A_4A_1$ 中,有一个包含着 B_1, B_2, B_3, B_4 中的两个点,不妨设 $\angle A_1A_4A_2$ 包含了 B_1, B_2,则我们得到了一个凸五边形 $A_1B_1B_2A_2A_4$,证毕.

❖环内红点

在半径为 16 的圆中有 650 个红点. 证明:有一个内半径为 2、外半径为 3 的

圆环,在这环内至少有 10 个红点.

证明 如果有这样的环,那么它的中心 O 至少与 10 个红点的距离小于等于 3,同时大于等于 2.

以每个红点为圆心、2 为内半径、3 为外半径作圆环,则 O 至少被 10 个圆环覆盖.

所作的圆环,每个面积为

$$\pi(3^2-2^2)=5\pi$$

总面积为

$$650\times5\pi$$

这些圆环完全在与已知圆同心,半径为 $16+3$ 的圆内,这圆的面积为 $19^2\pi$. 由于

$$\frac{650\times5\pi}{19^2\times\pi}>9$$

所以在这圆内至少有一点被 10 个上面所作的圆环覆盖. 反过来,以这点为圆心、2 为内半径、3 为外半径的圆至少覆盖 10 个点.

❖黑白分明

用任意的方式,将平面上的每一个点染上黑色或白色. 证明:一定存在一个边长为 1 或 $\sqrt{3}$ 的正三角形,它的顶点是同色的.

证明 分两种情形来论证. 假设平面上有异色两点 A,B,使 $AB=2$. 取 AB 的中点 C,它一定与 A 或 B 同色. 不妨设 A,C 同色,以 AC 为一边作两个正三角形,另两个顶点记作 D,E(图 1),若 D,E 中有一个与 A 同色,则 $\triangle ACD$ 或 $\triangle ACE$ 的三顶点同色,且均是边长为 1 的正三角形,结论得证. 若 D,E 与 A 染色不同,则 $\triangle BDE$ 三顶点同色,并且是边长为 $\sqrt{3}$ 的正三角形,结论也成立.

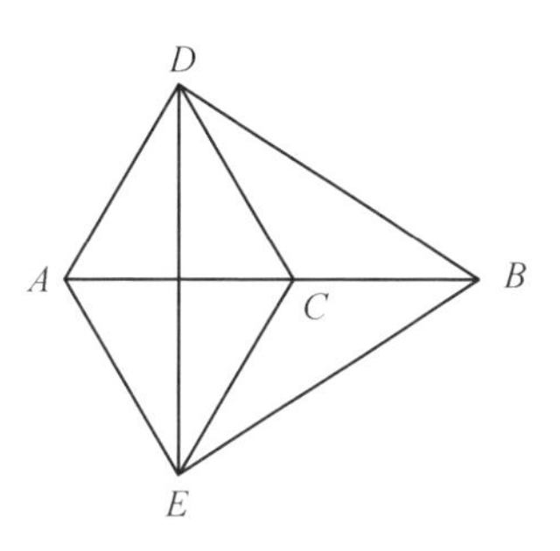

图 1

假如平面上任何距离为 2 的两点均染同一颜色,则可证明所有点都染了同样颜色. 事实上,任取平面上两点 A,B,在连结这两点的线段上,从 A 开始,依次取相距为 2 的点 $C_1,C_2,\cdots$, 它们都与 A 同色,最后得到一点 C_k,使 $C_kB\leqslant2$. 现

在,以 C_kB 为底作腰长为 2 的等腰 $\triangle C_kDB$,依假设,C_k 与 D 同色,D 与 B 同色,于是 B 与 C_k 从而与 A 同色. 这就证明了平面上任意两点同色. 此时,任何边长为 1 或 $\sqrt{3}$ 的正三角形的三顶点都同色,结论成立.

❖甲虫的行程

如图 1,平面被边长为 1 的正六边形铺满,一只甲虫沿正六边形的边爬行,从 A 沿最短路线爬到另一点 B 共爬过 1 000 条边. 证明:甲虫在某一个方向上爬行的路途等于全程的 1/2.

证明 网格有三个方向:水平方向及与水平方向成 60°,120°的方向. 将甲虫爬过的边顺次标上号码 1,2,3,…. 设号码 a 为水平边,下一个水平边号码为 b. a 与 b 不可能在同一个垂直的带子上,否则如图 1,甲虫可沿其他两个方向从 P 走到 Q 再走到 b 而不需要走过 a(甲虫的路线为最短). b 既然在下一个垂直带子上,a,b 的奇偶性必然相同. 由此,同一方向的边,号码的奇偶性相同.

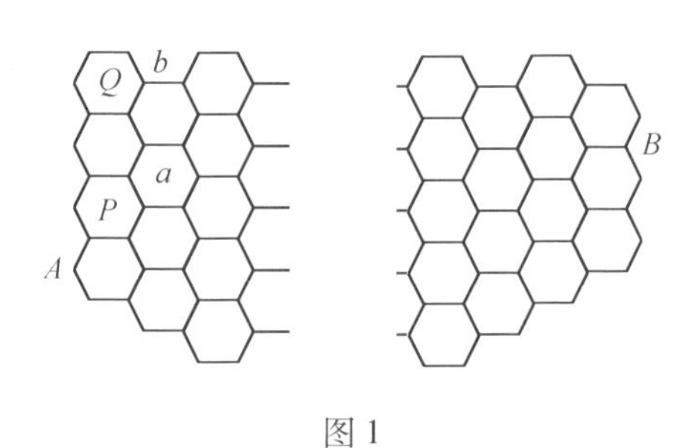

图 1

不妨设两个方向的边,号码均为偶数;一个方向的边,号码均为奇数. 这个方向上爬行的路途就等于全程的 1/2.

❖梵塔之谜

有三根木桩 A,B,C 和套在木桩 A 上的 n 个圆盘,圆盘尺寸由下到上一个比一个大,最大圆盘放在底部. 把这些圆盘从一根木桩移到另一根木桩,每次只能移动一个圆盘,而且大圆盘不得移到小圆盘上. 把 n 个圆盘从木桩 A 全部移到木桩 B,最少要移动多少次?

解 所求的最少移动次数记作 u_n. 注意,把木桩 A 上的上头 $n-1$ 个圆盘移到木桩 C,最少要移动 u_{n-1} 次;把木桩 A 上底部的最大圆盘移到木桩 B,最少

要移动 u_{n-1} 次；再把木桩 C 上 $n-1$ 个圆盘移到木桩 B，最少要移动 u_{n-1} 次. 于是，把木桩 A 上 n 个圆盘移到木桩 B，最少移动次数 u_n 为 $2u_{n-1}+1$，即得递推方程

$$u_n - 2u_{n-1} = 1 \quad ①$$

其初始条件为 $u_1 = 1$. 方程 ① 是一阶非齐次常系数线性递推方程，不能用特征根法求解. 下面用迭代法求其解. 将 $n = 2,3,4$ 代入 ①，得到 $u_2 = 2+1$，$u_3 = 2^2+2+1$，$u_4 = 2^3+2^2+2+1$. 由此可作归纳：设 $u_{n-1} = 2^{n-2}+2^{n-3}+\cdots+2+1$，则由 ①，$u_n = 2^{n-1}+2^{n-2}+\cdots+2+1$. 这样便求得 ① 的满足初始条件 $u_1 = 1$ 的解 $u_n = 2^n - 1$.

❖旅馆的钥匙

一家旅馆有 90 个房间，住有 100 名旅客. 如果每次都恰有 90 名客人同时回来. 证明：至少要准备 990 把钥匙分给这 100 名客人，才能使得每次客人回来时，每个客人都能用自己分到的钥匙打开一个房间住进去，并且避免发生两个人同时住进一个房间.

证明 如果钥匙数小于 990，那么根据抽屉原则，90 个房间中至少有一个房间的钥匙数小于$\frac{990}{90}=11$. 当持有这房间钥匙的客人（至多10 名）全部未回来时，这个房间就打不开，因此 90 个人无法照所说的方式在 89 个房间住下来.

另一方面，990 把钥匙已经足够了. 这只要将 90 把不同的钥匙分给 90 个人，其余的10 名旅客，每人各拿90 把钥匙（每个房间一把），那么任何90 名旅客返回时，都能按照题述要求住进房间.

❖百点问题

平面上有 100 个点，其中任意两点的距离都不小于 3，而且距离恰好等于 3 的每两点都连一条线段. 证明：这样的线段至多有 300 条.

证明 平面上给定的 100 个点构成的集合记作 A. 如果点 u 与 v 的距离恰好是3，则将 u 和 v 配成对子 (u,v). 所有这样的对子构成的集合记作 S. 注意，如果 u 与 v 配成对子 (u,v)，则 u 与 v 也配成对子 (v,u). 因此，如果 A 中点之间连

有 k 条线段,则 $|S|=2k$. 对于 A 中每个点 u,A 中与 u 连有线段的点 v 应在以 u 为圆心且半径为 3 的圆周上,其他的点都在这个圆周之外. 由于 A 中任意两点的距离至少是 3,因此,这个圆周上至多有 A 中 6 个点. 换句话说,A 中至多有 6 个点与 u 配对,即 $|S(u,\cdot)|\leqslant 6$. 于是

$$2k=|S|=\sum_{u\in A}|S(u,\cdot)|\leqslant 6\times 100$$

从而 $k\leqslant 300$.

❖小鸟啄食

地面上有 10 只小鸟在啄食,并且任意 5 只中至少有 4 只在同一个圆周上,问有鸟最多的圆上最少有几只鸟?

解 9 只鸟在同一圆上,1 只鸟不在这个圆上,这种情况满足题中要求.

设有鸟最多的圆周上最少有 L 只鸟,则 $L\leqslant 9$. 我们证明 $L=9$. 显然 $L\geqslant 4$.

如果 $5\leqslant L\leqslant 8$,那么设圆 C 外至少有 L 只鸟,则圆 C 外至少有 2 只鸟 b_1, b_2. 对圆 C 上的任 3 只鸟,其中必有 2 只与 b_1,b_2 共圆. 设圆 C 上的 b_3,b_4 与 b_1, b_2 共圆,b_5,b_6 与 b_1,b_2 共圆. 对圆 C 上的第 5 只鸟 b_7 及 b_3,b_5,它们中没有 2 只能与 b_1,b_2 共圆. 矛盾!

如果 $L=4$,则 C_{10}^5 个 5 只鸟的小组,每组确定一个圆,每个圆上恰有 4 只鸟. 每个这样的圆至多属于 6 个小组,因而至少有 $\frac{C_{10}^5}{6}$ 个圆. 每个圆上有 4 个以鸟为顶点的三角形,所以这样的三角形至少有 $\frac{C_{10}^5\times 4}{6}$ 个. 另一方面,这样的三角形共 C_{10}^3 个,但 $\frac{C_{10}^5\times 4}{6}>C_{10}^3$ 矛盾!

因此 $L=9$.

注 这里证明 $L\neq 4$ 的方法是计算以鸟为顶点的三角形. 另一种更简单的做法是:

设 $L<10$,则必有 4 只鸟不在同一圆上. 过其中每 3 只作一个圆,共得 4 个圆. 其余 6 只鸟中的每一只与上述 4 只鸟组成五元组,因而这只鸟必在上述 4 个圆中的某一个圆上. 6 只鸟中必有 2 只在同一个圆上,从而这个圆上至少有 5 只鸟. (另一种解答见“矮人仪式”)

❖相逢何必曾相识

证明:在任意12个人中,总有2个人,使得在其他10个人中至少有5个人,其中每个人和这两个人要么都认识,要么都不认识.

证明 给定的12个人构成的集合记作A.将12个人配对,所有对子的集合记作B.显然,B含有C_{12}^2个对子.如果A中的a恰好认识B的对子b中的一个人,则把a与b配成对.所有这样的对子集合记作S.现在用两种方法对S计数.设a有d个熟人,则a恰好认识其中一人的对子个数为$d(11-d)$,即

$$|S(a,\cdot)|=d(11-d)$$

其中,$0\leqslant d\leqslant 11$.容易证明,定义域为$0\leqslant d\leqslant 11$的整值函数$f(d)=d(11-d)$的最大值为$5\times 6=30$.因此

$$|S|=\sum_{a\in A}|S(a,\cdot)|\leqslant 12\times 30$$

另一方面,如果对于B中每个对子b,有$|S(\cdot,b)|\geqslant 6$,则

$$|S|=\sum_{b\in B}|S(\cdot,b)|\geqslant 6|B|=6\times 6\times 11$$

于是,由福比尼原理,$12\times 30\geqslant|S|\geqslant 6\times 6\times 11$,即$10\geqslant 11$,矛盾.

因此,必有某个对子$b\in B$,使得$|S(\cdot,b)|\leqslant 5$,换句话说,必有2个人u与v,使得其他10个人中至少有5个人,要么每个人都认识这两个人,要么每个人都不认识这两个人.

注 另一种解法见“两个特殊的人”.

❖红点居中

有一个5×5的正方形方格棋盘,共由25个1×1的单位正方形组成.在每个单位正方形格子的中心处都染上一个红点.请你在棋盘上面画若干条不通过红点的直线,分棋盘为若干小块(形状大小未必一样),使得每一小块中至多有一个红点.问最少要画几条直线?举出一种画法,并证明你的结论.

解 最少要画8条直线.如图1所画的8条格子线就是符合题目要求的一

种画法.

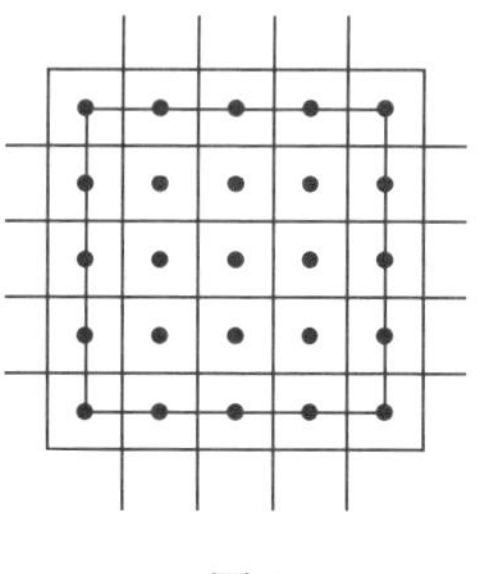
图1

我们证明,最少要画8条直线.如若不然,至多要画7条直线,这时我们把在边缘上的16个红点依次用线段相连(图1),形成一个以16条单位线段围成的正方形.由于所画的7条直线不过红点,每一条至多与两条单位长的小线段相交,因此,所画的7条直线至多与这16条单位长的小线段中的14条相交,还至少有两条单位长的小线段不与这7条直线中的任一条相交.我们考察这两条小线段中的一条,它必在被这7条直线分成的某个小区块内,这时这条小线段两个端点都在这个小区块内,也就是这个小区块中至少要有两个红点,这与题设条件中每个小区块中至多有一个红点的要求矛盾.

因此,符合题设条件要求的直线至少要画8条.

❖彼此不相吃

在8×8国际象棋棋盘上放两只车,使它们彼此不能相吃,有多少种放法?

解 考虑一般情形:在 $m\times n$ 超级象棋棋盘上放上 k 只车,使它们彼此不能相吃,求放法种数 $f(k;m,n)$,$k\leqslant\min\{m,n\}$.图1给出了8×12棋盘上8只车的符合题意的一种放法,把得到 k 只车在 $m\times n$ 棋盘上一种符合要求的放法的

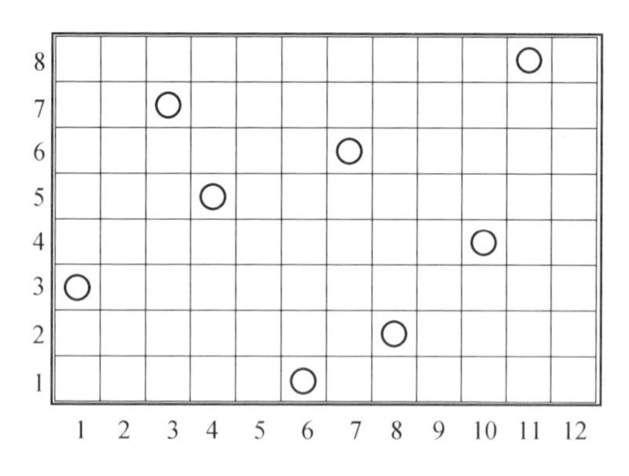

图1

过程分解为如下三个过程.甲过程:从棋盘上 $1,2,\cdots,m$ 行中取出 k 个行 i_1,$i_2,\cdots,i_k$,$1\leqslant i_1<i_2<\cdots<i_k\leqslant m$,有 C_m^k 种取法;乙过程:在棋盘上取定的 k 个行 $i_1,i_2,\cdots,i_k$ 构成 $k\times n$ 部分棋盘,从其中 $1,2,\cdots,n$ 列中取出 k 个列 $j_1,j_2,\cdots$,

j_k,$1 \leqslant j_1 < j_2 < \cdots < j_k \leqslant n$,有 C_n^k 种取法;丙过程:棋盘上第 $i_1,i_2,\cdots,i_k$ 行与第 $j_1,j_2,\cdots,j_k$ 列的交叉位置上的方格组成一个 $k \times k$ 部分棋盘. 从这个部分棋盘中取出 k 个方格,使它们位于部分棋盘的不同行不同列上(即 k 只车彼此不能相吃),有 $k!$ 种取法. 由乘法原理

$$f(k;m,n) = C_m^k C_n^k \cdot k!$$

❖距离相等

在线段 AB 上关于它的中点对称地放置 $2n$ 个点. 任意将这 $2n$ 个点中的 n 个染成红色,另 n 个染成蓝点. 证明:所有红点到 A 的距离之和等于所有蓝点到 B 的距离之和.

证明 如图 1,设线段 AB 的中点为 M,所有红点到 A 的距离之总和为 $S_{红}$,所有蓝点到 B 的距离之总和为 $S_{蓝}$,记 $S_{红} - S_{蓝} = p$.

若 n 个蓝点均分布在 M 左边,n 个红点均分布在 M 右边. 设这种分布为均称分布状态,显然在均称分布状态下,有 $S_{红} = S_{蓝}$,此时 $p = 0$. 若 n 个蓝点与 n 个红点呈非均称分布,则 M 左边至少有一红点,M 右边至少有一蓝点. 我们将 M 左边任一红点改涂为蓝点,将 M 右边任一蓝点改涂成红点,其余各点颜色不变. 则红点到 A 距离总和为 $S'_{红} = S_{红} + CD$,蓝点到 B 距离总和也增加 CD,成为 $S'_{蓝} = S_{蓝} + CD$. 显然

M
A C D B

图 1

$$S'_{红} - S'_{蓝} = (S_{红} + CD) - (S_{蓝} + CD) = S_{红} - S_{蓝} = p$$

这表明,将 M 左边一点由红换涂成蓝色,M 右边一点由蓝换涂成红色,$S_{红}$ 与 $S_{蓝}$ 虽然都发生变化,但它们的差值 $S_{红} - S_{蓝} = p$ 不变.

于是,我们总可以调换有限次点的涂色,把 M 左边的 n 个点全调换成蓝点,M 右边的 n 个点全调换成红点,即调成均称分布状态,而 $S_{红} - S_{蓝} = p$ 仍保持不变,但由均称分布状态可确定 $p = 0$. 因此,得证对 n 个蓝点与 n 个红点的任意分布状态,都有 $S_{红} - S_{蓝} = 0$,即 $S_{红} = S_{蓝}$ 成立. 也就是所有红点到 A 的距离之和等于所有的蓝点到 B 的距离之和.

❖海战游戏

在 7 × 7 网格正方形上玩“海战”游戏. 如果已知海船:

(1) 形如□□□□;

(2) 由彼此相连的四格组成,但不是正方形,那么为了确保击中四格海船,射击次数最少应是多少?

解 (1) 12 次,如图 1,2 所示.

在 7 × 7 的网格正方形上,形如□□□□的海船最多可以排 12 个位置,如图 3. 显然,射击次数少于 12 是不可能的.

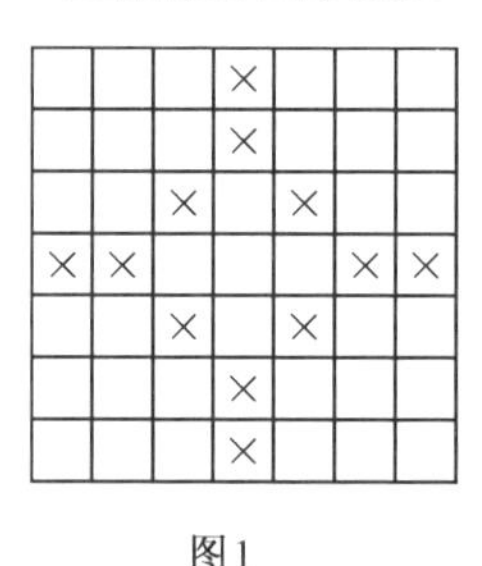
图1

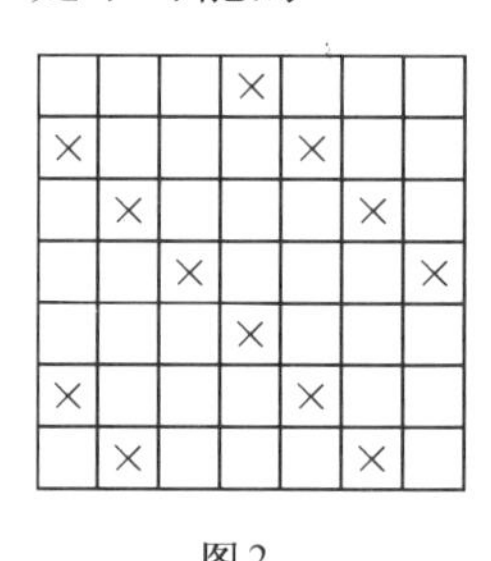
图2

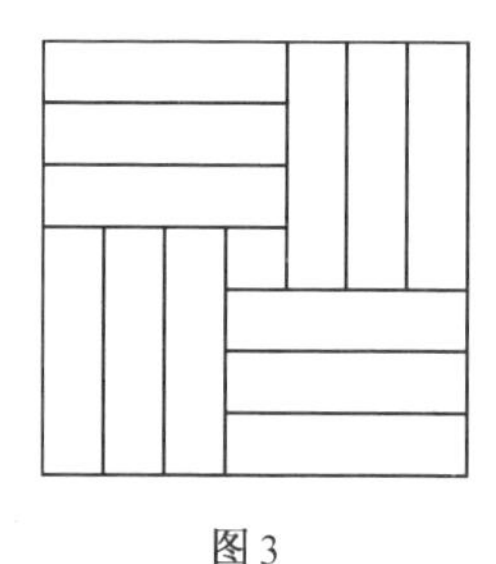
图3

(2) 20 次,如图 4 所示,它可以实现.

我们来证明,在 7 × 7 正方形上无论怎么画 19 个方格,所余方格总可以安置一个满足条件的海船,假设进行 19 次射击,把已知的 7 × 7 正方形划分为 4 个不重叠的 3 × 4 的矩形(如图 4),其中至少有某一个有不多于 4 次的射击,把这个矩形看成由 3 行 4 列组成(图 5).

显然,每一列都应当射击一次,否则将可以安放形如┴,或形如└──的海船,此外,同一行不可作 3 次射击,否则将可在另外的某一行中安放形如□□□□的海船.

现在研究 3 × 4 矩形的中心方格 a,b(图 5).

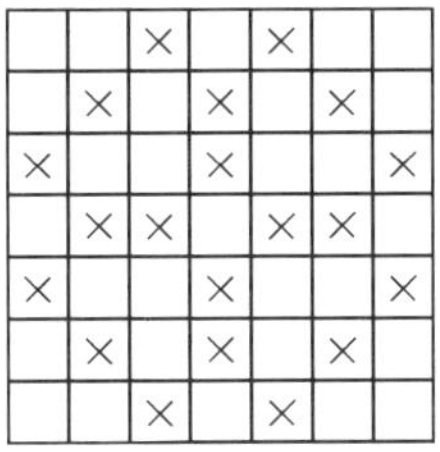

		×		×		
	×		×		×	
×			×			×
	×	×		×	×	
×			×			×
	×		×		×	
		×		×		

图4

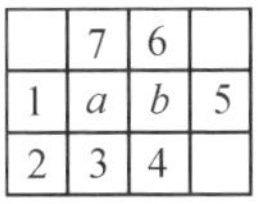

	7	6	
1	a	b	5
2	3	4	

图5

如果方格 a(或 b) 没有射击,那么含有中心方格 a 的 3×3 正方形的射击方案仅有一种(更准确说应是对称排列的各种可能). 这时,将可容下形如的海船不被击中.

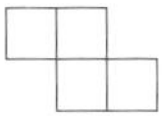

在方格 a(或 b) 有射击的前提下,1 处不能射击,否则第 3 列或在 6,或在 4 处射击都将容下形如的海船. 所以必在对角线所在格 2 处射击,6 处射击,即 2,a,6 处射击(应考虑对称排列). 余下第 4 列无论在什么地方射击一次,7×7 正方形中都可容下一个满足条件的海船.

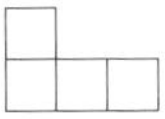

❖两块黑板

为了统计到图书馆中阅览室去的读者人数,挂了两块黑板,每一个读者必须在一块黑板上写下当他进入阅览室时所看见的读者数,而在另一块黑板上写下当他离开时,阅览室还剩下的读者数. 证明:在一天之内,两块黑板上出现同样的数字(可能次序不同).

证明 现在我们利用方格纸来统计人数,方法如下:我们规定,如果进来一人,就画一条斜率为 1 的斜线段充满一方格;如果出去一人,就画一条斜率为 -1 的斜线段充满一方格. 每个读者画的斜线的始端与前一读者画的斜线的终端相接. 这样我们可以从一个选定的直角坐标系原点开始画起. 作这样的统计,待到一天的工作完成之后,所画出的图形将是起点为坐标原点,终点为$(2n,0)$的一条折线(n 是进入过阅览室的人数). 进来者在黑板上所写的数字即是他进入时所对应的向上画的斜线段始端的纵坐标,每个离开者在黑板上所写的数字是他离开时所对应的向下划的斜线段终端的纵坐标. 于是折线上 $2n+1$ 个格点中除去最上端(表示图书馆最多达到的人数,无人记录) 外的 $2n$ 个格点的纵坐标,均代表进、出读者在黑板上写下的数,显然这样是成对出现的,并且成对者

分别是某向上斜线段的始端和某向下斜线段的终端,所以两块黑板上出现同样的数字.

❖桌球问题

试证明:如果从大小为 $m \times n$(其中 m,n 为自然数)的长方形球桌的一角以与球桌的边成 30° 的角度发射一球,则此球永远不会落到角上(显然我们将球视为质点).

证明 我们将不是把球而是把长方形即球桌自身沿它的边进行反射.按所有可能情况将长方形关于它的边进行多次反射(这最好是在一张方格纸上进行)以后,我们得到一张由直线组成的网,它把平面划分为一些 $m \times n$ 的长方形,为了作出桌球在球桌桌面上的轨道,可以从起点 0 出发引一直线与长方形的一边成 30° 的角,考察这条直线穿过哪些长方形,并且将这些长方形逐次翻折使之迭合于起点所在的那个长方形(图 1).

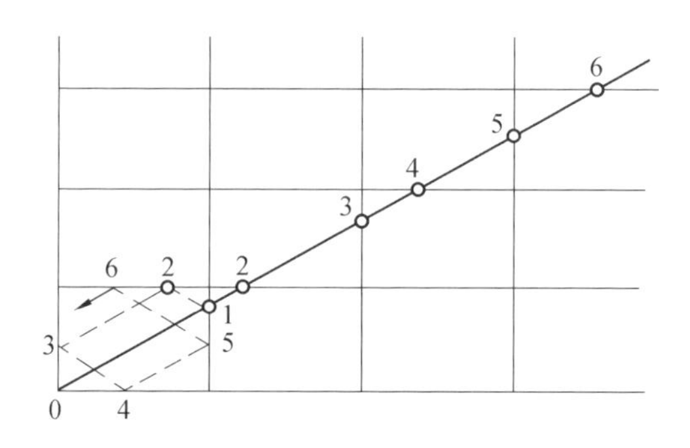

图 1

现在我们证明,由网的结点 0 所引的与球桌的边成 30° 的角的直线不通过其他的结点,由此即可得到问题的结论.

如果桌球通过其他的某个结点,那么我们将得到有一锐角为 30° 的直角三角形,其两直角边均为整数,但 $\tan 30° = \frac{1}{\sqrt{3}}$(无理数)不可能等于两个整数之比.

注 桌球的轨道将处处稠密地展布在球桌上,虽然其方向总是与球桌的某一边成 30° 的角,如果球桌是圆形或椭圆形,则球的轨道不再是处处稠密的,桌面上还剩下一些轨道不

能达到的区域,一般说来,在平面上或在多维空间中桌球的典型轨道的行为极大地依赖于球桌的形状,不久前对于所有边都向内凸的球桌证明了“遍历性”. 球的典型轨道在相空间是处处稠密的,它可以在一切可能的方向上的任意接近桌面上的每个点. 由原子的刚性碰撞发生的气体的某些数学模型正好归结为关于耗散桌的问题,凸形球桌,特别是直边的球桌,通常已不再具有这一性质,而在这样的球桌上仅在一些特殊的情形下对轨道有所描述.

❖电工学徒

有个电工命令他的学徒划船过河,把 21 根电线拉过河. 接到对岸一个配电盘上. 笨拙的学徒回来对工头说,他忘了在线头上贴标签. 工头嚷道:“去! 快回去给我贴上标签! 别带不必要的工具. 并用最少的过河次数给我标上. ”这个学徒该怎样做呢?

解 有一个简单办法. 因为这个方法对任何奇数根导线都适用. 所以为简单起见,图 1 只画出 11 根导线来解释三个步骤. 具体的做法是:电工学徒把 20 根导线分成 10 对,分别拧在一起,留下一根. 他把每一对拧在一起的导线接通后,带着欧姆表或蜂鸣器划船过河. 他用连通与否来确定十对拧在一起的导线,并给它们标上 $1a,1b;2a,2b;3a,3b;\cdots;10a,10b$. 给单独的第21 根标上 G. 然后,分别接通 G 和 $1a$,$1b$ 和 $2a$,$2b$ 和 $3a$,$3b$ 和 $4a$,$\cdots$,$9b$ 和 $10a$,并划船回来,把接通的导线断开,但仍让它们拧在一起. 他找出与 G 边通的导线,标上 $1a$,跟 $1a$ 拧在一起的标上 $1b$,然后找出与 $1b$ 连通的导线,标上 $2a$,跟 $2a$ 拧在一起的标上 $2b$. 这样继续往下找,一直找到 $10a$ 和它的伙伴 $10b$. 至此,他就把所有的导线都区别开来了.

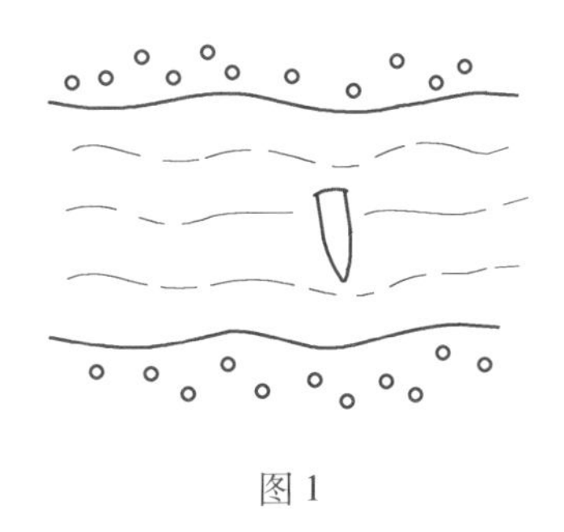

图 1

❖关羽放曹

有一种游戏,名叫“关羽放曹”,表现曹操在赤壁战败后,逃到华容道,被关羽预先埋伏的军队挡住. 由于曹操苦苦地哀求,关羽才把他放走的故事. 游戏如下:拿一块矩形的板子,划成二十个方格(图 1),另用硬纸剪成些纸片,关羽占两个横方格,四将官各占两个纵方格,四兵士各占一个方格,曹操占四个方格

(图2). 各人行走时,允许将纸片向上或向下以及向左右移动,但不能纵横互换方向. 四方格内写有2,3,6,7字样的地方作为出口. 当曹操的纸片移到那里时,就算到了出口. 问各人应该怎样走,最少共走多少步数,可把曹操放走?

17	18	19	20
13	14	15	16
9	10	11	12
5	6	7	8
1	2	3	4

出口

图1

<table>
<tr><td rowspan="2">将
C</td><td colspan="2" rowspan="2">曹</td><td rowspan="2">将
D</td></tr>
<tr></tr>
<tr><td>兵
c</td><td colspan="2">关</td><td>兵
d</td></tr>
<tr><td rowspan="2">将
A</td><td>兵
a</td><td>兵
b</td><td rowspan="2">将
B</td></tr>
<tr><td></td><td></td></tr>
</table>

图2

解 首先规定怎样走叫做"一步". 当我们把纸片向上或向下及向左或向右移动一格或几格,达到停止的时候,称为"一步".

本题的走法最少是70步. 各步移动的次序列式如下:

(1) 兵 $a\to 3$　(2) 将 $A\to 2,6$　(3) 兵 $c\to 1$
(4) 将 $C\to 5,9$　(5) 曹 $\to 13,14,17,18$　(6) 将 $D\to 15,19$
(7) 兵 $d\to 20$　(8) 将 $B\to 12,16$　(9) 兵 $b\to 8$
(10) 兵 $a\to 4$　(11) 将 $A\to 3,7$　(12) 兵 $c\to 6$
(13) 将 $C\to 1,5$　(14) 关 $\to 9,10$　(15) 将 $A\to 7,11$
(16) 兵 $a\to 2$　(17) 将 $A\to 3,7$　(18) 将 $D\to 11,15$
(19) 兵 $d\to 19$　(20) 将 $B\to 16,20$　(21) 兵 $b\to 12$
(22) 将 $A\to 4,8$　(23) 将 $D\to 3,7$　(24) 兵 $b\to 15$
(25) 关 $\to 11,12$　(26) 兵 $c\to 9$　(27) 兵 $a\to 10$
(28) 将 $C\to 2,6$　(29) 兵 $c\to 1$　(30) 兵 $a\to 5$
(31) 关 $\to 9,10$　(32) 将 $B\to 12,16$　(33) 兵 $d\to 20$
(34) 兵 $b\to 19$　(35) 将 $D\to 11,15$　(36) 将 $C\to 3,7$
(37) 兵 $a\to 2$　(38) 关 $\to 5,6$　(39) 曹 $\to 9,10,13,14$
(40) 兵 $b\to 17$　(41) 后 $d\to 18$　(42) 将 $D\to 15,19$
(43) 将 $C\to 7,11$　(44) 后 $B\to 16,20$　(45) 将 $A\to 8,12$
(46) 兵 $a\to 4$　(47) 兵 $c\to 3$　(48) 关 $\to 1,2$
(49) 曹 $\to 5,6,9,10$　(50) 兵 $d\to 13$　(51) 将 $D\to 14,18$
(52) 将 $C\to 15,19$　(53) 曹 $\to 6,7,10,11$　(54) 兵 $d\to 5$
(55) 兵 $b\to 9$　(56) 将 $D\to 13,17$　(57) 将 $C\to 14,18$
(58) 将 $B\to 15,19$　(59) 将 $A\to 16,20$　(60) 曹 $\to 7,8,11,12$
(61) 兵 $d\to 10$　(62) 关 $\to 5,6$　(63) 兵 $c\to 1$
(64) 兵 $a\to 2$　(65) 曹 $\to 3,4,7,8$　(66) 兵 $d\to 12$

(67) 兵 $b\to 11$　(68) 关 $\to 9,10$　(69) 兵 $a\to 5$

(70) 曹 $\to 2,3,6,7$

已走 10 步

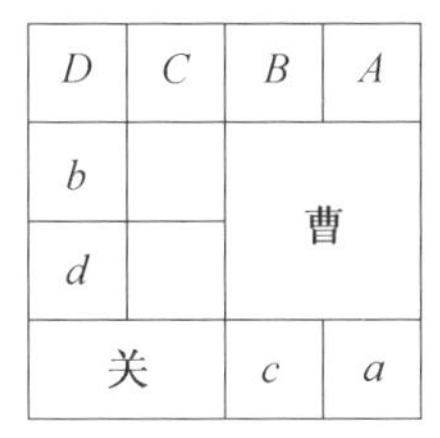

已走 45 步

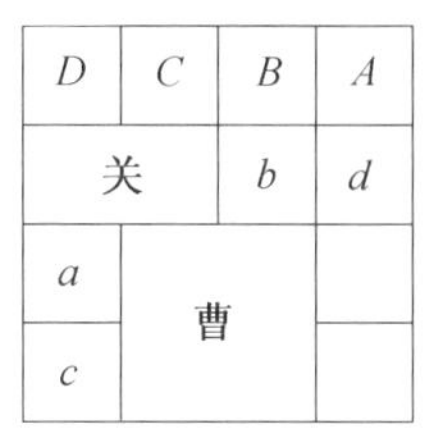

已走 60 步

已走 70 步

图 3

照下面的走法,最少也是 70 步.

(1) 兵 $b\to 2$　(2) 将 $B\to 3,7$　(3) 兵 $d\to 4$

(4) 将 $D\to 8,12$　(5) 曹 $\to 15,16,19,20$

(6) 将 $C\to 14,18$　(7) 兵 $c\to 17$　(8) 将 $A\to 9,13$

(9) 兵 $a\to 5$　(10) 兵 $b\to 1$　(11) 将 $B\to 2,6$

(12) 兵 $d\to 7$　(13) 将 $D\to 4,8$　(14) 关 $\to 11,12$

(15) 将 $B\to 6,10$　(16) 兵 $b\to 3$　(17) 将 $B\to 2,6$

(18) 将 $C\to 10,14$　(19) 兵 $c\to 18$　(20) 将 $A\to 13,17$

(21) 兵 $a\to 9$　(22) 将 $B\to 1,5$　(23) 将 $C\to 2,6$

(24) 兵 $a\to 14$　(25) 关 $\to 9,10$　(26) 兵 $d\to 12$

(27) 兵 $b\to 11$　(28) 将 $D\to 3,7$　(29) 兵 $d\to 4$

(30) 兵 $b\to 8$　(31) 关 $\to 11,12$　(32) 将 $A\to 9,13$

(33) 兵 $c\to 17$　(34) 兵 $a\to 18$　(35) 将 $C\to 10,14$

(36) 将 $D\to 2,6$　(37) 兵 $b\to 3$　(38) 关 $\to 7,8$

(39) 曹 $\to 11,12,15,16$　(40) 兵 $a\to 20$

(41) 兵 $c\to 19$　(42) 将 $A\to 13,17$　(43) 将 $C\to 14,18$

(44) 将 $B\to 5,9$　(45) 将 $D\to 6,10$　(46) 兵 $b\to 1$

(47) 兵 $d\to 2$　(48) 关 $\to 3,4$　(49) 曹 $\to 7,8,11,12$

(50) 兵 $c\to 16$　(51) 将 $C\to 15,19$　(52) 将 $D\to 14,18$

(53) 曹 $\to 6,7,10,11$　(54) 兵 $c\to 8$　(55) 兵 $a\to 12$

(56) 将 $C\to 16,20$　(57) 将 $D\to 15,19$　(58) 将 $A\to 14,18$

(59) 将 $B\to 13,17$　(60) 曹 $\to 5,6,9,10$　(61) 兵 $c\to 11$

(62) 关 $\to 7,8$　(63) 兵 $d\to 4$　(64) 兵 $b\to 3$

(65) 曹 $\to 1,2,5,6$　(66) 兵 $c\to 9$　(67) 兵 $a\to 10$

(68) 关 $\to 11,12$　(69) 兵 $b\to 8$　(70) 曹 $\to 2,3,6,7$

❖卡车过沙漠

一辆重型卡车来到400英里(1英里 = 1.609千米)宽的沙漠边沿(图1).卡车平均每走1英里消耗1加仑(1加仑 = 4.546升)汽油,卡车本身加上备用油箱最多只能装180加仑汽油,显然,如果不在沙漠中设几个储油站,卡车是通过不了沙漠的.在沙漠的边沿有充足的汽油可供使用.请设计一个最优的运行方案,使汽车消耗最少量的汽油开过沙漠.

解 大多数能出色地解决这个问题的人,都怀疑生活中是否真的有这样离奇的事,然而他们都同意,这是一个很好的例子.说明只要清晰地进行分析,即使是数学知识有限的人也能想出正确的答案.把运行过程画成图2,然后倒过来,从目的地开始一步一步往起点方向推导.因为是一辆重型卡车,所以,可以认为装载多少汽油对它的耗油率(每英里耗一加仑)没有多大影响.

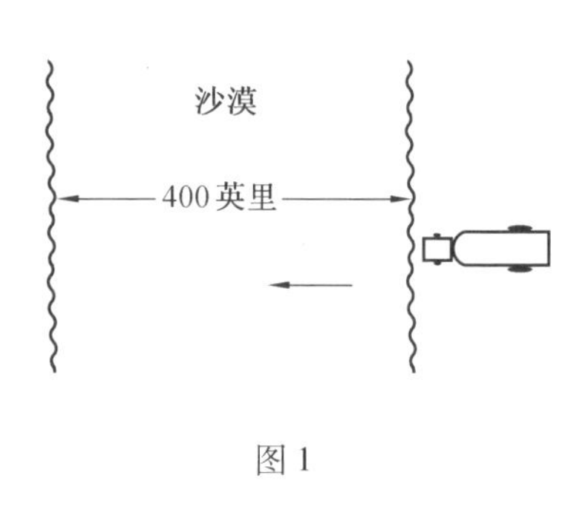

图1

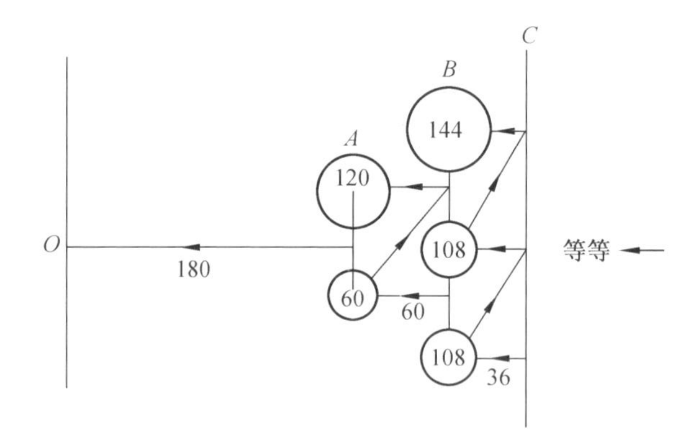

图2

很明显,卡车到达最后一个贮油站A时,最好是剩下的汽油加上储存在储油站的汽油足够180加仑.这样最后的行程就可达到最大的可能距离180英里.为了得到这180加仑,至少必须从前一站B开两趟车,这意味着,卡车载满限额180加仑,走到A处放下一部分汽油后,回到B时油正好用完,然后再加180加仑,走最后一个单程. 为了攒足所需要的180加仑,卡车在三个单程中的总耗油量必须是180加仑,所以每个单程是60英里. 同理,当卡车最后一次从C站到达B站,准备开往A站时,必须攒足360加仑(包括油箱里剩的),以便在B和A之间跑三趟60英里,然后从A跑180英里到O. 这就需要跑5个单程,由图2可明显看到,C到B的距离是180/5,如果需要,可以解代数方程$2(180-2x)+(180-x)=360$来证实. 方程的解是$x=36$英里.

显然,卡车需要储备的汽油,每一站比前一站少180加仑,因为每两站之间,运输用去180加仑. 从终点开始,相邻两站的距离分别是180,180/3,180/5,180/7,等等,一直到180/21,即180,60,36,25.714,20,16.364,13.846,12,10.588,9.474和8.571,总共是392.557,还剩7.443(不是180/23 = 7.826)英里. 7.443英里就是第一个储油站离沙漠边沿最合理的距离. 如上所述,卡车必须在第一站攒够11×180即1 980加仑油,加上运输需用23×7.443加仑,总共需要2 151.189加仑. 从起点到第一站,头11趟每趟储备$180-2\times7.443$即165.114加仑汽油,最后一趟到第一储油站时车上至少还应该剩下163.746加仑.

❖周游棋盘的马

马能否从图1中的点A出发,跳遍半个棋盘,每一点都只走到一次(不重复也不遗漏)? 能否每一点都恰走到一次,并且最后能回到点A?

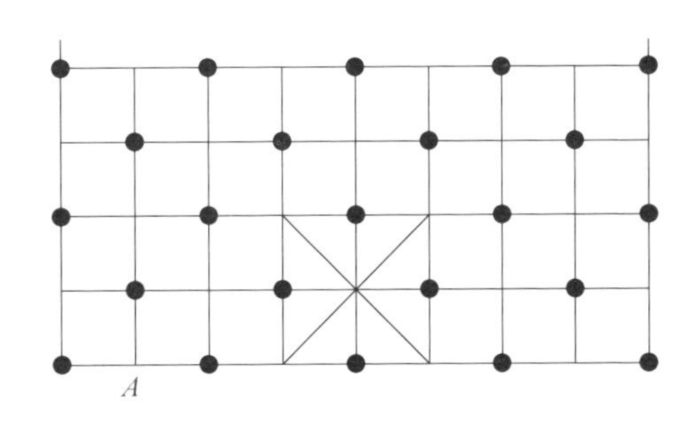

图1

解 从点A出发,马是不能跳遍半个棋盘,每一点都只走到一次的,为了证明这点,采用涂色的方法,将图1中的点涂上红、蓝两种颜色,相邻的点颜色不同(图中黑色点代表红色点). 马每一步由一种颜色的点走到另一种颜色的点,所以在马前进的路线上两种颜色的点交错出现.

如果马能跳遍半个棋盘，每一点只走到一次，那么棋盘中两种颜色的点应当一样多（如果走过的路线是红蓝红蓝 … 红蓝或蓝红蓝红 … 蓝红）或相差为1（如果走过的路线是红蓝红蓝 … 红，则红点多1；如果走过的路线是蓝红蓝红 … 蓝，则蓝点多1）.

显然，棋盘中红点比蓝点多1，因此，从任一点出发，马都不能每一点都恰好走到一次，最后回到出发点（如果能，则两种颜色的点数相等），并且，从蓝点出发，马不能走遍半个棋盘，每一点都只走到一次（如果能，则蓝点应不少于红点）.

于是，马要跳遍半个棋盘，每点恰走到一次，只能从红点出发，不能从蓝点（例如点 A）出发.

注 但是从红点出发，是不是能做到这点呢（条件是充分的吗）？答案是肯定的，可以采用构造法来证明. 从图1中的任一个红点出发，马可以跳遍半个棋盘，每一点都只走到一次.

例如图2指明，马从1出发，依数的递增顺序可以不重复地跳遍半个棋盘，即它的前进路线为

$1\to2\to3\to\cdots\to44\to45$

将这路线调整，可得从45（标号为45的点）、35、37、43、3、11、9各点出发的路线分别为

$45\to44\to\cdots\to2\to1$

$35\to34\to33\to\cdots\to2\to1\to36\to37\to\cdots\to44\to45$

$37\to36\to35\to\cdots\to2\to1\to38\to39\to\cdots\to44\to45$

$43\to42\to\cdots\to2\to1\to44\to45$

$3\to4\to\cdots\to34\to35\to2\to1\to36\to37\to\cdots\to44\to45$

$11\to12\to\cdots\to34\to35\to10\to9\to\cdots\to2\to1\to36\to37\to\cdots\to45$

$9\to10\to\cdots\to34\to35\to8\to7\to\cdots\to2\to1\to36\to37\to\cdots\to45$

由棋盘的对称性，从其他的红点出发，也能不重复地走遍半个棋盘.

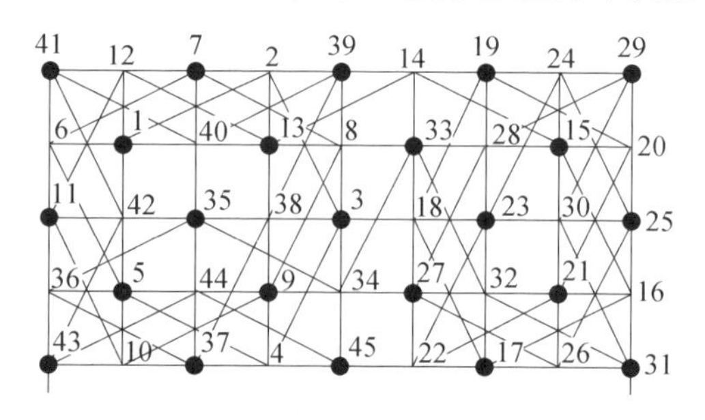

图2

❖硬币三角形

有 15 个硬币分五行摆成一个三角形,各行的数目分别是 1,2,3,4 和 5(图 1). 两个参加游戏的人轮流从任选的一行中取硬币,每次至少取一个. 这个游戏有两种输赢规定:或者取最后一个硬币的人赢,或者迫使对手去取最后一个硬币的人赢. 如果你懂得这中间的诀窍,而对手不知道,那么,不管谁先取硬币,你都准能赢. 你知道该怎样玩吗?

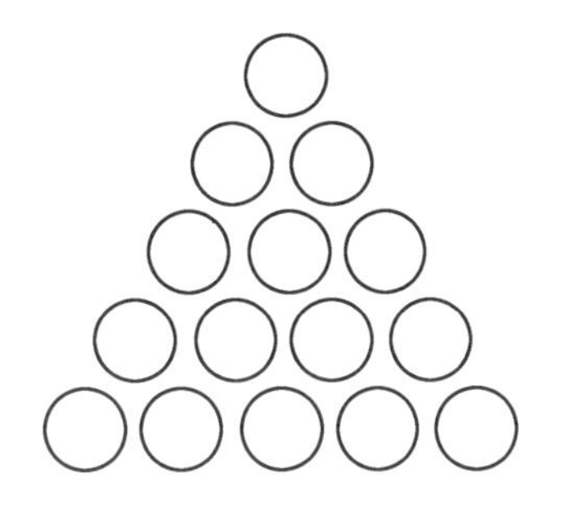

图 1

解 这里的窍门也是要设法去建立一种平衡态势,让2的同次幂全都成对地出现,譬如说要么出现两个,要么完全不出现,而不要让它出现一个或三个. 坚持这种战术,直到最后的态势仍对自己有利. 当然,怎样算有利的态势,这同必须由你还是必须由对手去取最后一个硬币才算你赢有关. 最初,如图 2 所示,2 的幂以 4 和 2 的形式成对出现,但以 1 的形式不成对出现,这是不平衡的. 所以,先取的游戏人应该从第一、第三或第五行中取走一个硬币. 倘若他不懂这游戏的诀窍,譬如说,错误地从中间一行取走两个硬币,那么,懂诀窍的第二个游戏人从第二行中取走一个硬币,后者显然就取得了一种平衡态势. 照这样玩下去,懂诀窍的游戏人最终会保持一种必赢的态势(同输赢规定有关,有时这也可以是不平衡的态势). 例如,如果规定取最后一个硬币的人是输家,那么,懂诀窍的游戏人会让剩下的硬币是 1,1,1 或者 1,1,1,1,1. 值得指出的是,如果懂诀窍的游戏人是后手,而对方无意识地在先手取走一个硬币时获得了有利态势,那么,懂诀窍的那人就应该只取走一个硬币,而把希望寄托在对手下一轮取硬币时发生错误. 此外,当硬币比较少,譬如在本题中只有 15 个时,一个不知道要用到二进制,即不知道考察 1,2 和 4 的人,只要玩得久了,凭经验也能像上面那样去正确地取硬币. 这时,懂诀窍的老手可以把硬币排列的行数或每行的硬币数胡乱改变一下,借以迷惑对手,然后再按上面介绍的战术去玩,就可望取胜.

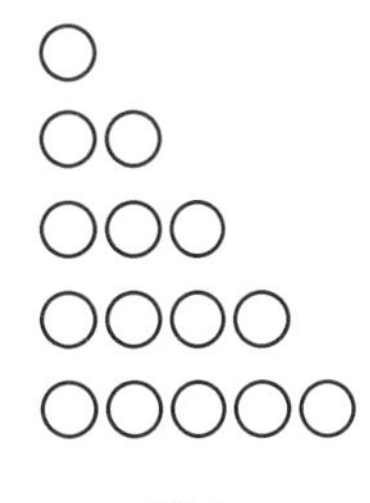

图 2

注 如果将五行硬币换成 k 堆筹码,各堆筹码数为 $n_1,n_2,\cdots,n_k$ 时的情形可参见附录(5).

❖交通部官员的游戏

在交通部官员的桌子上摆着几卷大英百科全书，分成几堆，每天上班时，官员从每堆中各取一本组成新的一堆，将各堆按卷数不增加的次序摆好，并且将每堆的卷数记入表中，例如，如果第一天表中记录为(8,3,1,1)，则第二天的记录将为(7,4,2)，然后是(6,3,3,1)，(5,4,2,2)，等等，试问经过一个月(即24个工作日)以后，表中的记录是什么，如果总卷数为：(1)6，(2)10.(开始时这些书按任意方式分堆)

解 (1) 答案：(3,2,1).

在图1中画出了这个问题的图解，在图上表示了$n=6$时记录表中所有可能类型的记录，由一个记录引向另一个记录的箭头表示在第一种记录后面紧接着一定是第二种记录，我们看到，最迟从第七天开始，表中每天的记录都将是(3,2,1).

(2,2,1,1)
↓
(4,1,1)
↓
(3,3)
↓
(2,1,1,1,1)　(2,2,2)
↓
(3,1,1,1)
↓　　↓
(1,1,1,1,1,1) → (6) → (5,1) → (4,2)
↓
(3,2,1)

图1

(2) 答案：(4,3,2,1).

这个答案可用与图1相类似的图解法得到，有兴趣的读者可以自己画出这个图解(其中共包含42个不同类型的记录)，并且从中可以看出，最迟从第13天开始，表中每天的记录都将是(4,3,2,1).

注 从原则上说，对于任意给定的n都可用类似的方法作出图解，而实际上这样做是很费力气的，但是，我们并不一定要作出所有的情况才可以断定，在经过充分长的时间以后，表上将出现什么样的记录，一般结果可陈述如下：如果卷数n可以写成从1开始的若干个相邻的自然数的和的形式，即 $n = 1 + 2 + 3 + \cdots + k = k(k+1)/2$，则从某一天开始，表上总是出现同一个记录$(k, k-1, k-2, \cdots, 2, 1$，本题即是这样)，因为 $6 = 3 \cdot 4/2, 10 = 4 \cdot 5/2$)，如果 n 不能表示成 $k(k+1)/2$ 的形式，则记录表上将出现“循环”，表上的记录将按周期 k 重复出现，其中 k 由不等式 $k(k-1)/2 < n < k(k+1)/2$ 决定.

下面的推理不仅证明了上述结果，并且阐明了当 $n \neq k(k+1)/2$ 时的周期的形态，我们考察直角坐标系的第一象限及其中的坐标网格，表中的记录$(k_1, k_2, \cdots, k_s)$$(k_1 \geqslant k_2 \geqslant k_3 \geqslant \cdots \geqslant k_s)$将这样表示：在图上将高度为 k_s 的一列方格涂黑，接着将与其相邻的高度为 k_2 的一列方格涂黑，再将其后的高度为 k_3 的一列方格涂黑，如此下去，直到涂高度为 k_1 的一列方格(图2,3,4).

官员每天所进行的操作可以在图上很方便地作出：

第一步：剪下涂黑的图形的最后一行，将剩下的图形向右、向下各移动一格，再将剪下的部分依逆时针方向旋转 90°(即将剪下的一行变为第一列).

第二步：如果新的第一列不是最高的一列(比第二列短)，则我们将其左边为空的(即超出第一列高度)那些黑方格剪下并且从右边移到最左边. 第二步完成后各列按从高到低的顺序排列.

基本原理：当完成第一步的时候，每个黑方格的坐标的和不变；当完成第二步的时候，移动了的方格的坐标和变小.

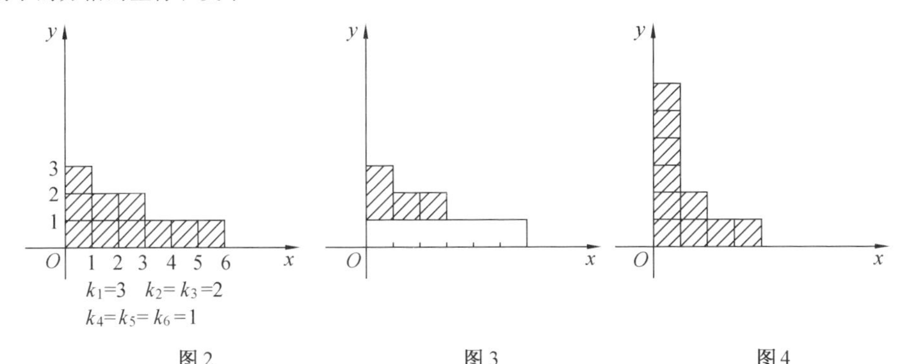

图2　　图3　　图4

现在我们考察所有黑色方格的两坐标的总和，这个和在第一步时不变而在第二步时变小，由此可知，第二步只可能重复进行有限多次(因为方格的坐标之和为正整数，所以不可能无限减小)，这表明从某个时刻开始将只需要进行第一步，因此每个方格的坐标之和将为常数，这时，如果方格(x,y)的两坐标之和等于 q，则这个方格将按周期$(1, q-1) \to (2, q-2) \to \cdots \to (q-1, 1) \to (1, q-1)$循环，这条路线我们称为 q— 对角线.

这时，只有最后的，因而也是最长的一条对角线，可能没有被黑方格占满，事实上，因为第二步已经不再进行，故 q— 对角线上的黑方格都以周期 q 沿对角线往复移动，在 q— 对角线上和在$(q-1)$— 对角线上的周期相差1，因而下面的情形不会发生：在$(q-1)$— 对角线上有空格，而在 q— 对角线上至少有一个黑方格. 不然的话，q— 对角线上的黑方格迟早会出现在空格的右边，因而有必要进行第二步操作.

于是，空格只可能出现在最后一条对角线上，若 $n = k(k+1)/2$，则 k 条对角线全部被黑方格占满；若 $n \neq k(k+1)/2$，则显然将出现循环.

由小正方形组成的阶梯图形以及由数字 $1, 2, \cdots, n$ 组成的这类数表有助于解决许多与自然数加法分拆的计数、置换群的表示论等相联系的组合问题和代数问题.

回到关于官员的问题,我们指出,我们上述的证明并没有涉及经过多少时间,r_n 系统才出现稳定的情况(当 $n = k(k+1)/2$) 或进入循环(当 $n \neq k(k+1)/2$).

可以证明 $C_1 n^2 \leqslant r_n \leqslant C_2 n^3$. 其中 C_1,C_2 为常数,但 r_n 精确估计我们尚不知道.

❖仅称十一次

有20个金属立方体,大小和外形都相同,有铝制的,也有硬铝制的(较重),如何在没有砝码的天平盘上的称十一次确定硬铝立方体的个数?

解 我们注意到,根据问题的要求,我们只需指出硬铝立方体的个数,而不是把它们挑选出来.

任取两个立方体,利用无砝码的天平比较它们的质量. 同时可能产生这样两种情况:(1) 天平的两盘不平衡;(2) 天平的两盘平衡.

(1) 如果天平的两盘不平衡,那么显然在所取的两个立方体中有一个是硬铝的,另一个是铝的. 把这一对立方体放在天平的同一个盘上,再把余下的18个立方体分成9对,把每一对与第一对比较质量. 如果所试验的一对与第一对的质量相同,那么这一对中有一个是硬铝的,另一个是铝的. 如果这一对较轻,那么这两个立方体都是铝的. 如果被试验的一对较重,那么这一对的两个立方体都是硬铝的. 因此,与天平的刻度无关,我们就可确定被试验的每一对中硬铝立方体的个数,所以要算出硬铝立方体的个数只要称十次.

(2) 设天平的两盘平衡. 我们将从余下的18个立方体中每取两个与第一对比较质量,直到发现质量不同的一对,如果这一对比第一对重,那么前面所有各对立方体都是铝的,如果这一对比第一对轻,那么前面所有各对立方体都是硬铝的. 在比较了这一对中的两个立方体的质量后就弄清楚这一对是由怎样的两个立方体组成的,然后在所研究的立方体中取出质量不同的两个立方体组成一对,然后把其余各对与这一对比较,就可得出与第一种情况相应的结论. 因此,在这种情况下,要算出硬铝立方体的个数只要称十一次.

❖填上 × 与 ○

能不能用符号 × 和 ○ 填满大小为(1)3×3,(2)198×8 的表格的所有格子,使得每个 × 旁恰好排一个 ○,每个 ○ 旁恰好排一个 ×(如果二者填的格子有公共边,那么就并排在一起).

解 (1) 不能. 假设相反,我们考虑表格的中央格子,为确定起见,设一个 × 在中央格子内. 于是在图 1 中,在格子 A,B,C,D 内恰有一个 ○,不失一般性,可以认为,一个 ○ 位于格子 A 内. 于是 × 位于格子 C 和 D 内. 因此,格子 E 内(图 1) 不能写 ×,因为这时没有任何一个 ○ 在这些 × 旁,但是 ○ 不能在格子 E 内,因为这时只有一个 × 和这些 ○ 并排,这和题目条件矛盾. 因此,不能用所要求的方法填满大小为 3×3 的表格.

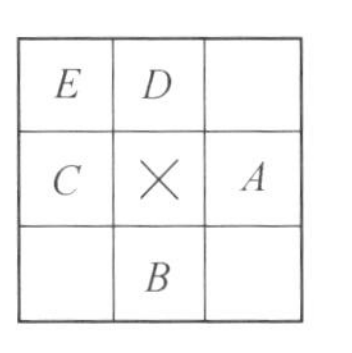

图 1

(2) 能. 满足条件的例子如图 2 所示. 可用 49 个大小为 4×8 的表格从左向右填满大小为 198×8 的表格. 大小为 198×8 的表格最后两列这样填:倒数第二列只填 ×,最后一列只填 ○.

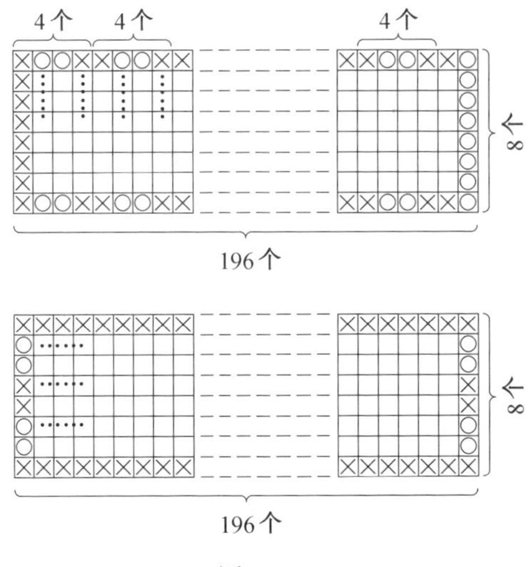

图 2

❖哪种药效好

两种不同的药品A和B,已经在两个医院都做过了临床试验.试验结果表明,在两个医院中,A药品均比B药品效果好.但令人奇怪的是当人们把结果合并后发现,B药品却比A药品效果好,还是否可能,还是由计算错误引起的.

解 这是有可能的.下面分两种情况讨论.

(1)若A药品在甲医院有n个人接受试验,a个人有效;B药品在甲医院有n个人接受试验,b个人有效,则$\frac{a}{n} > \frac{b}{n}$,所以$a > b$.

A药品和B药品在乙医院都有m个人接受试验,分别有c和d个人有效,依题意$\frac{c}{m} > \frac{d}{m}$,所以$c > d$.于是

$$\frac{a+c}{m+n} > \frac{b+d}{m+n}$$

在这种情况下,把结果合并后A药品仍比B药品效果好.

(2)若A药品在甲医院有20人接受试验,6个人有效;B药品在甲医院有10个人接受试验,2个人有效,显然$\frac{6}{20} > \frac{2}{10}$.

A药品在乙医院有80人接受试验,40人有效;B药品在乙医院有990人接受试验,478人有效,显然$\frac{40}{80} > \frac{478}{990}$.

然而把结果合并后却可得$\frac{46}{100} < \frac{480}{1\ 000}$,即B药品比A药品效果好.

❖多少块石头

今有三堆小石头.如果从第一堆中取出100块放进第二堆,那么第二堆比第一堆多一倍,相反,如果从第二堆中取出一些放进第一堆,那么第一堆比第二堆多五倍.问第一堆中可能的最少石头块数是多少?并在这种情况下求出第二堆石头的块数.

解 以x表示第一堆开始时的石头块数,以y表示第二堆开始时的石头块

数. 设 z 是根据题目条件从第二堆搬到第一堆的石头块数. 于是

$$2(x-100)=y+100,x+z=6(y-z)$$

从第一个等式中求出 $y(y=2x-300)$,并代入第二个等式,得到

$$4x+7(x-z)=1\ 800 \qquad ①$$

由此推出,$x-z$ 可被 4 整除,即 $x-z=4t,t\in\mathbf{N}$. 从式 ① 得

$$x=-7t+450$$

因此

$$y=2x-300=-14t+600,z=x-4t=-11t+450$$

数 x,y,z 是自然数,因此下列不等式应成立:

$$\begin{cases}-7t+45>0\\-14t+600>0\\-11t+45>0\end{cases}$$

解这个不等式组,得 $t\leqslant 40$. x 的值随着 t 的增加而减少. 因此在 t 取最大容许值(即 $t=40$)时,x 取最小可能值. 在这种情况下,$x=170$,$y=40$,$z=10$. 检验表明,所求出的 x,y,z 的值满足题目的所有条件.

❖环球飞行

有一组飞机,其中的每架飞机装满油时可绕地球飞 1/5 的距离,而每一架飞机都可以从另外一架飞机加油,假如所有的飞机的地面速度都相同,为常速,耗油率也相同,还假定只有 A 地是飞机的惟一着陆地点和地面加油地点,加油时间可以忽略. 现在要求有一架飞机能绕地球一圈而其他全部飞机都能安全返航,试问这队飞机至少要有多少架?

解 在理想状态假设下,至少要有 75 架. 从题目要求看来,我们有理由要求要有足够数量的飞机飞离 A 地,使得其中一架由空中重新加油以获得绕地球飞行 2/5 距离的能力,在飞完了这 2/5 路程的地方有从反方向飞来的一架飞机接应它. 设把整个路程的 2/5 等分为 12 段(每段路程是地球周圈的 1/30,一架燃料加足了的飞机其油量够飞 6 段路程). 我们提出一个计划表来说明怎样用 77 架飞机完成题目提出的任务. 首先,32 架飞机同时起飞,在头一段路程的终点处,加满 25 架飞机的油量而 7 架返回. 在第二路程的终点处,其中 5 架把其余的 20 架飞机加满油量后即返回,在这同一时刻另 9 架飞机从 A 地起飞,这样按照表中所列计划继续进行下去. 设一架飞机飞行一段路程所需油料称为一份燃

料，则下表中返回的飞机数字的下标表示飞机飞到那段路程终点时仍剩下的燃料份数. 往前飞的飞机数字的负下标表示这段路程开始时要使该飞机的油料满额仍需的份数.

在第一批飞机已飞完 6 段路程时就需要从 A 地向相反方向派出飞机去接应正在绕地球飞来的飞机. 关于这个方向的飞行安排，我们只需将计划中的方法按反序进行即可. 容易算出在不同时刻空中飞行的飞机数目. 并求得在任一时刻飞行的飞机架数不多于 77 架. 如果在 10 架飞机第 8 次往前飞时，其中一架在第一段路程的中点处便把其余 9 架油料加满后返回(对从相反方向前飞的飞机的类似飞行，也作相似的改变). 则计划要求的架数还可减少一架. 如果进一步在第六、第七、第九、第十次飞行中，每次都有一架在第一段路程的中点处返回，则还可能减少一架. 如果在第八次飞行中有一架在第一段路程的 1/4 处，另一架在 3/4 处返回，总架数又可能减少一架.

这样，我们有理由认为问题所要求的最低架数会小于 75. 因为这里列出的表中仅作出简便的假定，即条件是假定飞行方向的改变和加油过程的终了只在整数段路程的端点处发生，且所有在任一段路中飞行着的飞机是在同一方向上飞行的(由箭头指出).

飞行计划见下表(纵向标出了时间单位，横向标出了距离单位)：

$\underset{\rightarrow}{32}$												
$\underset{\leftarrow}{7}$	$\underset{\rightarrow}{25}$											
$\underset{\rightarrow}{9}$	$\underset{\rightarrow}{5_0}$	$\underset{\rightarrow}{20}$										
$\underset{\rightarrow}{8}$	$\underset{\leftarrow}{6}$	$\underset{\leftarrow}{4_0}$	$\underset{\rightarrow}{16}$									
$\underset{\rightarrow}{18}$	$\underset{\leftarrow}{6_0}$	$\underset{\rightarrow}{4}$	$\underset{\rightarrow}{4_4}$	$\underset{\rightarrow}{12}$								
$\underset{\leftarrow}{11}$	$\underset{\rightarrow}{13}$	$\underset{\leftarrow}{5_1}$	$\underset{\rightarrow}{3}$	$\underset{\leftarrow}{3_3}$	$\underset{\rightarrow}{9}$							
$\underset{\rightarrow}{13}$	$\underset{\leftarrow}{9_3}$	$\underset{\rightarrow}{9}$	$\underset{\leftarrow}{4_2}$	$\underset{\rightarrow}{2}$	$\underset{\leftarrow}{2_1}$	$\underset{\rightarrow}{7}$						
$\underset{\rightarrow}{13}$	$\underset{\rightarrow}{9}$	$\underset{\leftarrow}{7_4}$	$\underset{\rightarrow}{6}$	$\underset{\leftarrow}{3_2}$	$\underset{\rightarrow}{1}$	$\underset{\leftarrow}{2_3}$	$\underset{\rightarrow}{5}$					
$\underset{\rightarrow}{15}$	$\underset{\leftarrow}{10_3}$	$\underset{\rightarrow}{6}$	$\underset{\leftarrow}{5_3}$	$\underset{\rightarrow}{4}$	$\underset{\leftarrow}{2_1}$	$\underset{\rightarrow}{1_{-1}}$	$\underset{\leftarrow}{1_0}$	$\underset{\rightarrow}{4}$				
$\underset{\leftarrow}{15}$	$\underset{\rightarrow}{10}$	$\underset{\leftarrow}{7_2}$	$\underset{\rightarrow}{4}$	$\underset{\leftarrow}{3_0}$	$\underset{\rightarrow}{3}$	$\underset{\leftarrow}{2_2}$	$\rightarrow$	$\underset{\leftarrow}{1_1}$	$\underset{\rightarrow}{3}$			
$\underset{\rightarrow}{14}$	$\underset{\leftarrow}{10_0}$	$\underset{\rightarrow}{7}$	$\underset{\leftarrow}{5_3}$	$\underset{\rightarrow}{2}$	$\underset{\leftarrow}{3_2}$	$\underset{\rightarrow}{2}$	$\underset{\leftarrow}{1_0}$	$\rightarrow$	$\underset{\leftarrow}{1_2}$	$\underset{\rightarrow}{2}$		
$\underset{\leftarrow}{15}$	$\underset{\rightarrow}{9}$	$\underset{\leftarrow}{7_1}$	$\underset{\rightarrow}{5}$	$\underset{\leftarrow}{4_2}$	$\underset{\rightarrow}{1}$	$\underset{\leftarrow}{1_0}$	$\underset{\rightarrow}{2_{-3}}$	$\underset{\leftarrow}{1_1}$	$\rightarrow$	$\leftarrow$	$\underset{\rightarrow}{2_{-2}}$	
$\underset{\rightarrow}{12}$	$\underset{\leftarrow}{10_0}$	$\underset{\rightarrow}{6}$	$\underset{\leftarrow}{6_3}$	$\underset{\rightarrow}{3}$	$\underset{\leftarrow}{1_0}$	$\underset{\rightarrow}{1_{-2}}$	$\underset{\leftarrow}{2_0}$	$\underset{\rightarrow}{1}$	$\leftarrow$	$\rightarrow$	$\underset{\leftarrow}{1_1}$	$\underset{\rightarrow}{1}$
$\underset{\leftarrow}{15}$	$\underset{\rightarrow}{7}$	$\underset{\leftarrow}{8_1}$	$\underset{\rightarrow}{4}$	$\underset{\leftarrow}{2_1}$	$\underset{\rightarrow}{2}$	$\underset{\leftarrow}{3_0}$	$\rightarrow$	$\leftarrow$	$\underset{\rightarrow}{1_{-1}}$	$\underset{\leftarrow}{1_0}$		
$\underset{\rightarrow}{10}$	$\underset{\leftarrow}{11_1}$	$\underset{\rightarrow}{4}$	$\underset{\leftarrow}{3_0}$	$\underset{\rightarrow}{3}$	$\underset{\leftarrow}{4_0}$	$\underset{\rightarrow}{1}$	$\leftarrow$	$\rightarrow$	$\underset{\leftarrow}{2_2}$			
$\underset{\leftarrow}{15}$	$\underset{\rightarrow}{6}$	$\underset{\leftarrow}{5_3}$	$\underset{\rightarrow}{2}$	$\underset{\leftarrow}{6_3}$	$\underset{\rightarrow}{1}$	$\leftarrow$	$\underset{\rightarrow}{1_{-1}}$	$\underset{\leftarrow}{2_0}$				

$\underset{\rightarrow}{9}$ $\underset{\leftarrow}{7_2}$ $\underset{\rightarrow}{4}$ $\underset{\leftarrow}{7_0}$ $\underset{\rightarrow}{1}$ $\leftarrow$ $\underset{\rightarrow}{1_{-1}}$ $\underset{\leftarrow}{3_1}$

$\underset{\leftarrow}{10}$ $\underset{\rightarrow}{6}$ $\underset{\leftarrow}{9_0}$ $\underset{\rightarrow}{2_{-1}}$ $\leftarrow$ $\underset{\rightarrow}{1_{-1}}$ $\underset{\leftarrow}{4_1}$

$\underset{\rightarrow}{7}$ $\underset{\leftarrow}{12_0}$ $\underset{\rightarrow}{3}$ $\leftarrow$ $\underset{\rightarrow}{2_{-3}}$ $\underset{\leftarrow}{5_0}$

$\underset{\leftarrow}{16}$ $\underset{\rightarrow}{3}$ $\underset{\rightarrow}{1_2}$ $\underset{\rightarrow}{2}$ $\underset{\leftarrow}{7_0}$

$\underset{\rightarrow}{4}$ $\underset{\leftarrow}{2_8}$ $\underset{\rightarrow}{2}$ $\underset{\leftarrow}{9_1}$

$\underset{\leftarrow}{3}$ $\underset{\rightarrow}{3}$ $\underset{\leftarrow}{11_0}$

$\underset{\rightarrow}{4}$ $\underset{\leftarrow}{14_1}$

$\underset{\leftarrow}{18}$

❖棋盘覆盖问题

两个国际象棋大师在比赛之余想到如下问题:8 × 8 的国际象棋棋盘剪去左上角的一个方格后,能否用 21 个 3 × 1 的矩形覆盖? 剪去哪一个方格才能用 21 个 3 × 1 的矩形覆盖?

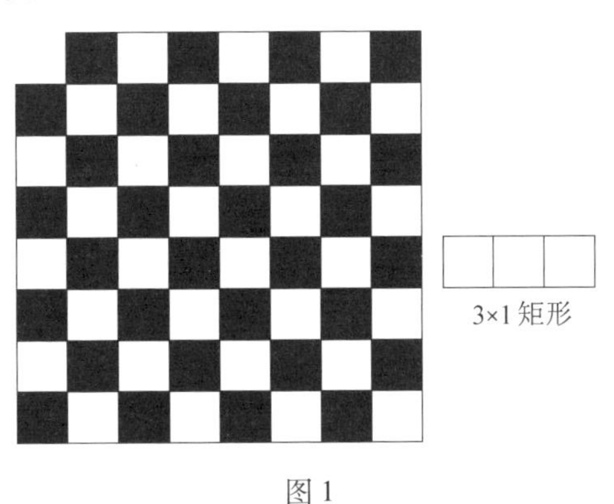

图 1

解 剪去左上角的方格后,棋盘不能用 21 个 3 × 1 的矩形覆盖.

为了证明这一点,我们将棋盘涂上三种颜色(这一次,采用自然涂色不能奏效),涂法如图 2,其中数字 1,2,3 分别表示第一、二、三种颜色.

如果能用 21 个 3 × 1 矩形将剪去左上角的棋盘覆盖,那么每个 3 × 1 的矩形盖住第一、二、三种颜色的方格各 1 个,从而 21 个 3 × 1 的矩形盖住第一、二、三种颜色的方格各 21 个,然而棋盘(剪去左上角后)却有第一种颜色的方格 20 个,第二种颜色的方格 22 个,第三种颜色的方格 21 个. 因此,剪去左上角的棋盘无法用 21 个 3 × 1 的矩形覆盖.

由此可见，如果剪去一个方格后，棋盘能用 21 个 3 × 1 的矩形覆盖，那么剪去的方格一定是图 2 中涂第二种颜色的方格.

但是，剪去图 2 中涂第二种颜色的一个方格后，仍然不能保证一定能用 21 个 3 × 1 的矩形覆盖，比如说，剪去图 2 中第 1 行第 2 个方格后不能用 21 个 3 × 1 的矩形覆盖，这是由于棋盘的对称性，剪去这个方格与剪去第 1 行第 7 个涂第一种颜色的方格或剪去第 8 行第 2 个涂第三种颜色的方格所剩下的棋盘完全相同.

1	2	3	1	2	3	1	2
2	3	1	2	3	1	2	3
3	1	2	3	1	2	3	1
1	2	3	1	2	3	1	2
2	3	1	2	3	1	2	3
3	1	2	3	1	2	3	1
1	2	3	1	2	3	1	2
2	3	1	2	3	1	2	3

图 2

于是，只有剪去第 3 行第 3 个、第 3 行第 6 个、第 6 行第 3 个、第 6 行第 7 个，这 4 个方格中的某一个，剩下的棋盘才有可能用 21 个 3 × 1 的矩形覆盖.

不难验证这时确实能够覆盖，图 3 表明了剪去第 3 行第 6 个方格后，用 21 个 3 × 1 的矩形是能够覆盖棋盘的.

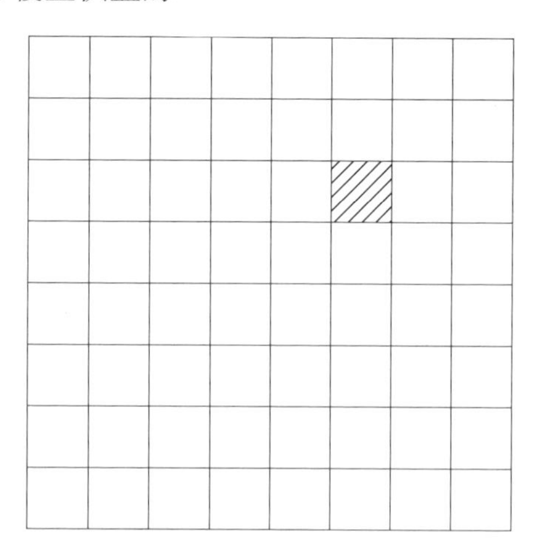

图 3

于是,当且仅当剪去的一个方格是上述 4 个方格之一时,棋盘能用 21 个 3×1 的矩形覆盖.

❖正八边形排数问题

能不能把8个数1,2,…,8这样地排列在一个正八边形的各顶点上,使得对于任意位于三个连续顶点上的各数之和:(1) 大于11,(2) 大于13?

解 (1) 能. 各数的排列例子如图 1 所示.

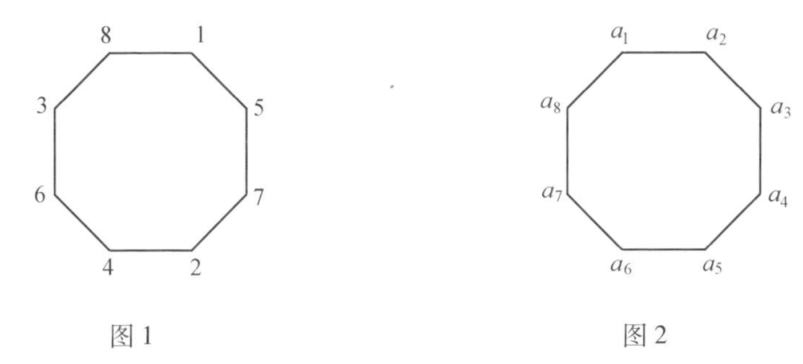

图 1 图 2

(2) 我们来证明,不能用所要求的方式来排列各数. 假设相反:存在数 1,2,3,…,8 这样的排列,使得对于八边形任意三个连续顶点上的各数之和大于 13,因而不小于14. 以 $a_1,a_2,\cdots,a_8$ 表示写在八边形顶点上的数(图2),以 S 表示它们的和. 根据假设,下列各个不等式成立.

$$a_1+a_2+a_3\geqslant 14,\quad a_5+a_6+a_7\geqslant 14$$
$$a_2+a_3+a_4\geqslant 14,\quad a_6+a_7+a_8\geqslant 14$$
$$a_3+a_4+a_5\geqslant 14,\quad a_7+a_8+a_1\geqslant 14$$
$$a_4+a_5+a_6\geqslant 14,\quad a_8+a_1+a_2\geqslant 14$$

把这 8 个不等式相加,得不式

$$3(a_1+a_2+\cdots+a_8)\geqslant 112$$

由此推出,$S>37$. 另一方面

$$S=1+2+\cdots+8=36$$

矛盾.

❖巧分弹子

一位女主人正在等待7个或11个孩子的到来,她准备了77粒弹子作礼物,并把这些弹子分别装在 n 个袋中,使得到来的每一个孩子(不论是7个还是11个),都得到若干袋弹子,并且这77粒弹子是等分给这些孩子的. 求 n 的最小值.

解 由于这 n 袋弹子可分成7份,每份都有11粒弹子,用7个顶点 x_1, $x_2,\cdots,x_7$ 表示. 这 n 袋弹子又可分为11份,每份都有7粒弹子,用顶点 y_1, $y_2,\cdots,y_{11}$ 表示. 若某一袋弹子分别出现在 x_i 和 y_j 中,则在 x_i 和 y_j 之间连一条边,即一条边与一袋弹子对应. 这样就得到一个偶图 $G=(X,Y;E)$,其中 $X=\{x_1,x_2,\cdots,x_7\}$,$Y=\{y_1,y_2,\cdots,y_{11}\}$,$|E|=n$.

这个偶图 G 一定是连通的. 若不然,设 $G'=(X',Y';E')$ 是 G 的连通子图. 令 $|X'|=a$,$|Y'|=b$,其中 $a\leqslant 7$,$b\leqslant 11$,且等号不可能同时成立.

因 G' 连通,故 X' 中顶点所表示的袋中弹子总数与 Y' 中顶点所表示的袋中弹子总数相等,所以

$$11a=7b$$

由于7与11互质,上式只有当 $a=7$,$b=11$ 时才成立,矛盾. 故 G 是连通图.

因 G 是连通图,所以它的边数大于等于 $7+11-1=17$,故 $n\geqslant 17$.

当 $n=17$ 时,若使得每袋弹子数分别为

$$7,7,7,7,7,7,7,4,4,4,4,3,3,3,1,1,1$$

则能满足要求. 所以 n 的最小值为17.

❖稳操胜券的办法

这是个历史上的难题,参加游戏的两个对手A和B,在他们面前的桌上有三堆分开的硬币,每堆的硬币数目都是任意的. 双方轮流从三堆中的任意一堆——但只能是一堆,拿走一枚或几枚硬币(如果他愿意的话,可以把整堆都拿走),目的是迫使对方拿走最后一枚硬币,怎样才能在这个游戏中稳操胜券?

解　简单说来,A 方稳赢的过程可以这样叙述:使你的对手 B—— 如果他给你机会的话,面临一种平衡状态,这就迫使他打破平衡,一直这样做下去,直到最后达到你显然必胜的条件,这个条件就是 B 不得不从(3,2,1),(2,2,0) 或 (1,1,1) 这样三堆硬币中的任意一堆移走硬币.

所谓平衡状态是这样的:将三个数中的每一个数都表示成为 2 的幂之和以后,每一个幂数都能成对出现,即或者出现两次,或者根本不出现(不出现一次或三次). 把一个数写成它的二进位数,就很容易用 2 的幂来表示,但这是不必要的,无需这么复杂. 做游戏时,暗中用纸条在每个数字下面写上等价的 2 的幂次之和,再进行配对,会更方便,而结果是一样的. 例如,如果这三堆的数目的 31,19 和 15,那么可以写成如图 1 的方式.

如图1 中所示,它们并没有呈平衡状态,但从第一堆中移去三枚硬币,就可以达到平衡(如果用别的方法配对,从第二堆或第三堆移去三枚硬币同样可以达到平衡). 在B 被迫打破平衡之后,A 再使它达到平衡. 不断这样做下去,直到出现上述三种最终情况中的一种.

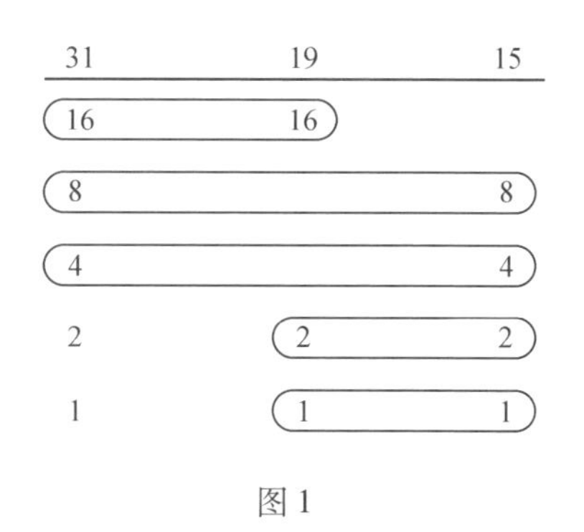

图 1

有几种简单的辅助规律多少是明显的,它们可以使动作迅速, 从而迷惑对方. (1) 如果 2 的最高次幂只出现在最大的一堆中,那么显然必须从这堆中移去硬币;(2) 如果有一次,B 留下了同样的数目的两堆,你就将第三堆全部移去,然后仿照 B 的移法行事,除非 B 在其中的一堆中只留下一枚或移走其中的一整堆. 当他在一堆里留下一枚时,当然你就可将另一堆完全移走;当他移走了一整堆时,你可将剩下的一堆拿到只留下一枚(换句话说,动动脑子,在利用这个平衡状态规则时就会隐晦些).

顺便指出,对于那些想在这种娱乐中成为行家的人来说,要避免利用纸笔,而要学习如何用心算来做这个工作. 有一个最简单的办法,就是从最高的幂次起,迅速核对每一个数,看它们都会有哪些幂次. 这样做通常比较容易判断必须从哪一堆中取硬币. 显然,在被移动过之后的那一堆中所留下来的数目必须等于另外两堆中其幂次未被平衡掉的那些数目之和. 这样就把对问题的考虑缩小到两堆,并可迅速决定移走多少硬币. 例如,如果三堆的数目是 24,13 和 11,那么就只出现一个 16,所以必须从第一堆中移走硬币. 8 和 1 是另外两堆都有的,所以不平衡幂次的数的总和是 6,这就意味着必须从第一堆中移去 18 枚硬币.

对于三元组的一般理论可参见附录(6).

❖圆圈填数

从集合{0,1,2,…,13,14}中选出10个不同的数填入图1中圆圈内,使每两个用线相连的圆圈中的数所成差的绝对值各不相同,能否做到这一点?证明你的结论.

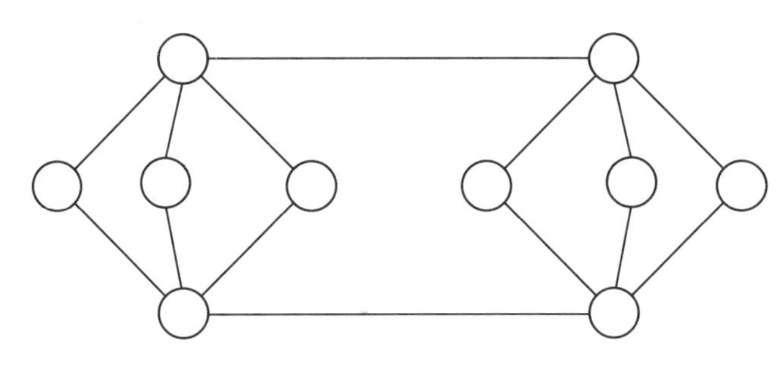

图1

证明　答案是否定的.因图1中有14条线,所以有14个互不相同的整数,它们均小于等于14,大于等于1,因此它们只能是

$$1,2,3,\cdots,14$$

从而它们的和

$$S=1+2+\cdots+14=105$$

是一个奇数.

另一方面,每个圆圈与偶数(2或4)个圆圈相连,设某圆圈内填入数a,则a在S中出现偶数次,偶数个a用加、减号相连,运算结果必为偶数.因此,S是10个偶数的和,S也是偶数.

上面从两个方面算和S,得到不同的结果,说明题设要求是不能做到的.

❖牛与羊与手风琴

有两个人,共有x只牛,以每只x元的价格出售.利用得到的钱,他们买了羊,每只12元.但是,所得的钱不能被12整除,他们用剩下的钱买到了一只小羊羔.后来,他们把这群羊分成数目相等的两部分.因此,分到包括羊羔在内的那一份的人,少了点.为了相等,他从另一个人那里弄到了一只手风琴.试问这只手风琴价值多少?

解 显然买牛得款为 x^2 元. 如果 x 可以被 6 整除,则 x^2 可以被 36 整除,因而也被 12 整除. 但是,这不是 x 不能被 6 整除的情形. 因此,$x = 12k + r$,其中 $|r| = 1,2,3,4$ 或 5,从而

$$\frac{x^2}{12} = \frac{(12k + r)^2}{12} = \frac{144k^2 + 24kr + r^2}{12} = 12k^2 + 2kr + \frac{r^2}{12}$$

因为每个人所得的羊一样多,所以羊的总数为偶数. 因此,大羊的总数是奇数. $x^2/12$ 的整数部分,即用 x 元构买的大羊的数量,是奇数. $12k^2 + 2kr$ 为偶数. 因此,$r^2/12$ 的整数部分必定为商 $x^2/12$ 提供了一个奇数值. 由此得出,r^2 不可能小于 12. 这导致 $|r| = 4$ 或 $|r| = 5$. 当 $|r| = 5$ 时

$$\frac{r^2}{12} = \frac{25}{12} = 2 + \frac{1}{12}$$

其整数部分提供了一个偶数值. 因此,$|r| = 4, r^2 = 16$. 这表明

$$\frac{r^2}{12} = \frac{16}{12} = 1 + \frac{4}{12}$$

由此可知,余数为 4,而不是 -4. 因此,一只羊羔价值 4 元. 所以,一个人分到一只 4 元的羊羔,另一个人分到一只 12 元的大羊,一只手风琴 4 元,从而使两人都分得 8 元.

❖公寓电梯

一幢 $k(k > 2)$ 层楼的公寓有一部电梯,最多能容纳 $k - 1$ 个人. 现有 $k - 1$ 个学生同时在第一层楼乘电梯,他们中没有两人是住同一层楼的. 电梯只能停一次,停在任意选择的一层. 对每一个学生而言,自己往下走一层感到一个不满意,而往上走一层有两倍的不满意. 问电梯停在哪一层,使得不满意的总量达到最小?

解 设电梯停在第 i 层,则不满意的总量为

$$S = (1 + 2 + \cdots + i - 2) + 2(1 + 2 + \cdots + k - i) =$$

$$\frac{(i - 2)(i - 1)}{2} + (k - i)(k - i + 1) =$$

$$\frac{1}{2}[3i^2 - (4k + 5)i] + k^2 + k + 1$$

所以,当 $i=N\left(\frac{4k+5}{6}\right)$ 时,S 最小. 其中 $N(x)$ 表示最接近于 x 的整数,例如

$$N(3)=3, N(5,7)=6, N(2,3)=2$$

当电梯停在 $N\left(\frac{4k+5}{6}\right)$ 层时,不满意的总量最小.

❖棋子排列问题

给你十一颗棋子,排成每行都有三颗棋子,最多能排几行?

解 为了解决这类问题,我们从三点共线(即三点位于同一条直线上)谈起. 大家都知道两点确定一条直线,要使三点位于同一条直线上,必须使第三点落在由其中两点确定的这条直线上.

如果在平面上有 A_1, A_2, A_3, A_4, A_5 五个点,排每行都有三个点,怎样排列才能使排行最多呢? 只要任作两条相交直线,在交点处放上 A_1,然后把 A_2, A_3 和 A_4, A_5 分别列于这两条直线上(图1). 通过实践很快会发现,只有使尽可能多的点正好位于这些直线的交点上,才能使排列最多. 如此,如果有六个点,只要作两两相交的四条直线,把六个点分列于六个交点上即可,这说明:按三点一行排六个点,最多能排四行(图2). 同样,七个点最多能排六行(图3).

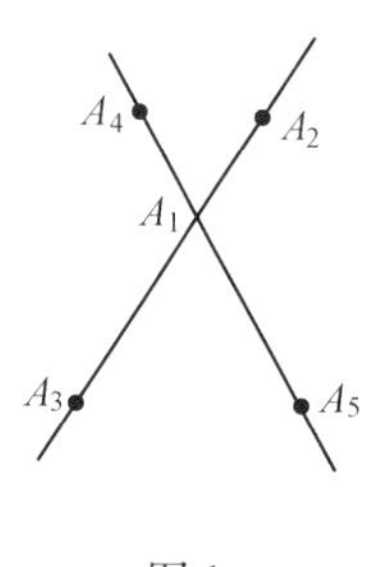

图1

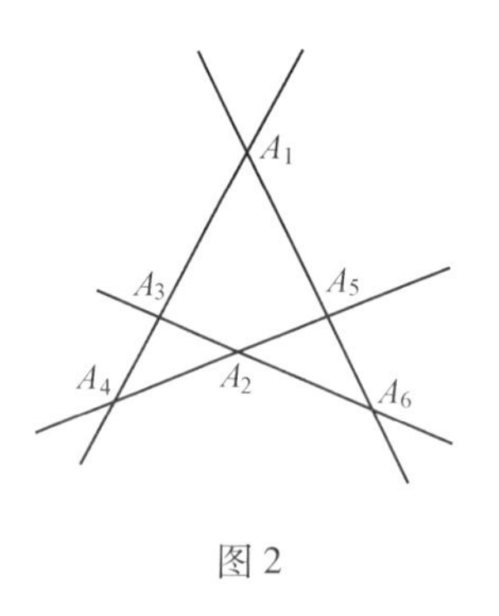

图2

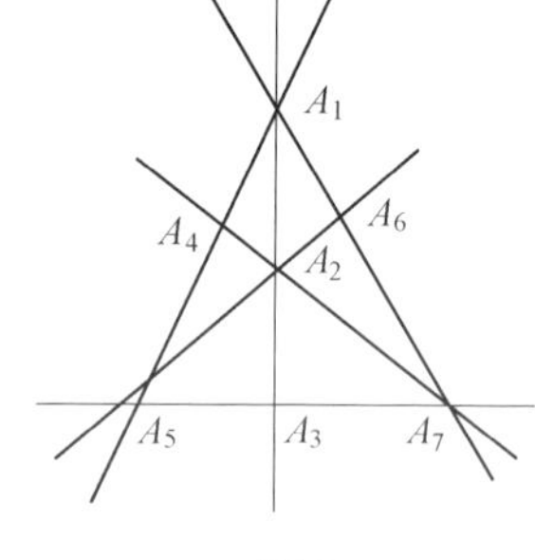

图3

综合上面几种排列情况,可以看出:随着点数的增加,要使三点一行排列的行数尽可能地多,这些点应该放在行与行的交点上. 从这些点的总体上看,它们的排列越来越具有对称性(包括中心对称和轴对称).

由此,我们来看开头提出的问题,如果按 $A_1,A_2,A_3,\cdots,A_{11}$ 十一个点排成中心对称图形来考虑,势必要从平行四边形和特殊的平行四边形入手. 这样可排成图4,计有十五行(其中 A_{10},A_7,A_{11} 三点共线可利用对称性进行证明). 如果按轴对称图形,轴上点的个数必定是奇数,因此对称轴上必然具有三个点. 其余八个点分列对称轴两旁,且使每个点至少是三条直线(行) 的公共点. 这样可排成如图5,计有十六行(其中 A_6,A_8,A_{11} 三点共线要通过 $\angle A_8BA_6=\angle A_{11}A_5A_6=108°$,$A_6B:BA_8=A_6A_5:A_5A_{11}=1:2$,得 $\triangle A_6A_8B\backsim\triangle A_6A_5A_{11}$,从而 $\angle BA_6A_8=\angle A_5A_6A_{11}$ 证得. A_6,A_9,A_{10} 三点共线同理可证).

由此说明,这类棋子排行的问题,一般可通过考虑轴对称图形来布点,并使每一个 A_1 是尽可能多的公共点,这样就能使排行数最多.

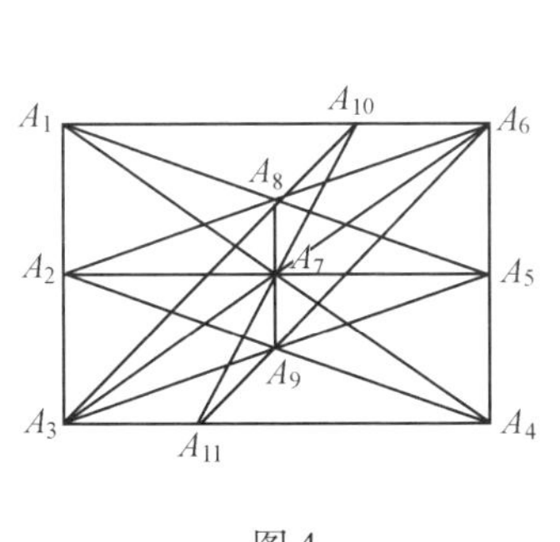

图4

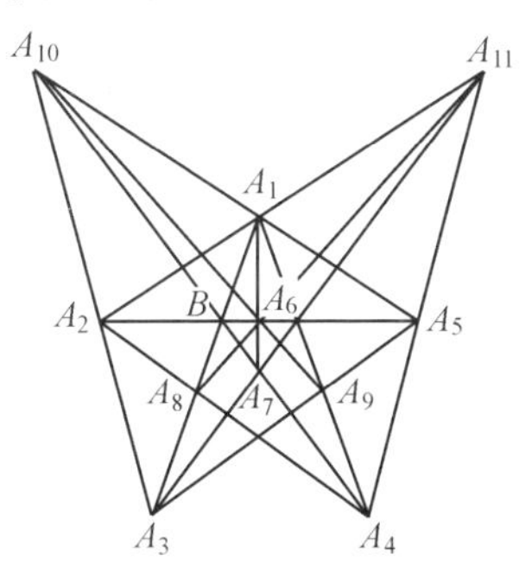

图5

❖五个剪拼成一个

把一张五个小正方形拼成的纸(如图1(a)) 分成三块,再拼成正方形.

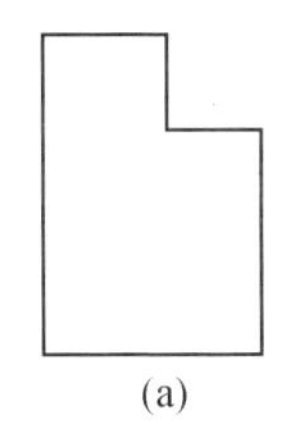

(a)

(b)

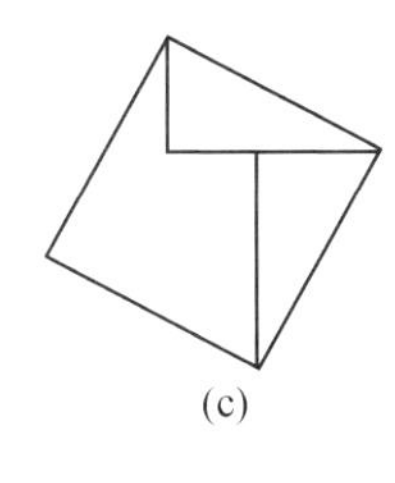

(c)

图1

解　答案如图1(b),(c).

从图1(a) 很容易看出,说是五个正方形,也可说是两个正方形:一是一个小正方形,一是四个小正方形组成的正方形.这样就归结为如何把两个正方形剪拼成一个正方形的问题了.

任意两个正方形根据勾股定理都可以剪拼成一个正方形.

设两个正方形的边长分别为 a 和 b. 则其剪拼成的正方形面积必为 a^2+b^2,其边长必为 $\sqrt{a^2+b^2}$,也就是说以 a 和 b 为直角边的直角三角形斜边.我们把边长为 a 和 b 的两个正方形拼在一起(如图 2(a)),从图中可以看出,直角三角形的斜边恰好是长方形的对角线,它们把两个长方形分成四个直角三角形.除此之外,还有一个正方形,它的边长是 $b-a$. 把四个直角三角形和一个正方形拼成一个正方形(如图 2(b)),其面积为

$$4\left(\frac{1}{2}ab\right)+(a-b)^2=2ab+b^2-2ab+a^2=a^2+b^2$$

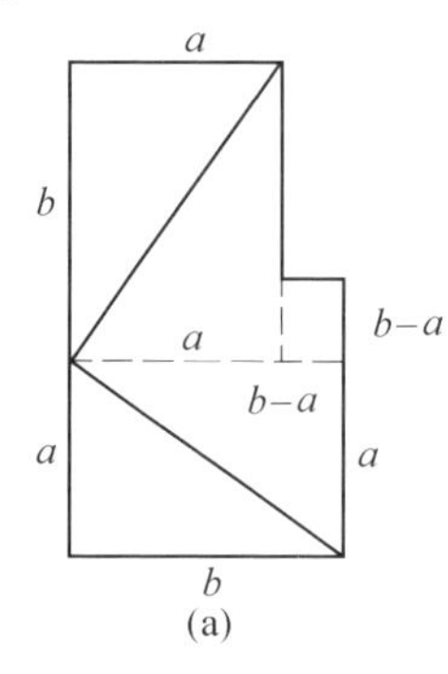

(a)

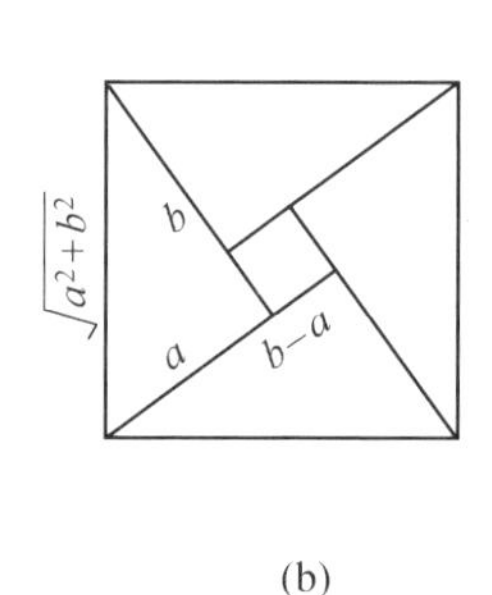

(b)

图 2

恰好等于

$$(\sqrt{a^2+b^2})^2=a^2+b^2$$

根据以上的分析,可以看出,只要小正方形的面积能分成两个正方形的面积,就能剪拼成一个正方形.小正方形的个数就不限 5 个了.究竟有多少个小正方形才能剪拼成一个正方形呢?

不用剪,可组拼成一个正方形的小正方形个数,必须是一个自然数的平方.例如,$1^2=1$,$2^2=4$,$3^2=9$ 等.设两个正方形一个由 m^2 个小正方形拼成,另一个由 $(m+n)^2$ 个小正方形拼成(这里 $m>0$,$n\geqslant 0$,m,n 为整数).然后再把它们剪开拼成一个正方形.若小正方形边长为 a,则剪拼成的正方形面积为

$$(ma)^2+2[(m+n)a]^2$$

其边长则为

$$\sqrt{(ma)^2+[(m+n)a]^2}$$

整理得

$$\sqrt{2m^2+2mn+n^2a}$$

将 $2m^2+2mn$ 变形为 $2m(m+n)$，也可以写成 $m(m+n)+m(m+n)$. 这样，$m(m+n)$ 个小正方形可组成一个长方形，其宽和长分别为 ma 与 $(m+n)a$，其对角线则为 $\sqrt{(ma)^2+[(m+n)a]^2}$，即 $a\sqrt{2m^2+2mn+n^2}$（图 3）. 把这样的两个长方形，沿它们的对角线剪开，得四个直角三角形. 再与 n^2 个小正方形一起拼成如图 2(b) 的形状. 即得到所求的正方形.

只要给 m,n 一组值，就可得到小正方形的个数. 例如，$m=1,n=0,1,2,3,\cdots$ 时，则 $m^2+(m+n)^2$ 为 $2,5,10,17,\cdots$. 又如 $m=2,n=0,1,2,3,\cdots$ 时，则 $m^2+(m+n)^2$ 为 $8,13,20,29,\cdots$.

有一种特殊情况，当 $n=0$ 时，$m^2+(m+n)^2$ 就变成 $2m^2$，这时是由两个相等的正方形剪拼成一个正方形. 沿着它们的对角线分别剪开，得四个直角三角形，其直角边均为 ma，斜边为 $\sqrt{2}ma$，它们所拼成的正方形如图 4.

还有一种特殊情况，它可以用不同的组合方法剪拼成一个正方形. 例如，把 50 个小正方形剪拼成一个正方形，由于 $50=5^2+5^2$，还可以把 50 写成 $50=1^2+7^2$，因此，可以用两种方法把 50 小正方形组成两个正方形，然后再剪拼成一个正方形.

总之，解决这类问题的步骤是：第一步先把小正方形组成两个正方形（当然小正方形的个数必须恰好能组成两个正方形）；第二步是把组成的两个正方形再剪拼成一个正方形.

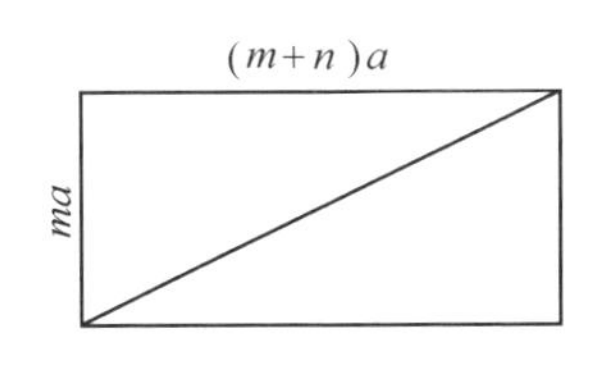

图 3

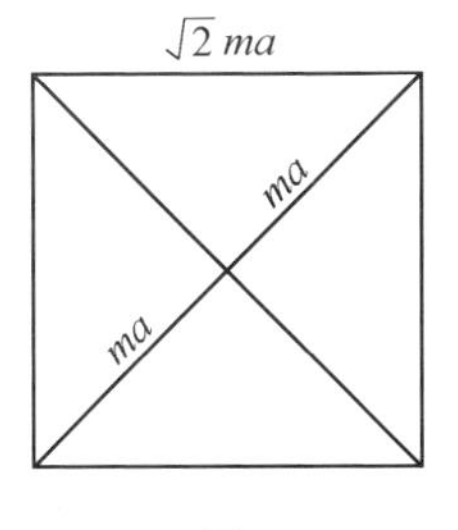

图 4

❖球面选点

在球面外部的空间有九个点. 求证：在球面上可找到这样的点，从该点至多只能看到上述九点中的三点.（球面被认为是不透明的）

证明　设 α 是任一经过球心 O 的平面，l 是过点 O 且垂直于平面 α 的直线. l 交球面于 A,B 两点（这两点就是直径的两端）. 平面 α 将整个空间分为两个半空间.

显然,从点A(或者点B)看不见平面α及点B(或者点A)所在的半空间内的所有点.

根据上述论断来解决本题:以$A_i, i = 1,2,3,\cdots,9$表示给定的九个点.今过球心O以及A_1, A_2这三点作平面α.其余的七点:$A_3, A_4, \cdots, A_8, A_9$将分布在被平面$\alpha$分成的两个半空间或平面$\alpha$内.分布在平面$\alpha$内的点,不论从点$A$或点$B$都看不到($A, B$两点即垂直于平面$\alpha$的直径的两端点).去掉平面$\alpha$内的这些点,其余的点分布在两个半空间,显然在某一个半空间上的点不多于三点.如果点A(或者点B)就在该半空间的话,它便是符合题目要求的点.

❖粗心的教师

有一个教师,他打算调查一下自己的学生的爱好.有一次,上课以后,教师请喜欢音乐和喜欢下象棋的学生举起手来,音乐爱好者举左手,象棋爱好者举右手.结果,有30%的人举起了两只手.在象棋爱好者和自行车运动爱好者进行了类似的试验,结果有35%的学生举两只手,在音乐爱好者和自行车运动爱好者进行的第三次试验中,举两只手的有40%的学生.离开教室以后,教师才想起来,忘记问哪些人这三方都爱好,而且,他甚至没有统计一下,有多少学生每次都举了手.问是否有学生有三种爱好.

解 设s是至少有某种爱好的学生数(爱好音乐、象棋或自行车运动),x是只喜欢音乐的学生数,y是只喜欢下棋的学生数,z是只喜欢自行车运动的学生数.

第一次举手的是喜欢听音乐和爱好下象棋的人,不举手的是只喜欢自行车运动的人.所以总共有$s-z$个学生举了手,在举手的人中,两者都喜欢的有$\frac{30}{100}(s-z)$个.

类似地知道,第二次有$s-x$个学生举了手,举两只手的有$\frac{35}{100}(s-x)$个;在第三次,有$s-y$个学生举了手,举两只手的有$\frac{40}{100}(s-y)$个.现在,设有某种爱好(象棋、音乐或自行车运动)的学生中,没有一个同时有三种爱好,那么,把有一种爱好的和有两种爱好的学生数加起来,应该得到s,但不难看出

$$\frac{30}{100}(s-z)+\frac{35}{100}(s-x)+\frac{40}{100}(s-y)+x+y+z=$$

$$0.65x + 0.6y + 0.7z + 1.05s > s$$

因此,所作的假设是错误的.

❖好大的碗

有位宇航员在宇宙飞船上看地球时突发奇想:有没有一种超级球形的大碗,它遮盖了地球的1/5表面,并且恰好罩住了20个国家(联合国成员国,当时共有101个)的首都?

解 如果每一只覆盖地球1/5表面的碗,至多只能罩住19个国家(联合国成员国)的首都,那么在整个地球上联合国的成员国不多于95个.这与题设中有101个成员国矛盾.因而,必定存在一只碗,它覆盖地球1/5表面,而且至少罩住20个联合国成员国的首都.如果它恰好罩住了20个,那么宇航员的问题已经解决.

现在,设每个覆盖地球1/5表面的碗,至少罩住20个成员国的首都.仿上讨论得知,并非每个这样的碗都能罩住20个以上的首都.如果有某只碗恰好罩住20个,则本题也已解决.

这样,设存在一只碗,它覆盖地球1/5表面,并且罩住的首都不到20个.把这只碗沿球面从罩住20个以上首都的位置,向罩住不到20个首都的位置移动,在连续地移动的"道路上",必有恰好罩住20个首都的位置.

❖棋盘转动

两个同样的国际象棋棋盘(8×8方格)有共同的中心,并且其中一个绕中心相对于另一个转过45°.求这两个棋盘中所有黑格的交叉部分的总面积,假设一个方格的面积为1.

解 首先要明确题意.这里所谓棋盘指的是国际象棋的棋盘,分成8行8列共计64个方格,黑白相间出现.为了简明,我们以2×2方格为例画成图1.图1中两个大正方形的边交成45°角,交叉重叠部分有四种:空白的,只有竖线的,只有斜线的,兼有竖线和斜线的.这四种的面积依次用$S_{白白}$,$S_{白黑}$,$S_{黑白}$,$S_{黑黑}$表示.因为正方形以中位线和对角线为对称轴,而一个正方形的中位线恰与另一

个正方形的对角线在同一直线上,所以由对称性可知

$$S_{白白}=S_{白黑},S_{黑白}=S_{黑黑}$$
$$S_{白白}=S_{黑白},S_{白黑}=S_{黑黑}$$

于是

$$S_{白白}=S_{白黑}=S_{黑白}=S_{黑黑}=\frac{1}{4}S$$

其中,S 是正八边形 $ABCDEFGH$ 的面积.

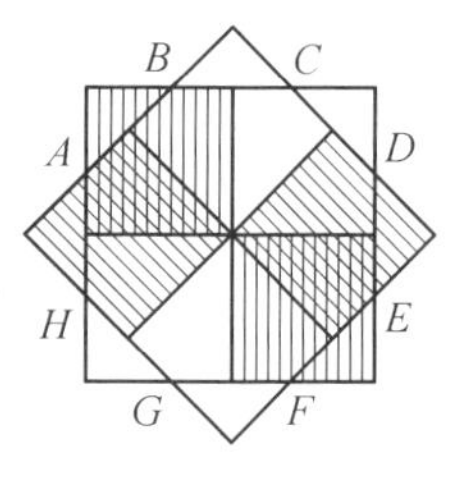

图 1

综上所述,显然对于任何偶数 n 的 $n\times n$ 方格来说都是一样的,但是 S 的大小与 n 有关. $n=8$ 时,不难算得 $S=128(\sqrt{2}-1)$. 所以 $S_{黑黑}=32(\sqrt{2}-1)$.

❖剪多少刀

在正方形纸的内部给出了1 985个点,现用 M 记纸的4个顶点和这1 985个点构成的集合,并按下述规则将这张纸剪成一些三角形:

(1) 每个三角形的3个顶点都是 M 中的元素;

(2) 除顶点之外,每个三角形中不再具有 M 中的点.

试问共可剪出多少个三角形?共需剪多少刀(每剪出一个三角形的一条边需要剪一刀)?

解 显然,M 中的每一个点,都是一些三角形的公共顶点. 因此,纸的4个顶点各为这些三角形的内角贡献了90°,而其余的1 985个点各为这些三角形的内角贡献了360°. 除此之外,这些三角形的内角度数再无别的来源,所以这些三角形的内角之和为

$$4\times 90°+1\ 985\times 360°=1\ 986\times 360°=3\ 972\times 180°$$

可见共剪出了3 972个三角形.

由于每个三角形都有3条边,所以这些三角形共有3 972×3条边. 正方形纸的4条边显然都属于这些边所构成的集合,它们是不用剪的,至于其余的边,则因都是两个三角形的公用边,因此知一共只需剪

$$\frac{3\ 972\times 3-4}{2}=5\ 956(刀)$$

❖特殊的足球

一只特殊的足球的表面是一个很奇特凸多面体,这个凸多面体的面由 12 个正六边形、8 个正方形和 6 个正八边形组成,多面体的每一个顶点是 1 个正方形、1 个正六边形和 1 个正八边形的相会点,问连接多面体的两个顶点的线段,有多少条是在多面体的内部,不在棱上也不在面上.

解　通过空间想像可画出这个凸多面体(如图 1).

这个多面体有 26 个面,48 个顶点,棱数 $E = 26 + 48 - 2 = 72$(条)

在 48 个顶点,任取两个顶点连一条线段共有 C_{48}^2 条. 在面上和棱上有

$$6C_8^2 + 8C_6^2 + 12C_4^2 - 72(条)$$

因此在多面体内部不在棱上也不在面上的线段的条数

$$N = C_{48}^2 - (6C_8^2 + 8C_6^2 + 12C_4^2 - 72) = 840(条)$$

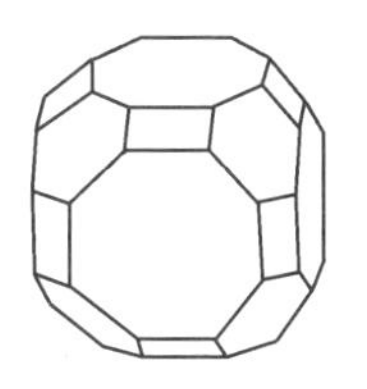
图 1

❖正方形划分问题

求出最小的自然数 n,具有如下性质:对每一个整数 $p \geqslant n$,可将一个已知的正方形分为 p 个正方形(不一定全等).

解　考虑将正方形 $ABCD$ 划分为小正方形,此时 A,B,C,D 应分别属于四个不同的小正方形. 否则,例如 A,B 属于同一小正方形时,这个小正方形实际上就是原来的大正方形,因而实际上没有进行划分.

如果含 A 的小正方形与含 C 的小正方形无公共点(图1),容易看出,此时小正方形的个数 $P > 5$.

如果含 A 的小正方形与含 C 的小正方形有公共点,那么它们只能有公共顶点 F(图2). 此时 $GFID$ 应可以划分为若干小正方形. 如果至少要划分为 K 个,则 $EFHB$ 也至少要划分为 K 个. 此时 $P = 2 + 2K, P \neq 5$. $K = 1,2,3$ 时,$P = 4,6,8$. 由图 3,4,5 可见.

因为 1 个正方形可以划分 4 个,所以,如果 $ABCD$ 可划为 P 个小正方形时,

它也可划分为 $P+3$ 个,特别是可以划分为 7 个(图 6).

现在,$P\neq 5$,而 $P=6,7,8$ 都是可能的,$P+3$ 也是可能的,故对于 $P\geqslant 6$ 都是可能的,故 $n=6$.

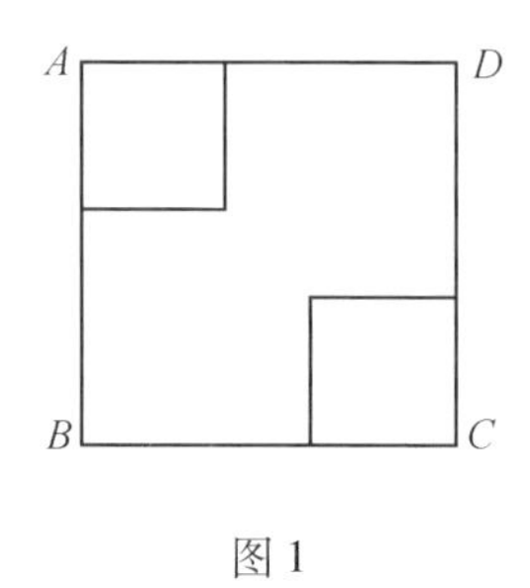

图 1

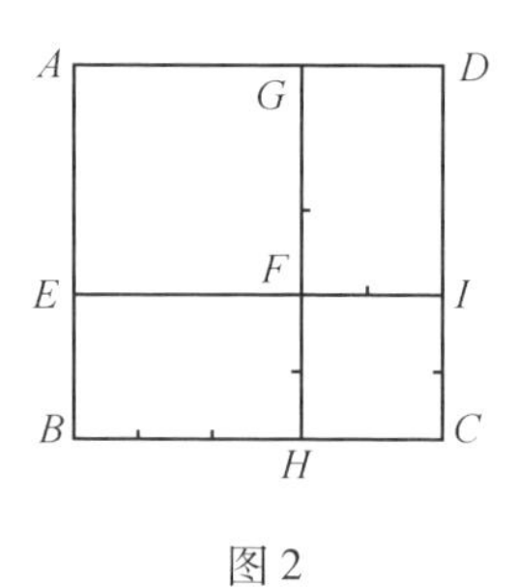

图 2

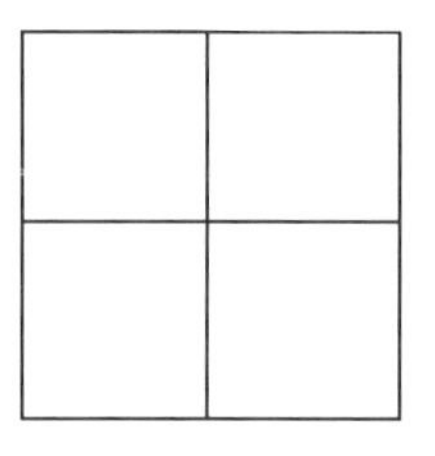

图 3

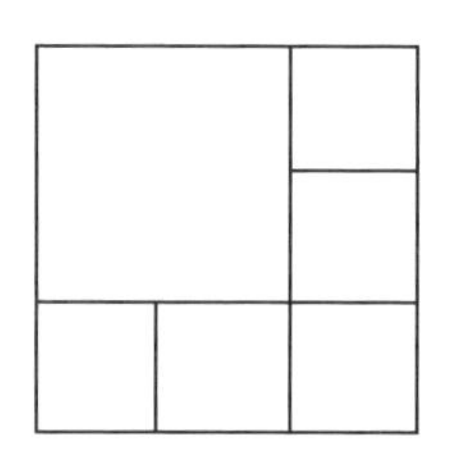

图 4

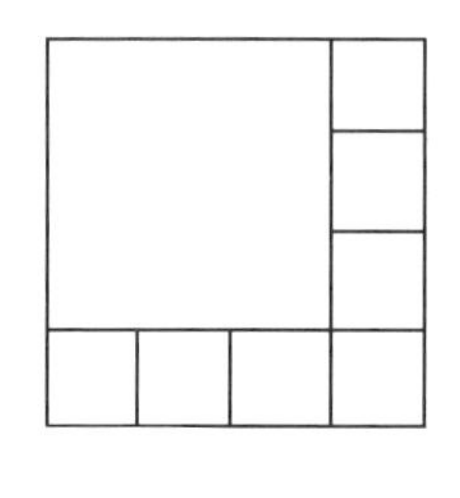

图 5

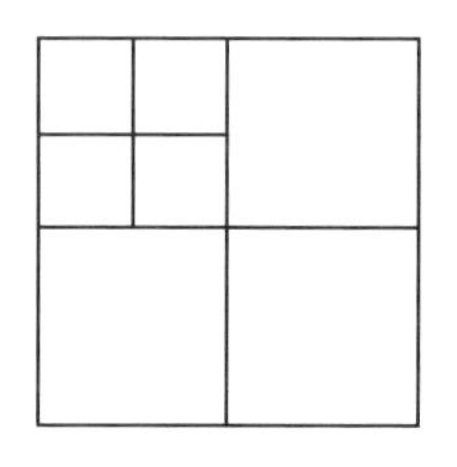

图 6

❖猎人与狼

一只狼在猎人的追捕下进入一块边长为 100 m 的等边三角形的凹地. 它无法逃出这块凹地,但仍在凹地中与猎人周旋. 已知这位猎人在离狼不超过 30 m

时即可将狼杀死. 证明:不论狼跑得多快,猎人都有办法将它杀死.

证明　猎人先站在三角形中心 O. 设 O 在各边的射影为 D,E,F,而狼在四边形 $OEAF$ 内,猎人沿着 OA 前进至 OA 中点 M,在这过程中,猎人与 AB,AC 的距离始终小于等于 $50\times\frac{1}{\sqrt{3}}<30$. 因此,狼无法从四边形 $OEAF$ 中逃出去,只有束手待毙.

❖幸运的摹本所有者

某学校的墙上挂着一张矩形的地图. 某学生有一张类似的地图,它是把墙上的地图精细地画在矩形透明纸上的较小的摹本. 在自己的同学面前,这个学生夸耀说,不管多少次,也不管在什么位置,把这幅摹本复到学校的地图上去的话,总可以在这张图上找到一个点,使学校地图上与它重合的点对应于同一个地方. 甚至在不是正放,而是斜放(即两张图的边缘不平行)时也如此.

这个幸运的摹本所有者的结论对吗?

解　本题所说的两张地图是相似矩形 $ABCD$ 和 $A'B'C'D'$,并且点 A 对应 A',点 B 对应 B',等等.

若 $AB \parallel A'B'$,则两个矩形位似(图 1 表示正位似,图 2 表示反位似). 这时,学校的和透明纸上的对应于同一地点的两个点(且只有两个),与位似中心 O 重合,点 O 是直线 AA' 和 BB' 的交点.

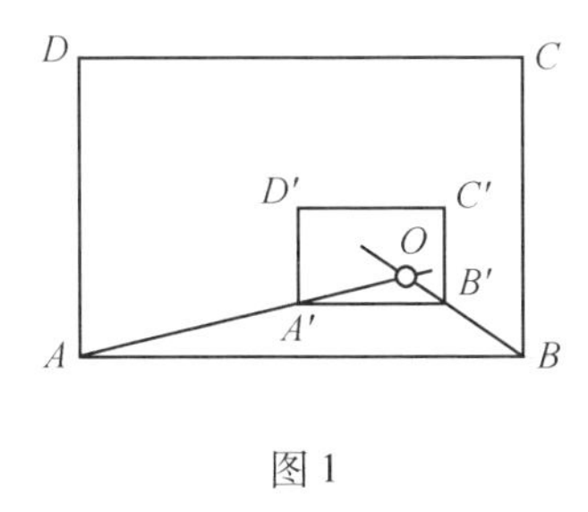

图 1

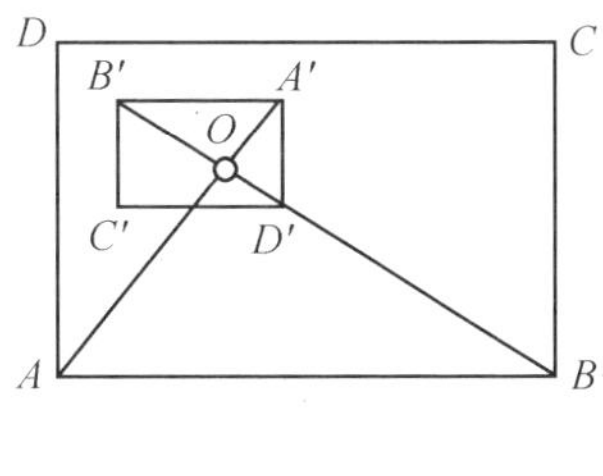

图 2

如果把摹本绕位似中心转动到(关于学校地图下边缘的)某个倾斜位置,则两张地图不再位似,但仍相似.

设摹本斜放在学校的地图上,我们打算找一个点 O,它既是摹本的转动中心,同时又是原来位置($AB \parallel A'B'$ 时)的位似中心.

直线 AB 和 $A'B'$(图3)在点 E 相交,CD 和 $C'D'$ 交于 F,AD 和 $A'D'$ 交于 G,BC 和 $B'C'$ 交于 H,EF 和 GH 交于所求的点 O.

我们来证明这个结论,设 $AB=a,A'B'=a',BC=b,B'C'=b'$. 显然

$$\frac{a'}{a}=\frac{b'}{b}=s$$

其中,s 是相似系数.

其次,$OM\perp A'B'$,$FK\perp A'B'$,并且点 M 和 K 在 $A'B'$ 上,此外,$ON\perp AB$,$FL\perp AB$,并且点 N 和 L 在 AB 上.

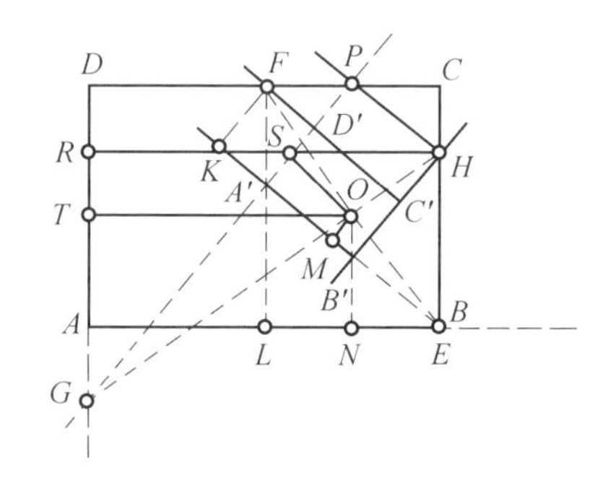

图3

因为 $\triangle NOM$ 和 $\triangle LFK$ 位似(F 是位似中心),所以

$$\frac{OM}{ON}=\frac{FK}{FL}=\frac{b'}{b}=s$$

不难看出,$OS\perp A'D'$,$HP\perp A'D'$,点 S 和 P 在 $A'D'$ 上. 类似地,$OT\perp AD$,$HR\perp AD$,点 T 和 R 在 AD 上.

$\triangle TOS$ 和 $\triangle RHP$ 位似(G 是位似中心),所以

$$\frac{OS}{OT}=\frac{HP}{HR}=\frac{a'}{a}=s$$

而由于

$$\frac{OS}{OT}=\frac{OM}{ON}$$

所以

$$\frac{OS}{OM}=\frac{OT}{ON}$$

从最后一个等式知道,O 是所求的点.

❖歪打正着

查理家有4个女儿、3个儿子. 一天查理买了一块三角形大饼,根据女士优先原则,查理让4个女儿先切三刀,然后取画阴影的四部分,并且要求这4个部分面积相等. 3个儿子一看都乐了,原来剩下的三块也相等. 真有这么巧吗?

解 如图 1,连 AC_1,DB_1. 由 $S_{\triangle ADA_1}=S_{\triangle A_1B_1C_1}=1$,及 $S_{\triangle ADC_1}=S_{\triangle AB_1C_1}$ 可知 $AC_1 /\!/ DB_1$,因而

$$\triangle AA_1C_1 \backsim \triangle DA_1B_1 \backsim \triangle ABC_1$$

于是有

$$\frac{AA_1}{A_1B_1}=\frac{AC_1}{DB_1}=\frac{BC_1}{BB_1}=1+\frac{B_1C_1}{BB_1}$$

令

$$\frac{AA_1}{A_1B_1}=a,\frac{BB_1}{B_1A_1}=b,\frac{CC_1}{C_1A_1}=c$$

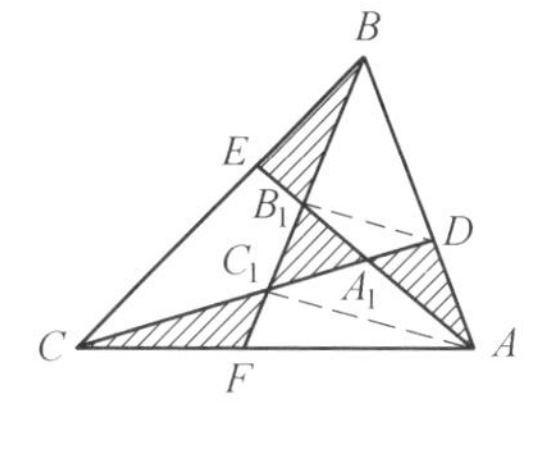

图 1

则由上述关系式可以得到

$$a=1+\frac{1}{b}$$

类似地,还可得到

$$b=1+\frac{1}{c},c=1+\frac{1}{a}$$

故得

$$a^2-a-1=0$$

及

$$a=b=c=\frac{\sqrt{5}+1}{2}$$

由相似比,得

$$\frac{C_1A_1}{A_1D}=\frac{AA_1}{A_1B_1}=\frac{\sqrt{5}+1}{2}$$

因而

$$\frac{A_1D+A_1C_1}{CC_1}=\frac{\frac{\sqrt{5}+1}{2}\cdot A_1C_1}{CC_1}=1$$

也就是 $DC_1=C_1C$. 即 BC_1 是 $\triangle BCD$ 的中线.

由 $S_{\triangle A_1B_1C_1}=S_{\triangle B_1BE}$ 即得

$$S_{A_1DBB_1}=S_{B_1ECC_1}$$

这就证明了所有三个四边形面积相等.

现在来解决问题的后半部. 因

$$\frac{BD}{DA}=\frac{BB_1}{B_1C_1}=\frac{\sqrt{5}+1}{2}$$

这就是说

$$\triangle BDC=\frac{\sqrt{5}+1}{2}\triangle ADC$$

设四边形面积为 x，于是有

$$\frac{\sqrt{5}+1}{2}(x+2)=2x+2$$

解之得，$x=\sqrt{5}+1$.

❖巧妙覆盖

在方格纸上有 17 个涂了颜色的单位方格. 证明：可以用一些矩形来覆盖它们，这些矩形的周长之和不超过 100，并且不同矩形中的任两点的距离不小于 $\sqrt{2}$.

证明　这 17 个方格中的周长之和小于等于 $4\times17=68$.

如果有两个方格在同一列，并且它们之间至多有一个未涂颜色的方格，则用一个宽为 1 的矩形覆盖这两个方格及它们之间的方格，这时总的周长并未增加.

如果上面的矩形中有某两个距离小于$\sqrt{2}$（即 $AB<\sqrt{2}$，而 A，B 分别属于两个矩形），就用一个更大的矩形覆盖这两个矩形（图 1）. 每一次“合并”，周长至多增加 2.

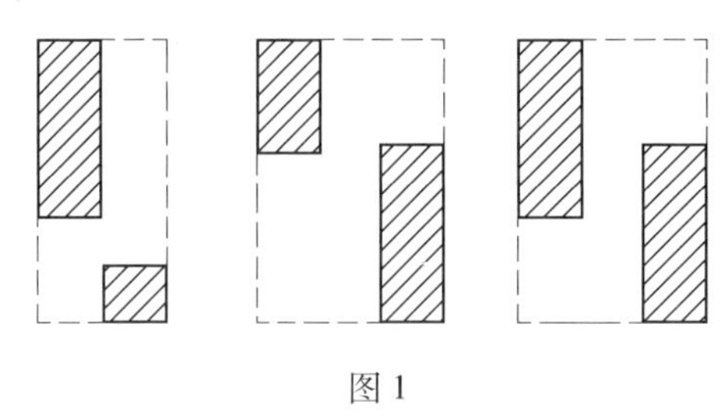

图 1

这样继续下去，直到不同矩形的距离均不小于$\sqrt{2}$. 这时总周长小于等于 $68+2\times16=100$.

❖完美关系

由米妮弗夫人提出的问题：她把每一种关系看做一对相交圆. 初看起来，这样的圆似乎重叠越多关系就越好，但并非如此，重叠超出了某一点的范围，报酬递减律就会起作用，并且任一方都没留下足够的资源来丰富共同的生活. 她认为,只有当两个外面的新月的面积之和精确地等于在中间的一块(重叠部分)所形成的叶形的面积时,关系就几乎达到完美.为了达到这一点,在理论上应该存在某个颇为简洁的数学公式,当然,在生活中毫无可能.

对于两个已知半径的圆,讨论上面问题有惟一解的可能性.

解 设半径为a与$b(a \leqslant b)$的两圆的面积分别为A_1, A_2,叶形的面积为L,较小的新月形的面积为C_1,较大的新月形的面积为C_2,那么

$$L + C_1 = A_1, L + C_2 = A_2$$

因此

$$2L + (C_1 + C_2) = A_1 + A_2$$

为了有完美性,米妮弗夫人期望有$L = C_1 + C_2$,由此$3L = A_1 + A_2$,即$L = (A_1 + A_2)/3$.显然,L的极限是A_1,故$A_1 \geqslant (A_1 + A_2)/3$或$A_2 \leqslant 2A_1$.可见,所涉及的双方中能量较大的一方的能力如果大于能量较小的一方的能力的两倍,则理想关系不可能实现;在正好等于两倍的情况下,能力较小的一方被另一方完全侵吞,这时,这个成员就没有任何一点个人资源剩下了.

在一般情况下,若令$r = b/a$,则理想条件要存在,应有$1 \leqslant r \leqslant \sqrt{2}$.设半径为$a$和$b$的圆的中心分别在$O_1$和$O_2$,交点为$A$与$B$,由$2\varphi$表示$\angle AO_1B$,由$2\theta$表示$\angle AO_2B$,则

$$L = \text{扇形 } O_1AB + \text{扇形 } O_2AB - \text{四边形 } AO_2BO_1$$

因而当$3L = A_1 + A_2$时,要得到理想的条件必须有

$$L = a^2\varphi + b^2\theta - b \cdot \sin\theta(a \cdot \cos\varphi + b \cdot \cos\theta) = \pi(a^2 + b^2)/3$$

利用关系式$a \cdot \sin\varphi = b \cdot \sin\theta$,消去$\varphi$,容易求得

$$r^2\theta + \arcsin(r \cdot \sin\theta) - r \cdot \sin\theta(\sqrt{1 - r^2 \cdot \sin^2\theta} + r \cdot \cos\theta) = \pi(1 + r^2)/3$$

最后,当r已知时,应该从方程中解出θ,在给出了条件的情况下,这样的超越方程,只能很耐心、很费时地用试探法去求解.

这样,要找到一个求解的简洁数学公式的想法只能由如下的结论来代替:即数学对出现在超等困难情况下的社会问题求得理想是可行的.

在关系对等,即$r = 1$的特殊情况下,我们的方程变成

$$2\theta - \sin 2\theta = 2\pi/3$$

这个方程虽说是超越方程,但也不太难解.我们用逐次逼近法解这个方程,求得$2\theta = 149°16.3'$,这个角是对称叶形的一条弧所对的两个圆之中一个的圆心角.

综上所述,我们能够推出下面的结论:即使当两人关系对等地联系时,想要获得一种理想关系都不是一件现实的事情,但是一个超越问题其解通过努力和耐心却是能够实现的,而且这种努力和耐心比起解决把两个人不平等地拴缚在

一起而出现的问题所需要的努力和耐心可要小得多！

❖三针分开

一只精确的钟有一时针、一分针、一秒针. 在12点时，三者重合. 这三根针分别在12小时、1小时与1分钟内转过一周. 熟知（不难证明）这三根针在任何时候都不能等距地分开，即每两个之间的角为$\frac{2\pi}{3}$. 令$f(t)$，$g(t)$，$h(t)$分别表示12点之后经过时间t，三根针之间的夹角与$\frac{2\pi}{3}$的差的绝对值. 问$\max\{f(t),h(t),g(t)\}$的最小值是什么？

解　设整个圆周为1，时间为t后时针转动r，可以认为时针不动，而分针转过$m=\{11r\}$，秒针转过$s=\{719r\}$. 这里$\{x\}=x-【x】$表示x的小数部分.

先设秒针在前，分针在后，即$s\geqslant m$.

考虑偏差$\max\{f(t),h(t),g(t)\}$的最小值. 当$s\leqslant\frac{1}{3}$或$m\geqslant\frac{2}{3}$时，偏差均大于$\frac{1}{3}$，显然不是最小. 我们分四种情况讨论.

（1）$m<\frac{1}{3}<s\leqslant\frac{2}{3}$. 这时又分两种情况：

ⅰ　$s-m<\frac{1}{3}$. 差$\frac{1}{3}-(s-m)$，$\frac{1}{3}-m$，$\frac{2}{3}-s$中，$\frac{2}{3}-s$为最大，它随t的增加而减少，直至$m=\frac{1}{3}$，化为下面的（2）.

ⅱ　$s-m\geqslant\frac{1}{3}$. 差$s-m-\frac{1}{3}$，$\frac{1}{3}-m$，$\frac{2}{3}-s$中，$\frac{1}{3}-m$为最大，它随t的增加而减少，直至$s=\frac{2}{3}$. 这时设$\theta=\frac{1}{3}-m$，则

$$719r\equiv\frac{2}{3}\pmod 1$$

$$11r\equiv\frac{1}{3}-\theta\pmod 1$$

消去r得

$$719\theta\equiv\frac{719}{3}-\frac{22}{2}\equiv\frac{2}{3}-\frac{1}{3}=\frac{1}{3}\pmod 1$$

θ的最小值为$\frac{1}{3\times719}$.

(2) $\frac{1}{3} \leqslant m < s \leqslant \frac{2}{3}$. 这时偏差为$\frac{1}{3}-(s-m)$. 由于秒针转动快于分针，所以在 t 增加时，差 $s-m$ 增加，从而$\frac{1}{3}-(s-m)$ 在 $s=\frac{2}{3}$ 时最小. 设这时 $\theta=m-\frac{1}{3}=\frac{1}{3}-(s-m)$. 则与(1) ⅱ 类似可得 θ 的最小值为$\frac{2}{3\times 719}$.

(3) $s>\frac{2}{3}>m>\frac{1}{3}$.

ⅰ $s-m>\frac{1}{3}$. 在 $m-\frac{1}{3}, s-m-\frac{1}{3}, s-\frac{2}{3}$ 中，$s-\frac{2}{3}$ 最大，它随 t 的减少而减少，化为(4).

ⅱ $s-m \leqslant \frac{1}{3}$. 在 $m-\frac{1}{3}, \frac{1}{3}-(s-m), s-\frac{2}{3}$ 中，$m-\frac{1}{3}$ 最大，它随 t 的减少而减少，化为(2).

(4) $s>\frac{2}{3}, \frac{1}{3} \geqslant m$. 在 $s-\frac{2}{3}, \frac{1}{3}-m, s-m-\frac{1}{3}$ 中，$s-m-\frac{1}{3}$ 最大，它随 t 的减少而减少，化为(1) ⅱ.

综上所述，当 $s \geqslant m$ 时，所求最小值为$\frac{1}{3\times 719}$.

类似地可以得出 $s<m$ 时，最小值仍为$\frac{1}{3\times 719}$(实际上，对时针作一对称即化为 $s>m$ 的情况).

用弧度制表示时，最小值为$\frac{2\pi}{3\times 719}$.

❖数形结合

在一个农场中有 100 块正方形土地，它们的边长和为 300 m，面积和超过 10 000m^2，有人断定有三块地边长和不小于 100 m，对吗?

解 对此问题可将其叙述为：如果正数 $a_1, \cdots, a_{100}$ 满足

$$a_1+a_2+\cdots+a_{100}=300$$

$$a_1^2+a_2^2+\cdots+a_{100}^2>10\ 000$$

那么一定存在三个数 a_i, a_j, a_k，满足

$$a_i+a_j+a_k \geqslant 100$$

不妨设 $a_1 \geqslant a_2 \geqslant a_3 \geqslant a_4 \geqslant \cdots$. 要证

$$a_1+a_2+a_3 \geqslant 100$$

假设

$$a_1 + a_2 + a_3 < 100 \quad ①$$

考虑图1,100个小正方形(边长分别为$a_1,a_2,a_3,\cdots$),可放入三个边长为100的正方形中,这三个正方形是并列的,一个挨着一个,小正方形靠上方的边顺次排列,它们占据的面积不超过图中阴影部分.

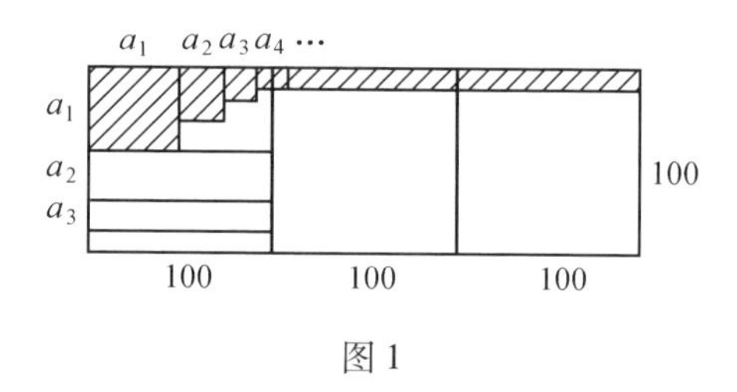

图1

如果①成立,那么可将第一个正方形剖为4个长方形,每个长为100,而宽分别为a_1,a_2,a_3及$100-a_1-a_2-a_3$.

由于$a_2 \geqslant a_3 \geqslant a_4 \geqslant \cdots$,所以第二个大正方形中的阴影部分可纳入宽为$a_2$的长方形中,第三个大正方形中的阴影部分可纳入宽为$a_3$的长方形中,于是100个小正方形的总面积小于第一个大正方形的面积,这与已知$a_1^2+a_2^2+a_3^2+\cdots+a_{100}^2>10\ 000$矛盾,因此①不成立,即

$$a_1 + a_2 + a_3 \geqslant 100$$

❖修路问题

四个居民点的位置处在边长为10 km的正方形的顶点.想要修起连通这些居民点的总路线,使得这些道路的总长不超过28 km,并且由每一个居民点可以沿着道路去任何其他的居民点,可能吗?

解 可以证明,满足所提出的两点要求的路线能够建成,以A,B,C,D来标记居民点(图1).如果我们所作的线路,是连接A与C及B与D的直线道.这样虽然沿着它就可以从任一居民点去到任何另一居民点,因此所作路线是满足第二点要求的,然而,这些道路总长都等于$2 \cdot 10\sqrt{2} > 28$(km).即所作出的路线不满足第一点要求.若是把图2中所画的道路给以如下的更变,就可看出它能满足提出的两点要求了.请注意,要求的道路自然是设法从对称图形中去找.

仔细研究图2,其中E和F分别是线段BC和AD的中点,而点K和M满足$EK=MF$.在这一情况下我们来计算道路总长,设$EK=x$,则$MF=x$,$KM=10-$

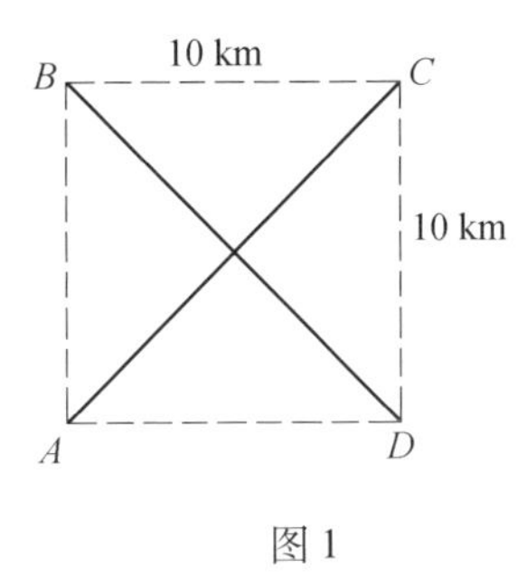

图 1

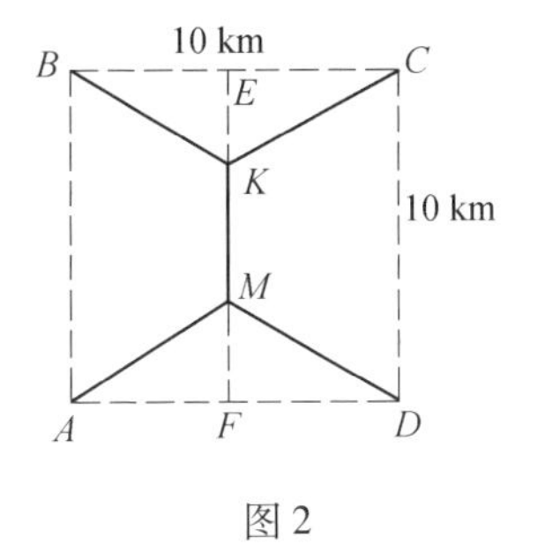

图 2

$2x$,$AM = BK = CK = DM = \sqrt{x^2 + 25}$,因此,道路总长

$$S(x) = 10 - 2x + 4\sqrt{x^2 + 25}$$

下面求函数 $S(x)$ 在区间$[0,5]$上的最小值. 有

$$S'(x) = \frac{4x}{\sqrt{x^2 + 25}} - 2$$

如果 $x = \frac{5}{\sqrt{3}}$, 不难算得 $S'(x) = 0$. 这时 $S(\frac{5}{\sqrt{3}}) = 10(\sqrt{3} + 1) < 28$ km. 注意 $S(0) = 30 > 28$ 和 $S(5) = 20\sqrt{2} > 28$.

不难验证,图 2 所示的对称道路中,其路线最短的道路在交叉点 K 和 M 处成 $120°$ 角.

❖巧用扳手

有一个扳手,其孔洞形状是一个边长为 a 的正六边形,要求能够用它拧松一个截面形状是一个边长为 b 的正方形螺母.

为使问题有解,线段长 a 与 b 应满足什么样的条件?

解 当且仅当满足下列条件时,才能拧松该螺母:

(1) 螺母(正方形 Q) 内接于扳手的孔洞(正六边形 S);

(2) 在旋转扳手时,扳手要“抓住” 螺母,即螺母的两点间的最大距离(正方形 Q 的对角线) 大于扳手孔洞的两点间的最小距离(六边形 S 的对边间的距离).

这些条件必须通过 a,b 间的关系式表达.

设 b_0 是可以放进六边形 S 中的最大正方形的边长.

于是条件(1) 可以表示成不等式

$$b \leqslant b_0$$

条件(2)可表示成不等式

$$b\sqrt{2} > a\sqrt{3} \Rightarrow b > a\sqrt{\frac{3}{2}}$$

这是因为边长为 a 的正六边形的对边距离等于$\sqrt{3}a$.

合并这两个不等式,得到条件

$$a\sqrt{\frac{3}{2}} < b \leqslant b_0 \qquad ①$$

必须求出 b_0 与 a 之间的关系式.

为此,我们来证明,能放进六边形 S 中的最大正方形乃是这样的正方形 $ABCD$(图1),它的边分别平行于六边形 S 的两条对称轴,两顶点则落在六边形的边上.

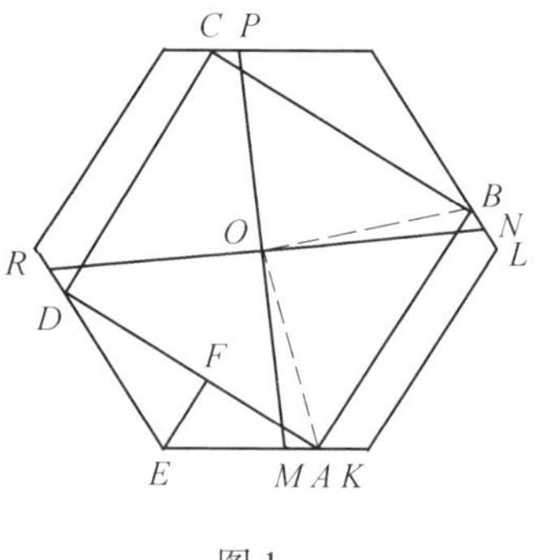

图 1

设 Q 是能放进六边形 S 中的任意一个正方形,要求证明正方形 Q 不大于正方形 $ABCD$.

有下列两种可能情形.

ⅰ 正方形 Q 的中心 O 与六边形中心相重合. 正方形 Q 的两条对角线位于互相垂直的两直线 MP 和 NR 上,这两条直线把六边形分为四部分,这四部分中的某些部分包含六边形 S 的整条边. 所以直线 MP 和 NR 与六边形的六条边中的不多于四条边相交.

假设 $\angle MON$ 含有六边形 S 的边 KL. 不失一般性,可以假定正方形 $ABCD$ 的边 AB 平行于六边形的边 KL,如图 1 所示(不然的话,可以将正方形 $ABCD$ 绕 O 旋转一个适当的角度). 此时,或者线段 OM,ON 与线段 OA,OB 重合,从而 $OM = OA$;或者线段 OM,ON 之一,比如线段 OM 落在 $\angle AOB$ 内,如图 1 所示,从而 $OM < OA$. 在这两种情形下都有 $OM \leqslant OA$.

除此之外,正方形 Q 的对角线不大于线段 $PM = 2OM$. 据上面所证,$PM \leqslant 2OA$,或 $PM \leqslant AC$. 因此,正方形 Q 不大于正方形 $ABCD$.

ⅱ 正方形 Q 的中心在点 T,不与六边形 S 的中心 O 相重合(图 2).

将正方形 Q 沿矢量$\overrightarrow{TO}$平行移动,我们得到与正方形 Q 全等但中心在点 O 的正方形 Q_1. 不难证明,正方形 Q_1 落在六边形 S 内部. 事实上,设 K 是正方形 Q 的任意一点,L 是点 K 关于中心 T 的对称点,M 是点 L 关于中心 O 的对称点(图 2). 点 L 属于正方形 Q,因而也属于六边形 S,据此点 M 也属于六边形 S. 因为六边形 S 是一个凸形,因而连接六边形 S 的两点的段线 KM 之中心点 K_1 也属于六边形S. 但$\overrightarrow{KK_1}=\overrightarrow{TO}$. 因此,$K_1$是点$K$在我们所作的平移变换下的像. 于是,正方形$Q$的平移变换下的像$Q_1$属于六边形$S$,而且因为如上面已证明了的,正方形$Q_1$不大于正方形$ABCD$,所以正方形$Q$不大于正方形$ABCD$,这正是所要证明的.

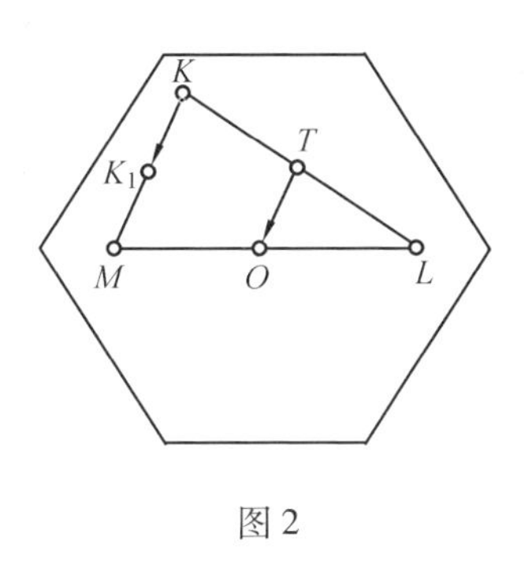

图2

由上面的证明可知,不等式①中的b_0等于正方形$ABCD$的边长. 这个正方形的边长是可以计算的,例如,通过直角$\triangle DEF$(图1),其中,较大的直角边DF等于$\frac{1}{2}b_0$,较小的直角边EF等于$a-\frac{1}{2}b_0$,而$\angle DEF=60°$.

因为

$$\frac{1}{2}b_0=\left(a-\frac{1}{2}b_0\right)\sqrt{3}$$

所以

$$b_0=\frac{2\sqrt{3}a}{\sqrt{3}+1}\Rightarrow b_0=(3-\sqrt{3})a$$

于是,问题有解当且仅当a,b适合条件

$$\frac{\sqrt{3}a}{\sqrt{2}}<b\leqslant(3-\sqrt{3})a$$

❖桌球问题

设台球桌形状是正n边形$A_1A_2\cdots A_n$,一个球从A_1A_2上的某点P_0击出,击至A_2A_3上的某点P_1,并且依次碰击$A_3A_4,A_4A_5,\cdots,A_nA_1$上的$P_2,P_3,\cdots,P_{n-1}$各点,最后击中$A_1A_2$上的另一点$P_n$,设$\angle A_2P_0P_1=\theta$,求$\theta$的取值范围.

解 如图1,设台球走过的路径为折线$P_0P_1P_2\cdots P_n$,根据入射角等于反射角的原理,有

$$\angle A_1=\angle A_2=\cdots=\angle A_n=\frac{(n-2)\pi}{n}$$

$$\angle A_2P_1P_0=\angle A_3P_1P_2=\angle A_4P_3P_2=\cdots=\frac{2\pi}{n}-\theta$$

所以

$$\triangle A_2P_1P_0 \backsim \triangle A_3P_1P_2 \backsim \triangle A_4P_3P_2 \backsim \cdots$$

设正 n 边形边长为 2，$P_0A_2 = x, P_1A_3 = y$，$P_2A_4 = z$，由正弦定理得

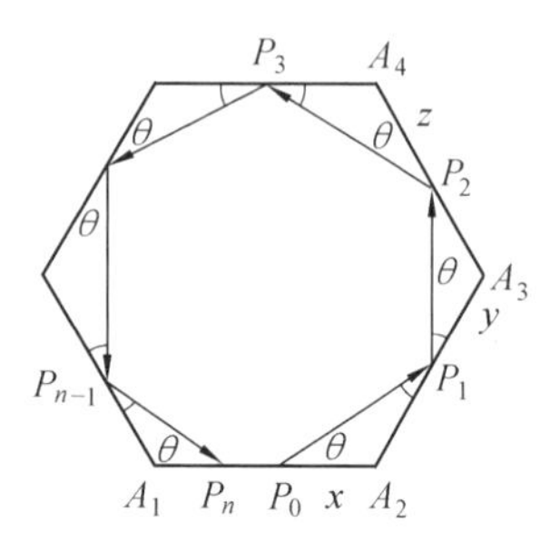

图 1

$$\frac{x}{\sin\left(\frac{2\pi}{n}-\theta\right)}=\frac{2-y}{\sin\theta} \quad ①$$

$$\frac{y}{\sin\theta}=\frac{2-z}{\sin\left(\frac{2\pi}{n}-\theta\right)} \quad ②$$

由 ①，② 式消去 y，得

$$z=f(x)=x+k \quad ③$$

其中，$k=2-\dfrac{2\sin\left(\frac{2\pi}{n}-\theta\right)}{\sin\theta}$.

（1）n 为偶数时，P_nA_1 可视为 $f(x)$ 的 $\frac{n}{2}$ 次迭代，由式 ③ 得

$$P_nA_1=f^{[\frac{n}{2}]}(x)=x+\frac{n}{2}k=x+n\left[1-\frac{\sin\left(\frac{2\pi}{n}-\theta\right)}{\sin\theta}\right] \quad ④$$

所以

$$0<x+n\left[1-\frac{\sin\left(\frac{2\pi}{n}-\theta\right)}{\sin\theta}\right]<2$$

即

$$\frac{n+x-2}{n}<\frac{\sin\left(\frac{2\pi}{n}-\theta\right)}{\sin\theta}<\frac{n+x}{n}$$

由此得

$$\frac{n\sin\frac{2\pi}{n}}{n+x+n\cos\frac{2\pi}{n}}<\tan\theta<\frac{n\sin\frac{2\pi}{n}}{(n-2+x)+n\cos\frac{2\pi}{n}} \quad ⑤$$

因为 $0<x<2$，代入式 ⑤ 得到

$$\arctan\frac{n\sin\frac{2\pi}{n}}{n+2+n\cos\frac{2\pi}{n}}<\theta<\arctan\frac{n\sin\frac{2\pi}{n}}{n-2+n\cos\frac{2\pi}{n}} \quad ⑥$$

(2) n 为奇数时,类似地可得

$$P_{n-1}A_1=f^{\left[\frac{n-1}{2}\right]}(x)=x+\frac{n-1}{2}k$$

在 $\triangle A_1P_nP_{n-1}$ 中,由正弦定理得

$$\frac{A_1P_n}{\sin\theta}=\frac{P_{n-1}A_1}{\sin\left(\frac{2\pi}{n}-\theta\right)}$$

故亦可解得

$$A_1P_n=(x+n-1)\frac{\sin\theta}{\sin\left(\frac{2\pi}{n}-\theta\right)}-(n-1) \quad ⑦$$

化简可得

$$\frac{(n-1)\sin\frac{2\pi}{n}}{(n+x-1)+(n-1)\cos\frac{2\pi}{n}}<\tan\theta<\frac{(n+1)\sin\frac{2\pi}{n}}{(n+x-1)+(n+1)\cos\frac{2\pi}{n}} \quad ⑧$$

由 $0<x<2$,代入式⑧得到

$$\arctan\frac{(n-1)\sin\frac{2\pi}{n}}{(n+1)+(n-1)\cos\frac{2\pi}{n}}<\theta<\arctan\frac{(n+1)\sin\frac{2\pi}{n}}{(n-1)+(n+1)\cos\frac{2\pi}{n}} \quad ⑨$$

对于式⑤,令 $n=6$,并取 $x=1$ 得

$$\arctan\frac{3\sqrt{3}}{10}<\theta<\arctan\frac{3\sqrt{3}}{8}$$

注:一般我们常见的长方形桌球问题的纯几何解法可参见附录(7).

❖邮寄窗口

国外邮寄包裹时,只要它的长度与最大周长(依垂直于长度的方向来度量)的和不超过72英寸(1英寸=2.54厘米)时,则不管它的质量,均按小包邮件寄运.问寄小包的正方形窗口,至少应是多大,才可使一切合于上述规定的矩形小包裹箱能顺利通过?

解 令 a,b,c 表矩形箱子尺寸,其中 $a\geqslant b\geqslant c$,则 a 是长,$2(b+c)$ 是周长.于是按矩形箱子的规定,所加的条件是 $a+2(b+c)\leqslant 72$,一个箱子有两种方式可以刚好通过一个正方形窗口.这个问题不必考虑长度.第一种方式,箱子

的边平行于窗口的边，这时最小方窗的每边 e 等于 b；另一种方式，箱壁平行于窗口对角线. 这时知方窗每边的长 e 等于 $(b+c)/\sqrt{2}$. 最不利的是那样一些截面的箱子，它的长（按规定 a 不小于 b）小到等于 b. 因为箱子以适当的倾斜去适应窗口，方窗的边长正比于包裹腰围长以使 $b+c$ 必是最大或 a 是最小. 那么，得出一立方体箱子 $a=b=c$. 但这不给出解答，因为一个立方体箱子在处于平行于窗口边的情况下，将通过一个较小的方形窗口. 因此，最坏的情形是，箱子的每一种形式（对角线和与地平行）下，都合适地密接窗口，所以 $e=b=(b+c)\sqrt{2}=a$，或 $a+2(b+c)=(1+2\sqrt{2})e=72$，而方窗口的每边等于 $72/(1+2\sqrt{2})$ 英寸或 18.807 英寸，面积为 353.702 平方英寸.

问题可以推广到对最小面积的矩形窗口来. 人们的第一个想法可能是：这问题得不到答案. 然而，窗口的小边必然是 14.4 英寸，因为这刚够容许一个立方体箱子，其中 $a=b=c$ 及 $a+2(b+c)=72$. 此外大边满足一个类似于上面讨论而得到的方程.

为方便计，以 e 表窗口的短边，且设长边等于 b，截面等于 $b\times c$ 的箱子，当它刚好以对角线密接窗口时，分长为 b 的边为线段 $2bc^2/(b^2+c^2)$ 和 $b(b^2-c^2)/(b^2+c^2)$，分长为 e 的边为线段 $2bc^2/(b^2+c^2)$ 和 $c(b^2-c^2)/(b^2+c^2)$. 更有 $a=b$ 时，$3b+2c=5e$. 并且

$$\frac{2bc^2}{b^2+c^2}+\frac{c(b^2-c^2)}{b^2+c^2}=e$$

于是

$$\frac{c}{e}=\frac{5}{2}-\frac{3}{2}\left(\frac{b}{e}\right)$$

代入

$$\frac{(c/e)\left[3(b/e)^2-(c/e)^2\right]}{(b/e)^2+(c/e)^2}=1$$

我们有

$$9(b/e)^3+101(c/e)^2-285(b/e)\cdot 1\ 752=0$$

由此，立刻消去明显解 $b/e=1$，剩下 $9(b/e)^2+110(b/e)-175=0$. 因此 $b=16\sqrt{46}-88$ 或 20.157 英寸是面积仅 295.445 平方英寸的最小矩形窗口之最大边长.

❖若即若离

设 S 是边长为100的正方形，L 是在 S 内部的道路，它本身不相交，而是由线

段 $A_0A_1, A_1A_2, \cdots, A_{n-1}A_n(A_0 \neq A_n)$ 组成的. 假定对于 S 的边界上每一点 P, L 有一点距 P 不超过 $\frac{1}{2}$. 求证: L 有两点 X 和 Y, 使 X 与 Y 之间的距离不大于 1, 而且在 X 与 Y 之间的 L 部分的长不小于 198.

证明 我们用 $d(PQ)$ 表示正方形边上一点 P 和折线道路上一点 Q 之间的距离, 用 $\lambda(AB)$ 表示折线道路由 A 到 B 的长. 如果 $\lambda(A_0A) < \lambda(A_0B)$, 就写作 $A < B$(即 A 在 B 前).

设 S_1, S_2, S_3, S_4 是正方形的顶点. 在 L 上取点 S'_1, S'_2, S'_3, S'_4, 使得 $d(S_1S'_1) \leqslant \frac{1}{2}, d(S_2S'_2) \leqslant \frac{1}{2}, d(S_3S'_3) \leqslant \frac{1}{2}, d(S_4S'_4) \leqslant \frac{1}{2}$. 不妨假定 $S'_1 < S'_4 < S'_2$(即 S'_4 在 S'_1 与 S'_2 之间).

现在设 L_1 是 L 上在 S'_4 以前所有点的集合, L_2 是 L 上在 S'_4 以后所有点的集合, 两者都含有 S'_4.

考虑边 S_1S_2. 它有子集 L'_1, 其中的点和 L_1 的距离小于等于 $\frac{1}{2}$, 又有子集 L'_2, 其中的点和 L_1 的距离小于等于 $\frac{1}{2}$. (因 L'_1 含有 S_1 而 L'_2 含有 S_2, 所以两者都不是空集)

因为对于 S_1S_2 上每一点 P, 都有 L 上的点 P' 使 $d(PP') \leqslant \frac{1}{2}$, 而 P' 必属于 L_1 或 L_2, 从而 P 属于 L'_1 或 L'_2, 所以 L'_1 和 L'_2 的并集就是 S_1S_2. 又因为距离的条件, L'_1 和 L'_2 的交集不空, 即 L'_1 和 L'_2 至少有一个公共点 M. 现在选择 L_1 的一点 X 和 L_2 的一点 Y, 使得 $d(MX) \leqslant \frac{1}{2}, d(MY) \leqslant \frac{1}{2}$. 那么

$$d(MY) \leqslant d(MX) + d(MY) \leqslant 1$$

又因为 $X < S'_4 < Y$, 所以

$$\begin{aligned}\lambda(XY) = \lambda(XS'_4) + \lambda(S'_4Y) \geqslant \\ XS'_4 + S'_4Y = (MX + XS'_4 + S'_4S_4) - MX - S'_4S_4 + \\ (S_4S'_4 + S'_4Y + YM) - S_4S'_4 - YM \geqslant \\ 100 - \frac{1}{2} - \frac{1}{2} + 100 - \frac{1}{2} - \frac{1}{2} = 198\end{aligned}$$

❖非法捕鱼船

某艘渔船未经外国允许在该国领海上捕鱼, 每撒一次网将使该国的捕鱼量

蒙受一个价值固定并且相同的损失. 在每次撒网期间渔船被外国海岸巡逻队拘留的概率等于 $1/k$,这里 k 是某个固定的自然数. 假定在每次撒网期间由渔船被拘留或不被拘留所组成的事件是与其前的捕鱼过程无关的. 若渔船被外国海岸巡逻队拘留,则原先捕的鱼全部没收,并且今后不能再来捕鱼. 船长打算捕完第 n 网后离开外国领海. 因为绝不能排除渔船被外国海岸巡逻队拘留的可能性,所以捕鱼所得收益是一个随机变量.

求数 n,使捕鱼收益的期望值达到最大.

解 渔船第一次撒网时没被拘留的概率等于 $1-\frac{1}{k}$. 因为每次撒网期间被拘留或未被拘留的事件是独立的,所以撒了 n 次网而未被拘留的概率等于 $\left(1-\frac{1}{k}\right)^n$. 因此,撒 n 次网收益期望值等于

$$f(n)=wn\left(1-\frac{1}{k}\right)^n \qquad ①$$

其中,w 是撒一次网的收益.

问题归结为确定使 $f(n)$ 达到最大值的自然数 n.

由函数 $f(n)$ 的明显表达式 ① 可知

$$f(n+1)=w(n+1)\left(1-\frac{1}{k}\right)^{n+1}=$$

$$wn\left(1-\frac{1}{k}\right)^n\left(1-\frac{1}{k}\right)\left(\frac{n+1}{n}\right)=$$

$$f(n)\left(1-\frac{1}{k}\right)\left(1+\frac{1}{n}\right)=$$

$$f(n)\left[1+\frac{(k-1)-n}{kn}\right]$$

因为不等式 $1+\frac{(k-1)-n}{kn}\geqslant 1$ 等价于不等式 $(k-1)-n\geqslant 0$,或 $n\leqslant k-1$,因此

$$f(n+1)>f(n),n=1,2,\cdots,k-2$$

$$f(n+1)=f(n),n=k-1$$

$$f(n+1)<f(n),n=k,k+1,\cdots$$

因此,当 $n=k-1$ 及 $n=k$ 时,f 达到最大值.

❖瓜分球面

球面上有 n 个点,问是否可以将球面分为 n 个全等的区域,每个区域中恰含有一个点.

解 可以. 将这 n 个点两两相连,得 $\binom{n}{2}$ 条直线,与其中一条垂直的、过球心的平面至多有 $\binom{n}{2}$ 个,在球面上截得至多 $\binom{n}{2}$ 个大圆,又过每两个已知点作一大圆. 上述大圆的总数有限. 因此,一定有一条直径,它的两端均不在上述大圆上. 以这两个端点为南北极,建立起经纬度,则每两个已知点的经纬度均不相同(否则两点的连线与过南、北极的一个大圆垂直). 于是,有 $n-1$ 个纬线圈将球面分为 n 个地带,每个地带中恰有一个已知点.

将第一个地带用经线等分为 n 份,使那个已知点在某一份的内部. 将这 n 份记为 $A_{11},A_{12},\cdots,A_{1n}$,而已知点在 A_{11} 内部.

假定前 k 个地带已经重分为 n 份 $A_{k1},A_{k2},\cdots,A_{kn}$,前 k 份各含一个已知点,并且每一份可由相邻的一份绕地轴(南北极的连线)旋转 $\frac{2\pi}{n}$ 而得到. 考虑第 $k+1$ 个地带 B_{k+1},B_{k+1} 中有一个已知点. 这一地带的上面一个纬线圈被等分为 n 份,分别属于 $A_{k1},A_{k2},\cdots,A_{kn}$. 等分这纬线圈的 n 条经线将 B_{k+1} 等分为 n 份,设已知点在第 m 份中.

将 B_{k+1} 用纬线分为 $2[m-(k+1)]$ 层(在 $m<k+1$ 时,用 $m+n$ 代替 m. 在 $m=k+1$ 时,不必再分),使最下的一层含有已知点(这些纬线之间的距离不一定相等). 每一层被 n 条经线等分为 n 份,其中第 $2,4,\cdots,2[m-(k+1)]$ 层被上述的 n 条经线等分,第 $1,3,\cdots,[2m-(k+1)]-1$ 层被另 n 条经线等分,这 n 条经线是由前 n 条旋转 $\frac{\pi}{n}$ 而得到的.

将图 1 中打上阴影的部分与 $A_{k,k+1}$ 合并,记为 $A_{k+1,k+1}$. 而 $A_{k+1,k+1}$ 绕地轴旋转 $\frac{2\pi}{n}l$(l 是自然数)便得出其他的 $n-1$ 个部分. $A_{k+1,j}(1\leqslant j\leqslant n,j\neq k+1)$,其中 $A_{k+1,j}\supset A_{k,j}$. 因此,$A_{k+1,1},A_{k+1,2},\cdots,A_{k+1,n}$ 中前 $k+1$ 份各含一个已知点,并且每一份可由相邻的一份绕

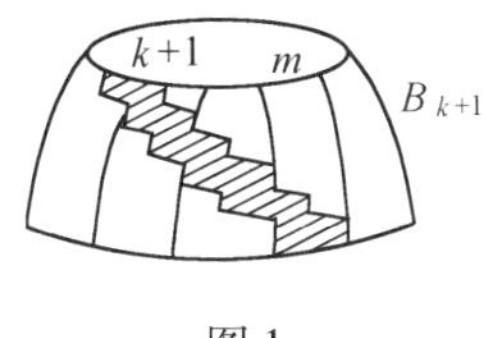

图 1

地轴旋转$\frac{2\pi}{n}$而得到.

这样继续下去,最终得出 n 个区域,A_{n1},A_{n2},…,A_{nn}. 每个区域含一个已知点,并且在绕地轴旋转$\frac{2\pi}{n}$时,每个区域变为与它相邻的区域,因此它们是全等的.

发牢骚的羊

拴在草地里的两只羊乔治和比尔似乎在争论它们吃得着的草地的面积大小. 乔治抱怨道:"不错,我的绳子比你的长十分之一,但是,我的绳子是系在圆形粮仓墙上的铁环上,我绕过圆仓只能够着铁环对过那一点,这个方向的草我吃不着. 你呢,可好,绳子系在草地中央的小柱上,整个圆内的草你都能吃到. 所以看来还是你比我强. "(图1)同比尔相比较,乔治占的草地到底是多还是少?请解释清楚.

解 这个问题需要用到简单的微积分,如图2所示,把整个面积分割成许多近似三角形的楔子,它们的面积是 $1x\mathrm{d}s/2$,其中 x 是绳子的自由长度. 由相似三角形得 $\mathrm{d}s/x=\pi\mathrm{d}x/l$,因此面积等于 $\pi x^2\mathrm{d}x/2l$ 从0到 l 的积分,即 $\pi l^2/6$,乔治的草地总面积是 $1\pi l^2/2+2\pi l^2/6=5\pi l^2/6$,正好是比尔的草地面积 $100\pi l^2/121$ 的121/120,即比后者大0.833%.

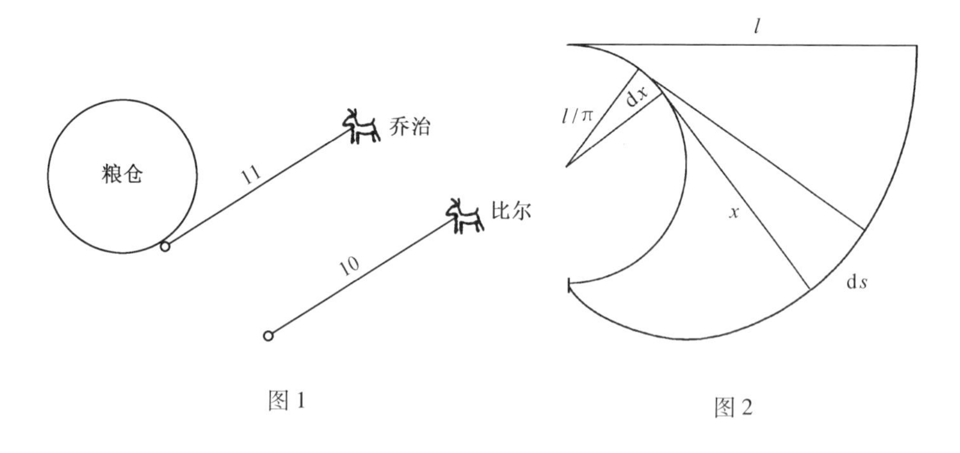

图1 图2

❖绕动的木梁

一根长为 a 的木梁,它的两端悬挂在两条互相平行的、长度都是 b 的绳索下,木梁处于水平位置.如果把木梁绕通过它的中点的铅垂轴转动一个角度 φ,那么木梁升高多少?

解 我们借助于在经过木梁的初始位置 AB 及悬挂点 M,N 的平面上的斜角平行投影画出我们要研究的图形,这样我们得到图1或图2,其中 $AB=a$,$AM=BN=b$,$\angle A=\angle B=90°$.

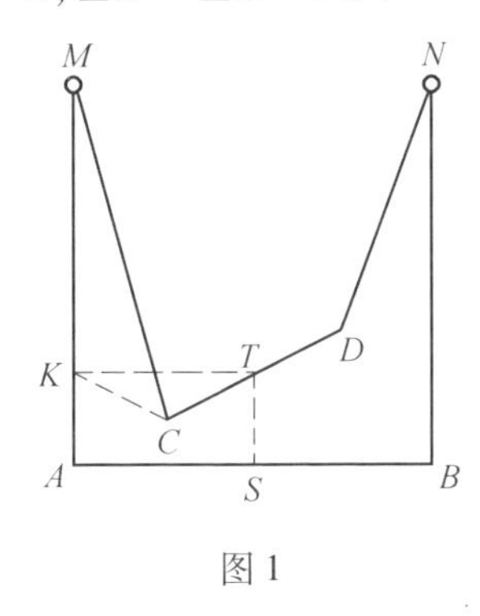

图1

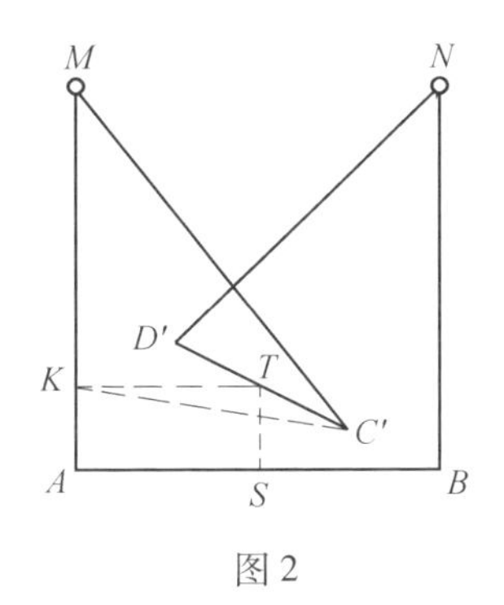

图2

设 S 是木梁的中点,当木梁绕通过它的中点 S 的铅垂轴转动角度 φ 后,木梁位于 CD,线段 CD 的中点 T 位于投影平面上.

点 C 的投影的位置取决于用来进行投影的平行直线束的方向.可以取任意一点作为点 C 的投影,例如,取图2中的点 C'.点 D 的投影 D' 与点 C' 关于点 T 对称.

不难计算线段 $x=ST$ 之长(即木梁上升的高度).作线段 TK 平行且等于线段 SA.那么

$$x=AK=AM-KM$$

但 $AM=b$,而线段 KM 是直角 $\triangle KMC$ 的直角边,这个直角三角形的斜边 $MC=AM$,另一直角边是 KC,线段 KC 是等腰 $\triangle KTC$ 的底边,在 $\triangle KTC$ 中,$TK=TC=\frac{1}{2}AB=\frac{1}{2}a$,$\angle KTC=\varphi$.因此

$$KC=a\cdot\sin\frac{\varphi}{2},KM=\sqrt{b^2-a^2\cdot\sin^2\frac{\varphi}{2}}$$

由此最终求得

$$x = b - \sqrt{b^2 - a^2 \cdot \sin^2 \frac{\varphi}{2}}$$

如果 $b < a$,那么木梁的转角 φ 不可能大于由式

$$\sin \frac{\varphi_0}{2} = \frac{b}{a}, \varphi_0 < 180^\circ$$

确定的角度 φ_0. 当 $\varphi = \varphi_0$ 时,木梁上升的高度 $x = b$. 当继续加大木梁的转角时,悬挂木梁的绳索就要扭断.

如果 $b \geqslant a$,那么角度 φ 的最大值等于 180°,当 $\varphi = 180^\circ$ 时,如果 $b > a$,那么悬挂木梁的绳索互相十字交叉;如果 $b = a$,那么两绳重叠.

上面解法的目的是算出木梁绕经过其中点的铅垂轴旋转角度 φ 后上升的高度. 我们用斜角平行投影画出的图只是用以解释上述计算. 如果要求用图解法解本题,亦即已知线段 a,b 以及角度 φ,要从图上求出线段 ST 的长度,那么投影图的画法就不同了. 这就是说,在图1和图2中,点 T 的位置是假定的,现在必须依据已知的 a,b 和 φ 通过几何作图确定出点 T 的位置.

为此我们注意,在直角 $\triangle KMC$ 中,我们已知斜边 $MC = MA$,直角边 KC 等于等腰 $\triangle KCT$(其中,$TK = TC = \frac{1}{2}a$, $\angle KTC = \varphi$)的底边. 按照这些已知条件我们可以作出三角形,并且求得线段 KM 及 $ST = AM - KM$ 的长,这个作图过程如图3.

首先我们作 $\triangle ASP$,其中 $AS = SP = \frac{1}{2}a$, $\angle ASP = \varphi$. 然后我们以 AM 为直径画半圆,并作出半圆的弦 $AL = AP$,再在直线 MA 上截取线段 $MK = ML$. 点 K 与点 T 位于同一条水平线上,因而所求的木梁上升高度等于线段 $TS = KA$.

若任意取点 C',然后作 C' 关于点 T 的对称点 D',那么即得绕经过木梁中点的铅垂轴转动角度 φ 后的木梁的投影 $C'D'$.

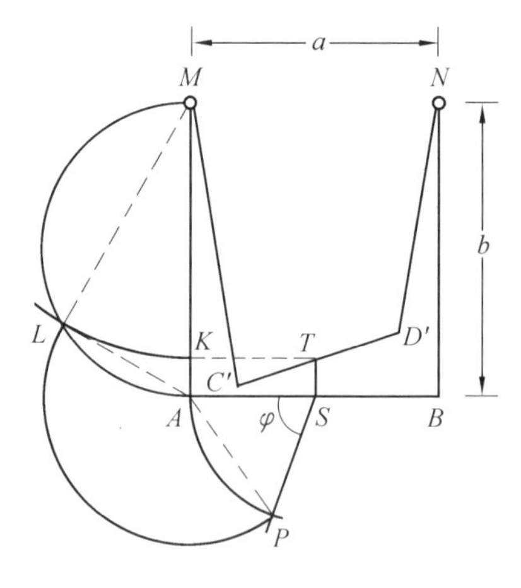

图3

❖小圆盖大圆

在一场演出中,根据需要必须用灯光照亮舞台中一个半径为2 m的圆形区域,但不巧,当时没有这样的灯,舞台监督要求用另一种可照半径为1 m的灯光代替,使其灯光照到指定区域的每一点.问这样至少需几盏代用灯?

解 用数学语言叙述即最少需要几个半径为1的圆才能完全覆盖半径为2的圆?(各圆可相互叠放)

设半径为2的圆的圆心是O,在圆周上作正六边形$ABCDEF$,其边长都是2.再分别以各边中点为圆心作六个半径为1的圆(图1),各圆的圆周除相交于A,B,C,D,E,F各点外,还相交于A_1,B_1,C_1,D_1,E_1,F_1各点并构成边长为1的正六边形的顶点.涂线部分只要以O为圆心并以半径为1作圆即可覆盖,一共要七个圆.

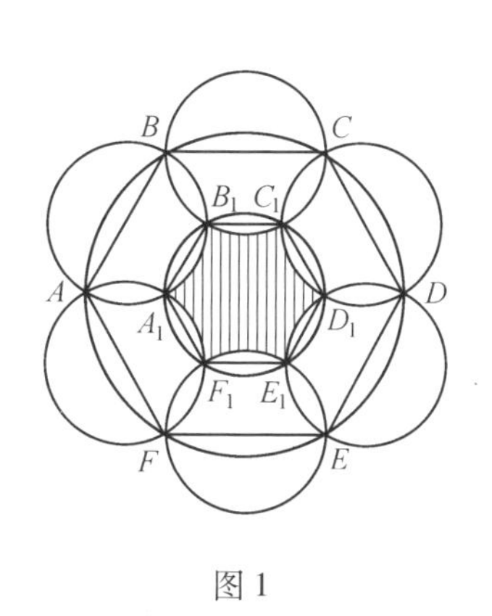

图1

不难看出只用六个小圆是不行的.大圆的圆周必须有六个小圆才能盖满,这时中央的小圆是不可缺少的.

❖何时开始下雪

在某城,一天上午开始下雪,以均匀的降雪速率下了一整天.中午扫雪车开始清除马路上的积雪.第一个小时扫了1 km,第二个小时扫了0.5 km(图1).请问上午何时开始下雪?

解 有人认为,上午11:30开始下雪.下面是这类答案的一个典型例子:假设扫雪车每小时扫除相同体积的雪.如果扫雪车第二个小时走的距离是第一个小时的一半,那么,第二个小时扫除的雪的平均厚度是第一个小时的两倍.因为下雪量不变,所以每一小时内的平均厚度可以在第30分钟时测量出来.又因为从12点开始扫雪,下午1:30时雪的厚度是12:30时雪的厚度的2倍.因此,雪是从上午11:30开始下的.

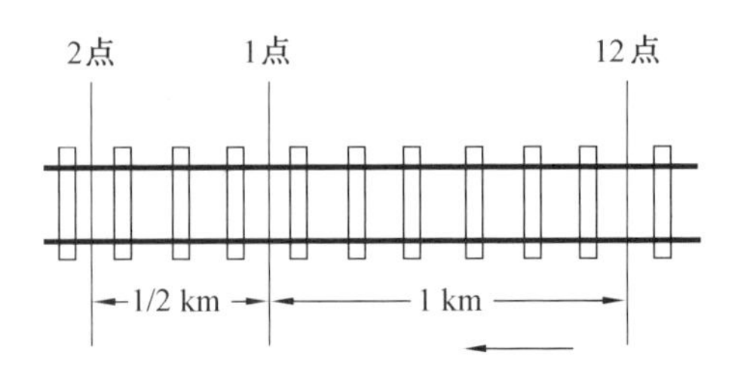

图 1

事实上,采用平均的方法是错误的. 虽然雪的深度与时间有线性关系,因而可以对时间求雪的平均深度. 但是,如果认为因为第二个小时扫雪车走的距离是第一个小时的一半,所以第二个小时雪的平均深度是第一个小时的两倍,那就错了. 从扫雪车在宽度一致的路面上每小时扫除等量的雪这样的假设出发,显然,单位时间内走的距离与时间(从开始下雪算起)成反比. 这就是说,为了找出代表雪深度的直线在什么地方通过原点(即什么时候开始下雪),我们必须列出能代表实际情况的方程,即扫雪车第一个小时走的距离是第二个小时的两倍的方程.

用平均深度进行推理就等于说,平均值的乘积等于乘积的平均值,这是大家都知道的谬论,也是很容易验证的. 先写出三个数1,2,3,然后在它们下面写出成反比的三个数6,3和2. 可以看出,这两组数的乘积的平均值是6,而平均值的乘积却是$7\frac{1}{3}$.

扫雪车走的距离可表示为扫雪车的瞬时速度与时间(小区间)之积的总和;第一个小时的总和是第二个小时的两倍(不需要距离的实际千米数,只要用它们的比值).

既然假设任何单位时间内排除的雪的体积是常数,那么瞬时深度与车前进的距离之积是常数. 这就是说,车速与深度成反比. 由于降雪均匀,雪深度与时间成正比,于是可列出方程

$$\int_{A}^{A+1}\frac{K}{t}\mathrm{d}t=2\int_{A+1}^{A+2}\frac{K}{t}\mathrm{d}t$$

其中,A代表开始降雪到中午这段时间. 由此得

$$\lg\frac{A+1}{A}=2\lg\frac{A+2}{A+1}$$

$$\frac{A+1}{A}=\left(\frac{A+2}{A+1}\right)^2$$

再简化为

$$A^2+A-1=0$$

这个方程的正根是 $A = 0.618$，可见，降雪在上午 11:23 开始.

❖一枪双兔

在平原上有 n 只野兔，它们随机分布着（不在一条直线上），一个猎人手持一枝穿透力很强的枪，那么他一定可以瞄准一个方向，一枪同时打中两只兔子.

用数学语言描述即为给定平面上有不全在一条直线上的 n 个点，则必有一条直线恰好通过这 n 个点中的两个点.

证明 设平面上有不全共线的 n 个点，两两连结这些点，可以引得 $m(m > 1)$ 条彼此不同的直线，因为 n 和 m 都是有限的正整数，所以从这 n 个点每一个到这 m 条直线的非零的距离总数也是有限个. 在这有限个非零距离中必有一个最小值（考察极端）. 为确定起见，设这个最小值恰是点 P 到直线 l 的距离，我们证明直线 l 是恰好通过 n 个点中的某两个点的直线.

如图 1，设 PH 是 P 到直线 l 的距离（最小距离）. 如果在直线 l 上有三个或更多的 n 点组中的点，则至少有两个点落在垂足 H 的同一侧，不妨设这两个点是 M 和 N，它们在 l 上点 H 的同一侧且 $MN < HN$，连 PN，直线 PN 也是通过 n 点组中两个点的一条直线，因此它是我们上述的 m 条直线中的一条. 过 H，M 分别作直线 PN 的垂线，垂足依次为 H_1，H_2，则有 $MH_2 \leqslant HH_1 < PH$，这样，存在 n 点组中一个异于 P 的点 M，它到直线 PN 的距离 MH_2 小于 P 到 l 的距离 PH，这与 PH 是 n 个点到各相应直线的最小非零距离的假设相矛盾！所以 l 上不能通过 n 点组中三个或更多的点，但 l 是通过 n 点组中某两点引的直线，所以 l 上恰有 n 点组中的两个点.

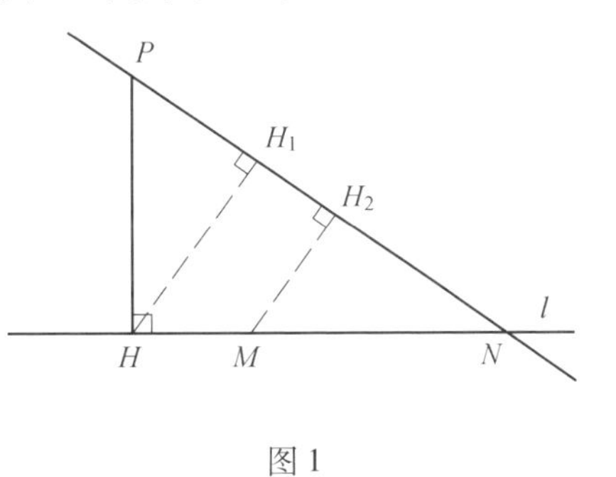

图 1

注 这个问题是美国著名数学家西勒维斯特（Sylvester，1814 ~ 1897）提出的一道颇具趣味的几何题，该问题看来简单，但西勒维斯特生前却没能解决它，尔后不少数学家也曾试图给以证明，但没有成功，这种状况持续了 50 年之久. 后来出人意料地被一个无名氏解决了，因为当时《美国科学新闻》等杂志在披露证法时，都没有提及提供解答人的姓名. 原来证明是这样的简单，简直绝妙无比！

❖巧隔金鱼

在一个硕大的鱼池内养有1 987条娇贵的金鱼,它们被硬物一碰即死,现在要将这池鱼隔开,要求使用挡板时仅碰死一条金鱼,且使得隔开的两部分鱼池中各有993条金鱼. 能办到吗?

用数学语言描述即为在空间给定1 987个点,证明:总可以经过其中的某个点作平面,使平面两侧各有993个点.

解 在这些点中每两点之间都连以直线,于是每个点至多有1 986条直线通过,直线的总数 $k \leqslant \frac{1}{2} \cdot 1\,986 \cdot 1\,987$,现在先证明存在与这 k 条直线都不平行的平面. 把每条直线当做向量并全部平移叠加到某个点 O 处,设 $\overrightarrow{OA}$ 是和 k 个向量都不同线的向量,通过直线 OA 作平面并使平面绕 OA 旋转,总能使平面在某一时刻并不包含 k 个向量中的任何一个,把这时的平面称为 α,显然平面 α 和这 k 条直线都不平行.

现在过1 987个点中的每个点都作平行于 α 的平面,而每个平面都只经过1 987个点中的一个点(否则平面 α 就平行于 k 条直线中的某一条了),这1 987个平面中最中央那个平面即为所求.

❖鲑鱼闯瀑布

沿山溪游动的鲑鱼必须闯过两道瀑布. 在这个试验中,鲑鱼闯过第一道瀑布的概率是 $P > 0$,闯过第二道瀑布的概率是 $Q > 0$. 假定闯过瀑布的试验是独立的.

试求在 n 次试验中鲑鱼不能闯过两道瀑布的条件下,鲑鱼在 n 次试验中不能闯过第一道瀑布的概率.

解 设 A_n 是鲑鱼在 n 次试验中不能闯过第一道瀑布的事件,B_n 是在 n 次试验中不能闯过两道瀑布的事件. 因为在一次试验中不能闯过第一道瀑布的概率是 $1 - P$,而且试验是独立的,所以

$$P(A_n) = (1 - P)^n \quad ①$$

事件 B_n 由下列事件组成:鲑鱼在 n 次试验中不能闯过第一道瀑布,或者鲑鱼在第 k 次试验 $(1 \leqslant k \leqslant n)$ 中闯过第一道瀑布,但在后 $n-k$ 次试验中没有闯过第二道瀑布,因此

$$P(B_n)=(1-P)^n+\sum_{k=1}^{n}(1-P)^{k-1}P(1-Q)^{n-k} \quad ②$$

如果 $P=Q$,那么式 ② 变成

$$P(B_n)=(1-P)^n+\sum_{k=1}^{n}(1-P)^{n-1}P= (1-P)^n+nP(1-P)^{n-1} \quad ③$$

如果 $Q=1$,那么鲑鱼一次试验就闯过第二道瀑布,所以

$$P(B_n)=(1-P)^n+(1-P)^{n-1}P=(1-P)^{n-1} \quad ④$$

因此,如果鲑鱼在 n 次试验中不能闯过第一道瀑布,或者仅仅在第 n 次试验中闯过第一道瀑布,那么事件 B_n 发生.

但是,如果规定 $0^0=1$,那么式 ④ 可由式 ② 推得.

如果 $P\neq Q$ 且 $Q<1$,那么应用几何级数求和公式可将式 ② 右变换为

$$P(B_n)=(1-P)^n+P(1-P)^{n-1}\frac{1-\left(\frac{1-P}{1-Q}\right)^n}{1-\left(\frac{1-P}{1-Q}\right)}=$$

$$(1-P)^n+(1-Q)^n\frac{P}{P-Q}\left[1-\left(\frac{1-P}{1-Q}\right)^n\right]=$$

$$(1-P)^n+\frac{P}{P-Q}-[(1-Q)^n-(1-P)^n]=$$

$$\frac{P(1-P)^n-Q(1-P)^n}{P-Q}$$

于是在这种情形下

$$P(B_n)=\frac{P(1-P)^n-Q(1-P)^n}{P-Q} \quad ⑤$$

如果事件 A_n 不发生,那么事件 B_n 更不会发生. 因此 $A_n\cap B_n=A_n$. 按条件概率公式得

$$P(A_n\mid B_n)=\frac{P(A_n\cap B_n)}{P(B_n)}=\frac{P(A_n)}{P(B_n)} \quad ⑥$$

当 $n=1$,由已知条件知 $P(A_n)=1-P,P(B_n)=1$. 代入条件概率公式 ⑥,得 $P(A_n\mid B_n)=1-P$. 下面我们假定 $n\geqslant 2$.

注意,如果 $P\neq Q$,那么 $P(B_n)\neq 0$,事实上,如果 $P(B_n)=0$,那么由式 ⑤ 可得 $P(1-Q)^n=Q(1-P)^n$,因此

$$\frac{P}{Q}=\left(\frac{1-P}{1-Q}\right)^{n} \quad ⑦$$

但是,如果(比如说)$P<Q$,那么$1-P>1-Q$,因而⑦不成立.类似地,当$P>Q$时,等式⑦也不可能成立.

如果$P=Q$,并且$P(B_n)=0$,那么从式③推知$P=1$.因此,当且仅当$P=Q=1$时,条件概率$P(A_n \mid B_n)$不存在.

我们计算其他情形.

当$P=Q<1$,由式①,③,⑥得

$$P(A_n \mid B_n)=\frac{1-P}{1-P+nP}=\frac{1-P}{1+(n-1)P} \quad ⑧$$

当$P<Q=1$时,可由式①,④,⑥求得

$$P(A_n \mid B_n)=1-P \quad ⑨$$

当$P\neq Q<1$时,应用式①,⑤,⑥可将条件概率化为

$$P(A_n \mid B_n)=\frac{(1-P)^n(P-Q)}{P(1-Q)^n-Q(1-P)^n}=\frac{(P-Q)\left(\frac{1-P}{1-Q}\right)^n}{P-Q\left(\frac{1-P}{1-Q}\right)^n} \quad ⑩$$

注 现在指出在研究的每种情况下条件概率的极限值$g=\lim\limits_{n\to\infty}P(A_n \mid B_n)$.当$P=Q<1$,由式⑧得$g=0$.当$P<Q=1$,由式⑨可得$g=1-P$.如果$P<Q<1$那么

$$1-P>1-Q,\lim_{n\to\infty}\left(\frac{1-P}{1-Q}\right)^n=\infty$$

这就是说,对于条件概率⑩,$g=\frac{P-Q}{-Q}=1-\frac{P}{Q}$.如果$Q<P\leqslant 1$,那么$1-P<1-Q$,$\lim\limits_{n\to\infty}\left(\frac{1-P}{1-Q}\right)^n=0$,因而对条件概率⑩,$g=0$.

总之,在所有情形

$$g=\max\left(0,1-\frac{P}{Q}\right)$$

❖象及四方

求证:$2n\times 2n$棋盘上至少要$2n$只象才能控制住棋盘上的所有格.(依下棋规则,一只象能控制住它所在格及与它所在格成45°的线上的不限距离的所有格.如图1位于O格的象可控制格A,B,C,D,E,F,G,H,I,J,K及自身所在的格O共12格)

证明　把棋盘的格相间地染上黑色与红色，则每只象所控制的格必定都是同色的 —— 与它所在的格同色.

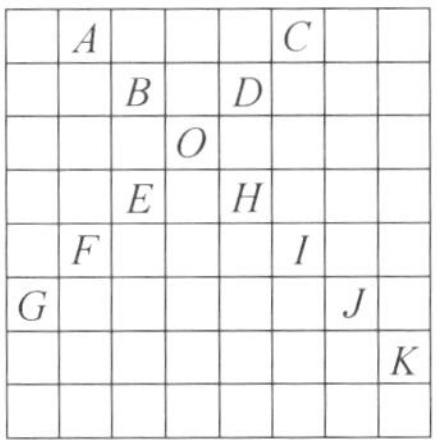

图 1

只考虑控制棋盘边缘的 $8n-4$ 个格的问题（特殊性），这 $8n-4$ 个格共计有 $4n-2$ 个黑格，$4n-2$ 个红格. 每只象至多控制住边缘的四个同色的格. 要控制住边缘的 $4n-2$ 个黑格与红格，分别至少要 n 只黑象与红象，故要控制住棋盘上的每一格，至少要 $2n$ 只象.

另一方面，在棋盘上的某一行（或列）的 $2n$ 格各放一只象，显然，这 $2n$ 只象控制了整个棋盘. 从而，$2n$ 是控制整个 $2n\times 2n$ 棋盘所需的象的最少只数.

❖涂色有别

桌上互不重叠地放有 1 989 个大小相等的圆形纸片，问最少要用几种不同的颜色，才能保证无论这些纸片位置如何，总能给每张纸片涂一种颜色，使得任何两个相切的圆纸片都涂有不同颜色？

解　本题的关键就是要确定满足题设条件所有颜色的最小下限，并具体构造出这种染色的方法，此染色方法的存在性，可用数学归纳法加以证明.

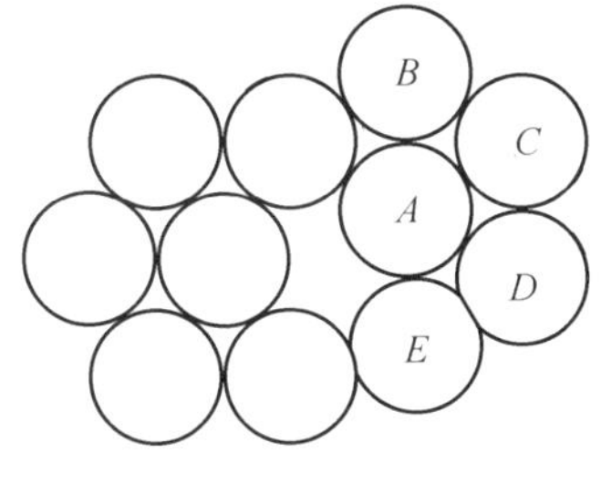

图 1

如果最多染三种颜色，考虑图 1 所示 11 个圆纸片的情形，设左边的 6 个圆已涂好颜色，这时 A，B，E 三圆显然只能用 1，3 两种颜色，A 为一色，B，E 为另一色，那么 C，D 无法涂上不同颜色.

下证只要用四种不同颜色按题中要求涂色是可行的，用归纳法证明.

设圆纸片的个数为 n，$n\leqslant 4$ 时，显然可行，设 $n=k$ 时染色可行.

当 $n=k+1$ 时，考虑全体圆心的凸包，设 A 为此凸多边形的一个顶点，由归纳假设，除圆纸片 A 外，其余 k 个圆纸片的染色可行，染好后，由于与 A 相切的圆纸片显然至多只能有三个，当然也至多染有三种颜色，因此，只要给 A 涂上另外一种颜色就仍然满足题设要求.

综上知,只要四种颜色,就能完成题中涂色要求.

❖母女平安

设有三对母女 m_1,g_1,m_2,g_2,m_3,g_3 要过河,河边仅有一条至多同时承载两人的小船,任一个母亲都不放心让她的女儿与其他的母亲一起,而自己一个人在另一岸. 此外,假设每一个母亲都会划船,但只有一个女儿 g_1 会划船. 试设计一种使每一个母亲都放心的过河方案.

解 河此岸滞留人员情况,能让每一个母亲都放心的只有如下22种:

情况 滞留者	A_6 $m_{1,2,3}$ $g_{1,2,3}$	A_6 $m_{1,2,3}$ $g_{2,3}$	B_5 $m_{1,2,3}$ $g_{1,3}$	C_5 $m_{1,2,3}$ $g_{1,2}$	A_4 $m_{2,3}$ $g_{2,3}$	B_4 $m_{1,3}$ $g_{1,3}$	C_4 $m_{1,2,3}$ g_3	D_4 $m_{1,2}$ $g_{1,2}$
情况 滞留者	E_4 $m_{1,2,3}$ g_2	F_4 $m_{1,2,3}$ g_1	A_3 $m_{1,2,3}$	B_3 $g_{1,2,3}$	A_2 $g_{2,3}$	B_2 m_3 g_3	C_2 $g_{1,3}$	D_2 m_2 g_2
情况 滞留者	E_2 m_1 g_1	F_2 $g_{1,2}$	A_1 g_3	B_1 g_2	C_1 g_1	A_0 —		

每种情况用一个点表示,两种情况可相互转化,则用一条线连接相应两点. 比如,情况 F_4(此岸有 $m_{1,2,3}$ 与 g_1)和情况 A_3(此岸有 $m_{1,2,3}$)可相互转化,即让 g_1 来往,实现这一转化,但情况 E_4 与 A_3 不能相互转化,因为 g_2 不会划船.

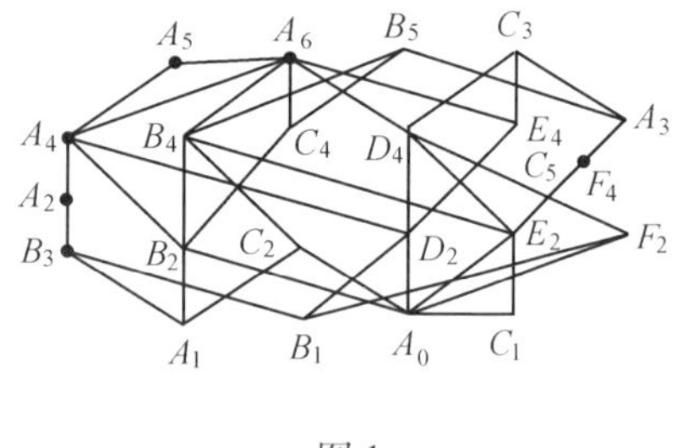

图1

这样得图1,一种可行的渡河方案是图上的从点 A_6 到 A_0 的路,但路上经过的点的下标必须是增、减交替变化(因随着船的来与往,此岸滞留的人数或增或减,而下标即此岸的滞留者数).

由图1可得:$A_6-D_4-C_5-A_3-F_4-E_2-D_4-D_2-A_4-A_2-B_3-B_1-D_2-A_0$ 是一种可行的渡河方案:(1)m_3,g_3 过河;(2)m_3 回来;(3)g_1,g_2 过河;(4)g_1 回来;(5)m_2,m_3 过河;(6)m_2,g_2 回来;(7)m_1,g_1 过河;(8)m_3,g_3 回来;(9)m_2,m_3 过河;(10)g_1 回来;(11)g_1,g_3 过河;(12)m_2 回来;(13)m_2,g_2 过

河.

实际上,从图1还可看出,可行的过河方案不只这一种.

❖白天鹅停湖

在一串湖泊的上空飞行一群白天鹅,它们飞经每个湖泊时,都停下天鹅群的一半加上"半只"天鹅,剩下的天鹅群继续往前飞,最后所有的天鹅全部停在7个湖中,问这群天鹅原来有多少只?

解 127只白天鹅.设另有一只灰天鹅与m只白天鹅总在一起,这时在每个湖上停下的白天鹅的数目等于$\frac{m}{2}+\frac{1}{2}=\frac{m+1}{2}$,即等于所有的天鹅的数目的一半,故每经过一个湖时,天鹅的数目就减少一半,经过7个湖以后,天鹅的数目共缩减$2^7=128$倍,而最后只剩下那只灰天鹅,这说明最初共有128只天鹅,其中有127只白天鹅.

注 在求解这个问题时引入一只灰天鹅并非偶然,为了说明这一点,我们来讨论如何求得递推数列:$y_o=a,y_k=qy_{k-1}+b,q\neq 1$的通项公式.

考察函数$f(y)=qy+b$,找出其不动点,即方程$y=qy+b$的根,此根等于$b/(1-q)$.

作代换$x_k=y_k-b/(1-q)$,则序列x_n将由

$$x_k=qx_{k-1},x_o=a-b/(1-q)$$

给出.

我们得到了一个更简单的递推公式,这个公式给出一个首项为$x_o=a-b/(1-q)$,公比为q的等比级数.

这时,$x_k=x_oq^k$,因而$y_k=x_k+b/(1-q)=x_oq^k+b/(1-q)$.

现在回到原问题,这个问题的解可以改述如下:用y_k表示飞往其前方k个湖泊的白天鹅的数目,依条件,$y_k-y_{k-1}=\frac{y_k}{2}+\frac{1}{2}$,或$y_k=2y_{k-1}+1,y_o=0$,因为函数$f(y)=2y+1$的不动点为$y=-1$,故作代换$x_k=y_{k+1}$.

我们得到$x_k=2x_{k-1},x_o=1$,亦即x_k为等比级数,$x_k=2^k$,而$y_k=2^k-1$,特别$y_7=2^7-1=127$.

代换$x_k=y_k+1$,即推移一个单位,在问题的解答中表示为加进一只灰天鹅.

❖巧妙填图

在图 1 中, 共有顶点 $7n+2$ 个, 连结两顶点的边有 $7n+1$ 条, 要求将 $1\sim 7n+2$ 这些正数分别安排在每个顶点旁,使得相邻两数之差的绝对值恰好是 $1\sim 7n+1$.

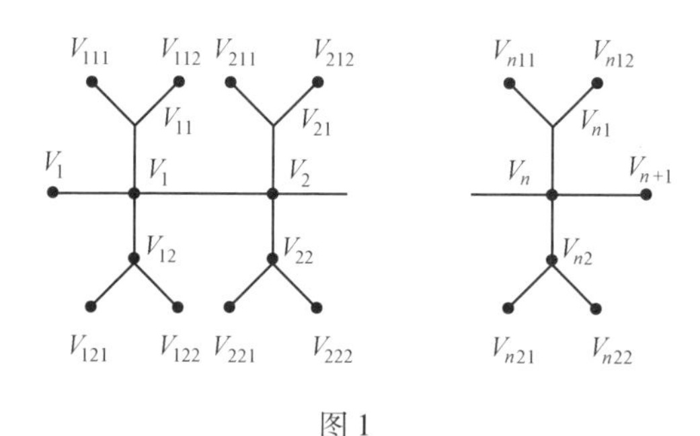

图 1

解　先对一些特殊情形进行试探,从特殊情形的解中总结规律,从而寻找出一般情形的求解方法.

$n=1$ 时,解如图 2;$n=2$ 时,解如图 3.

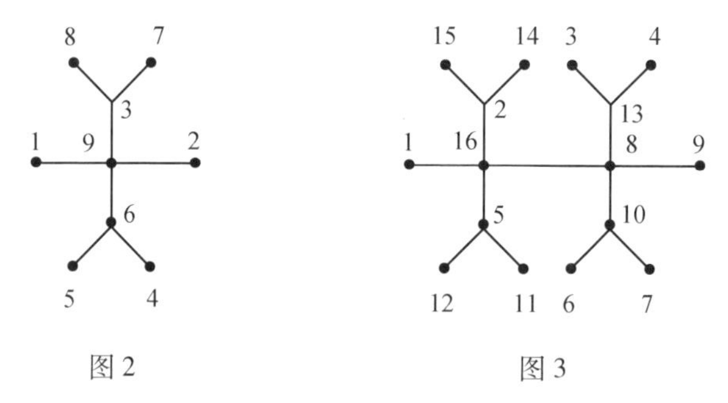

图 2　　　　图 3

$n=1,2$ 时的解并不惟一,可是这两个解易于推广到一般情形.

从图 3 可见,填有较大数的 8 个顶点互不相邻,没有边相连;填有较小数的 8 个顶点也不相邻. 若将较大的 8 个数每个数都增加 a,而较小的 8 个数都不变,填入数就为 $9+a,10+a,\cdots,16+a;1,2,\cdots,8$. 这样,相邻两数之差的绝对值是 $1+a,2+a,\cdots,15+a$(见图 4). 实际上,这是对图 3 中所填的数施行了一种变换,简称为变换 Ⅰ.

另一方面,如果 $n=k$ 的解已经求得,这时填入数必为 $1,2,\cdots,7k+2$. 相邻两数之差的绝对值必为 $1,2,\cdots,7k+1$. 若将每个填入数都加上 7,则原来的填

入数就变成 $8,9,\cdots,7k+9$. 相邻两数之差的绝对值保持不变，仍为 $1,2,\cdots,7k+1$. 这也是对填入数施行了一种变换，简称为变换 Ⅱ，k 可以是任意的正整数.（变换 Ⅰ 仅对 $n=2$ 的解施行）

取 $k=1,a=7$，并将其中两对填有相同数的顶点分别粘合，就得到 $n=3$ 的解，如图 5 所示.

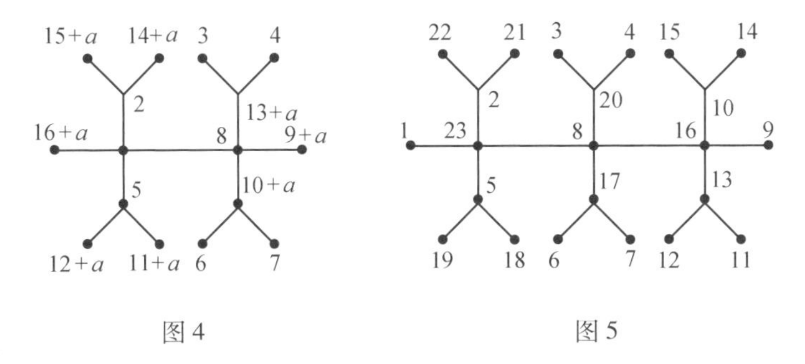

图 4　　　　图 5

取 $k=2,a=14$，将两对填有相同数的顶点分别粘合，就得到 $n=4$ 的解. 如图 6 所示.

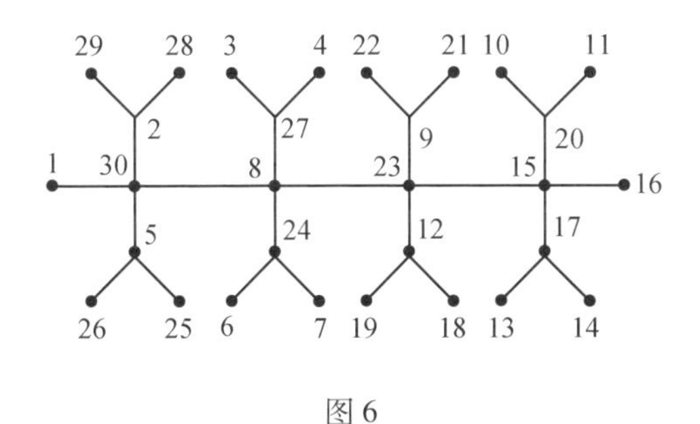

图 6

一般地，由 $n=k$ 的解，取 $a=7k$，并将其中两对填有相同数的顶点分别粘合，就得到 $n=k+2$ 的解. 这个解实际上是由两部分拼接而成的. 第一部分是 $n=2$ 的解经过变换 Ⅰ 得到，第二部分是由 $n=k$ 的解经过变换 Ⅱ 得到. 从第一部分看，填入数为 $1,2,\cdots,8;7k+9,7k+10,\cdots,7k+16$；相邻两数之差的绝对值为 $7k+1,7k+2,\cdots,7k+15$. 再看第二部分，填入数为 $8,9,\cdots,7k+9$；相邻两数之差的绝对值为 $1,2,\cdots,7k+1$. 两部分中填入数 8 的一对顶点粘合成一个顶点，填入数 $7k+9$ 的一对顶点也被粘合为一个顶点，连结这两对顶点的两条边同时被粘合为一条边，就得到了 $n=k+2$ 的解. 由此，从 $n=1,2$ 的解出发，就可以求得 n 为任意正整数的解. 因此，原问题确实有解，且每个解均可用递归方法求得. 递归解的公式如下（如图 1，表示顶点的字母也表示该顶点填的数）：

$$(1)\ V_i=\begin{cases}\dfrac{7}{2}i+1\text{，当 }i\text{ 是偶数，且 }i\neq n+1\text{ 时；}\\ \dfrac{7}{2}(n-1)+2\text{，当 }i\text{ 是偶数，且 }i=n+1\text{ 时；}\\ 7\left(n-\dfrac{i-1}{2}\right)+2\text{，当 }i\text{ 是奇数时.}\end{cases}$$

$$(2)\ V_{ij}=\begin{cases}7\left(n-\dfrac{i}{2}\right)-3j+9\text{，当 }i\text{ 是偶数时；}\\ \dfrac{7}{2}(i-1)+3j-1\text{，当 }i\text{ 是奇数，且 }i\neq n\text{ 时；}\\ \dfrac{7}{2}(n-1)+3j\text{，当 }i\text{ 是奇数，且 }i=n\text{ 时.}\end{cases}$$

$$(3)\ V_{ijk}=\begin{cases}\dfrac{7}{2}i+3j+k-8\text{，当 }i\text{ 是偶数时；}\\ 7\left(n-\dfrac{i-1}{2}\right)-3j-k+5\text{，当 }i\text{ 是奇数时.}\end{cases}$$

其中，$i=0,1,\cdots,n$；$j=1,2$；$k=1,2$.

❖妇女能顶半边天

某男裁缝决定开家缝纫店. 他有5部种类不同的、供不同用途的缝纫机. 在报上刊登广告以后，有7个女裁缝应征候选. 男裁缝让每个人在五部机器上各干了一小时的活，然后以兹罗提为单位估计各人的劳动生产率（取成品价值和所用材料价值之差）. 结果得到下表.

机器 女裁缝	Ⅰ	Ⅱ	Ⅲ	Ⅳ	Ⅴ
A	4	3	5	8	12
B	10	4	6	8	8
C	15	1	12	11	11
D	11	9	5	8	14
E	1	10	3	9	12
F	4	7	11	3	2
G	5	2	2	10	1

问应该录用哪几个人？对被录用的女裁缝应如何分配机器？

解　各台机器上能达到最大生产率的是:第Ⅰ台是C,第Ⅱ台是E,第Ⅴ台是D.

女裁缝C也可以被录用在第Ⅲ台机器上工作(她的生产率是12兹罗提),但这样一来,第Ⅰ台机器便交给D(生产率11兹罗提).由于这样一来,第Ⅰ台机器生产率变了,男裁缝这时损失 $15-11=4$ 兹罗提,因此他最好是让F上第Ⅲ台机器(生产率11兹罗提),这时,他在第Ⅲ台机器上仅损失 $12-11=1$ 兹罗提.

第Ⅳ台机器上最高生产率也是女裁缝C达到的,但是,像刚才对第Ⅲ台机器的讨论一样,可以发现最好是委托给G.

这样,我们得到被录用的女裁缝与机器的安排如下

Ⅰ—C,Ⅱ—E,Ⅲ—F,Ⅳ—G,Ⅴ—D

这时,这家店的生产率是 $15+10+11+10+14=60$ 兹罗提,这比第Ⅲ,Ⅳ台机器的女裁缝以C工作所能达到的生产率(62兹罗提)少不了多少.

❖条条大路通罗马

在某一王国里有16座城市,国王想要修建一个道路系统,使得一个人能沿着这些道路从任一城市到其他任何城市,而不需要通过比一个中间城市更多的城市,使得走出任一城市不比 k 条道路多.

(1)对于 $k=5$,证明这是可能的.

(2)对于 $k=4$,证明这是不可能的.

证明　(1)将一个五边形 $KLMNO$ 放于十边形 $ABCDEFGHIJ$ 的里面,并在五边形内选取任一点 P,连结 PK,PL,PM,PN 和 PO,连结 KA,KJ,LB 和 LC,MD 和 ME,NF 和 NG 以及 OH 和 OI,最后,连结 AE,BF,CG,DH,EI,FJ,GA,HB,IC 和 JD.我们用设计的这个图来表示这16个城市,由对称性,我们仅仅选择三种情况,从 P 经由 K 我们能够到达 A 和 J,经由 L 能够到达 B 和 C,经由 M 能够到达 D 和 E,经由 N 能够到达 F 和 G,经由 O 能够到达 H 和 I.从 K 经由 A 我们能到达 E 和 G,经由 J 能够到达 D 和 F,经由 L 能够到达 B 和 C,经由 O 到达 H 和 I 和经由 P 到达 M 和 N.从 A 经由 B 我们能够到达 C 和 L,经由 E 到达 F 和 M,经由 G 到达 H 和 N,经由 J 到达 D 和 I,经由 K 到达 O 和 P.

(2) 假定每个城市最多不过4条道路,每两个城市是通过相互的道路互通的,在一个城市与另一个城市之间至多是一条道路. 假如一个城市最多只有3条道路,它最多与其他12个城市有通道,因此每个城市确实有4条道路. 假如一个城市是在一个三角形或两个四边形上,它可以通达几乎其他14个城市;假如一个城市既不在一个三角形上又不在一个四边形上,则有除它自己以外至少16个城市,从而每个城市是在惟一一个四边形上,因此,道路网没有三角形而由不相交的4个四边形构成,若它们是$A_iB_iC_iD_i$,$1 \leqslant i \leqslant 4$,现在$A_1$是在除这些外通往$B_1$和$D_1$的两条道路 上,这些没有一个能通往$C_1$,否则一个三角形被形成,对于同一个$i$,$2 \leqslant i \leqslant 4$,都不能通往第$i$个四边形,否则形成一个三角形或第五个四边形,我们能假定一个通往A_2和另一个通往A_3. 我们用标记$A_1(2,3)$表示通过道路它与第二个四边形的一个城市和第三个四边形的一个城市相连接,对于A_1要具有对第四个四边形每个城市的通道,它必须经由从A_2和A_3每一个的剩余的道路,和从B_1和D_1的两条剩余道路的一条,我们能分别假设从B_1和D_1的最后道路必须到C_2或C_3,因此,B_1是由标记(2,4) 和D_1是由标记(3,4) 表示. 注意到这两个标记从它们相互之间和从它们公共相邻点A_1来说是不同的,对称地,A_1,B_1和C_1的标记必须都不相同,使得C_1是由标记(3,4) 表示的,现在B_1,C_1和D_1都不具有相同标记,矛盾.

❖多米诺骨牌

在6×6的棋盘上覆盖着18块多米诺骨牌(每一块骨牌盖住棋盘上两个网格). 证明:不论骨牌如何放置,总可以沿着一条垂直或水平直线把棋盘分割成两部分,而不损坏任何一块多米诺骨牌.

证明　每一块多米诺骨牌只能与棋盘上所画的10条能割开棋盘的水平的或垂直的直线中的一条相交. 另一方面,每条这样的直线只与偶数块骨牌相交,这用反证法可证明. 譬如某一垂直的直线与奇数块骨牌相交,按这条直线分割棋盘,并且讨论割成的两个矩形棋盘中的一个,它有偶数个网格,而且分割成一半的骨牌所覆盖的网格数是奇数. 此时,不被分割的骨牌也要覆盖奇数个网格(否则,棋盘的网格总数就是奇数了). 这不可能,因为每一块骨牌盖住2个网格和骨牌不重叠.

现在假定这10条直线中每一条至少与一块多米诺骨牌相交. 此时,与每一条这种直线相交的骨牌数不少于2(请记住,它是偶数). 由此得出,在棋盘上放

着彼此不重叠的多米诺骨牌不少于 20 块,这是不正确的.

❖S 先生和 P 先生谜题

这是美国斯坦福大学的麦卡锡(J. McCarthy) 提出的一个模态逻辑难题.

设有两个自然数 m,n,$2 \leqslant m \leqslant n \leqslant 99$. S 先生知道这两数的和 s,P 先生知道这两数的积 p. 他们二人进行了如下的对话:

S:"我知道你不知道这两个数是什么,但我也不知道."

P:"现在我知道这两个数了."

S:"现在我也知道这两个数了."

由上述条件及两位先生的对话,试确定 m,n.

解 我们用(u,v) 表示 s 的一个"分拆"(即 $s = u + v$) 或 p 的一个"分解"(即 $p = uv$). 容易明白,S 对 m,n 的每一种推测($m = u,n = v$) 都是 s 的一个分拆(u,v),而每一种分拆又将导致 S 对 p 的一个推断 $p' = uv$,我们称这样的 p' 是分拆(u,v) 导致的. 同样,P 对 m,n 的每一种推测也都是 p 的一个分解,而这个分解也将导致 P 对 s 的一个推断 s'.

用 $F_n(n = 1,2,3,4)$ 表示我们从 S 先生与 P 先生的对话中获得的信息. 请注意,这些信息也必然被 S 先生和 P 先生在对话过程中获得.

首先,S 先生说:"我知道你不知道这两个数是什么,但我也不知道."

F_1:s 不可能有两个素数组成的分拆.

若不然,设(u,v) 是两个素数组成的 s 的一个分拆,那么(u,v) 导致的 p' 只有惟一的分解,这样,P 先生就有可能立即推测出这两个数,因而 S 先生没理由断定 P 先生不知道这两个数.

F_2:s 不可能是偶数,从而 s 的分拆必定由一奇一偶的两数组成.

我们知道哥德巴赫猜想对于比 2 大而又不很大的自然数是成立的,因此 F_2 是 F_1 的明显推论.

F_3:s 的任一分拆中都没有大于 50 的素数.

否则,设(u,v) 是这样的分拆,其中 v 是大于 50 的素数,那么(u,v) 导致的 $p' = uv$ 除了有分解(u,v),不可能有合乎题意的其他分解,在这种情况下,S 先生也没理由断定 P 先生不知道这两个数,为什么说 $p' = uv$ 不可能有其他分解呢? 因为若有其他分解则必呈(k_1,k_2v) 形式,$k_1k_2 = u$ 且 $k_2 \geqslant 2$,因而 $k_2v > 100$,不合题意.

$F_4:s<54$.

F_4 是 F_2,F_3 的逻辑结果. 因为54是偶数,与 F_2 不合,而大于54的数可以有分拆$(53,v)$,但53是大于50的素数,与 F_3 不合.

综合 $F_1\sim F_4$,得到 s 必须满足的条件如下.

$D_1(s)$:s 是大于3小于54的奇数,并且没有两个素数组成的分拆.

满足 $D_1(s)$ 的数只有11个,令它们组成的集合为 A,则

$$A=\{11,17,23,27,29,35,37,41,47,51,53\}$$

接着P先生说:"现在我知道这两个数了."请注意,P先生从不知道到知道,获取信息的渠道与我们是一样的,这就是 $D_1(s)$. 因此我们可以推断,P先生之所以能得出 m,n,是因为

$D_2(p)$:p 能导致满足 $D_1(s)$ 的 s' 的分解(u,v)是惟一的.

这是 p 必须满足的条件,所以我们把它记为 $D_2(p)$.

最后S先生说:"现在我也知道这两个数了."S先生当然也是从 $D_2(p)$ 中获得了信息,因此我们又可以推断,S先生知道这两个数是因为

$D_3(s)$:s 能导致满足 $D_2(p)$ 的 p' 的分拆(u,v)是惟一的.

这给出了 s 必须满足的又一个条件,所以我们把它记为 $D_3(s)$. 现在我们就用条件 $D_3(s)$ 来逐个分析集合 A 中的各个数.

首先考察11. 11有这样两个分拆:$(4,7)$,$(3,8)$,它们分别导致 $p'_1=28=2^2\times7$,$p'_2=24=2^3\times3$,但 p'_1,p'_2 都满足 $D_2(p)$,因为它们都只有惟一的分解$(2^2,7)$,$(3,2^3)$能导致满足 $D_1(s)$ 的 s',而其他分解导致的 s' 都是偶数,当然不满足 $D_1(s)$. 这就是说,11有两个分拆能导致满足 $D_2(p)$ 的 p',因此它不满足 $D_3(s)$.

从上面的分析还可以看出,事实上一切形如 2^k 乘以素数的数如果有导致满足 $D_1(s)$ 的 s' 的分解,则这个分解必定是惟一的,即这种数满足 $D_2(p)$. 由这一点,并用与上面同样的分析方法,可知23$(23=2^2+19=2^4+7)$,27$(27=2^2+23=2^3+19)$,35$(35=2^4+19=2^2+31)$,37$(37=2^3+29=2^5+5)$,47$(47=2^4+31=2^2+43)$,51$(51=2^2+47=2^3+43)$都不满足 $D_3(s)$. 因此,s 只可能是17,29,41,53之一.

其实 $s\neq29$,我们知道29有分拆$(13,16)$及$(12,17)$,而由前述,$(13,16)$导致的 $p'=2^4\times13$ 必满足 $D_2(p)$. 我们又可证明$(12,17)$导致的 $p'=12\times17=204$ 也满足 $D_2(p)$. 为此,先列出204的所有分解:$(3,68)$,$(6,34)$,$(12,17)$,$(4,51)$,$(2,102)$. 其中$(6,34)$,$(2,102)$将导致偶数的 s';$(3,68)$导致 $s'=3+68=71>54$;$(4,51)$导致 $s'=4+51=55>54$. 它们导致的 s' 都不满足 $D_1(s)$,这就是说204的分解中只有一个$(12,17)$能导致满足 $D_1(s)$ 的 s',因而它满足

$D_2(p)$. 于是 29 有两个分拆可导致满足 $D_2(p)$ 的 p',因此 29 不满足 $D_3(s)$.

类似地可证明 $s \neq 41$,$s \neq 53$,因为 $41 = 4 + 37 = 9 + 32$,$53 = 16 + 37 = 21 + 32$,而(4,37) 和(9,32),(16,37) 和(21,32) 都能导致满足 $D_2(p)$ 的 p',因此41,53 都不满足 $D_3(s)$. 剩下的只有17,而且容易验证,17 满足 $D_3(s)$. 因此 $s = 17$.

s 既已确定为 17,我们便可以用 $D_2(p)$ 来确定 p,最后可得 m,n.

考虑 17 的全部可能的分拆:

$$(2,15),(3,14),(4,13),(5,12),(6,11),(7,10),(8,9)$$

现在 p 一定是上面这 7 个分拆所导致的 p' 之一,由(2,15) 导致的 $p' = 30$. 30 的两个分解(2,15),(5,6) 导致的 s' 分别是17 和11,它们都满足 $D_1(s)$,所以 30 不满足 $D_2(p)$. 同理可排除(3,14),(5,12),(6,11),(7,10),(8,9). 只有(4,13) 导致的52 满足 $D_2(p)$,它有惟一的分解(4,13) 导致满足 $D_1(s)$ 的17,因此 $p = 52$. 不难看出 $m = 4$,$n = 13$,这就是本谜题的解.

❖整数的划分

能否将全体非负整数划分为 1 986 个集合,使得每个集合中即使只有 1 个整数,也要满足下述条件:即如果数 m 能够由 n 划去两个相邻的相同数码或是相同的数码组得到,则 m 和 n 属于同一集合(例如,数字7,9 339 337,93 223 393 447,932 239 447 必将属于同一集合)?

解 为了回答这个问题,我们首先需要弄清楚每一个集合的组成情况,为此我们先来看看怎样的整数属于同一集合? 我们可以先从最简单的情形入手.

首先,易知 12 和 21 属于同一集合,这是因为它们都应与 122121 属于同一集合. 由此不难想见, 数字 $a_1,\cdots,a_{i-1}a_ia_{i+1}\cdots a_{j-1}a_ja_{j+1}\cdots a_k$ 应当与数字 $a_1\cdots a_{i-1}a_ja_{i+1}\cdots a_{j-1}a_ia_{j+1}\cdots a_k$ 属于同一集合. 换言之,如果 m 和 n 是两个自然数,它们仅仅在某两个数位上对换了数码,那么它们一定属于同一集合. 为了说明这一点,我们举 $k = 7$,$i = 2$,$j = 6$ 的情形作为例子,对于一般情形,完全可以作类似的说明,不过书写起来太长,不易看清楚罢了. 设

$$m = a_1a_2a_3a_4a_5a_6a_7,n = a_1a_6a_3a_4a_5a_2a_7$$

容易看出,它们都可由下面的 l 逐步划去相邻的相同数码或数码组得出.

$$l = a_1a_2a_3a_4a_5a_6a_7a_7a_6a_3a_4a_5a_2a_1a_1a_6a_3a_4a_5a_2a_7$$

事实上,如果我们先划去两个相邻的 a_1,再划去此时已变得相邻的两个数码组

$a_6a_3a_4a_5a_2$,再划去两个相邻的 a_7,即可得到 m;而如果按类似的办法,逐步划去 l 的前14位数字,则又可得到 n,可见 m 与 n 确实同属一个集合. 最后,由于数码 $a_1,a_2,\cdots,a_k$ 的任一排列,都可通过一系列的两两对换得出. 便知,如果 m 和 n 是两个自然数,它们仅仅是数码的排列顺序不同,那么它们也一定属于同一集合.

基于上述讨论,我们已经初步弄清了每个集合的组成情况. 根据这一认识,我们可以看到,凡是每一个数码都在其中出现了偶数次的自然数,必都属于同一集合,我们将这个集合记作 M_0. 例如,11,231321,400444,77888998,等等,都属于 M_0. 对于其余的每一个集合,则都必然有一些数码在其中的每一个成员中出现了奇数次. 显然,对于同一个集合的成员,都必然有同样一些数码出现奇数次;对于不同集合的成员,出现奇数次的数码必然不全相同. 因此,每一个集合都对应着一个在其成员中出现奇数次的数码集合,即都对应着 $\{0,1,2,\cdots,9\}$ 的一个子集,而 M_0 可认为与空集 $\varnothing$ 对应,显然这种对应是一一的. 因此上述集合的个数恰与 $\{0,1,2,\cdots,9\}$ 的子集个数相等,即为 $2^{10}=1\ 024$ 个,而题目中却要求分成1 986个,$1\ 986>1\ 024$,故知是不可能的.

❖红点与蓝点

我们来考察20行20列的红点和蓝点的正方形排列. 如果在某行某列中有两个相同颜色的点相邻,则用一条与这两个点颜色相同的线段把它们连结起来. 相邻的不同颜色的点,则用一条黑色的线段连结起来. 这种排列,包含219个红点,其中,有39个红点位于边上. 但是,在这个排列中,任何一个角的顶点上都不是红点. 此外,有237条黑色线段. 问蓝色线段有多少条?

解 在20行中,每行都有19条线段,因此总共有 $19\times 20=380$ 条水平线段,垂直的线段数目总共有760条. 由于这760条线段中有237条是黑色线段,所以,其余的523条则是红色线段或蓝色线段.

假设红色线段有 r 条. 现在我们来计算一下以红色点作为端点的线段有多少. 每条黑色线段上有一个红色的端点. 每条红色线段有两个红色端点. 因此,总共有 $237+2r$ 个红色端点. 在边沿上的39个端点中,每个端点都位于三条线段上. 其余的180个红点则在内部,每四条线段有一个红点. 因此,有

$$39\times 3+180\times 4=837$$

个端点是红色的. 这就表明

$$237 + 2r = 837 \Rightarrow r = 300$$

因此,蓝色线段的条数为

$$523 - 300 = 223$$

❖有可能获胜吗

二人在一张 8×8 的方格纸上做游戏,甲每次可将两个相邻(即有公共边)的小方格涂黑,而乙则可将纸上任何一个小方格涂白(在游戏过程中,同一个方格可被反复涂色多次),两个轮流涂色. 一开始时,所有方格都是白色的. 如果乙能在自己的每一次涂色后都使得:

(1) 每一个 5×5 的矩形中都至少有一个角上的小方格保持为白色,则判乙赢;

(2) 要求在这些矩形中都至少有两个角上的小方格为白色才行. 问乙有无获胜的可能?

解 (1) 乙有可能获胜. 如图 1 所示,我们将一部分小方格标上小圈. 容易验证,每一个 5×5 的矩形中都至少有一个角上的小方格是属于这种被标上了小圈的小方格. 如果乙能在自己每次涂色后保持这些标了小圈的方格都是白色,那么他就可以取胜,而要做到这一点是可能的,因为甲每次不可能同时涂黑这些带圈的方格中的两个.

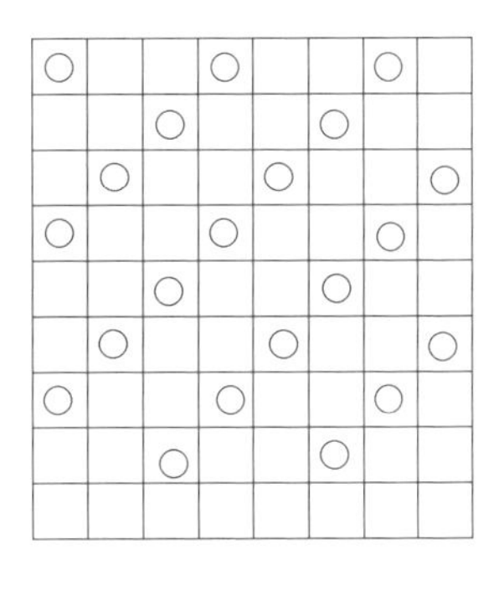

图 1

(2) 乙不可能获胜. 因为图 1 中共有 16 个 5×5 的矩形,而任何一个小方格都不可能同时是两个不同的 5×5 矩形的角上的方格,因此,乙要想获胜,他就必须在每次涂色后至少应保证图 1 中不少于 32 个白色小方格,而甲却可以干扰他的这一目标的实现. 事实上,甲可以在前 32 次涂色中涂遍所有的 64 个方格,使每一个小方格都被涂黑过 1 次,而乙在相应的 32 次涂色中至多能使 32 个小方格恢复为白色. 如果在此之后,有某两个白色方格相邻,则甲即可在第 33 次涂色中同时涂黑它们,于是仅剩下 30 个白色方格,而乙在作了第 33 次涂色后,白色方格也至多有 31 个,此时乙即已失败. 而如果在第 32 次涂色之后没有相邻的白色小方格,则黑色和白色方格的分布恰如国际象棋棋盘之状,这也就意味着某些 5×5

矩形中角上小方格全是黑色的，乙显然也是失败的.

❖排球比赛

排球比赛中，每一球队都无一例外地同另一球队比赛一次. 我们称 A 队优于 B 队，如果 A 队胜了 B 队，或者 A 队胜了 C 队，而 C 队胜了 B 队. 在比赛结束后，那个优于其他所有球队的队即被授予冠军称号，问在比赛后能否恰好出现两个冠军队?

解　将每个球队对应于 1 个点，并将比赛结果用箭头标出. 例如，A 胜了 B 队，就标为 A → B. 下面我们来证明，在任何这样的比赛中，总是由所胜次数最多的球队获得冠军. 假设不是这样，即在某场这样的比赛中，所胜次数最多的 A 队未能获得冠军，那么就必然有一个 B 队，它胜了 A 队，并且还胜了所有那些被 A 所胜了的队. 而这样一来，B 所胜的次数便超过了 A 队，导致矛盾.

由上述证明可知，每场这样的比赛中，都至少可产生出一个冠军队. 假设在某场这样的比赛中至少出现了两个冠军 A 和 B，且有 A → B. 于是就会有某些球队，将它们称为第一类球队，它们均负于 B 而胜于 A(否则 B 就不可能成为冠军了). 我们还将那些负于 A 的球队(除 B 队外) 都称为第二类球队. 将那些既胜了 A 又胜了 B 的球队称为第三类球队. 这样一来，除了 A 和 B 以外的所有球队都分别归属于上述三种类型.

如果至少有一个球队属于第三类球队，那么该类球队之间比赛而出现的冠军就必然是全部比赛中的冠军(参阅图 1). 而如果没有任何球队属于第三类球队，那么由第一类球队相互比赛所产生的冠军就应当是全部比赛中的冠军(参阅图 2). 因而除 A 和 B 之外，至少还应当有一个冠军.

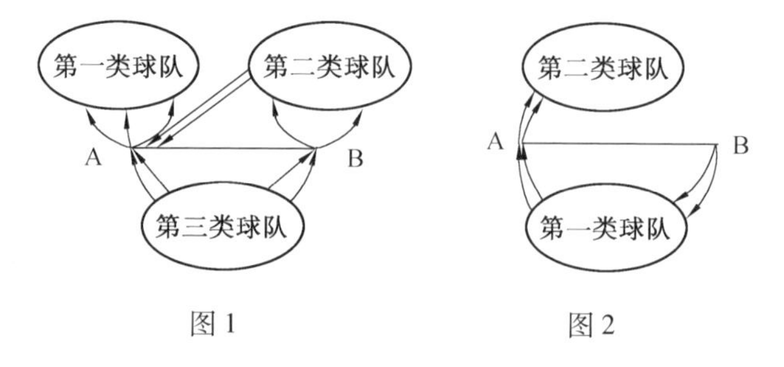

图 1　　　　图 2

❖阿信开店

阿信聘请了两位帮手，让其中一位开了个小铺子，另一位开了个不大的店. 小铺子的主人经营各种散装的食品，如砂糖、米、面粉等等，而另一位店主经营的是论个出卖的黄瓜、柠檬、青鱼等等，价格随质量而定.

阿信有两套砝码，一套是 10，30，90 和 270 g 的，另一套是 10，20，40，80 和 160 g 的. 把这两个帮手请来以后，阿信答应把这两套砝码送给他们，不过，他们每人只能取对自己最便利的那一套.

问小铺子的主人和店主各取哪一套?

解　首先指出，用10，30，90，270 g这一套砝码能称10 g到400 g的任何货物，精确到10 g.

$10 = 10$　　$20 = 30 - 10$

$30 = 30$　　$40 = 30 + 10$

$50 = 90 - 30 - 10$　　$60 = 90 - 30$

$70 = 90 + 10 - 30$　　$80 = 90 - 10$

$90 = 90$　　$100 = 90 + 10$

$110 = 90 + 30 - 10$　　$120 = 90 + 30$

$130 = 90 + 30 + 10$　　$140 = 270 - 90 - 30 - 10$

$150 = 270 - 90 - 30$　　$160 = 270 + 10 - 90 - 30$

$170 = 270 - 90 - 10$　　$180 = 270 - 90$

$190 = 270 + 10 - 90$　　$200 = 270 + 30 - 90 - 10$

$210 = 270 + 30 - 90$　　$220 = 270 + 30 + 10 - 90$

$230 = 270 - 30 - 10$　　$240 = 270 - 30$

$250 = 270 + 10 - 30$　　$260 = 270 - 10$

$270 = 270$　　$280 = 270 + 10$

$290 = 270 + 30 - 10$　　$300 = 270 + 30$

$310 = 270 + 30 + 10$　　$320 = 270 + 90 - 30 - 10$

$330 = 270 + 90 - 30$　　$340 = 270 + 90 + 10 - 30$

$350 = 270 + 90 - 10$　　$360 = 270 + 90$

$370 = 270 + 90 + 10$　　$380 = 270 + 90 + 30 - 10$

$390 = 270 + 90 + 30$　　$400 = 270 + 90 + 30 + 10$

另一套10,20,40,80和160 g的砝码,能称10 g到310 g的任何货物,精确到10 g.

10 = 10	20 = 20
30 = 20 + 10	40 = 40
50 = 40 + 10	60 = 40 + 20 = 80 − 20 = 160 − 80 − 20
70 = 80 − 10	80 = 80
90 = 80 + 10	100 = 80 + 20
110 = 80 + 20 + 10	120 = 80 + 40
130 = 80 + 40 + 10	140 = 160 − 20
150 = 160 + 10 − 20	160 = 160
170 = 160 + 10	180 = 160 + 20
190 = 160 + 20 + 10	200 = 160 + 40
210 = 160 + 40 + 10	220 = 160 + 40 + 20
230 = 160 + 40 + 20 + 10	240 = 160 + 80
250 = 160 + 80 + 10	260 = 160 + 80 + 20
270 = 160 + 80 + 20 + 10	280 = 160 + 80 + 40
290 = 160 + 80 + 40 + 10	300 = 160 + 80 + 40 + 20
310 = 160 + 80 + 40 + 20 + 10	

杂货铺主人在一个天平盘上,放上顾客所需要的质量的砝码,而在另一个盘上放上例如一包砂糖,在两边还没有平衡之前,补进或倒出一些糖. 为了称货物,铺主可以用第一套砝码,也可以用第二套. 不过,第一套对他更方便些,因为用它可称10 g到400 g的食品杂货,用第二套5个砝码,只能称10 g到310 g货物. 为了卖质量在较大范围内的货物,用第一套砝码较好.

对于店主来说,用10,20,40,80和160 g5个砝码这一套更便利,原因如下. 例如,店主在一个天平盘上放上黄瓜,而在另一个盘里放上质量等于黄瓜的砝码. 设黄瓜重100 g,可以在另一个盘上,放上最重的砝码,它显然比黄瓜重. 然后,在放了黄瓜的盘里放80 g的砝码,这样,有黄瓜的盘要重,接着,他把40 g的砝码放在另一个盘里(结果这边又要下沉),最后,在有黄瓜的盘里放20 g的砝码,两个盘达到了平衡. 这种方法能够称10 g到310 g之间的货物,并精确到10 g. 如果对10,30,90,270 g的一套砝码用这种方法,不可能以同样的精确度称100 g的黄瓜,而只能确定黄瓜的质量小于140 g. 因此,对于店主来说,用10,20,40,80,160 g这一套砝码要更便利些.

❖黑白石子

一种双人游戏使用黑、白石子及9个排成3×3的正方形的盒子. 每次由一人将三粒石子放入同一行或同一列的三个盒子中,这三粒石子不必是同一颜色. 每个盒子中不能放有不同颜色的石子. 例如,一人将一粒白石子放入装有黑石子的盒中,则将这粒白石子与一粒黑石子同时从盒中取走. 当中央与四角的盒子各含一粒黑石子,其他盒子均空着时,游戏结束. 若在游戏的某一阶段,有 x 个盒子各含一粒黑石子,其余的盒子空着. 求 x 的所有可有的值.

解 显然 x 可以取3(放一行黑子),6(再放一行黑子),9(放三行黑子),4(先放一行黑子,再放一列石子,其中2粒黑子,1粒白子,使白子与先放的黑子抵消一个),5(先按前面方法放4粒石子,但这4粒均为白子,然后再放三行黑子).

我们证明 x 不可以取1,2,7,8.

无论 x 为1或2,均存在四个方格,在两行两列上,每行两个方格,每列两个方格,并且只有一个方格中有1粒黑子. 不妨设黑子在第一行第一列的方格中,而第一行第二列、第二行第一列、第二行第二列均为空格.

设在游戏过程中,第一行被放了 r_1 次,第二行被放了 r_2 次,第一列、第二列分别被放了 c_1,c_2 次,则由于仅第一行第一列有1粒石子,所以 r_1+c_1 等于奇数,r_1+c_2 等于偶数,r_2+c_1 等于偶数,r_2+c_2 等于偶数. 相加得 $2(r_1+r_2+c_1+c_2)$ 等于奇数. 矛盾! 所以 x 不能为1或2.

如果 x 可以为7或8,那么由于白子与黑子的地位完全相当(我们可以取消游戏停止的限制),这时也可以放入7或8粒白子,其余的盒子空着. 于是,再放三行黑子,便留下2或1粒黑子,其余的7或8只盒子空着,这与上面的结论不符,所以 x 也不能为7或8.

❖有备无患

某卡车只能带 M L 汽油,用这些油可以行驶 a km,现在要行驶 $d=\frac{4}{3}a$ km 到某地,途中没有加油的地方,但可以先运油到路旁任何地点存储起来,准备后来之用. 假定只有这一辆卡车,问应如何行驶,才能到达目的地,并且最省汽

油？如果到达目的地的距离是 $d=\frac{23}{15}a$ km，又应如何？

解　在 $d=\frac{4}{3}a$ 时，至少要在路上设一个储油站. 车在起点到储油站之间至少经过3次，在储油站（最后那个）与终点之间经过1次. 因此储油站（最后那个）离终点应尽可能远，即应当离终点 a km. 汽车先到这储油站，留下 $\frac{M}{3}$ L的油再返回. 然后再行至储油站补足油后恰好行走至终点. 这时用的汽油最省，共 $2M$ L.

在 $d=\frac{23}{15}a=(1+\frac{1}{3}+\frac{1}{5})a$ 时，至少要设两个储油站（一个站至多能走到 $\frac{4}{3}a$ km）. 车在终点与储油站 Ⅰ（自终点数过来的第一个站）间经过1次，在储油站 Ⅰ，Ⅱ 之间经过3次，在 Ⅱ 与起点之间经过5次. 因此应使各储油站距终点尽可能远，即储油站 Ⅰ 距终点1 km，储油站 Ⅱ 距 Ⅰ $\frac{1}{3}$km. 汽车第一次在储油站 Ⅱ 处储油 $\frac{3M}{5}$L，第二次在油站 Ⅰ 储油 $\frac{M}{3}$L. 这样可到达终点，只用汽油 $3M$ L.

❖烤面包的问题

在一台标准烤面包炉（图1）上烤三片面包至少需要多少时间？炉子两侧可以同时烤两片面包的一面. 往里放或取出面包需要用双手. 翻面包时，只需一只手把炉门压下来，压到底，然后让弹簧把炉门拉回原处. 这样，就可以同时翻两片面包，但是，往里放入或取出面包只能一片一片地进行. 烤一面需要整整0.50分钟. 翻一次用0.02分钟. 而从碟里拿面包往炉里放入或从炉中取出面包放回碟中，要用0.05分钟. 请求出从三片面包在碟上放好开始，到烤好三片面包的各面后放回碟中为止的最短可能时间？假设烤面包炉已预先加热了.

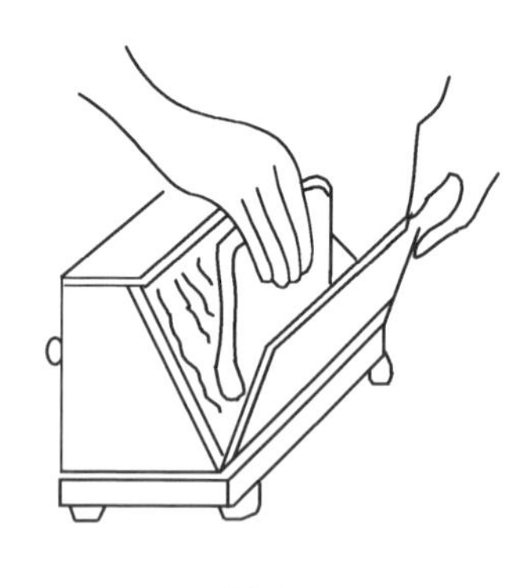

图1

解　本题曾在一个工厂的简化操作会议上提出，收到的答案只有1%是正确的. 后来在更广泛的范围进行测验,根据统计,那次收到的答案中有:正确的答案1.77分钟占48%,1.79分钟占18%,2.24分钟占12%,1.94分钟和2.34分钟各占6%,余下的10%答案分别是1.80分钟,1.82分钟,1.90分钟,1.95分钟,2.29分钟,2.37分钟和2.44分钟.

有位先生用最少步骤完成,他写了十个步骤,并加上下述简洁的解释:为了充分利用烤炉,两侧必须干同样多的工作,即每侧必须烘烤面包片的三个面. 他列出的时间表如下.

0.0 ~ 0.05 分钟	放A片在烤炉左侧
0.05 ~ 0.10 分钟	放B片在烤炉右侧
0.55 ~ 0.57 分钟	翻A片
0.60 ~ 0.65 分钟	拿走B片
0.65 ~ 0.70 分钟	放C片在烤炉右侧
1.07 ~ 1.12 分钟	A片烤好拿走,放回盘里
1.12 ~ 1.17 分钟	放B片(烤未烤的一面)在烤炉左侧
1.20 ~ 1.22 分钟	翻C片
1.67 ~ 1.72 分钟	B片烤好拿走
1.72 ~ 1.77 分钟	C片烤好拿走

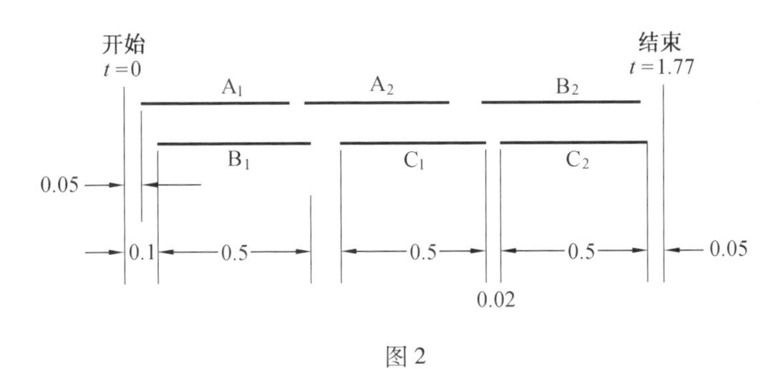

图2

第三片面包所以替换第二片面包而不是第一片,是为了防止冲突,也是为了防止烤炉的一侧比换面包片必须的0.10分钟多闲置0.05分钟. 另一个人在一张方格纸上画他的答案示意图(图2). 很多算出1.79分钟的人显然错在翻了第二片面包而不是翻第一片,而翻第二片面包要窝工. 其他得出更大的数字的人是没有注意到,如果尽可能地充分利用烤炉的两侧,那么总的消耗时间应以1.5分钟为基数,加上五次放入或拿出的时间,再加上一次翻面包的时间(如图2所示),因此总的时间是1.5 + 0.25 + 0.02 = 1.77分钟.

❖桅顶问题

一只船上有两根高度均为25 m、相距50 m的桅杆. 有一条100 m长的绳子,两端系在两根桅杆的顶上,并按图1所示的方式绷紧. 假定这条绳子在系到桅杆上时并没减少长度,且处于两根桅杆所在的平面内,求绳子与甲板接触之点到前面一根桅杆的距离.

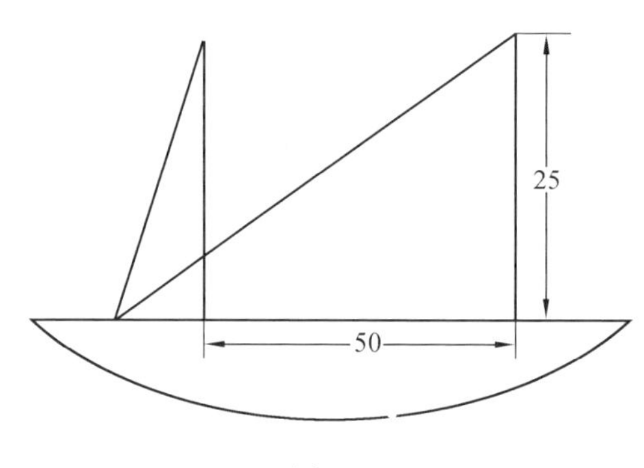

图1

解法1　设所求距离为 x m,则

$$\sqrt{x^2+625}+\sqrt{(50+x)^2+625}=100$$

$$\sqrt{(50+x)^2+625}=100-\sqrt{x^2+625}$$

$$(50+x)^2+625=10\ 000-200\sqrt{x^2+625}+x^2+625$$

$$2\ 500+100x+x^2+625=10\ 000-200\sqrt{x^2+625}+x^2+625$$

$$200\sqrt{x^2+625}=7\ 500-100x$$

$$2\sqrt{x^2+625}=75-x$$

$$4x^2+2\ 500=5\ 625-150x+x^2$$

$$3x^2+150x-3\ 125=0$$

$$x=\frac{-b\pm\sqrt{b^2-4ac}}{2a}=\frac{-150\pm\sqrt{150^2+4\times3\times3\ 125}}{2\times3}=$$

$$\frac{-150\pm\sqrt{60\ 000}}{6}=\frac{-150\pm244.949}{6}$$

所以,$x=\dfrac{94.949}{6}=15.825$

解法 2　这是一种更简单的方法,就是将两个桅杆的顶点当做椭圆的两个焦点. 为方便起见,设这两个点均在 x 轴上,并与 y 轴等距离,如图 2 所示. 这个方法是根据椭圆的定义(椭圆是与两个固定点(焦点)的距离之和为常数的动点的轨迹)提出来的. 上述椭圆的方程是$\frac{x^2}{a^2}+\frac{y^2}{b^2}=1$,其中 a 为 50,$y=-25$,$b=43.3$. 这样,用很少步骤就能得出 $x=40.825$,从这个数减去 25,即得出所需要的值.

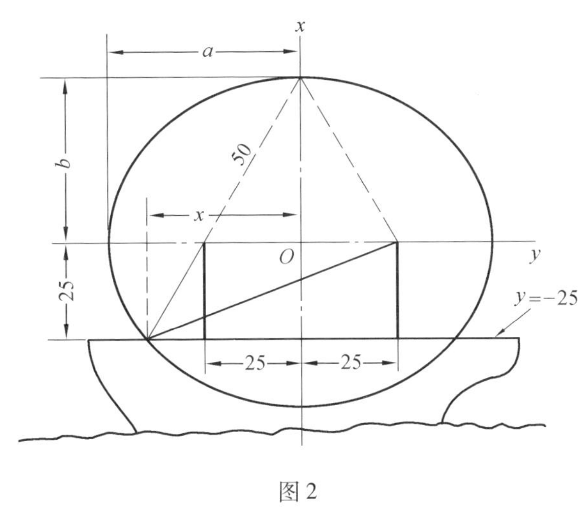

图 2

❖测验排序

三个学生 A,B,C 通过一系列的测验,如果在一次考试中获得第一,则得 x 分;获得第二名,则得 y 分;获得第三名,则得 z 分. x,y,z 是自然数,且 $x>y>z$. 任何一次考试中,任何两个学生的得分均不相同. 结果,A 得 20 分,B 得 10 分,C 得 9 分. 代数考试 A 排在第二名,问几何考试谁排在第二名?

解　A,B,C 三人共得 $20+10+9=39$ 分. 由于 x,y,z 是互不相同的自然数,因此,在每次测验中,第三个人至少得 $1+2+3=6$ 分. 此外,$x+y+z$ 应该整除总分数 39. 根据题设,至少进行两次考试,因此,必有 $x+y+z\neq 39$. 由于 39 的另外几个约数是 1,3 和 13,且约数 $x+y+z\geqslant 6$,所以

$$x+y+z=13$$

这就表明,进行了 3 次考试.

由于 A 获得代数考试第二名. 因此,在这次考试中他得了 y 分. 如果 A 还有一次得了 z 分,则他的总分最高可得 $x+y+z=13$ 分. 但是 A 实际得了 20 分. 因此,他的分数具有下述形式之一:$3y,x+2y,2x+y$. 由于 3 不是 20 的约数,因此 A 得分不可能取 $3y$ 的形式. 如果 $x+2y$ 是对的,则表明

$$x+2y=x+y+z=20$$

同时

$$x+y+z=13$$

两式相减,则得 $y-z=7$. $x>y>z$ 表明,$y\geqslant 8,x\geqslant 9$,所以 $x+y\geqslant 17$,这与 $x+y+z=13$ 矛盾. 故 A 得分具有 $2x+y=20$ 的形式.

因此,y 是一个偶数. 如果 $y\geqslant 6$,则有 $x\geqslant 7,x+y\geqslant 13$. 由于 $z>0,x+y+z=13$,所以,这是不可能的. 因此,y 只能取值 2 或 4 之一.

$y=2$ 表明 $z=1(z<y)$,$x=10$,因为 $x+y+z=13$. 从而得出 A 的分数为 $2x+y=22\neq 20$. 因此,$y=4$. 然后由 $2x+y=20$ 得出 $x=8$. 最后,由 $x+y+z=13$ 得知 $z=1$.

现在,这些值只有一种可能的排列,在这种排列中,总分数为 20,10,9.

	Ⅰ	Ⅱ	Ⅲ	总分
A	8	8	4	20
B	1	1	8	10
C	4	4	1	9

因为在 A 不是第二名的情况下,C 总是第二名,所以在几何考试中,C 获得了第二名.

❖阿里巴巴和四十大盗

阿里巴巴和 40 名大盗约定按如下方式分配 1 987 块金币:第一个强盗先将所有的宝藏分成两份,然后第二个强盗再将其中一份分成两份,如此等等. 在这样分了 40 次以后,第一个强盗取走最多的一份,第二个强盗取走剩下的份数中最多的一份,如此下去,最后剩下的第 41 份则归阿里巴巴所有. 试确定在这样的分配方式之下,每个强盗不依赖别人的行动,最多可以保证自己得到多少块金币?

解 第三个强盗及以后的强盗,可保证得 1 块. 因为当其他强盗每次均多分出一堆 1 块时,无论这个强盗怎样分,前两个强盗取走两堆最多的后,剩下的每堆都是 1 块.

第一个强盗,可保证得 50 块. 不论他怎么分,其他强盗陆续分出一堆堆都是50块金币,直至每堆都小于等于50块,然后任意分堆,直至分成41堆这时第一个强盗至多得50块,这样他至少得$[\frac{1\ 987-1}{40}]=50$块(这里$[x]$表示不小于x的整数最小的那个).

第二个强盗可保证得26块. 如果第一个强盗分成两堆,一堆993块,一堆994块,共他强盗均与第二个强盗在同一堆里分堆,并且无论第二个强盗怎样分,他们分出的每一堆均由26块组成,直至剩下的块数不足26块. 这样,第二个强盗只能得到26块.

另一方面,设第一个人分成一堆k块,一堆$(1\ 987-k)$块,$k<1\ 987-k$. 这时有两种情况:

(1) 如果$k\geqslant 987$(同时$k\leqslant 993$). 第二个强盗分出一堆1块,一堆$(1\ 986-k)$块. 第一个强盗至多取走$(1\ 986-k)$块,第二个强盗至少可得

$$[\frac{k}{39}]\geqslant[\frac{987}{39}]=26(块)$$

(2) 如果$k<987$. 第二个强盗分$(1\ 987-k)$块的那堆为$[\frac{1\ 986-k}{2}]$块与$[\frac{1\ 987-k}{2}]$块的两堆. 这时又有三种情况:

ⅰ 若$k\leqslant 26$,则第二个强盗至少可得

$$\left[\frac{[\frac{1\ 986-k}{2}]}{39}\right]\geqslant[\frac{980}{39}]=26(块)$$

ⅱ 若$26<k\leqslant 662$,则第二个强盗至少可得

$$\left[\frac{[\frac{1\ 986-k}{2}]+k}{40}\right]=\left[\frac{[\frac{1\ 986+k}{2}]}{40}\right]\geqslant[\frac{1\ 007}{40}]=26(块)$$

ⅲ 若$663\leqslant k(k<987)$,则第一个强盗至多取走k块,第二个强盗至少可得

$$[\frac{1987-k}{40}]\geqslant[\frac{1001}{40}]=26(块)$$

❖爱思考的阿拉伯国王

从前有一位阿拉伯国王很爱好数学,经常思考一些离奇古怪的数学问题,

而且还喜欢用各种数学问题来考问他的大臣们，在他的宫廷里洋溢着浓厚的学术气氛．有一天，国王想到了这样一个问题：如果将一堆东西随意地分成若干小堆，先求出每两小堆东西数目的乘积，再把这些乘积加起来，最多会是多少？

国王很清楚：如果东西总数多于两个的话，要想达到最大的乘积和，一定不能只分成两堆．因为只分成两堆的话，一定有一堆的数目不超过总数的一半，另一堆数目不超过总数减1，但二者不会同时达到，从而乘积必定小于总数的一半乘以总数减1．用今天的话来说，就是乘积小于$\frac{m}{2}(m-1)$，这里m表示东西总数．只有在$m=2$时分成两堆才合适，而且此时两堆的数目乘积刚好是$\frac{2}{2}\times(2-1)=1$．但在$m>2$时随着分成的堆数越来越多，两两的乘积和会不会达到$\frac{m}{2}(m-1)$呢？而且最难办的一点还是：即使能达到，又如何证实$\frac{1}{2}m(m-1)$就是所寻求的最大值呢？由于东西总数m完全是个抽象的数目，而且分出的堆数越多，情况也越复杂，国王思来想去，没有想出个究竟来．大臣们也都没有什么好办法，因为国王提的问题太不具体了，不但东西的总数可以任意给定，而且分出的堆数以及每堆的数目也完全任意，这可怎么办呢？

解　我们把国王的问题转换成数学语言即为

命题1　对任何正整数$k\leqslant m$，如果正整数$n_1+n_2+\cdots+n_k=m$，则必有

$$n_1n_2+n_1n_3+\cdots+n_{k-1}n_k\leqslant\frac{1}{2}m(m-1)$$

等号仅当$k=m,n_1=n_2=\cdots=n_m=1$时成立．

证明　因为

$$\begin{aligned}m(m-1)=m^2-m=&\\ &(n_1+n_2+\cdots+n_k)^2-(n_1+n_2+\cdots+n_k)=\\ &n_1^2+n_2^2+\cdots+n_k^2+2(n_1n_2+n_1n_3+\cdots+n_{k-1}n_k)-\\ &(n_1+n_2+\cdots+n_k)=n_1(n_1-1)+n_2(n_2-1)+\cdots+\\ &n_k(n_k-1)+2(n_1n_2+n_1n_3+\cdots+n_{k-1}n_k)\geqslant\\ &2(n_1n_2+n_1n_3+\cdots+n_{k-1}n_k)\end{aligned}$$

其中最后一个不等号是因为$n_1,n_2,\cdots,n_k$都是正整数，而且$n_1\geqslant1,n_2\geqslant1,\cdots,n_k\geqslant1$所致．

$$n_1n_2+n_1n_3+\cdots+n_{k-1}n_k\leqslant\frac{1}{2}m(m-1)$$

由证明过程中所出现的惟一不等号知：只要$n_1=n_2=\cdots=n_k=1$，等号便成立，

而此时只能是 $k=m$. 这就是说,只能将一堆东西全部散开,变成一堆一个才行.

命题1不仅证实了 $\frac{1}{2}m(m-1)$ 就是国王所寻求的最大值,而且给出了达到最大值的条件,国王的问题就这样轻而易举地解决了.

从命题1的证明过程中还可以看出:其中只用到了每个正整数都不小于1这一事实,因此,当 $a_1\geqslant 1,a_2\geqslant 1,\cdots,a_k\geqslant 1,a_1+a_2+\cdots+a_k=a$ 不一定为整数时,也一定会有 $a_1a_2+a_1a_3+\cdots+a_{k-1}a_k\leqslant\frac{1}{2}a(a-1)$. 更有趣的是:如果 $a_1+a_2+\cdots+a_k=a>1$,而 $0<a_1\leqslant 1,0<a_2\leqslant 1,\cdots,0<a_k\leqslant 1$,则命题1中的不等号竟然反转过来,成为

$$a_1a_2+a_1a_3+\cdots+a_{k-1}a_k\geqslant\frac{1}{2}a(a-1)$$

这好比说一条长度为 a 的绳子,当我们把它剪成一段一段时,只要每段的长度不小于1,则两两长度乘积之和是不会大于 $\frac{1}{2}a(a-1)$ 的. 但是,如果我们继续将它分成更短的小段,一旦到了每小段的长度都不大于1时,事情就会发生变化了,它们两两长度乘积之和就会大于等于 $\frac{1}{2}a(a-1)$ 了. 这就是我们通常所说的"量变引起质变"吧! 有意思的是这种变化发生在小段越分越短的过程中,似乎与日常的直觉有些抵触. 而且这还会令人想到,为什么会以1为界限呢? 这个界限难道不能变动吗? 我们的回答是:能! 这就是

命题2　如果 $a_1\geqslant\delta>0,a_2\geqslant\delta>0,\cdots,a_k\geqslant\delta>0,a_1+a_2+\cdots+a_k=a$, $a_1a_2+a_1a_3+\cdots+a_{k-1}a_k\leqslant\frac{a}{2}(a-\delta)$.

命题2的证明完全同命题1,只不过是不等式右端的数值变大了一些. 我们现在想将阿拉伯国王的问题再作进一步的推广. 因为阿拉伯国王提的问题是作两两的乘积之和,那当然也可以作三三乘积之和、四四乘积之和…… 但在这些推广之前,我们先解决一个问题,这就是:将命题2推广成

(1) $a_1a_2a_3+a_1a_2a_4+\cdots+a_{k-2}a_{k-1}a_k\leqslant\frac{1}{3}a(a-\delta)(a-2\delta)$ 呢?

还是可以进一步推广成

(2) $a_1a_2a_3+a_1a_2a_4+\cdots+a_{k-2}a_{k-1}a_k\leqslant\frac{1}{3!}a(a-\delta)(a-2\delta)$ 呢?

因为这两种形式在两两的情况下是一致的,但到了三三以上,就不同了. 为此,我们必须先证明三三的情况,才能确定. 下面就让我们来试一试吧! 不过,三三的情况远比两两的情况复杂了,三次展开的繁杂形式使人难以应用,怎么

办？看来，我们还是求助于归纳法吧！

命题3 设$a_1 \geqslant \delta > 0, a_2 \geqslant \delta > 0, \cdots, a_k \geqslant \delta > 0, a_1 + a_2 + \cdots + a_k = a$，则必有

$$\sum_{1 \leqslant i_1 < i_2 < i_3 \leqslant k} a_{i_1} a_{i_2} a_{i_3} \leqslant \frac{1}{3!} a(a-\delta)(a-2\delta)$$

其中，求和对一切可能的三三乘积进行，等号仅当$a = m\delta, k = m$，且$a_1 = a_2 = \cdots = a_m = \delta$时达到.

证明 当$k=3$，因有$a \geqslant 3\delta$，记$a = 3\delta + \eta$，则$\eta \geqslant 0$. 由算术平均与几何平均的关系知

$$a_1 a_2 a_3 \leqslant \left(\frac{a_1 + a_2 + a_3}{3}\right)^3 = \frac{a^3}{27} = \frac{a}{3!} \cdot \frac{2}{9} a^2$$

而

$$\frac{2}{9} a^2 - (a-\delta)(a-2\delta) = \frac{2}{9}(3\delta + \eta)^2 - (2\delta + \eta)(\delta + \eta) = -\frac{7}{9}\eta^2 - \frac{5}{3}\eta\delta \leqslant 0$$

两式结合，立刻得出

$$a_1 a_2 a_3 \leqslant \frac{1}{3!} a(a-\delta)(a-2\delta)$$

这表明$k=3$时命题3中不等式成立.

设$k = l-1$时命题3中不等式已成立，再证$k=l$时此不等式亦真. 由于

$$\sum_{1 \leqslant i_1 < i_2 < i_3 \leqslant l} a_{i_1} a_{i_2} a_{i_3} = \sum_{1 \leqslant i_1 < i_2 \leqslant i_3 \leqslant l-1} a_{i_1} a_{i_2} a_{i_3} + a_l \sum_{1 \leqslant i_1 < i_2 \leqslant l-1} a_{i_1} a_{i_2}$$

而由归纳法假设及命题2知

$$\sum_{1 \leqslant i_1 < i_2 < i_3 \leqslant l-1} a_{i_1} a_{i_2} a_{i_3} \leqslant \frac{1}{3!}(a - a_l)(a - a_l - \delta)(a_1 - a_l - 2\delta)$$

及

$$a_1 \sum_{1 \leqslant i_1 < i_2 \leqslant l-1} a_{i_1} a_{i_2} \leqslant \frac{1}{2!} a_l (a - a_l)(a - a_l - \delta)$$

所以只要注意到$a_l + \delta \leqslant a$，便有

$$\begin{aligned}\sum_{1 \leqslant i_1 < i_2 < i_3 \leqslant l} a_{i_1} a_{i_2} a_{i_3} &\leqslant \frac{1}{3!}(a - a_l)(a - a_l - \delta)(a - a_l - 2\delta) + \\ &\quad \frac{1}{2!} a_l (a - a_l)(a - a_l - \delta) = \\ &\quad \frac{1}{3!}(a - a_l)(a - a_l - \delta)(a + 2a_l - 2\delta) =\end{aligned}$$

$$\frac{1}{3!}\{a(a-\delta)(a-2\delta)+a_l\cdot$$
$$[2a(a-\delta)-(a+2a_l-2\delta)(2a-a_l-\delta)]\}=$$
$$\frac{1}{3!}\{a(a-\delta)(a-2\delta)+$$
$$a_l(a_l-\delta)[2(a_l+\delta)-3a]\}\leqslant$$
$$\frac{1}{3!}a(a-\delta)(a-2\delta)$$

所以当 $k=l$ 时,命题3 中不等式仍然成立. 从而此不等式获证.

又若 $a=m\delta,k=m$,且 $a_1=a_2=\cdots=a_m=\delta$,则

$$\sum_{1\leqslant i_1<i_2<i_3\leqslant m}a_{i_1}a_{i_2}a_{i_3}=C_m^3\delta^3=\frac{1}{6}m(m-1)(m-2)\delta^3=$$
$$\frac{1}{6}(m\delta)(m\delta-\delta)(m\delta-2\delta)=\frac{1}{6}a(a-\delta)(a-2\delta)$$

从而等号成立. 不难看出,这是使等号成立的惟一可能.

❖追车送信

一辆汽车从点 O 出发沿一条直线公路行驶,其速度 v 保持不变. 汽车开动的同时,在距点 O 为 a、距公路线为 b 的地方有一个人骑自行车出发,想把一封信递给这辆汽车的司机.

问骑自行车的人至少以多大的速度行驶,才能实现他的愿望.

解 我们设 $b>0$(如果 $b=0$,即骑自行车的人位于公路线上,则问题有显然的解答).

设 M 是骑自行车的人所在的点,S 是两者相遇地点,α 表示 $\angle MOS$,t 是骑自行车的人从出发到相遇所需的时间,x 是自行车的速度. $\triangle MOS$ 中,$OS=vt$,$MS=xt$,$OM=a$,$\angle MOS=\alpha$,对它应用余弦定理,得到

$$x^2t^2=a^2+v^2t^2-2\alpha vt\cdot\cos\alpha\Rightarrow$$
$$x^2=\frac{a^2}{t^2}-2av\cdot\cos\alpha\cdot\frac{1}{t}+v^2$$

设 $1/t=s$,则

$$x^2=a^2s^2-2avs\cdot\cos\alpha+v^2=(as-v\cdot\cos\alpha)^2+v^2-v^2\cdot\cos^2\alpha$$

或更简洁地写为

$$x^2=(as-v\cdot\cos\alpha)^2+v^2\cdot\sin\alpha \qquad ①$$

要求出正量 s 的值,使正量 x 因而 x^2 取最小值,我们分两种不同情况来讨论.

(1) $\cos\alpha>0$,亦即 α 是锐角. 由式 ① 可知,当 $as-v\cdot\cos\alpha=0$,亦即

$$s=\frac{v\cdot\cos\alpha}{a}$$

时,x 取最小值 $x_{\min}$,并且

$$x_{\min}^2=v^2\cdot\sin^2\alpha\Rightarrow x_{\min}=v\cdot\sin\alpha$$

(2) $\cos\alpha\leqslant 0$,亦即 α 是直角或钝角,在此情形不存在骑车人赶上汽车的最小速度,这是因为 s 越接近于零,亦即 t 越大,则式子 $as-v\cdot\cos\alpha$ 趋于零,因而 x^2 取值越小. 当 t 无限制地增大时,s 趋于零,而由式 ① 可见,x 将趋于 v.

我们用图形来解释这个结论. 当 $\alpha<90°$ 时(图 1),自行车最小速度 $v\cdot\sin\alpha=\frac{vb}{a}$. 骑自行车的人赶上汽车所用的时间是 $t=\frac{1}{s}=\frac{a}{v\cdot\cos\alpha}$. 因此,骑车人赶上汽车所走过的距离 $MS=v\cdot\sin\alpha\cdot\frac{a}{v\cdot\cos\alpha}=a\cdot\tan\alpha$. 这就是说,$\angle OMS=90°$,即骑车人必须沿与线段 OM 垂直的直线追赶汽车.

当 $\alpha\geqslant 90°$ 时(图 2),骑车人必须比汽车行驶更长的路程. 因此,只有当骑车人能保持自己的速度超过汽车速度,他才可能赶上汽车. 但 $\angle OMS$($\angle OMS=\beta$)越大,自行车与汽车两者速度之差越小. 如果骑车人的行车路线(直线)与线段 OM 的夹角充分地接近 $180°-\alpha$,那么这个速度差将充分小.

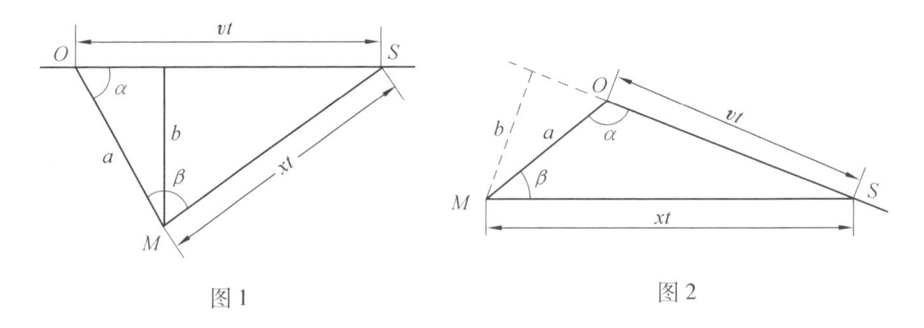

图 1　　图 2

❖兔子问题

澳大利亚草场肥沃,有好事者引进了一批野兔,由于野兔繁殖迅猛、数量激增导致草场被破坏,澳大利亚政府被迫筑起了一道“防兔长城”. 兔子问题早在中世纪人们就已经研究过. 提出了一个著名的兔子数列, 即今天所谓的

Fibonacci 数列,即$f_1=f_2=1,f_{n+2}=f_{n+1}+f_n$. 其中$f_n$即是$n$月后兔子的对数,现在给定一个自然数$N$. 问有多少项$f_n$不超过$N$.

解 一百多年前,人们就知道,斐波那契数列的第n项为

$$f_n=\frac{1}{\sqrt{5}}\left[\left(\frac{1+\sqrt{5}}{2}\right)^n-\left(\frac{1-\sqrt{5}}{2}\right)^n\right]$$

$\sqrt{5}$大约等于2.2,因此,$\frac{1-\sqrt{5}}{2}=-0.6$. 所以$\left(\frac{1-\sqrt{5}}{2}\right)^n$是正是负取决于$n$是偶数还是奇数. 此外,$\frac{1}{\sqrt{5}}\left(\frac{1-\sqrt{5}}{2}\right)^n$的绝对值总是小于$\frac{1}{2}$,$f_n$是一个整数. 由于

$$\left|-\frac{1}{\sqrt{5}}\left(\frac{1-\sqrt{5}}{2}\right)^n\right|<\frac{1}{2}\quad .$$

因而,由公式得知,f_n是最邻近$\frac{1}{\sqrt{5}}\left(\frac{1+\sqrt{5}}{2}\right)^n$的自然数.

显然,$\frac{1}{\sqrt{5}}\left(\frac{1+\sqrt{5}}{2}\right)^n$同与其最邻近的整数之差小于1/2. 因此

$$\frac{1}{\sqrt{5}}\left(\frac{1+\sqrt{5}}{2}\right)^n=N+\frac{1}{2}$$

永远不成立. 如果某一个斐波那契数$f_n\leqslant N$,则必有

$$\frac{1}{\sqrt{5}}\left(\frac{1+\sqrt{5}}{2}\right)^n<N+\frac{1}{2}$$

否则,$f_n\geqslant N$. 反之,在

$$\frac{1}{\sqrt{5}}\left(\frac{1+\sqrt{5}}{2}\right)^n<N+\frac{1}{2}$$

的情况下,很明显,与该数最邻近的整数不大于N. 因此,仅当下述(互相等价的)不等式之一成立时,才有$f_n\leqslant N$.

$$\frac{1}{\sqrt{5}}\left(\frac{1+\sqrt{5}}{2}\right)^n<N+\frac{1}{2}$$

$$\left(\frac{1+\sqrt{5}}{2}\right)^n<\left(N+\frac{1}{2}\right)\sqrt{5}$$

$$n\cdot\lg\left(\frac{1+\sqrt{5}}{2}\right)<\lg\left(N+\frac{1}{2}\right)\sqrt{5}$$

$$n<\frac{\lg\left(N+\frac{1}{2}\right)\sqrt{5}}{\lg\left(\frac{1+\sqrt{5}}{2}\right)}$$

现在,显而易见,这个对数之商永远不是整数.因为如果

$$\frac{\lg\left(N+\frac{1}{2}\right)\sqrt{5}}{\lg\left(\frac{1+\sqrt{5}}{2}\right)}=k,k\text{ 为整数}$$

则由此得出

$$\lg\left[\left(N+\frac{1}{2}\right)\sqrt{5}\right]=k\cdot\lg\left(\frac{1+\sqrt{5}}{2}\right)=\lg\left(\frac{1+\sqrt{5}}{2}\right)^k$$

$$\left(N+\frac{1}{2}\right)\sqrt{5}-\left(\frac{1+\sqrt{5}}{2}\right)^k=0$$

从而

$$\frac{1}{\sqrt{5}}\left(\frac{1+\sqrt{5}}{2}\right)^k=N+\frac{1}{2}$$

这与前面得出的结果相矛盾.

满足$f_n\leqslant N$的最大的斐波那契数,对应于n的最大的可能值.由于n是一个整数,所以

$$n=【\frac{\lg\left[\left(N+\frac{1}{2}\right)\sqrt{5}\right]}{\lg\left(\frac{1+\sqrt{5}}{2}\right)}】$$

此处,【x】表示小于等于x的最大的整数.这个数列的前两项有相同的值.因此,斐波那契数的不同的值的数目为$n-1$.

❖古怪的数学家

一位古怪的数学家,有一个梯子共n级,他在梯子上爬上爬下,每次升a级或降b级,这里a,b是固定的正整数.

如果他能从地面开始,爬到梯子的最顶上一级然后又回到地面.求n的最小值(用a,b表示),并加以证明.

解 由于数学家每次所到的级数都是(a,b)的倍数,我们可以略去其他的级,也就是将(a,b)作为第一级,并用$\frac{a}{(a,b)},\frac{b}{(a,b)}$来代替$a,b$.所以只需讨论$(a,b)=1$的情况.

(1) $n=a+b-1$.这时由于$(a,b)=1$,$a,2a,3a,\cdots,(b-1)a,ba(\bmod b)$互

不同余,它们组成 mod$b$ 的完全剩余类.

如果数学家在第 r 级,而 $r+a>n$,那么必有 $r>b$,这位数学家可以先降若干次,直至级数小于 b,再升 a 级,总之,这位数学家可以依次走到每个 $ja(1\leqslant j\leqslant b)(\mathrm{mod}b)$ 的同余类至少一次.特别地,他可以走到第 s 级,这里

$$s\equiv ha\equiv b-1(\mathrm{mod}b)$$

h 是 1 与 b 之间的整数.进而他可以走到第 $b-1$ 级(由 s 降若干次即可)及第 $n=a+b-1$ 级,即到达梯顶.他还可以继续走到第 t 级,这里

$$t\equiv ba\equiv 0(\mathrm{mod}b)$$

由 t 再降若干次,即回到地面.

(2) $n<a+b-1$.这时如果数学家能够到达梯顶然后回到地面,那么在这过程中,$a,2a,\cdots,ba(\mathrm{mod}b)$ 的同余类至少各经过一次,即 mod$b$ 的每个同余类都必须走到.但他走到 $b-1$ 的同余类 $lb-1$ 时,他只能降 b 级,不能升 a 级(因为 $a+lb-1\geqslant a+b-1>n$).从而他永远被禁锢在这剩余类中,不能继续走到其余的剩余类(特别是 ba 那一类),矛盾!

综上所述,$(a,b)=1$ 时,最小值为

$$n=a+b-1$$

❖跳蚤问题

在线段[0,1]的两个端点各有一只跳蚤,在线段之内标定某些点.每只跳蚤都可以沿着线段跳过标定点,使得跳跃前后的位置关于该标定点对称,且不得越出线段[0,1]的范围.每只跳蚤相互独立地跳一次或是留在原地算是一步.问要使两只跳蚤总能跳到由标定点将[0,1]分成的同一小线节中,最少要跳多少步?

解 把线段[0,1]被标定点所分成的小线段称为线节.易证,如取 3 个标点 $\frac{9}{23}$,$\frac{17}{23}$ 和 $\frac{19}{23}$,则两只跳蚤各跳一步后不可能落在同一线节之内(见图 1).由此可知,所求的最少步数必大于 1.

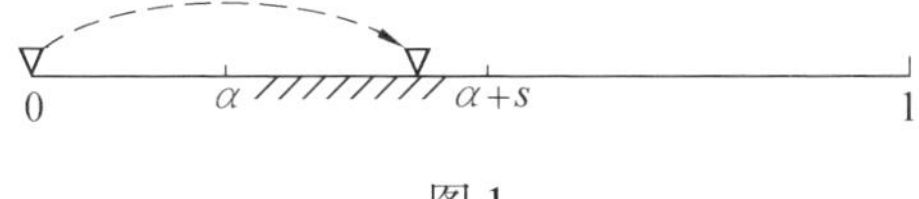

图 1

下面证明,不论取多少个标定点和怎样将它们放置在线段[0,1]上,总可

设法使两只跳蚤在跳两步之后,都跳到最长的一个线节之中(如果这样的线节不只一个,则可任选其中之一). 由对称性知,只需对处于0点的一只跳蚤证明上述论断.

设选定的最长线节的长度为s,α是它的左端点. 如果$\alpha < s$(见图2). 则跳蚤越过标定点α跳一步就落到所选线节$[\alpha,\alpha+s]$中了(如果$\alpha=0$,则跳蚤已在所选线节,连一步也不必跳了). 如果$\alpha \geqslant s$,考察区间$[\frac{\alpha-s}{2},\frac{\alpha+s}{2}]$,其长为$s$(见图2). 这个区间上至少含有一个标定点$\beta$. 否则,包含这一区间的线节的长度将大于$s$,此不可能. 越过$\beta$跳一步,跳蚤将落在点$2\beta \in [\alpha-s,\alpha+s]$. 如果$2\beta \notin [\alpha,\alpha+s]$,则越过点$\alpha$再跳一步,跳蚤必落入选定的线节$[\alpha,\alpha+s]$之中.

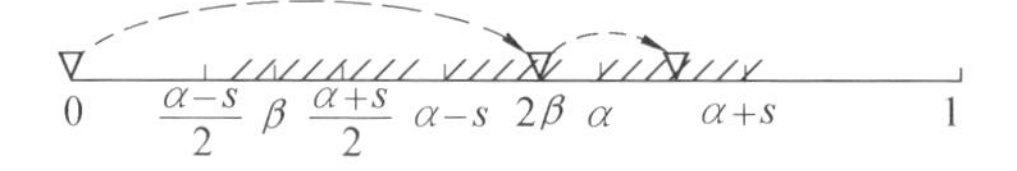

图2

❖集于一球

空间中有若干个给定的点,其中任何四点都不共面,并且它们还具有这样的性质,即只要有某个球面经过它们中的任意四个点,则所有其余的点也都位于该球面上或球的内部. 试证:所有的点全都位于同一个球面之上.

证明 先从所给定的点中选出A,B,C三点,使得其余的点全都位于平面ABC的同一侧(不难证明进行这种选择的可能性). 设D和E是其余点中的任意两点. 容易看出,如果点E位于经过点A,B,C,D的球$\sum$的内部,则点D必位于经过A,B,C,E的球的外部,而根据题目的条件知,这是不可能的. 但点E又不在球$\sum$的外部,所以点E必在球$\sum$的球面之上. 类似可证其余的点也都位于球$\sum$的球面之上.

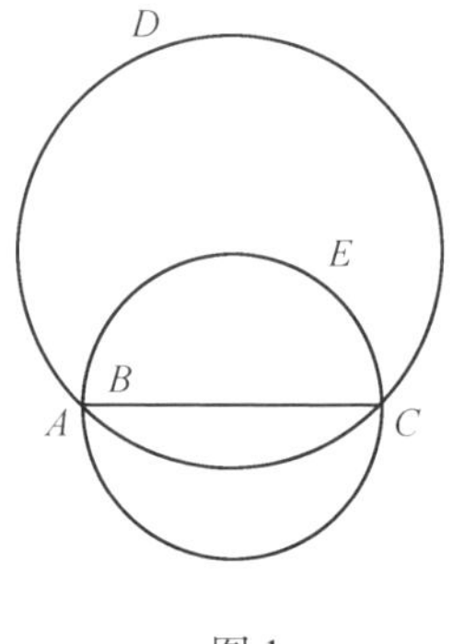

图1

❖面向墙角的屏风

有两个 4 m 长的屏风,面对矩形房间的一个墙角而立,且封闭的地面最大,试确定其位置.

解 解答此题,需反复利用下述著名结论.

引理 在底边为 b、对角为 θ 的三角形中,面积最大的三角形是等腰三角形(这类三角形均可内接于同一圆,因此,等腰三角形底边上的高最大,如图 1).

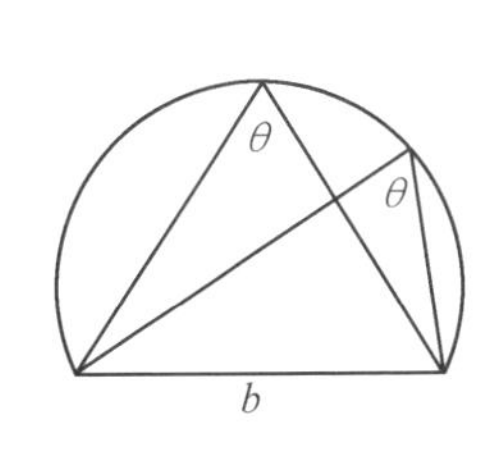

图 1

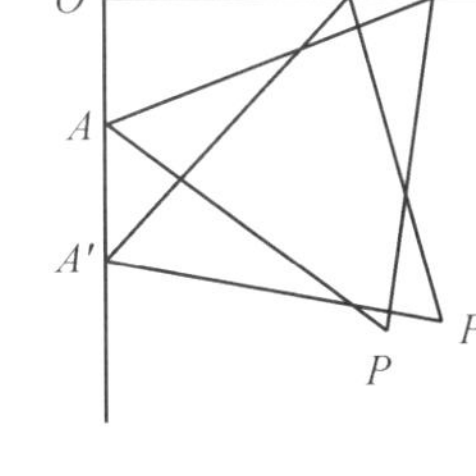

图 2

假设 O 为房间的一角,两个屏风在点 A 和点 B 与墙接触,如图 2. 两个屏风封闭的地面等于 $\triangle AOB+\triangle ABP$,其中 P 是这两个屏风的结合点(很显然,这两个屏风必须互相连接,才能使其封闭的面积最大,P 就是这两个屏风的公共端点).

如果 $\triangle OAB$ 不是 $OA=OB$ 的等腰三角形,则可以移动屏风,使它们占据 $A'P'$ 和 $B'P'$ 的位置. 此时 $OA'=OB'$,$A'B'=AB$. $\triangle A'B'P'$ 和 $\triangle ABP$ 全等. 据引理,$\triangle OA'B'$ 的面积大于 $\triangle OAB$ 的面积. 因此,在这个新的位置上,两个屏风封闭了更大的地面. 所以,这两个屏风封闭的面积最大时,必有 $OA=OB$.

因为这两个屏风等长,所以点 P 位于线段 AB 的垂直平分线上. 在 $OA=OB$ 的情形下,这条垂直平分线平分 $\angle AOB$. 因此,要使封闭的面积最大,OP 必平分 $\angle AOB$(图 3). 所以,每个屏风的摆放,必须使以墙角 O 为顶点的 $90°$ 角二等分,构成的三角形的面积才最大. 由于 AP 不变,根据引理可知,只有当 $OA=OP$ 时,$\triangle OAP$ 的面积才最大. 此时,$\angle OAP=67.5°$,如图 4 所示. 此即所求.

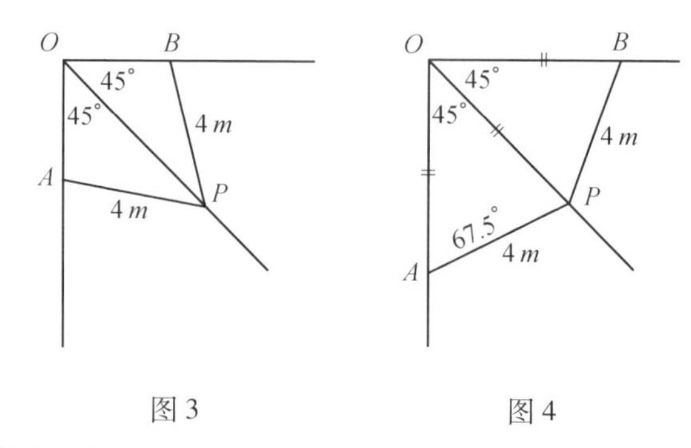

图 3　　　　图 4

一个简单的问题，即用圆规和直尺作出 AP，留给读者作为练习.

❖巧移碗橱

长方体形状的碗橱的 4 只橱脚分布在底面的 4 个角上. 轻轻抬起其余的腿而让碗橱绕一条腿转动，即可将碗橱挪动. 问最少需作多少次这样的挪动，可使碗橱回到原来的位置，但方向却刚好反了 180°？

解　分两种情形考虑：

（1）碗橱的 4 只橱脚排列成正方形；

（2）碗橱的 4 只橱脚排列成长方形.

在第一种情形下，作一次挪动当然是不够的，但只要绕着两只相邻的橱脚各作一次 90° 的转动就可以了.

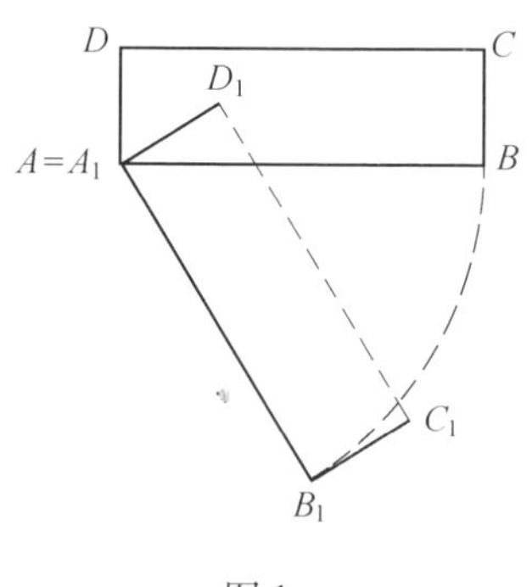

图 1

在第二种情形下，记橱脚所形成的长方形为 $ABCD$，其中 $AB > BC$. 为了能在挪动 m 次后碗橱到达指定的位置，必须且只需在挪动了 $m-1$ 次之后有一只橱脚到达了指定的位置，而其他三只橱脚则未到达. 由于 AB，AC，AD 之长各不相同，所以在作了第一次挪动之后，没有一只橱脚落在指定的位置，可见仅作两次挪动是不够的. 但是，我们要来指出：三次挪动即已足矣！ 如图 1 所示，先让碗橱绕脚 A 旋转，使橱脚形成的长方形移动至为 $A_1B_1C_1D_1$，其中 $CB_1 = AB$. 由于 $AB > BC$，所以这是能够实现的. 再让碗橱绕 B_1 旋转，使 A_1 转到 C 的位置上，此时橱脚 A 即已到达指定的位置，因此，只要再绕其作一次旋转即可.

❖地毯切割问题

考虑一个边长为13个单位的正方形地毯,按图1所示切割,关键在于画出矩形的$ABFE$的对角线EB,而不是AF,否则,在用切片重新拼成一个矩形时,要翻转切片ABF和EFA.现在我们按图2来拼接,注意,这是一个宽8个单位、长21个单位的矩形,面积为168个平方单位,而原正方形的面积有169平方单位.怎么少了一个平方单位呢?

解 原来这个矩形的对角线被扭折了:它看上去是直线,实际上并不是.在此,我们用三角知识来分析一下那个被假定为平角的角的实际大小.在图3中,用两角和正切公式我们可以看到这个角大约为179.5度.

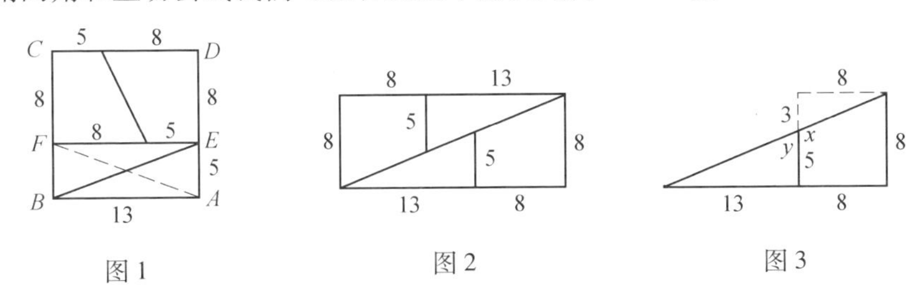

图1 图2 图3

$$\tan x=-\tan(180°-x)=-\frac{8}{3}$$

又$\tan y=\dfrac{13}{5}$,所以

$$\tan(x+y)=\frac{\tan x+\tan y}{1-\tan x\cdot\tan y}=-\frac{1}{119}$$

因此,$x+y\approx179.5°$.

改变这个正方形的尺寸对这种面积上的增减会有影响吗?请注意5,8,13和21这些数,它们是著名的斐波那契数例1,1,2,3,5,8,13,21,34,… 中的项.这个数列的特征是:前两项是1,1,从第三项起每项等于前两项的和,我们设想从这个数列中选出另外四个连续的项,并把其中第二大的数作为正方形的边长,切割所得的正方形,然后再重拼成一个矩形,一般地,取四个连续项t_k,t_{k+1},t_{k+2}和t_{k+3},以t_{k+2}作为边长做正方形,切割它并把切片重新拼成一个宽为t_{k+1},长为t_{k+3}的矩形.面积增减了多少?结果表明,无论这些项从哪里选取,面积的增减总是1.事实上,如果我们使用任何一个这样的数列(它是由两个前项的和产生下一项而形成的),那么上述切割的增减总是常数,并且,当选项沿着数列

移动时,面积的增加和减少将交替出现.

设 t_k,t_{k+1} 和 t_{k+2} 是一个这样数列的三个连续项,在图 2 中,$t_k=5$,$t_{k+1}=8$,$t_{k+2}=13$,$t_{k+2}=t_k+t_{k+1}$. 这样,若以 l 表示 t_{k+1}^2 与 $t_k\cdot t_{k+2}$ 的差,则不难证明,若 $t_{k+1}^2\pm l=t_k\cdot t_{k+2}$,那么

$$t_{k+2}^2\pm l=(t_{k+1}\cdot t_{k+3}):(t_{k+1}\cdot t_{k+3})=t_{k+1}(t_{k+1}+t_{k+2})=$$
$$t_{k+2}^2+t_{k+1}\cdot t_{k+2}=(t_k\cdot t_{k+2}\pm l)+t_{k+1}\cdot t_{k+2}=$$
$$(t_k+t_{k+1})t_{k+2}\pm l=t_{k+2}^2\pm l$$

因为在一个使用斐波那契数列构造图形的具体例子里,已经表明面积的增减为 1,所以,对这样数列的任一个连续四项,得出的增减总是 1. 其他一些数列所导致的增减将不见得是 1 了. 数列 2,8,10,18,所致的增减为 44,如果做一个这样的地毯,会很容易看到这种区别的.

自然,人们怀疑是否存在这样的斐波那契数列,切割以其中的数为尺寸的地毯,面积不会增加或减少. 假设 a,b,c 是满足 $a+b=c$ 的三个数,我们求出 a,b,c 的值使之满足 $b^2=ac$,这样 $b^2=a(a+b)=a^2+ab$,因此有 $b^2-ab-a^2=0$,解出 b,得

$$b=\frac{a\pm\sqrt{a^2-4(-a^2)}}{2}=\frac{1+\sqrt{5}}{2}a$$

我们知道$\frac{1+\sqrt{5}}{2}$是黄金比,记做 φ,若 $a=1$,我们就得到这样一个数列:$1,\varphi,\varphi+1,2\varphi+1,3\varphi+2,\cdots$,切割以这些数为尺寸的地毯,就不会出现面积上的差异了.

这个数列还可写成另一个有趣的形式,注意到

$$\varphi^2=\left(\frac{1+\sqrt{5}}{2}\right)^2=\frac{1+2\sqrt{5}+5}{4}=\frac{6+2\sqrt{5}}{4}=$$
$$\frac{3+\sqrt{5}}{2}=\frac{1+\sqrt{5}}{2}+\frac{2}{2}=\varphi+1$$

于是 $\varphi^3=\varphi^2\cdot\varphi=(\varphi+1)\varphi=\varphi^2+\varphi$,一般地有 $\varphi^k-\varphi^{k+1}=\varphi^{k+2}$,所以,数列$1,\varphi,\varphi^2,\varphi^3,\varphi^4,\cdots$ 与数列 $1,\varphi,\varphi+1,\varphi^2+\varphi,\cdots$ 完全一样. 而后一种形式,其每一项的平方等于它前边两项的积! 因而用这样的数为尺寸,就不会产生面积上的增减.

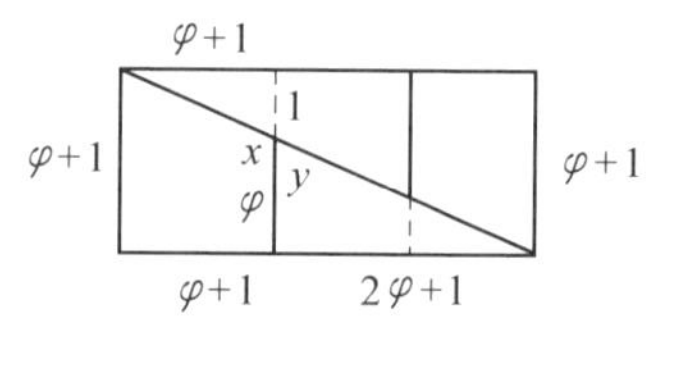

图 4

对这样的尺寸做三角分析表明,形式上的平角实际上也是平角,考虑角 x 和 y,如图 4 所示. $x+y$ 的大小怎样呢? 用正切函数,我们有

$$\tan y=\frac{2\varphi+1}{\varphi},\tan x=-\frac{\varphi+1}{1}$$

$$\tan(x+y)=\frac{2\varphi+1-\varphi^2-\varphi}{\varphi+(2\varphi+1)(\varphi+1)}=\frac{(\varphi+1)^2-\varphi^2}{\varphi+(2\varphi+1)(\varphi+1)}=$$

$$\frac{\varphi^2-\varphi^2}{\varphi+(2\varphi+1)(\varphi+1)}=0$$

因此,$x+y=180°$,这确是一个平角.

由此我们明白,虽然以斐波那契数列为尺寸的地毯的切割,通常会产生面积的增减,但是也存在这样的数列,以它为尺寸的切割地毯就不会出现那种情况.

❖不能穿过的正方形

对于边长为1的正方形的内部或边上的线段组成的集合,如果穿过该正方形的每条直线,至少与该集合中的一条线段相交,则称该集合为不可穿越的集合.例如,正方形的两条对角线即构成了一个不可穿越的集合(图1(a)).图1(b)给出了另一个不可穿越的集合.正方形两条对角线总长为$2\times\sqrt{2}\approx2.82$.利用初等微分运算可以证明,形如图1(b)给出的图形,其最小不可穿越集合的总长为$1+\sqrt{3}\approx2.73$.试求出一个不可穿越集合,其总长小于$1+\sqrt{3}$.

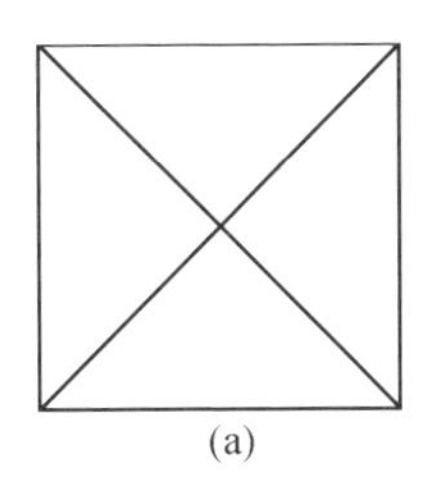
(a)

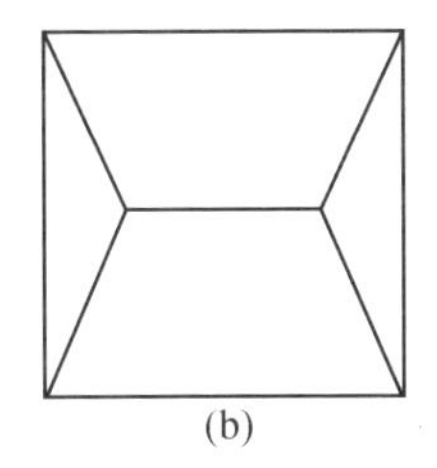
(b)

图1

解 由两条相邻边及与之相对的半条对角线组成的不可穿越集合(图2),其总长度为

$$2+\frac{\sqrt{2}}{2}<2+\frac{1.42}{2}=2.71<1+\sqrt{3}$$

边AB,BC和在一起,与$\triangle ABC$相交的每条直线相交.因此,它们对于$\triangle ABC$来说是不可穿越的.至于这个正方形的另一半,则由于半条对角线的存在,也是不可穿越的.

但是,对$\triangle ABC$而言,还有一种很有意义的证明途径.如图3,点P位于

$\triangle ABC$内,由这点向$\triangle ABC$的三个顶点引出的线段,其夹角均为$120°$. 点P称为该三角形的费马点(der Fermatisch Punkt). 这个点到$\triangle ABC$三个顶点的距离之和最小,即当X与P重合时,$XA+XB+XC$最小.

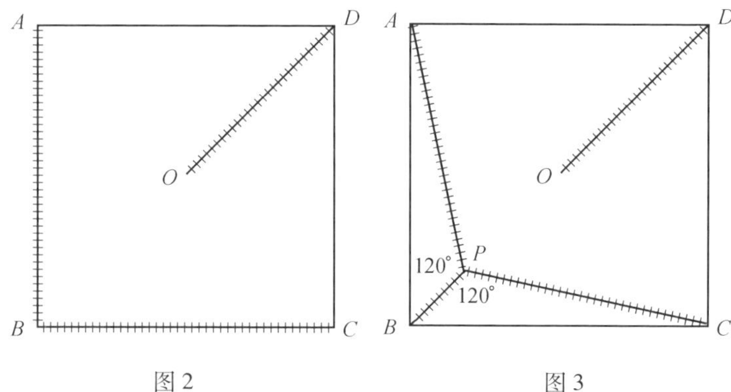

图2　　图3

最小和$PA+PB+PC$等于线段BB'之长,其中B'为以AC为底边向外引出的等边三角形的顶点(图4). 很显然,在我们的情形下,BB'恰是AC的垂直平分线,$\triangle ABE$是一个等腰三角形. 因此

$$BE=AE=\frac{1}{2}AC=\frac{\sqrt{2}}{2}$$

从而

$$BB'=BE+EB'=\frac{\sqrt{2}}{2}+\sqrt{3}\cdot\frac{\sqrt{2}}{2}=\frac{\sqrt{2}}{2}(1+\sqrt{3})$$

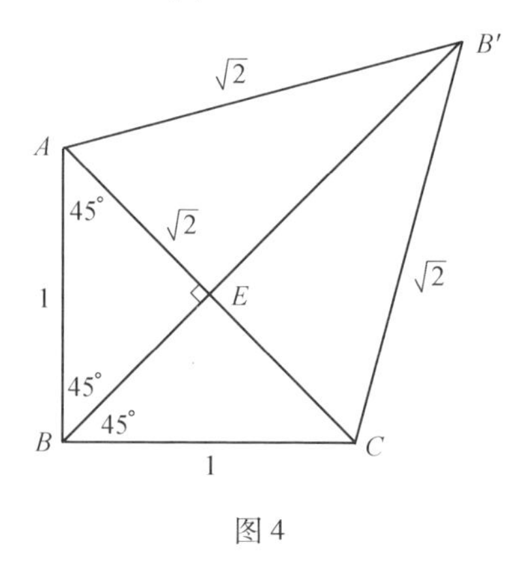

图4

如果对三条线段PA,PB和PC,再加上长为$\frac{\sqrt{2}}{2}$的半对角线OD,则得到一个不可穿越集合,其总长为

$$\frac{\sqrt{2}}{2}(2+\sqrt{3})\approx 2.64$$

❖一笔画问题

在圆上任取$n(n>2)$个点,把每个点用线段与其余各点相连接.

能否一笔画出所有这些线段,使第一条线段的终点与第二条线段的起点相重,第二条线段的终点与第三条线段的起点相重,……,最后的一条线段的终点与最初的一条线段的起点相重?

解 如果引进一些记号,可使下面的推理大为简化. 设 Z 是圆上的点的有限集. 如果一条封闭折线,它的顶点全部属于集合 Z,并且连接 Z 中任意两点所得的线段在这折线的节段中都出现且只出现一次,那么将这折线记作 $L(Z)$.

我们假定,对于某个含有 $n(n \geqslant 3)$ 个点的集合 Z,折线 $L(Z)$ 存在. 那么对于集合 Z 的每个点都有折线 $n-1$ 个节段通过它. 当我们一笔画出这条折线时,走向每个顶点的次数与离开这个顶点的次数相等,因此 $n-1$ 是一个偶数,而数 n 是奇数. 于是,如果 n 是偶数,那么 $L(Z)$ 不存在. 我们来证明,当 n 为奇数时,折线 $L(Z)$ 确实存在(因而也就完全解决了本题).

我们用数学归纳法. 设 $n=2m+1$(m 是自然数). 当 $m=1$,集合 Z 含有3点 A_1,A_2,A_3,折线 $A_1A_2A_3A_1$ 具备所要求的性质,因而命题正确.

现在设命题当 $m=k-1$ 时正确,亦即对于含 $2k-1$ 个点的集合 Z(k 是自然数,$k \geqslant 2$),$L(Z)$ 存在. 我们要证明当 $m=k$ 时命题也正确,亦即对于含 $n=2k+1$ 个点的集合 Z,$L(Z)$ 存在.

我们来研究由圆上的点 $A_1,A_2,\cdots,A_{2k-1},A_{2k},A_{2k+1}$ 组成的集合 Z. 设 U 是由点 $A_1,A_2,\cdots,A_{2k-1}$ 组成的集. 按归纳假设,对于集合 U,折线 $L(U)$ 存在.

不难看出,存在这样的闭折线 K,它的节段由将 $A_1,A_2,\cdots,A_{2k-1}$ 中的每点分别与 A_{2k},A_{2k+1} 连结所得的线段,以及线段 $A_{2k}A_{2k+1}$ 所组成,并且这些线段中的每一条都仅在 K 的节段中出现一次.

❖一样不一样

安德列把一个用硬纸板做成的凸多面体,沿着它的每条棱剪开成若干块,然后把这若干块硬纸板寄给科里亚. 科里亚用这些硬纸板又粘合成一个多面体,能否产生这种情况:科里亚粘合成的多面体和安德列所剪的多面体不是同一个形状?

解 可能. 图1就是一个各面棱长相同的不同多面体的例子.

各面棱长分别表示为 a,b,c,d,可取 $a=9,b=10,c=11,d=12$.

图1中的多面体是由两个三棱锥组成. 具有这些棱长的三棱锥的存在性是

明显的,但严格证明并不容易.

注　本题是由相同的面和相同的棱长构成两个不同的多面体的典型例子.

如果安德列将所有的棱长编号且在各个面上写上与这个面相邻的棱的号码,则科里亚会粘出一个完全一样的凸多面体. 这里有一条柯西定理 —— 如果一个多面体的各个面与另一个多面体的各个面分别全等,那么这两个多面体全等.

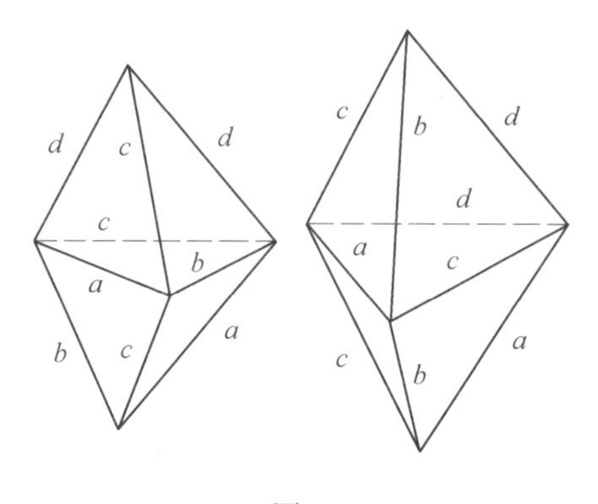

图 1

对于两个非凸多面体来说,柯西定理就不正确了,请看图 2 的例子.

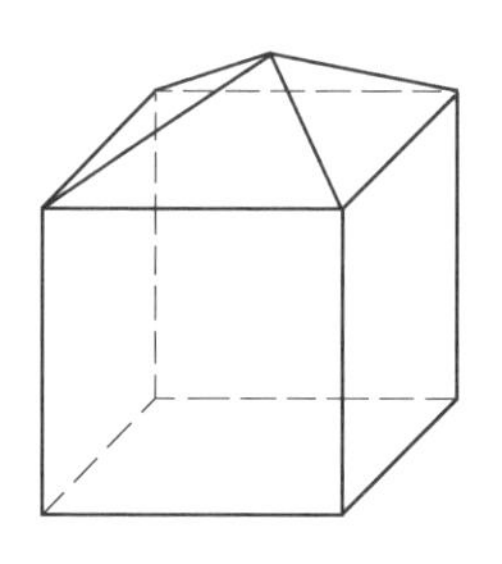
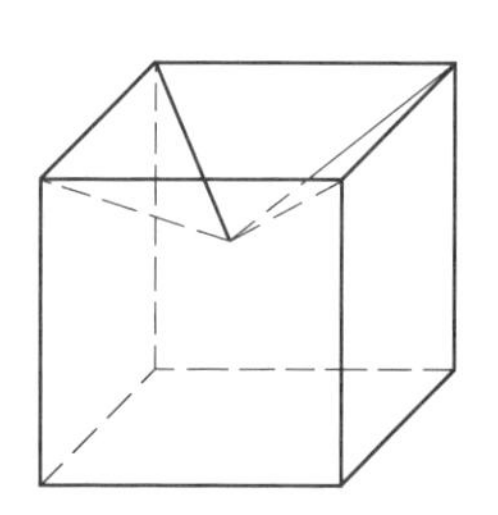

图 2

❖张冠莫李戴

某银行有十一个不同的职位,按从高到低的顺序为行长、第一副行长、第二副行长、第三副行长、经理、出纳、助理出纳、会计员、第一速记员、第二速记员和门卫,这十一个职位由下列人员担任,按字母顺序排列是:阿达姆先生、布朗太太、剑普先生、德欧女士、伊万先生、福特太太、葛兰先生、希尔小姐、约翰先生、凯恩太太、朗昂先生. 至于他们的情况仅知道下面的一些事实:

(1) 第三副行长是行长宠爱的孙子,但并不为布朗太太和助理出纳所喜欢.

(2) 助理出纳和第二速记员均分他们父亲的财产.

(3) 第二副行长和助理出纳戴同一式样的帽子.

(4) 葛兰先生告诉希尔小姐要马上给他派一个速记员来.

(5) 行长的近邻是凯恩太太、葛兰先生和朗昂先生.

(6) 第一副行长和经理住在不大吸收新会员的独身俱乐部.

(7) 门卫从小就一直住在那一间阁楼里.

(8) 阿达姆先生和第二速记员是年轻未婚者中的社交活动家.

(9) 第二副行长曾经和会计订婚.

(10) 时髦的出纳是第一速记员的女婿.

(11) 约翰先生定期把自己不穿了的衣服给伊万先生穿,却不让年龄较大的会计知道这件事.

问如何把这十一个人的名字正确地对上他们担任的职务?

解 在试图确定六个男人担任什么样的职务时,我们注意到他们中的五人是:由(6)确定第一副行长和经理,由(1)确定第三副行长,由(10)确定出纳和由(7)确定门卫,由(3)知第二副行长与助理出纳是同性的,且因为只有六个男人,这两个人必定是妇女,因此,当第二副行长是妇女时,则会计员由(9)可知是男人.

妇女则必定占有另外五个职务:行长、第二副行长、助理出纳、第一速记员和第二速记员. 因为总经理已婚,由(1)知不是布朗太太,由(5)知也不是凯恩太太,故她是福特太太. 由(4)知希尔小姐不是速记员而由(8)知第二速记员是未婚的,因此,第二速记员是德欧女士,且由(2),助理出纳是已婚的,因为由(1)知助理出纳不是布朗太太,因此她是凯恩太太. 由(10)知第一速记员是已婚的,因而是布朗太太. 故希尔小姐是第二副行长.

由(4)知葛兰先生给希尔小姐下指示,因此他的职务比她高,故他是第一副行长. 由(6)知他和经理住在一块,因而由(5)知经理必是朗昂先生. (8)中年轻的阿达姆先生不是(11)中的年老的会计员,又由(11)知既不是约翰先生也不是伊万先生,因而剑普先生是会计员. (8)中未婚者的社交活动家阿达姆先生不是(10)中已婚的出纳,根据(7)也不是住在阁楼上的门卫,因此阿达姆先生是第三副行长.

(10)中的时髦的出纳不会定期接受旧衣服来穿,因而由(11)知他并不是伊万先生,而必定是约翰先生. 最后由(11)知伊万先生必定是门卫,这职位就与(7)中说的他住阁楼相称.

❖队列表演

在一次大型运动会上,某小学要进行队列表演,共有3 988名学生,每人都被编上一个号,每一个从1到1 994的自然数都被某2名学生佩带,现在要求将

他们排成一列,使两个编号为1的学生中间恰好夹1名学生,两个编号为2的学生中间恰好夹2名学生,……,两个编号为1 994的学生中间夹1 994个学生,这样的排法能否实现?

解 本题即能否将两个1,两个2,……,两个1 986排成一列,使得两个1之间刚好夹着1个数,两个2之间刚好夹着2个数,……,两个1 986之间刚好夹着1 986个数?

考察任何两个a和两个b的相互被夹关系,容易看出:如果恰有1个b被夹在两个a之间,那么也恰有1个a被夹在两个b之间;如果两个b都被夹在两个a之间,那么就不会有a被夹在两个b之间;而如果没有b被夹在两个a之间,那么或者没有a被夹在两个b之间,或者两个a都被夹在两个b之间;除此之外,再没有其他情况. 因此,任何两对不同数字相互被夹的数目之和不是2即是0,总为偶数. 推而广之,即知在两个1,两个2,…,两个1 986之间,被夹的其他数字的总数目一定是偶数.

但现在按题目意思,这个总数目却需要为

$$1+2+\cdots+1\,986=\frac{1\,987\times1\,986}{2}=1\,987\times993$$

是一个奇数,可见题目中所述的排法是办不到的.

一个一般的问题是:能否将两个1,两个2,……,两个n排成一列,使两个1之间刚好夹着1个数,两个2之间刚好夹着2个数,……,两个n之间刚好夹着n个数?

关于这个问题的初步答案就是:在

$$1+2+\cdots+n=\frac{(n+1)n}{2}=C_{n+1}^{2}$$

为奇数的场合,所述的排法不能办到.

至于对在C_{n+1}^{2}为偶数的场合,所述排法能否实现,尚需作进一步讨论. 所以我们说这个答案是初步的. 下面我们仅仅指出,在$n=3$和4时,所述的排法是能实现的,如

231213,41312432

❖日历问题

(1)元旦那天为星期六的次数多,还是为星期日的次数多?

(2)一周的七天中,哪一天在每月的第30日出现的次数最多?

解 (1)在格里历(即通用的阳历)里,除了闰年以外,每年都有365天.而一个闰年中,由于二月有29天,则全年天数为366天.除了能被100整除但不能被400整除的年数外,其他能被4整除的年数均为闰年(如1800年,1900年和2100年都不是闰年).也就是说,2000年是闰年,因为数2 000可以被400整除.新年元旦是在一月一日,我们现在就来讨论元月一日这一天是星期日的次数多,还是星期六的次数多.

在两个元月一日之间的间隔天数并非总为一常数,而是随每400年进行周期性的变化,因为400年内所包括的周数为一常数,在一普通年中有52周零1天,在一闰年中有52周零2天,这样,在包含有一闰年的四年期间有4×52周零5天.由于在一个400年的周期内有三年的年数能被100整除而不能被400整除,所以在400年中有400×52周零5×100-3=497天(即71周),这里的周数显然为一整数,这样只要在任意一个400年的周期中推算出元月一日这天为星期日的次数多还是为星期六的次数多,便得知问题的答案.

我们来讨论从1901年到2301年这个400年的周期.我们看到,如果在一个28年的期间内,其每个第四年为一闰年,也就是说,在这28年中不会出现某一年的年数为可以被100整除而不能被400整除的现象,则这28年所含有的周期数为一整数,因为每4年包含有4×52周零5天,则在28年内就包含有7×4×52周再加上5×7=35天=5周.现在已知1952年的元月一日是星期二,由于每一普通年含有一个整周数零1天,而一个闰年含有一个整周数零2天,所以1953年的元月一日是星期四(因为1952年是闰年),1954年的元月一日为星期五,1955年的元月一日为星期六等;同样的,我们还可以知道1951年的元月一日为星期一,1950年的元月一日为星期日等,用这种方法我们可以推算出从1929年到1956年28年期间,元月一日那一天出现在每周七天中的次数是相同的(即各为4次).与上述同样的情况也发生在从1901年到1928年这28年中(注意,在连续每4年有一闰年的28年期间,其包含的周数为一整数,因而一周中的每一日出现在元月一日的这一天的次数是相等的).同理,从1957年到1984年,从1985年到2012年(其中2000年为一闰年,因为2 000可以被400整除,从2013年到2040年,从2041年到2068及从2069年到2096年都与上述情况相同.这样从1901年到2096年期间,元月一日这天发生在一周的每天的次数是相等的.

从以上讨论可知,2096年的元月一日与1901年的元月一日和1929年的元月一日都为星期二,2098年的元月一日为星期三,2099年的元月一日为星期四,2100年的元月一日是星期五,2101年的元月一日是星期六(因为2100年不

为闰年). 下面我们还可以推出从2101年到2128年期间,元月一日这天发生在一周中的每天的次数也各为4次,但与1901年到1928年期间所不同的是第一个元月一日起始于星期六而不是星期二. 同理从2129年到2156年,从2157年到2184年也同上述情况一样,2185年元旦同2101年一样为星期六,这样我们可以推出从2185年到2201年中元月一日中有2次星期一、三、四、五、六及3次星期日和星期二. 2201年的元月一日为星期四,在从2201年到2284年这 $3\times28=84$ 年期间,元月一日发生在一周中的每一天的次数是相等的. 2285年的元月一日同2201年的元月一日一样为星期四,这样我们就可推算出从2285年到2300年的元月一日的情况,结果为这期间的元月一日有两次星期一、二、三、四、六及三次星期五、日. 最后我们将元月一日发生在一周的各天中不相等的次数作一统计,则有 $2+2=4$ 次星期一, $1+3+2=6$ 次星期二, $1+2+2=5$ 次星期三, $1+2+2=5$ 次星期四, $1+2+3=6$ 次星期五, $2+2=4$ 次星期六和 $3+3=6$ 次星期日. 所以元月一日这天为星期日的次数比为星期六的次数多.

(2) 由(1)的分析,我们可以推算出在任一个400年的周期内,一个月的30日这天,星期日为687次,星期一为685次,星期二为685次,星期三为687次,星期四为684次,星期五为688次,星期六为684次,所以在每月第30日出现次数最多的为星期五.

注　如果能够推导出由某年某月某日计算星期几的公式,那么就可用计算机解决此问题. 关于公式的推导见附录(8).

❖赛场选址

聚集在纽约市的象棋大师,多于美国其他地方的象棋大师. 象棋协会计划组织一次象棋比赛,美国的象棋大师均应参加. 而且,比赛应该在使所有参赛大师旅途总和最小的地方举行. 纽约市的象棋大师主张,这次比赛必须在他们所在的城市举行. 西部地区的象棋大师则认为,比赛地点应选在位于或邻近所有参赛人的中心的城市举行. 问比赛应在什么地方举行?

解　纽约市象棋大师的主张是正确的. 为证明这一点,以 $N_1,N_2,\cdots,N_k$ 表示来自纽约的象棋大师. 以 $O_1,O_2,\cdots,O_t$ 表示来自其他地区的象棋大师. 由于生活在纽约市的象棋大师多于美国象棋大师的总数的一半,因而 $k>t$. 如果把纽约市的象棋大师和其他地区的象棋大师一一配对 $(N_1,O_1),(N_2,O_2),\cdots,(N_t,O_t)$,则没有配对的只有纽约市的象棋大师 $N_{t+1},N_{t+2},\cdots,N_k$.

现在,我们来考虑(N_1, O_1)这一对. 不论比赛在什么地方举行,象棋大师N_1, O_1总要有一段旅途,其和最小为N_1O_1,即N_1, O_1所在城市的直线距离. 因此,全部参赛人员旅途之总和不小于

$$S = N_1O_1 + N_2O_2 + \cdots + N_tO_t$$

如果比赛地点选在纽约市,则S恰好是全部参赛大师旅途之总和. 假如在纽约市以外的地方举行比赛,则这t对参赛大师总的旅途至少为S. 此外,还要加上不可避免的$N_{t+1}, N_{t+2}, \cdots, N_k$的旅途. 因此,赛场选在纽约市是正确的.

❖走出沙漠

一块沙漠形如半平面,将此半平面分割成规格为1×1的许多小方格. 距边界15个小方格的沙漠中有一个能量E为59的机器人,每个小方格的耗能为不大于5的自然数,而任意一个规格为5×5的沙漠正方形的耗能为88. 机器人可进入与它相邻的四个小方格中的任一个(有公共边的小方格称为相邻的),每进入一格,机器人的能量会减少一个它所进入的小方格的耗能数,问机器人能否走出沙漠?

解 如图1所示,用带箭头的路线表示机器进入五条不同的行动路线,※表示机器人所在的位置.

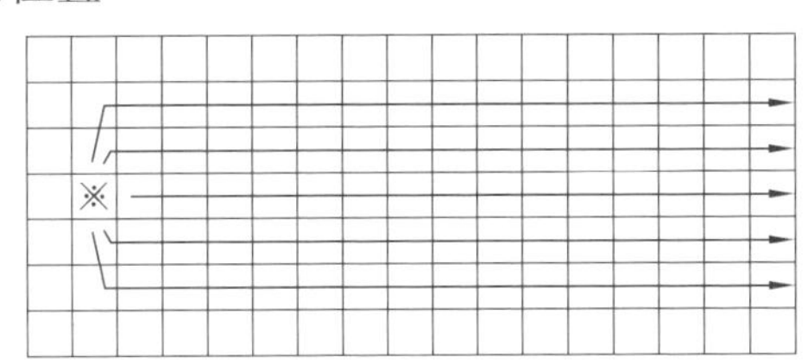

图1

这五条线路所经过的小方格的耗能总和不超过$3 \times 88 + 2 \times 10 + 2 \times 5 = 294$(上述路线一次经过3个大小为$5 \times 5$的正方形,两次越过机器人原来位置相邻的上下两块方格地,一次越过与机器人原来位置相邻的上下两块方块地).

因此在这五条不同的路线中至少有一条所经过的小方格的耗能总和少于59,因此机器人沿这条路线移动就可以走出沙漠.

❖真假难辨

城市 A 的所有居民都讲真话,城市 B 的所有居民都讲假话,已知城市 A 的居民常去城市 B,城市 B 的居民常去城市 A. 有一陌生人来到这两个城市之一,但他不知道是哪个城市,要弄清楚他所在的城市是哪一个,他应该问第一次遇见的人一个什么问题?

解 应该问:“你是这个城的吗? ”,那么在 A 城中总是回答“是”,在 B 城中总是回答“不”.

❖少校与破坏者

法拉国分布在 1 000 000 000 个岛上,在某些岛之间每日有轮船往来,已知从任何一个岛可坐轮船到达任一另外的岛(可能要换船). 一个破坏者与普拉宁少校每天至多只坐船航行一次,并且没有其他交通工具,破坏者每月 13 日不坐船,但普拉宁少校不迷信,并且他总知道破坏者所在地点. 证明:少校能抓住破坏者(即与他同时出现在一个岛上).

证明 把两岛间距离定义为从一个岛能到达另一岛所需的最短的日子. 注意到,破坏者与普拉宁少校之间的距离不随时间流程而增加,而每月 13 日距离减少 1(少校知道破坏者的路线和位置). 这意味着,若在初始时刻普拉宁与破坏者之间的距离为 a,则至少经过 a 个月少校能抓住破坏者.

❖猫捉老鼠

二人在 8 × 8 象棋棋盘上做猫捉老鼠的游戏,第一个人有一个筹码表示老鼠,第二个人有若干筹码表示猫,所有筹码的走法是一样的:一次可以向右、向左、向上或向下走一格,如果老鼠出现在棋盘边缘上,那么轮到它走时就从棋盘上跳下,如果猫和老鼠落在同一个方格内,那么猫就吃掉老鼠.

游戏按顺序进行,并且第二个人所有的猫可以同时移动(不同的猫可以同

时在不同的方向上移动),老鼠先走,它力求从棋盘上跳下,而猫力求在此之前吃掉它.

(1) 假设共两只猫,老鼠已位于某个不在边缘的方格上,能否将猫摆在棋盘边缘上,使它能吃掉老鼠?

(2) 假设有三只猫,然后老鼠可有另外的走法:第一次它连续走两步. 证明:不论开始时如何布置筹码,老鼠总能摆脱猫.

解 (1) 可以. 不管老鼠处于何位置,猫都应该这样移动,使得老鼠要处在它们之间的平行于对角线的线段上,并且当老鼠走任何一步后,猫都应使老鼠仍旧处在位于它们之间的平行于对角线的直线上.

(2) 经过老鼠引两条平行于对角线的线段,并除去这两条线段两端的方格,这样棋盘就被分成四部分,当某一部分没有猫时,老鼠就应沿指向边界的方向进入这个方格,显然,猫不能吃掉它,因而,不论猫走完任何一步以后,在老鼠移动的方向的前方与猫之间总有一个方格. 证毕.

❖美国大选

在美国现行选举制度下,一个总统能被选上所需的最少的选民票是多少?

假定 N 是选民票的总数,每个州的选民票与选举人票成正比,并且只有两个候选人.

解 有 531 张选举人票,故当选所需的票数是 266 张. 存在一组具有总数恰好是 266 张选票的州,即

州名	选举人的票数	
	(1940 年选票)	(1944 年选票)
加利福尼亚	22	25
伊利诺斯	29	28
路易斯安娜	11	11
缅因	5	5
马萨诸塞	17	16
密执安	19	20
密苏里	15	15
新泽西	16	16
纽约	47	47
俄亥俄	26	25
宾夕法尼亚	36	35
得克萨斯	23	23
	266	266

州数更少便不具有这个特点,因为选民票与选举人票成正比,故可设 $531n = N$,使得一个州具有 k 张选举人票就有 kn 张选民票. 因为 kn 必须是整数,且因各州选举人票以及它们的总数是互素的,推知 n 是一个整数,而且 N 是奇数或偶数随 n 是奇数或偶数而定. 一个获胜的候选人可能正好赢得上面所列举的各州的选票而没得到其他任一个州的选票,在每一个州他需要【$\frac{1}{2}kn + 1$】张选票(在上表中,路易斯安娜州和缅因州被列入是由于这两个州中的选举人票都是奇数,当 N 是奇数时,所需的选票的票数会减去 1).

实际上选民票加起来,我们发现在每一次分配下,所需的选票的最少票数为

$$\frac{133}{531}N + \varepsilon$$

其中,$\varepsilon = 8$ 或 12,按照 N 是奇或偶而定,这个数均为选民票总数的25.05%.

❖新年联欢会

有 $2n$ 个人参加新年联欢会,其中每一个人至少与 n 个出席者认识. 证明:在联欢会的参加者中可以找到 4 个人,能把他们安置在一棵枞树周围,使得任意两位相邻站着的参加者相互认识.

证明 用数学归纳法加以证明,当 $n = 2$ 时,新年联欢会上出席 4 人:A,B,C,D. 若 4 人彼此都认识,则命题得证. 若 A 与 B 不认识,则他们中每一个人都与 C 和 D 认识. 因此,所要寻找的 4 人次序为 A,C,B,D. 设有 $2n + 2$ 个人出席联欢会,并且每一个人至少与 $n + 1$ 个参加者认识. 假定某两个参加者 A 与 B 彼此不认识(否则命题结论显然成立). 若它们有两位共同认识的 C 与 D,则所求的 4 人次序为 A,C,B,D. 在相反情形,考虑除 A 和 B 以外的 $2n$ 个参加者的集合 M,集合 M 满足命题条件:每一个属于 M 的参加者至少认识 M 中几个人. 根据归纳假设能从 M 中选出所要求的 4 人.

❖学习成绩

西多洛夫家的三兄弟阿廖沙、列尼亚、萨沙在 9 年级的同一班上学习,教师发现,他们当中的每一个如果在考试中接连得了两次 4 分或两次 3 分,则他会马马虎虎对待学习因而下次考试得 3 分;如果连得两次 5 分,则不再努力因而下一

次得 2 分;而如果两次考试 得到不同的分数,则下次考试将得到这两个分数中较高的一个分数. 在学期开始时,阿廖沙得了 4 分和 5 分,列尼亚得 3 分和 2 分,萨沙得了 2 分和 4 分. 如果一个学期内教师给他们每个人进行 30 次考试,并且以与各人所得考分的算术平均值最接近的整数作为其学期成绩,问他们三人的学期成绩各是多少?

解 阿廖沙和萨沙都得 4 分,而列尼亚得 3 分.

如果把每个孩子的分数分别记录下来,我们就会发现各人的分数从某次开始将周期性地重复出现,如图 1 所示,计算出所求的算术平均值,即可得到前面的答案.

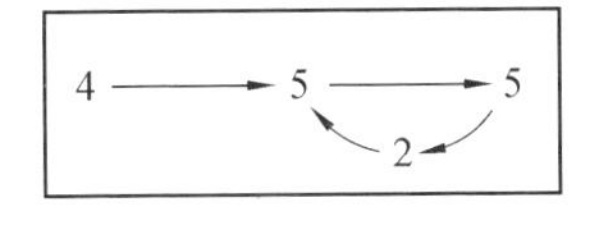

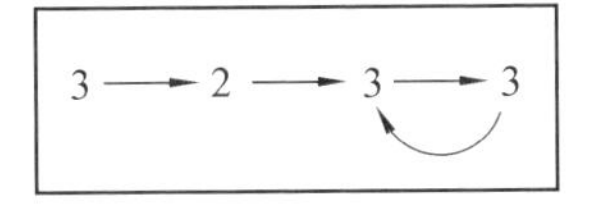

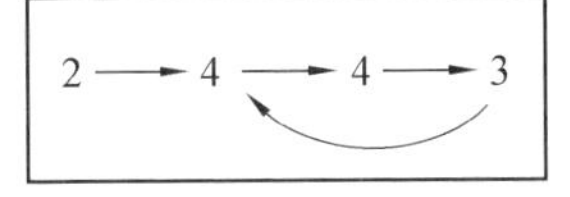

图 1

❖安排汇演

11 个剧团参加汇演. 每天都排定其中的某些剧团演出,其余的剧团则跻于普通观众之列. 在汇演结束时,每个剧团除了自己的演出日外,至少观看过其他每个剧团的一次表演. 问这样的汇演至少要安排几天?

解 设 $N=\{1,2,\cdots,n\}$ 为汇演的日期集,并将每一剧团用一子集 $A\subset N$ 标明,剧团 A 在 x 日表演当且仅当 $x\in A$. 为了使两剧团 A 和 B 至少互相观看一次对方的演出,即至少有一天属于 B 而不属于 A,也有一天属于 A 而不属于 B,所以我们不能有 $A\subseteq B$ 或 $B\subseteq A$;特别地 $A\neq B$,所以不同的剧团有不同的标号.

我们先证 $n=6$ 是足够的. 事实上,十一个剧团的一种可能标号是 $\{1,2\}$,$\{1,3\}$,$\{1,4\}$,$\{1,5\}$,$\{2,3\}$,$\{2,4\}$,$\{2,5\}$,$\{3,4\}$,$\{3,5\}$,$\{4,5\}$,$\{6\}$. 这些恰好是 $\{1,2,3,4,5,6\}$ 的 11 个子集,并且任何两个都不互相包含.

其次,证明 $n=5$ 不能满足条件,因为每个剧团标号是一个子集 $A\subset\{1,2,3,4,5\}$,并且显然 $1\leqslant|A|\leqslant 4$(这里 $|A|$ 表示 A 中所含元素的个数,称为 A 的大小). 定义链为序列 $A_1\subset A_2\subset A_3\subset A_4$,其中 $|A_i|=i,1\leqslant i\leqslant 4$. 则 A_1 的一个元素可以是 1,2,3,4,5 中任何一个数,A_2 除了含有这一数外,还含有其余四个数之一,其余类推. 所以这种链的个数是 $5\times4\times3\times2=120$. 因大小为 1 或 4

的每个子集出现在 $4\times3\times2=24$ 个链中,大小为 2 或 3 的每个子集出现在 $2\times3\times2=12$ 个链中(例如,A_2 含有某两数,则 A_1 含有这两数之一,A_3 再含有其他三数之一,A_4 再含有其余二数之一). 由于我们有 11 个剧团,每个剧团的标号在 120 个链中出现 24 次或 12 次,所以 11 个标号总共至少出现 $11\times12=132$ 次. 根据抽屉原理,至少有两个标号,记为 A 和 B,出现在同一个链中,但这与条件 $A\neq B$ 和 $B\neq A$ 矛盾.

❖古代手稿

档案馆发现了一张描述放有古代手稿的箱子埋藏地点的纸条. 纸条上写着:"从白桦树向橡树走去,量出这段距离. 在橡树处向右转再走同样距离. 设 M 是您到达的地点. 然后,再从白桦树向石碑走去,量出这段距离,再向左转,量出同样的距离. 设 N 是您这次到达的地点. 箱子藏在 M 和 N 的中点处." 考古学家来到了纸条上指出的地点,白桦树已没有了. 怎样寻找放有手稿的箱子呢?

解 点 N 是点 M 经过按顺时针方向先绕点 D(橡树)旋转 $90°$,然后绕点 C(石碑)旋转 $90°$,两次旋转复合后所得的像. 但是,在同一方向上都旋转 $90°$ 的两次旋转的复合是绕某点 O 旋转 $180°$. 问题中的所求的点也就是这样的旋转的中心. 显然要寻找这一点并不需要点 B(白桦树). 例如,设 D' 是 D 绕 C 旋转 $90°$ 时所得的像,则 O 就是线段 DD' 的中点.

❖百密一疏

6 艘警察的汽艇包围了走私者的摩托艇. 汽艇在正六边形的各顶点处,而摩托艇在正六边形的中心. 摩托艇的最大速度是 25 km/h,汽艇是 20 km/h. 走私者听到警察队长命令自己的人始终向摩托艇方向前进. 问走私者能脱离包围而逃脱追捕吗? 如果能够的话,怎么逃?

解 能. 走私者脱离包围所能采取的策略,例如,可以始终沿通过正六边形(它的顶点在开始时分布着警察的汽艇)任一边中点的直线驾驶摩托艇开去.

设 O 是正六边形的中心,它是摩托艇的位置. 又设 A,B 是此六边形的顶点,它们是警察汽艇占有的位置,如图 1. 接到命令后,A 处警察始终严格地向摩托艇前进,因此他的汽艇画出了某条弧 AA'. 如果汽艇沿线段 AS 运动,这里,S 是等边 $\triangle AOB$ 的中心,那么他走的路比 AA' 弧要短得多. 但即使如此,我们证明走私者也能逃脱追捕. 显然,$v_a=\frac{4}{5}v_0$,这里 v_a 是汽艇速度,v_0 是摩托艇速度. 如果走私者在点 S,则警察位于线段 AS 上的 A_1 处,它到点 A 的距离为$\frac{4}{5}AS$(图 2). 设在 A_1 处警察选定了最好的策略,使自己的汽艇抢先占到点 C 而截获走私者的摩托艇. 显然,如果能这样的话,将有 $A_1C=\frac{4}{5}SC$. 把 A_1S 的长度记为 x,并对 $\triangle A_1SC$ 应用余弦定理,得

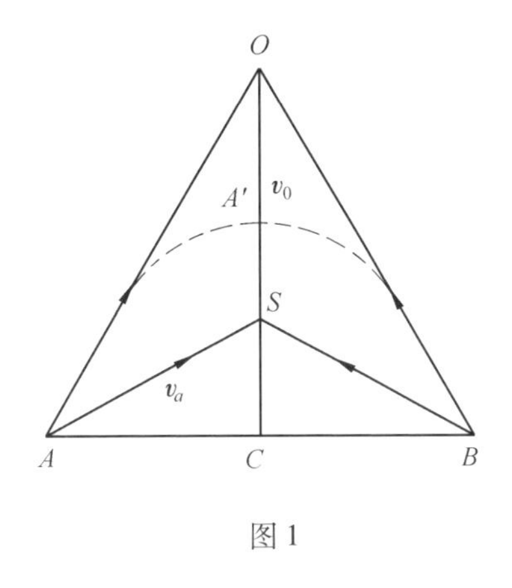

图 1

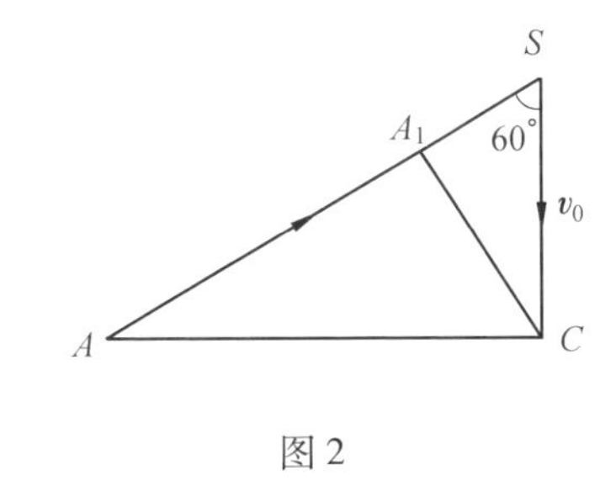

图 2

$$\left(\frac{4}{5}SC\right)^2=SC^2+x^2-2SC\cdot x\cdot\frac{1}{2}$$

或

$$x^2-SC\cdot x+\frac{9}{25}SC^2=0$$

因为这个二次方程的判别式是负的($\Delta=SC^2-\frac{36}{25}SC^2<0$),所以警察抓不到走私者.

❖狼追野兔

直线 l 为一森林的边界(图 1). $AC\perp l$,点 B 为 AC 的中点. 野兔和狼分别于 A,B 同时匀速奔跑,其中野兔的速度是狼的两倍. 如果狼比野兔提前或同时跑到某一点,则就认为野兔在这点能被狼抓住. 野兔是沿着 AD 直线奔跑的. 问直线 l 上的点 D 处在什么位置时,野兔在 AD 上不可能被狼抓住?

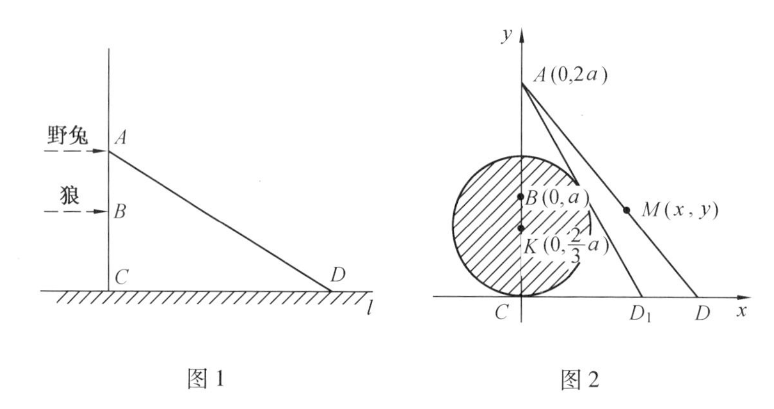

图1　　　　　　　　图2

解　如图2建立直角坐标系,设点B坐标为$(0,a)$,则点A坐标为$(0,2a)$. 狼的奔跑速度为v,则野兔的速度为$2v$. 在AD上取一点$M(x,y)$,若在点M野兔不被狼抓住,则应有

$$\frac{\sqrt{x^2+(y-2a)^2}}{2v}<\frac{\sqrt{x^2+(y-a)^2}}{v}$$

整理得

$$x^2+\left(y-\frac{2}{3}a\right)^2>\left(\frac{2}{3}a\right)^2$$

这就是说,点M必须在以$K\left(0,\frac{2}{3}a\right)$为圆心,半径为$2a/3$的圆外. 过$A$作圆$K$的切线交$l$于$D_1$,容易算得$CD_1=2\sqrt{3}a/3$. 即当$CD>2\sqrt{3}a/3$时,野兔不可能被狼抓住.

❖一览无余

某矿湖有着与众不同的特点:随便游艇处在它的哪一个点,游客总不能一眼就看到整个湖. 因此,希望欣赏整个湖泊的旅游者,不得不常改变自己观测的位置. 证明:如果在湖上找到了一点,从这点可以立刻把整个湖面一览无余,那么所有这样的点填满某个凸区域.

证明　矿湖问题与所谓星形集的理论有关.

一般说来,星形集不是凸集,但它至少有一个点,连结此点与该集所有点的线段均属于该集. 矿湖问题归结为证明具有上述性质的点的集是凸集.

设$\sum$为湖面上可以看到整个湖的点的集,这些点记为$A,B,C,\cdots$. 需要证明,若 $A\in\sum$,$B\in\sum$,C 在线段 AB 上,则 $C\in\sum$.

设 P 是湖面上任一点. 我们证明从点 C 看得见点 P. 因为 $A\in\sum$,$B\in\sum$,故线段 AP 和 BP 通过整个湖,没有一处通过陆地(图1). 点 C 在点 A,B 之间,因而线段 CP 在 $\triangle ABP$ 内. 现在,设从点 C 看不见点 P. 此时,在线段 CP 上应该有不属于湖面的某个点 Q. 但此时点 Q 将挡住线段 BQ 延长线上的点,而且从 B 看不见 AP 与 BQ 的延长线的交点 R. 这与 $B\in\sum$ 矛盾. 所以,从点 C 看得见湖上的任何点.

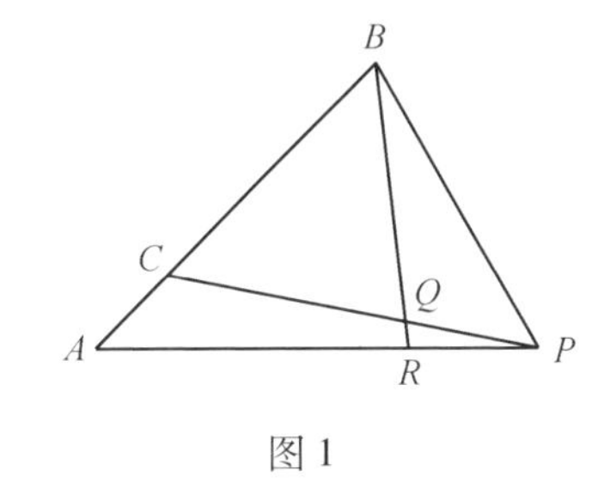

图 1

❖阿凡提的故事

《阿凡提的故事》里有一则极为有趣的数学传说. 其大意是:有人对一条由七个环连成的金链,在限定只许断开其中一环的情况下,要阿凡提每天必须且仅许取走一个金环,七天取完. 聪明的阿凡提,设计了一个巧取方案. 你知道是如何取的吗?

解 第一天,阿凡提断开第三环,并取走了它(如图1);第二天,他还回昨天取走的环,而取走了两个连在一起的环;第三天,他又取走那个断开的环;第四天,他还回取走的三个环,而取走了连在一起的四个环;第五天,他取走断开的环;第六天,他还回断开的环,取走两个连在一起的环;第七天再将剩下的断环取走.

图 1

数论中,有个活跃的分支叫分拆. 它主要研究将一个正整数表示为若干个正整数之和的学问. "阿凡提巧取金环" 实质上是一个有趣的分拆问题. 它相当于下面的分析

$$7=2+①+4$$

其中,2 表示两个连在一起的环;① 表示一个断开的环;4 表示四个连在一起的环.

容易看出,我们以分拆数 2,1,4,或其中的数的和(每次作和时,每个数至多取用一次)可分别连续地表示出 1,2,…,7,而 7 的其他分拆

$$7 = ① + 6$$

$$7 = 1 + ① + 5$$

$$7 = 3 + ① + 3$$

都无法按上述要求连续地表示出 1,2,…,7. 可见,使链条环数 m 的分拆数,或其中的数的和能够连续地表示出 1,2,…,m,乃是阿凡提能够巧取金环的奥妙之处. 把握了这一点,对于更为一般的“巧取金环”问题,我们容易得到下面的结论.

对一条金链,如果允许断开其中的 n 个环,那么,每次取且仅取一环(对所剩的环数而言)时,此金链最长的环数为

$$N = (n + 1)2^{n+1} - 1$$

很明显,断开 n 个环时,除断环外至多可将金链分为 $n + 1$ 段. 注意到,用 n 个断环可以连续地表示出 1,2,…,n,则此 $n + 1$ 段中的第 1 段可留 $n + 1$ 个环. 由于连在一起的这 $n + 1$ 个环与 n 个断开的环,又可连续地表示出 $n + 1$,$n + 2$,…,$2n + 1$,所以第 2 段可留 $2(n + 1)$ 个环. 仿上可知第 3,4,…,$n + 1$ 段分别留有 $2^2(n+1)$,$2^3(n+1)$,…,$2^n(n+1)$ 个环. 于是,在题设条件下,金链最长的环数为

$$N = n + (1 + 2 + 2^2 + \cdots + 2^n)(n + 1) = (n + 1)2^{n+1} - 1$$

❖贪财的游客

一个岛上的游客试图得到宝藏. 为此,他们要按如下规则打开漆有 n 种不同颜色的一系列的门. 规则如下:

(1) 每个游客有 n 把钥匙,每种颜色各一把;

(2) 每把钥匙一旦用了,则必须一直用到损坏为止,中间不许更换;

(3) 每把钥匙可以打开与它颜色不同的门,在开与它同色的门时损坏.

求门的序列的“长度”至少是多少时,每一位游客都不能得到财宝?

解 设 k_n 为最小长度

$$k_n \leqslant n^2 - 2n + 4, n \geqslant 3 \quad ①$$

1973 年,有人证明了存在长度为 $n^2 - 2n + 4$ 的数列 S,以 1,2,…,n 的每一个排列为其子数列(我们称之为完全数列). 于是,任一游客的钥匙序列 i_1,

$i_2,\cdots,i_n$ 必为 S 的子序列. 在开门的过程中钥匙 $i_1,i_2,\cdots,i_n$ 将逐一损坏,不能将门全部打开,取得宝藏. 因此式 ① 成立.

另一方面,如果数列 S 中缺少 $1,2,\cdots,n$ 的某一排列,那么将钥匙排成这个数列 $i_1,i_2,\cdots,i_n$,则这些钥匙不可能在开门过程中完全损坏. 从而可以打开所有的门,取得宝藏.

猜测:完全数列的最小长度为 n^2-2n+4. 这等价于猜测

$$k_n=n^2-2n+4,n\geqslant 3 \qquad ②$$

我们可以构造一个长为 n^2-2n+4 的数列含有所有排列,方法如下:

用 U 表示 $5,6,\cdots,n$. 将数列 $234234234\cdots$ 与 $1U1U1U\cdots$ 交错排成数列

$$v=213\mid \underbrace{\underset{\text{第一段}}{U412}\mid \underset{\text{第二段}}{U314}\mid \underset{\text{第三段}}{U213}\mid \underset{\text{第四段}}{U412}}_{n-1\text{段}}\mid \cdots$$

v 的长度为

$$3+(n-1)^2=n^2-2n+4$$

为了证明 v 含有 $1,2,\cdots,n$ 的所有 n—排列,我们将第 k 段记为 Ub_k1d_k,并用 A_k,B_k,C_k,D_k 分别表示 v 的从头开始,在第 k 段的 $U,b_k,1,d_k$ 终止的子数列.

性质 A　A_k 含所有结尾不是 b_k 的 k— 排列.

性质 B　B_k 含所有 k— 排列.

性质 C　C_k 含所有 1 在其中出现,d_k 不在结尾的 $(k+1)$— 排列.

性质 D　D_k 含所有 1 在其中出现的 $(k+1)$— 排列.

显然第一段具有上述四条性质. 假设第 $k-1$ 段具有这四条性质,考虑第 k 段.

i A_k 具有性质 A. 事实上,不以 b_k 为结尾的 k— 排列中,倒数第二个为 b_{k-1} 的那些包含在

$$A_k=B_{k-1}1d_{k-1}U$$

中,因为 B_{k-1} 具有性质 B. 其他的,则由于

$$A_k=A_{k-1}b_{k-1}1d_{k-1}U$$

而 A_{k-1} 具有性质 A,所以也包含在 A_k 中.

ii B_k 具有性质 B. 事实上,A_k 具有性质 A,只需证明 B_k 含有结尾的 b_k 的 k— 排列. 由于 B_{k-1} 具有性质 B,而

$$B_k=B_{k-1}1d_{k-1}Ub_k$$

所以结论成立.

iii C_k 具有性质 C. 因此 $C_k=B_k1$,所以它含有以 1 为结尾的 $(k+1)$— 排列,对不以 1 为结尾的 $(k+1)$— 排列,又分为两种情况. 若 d_{k-1} 不是倒数第二个,则由 $C_k=C_{k-1}d_{k-1}Ub_k1$ 及 C_{k-1} 具有性质 C 推出,若 d_{k-1} 为倒数第二个,则由 $C_k=$

$D_{k-1}Ub_k1$ 及 D_{k-1} 具有性质 D 推出.

iv D_k 具有性质 D,因为 C_k 具有性质 C,只需证明 D_k 含有 1 在其中出现,d_k 为结尾的 $(k+1)$— 排列,由于 $D_k = D_{k-1}Ub_k1d_k$,D_{k-1} 具有性质 D,所以结论成立.

当 $k = n - 1$ 时,性质 D 即表明 v 含有所有的 n— 排列.

所以 $n^2 - 2n + 4$ 即是最小长度.

❖别佳在说谎吗

别佳有一套名为“镶木地板青年工人”的玩具,它由一些小薄木块组成,放在一个矩形的盒子里,铺开成一层,刚好盖满盒底的全部面积,每一块小薄木块的面积都是 3 cm^2,其形状或为矩形,或为角状(如图 1 所示).别佳声称他丢了一块角状木块,并做了一块矩形木块来代替它,用其余木块连同这块新的,他仍然可在盒子里铺开成一层.问能否确认他是在说谎?

解 不能确认别佳在说谎.图 2 给出了最简单的例子.构造此类例子的基本想法是:角状木块的数目应为奇数块,在丢掉了一块之后,其余的即可两两配对各放在一个 2 × 3 的矩形中.

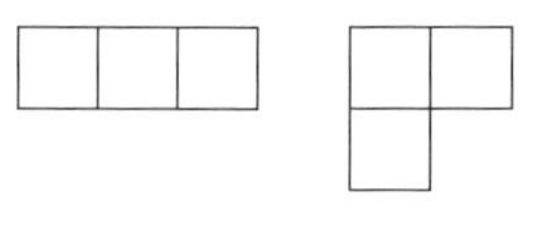

图 1

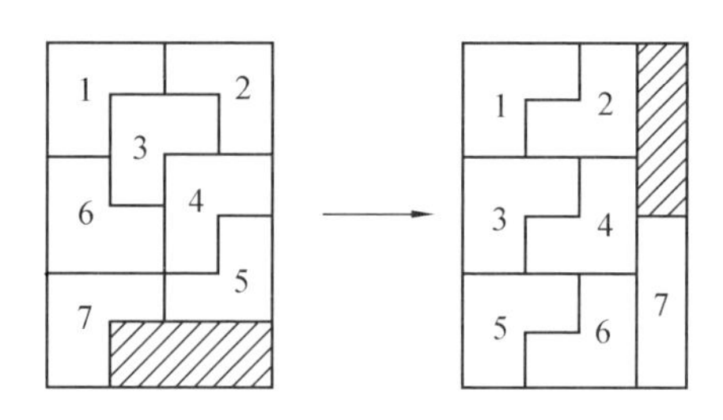

图 2

❖阿里巴巴进山洞

阿里巴巴试图潜入山洞. 在山洞入口处立着一面鼓,鼓的侧面有四个孔,在四个孔的里面靠近孔口处各装有一个开关,开关有“上”“下”两种状态. 如果四个开关的状态全都一致,洞门即可打开. 允许将手伸入任意两个孔,触摸开关以了解其状态,并可随自己的意思改变或不改变其状态. 但每当这样做了之后,鼓就要飞快地旋转,以至在停转之后无法确认刚才触动了哪些开关. 现允许重复这种步骤 10 次. 证明:阿里巴巴能够进入山洞.

证明 容易把不少于 3 个开关扳为状态“上”(首先把一对相邻的开关扳为“上”,然后再将对角线上的一对扳为“上”). 如果进山洞的大门没有打开,这就意味着第四个开关处于状态“下”,这时阿里巴巴应该将手伸入对角线上的两个洞. 如果碰到向下的开关,应当把它扳向上方,从而进入山洞;如果这一对开关均向上,则把其中之一扳为向下. 这样,显然两个相邻的开关为向上,另两个相邻的开关为向下. 然后阿里巴巴沿着正方形边伸手:如果两个开关处于同一状态,他就扳动它们从而进入山洞;如果两个开关状态不同,他也应扳动它们,并在最后一次时,沿对角线找到开关,再伸入手将它们都扳动.

❖梅尔林方格表

梅尔林有两张 100×100 的方格表,一张是空白表格,另一张用于变魔术的表格中填有某些数字. 他将第一张表挂在山洞入口处的峭壁上,另一张表则挂在山洞里面的墙上. 你可以在第一张表中的任何地方认定一个任意大小的正方形(尺寸可以为 $1 \times 1, 2 \times 2, \cdots, 100 \times 100$) 的子表,然后付一个先令到梅尔林处打听第二张表上填在相应的子表中的数字之和. 问为了打听出第二张表对角线上所填的数字之和,至少需要付出多少先令?

解 100 个先令就够了(可以简单地将正方形认定为对角线上的小方格). 提示:证明 99 个先令是不够的. 假设在变魔术的表上填上了如图 1 所示的某 100 个数 $x_1, x_2, \cdots, x_{100}$.

x_1	0	0	0	0	…	0	0	0	0	0
$-x_1$	x_2	0	0	0	…	0	0	0	0	0
0	$-x_2$	x_3	0	0	…	0	0	0	0	0
0	0	$-x_3$	x_4	0	…	0	0	0	0	0
0	0	0	$-x_4$	x_5	…	0	0	0	0	0
⋮	⋮	⋮	⋮	⋮		⋮	⋮	⋮	⋮	⋮
0	0	0	0	0	…	$-x_{96}$	x_{97}	0	0	0
0	0	0	0	0	…	0	$-x_{97}$	x_{98}	0	0
0	0	0	0	0	…	0	0	$-x_{98}$	x_{99}	0
0	0	0	0	0	…	0	0	0	$-x_{99}$	x_{100}

图 1

这时,无论我们认定哪一个正方形,提问后仅能得知数 x_i 中的一个(即位于所认定的正方形的最下方一列中的一个数). 因此在问了 99 个问题之后,我们仅可得 99 个数,从而对角线上数字之和将仍不清楚.

❖大臣监视大臣

国王刘德维克不信任自己的某些大臣. 他开列了全部大臣的名单,命令他们中的每一个都监视其余大臣中的一个. 他安排第一个大臣监视第二个大臣的监视者,第二个大臣监视第三个大臣的监视者,如此等等,倒数第二个大臣则监视最后一个大臣的监视者,最后一个大臣则监视第一个大臣的监视者. 证明:刘德维克共有奇数个大臣.

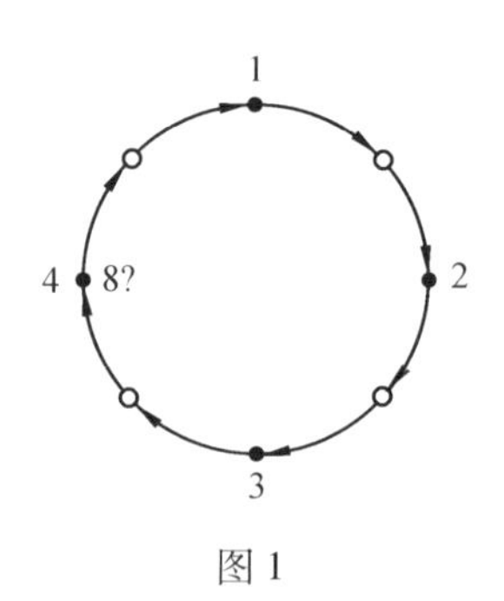

图 1

证明 按照大臣相互监视的顺序把他们排列在圆周上,并假定大臣的人数 n 为偶数. 我们就得出结论:监视第一个大臣的监视者的大臣应具有号码$\frac{n}{2}$,但事实上,这个大臣的号码应该是 n.

图 1 描述了 $n=8$ 的情形.

❖选举总统

在密朗弗洛斯总统统治的国家安丘林中，新总统的选期临近了. 国内有2 000 万选民，其中只有占人口1% 的正规军支持原总统. 密朗弗洛斯想继续当总统，但另一方面，他也想使选举成为“民主的”. 密朗弗洛斯这样来安排“民主选举”：先把全体选民分成人数相同的大组，其中的每一个大组又再分为若干个人数相等的组，但从不同的大组可以分出不同数量的较小的组，然后这些组继续被划分，如此等等. 在最终所分成的那些组内选出小组代表 —— 参加较大组选举的复选人，复选人在这个较大组中选举参加更大一组选举的复选人，如此等等. 最后，最大组的代表直选总统. 密朗弗洛斯按自己的意愿将选举人分组，并指示他的拥护者们该如何参与选举. 问他能通过这样的操纵来使自己当选吗(在每一个组中，选举人按简单多数选出代表，而在舆论方面，反对派占优势)？

解　能够. 事实上，总统的支持者共有20 万人. 假若最小的组由5 个人组成，为了使总统能取胜，在一些小组中他的支持者应有3 名. 这样一来，20 万个支持者(如果正确地分派他们) 可在产生出的总数为400 万人的第一阶段复选人中占66 666 个. 若再将这400 万人每4 人分成一组，则为了在小组中占有多数就必须有3 票，于是密朗弗洛斯可在产生的总数为100 万的第二阶段复选人中占有22 222 个支持者. 接着划分小组可按5 人一组，也可以按4 人一组(次序无关紧要)，他可获得200 000 票中的7 407 票，50 000 票中的2 469 票，10 000 票中的823 票，2 000 票中的274 票，500 票中的91 票，100 票中的30 票，25 票中的10 票，4 票中的3 票，从而保证自己当选. (想一下，如果他的拥护者恰为$3^8 \cdot 5^2 = 164\ 025$个，那么能否取胜？)

❖天平砝码

在天平的两个秤盘中各放有k个砝码，且均用1 至k编号，而且左边的秤盘较重. 如果交换任意两个具有同样号码的砝码，则总是右方的秤盘变重，或者两边平衡. 问对于怎样的k值，这才有可能？

解 仅当 $k=1$ 或 $k=2$ 时才有可能. 实际上,如果在左边的盘中放着砝码 $a_1,\cdots,a_k$,总质量为 M,而在右边的盘中放着砝码 $b_1,\cdots,b_k$,总质量为 S,那么由条件得出,对于任意的 $i=1,\cdots,k$,都有 $0<M-S\leqslant 2(a_i-b_i)$. 将这样的 k 个不等式相加,即得 $k(M-S)\leqslant 2(M-S)$,故知 $k\leqslant 2$.

❖宫殿聚会

沿着一条笔直的大道耸立着113座宫殿,每座宫殿内都住着一位国王. 每天有一位国王担当东道主,所有国王一早便去他的宫殿聚会,直到晚间才由仆人分别送回各人的宫殿. 他们这样住了一年,其他任何地方都未去过. 证明:在这一年里,住在最边缘的国王之一走过了最长的路程.

证明 任意指定一个国王,为了确定起见,假设他向左比向右的次数更多些. 这时不难看出,住在他右边的每一个国王在这一年中所走过的路都比他多,因此马上即可推知,不住在最边缘的国王所走的路不会是最长的.

❖寻找真理的蟑螂

有一只聪明的蟑螂决定要去寻找真理,它的视野不超过1 cm. 真理位于一个同其距离 D cm的点上. 蟑螂可以迈步,每步之长不大于1 cm,每步之后,都会有人告诉它,究竟是离真理近了还是远了. 蟑螂能够记住一切,包括自己所迈过的步子的方向. 证明:它只需迈不多于 $\frac{3}{2}D+7$ 步,即可找到真理.

证明 蟑螂可先试探性地向东、南、西、北各迈1步(每次迈步后都回到原地再迈下一步),于是不超出7步蟑螂就可查明,真理位于四个正方形中的哪一个,然后,再沿着平行于这个正方形的方向走,所走的步子不超过 $\sqrt{2}D<\frac{3}{2}D$ 步,即可找到真理.

❖能否捉住卡亮

公园里有 6 条小路，长度相同，其中有 4 条为一个正方形的边，另外两条是两组对边的中点连线. 小男孩卡亮沿着这些小路从爸爸、妈妈身边跑开了. 如果他跑的速度比爸爸、妈妈快两倍，而所有三个人在整个过程中都可以相互看见. 问爸爸和妈妈能否捉住卡亮？

解　能够. 为此爸爸应监视小路 AB，使卡亮既不能跑过结点 A，也不能跑过结点 B（图 1）. 这时妈妈再跟在卡亮后面沿图 2 所示的图形跑，这样就可以捉住卡亮了.

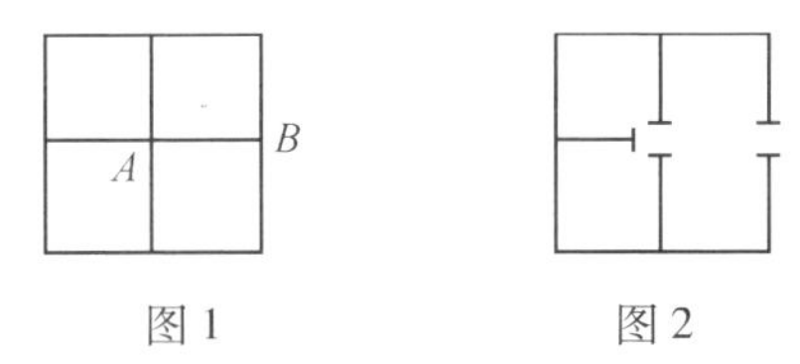

图 1　　图 2

❖取火柴游戏

有一堆火柴共 1 000 万根. 两人进行如下游戏：他们轮流执步，在每一步中，游戏者可从堆中取走 p^n 根火柴，其中 p 为质数，$n=0,1,2,3,\cdots$（例如，第一人取走 25 根火柴，第二人取 8 根，第一人再取 1 根，第二人再取 5 根，第一人再取 49 根，如此等等）. 谁取到最后一根火柴，谁即为胜者. 问在正确的玩法下，谁将取胜？

解　在正确的玩法下，第一人将取胜. 由于他在每次执步中，可以取走 1，2，3，4 或 5 根火柴，所以他可以执行这样的策略：即不论第二个人如何动作，他都应在自己执步之后，给对方留下能被 6 整除的火柴数目. 这样，在经过有限次执步之后，他将给第二人留下 6 根火柴. 因而在第二人动作之后，他即可取走所有剩余的火柴而结束游戏.

❖终止游戏

邦基尔和依戈罗克进行如下的游戏:邦基尔先提出一个1 000位数 A_1,依戈罗克在知道此数之后向邦基尔任意提供一个数 B_1. 此后,邦基尔根据自己的意愿决定是由大数减去小数还是将两数相加,并将运算结果告知依戈罗克,此结果记为 A_2. 然后依戈罗克再向邦基尔提供下一个数 B_2,而邦基尔则对 A_2 和 B_2 根据自己的意愿进行前述的运算,如此等等. 如果在邦基尔所得出的结果中出现了下列数字中的一个:1,10,100,1 000,…,则依戈罗克即终止游戏. 证明:依戈罗克只需向邦基尔提供不超过20个数字,即可终止游戏.

证明 数字末尾的0总是可以不去注意的. 依戈罗克应当说出下列数字:首先他应将数 A_1 加倍,并将答案 $2A_1=\overline{a_1\cdots a_k\cdots a_n}$($a_k$ 为中间的数码)表示 x_1+y_1 的形式,其中 $x_1=\overline{a_1\cdots a_k0\cdots0}$,$y_1=\overline{a_{k+1}\cdots a_n}$,然后再说出数字 $B_1=\frac{1}{2}(x_1-y_1)$. 于是就有 $A_1+B_1=x_1$,$A_1-B_1=y_1$,这样一来,经过两次运算,就得到了一个数字,其数码的个数大约减少一半. 再用类似的方法得到数字 $(x_2,y_2)(x_3,y_3)$,等等,直到得到一个一位数字为止. 而对于一个一位数字,只需不超过5个问题,就可把它变成1或10(请自行验证这一过程). 因而这样一来,我们只需要计算不多于 $(\log_2 1\ 000+3)+5\leqslant 18$ 个问题.

❖识别假币

今有1 000枚硬币,其中可能有0,1或2枚假币. 已知假币的质量彼此相同,但与真币不同. 问能否使用一架没有砝码的天平称3次,即确定出其中有无假币,以及它们与真币究竟谁轻谁重(不需确定出假币的个数)?

解 将硬币分为两组,每组500个,并比较它们的质量(作第一次称量). 可能有两种情况.

(1) 其中一端较重,不妨设为左端. 这表明有假币存在(它们可能有1个或2个),且所有假币都位于同一端(如果它们在两端各有1个,则天平仍平衡). 此时再将重的一端的硬币分为两组,每组250个,并比较它们的质量(作第二次称量). 如果其中一端较重,则可知假币就在这 500 个硬币之中,且较真币重,这次已不需再作第三次称量. 如果两端平衡,则或者假币在另外 500 个硬币之中(且知其较真币轻),或者它们被分在两端,在两端 250 个硬币中各有 1 个. 为了弄清楚究竟是哪一种情况,就再把其中一组 250 个硬币平均分为两组,并比较它们的质量(作第三次称量). 如果两端平衡,则为前一种情况,否则即为后一种情况.

(2) 在第一次称量时,天平两端平衡,这意味着假币可能有 0 个或 2 个(两端各有 1 个). 再将其中一组分为两组,每组 250 个硬币(作第二次称量). 如果天平再度平衡,则表明在天平上共有偶数个假币,但事实上此时假币的数目不会超过1 个,因此表明根本没有假币. 如果有一端较重,则表明假币共有2 个,且其中的 1 个就在天平的一端中. 再将较重的一组分为两半,作第三次称量,即已容易知道假币究竟是哪一个.

❖围树林的篱笆

某个树林中的任意两棵树之间的距离都不超过它们的高度之差,而每棵树的高度都不超过 100 m. 证明:可以用 200 m 长的篱笆将树林围起来.

证明 将树高按递降的顺序排列,并按这个顺序依次连结树的根部. 所得到的折线(可能是自身相交的) 的长度不超过相邻的树的高度之差的和,因而不超过树的最大高度. 我们只要用篱笆将这条折线的两侧围起来就行了,所以篱笆的长度不超过 100 + 100 = 200 m.

❖警察与歹徒

X 城有 10 条无限长的平行大道,它们每经过相等的一段长度就与一条横街相交. 两个沿着大道和横街巡逻的警察,试图发现可能藏于房后的歹徒. 如果歹徒与警察出现在同一条大道或横街上,歹徒即可被发现,现知歹徒的速度不超过警察速度的 10 倍,且一开始时歹徒与警察之间的距离都不超过 100 个路段(每两个相邻的路口之间的一段道路叫做一个路段 —— 译者注). 证明:警察能够发现歹徒.

证明 为确定起见,我们约定大道为东西走向,横街为南北走向.自北而南将大道依次编为1至10号.假定第一个警察站在1号大道的一个道口上,另一个警察站在2号大道的相应道口上,如果歹徒正躲在这两条大道间的带状区域中(将之称为1号带域),那么第一个警察只要沿着1号大道巡察不超过100个路段即可发现歹徒.如果歹徒未被发现,则说明他不躲在1号带域中,于是两个警察都向南平移一条大道,而来巡察2号和3号带域,并可保证不使歹徒逃往1号带域.如此做下去,每一次都向南平移一条大道(如果必要的话),则警察即可在某一时刻发现歹徒.

❖马拉国的骑士

马拉国中有若干座城堡,从每座城堡都延伸出3条大道.从某个城堡中出来一位骑士,他沿着这些大道漫步.每当他途经一座城堡后,便转上相对来路而言的向左或向右的大道.但是如果他这次向左拐,那么下一次就一定向右拐,决不连续两次拐向同一方向.证明:必在某个时候,他转回到了原来的城堡.

证明 假设骑士漫步了许久,以致于在某一条路上他走过了不少于6次.这时在这条路上,他有不少于3次是朝同一个方向行进的.于是在接下来的两条路上,他至少有一条走过了不少于两次.但这时他在接下来所走的全部路程,便都与他在走上这条路之前所走过的全部路程重合,于是他将经过原来出发的那个城堡.

❖改为单行道

尼基托夫城的道路均可双向行车,现决定在两年内翻修全部道路.为此在第一年中,有些道路成为单行线,到了第二年,这些道路恢复双向行车,其余道路则限制为单行线.现知,在翻修过程中的任何时刻,都能从城市中的任何一个地点驱车前往另外任何地点.证明:可将尼基托夫城的道路全部改为单向行车线,使得仍可由城中任一地点驱车前往另外任何地点.

证明 首先将第一年修路时作为单行线的道路及其指定的单向行车方向确定下来,将这些道路染为红色,并标上原来的箭头.

我们再来分两个阶段解答问题. 在第一阶段中,我们来增加红色道路的数目,并为它们标上箭头,使得在增加了它们以后,题目中的条件仍可满足,直到达到了如下程度时,我们就停止增加新的红色道路:即对任意两个用由 A 指向 B 的红色箭头直接连接的路口 A 和 B,又都存在仅仅沿着红色箭头即可由 B 到 A 的路径(即存在由红色箭头构成的环路). 在第二阶段中,我们来给出满足题目条件的道路走向,从而最终完成证明过程. 具体做法如下:

第一阶段:设路口 A 和 B 已用红色箭头 $A\to B$ 连结,但由 B 至 A 却没有红色道路,即在任何由 B 通向 A 的路径上,并不都具有红色箭头,亦即存在"空"路段. 我们来任意取出一条由 B 至 A 的路段. 在这条路径所包含的所有红色路段上,所标的方向显然都与箭头 $A\to B$ 一致(因为由 B 至 A 有这条路径作为通道),我们只要照此(即与箭头 $A\to B$ 一致的方向)将"空"路段标定方向并染为红色,就可使得由 B 能沿着红色箭头走到 A 了. 由于城市道路的数量是有限的,所以在若干步以后,我们就得到了许多由红色箭头构成的环路,亦即许多由红色环路围成的"小岛".

第二阶段:我们再将未包含在红色环路中的路段都染上绿色,在这些路段上目前都还存在着两个方向. 但由于它们都是第二年修路时的单行线,于是我们可为每一段绿色道路都标上一个箭头,使之与第二年修路时所标的方向一样. 这样一来,全城的道路都已标定了行车方向.

下面就来证明,按所引入的方向,都可以沿着道路由任意一个路口 A 到达任意另一个路口 B. 事实上,如果取这样一条由 A 至 B 的路段,使它恰是第二年修路时所走过的,那么现在在它上面就可能会有红色箭头也有绿色箭头. 沿着绿色箭头,我们总是去往应去的方向,但沿着红色箭头却未必总是如此. 例如,在我们所取的路径 $A\cdots XY\cdots B$ 中的路段 XY 上,所标的红色箭头是由 Y 指向 X 的(即不能沿着路段 XY 通行),那么我们就可以沿着那样一条补上箭头 $Y\to X$ 后就成为第一阶段所构造的红色环路的路径由 X 走到 Y. 由此所得到的由 A 至 B 的路径即为所求.

❖正确答案

设 A,B,C,D,E 五人参加一场考试,试题是十道判断题,正确判断得 1 分,错误判断反扣 1 分,不答不得分. 再设五个人的答案如下表所示:

答案 题号 答题者	1	2	3	4	5	6	7	8	9	10
A	✓	✓	✓		×	✓	×	×	✓	×
B	✓	✓	×	×		×	✓	✓	×	×
C	×	✓	×	×	✓	✓	✓	×	✓	
D	×	×	✓	✓	✓	✓	×	×	×	✓
E	✓	✓	×	✓	×	×	×	✓	✓	×

已知 A,B,C,D,E 的得分分别是 5，-1,3,0,4. 问正确的答案是什么?

解 若第 i 题的正确答案是对,令 $x_i=+1$;否则,令 $x_i=-1$. 则 A 的得分是 $x_1+x_2+x_3-x_5+x_6-x_7-x_8+x_9-x_{10}$,故

$$x_1+x_2+x_3-x_5+x_6-x_7-x_8+x_9-x_{10}=5 \quad ①$$

同理

$$x_1+x_2-x_3-x_4-x_6+x_7+x_8-x_9-x_{10}=-1 \quad ②$$

$$-x_1+x_2-x_3-x_4+x_5+x_6+x_7-x_8+x_9=3 \quad ③$$

$$-x_1-x_2+x_3+x_4+x_5+x_6-x_7-x_8-x_9+x_{10}=0 \quad ④$$

$$x_1+x_2-x_3+x_4-x_5-x_6-x_7+x_8+x_9-x_{10}=4 \quad ⑤$$

上面五个式子两边对应相加得

$$x_1+3x_2-x_3+x_6-x_7-x_8+x_9-2x_{10}=11$$

但

$$11=x_1+3x_2-x_3+x_6-x_7-x_8+x_9-2x_{10}\leqslant$$
$$|x_1|+3|x_2|+|x_3|+|x_6|+|x_7|+|x_8|+|x_9|+2|x_{10}|=11$$

故 $x_1=1,x_2=1,x_3=-1,x_6=1,x_7=-1,x_8=-1,x_9=1,x_{10}=-1$,代入式①~⑤得

$$-x_5+6=5,\ -x_4=-1,\ -x_4+x_5+3=3$$
$$x_4+x_5-2=0,x_4-x_5+4=4$$

故 $x_4=x_5=1$,即第 1,2,4,5,6,9 题的正确答案是对,其余的各题的正确答案是错.

❖计数器问题

儿童计数器的三个档上各有 10 个算珠. 将每档算珠分为左右两部分(不许一旁无珠). 现在要左方三档中所表示的 3 个珠数的乘积等于右方三档中所表示的 3 个珠数的乘积. 问有多少种分珠法.

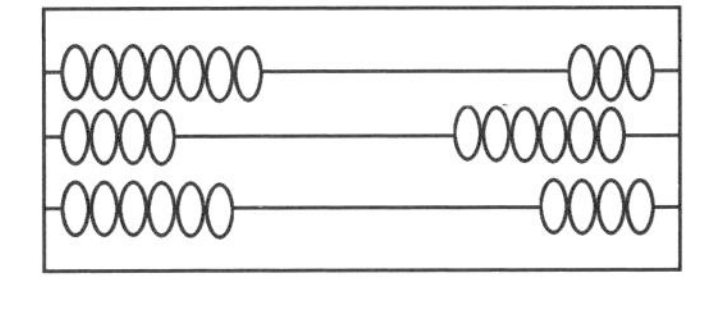

图 1

解 不妨设由上到下左边三档珠数依次为 a,b,c,依题意得

$$abc=(10-a)(10-b)(10-c)=1\,000-100(a+b+c)+10(ab+bc+ca)-abc$$

所以

$$abc=500-50(a+b+c)+5(ab+bc+ca)$$

由于 a,b,c 为非零整数码 $1\leqslant a,b,c\leqslant 9$,显见 $5\mid abc$,所以 a,b,c 三数中至少有一个是 5.

分法:

ⅰ 显然,$a=5,b=5,c=5$ 是一种符合要求的分珠.

ⅱ 若 a,b,c 中有两个是 5,则第三个也必为 5,实际仍是 ⅰ 的分珠法;

ⅲ 若只有一档为 5. 不妨设 $a=5$,则 $10-a=5$,原式化简为

$$bc=(10-b)(10-c)=100-10(b+c)+bc$$

所以

$$10(b+c)=100$$

所以

$$b+c=10$$

这时 b 可以取 1,2,3,4,6,7,8,9;c 相应取 9,8,7,6,4,3,2,1. 共 8 种分珠法.

同理,当 $b=5$,a,c 均不等于 5 时也有 8 种分珠法;当 $c=5$,a,b 均不等于 5 时也有 8 种分珠法. 所以总计共有 $8+8+8+1=25$ 种分珠法.

❖化整为零

一个 $m\times n$ 的长方形表中填写自然数,可以将相邻方格中的两个数同时加

上一个整数 k，使所得的数为非负整数(有一条公共边的两个方格称为相邻的). 试确定经有限次此种运算后达到表中各数均为零的充要条件.

思路　首先，我们可以由题设初步确定此题需经某种变换逐步进行调整. 以发现其规律，进而寻找所要的充要条件. 另一方面，我们又看到，通常的常规变换(代数变换或几何变换)，在这里就显得束手无策，也就是必须寻找一种合适的常规变换，题目中出现了整数 k 的加减问题，所以我们试探使用加减变换来进行调整，我们不妨先分析一种特殊情形：3×3 正方形表格，看能够得到什么启示.

如图1所示 3×3 方格，记表中每相邻两方格中，两组相间位置上的相应数字之和为 S_1 和 S_2，且

$$S_1=a+c+g+k+e$$
$$S_2=b+d+f+h$$

设

$$S=S_1-S_2=(a+c+g+k+e)-(b+d+f+h)$$

我们注意到，按照题中规则，任意相邻的两数加上同一个整数进行调整，那么调整的每一步都不改变 S 的值，因此 $S=0$ 是必要条件，经过逐步的调整分析可知 $S=0$ 也为充分条件. 这里通过一个具体例子说明 3×3 这种特殊情形如图2。

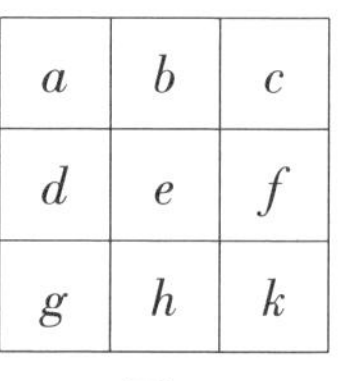

图1

1	3	7
8	2	5
6	4	4

$\xrightarrow{-1}$

0	3	7
7	2	5
6	4	4

$\xrightarrow{-6}$

0	3	7
1	2	5
0	4	4

$\xrightarrow{-1}$

0	3	7
0	1	5
0	4	4

$\xrightarrow{-3}$

0	0	4
0	1	5
0	4	4

$\xrightarrow{-4}$

0	0	0
0	1	1
0	4	4

$\xrightarrow{-1}$

0	0	0
0	0	0
0	4	4

$\xrightarrow{-4}$

0	0	0
0	0	0
0	0	0

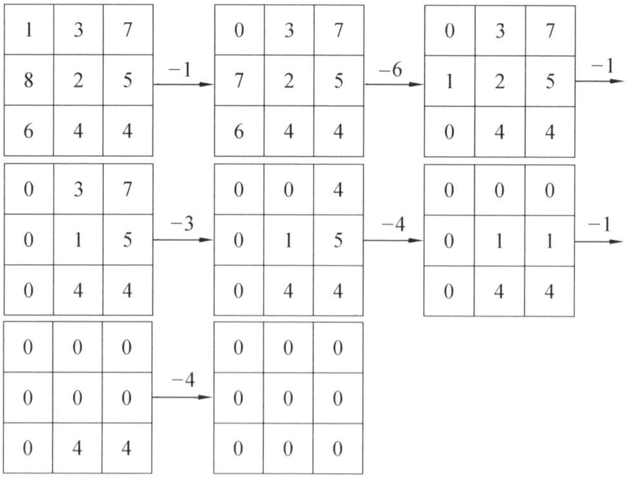

图2

$$S = S_1 - S_2 = (1 + 7 + 2 + 6 + 4) - (3 + 8 + 5 + 4) = 0$$

而对于

1	0	1
0	0	2
2	0	1

则不能按照规则将表中各数均化为零.

由此,我们联想到 $m \times n$ 的一般情况,下面给出本题的解答.

解 记 $m \times n$ 表中每相邻两方格中两组相间位置上的相应数字之和为 S_1 和 S_2,且记 $S = S_1 - S_2$,按照规则,则每次对相邻两数同时加上一个整数 k 的变形,S 的值均保持不变,显然 $S = 0$ 是经过若干次运算后使表中各数均为 0 的必要条件.

$S = 0$ 也是充分条件,从表的第一列开始,若 $a > b$,将 b,c 同时加上 $a - b$,然后再将 a,b 加上$(a - b) = a$ 再同时加上 $-a$,即如图 3 所示.

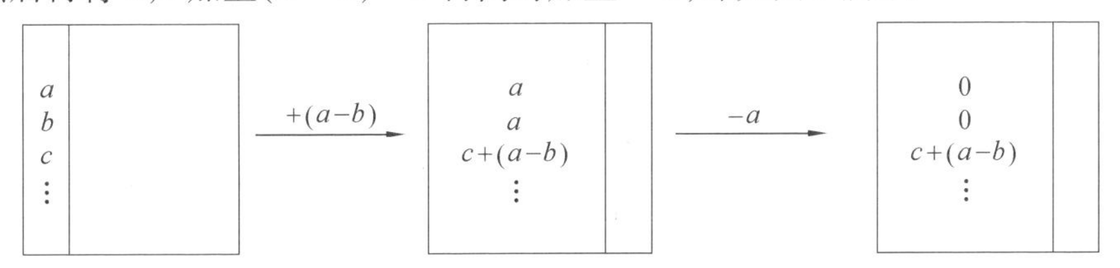

图 3

若 $a \leqslant b$,将 a,b 同时加上 $-a$,如图 4 所示.

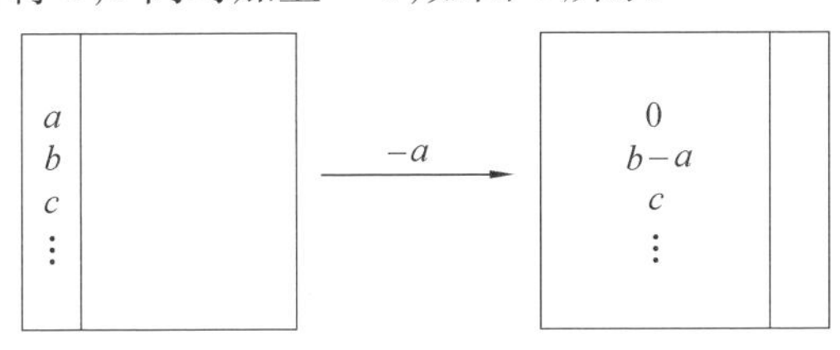

图 4

如此可使第一列第一行为 0.

上述步骤一直进行下去,直到第一列只剩下 g,如图 5 所示.

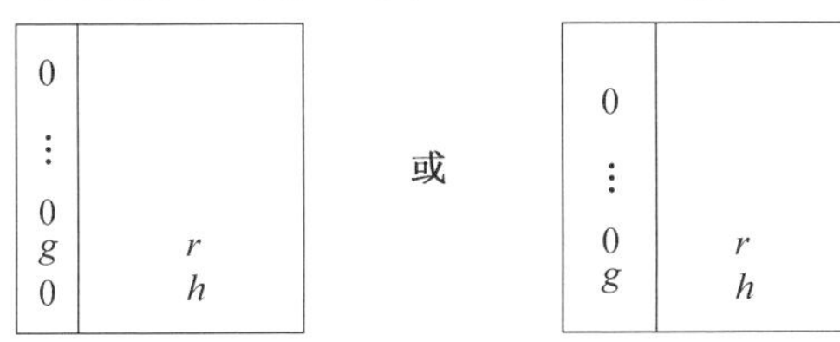

图 5

此时，只考虑同行的 h，若 $g \leqslant h$ 则将 g,h 同时加上 $-g$；若 $g > h$，则将 r,h 同时加上 $g-h$，然后再将 g 与 $h+(g-h)=g$ 同时加上 $-g$，结果总可使第一列的数全变为 0，如此继续下去，总可使表中只有第 n 列的某个数可能非零，其余各数都为 0，但由 $S=0$，所以只能得出表中每个数均为 0.

综上所述，$S=0$ 即为经有限运算后达到表中各数均为 0 的充要条件，这里 S 即为证明开始时所设之 S.

❖猜名次

五个学生 A，B，C，D，E 参加一场比赛，甲、乙二人在猜测比赛的结果，甲猜测的名次顺序为 ABCDE，结果没有猜中任何一个学生的名次，也没猜中任何一对名次相邻的学生（所谓一对名次相邻的学生是指其中一个的名次紧接着另一个的名次）；乙猜想的名次顺序为 DAECB，结果猜中了两个学生的名次，并且猜中了两对学生的名次是相邻的. 问比赛的实际结果是怎样的？

思路　问题即是寻找在 A，B，C，D，E 的所有排列中恰好符合甲、乙两个猜测者猜测结果的排列. 显然，要对 5！ =120 种排列逐一考查是不可行的，问题的关键就是要根据两个猜测者的部分猜测结果，筛选出一批可能的排列，然后再根据剩余猜测结果对这批可能排列进行一一筛选，最后得出实际比赛结果.

解法 1　以下用—*A*—*B*— 表示 A，B，C，D，E 中的 A，B 分别在第二、五位而其余元素未定的排列. 由乙的猜测结果 DAECB 猜中了两个学生的名次可知，比赛结果的所有可能排列只有以下十类

DA— — —，D—E— —，D— —C—，D— — —B，—AE— —

—A—C—，—A— —B，— —EC—，— —E—B，— — —CB

显然，如果在一对相邻名次的学生中，有一个的名次是正确的，那么另一个的名次也必定是正确的，又对于乙猜想的名次序列 DAECB，如果他猜中的两对相邻名次的学生中，必定有一对的名次也是正确的，因此，如若不然，被他猜中的两个学生中，至少有一个属于猜中相邻名次中的某一对，这一对的另一个学生的名次也将是正确的，这样，乙至少要猜中三个学生的名次，与题设不合. 又甲猜测结果 ABCDE 未猜中任何一对名次相邻的学生的名次顺序，因此，对于上述十类排列按“猜测结果 ABCDE 未猜中任何一个学生的名次” 条件列出的排列，如果能够满足下面两个条件，则即为实际比赛结果.

(1) 某排列的所有顺次相邻的两元素对恰含有 DA,AE,EC,CB 之二;

(2) 某排列的所有顺次相邻的两元素对不含有 AB,BC,CD,DE 之任一个.

以 $F1$,$F2$ 分别记某排列不满足(1),(2).

以下逐一对前十类排列先按"猜测结果 ABCDE 未测中任何一个学生的名次"条件列出每一类排列的所有可能的排列,再逐一按(1),(2) 进行筛选,如下面记法

$$\text{D—E— —}\left\{\begin{array}{ll}\text{DAEBC} & (F2)\\ \text{DAECB} & (F1)\\ \text{DCEAB} & (F1)\\ \text{DCEBA} & (F1)\end{array}\right.$$

表示 D—E— —这一类排列中,按"猜测结果 ABCDE 未测中任何一个学生的名次"条件列出的所有排列有 DAEBC,DAECB,DCEAB,DCEBA 四个,而 DAEBC 不满足(2),应筛选掉,DAECB,DCEAB,DCEBA 三个均不满足(1),故都应筛选掉,其余为

$$\text{DA— — —}\left\{\begin{array}{ll}\text{DABEC} & (F1)\\ \text{DAECB} & (F1)\\ \text{DAEBC} & (F2)\end{array}\right.$$

$$\text{D— — —B}\left\{\begin{array}{ll}\text{DCAEB} & (F1)\\ \text{DEACB} & (F1)\\ \text{DAECB} & (F1)\\ \text{DCEAB} & (F1)\end{array}\right.$$

$$\text{D— — —C—}\left\{\begin{array}{ll}\text{DAECB} & (F1)\\ \text{DEACB} & (F1)\\ \text{DEBCA} & (F1)\end{array}\right.$$

$$\text{—A—C—}\left\{\begin{array}{ll}\text{BAECD} & (F2)\\ \text{EABCD} & (F1)\\ \text{DAECB} & (F1)\\ \text{EADCB} & (F1)\end{array}\right.$$

$$\text{—A— —B}\left\{\begin{array}{ll}\text{CADEB} & (F1)\\ \text{EADCB} & (F1)\\ \text{DAECB} & (F1)\end{array}\right.$$

$$\text{—AE— —}\left\{\begin{array}{ll}\text{CAEBD} & (F1)\\ \text{DAEBC} & (F2)\\ \text{BAECD} & (F2)\\ \text{DAECB} & (F1)\end{array}\right.$$

$$\text{— —EC—}\left\{\begin{array}{ll}\text{BAECD} & (F2)\\ \text{DAECB} & (F1)\\ \text{BDECA} & (F1)\end{array}\right.$$

$$\text{— —E—B}\left\{\begin{array}{ll}\text{CDEAB} & (F1)\\ \text{DCEAB} & (F1)\\ \text{DAECB} & (F1)\end{array}\right.$$

$$\text{— — —CB}\left\{\begin{array}{ll}\text{DEACB} & (F1)\\ \text{DAECB} & (F1)\\ \text{EADCB} & (F1)\\ \text{EDACB} & (\checkmark)\end{array}\right.$$

综上,比赛结果为 EDACB.

解法 2　显然,如果在一对相邻名次的学生中,有一个的名次是正确的,那么另一个的名次也必定是正确的,分析乙猜测的名次顺序 DAECB,则有

(1) 他猜中的两对相邻名次的学生中,必定有一对的名次也是正确的,否则,被他猜中名次的两个学生中,至少有一个属于猜中相邻名次中的某一对,这一对的另一个学生的名次也将是正确的,这样,乙至少要猜中三个学生的名次,与题设条件不符.

(2) 这一对猜中名次的学生只可能位于边缘(即第 1,2 名或 4,5 名). 因为,若不然,即这一名次位于中间(第 2,3 名或 3,4 名),那么,另一对猜中的相邻名次只有惟一的可能(第 4,5 名或 1,2 名),从而另一对学生的名次也是正确的,与题设矛盾.

因此,乙的猜想只有下列四种可能:

ⅰ $\underline{\overline{DA}EC}B$　ⅱ $\underline{\overline{DA}}E\ \underline{CB}$　ⅲ $\underline{DA}E\ \underline{\overline{CB}}$　ⅳ $D\ \underline{AE\ \overline{CB}}$

这里字母上面的画线表示名次是正确的,下面的画线表示相邻的名次是正确的.

下面分别就这四种情况,对照甲的猜想予以分析:

ⅰ $\underline{\overline{DA}EC}B$,B 不能在最后(否则,成为乙全部猜中),而应在第 3 名,即只能有 $\underline{\overline{DA}}B\ \underline{EC}$,但这时 A,B 两学生的名次是相邻的,与甲"没有猜中任何一对学生的名次是相邻的"不符,因此,这是不可能的.

ⅱ $\underline{\overline{DA}}E\ \underline{CB}$,与 ⅰ 做同样的分析,可知这也是不可能的.

ⅲ $\underline{DA}E\ \underline{\overline{CB}}$,E 不可能在第 3 名,即只能是 $E\underline{D}A\ \underline{\overline{CB}}$,与甲的猜测的名次相对照,完全符合题设条件,所以实际比赛的结果可能为 EDACB.

ⅳ $D\ \underline{AE\ \overline{CB}}$,同理 D 不可能是第 1 名,即只可能是 $\underline{AED}\ \underline{\overline{CB}}$,这时学生 A 为第 1 名,也与甲"没有猜中任何一个学生的名次"不符,所以这种也是不可能的.

因而,实际比赛结果为 EDACB.

❖网球锦标赛

设有 n 位网球手参加只进行双打的锦标赛,要使每名选手都只与任一别的选手恰好进行一场比赛,问 n 为多少时,比赛才可能进行.

解　$n = 8k + 1\ (k \in \mathbf{N})$,证明如下:

设比赛可以组织进行，则对每一选手，其余的人都必须配对出席双打，因此，n必为奇数，每两对选手间的比赛，涉及4个对手组（见图1中A_1A_2与A_3A_5），做一切可能的配对，每进行一次比赛均应分成4组，即$C_n^2=\frac{n(n-1)}{2}$为4的倍数，从而$n-1=8k,n=8k+1(k\in\mathbf{N})$.

下面再证明：对任一$k=1,2,\cdots$，当$n=8k+1$时，锦标赛确能组织进行，当$k=1$时，用正九边形的顶点表示9名选手，在图1中把对子A_1A_2与A_3A_5的比赛用线段连结起来，把这些线段绕中心旋转$m\cdot\frac{2\pi}{9}$度($m=1,2,\cdots,8$)，即得到其余8对之间的比赛，注意此时每一条弦都恰出现一次，这是由于此弦等于弦$A_2A_3,A_1A_3,A_2A_5,A_1A_5$之一.

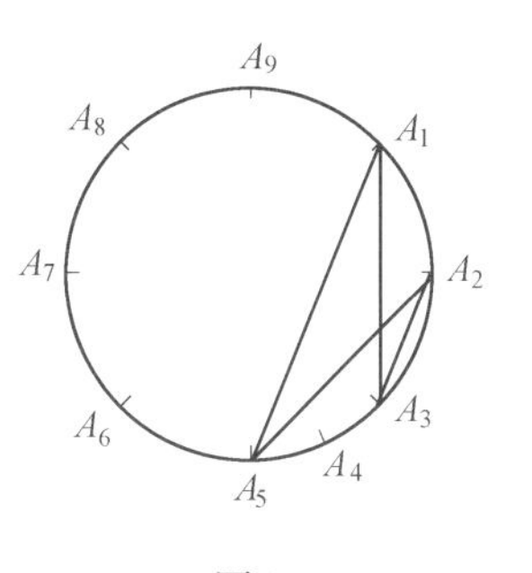

图1

当$k>1$时，先从$8k+1$位选手中抽出一人，记为M，再将其余的人分成k组，每组8人. 把选手M分别加到这k组，每组9人. 由前面的证明，这k个9人组可以在组内进行比赛. 现在余下的只是不同组的8人之间的比赛（M的比赛已完）. 这只要将每组的8人分成4对，再把这$4k$个对按单循环赛安排（即$4k$对每对之间恰比赛一次），至此即完成了全部比赛安排.

❖黑盒与白盒

有一个黑盒和n个分别标上号码$1,2,\cdots,n$的白盒，n个白盒中共有n个球，允许进行下述调整：若标号为k的白盒中恰有k个球，则取出这k个球，分别放入黑盒及标号为$1,2,\cdots,k-1$的白盒中各一个.

证明：存在惟一的放法，使得n个球开始都在白盒中，并且经过有限次调整后，使球全部在 黑盒中.

证明　为了叙述方便，我们把题述的调整记作φ.

用$a_0,a_1,a_2,\cdots,a_n$表示下述球的分布状态：黑盒中有a_0个球. 标号为$i(i=1,2,\cdots,n)$的白盒中有a_i个球，题目即是要求存在惟一的状态$a_0,a_1,\cdots,a_n$，满足

$$a_0=0,a_1+a_2+\cdots+a_n=n$$

使

$$a_0,a_1,\cdots,a_n\xrightarrow{\text{有限次}\varphi}n,0,0,\cdots,0$$

先证存在性,若 $a_0,a_1,\cdots,a_n$ 满足 $a_k=0$ 及 $a_i>0(0\leqslant i\leqslant k-1)$,则定义 φ^{-1} 为

$$a_0,a_1,\cdots,a_k,\cdots,a_n\xrightarrow{\varphi^{-1}}a_0-1,a_1-1,\cdots,a_{k-1}-1,k,a_{k+1},\cdots,a_n$$

易知 $\varphi\varphi^{-1}$ 和 $\varphi^{-1}\varphi$ 都是单位调整(即保持 $a_0,a_1,\cdots,a_n$)不变,因此,φ^{-1} 和 φ 是互逆调整,我们对状态

$$n,0,0,\cdots,0(n\text{ 个 }0)$$

作如下的 φ^{-1},一直到不能再作 φ^{-1} 为止.

$$n,0,0,\cdots,0\xrightarrow{\varphi^{-1}}n-1,1,0,\cdots,0\xrightarrow{\varphi^{-1}}n-2,0,2,0,\cdots,0\xrightarrow{\varphi^{-1}}$$

$$n-3,1,2,0,\cdots,0\xrightarrow{\varphi^{-1}}\cdots\xrightarrow{\varphi^{-1}}a_0,a_1,\cdots,a_n$$

则必有 $a_0=0$(因若 $a_0\neq 0$,则 φ^{-1} 还可进行).

反过来,我们对上面得到的状态 $a_0,a_1,\cdots,a_n$ 作有限次 φ,即可还原为状态 $n,0,0,\cdots,0$,这就证明了所要求的状态的存在性.

下面用数学归纳法证明惟一性,$n=1,2$ 是显然的,假设惟一性对 $n-1$ 成立,考虑 n 的情形.

反设存在两种状态 $a_0,a_1,\cdots,a_n$ 及 $b_0,b_1,\cdots,b_n$,均可经有限次 φ 变为 $n,0,\cdots,0$,这里

$$a_0=b_0=0$$

$$a_1+a_2+\cdots+a_n=b_1+b_2+\cdots+b_n$$

若 $0<a_n<n$,则由定义,标号为 n 的白盒中的 n 个白球无法取出,即不能变为 $n,0,\cdots,0$;若 $a_n=n$,则 $a_1=a_2=\cdots=a_{n-1}=0$,经一次调整,有

$$0,0,\cdots,0,n\xrightarrow{\varphi}1,1,\cdots,1,0$$

注意到 $n\geqslant 3$,可知 $1,1,\cdots,1,0$(至少 3 个 1)不可能变为 $n,0,\cdots,0$.

所以,$a_n=0$,同理 $b_n=0$ 令

$$a_0,a_1,\cdots,a_n\xrightarrow{\varphi}1,a'_1,\cdots,a'_n$$

$$b_0,b_1,\cdots,b_n\xrightarrow{\varphi}1,a'_1,\cdots,a'_n$$

则 $a'_n=b'_n=0$.

因为

$$0,a'_1,\cdots,a'_{n-1}\xrightarrow{\text{有限次 }\varphi}n-1,0,0,\cdots,0$$

$$0,b'_1,\cdots,b'_{n-1}\xrightarrow{\text{有限次 }\varphi}n-1,0,0,\cdots,0$$

故由归纳假设,有

$$a'_i=b'_i,i=1,2,\cdots,n-1$$

再由 φ 及 φ^{-1} 互逆,有

$$a_0, a_1, \cdots, a_n = b_0, b_1, \cdots, b_n \Rightarrow$$
$$1, a'_1, \cdots, a'_{n-1}, 0 = 1, b'_1, \cdots, b'_{n-1}, 0$$

所以 $a_i = b_i, i = 1, 2, \cdots, n$,从而惟一性得证.

注 我们具体地计算一下符合要求的惟一分布状态 $a_0, a_1, \cdots, a_n$,显然 $a_i \leqslant i(i = 1, 2, \cdots, n)$,这是由于若对某个 $i_0, a_{i_0} > i_0$,则这 a_{i_0} 个球不能取出.

令

$$S_k = a_k + a_{k+1} + \cdots + a_n, k = 1, 2, \cdots, n$$

由调整的定义可知,每经过一次调整,S_k 的值或者不变,或者减少 k,由于最开始状态 $n, 0, \cdots, 0$ 有

$$S_k = 0, k = 1, 2, \cdots, n$$

所以 $S_k = kt_k$(t_k 为整数),于是

$$S_k = a_k + S_{k+1} = a_k + (k+1)t_{k+1}, 0 \leqslant a_k \leqslant k$$

上式说明 a_k 等于 S_k 除以 $k+1$ 后所得的余数,即

$$a_k = S_k - 【\frac{S_k}{k+1}】(k+1)$$

所以

$$a_1 = S_1 - 2【\frac{S_1}{2}】 = n - 2【\frac{n}{2}】$$

$$a_2 = S_2 - 3【\frac{S_2}{3}】 = n - a_1 - 3【\frac{n - a_1}{3}】$$

$$a_3 = n - a_1 - a_2 - 4【\frac{n - a_1 - a_2}{4}】$$

$$\vdots$$

这实际上也证明了结论的惟一性.

❖国际象棋中的“王”

国际象棋中的“王”按照规则在棋盘中走动,欲走遍整个棋盘,问其间能否至多转弯 13 次?

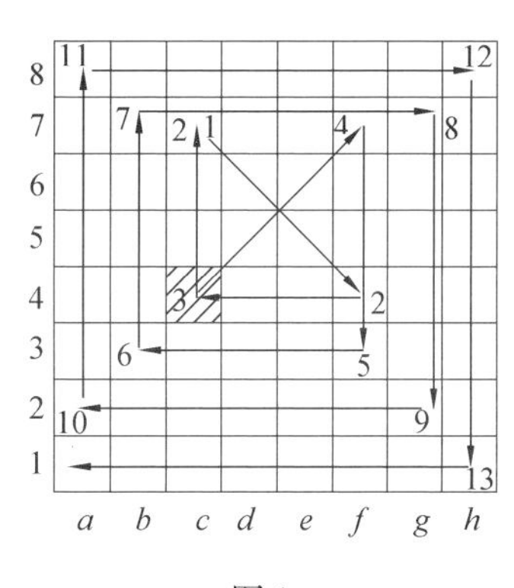

图 1

解 可以.

“王”的走法如图 1 所示,其间刚好转了 13 次弯,一开始,“王”位于方格 $c4$ 中(图 1 中带有

阴影的方格），接下来便按照箭头所示的方向移动位置，即 $c4 \to c7 \to f4 \to c4 \to f7 \to f3 \to b3 \to b7 \to g7 \to g2 \to a2 \to a8 \to h8 \to h1 \to a1$，图 1 中在各箭头处所标的数表示转弯的先后顺序.

❖黑板上写数

在黑板上写三个整数，然后抹去其中一个，而用留下的两数之和减 1 所得的数来替代抹去的数，这样的变换重复若干次后，结果得到的数是 17，1 967，1 983. 试问黑板上最初所写的数能否是：

（1）2，2，2；（2）3，3，3.

解　如果最初的数是（2，2，2）或（3，3，3），那么按照题设的变换，其结果不出现负数或零，设从一个三数组经变换而成为三数组 (a,b,c)，其中 $a < b < c$，那么显然有

$$c = a + b - 1$$

这个三数组是由 (a,b,x) 变换而来的，那么下列三个关系式之一要成立.

$$x = a + b - 1, b = a + x - 1, a = b + x - 1$$

这一种情况，$x = c$ 是恒等变换；第二种情况 $x = b - (a - 1) \xrightarrow{x = a + b - 1} c - 2(a - 1)$；第三种情况 $x = a - b + 1$ 这是不可能的，因为这时 x 将是负数或零，于是 (a,b,c) 是从 $(a,b,c - 2(a - 1))$ 得到的，所以按逆序追溯变换的全过程为

$$(17,1\ 967,1\ 983) \leftarrow (17,1\ 967,1\ 951) \leftarrow (17,1\ 935,1\ 951) \leftarrow \cdots$$

这样后两数更迭减去 32，直到余数小于 32，因 $1\ 983 = 32 \times 61 + 31$，$1\ 967 = 32 \times 61 + 15$，所以最后得

$$(17,15,31) \leftarrow (17,15,3) \leftarrow (13,15,3) \leftarrow \cdots (5,7,3) \leftarrow (5,3,3)$$

（5，3，3）显然可由（3，3，3）得到.

至于（2，2，2），变换后三数中总至少有两个偶数，无论如何都不能得到三个奇数如（17，1 967，1 983）.

❖网眼涂色

7 个六边形的网眼（图 1）涂上两种颜色：白色或蓝色，每次允许选择其中

任一网眼,使它及所有与其相邻的网眼改涂为另一种颜色.证明:由图1(a)的涂色方式,经有限次地按上述改涂方法后,(1)可变为图1(b)的涂色方式;(2)不可能变为图1(c)的涂色方式.

证明 (1)以图1(a)正下方网眼为变换中心,改涂后可得图1(d)的涂色方式,再以图1(d)正上方网眼为变换中心,改涂后便得到图1(b)的涂色方式.

(2)分别用A,B,C,D,E,F,G标记7个网眼,若涂白色的网眼用$+1$表示,涂蓝色的网眼用-1表示,考虑A,C,D,F四格,不论以7个网眼中的任一格为变换中心,它们中必有两格或四格变号(改涂颜色就相当于在相应的网眼上乘以-1),因而这四个数之积总是不变,因为对应于图1(a)的这个积为$+1$,而对应于图1(c)的这个积为-1,因此,由图1(a)不可能变为图1(c)的涂色方式.

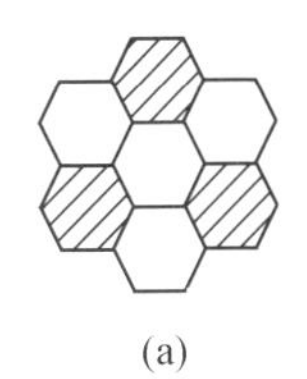
(a)

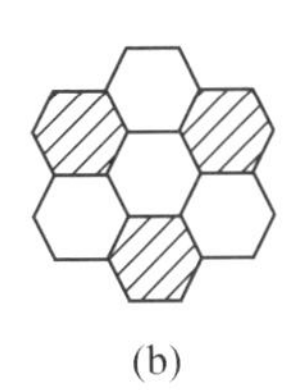
(b)

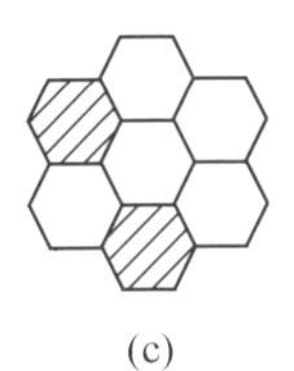
(c)

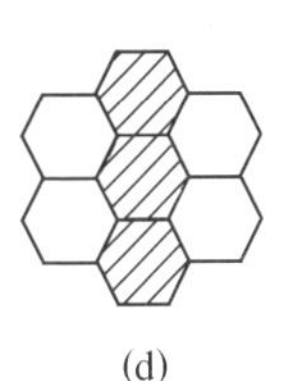
(d)

图1

❖仅剩一枚棋子

在一个可以无限扩展的方格棋盘上,一个游戏按下述规则进行:首先,把n^2枚棋子放在由相连的小方格组成的$n\times n$的方块中,每个小方格里放一枚棋子,这个游戏的每一个允许的步骤是把一枚棋子沿水平方向或垂直方向跨越相邻并放有棋子的一个小方格进入下一个小方格里,如果那里是空着的话,然后就把被跨越的那枚棋子拿掉;否则不允许.

求n的所有这样的值,对每一个这样的值存在一种玩法,使得这游戏最终导致棋盘上只剩下一枚棋子.

解 首先证明,当$3\mid n$时,不存在题目所要求的玩法.

把无限扩张的方格盘用A,B,C三种颜色着色,如图1所示,并简称在某种颜色方格中的棋子为某色子.显然,游戏的每一步都相当于将两个相邻颜色的棋子(一个被移动,一个被跨越)换成一个第三种颜色的棋子.记A^i,B^i,C^i分别为游戏进行到第i步时,A色子,B色子,C色子的个数,则因$n=3m$,便有以后每

进行一步，都是两种色子各减少一个，第三种色子增加一个，所以，A^i，B^i，C^i 总是同奇偶，永远不会出现一个为奇数，两个为偶数的状态，所以，当 n 是 3 的倍数时，不存在所要求的玩法.

$$A^0 = B^0 = C^0 = 3m^2$$

下证当 $n \neq 3m$ 时，一定存在玩法，令 $n = 3m + \theta(\theta = 1,2)$，对 m 用归纳法.

当 $m=0$ 即 $n=\theta$ 时，若 $\theta=1$，则无需进行即已达目的；若 $\theta=2$，则可按图 2 方法进行. 即当 $m=0$ 时，存在玩法.

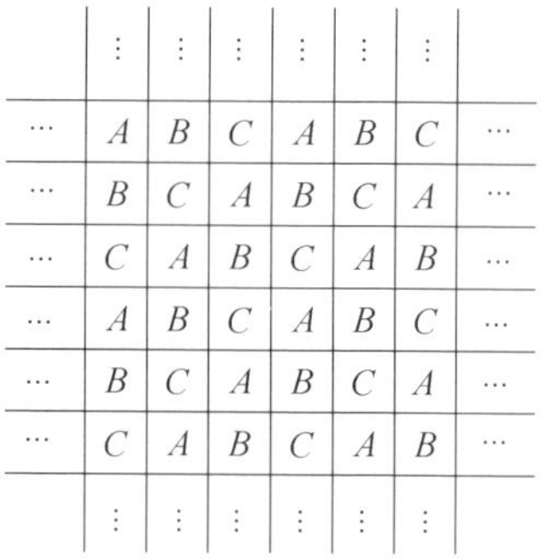

假定当 $m=k$ 时存在玩法，对于 $m=k+1$ 时，

	⋮	⋮	⋮	⋮	⋮	⋮	
…	A	B	C	A	B	C	…
…	B	C	A	B	C	A	…
…	C	A	B	C	A	B	…
…	A	B	C	A	B	C	…
…	B	C	A	B	C	A	…
…	C	A	B	C	A	B	…
	⋮	⋮	⋮	⋮	⋮	⋮	

图 1

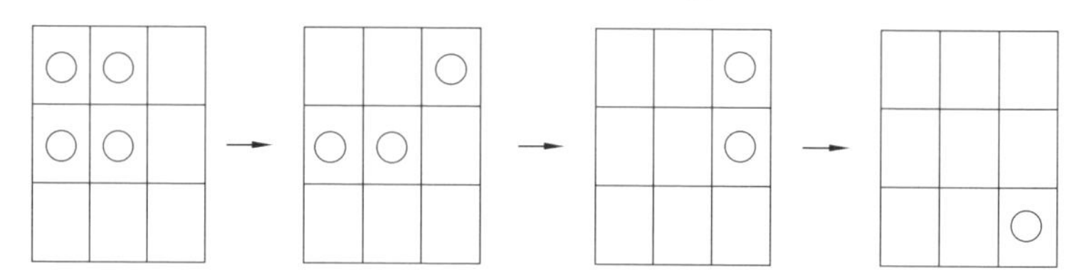

图 2

我们将棋子分成如图 3 所示的四个部分.

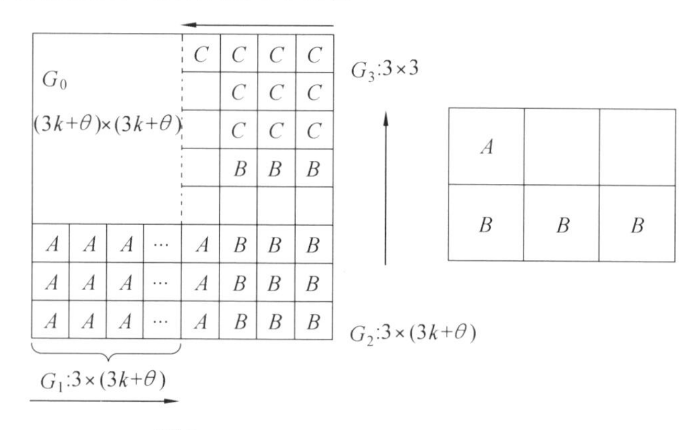

图 3　　图 4

先注意如下事实：凡形如图 4 的 4 枚棋子（两个空格中有无棋子无关紧要），一定可以把排成一行的 3 个 B 去掉，而保持 A 不动，玩法如图 5 所示.

现在，我们可以按箭头所示的方向，首先将图 3 中的 G_1 中的棋子从左到右逐列去掉；其次再将 G_2 中的棋子按箭头所示的方向从下至上逐行去掉，再次将 G_3 中的棋子从右至左逐列去掉，最后剩下 G_0 中的棋子，根据归纳假设，对于 $(3k+\theta)\times(3k+\theta)$ 的方格，存在一种玩法，使最后剩下一枚棋子，这就证明

了当 $n \neq 3m$ 时,必存在题目所要求的玩法.

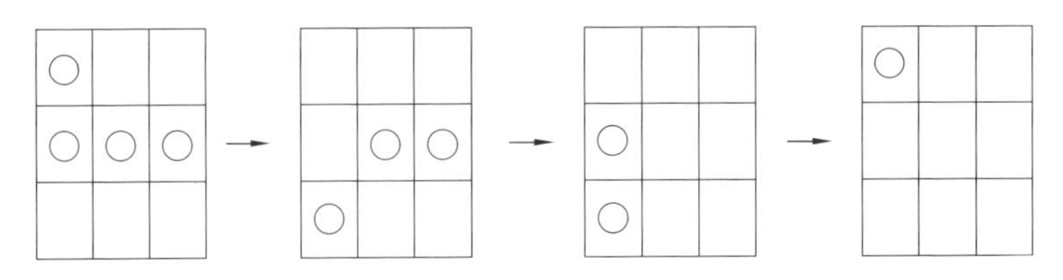

图 5

❖"稀释"手术

求证:存在自然数 n,使若一个边长为 n 的正三角形被其边的平行线分为 n^2 个小正三角形(边长为 1)时,可在这些小正三角形的顶点中找出 1 993n 个点来,使这些找出的点中任三点不能构成一正三角形的顶点(这些正三角形的边不必与原三角形的边平行).

证明 n^2 个小正三角形共有 $1+2+3+\cdots+n+(n+1)=(n+1)(n+2)/2$ 个顶点,把这些顶点用 A,B,C 三种颜色如图 1 那样染色(图为 $n=6$ 的情形). 以这些点为顶点可作出许多正三角形(包括边不与原三角形平行的那些),由图 1 的染色的对称性可以看出,任一这样的正三角形或者三个顶点同色,或者三个顶点为三异色. 此外,由图可以看出:三异色顶点的正三角形边长大于等于 1;同色顶点的正三角形边长大于等于$\sqrt{3}$.

A
B C
C A B
A B C A
B C A B C
C A B C A B
A B C A B C A

图 1

现在施行一种"稀释"手术,办法是取定一种染色点数最少的颜色(若有两种颜色的点都为最少,则从中任取一色即可),并除去染了这种颜色的顶点,易知去掉的点数不多于$\frac{1}{3}\cdot\frac{(n+1)(n+2)}{2}$个,因此,剩下的点数不少于$\frac{2}{3}\cdot\frac{(n+1)(n+2)}{2}\geqslant\frac{2}{3}\cdot\frac{n^2}{2}$. 由前述讨论知,以剩下的点为顶点的正三角形,边长大于等于$\sqrt{3}$.

再将剩下的点按颜色分成两类,则每一类都是一个边长为$\sqrt{3}$ 的三角格点集的子集,对之再分别施行“稀释”手术,即再用三种颜色去染上述三角格点集仍如图1(设想原来所染颜色已擦去),并除去颜色最少的那些点.“稀释”后,剩下的点数不少于$\left(\frac{2}{3}\right)^2\cdot\frac{n^2}{2}$个,以这些点为顶点的正三角形边长大于等于$(\sqrt{3})^2$.

重复这种过程k次后,剩下的点数不少于$\left(\frac{2}{3}\right)^k\cdot\frac{n^2}{2}$个,而以之为顶点组成的正三角形边长将不小于$(\sqrt{3})^k$.

取$n=3^m$,对n^2个小正三角形的顶点作$k=2m+1$次“稀释”后,依上面的讨论,将剩下不少于

$$\left(\frac{2}{3}\right)^{2m+1}\cdot\frac{n^2}{2}=\frac{4^m}{3^{2m+1}}\cdot n^2=\frac{4^m}{3}$$

个点,且以之为顶点构成的正三角形,其边长不小于

$$(\sqrt{3})^{2m+1}=\sqrt{3}n>n$$

即经$2m+1$次“稀释”后,以剩下的点为顶点的正三角形不复存在.

由于$\frac{4^m}{3}\geqslant 1\ 993n$等价于$\frac{4^m}{3^3}\geqslant 3\cdot 1\ 993=5\ 979$,即

$$m\geqslant\log_{\frac{4}{3}}5\ 979$$

这就是说,取$m\geqslant 3^{\log_{\frac{4}{3}}5\ 979}$,即符合题目要求.

❖调到第一位

把自然数1,2,3,…,1 993依照某种顺序排成一列,若列中的第一个数为k,则将此列左侧的前k个数反序而重排.证明:可经过上述的若干次操作把1调到列的第一位.

证明 我们对数列1,2,…,n用归纳法来证明.

当$n=1$时,结论显然成立.

设对$n-1$个数的列,结论成立,下面讨论n个数的情形.

对n个数的列,若n排在最后,则对前$n-1$个数的列,用归纳假设,即知此时结论成立.

若最后一个数不是n,则可设n不在第一位(否则,只要经一次操作,就可把n调到最后),而当n不是第一个数,也不是最后一个数时,在施行题中的操作

时,最后的数永远不会涉及,故不妨将此数与 n 对换位置,在形式上不影响题中操作的施行. 因此,结论仍然成立.

❖家庭相册

在一本家庭相册中有10张照片,每张照片上有3个人,某男士在中间,左边是他的儿子,右边是他的兄弟,已知中间的10位男士是不同的人,试问这些照片上最少有多少个不同的人.

解 为方便计算,称位于照片中间的10位男士为主角,把照片上所有不同的人按下面的方法排成若干行:第0行由那些在所有照片上找不到他父亲的人组成;第 $k+1$ 行($k=0,1,\cdots$)由那些在照片上有他的父亲且父亲已排在第 k 行的人组成. 以 r_k 表示第 k 行的主角数,t_k 表示第 k 行的其他的人数,又记第 $k+1$ 行的人的父亲的全体的总数为 l_{k+1}. 由于每一个主角都可以在照片上找到他的兄弟,故有

$$l_{k+1} \leqslant \frac{1}{2}r_{k+1} + t_{k+1}$$

又由于每一个主角在照片上都有他的儿子,故 $r_k \leqslant l_{k+1}$,所以

$$r_k \leqslant \frac{1}{2}r_{k+1} + t_{r+1}, k=0,1,2,\cdots$$

再注意到

$$1 \leqslant \frac{1}{2}r_0 + t_0$$

再将这些不等式相加,得

$$r_0 + r_1 + \cdots + 1 \leqslant \frac{1}{2}(r_0 + r_1 + \cdots) + t_0 + t_1 + \cdots$$

即

$$\frac{1}{2}(r_0 + r_1 + \cdots) + 1 \leqslant t_0 + t_1 + \cdots$$

亦即

$$(r_0 + r_1 + \cdots) + (t_0 + t_1 + \cdots) \geqslant \frac{3}{2}(r_0 + r_1 + \cdots) + 1 = \frac{3}{2} \times 10 + 1 = 16$$

这就是说,10张照片上不同的人不少于16个.

下面构造总共有16个人的符合条件的10张照片:在图1中,用1,2,…,16代表16个人,其中1,2,…,10是主角. 水平线连接的是兄弟,其他的线(从上到

下）连接父子. 具体的10张照片是：(3,1,2)；(5,2,1)；(7,3,4)；(9,4,3)；(11,5,6)；(12,6,5)；(13,7,8)；(14,8,7)；(15,9,10)；(16,10,9).

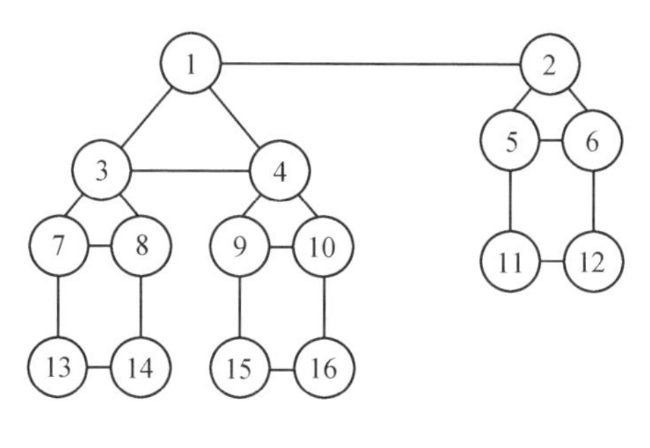

图1

❖打字次序问题

在一个办公室中，一天之内主任在不同的时刻分别交给他的秘书一封要打字的信，每次他都将信放进秘书的收文盒中. 且放在最上面，秘书在有空的时候就拿出最上面的一封信打字. 一天之内要打的信有九封，主任给出的信的次序是1,2,3,4,5,6,7,8,9（数字代表信件的编号）. 吃午饭时，秘书告诉她的一位同事，8号信已经打字完毕，但关于早上打字的情况再也没有说什么. 这位同事不知道九封信中还有哪几封留待午饭后打字，也不知道它们打字的次序将是怎样的. 在上述信息的基础上，午饭后打字的次序可能有多少种（没有一封信留下要打字也是一种可能性）？

解　分两种情况进行讨论：

(1) 午饭前主任已把第9号信交给秘书，午饭后秘书的同事打字的次序的情形有：

ⅰ 没有一封信留下要打字，是1种可能性，记为C_8^0.

ⅱ 有一封信留下要打字，有C_8^1种次序.

ⅲ 有二封信留下要打字，例如3号和9号要打，只有先打9号后打3号1种次序，总是先打大号码的信，后打小号码的信，因此有C_8^2种次序.

ⅳ 有三封信留下要打字，共有C_8^3种次序.

⋮

ⅸ 有八封信留下要打字，共有C_8^8种次序.

因此在这种情形下，打字的次序有

$$N_1 = C_8^0 + C_8^1 + C_8^2 + \cdots + C_8^8 = 2^8 = 256(\text{种})$$

(2) 午饭前主任没有把第9号信交给秘书,午饭后秘书的同事打字要接触1～7号信和下午主任(不固定时间)送来的9号信,打字的次序有:

ⅰ 有一封信要打字,那只有9号信要打字,而这种情况已在(1)ⅱ中计算过.

ⅱ 有二封信要打字.

a. 1,2,3,4,5,6,7号信任何二封信要打字的次序为 C_7^2 种,而这种情况在(1)ⅲ中计算过,不能重复计算.

b. 1,2,3,4,5,6,7号信中任一封信和9号信要打字,如3号和9号要打字,有两种次序,先打9号后打3号与先打3号后打9号,而先打9号后打3号这种次序在(1)ⅲ中计算过,不能再重复计算,只有先打3号后打9号的次序是新的一种次序.因此增加了 C_7^1 种次序.

ⅲ 有三封信要打字.

a. 1,2,3,4,5,6,7号信中任何三封要打字的次序有 C_7^3 种,但这些次序在(1)ⅳ中计算过,也不能重复计算.

b. 1,2,3,4,5,6,7号信中任何二封和9号信一封要打字,例如1号,3号,9号三封信要打字,打信的次序有三种(从左到右为打字的先后次序):931,391和319(3号总是在1号前面).而931的次序在(1)ⅳ中出现过,而391和319是新增加的两种次序.因此,新增加的次序有 $2C_7^2$ 种.

ⅳ 有四封信要打字,新出现的次序有 $3C_7^3$(种).

ⅴ 有五封信要打字,新出现的次序有 $4C_7^4$(种).

ⅵ 有六封信要打字,新出现的次序有 $5C_7^5$(种).

ⅶ 有七封信要打字,新出现的次序有 $6C_7^6$(种).

ⅷ 有八封信要打字,新出现的次序有 $7C_7^7$(种).

综合(1)和(2)可知,午饭后要打字的次序种数为

$$N = (C_8^0 + C_8^1 + C_8^2 + \cdots + C_8^8) + (C_7^1 + 2C_7^2 + 3C_7^3 + \cdots + 7C_7^7) = 256 + 448 = 704$$

❖餐桌坐法

一对夫妇A和B有五个儿子:用英文字母C,D,E,F,G表示.父亲决定在若干次午饭时间,全家七个人每天按新的次序围坐在一张圆桌旁,使每人恰好和其他各人相邻一次.他要怎样实现这个计划?

解 共有 $6\div 2=3$ 对不同的人坐在 A 的两旁,因此只要三顿午饭就可实现他的计划. 具体做法如下.

首先按次序 A,B,C,D,E,F,G 安排就坐. 然后在 A 的左边把这个“圆”切断,把这七个字母写成一行:ABCDEFG.

而后取出偶数位置上的字母,以原来的次序放在最右边的位置上,即 ACEGBDF.

把这个步骤重复两次,得 AEBFCGD,ABCDEFG.

第三次时又回到原来的次序.

其次再考虑每个家庭成员左右两侧的一对成员.

A—BG,B—AC,C—BD,D—CE,E—DF,F—EG,G—FA

CF,GD,AE,BF,CG,DA,EB

ED,EF,FG,GA,AB,BC,CD

由此可见,在这个周期内,不仅每个成员都恰好可以与其他成员相邻坐一次,而且他左右两侧也不会与其他成员重复相邻. 这个结果并不奇怪,因为 $C_7^2=21$,正好是我们上面所列的 21 对成员.

❖中日围棋擂台赛

在中日围棋擂台赛上,中、日两队各出 7 名队员按事先排好的顺序出场参加围棋擂台赛. 双方先由 1 号队员比赛,负者被淘汰,胜者再与负方 2 号队员比赛,……,一直到一方队员全被淘汰为止,另一方获得胜利,形成一种比赛过程,那么所有可能出现的比赛过程的种数有多少?

解 为了更透彻了解问题的实质,我们来考虑一般情况,设甲方不是 7 名而是 m 名队员,乙方不是 7 名而是 n 名队员. 并记甲方胜乙方的比赛过程有 H_m^n 种,乙方胜甲方的比赛过程有 H_n^m 种,则总的比赛过程有

$$N=H_m^n+H_n^m\text{(种)}$$

下面我们将证明

$$H_n^m=C_{m+n-1}^m \qquad ①$$

从而

$$N=C_{m+n-1}^n+C_{m+n-1}^m$$

特别地,$m=n=7$,有 $H_7^7=C_{13}^7$,于是答案便为 $2C_{13}^7$ 或 3 432 种.

下面我们给出式 ① 的两种解法供参考.

解法1　乙方获胜就是要把甲方的 m 名棋手全都淘汰，而自已至少有一名棋手未被淘汰，又由于淘汰一名棋手与进行一场比赛构成一一对应，所以乙方获胜的一个比赛过程至少进行 m 场比赛，至多进行 $m+n-1$ 场比赛.

我们把 $m+n-1$ 场比赛视为不同的元素

$$a_1,a_2,\cdots,a_{m+n-1} \qquad ②$$

乙方胜 m 场的一种比赛过程，应对应着从②中取 m 个元素的一种组合，反之，从②中取 m 个元素的一种组合，也对应着乙方胜甲方的一种比赛过程. 于是问题转化为从 $m+n-1$ 个不同元素中取 m 个元素的组合数，得

$$H_n^m = \mathrm{C}_{m+n-1}^m$$

比如，原问题中，$m=n=7$，那么从$\{1,2,\cdots,13\}$个元素中任取7个元素的一个组合$\{1,3,5,6,7,8,13\}$就与下述比赛过程构成对应.

第一场：乙$_1$ 胜甲$_1$；

第二场：乙$_1$ 败于甲$_2$；

第三场：乙$_2$ 胜甲$_2$；

第四场：乙$_2$ 败于甲$_3$；

第五场：乙$_3$ 胜甲$_3$；

第六场：乙$_3$ 胜甲$_4$；

第七场：乙$_3$ 胜甲$_5$；

第八场：乙$_3$ 胜甲$_6$；

第九场：乙$_3$ 败于甲$_7$；

第十场：乙$_4$ 败于甲$_7$；

第十一场：乙$_5$ 败于甲$_7$；

第十二场：乙$_6$ 败于甲$_7$；

第十三场：乙$_7$ 胜甲$_7$.

解法2　把乙方 i 号$(1\leqslant i\leqslant n)$选手胜甲方一名选手记为 a_i，连胜则连写，如 $a_3a_3a_3a_3$ 表示乙方3号选手连胜4场. 解法1中的13场比赛可以表示为

$$a_1a_2a_3a_3a_3a_3\cdots a_7$$

这样，我们便得到 n 个相异元素 $a_1,a_2,\cdots,a_n$，而从这 n 个元素中每次取 m 个元素的所有允许重复的组合可以全部写出

$$\begin{cases} a_1a_1a_1\cdots a_1a_1 \\ a_1a_1a_1\cdots a_1a_2 \\ a_1a_1a_1\cdots a_1a_3 \\ \vdots \\ a_{n-1}a_na_n\cdots a_na_n \\ a_na_na_n\cdots a_na_n \end{cases} \qquad ③$$

其中每一个组合对应着乙方胜甲方的一个比赛过程，现给各下标依次加上 0, 1,2,…,m - 1,得

$$\begin{cases} a_1a_2a_3\cdots a_{m-1}a_m \\ a_1a_2a_3\cdots a_{m-1}a_{m+1} \\ a_1a_2a_3\cdots a_{m-1}a_{m+2} \\ \vdots \\ a_{n-1}a_{n+1}a_{n+2}\cdots a_{m+n-2}a_{m+n-1} \\ a_na_{n+1}a_{n+2}\cdots a_{m+n-2}a_{m+n-1} \end{cases} \quad ④$$

由于④是从 $m+n-1$ 个互异元素中取 m 个元素的组合有 C_{m+n-1}^m 种，而④与③又构成一一对应，故得①.

❖装错信封问题

某人写了 n 封信，并且在 n 个信封上写下了对应的地址，求把所有信笺都装错了信封的情况共有多少种？

解　我们将不直接求所有信都装错的情况的种数 W，而去求至少有一封信没有装错的情况的种数 k，因任意装信的情况共有 P_n^n 种，故 $W=P_n^n-k$. 这样，只要设法求出 k，就可知道 W 是多少了.

设这 n 封信为 $A_1,A_2,\cdots,A_n$.

定义集合 $A_k(k=1,2,\cdots,n)$ 为装对 A_k 这封信的所有情况（包括只装对 A_k 及除装对 A_k 外还装对其他信）的集合，记集合 A_k 的元素的个数为 $N(A_k)$，即装对 A_k 这封信的情况的种数为 $N(A_k)$.

因 k 是至少装对一封信的情况的种数，由上面关于集合 A_k 的定义可得.

$$k=N(A_1\cup A_2\cup A_3\cup\cdots\cup A_n)$$

根据有限集元素的个数的计算公式可得

$$k=N(A_1)+N(A_2)+\cdots+N(A_n)-N(A_1\cap A_2)-\cdots-N(A_{n-1}\cap A_n)+N(A_1\cap A_2\cap A_3)+\cdots+N(A_{n-2}\cap A_{n-1}\cap A_n)-\cdots+(-1)^{n+1}N(A_1\cap A_2\cap\cdots\cap A_n)$$

因装对任一封信的机会是均等的，即

$$N(A_1)=N(A_2)=\cdots=N(A_n)\ (\text{共 } C_n^1 \text{ 项})$$

$$N(A_1\cap A_2)=\cdots=N(A_{n-1}\cap A_n)\ (\text{共 } C_n^2 \text{ 项})$$

$$\vdots$$

得

$$k=C_n^1N(A_1)-C_n^2N(A_1\cap A_2)+C_n^3N(A_1\cap A_2\cap A_3)-\cdots+(-1)^{n+1}\cdot C_n^nN(A_1\cap A_2\cap\cdots\cap A_n)$$

而同时装对某 k 封信的情况的种数等于剩下的 $n-k$ 封信的排列数(这 $n-k$ 封信可以装对,也可以装错),即 $N(A_1\cap A_2\cap\cdots\cap A_k)=P_{n-k}^{n-k}$. 故得

$$k=C_n^1P_{n-1}^{n-1}-C_n^2P_{n-2}^{n-2}+C_n^3P_{n-3}^{n-3}-\cdots+(-1)^{n+1}C_n^nP_1^1$$

这样,我们就得到所有信都装错的情况的种数为

$$W=P_n^n-k=n!-C_n^1(n-1)!+C_n^2(n-2)!-\cdots+(-1)^nC_n^n$$

这结果与其他两种解法的结果相同.

❖冗长的报告

在一个冗长的报告中,1 987 个听众每人都恰睡了两次. 每两个听众都恰有一个时刻同时打瞌睡. 证明:一定有一个时刻至少有 663 个听众打瞌睡.

证明 设最晚打瞌睡的人第一次进入梦乡是在中午. 如果至少有663个人在这时睡觉,结论业已成立. 因此我们设至少有

$$1\ 987-662=1\ 325$$

个人在中午睡觉.

从现在起,我们仅考虑这1 325人,显然他们在上午、下午各睡一次觉,如果 A,B 在上午睡觉的时间有重叠,记为 $[A,B]$,否则记为 (A,B). 对于任一 (A,B),A 与 B 在下午睡觉的时间有重叠,用 $I(A,B)$ 表示下午时 A 与 B 至少有一个睡觉的区间. 对于 (A,B) 与 (C,D) 我们断言 $I(A,B)$ 与 $I(C,D)$ 必有重叠部分. 这在 A,B,C,D 中有相同的时候显然成立. 如果 A,B,C,D 是四个不同的人,$I(A,B)$ 与 $I(C,D)$ 无重叠,则必有 $[A,C]$,$[A,D]$,$[B,C]$,$[B,D]$. 这与 (A,B),(C,D) 矛盾!

由此可见,所有 $I(A,B)$ 有一公共点 t,如果至少有 663 个人在 t 睡觉,结论成立,假设有

$$1\ 325-662=663$$

个人在 t 是清醒着的. 每两个这样的人 C,D 必有 $[C,D]$(否则 $t\in I(C,D)$),因

而他们在早晨某一时刻同时睡觉.

❖客从远方来

某班30名学生进行互访,每个学生在一个晚上可以进行多次出访.但在有客人来访的晚上,他必须留在家中.证明:为了使每个学生都访问了他的每一位同学:

(1) 四个晚上是不够的;

(2) 五个晚上是不够的;

(3) 十个晚上足够;

(4) 七个晚上已经足够.

证明　令 $A_i=\{i$ 在家的日子$\}$,$i=1,2,\cdots,30$.

若五个晚上够,不妨设这五个晚上分别对应于1,2,3,4,5;则

$$A_i\neq\varphi,A_i\neq\{1,2,3,4,5\}$$

并且 $i\neq j$ 时,$A_i\neq A_j$.由于$\{1,2,3,4,5\}$的真子集共 $2^5-2=30$ 个,所以 A_1,A_2,$\cdots$,A_{30} 恰好穷尽这些子集.设 $A_1=\{1\}$,$A_2=\{1,3\}$,则3来访问1.

对于七个晚上($\{1,2,3,4,5,6,7\}$),可从此七元集取30个三元集(共计 $C_7^3=35$)作为 A_i,对于 $i\neq j$,存在 $x\in A_i\setminus A_j$,j 在第 x 天访问 i.

❖棒球比赛

下表列举美国棒球联合会在1965年7月14日举行的棒球比赛的输赢分数.

	得分	失分		得分	失分
芝加哥	41	46	纽约	29	56
辛辛那提	49	36	费城	45	39
休斯敦	39	45	匹兹堡	44	43
洛杉矶	51	38	圣路易	41	45
密尔沃基	42	40	旧金山	45	38

如果不计算得分的百分数,试把各球队按照得分百分数减少的次序排列.

解　分别以 B 和 P 表示得分和失分的分数,首先把每个队和一个假想的队

比较. 后者得分百分数是 50%, 显然 $B - P = 0$. 如果我们的球队有 $B > P$, 那么它的得分百分数就大于 50%, 按规定把它归为甲级队, 如果它有 $B < P$, 那么把它归为乙级队. 显然, 在名次表上, 甲级队应排在乙级队前面.

考虑同级的两队: A 队和 C 队. 如果现在有

$$B_A > B_C, P_A \leqslant P_C$$

或者

$$B_A = B_C, P_A \leqslant P_C$$

那么 A 队显然排在 C 队前面. 于是可以初步列出一个名次表, 其中只有相邻两个带 * 号的队的相对名次还有疑问.

	得分	失分		得分	失分
* 辛辛那提	49	36	* 匹兹堡	44	43
* 洛杉矶	51	58	圣路易	41	45
旧金山	45	38	* 芝加哥	41	46
费城	45	39	* 休斯敦	39	45
* 密尔沃基	42	40	纽约	29	56

设

$$B_A = B_C + x, P_A = P_C + y$$

那么, 若两队都属于甲级队, 且 $x \leqslant y$, 则 A 队应在 C 队后面. 若两队都属于乙级队, 且 $x \geqslant y$, 则 A 队应在 C 队前面. 因此, 上述名次表是正确的, 没有疑问了.

❖由矮到高

今有 1 989 个高矮不同的人任意排成一长列, 证明: 从中至少可挑出 29 人的子列, 它恰由高至矮排列; 或从中至少可挑出 72 人的子列, 它恰由矮至高排列.

证明 记每人的高度为 $u_i(i = 1,2,3,\cdots,1\ 989)$. 则每一个 u_i 一定对应着惟一的一个以它为首项的"最长"的递减子列和递增子列.

又设 l_i^- 是首项为 $u_i(i=1,2,\cdots,1\ 989)$ 的"最长"递减系列的"长度"(即项数), l_i^+ 是首项为 $u_i(i=1,2,\cdots,1\ 989)$ 的"最长"递增系列的"长度". 于是每个 u_i 有惟一的数对 (l_i^-, l_i^+) 与之对应.

这样我们便建立了一个由集 $\{u_1, u_2, \cdots, u_{1\ 989}\}$ 到集 $\{(l_i^-, l_i^+) \mid i = 1,2,\cdots,1\ 989\}$ 的映射. 下面我们证明这个映射是单射.

不失一般性, 我们不妨设 $i < j$. 此时

$$u_i > u_j \Rightarrow l_i^- > l_j^- \Rightarrow (l_i^-, l_i^+) \neq (l_j^-, l_j^+)$$

$$u_i < u_j \Rightarrow l_i^+ > l_j^+ \Rightarrow (l_i^-, l_i^+) \neq (l_j^-, l_j^+)$$

故为单射,于是象的个数等于原象的个数.

今反设命题不成立,即 $l_i^- \leqslant 28$ 且 $l_i^+ \leqslant 71$. 于是数对 (l_i^-, l_j^+) 的个数至多不超过 $28 \times 71 = 1\ 988$,与已知矛盾. 故命题成立.

❖点头、握手、接吻、拥抱

一次聚会上,每两个人致意的方式为四种方式(点头、握手、接吻、拥抱)中的一种. 康迪和瑞迪接吻,没和萨迪接吻. 对每三个人,两两致意的方式或者全相同或者全不相同. 问这次聚会至多有多少人.

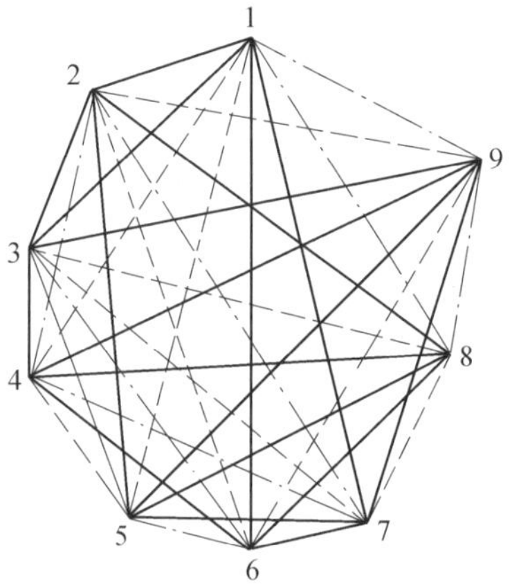

图1

解　至多9个人.

将每个人用一个点表示,如图1所示. 根据两个人致意的方式将相应的两个点的连线染成红、黄、蓝、黑四种颜色中的一种,设康迪为点 v_1.

如果人数大于等于10,则从点 v_1 引出的9条线中必有3条线同色(因为 $9 \div 4 > 2$),设 v_1 与 v_2, v_3, v_4 的连线为红色. 根据已知条件,v_2, v_3, v_4 之间的连线也全为红色($\triangle v_1v_2v_3$ 等的边必须同色).

❖数学家的薪水

有一次,宫廷数学家领到了他一年的全部薪水,都是银元. 于是他着手将这些银元分成不相等的九堆,然后摆成一个魔正方形,国王见了,很是赞赏,但他又抱怨在这些堆中没有哪一堆是一个素数. 数学家说:“我只要再多九个银元,那我就能够在每堆中加一个,使魔正方形的每一堆的银元数都是素数.” 国王听了,仔细研究. 他发现这确是真的,正当国王打算再多给他九个银元时,站在旁边的一个宫廷侍卫大声喊着:“请等一下.” 接着他反过来从魔正方形的每一堆中拿出一块银元,这时他们发现,在这种情况下,魔正方形的每个元素也是一个素数.这样这侍卫白得了九块银元,试问数学家得到的薪水应该是多少?

解 要从素数 P_i 的集合中构成一个我们所要求的三阶正方形,此素数集具有性质:P_i+2 也是素数,且此集中共有61个小于2 000的素数.为了缩小寻找的范围,我们利用下面一些性质:

(1) 存在具有相同和的四个共轭对.

(2) 中央元素正等于每对共轭和的$\frac{1}{2}$,即某个常数的$\frac{1}{3}$.

(3) 如果不出现3或5的元素,则 P_i 必终止于1,7或9.

(4) 正方形的每一列、每一行及对角线上元素的个位数字之和必须有相同的个位数.

(5) 性质(3)和(4)要求所有元素有相同的个位数字,或者它们的个位数字形成排列:

$$\begin{matrix}1 & 7 & 9\\7 & 9 & 1\\9 & 1 & 7\end{matrix}$$

或是这个排列的旋转或映射.

在满足上面性质的集合中,有 $2E$(共轭和)的10个值它们满足上面性质,即298,838,1 318,1 618,1 762,2 038,2 098,2 122,2 182和2 638.这些数字中的第一个数字是使三阶正方形最外侧的每行元素之和为 $3E$ 的惟一数字.这样的魔正方形内的数字包括以下三种:

i	191	17	239	ii	192	18	240
	197	149	101		198	150	102
	59	281	107		60	282	108
iii	193	19	241				
	199	151	103				
	61	283	109				

则数学家的薪水(所得银元的个数)为 $9E+9=9(149+1)=1\ 350$.

❖电影院问题

电影院中共有 m 排座位，每排各有几个座位，票房共售出 mn 张电影票，但由于疏忽，票上的排次和座次有所差别，以致并非所有观众都能对号入座，但所幸的是，观众们可以这样来入座，即使得排次和座次中至少有一个与票相符.

(1) 证明：观众们可以这样来入座，即可使得其中至少有一人的排次和座次都与票相符，而其余人则至少有一个号与票相符.

(2) 在最坏的情况下，最多可有多少个观众的排次和座次都与票相符，并保证其他人都至少有一个号与票相符？

解 (1) 假定每位观众所坐的位置，在排次和座次中都至少有一个与票相符，将其中任意一位观众编为1号，将那位坐在1号观众的票所标注的位置上的观众编为2号，如此下去，将坐在第 $k-1$ 号观众的位置上的那位观众编为 k 号，由于观众数目是有限的，所以必在某一时刻会对某位观众作第二次编号. 找出最先作第二次编号的观众，设他的两个号码为 k_1 和 $k_2(k_1<k_2)$. 显然，编号为 k_1 至 k_2-1 号的观众是各不相同的，令他们按如下方式调整座位：让 k_1 号观众坐到 k_1+1 号观众原来所坐的位置上，k_1+1 号观众坐到 k_2+2 号观众的位置上，如此等等，k_2-1 号观众则坐到 k_1 号观众原来的位置上. 其余观众则都保持不动. 于是，所有调整过座位的观众现在的座位都与票相符（他们共有 $k_2-k_1\geqslant 1$ 个人），而其余的人的座位则仍在排次和座次之一上与票相符.

(2) 1 人. 前面已证，至少可有 1 人坐到与票相符的位置上. 我们来观察这样一种情况：所有售出的票上的座位号都是 1 号，并且其中有 $m+n-1$ 张票标的都是 1 排，而且各有 $n-1$ 张票标为其余各排. 这样一来，为了能按题目条件入坐，那么所有持 1 排 1 号票的观众就一定要占据了全部第一排以及以后各排的全部 1 号位置，这样，所有其他观众便只能按排号入座，而且不能再坐到 1 号位置上. 从而，其中只有那一位坐在1排1号位置上的观众在排次和座次上都正确.

❖搬石头游戏

今有 nk 块石头被按某种方式分成了 n 堆. 允许将其中任何一堆石块的数目

加倍,所需的石块可按任意方式取自其余的堆.试问对于怎样的自然数 k,一定可以通过有限次的上述操作,使得最终所剩下的各堆中的石块数目彼此相等?(仅当 k 是 2 的方幂时可使所剩各堆的块数相等)

解　假设有 $2k$ 块石头被分成两堆,一堆中有 1 块,另一堆中有 $2k-1$ 块,记作 $(1,2k-1)$,并假定可以经过有限次操作变为 (k,k)(或变为 $(0,2k)$,其讨论过程完全类似),我们来看 k 应满足什么样的条件.

我们的操作可将 (x,y) 变为 $(2x,y-x)$,记为 $(x,y)\to(2x,y-x)$.如果反向考察这一过程,就有 $(a_1,b)\leftarrow\left(\frac{a}{2},b+\frac{a}{2}\right)\leftarrow\cdots\leftarrow(ra+sb,(1-r)a+(1-s)b)$,其中 r 与 s 都是真分数,其分母则皆为 2 的方幂.因此,如果 $(k,k)\leftarrow(1,2k-1)$,那么就应当有 $1=k(r+s)$,因此 k 应当为 2 的方幂.

反之,如果 $k=2^m$ 为 2 的方幂,且 $2^m n$ 块石头被分成了 n 堆.我们来观察这 n 堆石块数目的奇偶性.如果其中某两堆的块数均为奇数,但不相等,那么就可以在它们之间进行一次操作,使它们变为块数均为偶数的非空的堆.如果所有块数为奇数的堆中均有 N(N 为奇数)块石头,而其余各堆中则都有 $2N$ 块石头,那么此时结论显然成立.否则,其中有一堆(记作堆 A_1)的块数为偶数,但非 $2N$,我们将块数为 N 的堆编号为 $B_1,B_2,\cdots,B_n$(易知,这样的堆应为偶数堆).我们先在 A_1 和 B_1 之间进行一次操作,可使其中一堆变为偶数块,另一堆仍为奇数块,但不为 N 块,接着再在该为奇数块的堆与 B_2 之间进行一次操作,可得两堆均为偶数块的非空的堆.这样一来,我们便使块数为 N 的堆减少了两堆,但总堆数不变,如果这时还有某个堆 A_2 的块数为偶数,但非 $2N$,则再对 A_2,B_3,B_4 重复上述过程,如此下去,于是,只要经过有限次操作,即可得到如下两种可能结果:或者在某一步上,所有的块数为偶数的堆中均有 $2N$ 块石头,而其余的堆中均有 N 块石头;或者将堆数保持为 n,而每一堆中均有偶数块石头.在前一种情况下结论显然成立,在后一种情况下,我们将两块石头视作一块,于是化归为 $2^{m-1}n$ 块石头分为 n 堆的情形,从而可用归纳法证得结论.因此,只要 k 是2 的方幂,所述的要求都一定可以达到.

❖单位圆问题

在平面上分布着一些单位圆.试问是否一定能够在平面上标出一些点来,使得在每一个单位圆的内部都刚好有一个所标出的点?

解　假定所言之事可以实现,我们以每个所标出的点为圆心各作一个单位圆,于是原来所给的每个单位圆的圆心便都恰好被一个所作的单位圆盖住(且在其内部),于是原来的问题便可转化为这样的问题:在平面上给定了若干个点,是否一定能作出若干个单位圆,使得每个给定的点都恰好位于其中一个单位圆的内部?我们要来证明,这并非一定可能.

作一个 10×10 的矩形,并用平行于边的直线族将它分成 10^3 个边长为 $\frac{1}{1\ 000}$ 的小正方形,将这些小正方形的所有顶点均作为所给定的点.假定可以作出若干个单位圆,使得每个给定的点都恰好位于其中一个单位圆的内部.

显然,其中任何两个单位圆的圆心距大于 $2-\frac{1}{500}$.我们来观察任意一个位于 10×10 矩形"深处"的单位圆 D.易见,同它相交的其他单位圆不多于7个,我们来考察同 D 相交,但却未被 D 完全盖住的那些 $\frac{1}{1\ 000}\times\frac{1}{1\ 000}$ 的小正方形.显然,每个这样的小正方形中都有一个顶点被别的单位圆盖住(在其内部).并且不难验证,这样的顶点多于1 000个.于是,在同 D 相交的至多7个单位圆中,必有一个单位圆 K 至少含有100个这样的顶点,并且 K 与 D"相交"得如此之"深",以至于必有某个顶点既被 K 盖住,又被 D 盖住(即位于两者的内部).

❖表针问题

在某国初中的一次考试中,问如何准确地计算出分针和时针重合、垂直和一直线的时间,及在12小时内分针和时针重合、垂直、一直线的次数.

解　(1)算术法

假设在4点钟和5点钟间,何时两针重合?两针成直角?两针成一直线?

两针第一次成直角:$(20-15)\div\left(1-\frac{1}{12}\right)=5\frac{5}{11}$(4点 $5\frac{5}{11}$ 分);

两针重合:$20\div\left(1-\frac{1}{12}\right)=21\frac{9}{11}$(4点 $21\frac{9}{11}$ 分);

两针第二次成直角:$(15+20)\div\left(1-\frac{1}{12}\right)=38\frac{2}{11}$(4点 $38\frac{2}{11}$ 分);

两针一直线:$(30+20)\div\left(1-\frac{1}{12}\right)=54\frac{6}{11}$(4点 $54\frac{6}{11}$ 分).

在其他时间里,可依上法求出各种特殊位置的时间.

(2) 比例法

时针和分针从 3 点开始,问第一次重合在什么时间?若时针和分针第一次重合,则时针走 x 分格,分针应走 $x+15$ 分格.

$$60:5=(x+15):x,x=\frac{15}{11}$$

分针:$x+15=\frac{15}{11}+15=16\frac{4}{11}$,即在 3 点 $16\frac{4}{11}$ 分钟时重合.

(3) 方程法

仍假设在 4 点钟与 5 点钟之间.

两针第一次成直角:设 x 是第一次成直角的分数(即长针所行的分数);则 $\frac{x}{12}$ 为短针所行的分数,$\frac{x}{12}+20$为短针在钟面上所表示的分数. 由于成直角相差 15 分钟,第一次成直角时时针在前,即

$$\frac{x}{12}+20-x=15,x=5\frac{5}{11}(4\text{ 点 }5\frac{5}{11}\text{ 分})$$

两针重合:$x=\frac{x}{12}+20,x=21\frac{9}{11}$(4 点 $21\frac{9}{11}$ 分);

两针第二次成直角:分针在前,$x-\left(\frac{x}{12}+20\right)=15,x=38\frac{2}{11}$(4 点 $38\frac{2}{11}$ 分);

两针一直线:$x-\left(\frac{x}{12}+20\right)=30,x=54\frac{6}{11}$(4 点 $54\frac{6}{11}$ 分).

其他位置的时间,亦可依法求出.

(4) 数列法

时针、分针从同处同时开始转动,当第一次重合时,问需要经过多少时间?

因为分针走一圈为 1 小时,时针走 5 分格. 要赶此 5 分格,分针走 5 分钟,而时针又走 $5\times\frac{1}{12}$ 分格,为赶上,分针再走 $5\times\frac{1}{12}$ 分钟,而时针又走 $5\times\frac{1}{12}\times\frac{1}{12}$,…,这样下去,对分针来说

$$60+\frac{60}{12}+\frac{60}{12\times12}+\frac{60}{12\times12\times12}+\cdots$$

这是一个无穷递缩等比数列,所以

$$S=\frac{60}{1-\frac{1}{12}}=\frac{60\times12}{11}=65\frac{5}{11}(\text{分钟})$$

即分针要走 $65\frac{5}{11}$ 分钟,才能和时针第一次重合.

(5) 三角法

运用弧度的概念,可解出特殊位置的准确时间.

问在12小时内,钟的时针和分针有多少次相互重合? 多少次成一直线? 多少次相互垂直?

我们设一小时后,分针转过的角为 -2π,x 小时后分针转过的角为 $-2\pi x$.

一小时后,时针转过的角为 $-\frac{2\pi}{12}$,x 小时后时针转过的角为 $-\frac{2\pi x}{12}$. x 小时后分针和时针的夹角等于

$$-2\pi x-\left(-\frac{2\pi x}{12}\right)=-\frac{11\pi x}{6}$$

ⅰ 时针和分针重合

$$-\frac{11\pi x}{6}=-2\pi k,k\in 0,1,2,\cdots,10$$

$$x=\frac{12k}{11}$$

ⅱ 时针和分针成一直线

$$-\frac{11\pi x}{6}=-2k\pi-\pi,k\in 0,1,2,\cdots,10$$

$$x=\frac{6(2k+1)}{11}$$

ⅲ 时针和分针成直角

$$-\frac{11\pi x}{6}=-2k\pi-\frac{\pi}{2}$$

或

$$-\frac{11\pi x}{6}=-2k\pi-\frac{3\pi}{2},k\in 0,1,2,\cdots,10$$

$$x=\frac{12k+3}{11}\text{或}x=\frac{12k+39}{11}$$

(6) 统一法

上面的几种方法求解时很复杂,那么时钟面上两针重合,垂直,一直线,再重合……这几种特殊的位置能否有一统一的公式呢?

实际上我们可以把上面的三个公式合并成一个统一的公式,即

$$-\frac{11\pi x}{6}=-\frac{k\pi}{2},k\in 0,1,2,\cdots,10$$

$$x=\frac{3k}{11}$$

$$k_{\text{垂直}} = 4n + 1, x_1 = \frac{3}{11}, x_5 = \frac{15}{11}, x_9 = \frac{27}{11}, \cdots, x_{41} = \frac{129}{11}$$

$$k_{\text{直线}} = 4n + 2, x_2 = \frac{6}{11}, x_6 = \frac{18}{11}, x_{10} = \frac{30}{11}, \cdots, x_{42} = \frac{126}{11}$$

$$k_{\text{再垂直}} = 4n + 3, x_3 = \frac{9}{11}, x_7 = \frac{21}{11}, x_{11} = \frac{33}{11}, \cdots, x_{43} = \frac{129}{11}$$

$$k_{\text{重合}} = 4n + 4, x_4 = \frac{12}{11}, x_8 = \frac{24}{11}, x_{11} = \frac{33}{11}, \cdots, x_{44} = \frac{132}{11}$$

$$n \in 0, 1, 2, \cdots, 10$$

思考：$x_{44} - x_{43} = \cdots = x_3 - x_2 = x_2 - x_1 = \frac{3}{11}\left(\text{即 } 16\frac{4}{11} \text{ 分格}\right)$. 为什么后面位置所表示的小时数减去前面位置所表示的小时数等于$\frac{3}{11}$(即16$\frac{4}{11}$分格)？n为什么只能取0，1，2，…，10呢？而x取44个特殊位置呢？

首先，我们分析两针重合. 因为在12小时内，0点和12点的重合只能算一次，所以时针和分针共重合11次.

其次我们分析两针成一直线. 因为在12小时内，在6点到7点间无两针成一直线，所以时针和分针成一直线共11次. 时针和分针以第一次成一直线时$x_2 = \frac{6}{11}$小时，即0点32$\frac{8}{11}$分到第二次成一直线，时针前进$\frac{60}{11} = 5\frac{5}{11}$格，而分针前进$60 + 5\frac{5}{11}$格，其他以此类推.

最后我们分析两针相互垂直. 因为在12小时内，在3点到4点和9点到10点，仅只一次成直角，所以共有22次成直角. 但时针和分针的直角边的位置可以相互对调，例如1点21$\frac{9}{11}$分和4点5$\frac{5}{11}$分，位置相同，仅时针、分针的位置对调，所以在12小时后，本质上相互垂直的位置为11个. 所以时针每次前进$\frac{60}{11} = 5\frac{5}{11}$格，分针每次前进$60 + \frac{60}{11}$格.

综上所述，在12小时内，n只能取11个数字，x取44个位置，亦就可以理解了. 至于$\frac{3}{11}$时$\left(\text{即 } 16\frac{4}{11} \text{ 分格}\right)$也就一目了然. 从前一个特殊位置到后一个位置，短针均走$\frac{1}{4} \times \frac{60}{11}$(分格) $= \frac{15}{11}$(分格)，长针快$\frac{1}{4}\left(60 + \frac{60}{11}\right)$分格 $= 16\frac{4}{11}$分格 $= \frac{3}{11}$小时.

❖折棒拼形

若将一根棒随机地折成三部分,求这三部分能形成一个三角形的概率.

解法1 假设AB(图1)表示问题中的那根棒,D是左边的折断点,E是右边的折断点.设$\triangle ABC$是一个等边三角形,F是通过D平行于AC的直线和通过E平行于BC的直线交点.这样,当已知$D,E\in AB$,且D在左面,E在右面时,则F是$\triangle ABC$的内部由D,E惟一决定的点.

反之,若A,B和C如图1,且设F是$\triangle ABC$内部的一个点,设D是AB和过F平行于AC的直线的交点,E是AB和过F平行于CB的直线的交点,则当给定$\triangle ABC$的内部的一点F时,AB上的D和E也是惟一确定的.

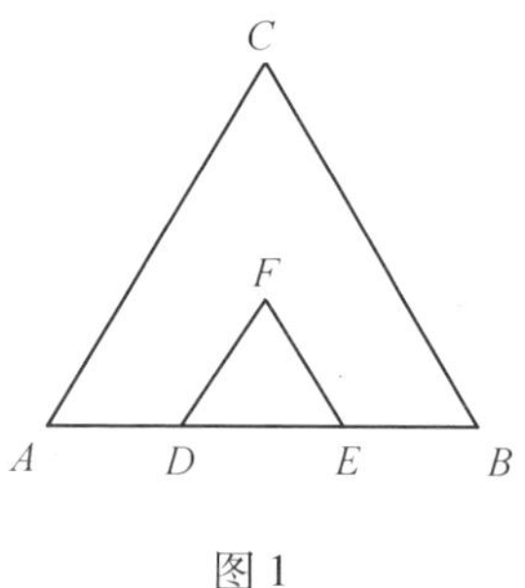

图1

前面两段的叙述说明确定了$\triangle ABC$内部的一点与AB上的点对D,E之间存在着一一对应.

为了讨论在$\triangle ABC$的内部一点F的位置确定这一棒的三部分能否用来形成一个三角形,设J,G和H分别是AC,AB和BC的中点(图2).

注意到:

(1)如果F在$\triangle AJG$内部,则$D\in AG,E\in AG$,且$EB>AD+DE$;

(2)如果F在$\triangle JCH$内部,则$D\in AG,E\in GB$,且$DE>AD+BE$;

(3)如果F在$\triangle GHB$内部,则$D\in GB,E\in GB$,且$AD>DE+EB$.

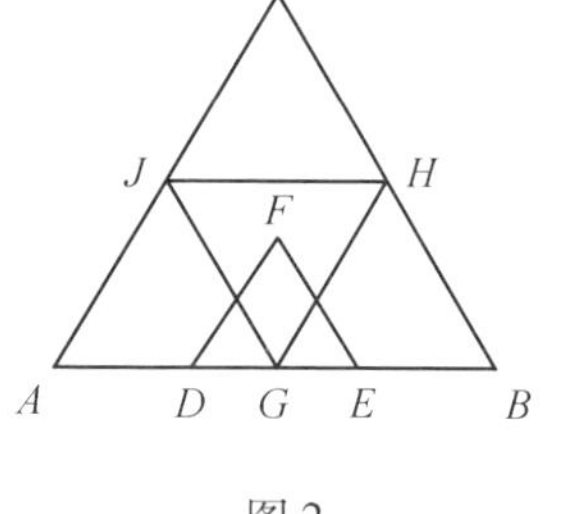

图2

对于这三种情况中的每一种,都不能形成三角形,而如果F在$\triangle GJH$内部,则可以形成一个三角形.因为$\triangle AJG,\triangle JCH,\triangle GHB$和$\triangle GJH$都是彼此全等的,而$\triangle GJH$的面积是$\triangle ABC$的$\frac{1}{4}$,故所求概率是$\frac{1}{4}$.

解法2 对于所给的棒AB建立一个一维坐标系,使得该棒的左面端点坐标为0,右面端点坐标为1,设x是左边折断点的坐标,y是右边折断点的坐标.则$0 < x < y < 1$.把上述一维坐标系安装到二维坐标系中,设另一点0是二维坐标系的原点,在这个坐标系中左面端点的坐标是$A(0,1)$,右面端点的坐标是$B(1,1)$,则对应于坐标为x,y的点(x,y)必须在$\triangle OAB$的内部(图3).设C,D和E分别是OB,AB和AO的中点.

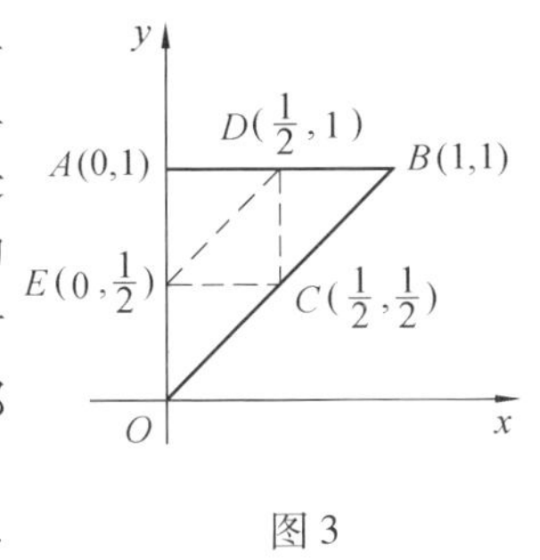

图3

在任何三角形中,一边的长必须小于另两边的长的和.在这种情况下,其意义是三部分中的每一部分的长必须小于$\frac{1}{2}$,而这三部分的长分别是$x,y-x,1-y$.这样,我们立即可以得到它们能形成一个三角形的必要和充分条件为$x < \frac{1}{2}, y-x < \frac{1}{2}$和$1-y < \frac{1}{2}$或$x < \frac{1}{2}, y < x+\frac{1}{2}$和$y > \frac{1}{2}$.

这三个条件迫使(x,y)对应的点在$\triangle CDE$的内部.然而$\triangle OCE$,$\triangle EDA$,$\triangle CDE$和$\triangle CBD$彼此全等.因此$\triangle CDE$是$\triangle OBA$的$\frac{1}{4}$,故所求概率为$\frac{1}{4}$.

解法3 利用这样一个事实:如果一个点是在一个等边三角形内选取的,则从这点分别引三边的垂线,那么这些线段的长度的和等于原等边三角形的高线的长.

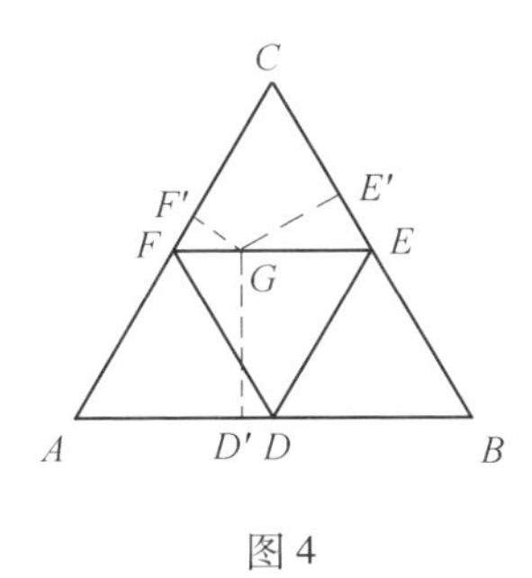

图4

设$\triangle ABC$(图4)是一个等边三角形,使得$\triangle ABC$的高和原棒的长度相等.设D,E,F分别是AB,BC和CA的中点,设G是$\triangle ABC$内随意选取的一点,且设D',E'和F'是从G引垂直于AB,BC和CA的垂线的垂足.由线段$D'G,E'G$和$F'G$能形成一个三角形,如果这些线段有如下性质:任一线段的长小于另两线段的和,或等价地,如果这些线段的每一条都小于这三条线段和的一半,注意到CD是$\triangle ABC$的高.因而,$CD=D'G+E'G+F'G$.如果G在$\triangle DEF$的内部,则有$D'G < \frac{1}{2}CD, E'G < \frac{1}{2}CD, F'G < \frac{1}{2}CD$.在这种情况下,所要求的三角形可以形成;另一方面,若G不在$\triangle DEF$的内部,则这些线段中有一个等于或大于$\frac{1}{2}CD$,于是三条线段不能形成三角形.

因为$\triangle AFD$,$\triangle DEF$,$\triangle DEB$和$\triangle FCE$彼此全等,这样$\triangle DEF$的面积是

$\triangle ABC$ 的面积的$\frac{1}{4}$,故所求概率是$\frac{1}{4}$.

总之,以上三种解法全是利用三角形的面积,而且通常是先决定一个三角形,然后由这个三角形的每边的中点给出四个全等的三角形,其中每一个三角形的面积是原三角形的$\frac{1}{4}$. 那么已知棒折断(三段)的所有可能结果是与大三角形的区域相结合着的,而合乎需要的结果是与一个较小的三角形区域相结合着的. 于是其概率是比较小的三角形区域的面积与大的三角形区域的面积的比.

以上三种解法的不同点仅在于所决定的那个大的三角形与原来那根棒的关系.

在解法1中那根棒变为较大三角形的一边;在解法2中,棒变为较大三角形的高;在解法3中,一个一维坐标系就建立在这根棒上,x 和 y 是两个折断点的坐标,并且一个等腰直角三角形上建立了所有可能点(x,y)的图形.

❖渡船问题

两条渡船正常航行,在一条河上往返匀速行驶. 在岸边转向时不需用时间. 它们分别从河两岸同时开始航行,在离河岸 700 m 处第一次相遇. 它们继续前进,直达对岸,然后返回并在离另一岸 400 m 处第二次相遇. 试问河有多宽?

解 第一次相遇时,两条船走过的路程之总和恰好等于河宽(图 1). 有些意想不到的是,第二次相遇时,两条船走过的路程之总和恰好是河宽的 3 倍. 由于速度不变,因此,第二次相遇所用的时间,恰好 3 倍于第一次相遇所用的时间. 至第一次相遇,A 船走了 700 m 的路程, 则在 3 倍的时间里, 它将走过 2 100 m的路程. 至第二次相遇,A船跨过了这条河并返回400 m. 因此,河宽为2 100 − 400 = 1 700 m.

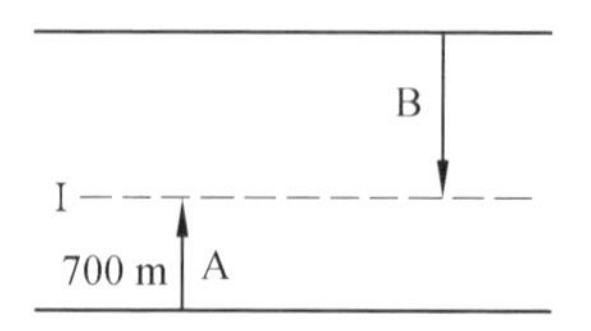

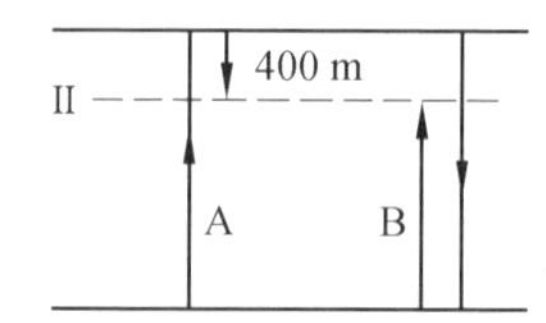

图 1

❖怎样利最大

某人在银行存入1 000卢布,定期10年.银行按年率5%或月率$\frac{5}{12}$计算复利,试问用哪种方式计算利息,储户可以得到较多的钱?

解 设按年计算复利,则在第一年底存款将等于$(1\ 000+1\ 000\cdot\frac{5}{100})=1\ 000(1+\frac{5}{100})$卢布,在第二年底存款将增加这个和数的5%,因而达到$[1\ 000\cdot(1+\frac{5}{100})]+[1\ 000(1+\frac{5}{100})]\frac{5}{100}=1\ 000(1+\frac{5}{100})^2$卢布.类似的推理得出:10年后储户共得到$1\ 000(1+\frac{5}{100})^{10}$卢布.

如果按月计算复利,则我们同样得到10年(即120个月)后储户共得$1\ 000(1+\frac{5}{12\cdot 100})^{120}$卢布.

我们证明第二个数大于第一个数,为此只需证明

$$1+\frac{5}{100}<(1+\frac{5}{12\cdot 100})^{12}$$

考虑这个不等式的右边,它是12个相同的表达式的乘积:$(1+\frac{5}{12\cdot 100})(1+\frac{5}{12\cdot 100})\cdots(1+\frac{5}{12\cdot 100})$.

在相乘的过程中,如果我们在每个括号中都取数1,则其相乘之积为1;如果从一个括号中取$\frac{5}{12\cdot 100}$而其余括号取1,则我们得到$\frac{5}{12\cdot 100}$,但这种乘积的个数等于括号的个数,即共有12个,故得$12\cdot\frac{5}{12\cdot 100}\cdot\frac{5}{100}$.

虽然我们没有计算出乘积中的所有的项,但已经得到$1+\frac{5}{100}$,因而整个乘积必大于这个数.

注 设在银行存入a卢布而银行按年利$p\%$计算复利,则按此问题的解答进行推理可知,经过m年后储户共可得到$a(1+\frac{p}{100})^m$卢布,此即复利公式.

利用伯努利不等式

$$(1+x)^n > 1+n^x, x>0, n>1$$

可以立即给出上面这个量的下限的一个估计.

在开始的问题的解答中我们已对 $x=\frac{5}{12\cdot 100}$, $n=12$ 的情形证明了上述不等式.

由此不等式可知,如果把计算复利的期限缩短,利率也按比例缩小,则储户可以得到更大的款项,与此相联系的是数列

$$x_n=(1+\frac{a}{n})^n$$

这是上升数列,但是通过缩短计算复利的期限而使储户获得太多的利息是不可能的. 因为这个数列是一个有界数列,其极限为 e^a,如果在计算机上计算开始问题中的本利和,则在第一种情形下我们得到1 629卢布,在第二种情形下约得到1 647卢布,而 $1\,000\cdot e^{0.5}\approx 1\,649$.

❖写数博弈

两个比赛者轮流在黑板上写一个不大于 n 的数. 比赛规定不准把已写数的因数再写出来,谁不能再写了就算输.

(1) 试说明当 $n=10$ 时何人必然取胜并指出必胜的策略.

(2) 证明:当 n 为任意自然数时,上题得胜者仍有必胜的策略.

解　先走者必胜.

(1) 先走者第一次应写6,于是后走者只能在4,5,7,8,9,10六个数中写一个. 把六个数分成(4,5),(7,9),(8,10)三组,先走者每次可写出与后写者同组的数,因而后写者不可能取胜.

(2) 考虑一个新比赛,规则同前,但增加一个限制即不准写1. 如果在新比赛中先走者有必胜策略,那么在原比赛中同样适用这个策略. 如果他没有这样的策略,那么他在原比赛中可以先写1,这时原比赛就成为新比赛,只是后走者却成了先走者并且没有必胜对策.

❖哪袋有假币

一个天平有左、右两个盘及一指针. 指针沿一根量尺逐步变化. 与许多杂货店的天平类似,它的工作方式是:如果在左边放一质量为 L 的物体,右边放一质量为 R 的物体,则指针停在量尺上的 $R-L$ 处. 现在有 $n(n\geqslant 3)$ 袋硬币,每袋含

$\frac{n(n+1)}{2}+1$ 枚硬币，所有的硬币形状、颜色等均相同. $n-1$ 袋含有真币，另一袋(不知是哪一袋)是假币. 所有真币质量相同，所有假币质量也相同，真币与假币质量不同.

一次测试是指将一些硬币放在一个盘中，一些硬币放在另一盘中，读出指针在量尺上的读数.

试找出只用两次测试便可以断定哪一袋是假币的方法并作解释.

解 先设 n 为偶数，从每袋中各取一枚，将一半放在右盘，另一半放在左盘，所得读数便是一枚真币与一枚假币质量之差 x.

第二次测试将第一袋中的$\frac{n(n+1)}{2}$枚放在右盘，从第 i 袋($1\leqslant i\leqslant n$)中取 i 枚放在左盘. 设这时读数为 y，则 $y=mx$，$m\in\mathbf{N}$. $m\leqslant n$ 时，第 m 袋为假币；$m>n$ 时，第一袋为假币.

在 n 为奇数时，撇开第 n 袋. 第一次测试与上面相同. 若两边相等，则第 n 袋为假币. 设两盘之差为 $x\neq 0$，则第 n 袋为真. 在 $n>3$ 时，用上面的方法对前 $n-1$ 袋进行第二次测试便可判定哪一些为假币. 在 $n=3$ 时，自第一袋、第三袋中各取一枚分别放在左、右两盘. 不等时第一袋为假，相等时第二袋为假.

❖巧识假币

五个硬币中有一个是假的，已知它在质量上不同于真的硬币. 但不知道是较重还是较轻. 真的硬币的质量是5 g. 如果有一个质量为5 g的砝码，怎样在天平上称两次就找出假币.

解 在第一次称时，一个盘中放两个硬币，另一个盘中放入一个硬币和一个砝码. 可能发生两种情况.

(1) 两盘平衡. 此时其余两个硬币中有一个假币. 把其中之一和砝码再称，就知道哪一个是假币.

(2) 两盘不平衡. 假币在天平上，再用下面的方法就可以了.

在天平的一个盘上放两个硬币，另一个盘上放一个硬币和一个砝码. 如果质量相等，那么其余的一个是假币. 用砝码称这个假币就可知道它比真币轻还是重.

(1) 天平的两盘平衡. 假币在第一次称时位于与砝码同一个盘中，如果在

第一次称时放砝码的盘较重,那么假币比真币重,否则就较真币轻.

(2) 天平的两盘不平衡,在天平上的两个硬币中有一个是假币,但是是哪一个呢? 如果在第一次称时这两个硬币比一个硬币加一个砝码重,那么假币较重,否则假币较轻.

❖矩内含方

把一个 $n\times n$ 的正方形分割成 n^2 个 1×1 的正方形,试求满足下述条件的自然数 n 的最大值:可选出 n 个 1×1 的正方形予以标号,使对任一 $p\times q$ 的矩形(其边界或为原正方形的边,或为分割线)内至少包含一个已标号的 1×1 正方形,这里设 $pq\geqslant n$.

解 n 的最大值为 7,证明如下:

不妨设 $n\geqslant3$(因为 $n=2$ 不是最大),显然,若 n 个标号的方块(即 1×1 正方形)满足要求,则在原正方形分割网格中的每一行及每一列中都应有且只有一个. 把这 n 个方块依其所在的列编号为 $1,2,3,\cdots,n$,设 1 号方块所在行为 A,取与 A 相邻的行 B,再取与 A 相邻(但不与 B 重行)或与 B 相邻(但不与 A 重合)的行 C. 设行 B 中有编号为 b 的方格,则当 $b\leqslant n-【\frac{n}{2}】$ 或 $b>【\frac{n}{2}】+1$ 时,在 A 行及 B 行中可找到面积不小于 n 的长方形,不含任何标号的方块. 因此

$$n-【\frac{n}{2}】<b<【\frac{n}{2}】+2$$

现在考虑两个长方形,一个是由行 A,B,C 与第 $2,3,\cdots,n-【\frac{n}{2}】$ 列的交组成;一个由行 A,B,C 与第 $2+【\frac{n}{2}】,\cdots,n$ 列的交组成. 这两个长方形中都不含位于 A,B 中的标号方格. 若 $n>7$,这两个长方形的面积都不小于 n,但行 C 中只有一个标号方格,于是,这两个长方形中总有一个不含标号方格. 所以,$n\leqslant7$.

❖香烟中的扑克

通常,某些香烟厂商在他们的一些香烟盒中放置游戏的纸牌,如扑克等. 并且,一副完整的纸牌,可从他们那里换得各种奖品. 现在提出如下问题:假定每

包香烟中含有一副纸牌 52 张中的一张,并且纸牌是随意分发在各包之中(被发卖的香烟包数有无限多). 问要得到完整的一副纸牌,平均最少需要购买多少包香烟?

解 设一次试验中事件发生的概率为 P,则平均说来要进行 $1/P$ 次试验(即指平均的最小次数),事件才会发生.

在所给问题中,第一包香烟得到一张纸牌的概率为 52/52,换句括说,人们一定能得到一张牌,第二包香烟得到一张在第一包中未得到的牌的概率为 51/52,类似,在下一次试验中得到一张前两次未得到的牌的概率是 50/52,如此等等.

应用上述理论,得到第二张(不同的)纸牌所需的平均试验次数是51/52 的倒数,即 52/51. 同样,在得到两张不同的纸牌之后,要得到第三张与前面不同的纸牌将需平均进行 52/50 次试验,如此等等.

因此,平均来说,在$52(1/52 + 1/51 + \cdots 1/3 + 1/2 + 1)$ 次试验中将得到全副的52 张牌,故所需试验的平均次数为$52\sum_{n-1}^{52}\frac{1}{n}$,这个求和可直接实现,并且知道它一定不是一个整数值.(它的值可由下面公式确定)

$$\sum_{1}^{n}\frac{1}{n} = 0.577\ 215\ 66 + \ln n + \frac{1}{2n} - \frac{1}{12n(n+1)} - \frac{1}{12n(n+1)(n+2)} - \frac{19}{20n(n+1)(n+2)(n+3)} - \cdots$$

在本题中给出的平均试验次数为 235. 976. 既然我们买的香烟的包数必须是一个整数,故取这个数为 236.

❖插花问题

男女若干人围坐一圆桌周围,在相邻为同性者中间插一红花,异性者中间插一蓝花. 证明:若所插红花与蓝花朵数一样,则男女总数必是 4 的整数倍.

证明 用 $+1$ 表示男人,用 -1 表示女人,这样,遇到$(+1)(+1)$ 或$(-1)(-1)$ 时插红花,遇到$(+1)(-1)$ 或$(-1)(+1)$ 时插蓝花,这说明两"数"之积为 $+1$ 时插红花,两"数"之积为 -1 时插蓝花,于是我们得到与原问题等价的问题:$x_1, x_2, \cdots, x_n$ 是 n 个数的一种排列,$x_i(i=1,2,\cdots,n)$ 均为 $+1$ 或 -1,若 $x_1x_2 + x_2x_3 + \cdots + x_{n-1}x_n + x_nx_1 = 0$,则 n 必是 4 的倍数.

因为 $x_1x_2+x_2x_3+\cdots x_{n-1}x_n+x_nx_1=0$ 中各项值不是 $+1$ 便是 -1,且这 n 项和为0,因此 n 必为偶数,不妨设 $n=2k$.

又因为

$$(x_1x_2)(x_2x_3)\cdots(x_{n-1}x_n)(x_nx_1)=x_1^2x_2^2\cdots x_n^2=1$$

同时

$$(x_1x_2)(x_2x_3)\cdots(x_{n-1}x_n)(x_nx_1)=1^k\cdot(-1)^k=(-1)^k$$

于是 $(-1)^k=1$,故 k 为偶数,所以 n 是4的倍数.

❖运动的棋子

在 $N\times N$ 格正方形的方格纸上,任意挑选同一行的相邻两格 A 和 B,在左面的格子 A 中放一枚棋子,它可以沿上、右、斜下左三个方向运动. 证明:对任何 N,这只棋子都不可能走遍所有格子并在最后走回 B 格,而每格都仅经过一次.

证明 用有序数组 (i,j) 表示位于第 i 列,第 j 行的小方格,设 A 格对应的数组为 (a,b),则 B 格对应的数组为 $(a+1,b)$,棋子从 A 出发沿上、右、斜下左三个方向运动一步后所对应的数组分别为 $(a,b-1)$,$(a+1,b)$,$(a-1,b-1)$.

设从 A 出发向右走 x 步,向上走 y 步,向斜下左走 z 步,走遍所有格子走回到 B,而每一个格子都仅经过一次,则有

$$a+1=0\times x+1\times y+(-1)\times z+a \quad ①$$

$$b=(-1)\times x+0\times y+1\times z+b \quad ②$$

$$N^2=x+y+z+1 \quad ③$$

由①,②得

$$x=z,y=z+1$$

代入③得

$$n^2-2=3z$$

现只要证明 n^2-2 不能被3整除即可,这还是比较容易的.

若 $n=3k$,则 $n^2-2=9k^2-2$ 不能被3整除.

若 $n=3k+1$,则 $n^2-2=3(3k^2+2k)-1$ 不能被3整除.

若 $n=3k+2$,则 $n^2-2=3(3k^2+4k)+2$ 不能被3整除.

所以,对任何 n,一棋子从 A 出发走遍所有格子回到 B 是不可能的.

❖猎鸟若干

A,B 共猎鸟 10 只,二人所用弹数之平方和为 2 880,所用弹数之积为其所获鸟数之积的48 倍. 若二人所发弹数互易,则 B 较 A 多得5 鸟,求各猎鸟多少?

解　设 x,y 分别表示 A,B 二人所用的弹数. 又令 A 用 u 颗弹射中 1 只鸟,B 用 v 颗弹射中 1 只鸟. 则$\frac{x}{u}$ 和$\frac{y}{v}$ 表示所获鸟数. 于是有

$$x^2+y^2=2\ 880,xy=\frac{48xy}{uv}\Rightarrow\quad uv=48$$

据题意

$$\frac{x}{u}+\frac{y}{v}=10,\frac{x}{v}-\frac{y}{u}=5$$

由最后二方程得

$$\frac{x^2+y^2}{u}=10x-5y$$

即

$$u(2x-y)=576$$

$$\frac{x^2+y^2}{v}=10y+5x$$

即

$$v(2y+x)=576$$

所以

$$uv(2x-y)(2y+x)=576\times576$$

故

$$(2x-y)(2y+x)=12\times576$$

两边用 $x^2+y^2=2\ 880$ 去除得

$$\frac{(2x-y)(2y+x)}{x^2+y^2}=\frac{12\times576}{2\ 880}=\frac{12}{5}$$

即

$$2x^2-15xy+22y^2=0$$

因式分解可得

$$(x-2y)(2x-11y)=0$$

因 $2x-11y=0$ 求不出 x,y 的整数解,故略去.

因 $x-2y=0$ 得 $x=2y$. 代入 $x^2+y^2=2\ 880$,求出 $y=24$.

所以,$x=48, u=\dfrac{576}{2\times48-24}=8$.

于是 A 猎获鸟 6 只,B 猎获鸟 4 只.

❖相会于图书馆

有一天,三个男孩相会在图书馆里,其中一个说:“从今天起我将每隔一天来图书馆.”第二个宣称,他将每隔两天来图书馆,而第三个则要每隔三天来图书馆. 听了他们的谈话之后,图书馆管理员说,每逢星期三是图书馆的休息日. 孩子们回答道,他们中谁要是来馆日期碰到是图书馆的休息日,则顺延一天,于是他们就这么办了. 在一个星期一那天,他们再度相会于图书馆. 问他们上次谈话时是星期几?

解　孩子们上次谈话时是星期六.

为简便起见,给孩子们编上罗马数字 —— Ⅰ,Ⅱ,Ⅲ. 我们注意到星期一来图书馆的男孩 Ⅱ,在此之前可能只来过三次 —— 在星期五、星期二和星期六(见下表). 而男孩 Ⅲ 是每隔三天来图书馆的,在星期一之前是星期四来,当时他没有遇上 Ⅱ. 而星期四之前,男孩 Ⅲ 来图书馆可能在星期天,这时也没遇上 Ⅱ;或者在星期六,这时便遇上 Ⅱ 了. 剩下的是检验男孩 Ⅰ 在该星期六能否来图书馆,这时 Ⅱ,Ⅲ 都来了. 不难看出这是可能的(见下表).

人员 \ 星期	五	六	日	一	二	三	四	五	六	日	一	…
Ⅱ	-	+	-	-	+	-	-	+	-	-	+	…
Ⅲ	-	-	+	-	-	-	+	-	-	-	+	…
	-	+	-	-	-	-	+	-	-	-	+	
Ⅰ	-	+	-	+	-	-	+	-	+	-	+	…

注:表中“+”表示到图书馆,“-”表示没到图书馆.

❖台风来了

在气象台正西方向 300 km 处有一台风中心,它以 40 km/h 的速度向东北方向移动,距离台风中心 250 km 以内的地方要受其影响. 试问从现在起多长时间后,气象台所在地遭受台风影响?持续多长时间?

思路 依题意思考虑,台风所形成的危险区域,实际上就是运动着的以台风中心为圆心,250 km 为半径的圆系所形成的区域.这样,气象台是否受影响等问题,取决于气象台与圆系的位置关系.

解法 1 如图 1 建立直角坐标系,点 $B(-300,0)$ 表示台风中心现在的位置,射线 BC 表示台风运动方向,其倾斜角为 $45°$,点 $A(0,0)$ 表示气象台.

设 t 小时后,台风中心移动到 B',则点 B' 的坐标为$(-300+40t\cdot\cos 45°, 40t\cdot\sin 45°)$,亦即 $B'(-300+20\sqrt{2}t, 20\sqrt{2}t)$.

所以圆系的方程为

$$(x+300-20\sqrt{2}t)^2+(y-20\sqrt{2}t)^2=250^2$$

当点 A 在圆 B' 内时,必有

$$(0+300-20\sqrt{2}t)^2+(0-20\sqrt{2}t)^2\leqslant 250^2$$

整理得

$$16t^2-120\sqrt{2}t+275\leqslant 0$$

解得

$$\frac{15\sqrt{2}-5\sqrt{7}}{4}\leqslant t\leqslant\frac{15\sqrt{2}+5\sqrt{7}}{4}$$

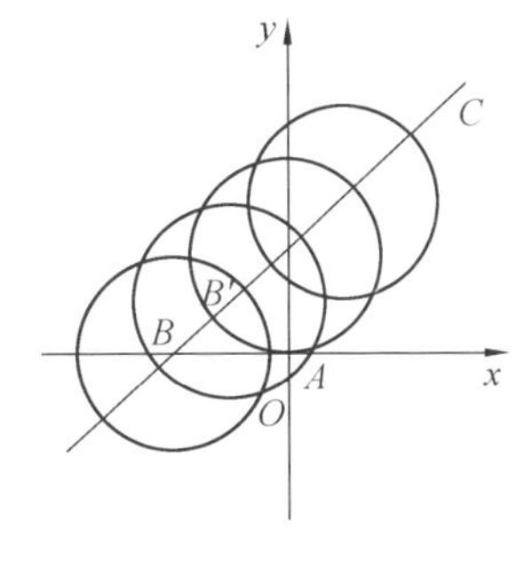

图 1

因为

$$\frac{15\sqrt{2}-5\sqrt{7}}{4}\doteq 1.9,\frac{15\sqrt{2}+5\sqrt{7}}{4}\doteq 8.6$$

因此,约 2 小时后气象台受台风影响,持续大约 6 个半小时.

本题中,气象台在变化过程中是静止的,台风中心却是运动的,抓住这一特性,辩证地思考问题:以 A 为圆心,250 km 为半径画一个圆形区域,考虑台风中心何时进入此圆内,此时,气象台与台风中心的距离就必小于 250 km,受台风影响无疑.

解法 2 如图 2 所示建立直角坐标系.$AB=300$ km,$\angle CBA=45°$,由题意,台风中心处于半径为250 km的圆A内时(即台风中心在弦MN上运动).气象台受台风影响.

因为圆 A 的方程为

$$x^2+y^2=250^2$$

台风中心的运动方程为

$$\begin{cases}x=-300+40t\cdot\cos 45^\circ\\y=40t\cdot\sin 45^\circ\end{cases}\Longleftrightarrow\begin{cases}x=-300+20\sqrt{2}t\\y=20\sqrt{2}t\end{cases}$$

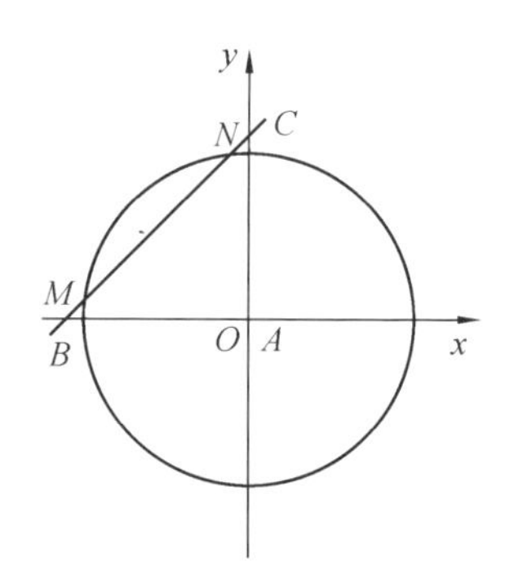

图2

当台风中心处于圆 A 中时，有

$$(-300+20\sqrt{2}t)^2+(20\sqrt{2}t)^2\leqslant 250^2$$

解之，得 $1.9\leqslant t\leqslant 8.6$.

因此，约2小时后气象台受台风影响，持续大约6个半小时.

解法3　如图3，设台风运动方向为 BMC，则 $\angle CBA=45^\circ$，以 A 为圆心，250 km 为半径的圆交 BC 于 M,N，则台风中心在线段 MN 之间时，气象台受台风影响，在 $\triangle ABM$ 中

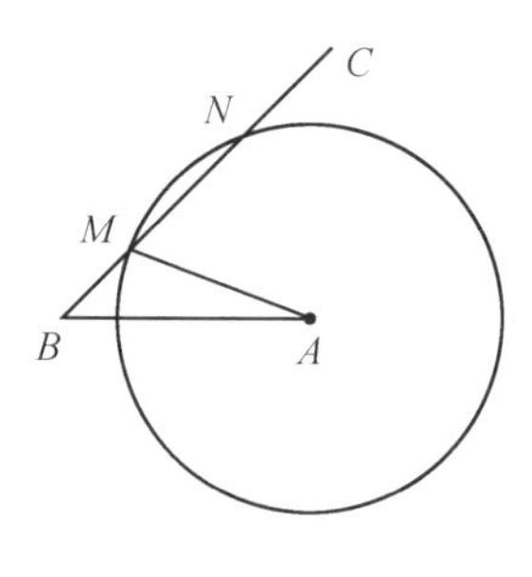

图3

$$AB=300,AM=250,\angle ABC=45^\circ$$

因为 $250>300\sin 45^\circ=150\sqrt{2}$，所以 $\triangle ABM$ 中的第三边有两解. 设其中一解 $BM=x$，则由余弦定理，得

$$AM^2=BM^2+AB^2-2BM\cdot AB\cdot\cos\angle ABC$$

即

$$62\ 500=x^2+90\ 000-600x\times\frac{\sqrt{2}}{2}\Rightarrow$$

$$x^2-300\sqrt{2}x+27\ 500=0$$

解得 $x=\dfrac{300\sqrt{2}\pm 100\sqrt{7}}{2}$.

所以

$$x_1=BM=150\sqrt{2}-50\sqrt{7},x_2=BN=150\sqrt{2}+50\sqrt{7}$$

因此台风中心由 B 运动到 M 需要的时间为

$$t_1=\frac{150\sqrt{2}-50\sqrt{7}}{40}=2$$

台风中心由 M 运动到 N 需要的时间为

$$\Delta t=\frac{x_2-x_1}{40}=8.6$$

所以，约2小时后气象台受台风影响，持续大约6个半小时.

解法4　设 x 小时后，台风中心自 B 运动到 B' 处，这时，有 $|AB'|\leqslant|AM|$.

因为

$$AB'^2=(40x)^2+300^2-80x\cdot300\cdot\cos45°$$

$$|AM|=250$$

所以

$$(40x)^2+300^2-80x\cdot300\cdot\cos45°\leqslant250^2$$

整理得

$$16x^2-120\sqrt{2}x+275\leqslant0$$

解得$\frac{15\sqrt{2}-5\sqrt{7}}{4}\leqslant x\leqslant\frac{15\sqrt{2}+5\sqrt{7}}{4}$.

从而$1.9\leqslant x\leqslant8.6$.

所以,大约2小时后气象台受台风影响,持续约6个半小时.

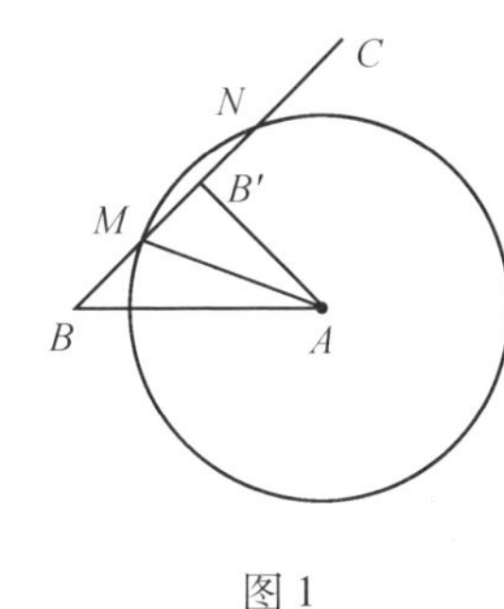

图1

❖豌豆盖地球

有一粒如豌豆大小的固体球,半径为6.37 mm,若将其半径分成3×10^{18}等份,再将该球分割成3×10^{18}层"薄片球壳".求证:全部"球壳"面积之和能覆盖整个地球表面.

证明　设全部"球壳"面积之和为$S(\mathrm{mm}^2)$.记地球表面积为S^*,显然

$$S^*=4\pi\cdot6.37^2\cdot10^{18}(\mathrm{mm}^2)$$

于是

$$S=4\pi\cdot6.37^2\left[\left(\frac{1}{n}\right)^2+\left(\frac{2}{n}\right)^2+\cdots+\left(\frac{n}{n}\right)^2\right]=$$

$$4\pi\cdot6.37^2\cdot\frac{1}{6n^2}n(n+1)(2n+1)=$$

$$4\pi\cdot6.37^2\cdot\frac{1}{6n}(n+1)(2n+1)$$

当$n=3\times10^{18}$时

$$n=3\times10^{18}\Rightarrow n=\frac{3\times10^{18}+3\times10^{18}}{2}\Rightarrow$$

$$n=\frac{6\times10^{18}+6\times10^{18}}{2\cdot2}\Rightarrow n=\frac{6\times10^{18}+\sqrt{(6\times10^{18})^2}}{2\cdot2}\Rightarrow$$

$$n>\frac{6\times10^{18}+\sqrt{(6\times10^{18})^2-8}}{2\cdot2}\Rightarrow2n^2-6\times10^{18}n+1>0\Rightarrow$$

$$2n+\frac{1}{n}>6\times 10^{18}\Rightarrow 2n+\frac{1}{n}+3>6\times 10^{18}\Rightarrow$$

$$\left(1+\frac{1}{n}\right)(1+2n)>6\times 10^{18}\Rightarrow \frac{1}{n}(n+1)(2n+1)>6\times 10^{18}\Rightarrow$$

$$\frac{1}{6n}(n+1)(2n+1)>10^{18}\Rightarrow$$

$$4\pi\cdot 6.37^2\cdot\frac{1}{6n}(n+1)(2n+1)>4\pi\cdot 6.37^2\cdot 10^{18}\Rightarrow$$

$S>S^*$(地球半径约为6 370 km)

所以命题为真.

下面我们再给出本题较简捷的证明.

易知

$$\frac{S}{S^*}=\frac{4\pi\cdot 6.37^2\cdot\frac{1}{6n}(n+1)(2n+1)}{4\pi\cdot 6.37^2\cdot 10^{18}}=$$

$$\frac{2n^2+3n+1}{6n\cdot 10^{18}}>\frac{2n^2}{6n\cdot 10^{18}}=\frac{n}{3\cdot 10^{18}}=1$$

其中,$n=3\times 10^{18}$. 分子分母单位均为mm^2.

故$S>S^*$.

❖左转弯运动

在同一平面上有点A和点P,一个人从P开始,向A直线前进,到达A后向左转90°,继续直线前进走同样长的一段距离到达点P_1,这样,我们说这个人完成了一次关于点A的左转弯运动.

设A,B,C,D是一个正方形的四个顶点,另一点P在正方形外(图1),$PD=10$ m. 一个人从点P出发,先作关于点A的左转弯运动到点P_1,再作关于点B的左转弯运动到点P_2,然后连续作关于C,D,A,B,C,D…的左转弯运动,作过了1 987次左转弯运动后到达$P_{1\,987}$点,求P,$P_{1\,987}$间的距离.

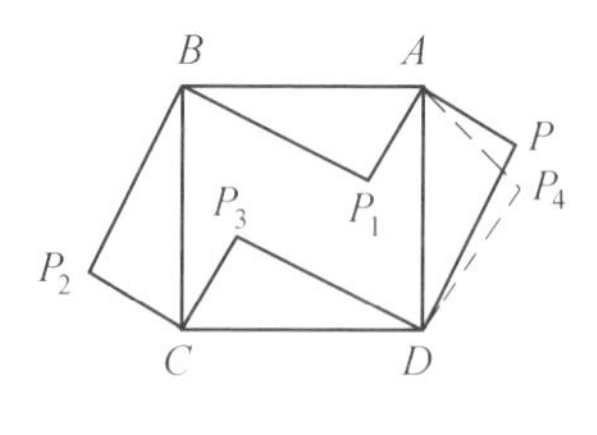

图1

解 根据题意,画出图形后可以看到,作了4次左转弯运动后就回到原出发点P,这就出现了以4为周期的周期现象,以下给出证明.

因为

$$AD = AB, AP = AP_1, \angle PAD = \angle P_1AB$$

所以

$$\triangle PAD \cong \triangle P_1AB$$

同理可证

$$\triangle P_1AB \cong \triangle P_2CB \cong \triangle P_3CD \cong \triangle P_4AD$$

从而可知 P_4 重合于 P. 所以这是以 4 为周期的周期现象.

1 987 = 4 × 496 + 3,可知作 1 987 次左转弯运动相当于作 3 次左转弯运动,所以点 $P_{1\,987}$ 重合于点 P_3.

因为 $\triangle PDP_3$(即 $\triangle PDP_{1\,987}$)是直角三角形,所以 $PP_3 = 10\sqrt{2}$ m.

❖草原漫步

有一个人在草原上漫步,从 O 处出发,面向正东向前直线行走 1 m 就向左转 45°,然后再向前直线行走 1 m 就向左转 45°,…,这个人走过 1 987 米后离出发点 O 的距离是多少?

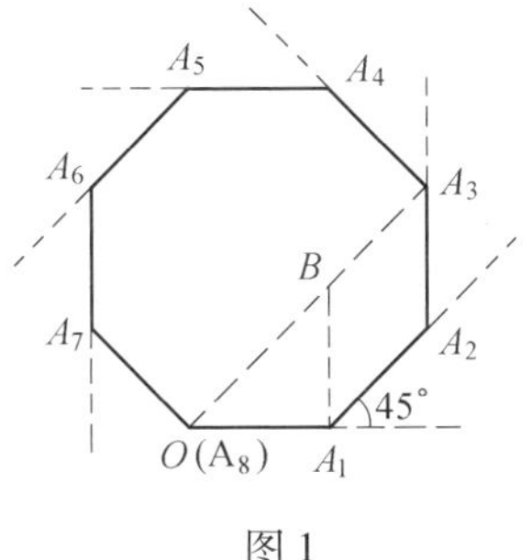

图 1

解 根据题意可知,从点 O 出发走 1 m 到 A_1,走 2 m 到 A_2,…,走 7 m 到 A_7,走 8 m 到 A_8,由于 $\angle OA_1A_2 = \angle A_1A_2A_3 = \cdots = \angle A_6A_7A_8 = 135°$(图 1),而正八边形的每个内角为 135°,所以 A_8 重合于 O,也就是说,走 8 m 恰好回到原出发点 O. 由此可知,8 m 是一个周期,于是由 1 987 = 8 × 248 + 3 可知,走 1 987 m 相当于走 3 m,到了 A_3 处,从而 $OA_3 = OB + BA_3 = \sqrt{2} + 1$(m).

❖赶快救火

在一块平地上有 n 个人,对每个人,他到其他人的距离均不相同. 每人都有一把水枪,当发出失火信号时,每人用枪击中距他最近的人. 证明:当 n 为奇数时,至少有一个人身上是干的. 当 n 为偶数时,这个结论是否永远正确?

证明 当 n 为奇数时,设 $n = 2m - 1$,对 m 应用归纳法. $m = 1$ 时,$n = 1$,结论显然成立. 设命题对 m 成立. 考虑 $2m + 1$ 个人的情形. 设 A, B 两人间的距离在

所有的两人间的距离为最小. 将 A,B 两人撤出后,由归纳假设,剩下的 $2m-1$ 个人中至少有一人 C 的身上是干的. 再把 A,B 加进去后, 因 $AC>AB$, $BC>AB$,所以 C 身上仍是干的.

当 n 为偶数时,命题不真. 事实上,设 $n=2m$,$2m$ 个人记为 $A_j,B_j(j=1,2,\cdots,m)$,设 A_j 与 B_j 的距离为1,而与其他人的距离都大于1. 例如,设 A_j 及 B_j 分别位于数轴上的 $3j$ 及 $3j+1(j=1,2,\cdots,m)$ 处,这时 A_j 和 B_j 互相击中.

❖遥相呼应

155 只鸟停在一个圆 C 上. 如果 $\overparen{P_iP_j}\leqslant 10°$,称鸟 P_i 与 P_j 是互相可见的. 求互相可见的鸟对的最小个数(可以假定一个位置同时有几只鸟).

解 设 A 为圆 C 上一点,鸟 P_i 停在 A,从 A 可以看到在 B 处($B\neq A$)的鸟 P_j,设 k 为从 B 可以看到而从 A 看不到的鸟的个数,l 为从 A 可以看到而从 B 看不到的鸟的个数. 不妨设 $k\geqslant l$.

如果所有在 B 处的鸟都飞往 A 处,那么对其中的每一只来说,减少了 k 个可见对,同时增加了 l 个可见对,因此互相可见的对数不会增加.

经过上述的运算,停鸟的位置减少1. 重复若干次可能的运算(至多154次)可以使得每两只鸟只有在同一位置时才是互相可见的. 这时有鸟的位置至多35个(若有36个位置,则至少有一段弧小于等于10°,从而弧的两端的鸟还可以并到一处).

于是问题化为求

$$\min\left\{\sum_{j=1}^{35}C_{x_j}^2 \mid x_1+x_2+\cdots+x_{35}=155,x_j\in\mathbf{N}\cup\{0\}\right\}$$

当 $x_j<2$ 时,$C_{x_j}^2=0$.

设 $x_1=\min x_j$,$x_2=\max x_j$,若 $x_2-x_1\geqslant 2$,则令 $x'_1=x_1+1$,$x'_2=x_2-1$,这时 $\sum x_j$ 仍为155,而

$$C_{x_1}^2+C_{x_2}^2-C_{x'_1}^2-C_{x'_2}^2=\frac{x_1(x_1-1)}{2}+\frac{x_2(x_2-1)}{2}-\frac{(x_1+1)x_1}{2}-\frac{(x_2-1)(x_2-2)}{2}=-x_1+(x_2-1)\geqslant 1$$

即 $\sum C_{x_j}^2$ 较原来小.

因此,可以令 $x_2-x_1\leqslant 1$,从而 x_j 中有20个为4,15个为5,所求的最小值

为

$$20C_4^2+15C_5^2=270$$

在圆 C 上取 35 个互相可见的位置,各位置上停 4 或 5 只鸟,则可以达到上述最小值.

❖火车信号灯

一些信号灯依次标以 $1,2,\cdots,N(N\geqslant 2)$,沿单线铁路等距离分布. 按照安全规则,如果有火车在一个信号灯与下一个信号灯之间行驶,则其他火车不允许通过这个信号灯. 但火车可以在一个信号灯处,一辆接一辆地停着不动,其数目没有限制(火车的长度假定为0).

现有 k 辆列车需从信号灯 1 到信号灯 N. 每辆列车的速度不同,但在不被安全规则阻止的整个时间内均为匀速. 证明:不论列车运行的顺序如何安排,从第一辆车离开信号灯 1 到第 N 辆车到达信号灯 N 所需的时间总是相同的.

证明　设列车 i 从一个信号灯走到下一个信号灯所用时间为 $t_i(1\leqslant i\leqslant k)$.

当 $k=1$ 时,结论显然成立.

假定结论对 $k-1$ 成立. 考虑 k 辆列车. 设

$$t_1<t_2<\cdots<t_k \quad ①$$

如果列车依照 $1,2,\cdots,k$ 的次序开出,总时间为

$$t_1+t_2+\cdots+t_{k-1}+t_k(N-1) \quad ②$$

设每辆车在前一辆开到信号灯 2 处时出发,途中不再耽搁.

现在证明不论列车开出的顺序如何,总时间仍为 ②.

设最先开出的是列车 i_1,然后是列车 i_2.

如果 $i_1<i_2$,则列车 i_1 对其他列车的行驶的影响,仅是列车 i_2 在它开出 t_{i_1} 后再开出. 由归纳假设,后面 $k-1$ 辆车用时间

$$t_1+t_2+\cdots+t_{k-1}+t_k(N-1)-t_{i_1} \quad ③$$

所以总时间为 ②.

如果 $i_1>i_2$,我们将列车 i_1 与 i_2 的速度对调一下,看看对总时间有什么影响.

在信号灯 1 到信号灯 2 的这一段,列车 i_2 原来需等待 t_{i_1},行驶用 t_{i_2},距第一辆车开出共用 $t_{i_1}+t_{i_2}$. 速度对调后,等待用 t_{i_2},行驶用 t_{i_1},其和仍为 $t_{i_1}+t_{i_2}$.

自信号灯2起,在每个相邻信号灯间,列车 i_2 原来需等待 $t_{i_1}-t_{i_2}$,行驶 t_{i_2},共用 t_{i_1}. 对调后,不必等待,而行驶用 t_{i_1},仍与对调前相同.

因此,前两辆列车速度对调后,对于列车 i_2 在每段行驶所用的时间毫无影响. 因此,对于 i_2 后面的列车的行驶情况也无影响,即总的时间保持不变.

根据对前一种情况的讨论,总的时间为 ③.

❖流感会结束吗

居住在"花城"的儿童们忽然发生了流感. 在一天之内一些儿童患上流感,以后他们虽然痊愈了,但是访问过生病朋友的健康儿童们第二天也生病——患流感了. 已知每个患流感的儿童都只生病一天就好了,同时痊愈后至少有一天的免疫性(即在有免疫性时,儿童是健康的,而且不受感染,每个儿童有自己的免疫天数). 尽管发生流感,每个健康的儿童每天还是去访问他们的生病的朋友. 流感发生后,儿童们没有打预防针. 证明:

(1) 如果流感发生的前一天,某些儿童打了预防针,并在第一天有免疫性,那么流感可能无限延续下去.

(2) 如果在第一天谁也没有免疫性,那么流感迟早要结束.

证明 (1) 设 A,B 和 C 是三个朋友,并且 A 在流感开始时有免疫性,而 B 在第一天生病,C 是健康而没有免疫性的. 假设这些儿童的免疫性只延续一天. 考虑这些儿童的情况,得到下表.

人员 \ 天次	1	2	3	4	5	…
A	免	健	病	免	健	…
B	病	免	健	病	免	…
C	健	病	免	健	病	…

注:免表示有免疫性;健表示健康,但无免疫性;病表示生病.

显然,在这种情况下,流感将无限延续下去.

(2) 我们分析流感传播的途径. 用点来代表儿童,并将互相认识的用线连起来. 如果从某个儿童 A 经过 k 条线(并且不能少于此数) 能连接到 B,则称"B 离 A 有 k 个距离". 将所有儿童的集合,按下面的规则分成若干个子集 $M_0, M_1, M_2, \cdots$. M_0 含有发生流感第一天所有生病的儿童;M_1 含有离 M_0 的儿童距离为1的所有儿童(M_0 的儿童除外,下同);M_2 含有离 M_0 的儿童距离为2的所有儿童,

等等. 不与 M_0 的儿童接触的儿童组成单独的集合 M'——这些儿童假设不会患流感. 按照 $M_0, M_1, M_2, \cdots$ 的构造法可知,它们两两互不相交,所以它们的数目是有限的(儿童总数当然是有限的). 另一方面,从儿童间的距离的定义可得,集合 M_k 的儿童恰好在发生流感的第 $k+1$ 天生病,并且他们仅可能将流感传染给集合 M_{k+1} 的儿童(其余与之相识的儿童属于集合 M_{k-1},他们在第 $k+1$ 天有免疫性). 因此,在第一天生病的仅是集合 M_0 的儿童,第二天生病的仅是集合 M_1 的儿童,第三天生病的仅是集合 M_2 的儿童,等等. 因为集合 M_k 的数目有限,所以流感迟早要结束.

❖还剩几枚

跳棋棋盘是一张方格纸,棋子放在方格中,每格至多放一枚. 将棋盘中具有公共边的方格称为相邻的. 每一步可将其中任何一枚棋子(只要可能的话)跳过邻格中的一枚棋子,而落入下一空格中,然后,从棋盘中取走被跳过的棋子. 如果开始时棋子排满某个形如 $m \times n(m \geqslant 2, n \geqslant 2)$ 的矩形,且矩形被空格所环绕,那么最终在棋盘中最少可剩下多少枚棋子?

解 当 mn 是 3 的倍数时,最少剩 2 枚;在其他情况下,最少剩 1 枚.

首先要指出,对于排列如图 1 所示的 4 枚棋子(或其转置),可以经过 3 步跳动,取出排成一排的 3 枚棋子(先将左下方的棋子往下跳,取出被跳过的棋子;再将最右面的棋子往左跳,取出第 2 枚棋子;再将左上方的棋子跳回原位,取出第 3 枚棋子).

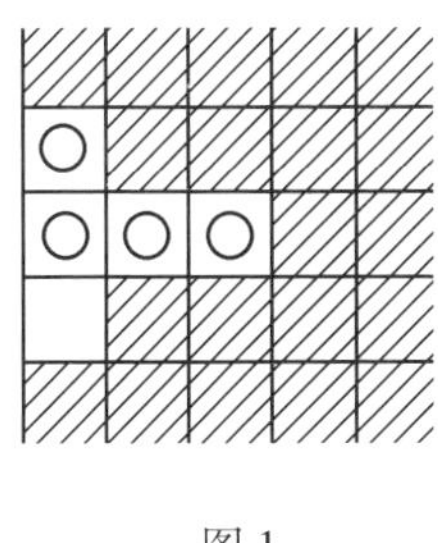

图 1

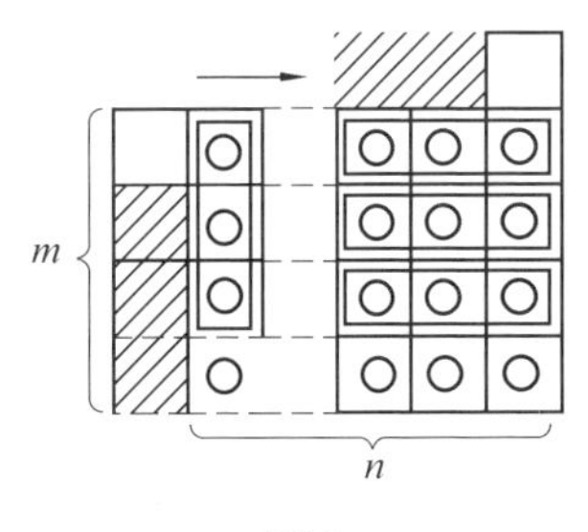

图 2

借助于上述办法,可将 $m \times n$ 的矩形变成 $(m-3) \times n$ 的矩形,其中 $m \geqslant 4$, $n \geqslant 2$.

事实上,当 $n \geqslant 3$ 时,可按图 2 中箭头所示的方向,逐个取出所框出的 3×1(或 1×3) 矩形.

而当 $n=2$ 时，则如图3. 先将 $a3$ 中棋子跳往 $c3$，提去 $b3$ 中棋子；再将 $a1$ 中棋子跳往 $a3$，提去 $a2$ 中棋子；将 $b1$ 中棋子跳往 $b3$，提去 $b2$ 中棋子，此时，行1与行2中已无棋子，行3中有3个相连的棋子，因而可提去.

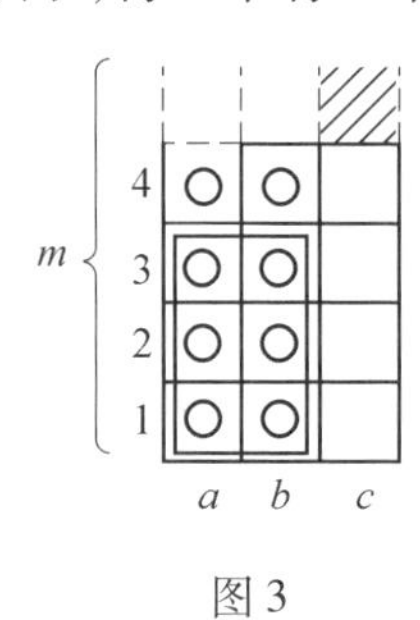

图3

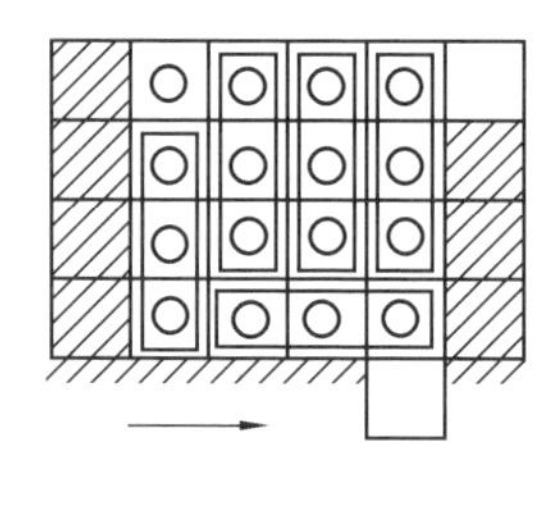
图4

这样一来，任何 $m\times n$ 的矩形 $(m\geqslant 2, n\geqslant 2)$ 均可化归如下6种矩形之一：$1\times 2, 2\times 2, 4\times 4, 1\times 3, 2\times 3, 3\times 3$. 对于 1×2 和 2×2 的矩形，均易化归为 1×1 的，而对 4×4 的矩形，则可按图4所示，逐个取出所框出的 3×1 矩形（先取最左一列中的，再取最下一行中的，再取最右一列中的，再取右边第二、三列中的），最终得到 1×1 的.

现在再证明剩下的棋子数不可能再少. 事实上，在任何情况下，都至少会有1枚棋子剩下. 而当 mn 是3的倍数时，我们来证明至少剩下两枚. 按图5所示的方式，用 A,B,C 三色分别为棋盘中的方格染色. 于是，在每个 3×1 的矩形中刚好有每种颜色的方格1个，因此在开始时，各种颜色的方格中的棋子各减少一个. 从而，在每一步之后，3种颜色的方格中的棋子各减少一个. 从而在每一步之后，3种颜色的方格中的棋子数目相等. 每经过一步，都有一种颜色的方格中的棋子增多1个，而其余两种颜色的方格中的棋子各减少一个。从而，在每一步之后，3种颜色的方格中的棋子数目的奇偶性都保持相同. 假如最终仅剩下一枚棋子，那么这一性质即被破坏，故为不可能.

A	B	C	A
B	C	A	B
C	A	B	A

图5

❖诚实可靠者

有 30 个人围圆桌而坐,他们中的每一个人或为可靠者,或为不可靠者,已知后者的总数不超过 F. 会面时每人都被提问:"你的右邻是可靠者还是不可靠者?"可靠者如实回答,不可靠者的回答则或真或假,试问如果能根据 30 人的回答,从这些人中指出一个可靠者,F 的最大值是多少?

解　F 的最大值为 8,证明如下.

若 $F=0$,则座中任一人均可指定为可靠者,故 $F=0$ 不是所要求的数.

设 $F\neq 0$,将所有的人依邻座分成非空的可靠者组与不可靠者组. 由于是按圆周排列,故共有 $2k$ 组(k 个可靠者组及 k 个不可靠者组). 设第 i 个可靠者组及不可靠者组的人数分别为 W_i 及 $f_i(i=1,2,\cdots,k)$,则应有

$$w_1+w_2+\cdots+w_k+f_1+f_2+\cdots+f_k=30$$

$$f_1+f_2+\cdots+f_k=F$$

现考虑回答为可靠的围坐者的序列,以及这样回答的最后一人 x,从有 w_i 个可靠者的组得到的这样的序列,若长度不小于 w_i-1,则 x 肯定是可靠者. 若 x 为不可靠者,且位于第 i 个不可靠组,则此序列的长度不大于 f_i-1. 因此,若我们有

$$\max w_i>\max f_i$$

则即可断定在最长一个回答为可靠者的序列中,被称为可靠者的最后一人,肯定是可靠者.

由于

$$\max w_i\geqslant\frac{30-(f_1+f_2+\cdots+f_k)}{k}\geqslant\frac{30-F}{k}$$

$$\max f_i\leqslant(f_1+f_2+\cdots+f_k)-k+1\leqslant F-k-1$$

故若不等式

$$\frac{30-F}{k}>F-k+1$$

对一切从 1 到 F 的 k 均满足,则可以从回答中指出一个可靠者来. 这个不等式等价于

$$k^2-(F+1)k+30-F>0$$

当 $\Delta=(F+1)^2-4(F-30)<0$,即$F<-3+\sqrt{128}<-3+12=9$ 时,上述不等式对一切 k 均满足. 因此 $F\leqslant 8$ 时,可以根据回答指出一个可靠者.

当 $F=9$ 时,则不一定能根据回答指出一个可靠者. 事实上,考虑图 1 所示的围桌坐法,图中箭头给出回答:“$w\rightarrow$” 表示“可靠者”,“$f\rightarrow$” 表示“不可靠者”,不可靠者在图上用黑点标出,共 9 个.

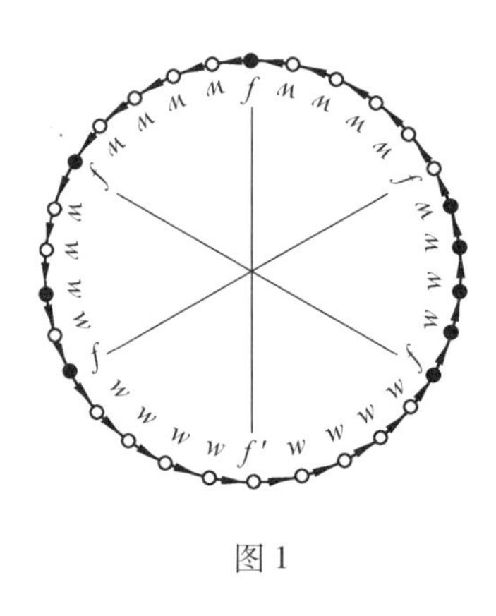

图 1

将此图分别依顺时针方向,旋转 60°,120°,180°,240°,300°,则不难发现,在每一个位置上均可安排可靠者及不可靠者,但回答的序列都一样. 所以,此种坐法将无法从回答中指出一个可靠者来.

❖奇怪的团体

某个人断言,他能挑选满足下列情况的 12 个人(包括他自己)组成团体并举行晚会.

(1) 每个出席者认识其中 5 个成员,但不认识其他成员;

(2) 每人加入一个互相认识的 3 人小组;

(3) 在出席者中间找不到彼此全都认识的 4 个人;

(4) 在出席者中间找不到彼此全都不认识的 4 个人;

(5) 每人加入一个彼此不认识的 3 人小组;

(6) 对每个成员来说,在不认识他的人中有这样的人,他和这个人在这个团体里没有共同的熟人.

听到这些以后,数学家贝克宣称,他能组织满足条件(1),(2),(4),(5) 的团体,其中每个人认识且只认识 6 名成员,而每个人有个熟人一起认识全体同事(即这样的熟人,他能介绍他认识所有原来不认识的人).

数学家贝克和无名的先驱者的结论正确吗? 能不能举出一个团体,它由满足条件(2),(3),(4),(5) 的10 个人组成,其中每个人认识且只认识5 个人,而且有一个熟人认识他所不认识的人,能不能举出满足除条件(1) 外全部条件的 10 人组成的团体?

解 本题里所有问题的回答都是肯定的.

为了回答第一个问题,我们把这 12 个人的团体的每个成员,想像为正二十面体的一个(且只是一个) 顶点. 如果两个人所对应的顶点是由这个正二十面体的棱连接的,那么他们是认识的.

我们断言,本题的条件(1) 到(6) 都是成立的. 下面一个个验证.

从正二十面体的每个顶点出发,有五条棱把它与另五个顶点连接,所以每一个成员与5 个成员熟悉,而不认识另外6 个人. 因而条件(1) 成立.

属于同一个面的顶点对应于互相认识的三个小组,因而条件(2) 也成立.

如果成员中存在彼此认识的4 个人,那么在二十面体的顶点中,能够指出由棱两两连接四个顶点,显然,彼此认识的4 个人里任何3 个也彼此认识,因而,所对应的3 个顶点属于同一个组. 这样,我们应该找这样的四个顶点,其中每一个都与在同一个面里的三个顶点之间的棱连接. 这样的点在正二十面体中是没有的,所以条件(3) 成立.

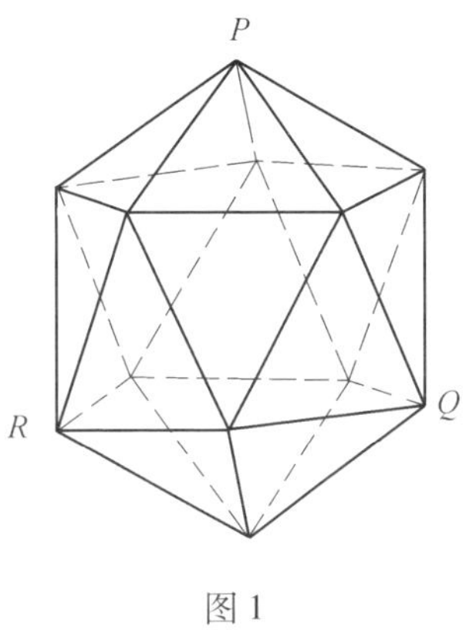

图 1

现在,我们要找三个顶点,它们对应于彼此不认识的3 个人. 由于正二十面体的所有顶点是平等的,所以只要找一个这样的由三个顶点组成的小组,设正二十面体如图1 那样放置在空间中,我们取它最上面的点作为这个小组的第一个顶点. 与这个点以棱连接的各个点不可以作为这个小组的第二、第三个顶点. 从另外六个顶点里,不难选出这样的两个点,无论在它们之间,还是在它们与上面所取的第一个顶点之间,都没有棱连接. 但是,在那六个顶点中,有这种性质的三个点是找不到的,所以在成员中找不到4 个彼此不认识的人,但总可以找到3 个互不认识的人,例如,对应于顶点 P,Q,R(图1) 的那些人. 这样一来,条件(4),(5) 成立.

最后,条件(6) 成立,因为正二十面体的相对两个顶点,所对应的人没有共同的熟人. 因此,我们所举的例子满足本题的全部条件. 第一个问题已得到回答.

如果我们不是把成员对应于点,而是对应于正二十面体的面,那么我们又得到了一个例子. 在这个例子里,两个成员相互认识,当且仅当他们所对应的面有公共棱. 由对偶性原则可知,我们所作的这个例子与上面那个例子是一样的.

特别地,现在容易举出一个例子,它由12 个人组成,满足数学家列举的那些条件. 事实上,如果在条件(2),(3),(4),(5) 中,以不认识代替认识,那么我们仍然得到条件(2),(3),(4),(5)(只是次序不同). 因而,如果对正二十面体来说,把同一条棱上的两个顶点看做彼此不认识的人,而不在同一条棱上的顶点对应于彼此认识的人,那么正二十面体的顶点是数学家所说的团体的例子. 显然,此时每个成员恰好与另外6 个成员熟悉. 在条件(1) 中,以认识和不认

识,分别代替不认识和认识,我们得到最后一个结论.

满足条件(2),(3),(4),(5)和10个人的团体(其中每个人认识5个人,而且有熟人认识其他人)做法如下.在正二十面体中,去掉相对的两个顶点以及从它们出发的棱.我们约定,剩下来的棱总连接着对应于彼此认识的人的顶点,剩下的图形(图2)中,相对的顶点A_1和A_2,B_1和B_2,…,E_1和E_2也对应于彼此认识的人,那么10个人里,每个人都认识他们不认识的成员的熟人,这个熟人对应于与此人的顶点用同一字母(下标不同)表示的顶点.

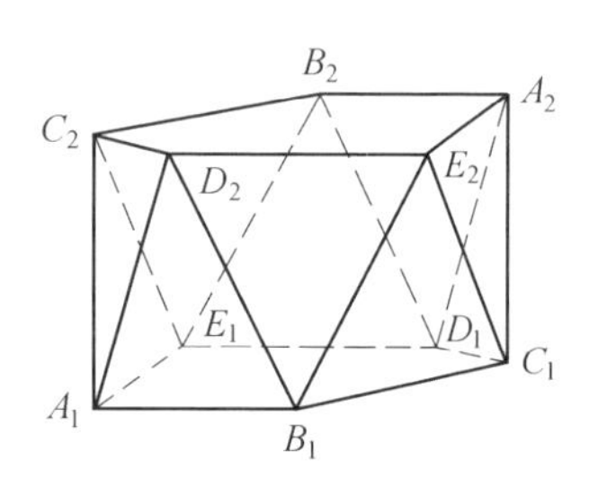

图2

类似于上面进行的论证,可以说明条件(2),(3),(4),(5)成立.

正如从第一个例子得到满足数学家条件的团体一样,可以从上面这个例子得到满足条件(2)到(6)的10人团体的例子,从图2还可以得到另一些例子,例如,把图2里对应于连结同一条棱的顶点的人,看做是认识的,或者把对应于顶点A_1和A_2,B_1和B_2,…,E_1和E_2的人看做是互相不认识的.这些结论的证明留给读者.

无码操作

有12枚硬币,它们的外表完全一样,但其中有一枚是伪币,它的质量与真币的质量不一样.现有一个灵敏的天平,没有砝码,要求称量不超过三次就能发现这枚伪币,并确定它较真币轻还是重.问应该怎样称?

解法1 将这些硬币标记为1,2,…,12,当天平的每一边放上相等数目的硬币时,则可能出现左边重些、平衡、右边重些的这样三种情况.分别记这三种情况为L,B和R.再令$(a,b,c\cdots)-(x,y,z\cdots)$表示左边被称量的是硬币$a,b,c\cdots$,而右边相应称的是$x,y,z\cdots$.$H(x)$则表示硬币$x$是伪造的,且较真币重些,$S(x)$表示硬币$x$是伪造的,且较真币轻些.获得问题的解答的一种称量方法如下表.

$$(1,2,3,4)-(5,6,7,8)\begin{cases}L(1,2,6)-(3,4,5)\begin{cases}L(1)-(2)\begin{cases}LH(1)\\RS(5)\\RH(2)\end{cases}\\B(7)-(8)\begin{cases}LS(8)\\RS(7)\end{cases}\\R(3)-(4)\begin{cases}LH(3)\\BS(6)\\RH(4)\end{cases}\end{cases}\\B(1,2,3)-(10,11,12)\begin{cases}L(10)-(11)\begin{cases}LS(11)\\BS(12)\\RS(10)\end{cases}\\B(1)-(9)\begin{cases}LS(9)\\RH(9)\end{cases}\\R(10)-(11)\begin{cases}LH(10)\\BH(12)\\RH(11)\end{cases}\end{cases}\\R(1,2,6)-(3,4,5)\begin{cases}L(1)-(2)\begin{cases}LS(2)\\BH(5)\\RS(1)\end{cases}\\B(7)-(8)\begin{cases}LH(7)\\RH(8)\end{cases}\\R(3)-(4)\begin{cases}LS(4)\\BH(6)\\RS(3)\end{cases}\end{cases}\end{cases}$$

指出下面这一点是有趣的:为了确定一枚伪币的存在并把它识别出来,给出 12 枚硬币就足够了,即伪币的存在性在解题中没有用到,在题设中也无关紧要.

在一般情况下,如果给我们另外的 3^{n-1} 枚硬币,并已知它们不是伪币,那么用 n 次称量就可以在 $(3^n-1)/2$ 枚硬币中确定出一枚伪币并识别它. 根据这个结果容易证明不必另外加任何的硬币,用 n 次称量就可以确定 $(3^n-1)/2$ 枚硬币中存在伪币并识别它.

解法 2 把这些硬币标记为 $1,2,\cdots,12$,并分别做下述三种称量:

(1) 1,2,3,4 对 5,6,7,8;

(2) 1,2,3,5 对 4,9,10,11;

(3) 1,6,9,12 对 2,5,7,10.

现在我们来说明通过这三种称量的结果,就可确定哪一枚是伪币,并判定它是较真币轻些还是重些. 先把(1),(2),(3)中观察到的左边和右边的关系分别记为 x,y,z,而且分别用 L,S,H 表明"左较右轻"、"两边相等"、"左较右重". 我们容易验证 L,S,H 的可重复的 $27=3^3$ 种排列中这样的三个 $(x,y,z)=(S,S,S)$,(L,H,H) 和 (H,L,L) 是不可能发生的. 对余下的 24 种排列,下面列出的解答可以验证.

轻些的硬币

1,	2,	3,	4,	5,	6,	7,	8,	9,	10,	11,	12
LLL,	*LLH*,	*LLS*,	*LHS*,	*HLH*,	*HSL*,	*HSH*,	*HSS*,	*SHL*,	*SHH*,	*SHS*,	*SSL*

重些的硬币

1,	2,	3,	4,	5,	6,	7,	8,	9,	10,	11,	12
HHH,	*HHL*,	*HHS*,	*HLS*,	*LHL*,	*LSH*,	*LSL*,	*LSS*,	*SLH*,	*SLL*,	*SLS*,	*SSH*

❖猴子取香蕉

有 5 只猴子与 5 只梯子,每只梯子上有一只香蕉. 梯子间有一些绳子,每根绳子连接两只梯子. 没有两根绳子与同一梯子的同一级相连,每只猴子从一只梯子(互不相同)的底端沿着梯子向上爬. 当它们爬到系有绳子的地方,便沿着绳子爬到绳子的另一端,然后继续向上爬. 证明:不论系多少绳子,每只猴子只取得一只香蕉.

证明 用归纳法. 当绳子根数为 0 时结论显然成立. 设有一根绳子连接第一个梯子的第 A 级与第二个梯子的第 B 级,并且 A 级以下无绳子. 我们将第一个梯子的 A 级以下的部分去掉,将第二个梯子 B 级以上的部分作为第一个梯子,将第二个梯子 B 级以下(包括 B)接上第一个梯子的 A 级及 A 级以上的部分作为第二个梯子,化为减少了一根绳子的情况.

❖三圆盖方

有一个边长为 1 m 的正方形,想用三个相等的圆盘将其覆盖(允许重叠). 证明:如果圆盘的直径为 1 008 mm,覆盖是可能的.

证明　把正方形分成三个矩形,如图1所示.一个为$1\ \mathrm{m}\times\frac{1}{8}\mathrm{m}$,另两个每个为$\frac{1}{2}\mathrm{m}\times\frac{7}{8}\mathrm{m}$.

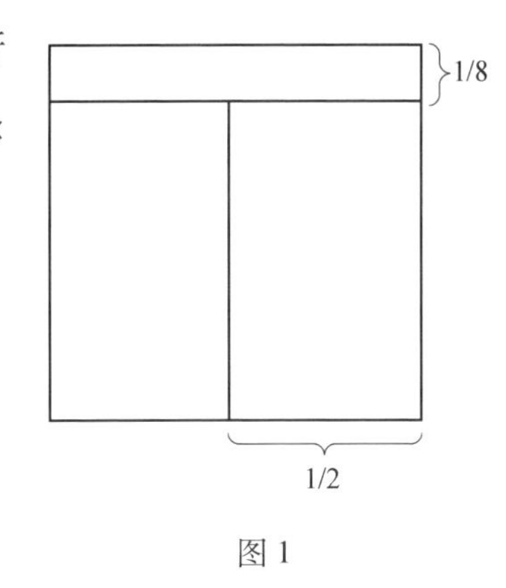

图1

注意到

$$\sqrt{1+\left(\frac{1}{8}\right)^2}=\sqrt{\frac{65}{64}}$$

且还有

$$\sqrt{\left(\frac{1}{2}\right)^2+\left(\frac{7}{8}\right)^2}=\sqrt{\frac{16+49}{64}}=\sqrt{\frac{65}{64}}$$

所以三个矩形有同样长的对角线$\sqrt{\frac{65}{64}}$,因而每一个都能被以这种长度为直径的圆盘所覆盖.所以三个直径为$\sqrt{\frac{65}{64}}$的圆盘足以覆盖原来的正方形.

因为$\sqrt{\frac{65}{64}}=1.007\ 78\cdots$,所以三个直径为1 008 mm的圆盘覆盖此正方形足足有余.

❖巨型数字

考虑大数$N=3^{3^{3^{3^{\cdots^{3}}}}}$,其中总共有1 000个3,计算$N$最右边的一位数字.

解　对于正整数K,3^K最右边的数字是什么?对于$K=1,2,3,4,5,6$,回答是3,9,7,1,3,9,且见到序列每四位一重复,这样对于很大的K要确定3^K的最后一位数字,我们需要知道,4除K的余数.

现有$N=3^M$,其中$M=3^{3^{3^{\cdots^{3}}}}$共有999个3,我们研究当$l=1,2,3,4,5$时,3^l除以4的余数,回答是3,1,3,1,3,且我们见到,此问题的答案取决于l是奇数还是偶数,现有$M=3^Q$,其中Q为奇数,因而M除以4的余数为3,由此得$N=3^M$的最后一位数字是7.

为使论证严格,我们需要证明,对于整数a和b,$3^{2n+1}=4a+3$,而$3^{4a+3}=10b+7$,我们有$3^{2n+1}=3(1+8)^n$,且我们见到$(1+8)^n$是1加上8的倍数,这就证明了第一个事实.现在$3^{4a+3}=27(1+80)^a$,而既然$(1+80)^a$是1加上80的

倍数,即得第二个事实.

❖三角大旗

一面为等边三角形形状的大旗,其两角悬挂在两根旗杆的顶上,其中一根高 7 m,另一根高 11 m. 旗的第三个角刚好碰到地面. 问旗精确的尺寸是多少?

解 设该三角形一边的长度为 s,标上点 A, B,C,D,E,如图 1 所示,且 $AF \perp BE$. 在 $\triangle ADC$ 和 $\triangle BEC$ 中使用毕达哥拉斯(勾股弦)定理,我们得

$$CD=\sqrt{s^2-7^2},CE=\sqrt{s^2-11^2}$$

现有 $BF=4$, 所以直角 $\triangle AFB$ 给出 $AF=\sqrt{s^2-4^2}$,因为 $AF=DE=DC+CE$,我们得到

$$\sqrt{s^2-4^2}=\sqrt{s^2-7^2}+\sqrt{s^2-11^2}$$

两边平方得

$$s^2-4^2=(s^2-7^2)+2\sqrt{(s^2-7^2)(s^2-11^2)}+(s^2-11^2)$$

因而

$$7^2+11^2-4^2-s^2=2\sqrt{(s^2-7^2)(s^2-11^2)}$$

即

$$154-s^2=2\sqrt{s^4-170s^2+5\ 929}$$

将此式两边平方得

$$23\ 716-308s^2+s^4=4(s^4-170s^2+5\ 929)$$

所以 $3s^4-327s^2=0$(因为 $23\ 716=4\cdot 5\ 929$),因此 $3s^2=372$ 而 $s^2=124$,这样 $s=\sqrt{124}$.

❖打印机的缺陷

令计算机通过程序打出整数 1,2,3,…,1 000 000. 但发现与计算机配套的打印机有缺陷,每次该打数字 3 时,它总是打出 X. 一百万个数中有多少数打得不正确? 验证答案.

解 既然能正确地打出1 000 000这个数,可把此数不计,而假定仅打六位数. 不是六位的数前面打上0,例如,7 打成000007,1256 打成001256 等,而0 以000000 的形式出现.

现令计算机打出1 000 000 个数(从0 到999 999)且每个数都以六位数出现. 能正确地打出的是那些不包含数字3 的数. 为计算这些数的个数,我们观察到六个数字中的每一个的九种可能是正确的,所以被正确地打出的数共有 9^6 个. 因此,没有能正确地打出的数的个数为 $1\ 000\ 000 - 9^6 = 468\ 559$

❖魔术钱币机

一天我发现了如下的魔术钱币机:如果我放入一枚1 分的硬币,出来一枚5 分硬币和一枚1 角硬币;如果我放入一枚5 分硬币,机器给出4 枚1 角硬币,而如果我放入一枚1 角硬币,我取回三枚1 分的硬币. 我用一枚1 分的硬币开始,反复进行以上过程,能出现我刚好有1 元硬币的机会吗? 验证答案.

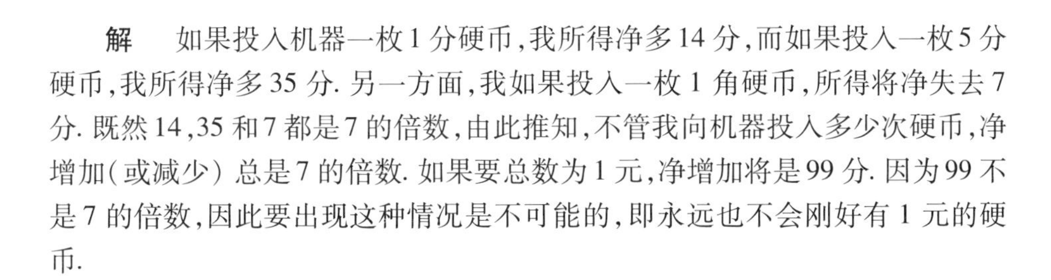

解 如果投入机器一枚1 分硬币,我所得净多14 分,而如果投入一枚5 分硬币,我所得净多35 分. 另一方面,我如果投入一枚1 角硬币,所得将净失去7 分. 既然14,35 和7 都是7 的倍数,由此推知,不管我向机器投入多少次硬币,净增加(或减少) 总是7 的倍数. 如果要总数为1 元,净增加将是99 分. 因为99 不是7 的倍数,因此要出现这种情况是不可能的,即永远也不会刚好有1 元的硬币.

例 前一组中的魔术钱币中,讲了塞入一枚1 分硬币,出来一枚1 角和一枚5 分的硬币;当塞入一枚5 分硬币时,出来四枚1 角硬币;当塞入一枚1 角硬币时,它出来三枚1 分硬币. 问由一枚1 分硬币和一枚5 分硬币开始,反复塞入机器,能否出现如下情况:在某一时刻硬币中1 分的刚好比1 角的少十枚? 检验答案.

解 开始为一枚1 分硬币没有1 角的,且任意使用该机器,我们永远也不会得到1 分和1 角的硬币总枚数为偶数的机会. 如果此结论成立,我们就不可能得到1 分硬币的枚数刚好比1 角硬币枚数少10 的情况,因为如果我们有 P 枚1 分硬币和 $P+10$ 枚1 角硬币,则1 分和1 角的总枚数为 $2P+10$,这是一个偶数.

开始我们只有一枚1 分硬币,没1 角的,所以在开始时1 角的和1 分的总枚数为$0+1=1$,这是奇数. 如果我们第一次使用该机器,1分与1角的总枚数Q的奇偶性会发生什么变化呢? 如塞入一枚1分的硬币,Q暂时减少1,但我们取回了一枚1角的硬币(和一枚5分的硬币),所以总数Q没有变化. 如果我们再塞一枚5分的硬币(得到了四枚1角硬币),Q增加4,而其奇偶性没变;如果我们塞入一枚1角硬币,Q增加2,其奇偶性还是没变. 所以每使用一次机器,Q的奇偶性不变. 因为开始时Q为奇数,所以它将一直保持为奇数.

附　　录

附录(1)　锁、钥匙和投票表决①

Donald McCarthy

下列组合问题出现在 A. M. Yaglom 和 I. M. Yaglom 的名著《具有初等解法的挑战性数学问题》[4] 中,并且是组合学的主要教材之一——C. L. liu 的《组合学引论》[1] 中的一例.

在秘密发射场工作的 11 位科学家组成一组,他们的资料要锁在保险柜中.只有该组的多数人在场时,保险柜才能打开.因此保险柜上锁着许多把不同的锁,每位科学家持有这些锁的一些钥匙.问总共应需要多少把不同的锁,以及每位科学家要有多少把不同的钥匙.

这个趣味问题的答案是总共需要 462 把锁,以及每位科学家必须要有 252 把钥匙.这两个数字的含义是 $462=\binom{11}{5}$ 和 $252=\binom{10}{5}$.该问题的解法出现在参考文献[4] 中.它的一般提法是:"若有 n 位科学家,并且要求至少有 m 位科学家同时在场时,保险柜才能打开.那么保险柜上锁的最小数是 $\binom{n}{m-1}$,以及每位科学家持有钥匙的最小数是 $\binom{n-1}{m-1}$.这也就表明,这种保险柜的装钥系统是不实用的,因为即使当 n 和 m 都不太大时,为打开保险柜所用的时间也要一整天."

在以前的一个班级上,当我讲完这个漂亮的结果时,当场就遭到一位学生的反对.他说他确信,一定有办法用较少的锁来办到这件事.虽然他最初的反对只是基于某些主观臆断,然而他所说的竟然是对的!为了使锁的数目减少,曾产生过几种精巧安排锁的设计方案,但都失败了.可是这种追求终于导致了更为简单的和令人意想不到的关于这个问题的解答,它的答案竟然只需要很少的锁和钥匙.在讲解这个"实用的"解答之前,我觉得有必要讲一下"不实用的"解答的美妙的推理过程,然后再运用一个实例来让我们理解这其中的缘故.最后指出,我们的讲法比[1] 和[4] 的讲法更少形式化.

① 编译自"Locks, Keys and Majority Voting", Mathematics Magazine Vol. 52, No. 3, May 1979.

假定有 n 位科学家组成的小组，至少要有 m 位科学家同时在场时才能打开保险柜（为了去掉毫无意义的情况，我们假定 $1 \leqslant m \leqslant n$）. 设 L 是所需的最少的锁数，并设 K 是每位科学家持有的最少的钥匙数. 我们要证明的是 $L = \binom{n}{m-1}$ 和 $K = \binom{n-1}{m-1}$.

设 $\mathscr{L}$ 是符合规定条件的锁的集合，并设 $\mathscr{C}$ 代表 n 位科学家之集 S 中所有 $m-1$ 位科学家的子集组成的集合. 我们先证明 $L \geqslant \binom{n}{m-1}$. 假如可以建立从 $\mathscr{C}$ 到 $\mathscr{L}$ 上的一一的函数 f，这就表明 $|\mathscr{L}|$①$\geqslant |\mathscr{C}| = \binom{n}{m-1}$. 这个函数 f 可用如下方式获得. 设 $A \in \mathscr{C}$，由于 $|A| < m$，则必定存在一把锁不能被集 A 中的任何人打开. 我们把这把锁取成 $f(A)$. 这就定义了从 $\mathscr{C}$ 到 $\mathscr{L}$ 上的函数 f. 现在证明 f 是一一的. 设 $A, B \in \mathscr{C}$，且 $A \neq B$，我们来证 $f(A) \neq f(B)$. 因为 $A \neq B$，$A \cup B$ 就真包含 A，所以 $|A \cup B| \geqslant m$. 于是保险柜被集 $A \cup B$ 中的人打开. 因为 A 中没有人能打开锁 $f(A)$，于是有一位 $s \in B$，使得 s 能打开锁 $f(A)$，但 s 不能打开锁 $f(B)$，所以 $f(A) \neq f(B)$，即这两把锁不同. 这就完成了 $L \geqslant \binom{n}{m-1}$ 的证明.

下面证明 $K \geqslant \binom{n-1}{m-1}$. 当然，这里需要假定没有一把钥匙是万能的. 更明确地说，就是每一把钥匙只能打开一把锁. 对于每一位科学家 $s \in S$，设 $\mathscr{K}(s)$ 是成员 s 持有的所有钥匙的集合，而 $\mathscr{C}(s)$ 是集 S 中不含成员 s 的所有 $m-1$ 个人的子集的集合. 像前面那样，只要证明从 $\mathscr{C}(s)$ 到 $\mathscr{K}(s)$ 上存在一一的函数 g 就足够了，于是就获得 $|\mathscr{K}(s)| \geqslant |\mathscr{C}(s)| = \binom{n-1}{m-1}$. 如果 $A \in \mathscr{C}(s)$，那么 $|A \cup \{s\}| = m$，所以保险柜能被 $A \cup \{s\}$ 打开. 这就推知 s 一定持有一把能打开锁 $f(A)$ 的钥匙. 设 $g(A)$ 是这把钥匙. 这就定义了从 $\mathscr{C}(s)$ 到 $\mathscr{K}(s)$ 的函数 g，且容易看出函数 g 是一一的（如果 $g(A) = g(B)$，即这把钥匙能同时打开锁 $f(A)$ 和 $f(B)$，于是推出 $f(A) = f(B)$，所以 $A = B$）.

到此为止，我们已经证明了 $L \geqslant \binom{n}{m-1}$ 和 $K \geqslant \binom{n-1}{m-1}$. 为了看清等式成立，只需要给出让 $|\mathscr{C}| = \binom{n}{m-1}$ 和 $|\mathscr{K}(s)| = \binom{n-1}{m-1}$ 的锁与钥匙的明确选

① $|\cdot|$ 表示集合中元素的个数.

配的方法即可. 这是很容易做到的. 对于每一个 $A \in \mathscr{C}$,分配给保险柜上一把锁 $L(A)$,并让 S 中 A 的补集的每位成员带有一把能够打开锁 $L(A)$ 的钥匙. 设 $\mathscr{L}$ 就是由这样的锁组成的集合,即对每个 $A \in \mathscr{C}$,对应着一把锁. 注意到,锁 $L(A)$ 不能被科学家集 B 打开的充分必要条件是 $B \subseteq A$. 由于这个条件要求 $|B| < m$. 我们看出要想使集 B 能打开 $\mathscr{L}$ 中所有的锁,就必须要有 $|B| \geqslant m$. 还可以看到 $\mathscr{L}$ 同集 $\mathscr{C}$ 是一一对应的. 于是我们就给出了让 $|\mathscr{L}| = \binom{n}{m-1}$ 的锁之集的一种安排方式,同时应注意到,对于 $A \in \mathscr{C}(s)$ 的每位科学家来说,都会得到打开锁 A 的钥匙. 所以对每位 $s \in S$,都有 $|\mathscr{K}(s)| = \binom{n-1}{m-1}$. 这就完成了让最小值 K 与 L 实现的证明.

现在给出一种满足问题所要求的条件的安装锁与分派钥匙的方法的实例. 该例总共只要 n 把锁,以及每位科学家手中只要持有一把钥匙即可. 当 $m < n$ 时,这一结果显然与上一段所证明的结果不同,而产生这种不同的准确理由,在看完例子的讲解之后,就会自然明白了.

为了清楚起见,我们要把该例描绘成一个具体的物理方法. 现在把保险柜的门看成一个用大插销关闭着的门. 如果你能让插销向左边滑动至少 m 英寸(1 英寸 = 2.54 厘米)后,柜门就可以自由地打开,否则柜门就不能打开. 这时安装锁的方式不再是直接把锁挂在保险柜门的钌铞上,而是把锁安放在插销的滑轨上,用这些锁挡住插销,使插销不能向左滑动. 注意,当把一锁打开后,该锁就能从滑轨上取下来;还要注意,当一把锁在滑轨上锁上后,它不能从滑轨上取下来,但却能在滑轨上任意左右滑动. 现在让每把锁的宽度恰为 1 英寸,于是我们知道,当打开 k 把锁,并把它们从滑轨上取下来后,插销就可以向左滑动 k 英寸. 一旦至少有 m 把锁打开,并从滑轨上取下来,插销就至少能向左滑动 m 英寸,于是保险柜的门就能打开. 这样一来,滑轨上只要安放 n 把锁,而每位科学家只要有能打开一把锁的钥匙(当然每把钥匙只能开一把锁),问题就解决了. 这种安放锁的方法说明,$L = n, K = 1$.

这两个数字比上面定理所说的 $L = \binom{n}{m-1}$ 和 $K = \binom{n-1}{m-1}$ 要少得多. 我们自然会问产生这两种答案的根本原因是什么? 或者,前面的证明有什么不对头的地方?

这个答案就是,在前面的证明中,正如上述例子所揭示出的那样,我们用到了原始问题所没有的一个隐蔽性假定. 这个隐蔽性假定就是:要想打开保险柜就必须打开每一把锁. 这个假定正是用来证明函数 f 和 g 是一一对应的关键所

在. 如果在原始问题上增加了这个隐蔽性条件(当然,在整个问题的讨论中总是假定一把钥匙开一把锁),那么早先的值 $L=\binom{n}{m-1}$ 和 $K=\binom{n-1}{m-1}$ 就是正确的,而去掉这个隐蔽性条件后,新的值 $L=n$ 和 $K=1$ 就是正确的.

一旦揭示出"不实用"定理与"实用"例子之间的不同的理由后,一切都变得自然而简单了. 虽然如此,在课堂上讲解这个例子会向学生们更加深刻地阐明:在原始问题或数学模型上附加隐蔽性条件会使问题发生根本性的不同. 从另一个角度看,就是承认数学的想法与真实情况的实际要求之间存在着潜在的不同. 这种揭示的另一个价值在于,使人们认识到力图消除在理论与实用之间的此种不同常常会导致更加深入的数学研究和开辟更广泛的应用范围.

譬如,让我们来考虑滑动插销解法的另一种执行方式. 我们不再使用带有锁的滑动插销,而是希望给保险柜安装一个"智能"门,即是用一台简单计算机控制的门. n 位科学家的每位只需持有一把能够旋转一个开关的钥匙. n 个开关的位置由计算机监视. 一旦至少有 m 个开关旋转到正确的位置时,计算机的控制程序就让保险柜打开门(作为一种挑战,读者可以自行研究计算机的实施方案,或是为此目的设计出适用的电脑网络). 这种实施方案还可以促使人们把原有问题做进一步的延伸,并引导出新的应用. 例如,为了省去科学家为摸出钥匙所花费的时间,让我们设想采用"投票"表决的方法来决定是否打开保险柜. 我们约定:科学家在场,就意味着他投赞成票,不在场就意味他投反对票,如果至少有 m 个人投赞成票,保险柜就能打开,否则保险柜就不能打开. 从这个观点出发,锁和钥匙都成了记录投票状况的机器. 于是原来的锁和钥匙的问题就转化为更加抽象的**投票表决问题**.

假定总共有 n 个人,让他们从 k 种事物 $A_1,A_2,\cdots,A_k$ 之中通过投票表决方式做出选择. 当 $k=2$ 时,我们可以把这时的投票表决描绘成用小球数来做投票结果的记录方式. 如果你赞成 A_1,你就放入一个小球,如果你赞成 A_2,你就不放入小球. 当收到至少 m 个小球时,判 A_1 赢,否则就判 A_2 赢. 注意,对于 $A_i,i=1,2$ 来说,其获胜的准则一般是不同的. 在许多情况下,人们要研究具有同等获胜准则的情况,也就是把同一准则同等地运用到所有的 $A_i(1\leqslant i\leqslant k)$ 上. 当 $k=2$ 时,这个同等的条件就是我们例子中 $m=【n/2】$① 的情况. 这时获胜的一方也就是收到多数选票的一方,注意这时弃权者被认为是投了另一方的票. 在有着弃权者打折扣的情况下,我们可以宣布获胜的一方就是收到多数票的一方. 这种方法显然是对 A_1 和 A_2 同等的准则,且可以用于 $k\geqslant 2$ 的情况,即就是谁得票最

---

① 【x】表示不超过实数 x 的最大整数.

多谁赢. 然而在 $k > 2$ 的情况,这种方法也有其不足之处. 虽然获胜的一方可以被认为是综合地反映了投票者的心愿,但是投票者之中的多数人可能会是强烈地反对胜方. 但是,这种不足之处并不单是限于这种特定的投票选择方式,而是在多方的社会选择理论中所产生的根深蒂固的问题.

这个问题就是,对于已经排好顺序的各方 $A_1, A_2, \cdots, A_k$,请您给出一种令人满意的投票选择方法. 对此我们有一个著名的 Kenneth Arrow(诺贝尔经济奖获得者) 定理:当 $k > 2$ 时,如果有一个明确的完全合理的条件存在,那么就不存在令人满意的选择方法.

关于社会选择(即熟知的选择理论) 的论题的极好的介绍,请读者参看[2] 的第十章和[3] 的第七章. [3] 中的关于 Arrow 不存在定理(7.2.2) 的讨论是目前为止最好的,它提供了许多很好的实例,表明当理论的结论与实际要求相反或不一致时就能引发出进一步的数学研究工作.

(杨燕昌编译,潘承彪校)

参考文献

[1] Liu C L Introduction to Combinatorial Mathematics, McGraw-Hill, New York, 1968

[2] Malkevitch J and Meyer W, Graphs, Models and Finite Mathematics, Prentice-Hall, Englewood Cliffs, N. J. ,1974

[3] Roberts F S, Discrete Mathematical Models with Applications to Social, Biological and Environmental Problems, Prentice-Hall, Englewood Cliffs, N. J. , 1976

[4] Yaglom A M and Yaglom I M, Challenging Mathematical Problems with Elementary Solutions, Vol. 1, Holden-Day, San Francisco, 1964

附录(2) 邮票问题①

Ronald Alter, Jeffrey A. Barnett

假如规定每个信封上至多保证能贴 h 张邮票,而你拥有 k 种不同的整数面值的邮票,试就给定的 h 及 k 确定最大的整数 $n=n(h,k)$ 使得你手头上的邮票能够分别组成值为 $1,2,\cdots,n$ 的各种邮资(每次组成不得超过 h 张邮票). 另外,求出满足这个条件的所有由 k 种整数面值构成的集合(称之为解集合).

通常地,我们在上述的解集合中加入面值为0的邮票. 这样,邮票问题中的条件便可改为要求每个信封恰需贴上 h 张邮票. 例如,$h=2$ 及 $k=3$,则 $n=n(2,3)=8$,且相应的惟一解集合为 $\{0,1,3,4\}$(解集合中的整数表示邮票的面值),而值分别为 $1,2,\cdots,8$ 的邮资可如下构成:

$$1=0+1,2=1+1,3=0+3,4=0+4$$
$$5=1+4,6=3+3,7=3+4,8=4+4$$

解集合未必都惟一,可以有许多. 比如 $n=n(2,6)=20$,它的解集合有5个: $\{0,1,2,5,8,9,10\}$, $\{0,1,3,4,8,9,11\}$, $\{0,1,3,4,9,11,16\}$, $\{0,1,3,5,6,13,14\}$ 及 $\{0,1,3,5,7,9,10\}$.

显然 $n(1,k)=k$ 且相应解集合为 $\{0,1,\cdots,k\}$; $n\{h,1\}=h$ 且相应解集合为 $\{0,1\}$. Støhr, Henrici, Stauton 等人独立地给出

$$n(h,2)=【(h^2+6h+1)/4】$$

其中,【x】表示不超过 x 的最大整数. 如果 h 为奇数,则它的惟一的解集合是 $\{0,1,\frac{1}{2}(h+3)\}$;如果 h 为偶数,则存在两个解集合: $\{0,1,\frac{1}{2}(h+2)\}$ 及 $\{0,1,\frac{1}{2}(h+4)\}$.

其他情况中仅当 $k=3$ 时有一个几乎使问题解决的解(即 $n(h,k)$ 的上下界很接近). Hofmeister 证明了

$$\frac{4}{81}h^3+\frac{2}{3}h^2+\frac{66}{27}h\leqslant n(h,3)\leqslant\frac{4}{81}h^3+\frac{2}{3}h^2+\frac{71}{27}h-\frac{1}{81},h\geqslant 34$$

其下界 $h\equiv 0(\bmod 9)$ 时达到. Klotz 及 Henrici 也分别提到过相似的但较弱的下界.

1936年,Rohrbach 对固定的 h 及足够大的 k 得到 $n(h,k)$ 的一个渐近界

---

① A Postage Stamp Problem, Amer, Monthly, 87(1980), 205～210

$$(k/h)^h \leqslant n(h,k) \leqslant k^h/h! \quad + O(k^{h-1})$$①

其下界的证明是构造性的,而上界的证明则是平凡的. 因为 $k+1$ 个不同元素所组成的重数不受限制的多重集的全部 h— 组合数是 $\binom{k+h}{h}$,因此,$n(h,k) \leqslant \binom{k+h}{h} - 1$. 这里所以要减1是由于要排除所取 h 张邮票的面值都是零的情形.

Hofmeister 应用 R. Widecker 的一个未发表的结果,即

$$n(h,k) \geqslant (4/3)^{【h/3】}(8/7)^{【(h-3【h/3】)/2】}(k/h)^h - O(k^{h-1})$$

同样导出了上述著名的下界. Hofmeister还对固定的$k \geqslant 3$ 及足够大的h给出了相应的上下界

$$2^{【k/4】}(4/3)^{【(k-4【k/4】)/3】}(h/k)^k + O(h^{k-1}) \leqslant n(h,k) \leqslant h^k/k! \quad + O(h^{k-1})$$

对 $h=2$,Rohrbach 发表了一个非凡的上界,即

$$n(2,k) \leqslant \frac{1}{2}(1-0.001\ 6)k^2 + O(k)$$

此后,这一结果得到 Klotx 的改进,他将 0.001 6 推进到 0.036 9.

Moster, Riddell, Salié,及 Moser 和 Riddell 也分别做了另外一些有关 $n(h,k)$ 的上界的工作. 对于足够大的 k 的情形,至今为止最好的上界要归功于 Moser 等人,他们发现了

$$n(h,k) < (1-b_h)\frac{k^h}{h!}$$

其中,$b_3 = 0.022\ 1$,及 $b_1 = 0.011\ 5$. 此外,当 $h \geqslant 5$ 时,$b_h = [1.02f(h)]^h$;当 $h \geqslant 8$ 时,$b_h = [1.1f(h)]^h$,这里 $f(h) = \cos(n^3/h)/[2+\cos(\pi/h)]$.

Richard K. Guy 曾提出,对于充分大的 h,$n(h,k)$ 可由有限个关于 h 的 k 次多项式来表示. 例如 Støhr 所给的 $k=2$ 的解可以表示成

$$n(h,2) = [h^2 + (3+3c)h + d]/4$$

其中,$c = d \equiv h(\bmod 2)$. Guy 对 $k=3$ 及 $h \geqslant 20$ 的猜想是

$$n(h,3) = [4h^3 + 54h^2 + (204+3C_r)h + d_r]/81$$

其中,$h \equiv r(\bmod 9)$,且 C_r 及 d_r 如下:

$$r = -4, -3, -2, -1, 0, 1, 2, 3, 4$$

$$C_r = 0, 1, 3, 0, -2, 0, 3, 1, 0$$

$$d_r = 46, -81, -1, -170, 0, 62, -26, 0, -154$$

邮票问题由来已久. 然而,我们所能找到的有关这问题的最早文献是

① 设函数$f(x,y,\cdots) \geqslant 0$,符号$O[f(x,y,\cdots)]$表示一个函数$g(x,y,\cdots)$,它满足条件:存在一个正常数$C$,使得$|g(x,y,\cdots)| \leqslant Cf(x,y,\cdots)$.

Rohrbach 的文章. 一些邮票问题的特殊形式曾出现在一些趣味数学及科普书刊上. 请参见 Sprague, Gardner 及 Legnrd 等人的文章.

与解决 $n(2,k)$ 有密切关系的一个问题是通过解集合的成员之差来表示整数 $1,2,\cdots,n$. Miller 及 Leech 描述了这一问题.

Alter 及 Barnett 叙述了 $n(2,k)$ 问题的计算机的变质寄存器的最优分配上的一个应用. Hargraves 又给出了另一个应用. 为了设计可联储存器的最佳接线图,他利用了关于 $n(h,k)$ 的解集合.

至今,所有发表过的求解 $n(h,k)$ 的算法都是关于 h 及 k 的指数型算法. 需要在计算机上花费数千小时,以得到 $n(h,k)$ 的值. 表 1 列出了除能由简单表达式给出的值(亦即 $h=1$ 或 $k=1,2$)之外的所有已知的 $n(h,k)$ 的值. 这里所给出的值最初是 Stohr,Henrici,Lunnon,Seldon, Phillips,以及 Alter 和 Barnett 得到的. 后来,经过核实,这些结果再由 Stanton,Heimer 和 Langenbach 给出,另外,Henrici 曾发表了当 $k=14,\cdots,18$ 时,$n(2,k)$ 的值分别为 80,92,104,116 及 128. 他获得这些值所用的工具是一种未加证明的修枝式的经验方法. 因此,在更可信的方法被采用之前,这些值应该被视为是一个下界. 对 $k\leqslant 47$,$n(3,k)$ 的值是由 John A. Bate 计算的.

表 1　已知的 $n(h,k)$ 的值

h \ k	3	4	5	6	7	8	9	10	11	12	13
2	8	12	16	20	26	32	40	46	54	64	72
3	15	24	36	52	70	93	121	154			
4	26	44	70	108	162	220					
5	35	71	126	211							
6	52	114	216	388							
7	69	165	345								
8	89	234	512								
9	112	326	797								
10	146	427									
11	172	547									
12	212	708									
13	259	873									
14	302	1094									

9 种特殊情况的研究值得注意. Wegner 和 Doig 探索了对称的票面值集合. 设 $\gamma=\{a_0=0<a_1<\cdots<a_k\}$ 是一个票面值之集. 我们称 γ 是对称的如果 γ 中相邻的元素之差所构成的序列具有回文性(即顺读与倒读一样). 我们已经

知道,除 $k=10$ 之外,均存在 $n(2,k)$ 的对称解集合. Rohrbach 研究了对称集合的一个限制类,且由此导出了他的渐近界.

表 2

k	15	16	17	18	19	20	21	22	23	24	25
$n(3,k)$	354	418	476	548	633	714	805	902	1 012	1 127	1 254
k	26	27	28	29	30	31	32	33	34	35	36
$n(3,k)$	1 382	1 524	1 678	1 841	2 010	2 188	2 382	2 584	2 801	3 020	3 256
k	37	38	39	40	41	42	43	44	45	46	47
$n(3,k)$	3 508	3 772	4 043	4 326	4 628	4 941	5 272	5 606	5 960	6 334	6 723

Henrici 去掉所有 $a_i\geqslant 0$ 的限制. 他找到 $n(2,7)$ 的一个解集合 $\{-1,2,3,4,10,11,12,15\}$,并声明 $n(2,7)$ 的值为 27. 而表 1 给出的值却是 $n(2,7)=26$. 注意,该声明是正当的. 因为正规问题的提法是允许有一个不算数的 0 元素,所以正规的结果是 $0,1,\cdots,26$,而该声明的结果是 $1,2,\cdots,27$,并且在新的条件下,Henrici 对 $n(2,10)$ 找到一个对称(且是惟一)的解集合 $\{-1,1,2,4,8,12,16,20,22,23,25\}$,能组成的票面值是从 0 到 48. 这个值域不含 -1 是由于每个票面值均需由解集合中的两个元素来构成.

Alter 及 Barnett 对 $h=k$ 导出了一个很有意义的下界,即 $n(k,h)\geqslant f_{2h}-1$,其中 f_i 是第 i 个 Fibonacci 数.

自从 Rohrbach 首次提出邮票问题以来,我们朝着求解方向已经取得了巨大的进展. 尽管如此,仍有许多关键问题尚待解决.

问题 1 $n(h,k)$ 的上下界是否可以改进? 我们所已知的最好的上下界之间的差距较大,未尽人意. 显然,只要没有找到 $n(h,k)$ 的简单表达式,总会有改进上下界的余地.

问题 2 在 $n(h,k)$ 与 $n(k,h)$ 之间是否存在简单的联系?

问题 3 作为 h 和 k 的函数 $n(h,k)$,相应的解集合之重数(即不同解集合的数目)是什么?

问题 4 设 $v=\{a_1,\cdots,a_k\}$,且定义 $n(h,v)$ 为最大的整数 n 使得所有整数 $1,2,\cdots,n$ 都能够表示成不超过 h 个的 a_i 之和. 那么,$n(h,v)$ 可否有一个简单的表达式? 注意

$$n(h,k)=\max_{v\in U_k} n(h,v)$$

其中,U_k 是由所有 k 种不同面值之邮票集构成的族.

对 $n(h,v)$ 的认识,必然对改进 $n(h,k)$ 的估计会有巨大的帮助. 我们所已

知的下界便是通过对 U_k 的限制使得 $n(h,v)$ 很容易表示而获得的.

问题 5 设 $\{a_1,\cdots,a_k\}$ 是 $n(h,k)$ 的一个解集合. 那么, a_i 的上下界是关于 h 及 k 的一个什么样的函数? 相对于 a_i,a_{i+1} 的数量级是什么?

问题 6 假如允许有负票面值和分数票面值, 则 $n(h,k)$ 将会是什么样的呢?

问题 7 当 h 和 k 为何值才存在对称解?

问题 8 是否存在求 $n(h,k)$ 及相应之解集合的多项式—时间的算法?

附录(3)　恰有两个单色三角形的相识图

Frank Harary

Goodman 证明了在任何一个有六个人的聚会上,如果任意两个人要么互相认识,要么互不认识,那么不仅存在三个人彼此认识或互不认识,而且至少存在两个这样的三人组.

我们用图论的语言来描述处理这样的问题是非常方便的,本文将引用它的术语及符号. 给定 n 个点,并在任意两点间用一条线相连. 这样得到的点一级图称为 n 阶完全图,记作 K_n. 图中的点及线分别称为顶点及边. 例如,6 阶完全图 K_6 有 6 个顶点和 15 条边(图 1).

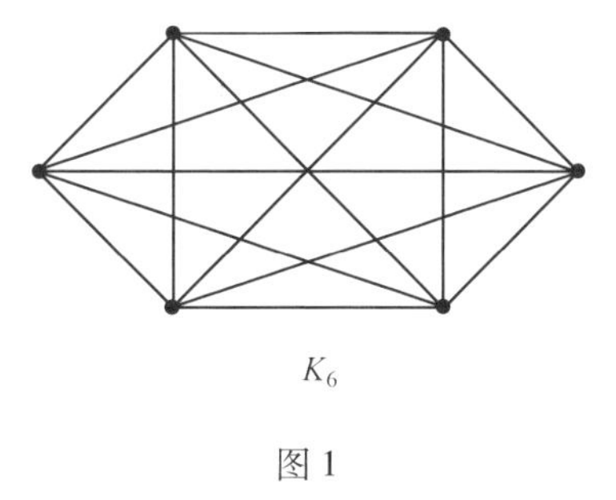

K_6

图 1

完全图 K_n 的一个 2— 边着色是指将它的每条边涂染为绿色或红色. 如果我们用实线及虚线分别表示绿边及红边,则图 2 给出了一个使 K_6 含有两个不相交的绿三角形①,但不含红三角形的 2— 边着色. 如果我们将实线及虚线分别看做是正边及负边,则我们得到一个指定符号的图.

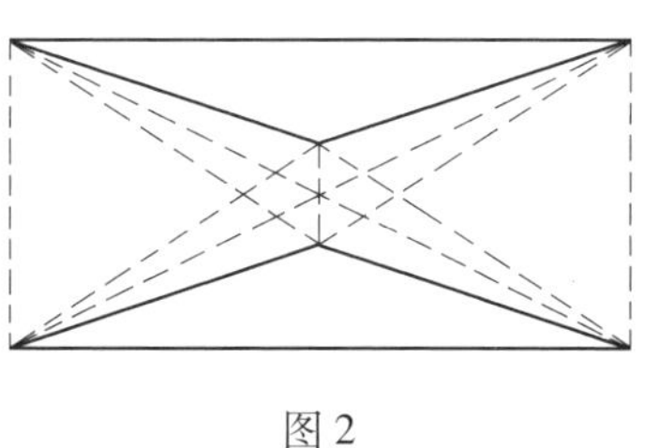

图 2

显然,当一个完全图 K_6 的所有边同色(比如说均为绿色)时,则我们得到单色三角形的最大可能的数目为 $\binom{6}{3}=20$. 然而,要确定哪些着色方案使得图 K_6 中恰有两个单色三角形,这并非是一件平凡的事情. 本文的目的就是完全地确定出这些方案.

我们所知道的关于 K_6 的每一个 2— 边着色均至少含有一个单色三角形的最简短的证明如下. 每个顶点 u 必定通过三角形同色边与另外三个顶点 u_1,u_2 及 u_3 连结,比如通过绿色边(如图 3(a) 所示). 现考察 u 的这三个相邻点. 假若

① 边为同色的三角形称为单色三角形. 绿(红) 三角形则是指边均是绿(红) 色的三角形. —— 译注

存在某条边 u_iu_j 为绿色，则我们有一个绿三角形 uu_iu_j. 否则，$u_1u_2u_3$ 构成一个红三角形，如图 3(b) 所示.

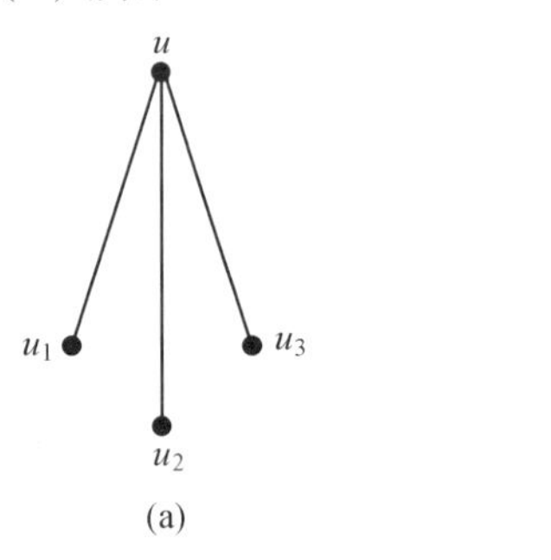

(a)

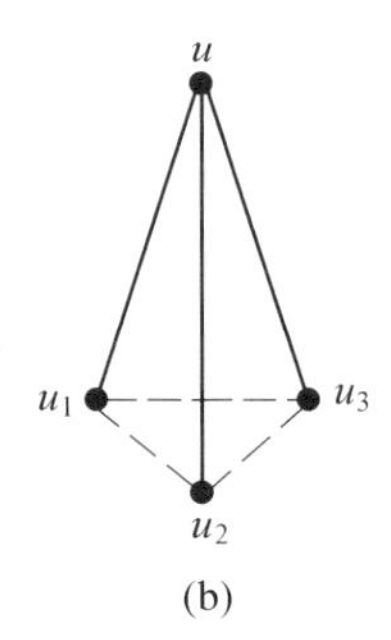

(b)

图 3

如果把顶点看做是人，并用红边连结表示彼此认识，用绿边连结表示互不认识，这样的着色则称为相识图，则 Goodman 的结论可表述为：

Goodman **定理**　完全图 K_6 的每个 2— 边着色均至少含有两个单色三角形.

下面我们就在 Goodman 定理的基础上，求出这种相识图 K_6 的所有正好含有两个单色三角形 T_1 及 T_2 的2— 边着色方案. 很明显，T_1 及 T_2 可以在0,1 或2个顶点上相交，我们将按各种情形进行讨论.

情形 0　T_1 与 T_2 没有公共顶点.

这时有两种可能性：

情形 0.1　T_1 与 T_2 不同色.

设 $u_1u_2u_3$ 为一个绿三角形，且 $v_1v_2v_3$ 为一个红三角形，不妨假定 u_1v_1 为绿，如图 4 所示. 则边 u_3v_1 必定是红色的，因为否则 $u_1u_3v_1$ 将是第三个单色三角形. 类似地，边 u_3v_3 不得不为绿的，且 u_2v_3 只能是红边，如图 5 所示. 但是，现在边 u_2v_1 既不能是绿的(因为边 u_1v_1 及 u_1u_2 均是绿的) 也不能是红的(由于有红边 u_2v_3 及 v_1v_3)，这表明情形 0.1 是不可能发生的.

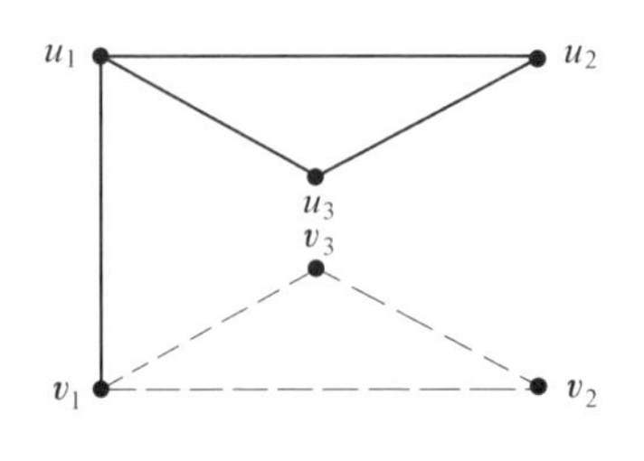

图 4

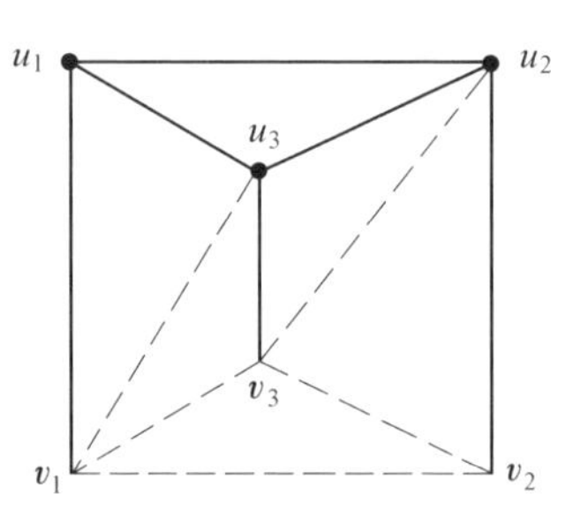

图 5

情形 0.2　T_1 与 T_2 同色.

假定 $T_1(\triangle u_1u_2u_3)$，$T_2(\triangle v_1v_2v_3)$，且它们均为绿的. 那么，边 u_1v_1 可以是绿的，但其余边 u_1v_j 及 u_iv_1 均不能为绿的，因为否则我们将得到第三个单色三角形. 同样地，边 u_2v_2 及 u_3v_3 可以是绿的.

总之，当 K_6 的一个 2— 边着色正好含有两个无公共顶点的单色三角形 $T_1(\triangle u_1u_2u_3)$ 及 $T_2(\triangle v_1v_2v_3)$ 时，这两个三角形必同色，比如说都是绿色的，则 $u_iv_i(i=1,2,3)$ 这三条边可以是绿的也可以是红的，但所有其他边都必须是红的.

图2给出了 K_6 的一个2— 边着色，它使得 T_1 及 T_2 均为绿的，且其余边均是红的，而图 6 所表示的是 T_1 及 T_2 均为绿的，且 $u_iv_i(i=1,2,3)$ 这三条边也为绿的.

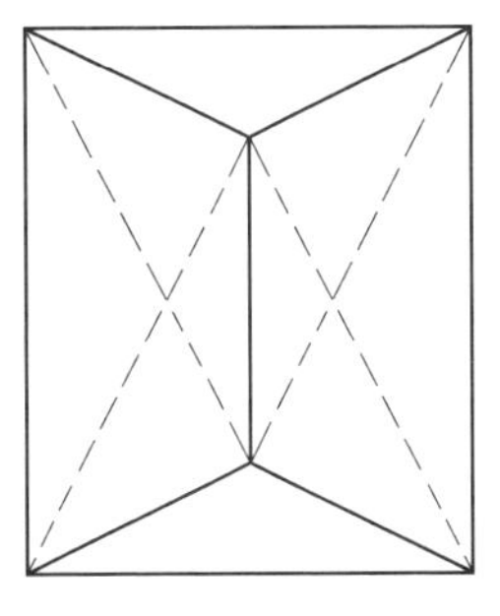

图 6

情形 1　T_1 与 T_2 恰有一个公共顶点.

在这情况下，我们将发现仅存在 K_6 的一个 2— 边着色使得 T_1 与 T_2 着有不同的颜色.

情形 1.1　T_1 与 T_2 同色.

图 7(a) 给出了两个绿三角形 $T_1(\triangle uu_1u_2)$ 和 $T_2(\triangle uv_1v_2)$. 为了避免出现第三个绿三角形，这 5 个顶点上的其余 4 条边均必须是红的，如图 7(b) 所示. 现在考虑第 6 个顶点 w，假定 wv_1 是红的. 则 wu_1 及 wu_2 必为绿的，出现了第三个绿三角形 wu_1u_2. 因此，边 wv_1 必定是绿的，但 wu 及 wv_2 两者均必为红的，由此依次迫使 wu_1 及 wu_2 均是绿的，如图7(c) 所示. 可是，这时又出现了第三个绿三角形 wu_1u_2. 所以，情形 1.1 是不可能的.

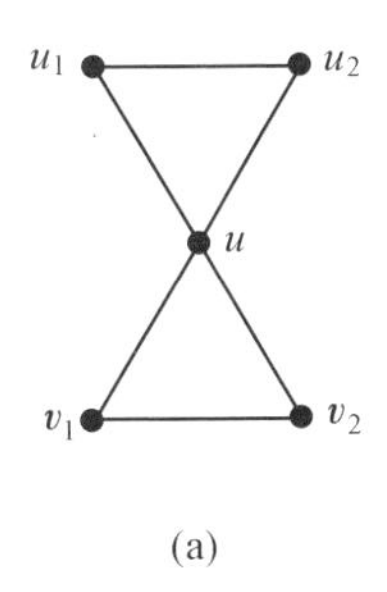

(a)

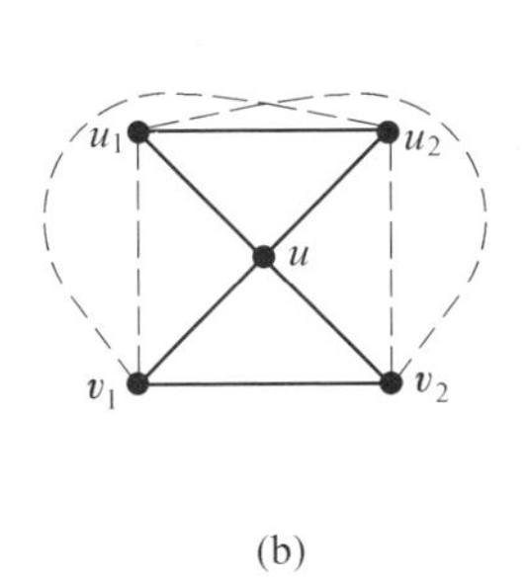

(b)

(c)

图 7

情形 1.2　T_1 与 T_2 不同色.

设 $T_1(\triangle uu_1u_2)$ 是一个红三角形，且 $T_2(\triangle uv_1v_2)$ 是一个绿三角形，如图 8(a) 所示. 由于边 u_1v_1 为何种颜色是无关紧要的，我们可假设它是绿的. 如图 8(b) 所示，我们接连地导致边 u_1v_2，u_2v_2 及 u_2v_1 的颜色必须分别为红的、绿的及

红的. 这样,我们完成了对这5个顶点上的10条边的着色,且发现每种颜色的边恰有5条.

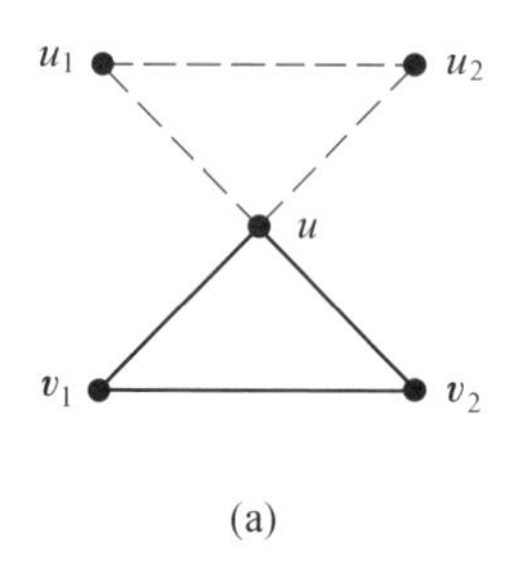

(a)

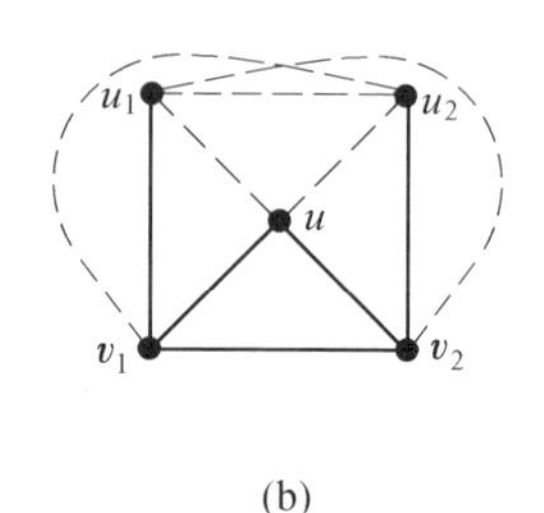

(b)

图 8

现在考虑第6个顶点w. 若假定wv_1是绿的,则wu及wu_1两者均必为红的,于是wuu_1是一个红三角形. 因此,wv_1必须是红的. 为避免第三个单色三角形的出现,我们不得不相继地让wu_2着绿色,wv_2着红色,且wu_1着绿色. 实际上,到了这步不管让所剩下的边wu着什么颜色都没有关系,我们都将仍然仅有原来的那两个单色三角形T_1和T_2. 我们在图9中用虚线来表示边wu的这种自由选择.

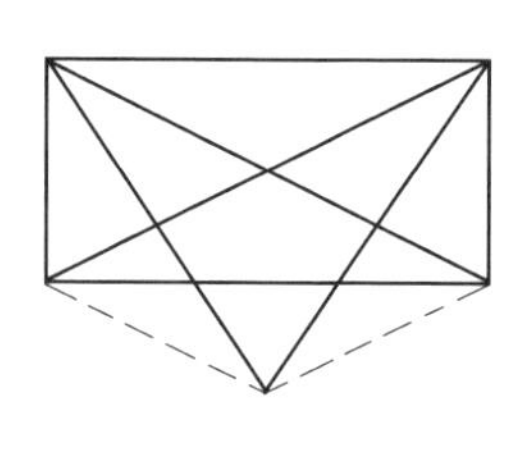

图 9

情形2　T_1与T_2有一条公共边.

显然,当两个三角形有公共边时,它们必着有同一颜色. 不失一般性,我们假设T_1与T_2均是绿的. 对于情形2中的各种可能的细节,我们可以完全类似于情形0及情形1来进行分析讨论,最后得到K_6的惟一的2—边着色,如图10所示.

综合上述各种情形,我们得到如下定理.

定理　存在K_6的2—边着色使得它正好含有两个单色三角形T_1及T_2,这里T_1与T_2可以有0,1或2个公共顶点,而且,T_1与T_2不同当且仅当它们仅有一个公共顶点.

K_6的所有这样的2—边着色分别由图2,6,9及10所示.

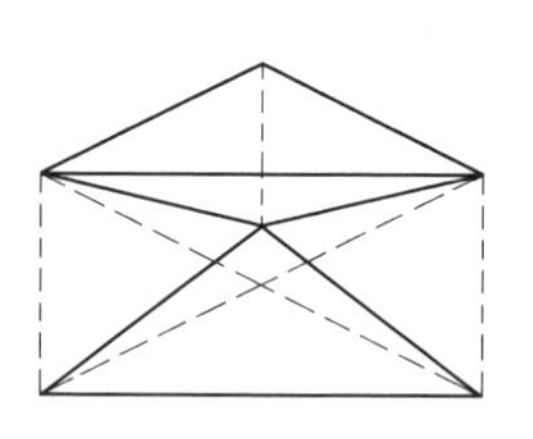

图 10

在我们关于图的Ramsey推广理论的系列文章的概念中包含了上述问题,而且许多其他的相似问题可如下产生. 给定一个无孤立点的其他小子图F①,试

① 如取四边形、五边形等. —— 译注

确定完全图 K_6 的哪些2— 边着色所含单色子图 F 的数目正好达到最小.

A. Schwenk 在阅读本文的初稿时,从上列图中注意到在 K_6 的每一个含有最少(即2个)单色三角形的2— 边着色中,那两个单色子图上的每个顶点的度数①几乎相等. 并且,他成功地将这一观察到的结果推广到任何完全图 K_p 的含有最少着色三角形的 2— 边着色上, 而这个最少单位三角形的数目已由 Goodman 精确地给出.

定理 设 t 是 K_p 的一个2— 边着色中所含单色三角形的数目,则

$$t \geqslant C_p^3 - \left[\frac{p}{2} \left[\left(\frac{p-1}{2} \right)^2 \right] \right]$$

下面的定理已蕴含在 Goodman 的论文中,Schwenk 依靠这个定理不仅得到了对 Goodman 的结果的另一证明,而且作为定理的推论,他获得了一种不需要上述那些令人筋疲力尽的推理过程就能导出图2,6,9及10中所表示的 K_6 的2— 边着色的方法.

我们用 $\delta(G)$ 及 $\Delta(G)$ 分别表示图 G 的顶点的最小度数及最大度数. 而且,对实数 x,我们记不小于 x 的最小整数为 $\{x\} = -[-x]$. 则我们有

定理 上面定理中的 t 达到下界当且仅当在 K_p 的一个2— 边着色中的每个单色子图 G 的所有顶点的度数均尽可能地接近 $(p-1)/2$, 使得当 $p \not\equiv 3(\mathrm{mod}4)$ 时

$$\left[\frac{p-1}{2}\right] \leqslant \delta(G) \leqslant \Delta(G) \leqslant \left\{\frac{p-1}{2}\right\}$$

而且当 $p \equiv 3(\mathrm{mod}4)$ 时,G 恰有一个顶点的度数为 $(p-3)/2$ 或 $(p+1)/2$,而其余顶点的度数均为 $(p-1)/2$.

① 图的顶点的度数是指图中与它相连的边的数目. —— 译注

附录(4) Pólay 果园问题[①②]

T. T. Allen

1. 引言

在一个圆形的果园中,均匀地种植果树,问果树的树干长得多粗[③],才能完全遮住果园中心的视线(Pólya 和 Szegŏ)?

设所有这些果树都是半径为 r 的圆柱,这样,问题就简化为一个平面上关于圆的问题,设圆的圆心(即果树的种植位置)的坐标为(x,y),x,y 是整数,满足$\sqrt{x^2+y^2}\leqslant S$,$S$ 是果园的半径. 射线是由原点向外的径直视线,第一个阻挡射线的圆沿这条射线是可见的. 问题是要确定果树的半径ρ,使得当$r\geqslant\rho$时,在原点(即果园的中心)仅能看到果园中的果树;当 $r<\rho$ 时,至少有一条射线可穿过果园. 显然,ρ 是 S 的函数.

Pólya 的解法是基于 A. Speiser 的方法,原始的解可见 Pólya 的解答. R. Honsbeigen 的解法是基于 Minkowski 的凸体定理. 但他们都未能求出 ρ 的确切值,他们只证明了,如果 S 是一整数,则

$$\frac{1}{\sqrt{S^2+1}}\leqslant\rho<\frac{1}{S} \quad ①$$

但是,ρ 的确切值是多少? 当 S 不是整数时,ρ 的值又如何?

下面计算格点(x',y')到射线(倾角为 θ)的距离 r'.

注意到,$r'=h'\cdot\cos\theta$,$h'=y-x'\cdot\tan\theta$,所以

$$r'=y'\cdot\cos\theta-x'\cdot\sin\theta$$

如果射线通过格点(x,y),则

$$\sin\theta=y/(x^2+y^2)^{1/2},\cos\theta=x/(x^2+y^2)^{1/2}$$

由此推出等式②a 成立. 同样可证,等式②b 成立. 对给定的r''和ψ 计算θ(这里 $\psi=\arctan(y''/x'')$),我们有

$$\theta-\psi=\arcsin(r''/\sqrt{x''^2+y''^2})$$

由此直接可得不等式 ⑦d. 同样可推出不等式 ⑦a,⑦b,⑦c.

在本文中我们将用初等的方法证明:$\rho=1/\sqrt{\lambda}$,λ 是第一个大于 S^2 且可以

① Pólya´s Orchard problem, Amer. Math. Monhly, 93(1986),98 ~ 104.

② Pólya 的解答在文后.

③ 假定所有树的树干在生长过程中有同样的粗细.

写成两个互素整数平方和的整数. 如果 S 是整数,则式①左边的等号成立. 我们还将提出两个与之有关的问题,以展示这个美丽的果园的其他性状.

2. 预备知识

考察图 1,我们有

(1) 离原点最近的八个圆是对称的,因此,只要考虑第一象限内 $x \geqslant y \geqslant 0,(x,y) \neq (0,0)$ 的部分即可;

(2) 只有圆心的坐标为互素的数的圆是可见的. 例如,圆心为 $(2,2)$ 的圆完全被圆心为 $(1,1)$ 的圆遮掩,这与圆的半径 r 无关;

(3) 在 $r = 0$ 的极限情况下(这时所有的圆退化为点),只有由互素整数对组成的坐标点是可见的,它们是沿射线最先看到的点;

(4) 在另一种极限情况 $r = \frac{1}{2}$ 时,这些圆相切,所有只有圆心在 $(1,0)$ 和 $(1,1)$ (及它们在四个象限的对称点)的圆可见.

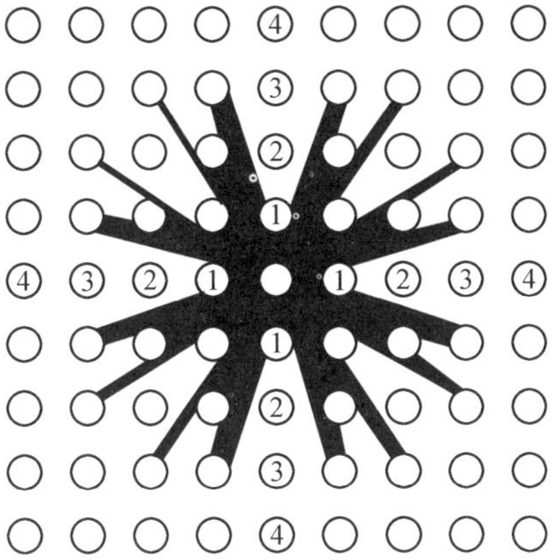

图 1 $r = 0.25$ 时射线按其在圆上的终点的划分图

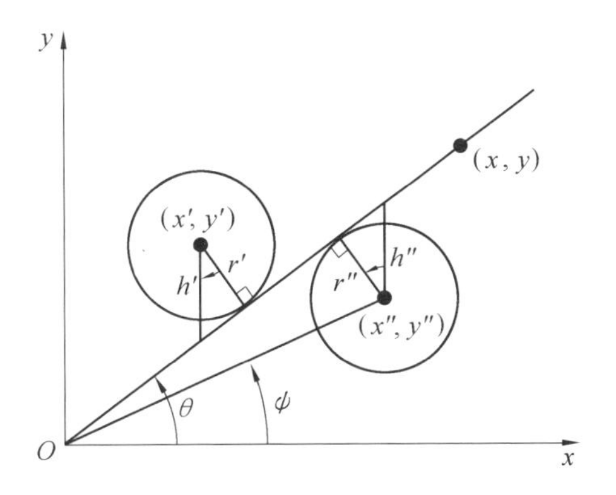

图 2 格点 (x',y') 到倾角为 θ 的射线的距离

考虑通过格点 (x,y) 的射线和射线两侧的格点 (x',y'),(x'',y''),它们分别满足

$$\frac{y'}{x'} = \frac{y}{x},\ \frac{y''}{x''} < \frac{y}{x}$$

从 (x',y'),(x'',y'') 到射线的垂直距离分别为(参见图 2)

$$r' = (y'x - x'y)/(x^2 + y^2)^{1/2} \quad ②a$$

$$r'' = (x''y - y''x)/(x^2 + y^2)^{1/2} \quad ②b$$

式②a 和②b 中的分子可分别看做是点 (x',y') 和点 (x'',y'') 的函数,当 x,y 互素时,它们都能取所有的正整数值(为什么). 因此,最接近射线的点分别由

$$y'x - x'y = 1 \quad ③a$$

$$x''y - y''x = 1 \quad ③b$$

给出,相应的极小距离是

$$r' = r'' = (x^2 + y^2)^{-1/2} \quad ④$$

式③a和③b都是不定方程,若$(\overline{x'},\overline{y'})$和$(\overline{x''},\overline{y''})$分别是它们的特解,则它们的通解分别为$(kx+\overline{x'},ky+\overline{y'})$和$(kx+x'',ky+y'')$,这里$k$为任意整数.这些解分布在与射线等距离的两条平行线上,距离就是由式④给出的极小距离.为了讨论可见性,我们需要这样的解,它所确定的点距原点较(x,y)近,且与(x,y)在同一象限中,即

$$0 \leqslant x' \leqslant x \quad ⑤a$$

$$0 \leqslant y'' \leqslant y \quad ⑤b$$

在⑤a给出的区间内恰好存在一组坐标对(x',y')满足③a,这是因为在③a的通解$(kx+\overline{x'},ky+\overline{y'})$中恰有一个解,使得$kx+\overline{x'}$落在每一个长为$x$的半开区间中.同样,必有满足③b的惟一坐标对$(x'',y'')$,使得$y''$在⑤b所给的区间中.

上述论证表明:圆心由③a,③b,⑤a,⑤b确定,半径由④确定的两个圆与通过点(x,y)的射线相切.同样,射线在与以(x,y)为圆心的圆上一点相碰前,先碰上了上面两个圆与射线的切点.因为由Pythagoras定理知,这两个切点沿射线到原点的距离分别为

$$[x''^2 + y''^2 - 1/(x^2 + y^2)]^{1/2}$$

和

$$[x'^2 + y'^2 - 1/(x^2 + y^2)]^{1/2}$$①

参看图1可知,这种距离的最小值出现在点$(x,y)=(2,1)$,$(x'',y'')=(1,0)$,所以,这些距离总是不小于$[1^2+0^2-1/(2^2+1^2)]^{1/2}=\frac{2}{\sqrt{5}}$.而由式④知,这些相切圆的半径一定不大于$(2^2+1^2)^{-1/2}=\frac{1}{\sqrt{5}}$.

最后,我们得到了这样的结论,对互素的整数对x,y,当$r<(x^2+y^2)^{-1/2}$时,以点(x,y)为圆心,半径为r的圆至少沿一条射线是可见的;当$r \geqslant (x^2+y^2)^{-1/2}$时,这个圆则被完全遮掩.

3. 果园问题

首先,假定这个果园是处处可伸展到无穷远的.我们围绕在原点的观察哨

---

① 容易算出,从原点到射线与以(x,y)为圆心的圆的第一个交点之间的距离为$(x^2+y^2)^{1/2}-(x^2+y^2)^{-1/2}$,显见,它比这两个数都大.——校注

扎一个半径为 S 的篱笆,并把这个篱笆看做是果园里的一个圆. 问当果树的半径($r=\rho$) 是多少时,正好遮掩住篱笆外的树?

由 ④ 知,一棵树要被遮掩住,只要半径 r 等于从原点到这棵果树圆心距离的倒数. 因此,在果树生长过程中,篱笆外最后被遮住的一棵树[①]是长得最靠近篱笆的一棵,因为所有离原点更远的树已在树干半径 r 较小时被遮住了,故从原点到篱笆外最近的一棵树的圆心的距离的倒数就是所要求的 ρ. 证毕.

上述论证并不依赖于篱笆外是否真的长有树,因为决定可见性的仅是篱笆内的树.

如果 S 是一个整数,那么 S^2+1 是第一个大于 S^2 的整数,在点$(S,1)$ 处总有一棵树,它到原点的距离是$(S^2+1)^{1/2}$. 能看到篱笆外面的临界半径 $r=\rho=(S^2+1)^{-1/2}$. 当然,还可能有别的树和原点有相同的临界距离$(S^2+1)^{1/2}$. 例如,当$S=50$时,在点$(50,1)$,$(49,10)$ 及这两点在四个象限的其他14个对称点处的树恰好在半径 $r=\rho=\dfrac{1}{\sqrt{2\ 501}}$ 时同时消失于视野.

要指出的是,这里得到的表示式$\rho=(S^2+1)^{-1/2}$ 与式 ① 的左边的等式相同,故当 S 是整数时,式 ① 中左边的等号成立.

如果S不一定是整数,那么这个问题的一个更有启发性的表述是:ρ 和 S 将是怎样一个函数关系? 同样,设x,y是任意互素整数,$x^2+y^2=\lambda$,根据事实本身来看,λ 是一种特殊的整数 —— 这种整数至少可以以一种方式表示成两个互素整数的平方和. 假定 λ_i 和 λ_{i+1} 是两个相邻的这种整数,$\lambda_i<\lambda_{i+1}$,那么当$\sqrt{\lambda_i}\leqslant S<\sqrt{\lambda_{i+1}}$ 时,相应于这些S的临界半径ρ一定是常数,且$\rho=\dfrac{1}{\sqrt{\lambda_{i+1}}}$,因为$\sqrt{\lambda_{i+1}}$ 是篱笆外的第一棵树的树心到原点的距离[②]. 另一种证法是:当$1/\sqrt{\lambda_{i+1}}\leqslant r<1/\sqrt{\lambda_i}$ 时,可见的最远的树的圆心距离原点为$\sqrt{\lambda_i}$. 因为距原点$\sqrt{\lambda_{i+1}}$ 的树在半径 $r=1/\sqrt{\lambda_{i+1}}$ 时已被遮掩.

图 3 按 λ 的递增顺序列出了 $\lambda=x^2+y^2$ 的互素数对. 图 3 中这些连线是表示每一棵树恰好可被离原点较近的另外两棵树遮掩[③]. 65 和 73 是两个相邻的 λ 值. 有趣的是 65 是第一个可以用两种方法表示成互素数对平方和的数. 因为 $1/\sqrt{73}\leqslant r<1/\sqrt{65}$,所以,可见的最远的树在$(8,1)$ 和$(7,4)$(以及它们在四

① 实际上是一些离原点等距的树. —— 译注

② 已经假定树心,即种树处的格点(x,y) 中的 x,y 是互素的. —— 译注

③ 例如,在$(x,y)=(3,1)$ 处的树被在$(x',y')=(2,1)$,$(x'',y'')=(1,0)$ 处的树遮住,即满足(3a),(3b) 的两个解. —— 校注

个象限的对称点)处. 如果 $r \geqslant 1/\sqrt{65}$，它们就同时消失于视野. 假如我们以区间 $\sqrt{61} \leqslant S < \sqrt{65}$ 内的任一值 S 为半径围一个篱笆,那么可见的临界半径是 $r = \rho = 1/\sqrt{65}$.

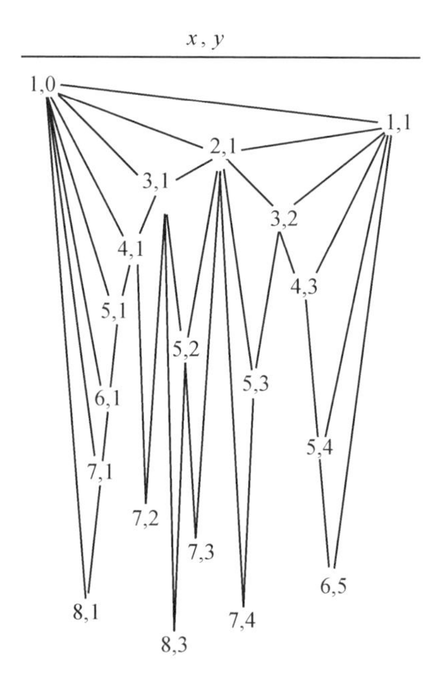

图 3　随着半径的增长树被遮掩的情况

4. 连分数

如果我们始终保持沿一条射线注视生长着的树,我们将看到哪些树呢?

我们把这条射线的斜率 $\tan\theta$ 展为连分数,如果 p_n/q_n 是它的 n 阶渐近分数,那么我们知道,对于射线的斜率 $\tan\theta$ 来说,p_n/q_n 是所有分母小于或等于 q_n 的分数中好的有理逼近,也就是说,如果 $n > 1, 0 < q \leqslant q_n$,且 $p/q \neq p_n/q_n$,则

$$|p_n - q_n \cdot \tan\theta| < |p - q \cdot \tan\theta| \tag{6}$$

用几何语言来描述,式⑥就是说:从点(q_n, p_n)沿竖直方向(即 y 轴方向)到这射线的距离比任何所说的点(q, p)到这射线的距离要短. 这些沿竖直方向的距离就是图 2 中的那些 h,我们把在射线上方的记为 h',在射线下方的记为 h''. 式⑥的两端同乘 $\cos\theta$,就给出了这些点到这射线的垂直距离 r 的表示式. 因为 $\cos\theta$ 在第一象限为正,这样,定理的结论就转化为关于这些垂直距离之间的关系:点(q_n, p_n)比这些点(q, p)中的任意一点离射线更近.

我们知道 $q_n < q_{n+1}$,所以,由该定理推出:对所有的 n,点(q_{n+1}, p_{n+1})比点(q_n, p_n)距射线近. 如同前面的讨论一样,可知圆心在点

$$\cdots,(q_{n+1},p_{n+1}),(q_n,p_n),(q_{n-1},p_{n-1}),\cdots$$

的圆就是当 n 递增时沿这射线依次可见的那些圆.

若 $\tan\theta$ 是有理数,则渐近分数的个数和可见的树的数目都是有限的,因为当 $r=0$ 时,我们只看到一个格点. 这里要指出的是,所展成的有限连分数的正确形式必须是其最后一项系数(即最后一个部分商)一定要取大于1,否则,由简单的计算就可表明,连分数的倒数第二、三个渐近分数所给出的两个点等距地位于射线两侧,而仅有接近原点的那个圆是沿这条射线可见的. 例如,若21/16的连分数展开式取为[1,3,4,1],它的渐近分数是1/1,4/3,17/13,及21/16,但沿 $\tan\theta=21/16$ 只能看到以(1,1),(3,4)及(16,21)为圆心的圆,所以我们应取连分数展开式 $21/16=[1,3,5]$.

若 $\sqrt{\tan\theta}$ 是无理数,它的渐近分数和可见树的数目都是无限的. 例如,当斜率 $\tan\theta=(\sqrt{5}+1)/2$ 时,对于 $r\leqslant 1/2$,可见圆序列可以看做是递减的半径 r 的函数,这是一个 Fibonacci 序列(1,1),(1,2),(2,3),(3,5),(5,8),(8,13)等等. 应该指出的是,除非这些果树交叠,即 $r\geqslant 2[(\sqrt{5}+1)^2+2^2]^{-1/2}\approx 0.53$,不然,在点(0,1)处的树沿这条射线是不可见的(为什么).

5. 单棵树的可见性

设 x,y 是任意互素数对,满足 $x\geqslant y\geqslant 0,(x,y)\neq(0,0)$. 我们断言:位于这点处的圆当 $r\leqslant\frac{1}{2}$ 时,在下面给出的不等式的交集所确定的角域中是可见的(θ 表示和正向 x 轴的夹角):

$$\theta\leqslant\arctan\frac{y}{x}+\arcsin\frac{r}{(x^2+y^2)^{1/2}},0\leqslant r<r^+ \quad ⑦a$$

$$\theta<\arctan\frac{y'}{x'}-\arcsin\frac{r}{(x^2+y^2)^{1/2}},r^+\leqslant r<r^0 \quad ⑦b$$

$$\theta\geqslant\arctan\frac{y}{x}-\arcsin\frac{r}{(x^2+y^2)^{1/2}},0\leqslant r<r^- \quad ⑦c$$

$$\theta>\arctan\frac{y''}{x''}+\arcsin\frac{r}{(x^2+y^2)^{1/2}},r^-\leqslant r<r^0 \quad ⑦d$$

其中,(x',y'),(x'',y'') 满足式③和式⑤,且

$$r^0=(x^2+y^2)^{-\frac{1}{2}}$$

$$r^+=[(x+x')^2+(y+y')^2]^{-\frac{1}{2}}$$

$$r^-=[(x+x'')^++(y+y'')^2]^{-\frac{1}{2}}$$

预备知识中的证明不能得到这一结果. 我们需要证明,圆心在 (x',y') 和 (x'',y'') 的圆不但决定了完全遮掩以 (x,y) 为圆心的圆的临界半径 r^0,而且还决

定了上面所断言的部分遮掩这个圆的所有角度.

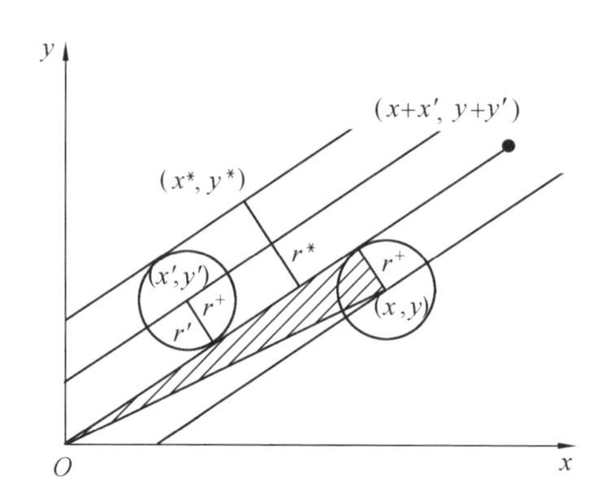

图4　圆心在(x,y)和(x',y')(满足③a与⑤a),
半径为$r = r^+$时两圆之间的关系

从图4可以看出,圆心在(x,y)和(x',y')的圆,当它们的半径$r = r^+$,与通过$(x+x',y+y')$的射线相切.超过这个临界半径时,前一个圆就从上方侵占了后一个圆的可见性.圆心在(x^*,y^*),$(y^*/x^* > y'/x')$的圆是与此无关的.

考虑图4给出的图形,应用公式②a,②b,我们得到:(x,y)和(x',y')以极小距离r^+等距地分布在通过$(x+x',y+y')$的射线的两侧,因此,当$r < r^+$时,圆心在(x,y)的圆的上半部都是可见的,⑦a给出了可见这个圆的射线的角度的上界(在图2的说明中,给出了(x,y)的函数和r的形式).然而,当$r^+ \leqslant r \leqslant r^0$时,与圆心在$(x',y')$的圆相切的下方的射线是和图4中由阴影表示的楔形部分中的射线是一致的,因此,以(x,y)为圆心的圆的上部是部分地被遮掩的.点(x',y')到这楔形中所有射线的距离都小于$2r^+$.满足条件$y^*/x^* > y/x$及$0 \leqslant x^+ < x$的其他点(x^*,y^*)到这楔形中的射线的距离都大于$2r^+$,因为所有格点与通过$(x'+x,y'+y)$的射线的距离是r^+的整数倍,在区间$[0,x]$内只有点(x',y')在这射线的上方且恰好相距r^+,因此,当$r^+ \leqslant r < r^0$时,⑦b就是给出这个可见角域的上界部分的充分必要条件.同样的讨论可应用于以(x'',y'')为圆心的圆从下方部分遮掩的情形,而⑦c,⑦d就给出了这个可见角域的下界部分.

在图5中,纵坐标旁边的字母相应地表示圆心所在的位置:$a(3,5)$,$b(3,4)$,$c(4,5)$,$d(6,5)$,$e(5,4)$,$f(4,3)$,$g(7,5)$,$h(8,5)$,$i(5,3)$,$j(7,4)$,$k(7,3)$,$l(5,2)$,$m(8,3)$,$n(3,1)$,$o(7,2)$,$p(9,2)$,$q(5,1)$,$r(6,1)$,$s(7,1)$,$t(8,1)$,$u(9,1)$.我们对足够多的(x,y),把相应于它们的由⑦a到⑦d所确定的那些角域转化成图5中所示的$r-\theta$平面上的嵌砖形区域.显然,每一个互素数对(x,y)将在这$r-\theta$平面上占有一块区域,当$x,y\to\infty$时,它们将充满整个

$r-\theta$ 平面.

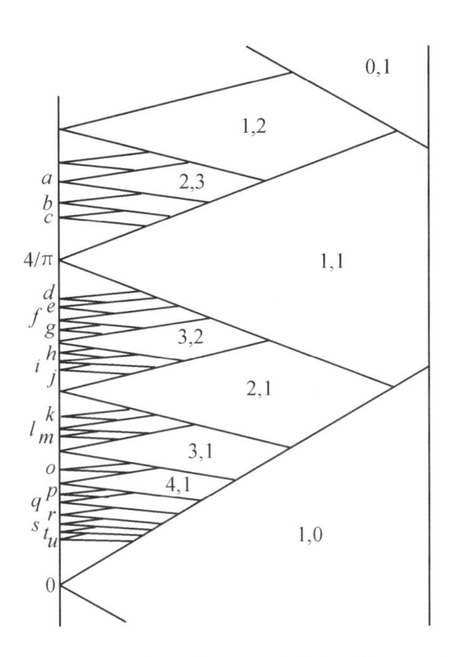

图 5　角的区间(在这范围内不同的圆是可见的)是圆的半径的函数

6. **附录**

代替这种圆形格,我们可以讨论三角形格的可见性问题,这个问题是由双神经原(例如,协调心脏跳动的神经原)的一个简单模形引出的. 这种三角形格也是某些电路(例如,保持电视机的图像稳定的电路)的一个颇佳的模型. 解决这个问题的方法和本文给出的很相似. 例如,一个类似图 5 的图描述了如何依据两个振荡器之间的相互作用强度及它们的自然周期之比,来使得一个振荡器在另一个振荡器周期的有理倍数上同步,并指出了这种同步追踪能如何有效地抗干扰.

Pólya **的解答**

问题　设 S 是正整数. 设每一格点 (p,q) 是半径为 r 的圆的圆心,且满足不等式 $1\leqslant p^2+q^2\leqslant S^2$. 如果 r 充分小,则存在从 $(0,0)$ 到无穷远的射线,这些射线与上面所述的小圆不相碰(此时,果园称为是透亮的);当 $r=1/2$ 时,这些圆相切,所以,r 足够大时,这样的射线将不存在,设 $r=\rho$ 是划分这两种情形的临界值(即使果园是透亮的极限值),那么我们有

$$1/\sqrt{S^2+1}\leqslant\rho<1/S$$

解　(G. Pólya:Arch Math. Phys. Ser. 3,27,135(1918),method of proof given here by A. Speiser)

我们说格点(p,q)是本原格点,如果它是从原点可见的(简称可见的),即在连结$(0,0)$和(p,q)的线段上没有其他的格点. 容易证明:格点(p,q)是本原的充要条件是p,q互素(为什么). 若$pv-qu=1$,则格点(p,q),(u,v)都是本原的,且它们由一个面积为1的平行四边形相连(另外两个顶点是$(0,0)$和$(p+u,q+v)$). 我们称(u,v)是(p,q)的左邻点,(p,q)是(u,v)的右邻点,以及把从原点$(0,0)$出发的那条对角线称为是这个相连平行四边形的对角线. 如果(p,q),(u,v)的相连平行四边形的对角线长为d,则(p,q),(u,v)到对角线的距离为$1/d$(为什么). 每个本原点有无穷多个左邻点,它们均匀地分布在一条直线上①(为什么).

(1) $(1,0)$和$(S-1,1)$是相邻的,它们的平行四边形的对角线长为$\sqrt{S^2+1}$. 如果这条对角线的延长线和一个ρ— 圆相交,那么只需要考虑以$(1,0)$和$(S-1,1)$为圆心的圆,故$\rho \geqslant 1/\sqrt{S^2+1}$.

(2) 对$x^2+y^2 \leqslant S^2$内的任意本原格点,决定它在该圆内最远的左邻点(p',q'),即$(p'+p,q'+q)$已在圆$x^2+y^2 \leqslant S^2$外,在同样的意义下,设(p'',q'')是(p',q')的最远的左邻点,(p''',q''')是(p'',q'')的最远的左邻点,等等,这样做若干步,比如说n步之后,我们就得到具有这样性质的$(p^{(n)},q^{(n)})$:(p,q)与(p',q')的相连平行四边形,(p',q')与(p'',q'')的相连平行四边形,……,以及$(p^{(n-1)},q^{(n-1)})$与$(p^{(n)},q^{(n)})$的相连的平行四边形合在一起,完全覆盖了圆$x^2+y^2 \leqslant 1$. (p,q)和(p',q')的相连平行四边形的对角线长大于S,并且(p',q')和(p,q)到这对角线的距离小于$1/S$. 因此,从原点$(0,0)$出发的每条射线都被以(p,q),(p',q'),…,$(p^{(n)},q^{(n)})$为圆心,$1/S$为半径的圆中的某一个所遮住,而这些对角线实际上是被两个圆所遮住,故有$\rho < 1/S$.

(王明舟译,潘承彪校)

① 请读者自己写出给定的本原格点(p,q)的所有左邻点,并证明相邻的两个左邻点之间的距离为$\sqrt{p^2+q^2}$. —— 校注

附录(5)　筹码游戏

筹码游戏是我国古代的一种游戏,在国外称为Nim游戏.这种由两个人玩的游戏是这样的:设有$k(k \geqslant 2)$堆筹码,各堆筹码数为

$$n_1, n_2, \cdots, n_k \tag{①}$$

游戏规则是:两人轮流从这些堆中取筹码,要求

(1)每次只能从一个堆中取筹码,不能在两个或两个以上的堆中同时取筹码;

(2)每次至少取一个筹码,多取不限,直至可把一堆中的筹码完全取走.

最后把筹码取完的人是胜者.显然,这种两人游戏的过程可用k元数组$(n_1, n_2, \cdots, n_k)$来描述,一人取一次筹码就相当于通过只能把其中某一个分量n_j改变为$n'_j(0 \leqslant n'_j < n_j)$的办法,把原来的$k$元数组变为一个新的$k$元数组.这种类型的变换我们称之为$k$元数组的$T$变换.例如

$$\{5,8,13,7,6,2\} \to \{5,8,4,7,6,2\}$$

就是6元数组的T变换,这里仅把第3个分量13变为4.

现在,放好了由式①给出的k堆筹码,即给定了k元数组$\{n_1, n_2, \cdots, n_k\}$,由A,B两人参加,假设由A先取.这样,想取胜的A所面临的问题是:能不能取一次筹码,即对数组作一次T变换π_1,使得不管接着B怎样取筹码,即作T变换,A总有相应的取法来对付,直至最后保证A获胜.这里会面临三种情形:

ⅰ 存在这样的T变换π_1,即对放好的这k堆筹码,必有方法保证先取者获胜;

ⅱ 不存在这样的T变换π_1,相反地对放好的这k堆筹码,必有方法保证后取者获胜;

ⅲ 无法事先肯定是先取者获胜,还是后取者获胜.

下面将看到情形ⅲ是不会出现的(这是一个一般性定理的特例).

如果我们能够找到k元数组的这样一种性质,它在T变换后具有以下的性质:

(1)具有性质P的k元数组在作一次T变换后,所得的新的k元数组一定不具有性质P;

(2)不具有性质P的k元数组,一定可找到某个T变换,使其变为具有性质P的k元数组;

(3)k元数组$\{0,0,\cdots,0\}$具有性质P,那么,当原始的k元数组(即一开始放好的k堆筹码)不具有性质P时,先取者A必有方法取胜;当原始的k元数组

具有性质 P 时，后取者 B 必有方法取胜. 这是因为在第一种情形，先取者 A 必有方法使他取过筹码后所得的 k 元数组具有性质 P；在第二种情形，后取者 B 必有方法使他取过筹码后所得的 k 元数组具有性质 P. 由于每取一次筹码总数一定减少及 $\{0,0,\cdots,0\}$ 具有性质 P，所以结论成立. 这时问题就变为寻找这样的性质 P.

当 $k=2$ 时很简单，二元数组 $\{n_1,n_2\}$ 当 $n_1=n_2$ 时称为具有性质 P. 显见，它具有前面所说的三个性质. 这样，当两堆筹码数不相同，即不具有性质 P 时，先取者只要保持每次取筹码后所留下的二元数组具有性质 P，即 $n_1=n_2$，一定获胜；当两堆筹码数相等，即具有性质 P 时，不管先取者如何取，留下的二元数组 $\{n'_1,n'_2\}$ 一定不具有性质 P，即必有 $n'_1\neq n'_2$，所以，后取者 B 必有方法获胜.

当 $k\geqslant 3$ 时，就很不容易找出这种性质 P 了，这需要利用整数的二进位表示来刻画这种性质，把 k 元数组 $\{n_1,n_2,\cdots,n_k\}$ 中的每个数用二进位数来表示，n_j 写在第 j 行，且对齐二进位的位数. 然后把每列上的数字相加，其和用十进制表示写在第 $k+1$ 行，记为 $\{m_1,m_2,\cdots,m_l\}$. 如果这些和 m_t 均为偶数，我们就说这个 k 元数组具有性质 P. 例如，对 $\{3,5,8\}$ 有

n_1	3	0	0	1	1
n_2	5	0	1	0	1
n_3	8	1	0	0	0
		1	1	1	2
		m_1	m_2	m_3	m_4

所以，$\{3,5,8\}$ 不具有性质 P，对 $\{3,5,6\}$ 有

3	0	0	1	1
5	0	1	0	1
6	0	1	1	0
	0	2	2	2

所以，$\{3,5,6\}$ 具有性质 P，再比如，对 $\{25,43,65\}$ 有

25	0	0	1	1	0	0	1
43	0	1	0	1	0	1	1
65	1	0	0	0	0	0	1
	1	1	1	2	0	1	3

它不具有性质 P，对 $\{25,43,50\}$ 有

25	0	0	1	1	0	0	1
43	0	1	0	1	0	1	1
50	0	1	1	0	0	1	0
	0	2	2	2	0	2	2

所以,它具有性质 P.

现在,我们要来证明对 k 元数组这样定义的性质 P 满足条件(1),(2) 和(3). 条件(3) 显然满足,先来证满足条件(1),若 k 元数组 $\{n_1,n_2,\cdots,n_k\}$ 具有性质 P,即对应的 l 元数组 $\{m_1,m_2,\cdots,m_l\}$ 中的每个 m_t 都是偶数. 对这数组任作一个 T 变换 π,不妨设是把某一个 n_{j_0} 变为 n'_{j_0},$0\leqslant n'_{j_0}<n_{j_0}$,而其他的 $n_j(j\neq j_0)$ 不变. 这样新的数组为 $\{n_1,\cdots,n_{j_0-1},n'_{j_0},n_{j_0+1},\cdots,n_k\}$,设其相应的 l 元数组是 $\{m'_1,\cdots,m'_l\}$. 由于 $n'_{j_0}\neq n_{j_0}$,所以,n'_{j_0} 的二进位表示一定和 n_{j_0} 的不同. 设

$$n_{j_0}=a_1a_2\cdots a_t\cdots a_l,a_t=0,1$$

$$n'_{j_0}=a'_1a'_2\cdots a'_t\cdots a'_l,a'_t=0,1$$

是它们的二进位表示,那么至少有一个 t_0,使

$$a_{t_0}\neq a'_{t_0}$$

这仅可能是

$$a_{t_0}=1,a'_{t_0}=0$$

或

$$a_{t_0}=0,a'_{t_0}=1$$

无论哪种情形都使 m_{t_0} 和 m'_{t_0} 的奇偶性不同,具体地说,相应地必有

$$m_{t_0}=m'_{t_0}+1$$

或

$$m_{t_0}=m'_{t_0}-1$$

即 m'_{t_0} 为奇,所以新得到的数组不具有性质 P,这就证明了满足条件(1).

下面来证满足条件(2). 设数组 $\{n_1,n_2,\cdots,n_k\}$ 不具有性质 P,即相应的 l 元数组 $(m_1,\cdots,m_l)$ 中必有一些 m_t 为奇. 设 t_0 是最小正整数,使 m_{t_0} 为奇. 即当 $1\leqslant t<t_0$ 时,m_t 均为偶,显然有 $m_{t_0}\geqslant 1$,因而必有一个 n_{j_0},其二进位表示为

$$\begin{cases}n_{t_0}=a_1\cdots a_{t_0}a_{t_0+1}\cdots a_l,a_t=0,1\\a_{t_0}=1\end{cases}$$

假设 $m_1,\cdots,m_l$ 中所有为奇数的是

$$m_{t_0},m_{t_1},\cdots,m_{t_h},1\leqslant t_0<t_1<\cdots<t_h\leqslant l$$

构造一个数 n'_{j_0},它的二进位表示

$$n'_{t_0} = a'_1 \cdots a'_t \cdots a'_l$$

这样来规定

$$a'_t = a_t, t \neq t_i, 0 \leqslant i \leqslant h$$
$$a'_t = 1 - a_t, t = t_i, 0 \leqslant i \leqslant h \quad ②$$

由于 $a_{t_0} = 1$，所以，必有 $0 \leqslant n'_{j_0} < n_{j_0}$. 对所给的数组作 T 变换 $n_{j_0} \to n'_{j_0}$，其他 n_j 不变，就得到新的 k 元数组 $\{n_1, \cdots, n_{j_0-1}, n'_{j_0} \cdot n_{j_0+1}, \cdots, n_k\}$. 设它的相应的 l 元数组是 $\{m'_1, \cdots, m'_l\}$. 由式 ② 知

$$m'_t = m_t, t \neq t_i, 0 \leqslant i \leqslant h$$
$$m'_t = m_t + 1 - 2a_t, t = t_i, 0 \leqslant i \leqslant h$$

因此，所有的 m'_t 均为偶数，即作 T 变换后得的新的 k 元数组具有性质 P. 这就证明了满足条件(2). 证毕.

前面的 $\{3,5,8\} \to \{3,5,6\}$ 及 $\{25,43,65\} \to \{25,43,50\}$ 都是满足条件(2) 的例子.

附录(6) Nim 游戏 —— 一个启发性的探讨

Julius G. Baron

Nim 游戏(The Game of Nim)[①] 是一种两人玩的游戏. 游戏规则是:把筹码分成若干堆,每堆筹码的数目是任意的. 然后双方轮流拿走筹码,每次拿时,只能从一堆里拿,不许从不同堆里拿,且每次至少拿走一个或拿几个甚至一堆筹码,谁抢到最后一次拿,谁就是胜者.

Bouton 在 1902 年出版的《Annals of Mathematics》上首先叙述了这种游戏,也给出了获胜的策略并论证了它的正确性. 此后有许多文章曾论述过该游戏和它的获胜策略,Hardy 与 Wright 合著的书《An Introduction to the Theory of Numbers》(1954,第 117 ~ 120 页)中,也讲述了该游戏的解. 就我所知,还没有一本书和一篇文章论述策略问题的解是如何发现的,从教学的角度来看,问题的解是如何得到的往往更重要,特别对 Nim 游戏更是这样. 因为它的获胜策略看来似乎与问题并无直接联系.

1963 年,我曾与数学界朋友谈到 Nim 游戏,当我表示对 Nim 策略如何获得的问题能给予一个解释时,匈牙利《High School Mathematics Magazine》的编辑建议我把它发表出来,这就是出现在 1964 年该杂志上的一篇论文. 文中从具体问题出发,一步步引导到一般策略的分析. 此文是上文的修改稿.

正如 Hardy 与 Wright 所指出的:"这种游戏有一精确的数学理论,事先能判断其中一方可获胜." 事实上,Von Neumann 有这样一条定理:一种具有完全确定讯息的游戏(例如像 Nim 游戏) 必有一确定的取胜策略. 但我们不打算应用这一理论,我们只在假定策略存在的前提下,指出如何从实践经验中捉摸出策略的一些性质,并由此揭示出获胜的策略.

我们称在任何一次拿取之后每堆筹码数目的集合为游戏在该时刻的状态,并用圆括弧内依非降顺序填入每堆筹码的数目所构成的数组来表示这个状态. 例如,{2,4,4,7,9} 表示一个五堆的状态,为简单起见,我们就把状态称为数组,并根据堆(即数组中的数) 的个数相应地说一元数组、二元数组、三元数组等.

若游戏的双方都熟知获胜的策略,显然初始数组便决定了游戏的结局. 因此,可以把初始数组分成两类:先拿一方能获胜的初始数组称为赢数组,先拿一

---

① 据说这是一种古老的中国游戏,叫做筹码游戏. —— 译注

方不能获胜的初始数组称为输数组.

经验指出,输数组的数量少,因此我们先寻求输数组的特征.事实上我们认识了输数组,它就朝获胜策略的方向上前进了一大步.

下面关于两类数组的关系是显然的:

(1)输数组拿一次筹码后,必定变为赢数组;

(2)赢数组一定可以适当拿一次筹码后,使其变为输数组;

(3)输数组的一般特征必定包含最简单的输数组(1,1).

先考察一些简单的数组,一元数组不管它包含多少筹码都是赢数组,二元数组(a,b)是一输数组当且仅当$a=b$,事实上数组(a,b)拿一次后使两堆数目不等,再拿一次后总可使两堆数目再度相等.

三元数组若是输数组,则三个数一定两两不等,因为三元数组$\{a,b,b\}$拿走a后,将变为输数组$\{b,b\}$.

最简单的三数不等的三元数组是$\{1,2,3\}$,拿一次后出现下列六种可能(0,2,3),(1,1,3),(1,0,3),(1,2,2),(1,2,1),(1,2,0),显然再拿一次后都变输数组,所以(1,2,3)为一输数组.保留最小数为1的情况下,接下去这种最简单的三元数组是(1,2,4),(1,3,4),经一次适当的拿取后,均能变为(1,2,3),所以它们是赢数组.同理(1,2,5)与(1,3,5)也是赢数组.另一方面,对于数组(1,4,5),考虑它的各种可能拿法,即可看出它是输数组,一般地,数组$(1,2k,2k+1)$是一输数组,因为任意拿一次后,总可再经一次适当的拿取使其变为$(2k,2k)$或(1,1)或$(1,2n,2n+1)(n<k)$.

对最小数大于1的三元数组,拿一次后可能出现的情形大大增加,用上面这种讨论方法就行不通了,需要用别的办法来处理.

任一三元数组包含三个数对作为它的子集,我们用下面的排除原理来考虑这些数对.如果一个三元数组的集合中的每一个都是输数组,那么任一数对只可能在这些数组的全部这种子集中出现一次.事实上,若(a,b,c)与(a,b,d)是两个三元数组,且$d>c$,它们同以数对(a,b)为其子集,拿一次后可使d变为c.这表明(a,b,c)与(a,b,d)不可能同时为输数组.

据此我们给出如何获得没有公共数对的三元数组的程序.

首先我们把具有相同较小数的数对排成一行,且按对中较大数递增的顺序排列这些数对.再按行中较小数递增的顺序排列这些行.由此得到一矩形阵(见表1).

表 1

(1,2)	(1,3)	(1,4)	(1,5)	(1,6)	(1,7)
(2,3)	(2,4)	(2,5)	(2,6)	(2,7)	
(3,4)	(3,5)	(3,6)	(3,7)		
(4,5)	(4,6)	(4,7)			
(5,6)	(5,7)				
(6,7)					

由表看出,对角线上数对有相同的较大数,我们就用该数来称呼这对角线,如在表 1 中,我们可以说对角线 7 在对角线 6 之下,矩形阵也可以看成不断地添加对角线而得到的.

我们先来说明如何利用对角线 6 以上的数对,得出无公共数对的三元数组的过程,不妨引入一名词,称两个数对是相容的,如果它们的和集是一三元数组.

第一个数对(1,2)与下一个相容的数对(1,3)相结合得到三元数组(1,2,3).根据排除原理,进一步考虑时可以将数对(1,2),(1,3)和(2,3)排除.下一个可用的数对是(1,4),相容的数对是(1,5),它们形成三元数组(1,4,5),因此数对(1,4),(1,5),(4,5)也可排除.数对(1,6)在对角线 6 之上没有相容数对,但它不能排除,因为当添加对角线时就会出现相容的数对.类似于第一行处理,后面几行有相容数对(2,4)与(2,6),(3,5)与(3,6),得三元数组(2,4,6)和(3,5,6),这样对角线 6 以上的数对共形成四个三元数组,还留下三个数对备用.

我们添加对角线 7 的数对,如上考虑得三元数组(1,6,7),(2,5,7)和(3,4,7).总共得七个三元数组.这时对角线 7 以上的数对全部用完,没有一个数对留下备用.不断地添加对角线,不断地形成可能出现的三元数组,直到添至对角线 15 时,再次所有数对全部用完,我们称对角线 7 与 15 为完全对角线.

再下一条完全对角线是 31.从对角线 31 以上的 465 个数对中,共形成 155 个三元数组.为简单起见,我们称这些三元数组的集合为集合 L_{31}.这集合中的元素具有输数组的一些特征.如改变该集合的任一三元数组中任一数,所得数组就不属于该集合.特别重要的是:在实际玩 Nim 游戏时,若初始数组是 L_{31} 的元素,当对方拿了一次后,利用 L_{31} 表总能取胜[①],所以根据经验 L_{31} 集合是输数组集合,为了把这结果引导到精确形式,我们来观察这 155 个三元数组.

① 即再拿一次使所得三元数组仍属于集合 L_{31}.—— 译注

基于观察方便，把155个数组按其最小数排成一列，每列按中间数大小顺序排（见表2）．

表2

1,2,3	2,4,6	3,4,7	4,8,12	5,8,13	6,8,14	7,8,15	8,16,24
4,5	5,7	5,8	9,13	9,12	9,15	9,14	17,25
6,7	8,10	8,11	10,14	10,15	10,12	10,13	18,26
8,9	9,11	9,10	11,15	11,14	11,13	11,12	19,27
10,11	12,14	12,15	16,20	16,21	16,22	16,23	20,28
12,13	13,15	13,14	17,21	17,20	17,23	17,22	21,29
14,15	16,18	16,19	18,22	18,23	18,20	18,21	22,30
16,17	17,19	17,18	19,23	19,22	19,21	19,20	23,31
18,19	20,22	20,23	24,28	24,29	24,30	24,31	
20,21	21,23	21,22	25,29	25,28	25,31	25,30	
22,23	24,26	24,27	26,30	26,31	26,28	26,29	
24,25	25,27	25,26	27,31	27,30	27,29	27,28	
26,27	28,30	28,31					
28,29	29,31	29,30					
30,31							
9,16,25	10,16,26	11,16,27	12,16,28	13,16,29	14,16,30	15,16,31	
17,24	17,27	17,26	17,29	17,28	17,31	17,30	
18,27	18,24	18,25	18,30	18,31	18,28	18,29	
19,26	19,25	19,24	19,31	19,30	19,29	19,28	
20,29	20,30	20,31	20,24	20,25	20,26	20,27	
21,28	21,31	21,30	21,25	21,24	21,27	21,26	
22,31	22,28	22,29	22,26	22,27	22,24	22,25	
23,30	23,29	23,28	23,27	23,26	23,25	23,24	

每一三元数组记为$(a,b,c)(a<b<c)$，通过观察可得下面论证时要用的一些性质：

（1）若$(a,b,c)\in L_{31}$，则$a+b+c$为偶数；

（2）若$(2a,2b,2c)\in L_{31}$，则$(a,b,c)\in L_{31}$；

（3）若$(a,b,c)\in L_{31}$，且(a,b,c)中两个为奇数，则这两个奇数减1所得的三元数组也属于L_{31}.

（4）完全对角线对应于数$2^n-1, n=3,4,5$.

设想形成三元数组的过程无限地进行下去，从而得到一个递增的三元数组集合L的序列，我们猜想它们都是输数组且具有上述几条性质. 这样，集合L中每一三元数组必定或者只有一个数是偶数，或者三个数都是偶数. 若三个数都是偶数，每个数除2所得的三元数组也属于集合L；若只有一个数是偶数，则其

形式为$(2k+1,2m+1,2n)$或它的一个置换,奇数都减1,然后每个数除2所得的三元数组也属于集合L.

我们通过三元数组(25,43,50),(16,39,47)和(29,63,66)来说明这一点.

表3

例1	例2	例3
25,43,50	16,39,47	29,63,66
12,21,25	8,19,23	14,31,33
6,10,12	4,9,11	7,15,16
3,5,6	2,4,5	3,7,8
1,2,3	1,2,2	1,3,4
0,1,1		0,1,2

利用上述性质,在例1,我们最后得到的是输数组,所以数组$(25,43,50)\in L$;在例2,最后一个三元数组各数之和为奇数,所以数组(16,39,47)不属于集合L;例3的最后一个三元数组情形同例2.所以数组(29,63,66)也不属于集合L.事实上用此方法能判断任一三元数组是否属于集合L.当数字相当大时,这方法实际使用起来是很麻烦的,而且不能应用于$n(n>3)$元数组.

有一明显的技巧可简化上述方法,使实际应用起来很方便,尤其重要的是它对多元数组也适用,且提供了证明方法.

上面我们由一个三元数组得出下一三元数组,只用到两种算术运算:除2与减1,若把三元数组的数表示成二进位制的形成,则两种运算的结果只反映在最后一位数字上.若一个数是偶数,它的二进制表示的最后一位数字是0,该数除2,只是简单地抹去最后一位数字0.若一个数是奇数,它的二进制表示的最后一位数字是1,该数减1,只是简单地把最后一位数字1换成0.表3中的例1与例2,若用二进制来表示即为表4.

用二进制化简过程可概括如下:先看三个数的末位数字是否都是0或只有一个是0,相当于看三个数的末位数字中,1出现的次数是否是偶数次,若是,就抹去三个数的末位数字.这样一步步做下去.若得到一三元数组,它的末位数字中,1出现的次数是奇数次,或末位数字之和为奇数,因而三个数之和也为奇数,则这个三元数组及导出它的前面所有三元数组都不是输数组.

若我们把三元数组的三个二进位数如同作加法一样把它们纵排起来,考虑这些二进位数在同一位上的数字构成的列,这样,上面的逐步抹去法是看所得三个数的末位数字中,1 出现的次数是否是奇数次,实际上就是看每一列数字中,1 出现的次数是否是奇数次,于是,我们最终得到三元数组的判别法则:写每堆筹码数为二进位数,然后如同作加法一样把它们纵排起来,并求出每一列上的数字之和①. 数组是输数组当且仅当每一列上的和为偶数(表 5).

表 4

例 1			例 2		
11001	101011	110010	10000	100111	101111
1100	10101	11001	1000	10011	10111
110	1010	1100	100	1001	1011
11	101	110	10	100	101
1	10	11	1	10	10
0	1	1			

表 5

11001	10000
101011	100111
110010	101111
—	—
222022	211222

这就是通常所说的 Nim 策略规则,它的正确性的演绎证明可以在前面所提到的 Hardy 与 Wright 的书中找到. 这证明把我们前面的猜测变为确凿的事实. 此外,这一规则与它的证明对任意多堆筹码也成立. 这规则也为如何使赢数组拿一次后变为输数组提供了一个简单的方法.

---

① 注意:这些和可以出现 2,3,不要进位. —— 译注

附录(7)　长方形台球桌的问题

长方形台球桌 $ABCD$ 上有 P 与 Q 两个台球,如果使 P 依次撞着台边 DA,AB,BC 与 CD 再撞着 Q,试求 P 打出的方向,并且把 P 所走的路线画出来.

我们先回答这个问题,并研究依次撞着各边而不必限定先撞 DA 的一般情形.

解　假设问题中所求的路径是图 1 中的折线 $PEFGHQ$. 于是依据物理学上投射角等于反射角的性质,可以知 FE 必定通过 P 关于 AD 的对称点 P_1,又 FG 必定通过 P_1 关于 AB 的对称点 P_2,也就是 FG 必定通过 P 关于 A 的中心对称点 P_2. 同样 FG 也必定通过 Q 关于 C 的中心对称点 Q_2. 由于 P_2,Q_2 是定点,可以先行作出. 因此连 P_2,Q_2 即可求得 F 与 G.

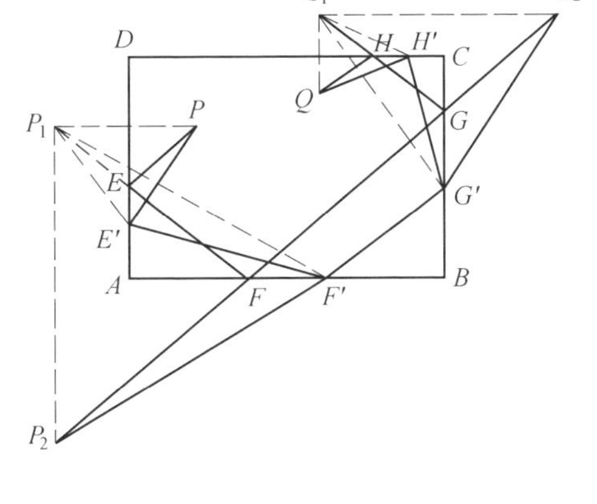

图 1

做法　(1) 作 P 关于 AD 的对称点 P_1,再作 P_1 关于 AB 的对称点 P_2.

(2) 作 Q 关于 CD 的对称点 Q_1,再作 Q_1 关于 BC 的对称点 Q_2.

(3) 连 P_2Q_2 交 AB 于 F,交 BC 于 G.

(4) 连 P_1F 交 AD 于 E,再连 PE.

(5) 连 Q_1G 交 CD 于 H,再连 QH 即得所求. 证明甚易从略.

推论　假设 E',F',G',H' 分别是 DA,AB,BC,CD 上任意点,那么折线 $PEFGHQ$ 的长度就要小于折线 $PE'F'G'H'Q$ 的长度,即折线 $PEFGHQ$ 有最小的长度.

这时由对称关系得知

$$PE+EF=P_1E+EF=P_2F,QH+HG=Q_1H+HG=Q_2G$$

因此折线 $PEFGHQ$ 的长度等于 P_2Q_2. 又

$$PE'+E'F'=P_1E'+E'F'>P_1F'=P_2F'$$

$$QH'+H'G'=Q_1H'+H'G'>Q_1G'=Q_2G'$$

因此折线 $PE'F'G'H'Q$ 的长度大于 $P_2F'+F'G'+G'Q_2$,当然要大于 P_2Q_2. 这就证明了折线 $PE'F'G'H'Q$ 的长度大于折线 $PEFGHQ$ 的长度.

讨论 现在讨论本题是否有解？如果有解，有几个解？

本题有解的充分必要条件是 P_2Q_2 必定与线段 AB，BC 相交，而不是交在它们的延长线上面. 当 P 的位置一经决定，P_2 的位置也就固定. 连 P_2C 交 AB 于 R，于是 R 的位置也就固定. 再假定 M 是 BC 的中点，就得到下面共三种情形.

ⅰ 当 P 在 $\triangle DAC$ 内（或在线段 AC 上），Q 在梯形 $ARCD$ 内，这时有一解.

这是因为，P 与 Q_2 分别在 CP_2 的异侧，所以 P_2Q_2 与线段 AB，BC 相交，因此有一解（见图 2）.

当 P 在线段 AC 上，Q 在 $\triangle DAC$ 内就有一解，因为这时梯形 $ARCD$ 变成 $\triangle DAC$.

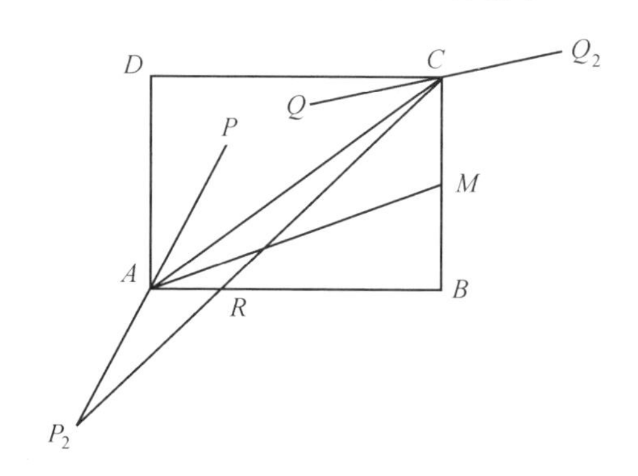

图 2

ⅱ 当 P 在 $\triangle DAC$ 内（或在线段 AC 上），Q 在 $\triangle RBC$ 内，这时没有解.

这是因为，P 与 Q_2 在 CP_2 的同侧，所以 P_2Q_2 与线段 BC 的延长线相交，因此没有解（见图 3）.

ⅲ 当 P 在 $\triangle DAC$ 内（或在线段 AC 上），Q 在 RC 上，这时没有解.

这是因为，P_2Q_2 与 RC 重合，即 C 是 P_2Q_2 与 BC 的交点，所以没有解（仍见图 3）.

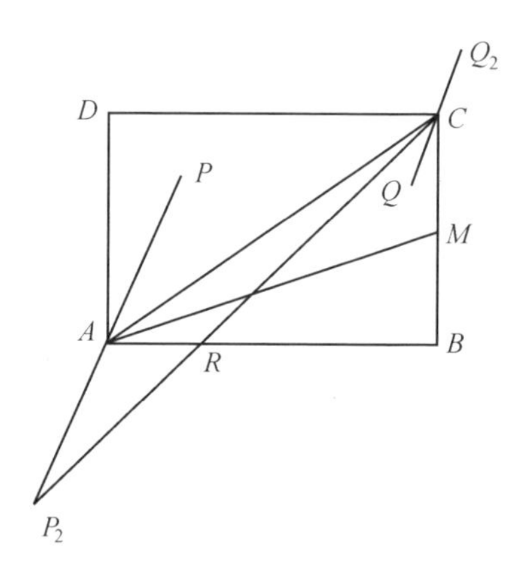

图 3

如果 P 在 $\triangle ABC$ 内，就再分成下列三种情形. 这时首先连 AP 交 BC 于 N. 在 BC 延长线上取 $CN' = NC$，再作直线 $N'T \parallel AN$ 分别交 DC 于 S，交 DA 于 T.

ⅰ 当 P 在 $\triangle MAC$ 内（不在周界上），Q 在 $\triangle DST$ 内（不在周界上），这时有一解.

这是因为，根据对称关系（见图 4），Q 与 Q_2 分别在 P_2N 的异侧，所以 P_2Q_2 与线段 AB，BC 相交，因此有一解.

ⅱ 当 P 在 $\triangle MAC$ 内（或在周界上），Q 在五边形 $ABCST$ 内面，这时没有解.

这是因为，Q 与 Q_2 同时在 P_2N 的同侧，所以 P_2Q_2 与 BA 的延长线相交，因此

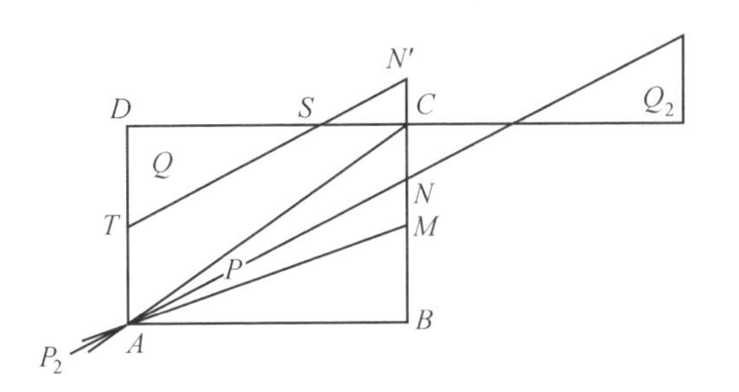

图 4

没有解.

ⅲ 当 P 在 $\triangle MAB$ 内(或在周界上),Q 无论在哪里都没有解.

这是因为,P_2 与 BC 上任意点的连线都不与 AB 相交,因此没有解.(见图 5)

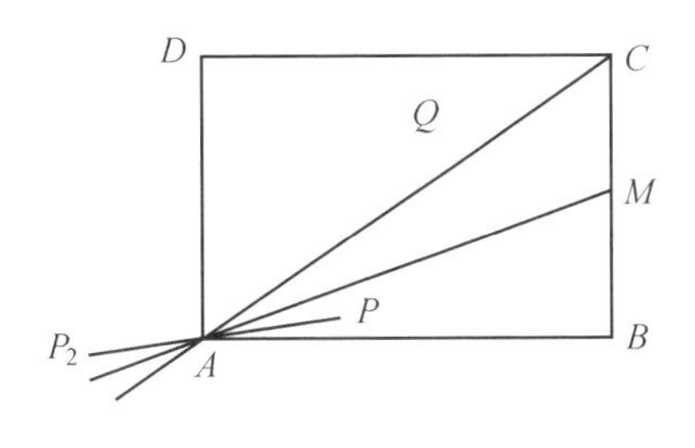

图 5

一般情形 现在研究依次撞着各边而不必限定先撞 DA 的情形. 这时一般有四解,这四解的全长并不相同,下面研究先撞哪一边方能得最短的路径.

(1) 先撞 AD 边. 先作 P 关于 A 的中心对称点 P_2,再作 Q 对于 C 的中心对称点 Q_2. 然后连 P_2Q_2 交 AB,BC 于 F 及 G,因而得出 E,H 两点.(见图 6)

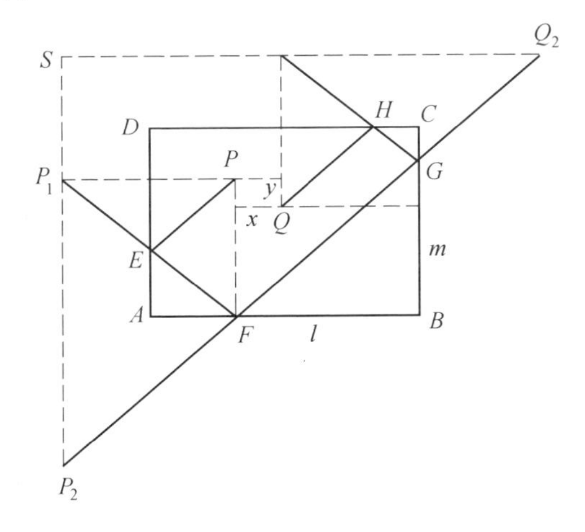

图 6

假定 P,Q 的水平距离等于 x,P,Q 的垂直距离等于 y. 再令 $AB = l$,$BC = m$. 于是有 $Q_2S = 2l - x$,$P_2S = 2m + y$,所以

$$P_2Q_2^2 = (2l - x)^2 + (2m + y)^2 \quad ①$$

(2) 先撞 CE 边. 先作 P 关于 E 的中心对称点 P_3,再作 Q 关于 D 的中心对称点 Q_3. 然后连 P_3Q_3 交 AD,AB 于 G 及 F,因而得出 E,H 两点.(见图7)

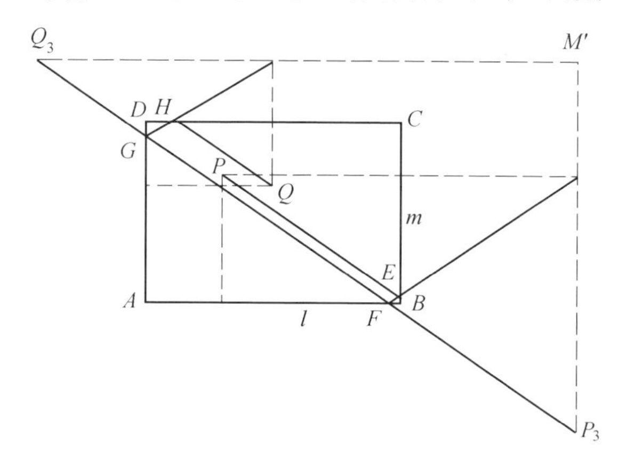

图7

这时 $P_3M' = 2m + y$,$Q_3M = 2l + x$,所以

$$P_3Q_3^2 = (2l + x)^2 + (2m + y)^2 \cdots \quad ②$$

(3) 先撞 CD 边,然后按顺时针旋转方向依次与各边相撞.

先作 P 关于 C 的中心对称点 P_4. 再作 Q 关于 A 的中心对称点 Q_4,然后连 P_4Q_4 交 AB,BC 于 G 及 F,因而得出 E,H 两点.(见图8)

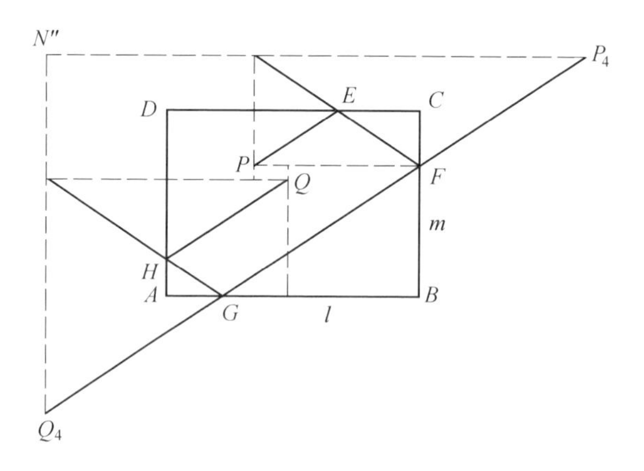

图8

这时 $Q_4N''=2m-y, P_4N''=2l+x$,所以

$$P_4Q_4^2=(2l+x)^2+(2m-y)^2 \cdots \quad ③$$

(4) 先撞 CD 边,然后按逆时针旋转方向依次与各边相撞.

先作 P 关于 D 的中心对称点 P_1,再作 Q 关于 B 的中心对称点 Q_1,然后连 P_1Q_1 交 AB,AD 于 G 及 F,因而得出 E,H 两点.(见图 9)

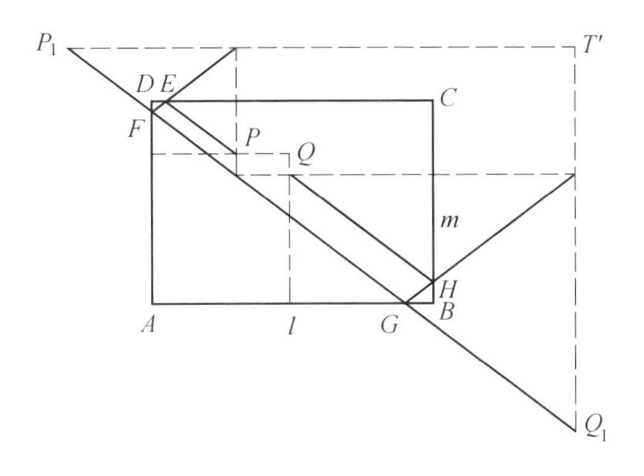

图 9

这时 $P_1T'=2l-x, Q_1T'=2m-y$,所以

$$P_1Q_1^2=(2l-x)^2+(2m-y)^2 \cdots \quad ④$$

根据上面的 ①②③④ 四个式子,可以看出 $P_1Q_1=\sqrt{\{(2l-x)^2+(2m-y)^2\}}$ 的时候,所走路径最短.这是第(4)种情形,这时从 P,Q 到矩形短边距离的和小于 $2l$,从 P,Q 到矩形长边距离的和小于 $2m$.

其他的情形,不是从 P,Q 到矩形短边距离的和大于 $2l$,就是从 P,Q 到矩形长边距离的和大于 $2m$.

最短路径的求法 要取怎样的方向相撞才可得最短路径可采用下法.(见图 9)

(1) 作矩形 PQ 使各边分别与原矩形 $ABCD$ 的各边平行.

(2) 取角顶 D,使矩形 DP 的边与矩形 PQ 的边无公共点.再作 P 关于 D 的中心对称点 P_1.

(3) 取角顶 B,使矩形 BQ 的边与矩形 PQ 的边无公共点.再作 Q 关于 B 的中心对称点 Q_1.

(4) 连 P_1Q_1 交 DA,AB 于 F 及 G,因而得出 E,H 两点,即可求得最短路径 $PEFGHQ$.

讨论 现在讨论 P,Q 的位置与解数的关系.

(1) 如果 P,Q 与原矩形的边平行,就有 $x=0$ 或 $y=0$.于是四解中有二解的

全长相等,另外二解的全长也相等.

(2) 如果 P,Q 重合,就有 $x=y=0$. 这时四解的长度都等于 $2\sqrt{l^2+m^2}$,即等于原矩形两对角线总和的两倍.

这时根据图 10,有 $\angle 1=\angle PP_1E=\angle AFE=\angle 2$,所以 $PE\parallel FG$. 又 $\angle 3=\angle PP_2H=\angle CGH=\angle 4$,所以 $PH\parallel FG$. 因此 P,E,H 在一直线上,并且 $EH\parallel FG$. 同理 $EF\parallel GH$.

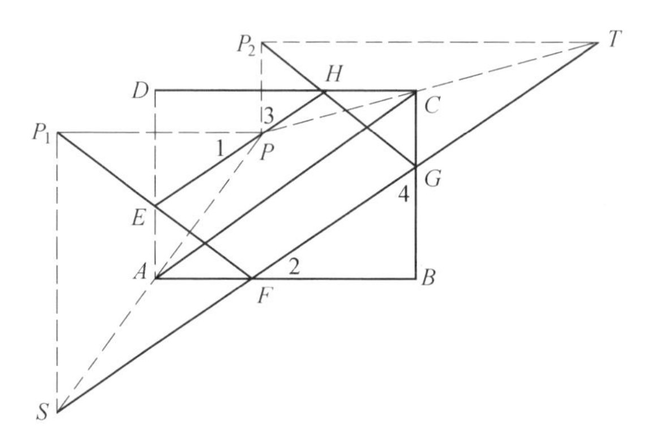

图 10

又因为 A,C 分别是 PS,PT 的中点,所以 $AC\parallel ST$. 即所求路径成一平行四边形,各边分别与原矩形的对角线平行,而路径的全长等于原矩形两对角线相加的总和.

(3) 如果 P,Q 的位置加以变化,有时有四解,也有时只有三解,二解,一解或没有解.

附录(8) 如何计算星期几

看一下日历就能知道今天是星期几. 但是,如果要问你中华人民共和国成立的日子——1949年10月1日是星期几,或是2000年1月1日是星期几,大概就不一定能很快说出来了. 虽然,日期的星期几是以7为周期(即相隔天数为7的倍数的两个日期的星期几是相同的),但是,通常一年的天数365不是7的倍数,而且按现行公历的规定,当年份是4的倍数的年,除了以下规定的年份外,都是闰年,即一年有366天,且这增加的一天定为2月29日,这些例外的年份是

$$k \times 100, \qquad 4 \nmid k \tag{①}$$

即形如

1700,1800,1900,2100,2200,2300,…

的年份. 这种不规则性给我们确定星期几带来了很大的困难. 下面我们要利用同余知识来给出一个方便的计算公式. 在给出之前,先作一些分析. 由于闰年增加的一天是定在2月29日,所以,由于这一天而引起的与确定通常年份的日期的星期几不同的变化,仅发生在闰年的3月1日起到下一年的2月28日. 因此为了便于给出一般公式,我们把3月算作是第一年的第一个月,4月算作这一年的第二个月,…,12月算作第十个月,下年的1月算作这一年的第十一个月,及下年的2月算作这一年的第十二个月. 在这样的规定下:1991年9月2日就要写为"1991"年"7"月2日,而1991年1月3日就要写为"1990"年"11"月3日. 以后我们写出的日期

$$D = 第“N”年“m”月\ d\ 日 \tag{②}$$

都是按这规定. 对星期几我们也给一个数字作为代表:星期日为0,星期一为1,星期二为2,星期三为3,星期四为4,星期五为5,星期六为6.

这些代表星期几的数字我们称之为星期数. 我们的目的就是找出一个公式来计算由式②给出的日期D的星期数,我们记作W_D.

我们来证明当日期D由式②给出时

$$W_D \equiv d + 【(13m-1)/5】 + y + 【y/4】 + 【c/4】 - 2c \pmod 7 \tag{③}$$

这里c,y由下式确定:

$$N = 100c + y, 0 \leqslant y < 100 \tag{④}$$

在证明公式③之前,先用它来计算几个日期的星期数,同时检验它的正确性.

例1 今天是1991年9月2日,是星期一. 下面用公式③来计算. 用规定式②这一日期应写为

$$D = \text{第“1991” 年“7” 月 2 日}$$

所以, $c = 19, y = 91, m = 7, d = 2$. 由式 ③ 得

$$W_D \equiv 2 + 【90/5】 + 91 + 【91/4】 + 【19/4】 - 38 \equiv$$
$$2 + 18 + 91 + 22 + 4 - 38 \equiv 1 \pmod 7$$

即由公式也算出是星期一.

例 2　1949 年 10 月 1 日是星期几?

这时

$$D = \text{第“1949” 年“8” 月 1 日}$$

所以, $c = 19, y = 49, m = 8, d = 1$. 由式 ③ 得

$$W_D \equiv 1 + 【103/5】 + 49 + 【49/4】 + 【19/4】 - 38 \equiv$$
$$1 + 20 + 49 + 12 + 4 - 38 \equiv 6 \pmod 7$$

因此,这天是星期六.

例 3　2000 年 1 月 1 日是星期几?

这时

$$D = \text{第“1999” 年“11” 月 1 日}$$

所以, $c = 19, y = 99, m = 11, d = 1$. 由式 ③ 得

$$W_D \equiv 1 + 【142/5】 + 99 + 【99/4】 + 【19/4】 - 38 \equiv$$
$$1 + 28 + 99 + 24 + 4 - 38 \equiv 6 \pmod 7$$

因此,这天是星期六.

式 ④ 的证明　证明的途径是这样的:先求出第 N 年 3 月 1 日,即第“N” 年的“1” 月 1 日的星期数,然后求第“N” 年“m” 月 1 日的星期数,最后求第“N” 年“m” 月 d 日的星期数.

i 第“N” 年“1” 月 1 日的星期数的计算公式. 我们以 W_N^0 表示第“N” 年“1” 月 1 日的星期数. 设 1601 年到第 N 年中有 S 年不是闰年, T 年是闰年,由于非闰年是 365 天, $365 \equiv 1 \pmod 7$,闰年是 366 天, $366 \equiv 2 \pmod 7$,以及星期数以 7 为周期,所以

$$W_N^0 \equiv W_{1\,600}^0 + S + 2T \pmod 7$$

由此及

$$S + T = N - 1\,600 = 100c + y - 1\,600$$

得

$$W_N^0 \equiv W_{1\,600}^0 + (100c + y - 1\,600) + T \pmod 7 \qquad ⑤$$

这就归结为求闰年数 T. 注意到 1600 年是闰年,以及除了式 ① 给出的例外以外,年份是 4 的倍数的年是闰年的规定,易得

$$T = 【(100c + y - 1\,600)/4】 - (c - 16) + 【(c - 16)/4】 \qquad ⑥$$

由式⑤和⑥推出

$$\begin{aligned}W_N^0 \equiv & W_{1\,600}^0 + (100c + y - 1\,600) + 25c - 400 + 【y/4】 - \\ & (c - 16) + 【c/4】 - 4 \equiv \\ & W_{1\,600}^0 + 124c + y - 1\,988 + 【y/4】 + 【c/4】 \equiv \\ & W_{1\,600}^0 - 2c + y + 【y/4】 + 【c/4】 (\bmod 7)\end{aligned} \quad ⑦$$

1991年3月1日(即"1991"年"1"月1日)是星期五,即

$$W_{1\,991}^0 = 5$$

由此及式⑦(注意到 $N = 1\,991$ 时,$c = 19, y = 91$)推出

$$W_{1\,600}^0 \equiv 5 + 38 - 91 - 22 - 4 \equiv 3 (\bmod 7)$$

所以 $W_{1\,600}^0 = 3$,即1600年3月1日(即"1600"年"1"月1日)是星期三. 因此,式⑦变为

$$W_N^0 \equiv 3 - 2c + y + 【y/4】 + 【c/4】 (\bmod 7) \quad ⑧$$

这就是我们所要的计算公式.

ii 第"N"年"m"月1日的星期数的计算公式,以 $W_{N,m}^0$ 表示这天的星期数. 显然有 $W_N^0 = W_{N,1}^0$. 由于每月的天数是

3月="1"月	31天	9月="7"月	30天
4月="2"月	30天	10月="8"月	31天
5月="3"月	31天	11月="9"月	30天
6月="4"月	30天	12月="10"月	31天
7月="5"月	31天	下年1月="11"月	31天
8月="6"月	31天	下年2月="12"月	28天

由此及星期数是以7为周期,推出

$$W_{N,1}^0 \equiv W_N^0 \qquad W_{N,2}^0 \equiv W_N^0 + 3 (\bmod 7)$$
$$W_{N,3}^0 \equiv W_N^0 + 5 (\bmod 7) \qquad W_{N,4}^0 \equiv W_N^0 + 8 (\bmod 7)$$
$$W_{N,5}^0 \equiv W_N^0 + 10 (\bmod 7) \qquad W_{N,6}^0 \equiv W_N^0 + 13 (\bmod 7)$$
$$W_{N,7}^0 \equiv W_N^0 + 16 (\bmod 7) \qquad W_{N,8}^0 \equiv W_N^0 + 18 (\bmod 7)$$
$$W_{N,9}^0 \equiv W_N^0 + 21 (\bmod 7) \qquad W_{N,10}^0 \equiv W_N^0 + 23 (\bmod 7)$$
$$W_{N,11}^0 \equiv W_N^0 + 26 (\bmod 7) \qquad W_{N,12}^0 \equiv W_N^0 + 29 (\bmod 7)$$

注意到 $29/11 = 2.6\cdots$. 经过试算,我们很幸运地发现,以上12式可以用以下公式统一表示出:

$$W_{N,m}^0 \equiv W_N^0 + 【(13m - 11)/5】 (\bmod 7) \quad ⑨$$

由此及式⑨得到

$$W_{N,m}^{0} \equiv 1 - 2c + y + 【y/4】 + 【c/4】 + 【(13m - 1)/5】 (\mathrm{mod}7) \quad ⑩$$

这就是我们所要的公式.

当日期 D 由式 ② 给出时,显然有

$$W_{D} \equiv W_{N,m}^{0} + (d - 1) (\mathrm{mod}7)$$

由此及式 ⑩ 就推出公式 ③. 证毕.

最后,必须指出的是:以上所说的公历规则是教皇格里哥利十三实行的,是改革了原有的恺撒历,为了使得季节和日历之间的关系协调一致,格里哥利十三于原来恺撒历的1582年10月5日(星期五),把这一天改为1582年10月15日(星期五),并自此以后按他规定的办法来确定闰年,这就是我们前面所说的. 因此,我们的公式只能计算1582年10月15日以后的日期是星期几. 还要指出的是,英国和它的殖民地直到1752年才实行格里哥利的历法,把原来恺撒历的1752年9月3日改为格里哥利历的1752年9月14日. 所以,对那些地区公式 ③ 只适用于计算1752年9月14日以后的日期是星期几. 当然,如果以后历法改变,那么我们的公式也要作相应的改变.

附录(9)　一张纸能包多大体积

杂货店的店员都能用一张不大的纸来包一大堆东西.我们除了佩服他们的技巧之外,同时也联想起一个数学游戏的问题,就是一张纸能包多大体积?

这张纸没有厚度,可以随意折叠,但是不能拉长,也不许剪破.用纸包住一个闭合的空间,不一定要求把纸边重叠起来,这一点和我们实际包东西是不相同的.如已知纸的大小形状,问题是包成什么形状?怎样包才能得到最大的体积?

问题和要求如上,似乎是非常简单明白的.但是纸张没有定形,无从下手解决.所以我们自己把题目缩小,暂定已知的纸是一张最简单不过的方纸.正方形的每边等于 a,纸的面积等于 a^2.

我们都知道,圆球是表面积最小而体积最大的几何形体.假定这张方纸的全部面积 a^2 恰好能包住一个圆球,这球的体积必等于 $\frac{a^3}{6\sqrt{\pi}}$,大约等于 $0.094\ 0a^3$.这是不可能达到的理想数字.因为纸不可以拉扯,不可能包成两个方向弯曲的球面.虽然纸可以折叠,但是折叠以后,纸的有效面积就要小于 a^2.所以方纸可能包住的体积一定小于,并且可能是远远小于 $0.094\ 0a^3$ 的.

到这里为止,我们还没有找出一个直接的一般性的解决方法,不得已才用试验的方法.我们先把方纸试包成各种简单几何形体,如正方柱体、长方柱体、锥体、圆柱体等.首先认定一种形体,再改变包纸的方法和形状的长短比例,来得到最大体积的这种形体.下面就是这些试验的记录.

第一个我们想到的几何形体是正立方体.正立方体的面摊开了是六个相连的正方形.把方纸画成图1的样子,其中画阴影的部分是折叠起来的面积,白的部分是有效面积.按照黑线把纸折叠包成一个正立方体.每边等于 $\frac{1}{4}a$,面积等于 $0.375a^2$,体积等于 $0.015\ 6a^3$.这当然不是所要求的最大体积,面积的利用率也很显然看得出是太低了.如果把六个正方形斜画在方形上,如图2,可得较大的正立方体.每边等于 $\frac{\sqrt{2}}{5}a$,面积等于 $0.480a^2$,体积等于 $0.022\ 5a^3$.这个正立方体已进步了,但是改变包纸法如图3,体积还可再大.每边等于 $\frac{\sqrt{2}}{4}a$,面积等于 $0.750a^2$,体积等于 $0.044\ 2a^3$.这是方纸所能包成的最大正立方体了.

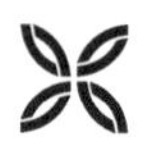

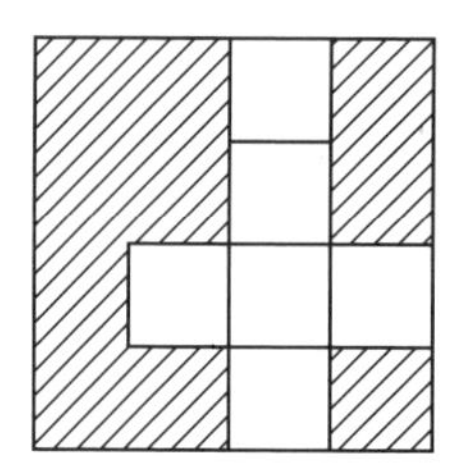

图1 面积等于0.375a^2
体积等于0.015 6a^3

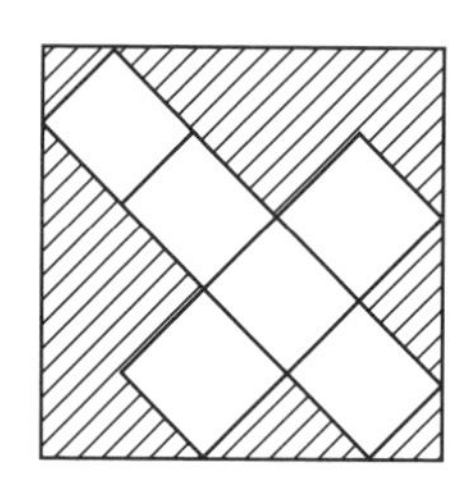

图2 面积等于0.480a^2
体积等于0.022 5a^3

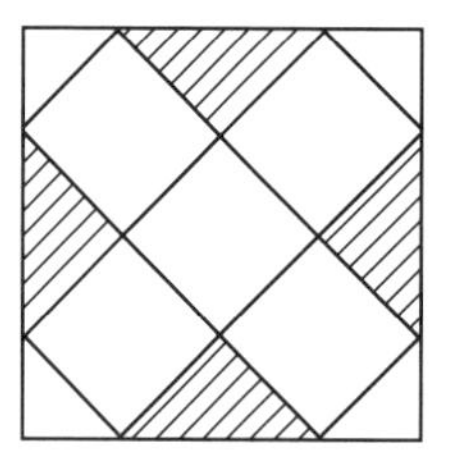

图3 面积等于0.750a^2
体积等于0.044 2a^3

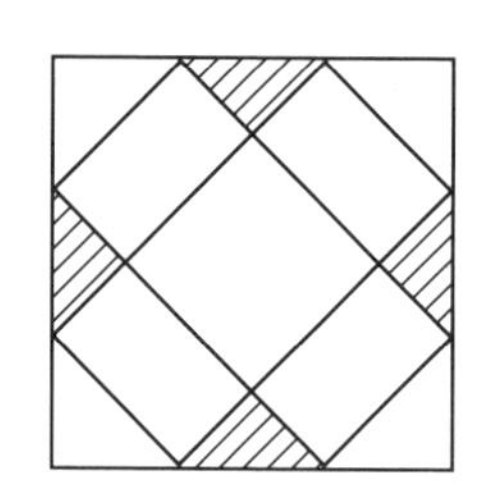

图4 面积等于0.889a^2
体积等于0.052 2a^3

正立方体是柱高等于底边的正方柱体. 如改变柱高使方柱比较短粗或细高些,体积也许会大些. 我们发现利用图3的包法,使方柱的底边等于$\frac{\sqrt{2}}{3}a$,柱高等于$\frac{\sqrt{2}}{6}a$,如图4,结果是面积等于0.889a^2,体积等于0.052 2a^3. 这方柱体的面积利用率很高,体积有最高理想的56%.

再从图1的正立方体出发,把它变成长方柱体如图5,体积就加大了一倍. 如变化长方柱体的比例,长等于$\frac{2}{3}a$,宽等于$\frac{1}{3}a$,高等于$\frac{1}{6}a$,如图6,体积等于0.037 0a^3. 如再改变包纸方法,就得出另一个长方柱体,如图7. 它的尺寸是:长等于$\frac{3+\sqrt{3}}{6}a$,宽等于$\frac{\sqrt{3}}{6}a$,高等于$\frac{3-\sqrt{3}}{6}a$,面积等于0.911a^2,体积等于0.048 1a^3. 此外又可采用图3的方法,把纸斜着包成长方柱体,如图8. 使柱底的一边和图3的相同,也是$\frac{\sqrt{2}}{4}a$,其他的尺寸是:另一底边等于$\frac{3\sqrt{2}}{8}a$,柱高等于$\frac{3\sqrt{2}}{16}a$,面积等于0.844a^2,体积等于0.049 7a^3. 图8比图7面积用得少而体积反而大,但图8的长方柱体总不如图4的正方柱体的体积大.

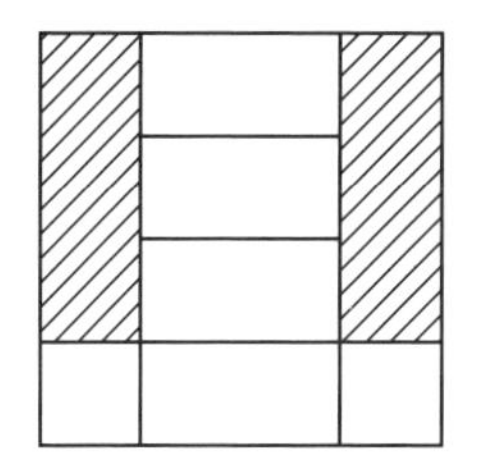

图 5　面积等于 $0.625a^2$
体积等于 $0.031\ 3a^3$

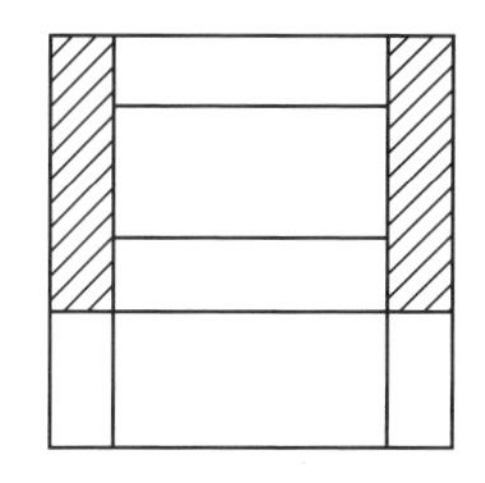

图 6　面积等于 $0.889a^2$
体积等于 $0.037\ 0a^3$

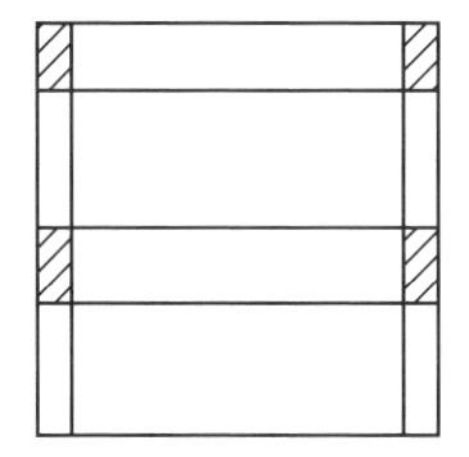

图 7　面积等于 $0.911a^2$
体积等于 $0.048\ 1a^3$

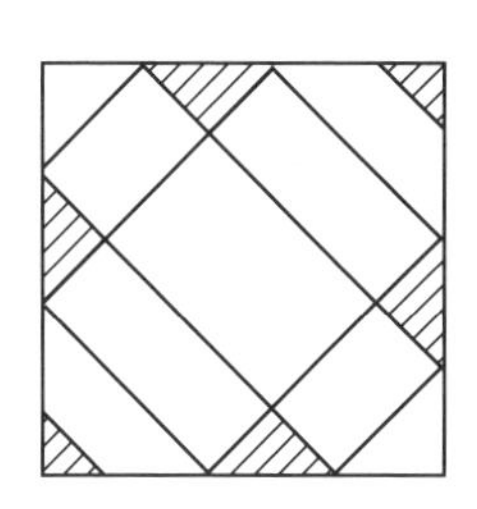

图 8　面积等于 $0.844a^2$
体积等于 $0.049\ 7a^3$

用一张方纸也可以包成锥体. 如图 9 就代表包成正方锥体的方法. 底边等于$\frac{2\sqrt{2}}{5}a$,面积等于 $0.800a^2$,体积等于 $0.033\ 7a^3$. 如图 10,把全纸面积都利用了,包在一个以直角三角形作底的三角锥体,体积是 $0.041\ 7a^3$. 用方纸又可包成一个正三角锥体,如图 11,底边等于 $a\sqrt{2-\sqrt{3}}$,面积等于$0.866a^2$,体积等于 $0.036\ 4a^3$. 包成锥体时,面积的利用率都不小,但所得的体积倒未必很大.

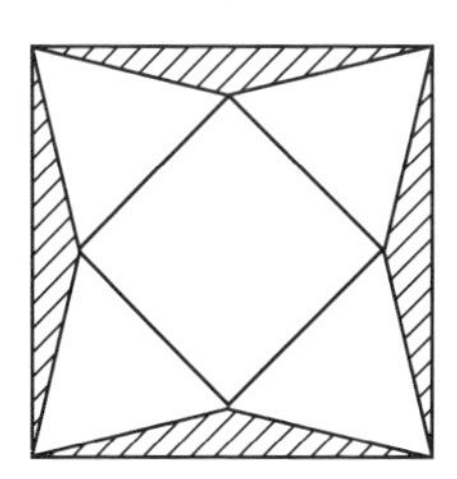

图 9　面积等于 $0.800a^2$
体积等于 $0.033\ 7a^3$

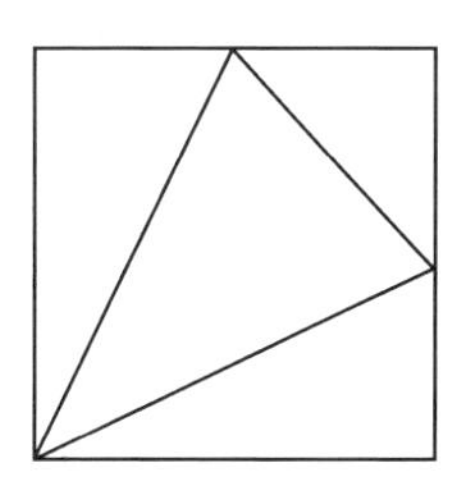

图 10　面积等于 a^2
体积等于 $0.041\ 7a^3$

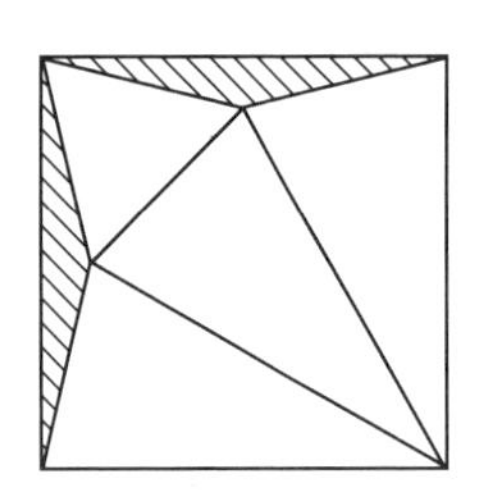

图 11 面积等于 0.866a^2
体积等于 0.036 4a^3

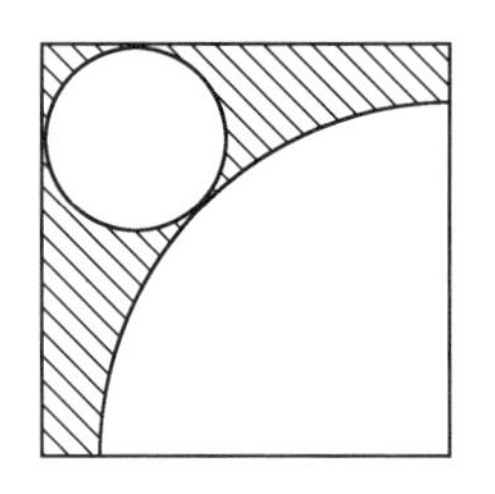

图 12 面积等于 0.763a^2
体积等于 0.043 5a^3

图 1 到图 11 说明一张方纸所能包成的几种最简单的平面立体. 以下各图说明用方纸也可以包成曲面立体.

一张平的方纸可包卷成一个正圆锥体,如图 12. 底半径等于$\frac{\sqrt{2}}{5+\sqrt{2}}a$,斜高等于$\frac{4\sqrt{2}}{5+\sqrt{2}}a$,体积等于 0.043 5$a^3$. 从图 12 可以看出,如使圆锥的斜高略放长些,还可以折叠纸角遮盖住圆锥的底面.

把方纸卷成圆筒,再在两头各折叠一些作为圆柱体的两个底,如图 13,这是很容易想像的,但这圆柱的体积只有 0.028 9a^3. 如把纸照对角线的方向卷成圆柱体,如图14,底半径等于$\frac{\sqrt{2}}{3\pi}a$,柱高等于$\frac{\sqrt{2}}{3}a$,体积等于0.033 3a^3. 图14 的圆柱比图 13 的圆柱细些高些,体积大些. 按照图 15 的包法,所得的圆柱也粗些高些,当然体积更大些. 图15 圆柱的底半径等于0.174a,柱高等于0.901a,体积等于 0.048 8a^3.

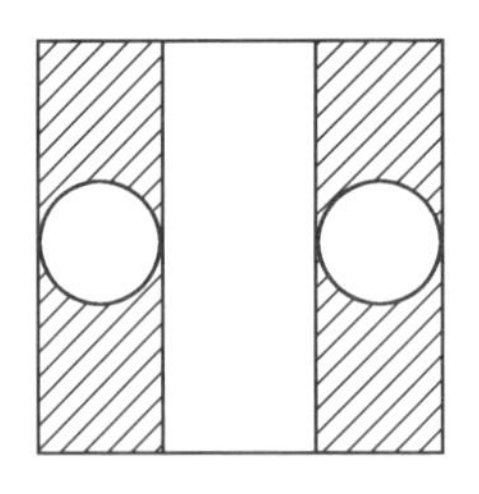

图 13 面积等于 0.523a^2
体积等于 0.028 9a^3

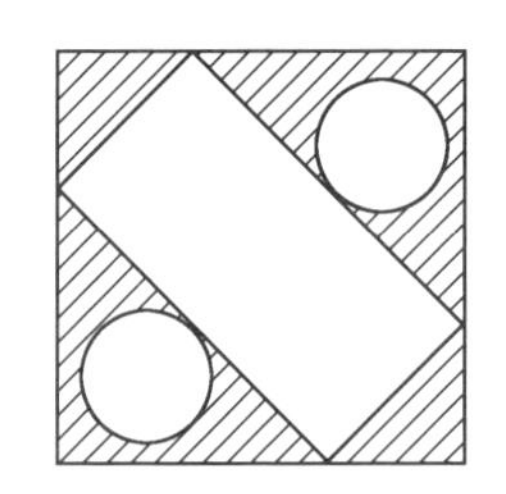

图 14 面积等于 0.586a^2
体积等于 0.033 3a^3

如参考图 7 的方法来包裹一个圆柱体,如图16,所得圆柱的粗细和图13 的相同,但柱高了许多. 体积等于 0.054 2a^3,超过了图 4 所得的体积. 在这里应该声明一下,折叠纸边包盖圆底时,需有无穷数目的皱折,所以图 16 只是示意而已.

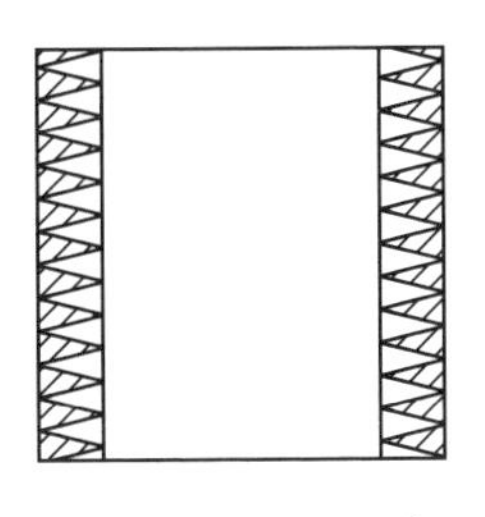

图 15　面积等于 $0.656a^2$
体积等于 $0.0488a^3$

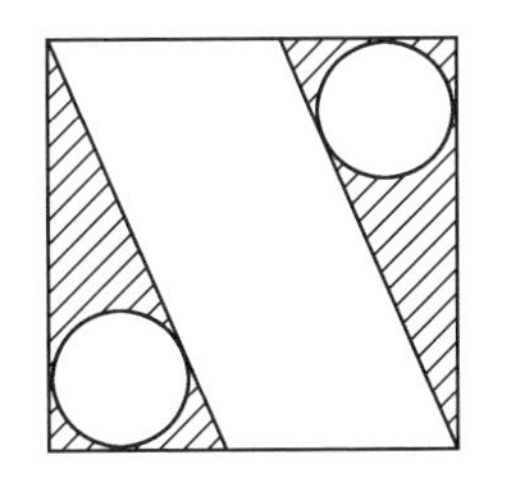

图 16　面积等于 $0.841a^2$
体积等于 $0.0542a^3$

图 3 那样的包法也可以用来包成圆柱体，如图 17，底半径等于$\frac{\sqrt{2}}{6}a$，柱高等于$\frac{\sqrt{2}}{6}a$，面积等于 $0.698a^2$，体积等于 $0.0411a^3$. 这圆柱体是粗而短的，像一个月饼，可惜体积并不很大.

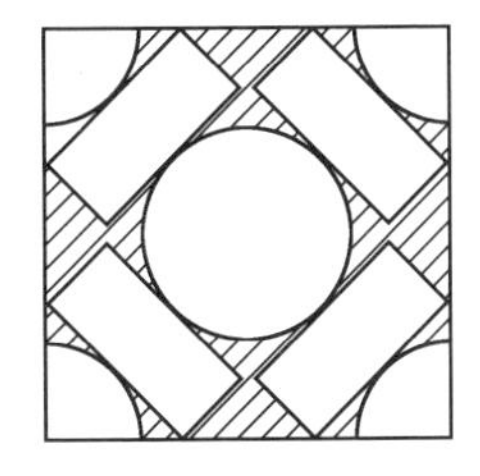

图 17　面积等于 $0.698a^2$
体积等于 $0.0411a^3$

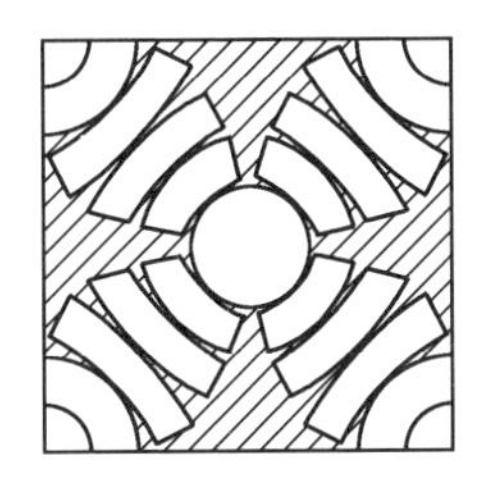

图 18　面积等于 $0.636a^2$
体积等于 $0.0477a^3$

总结以上的试验，用方纸包成的较大的体积是图 16 的圆柱体和图 4 的正方柱体. 我们只试过了几种简单形体，并不是一切的几何形体，所以还不敢说图 16 的圆柱体的体积 $0.0542a^3$ 就是题目所要的最大体积. 虽然如此，我们已借着这许多次试验的经验，稍微认识了这个问题的性质. 一张方纸所能包住的最大体积，如果不是 $0.0542a^3$，它比这个数字恐怕也不会大多少. 不过，无论如何我们没有能够证明一张方纸到底能包多大，这不能不说是一个遗憾.

前面图 1 到图 11 说的都是把方纸包成平面立体，图 12 到图 17 说的都是把方纸包成向一个方向弯曲的单曲面立体. 因为本题的纸是理想的可以任意折叠的纸，所以也可以把纸包成向两个方向弯曲的复曲面立体，如本文最初所提起过的圆球.

用一张可以折叠而不能拉扯的方纸来包成一个圆球，不可能利用纸的全部

面积包住一个体积等于 $0.094\ 0a^3$ 的大球，但可以包住一个小些的球，这球的圆周最大只可能等于方纸的对角线. 圆周等于对角线等于 $\sqrt{2}a$，面积等于 $0.636a^2$，体积等于 $0.047\ 7a^3$. 这球的体积也是不够大，只有理想数字的一半. 图 18 表示方纸怎样能成球，但这图只是示意，并不准确，和图 16 的性质一样.

如把图 5 和图 6 的方纸在长方柱体两头的部分打开，就可以多包住两个小三角柱体. 把图 13 那圆柱体两头的纸打开，就可以多包住两个小圆锥体. 把图 18 那方纸四边中间画着阴影线将要折叠的部分也放开，就可以卷成和圆球相切的圆锥曲面. 包纸的方法改变了，所包的几何形体复杂了，所包住的体积也会增加一些. 包纸的方法是无穷的. 要问怎样才能包住一个最大的体积，最后所说的一个方法，似乎有达到要求的可能.

以上所谈的只限于用正方形的纸. 如把纸的形状改为三角形、长方形、圆形或其他形状，问题已改变为全新的，试验和计算又需从头作起. 所以想要用纸笔作消遣是不怕没有题目的.

附录(10)　一个赛跑问题

下面是一个有趣的赛跑问题.

例1　甲乙二人绕一正$\triangle ABC$的跑道赛跑(图1). 甲自顶点A出发,乙自顶点B出发,以同向(例如反时针向)前进. 设三角形每边长100 m,甲每秒跑6 m,乙每秒跑8 m. 问从什么时候开始二人第一次在三角形的同一边上跑?什么时候第二次呢?第三次呢?等等.

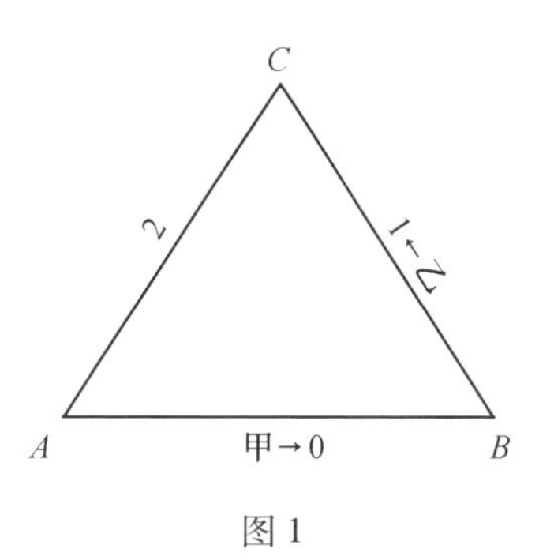

图1

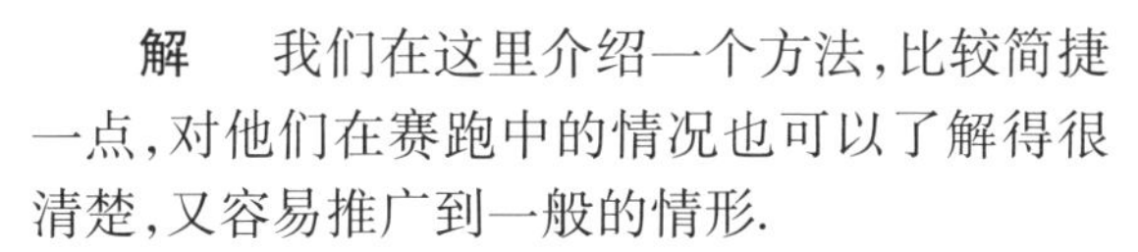
解　我们在这里介绍一个方法,比较简捷一点,对他们在赛跑中的情况也可以了解得很清楚,又容易推广到一般的情形.

我们在这里要用两个在数论中常用的记号.

(1) 若λ为任一(实)数,【λ】代表不大于λ的最大整数. 例如【$\frac{5}{2}$】$=2$,【$-\frac{8}{3}$】$=-3$,【3】$=3$等.

(2) 若a,b为二整数,c为另一(正)整数,则记号

$$a \equiv b(\bmod c)$$

表示$a-b$可被c整除,也就是a或b被c除时余数相同,所以这个式子叫做同余式,它与普通等式一样有若干类似的性质.

现在我们回到例1. 但为了普遍起见,设三角形边长为s,甲的速度为v_1,乙的速度为v_2. 为方便起见,我们称呼三角形的三边AB,BC,CA分别为第0边,第1边,第2边.

我们问在起跑后经过时间t时,甲乙二人究竟在哪一边?在时间t时,甲乙二人已跑的路长分别为v_1t及v_2t;如以边数来计算,则甲跑了v_1t/s个边,乙跑了v_2t/s个边. 不难看出,这时甲所在的边是【v_1t/s】被3除的余数,而乙所在的边是【v_2t/s】被3除的余数加1(因为开始时乙在第1边上跑)①.

所以要问甲乙二人什么时候开始在同一边上,只要求一最小的t(当然不能是负数),使

① 我们规定:跑到顶点时就算已拐了弯,所以当甲在点A,乙在点B(开始时就是如此),不能算在同一边.

$$【\frac{v_1 t}{s}】\equiv【\frac{v_2 t}{s}】+1(\bmod 3) \qquad ①$$

成立. 如要问什么时候第二次在同一边上跑,只要求适合这个同余式的第二次最小的 t,等等.

问题在理论上已解决了. 但在实际计算时还得略施技巧.

设 $\lambda=\frac{v_1 t}{s}$,则式 ① 可写为

$$【\lambda】\equiv【\frac{v_2}{v_1}\lambda】+1(\bmod 3) \qquad ②$$

如求出了 λ,则 $t=\frac{s\lambda}{v_1}$ 当然也可求出.

在例 1 中,$\frac{v_2}{v_1}=\frac{4}{3}$,故就这例而言,式 ② 成为

$$【\lambda】=【\frac{4}{3}\lambda】+1(\bmod 3) \qquad ③$$

我们想:两人由不在同一边上跑而变成开始在同一边上跑,必以甲或乙拐弯时开始. 注意在甲拐弯时,λ 必定是一整数;同样在乙拐弯时,$\frac{4}{3}\lambda$ 必须是整数. 所以要找出适合于式 ③ 的最小的 λ 时,只需注意能使 λ 或 $\frac{4}{3}\lambda$ 为整数的 λ. 这些 λ 如以自小至大的次序(也就是时间 t 的次序) 排列,可写成

表 1

λ_1		$0=\frac{0}{4}$	$\frac{3}{4}$	1	$\frac{6}{4}$	2	$\frac{9}{4}$	$3=\frac{12}{4}$	$\frac{15}{4}$	4	
		×	×	×	×	×	×	×	△	×	
$\frac{18}{4}$	5	$\frac{21}{4}$	$6=\frac{24}{4}$	$\frac{27}{4}$	7	$\frac{80}{4}$	8	$\frac{33}{4}$	$9=\frac{36}{4}$	$\frac{39}{4}$	
△	×	△	△	×	△	×	△	×	×	×	
10	$\frac{42}{4}$	11	$\frac{45}{4}$	$12=\frac{48}{4}$	$\frac{51}{4}$	13	$\frac{54}{4}$	14	$\frac{57}{4}$	$15=\frac{60}{4}$	…
×	×	×	×	×	△	×	△	×	△	△	…

上表中,整数的 λ 表示甲拐弯(且等于甲拐弯的次数,起跑时不算或算第 0 次拐弯),分数的 λ 表示乙拐弯(以 $\frac{4}{3}$ 相乘就是乙拐弯的次数). 同时又是整数又写成分数的 λ 表示甲乙同时拐弯(但不一定在同一顶点处),将这些 λ 逐一代入式 ③,就可知道哪些适合哪些不适合. 上表中打了 × 者表示不适合式 ③,打了 △ 者表示适合式 ③.

所以就本例而言,甲乙二人第一次开始在同一边上跑是在乙作第$\frac{15}{4}\cdot\frac{4}{3}=5$次拐弯时(当时乙在甲后面看见甲),第二次是在乙作第$\frac{18}{4}\cdot\frac{4}{3}=6$次拐弯时等等. $\lambda=\frac{21}{4}$及6时二人连续在一边跑,很明显,$\lambda=6=\frac{24}{4}$表示甲作第6次拐弯而乙同时作第$\frac{24}{4}\cdot\frac{4}{3}=8$次拐弯,且在同一边上跑,所以实际上他们在同一顶点处拐弯了. 所以λ由$\frac{21}{4}$变到6,表示乙作第$\frac{21}{4}\cdot\frac{4}{3}=7$次拐弯时看见了甲,而在拐弯处赶上了甲同行拐弯.

因此在表1中连续两个打了△的地方合起来,实际上只能算一次在同一边上跑,但为方便起见,以下我们将它们仍算做二次计算.

如要求时间t,只需将λ的值代入它的定义公式,例如本例中第一次在同一边上跑是在

$$t=\frac{100}{6}\cdot\frac{15}{4}=62.5$$

秒时开始. 如要问这时在哪一边上同跑,只需将$\lambda=\frac{15}{4}$代入式③的左端或右端,看被3除时余多少. 这里恰好余0,即表示在第0边上同跑.

这样,无论哪一次都可由表1中查对下去. 有一点值得注意的,在表1中×号△号的排列是有周期性的,即到$\lambda=9$时开始回复到$\lambda=0$的情形. 这一道理可简述如下.

如甲乙起跑以后,到某一时刻他们的相对位置与开始时同(例如,在本例中就是乙在甲前面一个顶点,但不一定非要甲在A乙在B不可),则以后他们的情况就成周期性重复了. 在开始时,甲乙所在边数相差为1,故在$\lambda=\lambda$时如能恢复原状,就必须

$$【\lambda】-\left\{【\frac{4}{3}\lambda】+1\right\}\equiv 1 \pmod 3$$

或

$$【\lambda】-【\frac{4}{3}\lambda】\equiv 0 \pmod 3$$

但这时甲乙二人都必须各在某顶点,故λ及$\frac{4}{3}\lambda$都应该是整数,所以这一同余式就可简写成

$$\lambda-\frac{4}{3}\lambda=-\frac{1}{3}\lambda\equiv 0 \pmod 3 \quad ④$$

因为$\frac{1}{3}\lambda$ 也是整数，故最小的 λ 等于9. 这就是说在 $\lambda=9$ 时回复 $\lambda=0$ 时的相对情况，如表1所示.

这样一来，如果我们要问甲乙二人第20次开始在同一边上跑应该是在什么时候，就不必照表1一一写下去. 因为在每一周期中有6个 λ 适合式③，而20被6除商3余2，即所求 λ 应该在第4周期中的第二个打 △ 处. 而第4周期以 $\lambda=9\cdot3=27$ 开始，所以所求的

$$\lambda=9\cdot3+\frac{18}{4}=31.5$$

而这时

$$t=\frac{100}{6}\times31.5=525(\text{秒})$$

且在第(【31.5】$=31\equiv$)1(mod3)边上同时前进.

显然，上面的问题可推广到一般上来.

设甲乙二人在一正 n 边形上作同向赛跑，按逆时针旋转，甲脸向第0边终点，乙脸向第 q 边终点(图2). 如甲乙二人速度的比为 v_1/v_2，则要问何时二人在同一边上前进，只需解同余式

$$【\lambda】\equiv【\frac{v_2}{v_1}\lambda】+q(\bmod n) \qquad ⑤$$

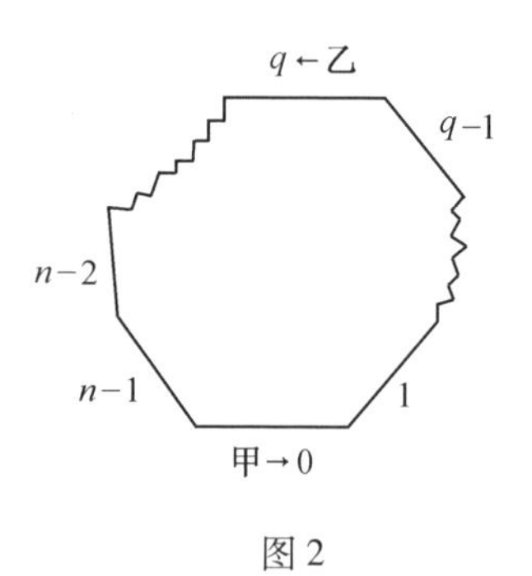

图2

其中，λ 的意义与这一式子的解法及对 λ 的要求等与前相似，不再赘述.

如$\frac{v_2}{v_1}$是一有理数，则他们的相对关系(在同一边或否)也有周期性. 要求出 λ 的周期，只希望到某一 λ，甲乙二人相对位置的差(mod$n$)与 $\lambda=0$ 时同，即

$$【\lambda】-\left\{【\frac{v_2}{v_1}\lambda】+q\right\}\equiv q(\bmod n)$$

或

$$【\lambda】-【\frac{v_2}{v_1}\lambda】\equiv0(\bmod n)$$

与④时同样的道理，此式可化为

$$\lambda-\frac{v_2}{v_1}\lambda=\frac{v_1-v_2}{v_1}\lambda\equiv0(\bmod n) \qquad ⑥$$

由此还可得出结论：周期与甲乙二人开始时的相对位置(即 q)无关.

如$\frac{v_2}{v_1}$是无理数，则不可能有整数λ及整数$\frac{v_2}{v_1}\lambda$同时存在，因此甲乙相对关系也就没有周期.

以下我们只讨论$\frac{v_1}{v_2}$是有理数的情形，且不妨假定$(v_1,v_2)=1$，其中(a,b)代表任意二整数的最大公约数. 我们现在问：在一个周期中，甲乙二人共有多少个"拐弯时间"，即甲乙二人共拐了多少次弯（二人同时拐弯只算1次），例如在例1中，共拐弯18次.

一般，同余式⑥的最小正整数解λ_0表示一周期中甲拐弯的次数，在同时间内乙拐弯应为$\frac{v_2}{v_1}\lambda_0$次，故二人共拐弯$\lambda_0+\frac{v_2}{v_1}\lambda_0$次，但显然其中有$\left(\lambda_0,\frac{v_2}{v_1}\lambda_0\right)$次他们共同拐弯，故实际拐弯次数

$$T=\lambda_0+\frac{v_2}{v_1}\lambda_0-\left(\lambda_0,\frac{v_2}{v_1}\lambda_0\right)$$

注意λ_0必定是v_1的倍数，如设$\lambda_0=v_1N$（N为整数），则

$$\begin{aligned}T=&v_1N+v_2N-(v_1N,v_2N)=\\&v_1N+v_2N-N(v_1,v_2)=\\&(v_1+v_2-1)N=(v_1+v_2-1)\frac{\lambda_0}{v_1}\end{aligned}\qquad⑦$$

例如，在例1中，$\frac{v_1}{v_2}=\frac{3}{4}$，$\lambda_0=9$，代入式⑦，即得$T=18$.

我们最初令$\lambda=\frac{v_1t}{s}$时，就是以【λ】表示甲的拐弯次数. 当然我们也可自乙出发来考察，只要令$\mu=\frac{v_2t}{s}$即可. 又例1中，v_1,v_2孰大孰小以及甲乙二人何者在先何者在后（本来在作环行运动时无所谓先后），均与解法无关.

我们再举一例如下.

例2 设甲乙二人在一正方形跑道上赛跑，在一对角线两端开始同向前进，二人速度的比为$\frac{7}{3}$. 试讨论这一运动.

解 现在$\frac{v_2}{v_1}=\frac{3}{7}$，$q=2$，$n=4$，代入式⑤得

$$【\lambda】\equiv【\frac{3}{7}\lambda】+2(\bmod 4)$$

周期 λ_0 为

$$\lambda-\frac{3}{7}\lambda=\frac{4}{7}\lambda\equiv 0(\bmod 4)$$

的最小正整数解,即 $\lambda_0=7$. 拐弯次数(公式 ⑦)

$$T=(3+7-1)\frac{7}{7}=9$$

我们作出下表.

表 2

λ:	$0=\frac{0}{3}$,	1,	2,	$\frac{7}{3}$,	3,	4,	$\frac{14}{3}$,	5,	6;	$7=\frac{21}{3}$,	⋯
	×	×	△	×	△	×	△	×	×;	×	⋯

我们转而研究相向赛跑的问题. 如图 3,设甲乙二人在一正 n 边形上作相向赛跑,甲脸向第 0 边终点,乙脸向第 q 边起点,仍设甲乙二人速度的比为 $\frac{v_1}{v_2}$.

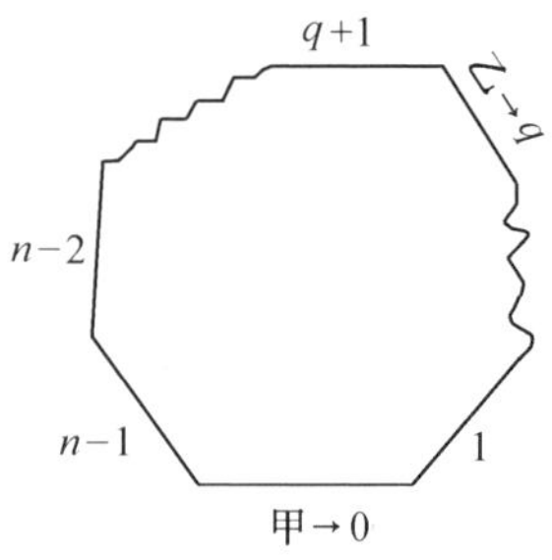

图 3

如仍以 λ 表示经若干时间后甲所跑的边数,则 $\frac{v_1}{v_2}\lambda$ 仍表示乙所跑的边数. 此时甲在第【λ】边,而乙则显然在第 $q-【\frac{v_1}{v_2}\lambda】$ 边. 这很容易证明:因为 $\lambda=0$ 时乙在第 q 边,以后乙每拐一次弯,所在边的号码就少 1(mod$n$). 因此我们要解同余式

$$【\lambda】\equiv q-【\frac{v_2}{v_1}\lambda】(\bmod n)$$

或

$$【\lambda】+【\frac{v_2}{v_1}\lambda】\equiv q(\bmod n) \qquad ⑧$$

同理周期公式 ⑥ 就成为

$$\lambda+\frac{v_2}{v_1}\lambda=\frac{v_1+v_2}{v_1}\lambda\equiv 0(\bmod n) \qquad ⑨$$

惟独拐弯次数公式 ⑦ 不变.

例 3 同例 2,改为相向赛跑.

解 此时式⑧为

$$【\lambda】+【\frac{3}{7}\lambda】\equiv 1(\bmod 4)$$

周期 λ_0 为

$$\lambda+\frac{3}{7}\lambda=\frac{10}{7}\lambda\equiv 0(\bmod 4)$$

的最小正整数解，即 $\lambda_0=14$. 这时

$$T=(3+7-1)\frac{14}{7}=18$$

我们可作下表.

表 3

$\lambda:0=\frac{0}{3}$,	1,	2,	$\frac{7}{3}$,	3,	4,	$\frac{14}{3}$,	5,	6,	$7=\frac{21}{3}$,	8,
×	△	×	×	×	△	×	×	×	×	×
9,	$\frac{28}{3}$,	10,	11,	$\frac{35}{3}$,		12,	13;	$14=\frac{42}{3}$,	⋯	
×	△	×	×	×		△	×;	×	⋯	

其中自 $\lambda=4$ 时在同一边上后直到 $\lambda=\frac{28}{3}$ 方又在同一边，中间相隔甲就拐弯 5 次，似乎不合理；实际上，因为在 $\lambda=7=\frac{21}{3}$ 二人在同一顶点处相遇，但随即离开，按我们的规定，不能算在同一边上跑.

其实，同向赛跑与相向赛跑可统一起来，只要认为向一个方向跑的速度算作正的，向另一方向跑的速度算作负的. 这样基本同余式⑤及周期公式⑥都可以应用，但拐弯次数公式⑦中的 v_1,v_2 都应取绝对值才行. 把结论概括起来就是：

设甲乙二人在一正 n 边上赛跑，这一正 n 边形的边以某方向注以号码 $0,1,\cdots,n-1$. 若甲脸向第 p 边终点，乙脸向第 q 边终点，甲乙二人的速度的比为 $\frac{v_1}{v_2}$（v_1,v_2 均可正可负），则问二人何时在同一边就要解同余式

$$【\lambda】+p\equiv【\frac{v_2}{v_1}\lambda】+q(\bmod n)$$

且若 $\frac{v_1}{v_2}$ 为有理数时，二人相对关系有周期性；要求周期时只需求同余式

$$\lambda - \frac{v_2}{v_1}\lambda = \frac{v_1 - v_2}{v_1}\lambda \equiv 0 (\bmod n)$$

的最小正整数解 λ_0. 如$(v_1, v_2) = 1$,则在一周期中共有拐弯次数

$$T = (|v_1| + |v_2| - 1)\frac{\lambda_0}{|v_1|}$$

但二人同时拐弯只作为一次计算.

（路见可）

附录(11)　市秤的称球问题

有十二个大小相等的球,除开一个之外,其余各个质量相等. 现在要用天平把那个质量不同的球称出来,只许称三次,并且要确定它是轻些或者重些. 问应怎样称?

这个问题用天平已经解决. 不过通常不容易找到天平,手边常有的只是买菜的市秤,它的效用与弹簧秤一样. 现在问,如果不用天平只许用市秤,上述问题的解法如何? 答案是十二个球要称四次,本文一并求出 N 个球要称的次数.

以下为了方便起见,那个质量不同的球叫做坏球,其余质量相同的球叫做好球,再假定球的总数是 N,要称的次数是 n. 先从简单的情形开始.

定理 1　如果好球与坏球的质量都是已知的,n 次就可以称 2^n 个球.

证明　分两个步骤:

(1) 当 $N=1$ 的时候,因为坏球的个数是 1,所以不必称. 这就是说 $n=0$ 的时候,定理是正确的.

(2) 应用数学归纳法,假定 n 次可称 2^n 个球,试证 $n+1$ 次可称 2^{n+1} 个球. 这是因为在 2^{n+1} 个球中任意取出 2^n 个球放在秤盘中,如果恰是好球质量的 2^n 倍,坏球在盘外 2^n 个球中,如果不是好球质量的 2^n 倍,坏球在盘上 2^n 个球中. 两种情形,根据归纳假设,都只要再称 n 次就可以找出坏球.

定理 2　当好球质量是已知的,n 次就可以称 2^n-1 个球,并且可以找出坏球质量.

证明　分两个步骤:

(1) 当 $N=1$ 的时候,因为坏球的个数是 1,所以没有好球. 这时只称一次就可以知道它的质量,也就是说当 $n=1$ 的时候,定理是正确的.

(2) 应用数学归纳法,假定 n 次可称 2^n-1 个球,试证 $n+1$ 次可称 $2^{n+1}-1$ 个球. 这是因为在 $2^{n+1}-1$ 个球中任意取出 2^n 个球放在秤盘中,如果恰是好球质量的 2^n 倍,坏球在盘外 2^n-1 球中,根据归纳假设再称 n 次就可以找出坏球. 如果不是好球质量的 2^n 倍,坏球在盘上 2^n 个球中,根据定理 1,再称 n 次也可以找出坏球,因此定理得证.

定理 3　当好球、坏球的质量不明,球数 N 分别是 1,2,3,4,5,6,7 的时候,次数 n 分别是 1,2,3,3,3,3,4,并且可以知道坏球的质量.

证明　只有 $N=4,5,6$ 的情形有写出的必要,其他的情形都非常简单.

(1) 当 $N=4$ 的时候,$n=3$. 这时假定球的名称是 a,b,c,d. 首先把 a 球放在秤盘中求出第一盘质量,再放 b,c 两球在第二盘中. 如果第二盘的质量恰是第一盘的二倍,坏球就是 d 球,再称一次就知道它的质量. 如果第二盘的质量不是第一盘的两倍,坏球在头两盘中,第三次就称 b 球,这样就可以确定 a,b,c 各个球的质量,那个质量与其余两个不同的球便是坏球.

(2) 当 $N=5$ 的时候,$n=3$. 这时假定球的名称是 a,b,c,d,e. 第一次称 a,b 两球. 第二次称 c,d 两球. 如果头两盘的质量相等,e 便是坏球,再称一次就知道它的质量. 如果头两盘的质量不等,第三次称 b,d,e 三球. 如果第二、第三两盘的质量比恰是 $2:3$,那么坏球就是 a 球. 如果第一、第三两盘质量比恰是 $2:3$,坏球就是 c 球. 如果第三盘减去第二盘的质量恰是第一盘质量的一半,坏球就是 d 球. 如果第三盘减去第一盘质量恰是第二盘的一半,坏球就是 b 球.

(3) 当 $N=6$ 的时候,$n=3$. 这时假定球的名称是 a,b,c,d,e,f. 第一次称 a,b,c 三球,第二次称 b,c,d,e 四球. 于是有下列情形.

ⅰ 第一、第二两盘质量的比恰是 $3:4$,坏球就是 f 球. 再称一次就知道它的质量. 但第一、第二两盘质量比不是 $3:4$,那么坏球在头两盘中. 第三盘称 c,e 两球.

ⅱ 如果第二、第三两盘质量比恰是 $4:2$,坏球就是 a 球.

ⅲ 如果第一、第三两盘质量比恰是 $3:2$,坏球就是 d 球.

ⅳ 如果第二盘减第三盘的质量与第一盘质量比恰是 $2:3$,坏球就是 e 球.

ⅴ 如果第一盘减第三盘的质量恰是第二盘减第三盘质量的一半,坏球就是 c 球.

ⅵ 如果第二盘减第一盘的质量恰是第三盘质量的一半,坏球就是 b 球.

根据上面三个步骤,定理完全得证. 至于七个球至少要称四次的证法从略.

定理4 如果 $2^{n+1}-1(n\geqslant 2)$ 个球中有 2^n 个球与另外一个(或几个)好球相加的总质量是已知的,那么只要称 n 次就可以找出坏球,并且分别知道好球与坏球的质量.

证明 分两个步骤:

(1) 当 $n=2$ 的时候,一共有七个球,假定为 a,b,c,d,e,f,g. 再假定另外已知质量的好球是 p,并且 a,b,c,d,p 五球的总质量是已知的. 于是第一次就称 a,b,e,f 四球,就可分下列的情形.

ⅰ 如果第一盘的质量恰是五球总质量的五分之四,坏球就是 g 球. 如果第一盘的质量不是五球总质量的五分之四,第二次就称 b,c,e 三个球.

ⅱ 如果第一、第二两盘质量比恰是 $4:3$,坏球就是 d 球.

ⅲ 如果五个球总质量与第二盘质量的比恰是 $5:3$,坏球就是 f 球.

ⅳ 如果五个球总质量与第二盘质量的差恰是第一盘质量的一半,坏球就是 c 球.

ⅴ 如果第一盘减第二盘的质量恰是五个球总质量减第二盘质量的一半，坏球就是 b 球.

ⅵ 如果第一盘减第二盘的质量恰是五个球质量的五分之一，坏球就是 e 球.

ⅶ 如果五个球总质量减第一盘的质量恰是第二盘的三分之一，坏球就是 a 球.

如果另外的好球不只一个，只要把质量比适当地加以变更，就可得到相似的证明. 因此根据上面七种情形，定理在 $n=2$ 的时候，是完全正确的.

(2) 应用数学归纳法，假定定理对于 $n-1(n\geqslant 3)$ 是正确的，试证定理对于 n 也是正确的. 这时只要把 $2^{n+1}-1$ 个球中 $2^{n+1}-2$ 个两两配对，就得 2^n-1 对，根据归纳假设 $n-1$ 次可以称出每一对中都是好球，或者可以称出某一对中有坏球. 如果每一对中都是好球，那么在 $2^{n+1}-1$ 个球中剩下的一球就是坏球，再称一次就求出它的质量. 如果某一对中有坏球，因为这对的质量是可以求出的，所以也只要再称一次就可以找出坏球. 两种情形都只要称 n 次就可以找出坏球，因此定理完全得证.

定理5 当好球、坏球的质量不明，$n(n\geqslant 4)$ 次可称 2^n-1 个球. 这时不但可以找出好球的质量，而且可以找出坏球的质量.

证明 分两个步骤：

(1) 先证定理对于 $n=4$ 是正确的，也就是先证4次可以称15个球. 这时用1,2,…,14,15 分别作为十五个球的名称. 再把这十五个球分成 $a(1,2)$,$b(3,4)$,$c(5,6)$,$d(7,8)$,$e(9,10)$,$f(11,12)$,$g(13,14,15)$ 共七组，括号中数目表示各组中所含球的名称. 这样分好之后，首先把 a,b,c,d 四组放在第一盘，再把 b,c,e,f 放在第二盘就产生下列情况.

ⅰ 第一、第二两盘质量相等，坏球在 b,c,g 三组中，而且 b,c 与 a,d 相加的总质量是已知的质量. 再 b,c 两组共有四个球，g 组共有三个球，根据定理4再称两次就可以找出坏球.

ⅱ 第一、第二两盘质量不等，坏球在 a,d,e,f 四组中. 这时取 c,d,f 放在第三盘中，如果第一、第三两盘质量比恰是4:3，那么坏球在 e 组中. 如果第二、第三两盘质量相等，坏球在 a 组中. 如果第一盘减第三盘质量恰是第二盘质量的1/4，坏球在 d 组中. 如果第二盘减第三盘质量恰是第一盘质量的1/4，坏球在 f 组中. 这四种情形，因为各组质量都可以求出，所以都只要再称一次就可以找出坏球.

根据上面两种情况，在 $n=4$ 的时候，定理已经证明. 至于四次可以称十四个球，只要把 g 组看成只有两个球就行了.

（2）应用数学归纳法，假设定理对于$n(n\geqslant 4)$的情形是正确的，试证$n+1$次可称$2^{n+1}-1$个球. 这是因为$2^{n+1}-1=6\cdot 2^{n-2}+(2^{n-1}-1)$. 首先把$2^{n+1}-1$个球分成七组，其中六组各含$2^{n-2}$个球，另外一组含$2^{n-1}-1$个球. 再各组仍然叫做$a,b,c,d,e,f,g$. 最后一组$g$含有$2^{n-1}-1$个球. 与第一步骤完全一样，第一次称$a,b,c,d$四组，第二次称$b,c,e,f$四组. 如果两次质量相等，坏球在$b,c,g$三组中，根据定理4只要再称$n-1$次就可找出坏球，如果两次质量不等，根据第一步骤中ii再称一次可知a,d,e,f中的一组有坏球. 根据定理2只要再称$n-2$次就可找出坏球. 这两种情形都只称了$n+1$次就在$2^{n+1}-1$个球中找出坏球，因此定理得证.

定理6 当好球坏球的质量不明，如果n次可称m个球，$n+1$次就可称$2m$个球，也可以称$2m+1$个球.

证明 这只要把$2m+1$个球中任取$2m$个分成m组，每组有两球. 根据假设n次可求出m组中都是好球，或者m组中某组有坏球，如果m组中都是好球，剩下的没有分组的一球一定是坏球，再称一次就可以得出它的质量. 如果m组中某组有坏球，因为这组的质量可以求出，所以再称一次也可以找出坏球. 因此$2m+1$个球只要称$n+1$次，至于$2m$个球也只要称$n+1$次，就可以找出坏球，这显然是正确的.

根据这个定理，利用定理3的结果就知道$N=8,9,10,11,12,13$的时候，都只要称四次就可以找出坏球. 至于$N=14,15$的时候也只要称四次的道理，可以参看定理5的证明. 于是$N=16,\cdots,31$的时候只要称五次，照样推下去就得到定理5的另外证法.

定理7 在定理1的假定下，n次最多可称2^n个球，而少于2^n个球的情形最多只要n次就可以找出坏球.

证明 应用数学归纳法，在定理1的假定下，一次最多可称两球，现在假设$n-1$次最多可称2^{n-1}个球，试证n次最多可称2^n个球. 这是因为，当第一次称x个球，剩下y个球的时候，坏球可能在x个球中也可能在y个球中，如果$x+y>2^n$，在x,y中就至少有一个大于2^{n-1}，也就是说要多于$n-1$次才能在x球或y球中找出坏球. 因此n次至多可称2^n个球，至于少于2^n个球的情形只要n次就可以找出坏球是显然正确的. 因此定理得证.

同样可以证明在定理2的条件下，n次最多可称2^n-1个球. 又在定理5的条件下，$n(n\geqslant 4)$次最多可称2^n-1个球. 再当好球、坏球的质量不明，只需找出坏球，不必得出它的质量，$n(n\geqslant 4)$次可称且至多可称2^n球. 证明从略.

（秦树立）

附录(12)　称球问题的一般定理

1. 问题

使用天平 m 次,最多只能从多少个球中找出 t 个坏球来. 我们研究的对象只有两种不同的球,为研究方便起见,取一种作为标准,叫做好球,另外一种叫做坏球.

2. 单性组

没有介绍这个名词以前,我们首先把称球问题的意义加以介绍:一个称球问题,就是说在某些球中混有 t 个坏球,坏球与好球的质量不同,而好球的质量都是一样的,问我们使用天平称 m 次,至多可以从多少个球中找出 t 个坏球来,确定或不必确定它们的属性(属性另有定义,见后). 这个最大的球数,我们用 n 来表示,就是说我们使用天平称 m 次,可以从 n 个球中而不能从 $n+1$ 个球中找出 t 个坏球来,确定或不确定 t 个坏球的属性. 合于这个条件的 n,我们叫它是 m 次 t 个坏球的最大球数. 一个称球问题,就是要找出这个最大球数. 要解决这个问题,我们不妨把问题稍微改变一下. 我们可以把 n,t 作为已知,而求 m 的最小值. 就是说 n 个球中有 t 个坏球,问我们至少需使用天平称几次,才能把这 t 个坏球找出来 ,确定或不必确定它们的属性. 要解决后面这个问题,我们首先把 n 个球每一个标上特殊的记号,我们用 $S_1,S_2,\cdots,S_n$ 来代表. 其次,把这 n 个标有特殊记号的球每 t 个为一组,我们知道它们的不同组合数一共是 $\binom{n}{t}$ 个[①]. 这 $\binom{n}{t}$ 个不同组合中,任何一个组都有可能是 t 个坏球,但是一定有一个组而且只有一个组是 t 个坏球. 我们要求出哪一组是 t 个坏球,我们必先确定其他各组都不可能是 t 个坏球,然而要确定某一个组不是 t 个坏球,又必先对该组关于 t 个坏球所能具有的一切属性都加以否定,我们才有根据确定这个组不是 t 个坏球. 例如,5 个球中有 2 个同样的坏球的称球问题,我们知道 5 个球每 2 个为一组共有 $\binom{5}{2}=10$ 个不同组合. 未使用天平以前,这 10 个不同组合中的任何一个都有可能是 2 个坏球. 我们任取一个组,例如 S_1S_2,如果这组是 2 个坏球,它们一定比 2 个好球重或比 2 个好球轻. "比 2 个好球重" 和 "比 2 个好球轻" 这两个性

① $\binom{n}{t}$ 就是二项系数 $\frac{n!}{t!\ (n-t)!}$ 的缩写.

质，便是 S_1S_2 这个组合是2个坏球所能具有的一切不同的属性. 因此，我们要确定 S_1S_2 这个组合不是2个坏球，便必先确定 S_1S_2 这个组合对于"比2个好球重"和"比2个好球轻"这两个属性都不相合. 例如，取 S_1S_2 和 S_3S_4 分别置于天平两端称之，如两端平衡，则 S_1S_2 这个组合便不是2个坏球. 因为 S_1S_2 如果是2个坏球，S_3S_4 便是2个好球，那么 S_1S_2 应当比 S_3S_4 重或比 S_3S_4 轻，这是与天平出现平衡的状态相矛盾的. 因此 S_1S_2 这个组合不能具有2个坏球的任何属性，这样我们才有根据确定 S_1S_2 不是2个坏球. 不过 S_1S_4，S_1S_3，S_2S_4，S_2S_3 这4个组合每一个仍可能是2个坏球. 因为在这次操作过程中，没有否定它们具有坏球的属性.

上面所讨论的问题，共有10个不同的组合，每一个组合如果它是2个坏球，便可能具有两种不同的属性，每一组球和它的一个属性结合起来，称为一个单性组，因此这个问题共有20个单性组. 如 $(S_1S_2)(S_1=S_2>S_g)$ 等等①]. 在称球问题中重要的不是球的组合数，而是球的单性组数. 因为一个称球问题的单性组数虽有许多，可是只有一个单性组才是这个问题实际所具有的. 因此，一个称球问题就变为怎样从许多不同的单性组中挑出一个实际所具有的单性组的问题了. 单性组在称球问题中占有极重要的地位. 以后我们将要证明：一个称球问题，只要找出了它的单性组的数目，那么 m 次 t 个坏球的最大球数在理论上最多只能达到一个什么数值的问题，便可得到解决. 因此，我们必须把属性及单性组的定义，加以明确.

定义1 自 n 个球中任取 α 个球($1\leqslant\alpha\leqslant【\frac{n}{2}】$②)，这 α 个球的质量比另外的任意 α 个球的质量 i 大，ii 小，iii 相等. 这三种可能关系，我们在某一个函数中，都可以找到明确的、惟一的规定. 这样的一个函数，叫做 n 个球的一个属性.

因为 n 个球中我们已知假定只有 t 个坏球及 $n-t$ 个好球. 并且 $n-t$ 个好球的质量都是一样的！所以我们只要把 t 个坏球中任意 k 个坏球【$1\leqslant k\leqslant\min\{t,【\frac{n}{2}】\}$】③ 和其他任意 j 个坏球($0\leqslant j\leqslant k$)，$k-j$ 个好球之和二者孰轻孰重或二者质量相等的关系确定，那么 n 个球中任意 α 个球和其他任意 α 个球的轻重关系也就完全确定了.

---

① S_g 就是好球的符号，$(S_1=S_2>S_g)$ 就是"S_1 的质量等于 S_2 的质量大于好球的质量"的意思，以后仿此.

② 【$\frac{n}{2}$】就是代表不大于【$\frac{n}{2}$】的最大整数. 例如【$\sqrt{5}$】=【2】=2，【$-\sqrt{5}$】=-3.

③ $\min\left\{t,【\frac{n}{2}】\right\}$ 就是代表 t 和【$\frac{n}{2}$】这两个数目中较小的一个. 例如 $\min\{2,3\}=\min\{3,2\}=2$.

定义 2 在 n 个球中任意指定 t 个球，我们假定这 t 个球都是坏球，其他的都是好球. 自 t 个坏球中任取 k 个坏球$\left(1 \leqslant k \leqslant \min\left\{t, \left[\frac{n}{2}\right]\right\}\right)$，这 k 个坏球的质量比其他任意 j 个坏球($j \leqslant k$)，$k-j$ 个好球的质量之和 i 大，ii 小，iii 相等，这三种可能关系，我们在某一个函数中，都能找到明确的、惟一的规定. 这样的一个函数，叫做 t 个坏球的一个属性函数，也就是 n 个球的一个属性函数. 这样的一个属性函数和被指定的 t 个球相结合，叫做一个单性组.

定义 3 n 个球中有 t 个坏球的单性组数，就是把 n 个球标以不同记号后每 t 个为一组成为$\binom{n}{t}$个不同组合，再求出每一组合如果是 t 个坏球所能具有的一切不同属性的数目，这些属性数目的总和，便是这个问题的单性组数.

前面已经讨论过 5 个球中有 2 个同样的坏球的单性组数是 20，即 $(S_1S_2)(S_1=S_2>S_g)$，$(S_1S_2)(S_1=S_2<S_g)\cdots$. 因为$(S_1=S_2>S_g)$这个函数规定了 S_1 和 S_2 的质量相等，S_1 和 S_2 每一个的质量都比好球大，也就规定了 S_1 与 S_2 的质量和比 2 个好球大，合乎上面所说的属性的定义. 这个属性函数与 (S_1S_2) 相结合，即$(S_1S_2)(S_1=S_2>S_g)$叫做一个单性组. $S_2>S_g$ 叫做属性函数的一个因素. 同样，$S_1=S_2$ 及 $S_1>S_g$ 也都是一个因素. 故属性函数$(S_1=S_2>S_g)$共有三个因素，不过只有两个因素是独立的. 这里有一点必须交待清楚，就是属性函数$(S_1=S_2>S_g)$的因素是非常多的. 例如，$S_1+S_2>2S_g$ 就是一个因素. 不仅如此，S_g 本来就是 S_1 和 S_2 以外的球的代表，我们假定它们是好球(参看定义 2)，所以也就有 $S_1=S_2>S_i(i\neq 1,2)$ 及 $S_1+S_2>S_i+S_jS_i>S_j(i,j\neq 1,2)$ 这类关系存在. 它们也就应当是$(S_1=S_2>S_g)$这个函数的因素. 不过这些关系已完全包含在我们的假定之下(S_1，S_2 是 2 个坏球，其他的球都是好球)及 $S_1=S_2$，$S_2>S_g$ 这两个因素之中了.

如果 n 个球中有 2 个不同种类的坏球，就是说 2 个坏球的质量也是不相同的，那么这个问题的属性函数是怎样的呢？单性组数又是多少呢？我们知道$(S_1=S_2>S_g)$这类形式的函数已是不适用的了. 因为问题已明白地告诉我们：如果 S_1，S_2 是 2 个坏球，则 $S_1\neq S_2$，所以属性函数应当是$(S_1>S_2>S_g)$或$(S_1>S_g>S_2)$的形式. 不过$(S_1>S_g>S_2)$这个函数是不符合属性函数的定义的，因为我们虽然已明确地规定了 $S_1>S_g>S_2$，就是说 n 个球中任意某一个球与其他另外一个球彼此之间的轻重关系已是确定了，但是 S_1，S_2 的质量之和比 2 个好球的质量和是小些呢？大些呢？还是相等呢？这个函数中却没有明确的规定. 因此它不是一个属性函数，应当改写为$(S_1>S_g>S_2, S_1+S_2<2S_g)$或$(S_1>S_g>S_2, S_1+S_2=2S_g)$，$\cdots$的形式. 如果 S_i 和 S_j 是 2 个不同种类的坏球，它的一切可能具有的属性如下所示：

i $(S_i > S_j > S_g)$, ii $(S_jS_i > S_g)$, iii $(S_g > S_i > S_j)$, iv $(S_g > S_j > S_i)$
v $(S_i > S_g > S_j, S_i + S_j > 2S_g)$, vi $(S_i > S_g > S_j, S_i + S_j = 2S_g)$
vii $(S_i > S_g > S_j, S_i + S_j < 2S_g)$, viii $(S_j > S_g > S_i, S_i + S_j > 2S_g)$
ix $(S_j > S_g > S_i, S_i + S_j = 2S_g)$, x $(S_j > S_g > S_i, S_i + S_j < 12S_g)$①

上面共有10个不同的属性函数,因此n个球中有2个不同种类的坏球的单性组数一共有$10\binom{n}{2} = 5n(n-1)$. 一般而言,单性组数并不一定等于球的组合数与不同属性的数目的乘积. 例如在上面的问题中,如果我们事先已知n个球中的某一个球S_α,比另外的一个球S_β重些,于是$S_\alpha < S_\beta$这类的关系便不能存在. 同时,S_α和S_β中至少有一个是坏球,我们便不能假定S_α和S_β都是好球,这样,单性组数显然不是$5n(n-1)$了.

3. **天平对于单性组的作用**

我们使用天平时,任何一个球都可以任意地安置在下列三个不同位置:天平左盘、天平右盘、天平之外.

惟一的条件,就是使左右两盘的球数相等,我们才能比较两盘的球的质量. 设左盘球数为α,右盘球数为β,天平外球数为γ,则n个球的分配方法的总数为

$$\sum_{\alpha,\beta,\gamma} \frac{n!}{\alpha!\ \beta!\ \gamma!}\delta_{\alpha\beta}, \alpha + \beta + \gamma = n^{②}$$

不过有两点必须考虑:

(1) n个球不能全部放在天平之外,即$\gamma \neq n$.

(2) 左盘α个球,右盘β个球,与同样的α个球放在右盘,同样的β个球放在左盘,只能算一种分配方法.

因此,n个球分配在三个位置的方法的总数为

$$\frac{1}{2}\left(\sum_{\alpha,\beta,\gamma} \frac{n!\ \delta_{\alpha\beta}}{\alpha!\ \beta!\ \gamma!} - 1\right) = \frac{1}{2}\sum_{\alpha=1}^{[\frac{n}{2}]} \frac{n!}{(\alpha!)^2(n-2\alpha)!}$$

如果我们允许借用另外已知的好球,则$\alpha = \beta$这个限制可以取消. 故其分配方法的总数为

$$\frac{1}{2}\left(\sum_{\alpha,\beta,\gamma} \frac{n!}{\alpha!\ \beta!\ \gamma!} - 1\right) = \frac{1}{2}(3^n - 1)$$

每一个分配方法,我们叫做n个球的一个分布态;n个球的分布态的总数N是

① 如$n = 3$,则v ~ x这6个函数中,不能有$(S_i + S_j > 2S_g)$这类形式的因素,因为3个球中根本没有2个好球(参看定义2). 这时不同属性函数的数目不是10而是6.

② $\delta_{\alpha\beta}$是一个符号,当$\alpha = \beta$时,$\delta_{\alpha\beta} = 1$,当$\alpha \neq \beta$时,$\delta_{\alpha\beta} = 0$.

$$N=\frac{1}{2}(3^n-1)$$

或

$$N=\frac{1}{2}\sum_{\alpha=1}^{[\frac{n}{2}]}\frac{n!}{(\alpha!)^2(n-2\alpha)!}$$

则视允许或不允许借用另外已知的好球而定.

对于任何一个分布态而言,我们使用天平时,可能发生下列三种状态:

i 左轻右重(以后简称状态 Ⅰ).

ii 右轻左重(以后简称状态 Ⅱ).

iii 两端平衡(以后简称状态 Ⅲ).

但是我们一定有:

定理1 若n个球有t个坏球,$t\leqslant[\frac{n}{2}]$,则对于任何一个分布态而言,任何一个单性组,一定适合天平的一种状态,也只能适合天平的一种状态.

证明 自n个球中任取α个球置于左盘,β个球置于右盘($\alpha+\beta\leqslant n$),另外适当借用已知的好球,以使两盘的球数相等. 我们用$S_1,S_2,\cdots,S_\alpha$来代表左盘的α个球,用$S_{\alpha+1},S_{\alpha+2},\cdots,S_{\alpha+\beta}$来代表右盘的$\beta$个球,用$S_{\alpha+\beta+1},S_{\alpha+\beta+2},\cdots,S_n$来代表天平外的$n-(\alpha+\beta)$个球. 我们任取

$$\Phi(S_{i_1}S_{i_2}\cdots S_{i_p}S_{j_1}S_{j_2}\cdots S_{j_q}S_{k_1}S_{k_2}\cdots S_{k_r})$$

$$p+q+r=t,0\leqslant p\leqslant\min\{\alpha,t\},0\leqslant q\leqslant\min\{\beta,t\}$$

$$1\leqslant i_\lambda\leqslant\alpha,\lambda=1,2,\cdots,p$$

$$\alpha+1\leqslant j_\mu\leqslant\beta+\alpha,\mu=1,2,\cdots,q$$

$$\alpha+\beta+1\leqslant k_v\leqslant n,v=1,2,\cdots,r$$

这个单性组来研究,Φ是$S_{i_1},S_{i_2},\cdots,S_{i_p},S_{j_1},S_{j_2},\cdots,S_{j_q},S_{k_1},S_{k_2},\cdots,S_{k_r}$这$t$个球如果它们都是坏球而所能具有的一个属性函数. 现分三种情形来讨论.

(1) 设$p\neq0,p\geqslant q$①,则Φ中含有

$$S_{i_1}+S_{i_2}+\cdots+S_{i_p}<S_{j_1}+S_{j_2}+\cdots+S_{j_q}+(p-q)S_g \quad ②$$

这个因素者,只能适合状态 Ⅰ,不适合状态 Ⅱ 和状态 Ⅲ. Φ中含有

$$S_{i_1}+S_{i_2}+\cdots+S_{i_p}>S_{j_1}+S_{j_2}+\cdots+S_{j_q}+(p-q)S_g$$

这个因素者,只能适合状态 Ⅱ,不适合状态 Ⅲ 和状态 Ⅰ. Φ中含有

$$S_{i_2}+S_{i_3}+\cdots+S_{i_p}=S_{j_1}+S_{j_2}+\cdots+S_{j_q}+(p-q)S_g$$

① 如果$q=0$,则单性组的形式变为$\Phi(S_{i_1}S_{i_2}\cdots S_{i_p}S_{k_1}S_{k_2}\cdots S_{k_r})$,我们已经假定右盘中都是好球.

② 这里的"$<$"符号,是指左边的质量小于右边的质量的意思.

这个因素者，只能适合状态 Ⅲ，不适合状态 Ⅰ 和状态 Ⅱ. 根据定义 2，S_{i_1}，S_{i_2}，…，S_{k_r} 这些被指定为 t 个坏球的任一属性函数 Φ，一定含有上述三个因素之一，也只能含有一个因素. 因此，这个单性组一定适合天平的一种状态，也只能适合天平的一种状态.

(2) 设 $q \neq 0$，$q \geqslant p$，仿照(1)，亦可得出同样的结论.

(3) 设 $p = q = 0$，则 $r = t$，这时我们已假定 S_{k_1}，S_{k_2}，…，S_{k_r} 是 t 个坏球，就是说我们假定坏球都在天平之外，当然只适合状态 Ⅲ，不适合状态 Ⅰ 和状态 Ⅱ.

实际上，上面的证明显然是多余的. 因为根据定义 1，任何一个函数 Φ 一定把 n 个球中的任何 $\alpha\left(\alpha \leqslant 【\frac{n}{2}】\right)$ 个球与其他的任何 α 个球二者孰轻孰重或彼此质量相等的关系，加以明确的、惟一的规定；又根据我们的假设 $t \leqslant 【\frac{n}{2}】$，因此这个函数也就把 n 个球中的任何 $p(p \leqslant n)$ 个球与其他任何 q 个球($p + q \leqslant n, q \leqslant p$) 同 $p - q$ 个好球[①]的质量和，二者孰轻孰重或二者质量相等的关系，加以明确的、惟一的规定. 这样，任何一个属性函数 Φ，也就是任何一个单性组，一定适合天平的一种状态，也只能适合天平的一种状态，这个定理便不证自明了.

在一种坏球的称球问题中，如果 $t > 【\frac{n}{2}】$，我们可取坏球作为标准，改称为好球，把好球改称为坏球，这样坏球的数目便小于【$\frac{n}{2}$】了. 因此在一种坏球的称球问题中，我们总可以使 $t \leqslant 【\frac{n}{2}】$，至于在多种坏球的称球问题中[②]，如果 $t > 【\frac{n}{2}】$，我们最好不借用另外已知的好球，因为从外借用已知的好球，结果好球数加多，增加了问题的单性组数，使问题变得更为复杂. 例如，在 100 个球中有 10 个好球，有 90 个不同种类的坏球，如果使用天平时没有从外借用另外已知的好球，则任一属性函数 Φ 只要把 90 个坏球的能具有的下列关系

$$S_{i_1} + S_{i_2} + \cdots + S_{i_p} <,(>,=) S_{k_1} + S_{k_2} + \cdots + S_{k_q} + (p - q) S_g$$

($p \leqslant 50, p \geqslant q \leqslant 50, p - q \leqslant 10$[③]，若 $\lambda \neq \mu$，则 $i_\lambda \neq i_\mu, k_\lambda \neq k_\mu$

若正整数 $r, t \leqslant 100$，则 $i_r \neq k_t$)

一一加以明确的、惟一的规定就够了. 我们要确定某一个组不是 90 个坏球，也

① 这里所谓好球是指另外已知的好球而言.

② 所谓多种坏球，就是说我们研究的对象有好几种不同的球，我们选其中任何一种作为标准，叫它为好球，其他各种依次叫做第一种坏球，第二种坏球，…….

③ 这里 $p \geqslant q$ 是我们假定的.

就只要把 90 个坏球所能具有的上述关系对这组而言都不适合,把上面所列的关系一一加以否定就够了.

如果我们从外面借用了 10 个已知的好球,这时我们的属性函数 Φ 必须把 90 个坏球所能具有的下列关系

$$S_{i_1}+S_{i_2}+\cdots+S_{i_p}<(>,=)S_{k_1}+S_{k_2}+\cdots+S_{k_q}+(p-q)S_g$$
$$(p\leqslant 55, p\geqslant q\leqslant 55, p-q\leqslant 20)$$

一一加以明确的、惟一的规定,结果使函数 Φ 中的独立因素增加了,因而增加了函数 Φ 的个数及单性组的个数. 同时我们要确定某一个组合不是 90 个坏球,也必须把 90 个坏球所能具有的上述关系一一加以否定,这样比没有借用好球时确定某一个组合不是 90 个坏球要困难得多. 因此,凡是碰到了多种坏球的称球问题时,如果 $t>【\frac{n}{2}】$,我们总是假定不得从外借用已知的好球,不再声明. 其他称球问题,除已声明外,则可借用或不借用,随个人所欲而定.

定理 2 n 个球中有 t 个坏球,$t\geqslant【\frac{n}{2}】$,如果我们使用天平时不得借用另外已知的好球,则对于任何一个分布态而言,任何一个单性组一定适合天平的一种状态,也只能适合天平的一种状态.

这个定理的证明,与定理 1 完全相同,只要把定理 1 证明过程中的 β 改为 α 就够了,这里不再赘述.

根据上面的分析,我们知道:天平的作用,就是把许多单性组划分为三部分,使得每一部分的单性组适合天平的一种状态,经过一次操作后,便否定其他二部分,挑出和天平实际出现的状态相适应的一部分.

4. 理想称球问题

一个称球问题,我们在这问题所具有的单性组中任取 $3^p(p\geqslant 1)$ 个单性组,我们总可找出一个球的分布态来,使所取的 3^p 个单性组对于这个分布态而言,划分为单性组数相等的三部分,即每部分的组数为 3^{p-1},分别适应于天平的三种状态. 凡适合于这个条件的称球问题,叫做理想称球问题.

定理 3 一个理想称球问题,我们使用天平称 m 次,最多只能从 3^m 个单性组中,挑出 1 个单性组.

证明 (1) 我们使用天平 m 次,可以从 3^m 个单性组中,挑出 1 个单性组.

设 $m=k$ 时为真;则 $m=k+1$ 时,根据理想称球问题的定义,我们可以找出一个分布态来,把 3^{k+1} 个单性组划分成单性组数相等的三部分,分别适应于天平的三种状态. 经过一次操作之后,挑出其中的一部分,其单性组数为 3^k,再使用天平 k 次,从 3^k 个单性组中挑出 1 个单性组,故 $m=k+1$ 时亦为真. 今 $m=1$ 时显见为真,故 m 为任何正整数时亦为真.

(2) 我们使用天平 m 次,不能从 3^m+1 个单性组中挑出 1 个单性组.

设 $m=1$,则 $3^m+1=4$,这4个单性组中至少有2个单性组适应于天平的同一状态,当天平出现这个状态时,我们挑出2个单性组而不能挑出1个. 故 $m=1$ 时为真;仿照(1) 的方法,同样可证明 m 为任何正整数时亦为真.

根据(1) 及(2),我们可得定理3.

这里我们需要介绍几个名词. 一个称球问题,如果我们使用天平 m 次,可以从 $k(k\leqslant m)$ 个球中而不能从 $k'(k'>n)$ 个球中找出 t 个坏球来. 当问题是一理想称球问题时,我们把 n 称为**理想最大球数**,用 n_t 来代表. 当问题是一实际称球问题时,我们把 n 称为**实际最大球数**,用 n_r 来代表. 反之,当 n,t 为某一定数时,我们使用天平 $k(k\geqslant m)$ 次可以从 n 个球中找出 t 个坏球来,使用天平 $k'(k'<m)$ 次,则不能找出. 合于这个条件的 m,我们把 m 称为**理想最小称球次数**,用 m_t 来代表,或**实际最小称球次数**,用 m_r 来代表,则视问题为理想称球问题或实际称球问题而定.

定理4 n 个球中有 $t(0<t<n)$ 个坏球,我们要找出 t 个坏球来,并确定其属性. 令 $\lambda(n,t)$ 代表其单性组数,α 是下列方程式中

$$\lambda(n,t)=3^x$$

x 的值,则理想最小称球次数为

$$m_t=\{\alpha\}^{①}$$

证明 (1) 设 α 为整数,则 $\{\alpha\}=\alpha$,由定理3得知:我们使用天平 α 次,可以从 $\lambda(n,t)$ 个单性组中,挑出1个单性组. 就是说,我们使用天平 α 次,可以从 n 个球中找出 t 个坏球来,并确定其属性.

(2) 设 α 不为整数,令

$$\lambda(n,t)=3^{【\alpha】}+\theta$$

因 $\lambda(n,t)$ 为整数,故 $\theta\geqslant1$. 根据定理3得知:我们使用天平【α】次,不能从 $\lambda(n,t)$ 个单性组中挑出1个单性组. 令

$$\lambda(n,t)=3^{\{\alpha\}}-\theta$$

因 $\theta>0$,故由定理3得知:我们使用天平 $\{\alpha\}$ 次,可以从 $\lambda(n,t)$ 个单性组中挑出1个单性组.

根据(1) 及(2),我们得定理4.

如果 n 个球中并无一个球是特殊的(例如,在未使用天平以前,我们已知 S_i 比 S_j 重,或 S_k 比好球重,这时 S_i,S_j 或 S_k 便是特殊的球). 就是说在未使用天平前,我们对于 n 个球中任意 p 个球的轻重关系,一无所知. 在这种情况下,自 n 个球中任意指定 t 个为一组,如果这组是 t 个坏球,它所能具有的不同属性数,与

① $\{\alpha\}$ 代表不小于 α 的最小整数,例如 $\{\sqrt{5}\}=\{3\}=3$.

其他任一组的属性数都是一样的. 命此常数为 k①,则

$$\lambda(n,t)=k\binom{n}{t}$$

于是定理 4 可改述如下.

定理 5 n 个球中有 t 个坏球,我们要找出这 t 个坏球来,并确定其属性,令 α 是下列方程式中

$$k\binom{n}{t}=3^x$$

x 的数值,k 是 n 个球中任意指定 t 个球为一组,如果这组是 t 个坏球而所能具有的一切不同的属性数,这个数目在这个问题中是不变的. 于是理想最小称球次数为

$$m_t=\{\alpha\}=\left\{\log_3 k\binom{n}{t}\right\} \qquad ①$$

现在我们要问:如果把 t 和 m 作为定数,则理想最大球数又是怎样的呢? 这个问题,我们可从式 ① 的关系,在 (n,m_t) 平面内描出 n 和 m_t 相对应各点,相邻两点用一直线连之,如图 1 的折线所示. 开始时 n 增加,m_t 不变,到了某一点,如 $(1,n_1)$,n 增加 1 时,m_t 也增加 1,这一点的 n,便代表理想最大球数,如图 1 中 $n_1,n_2,\cdots$.

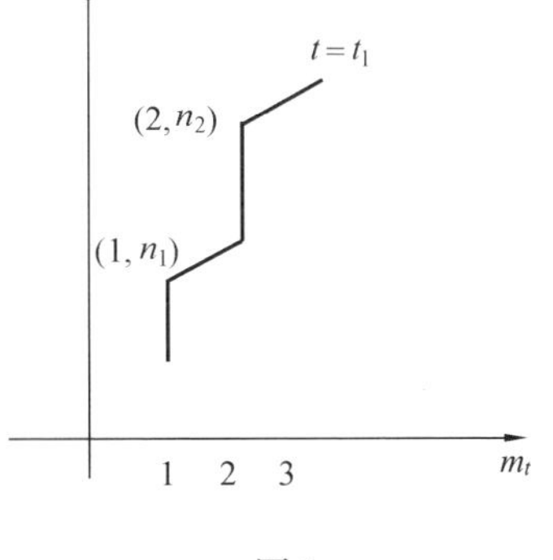

图 1

当 $t<【\frac{n}{2}】$ 时,则式 ① 中的 k 与 n 无关,这时,我们可以直接求出理想最大球数.

定理 6 设 n 个球中有 t 个坏球的单性组数$\left(t<【\frac{n}{2}】\right)$是

$$k\binom{n}{t}$$

我们要找出 t 个坏球来,并断定其属性. 令 β 代表下列方程式中

$$k\binom{x}{t}=3^m$$

x 的最大正根,则理想最大球数为

$$n_t=【\beta】$$

---

① 当 $t<【\frac{n}{2}】$,k 与 n 无关;当 $t>【\frac{n}{2}】$ 时,k 与 n 有关. 参看 3.

证明 令$\binom{x}{t}=\dfrac{\Gamma(x+1)}{\Gamma(t+1)\Gamma(x+1-t)}$,则有

(1) $x>t$时,$\binom{x}{t}>0$.

(2) $\dfrac{\partial}{\partial x}\binom{x}{t}=\binom{x}{t}\sum\limits_{n=0}^{\infty}\left(\dfrac{1}{n+x+1-t}-\dfrac{1}{n+x+1}\right)$

因t为整数,得

$$\frac{\partial}{\partial x}\binom{x}{t}=\binom{x}{t}\sum_{n=0}^{t-1}\frac{1}{n+x+1-t}$$

由此得当$x>t$时,$\dfrac{\partial}{\partial x}\binom{x}{t}>0$,即函数$\binom{x}{t}$在$(\infty,t]$内,随$x$而连续增加.

根据(1)及(2),仿定理4的证法,我们很容易证明定理6.此处不再赘述.

5. 称球问题的一般定理

上面所讨论的问题,只是限于理想称球问题,我们有一个基本假定:就是说任取3^p个单性组,我们总可以找出一个分布态来,使3^p个单性组对这分布态而言,划分为三部分,每一部分的单性组数是3^{p-1},分别适应于天平的三种状态.这个假定,在实际称球问题中,并不一定成立.例如,n个球中有2个不同种类的坏球问题,我们取

i $(S_1S_2)(S_1>S_2>S_g)$;

ii $(S_1S_2)(S_2>S_1>S_g)$;

iii $(S_3S_4)(S_3>S_g)>S_4,S_3+S_4>2S_g$.

这三个单性组.我们把S_2置于天平的左盘,S_1置于天平的右盘,其他各球置于天平之外,则单性组i适合状态Ⅰ,单性组ii适合状态Ⅱ,单性组iii适合状态Ⅲ.这三个单性组分别适应于天平的三种状态.但是我们取

i $(S_1S_2)(S_1>S_2>S_g)$;

ii $(S_1S_2)(S_2>S_1>S_g)$;

iii $(S_3S_1)(S_1>S_g>S_3,S_1+S_2>2S_g)$.

这三个单性组来研究,却不能找出一个分布态来,使之分别适应于天平的三种状态.故实际称球问题与理想称球问题的基本假定一般而言是不符合的.因此理想称球问题的最大球数n_t应当是实际称球问题的最大球数n_r的极限,而理想称球问题的最小次数m_t也应当是实际称球问题的最小称球次数m_r的极限.由此得

定理7 任何一个称球问题,实际最大球数不能大于理想最大球数,即

$$n_r\leqslant n_t$$

实际最小称球次数不能小于理想最小称球次数,即

$$m_r\geqslant m_t$$

(谢泉)

附录(13)　灵活游戏的推广

1. 问题与定义

有 m 堆火柴,各堆分别有 $n_1,n_2,\cdots,n_m$ 根.假定两人轮流来取,每次最少取一根,并且取最后一根的人算输.试问在下列各问题中,怎样的情形先取的人赢,怎样的情形先取的人输?

问题1　每人每次可以在一堆里面取任意根,也可以在两堆里面取.但不能在多于两堆里面同时取,并且在两堆里面取的时候,一堆取出的根数是另一堆取出根数的2倍.

问题2　每人每次可以在 a 堆或少于 a 堆里面各取任意根,也可以在 $a+1$ 堆里面取,但不能在多于 $a+1$ 堆里面同时取,并且在 $a+1$ 堆里面取的时候,a 堆中每堆取出的根数必须相同而且等于另一堆中取出根数的2倍.

问题3　每人每次可以在一堆里面取任意根,也可以在两堆里面取.但不能在多于两堆里面同时取,并且在两堆里面取的时候,一堆取出的根数是另一堆取出根数的 $2k$ 倍,这时 k 是任意的正整数.

问题4　每人每次可以在 a 堆或少于 a 堆里面各取任意根,也可以在 $a+1$ 堆里面取,但不能在多于 $a+1$ 堆里面同时取,并且在 $a+1$ 堆里面取的时候,a 堆中每堆取出的根数必须相同而且等于另一堆中取出根数的 $2k$ 倍,这时 k 是任意的正整数.

问题5　每人每次可以在一堆里面取任意偶数根,不能在多于一堆里面同时取,但在各堆中都不能取出偶数根的时候,也就是各堆都只有一根的时候,可以在一堆里面取出奇数根(当然只能取出一根).

问题6　每人每次可以在 a 堆或少于 a 堆里面各取任意偶数根,不能在多于 a 堆里面同时取,但在各堆中都不能取出偶数根的时候,可以在 a 堆或少于 a 堆里面各取奇数根(当然只能取出一根).

在解决这几个问题以前,我们规定下面的几个定义.设 m 堆火柴中各堆的根数为 $n_1,n_2,\cdots,n_m$,不妨先假定满足条件 $0<n_1\leqslant n_2\leqslant\cdots\leqslant n_m$.

定义1　整数系的第 j 位总和.下面把 m 个正整数 $n_1,n_2,\cdots,n_m$ 的全体叫做整数系 N.如果 N 中各数都用二进制写出来,也就是用2的乘幂写出来,我们就有下列各式

$$n_1=a_{10}2^0+a_{11}2^1+\cdots+a_{1j}2^j+\cdots+a_{1p}2^p$$

$$\vdots$$

$$n_i=a_{i0}2^0+a_{i1}2^1+\cdots+a_{ij}2^j+\cdots+a_{iq}2^q$$

$$\vdots$$

$$n_m = a_{m0}2^0 + a_{m1}2^1 + \cdots + a_{mj}2^j + \cdots + a_{mr}2^r$$

这里 a_{ij} 只能够等于0或1. 当 $a_{ij}=1$ 的时候，n_i 就叫做有第 j 位；当 $a_{ij}=0$ 的时候，n_i 就叫做没有第 j 位. 如果整数系 N 中各数的第 j 位都相加起来，所得总和叫做 A_j，也就是 $A_j = a_{1j} + a_{2j} + \cdots + a_{mj} = \sum_{i=1}^{m} a_{ij}$ 的时候，我们就把这总和 A_j 叫做整数系 N 的第 j 位总和. j 可以是任意正整数，也可以等于零.

定义2　灵活系与呆板系. 如果整数系 N 中所有 j 位总和 $A_j(j=0,1,2,\cdots)$ 都是偶数，也就是 $A_j \equiv 0(\bmod 2)(j=0,1,2,\cdots)$ 的时候. N 就叫做1阶灵活系，也叫做对于1是灵活的.

如果整数系 N 中所有 j 位总和 A_j 都满足 $A_j \equiv 0(\bmod a+1)(j=0,1,2,\cdots)$ 的时候，N 就叫做 a 阶灵活系，也叫做对于 a 是灵活的.

如果整数系 N 中各数满足 $A_0 \equiv 1(\bmod 2)$，$A_j \equiv 0(\bmod 2)(j>0)$ 的时候，N 就叫做1阶1级灵活系.

如果整数系 N 中各数满足 $A_b \equiv 1(\bmod a+1)$，$A_j \equiv 0(\bmod a+1)(j \neq b)$ 的时候，N 就叫做 a 阶 b 级灵活系.

如果 N 不是灵活系，我们就把它叫做呆板系.

2. 定理的证明

这一节的几个定理，是解决1中各问题的准备工作.

定理1　如果

$$n_i = a_{i0}2^0 + a_{i1}2^1 + \cdots + a_{iq}2^q$$

$$u = 2^s(2v+1), n_i > u$$

$$n_i - u = b_{i0}2^0 + b_{i1}2^1 + \cdots + b_{ip}2^p$$

那么当 $j<s$ 的时候，就有 $b_{ij}=a_{ij}$；又当 $j=s$ 的时候就有 $b_{js} \neq a_{is}$. 这就是说 n_i 与 n_i-u 的第 s 位不同，但第 s 位以前各位完全相同.

证明　这是因为 $u=2^s(2v+1)$ 的第 s 位等于1，而第 s 位以前各位都等于0，所以 n_i-u 的第 s 位与 n_i 的第 s 位不同，而它们第 s 位以前各位都完全相同.

定理2　从1阶灵活系中减少任意一数，它就变成呆板的. 反过来说，在呆板系中适当地减少某一数，它就能变成1阶灵活的.

定理3　从 a 阶灵活系中减少任意 a 个数，它就变成呆板的. 反过来说，在呆板系中适当地减少某 a 个数，它就能变成 a 阶灵活的.

定理4　从1阶1级灵活系中减少任意一数，或在两数中减少成1:2的数目，新的系就变成呆板的. 反过来说，从呆板系中适当地减少某一数，或在两数中适当地减少成1:2的数目，新的系就变成1阶1级灵活系.

证明 这是因为,从1阶1级灵活系N中减少任意一数,根据定理1,这数至少有一位要变动.于是系N总有某一位的总和改变了奇偶性,也就是说1阶1级灵活系N变成呆板系了.又从N的任意两数中适当地减少成1:2的数目,我们可以假定从n_i中减去$2^s(2v+1)$,从n_{i+1}中减去$2^{s+1}(2v+1)$.于是根据定理1可以看出n_i的第s位已经变动,而n_{i+1}的第s位没有变动,因此N的第s位总和改变了奇偶性,也就是说N变成呆板的了.

定理的第一部分已经证明,下面是第二部分.再分下列三种情况.

(1)系N中有一个$j(j>0)$位总和是奇数的时候.这时总可以找到最大的s使$A_s\equiv1(\mathrm{mod}2)$.假设$n_i$含有第$s$位(即$a_{is}\equiv1$),我们就可以按照定理1在$n_i$中减少一个数目$u$使$n_i-u$中没有第$s$位,而且$n_i-u$中小于$s$大于0的各位数字,有下列的变化:

ⅰ 当n_i中有这位数字,而N中这位的总和是奇数的时候,就使n_i-u中去掉一段第0位.

ⅱ 当n_i中没有第0位,而N中第0位总和是偶数的时候,就使n_i-u中添加第0位.

ⅲ 不论n_i中有或没有第0位,而N中第0位总和是奇数的时候,就使n_i-u中第0位与n_i中第0位完全一样.

这样N就满足$A_0\equiv1(\mathrm{mod}2)$,$A_j\equiv0(\mathrm{mod}2)(j>0)$,也就是系$N$变成1阶1级灵活系了.

(2)系N中所有j位总和都是偶数而$A_0\neq0$的时候.这时只要去掉一个有第0位数的第0位,N就变成1阶1级灵活系了.

(3)系N中所有j位总和都是偶数而$A_0=0$的时候.这时总可以找到最小的s而$A_s\neq0$.假设n_i与n_{i+1}都有第s位,我们只要把这两数的某一个减去1,另外一个减去2,就使N变成1阶1级灵活系了.

根据上述三种情况,定理4就完全证明了.

定理5 从a阶1级灵活系中减少任意a个数,或在$a+1$个数中减少成$1:2:2:\cdots:2$的数目,新的系就变成呆板的.反过来说,从呆板系中适当地减少某a个数,或在$a+1$个数中适当地减少成$1:2:2:\cdots:2$的数目,新的系就变成a阶1级灵活系.

证明 这是因为,从a阶1级灵活系N中减少任意a个数,根据定理3,这时N中至少有一位的总和要变动.假设第j位总和有变动,变动了b.因为$|b|<a$,所以$A_j-b\not\equiv0(\mathrm{mod}\,a+1)(j>0)$或$A_j-b\not\equiv1(\mathrm{mod}\,a+1)(j=0)$.因此$N$已经不是$a$阶1级灵活系了.

又在$a+1$个数中减少成$1:2:2:\cdots:2$的数目,这时假设减去的是$2^s(2v$

$+1)$ 与 a 个 $2^{s+1}(2v+1)$. 根据定理1,就知道 N 中第 s 位总和有变动. 因此 N 不是 a 阶1级灵活系了.

定理的第一部分已经证明,下面是第二部分. 再分下列三种情况:

(1) 系 N 中有一个 $j(j>0)$ 位总和 $A_j \neq 0(\bmod a+1)$. 这时仿照定理3(只第0位总和的变更略有不同),就可以使 N 变成 a 阶1级灵活系了.

(2) 系 N 中所有 j 位总和 $A_j \equiv 0(\bmod a+1)$ 而 $A_0 \neq 0$. 这时只要适当地去掉 a 个有第0位数的第0位,N 就变成 a 阶1级灵活系了.

(3) 系 N 中所有 j 位总和 $A_j \equiv 0(\bmod a+1)$ 而 $A_0=0$. 这时总可以找到最小的 s 而 $A_s \neq 0$. 于是只要在 a 个有第 s 位数的数中都减去2,而在另一个有第 s 位的数中减去1,就使 N 变成 a 阶1级灵活系了.

根据上述三种情况,定理就完全证明了.

定理6 从 a 阶2级灵活系中减少任意 a 个数,新的系就变成呆板的. 但变动呆板系中任意 a 个数不一定把它变成 a 阶2级灵活的. 如果呆板系 N 中 $A_1 \neq 0$ 或者有一个 $A_j \neq 0(\bmod a+1)(j>1)$,那么适当地减少 N 中 a 个数就可以把它变成 a 阶2级灵活的.

证明 这是因为,从 a 阶2级灵活系 N 中减少任意 a 个数,根据定理3,这时 N 中至少有一位的总和要变动. 因此 N 就不是 a 阶2级灵活系了.

如果 N 中 $A_1=0$ 而其他的 $A_j \equiv 0(\bmod a+1)(j \neq 1)$,这时变动 N 中任意 a 个数就不能使它成为 a 阶2级灵活的. 这是因为,当 $m<a+1$ 而所有 $A_j=0$ $(j>1)$ 的时候,显然没有方法使 $A_1 \equiv 1(\bmod a+1)$. 又当 N 中有一个 j 使 $A_j \neq 0$ 的时候,我们就要变动第 $s(s>1)$ 位才有可能使 $A_1 \equiv 1(\bmod a+1)$,但这样第 s 位总和 $A_s \neq 0(\bmod a+1)$,因此仍然没有方法使 N 成为 a 阶2级灵活的.

至于呆板系 N 中 $A_1 \neq 0$ 或有一个 $j(j>1)$ 而 $A_j \neq 0(\bmod a+1)$ 的情形,我们根据定理3就可以适当地把 N 变成 a 阶2级灵活的. 因此定理6完全得证.

3. 问题的答案

根据上面的定理就得到1中各个问题的答案.

问题1的答案 如果 N 是1阶1级灵活系,先取的人就一定输.

证明 因为1是最小的1阶1级灵活系,根据定理4,就知道答案是正确的.

问题2的答案 如果 N 是 a 阶1级灵活系,先取的人就一定输.

证明 因为1是最小的 a 阶1级灵活系,根据定理5,就知道答案是正确的.

问题3的答案

这时可以分两种情形.

(1) 如果每堆火柴只有一根,而且堆数是一个奇数,也就是 $n_1 = n_2 = \cdots = n_m = 1, m \equiv 1(\mathrm{mod}2)$ 的时候,先取的人一定输.

(2) 如果 N 是1阶灵活系,而且至少有一堆火柴不只一根. $n_m > 1$ 的时候,先取的人一定输.

证明 第(1) 种情形的答案显然是正确的,因为这时每人每次只能取一根火柴.

下面证明第(2) 种情形的答案也是正确的,这时如果先取的人只在一堆中取,按照定理2 他一定把1 阶灵活系 N 变成呆板的. 于是后取的人再按照定理2 一定可以把这个呆板系变成1 阶灵活系.

如果先取的人在两堆中取,假设取出的根数分别是 $2^s(2v+1)$ 与 $2k \cdot 2^s(2v+1) = 2^{s+t}(2w+1)$. 因为 $k \geqslant 1$,所以 $t \geqslant 1$. 根据定理1 就知道先取的人把 N 变成呆板系了. 又根据定理4,就知道后取的人还可以把这个呆板系变成1 阶灵活系.

这样推下去,总有一次后取的人会遇到下面的呆板系 N,这 N 中只有一堆的根数大于1,其余各堆的根数都等于1. 这时如果根数是1 的堆数,恰恰是一个奇数,后取的人就可以把根数大于1 的那堆全部取去. 如果根数是1 的堆数,恰恰是一个偶数,后取的人就可以把根数大于1 的那堆取成只剩下一根. 这样就变成第(1) 种情形. 因此答案是正确的.

问题4 的答案

这时可以分两种情形.

(1) 如果每堆火柴只有一根,而且堆数用 $a+1$ 除的剩余恰恰是1,也就是 $n_m = 1, m \equiv 1(\mathrm{mod}a+1)$ 的时候,先取的人一定输.

(2) 如果 N 是 a 阶灵活系,而且至少有一堆火柴不只一根($n_m > 1$) 的时候,先取的人一定输.

证明 第(1) 种情形的答案显然是正确的. 因为这时每人每次最多只能取 a 根火柴.

下面证明第(2) 种情形的答案也是正确的. 这与问题3 的答案中所说第(2) 种情形相似,利用定理5,后取的人每次可以把遇见的呆板系变成 a 阶灵活系.

这样推下去,总有一次后取的人会遇到下面的呆板系 N,这 N 中只有少于 $a+1$ 个堆的根数大于1,其余各堆的根数都不大于1. 这时后取的人只要把根数大于1 的那些堆适当地取去一些就可以使 N 变成第(1) 种情形. 因此答案是正确的.

问题5 的答案

这时可以分成三种情形.

(1) 如果 N 是 1 阶 1 级灵活系,先取的人一定输.

(2) 如果 N 中每堆最多根数等于 3,而且 N 是 1 阶 2 级灵活系,先取的人一定输.

(3) 如果 N 中至少有一堆的根数大于 3,而且 N 是 1 阶灵活系,先取的人一定输.

证明 根据定理 1,先取的人取出偶数根,使 N 变成呆板的,而 A_0 不曾变动. 于是根据定理 2,后拿的人可以使这呆板系变成 1 阶灵活系. 又因为 1 是最小的 1 阶 1 级灵活系,所以答案(1) 是正确的.

答案(2) 的正确性是因为根据定理1,先取的人只能把1 阶2 级灵活系变成呆板的. 这时如果呆板系中 $A_1 \neq 0$,根据定理6,后取的人就可以把它变成1 阶2 级灵活系. 如果呆板系中 $A_1 = 0$,但因为 $A_0 \equiv 0(\mathrm{mod}2)$,所以先取的人一定输.

答案(3) 的正确性,可以参见下面定理 6 中答案(3) 的证明.

问题 6 的答案

这时又可以分成三种情形.

(1) 如果 N 是 a 阶 1 级灵活系,先取的人一定输.

(2) 如果 N 中每堆最多根数等于 3,而且 N 是 a 阶 2 级灵活系,先取的人一定输.

(3) 如果 N 中至少有一堆的根数大于 3,而且 N 是 a 阶灵活系,先取的人一定输.

证明 答案(1) 与答案(2) 的正确性与问题 5 中答案(1)(2) 相似,证明从略.

答案(3) 的正确性是因为按照取火柴规定,先取的人一定把 a 阶灵活系 N 变成呆板的(定理 3),但 A_0 没有变动. 这样后取的人可以使这呆板系变成 a 阶灵活的,一直到遇到下面的呆板系 N. 这 N 中只有少于 $a+1$ 个堆的根数大于 3,其余各堆的根数都不大于 3. 这时根据定理 6,后取的人可以把这样的呆板系变成 a 阶 2 级灵活系并满足第(2) 种情形的条件. 因此答案(3) 完全得证.

4. 没有解决的问题

我们把 1 中所提的问题稍加改变如下.

有 m 堆火柴,假定两人轮流来取,每次最少取一根,并且取最后一根的算输. 如果规定每人每次可以在一堆里面取任意根,也可以在两堆里面取,但不能在多于两堆里面同时取,并且在两堆里面取的时候,一堆取出的根数是另一堆取出根数的 3 倍. 问怎样的情形先取的人赢,怎样的情形先取的人输?

这是一个还没有解决的问题. (罗卓林)

参考文献

[1] 马里·别多隆多.数学益智游戏250例[M].木力青,凌青奇,译.福州:福建科学技术出版社,1986.

[2] 克利福德 A 皮科夫.天才设题智者解题[M].夏露,译.北京:现代出版社,2004.

[3] BRIAN BOLT.数学乐园——老谋深算[M].黄启明,译.杭州:浙江科学技术出版社,1999.

[4] BRIAN BOLT.数学乐园——趣味盎然[M].黄启明,译.杭州:浙江科学技术出版社,1999.

[5] BRIAN BOLT.数学乐园——举一反三[M].黄启明,译.杭州:浙江科学技术出版社,1999.

[6] BRIAN BOLT.数学乐园——茅塞顿开[M].黄启明,译.杭州:浙江科学技术出版社,1999.

[7] BRIAN BOLT.数学乐园——触类旁通[M].黄启明,译.杭州:浙江科学技术出版社,1999.

[8] 中国数学奥林匹克委员会编译.环球城市数学竞赛问题与解答(1)、(2)[M].北京:开明出版社,2004.

[9] 沈康身.数学的魅力[M].上海:辞书出版社,2004.

[10] 王志雄.数学美食城[M].北京:民主与建设出版社,2000.

[11] 波利亚 G,费尔帕特里克 J.数学锻炼大脑——斯坦福大学数学试题与解答[M].陆柱家,译.北京:科学普及出版社,2003.

[12] 康庆德.组合数学趣话[M].石家庄:河北科学技术出版社,1999.

[13] Peter Hilton Derek Holton Jean Pedersen. Mathematical Vistas[M]. Springer, 2002

[14] Clifford A. Pickover. THE ZEN OF MAGIC SQUARES, CIRCIES, AND STARS[M]. New York:Princeton University Press,2002.

[15] Clifford A. Pickover. Wonders of Numbers[M]. London:Oxford University Press, 2001.

[16] 罗斯·亨斯贝格.奇妙的问题绝妙的解法——近百年来初等数学趣题精选及解答[M].王瑞金,阎光杰,王英双,译.长春:东北师范大学出版社,1991.

[17] 王子侠,单墫. 对应[M]. 北京:科学技术文献出版社,1989.
[18] 单墫,葛军,刘亚强. 第 30 届国际数学竞赛预选题[M]. 北京:北京大学出版社,1990.
[19] 苏淳. 苏联数学奥林匹克试题汇编(1988 ~ 1991)[M]. 北京:北京大学出版社,1992.
[20] 史坦因豪斯. 数学万花镜[M]. 裘光明,译. 上海:上海教育出版社,1981.
[21] 马丁·加德纳. 啊哈! 灵机一动[M]. 白英彩,崔良沂,译. 上海:上海科学技术文献出版社,1981.
[22] 史坦因豪斯. 又一百个数学问题[M]. 庄亚栋,译. 上海:上海教育出版社,1980.
[23] 格雷厄姆 I A. 培养数学上的机智[M]. 李文锦,张钟静,王鸣阳,何云艺,译. 北京:科学出版社,1984.
[24] 史坦因豪斯. 数学 100 题[M]. 王宝霁,译. 北京:科学普及出版社,1982.
[25] 中村义作. 数学天才 100[M]. 刘雪卿,译. 杭州:浙江文艺出版社,2001.
[26] 乔治 J. 萨默斯. 逻辑推理新趣题[M]. 林自新,译. 上海:上海科技教育出版社,1999.
[27] 西奥妮·帕帕斯. 数学的奇妙[M]. 陈以鸿,译. 上海:上海科技教育出版社,1999.
[28] 亨斯贝格 R. 数学瑰宝(第二辑,第三辑)[M]. 任登祥,译. 成都:四川教育出版社,1989.
[29] 汉斯·拉德梅彻,奥托·托普利茨. 数学欣赏[M]. 左平,译. 北京:北京出版社,1981.
[30] 耶·勃罗夫金,斯·斯特拉谢维奇. 波兰数学竞赛题解[M]. 朱尧辰,译. 北京:知识出版社,1982.
[31] 维申斯基 B A,卡塔肖夫 H B,米哈依洛夫斯基 B И,雅特连科 M И. 基辅数学奥林匹克试题集[M]. 何声武,等译. 上海:上海科学普及出版社,1989.
[32] ВАСИЛЬЕВ Н Б, ЕГОРОВ А А. 全苏数学奥林匹克试题[M]. 李墨卿,等译. 济南:山东教育出版社,1990.
[33] 刘裔宏. 普特南数学竞赛(1938 ~ 1980)[M]. 长沙:湖南科学技术出版社,1983.
[34] 嘎尔别林 Г А,托尔贝戈 А К. 第 1 ~ 50 届莫斯科数学奥林匹克[M]. 苏淳,等译. 北京:科学出版社,1990.
[35] WILLIAMS K S, HARDY K. 北美数学竞赛 100 题[M]. 候晋川,等译. 西

安:陕西师范大学出版社,1990.

[36] 库尔沙克 И,诸依柯姆 Л,哈约希 Л,舒拉里 Я. 匈牙利奥林匹克数学竞赛题解[M]. 胡湘陵,译. 北京:科学普及出版社,1979.

[37] 数学奥林匹克题库编译小组. 美国中学生数学竞赛题解[M]. 天津:天津新营出版社,1991.

[38] HUNTIEY H E. THE DIVINE PROPO RTION[M]. New York:Dover Publications INC., 1970.

[39] T. SUNDURA ROW. Geometric Exercises in puper folding[M]. New York: Dover Publications, INC., 1966.

[40] 丁石孙. 乘电梯·翻硬币·游迷宫·下象棋[M]. 北京:北京大学出版社,1993.

[41] 丁石孙. 登山·赝币·红绿灯[M]. 北京:北京大学出版社,1997.

[42] 查·特里格. 数学趣题巧解[M]. 郑元禄,译. 福州:福建人民出版社,1983.

[43] 米盖尔·德·古斯曼. 数学探奇[M]. 周克希,译. 上海:上海教育出版社,1993.

[44] 陶臣铨,毛澍芬. 训练思维的数学趣题[M]. 上海:上海科技教育出版社,2002.

[45] 马丁·加德纳. 萨姆·劳埃德的数学趣题续编[M]. 谈祥柏,译. 上海:上海科技教育出版社,1999.

[46] 潘庆平,等. 走进数学王国[M]. 重庆:重庆出版社,1999.

[47] 吴振奎,吴旻,吴健. 名人趣题妙解[M]. 天津:天津教育出版社,2001.

[48] 沈康身. 历史数学名题赏析[M]. 上海:上海教育出版社,2002.

[49] 单墫. 数学名题词典[M]. 南京:江苏教育出版社,2002.

[50] 王俊邦,罗振声. 趣味离散数学[M]. 北京:北京大学出版社,1998.

[51] 张润青. 趣味数学游戏[M]. 北京:科学普及出版社,1979.

[52] 冲田浩. 数学爆发力[M]. 袁震美,译. 北京:现代出版社,2004.

[53] 冲田浩. 数学新干线[M]. 张丽云,译. 北京:现代出版社,2004.

[54] 马丁·加德纳. 斯芬克斯之谜——超级数学推理游戏[M]. 叶发根,译. 上海:世界图书出版公司,2004.

后　记

像所有作者一样,在后记中首先需要指出的一点是:对于这部近70万字的数学书来说错误是难免的.这决不是一句客套话,因为像《吕氏春秋》那样公布于咸阳城门予千金而世人不能改一字的情形,在数学书中是不存在的.非但我们普通数学工作者做不到,就是著名的数学家也难于实现.有一个典型的例子是世界编码学权威、美国数学家贝利肯普(Berlekamp)1968年曾出版了一本专著《代数编码论》(*Algebraic Coding Theory*).这部世界公认的经典著作,被译成了多国文字.但贝利肯普过于自信,以至于在序言中写到:“谁人头一个指出书中的任何错误,上至数字弄错了,下至排版错了,我都愿意酬谢美金一元!”出乎他的意料,到1978年冬天为止,已经发现了错误250个,光是勘误表就印了13页,为此大话,他支付了数百美金.

更有甚者,在1935年一位叫勒卡(Lecat)的比利时人编写了一本叫做《数学家的错误》(*Errenrs de mathématiciens*)的书,它收集了从有数学以来直至1900年前后著名数学家的错误证明或论断,全书超过了130页!

其次要说的是:在今天出版这样一本数学趣味题集,可以说是不太合"时宜"的,因为现实对人们的教育,似乎可以用英国作者威廉·萨默塞特·毛姆的一部短篇小说来形容.

小说的主人公是某一教堂的仆役,在一次鉴定神职人员时发现他是文盲,所以他被解雇了.于是他开始成为卖烟的小贩,后来买下了烟铺,又买下了另一些铺子……商业上飞黄腾达,使他成为全城最富的人和该城的市长.当记者采访他时,他说他是文盲.记者不禁惊呼:"若你有文化,你将获得怎样伟大的成就!"他回答得非常干脆:"我可能还是教堂的仆役."

我们国家正处于经济腾飞阶段,一些人似乎以为经济是中心,其它一切都是无所谓的,实际上这是一种短视,是极为有害的.1992年在庆祝俄国数学家鲍里斯·弗拉基米拉维奇·格涅坚科八十寿辰时,这位世界级概率大师不无感慨地指出:"1965年1966年之间我们的国家陷于深刻的经济和知识的危机中,国家像顾不上科学,并有这样的说法,让学者们到国外去,到那里避过祖国最艰难的岁月,说这些话的人忘了这样的结论导致最具生产力的中间阶层的外流,而这些人本应把自己的知识、自己的聪明才智交给年青一代.如果这种传授不是系统地进行,则学校经过10~15年后就会垮台,要恢复就不可能了."

他山之石可以攻玉,做为一个国家,历史上的许多教训是应当汲取的.被誉为数学之神的阿基米德在公元前221年被罗马士兵杀害了,对此,德国著名数学大师A.N.怀特黑特曾感慨地说:"阿基米德死于一个罗马士兵之手是一个世界发生头等重要变化的标志,即爱好抽象科学、擅长推理的古希腊在欧洲的霸主地位被重实用的罗马所取代了."罗马是一个伟大的民族,但他们却深受只为实用而无创造性的思想之害.的确,罗马帝国的斗牛场、公共浴池、城市交通、公共设施比古希腊不知要豪华多少,但唤醒人类理性意识,建立现代文明的却是希腊文化——为数学所主宰的文化.而目光短浅的罗马人建立的是一种片面的、模仿性的、二流水准的文化.在他们统治的几个世纪里,依靠被他们统治的希腊人,才能弥补灵感和创造性思维的缺乏.当奥古斯都着手建造帝国检阅台时,他不得不下令召来亚历山大里亚——希腊本地的一个地方专家;当凯撒(Caeser,公元前100年~前44年)准备修订历法时,他也是只能请亚历山大历亚人.智慧之泉快枯竭了,罗马人才意识到只增加喷泉中的雕塑而忽视水源是错误的,可惜为时晚矣!罗马历史给我们的教训是,蔑视高度抽象的数学理论会给文明的发展带来不可估量的损失.我们数学教育工作者都应以向民众普及数学、传播数学为目标，正像涅格里坚格所说："为了向前走，我们永远需要有生活目的. 当生活失去目标时，积极生活的本身也就停止了."

在编写这本貌似可以轻松阅读而实则非同寻常的题集时，始终有一个问题需要有一个肯定的答复，即为什么会有人认真地去做这些题目呢？匈牙利数学奥林匹克竞赛优胜者、著名数学家舍贵(G. Szegö)说过一段很精辟的话. 他说："我们不应该忘记，解任何一道有价值的题目，很少有容易得来而毋需刻苦钻研的. 相反地，它往往是几天，几星期甚至几个月竭尽脑力的结果. 为什么年轻人愿意花费这么多精力呢？这大概是对某种价值本能的偏爱，即把智力创造和精神成就看得高于物质利益的态度. 这种价值标准的建立只能是社会风尚和文化环境长期熏陶发展的结果，那是很难通过政府的帮助甚至是学术上对数学学科加强培训来加速进行的. 向年轻人显示智力创作之美，使他们体验到从事伟大和成功的智力创造后的满足，是确立这种价值标准最有效的手段."

刘培杰

2013年10月

敬告读者

本书所选少部分内容是数学大师的经典之作，在本书编辑过程中，我们尽可能与选文的作者或译者取得联系，并得到他们的授权．虽经过多方努力，但仍有个别译者未联系上．美文难以割舍，我们考虑再三，还是决定先选入本书．对此，我们深表歉意．希望相关学者看到本书后，及时与我们联系著作权使用相关事宜．

联 系 人：杜莹雪

联系电话：0451-86281406

E-mail：lpj1378@163.com

哈尔滨工业大学出版社

2013 年 10 月

刘培杰数学工作室

已出版(即将出版)图书目录——初等数学

书　　名	出版时间	定　价	编号
新编中学数学解题方法全书(高中版)上卷(第2版)	2018—08	58.00	951
新编中学数学解题方法全书(高中版)中卷(第2版)	2018—08	68.00	952
新编中学数学解题方法全书(高中版)下卷(一)(第2版)	2018—08	58.00	953
新编中学数学解题方法全书(高中版)下卷(二)(第2版)	2018—08	58.00	954
新编中学数学解题方法全书(高中版)下卷(三)(第2版)	2018—08	68.00	955
新编中学数学解题方法全书(初中版)上卷	2008—01	28.00	29
新编中学数学解题方法全书(初中版)中卷	2010—07	38.00	75
新编中学数学解题方法全书(高考复习卷)	2010—01	48.00	67
新编中学数学解题方法全书(高考真题卷)	2010—01	38.00	62
新编中学数学解题方法全书(高考精华卷)	2011—03	68.00	118
新编平面解析几何解题方法全书(专题讲座卷)	2010—01	18.00	61
新编中学数学解题方法全书(自主招生卷)	2013—08	88.00	261
数学奥林匹克与数学文化(第一辑)	2006—05	48.00	4
数学奥林匹克与数学文化(第二辑)(竞赛卷)	2008—01	48.00	19
数学奥林匹克与数学文化(第二辑)(文化卷)	2008—07	58.00	36′
数学奥林匹克与数学文化(第三辑)(竞赛卷)	2010—01	48.00	59
数学奥林匹克与数学文化(第四辑)(竞赛卷)	2011—08	58.00	87
数学奥林匹克与数学文化(第五辑)	2015—06	98.00	370
世界著名平面几何经典著作钩沉——几何作图专题卷(共3卷)	2022—01	198.00	1460
世界著名平面几何经典著作钩沉(民国平面几何老课本)	2011—03	38.00	113
世界著名平面几何经典著作钩沉(建国初期平面三角老课本)	2015—08	38.00	507
世界著名解析几何经典著作钩沉——平面解析几何卷	2014—01	38.00	264
世界著名数论经典著作钩沉(算术卷)	2012—01	28.00	125
世界著名数学经典著作钩沉——立体几何卷	2011—02	28.00	88
世界著名三角学经典著作钩沉(平面三角卷Ⅰ)	2010—06	28.00	69
世界著名三角学经典著作钩沉(平面三角卷Ⅱ)	2011—01	38.00	78
世界著名初等数论经典著作钩沉(理论和实用算术卷)	2011—07	38.00	126
发展你的空间想象力(第3版)	2021—01	98.00	1464
空间想象力进阶	2019—05	68.00	1062
走向国际数学奥林匹克的平面几何试题诠释.第1卷	2019—07	88.00	1043
走向国际数学奥林匹克的平面几何试题诠释.第2卷	2019—09	78.00	1044
走向国际数学奥林匹克的平面几何试题诠释.第3卷	2019—03	78.00	1045
走向国际数学奥林匹克的平面几何试题诠释.第4卷	2019—09	98.00	1046
平面几何证明方法全书	2007—08	35.00	1
平面几何证明方法全书习题解答(第2版)	2006—12	18.00	10
平面几何天天练上卷·基础篇(直线型)	2013—01	58.00	208
平面几何天天练中卷·基础篇(涉及圆)	2013—01	28.00	234
平面几何天天练下卷·提高篇	2013—01	58.00	237
平面几何专题研究	2013—07	98.00	258
平面几何解题之道.第1卷	2022—05	38.00	1494
几何学习题集	2020—10	48.00	1217
通过解题学习代数几何	2021—04	88.00	1301
圆锥曲线的奥秘	2022—06	88.00	1541

刘培杰数学工作室
已出版(即将出版)图书目录——初等数学

书　　名	出版时间	定　价	编号
最新世界各国数学奥林匹克中的平面几何试题	2007-09	38.00	14
数学竞赛平面几何典型题及新颖解	2010-07	48.00	74
初等数学复习及研究(平面几何)	2008-09	68.00	38
初等数学复习及研究(立体几何)	2010-06	38.00	71
初等数学复习及研究(平面几何)习题解答	2009-01	58.00	42
几何学教程(平面几何卷)	2011-03	68.00	90
几何学教程(立体几何卷)	2011-07	68.00	130
几何变换与几何证题	2010-06	88.00	70
计算方法与几何证题	2011-06	28.00	129
立体几何技巧与方法	2014-04	88.00	293
几何瑰宝——平面几何 500 名题暨 1500 条定理(上、下)	2021-07	168.00	1358
三角形的解法与应用	2012-07	18.00	183
近代的三角形几何学	2012-07	48.00	184
一般折线几何学	2015-08	48.00	503
三角形的五心	2009-06	28.00	51
三角形的六心及其应用	2015-10	68.00	542
三角形趣谈	2012-08	28.00	212
解三角形	2014-01	28.00	265
探秘三角形:一次数学旅行	2021-10	68.00	1387
三角学专门教程	2014-09	28.00	387
图天下几何新题试卷.初中(第 2 版)	2017-11	58.00	855
圆锥曲线习题集(上册)	2013-06	68.00	255
圆锥曲线习题集(中册)	2015-01	78.00	434
圆锥曲线习题集(下册·第 1 卷)	2016-10	78.00	683
圆锥曲线习题集(下册·第 2 卷)	2018-01	98.00	853
圆锥曲线习题集(下册·第 3 卷)	2019-10	128.00	1113
圆锥曲线的思想方法	2021-08	48.00	1379
圆锥曲线的八个主要问题	2021-10	48.00	1415
论九点圆	2015-05	88.00	645
近代欧氏几何学	2012-03	48.00	162
罗巴切夫斯基几何学及几何基础概要	2012-07	28.00	188
罗巴切夫斯基几何学初步	2015-06	28.00	474
用三角、解析几何、复数、向量计算解数学竞赛几何题	2015-03	48.00	455
用解析法研究圆锥曲线的几何理论	2022-05	48.00	1495
美国中学几何教程	2015-04	88.00	458
三线坐标与三角形特征点	2015-04	98.00	460
坐标几何学基础.第 1 卷,笛卡儿坐标	2021-08	48.00	1398
坐标几何学基础.第 2 卷,三线坐标	2021-09	28.00	1399
平面解析几何方法与研究(第 1 卷)	2015-05	18.00	471
平面解析几何方法与研究(第 2 卷)	2015-06	18.00	472
平面解析几何方法与研究(第 3 卷)	2015-07	18.00	473
解析几何研究	2015-01	38.00	425
解析几何学教程.上	2016-01	38.00	574
解析几何学教程.下	2016-01	38.00	575
几何学基础	2016-01	58.00	581
初等几何研究	2015-02	58.00	444
十九和二十世纪欧氏几何学中的片段	2017-01	58.00	696
平面几何中考.高考.奥数一本通	2017-07	28.00	820
几何学简史	2017-08	28.00	833
四面体	2018-01	48.00	880
平面几何证明方法思路	2018-12	68.00	913

刘培杰数学工作室
已出版(即将出版)图书目录——初等数学

书名	出版时间	定价	编号
平面几何图形特性新析.上篇	2019—01	68.00	911
平面几何图形特性新析.下篇	2018—06	88.00	912
平面几何范例多解探究.上篇	2018—04	48.00	910
平面几何范例多解探究.下篇	2018—12	68.00	914
从分析解题过程学解题:竞赛中的几何问题研究	2018—07	68.00	946
从分析解题过程学解题:竞赛中的向量几何与不等式研究(全2册)	2019—06	138.00	1090
从分析解题过程学解题:竞赛中的不等式问题	2021—01	48.00	1249
二维、三维欧氏几何的对偶原理	2018—12	38.00	990
星形大观及闭折线论	2019—03	68.00	1020
立体几何的问题和方法	2019—11	58.00	1127
三角代换论	2021—05	58.00	1313
俄罗斯平面几何问题集	2009—08	88.00	55
俄罗斯立体几何问题集	2014—03	58.00	283
俄罗斯几何大师——沙雷金论数学及其他	2014—01	48.00	271
来自俄罗斯的5000道几何习题及解答	2011—03	58.00	89
俄罗斯初等数学问题集	2012—05	38.00	177
俄罗斯函数问题集	2011—03	38.00	103
俄罗斯组合分析问题集	2011—01	48.00	79
俄罗斯初等数学万题选——三角卷	2012—11	38.00	222
俄罗斯初等数学万题选——代数卷	2013—08	68.00	225
俄罗斯初等数学万题选——几何卷	2014—01	68.00	226
俄罗斯《量子》杂志数学征解问题100题选	2018—08	48.00	969
俄罗斯《量子》杂志数学征解问题又100题选	2018—08	48.00	970
俄罗斯《量子》杂志数学征解问题	2020—05	48.00	1138
463个俄罗斯几何老问题	2012—01	28.00	152
《量子》数学短文精粹	2018—09	38.00	972
用三角、解析几何等计算解来自俄罗斯的几何题	2019—11	88.00	1119
基谢廖夫平面几何	2022—01	48.00	1461
数学:代数、数学分析和几何(10—11年级)	2021—01	48.00	1250
立体几何.10—11年级	2022—01	58.00	1472
直观几何学:5—6年级	2022—04	58.00	1508

书名	出版时间	定价	编号
谈谈素数	2011—03	18.00	91
平方和	2011—03	18.00	92
整数论	2011—05	38.00	120
从整数谈起	2015—10	28.00	538
数与多项式	2016—01	38.00	558
谈谈不定方程	2011—05	28.00	119
质数漫谈	2022—07	68.00	1529

书名	出版时间	定价	编号
解析不等式新论	2009—06	68.00	48
建立不等式的方法	2011—03	98.00	104
数学奥林匹克不等式研究(第2版)	2020—07	68.00	1181
不等式研究(第二辑)	2012—02	68.00	153
不等式的秘密(第一卷)(第2版)	2014—02	38.00	286
不等式的秘密(第二卷)	2014—01	38.00	268
初等不等式的证明方法	2010—06	38.00	123
初等不等式的证明方法(第二版)	2014—11	38.00	407
不等式・理论・方法(基础卷)	2015—07	38.00	496
不等式・理论・方法(经典不等式卷)	2015—07	38.00	497
不等式・理论・方法(特殊类型不等式卷)	2015—07	48.00	498
不等式探究	2016—03	38.00	582
不等式探秘	2017—01	88.00	689
四面体不等式	2017—01	68.00	715
数学奥林匹克中常见重要不等式	2017—09	38.00	845

刘培杰数学工作室
已出版(即将出版)图书目录——初等数学

书　　名	出版时间	定　价	编号
三正弦不等式	2018－09	98.00	974
函数方程与不等式:解法与稳定性结果	2019－04	68.00	1058
数学不等式.第1卷,对称多项式不等式	2022－05	78.00	1455
数学不等式.第2卷,对称有理不等式与对称无理不等式	2022－05	88.00	1456
数学不等式.第3卷,循环不等式与非循环不等式	2022－05	88.00	1457
数学不等式.第4卷,Jensen不等式的扩展与加细	2022－05	88.00	1458
数学不等式.第5卷,创建不等式与解不等式的其他方法	2022－05	88.00	1459
同余理论	2012－05	38.00	163
[x]与{x}	2015－04	48.00	476
极值与最值.上卷	2015－06	28.00	486
极值与最值.中卷	2015－06	38.00	487
极值与最值.下卷	2015－06	28.00	488
整数的性质	2012－11	38.00	192
完全平方数及其应用	2015－08	78.00	506
多项式理论	2015－10	88.00	541
奇数、偶数、奇偶分析法	2018－01	98.00	876
不定方程及其应用.上	2018－12	58.00	992
不定方程及其应用.中	2019－01	78.00	993
不定方程及其应用.下	2019－02	98.00	994
Nesbitt不等式加强式的研究	2022－06	128.00	1527
历届美国中学生数学竞赛试题及解答(第一卷)1950－1954	2014－07	18.00	277
历届美国中学生数学竞赛试题及解答(第二卷)1955－1959	2014－04	18.00	278
历届美国中学生数学竞赛试题及解答(第三卷)1960－1964	2014－06	18.00	279
历届美国中学生数学竞赛试题及解答(第四卷)1965－1969	2014－04	28.00	280
历届美国中学生数学竞赛试题及解答(第五卷)1970－1972	2014－06	18.00	281
历届美国中学生数学竞赛试题及解答(第六卷)1973－1980	2017－07	18.00	768
历届美国中学生数学竞赛试题及解答(第七卷)1981－1986	2015－01	18.00	424
历届美国中学生数学竞赛试题及解答(第八卷)1987－1990	2017－05	18.00	769
历届中国数学奥林匹克试题集(第3版)	2021－10	58.00	1440
历届加拿大数学奥林匹克试题集	2012－08	38.00	215
历届美国数学奥林匹克试题集:1972～2019	2020－04	88.00	1135
历届波兰数学竞赛试题集.第1卷,1949～1963	2015－03	18.00	453
历届波兰数学竞赛试题集.第2卷,1964～1976	2015－03	18.00	454
历届巴尔干数学奥林匹克试题集	2015－05	38.00	466
保加利亚数学奥林匹克	2014－10	38.00	393
圣彼得堡数学奥林匹克试题集	2015－01	38.00	429
匈牙利奥林匹克数学竞赛题解.第1卷	2016－05	28.00	593
匈牙利奥林匹克数学竞赛题解.第2卷	2016－05	28.00	594
历届美国数学邀请赛试题集(第2版)	2017－10	78.00	851
普林斯顿大学数学竞赛	2016－06	38.00	669
亚太地区数学奥林匹克竞赛题	2015－07	18.00	492
日本历届(初级)广中杯数学竞赛试题及解答.第1卷(2000～2007)	2016－05	28.00	641
日本历届(初级)广中杯数学竞赛试题及解答.第2卷(2008～2015)	2016－05	38.00	642
越南数学奥林匹克题选:1962－2009	2021－07	48.00	1370
360个数学竞赛问题	2016－08	58.00	677
奥数最佳实战题.上卷	2017－06	38.00	760
奥数最佳实战题.下卷	2017－05	58.00	761
哈尔滨市早期中学数学竞赛试题汇编	2016－07	28.00	672
全国高中数学联赛试题及解答:1981—2019(第4版)	2020－07	138.00	1176
2022年全国高中数学联合竞赛模拟题集	2022－06	30.00	1521
20世纪50年代全国部分城市数学竞赛试题汇编	2017－07	28.00	797

刘培杰数学工作室
已出版(即将出版)图书目录——初等数学

书名	出版时间	定价	编号
国内外数学竞赛题及精解:2018~2019	2020-08	45.00	1192
国内外数学竞赛题及精解:2019~2020	2021-11	58.00	1439
许康华竞赛优学精选集.第一辑	2018-08	68.00	949
天问叶班数学问题征解 100 题.Ⅰ,2016-2018	2019-05	88.00	1075
天问叶班数学问题征解 100 题.Ⅱ,2017-2019	2020-07	98.00	1177
美国初中数学竞赛:AMC8 准备(共 6 卷)	2019-07	138.00	1089
美国高中数学竞赛:AMC10 准备(共 6 卷)	2019-08	158.00	1105
王连笑教你怎样学数学:高考选择题解题策略与客观题实用训练	2014-01	48.00	262
王连笑教你怎样学数学:高考数学高层次讲座	2015-02	48.00	432
高考数学的理论与实践	2009-08	38.00	53
高考数学核心题型解题方法与技巧	2010-01	28.00	86
高考思维新平台	2014-03	38.00	259
高考数学压轴题解题诀窍(上)(第 2 版)	2018-01	58.00	874
高考数学压轴题解题诀窍(下)(第 2 版)	2018-01	48.00	875
北京市五区文科数学三年高考模拟题详解:2013~2015	2015-08	48.00	500
北京市五区理科数学三年高考模拟题详解:2013~2015	2015-09	68.00	505
向量法巧解数学高考题	2009-08	28.00	54
高中数学课堂教学的实践与反思	2021-11	48.00	791
数学高考参考	2016-01	78.00	589
新课程标准高考数学解答题各种题型解法指导	2020-08	78.00	1196
全国及各省市高考数学试题审题要津与解法研究	2015-02	48.00	450
高中数学章节起始课的教学研究与案例设计	2019-05	28.00	1064
新课标高考数学——五年试题分章详解(2007~2011)(上、下)	2011-10	78.00	140,141
全国中考数学压轴题审题要津与解法研究	2013-04	78.00	248
新编全国及各省市中考数学压轴题审题要津与解法研究	2014-05	58.00	342
全国及各省市 5 年中考数学压轴题审题要津与解法研究(2015 版)	2015-04	58.00	462
中考数学专题总复习	2007-04	28.00	6
中考数学较难题常考题型解题方法与技巧	2016-09	48.00	681
中考数学难题常考题型解题方法与技巧	2016-09	48.00	682
中考数学中档题常考题型解题方法与技巧	2017-08	68.00	835
中考数学选择填空压轴好题妙解 365	2017-05	38.00	759
中考数学:三类重点考题的解法例析与习题	2020-04	48.00	1140
中小学数学的历史文化	2019-11	48.00	1124
初中平面几何百题多思创新解	2020-01	58.00	1125
初中数学中考备考	2020-01	58.00	1126
高考数学之九章演义	2019-08	68.00	1044
高考数学之难题谈笑间	2022-06	68.00	1519
化学可以这样学:高中化学知识方法智慧感悟疑难辨析	2019-07	58.00	1103
如何成为学习高手	2019-09	58.00	1107
高考数学:经典真题分类解析	2020-04	78.00	1134
高考数学解答题破解策略	2020-11	58.00	1221
从分析解题过程学解题:高考压轴题与竞赛题之关系探究	2020-08	88.00	1179
教学新思考:单元整体视角下的初中数学教学设计	2021-03	58.00	1278
思维再拓展:2020 年经典几何题的多解探究与思考	即将出版		1279
中考数学小压轴汇编初讲	2017-07	48.00	788
中考数学大压轴专题微言	2017-09	48.00	846
怎么解中考平面几何探索题	2019-06	48.00	1093
北京中考数学压轴题解题方法突破(第 7 版)	2021-11	68.00	1442
助你高考成功的数学解题智慧:知识是智慧的基础	2016-01	58.00	596
助你高考成功的数学解题智慧:错误是智慧的试金石	2016-04	58.00	643
助你高考成功的数学解题智慧:方法是智慧的推手	2016-04	68.00	657
高考数学奇思妙解	2016-04	38.00	610
高考数学解题策略	2016-05	48.00	670
数学解题泄天机(第 2 版)	2017-10	48.00	850

刘培杰数学工作室
已出版(即将出版)图书目录——初等数学

书名	出版时间	定价	编号
高考物理压轴题全解	2017－04	58.00	746
高中物理经典问题 25 讲	2017－05	28.00	764
高中物理教学讲义	2018－01	48.00	871
高中物理教学讲义:全模块	2022－03	98.00	1492
高中物理答疑解惑 65 篇	2021－11	48.00	1462
中学物理基础问题解析	2020－08	48.00	1183
2016 年高考文科数学真题研究	2017－04	58.00	754
2016 年高考理科数学真题研究	2017－04	78.00	755
2017 年高考理科数学真题研究	2018－01	58.00	867
2017 年高考文科数学真题研究	2018－01	48.00	868
初中数学、高中数学脱节知识补缺教材	2017－06	48.00	766
高考数学小题抢分必练	2017－10	48.00	834
高考数学核心素养解读	2017－09	38.00	839
高考数学客观题解题方法和技巧	2017－10	38.00	847
十年高考数学精品试题审题要津与解法研究	2021－10	98.00	1427
中国历届高考数学试题及解答.1949－1979	2018－01	38.00	877
历届中国高考数学试题及解答.第二卷,1980—1989	2018－10	28.00	975
历届中国高考数学试题及解答.第三卷,1990—1999	2018－10	48.00	976
数学文化与高考研究	2018－03	48.00	882
跟我学解高中数学题	2018－07	58.00	926
中学数学研究的方法及案例	2018－05	58.00	869
高考数学抢分技能	2018－07	68.00	934
高一新生常用数学方法和重要数学思想提升教材	2018－06	38.00	921
2018 年高考数学真题研究	2019－01	68.00	1000
2019 年高考数学真题研究	2020－05	88.00	1137
高考数学全国卷六道解答题常考题型解题诀窍:理科(全 2 册)	2019－07	78.00	1101
高考数学全国卷 16 道选择、填空题常考题型解题诀窍.理科	2018－09	88.00	971
高考数学全国卷 16 道选择、填空题常考题型解题诀窍.文科	2020－01	88.00	1123
高中数学一题多解	2019－06	58.00	1087
历届中国高考数学试题及解答:1917－1999	2021－08	98.00	1371
2000～2003 年全国及各省市高考数学试题及解答	2022－05	88.00	1499
2004 年全国及各省市高考数学试题及解答	2022－07	78.00	1500
突破高原:高中数学解题思维探究	2021－08	48.00	1375
高考数学中的"取值范围"	2021－10	48.00	1429
新课程标准高中数学各种题型解法大全.必修一分册	2021－06	58.00	1315
新课程标准高中数学各种题型解法大全.必修二分册	2022－01	68.00	1471
高中数学各种题型解法大全.选择性必修一分册	2022－06	68.00	1525

书名	出版时间	定价	编号
新编 640 个世界著名数学智力趣题	2014－01	88.00	242
500 个最新世界著名数学智力趣题	2008－06	48.00	3
400 个最新世界著名数学最值问题	2008－09	48.00	36
500 个世界著名数学征解问题	2009－06	48.00	52
400 个中国最佳初等数学征解老问题	2010－01	48.00	60
500 个俄罗斯数学经典老题	2011－01	28.00	81
1000 个国外中学物理好题	2012－04	48.00	174
300 个日本高考数学题	2012－05	38.00	142
700 个早期日本高考数学试题	2017－02	88.00	752
500 个前苏联早期高考数学试题及解答	2012－05	28.00	185
546 个早期俄罗斯大学生数学竞赛题	2014－03	38.00	285
548 个来自美苏的数学好问题	2014－11	28.00	396
20 所苏联著名大学早期入学试题	2015－02	18.00	452
161 道德国工科大学生必做的微分方程习题	2015－05	28.00	469
500 个德国工科大学生必做的高数习题	2015－06	28.00	478
360 个数学竞赛问题	2016－08	58.00	677
200 个趣味数学故事	2018－02	48.00	857
470 个数学奥林匹克中的最值问题	2018－10	88.00	985
德国讲义日本考题.微积分卷	2015－04	48.00	456
德国讲义日本考题.微分方程卷	2015－04	38.00	457
二十世纪中叶中、英、美、日、法、俄高考数学试题精选	2017－06	38.00	783

刘培杰数学工作室
已出版(即将出版)图书目录——初等数学

书　　名	出版时间	定　价	编号
中国初等数学研究　2009 卷(第 1 辑)	2009—05	20.00	45
中国初等数学研究　2010 卷(第 2 辑)	2010—05	30.00	68
中国初等数学研究　2011 卷(第 3 辑)	2011—07	60.00	127
中国初等数学研究　2012 卷(第 4 辑)	2012—07	48.00	190
中国初等数学研究　2014 卷(第 5 辑)	2014—02	48.00	288
中国初等数学研究　2015 卷(第 6 辑)	2015—06	68.00	493
中国初等数学研究　2016 卷(第 7 辑)	2016—04	68.00	609
中国初等数学研究　2017 卷(第 8 辑)	2017—01	98.00	712

初等数学研究在中国.第 1 辑	2019—03	158.00	1024
初等数学研究在中国.第 2 辑	2019—10	158.00	1116
初等数学研究在中国.第 3 辑	2021—05	158.00	1306
初等数学研究在中国.第 4 辑	2022—06	158.00	1520

几何变换(Ⅰ)	2014—07	28.00	353
几何变换(Ⅱ)	2015—06	28.00	354
几何变换(Ⅲ)	2015—01	38.00	355
几何变换(Ⅳ)	2015—12	38.00	356

初等数论难题集(第一卷)	2009—05	68.00	44
初等数论难题集(第二卷)(上、下)	2011—02	128.00	82,83
数论概貌	2011—03	18.00	93
代数数论(第二版)	2013—08	58.00	94
代数多项式	2014—06	38.00	289
初等数论的知识与问题	2011—02	28.00	95
超越数论基础	2011—03	28.00	96
数论初等教程	2011—03	28.00	97
数论基础	2011—03	18.00	98
数论基础与维诺格拉多夫	2014—03	18.00	292
解析数论基础	2012—08	28.00	216
解析数论基础(第二版)	2014—01	48.00	287
解析数论问题集(第二版)(原版引进)	2014—05	88.00	343
解析数论问题集(第二版)(中译本)	2016—04	88.00	607
解析数论基础(潘承洞,潘承彪著)	2016—07	98.00	673
解析数论导引	2016—07	58.00	674
数论入门	2011—03	38.00	99
代数数论入门	2015—03	38.00	448
数论开篇	2012—07	28.00	194
解析数论引论	2011—03	48.00	100
Barban Davenport Halberstam 均值和	2009—01	40.00	33
基础数论	2011—03	28.00	101
初等数论 100 例	2011—05	18.00	122
初等数论经典例题	2012—07	18.00	204
最新世界各国数学奥林匹克中的初等数论试题(上、下)	2012—01	138.00	144,145
初等数论(Ⅰ)	2012—01	18.00	156
初等数论(Ⅱ)	2012—01	18.00	157
初等数论(Ⅲ)	2012—01	28.00	158

刘培杰数学工作室
已出版(即将出版)图书目录——初等数学

书　　名	出版时间	定　价	编号
平面几何与数论中未解决的新老问题	2013-01	68.00	229
代数数论简史	2014-11	28.00	408
代数数论	2015-09	88.00	532
代数、数论及分析习题集	2016-11	98.00	695
数论导引提要及习题解答	2016-01	48.00	559
素数定理的初等证明.第2版	2016-09	48.00	686
数论中的模函数与狄利克雷级数(第二版)	2017-11	78.00	837
数论:数学导引	2018-01	68.00	849
范氏大代数	2019-02	98.00	1016
解析数学讲义.第一卷,导来式及微分、积分、级数	2019-04	88.00	1021
解析数学讲义.第二卷,关于几何的应用	2019-04	68.00	1022
解析数学讲义.第三卷,解析函数论	2019-04	78.00	1023
分析·组合·数论纵横谈	2019-04	58.00	1039
Hall代数:民国时期的中学数学课本:英文	2019-08	88.00	1106
基谢廖夫初等代数	2022-07	38.00	1531
数学精神巡礼	2019-01	58.00	731
数学眼光透视(第2版)	2017-06	78.00	732
数学思想领悟(第2版)	2018-01	68.00	733
数学方法溯源(第2版)	2018-08	68.00	734
数学解题引论	2017-05	58.00	735
数学史话览胜(第2版)	2017-01	48.00	736
数学应用展观(第2版)	2017-08	68.00	737
数学建模尝试	2018-04	48.00	738
数学竞赛采风	2018-01	68.00	739
数学测评探营	2019-05	58.00	740
数学技能操握	2018-03	48.00	741
数学欣赏拾趣	2018-02	48.00	742
从毕达哥拉斯到怀尔斯	2007-10	48.00	9
从迪利克雷到维斯卡尔迪	2008-01	48.00	21
从哥德巴赫到陈景润	2008-05	98.00	35
从庞加莱到佩雷尔曼	2011-08	138.00	136
博弈论精粹	2008-03	58.00	30
博弈论精粹.第二版(精装)	2015-01	88.00	461
数学 我爱你	2008-01	28.00	20
精神的圣徒　别样的人生——60位中国数学家成长的历程	2008-09	48.00	39
数学史概论	2009-06	78.00	50
数学史概论(精装)	2013-03	158.00	272
数学史选讲	2016-01	48.00	544
斐波那契数列	2010-02	28.00	65
数学拼盘和斐波那契魔方	2010-07	38.00	72
斐波那契数列欣赏(第2版)	2018-08	58.00	948
Fibonacci数列中的明珠	2018-06	58.00	928
数学的创造	2011-02	48.00	85
数学美与创造力	2016-01	48.00	595
数海拾贝	2016-01	48.00	590
数学中的美(第2版)	2019-04	68.00	1057
数论中的美学	2014-12	38.00	351

刘培杰数学工作室

已出版(即将出版)图书目录——初等数学

书　名	出版时间	定　价	编号
数学王者　科学巨人——高斯	2015—01	28.00	428
振兴祖国数学的圆梦之旅:中国初等数学研究史话	2015—06	98.00	490
二十世纪中国数学史料研究	2015—10	48.00	536
数字谜、数阵图与棋盘覆盖	2016—01	58.00	298
时间的形状	2016—01	38.00	556
数学发现的艺术:数学探索中的合情推理	2016—07	58.00	671
活跃在数学中的参数	2016—07	48.00	675
数海趣史	2021—05	98.00	1314
数学解题——靠数学思想给力(上)	2011—07	38.00	131
数学解题——靠数学思想给力(中)	2011—07	48.00	132
数学解题——靠数学思想给力(下)	2011—07	38.00	133
我怎样解题	2013—01	48.00	227
数学解题中的物理方法	2011—06	28.00	114
数学解题的特殊方法	2011—06	48.00	115
中学数学计算技巧(第2版)	2020—10	48.00	1220
中学数学证明方法	2012—01	58.00	117
数学趣题巧解	2012—03	28.00	128
高中数学教学通鉴	2015—05	58.00	479
和高中生漫谈:数学与哲学的故事	2014—08	28.00	369
算术问题集	2017—03	38.00	789
张教授讲数学	2018—07	38.00	933
陈永明实话实说数学教学	2020—04	68.00	1132
中学数学学科知识与教学能力	2020—06	58.00	1155
怎样把课讲好:大罕数学教学随笔	2022—03	58.00	1484
中国高考评价体系下高考数学探秘	2022—03	48.00	1487
自主招生考试中的参数方程问题	2015—01	28.00	435
自主招生考试中的极坐标问题	2015—04	28.00	463
近年全国重点大学自主招生数学试题全解及研究. 华约卷	2015—02	38.00	441
近年全国重点大学自主招生数学试题全解及研究. 北约卷	2016—05	38.00	619
自主招生数学解证宝典	2015—09	48.00	535
中国科学技术大学创新班数学真题解析	2022—03	48.00	1488
中国科学技术大学创新班物理真题解析	2022—03	58.00	1489
格点和面积	2012—07	18.00	191
射影几何趣谈	2012—04	28.00	175
斯潘纳尔引理——从一道加拿大数学奥林匹克试题谈起	2014—01	28.00	228
李普希兹条件——从几道近年高考数学试题谈起	2012—10	18.00	221
拉格朗日中值定理——从一道北京高考试题的解法谈起	2015—10	18.00	197
闵科夫斯基定理——从一道清华大学自主招生试题谈起	2014—01	28.00	198
哈尔测度——从一道冬令营试题的背景谈起	2012—08	28.00	202
切比雪夫逼近问题——从一道中国台北数学奥林匹克试题谈起	2013—04	38.00	238
伯恩斯坦多项式与贝齐尔曲面——从一道全国高中数学联赛试题谈起	2013—03	38.00	236
卡塔兰猜想——从一道普特南竞赛试题谈起	2013—06	18.00	256
麦卡锡函数和阿克曼函数——从一道前南斯拉夫数学奥林匹克试题谈起	2012—08	18.00	201
贝蒂定理与拉姆贝克莫斯尔定理——从一个拣石子游戏谈起	2012—08	18.00	217
皮亚诺曲线和豪斯道夫分球定理——从无限集谈起	2012—08	18.00	211
平面凸图形与凸多面体	2012—10	28.00	218
斯坦因豪斯问题——从一道二十五省市自治区中学数学竞赛试题谈起	2012—07	18.00	196

刘培杰数学工作室
已出版(即将出版)图书目录——初等数学

书　　名	出版时间	定　价	编号
纽结理论中的亚历山大多项式与琼斯多项式——从一道北京市高一数学竞赛试题谈起	2012-07	28.00	195
原则与策略——从波利亚“解题表”谈起	2013-04	38.00	244
转化与化归——从三大尺规作图不能问题谈起	2012-08	28.00	214
代数几何中的贝祖定理(第一版)——从一道 IMO 试题的解法谈起	2013-08	18.00	193
成功连贯理论与约当块理论——从一道比利时数学竞赛试题谈起	2012-04	18.00	180
素数判定与大数分解	2014-08	18.00	199
置换多项式及其应用	2012-10	18.00	220
椭圆函数与模函数——从一道美国加州大学洛杉矶分校(UCLA)博士资格考题谈起	2012-10	28.00	219
差分方程的拉格朗日方法——从一道 2011 年全国高考理科试题的解法谈起	2012-08	28.00	200
力学在几何中的一些应用	2013-01	38.00	240
从根式解到伽罗华理论	2020-01	48.00	1121
康托洛维奇不等式——从一道全国高中联赛试题谈起	2013-03	28.00	337
西格尔引理——从一道第 18 届 IMO 试题的解法谈起	即将出版		
罗斯定理——从一道前苏联数学竞赛试题谈起	即将出版		
拉克斯定理和阿廷定理——从一道 IMO 试题的解法谈起	2014-01	58.00	246
毕卡大定理——从一道美国大学数学竞赛试题谈起	2014-07	18.00	350
贝齐尔曲线——从一道全国高中联赛试题谈起	即将出版		
拉格朗日乘子定理——从一道 2005 年全国高中联赛试题的高等数学解法谈起	2015-05	28.00	480
雅可比定理——从一道日本数学奥林匹克试题谈起	2013-04	48.00	249
李天岩一约克定理——从一道波兰数学竞赛试题谈起	2014-06	28.00	349
整系数多项式因式分解的一般方法——从克朗耐克算法谈起	即将出版		
布劳维不动点定理——从一道前苏联数学奥林匹克试题谈起	2014-01	38.00	273
伯恩赛德定理——从一道英国数学奥林匹克试题谈起	即将出版		
布查特-莫斯特定理——从一道上海市初中竞赛试题谈起	即将出版		
数论中的同余数问题——从一道普特南竞赛试题谈起	即将出版		
范·德蒙行列式——从一道美国数学奥林匹克试题谈起	即将出版		
中国剩余定理:总数法构建中国历史年表	2015-01	28.00	430
牛顿程序与方程求根——从一道全国高考试题解法谈起	即将出版		
库默尔定理——从一道 IMO 预选试题谈起	即将出版		
卢丁定理——从一道冬令营试题的解法谈起	即将出版		
沃斯滕霍姆定理——从一道 IMO 预选试题谈起	即将出版		
卡尔松不等式——从一道莫斯科数学奥林匹克试题谈起	即将出版		
信息论中的香农熵——从一道近年高考压轴题谈起	即将出版		
约当不等式——从一道希望杯竞赛试题谈起	即将出版		
拉比诺维奇定理	即将出版		
刘维尔定理——从一道《美国数学月刊》征解问题的解法谈起	即将出版		
卡塔兰恒等式与级数求和——从一道 IMO 试题的解法谈起	即将出版		
勒让德猜想与素数分布——从一道爱尔兰竞赛试题谈起	即将出版		
天平称重与信息论——从一道基辅市数学奥林匹克试题谈起	即将出版		
哈密尔顿一凯莱定理:从一道高中数学联赛试题的解法谈起	2014-09	18.00	376
艾思特曼定理——从一道 CMO 试题的解法谈起	即将出版		

刘培杰数学工作室
已出版(即将出版)图书目录——初等数学

书　　名	出版时间	定　价	编号
阿贝尔恒等式与经典不等式及应用	2018—06	98.00	923
迪利克雷除数问题	2018—07	48.00	930
幻方、幻立方与拉丁方	2019—08	48.00	1092
帕斯卡三角形	2014—03	18.00	294
蒲丰投针问题——从 2009 年清华大学的一道自主招生试题谈起	2014—01	38.00	295
斯图姆定理——从一道“华约”自主招生试题的解法谈起	2014—01	18.00	296
许瓦兹引理——从一道加利福尼亚大学伯克利分校数学系博士生试题谈起	2014—08	18.00	297
拉姆塞定理——从王诗宬院士的一个问题谈起	2016—04	48.00	299
坐标法	2013—12	28.00	332
数论三角形	2014—04	38.00	341
毕克定理	2014—07	18.00	352
数林掠影	2014—09	48.00	389
我们周围的概率	2014—10	38.00	390
凸函数最值定理:从一道华约自主招生题的解法谈起	2014—10	28.00	391
易学与数学奥林匹克	2014—10	38.00	392
生物数学趣谈	2015—01	18.00	409
反演	2015—01	28.00	420
因式分解与圆锥曲线	2015—01	18.00	426
轨迹	2015—01	28.00	427
面积原理:从常庚哲命的一道 CMO 试题的积分解法谈起	2015—01	48.00	431
形形色色的不动点定理:从一道 28 届 IMO 试题谈起	2015—01	38.00	439
柯西函数方程:从一道上海交大自主招生的试题谈起	2015—02	28.00	440
三角恒等式	2015—02	28.00	442
无理性判定:从一道 2014 年“北约”自主招生试题谈起	2015—01	38.00	443
数学归纳法	2015—03	18.00	451
极端原理与解题	2015—04	28.00	464
法雷级数	2014—08	18.00	367
摆线族	2015—01	38.00	438
函数方程及其解法	2015—05	38.00	470
含参数的方程和不等式	2012—09	28.00	213
希尔伯特第十问题	2016—01	38.00	543
无穷小量的求和	2016—01	28.00	545
切比雪夫多项式:从一道清华大学金秋营试题谈起	2016—01	38.00	583
泽肯多夫定理	2016—03	38.00	599
代数等式证题法	2016—01	28.00	600
三角等式证题法	2016—01	28.00	601
吴大任教授藏书中的一个因式分解公式:从一道美国数学邀请赛试题的解法谈起	2016—06	28.00	656
易卦——类万物的数学模型	2017—08	68.00	838
“不可思议”的数与数系可持续发展	2018—01	38.00	878
最短线	2018—01	38.00	879

书　　名	出版时间	定　价	编号
幻方和魔方(第一卷)	2012—05	68.00	173
尘封的经典——初等数学经典文献选读(第一卷)	2012—07	48.00	205
尘封的经典——初等数学经典文献选读(第二卷)	2012—07	38.00	206

书　　名	出版时间	定　价	编号
初级方程式论	2011—03	28.00	106
初等数学研究(Ⅰ)	2008—09	68.00	37
初等数学研究(Ⅱ)(上、下)	2009—05	118.00	46,47

刘培杰数学工作室
已出版(即将出版)图书目录——初等数学

书　　名	出版时间	定　价	编号
趣味初等方程妙题集锦	2014—09	48.00	388
趣味初等数论选美与欣赏	2015—02	48.00	445
耕读笔记(上卷):一位农民数学爱好者的初数探索	2015—04	28.00	459
耕读笔记(中卷):一位农民数学爱好者的初数探索	2015—05	28.00	483
耕读笔记(下卷):一位农民数学爱好者的初数探索	2015—05	28.00	484
几何不等式研究与欣赏.上卷	2016—01	88.00	547
几何不等式研究与欣赏.下卷	2016—01	48.00	552
初等数列研究与欣赏·上	2016—01	48.00	570
初等数列研究与欣赏·下	2016—01	48.00	571
趣味初等函数研究与欣赏.上	2016—09	48.00	684
趣味初等函数研究与欣赏.下	2018—09	48.00	685
三角不等式研究与欣赏	2020—10	68.00	1197
新编平面解析几何解题方法研究与欣赏	2021—10	78.00	1426
火柴游戏(第2版)	2022—05	38.00	1493
智力解谜.第1卷	2017—07	38.00	613
智力解谜.第2卷	2017—07	38.00	614
故事智力	2016—07	48.00	615
名人们喜欢的智力问题	2020—01	48.00	616
数学大师的发现、创造与失误	2018—01	48.00	617
异曲同工	2018—09	48.00	618
数学的味道	2018—01	58.00	798
数学千字文	2018—10	68.00	977
数贝偶拾——高考数学题研究	2014—04	28.00	274
数贝偶拾——初等数学研究	2014—04	38.00	275
数贝偶拾——奥数题研究	2014—04	48.00	276
钱昌本教你快乐学数学(上)	2011—12	48.00	155
钱昌本教你快乐学数学(下)	2012—03	58.00	171
集合、函数与方程	2014—01	28.00	300
数列与不等式	2014—01	38.00	301
三角与平面向量	2014—01	28.00	302
平面解析几何	2014—01	38.00	303
立体几何与组合	2014—01	28.00	304
极限与导数、数学归纳法	2014—01	38.00	305
趣味数学	2014—03	28.00	306
教材教法	2014—04	68.00	307
自主招生	2014—05	58.00	308
高考压轴题(上)	2015—01	48.00	309
高考压轴题(下)	2014—10	68.00	310
从费马到怀尔斯——费马大定理的历史	2013—10	198.00	Ⅰ
从庞加莱到佩雷尔曼——庞加莱猜想的历史	2013—10	298.00	Ⅱ
从切比雪夫到爱尔特希(上)——素数定理的初等证明	2013—07	48.00	Ⅲ
从切比雪夫到爱尔特希(下)——素数定理100年	2012—12	98.00	Ⅲ
从高斯到盖尔方特——二次域的高斯猜想	2013—10	198.00	Ⅳ
从库默尔到朗兰兹——朗兰兹猜想的历史	2014—01	98.00	Ⅴ
从比勃巴赫到德布朗斯——比勃巴赫猜想的历史	2014—02	298.00	Ⅵ
从麦比乌斯到陈省身——麦比乌斯变换与麦比乌斯带	2014—02	298.00	Ⅶ
从布尔到豪斯道夫——布尔方程与格论漫谈	2013—10	198.00	Ⅷ
从开普勒到阿诺德——三体问题的历史	2014—05	298.00	Ⅸ
从华林到华罗庚——华林问题的历史	2013—10	298.00	Ⅹ

刘培杰数学工作室
已出版(即将出版)图书目录——初等数学

书　　名	出版时间	定　价	编号
美国高中数学竞赛五十讲.第1卷(英文)	2014-08	28.00	357
美国高中数学竞赛五十讲.第2卷(英文)	2014-08	28.00	358
美国高中数学竞赛五十讲.第3卷(英文)	2014-09	28.00	359
美国高中数学竞赛五十讲.第4卷(英文)	2014-09	28.00	360
美国高中数学竞赛五十讲.第5卷(英文)	2014-10	28.00	361
美国高中数学竞赛五十讲.第6卷(英文)	2014-11	28.00	362
美国高中数学竞赛五十讲.第7卷(英文)	2014-12	28.00	363
美国高中数学竞赛五十讲.第8卷(英文)	2015-01	28.00	364
美国高中数学竞赛五十讲.第9卷(英文)	2015-01	28.00	365
美国高中数学竞赛五十讲.第10卷(英文)	2015-02	38.00	366
三角函数(第2版)	2017-04	38.00	626
不等式	2014-01	38.00	312
数列	2014-01	38.00	313
方程(第2版)	2017-04	38.00	624
排列和组合	2014-01	28.00	315
极限与导数(第2版)	2016-04	38.00	635
向量(第2版)	2018-08	58.00	627
复数及其应用	2014-08	28.00	318
函数	2014-01	38.00	319
集合	2020-01	48.00	320
直线与平面	2014-01	28.00	321
立体几何(第2版)	2016-04	38.00	629
解三角形	即将出版		323
直线与圆(第2版)	2016-11	38.00	631
圆锥曲线(第2版)	2016-09	48.00	632
解题通法(一)	2014-07	38.00	326
解题通法(二)	2014-07	38.00	327
解题通法(三)	2014-05	38.00	328
概率与统计	2014-01	28.00	329
信息迁移与算法	即将出版		330
IMO 50年.第1卷(1959-1963)	2014-11	28.00	377
IMO 50年.第2卷(1964-1968)	2014-11	28.00	378
IMO 50年.第3卷(1969-1973)	2014-09	28.00	379
IMO 50年.第4卷(1974-1978)	2016-04	38.00	380
IMO 50年.第5卷(1979-1984)	2015-04	38.00	381
IMO 50年.第6卷(1985-1989)	2015-04	58.00	382
IMO 50年.第7卷(1990-1994)	2016-01	48.00	383
IMO 50年.第8卷(1995-1999)	2016-06	38.00	384
IMO 50年.第9卷(2000-2004)	2015-04	58.00	385
IMO 50年.第10卷(2005-2009)	2016-01	48.00	386
IMO 50年.第11卷(2010-2015)	2017-03	48.00	646

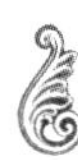

刘培杰数学工作室
已出版(即将出版)图书目录——初等数学

书　　名	出版时间	定　价	编号
数学反思(2006—2007)	2020—09	88.00	915
数学反思(2008—2009)	2019—01	68.00	917
数学反思(2010—2011)	2018—05	58.00	916
数学反思(2012—2013)	2019—01	58.00	918
数学反思(2014—2015)	2019—03	78.00	919
数学反思(2016—2017)	2021—03	58.00	1286
历届美国大学生数学竞赛试题集.第一卷(1938—1949)	2015—01	28.00	397
历届美国大学生数学竞赛试题集.第二卷(1950—1959)	2015—01	28.00	398
历届美国大学生数学竞赛试题集.第三卷(1960—1969)	2015—01	28.00	399
历届美国大学生数学竞赛试题集.第四卷(1970—1979)	2015—01	18.00	400
历届美国大学生数学竞赛试题集.第五卷(1980—1989)	2015—01	28.00	401
历届美国大学生数学竞赛试题集.第六卷(1990—1999)	2015—01	28.00	402
历届美国大学生数学竞赛试题集.第七卷(2000—2009)	2015—08	18.00	403
历届美国大学生数学竞赛试题集.第八卷(2010—2012)	2015—01	18.00	404
新课标高考数学创新题解题诀窍:总论	2014—09	28.00	372
新课标高考数学创新题解题诀窍:必修1～5分册	2014—08	38.00	373
新课标高考数学创新题解题诀窍:选修2－1,2－2,1－1,1－2分册	2014—09	38.00	374
新课标高考数学创新题解题诀窍:选修2－3,4－4,4－5分册	2014—09	18.00	375
全国重点大学自主招生英文数学试题全攻略:词汇卷	2015—07	48.00	410
全国重点大学自主招生英文数学试题全攻略:概念卷	2015—01	28.00	411
全国重点大学自主招生英文数学试题全攻略:文章选读卷(上)	2016—09	38.00	412
全国重点大学自主招生英文数学试题全攻略:文章选读卷(下)	2017—01	58.00	413
全国重点大学自主招生英文数学试题全攻略:试题卷	2015—07	38.00	414
全国重点大学自主招生英文数学试题全攻略:名著欣赏卷	2017—03	48.00	415
劳埃德数学趣题大全.题目卷.1:英文	2016—01	18.00	516
劳埃德数学趣题大全.题目卷.2:英文	2016—01	18.00	517
劳埃德数学趣题大全.题目卷.3:英文	2016—01	18.00	518
劳埃德数学趣题大全.题目卷.4:英文	2016—01	18.00	519
劳埃德数学趣题大全.题目卷.5:英文	2016—01	18.00	520
劳埃德数学趣题大全.答案卷:英文	2016—01	18.00	521
李成章教练奥数笔记.第1卷	2016—01	48.00	522
李成章教练奥数笔记.第2卷	2016—01	48.00	523
李成章教练奥数笔记.第3卷	2016—01	38.00	524
李成章教练奥数笔记.第4卷	2016—01	38.00	525
李成章教练奥数笔记.第5卷	2016—01	38.00	526
李成章教练奥数笔记.第6卷	2016—01	38.00	527
李成章教练奥数笔记.第7卷	2016—01	38.00	528
李成章教练奥数笔记.第8卷	2016—01	48.00	529
李成章教练奥数笔记.第9卷	2016—01	28.00	530

刘培杰数学工作室
已出版(即将出版)图书目录——初等数学

书　　名	出版时间	定　价	编号
第19～23届"希望杯"全国数学邀请赛试题审题要津详细评注(初一版)	2014—03	28.00	333
第19～23届"希望杯"全国数学邀请赛试题审题要津详细评注(初二、初三版)	2014—03	38.00	334
第19～23届"希望杯"全国数学邀请赛试题审题要津详细评注(高一版)	2014—03	28.00	335
第19～23届"希望杯"全国数学邀请赛试题审题要津详细评注(高二版)	2014—03	38.00	336
第19～25届"希望杯"全国数学邀请赛试题审题要津详细评注(初一版)	2015—01	38.00	416
第19～25届"希望杯"全国数学邀请赛试题审题要津详细评注(初二、初三版)	2015—01	58.00	417
第19～25届"希望杯"全国数学邀请赛试题审题要津详细评注(高一版)	2015—01	48.00	418
第19～25届"希望杯"全国数学邀请赛试题审题要津详细评注(高二版)	2015—01	48.00	419
物理奥林匹克竞赛大题典——力学卷	2014—11	48.00	405
物理奥林匹克竞赛大题典——热学卷	2014—04	28.00	339
物理奥林匹克竞赛大题典——电磁学卷	2015—07	48.00	406
物理奥林匹克竞赛大题典——光学与近代物理卷	2014—06	28.00	345
历届中国东南地区数学奥林匹克试题集(2004～2012)	2014—06	18.00	346
历届中国西部地区数学奥林匹克试题集(2001～2012)	2014—07	18.00	347
历届中国女子数学奥林匹克试题集(2002～2012)	2014—08	18.00	348
数学奥林匹克在中国	2014—06	98.00	344
数学奥林匹克问题集	2014—01	38.00	267
数学奥林匹克不等式散论	2010—06	38.00	124
数学奥林匹克不等式欣赏	2011—09	38.00	138
数学奥林匹克超级题库(初中卷上)	2010—01	58.00	66
数学奥林匹克不等式证明方法和技巧(上、下)	2011—08	158.00	134,135
他们学什么:原民主德国中学数学课本	2016—09	38.00	658
他们学什么:英国中学数学课本	2016—09	38.00	659
他们学什么:法国中学数学课本.1	2016—09	38.00	660
他们学什么:法国中学数学课本.2	2016—09	28.00	661
他们学什么:法国中学数学课本.3	2016—09	38.00	662
他们学什么:苏联中学数学课本	2016—09	28.00	679
高中数学题典——集合与简易逻辑·函数	2016—07	48.00	647
高中数学题典——导数	2016—07	48.00	648
高中数学题典——三角函数·平面向量	2016—07	48.00	649
高中数学题典——数列	2016—07	58.00	650
高中数学题典——不等式·推理与证明	2016—07	38.00	651
高中数学题典——立体几何	2016—07	48.00	652
高中数学题典——平面解析几何	2016—07	78.00	653
高中数学题典——计数原理·统计·概率·复数	2016—07	48.00	654
高中数学题典——算法·平面几何·初等数论·组合数学·其他	2016—07	68.00	655

刘培杰数学工作室
已出版(即将出版)图书目录——初等数学

书　　名	出版时间	定　价	编号
台湾地区奥林匹克数学竞赛试题.小学一年级	2017—03	38.00	722
台湾地区奥林匹克数学竞赛试题.小学二年级	2017—03	38.00	723
台湾地区奥林匹克数学竞赛试题.小学三年级	2017—03	38.00	724
台湾地区奥林匹克数学竞赛试题.小学四年级	2017—03	38.00	725
台湾地区奥林匹克数学竞赛试题.小学五年级	2017—03	38.00	726
台湾地区奥林匹克数学竞赛试题.小学六年级	2017—03	38.00	727
台湾地区奥林匹克数学竞赛试题.初中一年级	2017—03	38.00	728
台湾地区奥林匹克数学竞赛试题.初中二年级	2017—03	38.00	729
台湾地区奥林匹克数学竞赛试题.初中三年级	2017—03	28.00	730
不等式证题法	2017—04	28.00	747
平面几何培优教程	2019—08	88.00	748
奥数鼎级培优教程.高一分册	2018—09	88.00	749
奥数鼎级培优教程.高二分册.上	2018—04	68.00	750
奥数鼎级培优教程.高二分册.下	2018—04	68.00	751
高中数学竞赛冲刺宝典	2019—04	68.00	883
初中尖子生数学超级题典.实数	2017—07	58.00	792
初中尖子生数学超级题典.式、方程与不等式	2017—08	58.00	793
初中尖子生数学超级题典.圆、面积	2017—08	38.00	794
初中尖子生数学超级题典.函数、逻辑推理	2017—08	48.00	795
初中尖子生数学超级题典.角、线段、三角形与多边形	2017—07	58.00	796
数学王子——高斯	2018—01	48.00	858
坎坷奇星——阿贝尔	2018—01	48.00	859
闪烁奇星——伽罗瓦	2018—01	58.00	860
无穷统帅——康托尔	2018—01	48.00	861
科学公主——柯瓦列夫斯卡娅	2018—01	48.00	862
抽象代数之母——埃米·诺特	2018—01	48.00	863
电脑先驱——图灵	2018—01	58.00	864
昔日神童——维纳	2018—01	48.00	865
数坛怪侠——爱尔特希	2018—01	68.00	866
传奇数学家徐利治	2019—09	88.00	1110
当代世界中的数学.数学思想与数学基础	2019—01	38.00	892
当代世界中的数学.数学问题	2019—01	38.00	893
当代世界中的数学.应用数学与数学应用	2019—01	38.00	894
当代世界中的数学.数学王国的新疆域(一)	2019—01	38.00	895
当代世界中的数学.数学王国的新疆域(二)	2019—01	38.00	896
当代世界中的数学.数林撷英(一)	2019—01	38.00	897
当代世界中的数学.数林撷英(二)	2019—01	48.00	898
当代世界中的数学.数学之路	2019—01	38.00	899

刘培杰数学工作室
已出版(即将出版)图书目录——初等数学

书　名	出版时间	定　价	编号
105 个代数问题:来自 AwesomeMath 夏季课程	2019-02	58.00	956
106 个几何问题:来自 AwesomeMath 夏季课程	2020-07	58.00	957
107 个几何问题:来自 AwesomeMath 全年课程	2020-07	58.00	958
108 个代数问题:来自 AwesomeMath 全年课程	2019-01	68.00	959
109 个不等式:来自 AwesomeMath 夏季课程	2019-04	58.00	960
国际数学奥林匹克中的 110 个几何问题	即将出版		961
111 个代数和数论问题	2019-05	58.00	962
112 个组合问题:来自 AwesomeMath 夏季课程	2019-05	58.00	963
113 个几何不等式:来自 AwesomeMath 夏季课程	2020-08	58.00	964
114 个指数和对数问题:来自 AwesomeMath 夏季课程	2019-09	48.00	965
115 个三角问题:来自 AwesomeMath 夏季课程	2019-09	58.00	966
116 个代数不等式:来自 AwesomeMath 全年课程	2019-04	58.00	967
117 个多项式问题:来自 AwesomeMath 夏季课程	2021-09	58.00	1409
118 个数学竞赛不等式	2022-08	78.00	1526
紫色彗星国际数学竞赛试题	2019-02	58.00	999
数学竞赛中的数学:为数学爱好者、父母、教师和教练准备的丰富资源.第一部	2020-04	58.00	1141
数学竞赛中的数学:为数学爱好者、父母、教师和教练准备的丰富资源.第二部	2020-07	48.00	1142
和与积	2020-10	38.00	1219
数论:概念和问题	2020-12	68.00	1257
初等数学问题研究	2021-03	48.00	1270
数学奥林匹克中的欧几里得几何	2021-10	68.00	1413
数学奥林匹克题解新编	2022-01	58.00	1430
澳大利亚中学数学竞赛试题及解答(初级卷)1978~1984	2019-02	28.00	1002
澳大利亚中学数学竞赛试题及解答(初级卷)1985~1991	2019-02	28.00	1003
澳大利亚中学数学竞赛试题及解答(初级卷)1992~1998	2019-02	28.00	1004
澳大利亚中学数学竞赛试题及解答(初级卷)1999~2005	2019-02	28.00	1005
澳大利亚中学数学竞赛试题及解答(中级卷)1978~1984	2019-03	28.00	1006
澳大利亚中学数学竞赛试题及解答(中级卷)1985~1991	2019-03	28.00	1007
澳大利亚中学数学竞赛试题及解答(中级卷)1992~1998	2019-03	28.00	1008
澳大利亚中学数学竞赛试题及解答(中级卷)1999~2005	2019-03	28.00	1009
澳大利亚中学数学竞赛试题及解答(高级卷)1978~1984	2019-05	28.00	1010
澳大利亚中学数学竞赛试题及解答(高级卷)1985~1991	2019-05	28.00	1011
澳大利亚中学数学竞赛试题及解答(高级卷)1992~1998	2019-05	28.00	1012
澳大利亚中学数学竞赛试题及解答(高级卷)1999~2005	2019-05	28.00	1013
天才中小学生智力测验题.第一卷	2019-03	38.00	1026
天才中小学生智力测验题.第二卷	2019-03	38.00	1027
天才中小学生智力测验题.第三卷	2019-03	38.00	1028
天才中小学生智力测验题.第四卷	2019-03	38.00	1029
天才中小学生智力测验题.第五卷	2019-03	38.00	1030
天才中小学生智力测验题.第六卷	2019-03	38.00	1031
天才中小学生智力测验题.第七卷	2019-03	38.00	1032
天才中小学生智力测验题.第八卷	2019-03	38.00	1033
天才中小学生智力测验题.第九卷	2019-03	38.00	1034
天才中小学生智力测验题.第十卷	2019-03	38.00	1035
天才中小学生智力测验题.第十一卷	2019-03	38.00	1036
天才中小学生智力测验题.第十二卷	2019-03	38.00	1037
天才中小学生智力测验题.第十三卷	2019-03	38.00	1038

刘培杰数学工作室

已出版(即将出版)图书目录——初等数学

书　　名	出版时间	定　价	编号
重点大学自主招生数学备考全书:函数	2020—05	48.00	1047
重点大学自主招生数学备考全书:导数	2020—08	48.00	1048
重点大学自主招生数学备考全书:数列与不等式	2019—10	78.00	1049
重点大学自主招生数学备考全书:三角函数与平面向量	2020—08	68.00	1050
重点大学自主招生数学备考全书:平面解析几何	2020—07	58.00	1051
重点大学自主招生数学备考全书:立体几何与平面几何	2019—08	48.00	1052
重点大学自主招生数学备考全书:排列组合·概率统计·复数	2019—09	48.00	1053
重点大学自主招生数学备考全书:初等数论与组合数学	2019—08	48.00	1054
重点大学自主招生数学备考全书:重点大学自主招生真题.上	2019—04	68.00	1055
重点大学自主招生数学备考全书:重点大学自主招生真题.下	2019—04	58.00	1056
高中数学竞赛培训教程:平面几何问题的求解方法与策略.上	2018—05	68.00	906
高中数学竞赛培训教程:平面几何问题的求解方法与策略.下	2018—06	78.00	907
高中数学竞赛培训教程:整除与同余以及不定方程	2018—01	88.00	908
高中数学竞赛培训教程:组合计数与组合极值	2018—04	48.00	909
高中数学竞赛培训教程:初等代数	2019—04	78.00	1042
高中数学讲座:数学竞赛基础教程(第一册)	2019—06	48.00	1094
高中数学讲座:数学竞赛基础教程(第二册)	即将出版		1095
高中数学讲座:数学竞赛基础教程(第三册)	即将出版		1096
高中数学讲座:数学竞赛基础教程(第四册)	即将出版		1097
新编中学数学解题方法 1000 招丛书.实数(初中版)	2022—05	58.00	1291
新编中学数学解题方法 1000 招丛书.式(初中版)	2022—05	48.00	1292
新编中学数学解题方法 1000 招丛书.方程与不等式(初中版)	2021—04	58.00	1293
新编中学数学解题方法 1000 招丛书.函数(初中版)	2022—05	38.00	1294
新编中学数学解题方法 1000 招丛书.角(初中版)	2022—05	48.00	1295
新编中学数学解题方法 1000 招丛书.线段(初中版)	2022—05	48.00	1296
新编中学数学解题方法 1000 招丛书.三角形与多边形(初中版)	2021—04	48.00	1297
新编中学数学解题方法 1000 招丛书.圆(初中版)	2022—05	48.00	1298
新编中学数学解题方法 1000 招丛书.面积(初中版)	2021—07	28.00	1299
新编中学数学解题方法 1000 招丛书.逻辑推理(初中版)	2022—06	48.00	1300
高中数学题典精编.第一辑.函数	2022—01	58.00	1444
高中数学题典精编.第一辑.导数	2022—01	68.00	1445
高中数学题典精编.第一辑.三角函数·平面向量	2022—01	68.00	1446
高中数学题典精编.第一辑.数列	2022—01	58.00	1447
高中数学题典精编.第一辑.不等式·推理与证明	2022—01	58.00	1448
高中数学题典精编.第一辑.立体几何	2022—01	58.00	1449
高中数学题典精编.第一辑.平面解析几何	2022—01	68.00	1450
高中数学题典精编.第一辑.统计·概率·平面几何	2022—01	58.00	1451
高中数学题典精编.第一辑.初等数论·组合数学·数学文化·解题方法	2022—01	58.00	1452

联系地址: 哈尔滨市南岗区复华四道街 10 号　哈尔滨工业大学出版社刘培杰数学工作室
网　　址: http://lpj.hit.edu.cn/
邮　　编: 150006
联系电话: 0451—86281378　　13904613167
E-mail: lpj1378@163.com